高 炉 设 计

——炼铁工艺设计理论与实践

（第2版）

项钟庸　王筱留　等编著

北　京

冶 金 工 业 出 版 社

2023

内 容 简 介

本书从高炉炼铁节能减排、高效降耗角度出发，系统介绍了炼铁工业的发展现状和可持续发展的保障条件，精料要求和降低资源、能耗以及强化冶炼的对策、措施和途径，工艺计算，设备设计和选择以及长寿的条件和措施，炉渣、煤气等二次资源、能源的综合利用以及自动化技术等。本书解释和延伸了《高炉炼铁工艺设计规范》的相关内容，归纳总结了我国高炉工艺设计的大量科学试验和工程实践成果，观点鲜明地介绍了高炉炼铁新观点、新理论、新指标和新方法。

本书是站在新的发展高度上对高炉设计和生产经验的系统总结，满足高炉炼铁节能减排和降低成本的要求，可以供炼铁领域广大工程技术人员、生产人员、科研人员和教学人员阅读参考。

图书在版编目（CIP）数据

高炉设计：炼铁工艺设计理论与实践/项钟庸等编著．—2版．—北京：冶金工业出版社，2014.3（2023.7 重印）
ISBN 978-7-5024-6401-1

Ⅰ．①高…　Ⅱ．①项…　Ⅲ．①高炉—工艺设计　Ⅳ．①TF572

中国版本图书馆 CIP 数据核字（2014）第 038009 号

高炉设计——炼铁工艺设计理论与实践（第 2 版）

出版发行	冶金工业出版社	电　话	（010）64027926
地　　址	北京市东城区嵩祝院北巷 39 号	邮　编	100009
网　　址	www.mip1953.com	电子信箱	service@mip1953.com

责任编辑　刘小峰 等　美术编辑　彭子赫　版式设计　孙跃红
责任校对　王永欣　责任印制　禹　蕊
北京建宏印刷有限公司印刷
2007 年 11 月第 1 版，2014 年 3 月第 2 版，2023 年 7 月第 2 次印刷
787mm×1092mm　1/16；59 印张；1433 千字；914 页
定价 188.00 元

投稿电话　（010）64027932　投稿信箱　tougao@cnmip.com.cn
营销中心电话　（010）64044283
冶金工业出版社天猫旗舰店　yjgycbs.tmall.com
（本书如有印装质量问题，本社营销中心负责退换）

序　言

　　对高炉炼铁过程的认识一般是把感性认识的实践经验，加以总结、提升为理性，制订出大体上相应于客观过程的法则性的思想、计划或方案，应用于高炉炼铁工程的过程。高炉炼铁设计是其中的一环，也是如此。认识不能停滞，不能中断，也不能固化，应该发挥其能动作用，引领对事物理性的进步，才能带动炼铁设计技术的发展。可是道路是迂回曲折的。因为事物本体在没有被人陈述或判断时，处于遮蔽状态；而要认清或揭示出事物的本来面目，达到"去蔽"状态就不容易；并且要证明对事物的陈述或判断是真的达到了"去蔽"，还需依靠高炉炼铁生产实践的检验。

　　21世纪之前，我国一直处于钢铁匮乏的状态，高炉冶炼的主要目的就是多产铁。虽然一批有识之士提出了合理强化的问题，历经了半个多世纪的争论，但由于没抓住要领，得不出结论，一直迁延至今，形成了考量"冶炼强度"的习惯，甚至成了"传统"。古人云："竭泽而渔，岂不获得？而明年无鱼，焚薮而畋，岂不获得？而明年无兽。"而当今产能过剩，节约资源、能源，减少排放的压力剧增，迫切需要改变传统的观念。

　　"传统"往往具有权威性以及信仰的性质，习惯上还具有耐久性、滞后性、约束性以及凝聚性和偏激性。我们只是想要科学地说明高炉的强化，寻求合理地强化高炉的方法，不是"否定"强化，更不是"抛弃"强化。即使如此也存在一定的风险。

　　我们一直认为经验和统计难免有片面性、不稳定性，易因条件、环境而变；只有与自然科学的基本规律相结合才有高的可靠性。

　　正确对待"传统"的态度是：（1）对老传统应做新解释；（2）新解释主要是指向当前；（3）解释是传统自身的活动过程；（4）对传统的新解释是一个受限制与打破限制的斗争过程。

　　孔子曰："非其鬼而祭之，谄也。见义不为，无勇也。"要想根本解决问题必须冒一定的风险。首先要放下历史的包袱，下决心做好必要的思想准备，考察"冶炼强度"导致弊端的根源和实质。

对待"传统"必须多角度地加以审视和反思，才能发现问题的症结。对事物的认识过程是渐进的，发展的，逐步由浅入深、由粗到精、由表及里的过程，不存在顿悟。冶铁的历史虽然很长，但由于高炉炼铁过程是在密闭的、耐火材料和炉壳包裹着的炉体——黑箱内进行，到目前仍然缺乏必要的探测仪器。炉内现象主要是依靠高炉工作者的经验、积累的知识和有限的仪表进行推测、分析，而高炉内的现象及其影响因素又相当复杂，盘根错节，交互作用。高炉炼铁经过近百年的进步，已经逐渐从技艺进步为技术，表现在创建了许多新理论，并为尔后的实践所证实。

我们时时刻刻都在遇到问题或困难，这就是我们研究的动因。问题的产生有可能过去我们没有看到或发现，或者从前觉得没有必要去解决；而由于形势的变化就会演变成迫切需要去解决的问题，需要有人及时去面对、去把握，同时提出解决问题的最佳方法。本书是在新形势下，为了系统地满足高炉炼铁节能减排和降低成本的要求，实现既高产又降耗的一个总结。

为了弄清问题的实质必须用矛盾的观点来分析，在高炉现象中存在着许多矛盾，其中必定有一种矛盾起着主要的、决定的作用。我们认为高炉强化是一个动力学问题，其主要矛盾是下降炉料与上升气流两者之间的矛盾。而单纯追求多通过气流，导致故障是激化矛盾的做法，不如利用矛盾，寻求两者统一的条件和平衡点，充分利客观规律，妥善处理矛盾。

由于高炉炼铁是一个复杂的过程，高炉的毛病全靠操作者及时去发现、调理和医治，除了抓住主要矛盾以外，还存在着许多其他矛盾。又由于高炉缺乏足够的信息去发现、说明故障的源头，在某种条件下，如果忽视了次要矛盾它又可能转化成主要矛盾。在高炉炼铁范畴内，除了应用物质平衡、能量平衡的规律以外，还要应用流体力学、运动力学、化学反应动力学等被反复证明的基本规律；以及高炉内软熔带、风口循环区、死料堆等基本现象进行分析。而且要用整体的、运动发展的、平衡的、辩证的观点，要用矛盾的同一性证明两者共处的范围。"事有必至，理有固然。"我们只是应用了现代炼铁科技成果来诠释评价高炉炼铁生产，相信按照这些方法形成的设计体系，可以妥善处理生产中、设计上的不同问题。

目前大多数高炉已经采纳了评价高炉生产率的新指标。经过生产实践证明，它对推动高炉炼铁节能、减排是有好处的，也为完善设计规范创造了条件。

　　对新指标的论证、推广、应用，对我们来说，既提高了炼铁技术和理论水平，同时也提升了辩证思维水平、科学分析问题的能力，这比寻求解决问题的方法更为重要。我们在学习总结当代炼铁科技成果时，发现还有许多高炉现象不能得到完美的解释，因此提供辩争、思索的空间，这也正是研究高炉冶炼过程的魅力所在。望能与炼铁界的同仁一起为推动中国炼铁技术的发展共同努力。

项钟庸

2014 年元月

第 2 版前言

本书第 1 版自 2007 年发行以来，不但受到炼铁设计工作者的欢迎，而且受到广大炼铁生产第一线的读者欢迎。关于后者，本来是没有预料到的。

其实现在想来也很正常，因为任何设计都必须满足生产对工艺设备能力的要求，而设计的基础是理论，并根植于生产实践，要想使设计合理必须有实践和理论的支撑。本书在编写时力求将理论、设计与生产实践结合起来，当读者遇到问题时，可以从本书中找到解决问题的思路或方案。

本书第 1 版出版发行和《高炉炼铁工艺设计规范》（以下简称《规范》）执行 6 年来，我们一直在收集《规范》的执行情况和对本书的反映。由于《规范》是对设计的原则指导，而本书解释了《规范》中条文制订的前因后果。对《规范》起到了说明和补充的作用，有助于《规范》的执行。在起草《规范》过程中和本书编写前，我们对高炉冶炼强度的问题做了调研，认为存在合适的冶炼强度，但之前由于片面追求高冶炼强度，对生产和设计产生了巨大的负面影响，成为我国高炉炼铁燃料比高和炉龄短的主要原因之一。因而，《规范》中未采用冶炼强度指标，这在第 1 版中已经做了说明。虽然我们早就了解国外关于强化高炉的理念与我们大相径庭；也掌握了国外高炉广泛使用炉腹煤气量来评价高炉的强化程度，以及用最大炉腹煤气量能够解决合适冶炼强度的取值问题，但由于国内炼铁界思想上没有对最大炉腹煤气量的认识形成共识，《规范》采用宁缺毋滥的办法，没有采用"冶炼强度"指标，使其失去了法定的依据也算是一个进步。

第 1 版只是从气体动力学的角度说明了炉腹煤气量符合高炉炉内现象。由于除了中国，其他国家最多只拥有几十座高炉，可以对每座高炉的最大炉腹煤气量进行标定。而中国有上千座高炉，无法一一进行标定，从而提出了能够通用于各级别高炉的炉腹煤气量指数，并只建议用其来弥补《规范》放弃冶炼强度的重大缺失。

虽然《规范》还没有正式用炉腹煤气量及其指数来取代冶炼强度，但至少解脱或破除了用冶炼强度来确定高炉各种设备的依据。由于前苏联的指标体系已经统治中国炼铁界 60 多年，影响到高炉炼铁的方方面面。而表面的"破"，仍难以摆脱前苏联的条条框框，不能克服高炉的建设投资的积压和装备选择不合理等问题。

前苏联在 20 世纪 30 年代提出冶炼强度是为了在设计中确定高炉炉容的方便而导出的参数，两者都包含着容积的概念。而炉腹煤气量指数是流速概念，是炉腹煤气量除以炉缸面积得到的参数，因此，建议同时采用炉缸面积利用系数与之相对应，就能避免为了追求更高的容积利用系数，有意降低炉腹煤气量指数来缩小高炉容积、降低高炉高度、扩大炉缸直径，使原本合理的高炉内型受到破坏的后果。而用单个炉腹煤气量指数不但没有起到校正的作用，反而变本加厉使设计出的高炉更加不合理，使得煤气在炉内的停留时间进一步缩短，对炉内还原过程更加不利，而导致燃料比升高。

由于高炉冶炼过程是非常复杂的系统，要提升某个参数作为指标必须从多角度、多方面讨论指标的合理性，同时也是为了更好地应用于设计。

近年来，炼铁界对高炉节能、减排的意识不断增强，对高炉强化的观念有了改变。生产操作首先接纳了控制炉腹煤气量以降低燃料比来强化高炉的观点，并且取得良好的效果。

我们还从还原动力学的角度来检验这些参数的合理性，提出了一组参数，并继续系统地、全面地论证新的强化理念，从而建立新的评价高炉生产效率指标体系，初步形成新的设计体系。

为了论证新指标的合理性，必须采取严密的、科学的态度。这也是编写本书的态度，也因此确立了本书的编写宗旨是从实践出发，但又不停留于经验和感性认识，而是进一步提高到理性的认识。为此，本书力求做到这一点。

《高炉设计——炼铁工艺设计理论与实践》（第 2 版）（以下简称"第 2 版"）以新的指标体系来解决强化的主要矛盾，围绕节能、减排，对高炉现象进行分析，并收集了大量生产数据进行验证。用新的观念和视角对许多问题有了新的看法，并提出不同的解决办法，努力做到理论与实践的结合。相信第 2 版更为实用，更有参考价值。第 2 版在结构上也重新进行了编排，对一些章节也做了重大的调整和大幅度的增删。

（1）新指标体系与老指标体系代表了两种不同的强化高炉生产的理念，两种不同强化理念产生了两种不同的结果。采用老指标体系强化高炉的手段就是提高冶炼强度，其结果燃料比升高。新指标体系指导高炉操作达到最高炉腹煤气量指数以后，以高炉稳定、顺行为主，力求降低燃料比来达到高产，其结果是高炉既高产，又节能、减排，还降低消耗，从而提出了各项新指标的适宜范围。

(2) 高效利用资源、高效利用能源，降低成本是炼铁企业发展的根本。从碳平衡和 CO_2 排放入手，分析了新指标促进降低燃料比的作用，也因此降低吨铁耗风量、耗氧量等消耗，达到节能、减排，降低成本的目的。而且指明运用各种降低 CO_2 排放的方法及取得的效果，切实起到全面评价高炉生产效率的作用。

(3) 世界铁矿石资源逐渐贫化、焦煤资源匮缺日益严重，特别是进口焦煤的价格飞涨；高炉精料仍然是改善高炉各项指标的基础。介绍了焦炭质量对高炉顺行、强化、炉缸工作、适宜炉容都有重大影响；第 2 版介绍了提高焦炭质量的途径，还指出精料中的有害元素入炉后对高炉长寿有影响。应强调"粗粮细作"以适应客观条件的变化。

(4) 对提高高炉强化的途径进行了全面的分析，包括气体动力学、风口循环区、死料堆、炉内热量和温度的影响及制约因素。例如气体动力学因素中，分析了具体高炉中的液泛、流态化、管道因素、透气阻力系数对高炉操作的影响；说明高炉最大炉腹煤气量指数及最高透气阻力系数，可以用以指导高炉的操作。

(5) 利用新的指标体系分析了强化模式与燃料比的关系。用还原动力学的观点阐明炉料和煤气在炉内的停留时间与燃料比的关系；强调了煤气利用率、炉腹煤气效率对高炉降低燃料比和强化的重要性。分别介绍了在降低燃料比的措施中，布料、喷煤、高风温、脱湿、低硅冶炼和控制热损失的作用。阐述了喷煤对炉内透气性的影响，以及低硅冶炼对高炉寿命的影响。

(6) 在介绍经典的物料平衡和热平衡的应用时，以煤气利用率理论为基础介绍了制作最低燃料比、碳消耗图表的方法，利用这些图表更能有效地指导高炉操作。还专门介绍了利用线性规划方法，以及将炉腹煤气量等操作因素制作成高炉炼铁的最佳化经济操作模型的方法。

(7) 在高炉的生产经验方面，阐述了合理的操作制度、高炉顺行是最重要的高炉长寿措施；活跃炉缸中心、减轻铁水环流是长寿的有效手段。分析了炉料应力、铁水流动及温度对炉底、炉缸结构耐火材料的综合侵蚀作用；严密监视炉墙的残存厚度，分析了炉体耐火材料的侵蚀和冷却设备的损坏原因；从而推荐了最佳的炉体结构。对于炉底灌浆、加配钒钛矿等特殊护炉措施提出了注意事项和使用条件。

（8）由于长期使用冶炼强度等老指标，忽略了高炉炉容与炉缸面积之比，以及炉料在炉内的停留时间和煤气在炉内的停留时间等重要参数，致使煤气与炉料没有充分接触，造成燃料比升高。特别是采用薄壁高炉结构，仍然要保持高指标，使得高炉内型的变化违背了自然变化的规律。把炉腰直径限制得过小是影响铜冷却壁寿命的重要因素。研究了厚壁高炉生产后内型的变化及其与薄壁高炉内型的关系，提出了新的薄壁高炉内型设计方法。

（9）根据气体动力学原理确定最大炉腹煤气量，确定最大入炉风量和送风制度，为合理选择鼓风机、热风炉、煤气系统和炉顶余压发电设备（占高炉总投资50%以上）能力提供了理论依据，避免选择的设备能力过大，而造成投资过大的浪费。同时为高炉生产确定合理的送风制度（风量、氧气量、鼓风湿度等）创造了条件。

（10）增补了顶燃式热风炉和热风管道结构及受力损坏原因分析及修复等内容。介绍了热风炉蓄热室的优化方法，认为格孔缩小、格砖减薄应与缩短送风周期相配合。在目前条件下不宜进一步缩小格孔。热风炉蓄热室的优化中最主要的是入炉风量的优化，选取合适的蓄热面积和格孔参数，并与合适的送风周期相配合。蓄热面积过大，废气温度上升的时间长，相应地送风时间长，拱顶温度与热风温度差大，不一定能提高风温。缩小格孔和减薄格砖厚度应与缩短送风周期相配合。

（11）增补了近年来出现的新设备、新工艺；增补了高炉自动化、专家系统的内容。实际上，本书许多章节都可以进一步用来开发出专家系统的子系统。

（12）增加了高炉大修内容，特别是介绍了大型高炉快速大修的经验。

本书尝试着应用现代炼铁科技成果来诠释评价高炉炼铁生产效率的新方法的工作，只是站在当代炼铁科技成果巨人的肩上，做了一点规律性、系统化、指标化的工作。之所以认为需要形成一套体系是考虑矛盾转化的各个方面，仅仅用一个指标容易偏颇，因而用相互平衡、相互制约的指标形成体系，才能进行全面的评价。第2版的各个章节中运用了这些结果以及推理方法，按照这些方法形成的设计体系，应能较好地处理生产中、设计上的不同问题。新方法符合高炉炼铁的客观规律，可以解决高炉强化中的症结；有利于纠正高炉生产操作中不正确的强化观念。

钢铁工业高增长、高回报的时期已经过去，资源、环保压力增大，通过高炉炼铁生产效率评价的新方法和设计的新体系进行高炉设计可以做到：

（1）在投资一定的条件下，解决装备水平与装备能力两者存在的矛盾。避免盲目提高产量、盲目提高装备能力，把有限的资金用在刀刃上，提高投资效益。

（2）全面满足生产获得较高指标的要求。正确处理高产与低燃料比的关系，特别是在我国高炉强化程度很高的情况下，处理好高产与低耗、节能减排、降低 CO_2 排放，降低成本存在的矛盾。

（3）在投资一定的条件下，长寿与装备能力两者存在矛盾，正确处理两者的关系，可以化解这一矛盾。

经过论证和实践检验，炼铁界开始认可高炉炼铁生产效率评价的新方法和设计的新体系的合理性，进而把相关指标规范化，以便广泛推行和使用。从一定程度上讲，本书由原来的初衷是解释《规范》，而转变成为用一定篇幅来论证和阐述高炉生产效率评价的新方法和设计的新体系，为修订《规范》提供了理论依据和基础。

本书的作者来自我国重点院所、学校和企业，他们之中有的是设计大师，有的是教授、博士，有的是知名专家。大家在百忙之中积极参与，多方收集资料和意见，对第1版的修订工作自2009年就已开始，并分别于2009年11月25日和2010年3月28日在上海和重庆召开了修订工作研讨会。参加第2版的撰写人员名单如下（章节中的第一作者为该章的负责人）：

第1章 项钟庸　邹忠平

第2章 王　冬　项钟庸

第3章 曹传根

第4章 徐万仁

第5章 项钟庸　陶荣尧

第6章 朱锦明

第7章 王筱留　汤清华　姜　华

第8章 项钟庸　欧阳标　孙明庆　郭　敏　姚　波

第9章 吴启常　项钟庸　邹忠平　魏　丽　胡显波

第10章 苏　蔚　项钟庸　李文忠　贺友多　李　超　罗志红　杨　艳

　　　　　　　刘冬梅　　李　仲　　王利峰　　李益民

第11章　汤清华　　项钟庸　　左海滨

第12章　姜　华

第13章　唐振炎　　李　勇　　张　建　　张汇川　　贺春萍　　徐　辉　　张春琍

　　　　于洪梅　　毛庆武　　钱世崇　　李　欣　　刘诗乐

第14章　邹忠平　　熊拾根　　项钟庸　　汤传盛

第15章　唐文权　　王筱留　　颜　新

第16章　马作舫　　向廷海　　熊树林　　熊拾根

第17章　于仲杰　　欧阳标　　徐　坚　　杨　兵　　王劲松

第18章　欧阳标　　张福明　　董会国　　罗云文

全书由项钟庸任主编、王筱留任副主编。

　　本书在编写过程中，得到了炼铁界同仁和冶金工业出版社杨传福的大力支持和帮助，在此表示感谢。本书的编写和出版得到了编写人员所属单位的支持和帮助，尤其是中冶赛迪工程技术股份有限公司的领导和同事的支持，在此对他们表示诚挚的感谢。

项钟庸　王筱留

2013 年 12 月

第1版前言

国民经济新的发展理念是要从粗放型经济增长方式转变到实现经济又好又快发展的轨道上来。对于炼铁工业来说，要继续全面贯彻"高效、优质、低耗、长寿、环保"的炼铁方针，在保证生产的基础上，以节约资源和能源为中心来组织生产和进行设计。为此，必须在技术思想、生产理念和操作习惯等方面进行调整。大家知道，烧结、焦化和高炉组成的炼铁系统的资源消耗和能源消耗及污染物的排放量约占整个钢铁企业的三分之二。高炉炼铁是高能耗、高资源消耗型的生产单元。高炉炼铁设计必须积极推行可持续发展和循环经济的理念，提高环境保护和资源综合利用水平，节能降耗。以"减量化、再利用、再循环"为原则，以低消耗、低排放为目标，积极采用降低能耗和清洁生产的技术，减轻对环境的不良影响。炼铁工业从技术思想、生产理念到操作习惯都必须做大幅度的调整。高炉冶炼过程是一个矛盾的统一体。按照过去组织生产所强调的统一点和重心，往往倾向于高产的一面，而忽视了低耗、长寿和环保的一面。为了彻底改变这种状况，必须提高认识，在行动上对统一点和重心做必要的转移。这一转移需要整个炼铁界同仁的共同努力。本书从最基本、最能起引导作用的地方着手，对炼铁方面存在的一些问题，以及制约炼铁工业可持续发展的问题进行了梳理，其中重要的问题莫过于建立新的考核指标和修订原有的考核指标。例如，自20世纪50年代从苏联引进高炉冶炼强度指标以来，就一直对合适的冶炼强度问题有争论，历经半个多世纪，问题仍没有得出明确的结论，即使有时意见趋于一致，但时间不长，又产生了新的分歧。

我国长期以冶炼强度作为考核指标，造成了高炉强化方针的片面性和操作思想的混乱。特别是在"大跃进"时期，提出了"以风为纲"的错误口号，对我国高炉生产造成了巨大损失，致使我国炼铁能耗和燃料比长期处于落后局面，对此应该很好地总结经验教训。

强化高炉冶炼包括两个方面：一是强化冶炼；二是降低燃料比，缺一不可。两者必须统一。本书赞成采用合适的冶炼强度的观点，但是认为采用与指导高炉日常操作的透气阻力系数密切相关的炉腹煤气量来衡量高炉的强化程度更为适宜。本书对炉腹煤气量进行了深入研究，提出了更加通用、更加科学、更加定量化的炉腹煤气量指数，以求规范高炉设计和操作。本书认为用炉腹煤气量指数取代冶炼强度等旧指标、老观念，势在必行。

现代高炉炼铁工艺设计旨在计划、规划新高炉的各个方面，包括硬件和软件，包括操作设计和设备、结构设计，全面贯彻高炉炼铁的高效、优质、低耗、长寿、环保的方针。高炉炼铁设计工作具有创新性、创造性和创作性。

为了达到上述目的和要求，现代高炉设计工作者需要具有高炉过程、设备、结构等方面的理论知识和应用理论的能力。本书用一定的篇幅介绍了与高炉设计有关的基本理论，包括炉腹煤气量的计算、最大炉腹煤气量的确定、高炉破损机理以及热风炉热交换理论、燃烧过程等等。本书对这些方面的成果做了简要介绍，力求为炼铁工作者和设计工作者提高理论和技能水平指明方向。只有用正确的理论指导实践，才能做好设计工作。对于有机会更多接触实际的设计工作者来说，理论是不可缺少的基础，有了坚实的理论基础才能更好地深入研究设计，抓住创新的机遇。

为了深入贯彻落实科学发展观和国家产业政策，国务院要求组织编写一批国家规范。2005~2007年建设部组织编写了国家标准《高炉炼铁工艺设计规范》（以下简称《规范》）。《规范》对最重要的高炉炼铁设计经验进行了总结，并提炼成条文，用以指导和规范设计工作。《规范》根据我国炼铁工业当前面临的形势，在建立新的理念、转变观念方面做了一定的努力。

虽然《规范》也有一定的前瞻性，但是迄今尚未得到炼铁界公认的新观念、新理念、新指标和新方法，暂不便纳入《规范》中，本书的作者大多都参与了《规范》的起草和撰稿工作，特地将其整理、融入到本书中，与炼铁界的同仁进行探讨。本书提出了新的理念，具有鲜明的观点，系统地进行了论述，并落实到各章节中，具有很高的可操作性。本书全面反映了我国高炉炼铁设计的大量科学试验和工程实践，从而提出了高炉设计的新体系。编写本书的目的之一就是为了阐释制定《规范》的思路及其理论与实践方面的依据。同时，对于今后执行和修订《规范》具有参考意义。如果本书在这些方面能起到一定作用的话，就达到我们编写本书的目的了。

本书引自《规范》的条文特地用黑体排印，故对《规范》的条文说明和专题报告就不再注明参考文献。在此谨向《规范》的主编单位——中冶赛迪工程技术股份有限公司，参编单位——宝山钢铁股份有限公司、鞍钢新钢铁有限责任公司、中冶京诚工程技术股份有限公司、中冶南方工程技术股份有限公司、首钢设计院、鞍钢设计院、武汉钢铁（集团）公司、本溪钢铁（集团）有限责任公司、中冶华天工程技术股份有限公司、中冶东方工程技术股份有限公司、攀枝花钢铁（集团）公司等表示谢意。

本书的作者来自我国重点院所、学校和企业，他们中有的是设计大师，有的是教授、博士，有的是知名专家。大家在百忙之中积极参与，从开始编写到交稿仅用了不到一年的时间。由于《规范》尚在审批中，书中内容如与《规范》有出入之处，应以正式公布的《规范》为准。

参加本书各章编写的人员名单如下（各章中的第一作者为该章的编写工作负责人）：

第 1 章　项钟庸

第 2 章　曹传根

第 3 章　徐万仁

第 4 章　王　冬

第 5 章　朱锦明

第 6 章　陶荣尧　项钟庸

第 7 章　汤清华　姜　华

第 8 章　王筱留

第 9 章　项钟庸　孙明庆

第 10 章　吴启常　项钟庸　胡显波　张　涛

第 11 章　邹忠平　熊拾根　项钟庸　汤传盛

第 12 章　苏　蔚　李文忠　项钟庸　贺友多　李　超

　　　　　陈映明　刘冬梅　李　仲　王利峰　李益民

第 13 章　唐振炎　李　勇　张　建　张汇川　贺春萍

　　　　　徐　辉　张春琍　于洪梅　毛庆武

第 14 章　马作舫　向廷海　熊树林　熊拾根

第 15 章　唐文权

第 16 章　欧阳标　徐　坚　杨　兵

全书由项钟庸任主编、王筱留任副主编。

本书在编写过程中，得到了宝钢、鞍钢和各炼铁厂，以及炼铁信息网和中国金属学会王维兴的大力支持和帮助，在此一并表示感谢。本书编写和出版过程中，还得到了编写人员所在单位的支持和帮助，尤其是得到了主编单位的领导和同事们的鼎力支持，在此谨向他们表示诚挚的感谢。

项钟庸　王筱留

2007 年 4 月

目　　录

1 高炉炼铁技术方针及设计的新体系

为贯彻科学发展观和《钢铁产业发展政策》，保证高炉炼铁工艺设计做到技术先进、经济合理、节约资源、安全实用、保护环境。

随着我国工业、农业的现代化，人民生活水平的提高，对钢铁材料的需求迅速增长，钢铁产业在今后较长时期仍将是国民经济的重要产业。

正确的工艺设计理念必须建立在符合客观规律的基础上，包括各种自然规律、经济和社会规律，除了要体现技术进步、经济效益，还必须重视环境效益，遵循社会道德、伦理和社会公正、公平等准则。

可是，钢铁工业是高资源消耗、高能源消耗的产业，尤其是焦化、烧结、球团和高炉生产工序组成的炼铁系统的碳排放量约占整个钢铁企业的90%，而资源消耗、能源消耗和污染物的排放量约占整个钢铁企业的70%。其中高炉炼铁的碳排放量约占整个钢铁企业的70%以上，而资源消耗、能源消耗和污染物的排放量约占整个钢铁企业的50%以上。炼铁系统在钢铁工业节能减排中有举足轻重的地位。长期以来，由于历史的原因我国对高炉强化的认识存在误区，重产量、轻能耗，重系数、轻焦比，导致燃料比长期居高不下，至今仍未得到改变，因此改变观念，大力推行高炉低碳炼铁、节约资源和能源的任务还很重。

科学发展观及构建和谐社会需要新的工程观。这种工程观就是要体现以人为本，人与自然、人与社会协调发展的核心理念等。这是因为一切工程都是为人建造的，越是重大工程，越需要通盘考虑，看是否真正造福于人民。人、自然与社会，三者应在工程活动中达到"和谐"状态，一切工程的规划设计实施，也应以此为出发点。

高炉炼铁设计必须积极推行可持续发展和循环经济的理念，节能降耗。以"减量化、再利用、再循环"为原则，以低碳、低消耗、低排放为目标，积极采用降低能耗和清洁生产的技术，减轻对环境的不良影响。高炉炼铁要积极应对低碳经济的挑战，除了采取"精料"以外，大力推行降低燃料比和焦比是实现"减量化"的有效手段。

我国炼铁工业也和钢铁工业一样面临新的结构调整期。在我国炼铁工业的发展中也产生了一系列的矛盾：产能扩张压力大；结构性矛盾和生产布局不合理；资源、能源、运输、环境压力大。炼铁工业要大力推进技术改造、发挥科技的力量，提高企业效益；重视节能环保，发展循环经济；淘汰落后和过剩产能，对于高能耗、高污染的高炉要加以限制和淘汰。

1.1 高炉炼铁的技术方针

正如改变我国社会发展的指导方针和衡量指标是改变社会增长方式的重要环节一样，正确制定高炉炼铁技术方针和修改炼铁技术指标体系是改变炼铁工业增长方式的重要环节，同时也为设计的规范化、最佳化创造条件。

20 世纪 60 年代，鞍钢科学地总结了高炉的生产规律，提出了高炉冶炼应以精料为基础，遵循"高产、优质、低耗、长寿"八字技术方针，组织生产以后被确立为高炉生产的技术方针并在全国推广，获得良好效果。

新的时期在"八字"方针的基础上，将"高产"改为"高效"更为全面，此外，增加了"环保"，提出了"高效、优质、低耗、长寿、环保"的"十字"方针。全面贯彻"十字"方针是具体落实《钢铁工业产业政策》和《能源政策》的需要。高炉设计必须处理好"十字"方针中五个方面的相互关系，认真研究优化操作指标，并且"高效"应该理解为高效利用资源、高效利用能源、高效利用设备等[1,2]。改变以扩大规模、追求产量的增长方式。高炉设计应掌握高炉操作指标的变化对全面达到这些目标的影响，高炉生产更应全面贯彻"十字"炼铁方针。

1.1.1 全面贯彻炼铁技术方针[1~3]

《高炉炼铁工艺设计规范》（以下简称《规范》）规定了高炉炼铁工艺设计的指导思想和目标，促进了高炉炼铁全面贯彻科学发展观，转变增长方式。**高炉炼铁工艺设计应以精料为基础，采用喷煤、高风温、高压、富氧、低硅冶炼等炼铁技术。全面贯彻高效、优质、低耗、长寿、环保的炼铁技术方针。**也就是说，以精料为基础，提高透气功能；以节能减排为核心，持续降低焦比和燃料比；以大型化为方向，优化高炉结构组成；以长寿为依托，保持钢厂持续经济运行；以提高资源、能源和设备利用效率为目标，持续稳定地生产低成本优质生铁，走可持续发展的道路。

在提倡低碳经济，减少 CO_2 排放的条件下，节能、减排、降低焦比及燃料比，成为当代高炉炼铁的一个最重要课题。因此应对多年来沿袭的高炉强化理念和强化方式，以及沿用的评价高炉的方法进行分析，提出适应 21 世纪高炉技术进步的新观点、新评价指标，以期对我国炼铁工业的发展起到正确的导向，对高炉炼铁走既高产，又节能、减排和低燃料比的途径具有重大的意义。

1.1.2 克服高冶炼强度的负面影响[4~6]

1958 年以来，我国炼铁生产采用提高"冶炼强度❶"，追求"利用系数"为中心的"高炉强化冶炼"方针和途径，致使我国高炉长期以来处于高燃料比、高焦比、高耗能、

---

❶"冶炼强度"是由前苏联国立冶金工厂设计院（Гипромеза）技术经济专业的 Б. П. Колесников 和 С. М. Вейнгартен 于 1932 年在 Советская Металлургия 杂志第 7 期上发表题为《高炉和平炉生产率系数》首先提出来"每昼夜 $1m^3$ 有效容积燃烧的焦炭数量"这个指标[7]。这篇文章是前苏联国立冶金设计院提交给 МТЭС（可能是冶金技术经济委员会）的报告的解释文章。文中列举了用这个指标与容积利用系数配套便于 $1000m^3$ 高炉设计指标的计算。可能是由于巴甫洛夫（М. А. Павлов）院士指出："冶炼强度的缺点是以焦炭的消耗为转移"等问题，当时在实际生产中并没有使用。直到 20 世纪 50 年代初苏联才开始应用。不久 1954 年 М. Я. Остроухов 等人发现了高的冶炼强度导致焦比升高的问题，引发了冶炼强度与焦比的辩论。1956 年苏联著名学者 А. А. Рамм 教授根据生产统计总结出了"中等"冶炼强度时，焦比存在最低值。

冶炼强度在 20 世纪 50 年代初由蔡博传入中国。他在 1955 年也提出中等冶炼强度的观点，适逢我国 1958 年"大办钢铁"上了许多小高炉，冶炼强度高，因此，认为"中等冶炼强度"阻碍了炼铁生产的发展，蔡博也受到了批判。由此，我国长期以来追求高冶炼强度，致使燃料比居高不下，并吹捧小高炉的"生产效率高"，阻碍了降低燃料比，忽视节能减排，并在一定程度上妨碍大型高炉的发展。

高排放的落后局面。由于冶炼强度没有抓住高炉强化的主要矛盾及主要矛盾方面，不能反映高炉最重要的炉内上升气流与下降炉料之间的矛盾，又不能反映炉内还原剂及热量的需要，即高炉强化的主要矛盾方面，因此使用冶炼强度来指导高炉操作就带有盲目性。

作者也曾对冶炼强度与燃料比的规律进行过大量分析，确实存在"U"字形的变化规律，在某一个区间存在着合理的"冶炼强度"，可是发现不同高炉最低燃料比的位置相差比较大，并且有的高炉并没有找到最低点，因此无法确定合适冶炼强度的确切数值。由此也使我国高炉冶炼强度处于超过"U"字形底部的位置，因此，随着冶炼强度的升高，普遍存在着燃料比也上升的现象，并由此普遍认为要提高产量，必然会提高燃料比，必须做出"牺牲"。这种观念就从思想上放弃了寻求节能、减排，可持续发展的高炉炼铁途径。

关于冶炼强度的争论一直没有停止过[8~13]。从技术经济专业的角度，能够简便地考核生产结果的指标就是好的指标，而不问是否符合高炉冶炼工艺过程。冶炼强度正是满足了经济统计只问"结果"的要求，这恐怕是长期得不出结果的根本原因。

长期争论不休的关键是由于冶炼强度无法与高炉冶炼的现象和过程定量地挂钩。高炉的冶炼条件千变万化，即使主张合适冶炼强度派也提不出其具体数值。对生产管理、高炉操作都带来一定的盲目性，无所适从。

一直受到"有风就有铁"的影响，当高炉产能不足时，提高冶炼强度便成为必选或首选的"捷径"。这就强化了冶炼强度的负面影响，特别是我国小高炉一直认为冶炼强度高是技术水平高、效率高，并为此得意。小高炉恰恰是高冶炼强度、高燃料比、高污染的重灾区。这种影响直到目前尚未完全消除。

对于各级高炉冶炼每吨生铁的炭素消耗和热量消耗几乎是相等的。这一点已经从许多国内外先进高炉的数据所证实，无论 $1000m^3$、$2000m^3$、$3000m^3$、$4000m^3$ 或 $5000m^3$ 级高炉年平均燃料比都在 $490kg/t \pm 5kg/t$，而且炉容小一些的高炉并不比炉容大的高炉燃料比高。而国内有一大部分小型高炉痴迷于高冶炼强度，忽视降低燃料比和焦比。中国钢铁工业协会委托中冶赛迪工程技术股份有限公司进行的"'十一五'装备调查"统计了 2009 年国内 $180 \sim 5800m^3$ 高炉 308 座有效容积与燃料比的关系，见图 1-1。图中按照不同冶炼强

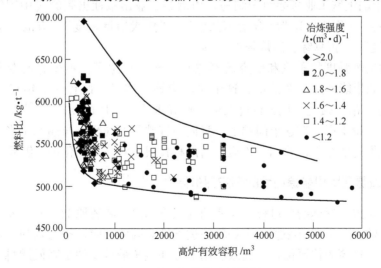

图 1-1　我国部分高炉的燃料比

度分组作了标识，虽然各高炉的冶炼条件相差甚远，可是仍然可以清晰地看到高冶炼强度的高炉燃料比偏高，特别是其中有一大批冶炼强度高的小高炉的燃料比相当高，潜力还很大。总的来说，高炉的燃料比差距很大，改变生产观念，降低燃料比仍然是炼铁界一项最艰巨的任务。

高冶炼强度是一种对高炉认识、生产理念、操作方式等方面的偏差，并因而产生多方面的负面影响：

（1）采用高冶炼强度操作，导致燃料比高，导致我国平均燃料比长期比国外高 50kg/t 以上，甚至达 100kg/t。

（2）选择加大鼓风机的办法，认为增加鼓风就能实现高炉高产，忽视精料。为使炉况顺行在高炉装料制度方面偏重于疏松料柱，忽视煤气的利用率。

（3）由于冶炼强度是一个几十年来讨论不清楚的难题，国人为解决这个无法说明的问题耗费了大量人力、物力、精力，转移了科研、设计研究的方向。

（4）提高冶炼强度只需简单地提高风量，"人有多大胆、地有多高产"，致使高炉粗放型生产；炼铁技术"极易"掌握，炼铁的好坏几乎与掌握的技术无关等现象广为流传。

（5）由于"中等"或"合适"冶炼强度没有确定的取值标准，造成高炉三班操作不一致，引起炉况波动。

（6）在中国炼铁发展史上，小高炉的冶炼强度高，容积利用系数也高。因此普遍认为小高炉的生产效率高，在一定程度上阻碍了高炉的大型化。一直到 21 世纪初有些厂还在新建小高炉。

（7）高炉建设"大马拉小车"，资金积压浪费。

（8）高炉内型设计不合理，出现过低身高炉和矮胖高炉，有效容积与炉缸面积之比过小等。

（9）冶炼强度表征高炉燃烧燃料量的结果，属于结果管理的范畴；缺乏源头管理和过程管理的理念，使得高炉长期处于粗放型的管理状态。

喷吹燃料以后，对冶炼强度指标的计算方法越来越混乱，派生出来了多种冶炼强度。在 2003 年由中国钢铁工业协会组织编写、由冶金工业出版社出版的《中国钢铁工业生产统计指标体系》中规定采用"综合冶炼强度"、"焦炭冶炼强度"。有的厂甚至还加上了"折算冶炼强度"、"折算综合冶炼强度"等。

对于合适冶炼强度的争论和研究已经进行了半个世纪了，不少炼铁专家做了大量工作[2~6,14~16]，如果能够弄清楚的话，这个时间应该足够了。作者几十年来一直主张"合适"或"中等"冶炼强度，也进行过大量工作寻求冶炼强度的规律[17~20]，但找不到有说服力的实践和理论支撑。在这个问题上，我们与炼铁界的同行一样迷惘了半个多世纪。在炼铁科技日益发达的今天，我们应该运用新的科技成果对高炉强化进行解释。

1.1.3 基于资源利用和能源利用的高炉评价体系[6,14~21]

高炉炼铁是火法提炼冶金过程，需要消耗大量的热量和还原剂，而且要有一定的优质焦炭来维持高炉正常生产所必须的高炉料柱透气性。因此，应该把高效利用资源和能源放在评价高炉生产良莠的首要位置。高效利用资源和能源最重要的是降低燃料比。降低燃料比要比提高利用系数的难度大得多，必须更加从技术细节上加以掌控。

1.1.3.1 高炉生产效率的新评价方法

炉缸面积利用系数 $\eta_A(t/(m^2 \cdot d))$：

$$\eta_A = \frac{P}{A} = \frac{1440V_{BG}}{v_{BG}A} \tag{1-1}$$

式中 P——高炉产量，t/d；

A——炉缸断面积，m^2；

1440——每天的分钟数，min；

V_{BG}——高炉炉腹煤气量，m^3/min；

v_{BG}——吨铁炉腹煤气量，取决于燃料比及富氧率，一般在 1250～1680 范围内，m^3/t。

高炉炉腹煤气量指数 χ_{BG} 定义为单位炉缸断面积上通过的炉腹煤气量，用下式表示[6]：

$$\chi_{BG} = \frac{V_{BG}}{A} \tag{1-2}$$

则面积利用系数表示为：

$$\eta_A = \frac{1440}{v_{BG}}\chi_{BG}$$

又令 $\eta_{BG} = \frac{1440}{v_{BG}}$，并命名为炉腹煤气效率，1440 为每天的分钟数，也可理解成以 1440m^3 炉腹煤气为单位生产的生铁量为 1.0，则炉腹煤气效率 η_{BG} 可表示为：

$$\eta_{BG} = \frac{\eta_A}{\chi_{BG}} \quad \text{或} \quad \eta_A = \eta_{BG}\chi_{BG} \tag{1-3}$$

式中 χ_{BG}——炉腹煤气量指数，一般在 58～66 范围内，m/min。

从表征的含义来看，炉缸面积利用系数 η_A 是高炉生产率和强化程度的指标，而炉腹煤气利用效率 η_{BG} 是衡量燃料比高低的指标。当吨铁炉腹煤气量 v_{BG} 等于 1440m^3/t 时，炉缸面积利用系数 η_A 与炉腹煤气量指数 χ_{BG} 的数值相等，亦即 $\chi_{BG} = \eta_A$，$\eta_{BG} = 1$。由式 (1-3) 可知，炉腹煤气效率 η_{BG} 就是炉缸面积利用系数 η_A 与炉腹煤气量指数 χ_{BG} 间的相对斜率或效率。

高炉生产效率的新评价方法强调，炉缸面积利用系数与炉腹煤气量指数应结合起来使用，通过提高炉腹煤气效率，降低燃料比，达到低碳炼铁的目标。

1.1.3.2 使用面积利用系数较容积利用系数合理

高炉强化受炉内煤气的通过能力、通过量的制约，以降低燃料比、降低吨铁炉腹煤气量为中心，用炉腹煤气量指数 χ_{BG} 来对高炉合理强化程度进行定量分析，对高炉合理强化进行科学的解释。因此，用炉缸面积利用系数 η_A 较有效容积利用系数来衡量高炉的利用效率更为合理，这一观点已经得到炼铁专家们的广泛认同。2009 年国内高炉有效容积与炉缸面积利用系数及有效容积利用系数之间的关系见图 1-2。

由图 1-2 可知，不论高炉容积的大小，单位面积上炉内煤气的通过能力相差不大，因此，小高炉的有效容积利用系数高只是一种假象，从炉缸面积利用系数来看，大小高炉就没有明显的差别。大型高炉的面积利用系数 η_A 稳定在 65$t/(m^2 \cdot d)$ 左右；有相当一部分小型高炉的面积利用系数低于大型高炉。片面强调以高容积利用系数来衡量高炉生产效率，造成了错误的强化观念，致使形成小高炉生产效率优于大型高炉的假象。

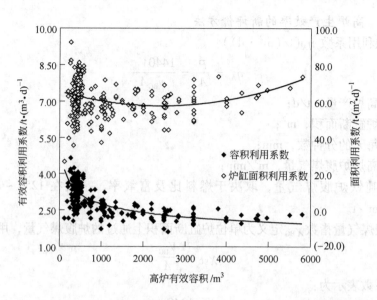

图1-2 高炉有效容积与炉缸面积利用系数及有效容积利用系数之间的关系

为了进一步说明有效容积利用系数 η_V 与炉缸面积利用系数 η_A 等指标的关系，再列举一些高炉的生产操作指标[6]，见表1-1。

表1-1 国内某些高炉的生产操作指标

厂 名	国丰	天铁	三钢	太钢	邯郸	沙钢宏发	A组		B组		
炉 号	1	1	5	4	6	3	M	N	R	S	T
内容积 V/m^3	449	700	1050	1650	2000	2500	3200	4700	4350	4966	5576
炉缸直径 d/m	5.40	6.70	7.80	9.10	10.5	10.90	12.20	13.60	14.00	14.5	15.50
炉缸面积 A/m^2	22.90	35.26	47.78	65.04	86.59	93.31	116.9	145.3	153.9	165.1	188.7
V/A	19.60	19.85	21.97	25.37	23.10	26.79	27.37	28.22	28.26	30.07	29.15
容积利用系数 η_V /t·$(m^3 \cdot d)^{-1}$	3.650	2.945	2.979	2.296	2.485	2.560	2.627	2.337	2.432	2.424	2.266
炉缸面积利用系数 η_A /t·$(m^2 \cdot d)^{-1}$	71.67	58.47	64.10	58.66	57.40	68.59	71.91	67.10	68.74	72.90	66.06
炉腹煤气效率 η_{BG}	0.871	1.135	0.903	0.859	1.052	1.026	0.913	0.891	1.082	1.172	1.072
冶炼强度 i /t·$(m^3 \cdot d)^{-1}$	1.982	1.501	1.548	1.181	1.311	1.354	1.400	1.289	1.192	1.182	1.090
面积燃烧强度 J_A /t·$(m^2 \cdot d)^{-1}$	36.98	29.80	34.02	29.96	30.29	36.27	38.34	36.37	33.70	35.55	31.88
燃料比/kg·t^{-1}	538.0	509.6	530.8	516.0	527.7	528.8	533.1	542.1	490.3	487.6	482.6
焦比/kg·t^{-1}	398.0	358.5	395.5	348.0	392.2	368.8	356.2	364.7	283.8	281.0	304.4
小焦/kg·t^{-1}	—	—	—	—	—	—	—	—	19.4	26.9	35.7
煤比/kg·t^{-1}	140.0	151.1	135.3	168.0	135.5	160.0	176.9	177.4	187.0	179.7	142.5

厂 名	国丰	天铁	三钢	太钢	邯郸	沙钢宏发	A组		B组		
炉 号	1	1	5	4	6	3	M	N	R	S	T
顶压/kPa	118	124	178	179	173	201	223	226	235	263.5	260
风量(标态)/$m^3 \cdot min^{-1}$	1347	1281	2472	3245	3479	4220	6452	7325	6885	6909	8472
风温/℃	1182	1158	1163	1184	1153	1180	1149	1177	1241	1240	1269
湿度/$g \cdot m^{-3}$	约12	约15	15	19.65	12	15	15	15	13.00	12.33	
富氧率/%	3.95	3.51	2.72	1.31	2.20	5.60	3.98	6.18	3.58	5.61	2.75
吨铁耗氧量/$m^3 \cdot t^{-1}$	62.19	41.61	41.44	20.87	28.88	72.44	58.65	91.79	44.40	52.59	35.36
煤气利用率η_{CO}/%			48	49.97	48.73	46	43.2	44.2	51.66	51.21	51.70
炉腹煤气量V_{BG}/$m^3 \cdot min^{-1}$	1886	1816	3392	4395	4725	6238	9208	10941	9783	10274	11627
吨铁炉腹煤气量v_{BG}/$m^3 \cdot t^{-1}$	1654	1269	1595	1676	1369	1404	1577	1616	1331	1229	1343
炉腹煤气量指数χ_{BG}/$m \cdot min^{-1}$	82.33	51.51	70.98	67.57	54.57	66.85	78.77	75.32	63.57	62.22	61.62
操作时期	2009年	2009年	2009年	2009年	2009年	2009年	2009年	2009年	2010年	2010年	2009年9月~2010年4月

注：1. 数据来源：2010年中国钢铁工业协会委托中冶赛迪工程技术股份有限公司进行的"'十一五'装备调查"的统计数据；

2. 本表炉腹煤气量和炉腹煤气量指数均按本书第5章的计算方法计算；有些高炉没有统计鼓风湿度，只能假定北方湿度按12g/m³计算，南方按15g/m³估算。

由图1-2和表1-1的数据，可以进行简单的分析如下：

(1) 大小高炉的容积利用系数虽然有较大差距，但面积利用系数相差不大。小高炉的容积利用系数η_V表面上很高，达到3.65t/(m³·d)，但面积利用系数η_A也仅有71.7t/(m²·d)，仍没有大型高炉的面积利用系数高。由于高炉炉容V_u是直径的三次方关系，炉缸断面积A是平方关系，大高炉的有效容积与炉缸面积之比V_u/A远比小高炉大。在高炉生产率一定的条件下，容积利用系数和冶炼强度与V_u/A成反比[16]。炉内气流速度是高炉现象最基础的参数，与炉容无关，所以容积利用系数不能正确评价高炉的气体力学的状态和炉内的基本现象。炉腹煤气量指数χ_{BG}能够表征炉内煤气的流速，炉腹煤气效率η_{BG}能够表征炉内化学能和热能载体的量。因此用炉腹煤气量指数χ_{BG}、炉腹煤气效率η_{BG}和面积利用系数η_A作为指标是合理的。大中型高炉更不应攀比小型高炉的高容积利用系数。

(2) 由于使用容积利用系数和冶炼强度作为指标，造成煤气流速过高、停留时间不足，致使一些高炉的燃料比相当高，特别是小高炉。我们统计了一批国外高炉的生产指标，1000m³级高炉33座，2000m³级高炉27座，3000m³级高炉14座，4000m³级高炉13座，5000m³级高炉6座，它们的平均燃料比分别为489kg/t、491kg/t、494kg/t、498kg/t和493kg/t。中小型高炉的燃料比还比大中型高炉低一些，主要是煤气利用率η_{CO}平均高达

49.06%。如表 1-1 中天津铁厂、太钢高炉合理强化，炉腹煤气量指数 χ_{BG} 较低的条件下，燃料比 $F.R$ 也能够做到 510kg/t 左右。邯郸 6 号高炉和沙钢宏发 3 号高炉的炉腹煤气效率 η_{GB} 也能超过 1.0。

（3）我国中小型高炉过度强化是燃料比高的主要原因之一。即使大型高炉炉内煤气流速过高，煤气停留时间过短，使得煤气的热能和化学能没有得到充分利用，燃料比也会升高。因此控制炉腹煤气量指数 χ_{BG} 是非常必要的。我国容积 4000m³ 以上的高炉指标达到了国外高炉水平，而较小的高炉受小高炉操作习惯的影响，仍然重产量，忽视降低燃料比。

（4）既然各级高炉面积利用系数的高低都相近，则高炉的效率自然应该用能否高效利用资源、高效利用能源来衡量，用燃料比来衡量。因此所谓小型高炉效率高只是一种假象。

（5）提高富氧率能够提高炉腹煤气效率 η_{BG}。可是有些大高炉没有认识到自身的特点，与中小高炉攀比冶炼强度和容积利用系数，将富氧率提高到 6% 以上，吨铁炉腹煤气量比中小型高炉还高，使得煤气利用率 η_{CO} 和炉腹煤气效率 η_{BG} 比中小型高炉还差，导致燃料比升高，也不能使容积利用系数高于中小高炉。

（6）改变高燃料比的过度强化模式，首先，维持较低的强化水平，改变装料制度、改善布料，提高煤气利用率和炉腹煤气效率，使燃料比下降至规定水平，并提高炉腹煤气效率；然后在保持低燃料比的条件下，逐步提高炉腹煤气量指数，使产量提高。

根据定义可知，炉腹煤气量指数 χ_{BG} 与炉缸面积利用系数 η_A 成正比关系[5]。炉缸面积利用系数 η_A 与吨铁炉腹煤气量 v_{BG} 成反比关系。由于吨铁炉腹煤气量与燃料比成正比，则与炉缸面积利用系数成反比关系。其间存在着相互制约的关系，在下文图 1-4 中有所反映。

图 1-3 表示不同燃料比和不同富氧率时，吨铁炉腹煤气量 v_{BG} 的变化[15]。当燃料比下降 10kg/t 时，吨铁炉腹煤气量约下降 50m³。当提高富氧率 1% 时，吨铁炉腹煤气量约下降 40m³。如果炉腹煤气量指数和富氧率不变，燃料比由 540kg/t 下降到 520kg/t，降低燃料比约 4%；炉缸面积利用系数 η_A 可以由 60t/（m²·d）提高至 64.2t/（m²·d），提高产量约 7%。因此降低燃料比是最有效的增产措施，也是降低成本的有效措施。

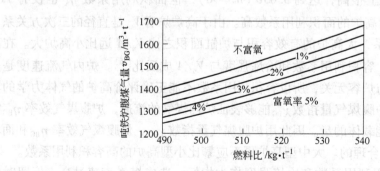

图 1-3 燃料比、富氧率与吨铁炉腹煤气量的关系

提高富氧率可以减少吨铁炉腹煤气量 v_{BG}，提高炉顶压力也可以增加炉内煤气的通过能力，同时也有降低燃料比的作用。提高富氧率、提高炉顶压力也是强化高炉的合适选择。

1.1.4 两种指标评价产生的两种不同结果

高炉的两种强化途径必然产生不同的效果。第一种途径：为了强化就要增加煤气发生量，而为了通过过多的煤气量，不得不采取疏通料柱的措施，使得炉内煤气利用率 η_{CO} 下降，燃料比上升，强化的效果越来越差，高炉利用系数反而得不到提高。第二种途径：采用控制炉腹煤气量指数 χ_{BG}，把提高强度分解为两部分：适当提高炉腹煤气量；更重要的是提高炉腹煤气效率 η_{BG}，充分利用炉内煤气的热能和化学能。这样既提高利用系数，又保持低燃料比。

图 1-4 为 2009 年我国约 150 座高炉的炉腹煤气量指数 χ_{BG}、吨铁炉腹煤气量 v_{BG} 与炉缸面积利用系数 η_A 的关系。图中的直线通过坐标原点，每条直线对应于一定的炉腹煤气效率 η_{BG} 值，即吨铁炉腹煤气量 v_{BG} 值；其中代表吨铁炉腹煤气量 1440m³/t 的直线正好是图中 45°斜率为 1.0 的直线，即炉腹煤气效率 $\eta_{BG}=1$ 作为分界线的两个不同方向的箭头来代表两种不同的强化途径。

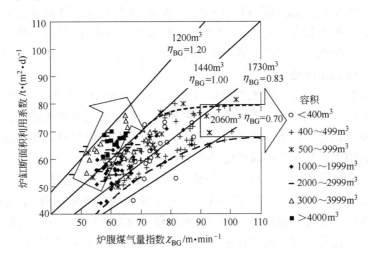

图 1-4 炉腹煤气量指数、炉腹煤气效率与炉缸面积利用系数的关系

当燃料比上升时，吨铁炉腹煤气量 v_{BG} 随之升高，图 1-4 中绘制了吨铁炉腹煤气量 v_{BG} 为 1200m³/t、1440m³/t、1730m³/t 和 2060m³/t，即炉腹煤气效率 η_{BG} 为 1.200、1.000、0.832 和 0.699 四条直线，如果炉腹煤气量指数 χ_{BG} 不变，随着吨铁炉腹煤气量 v_{BG} 的升高，炉缸面积利用系数 η_A 下降。

图 1-4 中按国内高炉容积分为：<400m³、400~499m³、500~999m³、1000~1999m³、2000~2999m³、3000~3999m³、>4000m³ 七个级别，并用不同的点标示。

1.1.4.1 采用提高冶炼强度的结果

由图 1-4 可知，大部分 400m³ 以下、400~499m³ 和 500~999m³ 高炉受冶炼强度的影响比较大，导致吨铁炉腹煤气量很大，炉腹煤气量指数 χ_{BG} 很高，炉腹煤气效率 η_{BG} 很低。这也证明它们的燃料比很高，有一些高炉的燃料比超过了 560kg/t，个别高炉超过了 620kg/t。可是炉缸面积利用系数 η_A 却不高，亦即碳排放高而产量低，资源的利用效率低。高炉强化没有取得所期望的效果，适得其反，导致碳排放升高及资源和能源的浪费。

第一种途径，亦即沿着高冶炼强度推进提高利用系数的途径，其趋势如图 1-4 右边的箭头，初始阶段与左边的箭头并没有太大的差距，可是，随着炉腹煤气量指数 χ_{BG} 进一步提高，箭头向炉腹煤气效率 $\eta_{BG} = 1$ 的右边方向越来越偏转，向增加吨铁炉腹煤气量，使炉腹煤气效率 η_{BG} 降低的方向发展，而高炉利用系数的提高并不明显。由图中右边箭头的变化，上、下限范围曲线的变化可以分为三个阶段：

（1）合理的高炉强化冶炼阶段。在炉腹煤气量指数 χ_{BG} 较低、冶炼强度较低的阶段，随着炉腹煤气量指数 χ_{BG} 的增加，上、下限范围曲线几乎平行于吨铁炉腹煤气量 v_{BG} 直线。也就是说，此时，随着高炉强化，燃料比不发生变化，表现在吨铁煤气量 v_{BG} 和炉腹煤气效率 η_{BG} 都不变，或者吨铁炉腹煤气量 v_{BG} 下降和炉腹煤气效率 η_{BG} 上升。

（2）当炉腹煤气量指数 χ_{BG} 超过 60m/min 至 75m/min 的阶段。曲线有一个转折，炉腹煤气量指数 χ_{BG} 增加而炉缸面积利用系数的增加减缓，吨铁炉腹煤气量 v_{BG} 增加，燃料比上升，炉腹煤气效率 η_{BG} 下降。

（3）过度增加鼓风量、冶炼强度过高的阶段。当炉腹煤气量指数 χ_{BG} 超过 75m/min 以后，随着炉腹煤气量指数 χ_{BG} 和燃料比的升高，炉缸面积利用系数基本上不增加，箭头向水平方向发展，吨铁炉腹煤气量 v_{BG} 迅速增加，炉腹煤气效率 η_{BG} 迅速降低。此时，多鼓风带来的结果只是多烧燃料，多浪费资源和能源以及污染环境。这种状况不符合低碳炼铁的要求，是我们不愿意走的道路。

依据图 1-4 所示的结果，吨铁炉腹煤气量 $v_{BG} = 1440 \mathrm{m}^3/\mathrm{t}$、炉腹煤气效率 $\eta_{BG} = 1.0$ 正好是高炉强化的两个不同认识、不同观点的分界线；采取不同的强化途径，就会得到两种不同的效果。我们认为，对于那些在生产途径上仍旧采取多烧燃料，而炉腹煤气量指数很高、炉缸面积利用系数却偏低的高炉应该进行整顿。

1.1.4.2　控制炉腹煤气量指数，降低吨铁炉腹煤气量的途径

由于冶炼强度没有反映炉内的基本现象，它不像炉腹煤气量指数 χ_{BG} 能反映炉内煤气的流速，不像吨铁炉腹煤气量能反映炉内还原过程还原剂和热能、化学能的需要量。

推荐第二种途径的目的就是用控制合适的炉腹煤气量指数 χ_{BG} 定量控制炉内的煤气流速在合理的范围内；尽量降低吨铁炉腹煤气量是使还原剂的需要量达到较低的范围内。第二种途径要求在不降低炉内煤气利用率 η_{CO} 的前提下，控制炉腹煤气量，并尽量把吨铁炉腹煤气量 v_{BG} 降低至 $1440 \mathrm{m}^3/\mathrm{t}$ 以下、炉腹煤气效率 $\eta_{BG} = 1.0$ 以上来强化高炉、提高利用系数，如图 1-4 左边向上的箭头。

依据宝钢三座高炉自 1999 年至 2009 年 11 月间月平均操作数据，得到炉腹煤气量指数 χ_{BG} 与炉缸面积利用系数 η_A 之间的关系，见图 1-5。图中非常明显地绘出了提高利用系数的途径，利用系数越高，吨铁炉腹煤气量越小。

由图 1-5 可知，炉腹煤气量指数大致由 57m/min 提高到 65m/min 相差 8m/min，面积利用系数就由 $55t/(\mathrm{m}^2 \cdot \mathrm{d})$ 提高到 $75t/(\mathrm{m}^2 \cdot \mathrm{d})$ 相差 $20t/(\mathrm{m}^2 \cdot \mathrm{d})$，即提高炉腹煤气量指数对提高利用系数的贡献率仅为 40% 左右，其余是提高炉腹煤气效率的作用。

1.1.4.3　控制炉腹煤气量指数来降低燃料比提高煤气利用率的途径

在循环区燃烧产生的高炉煤气是冶炼生铁所需化学能和热能的载体。为了更好地利用资源和能源，降低燃料比，必须抓住高效利用炉内煤气这个纲。

改善高炉炉料透气性应该加强原燃料的处理。提高原燃料的强度和采取整粒等措施，

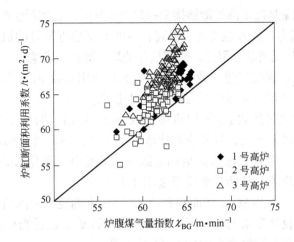

图 1-5　宝钢三座高炉炉腹煤气量指数与炉缸面积利用系数的关系

是强化高炉冶炼的重要手段；另外，降低燃料比、充分利用高炉煤气的热能和化学能，提高煤气利用率 η_{CO}，降低吨铁炉腹煤气量也是强化高炉冶炼的重要手段。因此，必须克服为了追求高冶炼强度，不顾煤气热能和化学能的利用而单纯地疏松边缘或中心，以求得大量炉内煤气能够通过的情况。应在保证不提高燃料比，或者降低燃料比的条件下，采取强化高炉冶炼的手段。

合理的布料应该是在保证低燃料比、较高的煤气利用率 η_{CO} 的基础上，保证炉腹煤气量指数 χ_{BG} 在合理的范围内，采取降低吨铁炉腹煤气量 χ_{BG} 和提高炉腹煤气效率 η_{BG} 来合理强化高炉。

当炉内料柱透气性限制高炉强化时，应采用提高原燃料的质量，以提高炉内通过煤气的能力，提高炉腹煤气量指数 χ_{BG}。

在炉腹煤气量指数 χ_{BG} 受到限制的情况下，提高利用系数的方法，应该是降低吨铁耗风量、降低吨铁炉腹煤气量 v_{BG} 和提高炉腹煤气效率 η_{BG}，更加有效地利用炉内煤气来降低燃料比[4,5]。

在原燃料一定的条件下，对应有一个合理的煤气流速范围。当原燃料质量高时，炉腹煤气量指数 χ_{BG} 可以高些；而原燃料质量较差，相应地炉腹煤气量指数 χ_{BG} 存在较低的限制值，炉腹煤气量指数不是越高越好。

采用炉腹煤气量指数 χ_{BG} 和炉腹煤气效率 η_{BG} 以后，并与炉缸面积利用系数 η_A 以及与表征高炉能耗的煤气利用率 η_{CO} 和燃料比 $F.R$ 指标一起能够克服使用冶炼强度所带来的负面影响[19]：

（1）炉腹煤气量指数 χ_{BG} 能够提供炉内煤气流速的合适值，避免采用过高的冶炼强度操作，导致燃料比升高的现象。

（2）精料是提高料柱透气性的基础，因此提高炉腹煤气量指数 χ_{BG} 的途径必须精料；为要提高产量必须提高炉腹煤气效率 η_{BG} 和煤气的利用率 η_{CO}；在评价高炉装料制度方面不能偏重疏松料柱的作用，而要注重提高煤气利用率 η_{CO}。

（3）用降低燃料比来提高产量必须全面提高炼铁科技水平。全面掌握高、焦、烧的技术水平和管理水平，高炉必须从粗放型管理转变到精细化、集约化管理的轨道上来。

（4）由于能够定量地确定高炉能够接受的炉腹煤气量，在实际生产中，逐步提高炉腹煤气量指数 χ_{BG}，透气阻力系数 K 也将逐步提高；当两者都趋近制订的最高值时，应当采取稳妥的操作方式，避免炉况波动。因此，能够很好地统一高炉三班操作，保持炉况稳定。

（5）如果使用与炉腹煤气量指数 χ_{BG} 配套的面积利用系数 η_A，那么小高炉的生产效率就不一定高。小高炉必须向大高炉学习降低燃料比的经验。

（6）采用炉腹煤气量指数 χ_{BG} 和炉腹煤气效率 η_{BG} 以后，明确了强化高炉冶炼、实现高炉高产不仅由多鼓风来达到，降低燃料比起着决定性作用。因此用最大炉腹煤气量指数 χ_{BG} 来选择鼓风机能力，就能实事求是地确定鼓风机的能力。避免高炉建设"大马拉小车"和资金积压、浪费的现象，从而把建设资金用于刀刃上。

（7）采用炉腹煤气量指数 χ_{BG} 和面积利用系数 η_A 来确定高炉内型，能够避免采用容积利用系数给高炉内型设计带来的负面影响，特别是小高炉应该适当提高炉身高度和高炉有效高度，避免有效容积与炉缸面积之比 V_u/A 过小等。

（8）掌握最大炉腹煤气量指数 χ_{BG} 的规律能够拓宽高炉的强化范围。例如使用富氧、高压操作、精料等。

冶炼强度表征高炉燃烧燃料的结果，属于结果管理的范畴，缺乏源头管理和过程管理的理念，使得高炉长期处于粗放型的管理状态。

1.1.5 新指标符合高炉冶炼规律

新指标的具体作用有：

（1）新指标符合高炉气体动力学。阻碍高炉强化的主要矛盾是上升气流与下降炉料之间的矛盾。从一般气体力学知识可知，流速高了炉料下降的阻力会增加，当流速达到界限值时将阻碍炉料下降。使用表征高炉下部煤气流速的炉腹煤气量指数 χ_{BG} 就不难明确高炉炉内煤气流速的上限值，用它就可以说明精料对高炉生产的重要性。

作者从气体动力学的观点用流态化、液泛等方法证明了炉腹煤气量指数的最大值，并且也提出在不提高燃料比的情况下，利用高炉气体动力学规律扩展强化冶炼的可能性。

（2）用物料平衡和热平衡说明炉腹煤气量指数和炉腹煤气效率。作者分析了吨铁炉腹煤气量 v_{BG} 与燃料比 $F.R$ 的关系。就可使用 Fe-C-O-H 的平衡关系编制的热平衡和物质平衡求最低燃料比的图表，求出燃料比 $F.R$ 与煤气利用率 η_{CO} 之间的关系。不过这里的间接还原度的概念与过去的间接还原度不同：这里的间接还原度不是 FeO 还原时，用 CO 还原的百分率，而是全部铁的氧化物用 CO 还原的百分率。采用这个间接还原率就可以找到某些高炉的实际燃料比 $F.R$ 与煤气利用率 η_{CO} 的关系[17,18]。

当高冶炼强度时，发生的煤气量大幅度增加，使得炉内煤气流速过高，而煤气的热能和化学能没能充分利用，煤气利用率下降，燃料比升高。

（3）从还原动力学的观点说明炉腹煤气量指数的合理性。除了原燃料性能以外，煤气利用率 η_{CO} 在很大程度上取决于炉料与煤气的接触时间、煤气流速和温度。过度强化冶炼必然会增加煤气流速并使煤气与炉料的接触时间过短，使反应动力学条件变差。

我国长期强调高炉的强化，冶炼周期和煤气在炉内的停留时间已经很短，影响煤气利用率和燃料比。高炉炼铁节能减排，就必须在较低的燃料比的条件下生产。那么，煤气利用率是限制高炉强化的又一个重要制约条件。

提高煤气利用率 η_{CO} 与燃料比直接有关，与炉腹煤气效率 η_{BG} 有关。为了提高煤气利用率 η_{CO}，应该采取加强煤气与炉料接触的布料手段。可是，这样会使高炉透气阻力系数 K 有所上升，料柱通过煤气的能力会受到一定的限制，应正确处理两者的矛盾。

改善炉料透气性来提高最大炉腹煤气量指数 χ_{BG}，主要依靠提高精料水平、提高炉顶压力和改善布料（将在第 4 章至第 6 章详述）；以降低燃料比提高炉腹煤气效率，主要依靠降低直接还原度、提高炉身工作效率、减少风口燃烧焦炭和富氧等（将在第 5 章和第 6 章中详述）。

根据气体动力学，在料柱中气体的通过能力是有限度的[14,15]。可是，有一些中小型高炉炉腹煤气量指数远远超过 70m/min 以上，而煤气利用率 η_{CO} 却只有 40% 左右，如果按炉缸面积利用系数计算，其生产率并不高。在煤气利用率 η_{CO} 很低的情况下，应该把充分利用煤气的热能和化学能，避免能源和资源的浪费放在生产和管理的首位。应该改进布料，采取提高煤气利用率、降低燃料比、减少吨铁炉腹煤气量的措施来提高产量，而不是提高炉腹煤气量指数 χ_{BG}。其根本是改变操作者、管理者的指导思想，必须从以提高冶炼强度取得高容积利用系数为中心的思想，转变到以低碳和降低燃料比为中心的轨道上来。

有关这方面的研究成果及其应用将在本书各章中展开，这里不一一详述。

1.2 高炉技术指标及确定

生产生铁是建设高炉的目的。高炉的高效化，提高利用系数是重要的方面之一，但不应片面理解高效化（即为了提高利用系数），而应从高炉的经济效益和社会效益上，全面认识高炉的高效化。高炉的高效化还应包括资源和能源的高效利用，延长高炉寿命，提高设备利用率等。

强化高炉冶炼包括两个方面：一是提高炉腹煤气量指数；二是降低燃料比，缺一不可。两者必须统一。高炉在高效利用资源和能源方面，应将降低燃料比和焦比放在突出的位置。降低燃料比和焦比是强化高炉冶炼的有力措施，是提高利用系数的有效途径，是全面降低炼铁能源消耗的手段。

高炉设备及构筑是人类社会物化劳动的产物，是社会的物质资源。延长高炉寿命，使高炉在一代炉役中的单位炉容生产更多的生铁，以充分利用高炉设备资源。

高炉使用的技术指标以及高炉技术指标的确定，具有政策性和导向性。因此在编制《规范》时，进行了深入研究，做了适当的取舍。

1.2.1 高炉技术指标

高炉炼铁所使用的主要指标定义如下：

(1) 高炉有效容积（effective volume of blast furnace）：高炉有效高度内包容的容积。

(2) 高炉有效高度（effective height of blast furnace）：指高炉零料线至出铁口中心线之间的垂直距离。

料钟式炉顶高炉的零料线是指大钟下降下沿位置。无料钟式炉顶高炉的零料线可设置在高炉炉喉钢砖上沿位置。

出铁口中心线的定义是指设计内型的炉缸直径与出铁口通道中心线的交点为基准点引出的水平线。

（3）高炉有效容积利用系数（utilization coefficient of blast furnace, productivity coefficient, productivity）：**高炉日产量与高炉有效容积之比**。即以每立方米高炉有效容积一昼夜的合格生铁产量表示。计算式如下：

$$高炉有效容积利用系数(t/(m^3 \cdot d)) = 高炉日合格产量(t/d)／高炉有效容积(m^3)$$

$$(1-4)$$

（4）高炉炉缸面积利用系数（hearth productivity, productivity）：**高炉日产量与高炉炉缸面积之比**。即以每平方米高炉炉缸断面积一昼夜的合格生铁产量表示。计算式如下：

$$高炉炉缸面积利用系数(t/(m^2 \cdot d)) = 高炉日合格产量(t/d)／高炉炉缸断面积(m^2)$$

$$(1-5)$$

国内外在计算高炉的利用系数时，经常使用高炉炉缸面积利用系数、有效容积利用系数、内容积利用系数、工作容积利用系数、总容积利用系数等（有关指标所对应的容积可参照本书第 9 章），读者在使用或阅读文献时，要认真区别，否则就没有可比性。

（5）一代炉役单位炉容产铁量（unit production of pig iron over a campaign, specific volume production of a compaign）：**指高炉一代炉役日历作业时间内单位炉容生产的生铁量**。计算式如下：

$$一代炉役单位炉容产铁量(t/m^3) = 一代高炉炉役期内的产铁量(t)／高炉有效容积(m^3)$$

$$(1-6)$$

（6）作业率（operation rate）：**指高炉实际作业时间占日历时间的百分数**。

（7）焦比（coke ratio, coke rate）：**高炉冶炼每吨生铁所消耗的干焦炭量，也称入炉焦比**。计算式如下：

$$焦比(kg/t) = 入炉干焦炭耗用量(kg)／生铁产量(t) \qquad (1-7)$$

（8）煤比（coal ratio, coal rate）：**高炉冶炼每吨生铁所消耗的煤粉量**。计算式如下：

$$煤比(kg/t) = 煤粉耗用量(kg)／生铁产量(t) \qquad (1-8)$$

（9）小块焦比（coke nut ratio, coke nut rate）：**高炉冶炼每吨生铁所消耗的干小块焦炭量**。计算式如下：

$$小块焦比(kg/t) = 入炉干小块焦炭耗用量(kg)／生铁产量(t) \qquad (1-9)$$

（10）燃料比（fuel ratio, fuel rate）：**高炉冶炼每吨生铁所消耗的焦炭、煤粉、小块焦炭等燃料的总和**。

设计指标中全部以生产合格生铁来计算。焦比、煤比、小块焦比和燃料比均不考虑折算系数，《规范》与国外的计算方法相同，以便比较。

在高炉炼铁中燃料比、焦比、煤比有突出的作用，是衡量高炉生产水平和技术水平的重要技术经济指标，能够全面衡量炼铁过程的优劣。燃料比、焦比、煤比的高低也是衡量高炉生产"减量化"的指标。

（11）炉腹煤气量指数（bosh gas index）：**高炉每分钟产生的炉腹煤气量与高炉炉缸面积之比**。即以每平方米高炉炉缸面积每分钟通过的炉腹煤气量表示。计算式如下：

$$炉腹煤气量指数(m/min) = 炉腹煤气量(m^3/min)／高炉炉缸面积(m^2) \qquad (1-10)$$

或　　　　　　炉腹煤气量指数$(\mathrm{m/min}) = \dfrac{\text{吨铁炉腹煤气量}(\mathrm{m^3/t}) \times \text{日产量}(\mathrm{t/d})}{1440 \times \text{高炉炉缸面积}(\mathrm{m^2})}$　　　(1-11a)

或　　　　　　炉腹煤气量指数$(\mathrm{m/min}) = \dfrac{\text{面积利用系数}(\mathrm{t/(m^2 \cdot d)})}{\text{炉腹煤气效率}(\mathrm{t \cdot min/(m^3 \cdot d)})}$　　　(1-11b)

（12）**炉腹煤气效率**（bosh gas efficiency）：**炉腹煤气效率用来作为高炉煤气使用效率的指标。**

$$\text{炉腹煤气效率}(\mathrm{t \cdot min/(m^3 \cdot d)}) = \dfrac{\text{面积利用系数}(\mathrm{t/(m^2 \cdot d)})}{\text{炉腹煤气量指数}(\mathrm{m/min})} \qquad (1\text{-}12)$$

（13）**炼铁工序单位能耗**（heat consumption per ton hot metal）：**高炉冶炼每吨生铁所消耗的各种能源量，包括工序耗用的燃料和动力等能源总量。**计算时应扣除回收二次能源外供量、利用余热外供量和利用余能外供量。工序能耗可根据热能平衡表取得。**炼铁工序单位能耗等于炼铁工序净耗能量除以生铁产量。**

炼铁工序能耗用标准煤来计算时，计算式如下：

炼铁工序单位能耗（标准煤）$(\mathrm{kg/t})$ = 炼铁工序净耗能量（标准煤）(kg) / 生铁产量(t)

$$(1\text{-}13)$$

（14）**富氧率**（oxygen enrichment）：**富氧后鼓风中氧气含量增加的百分数。**

各种高炉容积的确定，可按第9章介绍的方法计算。

高炉设备效用指标有：高炉年平均利用系数、作业率和高炉寿命。高炉年平均利用系数、作业率和高炉寿命是衡量高炉炼铁操作、管理、工艺技术水平和设备利用程度的综合技术经济指标。高炉利用系数还受企业经营、销售状况和前后工序之间平衡的支配。在合理范围内的利用系数对高炉长寿和节焦、节能、降耗有利，过度强化高炉冶炼对寿命、节焦、节能和降耗不利。在今后市场多变的情况下，高炉生产的弹性是很重要的。

国内、国外在计算高炉的利用系数时，经常使用高炉有效容积利用系数、内容积利用系数、工作容积利用系数、总容积利用系数、炉缸断面积利用系数等。

《规范》规定的年平均利用系数的计算天数按日历天数计算。

欧美国家按工作容积和规定年作业率来计算利用系数，因此其利用系数较高。

有许多炼铁专家及本书建议，用炉缸断面积利用系数来作为高炉设备的效用指标。其理由如下：

（1）高炉有效容积利用系数与高炉炉缸断面积利用系数的着重点不同，前者着重容积的效用率，后者着重于炉缸断面积的效用率。当使用炉缸断面积利用系数时，大小高炉的差别就不明显了。避免大型高炉套用，追求过高的容积利用系数，而失去了燃料比低的优势。

（2）由于采用薄壁高炉一代的设计内型几乎不变，不像厚壁高炉那样，在操作中容积扩大。如果严格按照《规范》和国际上定义的高炉容积计算，容积利用系数会有所下降，而对同样直径的高炉，无论厚壁或薄壁，其炉缸断面积利用系数没有影响。

（3）由于大小高炉的气体动力学特点，按照有效容积利用系数来计算，自然小高炉利用系数可以高，大高炉低。目前炼铁界存在非常不良的攀比风气，单纯以利用系数的高低来论高炉的高效程度，自然大高炉敌不过小高炉。导致大高炉也要强化到小高炉的程度，而不是以炼铁过程的节约能源、节约资源和环境保护等方面来认优劣。大型高炉也要强化到小高炉的程度，往往引起燃料比、焦比的升高，失掉了大型高炉的优势。因此改变评价体系是合适的。

由于目前仍习惯用高炉容积利用系数评价高炉的效用率，建议在生产上有一段两种指标并存的时期，以便适应和进行评估。

在高炉炼铁中，燃料比、焦比、煤比有突出的作用，是衡量高炉生产水平和技术水平的重要技术经济指标，能够全面衡量炼铁过程的优劣。燃料比、焦比、煤比的高低也是衡量高炉生产"减量化"的指标。

设计指标中全部以生产合格生铁来计算，焦比、煤比、小块焦比和燃料比均不考虑折算系数。燃料比是焦比、煤比、小块焦比直接相加，不会引起误解。这样更科学、更真实。《规范》的方法与国外的计算方法相同，以便比较。我国高炉燃料比与国际先进水平比较，差距还很大，尚任重而道远。《规范》对燃料比的重新定义有助于正确贯彻和发展循环经济。长期以来，我国使用综合焦比的指标，即综合焦比＝焦比＋煤比×置换比＋小块焦比×折算系数，而且不论任何生产条件置换比值均采用0.8，这是不科学的。它掩盖了高炉燃料比高的真相，今后不应再使用这个人为的指标。

用炼铁工序单位能耗来衡量生产每吨合格生铁所消耗的各种能源量，是炼铁生产十分重要的指标。在研究建设高炉的可行性和初步设计时，应当着重研究降低燃料比、降低焦比、节能、降耗及回收利用的技术和装备。要把降低炼铁工序单位能耗放在重要的地位。

1.2.2　合理确定高炉技术指标

随着我国经济的高速发展，钢铁产品的需求量剧增，支持了钢铁产业和高炉炼铁工业的发展。生铁生产是高资源消耗、高能源消耗的产业，势必造成一定程度的环境问题。控制的源头还在于，从社会的角度，全面观察各生产环节采用的指标、工艺和流程对环境的影响。

高炉炼铁是古老的传统工艺，仍需不断进行工艺和流程的改进和完善，另外，更重要的是指标的改善，使生产过程更"减量化"。降低原、燃料消耗是"减量化"的根本。

"精料"是"减量化"的基础，降低燃料比、降低焦比更是重点，因为炼铁系统的能耗和污染中，有部分来自炼焦。降低燃料比、降低焦比，同时也能降低炼焦工序的污染。

（1）在原、燃料符合《规范》的情况下，**高炉的设计年平均利用系数、燃料比和焦比应符合表 1-2 的规定。**

表 1-2　设计年平均利用系数、燃料比和焦比

炉容级别/m^3	1000	2000	3000	4000	5000
设计年平均有效容积利用系数/$t \cdot (m^3 \cdot d)^{-1}$	2.0~2.4	2.0~2.35	2.0~2.3	2.0~2.3	2.0~2.25
设计年平均炉缸面积利用系数/$t \cdot (m^2 \cdot d)^{-1}$	50~66	54~66	56~67	57~68	58~68
设计年平均炉腹煤气量指数/$m \cdot min^{-1}$	50~62	52~62	52~62	54~62	54~62
设计年平均炉腹煤气效率/$t \cdot min \cdot (m^3 \cdot d)^{-1}$	0.90~1.05	0.92~1.1	0.94~1.1	0.95~1.15	0.95~1.15

炉容级别/m³	1000	2000	3000	4000	5000
设计年平均燃料比/kg·t⁻¹	≤520	≤515	≤510	≤505	≤500
设计年平均焦比/kg·t⁻¹	≤360	≤340	≤330	≤310	≤310

注：表中不包括特殊矿石炼铁的设计指标。

表1-2中规定的各级高炉的设计年平均利用系数为设计年平均有效容积利用系数。《规范》规定设计年平均利用系数的目的是，为设计作为选择高炉鼓风机等设备能力的依据。根据炉腹煤气量指数能合理地选择高炉鼓风机能力。由于高炉的煤气通过能力是有限度的，如果高炉不富氧，单靠鼓风，有效容积利用系数在 2.0t/(m³·d) 左右，炉腹煤气量指数就能达到 66m/min。又因在实际生产中，高炉生产能力的提高远不及炼钢等后步工序的快，因此适当留有余地是必要的。

建议在修编《规范》时，增补设计年平均炉缸面积利用系数、炉腹煤气量指数和炉腹煤气效率，作为设计依据。

（2）高炉的炉腹煤气量指数和炉腹煤气效率应在节能、减排的基本原则指导下，确定评价高炉炉腹煤气量指数和生产效率的数值。

大、中型高炉的炉腹煤气量指数 χ_{BG} 以 58~66m/min 为宜[5,6,14,15]，由于小型高炉的高度较低等原因，虽然气体动力学条件有利于提高炉腹煤气量指数 χ_{BG}，可是，炉腹煤气量指数 χ_{BG} 提高后，煤气在炉内的停留时间进一步缩短，对提高煤气利用率 η_{CO} 不利，对降低燃料比不利。因此，如果燃料比按表1-2的门槛，则没有理由使炉腹煤气量指数 χ_{BG} 超过66m/min。为此，评价高炉生产效率的主要指标的数值如下[14]：

1）操作指标良好的高炉。燃料比小于510kg/t，相当于吨铁炉腹煤气量 v_{BG} <1440m³/t；炉缸面积利用系数应高于炉腹煤气量指数，即炉腹煤气效率 η_{BG} >1.00，参见图1-5。例如，炉腹煤气量指数小于60m/min，则炉缸面积利用系数大于60t/(m²·d)。

2）有待提高的高炉。燃料比小于540kg/t，相当于吨铁炉腹煤气量 v_{BG} <1620m³/t；炉腹煤气效率 η_{BG} >0.889。例如，炉腹煤气量指数小于60m/min，则炉缸面积利用系数大于53.3t/(m²·d)。

在一定的冶炼条件下，在高炉强化的同时，也要获得较高的炉腹煤气效率才比较合理。因为炉腹煤气量及炉腹煤气指数指标都有一个合理的范围。

3）用炉腹煤气量指数和炉腹煤气效率评价高炉生产情况时，必须与炉缸面积利用系数相结合来考评。

（3）高炉一代炉役的工作年限应达到15年以上。在高炉一代炉役期间，单位高炉容积的产铁量应达到或大于10000t。

（4）高炉设计年作业率宜为96%。

高炉设计年产量按下式计算：

高炉设计年产量(t) = 高炉有效容积(m³) × 设计年平均利用系数(t/(m³·d)) ×

$$设计年作业率 × 年日历日数(d) \tag{1-14}$$

（5）炼铁工序单位能耗应符合表1-3所列的规定。

表 1-3　炼铁工序单位能耗

炉容级别/m³		1000	2000	3000	4000	5000
工序单位能耗（标准煤）（电按 0.404kg/(kW·h)）	kg/t	≤430	≤425	≤420	≤415	≤405
	MJ/t	≤12588	≤12441	≤12295	≤12148	≤11855
工序单位能耗（标准煤）（电按 0.1229kg/(kW·h)）	kg/t	≤400	≤395	≤390	≤385	
	MJ/t	≤11709	≤11563	≤11417	≤11270	

注：1. 不包括特殊矿石炼铁的设计指标；
　　2. 本表综合了《钢铁工业节能设计规范》的规定。

1.2.3　对高炉技术指标的说明

《规范》研究了历年的生产统计数据，规定的设计年平均利用系数应该是正常年份所能达到的，用一代高炉的平均利用系数的统计数据来选择设计年平均利用系数则太低，也不够恰当。为了能较早地回收投资，必须有较高的利用系数，因此《规范》设定了下限值。即使改善了原、燃料的条件，高炉的年平均利用系数仍然存在着上限值。在《规范》规定的年平均燃料比及生产条件下，虽然设定了年平均利用系数的上限值，按照上限值来配置高炉设备能力，如高炉鼓风机（参见第 9 章）、热风炉能力等，可是只要在生产中降低燃料比，就完全能够取得更高的利用系数。《规范》对年平均利用系数设置较低的上限值的目的，是为了克服过高的冶炼强度引起的如下弊端：

（1）对全面贯彻高炉炼铁的技术方针不利。如果过分利用鼓风，提高冶炼强度的方法来提高利用系数，将导致燃料比的升高，则不符合钢铁产业发展政策，也不符合钢铁工业坚持可持续发展的道路。

（2）不利于炼铁车间综合设备能力的发挥。因为设计过程一般先根据总体规模确定产量，高炉系统的上料能力、送风系统和煤气除尘系统的能力，渣铁处理系统的能力等，这些设备的能力都是直接按生铁产量确定的。

高炉本体的投资在总投资中的比重一般为 10%～15%。缩小容积，节省投资不多，辅助设备大，长期不能发挥，是投资浪费的根源。在设计时，必须充分考虑设备综合能力的利用效率，防止出现"大马拉小车"现象（高炉容积小，设备综合能力大），以及避免能源的浪费，克服依赖装备能力来达到高产、长寿的思想。

（3）设计利用系数过高，炉容就小。把高炉的产能设计得过高，因而生产时达到设计产量的难度就大。不利于企业的生产平衡，不利于节约资源、能源，减少排放，使高炉生产始终处于被动状态。若达不到设计产量，就会限制炼钢等后步工序能力、后步工序设备效率，以及整个企业生产能力的发挥。使炼铁经常处于生产的"瓶颈"，难以做到生产的高效率和低消耗。

（4）从我国的钢铁产业发展政策和能源政策来看，首先要抓的是能耗，能耗是我国炼铁工业落后的重要方面。我国高炉利用系数高，在世界上也是突出的。如果能以降低能耗取得高利用系数才是值得推崇的。

（5）目前有大批高炉使用炉腹煤气量来指导高炉操作。可是又出现了一种新的偏向：为了控制炉腹煤气量指数，要求设计加大炉缸直径，使得原来在容积利用系数指导下，炉缸直径偏大的高炉内型更加畸形。建议在设计中只采用与炉腹煤气效率与炉腹煤气量指数相配套的面积利用系数。因此，建议在修编《规范》时，取消有效容积利用系数。

（6）钢铁产品的利润空间逐步下降，降低成本是企业生存的重要因素。过高的利用系数将导致燃料比、能耗上升，高炉寿命缩短，对降低成本不利，不符合循环经济的理念。

此外，高指标引起虚假现象，是走向炼铁强国的重大障碍。取得国际信誉是我国炼铁走向世界极其重要的环节。

《规范》中所规定的所有指标为国内平均先进水平，而在燃料比方面还落后于世界先进水平。

特别是目前有许多小型高炉的企业，新建1000m³以上的高炉，这些厂往往以小高炉的技术思想、生产理念和操作习惯来新建大型高炉，盲目要求高冶炼强度、大设备、大风机，造成很大浪费和积压。当前，有先进操作经验的宝钢，在高炉大修时，进行扩容，充分挖掘设备潜力、利用优质资产。如宝钢2号高炉大修扩容至4750m³，1号高炉也已扩容至5000m³等。

总之，设计中要反对设定过高的、达不到的利用系数和强化程度，造成能力的长期积压；避免在低的设备效用率、高的空运转率下运行；防止宽打窄用，盲目设计，防止不符合节能、降耗、降低投资和节约资源的情况发生。

在原、燃料条件改善的条件下，经过论证确定选用《规范》规定的利用系数上限值时，应选用更低的燃料比和焦比，保持合理的强化程度。

为了促进我国高炉炼铁科学技术进步，需要补充更新评价高炉生产效率的方法和评价指标，主要目的是对我国高炉技术进步起个正确的导向作用。

作者推荐采用炉缸面积利用系数、炉腹煤气量指数和炉腹煤气效率的理由如下：

（1）使用炉腹煤气量指数和炉腹煤气效率作为指标可以更全面、更科学地衡量高炉生产操作状况，采用这个指标将有助于扭转高炉的粗放型生产。

（2）在一定的原燃料条件下，当采取强化高炉的措施时，应该采用炉腹煤气效率来考核对燃料比、能耗等产生的影响。

（3）在接近相应的最大炉腹煤气量和最大炉腹煤气量指数时，应当以提高炉腹煤气效率，降低吨铁炉腹煤气量来提高利用系数。

（4）当前高炉操作者、领导者一定要改变生产操作理念，把过去以产量为中心片面攀比高利用系数的生产指导思想，转变到以降低燃料比为中心，在维持合适的炉腹煤气量的情况下，以降低能耗来达到稳产高产，并以提高精料水平，合理采用新技术为手段来争取更好的技术经济指标。

随着我国钢铁工业的发展，及低碳、环保观念深入人心，对高炉生产优劣的评价相应发生变化。高炉生产效率的评价体系也应随之改变。

为什么炼铁界一直没有丢弃冶炼强度呢，原因如下：

（1）冶炼强度具有极高的"权威性"，即使改革开放初期我们打开了眼界，也不敢轻易取代。

（2）没有认识到冶炼强度的实质是容积燃烧强度，追求高冶炼强度实质上是鼓励多烧燃料, 对其造成的恶果认识不足。

(3) 由于"冶炼强度 i"和"有效容积利用系数 η_V"这两个强化指标来表达高炉强化程度和"操作水平", 像两驾马车一样, 只顾狂飙, 陷入"图虚名, 损效益"的误区而不能自拔。把高炉过程简单化往往会导致片面性、绝对化、形而上的观念。

实际上, 在鼓风机能力一定的情况下, 高炉容积大一点的高炉产量会更高、燃料比会更低, 宝钢 1 号、2 号高炉大修时, 鼓风机能力不变, 扩容后产量大幅度提高, 由大修前接近 10000t/d 提高到 12000t/d。

采用有效容积利用系数 η_V 也对我国高炉产生了不良的影响:

(1) 造成小高炉比大高炉生产效率高的似是而非的印象, 于是大高炉与小高炉攀比高利用系数和高冶炼强度, 掩盖了大高炉的优越性, 浪费了宝贵的焦炭、煤粉等资源。一些企业在建设大、中型高炉时套用 $200 \sim 500m^3$ 高炉指标就是实例, 甚至有成熟生产经验的高炉也想与小高炉拼容积利用系数更是不应该的。

(2) 高炉仍然采用粗放型的操作方式。因为高冶炼强度只需粗放地操作, 单纯在多鼓风、多烧焦炭上做文章。要降低 CO_2 排放、降低燃料比、降低焦比需要全工序上上下下总动员, 从原燃料的整粒、混匀, 从烧结、焦化, 全面提高原燃料的质量开始; 到企业领导转变高炉强化的理念, 高炉操作制度的调整, 规章制度、操作标准的变革, 需要全面转型, 必须要有新的突破。

(3) 为了追求容积利用系数 η_V 和冶炼强度 i 不惜扭曲高炉合理的内型, 采用较小容积、较小炉腰的炉型, 使有效容积与炉缸面积的比值缩小, 恶化了煤气能量的利用效率, 使燃料比增加[15,17]。

在新增指标中没有采用国外使用的炉缸燃烧强度 J_A, 其理由是:

(1) 炉缸燃烧强度仍然是衡量高炉燃烧燃料的多寡, 没有像炉腹煤气量指数能够反映炉内的煤气运动状况。

(2) 炉缸燃烧强度和炉缸面积利用系数两个指标相配合与冶炼强度和有效容积利用系数相配合有类似的作用, 后面两者已经使得中国高炉吃尽苦头, 前两者也具有"水涨船高"的性质。

(3) 在第 6 章还将用实际操作数据证明, 炉缸燃烧强度对燃料比的影响没有炉腹煤气量指数那样敏感, 不能灵敏地反映高炉节能的状况。

根据以上历史经验, 高炉炼铁应该是:

(1) 以燃料比为中心对高炉生产的优劣进行评价。

(2) 废止冶炼强度 i, 用炉腹煤气量指数 χ_{BG} 和炉腹煤气效率 η_{BG} 来代替。

因为用有效容积利用系数和冶炼强度两个指标不足以正确评价高炉生产效率的优劣, 并且两者没有相互制约的关系, 容易滋生绝对化的思维方式。高炉冶炼的复杂性, 应该用辩证的观点来分析炉内现象。

采用面积利用系数、炉腹煤气量指数 χ_{BG} 和炉腹煤气效率 η_{BG} 能够达到既节约资源、降低排放, 又高产的目标。

炉腹煤气量指数 χ_{BG} 代表的是煤气在炉内的流速。虽然炉腹煤气量指数 χ_{BG} 是把炉内煤气的通过能力用炉缸面积来表征, 可是要看到限制炉内煤气通过能力的是整个高炉各部分的断面积。特别是高炉软熔带和滴落带的透气性最差。在设计高炉内型时, 并不是单单加大炉缸直径就能解决的。同时，炉腹煤气量指数 χ_{BG} 又与煤气在炉内的停留时间有关，与煤气利用率 η_{CO} 有关。

炉腹煤气效率 η_{BG} 代表了炉内煤气的利用率 η_{CO}、炉身工作效率和燃料比等因素。在设计高炉内型时，要想提高炉腹煤气效率 η_{BG} 就应该有必要的高炉容积，使煤气充分地利用，亦即应该有足够的炉身高度和高炉高度。

1.3 高炉炼铁设计的新体系[21~23]

前面已经叙述了采用冶炼强度作为高炉强化的考核指标或设计指标带来的不利影响。我国 20 世纪 60 年代后期，自从鞍钢提出炼铁生产的"八字"方针以后，冶炼强度曾经淡出炼铁界，可是由于没有新的准绳，在生产和设计仍继续沿用冶炼强度指标，以致仍然继续受到它的影响。

过去高炉设计的体系是以炉缸面积燃烧强度，或者前苏联的"冶炼强度"为中心来确定高炉生产能力和设备能力的体系。炉缸燃烧强度是每昼夜单位炉缸面积燃烧的焦炭；冶炼强度是每昼夜单位炉容燃烧的焦炭量。高炉炼铁设计流程如下：根据配料计算确定焦比，选定冶炼强度，决定利用系数和高炉产量。按燃料燃烧所需风量决定鼓风机的能力。由燃烧强度或冶炼强度决定高炉炉缸直径，从而确定高炉内型；由风量决定鼓风和煤气系统的主要设计参数，包括热风炉、煤气净化系统的能力。

在 20 世纪 80 年代末，冶金部制订的行业标准《高炉炼铁工艺设计规定》（YB 9057—93）和 21 世纪初建设部制订的《高炉炼铁工艺设计规范》（GB 50427—2008）都认为用冶炼强度来确定高炉炉缸直径和鼓风机能力是不合适的。回避了冶炼强度，也就是说"破除"了冶炼强度。

虽然"破除"了冶炼强度，可是没有新的指标"立"起来，就没有了确定高炉炉缸直径、鼓风机能力等的计算方法。虽然在高炉生产指标体系中冶炼强度并不重要，可是对于设计来说，"破除"了冶炼强度也就没有确定高炉重大参数的依据，也就成了并不完整或严密的《规范》。其结果只有按建设方需要多高冶炼强度就设计多大炉缸直径、配置多大鼓风机能力的局面。但是，从设计来说，这些重大决定是没有设计标准、规范和行业规定等法定文件的依据的。

1.3.1 高炉炼铁设计新体系的流程

我国的资源、能源基础与前苏联有天壤之别。我国的任何产业都要立足于节约资源和能源的基础之上。如果把基点放正了，对高炉操作和设计的理念进行重大的调整，结合我国的实际，以更科学、更精细地利用资源和能源为高炉设计新体系的出发点，就能真正实现炼铁节能减排、降低 CO_2 排放、可持续发展的总体要求。

新体系的理论基础是高炉气体动力学，实践基础是高炉生产的条件、透气阻力系数 K 和炉腹煤气量 V_{BG}，按照高炉的透气能力确定高炉能力和设备能力。

在高炉煤气的通过能力比较理想的情况下，可以提高炉腹煤气量指数 χ_{BG} 来强化高炉。当 K 值较高时，高炉的炉腹煤气量 V_{BG} 应保持不变，而以降低吨铁的炉腹煤气量 v_{BG} 来强化高炉冶炼。即高炉达到强化的限度以后，应提高炉腹煤气效率 η_{BG}，提高高炉产量。这个理念与过去的操作理念有很大的差别，这个差别引起高炉操作和设计思想的巨大变化。

不能片面认为只要增加鼓风量就能高产，必须创造良好的原燃料条件，采用富氧鼓风和高压操作等一系列措施，才能获得良好的生产操作指标。

由于本书提出的高炉生产操作理念，符合节能减排、降低 CO_2 排放、可持续发展的要求；符合高炉炼铁冶炼原理；并在近年来高炉的生产实践中，证明了它的合理性、实用性，有了坚实的基础。因此建议采用前述指标形成高炉炼铁的新体系，用以修编《规范》。

高炉炼铁设计新流程见图 1-6。

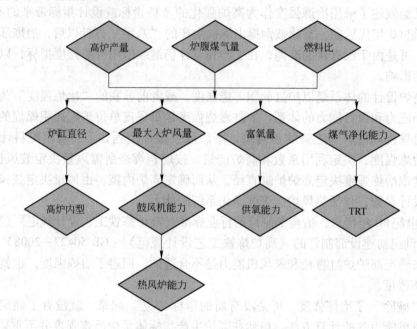

图 1-6　高炉设计的新流程图

由图 1-6 可知，根据规定的高炉生产能力、燃料比和炉腹煤气量可以确定高炉炉缸直径和高炉内型，高炉鼓风机能力和送风系统能力，高炉煤气净化系统能力和煤气余压透平发电机组能力以及高炉的氧气需要量。

关于燃料比的计算方法见第 7 章。高炉鼓风机能力的确定和氧气需要量见第 8 章。高炉炉缸直径和高炉内型的确定见第 9 章。热风炉能力的确定见第 10 章。高炉煤气净化系统能力和煤气余压透平发电机组能力的确定见第 16 章。其他有关能力的确定见本书的相关各章。

1.3.2　新体系的优越性

以高炉炉腹煤气量指数代替冶炼强度，才能端正高炉强化冶炼观，这是钢铁工业节约资源、节约能源、减少排放的关键[3]。改变过去对冶炼强度的过分倚重，把冶炼强度作为评价高炉生产优劣的指标以及设计高炉和确定高炉设备能力的依据。这些都是造成设计不合理的根源。采用炉腹煤气量指数确定高炉设备能力的合理性表现在以下方面：

（1）炉腹煤气量指数以保持炉况稳定、顺行，达到高产条件下的高炉透气阻力系数 K

为基础，紧密与高炉生产结合。

（2）由于 K 值存在上限值，炉腹煤气量也存在上限值，并且可以由经验决定或由简单的公式计算得到，因而不至于盲目臆测，过高估计冶炼强度和入炉风量。

（3）当高炉强化到接近高炉允许的最大炉腹煤气量时，提高富氧率可以提高产量，但高炉能够接受的风量反而有下降的趋势，也就是说，随着高炉利用系数的提高，而入炉风量反而减少。因此在最高冶炼强度时，有最大入炉风量的观念是错误的。

（4）当高炉强化到接近高炉允许的最大炉腹煤气量时，降低燃料比能减少吨铁消耗的风量，也就减少了产生的炉腹煤气量，从而提高产量。此时产量的提高是由燃料比下降产生的效果，而不是提高冶炼强度的作用。若现有高炉设备有富余时，则扩大高炉容积是增产和提高设备利用率的最经济的方式[24]。

（5）如果能够接受上述论点，不以冶炼强度确定设备能力，则不会出现"大马拉小车"造成设备积压和浪费的弊端，也就避免了多投入、少产出，以及堵住了先天浪费资源和能源的漏洞。

（6）炉腹煤气量指数的应用更新了高炉的设计方法，科学地解决高炉设计中的各种问题。设计者可以采用正常的炉腹煤气量指数设计内型、选取合适的高炉鼓风机、热风炉、煤气系统、TRT 的能力。由此，合理选择设备有了保障。

六十多年来高炉设计采用的是前苏联的旧体系，可是我国要成为炼铁强国，建立我国高炉设计的新体系是必由之路。

1.4 高炉装备水平的确定

1.4.1 高炉大型化

当前我国炼铁工业的集中度低和产业布局不合理的现象十分严重，造成竞争力低、资源和能源浪费大等严重问题。由于铁矿石、煤等资源的不可替代性，人类社会必须走高效的工业发展道路。而加大钢铁企业兼并重组力度，实现人才、技术和资金的聚拢，必将进一步提高落后产能的淘汰速度。在增强竞争力的同时，大幅度减少资源的浪费和环境污染。

设计还应根据生产厂的条件确定高炉的装备水平，采用先进、适用、可靠、行之有效的技术，要为生产创造必要的条件，采用的技术措施应保证安全、适用、可靠。生产操作应充分发挥设备的效能，获得良好的生产操作指标和经济效益。

建设新高炉必须要坚持技术装备的高起点、高水平，必须达到《规范》的要求。高炉炼铁的可行性研究必须坚持科学性，保证新建高炉投产后具有强有力的竞争力，迅速达到高效、优质、低耗、符合环保要求，低成本的生产，并保持高炉长寿，持久地达到 15 年以上。

《规范》规定，**新建高炉的有效容积必须达到 1000m³ 及以上。沿海深水港地区建设钢铁项目，高炉有效容积必须大于 3000m³。**

高炉炉容应大型化，新建高炉车间或炼铁厂的最终规模宜为 2 ~ 3 座。选用较大容积的高炉，有利于产业集中，有利于管理、物料运输、节约土地和环境保护。

《规范》规定**高炉炼铁工艺设计时，应按规范的要求落实原料、燃料的质量和供应条件**。原料、燃料是高炉炼铁工艺设计的先决条件，精料对高炉生产起着至关重要的作用。大型高炉更以高质量的原、燃料为基础，其质量和供应条件必须落实，应严格禁止在原、燃料条件不落实的情况下进行设计。当原、燃料供应和质量达不到规定要求时，必须进行技术经济专题论证，并请主管部门审批确认。

1.4.2　高炉装备水平

高炉的基本建设需要花费巨大的资金，使用大量的资源，投入大量的人力和物力。基本建设是再生产的源头，合理使用，少投入、多产出也是非常重要的理念。

1.4.2.1　合适的装备水平

近年来，我国新建和改建的一批大、中型高炉的装备已经达到了世界先进水平。由于世界上大多数高炉建设年代较久，技术较陈旧、设备老化、自动化水平也较低，还赶不上我国新建高炉的装备水平。

改革开放以来，我国新建高炉的装备技术逐渐与世界接轨，引进了大量新技术、新装备，提高了我国高炉的装备水平，带动了我国高炉设计水平的提高。与此同时我国也开发了许多新技术、新装备，并形成了新的技术体系。使我国高炉技术在某些方面赶超了世界先进水平，处于领先地位，被世界所称誉。例如，大型高炉全干式煤气除尘技术、无料钟炉顶等。

我国高炉技术也正逐渐走出国门。这就需要开发更多有自主知识产权的新技术、新装备，使我国高炉技术进入世界先进的行列。

我国高炉自动化水平也有长足进步，在硬件上大都采用了国外的硬件；在软件方面也引进了多种数学模型和人工智能专家系统。正在开发有自主知识产权的专家系统。

除了开发新技术和新装备之外，在提高装备水平和开发新技术、新装备的过程中，还要注意综合水平的提高。装备水平应与生产需要相适应，与提高管理、减少投入、增加产出相结合。评价装备水平的高低要有整体的观点，要从综合水平来衡量，要从总体来考核，而不仅仅是局部的、单项的先进，不能只看硬件，不看软件。单纯追求装备水平高，设备能力大，即使采用最好的材料、结构、设备也不能建成装备水平高的高炉。因为这样做并不能达到高效、低耗、长寿的要求。装备水平的高低是为了满足生产的需要，应该做到恰当、合适、合理，而不是极致。追求最高水平、局部的先进、局部的能力而结果往往适得其反。这种情况不胜枚举。

因此，高炉建设要建立正确的装备水平观念，根据不同对象制定不同的技术级别，力求协调、均衡。在具体工作中也可以理解为等能力、等强度、等寿命，物尽其能。设计要重视经验的积累，理论与实践结合，制定先进的设计方法和标准，创建各种设计软件、模型和分析工具。

《规范》要求，**高炉炼铁工艺设计应结合国情、厂情进行多方案比较，经综合分析后，提出推荐方案**。

1.4.2.2　设备能力与配置

过去使用冶炼强度来确定高炉的设备能力。由于冶炼强度本身的不确定性，因此在决定高炉设备能力的重大问题上，存在着很大的随意性。盲目确定设备能力和能力闲置积压的现象十分严重。本书第5章对于高炉冶炼过程，详细分析了高炉最大炉腹煤气量及其指数存在的限度，并统计了正常炉腹煤气量指数和设定了最大炉腹煤气量指数。设计能够应用正常炉腹煤气量指数精确确定高炉正常操作的设备工况点；用最大炉腹煤气量指数确定高炉最大设备能力。

高炉设备能力应有适当富裕，但不应预留过多，应保持足够高的综合设备利用效率。《规范》总结了生产实践经验，规定：**高炉最高设备能力应按正常设计年平均利用系数增加 $0.1 \sim 0.2 \, t/(m^3 \cdot d)$ 预留，大于或等于 $2000m^3$ 高炉最高设备能力不应超过 $2.5t/(m^3 \cdot d)$。**

1.4.2.3 正确预留高炉设备能力

使用最大炉腹煤气量指数可以确定最大设备能力。宝钢高炉的设计和生产证明，以最大炉腹煤气量确定高炉的最大设备能力是可靠的，有足够的设备富余量。

高炉设计必须考虑设备综合能力的利用效率，设备能力，特别是局部能力预留过多会造成投资的积压、能耗的提高、设备效用的下降。必须防止"宽打狭用"、"大马拉小车"的现象。这是引起高能耗、高投入、低效益的根源。这里所指的预留设备过大是目前普遍存在的大风机、小炉容现象。估计大部分新建的高炉在第二代高炉可以扩容20%~30%，才能使炉容与风机合理地配合。由于送风系统和煤气系统的设备大，这些系统的投资占高炉总投资近一半，按此估计即使大修时扩容，积压的总投资也在10%~15%。

高炉的强化、生产能力的提高，应该依靠改善原燃料条件、降低燃料比和焦比以及降低各种物料和能源介质的单位消耗量等，以达到绩效的最佳化。例如在此前提下，有效容积大于 $2000m^3$ 高炉最高设备能力能满足面积利用系数 $72t/(m^2 \cdot d)$ 的要求，容积利用系数 $2.5t/(m^3 \cdot d)$ 的要求，已有足够富余，并且不妨碍高炉实际生产中达到更高的利用系数，更好地提高设备的效用。

事物之间以及事物内部各要素之间存在相互影响、相互制约的关系。任何事物内部的各个部分、要素是相互联系的。这种联系使事物成为有机整体。这种联系是该事物存在和发展的条件。没有任何一个事物是孤立存在的。联系是客观事物所固有的，不以人的意志为转移。用主观臆造的联系代替客观事物本身的联系，是典型的唯心主义。因此，坚持联系的客观性，就是把普遍联系的原理建立在唯物主义基础上。

在分析具体问题时，既要注意这一事物与周围其他事物的联系，具体分析事物之间的相互影响和相互制约；也要注意这一事物前后相继的历史联系，分析该事物的历史发展过程；还要注意从整体上把握事物的联系，做到既着眼整体，顾全大局，又通观全局，重视局部。

很多先进高炉的设备富余能力并不大，而经过长期的磨合，其综合技术水平提高。例如宝钢有4座 $4000m^3$ 级的高炉，设备能力完全相同。1号高炉炉容为 $4966m^3$，2号高炉炉容为 $4707m^3$，3号高炉炉容为 $4350m^3$，4号高炉炉容为 $4747m^3$。4座高炉的主要设备能力都与原1号、2号高炉相同，按正常日产量9600t/d，最高设备能力10000t/d配套；而不久前大修的1号高炉日产量经常维持在13000t左右，寿命已经超过17年的3号高炉日产量也经常保持在11000t以上。由此可见，在降低燃料比的条件下，适当扩容，完全可以超过设计的最大能力。

实践证明，高炉的设备能力没有必要预留过多的富余。通过降低消耗能够达到更好的效果。

目前多数高炉设备能力有富余、有潜力，由于生产的改善，消耗指标的下降，在高炉大修时采取扩大高炉容积的措施，发挥长期积压的设备能力。扩容能改善高炉的生产指标、能耗指标，提高高炉生产能力，实实在在地提高设备的效用率。尽管高炉扩容是投入少、经济效益高的措施，但是，不如建设时就选择合适的炉容。

1.4.3　高炉长寿

世界各国都非常重视高炉长寿。高炉长寿也是高炉高效化的目标之一。特别是高炉大型化以后，钢铁企业中的高炉座数减少，每座高炉的产量巨大，高炉停炉大修对整个钢铁厂的均衡生产产生重大影响。高炉长寿，延长了高炉高产、稳产的时间，缩短了停炉时间，为高炉的高效化创造了条件。

高炉是高投入的冶金装备。在高炉基建中，投入大量的资源、人力、能源，凝聚成为再生产的装备。大型高炉大修花费的资金约占基建费用的 1/3。因此延长高炉寿命也是节约资源、降低能耗、有效利用物化劳动以及降低成本的关键。

国外有一批高炉的寿命已经超过了 20 年，单位炉容的产铁量超过 15000t。由于目前国内炼铁工业的投资旺盛，设备更新的需求较高，追求产能的扩张，有忽视延长高炉寿命的倾向。在高炉长寿方面还存在一定的差距。但也有一批高炉寿命大幅度提高。相信在全面贯彻科学发展观，提倡合理利用资源、节约能源以后，会逐步提高对延长高炉寿命的认识。

参 考 文 献

[1] 项钟庸. 高炉炼铁方针的内涵与合理的生产统计指标[J]. 炼铁，2008，27(3)：15.

[2] 项钟庸. 全面贯彻"十字"方针，建立"高效"完整理念，提高节能减排的绩效[C]. 2008 年全国炼铁生产技术会议暨炼铁年会文集. 2008：45.

[3] 项钟庸. 树立科学的高炉冶炼观[J]. 中国钢铁业，2008(9)：11.

[4] 项钟庸，王亮. 低燃料比条件下的高炉强化冶炼[J]. 炼铁，2011，30(2)：22.

[5] 项钟庸，王亮，银汉. 低燃料比条件[C]. 2011 年中国钢铁年会论文集. 2011.

[6] 项钟庸，王筱留，银汉. 高炉节能减排指标的研究和应用[C]. 2012 年全国炼铁生产技术会议暨炼铁学术年会文集. 2012.

[7] Колесников Б П，Мвейнгартен С. Технические коэфициенты производительности доменных и мартеновских печей [J]. Советская Металлургия. 1932(7)：397.

[8] 蔡博. 关于强化鞍钢高炉的生产问题[C]. 1955 年全国高炉炼铁会议文集. 1955.

[9] Остроухов М Я. Форсирование Доменной Плавки，1956.

[10] 何修书. 冶炼强度对高炉生产率和焦比的影响，鞍钢炼铁技术的形成和发展[C]. 北京：冶金工业出版社，1998.

[11] 鞍钢炼铁厂，鞍钢中心试验室. 鞍钢 3 号高炉强化冶炼试验总结，鞍钢炼铁技术的形成和发展（本文发表于 1964 年）[C]. 北京：冶金工业出版社，1998.

[12] 李国安，赵超. 鞍钢 10 号高炉强化冶炼试验总结，鞍钢炼铁技术的形成和发展[C]. 北京：冶金工业出版社，1998.

[13] 成兰伯. 高炉冶炼强度的选择，鞍钢炼铁技术的形成和发展[C]. 北京：冶金工业出版社，1998.

[14] 项钟庸. 用高炉炉腹煤气量指数来衡量高炉强化程度[J]. 炼铁，2007，26(2)：2.

[15] 项钟庸. 以高炉炉腹煤气量指数取代冶炼强度的研究[J]. 钢铁，2007，42(9)：16.

[16] 张寿荣，银汉. 高炉冶炼强化的评价方法[J]. 炼铁，2002，21(2)：1.

[17] 项钟庸，银汉. 评价高炉生产效率的新方法[J]. 钢铁，2011，46(9)：17.

[18] 项钟庸，王亮，银汉. 高炉生产效率评价体系如何更科学[N]. 中国冶金报，2011-12-01.

[19] 项钟庸，银汉，王筱留，等. 克服冶炼强度负面影响的新指标[J]. 炼铁，2012，31(6)：1.

[20] 项钟庸，王筱留，银汉. 再论高炉生产效率的评价方法[J]. 钢铁，2013，48(3)：89.

[21] 项钟庸，欧阳标，邹忠平. 高炉炼铁设计的新体系[J]. 中国冶金，2011，21(1)：12.

[22] Xiang Zhongyong，Chen Yingming，Zou Zhongping. A New Design System of Blast Furnace [C]. ICSTI'09，Shanghai，China，October 2009：1016.

[23] 邹忠平，项钟庸. 修编《高炉炼铁工艺设计规范》的设想[C].2012年全国炼铁生产技术会议暨炼铁学术年会文集. 2012.

[24] 银汉. 试论高炉改造与扩建的模式[J]. 炼铁，1994，13(2)：1.

2 发展循环经济，节约资源、能源，减少排放

循环经济的"循环"不是指经济循环，而是指资源的循环。在经济活动中资源是重要的物质基础，即资源在国民经济再生产体系中不断循环利用。循环经济要求运用生态学规律来指导经济活动，倡导在物质不断循环利用基础上的经济发展模式，把经济活动按照自然生态系统的模式组织成为一个"资源—产品—再生资源"的物质反复循环流动的过程，使经济系统成为生产和消费过程基本上不产生或很少产生废弃物的过程，从而减少经济活动对资源的需求，减少对环境的索取和破坏，缓解长期以来环境与发展之间的矛盾冲突。环境与发展协调的目标是实现从末端治理到源头控制，从利用废物到减少废物的质的飞跃，从根本上减少自然资源的消耗，从而也就减少环境污染。

循环经济遵循"3R"原则，即"减量化（reduce）、再使用（reuse）、再循环（recycle）"原则。减量化原则属于输入端方法，旨在减少进入生产过程及消费过程的物质量，在生产源头就充分考虑节省资源、提高单位产品对资源的利用率、预防和减少废物的产生；再使用原则属于过程性方法，目的是延长产品和使用的时间；再循环原则是输出端方法，通过把废弃物再次变成资源以减少最终处理量，对于源头不能削减的污染物加以回收利用，使它们回到经济循环中。只有当避免产生和回收利用都不能实现时，才允许将最终废弃物进行环境无害化处理。

循环经济既是一种全新的经济理论，又是一个新型的工业化过程，它不等同于清洁生产、环境保护和废弃物再利用。循环经济是符合可持续发展理念的经济增长模式，强调资源尽可能地高效利用和循环利用，从而提高资源利用效率、减少废弃物排放、进一步做到废弃物的再资源化。

长期以来，我国经济与环境战略受到两方面的制约：一是受有限的资源和能源的制约；二是有限的环境容量的制约。我国钢铁工业的发展主要是"高资本投入、高资源消耗、高污染排放"的模式，属于传统经济。今后，要实现钢铁工业的可持续发展，推行循环经济是必然的选择。

2.1 "减量化"生产及减少 CO_2 排放

2.1.1 减量化是循环经济的发展方向

循环经济的"3R"原则中，"减量化"是最重要的原则，"减量化"是要从源头和基础抓起，因此把"减量化"放在"3R"原则之首是理所当然的。

所谓"减量化"是指在生产能力不变的条件下，通过采取技术措施，使输入的资源和能源数量尽可能少，从而达到减少排放的目的。在高炉上实施的一切有利于降低物料消耗、燃料用量、能源消耗的技术措施和管理方法，能够对高炉生产达到节约资源、节约能

源、降低排放的目的，都是符合"减量化"生产的措施。

2.1.1.1 "十字"方针是贯彻循环经济的具体方针

为贯彻科学发展观，高炉炼铁必须加强对资源节约与综合利用工作的组织领导和协调；为全面推动建设资源节约型和环境友好型的高炉，做深入细致的工作。

以精料为基础，高炉炼铁"高效、优质、低耗、长寿、环保"的"十字"方针，是贯彻科学发展观符合循环经济理念的具体方针。前一时期，炼铁界客观上侧重于"高产"，对"高效"的理解存在一定的偏差。近来由于节约资源、能源，减少排放，减少 CO_2 排放的观念逐渐加强，认识到炼铁过程的主要源头就是燃料消耗。今后应全面贯彻落实"十字"方针，把降低燃料比、焦比等综合节能工作摆到更重要的位置，予以重视。

对炼铁技术采用的优先顺序要从科学发展观角度，以资源节约和综合利用为准绳，考虑科研立项的优先顺序，积极采用成熟的节约资源和环保的新技术、新工艺、新装备，保证投产后，有助于实现炼铁的"十字"方针。

对已经实施的技术，也要以科学发展观，以节约资源、节约能源的观点重新进行评估和优化。从节约资源和能源的观点来看，对目前提倡的技术，可能会有一定的保留，甚至得到完全相反的结论。从节能的角度，更有许多技术还有待于优化，例如，富氧与鼓风比较，氧气消耗的能量较高，而富氧有利于提高产量和喷煤量；又如提高热风温度对降低燃料比和提高喷煤量有利，但消耗的能量较高等。有一批技术都有待优化，寻求合理的范围非常必要。

高炉炼铁工程投入大量资金、人力和物力。高炉设备、结构本身就是资源，从节约资源、少投入、多产出的角度，应充分重视高炉长寿问题。

现代高炉炼铁设计的理念与过去有很大差别。其不同之处在于现代高炉炼铁设计，不只是高炉的设备和结构设计、硬件设计，而且包括炼铁工艺设计。虽然炼铁工艺是传统工艺，可是现代炼铁工艺、现代炼铁技术已经与过去的炼铁工艺和技术有了很大的差异。现代高炉炼铁工艺中的精料技术，虽然已经被广大炼铁工作者接受，但是，还有一大批技术，包括能够直接或间接节约资源、能源的技术，还没有得到很好的运用和推广。我国高炉炼铁技术的推广和普及工作还很不平衡。

高炉炼铁设计必须贯彻炼铁的"十字"方针。为了做好设计工作，必须掌握翔实的生产操作、管理数据。设计是一门科学，不能按照生产操作人员的攀比进行设计。大小高炉有各自的规律，目前存在着将小高炉的经验、指标推广到大型高炉的现象，这是不合适的。

本书采用了新的强化高炉冶炼的观念和设计理念。首先，体现在高炉生产指标方面，力图建立科学的、有利于节能降耗的生产考评体系。其次，在设备选型方面要有所反映。

近年来我国高炉建设引进了大量国外先进技术和装备。新建高炉的装备水平普遍高于国外同级高炉的装备水平。我们在硬件上不比国外差，而我们所缺少的是先进的理念和科学管理。

2.1.1.2 "精料"是贯彻"减量化"的基础

高炉炼铁是能源和资源消耗高的工业，精料方针是钢铁生产中源头削减的重要环节，是过程清洁、产品清洁的重要前提。实现精料方针，在传统炼铁工艺基础上，形成新的节能型工艺结构，使资源消耗、能源消耗和污染物排放大幅度降低，经济效益大幅度提高，减轻企业的环境负荷。

《规范》要求,**高炉炼铁设计宜选用无毒、无害的原料,并应采用资源和能源消耗低、污染物排放少的清洁生产工艺、技术和设备。**

高炉生产的优劣,很大程度上取决于原燃料的化学、物理性能及其稳定性。原燃料的质量直接影响高炉冶炼的经济效益和各项技术指标。

高炉炼铁的"减量化"必须从源头抓起,充分重视资源和能源的"减量化"。应该以降低原燃料消耗,采取"精料"方针,提高资源和能源的利用率,有效降低污染物的发生量作为设计的指导思想。

2.1.1.3 采取替代紧缺资源的技术

喷吹煤粉就是以一般资源取代紧缺的焦煤资源的技术。焦煤资源缺乏将是长期制约高炉炼铁的因素之一。高炉喷吹煤粉是以煤代焦,节约焦煤资源、节约能源的有效措施。《规范》规定,**新建或改造的高炉必须设置喷煤设施。喷煤量应按照最佳节能效果和经济效果来确定。**

喷煤改变了高炉炼铁用能结构,是高炉炼铁系统结构优化的中心环节,是国内外高炉炼铁技术发展的趋势。高炉喷吹煤粉是有效的节焦、节能措施。近年来,由于喷煤量的增加,相当于每年减少焦炭使用量约 1600 万吨[1]。以煤代焦不但节焦、节能,少用焦炭,减少炼焦过程的污染,节能 1.5%(2004 年和 2005 年的平均焦化工序能耗(标准煤)分别为 146.71kg/t、142.21kg/t,煤粉制备能耗(标准煤)为 20~35kg/t;2012 年的平均焦化工序能耗(标准煤)是 124.3kg/t;电力折算系数按 0.1229kg/(kW·h)计),而且从源头上减少了炼焦过程中的 BAP、粉尘、SO_2、NO_x、CO_2 和废水对环境的污染,具有良好的经济效益和社会效益。

大量喷吹煤粉需要许多条件的支持,如提高原燃料质量、提高风温、降低鼓风湿度、提高富氧率、降低渣量等,因此它是高炉结构调整的中心环节,应详细研究提高喷煤量的各种措施,只有措施落实方能见到实效。

2.1.2 减少 CO_2 排放量

高炉炼铁的"减量化"生产,首先是降低燃料比和降低焦比,因为降低燃料比就能够减少吨铁耗风量,减少加热鼓风的煤气量,减少煤气的发生量,减少污染物、CO_2 排放。因此,降低燃料比起到降低能耗决定性的作用。

高炉炼铁是资源和能源高消耗的工业,精料方针是钢铁生产中源头削减的重要环节,是过程清洁、产品清洁的重要前提。实现精料方针,在传统炼铁工艺基础上,形成新的节能型工艺结构,使资源消耗、能源消耗和污染物排放大幅度降低,经济效益大幅度提高,减轻企业的环境负荷。

《规范》要求,高炉炼铁设计宜选用无毒、无害的原料,采用资源和能源消耗低、污染物排放少的清洁生产工艺、技术和设备,减少污染物的发生量。

高炉炼铁是钢铁生产的源头。高炉炼铁的"减量化"必须充分重视资源和能源的"减量化"。应该围绕着降低原、燃料消耗,提高资源和能源的利用效率,有效降低污染物的发生量作为设计的指导思想。

高炉炼铁是以焦炭作为主要燃料的炼铁方法,20 世纪 70 年代,世界发生石油危机的同时发生过焦煤危机,至今焦煤仍然是世界上稀缺的能源品种。当今石油的替代品很多,清洁能源也多种多样,可是高炉依赖焦炭的状况仍然没有根本改变,因此炼铁生产应积极推行循环经济,将节约焦煤资源作为最迫切的任务。

2.1.2.1 高炉的碳平衡和 CO_2 排放

高炉是一个典型的还原反应器,碳素是其主要的还原剂和热源。高炉炼铁的能耗和排放占钢铁工业各工序的70%以上。德国蒂森克虏伯钢铁公司对整个公司各工序的碳排放进行了分析,高炉是钢厂生产过程最主要的 CO_2 排放源。吨铁的 CO_2 排放量大于1516kg,在全厂 CO_2 排放量中炼铁系统占89.5%,其中高炉占73.6%、烧结占11.5%、焦化占4.4%;此外,炼钢、轧钢、电厂及下游加工之和占10.5%[2]。

日本钢铁工业在降低碳排放方面做了大量工作,一般整个钢铁厂除了炼铁系统以煤的形式输入,其他工序的能源全靠炼铁系统产生的二次能源。在炼铁系统中煤被转变成焦炭,以及在炼铁系统中以还原剂、燃料的形式被消耗。在这个系统中,同时产生焦炉煤气(COG)和高炉煤气(BFG)作为能源供应下游工序,一部分煤气用于发电和制氧,其中有一部分电能和氧气还回送给炼铁系统。在日本,一般整个钢铁厂炼铁系统的 CO_2 排放中,高炉煤气的 CO_2 的排放占28.8%、热风炉占33.2%、焦炉占18.4%、烧结占19.6%。因此,炼铁系统是唯一消耗碳的系统,降低 CO_2 的排放应该从炼铁开始。可是低燃料比操作,同时减少了二次能源的供应量,因此要求钢厂必须降低总的能量需求[9]。

高炉的碳平衡是建立在高炉物料平衡和热平衡的基础之上的。在高炉的物料输入端是烧结矿等含铁原料、焦炭、煤粉、熔剂和鼓风;输出端是铁水、炉渣、高炉煤气、煤气中水分、煤气灰及挥发物。热平衡的输入端为碳素氧化放热和鼓风带入热量;输出端为还原和分解反应、煤气带走热量、铁水和炉渣显热以及冷却水和其他热损失。高炉的碳平衡既来自于物料平衡,又和物料平衡存在区别。原因是部分物料中不含有碳,或者碳含量几乎为零,去除不含碳物料,就可以计算高炉的碳平衡。

以我国某钢铁厂2000m³级高炉为例,其焦炭的碳含量为85%,喷吹煤粉的碳含量为80%,高炉煤气成分为:CH_4 0.3%,H_2 1.7%,CO_2 19.4%,CO 24.5%,N_2 54.0%,O_2 0.1%,相当于1m³高炉煤气含碳0.237kg。该高炉的碳平衡见表2-1[3]。

表2-1　国内某2000m³级高炉的碳平衡

输入端						输出端					
输入实物						输出实物					
项目	单位	数量	含碳量 /kg·kg⁻¹	碳量 /kg	比例 /%	项目	单位	数量	含碳量 /kg·kg⁻¹	碳量 /kg	比例 /%
焦炭	kg/t	380	0.85	323.0	71.5	铁水	kg/t	1000	0.04	40	9.3
煤粉	kg/t	153	0.8	122.4	27.1	高炉煤气(标态)	m³/t	1690	0.24 kg/m³	406.7	89.7
原料带入	kg/t			6	1.3	煤气灰	kg/t	15	0.3	4.5	1.0
合　计				451.4	100.0	合　计				451.2	100.0

通过表2-1可以看出,在碳的输入端,进入高炉炉内的碳素有近99%都来自于焦炭和煤粉,烧结矿等原料的残余碳只占很小一部分;在碳的输出端,有近90%的碳素进入高炉

煤气中, 而铁水中进入 10% 左右的碳, 仅有 1% 进入到煤气灰当中。

高炉工序吨铁 CO_2 排放量等于输入端的 CO_2 折合量扣除输出端的碳排放量, 在计算中把高炉汽动鼓风等只作为耗能计算 (电力折算系数 (标准煤) 按 0.1229kg/(kW·h)), 而没有把动力部门间接的 CO_2 排放量计算在高炉工序之内。因此包含的内容与蒂森克虏伯有所不同, 折算系数和抵扣系数不同, 计算结果差别很大。在没有统一的计算标准之前, 先以表 2-1 的碳平衡为基础, 计算高炉工序 CO_2 排放量, 见表 2-2[3]。

表 2-2 高炉工序吨铁 CO_2 排放量

输入端			输出端		
项 目	折合 CO_2 量/kg·t^{-1}	比例/%	项 目	折合 CO_2 量/kg·t^{-1}	比例/%
焦 炭	1184.87	69.54	生 铁	146.67	8.61
煤 粉	449.37	26.37	进入管网高炉煤气	347.90	20.42
焦炉煤气	8.98	0.53	TRT 回收量	11.42	0.67
电 力	7.62	0.45	煤气灰	16.50	0.97
动力/其他	52.99	3.11	CO_2 排放量	1181.34	69.33
合 计	1703.83	100.00	合 计	1703.83	100.00

由表 2-2 可以看出, 在 CO_2 的输入端, 近 96% 的 CO_2 是由焦炭和煤粉带入的, 这和高炉工序的能源消耗比例是一致的; 在 CO_2 的输出端, 铁水、煤气灰和 TRT 回收合计所抵扣的 CO_2 排放为 10% 左右, 而 70% 左右排放到了大气中。高炉炼铁是大量消耗碳素的工艺过程, 理应将高炉煤气中的 CO_2 全部作为高炉的排放, 而 CO 的 2/3 (按照碳的摩尔发热比值) 也应计算进入高炉的碳排放中, 否则, 企业大量放散的高炉煤气将被漏算。因此表中合计的 CO_2 排放量没有考虑间接排放等因素。从碳排放计算来说, 急需建立统一的计算标准使计算结果具有可比性。在统一计算标准尚未建立之前, 只有在各高炉自身条件下, 以最低燃料比作为准绳, 明确各自节约资源、能源, 降低排放的努力方向。

我国高炉总体的碳排放量偏高, 无论从碳平衡或碳排放的角度计算, 高炉的碳排放 90% 以上来自燃料。炼铁工业在降低碳排放方面的首要工作是降低燃料比, 需要长期不懈的努力。

有研究表明, CO_2 的排放 95% 是由能源消耗引起的, 另有约 5% 是由原料、熔剂等物流因素引起的[4~6], 这说明 CO_2 的排放与能源消耗成正相关的关系。该企业高炉工序能耗 (标准煤) 约 380kg/t, 吨钢综合能耗 (标准煤) 约 650kg/t, 高炉占到了 58.5%。按该企业的吨钢综合能耗水平, 吨钢 CO_2 排放约为 2.0t, 高炉的排放占 59.1%, 与其能耗占比是一致的。铁前工序总能耗占钢厂全流程总能耗的 85% 左右, 该高炉吨铁 CO_2 排放占吨钢排放的 83.3%, 和能耗占比也基本是一致的。

2.1.2.2 降低炼铁工艺的碳排放

研究炼铁过程碳排放, 必须研究高炉燃料比所处位置及降低燃料比的可能性。工信部 2010 年发布了《钢铁行业主要产品 (工序) 能效标杆指标》, 规定了一系列炼铁工序能效标杆指标。为了达到或接近标杆指标, 首先要研究燃料比达到或接近规定 464kg/t 的办法。为此, 各高炉应该摸清各自冶炼条件下的最低燃料比, 找出差距, 树立达标的目标, 不断改进生产条件和改善操作技术。可以认为高炉的最低燃料比是高炉炼铁工艺过程 "减量化" 的终极目标。最低碳素需要量由高炉最低化学反应的需要和热量需求所决定。在高炉的热停滞和化学停滞区域, 上升煤气的还原能力必须大于或等于浮氏体还原平衡的需要, 并且煤气的热含量必须大于或等于炉料的热需求。最低碳素需要决定了最低燃料比。

高炉炼铁的最低燃料比、最低吨铁炉腹煤气量受高炉冶炼每吨铁需要的热量和还原剂的制约。铁的直接还原消耗大量热量 (2735kJ/kg), 反应所需热量由燃料燃烧形成 CO 时放出的热量来保证。然后形成的 CO 上升与高炉上部的炉料接触成为间接还原的还原剂。为要达到最低燃料比, 就必需使风口前燃烧的碳素量最低限度地满足冶炼的热量需求和间接还原剂的需求。随着还原反应的进行, 不断形成 CO_2, 为维持还原反应的持续进行, 气相中必须有过量的 CO, 并维持 CO 始终在平衡浓度之上。欲使燃料比最低, 必须满足铁-碳-氧平衡图中浮氏体还原的要求, 气相中 CO 浓度必须接近或略高于该温度的平衡浓度。在冶炼过程中, 增加间接还原和降低热量消耗, 力求在风口前燃烧的碳素最少, 形成的吨铁炉腹煤气量 v_{BG} 最少。

当高炉炉内煤气通过能力接近最大值时, 吨铁炉腹煤气量 v_{BG} 的减少就能增加高炉的生产能力, 达到强化高炉的目的。第 1 章已经提出了将吨铁炉腹煤气量 v_{BG} 与炉腹煤气效率 η_{BG} 的关系, 即 $\eta_{BG} = 1440/v_{BG}$, 以及面积利用系数 η_A 等于炉腹煤气量指数 χ_{BG} 与炉腹煤气效率 η_{BG} 的乘积。因此, 提高炉腹煤气效率是强化高炉冶炼的重要方法。同时, 也应指出, 减少吨铁炉腹煤气量也是有限度的。

根据炼铁热平衡、物质平衡, 以及 Fe-C-O-H 的化学平衡关系计算了最低燃料比的结果绘制成图 2-1[7]。横坐标是用 CO 夺取全部铁的氧化物中氧的百分数作为间接还原率; 左侧的纵坐标为燃烧碳素与溶损碳素之和; 右侧纵坐标为燃料比。在间接还原度与燃烧和溶损碳素原点附近的一组斜线代表煤气利用率 $\eta_{CO,H_2} = \dfrac{CO_2 + H_2O}{CO + CO_2 + H_2 + H_2O} \times 100\%$。而燃烧和溶损碳素中考虑了 Si、Mn、P 等元素直接还原产生的 CO 参加炉身部分间接还原产生 CO_2, 因此煤气利用率斜线的原点下移了 33.3kg/t。图中左侧粗实线为化学反应限制线, 取决于煤气与浮氏体之间的化学反应平衡; 右侧粗实线为热量限制线, 取决于上升煤

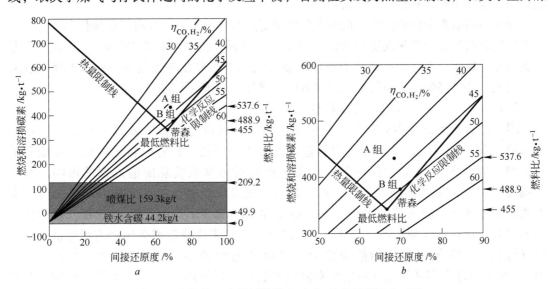

图 2-1　高炉的理论最低燃料比 (a) 及其局部放大 (b)

气与炉料之间的热量需要。两条直线的交点为冶炼可能的最低燃料比;两条直线的上方为实际高炉生产燃料比的允许范围。实际燃料比与最低燃料比之间的差值说明高炉进一步降低燃料比的可能性以及高炉为提高产量和炉况波动贮备的需要。

降低燃料比最有效的方法是改善原燃料质量,提高强度和改善粒度组成,改善含铁原料的还原性,以及寻求最佳的炉料分布,以改善软熔带的分布和冶炼过程。降低热量限制线的方法为:提高热风温度、降低鼓风湿度、减少渣量、降低生铁含硅量、降低喷吹物的分解热和热损失等。降低化学反应限制线的方法有:降低浮氏体的还原温度、提高原料的还原性能和喷吹含氢物质等。关于图2-1的制作将在第7章进行详细分析。

我们仍以蒂森克虏伯公司高炉的操作条件计算最低燃料比为例。喷吹煤粉209.2kg/t,折合碳素159.3kg/t;铁水含碳4.42%,折合碳素44.2kg/t,因不在燃烧和溶损碳素之内,应予扣除,但应计算在燃料比内,折合燃料比为49.9kg/t。在最低燃料比时,煤气利用率为52.2%,最低燃烧和溶损碳素需要量为340.8kg/t,最低燃料比为455.0kg/t[7]。对应于最低燃料比相应有最低的风口燃烧碳素量和最低炉腹煤气量。高炉实际操作点的最低燃料比受理想停滞区反应温度和热量的限制。蒂森高炉年平均操作点的煤气利用率约为50%,燃料比为489.5kg/t;图2-1中还表示了第1章表1-1中B组和A组高炉年平均实际高炉操作点,燃料比分别为488.9kg/t和537.6kg/t[8]。实际燃料比与最低燃料比之差取决于原燃料质量和操作。图中蒂森高炉与B组高炉的数据几乎重叠在一起。

由图2-1可知,煤气利用率对降低燃料比起着至关重要的作用。

关于征收碳排放税,如果以工信部2010年发布的《钢铁行业主要产品(工序)能效标杆指标》规定,即炼铁工序能效标杆指标,以燃料比464kg/t为基础进行差额征税,则有助于降低燃料比、降低资源、能源消耗,减少碳排放。

高炉生产操作应研究达到或接近最低燃料比的措施。减少操作点燃料比与最低燃料比之差的方法分为两个方面:一是降低化学消耗:提高间接还原、改善软熔带和熔融性能、改进布料和喷吹含氢物质;二是降低热量消耗:改进布料、改善炉料的还原性能、提高原燃料的强度和整粒、减少炉况波动。

对于不同冶炼条件的高炉,也可以制作最低燃料比的图表,寻求当前操作与可能达到的燃料比之间的差距及其改进的方法。根据以上分析,我国大多数4000m³以上高炉已经接近最低燃料比,而许多具有类似原燃料条件的高炉燃料比与最低燃料比的差距还比较大。因此,许多高炉还有降低燃料比和节能、降耗、减排的空间。

2.1.2.3 各种降低CO_2排放的措施

图2-2所示为高炉主要降低燃料比措施与炼铁系统总的输入碳以及对下游工序能源供应之间的关系。这里假定废塑料输入碳为零来评估。只有燃料比降低,才能降低总的输入碳。图2-2a表示各种降低燃料比措施对炼铁系统总的输入碳的影响。在喷吹煤粉时,总的输入碳略微下降,然而燃料比上升。燃料比的上升是由于煤粉与焦炭的置换比不到1。能量供应的减少对下游工序的影响表示在图2-2b中。在低燃料比操作的同时,存在降低高炉煤气的能量供应趋势。如果考虑降低燃料比措施对保证下游工序(炼钢、轧钢等工序)的能源供应,可以分为两种情况,如图2-2b中的(A、B组)。如果通过提高高炉煤气利用率来降低燃料比,对于能量供应有A组的影响,当钢铁厂高炉煤气的供应紧张时是需要统筹考虑的问题。图2-2b中的B组采用降低热损失

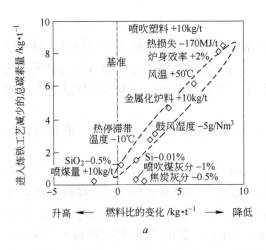

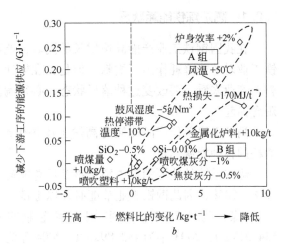

图 2-2 高炉降低燃料比措施与炼铁系统总的输入碳（a）及对下游工序能源供应（b）的关系

的方法，同时能够在下游工序节能，对能量供应的影响较小，应该是优先选择的方法[9]。

图 2-3 所示为计算得到的高炉操作设计因素与炼铁系统碳排放之间的关系[9]。图中煤比和热损失是主要参数。由图可知，当使用最高煤比和降低热损失时，操作点可能满意地向下移动。这是由于煤比增加使高炉下部热损失降低。实际上，两者同时起作用是有困难的。可是，用改善炉料的质量、合理控制炉料分布和控制高炉下部的透气性等措施，从而减少 CO_2 排放是炼铁技术重要的目标。

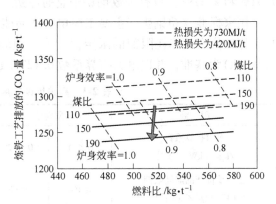

图 2-3 热损失、炉身效率和煤比对炼铁系统 CO_2 排放的影响

2.2 合理利用能源

在高炉炼铁工序能耗中，主要是焦炭和煤粉等，以燃料比为代表的消耗项。回收项主要是高炉煤气和余压发电等回收的能量。因此，在炼铁节能和治理污染的源头上都必须紧紧抓住降低燃料比和焦比这个中心环节。

前阶段由于钢铁市场繁荣，企业以完成产量为主，忽视了品种、质量，产能大幅度扩张。在今后产能过剩的形势下，企业以降低成本、提高质量、增加品种为主要任务。在产量受到限制，进一步控制能耗的条件下，如何降低成本，降低燃料比、焦比和能耗是企业生存的重大问题。寻求合理操作制度是高炉操作者和设计人员面临的课题，有必要下工夫认真研究。

高炉炼铁工艺设计，必须设置副产物和能源的回收利用设施。节能、降耗和环保设施应与高炉主体工程同步设计，同时施工，同时投产。

2.2.1　高炉炼铁能耗状况

在我国钢铁工业产能高速增长的同时，能源增幅低于产量增幅约 5 个百分点。说明钢铁工业对节能降耗作出了贡献。但是，在能耗方面与发达国家相比还有相当大的差距。从整个产业来看，要改变这种落后状态，必须淘汰落后工艺和设备，并要从全体从业人员的观念抓起。

高炉工序单位产品能耗为高炉工序每生产 1t 合格生铁，扣除工序回收的能量后实际消耗的各种能源总量。

炼铁系统的能源消耗占整个钢铁厂总能耗的 70% 左右，高炉炼铁工序能耗占总能耗的 48%～58%，因此钢铁工业节能必须以炼铁系统为重点。1999 年国际先进的炼铁工序能耗（标准煤）为 437.93kg/t。我国重点企业的平均炼铁工序能耗（标准煤）2002 年为 454.21kg/t，2003 年为 483.89kg/t，2004 年为 469.93kg/t，2005 年为 456.79kg/t，2006 年折算系数修改后为 430.59kg/t。以 2004 年和 2005 年指标与国际先进水平相比，分别相差 7.31% 和 4.31%，只有少数钢铁企业的炼铁工序能耗达到世界先进水平。

国家标准《粗钢生产主要工序单位产品能源消耗限额》（GB 21256—2007）规定了高炉工序单位产品能耗限额的限定值、准入值和先进值。标准中以电力折算系数 0.404kg/（kW·h）为基准，并以电力折算系数 0.1229kg/（kW·h）的限额作为参考，见表 2-3。

表 2-3　高炉炼铁工序单位产品能耗限额

限　额	限定值		准入值		先进值	
电力折算系数 /kg·(kW·h)$^{-1}$	0.404	0.1229	0.404	0.1229	0.404	0.1229
工序单位产品能耗限额 （标准煤）/kg·t^{-1}	≤460	≤446	≤430	≤417	≤390	≤380

注：若原料中钒钛磁铁矿用量每增加 10%，高炉工序能耗（以标准煤计）增加 3kg/t。

2.2.2　降低燃料比是高炉炼铁节能、降低成本的根本

对于高炉炼铁工艺节能，降低燃料比是根本。高炉炼铁的能耗主要是由燃料消耗引起的，燃料消耗占能耗收入项的 85% 左右，而鼓风消耗和氧气消耗的能量也是由于燃烧燃料引起的。归结起来，降低燃料比对降低能耗起决定性的作用。

图 2-4 所示为高炉炼铁能源流的示意图。从目前来看，高炉能源收入项中燃料占 84%，鼓入高炉的热风占 15%，其他约 1%。高炉热量的支出项中有 50% 左右用于反应消耗的热量及热损失；铁水带走的热量约占 8%，其中约 7% 为铁水显热，为炼钢工序所利用，约 1% 的碳素生成了转炉煤气；炉渣显热约占 3%，尚未被利用；其中，第二项大的支出为煤气带出的能量，约占 38%。

提高高炉冶炼的反应热效率，提高炉内煤气利用率 η_{CO}、减少反应热量、减少燃料的消耗、降低燃料比 $F.R$，能减少煤气带出的能量。

由于燃料比高，燃烧燃料的鼓风量、氧气量以及加热鼓风消耗的煤气量也随之增加。

2.1.2 节采用了第 1 章表 1-1 中 A 组和 B 组高炉数据进行了比较。由于数据不全只能

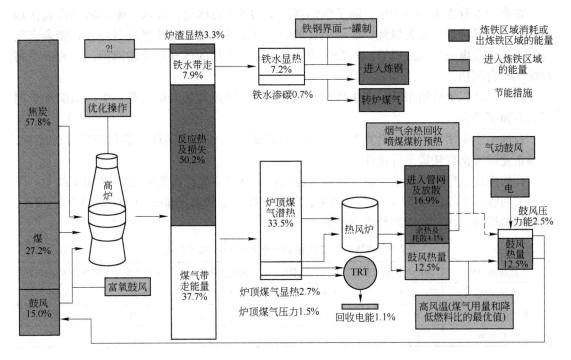

图 2-4 高炉炼铁能量流动示意图

把仅有的焦比、煤比、小块焦比、吨铁耗风量、吨铁耗氧量以及加热鼓风和氧气消耗的热量，用统一的折算系数折合成标准煤，并使用统一的单价粗略计算所列部分项目的吨铁能耗差值和成本差额，得到表 2-4[8]。

表 2-4 部分项目吨铁能耗差值和成本差额

物料	能耗的折算系数（标准煤）	B 组			A 组			能耗差值（标准煤）/kg	成本差额/元
		实物消耗	能耗（标准煤）/kg	成本/元	实物消耗	能耗（标准煤）/kg	成本/元		
焦炭	0.98kg/kg	282.4kg	276.75	564.8	360.3kg	353.09	720.6	76.34	155.8
煤粉	0.85kg/kg	183.3kg	155.85	220.0	182.2kg	154.87	218.6	-0.98	-1.4
小块焦	0.8kg/kg	23.2kg	18.52	34.7	—	—	—	-18.52	-34.7
鼓风	0.01kg/m³	881.8m³	8.82	26.5	1093.7m³	10.94	32.8	2.12	6.4
氧气	0.055kg/m³	48.5m³	2.66	14.5	75.22m³	4.13	22.6	1.47	8.0
加热鼓风	0.062kg/m³	930.3m³	57.68	63.2	1168.92m³	72.47	79.5	14.79	16.2
小计			520.28	923.8		595.57	1074.1	75.29	150.3

由表 2-4 可知，由于燃料比的升高，消耗的鼓风、氧气和加热鼓风所消耗的燃料都明显增加，根据能够统计到的项目吨铁能耗（标准煤）相差约 75kg/t。从以上差额与 A 组高炉的年产铁量计算年损失标准煤约 50 万吨。同时，吨铁成本相差约 150 元，年增加成本约 10 亿元。由此可见，降低能耗不但是社会责任，而且是扭亏为盈的"法宝"，对企业也是有利的举措。

在高炉本身支出的热量中,除了炼钢利用了约8%的热量,采取一罐制将铁水直接送到炼钢,尽量降低热损失以外,还采用热风炉、TRT等能量回收装置进行回收;剩余煤气也已经用于发电或汽动鼓风等。所剩余的热量中由于工厂的煤气平衡的原因,尚有少量高炉煤气没有利用。

所以,从以上分析来看,高炉炼铁降低能耗的关键还需从冶炼工艺、生产组织和管理理念方面下功夫。

我国由于采用多种电力折算系数,使得高炉炼铁工序单位能耗不能代表实际的能耗,使得企业的吨钢能耗缺乏可比性。

高炉炼铁工序也是产生大量二次能源的工序,其产生量约占钢铁流程的50%以上。以目前的回收技术能回收77%左右。但是,与现有技术能回收的能量(见表2-5[1])相比,目前我国炼铁工序二次能源利用率很低。

表2-5　炼铁工序二次能源产生和现有技术可回收量　　　　　(GJ/t)

二次能源种类	理论产生量	现有技术可回收量	二次能源种类	理论产生量	现有技术可回收量
高炉煤气	5.79	4.9	热风炉烟气	0.38	0.19
炉顶煤气余压	0.45	0.45	合　计	7.21	5.54
炉渣显热	0.59				

2.2.3　充分利用高炉煤气

在现有技术经济条件下,钢铁联合企业可回收的二次能源占购入能源的40%~45%,包括焦炉煤气、高炉煤气、转炉煤气、烟气余热、余压和其他电能、蒸汽等,其中高炉煤气占可回收二次能源的45%左右,占全厂购入总能源量的20%左右。因此降低高炉煤气放散率,充分利用高炉煤气是节能、降耗、改善能耗指标的重要措施之一。

我国钢铁工业的煤气利用率较低,2005年高炉煤气的排放量达到3293646万立方米,排放量较2004年增加32.0%;2009年和2010年统计了25家企业高炉煤气的排放量分别为2973597万立方米和2810347万立方米,放散率为5.95%和5.28%;其中放散率大于10%的有16家和6家,最大放散率达到50%左右。由此可见,重视了高炉煤气的回收,排放量就能大幅度下降。其中特别要重视新增设备能力所增加的排放量。在降低消耗和提高高炉煤气的利用率方面还应做许多工作。《规范》要求,**高炉炼铁设计应避免向大气排放高炉煤气。**

高炉煤气在非正常状态下直接排放对环境危害很大,烟尘浓度超过排放标准200~300倍,其颗粒物含量在7~40kg/t(包括铁、重金属、碳),粉尘含量在3500~30000mg/m³(标态,下同),排出的CO经大气扩散到达地面时的浓度大大超过环境标准,严重时还会造成污染事故,因此应考虑相应的技术措施以避免高炉煤气直接排放。**当对环境产生影响时,高炉应采取必要的措施甚至休风,以防止危害环境。**

为了充分利用高炉煤气,应做好以下两个方面的工作:

(1)提高煤气回收率;

(2)高炉煤气作为一种低热值二次能源应尽可能予以利用,例如发电等。

高炉煤气发生量应根据物料平衡计算确定,并精确计算高炉的自耗用量。加强能源管理，提高高炉炼铁和企业的经济效益及社会效益。

一方面高炉耗用大量能源，另一方面高炉又为整个钢铁厂提供二次能源，高炉煤气的全厂平衡对企业的生产和能耗会产生重大影响。应重视全厂煤气系统的建设，完善煤气净化、储存、输送设施。采用燃烧高炉煤气的高热效率设备，如热风炉采用双预热技术，提高高炉煤气燃用比例，能有效减少焦炉煤气消耗；利用高炉煤气供热、发电；选用燃气—蒸汽联合循环发电机组，将剩余高炉煤气转换为电能，燃气—蒸汽联合循环发电机组CCPP 热效率能够达到 40% ~45%，而燃烧高炉煤气的高压蒸汽锅炉的热效率约 35%。一般锅炉热效率才 25%。

《规范》要求采用干式煤气除尘装置。目前新建高炉绝大部分采用了全干式煤气净化装置，并配套了全干式炉顶煤气余压发电装置。发电量较湿式煤气除尘提高约 30%。

2.2.4 余热、余能利用

高炉炼铁设计应充分利用废热、废气和余压等。 高炉鼓风的冷风温度在 200℃以上，热风炉废气温度在 250℃左右，目前新建高炉均已利用了这部分热量。如设置热风炉余热利用装置，回收热风炉烟气余热，利用高炉冲渣水的余热取暖；设置 TRT 回收炉顶煤气余压；回收炉顶均压、排压煤气，热风炉充风的风量利用等；防止高炉鼓风冷风的热量散失，鼓风管道采取保温措施。

高炉炼铁设计应采取防止能源介质的泄漏和送风系统漏风的措施。

根据宝钢高炉和新建的高炉，如鞍钢新 1 号高炉、本钢 6 号高炉的实践，实际消耗风量与配料计算完全吻合，没有漏风损失。因此《规范》规定：在考虑了热风炉充风量时，原则上不考虑漏风损失。但是我国过去考虑的漏风量很大，例如，鞍钢老高炉采用旧式送风系统，漏风损失就很大，其中 6 号高炉 2004 年的燃料比为 531kg/t，吨铁耗风量达 1779m³/t，占炼铁工序能耗的 10% 以上。采用新式送风系统的新 1 号高炉，2004 年的燃料比为 515kg/t，吨铁耗风量 1077m³/t。两座高炉的燃料比仅相差 16kg/t，而新 1 号高炉的吨铁耗风量只有 6 号高炉的 60.5%。所以，必须严格控制漏风。但是由于习惯，在新系统的实际效果尚未认识之前，考虑在没有增加热风炉充风量时，采用定风量操作的鼓风机仍给出少量的漏风损失。

还要防止压缩空气、水、液压油、润滑油等管道的泄漏。

2.2.5 脱湿鼓风

我国南方地区宜采用脱湿鼓风，北方地区宜采用调湿鼓风。 采用脱湿鼓风，可提高干风温度，有利于稳定炉况，是增加煤粉喷吹量、降低焦比的有效技术措施之一。采取冷却脱湿可降低鼓风机吸入口的空气温度，改善吸入条件，增加鼓风量，减少鼓风机能源消耗量，也是一种有效的节能措施。

2.2.6 节电和减少能源介质、辅助材料的消耗

我国钢铁工业的电能消耗大，日本钢铁企业外购电力占总购入能源的 11.9%，而我国平均在 26% 左右。其中原因之一就是我国钢铁企业利用自身的余热、余能发电量低；同时，设备的选择富余量大，设备效用率低，设备设计节能观念不强。在高炉炼铁工序能耗

中,电能消耗约占 3% ~5%。目前宝钢高炉已朝不外购电力的方向发展。

高炉炼铁设计应采取节约能源和资源的措施。高炉应最大限度地节约能源介质的消耗。

高炉设备设计和设备选择中应当采取多种节约能源的方案和措施。如高炉炉顶、炉前和热风炉液压站采用蓄能器;设计上料主胶带机时采用液力耦合器,降低起动力矩,并采用等效功率来选择电动机,以及采用变频技术等,可以节约大量电能。

高炉应最大限度地节约能源介质和辅助材料的消耗,包括鼓风、煤气、水、电、压缩空气、炉前炮泥、沟泥、油脂、备品备件和材料的消耗。目前我国资材消耗指标落后,引起维修费用的上升。我国先进的宝钢高炉的维修费用和资材的消耗与国外高炉相比也有相当大的差距。

2.3　资源综合利用

资源和能源的综合利用是实施循环经济的重要手段之一,是"减量化"措施的下一个层次。首先要从源头抓起,在采用先进工艺技术"减量化"后,再通过回收综合利用减小资源和能源的消耗,达到低消耗、低排放、减小环境不良影响的目的。《规范》规定:**高炉生产所产生的煤气、固体废弃物、废水等均应采取资源化措施予以利用。**

2.3.1　炉渣综合利用

按目前全国生铁产量估算,高炉渣年产量为 7000 万~9000 万吨,占钢铁工业各种固体废物的比例约为 28%,综合利用率由 2000 年的 86.2% 提高到 2005 年的 92.6%。目前,除含稀土铁矿和含 TiO_2 高的高炉渣综合利用问题尚待解决外,高炉渣的综合利用技术已很成熟,主要用于建筑材料行业。主要利用途径有:作为水泥生产的掺和料、矿渣棉、铸石、膨胀渣珠、微晶玻璃原料等,以高炉水渣用于水泥厂生产矿渣水泥的方式最为广泛。《规范》规定**高炉设计必须设置炉渣综合利用设施。**

高炉矿渣微粉是近年来开发并推广应用的新型建筑材料。水淬高炉渣粉碎到一定的细度,促使 CaO、SiO_2、Al_2O_3 的活性增加,促进水化硅酸钙产物的形成,并填充于水泥混凝土的缝隙中,可大幅度提高混凝土的致密度。同时还将强度较低的 $Ca(OH)_2$ 晶体转化为强度较高的水化硅酸钙凝胶,从而使混凝土的一系列性能得到明显改善。掺有矿渣微粉的混凝土具有水化热低、耐腐蚀、与钢筋黏结力强、抗渗性强、抗萎缩和后期强度高等特点。水渣微粉混凝土具有强度高、很好的抗硫酸盐侵蚀性能、抗氯离子侵蚀性能,坍落度能够满足各种性能混凝土的要求,工作黏性、黏聚性和抗离析性能优异。在世界许多国家和地区,矿渣微粉已广泛应用于大坝工程、水下工程、道路工程、海岸防腐蚀工程、大型建筑工程等,因此具有广阔的市场前景。上海已在多座高层建筑中使用,北京、天津、杭州、厦门等地区都已经开始采用水渣微粉生产高性能混凝土。

高炉水冲渣制成水渣微粉是高炉渣在建材行业深度开发利用的成果之一,水渣微粉直接替代混凝土中的一部分水泥,可降低混凝土生产企业成本,产生直接的经济效益;同时设置水渣磨细设施,直接出售水渣微粉,可以提高高炉水渣经济价值,扩大用途,产生的经济效益将比出售水冲渣约高 3 倍。目前宝钢、武钢、攀钢、重钢、济钢等 12 个厂家有高炉水渣微粉设施。

2.3.2　含铁尘泥综合利用

含铁尘泥必须进行回收利用，粗煤气灰和除尘灰应作为烧结原料，高锌煤气灰宜回收锌以后作为炼铁原料。

高炉工程的含铁尘泥是指粗煤气除尘灰、煤气清洗污泥或干式除尘灰、其他除尘系统排灰等。粗煤气除尘灰都配入烧结料中循环利用，利用率保持在98%左右。含铁尘泥一二次除尘灰泥的利用率由2000年的86.2%提高到2005年的97.1%[10]。高炉含铁尘泥应进行分类收集以便于利用，设计中应考虑收集、运输、贮存和利用设施，含锌低的含铁尘泥一般作为烧结原料使用。

高炉尘泥中含有多种有害元素锌、铅、钾、钠等，有的还含有铬、镉、砷等剧毒物质，必须严格进行处理，变害为利。

含铁尘泥脱锌处理方法的比较见表2-6。

表2-6　含铁尘泥脱锌处理方法的比较

项　　目	转底炉法	回转窑法	熔融法	电　炉	竖　炉
脱锌率/%	90~97	75~90	99	99	99
设计最大处理能力/万吨·a^{-1}	40~50	8	6	3~5	3~8
设备投资（以转底炉为1计）	1	3	3~4	4~8	3~4
运行费用（以转底炉为1计）	1	1.5~2	1.5~2	2~3	2~3
其　　他		有炉内黏结问题			

转底炉脱锌处理方法的处理能力大，投资和运行费用低，脱锌率也能够满足要求，是比较成熟的一种脱锌工艺。生产设施主要由配料混合、压块、还原焙烧、锌尘收集等部分组成。其产品是金属化球团，一般作为高炉冶炼的原料使用。转底炉的生产流程见图2-5。

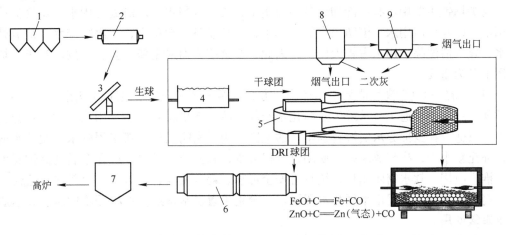

图2-5　转底炉生产流程图

1—贮料槽；2—球磨机；3—圆盘造球机；4—球团干燥机；5—转底炉；6—球团
冷却机；7—金属化球团仓；8—锅炉或热交换器；9—布袋除尘器

在转底炉中金属钠和钾易挥发, 锌还原后, 在 920℃ 挥发, 在烟气中锌又易被氧化形成氧化锌, 被除尘器收集。在转底炉中铁的金属化率在 90% 以上, ZnO 的脱除率在 95% 以上, 碱金属的脱除率大于 50%。金属化球团中铁的金属化率和锌的去除率见图 2-6。

转底炉不仅是作为一种含锌粉尘处理装置使用, 也可以处理其他的含铁尘泥, 如普通含铁除尘灰、煤气洗涤污泥、转炉除尘灰、转炉煤气洗涤污泥、氧化铁皮、电炉除尘灰等固体废物。

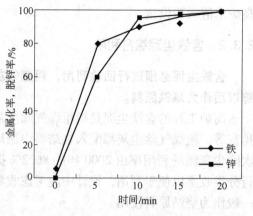

图 2-6   转底炉中含锌尘泥脱锌率和金属化率

2.4   水资源循环利用

高炉炼铁应符合《中国节水技术政策大纲》的要求, 应采用不用水的工艺, 如干式煤气除尘设施; 节约用水的工艺, 如软水密闭循环冷却和节约用水的炉渣粒化装置等。

我国水资源缺乏, 并且水资源分布极不平衡, 大部分水资源集中在中部及东南部地区, 广大的西北、华北以及河南、山东等地区严重缺水。缺乏水资源不但影响了工农业生产, 甚至直接影响了广大居民的生活。然而, 我国水资源浪费现象又比较严重。由于节水意识淡薄和工农业技术落后, 造成水资源的浪费, 因此, 节约用水是我国可持续发展亟待解决的问题。为此, 国家颁布了《中国节水技术政策大纲》, 要求我国广大群众和各行各业增强节水意识, 采取多种措施和办法, 节约用水。

在我国工业行业中, 钢铁行业是用水大户。在一些地方, 钢铁行业用水应与当地其他工农业发展和人民生活用水综合考虑。钢铁行业节约用水迫在眉睫, 2005 年和 2010 年吨钢消耗新水分别为 7.54t/t 和 4.07t/t, 有了较大的下降。高炉炼铁应符合国家有关节约用水法律、法规和标准的要求, 选择节约用水的工艺。

高炉炼铁主要用水有: 冷却设备冷却用水、二次冷却水、炉渣处理用水、煤气清洗除尘用水, 以及生活用水、消防用水等。其中, 冷却设备冷却用水、二次冷却水、炉渣处理用水、煤气清洗除尘用水占较大比例, 因此, 在这些方面采用新工艺、新技术对于高炉节约用水尤为重要。

（1）新建和改建高炉应采用循环冷却方式。循环冷却分开路循环和密闭循环两种: 开路循环一般采用普通工业水或工业净化水冷却, 冷却效果相对较差, 用水量大, 补充新水量多, 只适合在少部分水资源特别丰富的地区使用。密闭循环一般采用软水、脱盐水或纯水, 补充新水少, 冷却效果好, 使用过程损失少, 补充新水量少, 应在今后的高炉建设中大量推广应用。软水密闭循环系统具有安全可靠、耗水量少、占地小、投资省等优点。

高炉应根据不同用水水质和水压要求, 分别设置供水系统, 并根据不同水质和水温的要求串级使用。

联合软水密闭循环系统采用串联与并联供水的方法, 并提高冷却水的进出口温度。武钢 4 号、5 号高炉冷却壁冷却软水采用全串联方式, 节水效果较好。武钢 1 号、6 号采用联合软水密闭循环方式, 进一步将炉底、风口、热风阀等串联, 节水效果更加明显。

高炉软水密闭循环系统，其循环率应大于99.8%。武钢采用软水密闭循环的高炉，其循环率已高达99.9%以上，值得借鉴和推广。

（2）密闭循环冷却的冷却水一般还需进行二次冷却，以置换出热量。二次冷却的主要方式有：喷淋冷却、水—水换热器冷却、喷淋换热器冷却、空冷换热器冷却。喷淋冷却水的蒸发量较大，水的损耗较大；水—水换热器冷却效果好，但需要较多的二次冷却水量，水的损耗仍然较大；喷淋换热器冷却效果较好，用水相对较少；空冷换热器冷却是最节水的方式。

适当提高炉体冷却的软水温度，可以节约用水。**在正常生产时，高炉炉体冷却的闭路循环软水进口温度不宜超过50℃。在高炉炉体峰值热负荷时，短时排水温度可提高到70℃。** 提高排水温度可以减少二次冷却水水量，同时也是选用节约用水热交换器的必要条件之一。今后应在气象条件适合的缺水地区推广喷淋换热器冷却和空冷换热器冷却，特别是在北方地区的高炉更应大力推广。在南方地区的高炉，如昆钢6号高炉采用空气热交换器，节约了全部二次冷却水，正常运行时，进水温度约为56℃，高炉生产近7年，冷却板只损坏了1块。

（3）**沿海钢铁厂应尽量利用海水作为间接冷却。** 以节约淡水。高炉应积极采用海水作为二次冷却介质，节约淡水资源。但利用海水时，水—水热交换器需使用钛金属制造，以及海水输送管道需防腐，会增加基建投资，因此需要进行综合比较确定。

（4）高炉冷却水、二次冷却水、煤气清洗用水、冲渣用水、干渣冷却用水等均应设置循环用水系统，重复利用。从环境保护角度，设置循环供水系统有两大益处：一是减少了新水用量，节约了水资源，尤其在缺水地区循环用水产生的生态效益和社会效益非常显著；二是大幅度减少了废水排放量，减轻了水体污染。采取串级排污技术，利用间接冷却水循环系统的排污水作为煤气清洗用水循环系统的补充水；煤气清洗用水循环系统的排污水作为冲渣水循环系统的补充水，可进一步提高水重复利用率，将生产废水全部消除在生产过程中，达到节水和废水不外排的效果，从而消除高炉炼铁的水污染危害。

（5）我国目前采用的节水型炉渣处理工艺有轮法、明特法、因巴法和带冷凝回收的因巴法。轮法和因巴法吨渣耗水约0.4t，带冷凝回收的因巴法，由于其蒸汽得到冷凝回收，吨渣耗水量减少到约0.3t。今后应大力推广类似工艺。目前，我国宝钢、武钢、鞍钢、本钢、沙钢等部分企业的一些高炉采用了此工艺，节水效果明显。

其他方法也应采用蒸汽冷凝回收技术，以改善环境和节约用水。

（6）煤气除尘分湿式和干式两类。目前，我国大中型高炉大都采用湿式煤气除尘工艺。高炉湿式煤气除尘中，通常采用的是二文—洗涤塔工艺，耗水量大，今后应逐步淘汰。蒸喷塔文工艺和环缝洗涤塔工艺用水量只有传统工艺的一半左右，节水效果较明显。干式煤气除尘几乎不用水，值得推广。目前已有一批炉容1000m³以上的高炉正在试验全干式煤气除尘。高炉干式煤气除尘将是今后发展的方向。

高炉设计应确保循环水水质稳定，并应减少水循环过程中的蒸发、风吹、泄漏损失。 为提高循环系统水的浓缩倍数，减少系统排污，设计应考虑采用阻垢、缓蚀、杀菌、旁滤，以及减少泄漏等非蒸发水量的措施。

国家对钢铁工业水资源消耗的要求逐年提高，高炉工程用水设置循环系统是节水措施的最基本要求，应在此基础上提高用水管理水平，增加水质稳定和水质保证措施，进一步提高水重复利用率。根据宝钢的统计，炼铁厂新水耗量占全厂 27.8%，是耗水最大的二级生产厂，宝钢通过提高浓缩倍数、强化计量管理、加强水质稳定、采取串接水再利用和改造失水点等措施，高炉吨铁工业新水消耗已降低到 $0.9m^3/t$ 以下。

2.5　高炉炼铁的污染治理

实施循环经济并不排斥"末端治理"。在开发建设过程中，实现与自然的和谐，实现环境质量的改善，也有赖于实施"末端治理"。在我国目前条件下，"末端治理"仍然是环境保护的主要手段。循环经济是环境污染的解决途径之一，但代替不了污染治理措施，因此需要对排放的污染物进行"无害化"处理。

高炉产生的污染物必须做到达标排放是高炉炼铁环境保护设计的最基本要求。**新建和改建的高炉及其附属设施应执行国家关于废气、废水、固体废弃物、噪声等有关法规和规定。**高炉及出铁场烟（粉）尘排放浓度应按照国标《工业炉窑大气污染物排放标准》（GB 9078），二级标准排放浓度限值为 $100mg/m^3$；原料系统粉尘排放浓度应执行《大气污染物综合排放标准》（GB 16297），最高允许排放浓度为 $120mg/m^3$。目前国内先进钢铁企业采用布袋除尘器时，烟（粉）尘排放浓度能够稳定在 $30mg/m^3$ 以下。

此外，高炉工程建设必须符合国家的产业发展政策。排放的污染物还应满足"总量控制"、"以新带老"和"增产不增污"等环境保护政策要求。若工程投产增加的污染物数量超过总量控制指标，则应通过对老污染源的"以新带老"或其他措施进行削减。

高炉炼铁工程的建设必须符合国家能源政策和相应法律、法规、标准的要求，必须执行"三同时"的原则。"三同时"是指《中华人民共和国环境保护法》第二十六条的规定："建设项目中防治污染的措施，必须与主体工程同时设计、同时施工、同时投产使用"。

根据《中华人民共和国环境保护法》和《环境影响评价法》，高炉炼铁工程应进行环境影响评价，在可行性研究阶段编制环境影响报告书，报告书的结论和环境保护主管部门对项目的审批文件应作为项目开展初步设计的依据。初步设计应按照环境影响报告书中规定的环境保护措施，开展项目的环境保护设计。

2.5.1　废气治理

高炉炼铁的主要废气排放源有出铁场、矿焦槽、炉顶装料、均排压、煤粉制备、热风炉等。主要污染物为烟尘和粉尘及废气。污染的主要特点为：

（1）高炉产生的废气点多，含尘浓度较高，粉尘量大，对大气环境的污染较严重。炉前出铁场烟气含尘浓度为 $0.6 \sim 12g/m^3$，转运、筛分等原料系统废气含尘浓度为 $0.5 \sim 6g/m^3$，制粉系统煤粉浓度为 $1 \sim 5g/m^3$。

（2）粉尘具有回收利用价值。炼铁厂粉尘含有全铁量一般在 50% 左右，回收后可以作为烧结原料。

（3）热风炉燃料燃烧产生的废气是 NO_x 排放的主要来源，其排放量为 $10 \sim 580g/t$ 铁，排放浓度（标态，下同）为 $70 \sim 400mg/m^3$；SO_2 的排放量为 $20 \sim 250g/t$ 铁；CO 排放量为 2700g/t 铁，在使用高效燃烧器时，其浓度可从 $2500mg/m^3$ 降低到 $50mg/m^{3[11]}$。使用清洁燃料, 尚可直接排放。

《规范》要求, **高炉炼铁设计所产生的烟尘、粉尘的治理, 应符合下列规定:**

(1) 高炉出铁场烟尘, 矿槽、焦槽、炉顶装料、煤粉制备、均排压放散等设备和物料输送系统的所有产尘点的粉尘都必须采取除尘措施, 并应回收利用, 同时应防止无组织排放。烟气排放必须符合现行国家标准《工业炉窑大气污染物排放标准》(GB 9078) 和《大气污染物综合排放标准》(GB 16297) 的有关规定。采用蒸汽透平鼓风时, 必须保证锅炉烟气排放符合现行国家标准《锅炉大气污染物排放标准》(GB 13271) 的有关规定。

(2) 出铁场主沟及渣铁沟必须设置沟盖, 产生的烟尘应采取除尘措施。应控制无组织的烟尘排放, 对紧靠出铁口的主沟宜设置移动沟盖, 并宜在打开或封堵出铁口时, 收集和处理移动沟盖未盖上的瞬间所产生的烟尘。

(3) 采用不经水洗的原煤时, 煤场到高炉制粉间的原煤运输、破碎、筛分产生的粉尘必须采取除尘措施。磨煤机、喷吹罐压力排放等也应采取防止粉尘污染的措施, 并应回收利用粉尘。

烟、粉尘是高炉工程的主要污染物。《规范》规定了高炉工程中几个主要的烟、粉尘污染源的治理。除此之外, 其他产尘设施, 如铁水预处理、碾泥机室、铸铁机和高炉工程的其他产尘设施均必须设置除尘装置。出铁场除尘包括: 铁口、铁沟、渣沟、撇渣器、摆动流嘴、铁水罐等, 对出铁场的二次烟尘也必须采取除尘措施。对工艺过程中产生的烟、粉尘的治理, 应按照《工业炉窑大气污染物排放标准》的要求进行控制, 如出铁场烟尘、均压放散烟粉尘等。对原、燃料的输送、破碎、筛分等过程产生的粉尘, 应按照《大气污染物综合排放标准》的要求进行控制, 如矿槽、焦槽、上料系统等。需要注意的是在《大气污染物综合排放标准》中, 除了对排放浓度有控制要求外, 还对污染物的排放速率有要求。允许的排放速率大小与执行的标准级别和排气筒高度有关。

热风炉排放的污染物浓度和数量取决于使用的燃料质量, 如燃料的含硫和含尘量。若排放的污染物不符合《工业炉窑大气污染物排放标准》(GB 9078) 的要求, 也应采取措施使烟气达到排放标准。向鼓风机提供蒸汽的锅炉, 应根据锅炉的燃烧方式、蒸发量和使用功能, 执行相应的污染物排放标准。若为热电联产, 煤粉发电锅炉和大于 45.5MW 的发电锅炉 (65t/h) 应按照《火电厂大气污染物排放标准》(GB 13223—2003) 的要求进行控制。其他锅炉按照《锅炉大气污染物排放标准》(GB 13271—2001) 的要求进行控制, 并根据国家和地方的环境保护政策设置燃煤烟气脱硫装置。

出铁场产生的烟尘成分主要为铁氧化物、二氧化硅和碳, 约占 96%。铁沟、渣沟、撇渣器、摆动流嘴、铁水罐产生的烟尘颗粒粒径较大, 其中 $10 \sim 250\mu m$ 的占 72%。铁口产生的二次烟尘数量较小, 只占出铁场总烟尘量的 13% ~ 20%, 但烟尘颗粒粒径很小, 小于 $10\mu m$ 的约占 80%, 小于 $1\mu m$ 的约占 60%。烟尘对人的危害主要是呼吸系统, 粒径大于 $5\mu m$ 的颗粒, 绝大部分被阻留和黏附在鼻前庭的鼻毛、鼻腔和咽部黏膜上的黏液中, 一般不会构成对人体的损害。粒径小于 $5\mu m$, 尤其是 $1\mu m$ 以下的细小颗粒, 能大量侵入肺部, 对人体健康造成更大的危害。因此二次烟尘产生的危害更大, 应重视出铁场二次烟尘的治理。

无组织排放是指大气污染物不经过排气筒的无规则排放, 主要包括作业场所物料堆放、开放式输送扬尘、含尘气体泄漏以及除尘系统未捕集到的烟尘等。出铁场烟尘经除尘系统捕集后，由排气筒排出的那部分烟气为有组织排放源；其他未捕集到的烟尘最终会通过门窗排入环境，这部分烟尘属于无组织排放的烟尘。在《工业炉窑大气污染物排放标准》（GB 9078—1996）中规定无组织排放烟、粉尘在厂房门窗排放口处的最大烟粉尘浓度为 25mg/m³。减少无组织烟尘的措施，主要是对产尘点设置合理的密闭和烟气捕集结构，提高烟气捕集效率，减少烟气外溢。

《规范》要求，**在采用水冲渣时，应减少炉渣冲制过程和运输过程对环境的污染。还应采取措施回收冲水渣产生的蒸汽。**

冲渣水蒸气中含有 H_2S 等成分，会对环境产生污染，对钢结构等产生腐蚀作用，可通过采取水喷淋或其他方法将水蒸气中的 H_2S 脱除。H_2S 的排放标准应按照《恶臭污染物排放标准》（GB 14554—1993）的要求进行控制。标准规定了不同高度的排气筒的最高允许排放量，如 30m 高的排气筒，允许排放量为 1.3kg/h；60m 高的排气筒，允许排放量为 5.2kg/h。

2.5.2 废水治理

煤气清洗废水、冲渣废水、干渣冷却废水等含有毒有害物质的废水，必须处理后重复利用，不得外排。

用湿法工艺的煤气净化系统，产生的废水除含有大量悬浮物外，还含有挥发酚和氰化物。现有的煤气清洗废水处理工艺只是去除悬浮物后满足返回循环用水的水质要求，并不具有脱除挥发酚和氰化物的功能。由于循环系统为维持水质稳定，需排放部分废水。若废水排入环境，即使外排废水量不大，对环境的危害也很严重。当受纳水体为环境容量较小的小型水体时，外排废水会导致大量水生物死亡，危及水环境生态。因此《规范》规定煤气清洗废水不允许外排。

采用水冲渣工艺的高炉，通过煤气清洗水循环系统和冲渣水循环系统形成串级排污用水方式，即煤气清洗水循环系统排污水作为冲渣水循环系统的补充水，使其在冲渣过程中将废水消耗掉。串级排污用水方式已经在国内有多年成功经验，能够达到炼铁废水不外排的效果。对不采用水冲渣工艺的高炉，应采取水质稳定措施，尽可能减少清洗废水循环系统的排污量，不得不排放的废水可用于原料场洒水和物料润湿用水等，在其他生产过程中将废水消耗掉。

消除高炉炼铁水污染最好的措施是从废水产生的源头着手，采用不用水或少用水的工艺和技术，减少废水的产生量，如采用干法煤气除尘工艺、节水型的冲渣工艺等。

炼铁区域消防系统的设置应符合现行国家标准《建筑设计防火规范》（GB 50016）和《钢铁冶金企业设计防火规范》（GB 50414）的有关规定。

2.5.3 噪声控制

《规范》规定，**高炉炼铁设计应采取下列防噪声措施：**

（1）高炉鼓风、热风炉冷风放风阀、助燃风机、排压阀、炉顶煤气余压发电透平、调压阀组、煤气清洗、喷煤、除尘及其管道等系统，均应选用低噪声设备或采取噪声控制措施，并应达到有关噪声标准的要求。

（2）高炉炉顶必须设置均压煤气排压消音器。高炉必须设置炉顶排压煤气除尘，宜设

置炉顶排压煤气回收装置。

（3）高炉喷煤系统中，磨煤机、喷吹罐压力排放阀和压缩空气机等，均应采取降低噪声的措施。

高炉炼铁是钢铁企业中对声环境影响最大的生产单元之一，高炉的冷风放风阀、高炉煤气调压阀组、高炉煤气余压发电透平等是高炉工程的主要噪声源，产生的最大噪声强度可达到130dB（A）以上，会导致听力的严重损伤和危害健康。

噪声污染控制必须保证钢铁企业的厂界达到厂界环境噪声标准要求，按照《工业企业厂界环境噪声排放标准》（GB 12348—2008）的要求进行控制，执行标准的级别由项目所处区域的环境功能区划确定。区域的环境功能区类别由地方环境保护主管部门发布的相关文件规定，位于居住、商业、工业混杂区的应执行Ⅱ类标准（昼间60dB（A）、夜间50dB（A））；位于工业区的应执行Ⅲ类标准（昼间65dB（A）、夜间55dB（A））。此外，还应保证厂界外的环境敏感点能够满足声环境标准要求。

噪声控制措施主要包括三个方面的内容：一是减小声源强度，在设计选型上尽可能选用低噪声设备；二是在总图布置上尽可能将高噪声源布置在远离厂界的位置，利用声波的衰减或建（构）筑物的隔挡作用，降低噪声的影响；三是对产生噪声的设备采取消声、隔声、吸声、阻尼、减振等降低噪声措施。空气动力性噪声源主要采用设置消声器的降噪声措施，如放风阀、调煤气压阀组、放散阀、风机等；机械性噪声可采取设置隔声罩、修建设备用房、安装减振器、包扎或涂刷阻尼材料等措施降低设备的噪声等级。通常声源产生的噪声是综合性的，既有空气动力性噪声，也有机械性噪声产生，因此采取的控制措施也是综合性的，如高炉煤气调压阀组、空压机等，既要采取消声措施，也要进行隔声和减振处理。在声源或敏感点周围设置绿化带也有减小噪声影响的作用。在设计中还应考虑工作岗位的噪声卫生标准控制要求，保护操作人员的健康。

2.5.4 环境风险

《规范》要求，**环保设备应有足够的可靠性，并应设置维修设施。当环保设备停机或出现故障时，应采取避免对环境产生有害影响的措施。**

在事故情况下，排放的污染物数量会比正常时大数十倍，对环境的影响也会大大增加。在高炉周围存在居住区等环境敏感目标时，会造成严重影响，因此环保设备的可靠性是设计必须考虑的问题之一。1980年，国外邻近环境保护区的某钢铁厂，因高炉除尘设备出现故障，排放的烟尘不符合与当地签订的协议，为了遵循法规，4000～5000m³高炉被迫休风，并造成全厂停产。

我国环境保护法律、法规日趋完善，环境执法也越来越严格，对项目的环境保护要求也越来越高。设计中除对环境保护设备应提高可靠性外，还应有防止环境风险的措施。环境风险是指在事故情况下，排出的污染物等对人群健康、水源、生态等造成突发的重大环境危害的事件。环境风险包含四个要素，即范围、时间、人群和危害程度。对高炉炼铁而言，在事故情况下，高炉煤气放散是最大的环境风险源，煤气中高浓度的CO会对人群健康造成危害。在特定的环境和气象条件下，这种危害可能是致命的。环境风险的防范应该从几个方面考虑：首先，在选址上，应尽可能避开环境敏感区域，对CO污染而言，居住集中区应特别引起重视。按照《炼铁厂卫生防护距离标准》（GB 11660）的要求设置卫生防护距离；二是在设计中采取必要的防范措施，避免事故发生，减小事故发生频率和缩短事故时间长度；三是严格管理制度，设计上为管理提供技术支撑；四是考虑事故应急和处理措施，减小事故危害程度。

采用干法煤气净化工艺的高炉，要充分考虑可能产生的环境风险，从技术上采取避免或减小风险的措施，防止污染事故发生。

2.5.5 绿化

《规范》要求，**高炉炼铁设计宜设置一定比例的绿化面积。**用来改善生态环境功能，降低烟尘、粉尘和噪声的影响。

大面积的绿化可以补偿开发建设造成的生态破坏，厂区绿化具有调节小气候、吸收有毒有害气体、滞尘、抑尘、降低噪声的功能，能够滞纳无组织排放粉尘的扩散，还有美化和改善工作环境，调节心理的作用。绿地面积大小应遵守地方政府的绿化相关规定。

高炉生产区域的绿化功能，应以吸收有毒有害气体、滞尘、抑尘为主，其次才是美化功能。在选择绿化植物种类时，应根据绿化的地点选择具有较强抗污能力，较好净化能力，与当地的气候、土壤条件适宜性较强，美化功能适当，易于成活和管理的植物种类。

参 考 文 献

[1] 张春霞，齐渊洪，严定鎏，等. 中国炼铁系统的节能与环境保护[J]. 钢铁，2006，41(11)：1.
[2] 刘文权. 低碳炼铁和低碳经济[C]. 2010 年全国炼铁生产技术会议暨炼铁学术年会文集. 北京：中国金属学会，2010：25.
[3] 邹忠平，郭宪臻，王刚，项钟庸，等. 高炉 CO_2 排放量的计算方法探讨[C]. 2011 年中国钢铁年会论文集. 北京，2011.
[4] 上官方钦，张春霞，胡长庆，等. 中国钢铁工业/企业的 CO_2 排放估算[J]. 中国冶金，2010(5)：37.
[5] 蔡九菊，王建军，张琦，等. 钢铁企业物质流、能量流及其对 CO_2 排放的影响[J]. 环境科学研究，2008(1)：196.
[6] 张敬，张芸，张树深，等. 钢铁行业二氧化碳排放影响因素分析[J]. 现代化工，2009(1)：82.
[7] Chatterjee A, Singh R, Pandey B. Metallics for Steel Making-Production & Use [M]. New Delhi：Allied Publishers，2001.
[8] 项钟庸，王筱留，银汉. 对高炉炼铁节能减排指标的研究和应用[C]. 2012 年全国炼铁生产技术会议暨炼铁学术年会文集. 无锡：中国金属学会，2012：25.
[9] Ariyama T, Murai R, Ishii J, Sato M. Reduction of CO_2 emissions from integrated steel works and its subjects for a future study [J]. ISIJ Inter. 2005，45(10)：1371.
[10] 邹真勤，马军. 对"十五"我国钢铁企业固体废弃物减量化和循环利用的进展分析[J]. 中国钢铁业，2007(1)：16~19.
[11] 王维兴. 钢铁工业各工序的职能分工和存在差距[J]. 中国钢铁业，2005(12)：18~21.

3 炼铁工业可持续发展的保障条件

高炉炼铁是资源消耗型的产业，有赖于大量的铁矿和煤炭等资源。保有大量可供利用的铁矿和煤炭资源是保障高炉炼铁可持续发展的必要条件。我国已经是炼铁大国，高炉生产要充分利用国内和国外的矿产资源，利用和发挥两种资源各自的优势。如何确保铁矿石和焦煤等大宗原燃料资源长期稳定、经济地供应将是今后我国钢铁工业持续发展的重要保证。因此，在高炉炼铁工程规划阶段就必须落实铁矿石、煤炭的质量和供应能力。

按照我国《钢铁产业发展政策》的要求："**内陆地区钢铁企业应结合本地市场和矿石资源状况，以矿定产，以可持续生产为主要考虑因素；沿海地区钢铁企业尽量依靠进口国外铁矿石。**"

3.1 我国铁矿石资源及生产

3.1.1 我国铁矿石资源状况

3.1.1.1 我国铁矿石储量

根据中国地质调查局的统计数据，截至 2009 年底，全国共有铁矿区 3637 个，探明的铁矿石资源储量 646 亿吨。其中，基础储量 213.57 亿吨，资源量 433 亿吨。按现有的开采规模计算，已探明的经济可采储量保证开采年限不足 30 年，由此可见，国内铁矿资源对我国钢铁工业保障程度比较低。

3.1.1.2 我国铁矿石资源的特点

我国铁矿石资源的特点是储量大，矿石类型复杂，品位低，采选难度大，分布相对集中。

(1) 原矿储量大，但品位低，几乎全部是贫矿。我国铁矿石资源的经济可采储量（原矿）约占世界的 8%，居世界第五位，但品位低，平均品位只有 32.67%，比世界铁矿石平均品位低 11 个百分点，贫矿占全部矿石储量的 98%。按金属铁量计算，我国铁矿资源仅占世界的 6%，居世界第六位。

(2) 资源分布广，但相对集中，东南沿海地区铁矿资源较少。全国除上海外，其余省区都有铁矿储量，但分布相对集中，河北、四川和辽宁三省的储量合计占全国总储量的 48%。

铁矿资源主要集中在我国北部、西部和中部，东南沿海地区及长江中下游地区的铁矿石资源相对较少，但此区域分布的钢厂较多，铁矿石来源主要依赖进口。我国探明铁矿资源保有储量按区域分布构成如图 3-1 所示。

根据中国地质调查局的统计，截至 2007 年底全国共有铁矿区 2867 处，其中：已开发利用铁矿区 1365 处，查明资源储量 290.27 亿吨，基础储量 153.41 亿吨，占全部铁矿查明资源储量的 47.75%；可规划利用的铁矿区 713 处，查明资源储量 184.01 亿吨，基础储量

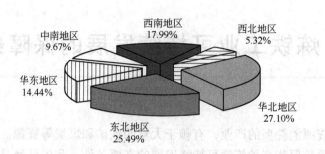

图 3-1　我国探明铁矿资源保有储量按区域分布构成

55.61 亿吨，占全部铁矿查明资源储量的 30.30%；暂难利用的铁矿 789 处，查明资源储量 132.98 亿吨，基础储量 72.98 亿吨，占全部铁矿查明资源储量的 21.95%。

　　按照规模来分，资源储量超过 10 亿吨的超大型矿床 12 个，资源储量 10 亿~1 亿吨的大型矿床 109 处，中型矿床（资源储量 1 亿~1000 万吨）541 处，资源储量在 1000 万吨以下的小型矿床 2205 处。具体情况见表 3-1。

表 3-1　我国铁矿规模分布

规　模	超大型	大　型	中　型	小　型	合　计
矿床数	12	109	541	2205	2867
数量百分比/%	0.4	3.8	18.9	76.9	100.0
储量百分比/%	68.1		27.3	4.6	100.0

数据来源：2008 年全国铁矿勘查研讨会资料。

　　（3）矿床类型多，矿石类型复杂。世界已有的铁矿类型，我国都有。具有工业价值的矿床类型主要是鞍山式沉积变质型铁矿、攀枝花式岩浆钒钛磁铁矿、大冶式矽卡岩铁矿床、梅山式火山岩型铁矿床和白云鄂博热液型稀土铁矿床。

　　我国铁矿石类型多样，赤铁矿、混合矿和多组分共生或伴生矿多，难选矿多。广泛利用的主要有磁铁矿、赤铁矿、混合矿及钒钛磁铁矿，另外还有部分褐铁矿、菱铁矿和镜铁矿。我国铁矿资源按矿石类型分布构成见图 3-2。

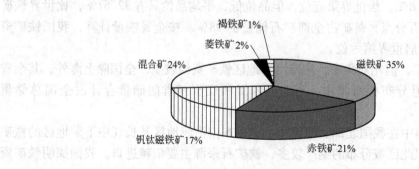

图 3-2　我国铁矿资源按矿石类型分布构成

　　磁铁矿是我国目前开采利用的主要铁矿石类型。磁铁矿属易选矿种，属于利用率高的矿石类型。

赤铁矿多,约占全国总储量的21%,属难磨难选矿石,精矿生产成本高。

(4) 多组分共(伴)生铁矿石所占比重大。我国铁矿多组分矿多,也属难磨难选矿石,约占全国总储量的24%。钒钛磁铁矿约占全国总储量的17%,含有大量钛、钒,而含铁品位一般在30%以下,矿床规模大,易采,而选矿后的精矿品位低,主要分布在四川和河北两省。包头—白云鄂博铁矿中含有丰富的稀土和铌。大冶、铜录山、大宝山、大顶、黄冈、温泉沟等矿区,主要共(伴)生铜、锡、钼、铅、锌、金、铀、硼和硫等。

(5) 铁矿资源禀赋条件差,剥采比高,采选难度大。我国铁矿石资源禀赋条件差,采选难度大,露天开采矿山大多已转为深凹开采,剥采比高,新建矿山以坑下开采为多。我国重点露天矿山平均剥采比接近3,平均选矿比为2.6,每生产1t成品矿需要完成约10t的采剥总量,是巴西和澳大利亚矿的4~7倍,成为铁矿石生产成本高的主要原因。

3.1.1.3 我国铁矿石资源开发利用状况及远景储量

由于我国钢铁工业发展迅速,对铁矿石的需求大幅增长,铁矿石的价格居高不下,中国的铁矿石采掘规模已居世界前列,截至2008年底,全国已开发利用的铁矿区1386个,保有查明资源储量235.53亿吨,其中基础储量127.69亿吨,已开发利用的矿区保有查明资源储量占全部铁矿保有查明资源储量的37.36%。已形成9亿吨/a的原矿生产能力。

在已利用资源中,2008年全国共有铁矿山4230处,其中大型矿山81处,中型矿山193处。

经过半个多世纪的地质勘探工作,我国铁矿资源的分布已基本清楚,除西部等勘探程度较低的地区外,其他地区已无发现大型经济开采铁矿床的可能性。

3.1.2 我国铁矿石生产现状

3.1.2.1 国产铁矿石产品的特点

由于我国铁矿石资源具有品位低、难选矿多的特点,绝大多数原矿需要经过复杂的破碎、磨选工艺处理才能加工为成品矿,因此细粒铁精矿是国产成品铁矿石的主要产品。就铁精矿粒度而言,此种产品用于烧结,则粒度太细;用于球团,则粒度太粗,需进行细磨,提高了成本。就铁精矿品质而言,矿石中有害杂质多,质量差。虽然我国国产铁矿石原矿产量高,居世界第一位,但成品矿产量低,目前仅能满足我国钢铁工业对铁矿石自用需求的45%(按金属量计算),而且今后国产铁矿石自给率还将持续降低。

我国铁矿企业普遍规模较小,铁矿石的供应和质量稳定性都较差。同时我国国产铁矿石生产成本较高,其原因如下:

(1) 国内铁矿资源采选难度大、剥采比高。每生产1t成品矿需要完成10t左右的采剥总量,是巴西和澳大利亚矿的4~7倍。

(2) 大部分老矿山建于20世纪60~70年代,装备水平低,设备陈旧落后,人员多,社会负担重,劳动生产率低。

(3) 我国铁矿企业税费负担重。铁矿山综合销售税费高达20%以上,是一般加工企业的2倍。

我国铁矿山也有其自身的优势,即从矿山到钢铁厂的运输距离短,一般经铁路或公路短途运输即可到达,在国际市场海运费较高时,国产矿受内地钢铁企业的欢迎。

3.1.2.2 国产铁矿石产量

随着钢铁工业的发展,我国铁矿生产得到了较大的发展。我国历年来原矿产量见图 3-3。

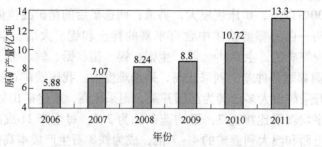

图 3-3 2006~2011 年我国铁矿石原矿年产量

2004~2007 年国产铁矿石的自给率大约一直维持在 50% 的水平,到了 2008 年下降到 45% 左右,显而易见,在矿石价格 600 元/t 左右的时候,中国铁矿石的供应能力是非常有限的。原因之一是中国铁矿石的生产扩张成本高,难以为继;其次是 2008 年三季度以来,现货市场价格大幅下跌,许多高成本的矿山已经停产。

新增铁矿石产量部分是民采矿山通过超产实现的。其中有许多矿山的乱采滥挖现象严重,应当制止以牺牲矿山开采寿命和浪费资源为代价的采掘方式,采取保护资源的措施。

3.1.2.3 国内主要铁矿生产状况

国内铁矿企业主要分两类:第一类是重点铁矿企业和地方骨干铁矿企业,大多数隶属于大中型钢铁企业,生产的铁矿石主要供钢厂自用;第二类是集体和民采铁矿企业,生产的铁矿石主要销售给国内钢厂使用。

近几年来,随着国家经济的迅速发展,钢铁工业对铁矿石的需求剧增,各种资本对铁矿开发的积极性空前高涨,一大批铁矿采选项目相继建成投产,到 2008 年底,全国已经形成近 9 亿吨/a 的原矿生产能力,新增产能约 5000 万吨。在新增产能矿山中,有河北钢铁集团 377 万吨,太钢 226 万吨,包钢巴润矿业 600 万吨,鞍钢 383 万吨,马钢 100 万吨,武钢 60 万吨,北京首云 25 万吨,唐山首钢马兰庄 94 万吨,莱钢鲁南矿业 90 万吨,陕西大西沟 60 万吨,通钢华电矿业 55 万吨,徐州铁矿 50 万吨,四川南江矿业 27 万吨,邯邢冶金矿山管理局 25 万吨,鲁中冶金矿山 22 万吨。

同时,有一批矿山因资源枯竭而导致原矿生产能力消失,其中有:河北钢铁集团 79.5 万吨,邯邢冶金矿山管理局 15 万吨,鞍钢 720 万吨,马钢 130 万吨,北京密云威克 17.6 万吨。

集体和民采铁矿大部分是 20 世纪 80 年代末以后发展起来的,主要开采浅部矿体资源。集体和民采小矿,单矿产量小,但数量众多,是国产铁矿石的主要来源。目前这些矿山产量占国内铁矿石产量的 50% 以上。近年来,受国内矿价暴涨的拉动,民采矿山投资空前高涨,民采矿山发展很快,产量快速增加。国产铁矿石新增产量主要来自于集体和民采矿山。但在快速发展中,民采矿山也出现了两极分化现象:小矿山开采普遍存在短期行为,乱采滥挖现象严重,牺牲矿山开采寿命和浪费资源,从长远来看,这部分小矿山的产量将呈整体下降趋势。近年来也出现了民营资本投资建设大型铁矿的趋势,预计今后民营大型铁矿的产量比重将有所增大。

3.1.2.4　国内在建铁矿及产能

2003 年以前，由于我国铁矿税费及负担过重，铁矿价格低位运行，全行业处于微利或亏损状态。新增矿山投资开发的力度较小，矿山生产能力不断衰减。2003 年以后，随着国内铁矿石供需矛盾的扩大和矿价飞涨、国家又降低了铁矿石资源税，国内投资铁矿资源开发空前高涨。我国近年来铁矿的固定资产投资见图 3-4。

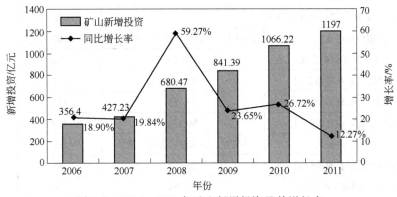

图 3-4　2006~2011 年矿山新增投资及其增长率

据不完全统计，2010 年国内在建铁矿项目的原矿产能超过 1 亿吨/a，见表 3-2。

表 3-2　2010 年国内在建铁矿项目

序　号	矿山名称	原矿规模/万吨·a^{-1}	序　号	矿山名称	原矿规模/万吨·a^{-1}
1	太钢袁家村	2200	11	包钢白云西矿	1000
2	安徽霍邱	1450	12	马钢和尚桥	450
3	马钢罗河	500	13	云南大红山露天矿	350
4	首钢杏山	400	14	黑龙江羊鼻山	300
5	吉林塔东	350	15	马钢白象山	200
6	重钢太和	300	16	鞍钢䃅子山	200
7	中钢苍山	200	17	山东云宝岭	300
8	河南许昌	200	18	河北大贾庄	500
9	丹东翁泉沟	300	19	湖北大洪山露天	350
10	司家营二期	1500		合　计	10200

我国主要独立矿山企业及产能见表 3-3。

表 3-3　我国主要独立矿山企业情况统计

序号	企　业　名　称	主要矿山名称	原矿产能/万吨	成品矿产能/万吨
1	五矿集团邯邢冶金矿山管理局	北铭河、玉石洼、西石门、李楼、吴集、团城、符山、高阳等	558	288
2	鞍山活龙矿业有限公司	小岭子	500	200

序号	企业名称	主要矿山名称	原矿产能/万吨	成品矿产能/万吨
3	海南矿业联合有限公司	石碌	460	300
4	北京密云冶金矿山公司	首云、冯家峪、放马峪、密云威克	443	161
5	福建马坑矿业股份公司	马坑	400	200
6	安徽大昌矿业集团	吴集	350	110
7	包头市石宝铁矿集团有限责任公司		320	100
8	舞钢中加矿业公司	经山寺、扁担山、冷岗、小韩庄	300	70
9	本溪火连寨铁矿公司	梨树沟	292	90
10	河北樱花矿业有限公司	常峪	268	77
11	河南许继集团公司	许昌	268	77
12	汉中嘉陵矿业有限公司	黑山沟	210	70
13	鲁中矿业公司	小官庄、张家洼、港里、莱州	189	115
14	山东金岭矿业股份公司	金岭	148	110
15	唐山市滦河鑫丰矿业公司	高官营	120	34
16	浙江漓铁集团有限公司	漓渚	110	75
17	安徽庐江龙桥矿业公司	龙桥	100	60
18	徐州铁矿集团	吴庄、镇北	80	44
19	镇江韦岗铁矿有限公司	韦岗	70	25
20	四川省泸沽铁矿	大顶山	50	20
21	四川南江矿业集团公司	竹坝	40	15
	合计		5276	2241

从表 3-3 可以看出，由于我国铁矿企业极度分散，行业集中度非常低，再加上信息渠道的缺乏，表中所列的矿山企业仅为冰山一角，大量的地方小矿山产量难以统计，据估计，近几年我国未统计的小矿山的原矿产量在 1.5 亿吨左右。

受铁矿石开采成本增加、资源税等因素影响，铁矿石价格下跌到一定程度后将获得支撑。

3.1.2.5 影响未来国内铁矿石产量的因素

影响未来国内铁矿石产量的因素众多，也很复杂，包括铁矿石供求关系、国外铁矿石市场价格、国家和矿山企业的生产能力和投资能力、铁矿石资源和国家政策等诸多因素，其中既有导致产量下降的因素，也有引导产量上升的因素。

A 导致产量下降的因素

导致国内铁矿石产量下降的因素有：

(1) 从总体来看，国内多数大型、重点铁矿山多半进入生产中、后期，后备资源不足。多数可供开发的后备资源规模、开发条件与已开发资源相比，逊色不少。目前国内开发后备资源，主要和更多的是考虑增加供应量，对矿山生产能力的可持续方面考虑得不是太多。从长远来看，大型、重点铁矿生产能力的弥补难度加大，发展趋势不容乐观。

(2) 集体和民营铁矿山历经十多年开采，许多矿山的浅部矿体资源面临枯竭。近两年，在矿价不断升高的刺激下，产量虽在增加，但矿山开采寿命快速下降，从长期看，铁矿石产量呈下降趋势。

（3）国内铁矿石生产规模集中度低。一方面，大型铁矿平均生产规模趋于下降，另一方面，地方中小矿山的生产有上升的态势。总体来看，国内矿山生产规模集中度下降，不利于形成规模效应和高效开发的特征[1]。矿山规模小，大矿小开，乱挖滥采现象严重，造成铁矿可采资源浪费和减少。

（4）矿山资源开发环境压力增大。开采矿石资源趋贫，开采难度加大，采选作业产生的废石、尾矿数量巨大。特别是由于中小矿山的发展，规模小、分散，对地表的扰动、植被破坏的范围相对增加。矿山废石场、废弃采场、尾矿库等复垦、固体废弃物综合利用工作任重道远。矿山资源开发环境压力增大，生产及环境成本上升，未来有可能受到一定的环境政策制约。

（5）开采的原矿品位逐渐降低，成品矿数量增幅减小。国内铁矿资源开发能源消耗大，有可能受到一定的能源政策制约。贫矿的采选，特别是低品位铁矿的利用，导致能源消耗大幅增长。从企业微观角度考虑，尽管选择低品位铁矿具有经济效益，但从宏观角度来看，在具有选择进口国外铁矿可能或电力供应紧张的地区，未来有可能受到一定的能源政策制约。

B　增加产量的因素

对发展的制约因素既要有客观的认识，对国内铁矿资源开发也要充满信心。国内铁矿石资源开发具有一定潜力。事实上，国内铁矿石的成品矿产量还在稳步增长。今后一段时期，国内仍将提供相当比例的铁矿石原料。多年来，国内铁矿石资源的开发一直受到关注。国内铁矿石资源开发的潜力是：

（1）我国铁矿贫矿选别技术水平已位居世界前列。国内探明铁矿储量在500亿吨以上，但基本是贫矿，需要经过选矿富集才能利用。但资源品位低下的状况也促使国内科研力量加强对选矿的进一步研究。经过国内科研部门多年的科技攻关，我国在贫矿选别技术方面已位于世界前列，铁矿选矿技术获得重大进展，国内成品铁矿质量提高，部分铁精矿品位甚至可达到 TFe 68% 以上，品质优良。选矿技术的进步为国内贫矿资源的进一步开发利用提供了支持，使原来难选而停产的矿山又重新复活。最典型的是鞍钢东鞍山矿，因选矿技术过关，使其精矿粉 TFe 达到 67.5% ~ 68%。

（2）技术经济条件的变化为低品位铁矿的开发利用提供了可能。受国际、国内铁矿价格上涨因素的影响，低品位铁矿的开发利用已变成有利可图。近几年国内大型、小型矿山均有成功的实践。低品位铁矿的开发利用增加了国内成品矿的产量。

（3）受国内铁矿石价格高位运行的拉动，国内铁矿采选固定资产投资大幅增长。大中型铁矿企业积极挖潜改造、开发后备资源；地方中小型铁矿在积累的基础上，增加采选投入。固定资产投资大幅增长，将在弥补消失的生产能力后出现产量增长。

（4）随着交通运输条件的改善和国内采、选矿技术的提高，许多原先被认为无经济开采价值的铁矿资源得到了开发和利用。

C　对产量增加或减少的不确定因素

根据我国铁矿资源、产量现状、矿山建设进度与消失能力以及我国铁矿资源的特点及老矿山服务年限相继到期和矿价等诸因素推断，从长期看，国内铁矿石产量将在现有水平上有所上升，但难以实现大幅增长。因此，未来国内铁矿石产量远远无法满足急剧增长的铁矿石需求，未来新增炼铁产能主要依赖于进口矿。

3.2 世界铁矿石资源、生产及贸易

利用国外铁矿资源是我国发展钢铁工业的基本策略。我们既要肯定国外铁矿资源的优势，也要认识面临的严峻形势。

利用国外铁矿资源的优势不能简单理解为弥补了国内铁矿石的短缺。利用国外资源的优势还应包括下列三个方面[1]：

（1）满足钢铁工业快速发展的需要。国内铁矿资源开发，投资大，规模分散，建设周期长，见效慢。充分利用国外丰富的铁矿资源，可以节省国内矿山投资，节约开发时间，快速满足钢铁工业的需要。

（2）有利于两种资源优势互补。国内铁矿石以铁精矿居多，矿石粒度较细，其烧结性能不佳。国外铁矿石以富矿居多，矿石烧结、冶炼性能好。国外部分铁矿石的造渣组分中 Al_2O_3 高，存在缺陷，国内铁矿石的 SiO_2 高。合理搭配国内、国外两种资源，有利于两种资源优势互补，提高钢铁生产技术经济指标。

（3）发挥沿海地区钢铁企业利用进口铁矿石区位优势。与内地钢铁企业相比，沿海地区钢铁企业进口铁矿石省去了大量中转倒运费用，运输更为便捷，有利于生产组织，具有独特的区位优势。

3.2.1 世界铁矿石资源状况

3.2.1.1 世界铁矿石储量

世界铁矿石储量丰富，但由于各国计算储量的标准和方法相差悬殊，无法准确统计比较各国的铁矿石储量。目前比较权威的是美国地质调查局于 2002 年公布的世界铁矿石储量数据，详见表3-4。

表3-4 世界铁矿石储量、储量基础和含铁量

国 家	原矿量/亿吨		含铁量/亿吨		储量平均品位/%
	储 量	储量基础	储 量	储量基础	
美 国	69	150	21	46	30.43
澳大利亚	180	400	110	250	61.11
巴 西	76	190	48	120	63.16
加拿大	17	39	11	25	40
中 国	125	460	41	150	32.60
印 度	66	98	42	62	63.64
哈萨克斯坦	83	190	33	74	39.76
毛里塔尼亚	7	15	4	10	57.14
俄罗斯	250	560	140	310	46.00
南 非	10	23	6.5	15	65.00
瑞 典	35	78	22	50	

国 家	原矿量/亿吨		含铁量/亿吨		储量平均品位/%
	储 量	储量基础	储 量	储量基础	
乌克兰	300	680	90	200	30.00
其他国家	255	380	139	230	58.82
世界总计	1500	3300	700	1600	44.00

数据来源：美国地质调查局。

按照 2002 年原矿储量排序，乌克兰排名第一，俄罗斯第二，澳大利亚第三，中国第四，巴西第六。由于各国铁矿石的品位差异较大，原矿储量不能表示各国铁矿石资源的丰富程度，而应以铁矿石资源折算的金属铁量来评价各国铁矿资源的丰富程度。按金属铁量计算，中国铁矿资源仅排第六名。

按照世界生铁和直接还原铁产量 10 亿吨/a 的规模静态计算，目前世界铁矿资源，按金属铁量的储量为 700 亿吨，世界铁矿石资源保证开采年限为 70 年。

3.2.1.2 世界铁矿石资源分布

世界铁矿资源集中在澳大利亚、巴西、俄罗斯、乌克兰、中国、印度、美国、加拿大、南非等国。上述国家的铁矿石储量约占世界总储量的 90%。世界著名的大型铁矿区及相关著名的铁矿生产企业详见表 3-5。

表 3-5 世界大型铁矿区分布

国 家	矿区名称	铁矿资源/亿吨		含铁品位/%	占本国储量的百分比/%	相关著名铁矿企业
		美国地质调查局公布的储量	相关国家公布的资源量			
澳大利亚	皮尔巴拉	164	320	57	91	BHP、力拓（哈默斯利、罗布河）
巴 西	铁四角	50	340	35~69	65	淡水河谷公司南部生产系统
	卡拉加斯	26	180	60~67	35	淡水河谷公司北部生产系统
印 度	比哈尔，奥里萨	20	67	>60	29	NMDC、TATA
加拿大	拉布拉多	9	206	36~38	51	IOC、QCM
美 国	苏必利尔	65	163	31	94	明塔克、帝国、希宾
俄罗斯	库尔斯克	240	435	46	96	列别金、米哈依洛夫
乌克兰	克里沃罗格	108	194	36	36	英古列茨
瑞 典	基律纳	13	34	58~68	66	LKAB

数据来源：中国矿业协会。

3.2.1.3 世界铁矿石资源特点

世界铁矿石资源特点如下：

（1）全球铁矿石资源丰富，但矿石品种结构矛盾日益突出。从长期看，全球铁矿石资源可满足钢铁工业发展对铁矿石的需求。但优质铁矿石资源日益减少，低质量铁矿石资源多，如西澳的优质低磷赤铁矿资源日益减少，今后将主要生产品质相对较差的高磷赤铁矿和马拉曼巴矿等矿种，以及结晶水含量较高的褐铁矿，如杨迪矿和罗布河矿。

（2）国外铁矿资源集中在少数国家和地区，集中度高。乌克兰、俄罗斯、澳大利亚、巴西、哈萨克斯坦和中国等 6 个国家铁矿石储量占世界总储量的 90%。资源集中的地区也正是当今世界铁矿石的集中生产区。

（3）在成因类型上，受变质沉积型铁矿床居多，约占世界总量的 80%，其他类型的铁矿床少。

（4）南半球富铁矿多，北半球富铁矿少。巴西、澳大利亚和南非都位于南半球，其铁矿石原矿品位高，质量好，北半球富铁矿主要集中在印度和瑞典。东半球矿含 Al_2O_3 较高，西半球较低。

（5）海运贸易的铁矿石出口国主要集中在澳大利亚、巴西、印度、南非、加拿大和瑞典等六个国家。

主要铁矿石出口国的铁矿资源特点分述如下：

（1）巴西。巴西铁矿石资源储量丰富，分布集中。主要集中在南部的铁四角地区，约占 65%，北部的卡拉加斯地区，约占 35%。

南部铁矿资源主要是高品位的（软、硬）赤铁矿和低品位的铁英岩资源。其中，软赤铁矿成因是表生淋滤作用形成的，块矿产出率低；硬赤铁矿成因是由铁英岩蚀变作用形成的，块矿产出率高。北部主要为软赤铁矿资源，块矿产出率低。

巴西铁矿石具有品位高、氧化铝含量低、有害杂质少、烧结性能好的特点，是全球优质的铁矿石资源。

（2）澳大利亚。澳大利亚铁矿资源储量大，分布集中。总储量的 90% 以上在西澳皮尔巴拉地区。与巴西矿相比，澳矿的氧化铝（大于 2%）和二氧化硅（大于 4%）含量相对较高。澳矿类型较多，品质差异较大，主要铁矿石类型有赤铁矿、褐铁矿和马拉曼巴矿。低磷赤铁矿是西澳开采的传统铁矿石产品，但由于长年开采，储量逐年减少，而且品质呈劣化趋势。今后澳矿的主要铁矿产品将以高磷赤铁矿、褐铁矿和马拉曼巴矿为主。高磷赤铁矿储量丰富，约有 50 亿吨的储量，占总储量的 27%，主要分布在哈默斯利的布罗克曼矿区。褐铁矿主要分布在哈默斯利的杨迪库吉那矿体、澳大利亚多样化资源公司 BHP 的杨迪矿体，以及罗布河的米撒 Mesa J 矿体。马拉曼巴矿储量较大，约占总储量的 25%，主要分布在哈默斯利的马兰度矿区及那莫尔迪（Nammuldi）矿区、澳大利亚 BHP 公司的 C 矿区、罗布河的西安吉拉斯矿区，以及拟准备开采的何普当矿区和澳大利亚新兴铁矿企业 FMG 等新矿区。

（3）印度。印度是亚洲最大的富铁矿产地。铁矿石类型主要有赤铁矿和磁铁矿。赤铁矿约占总储量的 75%，且 50% 的赤铁矿品位在 62% 以上。磁铁矿约占总储量的 25%。但印度的铁路和港口等基础设施的运输能力较低，限制了印度铁矿石出口量的增加。

（4）南非。南非铁矿多为硬质赤铁矿，块矿产出率高，是世界重要的块矿出口国。南非铁矿以品位高（约 66%）、块矿产出率高、物理及冶金性能好而著称，块矿粉化率低，粉矿粒度较粗，与细粒精矿混合使用可起到烧结核心的作用。此外，南非粉矿含水量较低

（小于2%），抗冻，适合在寒冷地区使用。但南非矿钾、钠等碱金属含量高，长期使用对大型高炉的长寿不利。南非块矿主要出口到欧洲市场，粉矿则主要供应中国的中、小型钢铁厂。

3.2.2 世界铁矿石生产状况及发展趋势

3.2.2.1 产量

随着钢铁工业的发展，世界铁矿业迅速发展壮大，产量不断提高。世界各国铁矿石产量，由于统计基数不同，数据各异，目前及预测的世界各国铁矿石产量见表3-6。

表3-6 全球铁矿石生产情况 （Mt）

地区	2010年	2011年	2012年	2013年	2014年	2020年	2010~2014年	2014~2020年
欧洲	36.5	40.0	41.8	43.3	43.6	51.6	4.5%	2.9%
独联体	177.3	190.1	204.5	210.3	220.2	243.8	5.6%	1.75%
北美	94.2	102.5	112.0	118.4	123.6	135.1	7.0%	1.5%
南美	318.1	346.5	376.6	401.6	415.7	490.9	6.9%	2.8%
非洲	73.9	77.4	80.8	83.5	84.8	139.2	3.5%	8.6%
中国	801.5	761.5	736.5	706.5	546.5	546.5	-9.1%	0.0%
中东	32.3	39.6	43.4	44.5	43.6	63.2	7.9%	6.4%
亚洲其他地区	226.7	232.6	247.5	262.7	266.8	329.6	4.2%	3.6%
大洋洲	426.5	475.3	510.5	546.1	597.9	667.8	8.8%	1.9%
总计	2186.8	2265.4	2353.7	2416.9	2342.8	2667.8	1.7%	2.2%

数据来源：CRU。

受全球铁矿石需求上升，特别是中国铁矿石需求强劲上升的拉动，未来几年内全球铁矿石产量将继续增加。

3.2.2.2 世界铁矿业发展的特点

通过大规模的重组兼并，世界矿业资源集中度越来越高，淡水河谷、力拓和必和必拓三大矿石供应商的产量约占全球铁矿石产量的35%。除中国以外，三大矿石供应商占世界总产量的43%，掌控了世界铁矿石海运贸易量的70%以上，形成三家铁矿石供应商垄断国际铁矿石市场的局面。

3.2.3 世界主要铁矿石出口企业的生产状况

3.2.3.1 澳大利亚

澳大利亚铁矿工业发达，世界三大铁矿石供应商中就有两大集团属于澳大利亚，即力拓（Rio Tinto）公司和必和必拓（BHP）公司。

澳大利亚铁矿资源主要赋存在西澳洲皮尔巴拉地区，详见图3-5。各矿山的储量见表3-7。

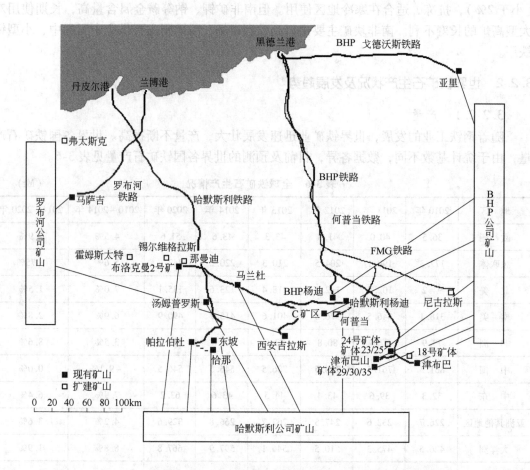

图 3-5 澳大利亚西澳地区铁矿石资源分布及主要基础设施分布

（图中标注的何普当（Hope Downs）项目铁路路线已取消建设计划，FMG 项目铁路线在建设中；
图中有部分地名，因没有现成的中文译名，故仍保留了原文）

表 3-7 澳大利亚西澳地区铁矿石资源概况

公司名称		矿山名称	储量/亿吨	公司名称		矿山名称	储量/亿吨
力拓	哈默斯利	汤姆普罗斯	2.40	力拓	罗布河	马萨吉	1.70
		帕拉伯杜	0.34			西安吉拉斯	4.40
		东坡	1.27	BHP		纽曼山	13.8
		恰那	1.45			戈斯沃斯	1.0
		布洛克曼 2 号矿	0.35			津布巴	0.70
		马兰杜	1.10			杨迪	13.0
		那曼迪	0.10			C 矿区	8.2
		杨迪库吉那	2.75				

A 力拓公司

力拓集团铁矿石生产分别由哈默斯利铁矿公司、罗布河铁矿联合企业、加拿大铁矿公司和力拓巴西公司运营。经过几年的扩产，力拓集团下属各铁矿企业的生产能力都得到了大幅度提高。

哈默斯利铁矿公司在西澳皮尔巴拉地区拥有 9 座矿山，其中 3 座为合资矿山。同时哈默斯利铁矿公司拥有 700km 专有铁路及位于丹皮尔港的相关设施。所有矿山及物流系统的日常运作由哈默斯利的皮尔巴拉铁矿公司负责。

罗布河铁矿联合企业是力拓与三井、新日铁和住友金属成立的非法人合资企业，四家的股份比例分别为：53%、33%、10.5% 和 3.5%。罗布河公司拥有 2 个矿山、Cape Lambert 港及连接矿山和港口的铁路。

2008 年哈默斯利和罗布河的发货量分别为 1.21 亿吨和 5030 万吨，合计 1.713 亿吨。力拓公司已经批准的铁矿产能扩建计划中，西皮尔巴拉地区（哈默斯利＋罗布河）的铁矿石产能达到 2.2 亿吨。力拓公司下属铁矿企业及 2006～2008 年铁矿石产量见表 3-8。

表 3-8 力拓公司下属铁矿企业及 2006～2008 年铁矿石产量

力拓公司下属铁矿企业	力拓股份比例	产量/kt		
		2006 年	2007 年	2008 年
哈默斯利（Hamersley），澳大利亚	100%	79208	94567	95553
恰那（Channar），澳大利亚	60%	9798	10549	10382
东坡（Eastern Range），澳大利亚	54%	8215	6932	8186
何普当（Hope Downs），澳大利亚	50%	—	64	10936
罗布河（Robe River），澳大利亚	53%	52932	51512	50247
IOC，加拿大	58.7%	16080	13229	15830
Corumbá，巴西[①]	100%	1982	1777	2032
合 计		168215	178630	193166

数据来源：力拓集团 2008 年年报。

①2009 年 9 月力拓公司将 Corumbá 出售给淡水河谷公司。

力拓公司的目标是在近期将其西澳地区的铁矿产能提高到 2.2 亿吨/a，目前正在实施或已批准实施的主要铁矿扩建项目见表 3-9，扩建进展情况见表 3-10。

表 3-9 力拓公司主要铁矿石扩产计划

项目名称	项 目 内 容	原产能/万吨	增加的产能/万吨	完成时间
哈默斯利扩产	布洛克曼（Brockman）4 号矿一期	0	2200	2010 年
罗布河扩产	新建 Mesa A 矿山及相关基础设施扩容	5200	2500	2010 年
何普当扩产	第 2 期扩大到 3000 万吨	2200	800	2009 年
合计增加产能			5500	

表 3-10　力拓公司铁矿扩产项目进展情况

项　　目	投资估算	进展情况
兰博港（Cape Lambert）扩建，能力从 5500 万吨扩大到 8000 万吨	9.52 亿美元	2007 年 1 月批准，2008 年底完成，在 2009 年年中达到设计能力
东交流岛的码头升级和装船设备更换	6500 万美元	2009 年 5 月完工
何普当二期扩产，从年产 2200 万吨扩大到 3000 万吨	3.5 亿美元	2007 年 8 月批准，2009 年初完成
Mesa A 开发（力拓拥有 53%）：年产 2500 万吨的矿山和相关设施建设	9.01 亿美元	2007 年 11 月批准，2010 年完成，2011 年达产
布洛克曼 4 号矿年产 2200 万吨的矿山建设和相关设施建设	15.21 亿美元	2007 年 11 月批准，2010 年完成

　　受全球金融危机影响，力拓公司于 2008 年 10 月表示将对其年初提出的将西澳铁矿产能从 2.2 亿吨/a 提高到 3.2 亿吨/a 的计划进行重新审核。

　　B　必和必拓（BHP）公司

　　必和必拓是澳大利亚第二大铁矿生产企业，全球第三大铁矿石供应商，2006 ~ 2008 年铁矿石产量分别为 1.07 亿吨、1.11 亿吨和 1.22 亿吨，具体见表 3-11。

表 3-11　必和必拓公司 2006 ~ 2008 年铁矿石产量

子 公 司	BHP 股比/%	铁矿石产量/kt		
		2006 年	2007 年	2008 年
纽曼山（Mt Newman），澳大利亚	85	32122	35796	35682
津布巴（Jimblebar），澳大利亚	85	7170	5792	6022
戈斯沃斯（Mt Goldsworthy），澳大利亚	85	4787	754	1107
C 矿区（Area C JV），澳大利亚	65	22221	25083	31918
杨迪（Yandi），澳大利亚	85	41206	44154	47384
合　　计		105377	107507	122113

数据来源：TexReport、BHP2008 年年报，产量全部按照合资矿山 100% 产量统计。

　　从 2003 年开始，必和必拓公司就开始了铁矿产能扩张计划，并命名为 RGP 计划（Rapid Growth Projects），其中第一阶段 RGP1 计划已于 2004 年完成，随后，必和必拓公司又宣布了一系列的 RGP 计划，具体内容见表 3-12。

表 3-12　必和必拓公司铁矿产能扩张计划

项目名称	项 目 名 称	原产能/万吨·a^{-1}	增加量/万吨·a^{-1}	增加后的产能/万吨·a^{-1}	完成时间
RGP2	2006 下半年：公司产能达到 1.18 亿吨，开发纽曼山的 18 号矿体总投资额 5.45 亿美元	10000	1800	11800	2006 年
RGP3	2007 年第 4 季度：公司产能达到 1.29 亿吨，MAC 矿产能达到 4200 万吨，相应铁路港口扩建	11800	1100	12900	2008 年

项目名称	项 目 名 称	原产能 /万吨·a⁻¹	增加量 /万吨·a⁻¹	增加后的产能 /万吨·a⁻¹	完成时间
RGP4	投资15亿美元，公司产能达到1.55亿吨	12900	2600	15500	2010年
RGP5	公司铁矿石产能在2011年达到2亿吨	15500	5000	20500	2011年
合　计			10500		

RGP2计划在2006年6月完成，实际达产在2007年第三季度，因此2007年必和必拓公司在西澳皮尔巴拉地区的铁矿石产能为1.18亿吨左右，实际产量为1.11亿吨。

RGP3计划耗资13亿美元，2008年2季度完成，通过该计划的实施使C矿区的产能提高2000万吨/a，因此2008年整个系统的产能达到1.29亿吨，实际产量为1.22亿吨。

RGP4计划在2007年3月获得必和必拓公司董事会批准，使其西澳地区的铁矿石产能提高到1.55亿吨/a，投资18.5亿美元。

RGP5计划在2008年2月获得必和必拓公司董事会批准，使其西澳地区的铁矿石产能提高到2.05亿吨/a，投资48亿美元，2011年下半年完成。

3.2.3.2　巴西

巴西铁矿资源丰富。据称巴西在铁四角地区拥有340亿吨铁矿资源，在卡拉加斯地区拥有180亿吨的铁矿资源，比美国地质勘查局公布的世界铁矿储量表中的数量大得多，主要原因是美国地质勘查局公布的铁矿储量为勘探程度较高的矿山储量，即经济可采储量。巴西公布的数字包括勘探程度较低的推断储量和预测储量。巴西铁矿石资源分布集中，主要集中在南部的铁四角地区（约占65%）和北部的卡拉加斯地区（约占35%）。

淡水河谷（Vale）公司是巴西一家由私人资本构成的公司。它是全球最大的采矿企业之一，在铁矿石和球团矿生产和出口方面位居第一。淡水河谷公司间接地由三个巴西机构所控制：巴西最大的养老基金会PREVI，由巴西最大的国有银行Banco do Brasil的雇员持有；巴西最大的私有银行Banco Bradesco S/A；以及由联邦政府负责促进国家发展的最大的国有银行BNDES所掌控。

淡水河谷公司除了控制巴西铁矿和球团矿生产所必须的大部分物流和运输行业外，该公司掌管了巴西很大一部分的铁矿储量，在行业内还不断扩大业务规模，收购了其他竞争者，如：2000年5月收购了位于Minas Gerais铁四角的Socoimex矿床和矿产；2000年5月收购了Samitri及其在Samarco S.A.50%的股本，包括矿床和矿产、一家管道工厂和两家球团矿工厂；2001年4月收购了Ferteco的矿床、矿产和一家球团矿工厂；2003年3月收购了Mineracões Brasileiras Reunidas-MBR的矿床、矿产，并在一家铁路公司和一个港口码头拥有股本；2006年1月收购了Rio Verde Mineracão Ltd.，包括矿床、矿产和工厂，现在称为Mar Azul Mine。

淡水河谷公司生产了大量的铁矿粉，为了打开并确保这些产品的市场份额，通过合资经营，从20世纪60年代Tubarão Terminal执行以来，该公司与一些大的铁矿用户形成了合作关系。它优先考虑球团矿生产，使自有铁矿山的粉矿赋予更高的价值。在该战略范围

内，有必要对淡水河谷公司联合经营下开发的 7 个球团工厂加以说明：淡水河谷公司占
51% 的资本有四家：Nibrasco，与一家日本财团（由新日铁领导）合资；Hispanobras，与
阿塞洛合资；Itabrasco，与意大利钢铁制造商 Ilva 合资；Kobrasco，与韩国浦项合资；以及
Samarco，是与必和必拓（BHP Billiton）50%/50% 合资经营的三家工厂。除此以外，还有
四家由其拥有的全资球团矿厂：第一、二家在 Espírito Santo 州的 Tubarão 港口；第三家在
Maranhão 州的 Ponta da Madeira 码头；第四家位于 Minas Gerais 州的 Fábrica，是淡水河谷公
司通过收购 Ferteco 后接管的。

　　淡水河谷公司的铁矿生产主要分为四个系统：东南部系统、南部系统、北部系统和
Corumbá 系统。

A　东南部生产系统

　　淡水河谷公司在米纳斯吉拉斯（Minas Gerais）州铁四角有很大规模的经营。在该地
区，淡水河谷公司拥有并经营着一些矿山、铁路、球团矿联合企业和港口码头。

　　东南矿系包括 Itabira、Centrais 以及 Mariana 矿，储量见表 3-13，以及 Vitória-Minas-
EFVM 铁路，该条铁路长 905km，是巴西最现代化和效率最高的铁路之一。它将米纳斯州
的铁四角地区的矿山与 Tubarão 港口连接起来。Tabarão 港口码头是该国最大的矿石码头之
一，拥有两座码头，可以容纳最大为 36.5 万吨位的船只。1 号码头有两台装船机，其能力
分别为 6000t/h 和 8000t/h。2 号码头也有两台装船机，每台能力为 16000t/h。

表 3-13　东南矿系的储量

矿　山	2007 年保有及可信储量	
	矿量/Mt	品位/%
东南矿系	3438.5	51.3
Itabira 联合矿业公司	894.2	54.4
Conceição	340.0	54.2
Minas do Meio	554.2	54.5
Centrais 联合矿业公司	941.2	53.2
Água limpa/cururul	44.5	45.4
Gongo soco	77.1	64.9
Brucutu	692.6	51.4
Andrade	127.0	59.0
Mariana 联合矿业公司	1603.1	48.4
Alegria	258.0	50.1
Fazendão Nova	920.5	46.8
Fábrica	349.5	50.0
Timbope ba	75.1	55.2

　　资料来源：SEC（证券交易委员会）Form 20-F 2007；Metal Data S/A。

B　南部生产系统

　　南部生产系统，包括 Oeste 矿山以及 MBR 生产系统的保有储量，见表 3-14 及图
3-6。

表3-14 南部系统的储量

矿　山	2007 年保有及可信储量	
	矿量/Mt	品位/%
南部生产系统	1698.5	57.0
<u>西区矿山</u>	<u>531.1</u>	<u>51.8</u>
Córrego do Feijão	45.3	66.7
Fábrica（Segredo/João Pereira）	485.8	50.4
<u>Pico 联合矿业公司</u>	<u>634.1</u>	<u>54.2</u>
Pico/Sapecado/Galinheiro	634.1	54.2
<u>Vargem Grande 联合矿业公司</u>	<u>249.2</u>	<u>66.3</u>
Tamanduá	86.1	66.5
Capitão do Mato	133.0	66.2
Abóboras	30.1	66.0
<u>Paraopeba 联合矿业公司</u>	<u>285.0</u>	<u>64.6</u>
Jangada	87.6	66.1
Mutuca/Capão Xavier	163.9	65.5
Mar Azul	33.5	56.6

资料来源：SEC（证券交易委员会）Form 20-F 2007；Metal Data S/A。

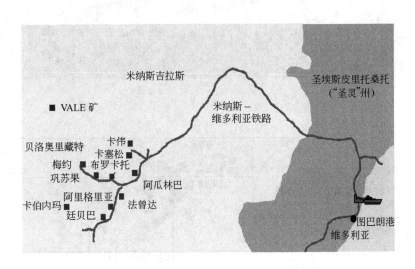

图3-6 淡水河谷公司南部系统铁矿石资源及矿山

巴西联合矿业公司 MBR 矿系包括三大联合矿业公司：Paraopebas、Vargem Grande 和 Pico，由很多矿山组成，由 MRS 铁路提供服务。巴西联合矿业公司的物流系统是以三大处理单元为基础，由 Vargem Grande、Mina do Pico 和 Mutuca，以及两个铁路装运站 Andaime 和 Olhos d'Áua 组成。在 Mina do Pico、Sapecado、Galinheiro 以及 Vargem Grande（后者处理来自 Tamanduá，Capitão do Mato 和 Abóboras 矿的产品）的处理厂，所生产的矿石将被运往 Andaime 车站，并通过 MRS 铁路被运到 Guaíba 岛港口。Capão Xavier、Jangada 和 Mar

Azul 矿的产品在经过 Mutuca 厂处理后，被运往 Olhos D′Áua 车站。从那里，通过 MRS 铁路，又运往 Guaíba 岛的港口。

C 北部生产系统

淡水河谷公司在巴西北部（Pará 和 Maranhão 州）位于 Carajás 矿省的铁矿床和矿山见图 3-7。淡水河谷公司经营着一家联合公司，名为 Northern System，包括卡拉加斯（Carajás）矿省的几个露天铁矿、一条铁路、一家球团矿厂以及一个海运码头。表 3-15 和表 3-16 列出了其储量、品位及产品规格。

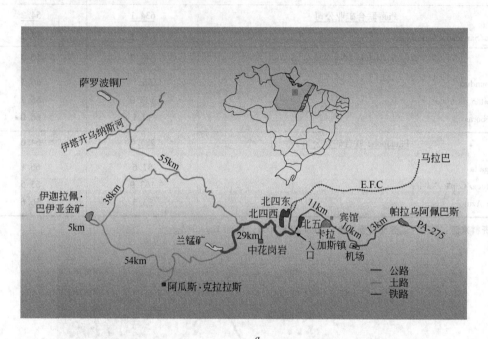

图 3-7 淡水河谷公司北部生产系统铁矿石资源及矿山

a—卡拉加斯矿区区域位置；b—卡拉加斯铁矿床（放大图）

表 3-15 北部矿系的储量

矿 山	2007 年保有及可信储量	
	矿量/Mt	品位/%
北部矿系	6815.6	66.6
Serra Norte	1854.7	66.8
N4W	504.8	66.4
N4E	402.2	66.7
N5W	277.4	66.3
N5E	37.5	67.2
N5E-N	25.7	65.9
N5S	607.1	67.5
Serra Leste	60.9	66.2
Serra Sul	4900.0	66.5

资料来源：SEC（证券交易委员会）Form 20-F 2007；CVRD2007 年年度报告。

表 3-16 卡拉加斯铁矿石产品的规格

块 矿		标准烧结料		球团原料	
化 学 分 析		化 学 分 析		化 学 分 析	
Fe	64.40%	Fe	67.00%	Fe	65.80%
SiO_2	1.80%	SiO_2	0.90%	SiO_2	1.20%
Al_2O_3	2.30%	Al_2O_3	0.95%	Al_2O_3	1.50%
Mn	0.75%	Mn	0.50%	Mn	0.60%
P	0.050%	P	0.033%	P	0.040%
S	0.006%	S	0.006%	S	0.006%
LOI	2.60%	LOI	1.60%	LOI	2.20%
堆密度	2.5t/m³	堆密度	2.5t/m³	堆密度	2.5t/m³
H_2O	4.00%	H_2O	8.00%	H_2O	11.40%
颗粒度测定		颗粒度测定		颗粒度测定	
>31.5mm	17.0%	>10.0mm	0.5%	>0.15mm	2.0%
>19.0mm	50.0%	>6.3mm	10.0%	<0.045mm	72.0%
<6.3mm	4.0%	>1.0mm	52.0%		
		<0.15mm	16.00%		
注意：在装货报告中的指示结果折干计算分析		注意：在装货报告中的指示结果折干计算分析		注意：在装货报告中的指示结果折干计算分析	

资料来源：Vale, 2008。

铁矿石及其他矿产品将通过 Carajás 铁路 EFC 运出，该铁路长 892km，将帕拉州内的 Carajás 联合矿业公司与北部的 Maranhão 州的 São Luís 的主要海运码头（名为 Ponta da Madeira 海港 TMPM）连接起来。这条铁路主要运送矿石、大宗货物以及旅客。

目前，淡水河谷公司经营着 Serra dos Carajás 联合矿业公司，该公司包括五个矿山：N4W、N4E、N5W、N5E 和 N5E-N，以及三个称为 N5S、Serra Sul 和 Serra Leste 的主矿床。

表 3-16 为卡拉加斯的铁矿石产品的规格。

淡水河谷公司在南马托格罗索州 MS 的 Corumbá 是由一家淡水河谷公司全资的巴西私营公司 Urucum Mineracão S/A 进行生产。它主要对 Urucum 矿的铁矿和镁矿进行勘探。Urucum 位于 Corumbá 市以南 27km 处，几乎位于巴西和玻利维亚之间的边界地区。Urucum 是露天开采，其总储量为 6110 万吨铁矿石。Urucum 在 2007 年的产量为 110 万吨铁矿石。其产品通过河流运到阿根廷的 San Nicholas 港或者通过一条长 1700km 的铁路运到 Santos 港。

D　淡水河谷公司在巴西的采矿生产

淡水河谷公司在 2007 年生产了约 2.96 亿吨铁矿石产品，主要是烧结料（见表 3-17）。根据该公司趋向于不断减少块矿的生产，提高烧结料的产量，表 3-17 还列出了 2012 年生产的铁矿石比例。

表 3-17　淡水河谷公司的铁矿石生产类型

矿石类型	2006 年	2007 年	2012 年
块　矿	13%	14%	6%
烧结原料	57%	59%	66%
球团料	29%	27%	28%

3.2.3.3　印度

印度铁矿石资源丰富，由于区位优势，是中国进口铁矿石的主要来源地之一。根据印度矿山协会资料，印度拥有的铁矿资源储量见表 3-18。

表 3-18　印度铁矿石资源储量统计　　　　　（亿吨）

种　类	储　量	资源量	合　计
赤铁矿	60.25	86.05	146.30
磁铁矿	2.86	103.33	106.19
合　计	63.11	189.38	252.49

注：统计截至 2005 年 4 月 1 日。

需要指出的是，表 3-18 中铁矿石的边界品位是 55%，如果下降到 40% ~ 45%，预计资源量会增加 100 亿 ~ 150 亿吨；再加上这几年勘探增加的资源量约为 200 亿 ~ 250 亿吨，印度的铁矿石资源总量预计为 550 亿 ~ 650 亿吨。

印度铁矿业国营、私营企业并存。印度矿山局统计数据显示 2005 年印度共生产 1.65 亿吨铁矿石，其中粉矿 9700 万吨、块矿 6800 万吨；2006 年共生产 1.81 亿吨，其中粉矿 9963 万吨、块矿 8128 万吨。根据联合国贸易和发展会议（UNCTAD）的报告，2007 年印度铁矿石产量为 2.07 亿吨，2008 年铁矿石产量为 2.14 亿吨，见表 3-19。

表 3-19　印度铁矿石生产、消费和出口数量　　　　　（Mt）

年　份	生产量	国内消费量	出口量	余　额
2000	80.76	36.02	37.27	7.47
2001	86.22	37.71	41.64	6.87

年 份	生产量	国内消费量	出口量	余 额
2002	99.07	40.94	48.02	10.11
2003	122.84	44.97	62.57	15.30
2004	142.71	45.49	78.14	19.08
2005	165.23	60.96	89.27	15.0
2006	180.91	70.02	93.79	17.10
2007	206.94	85.40	102.49	19.05
2008	214.00	—	101.54	—

数据来源：FIMI、IISI。

印度的铁路和港口由政府控制经营，运力紧张，效率较低，影响铁矿石的出口数量和竞争力。

随着印度内需增加，政府加强了对铁矿石出口限制。此外，随着澳大利亚铁矿产能逐渐释放，印度矿在中国的竞争力下降，市场份额将呈下降趋势。

在 2008 年之前，印度铁矿业没有商业勘探，没有矿业权市场，几乎所有的勘探是由政府机构完成的，并且印度法律法规要求，企业要在印度开发铁矿，必须与建设钢铁厂一起考虑。

2008 年在印度政府推出《2008 印度矿业政策》，鼓励外资参与印度的铁矿石勘探和开发，以扩大印度的铁矿石供应，满足其国内钢铁生产的需求增量，并保持铁矿石出口的稳定。

根据 MMTC 的统计，近年来印度新开发的铁矿项目很多，并且许多都已开工，但能否投入生产，取决于印度出口政策的导向和未来铁矿石市场的走势。

2007 年中国从印度进口了 7937 万吨铁矿石，2008 年达到 9098 万吨。中印之间的铁矿石贸易绝大多数都是现货贸易，铁矿石价格波动较大。印度政府也经常通过关税措施调节铁矿石的出口，预计未来印度铁矿石出口能力将维持在目前的水平，但出口量随着铁矿石供需关系的改变和印度国内钢铁生产需求的增加会有所降低。印度铁矿石出口能力统计见表 3-20。

表 3-20 印度铁矿石出口能力统计

年 份	2007	2008	2009	2010	2011	2012
印度铁矿石出口量/万吨	10249	10154	10150	10150	10150	10150

3.2.3.4 南非

南非铁矿工业也很发达，同时也是世界上主要的铁矿石出口国。大型铁矿企业主要有库博资源公司和南非联合锰矿公司。

A 库博资源公司

南非库博（Kumba）资源公司是世界上著名的铁矿生产企业，开采生产铁矿、煤矿、锌矿和重金属等矿产品。2006 年库博资源公司分拆为库博铁矿公司和 Exxaro 公司，前者负责铁矿石业务，后者负责煤炭、锌矿和重金属等矿产品业务。拆分后，英、美拥有库博铁矿公司 63.4% 的股份。

库博铁矿公司目前开采锡兴铁矿和塔巴钦比两座铁矿，拥有的铁矿资源量 18.1 亿吨，铁矿储量 6.9 亿吨，见表 3-21。

表 3-21 库博铁矿公司的铁矿石资源

矿 区	储量/亿吨	资源量/亿吨
锡兴铁矿	6.7	17.2
塔巴钦比铁矿	0.2	0.9
合 计	6.9	18.1

两座矿山均为露天开采，并配有相应的选矿厂，2006～2008 年铁矿石产量分别为 3111 万吨、3240 万吨、3670 万吨，占南非铁矿石总产量的 80% 以上。锡兴矿产量的 20% 主要供应国内钢铁厂使用，其余 80% 左右用于出口；2007 年铁矿石出口量为 2210 万吨，2008 年出口 2490 万吨。塔巴钦比矿所产 250 万吨/a 铁矿石全部供应安赛乐米塔尔集团南非钢厂使用。

锡兴铁矿有铁路与 Saldanha 港相连，铁路全长 861km，铁路属运营商所有，除供国内钢厂使用外，铁矿石均通过该条铁路输送至 Saldanha 港出口。目前该线路铁路运力十分紧张，铁矿运力仅为 2200 万吨/a，限制了库博公司铁矿石出口进一步增加。

其在建矿山或待开发项目如下：

（1）锡兴矿山扩产项目。2005 年库博公司批准了锡兴矿山扩产项目，计划投资 51 亿兰特，将锡兴铁矿产能提高 1300 万吨/a。该项目已于 2008 年建成，当年产量 470 万吨。由于铁路系统是库博公司铁矿石出口的限制环节，2005 年库博公司与铁路运营商 Transnet 也达成协议，计划将铁路运力扩大到 3500 万吨/a，2009 年运力达到 3500 万吨。

（2）锡兴南部矿山项目。2008 年 7 月 31 日库博公司批准了锡兴南部矿山项目，项目预计耗资 85 亿兰特（约 10.3 亿美元），计划开发一座位于锡兴矿以南 80km 的露天铁矿，设计产能 900 万吨/a。该项目已于 2008 年下半年获得了采矿权，在 2012 年建成投产，2013 年达到设计产能。

B 南非联合锰矿公司

南非联合锰矿公司（Assmang）是南非一家独立的矿业公司，生产的产品主要包括铁矿石、锰矿、铬矿、锰铁合金及铬铁合金等。生产系统靠近 Kumba 矿区，共用铁路系统，出口码头也位于 Saldanha 港。产品主要通过日本三菱株式会社出口到国际市场。

Assmang 公司的已生产铁矿位于锡兴矿区，开采 Beeshoek 南部和北部矿山，露天开采，拥有铁矿石可采储量 3.45 亿吨，资源总量 6.15 亿吨，2006～2008 年铁矿石产量分别为 554 万吨、686 万吨、658 万吨。

其在建矿山或待开发项目有：Khumani 铁矿项目。2006 年决定开发，计划分两期建设，一期工程计划投资 4.46 亿美元，在 2008 年建成年产 840 万吨的铁矿山，在 2010 年达到产能 1000 万吨/a。二期将扩建到 1600 万吨/a，2011 年建成，增加的 600 万吨产品中将有 400 万吨用于出口，200 万吨在南非国内市场销售。

2006 年 Assmang 公司与铁路运营商 Transnet 达成协议，将在 2010 年将 Assmang 公司的运力分配从目前的 600 万吨/a 提高到 1000 万吨/a，并在未来提高到 1400 万吨/a。Assmang 公司铁矿石出口能力统计见表 3-22。

表 3-22 Assmang 公司铁矿石出口能力统计 （万吨）

年 份	2007	2008	2009	2010	2011	2012
出口能力	600	840	840	1000	1400	1400
增 量	—	240	0	100	400	0

3.2.3.5 加拿大

加拿大是铁矿资源相当丰富的国家。根据美国地质调查局的统计，其铁矿石储量位居世界第 11 位。加拿大年产成品铁矿 3300 万吨，是世界上比较重要的铁矿石出口国。因运距远，出口到中国、日本和韩国等东亚国家的铁矿石数量相对较少，主要出口美国和欧洲。大的铁矿企业主要有 IOC 和 QCM 等铁矿公司。

其生产的主要矿山有：

（1）IOC。IOC 是力拓的子公司，力拓占其 58.72% 的股份。公司拥有铁矿石储量 11.1 亿吨，资源总量 54.8 亿吨，原矿平均品位 39%。IOC 精矿以铝、磷含量低而著称。卡罗尔铁矿山为露天开采，原矿生产能力达 4000 万吨，并建有选矿厂和 6 个球团厂。矿石经铁路运至七星岛港出口，铁路运距 420km，年运力 2000 万吨。七星岛矿石码头最大可停靠 25 万吨的船舶，港口堆场能力 550 万吨。

（2）QCM 矿。QCM 矿拥有储量 8.4 亿吨的资源，成品矿产能 1600 万吨/a，其中精矿粉和球团矿生产能力各 800 万吨/a。矿石经铁路运至 Cartier 港出口，矿山到港口的铁路运距为 420km，年运输能力 2000 万吨。Cartier 港最大可停靠 16 万吨级船舶。随着安赛乐与米塔尔的合并，QCM 铁矿已经成为安赛乐米塔尔集团的自有矿山。QCM 生产的产品中 800 万吨主要供安赛乐米塔尔集团 Dofasco 钢厂使用，其余 800 万吨供应安赛乐米塔尔集团位于美国和欧洲的钢厂。

（3）Wabush 矿。Wabush 矿的设计产能 600 万吨/a，产品为球团及球团精粉。矿山位于加拿大拉布拉多地区，精矿通过 440km 铁路运到 Pointe Noire 港装船，精矿粉在港口加工成球团，球团生产线设计能力 480 万吨/a。该矿由美国 CLF 公司经营（CLF 拥有 26.8% 的股份，安赛乐米塔尔集团拥有 28.6% 的股份，Stelco 公司拥有 44.6% 的股份）。产品部分供应安赛乐米塔尔集团 Dofasco 钢厂使用，剩余部分用于出口。

加拿大在建矿山或待开发项目有联合汤普森公司铁矿项目。联合汤普森公司（Consolidated Thompson Ltd.，CLM）是加拿大上市公司。联合汤普森公司 100% 拥有加拿大魁北克省拉布拉多地区 Bloom Lake 磁铁矿项目。2009 年 3 月该项目公布的资源储量为 9.1 亿吨，原矿平均品位 29.4%，计划建设 800 万吨/a 矿山企业。该项目需建设 30km 铁路与现有铁路连接，并需建设港口。该项目获得加拿大政府的建设许可，在 2009 年建成投产。该项目一期投资 5.76 亿美元，可开采 30 年以上。总部位于北京的世联国际（World-Link）贸易公司 2007 年与联合汤普森公司签署了合作协议，负责 Bloom Lake 项目所有产品的销售。

2009 年 3 月联合汤普森公司与中国武钢集团达成入股协议，武钢集团将出资 2.4 亿美元以换取 CLM 公司 3870 万股普通股的所有权，对该公司的持股比例将达到 19.9%。另外，武钢公司还将获得 CLM 公司旗下一家新成立子公司不少于 25% 的股权。据悉，该子公司将负责 Bloom Lake 矿区的运营，而武钢也将从该矿区购买不少于 25% 的铁矿石。

巴芬兰公司玛丽河铁矿项目和罗策湾铁矿项目等也正待开发。

3.2.3.6　乌克兰

乌克兰是世界上铁矿储量最大的国家，铁矿储量达 300 亿吨，占全球铁矿储量总和的 20%，其传统出口市场主要是中、东欧市场。乌克兰铁矿石资源分布集中，主要分布在克罗沃罗格 Krivorixhsky、克列缅邱格 Kremenchugsky 和别洛泽尔斯科耶 Bilozersky 三大矿区。乌克兰年产铁矿石 7000 余万吨，出口量在 2000 万吨以上。

乌克兰生产矿山有：Ferrexpo。Ferrexpo 是总部位于瑞士，在英国伦敦上市的资源类公司，主要业务是在乌克兰开采、加工和销售球团矿。其铁矿位于 Poltava 矿区，矿区南北长 200km，截至 2007 年 1 月 1 日，探明控制的储量为 11.23 亿吨，确定推断的资源量为 43.50 亿吨。矿石平均品位约为 30%，其中中部 Galeschinskoe 矿区铁矿由于受到氧化作用，主要为赤铁矿，其余矿区均为磁铁矿。2004～2006 年产量分别为 740 万吨、780 万吨、860 万吨，2004～2006 年销售额分别为 3.751 亿美元、5.634 亿美元、5.473 亿美元。Ferrexpo 生产的球团矿产品经过 500km 铁路运至黑海港口出口到中国等市场，同时也利用铁路直接出口至中、东欧地区。

在建矿山或待开发项目有：乌克兰 YGB 项目。Ferrexpo 公司拟采用矿山扩产及结合新建矿山以进一步提高球团矿生产规模，初步规划为 Lavrikovskoe/Gorishne-Plavninskoe 矿山通过扩建生产延续至 2026 年；新建 Yeristovskoe 矿山于 2011 年投产，增加产能 120 万吨；2024 年计划开采 Belanovskoe 矿山，以替代补充老矿山闭坑后产能的缺口，从而使公司原矿产量从现在的 2800 万吨/a，在 2014 年达到 5600 万吨/a；球团生产规模由现在的 1000 万吨/a，提高到 1600 万吨/a。项目总投资分为两部分：其中一部分为扩产并新建矿山计划约 23 亿美元，另一部分为项目更新投资计划 13 亿美元，合计约 36 亿美元。同时，Ferrexpo 计划增加自备车皮，并与一家乌克兰境内企业在黑海合资新建一座巴拿马级港口以满足产能扩张的需求，并有效降低运营费用。

3.2.3.7　瑞典

LKAB 公司是瑞典著名的铁矿石供应商，该公司成立于 1890 年，1976 年瑞典政府收购了该公司全部股票，成为瑞典国营公司。

LKAB 现有两个地下矿：基律纳和马尔姆贝里耶矿，并建设了 3 个选矿厂，6 个球团厂（第 6 个球团厂于 2008 年 5 月投产）。LKAB 公司现有两个出口港，一个在瑞典的吕禄奥，一个建在挪威的纳尔维克（Narvik）。连接矿区和海港的铁路也为 LKAB 所有，矿山、铁路、海港均分布于瑞典北部的北极圈内。

基律纳铁矿现有生产规模约 1500 万吨/a，矿山开采面已在标高 -1045m 以下，是全球规模最大的地下铁矿。铁矿石资源主要为磁铁矿：标高 -1045m 以上的探明储量为 4.2 亿吨，标高 -1045～-1300m 的控制储量为 3.5 亿吨，标高 -1300m 以下的推测储量为 2.8 亿吨。生产的矿石经铁路北线运至挪威的纳尔维克港出口，运距 167km。

马尔姆贝里耶矿是 LKAB 公司另一座大型地下矿，年生产规模约 760 万吨。铁矿石资源主要为磁铁矿，矿石中磷含量较高，标高 -1000m 以上的探明储量为 2.8 亿吨，标高 -1000～-1100m 的控制储量为 1.7 亿吨，标高 -1100m 以下的推测储量为 2.0 亿吨。生产的矿石经铁路南线运至吕禄奥港，铁路全线长 217km。

截至 2008 年底，LKAB 公司公布的铁矿石储量为 10.2 亿吨，平均品位 46.9%。铁矿石年产量达 2380 万吨，其中球团矿产量 1990 万吨，铁精粉 390 万吨；铁矿石发货量 2270 万吨，其中球团矿 1790 万吨，铁精粉 480 万吨。

随着球团矿价格相对于粉矿价格的溢价逐年提高，与淡水河谷公司一样，LKAB 的战略也是不断增加球团矿的产量，并提出未来公司的产品将全部是球团矿的"单一产品战略"，不再销售球团精粉。虽然新的球团厂建设计划还没有公布，但由于球团厂建设只是改变产品的形态，并不增加总的供应量，因此其出口量取决于物流系统的能力。据悉，LKAB 计划将其铁矿石产量扩大到 3000 万吨/a，并已经开始了铁路及位于挪威纳尔维克港口的改扩建工作，2009 年完成。

2008 年 LKAB 铁矿石出口量约为 1940 万吨，其中通过吕禄奥出口 580 万吨，通过纳尔维克出口 1360 万吨。随着其物流系统改扩建的完成，出口能力将有所增加。

3.2.4 世界铁矿石产能扩张分析

近年来，由于全球铁矿石需求强劲，特别是中国铁矿石需求急增，铁矿石市场呈现供应紧张、价格攀升的格局。各主要铁矿石供应商纷纷加大投资力度，对原矿山进行扩建和新建，同时进一步改造铁路和港口等基础设施，扩大运输能力，以增大铁矿石的供应量。

3.2.4.1 世界三大铁矿石供应商的产能扩张计划

世界三大铁矿石供应商，目前都在进行扩大产能和运力，见表 3-23。

表 3-23 三大铁矿石供应商新增铁矿产能计划

国 家	公 司	项目名称	品 种	产能/Mt
澳大利亚	Rio Tinto Pilbara	Pilbara 220	块矿和粉矿	46
澳大利亚	Rio Tinto（RR）	Mesa A	块矿和粉矿	20
澳大利亚	Rio Tinto（HI）	Brockman 4	块矿和粉矿	22
巴 西	Rio Tinto Brazil	Corumba I	块矿和粉矿	13
合 计				101
巴 西	Vale	Carajas 130	块矿和粉矿	30
巴 西	Vale	Southeastern System	块矿和粉矿	14
巴 西	Vale	Southeastern System	块矿和粉矿	5
巴 西	Vale/MBR	Itabiritos	球团矿和精粉	10
合 计				59
澳大利亚	BHP Billiton	RGP 4	块矿和粉矿	26
澳大利亚	BHP Billiton	RGP 5	块矿和粉矿	45
澳大利亚	Brockman Resources	Marillana	赤铁矿	15
合 计				86

目前上述新增铁矿石产能开发项目正在按计划实施。未来几年内三大铁矿供应商铁矿产量将高速增长，全球铁矿石市场仍将呈现高度垄断的格局。

3.2.4.2 其他铁矿石供应商的产能扩张计划

为抢占市场份额，获取巨额利润，除三大铁矿石供应商提高产能外，其他铁矿石供应商也纷纷制定了扩大铁矿石产能的计划。同时也有部分新的供应商提出了新建矿山的计划，见表3-24。

表 3-24 其他铁矿石供应商计划开发项目

国 家	公 司	项目名称	品 种	产能/Mt
澳大利亚	Pacific	Sino Iron	精粉 + 球团	27.6
澳大利亚	Mount Gibson	Koolan Island	块矿和粉矿	1.5
澳大利亚	Mount Gibson	Extension Hill Haematite	块矿和粉矿	3
巴 西	Anglo American	Minas Gerais-Rio	球团粉	26.6
加拿大	IOC	Expansion phase 1	精粉/球团矿	4
毛里塔尼亚	SNIM	Zouerate expansion	块矿和粉矿	2
印 度	JSW Steel	Pradesh I	精粉	7.5
印 度	NMDC	Bailadila 11b	块矿和粉矿	7
印 度	NMDC	Kumaraswamy	块矿和粉矿	7
俄罗斯	Severstal	Karelsky Okatysh expansion	球团矿	1
瑞 典	LKAB	Kiruna III (KK4)	球团矿	5
合 计				92.2

3.2.5 未来全球铁矿石产能预测及面临的问题

3.2.5.1 未来全球铁矿石产能预测

根据各铁矿石供应商的产能扩张计划，未来几年内铁矿石产量将有较大幅度的提高。与2004年相比，到2008年，铁矿石新增产能近2亿吨，其中世界三大铁矿石供应商约增加1.7亿吨，印度约增加1500万~2000万吨，其他供应商约1000万吨。新增产能仍主要集中于三大铁矿石供应商和印度铁矿石供应商，因此随着上述铁矿扩大产能的相继实现，全球铁矿石供应紧张局面将有望缓解。

3.2.5.2 进口铁矿石面临的问题

预测表明，我国铁矿石对外依存度继续上升，进口铁矿石对国内钢铁工业的影响程度也在扩大。国际铁矿资源是丰富的，但利用国外铁矿资源也面临挑战，主要问题是：

（1）世界铁矿产业集中度增大。Vale、BHP 和 Rio Tinto 三大公司的铁矿石海运贸易量占世界铁矿石贸易量的50%~55%，并且其他公司也有合并的趋势。铁矿原料贸易供应的决定权更为集中，更为有利于卖方。

（2）国际钢铁产业的重心已经转向亚洲。亚洲主要产钢国家和地区对国际铁矿资源、市场份额的控制由来已久。虽然国内少数几家企业进行了投资、合作经营等实践，取得了成效，但我国发展钢铁工业对国外铁矿石原料份额的稳定增加尚需努力。

（3）国内进口铁矿渠道分散，在国际铁矿贸易市场的话语权分量轻。目前铁矿市场的价格主要以欧洲国家和日本钢铁企业的谈判价格为参照。我国进口铁矿价格参照日本谈判价格，然而我国进口铁矿石数量虽已跃居世界首位，但在国际矿石价格谈判中尚未确立应有的地位，这与进口大户的状况是不相称的。

3.3 我国煤炭资源及生产现状

钢铁工业生产需要大量消耗资源，特别是世界紧缺的炼焦煤，同时还需要消耗部分喷吹煤和动力煤。炼焦煤，特别是优质强黏煤——主焦煤和肥煤，是我国乃至世界煤炭资源中最为紧缺的煤种。主焦煤和肥煤供应的安全稳定性和经济性，对钢铁企业生产经营及效益将产生直接的和重大的影响。

2002 年底以来，由于中国宏观经济持续快速发展，煤炭下游行业如电力、钢铁等行业均呈现超高速发展，引发了煤、电、油、运等环节供应紧张，对包括钢铁企业在内的很多煤炭用户的生产经营产生了一定的影响。钢铁企业生产成本大幅攀升。中国钢铁行业的竞争力下降。同时也引起了钢铁、电力、化工、建材等行业对煤炭供应安全稳定问题的重视。

我国是一个煤炭资源大国。煤炭资源总量达 50592 亿吨，尚有保有储量 10025 亿吨，经济可采储量 1450 亿吨。我国又是一个煤炭生产大国，1985 年以来一直名列世界第一。2011 年原煤产量突破 35 亿吨。我国更是一个煤炭消费大国。长期以来，在我国一次能源消费结构中，煤炭的比例占 2/3 以上，并在未来相当长的时期内，将长期维持这一状况。从国外进口炼焦煤和喷吹煤使我国从煤炭的出口国转变为进口大国。我国煤炭消费主要立足于国内，同时我国宝钢、曹妃甸等沿海钢铁企业也从国外进口炼焦煤。

3.3.1 我国煤炭资源状况

我国煤炭资源丰富。据原煤炭工业部第二次全国煤田预测汇总统计结果，我国煤炭资源总量达 50592 亿吨（见表 3-25），其中预测资源量为 40319 亿吨，探明储量，即已发现资源量为 10273 亿吨；而在探明储量中，减去已采出和损失的储量，尚有保有储量 10025 亿吨，其中现有矿山已占用储量 2556 亿吨，尚未利用储量 7469 亿吨。

表 3-25 中国煤炭资源总量和储量

资源量/储量	数量/亿吨	数 据 来 源
资源总量	50592	第二次全国煤田预测汇总统计资料
预测资源量	40319	地质矿产部统计资料
探明储量（已发现资源量）	10273	地质矿产部统计资料
已采出和损失储量	248	地质矿产部统计资料
保有储量	10025	地质矿产部统计资料
已占用储量	2556	地质矿产部统计资料
尚未利用储量	7469	地质矿产部统计资料
精查储量	893	地质矿产部统计资料
详查储量	1438	地质矿产部统计资料
普查及找矿储量	5138	地质矿产部统计资料

虽然我国煤炭资源总量和保有储量较大，但可供经济开采的可采储量不足，尤其可供建井的精查储量严重不足。据中国煤炭行业协会统计数据，截至 2003 年末，我国煤炭经

济可采储量为 1450 亿吨，可供直接建井的精查储量仅 890 亿吨。

3.3.1.1 我国煤炭种类分布

我国煤炭种类繁多，按不同的分类方法，可分为不同类型。按煤炭的变质程度分类，可分为褐煤、烟煤、无烟煤三大类，其中烟煤又分为低变质烟煤（即长焰煤、不黏煤和弱黏煤）、中变质烟煤（即传统的炼焦用煤，主要是气煤、肥煤、焦煤、瘦煤）、高变质烟煤（即贫瘦煤、贫煤等）三类，其组成结构如图 3-8 所示。

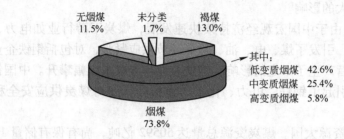

图 3-8 我国煤炭保有储量煤种组成结构

按煤炭的基本用途，可分为炼焦用煤和非炼焦煤两大类。炼焦煤保有储量占 25.4%，非炼焦煤占 72.9%（见表 3-26）。我国非炼焦煤资源丰富，尤其低变质烟煤资源丰富，质量优良。

表 3-26 各煤种的保有储量及所占比重

煤 种	炼焦用煤						非炼焦用煤									分类不明
	小计	气煤	肥煤	焦煤	瘦煤	未分类	小计	贫煤	无烟煤	弱黏煤	不黏煤	长焰煤	褐煤	天然焦	未分类	
储量/亿吨	2549	1036	458	598	403	54	7307	572	1156	170	1508	1617	1301	16	967	169
比重/%	25.4	10.3	4.6	6.0	4.0	0.5	72.9	5.7	11.5	1.7	15.0	16.1	13.0	0.2	9.7	1.7

数据来源：地质矿产部统计资料。

3.3.1.2 我国炼焦煤储量分布

全国炼焦煤的保有储量为 2549 亿吨（见表 3-27），占全国煤炭总保有储量的 25.4%，可采储量 662 亿吨。炼焦煤在我国分布广泛，但分布极不平衡。

山西省的炼焦煤保有储量占全国的 54.5%，可采储量占全国的 50.1%。其特点是质量好，品种齐全，强黏结煤（肥煤、焦煤）和低挥发分的瘦煤相对较多，非强黏结煤类的气煤相对较少。中国炼焦煤资源一半以上在山西，而近期具有开发条件与开发价值的资源比例更大。山西也是世界上炼焦煤最丰富的炼焦煤基地之一。排名第二的安徽，炼焦煤保有储量仅占全国的 8.8%。

表 3-27 全国炼焦煤保有储量

类 别		全国	山西	安徽	山东	贵州	黑龙江	河北	新疆	河南	内蒙古	陕西
合 计	储量/亿吨	2549	1389	225	136	108	93	88	83	82	51	51
	占比/%	100.0	54.5	8.8	5.3	4.2	3.6	3.5	3.3	3.2	2.0	2.0

类	别	全国	山西	安徽	山东	贵州	黑龙江	河北	新疆	河南	内蒙古	陕西
气煤	储量/亿吨	1036	544	137	94	12	51	28	72	3	9	14
	占比/%	100.0	52.5	13.2	9.1	1.2	4.9	2.7	6.9	0.3	0.9	1.4
肥煤	储量/亿吨	458	279	15	33	18	3	42	5	10	22	3
	占比/%	100.0	60.9	3.3	7.2	3.9	0.7	9.2	1.1	2.2	4.8	0.7
焦煤	储量/亿吨	598	285	45	2	42	35	14	6	47	19	6
	占比/%	100.0	47.7	7.5	0.3	7.0	5.9	2.3	1.0	7.9	3.2	1.0
瘦煤	储量/亿吨	403	281	4	1	33	2	2		22	1	22
	占比/%	100.0	69.7	1.0	0.2	8.2	0.5	0.5		5.5	0.2	5.5
未分类	储量/亿吨	54		24	6	3	2	2				6
	占比/%	100.0		44.4	11.1	5.6	3.7	3.7				11.1

3.3.1.3 我国炼焦煤的煤质特征

炼焦煤的煤质特征与其成煤时代有关。

我国华北和华东地区的炼焦煤主要为晚古生代的石炭纪太原组煤系和二叠纪山西组煤系。山西组炼焦煤的煤质特征是灰分较高而硫分较低，灰分一般在20%～30%，硫分一般在0.5%～1.0%，其中有机硫含量较高，洗选后精煤硫分降低不多。太原组煤系炼焦煤的煤质特征是硫分较高而灰分较低，硫分大多在2%～4%，灰分大多在15%～25%。它们的可选性较好，通过洗选可使硫分降到1%～2%，灰分也有较大幅度的降低。

西南地区炼焦煤多形成于晚二叠纪时期，与其他地区的炼焦煤相比，硫分普遍较高。

新疆艾维尔沟矿区的炼焦煤（肥煤、焦煤、瘦煤）是侏罗纪的低硫、低灰优质炼焦煤。

炼焦煤煤质还与煤种有关。1/3焦煤和气煤的特征是挥发分高，一般硫分较低，可选性大多较好，精煤回收率高，灰分低，但结焦性不如主焦煤和肥煤。主焦煤、肥煤、瘦煤的特征是可选性较差，精煤回收率大多较低，一般比高挥发分煤低20个百分点，灰分相对较高，肥煤的硫分普遍偏高。

一般来说，我国的炼焦精煤灰分普遍较高，特别是主焦煤、肥煤和瘦煤，它们的灰分大多在10%或11%左右。我国强黏结性煤硫分较高，一般在1%左右，有的甚至高达1.5%以上；高挥发中等黏结性煤的硫分低，不少在0.5%左右。

3.3.2 我国炼焦煤生产

2009年全国煤炭原煤产量30.5亿吨，炼焦煤原煤产量10.4亿吨，占全国煤炭产量的34.12%；其中，主焦煤1.88亿吨，占6.1%；肥煤0.91亿吨，占2.98%；瘦煤0.72亿吨，占2.38%；贫瘦煤产量0.73亿吨，占2.42%。

近年来，炼焦原煤产量约占我国煤炭总产量的50%。由此可见，我国炼焦煤开发强度过大。但由于下述原因，炼焦精煤仍呈现供不应求的市场格局：

（1）部分炼焦煤因含有较高的硫分和灰分，不能作为炼焦煤使用，而用于其他用途；

（2）由于炼焦煤中各煤种的资源分布和消费比例也极不均衡，部分炼焦煤用于其他用途。

炼焦煤中气煤比例高达40%以上，但在炼焦生产配煤中的使用比例仅为 10% ~15%。大量气煤用于动力煤等用途。而作为炼焦的主配煤种——主焦煤、肥煤的使用比例远大于储量比例，而且70%的优质主焦煤和肥煤资源集中在山西省境内，当地焦化企业，特别是土焦和小焦炉使用主焦煤和肥煤的比例高，更加剧了主焦煤和肥煤资源消耗和供应的紧张。同时还受到铁路运输能力的制约，部分炼焦煤作为其他用途就地消费，仅不足50%的炼焦原煤用于炼焦。因资源不足和过度开发，我国主焦煤、肥煤保证开采年限不足50年，有可能是最先枯竭的煤炭资源，应当引起高度重视。

因此，优质主焦煤和肥煤（包括1/3焦煤）将处于长期紧缺的状态。从总体上看，我国的优质炼焦用煤相对缺乏，而且主要集中在山西境内，受铁路运输能力的制约，有效供给能力偏低。

我国炼焦煤产量主要集中在山西、河北、河南、安徽和山东等省。南方因炼焦煤资源少，而且生产能力也低，主要集中在贵州、四川、重庆和滇东地区。目前，我国正在发展十多个大型炼焦煤基地，例如：山西西山、霍西、河东煤田焦煤生产基地，安徽淮北炼焦煤生产基地，河南平顶山炼焦煤生产基地，河北开滦、邯邢炼焦煤生产基地，山东鲁南炼焦煤生产基地，贵州盘江—水城炼焦煤生产基地，内蒙古乌海炼焦煤生产基地，黑龙江七台河—鹤岗炼焦煤生产基地，陕西铜川—韩城炼焦煤生产基地等。

3.3.3   我国炼焦煤的洗选情况

我国炼焦煤开发强度很高，炼焦原煤产量很高，但由于资源地域分布和煤炭种类分布的不均匀、优质炼焦煤资源不断减少、洗选能力不足和部分炼焦煤用于其他用途等诸多原因，近年来，虽然我国煤炭产量不断增长，但是仍然导致优质炼焦精煤供不应求。

我国重点煤矿精煤的灰分，虽然曾经取得了逐年下降的成绩，1996 ~2001 年的年平均灰分 A_d，依次为 9.88%、9.85%、9.75%、9.71%、9.66% 和 9.54%，但是好景不长，从 2004 年下半年开始灰分又呈上升的趋势。这也说明资源、采选和管理还满足不了钢铁工业发展的需要。

钢铁工业对炼焦精煤的需求量越来越大。近年来，投产的或在建的洗煤厂也越来越多。但由于我国煤炭资源地域分布的特点，目前，不管建多少洗煤厂，炼焦精煤地域性短缺以及肥煤和焦煤地域分布过于集中仍是难以避免的。因此，在山西、河北大量生产焦炭的后果是：大量的优质炼焦煤被当地消费掉，而一些短缺优质炼焦煤的地区，却要从国外进口炼焦煤来生产焦炭，国家如不干预，这种现象将愈演愈烈。

3.3.4   我国无烟煤的资源及生产能力

3.3.4.1   无烟煤资源情况

无烟煤是高炉喷吹用煤的主要煤种，约占高炉喷吹煤总量的60% ~70%。截至1998年末，全国无烟煤保有储量1156亿吨，占煤炭总量的11.5%。无烟煤的分布也是不均匀的，主要集中在山西和贵州两省，保有储量占全国的75.3%；其次为河南、四川两省

（见表3-28）。

表3-28 全国无烟煤可采储量及生产能力

项 目	山西	河南	湖南	四川	贵州	河北	福建	北京
可采储量/亿吨	85.4	12.2	7.5	8.6	7.7	4.5	3.9	4.0
占全部可采储量的比例/%	53.13	7.57	4.65	5.36	4.77	2.78	2.41	2.47
生产能力/万吨	10903	3801	2477	2179	2198	1573	1386	1315
占全部生产能力的比例/%	32.85	11.45	7.46	6.56	6.62	4.74	4.18	3.96

无烟煤按其挥发分可分为年老无烟煤、典型无烟煤和年轻无烟煤三个小类。其分类的依据是无烟煤中的挥发分 V_{daf} 含量：年老无烟煤的 $V_{daf} \leq 3.5\%$，如北京无烟煤；典型无烟煤的 $V_{daf} > 3.5\% \sim 6.5\%$，如晋城和焦作无烟煤；年轻无烟煤的 $V_{daf} > 6.5\% \sim 10.0\%$，如阳泉和汝箕沟无烟煤。

我国以年轻无烟煤的储量为最多，年老无烟煤的储量最少，而年轻无烟煤作为高炉喷吹煤则最好，可见，我国无烟煤资源状况有利于高炉喷吹煤技术的发展。

无烟煤的煤质特征也与成煤时代密切相关，如北京地区的无烟煤中，侏罗纪煤系为低灰低硫煤；二叠纪山西组煤系多为低硫、较难选煤，其 $S_{t,d}$ 多在1%以下；石炭纪太原组煤系的硫分相对较高，$S_{t,d}$ 多在 2% ~ 4%，但可选性相对较好，经洗选后硫分可降到 1% ~2%。

无烟煤的干燥无灰基高发热量 $Q_{gr,daf}$，以年轻无烟煤为最高，达35.50 ~ 36.00MJ/kg；年老无烟煤最低，为31.80 ~34.30MJ/kg。可磨性也以年轻无烟煤为最高，其哈氏可磨性指数 HGI 一般可达60 ~70；年老无烟煤最低，一般不超过50，但也有 HGI 高达120 ~140 的特殊情况。内在水分 M_{ad} 普遍较高，其中年老无烟煤最高，大部分在3% ~9%；年轻无烟煤最低，一般在1%左右；典型无烟煤多在1% ~2%之间。

3.3.4.2 无烟煤矿井生产能力

无烟煤矿井的生产能力分布与储量一样，也集中在少数几个省，其中山西、河南、湖南三省占全部生产能力的50%以上。

3.3.5 影响国内煤炭市场的因素

影响未来国内煤炭市场的因素众多，也很复杂，包括煤炭的供求关系、国外焦煤市场价格、国家和矿山企业的生产能力和投资能力、煤炭资源和国家政策等诸多因素。国内煤炭资源比较丰富，总体上近期供应不会紧张，地域性的供应不足是可能的。但是煤价上涨是必然的，上涨的幅度有可能比较大。其主要原因是近年来煤炭企业的开采成本逐年上升。推动煤炭价格上涨的因素如下：

（1）随着我国市场经济的完善，煤炭资源的市场化程度不断提高，煤炭资源税、资源补偿费、矿业权价款等费用的提高和资源性成本的增加，直接影响煤炭企业的生产成本[2]。

（2）当前煤炭生产的不安全因素比较多，安全投入加大了煤炭生产成本。煤炭企业采取了一系列强制的安全生产管理措施，关闭一大批不符合安全生产条件的矿井，提高了煤炭生产的安全成本。

（3）由于物价上涨，生产资料的价格都在提高，抬高了煤炭生产成本。

（4）过去煤炭企业占用资源是无偿的。煤炭生产造成的环境社会总量由社会来负担。为了推动煤炭工业的健康、平衡、可持续发展，国家出台了一系列推动煤炭行业可持续发展的政策，根据科学发展观的要求，要把外部成本纳入内部成本，社会成本纳入企业，实现外部成本内部化，社会成本企业化。这些政策的实施在一定程度上推动了煤炭工业的可持续发展，但也促使煤炭市场价格的适度攀升。

（5）由于电力、冶金、建材、化工等高耗能产业的发展，对所需能源的数量都有较大幅度的增长，加剧了煤炭供应的紧张局面，从而导致煤炭供不应求而涨价。

煤炭价格的上扬，势必引起焦炭价格上涨，使炼铁成本上升。

3.4   世界煤炭资源

3.4.1   世界煤炭资源状况

截至 2010 年末，世界煤炭已探明可采储量总计为 8609 亿吨，较 2003 年底减少 1244 亿吨，见表 3-29。按现有生产水平计算，保证开采年限约 118 年。

表 3-29   2010 年底世界煤炭探明可采储量

国家或地区	烟煤和无烟煤/Mt	次烟煤和褐煤/Mt	总计/Mt	百分数/%	储采比
美 国	108501	128794	237295	27.6	241
加拿大	3474	3108	6582	0.8	97
北美合计	112835	132253	245088	28.5	231
中、南美洲合计	6890	5618	12508	1.5	148
德 国	99	40600	40699	4.7	223
波 兰	4338	1371	5709	0.7	43
俄罗斯	49088	107922	157010	18.2	495
乌克兰	15351	18522	33873	3.9	462
捷 克	192	908	1100	0.1	22
英 国	228	—	228	—	13
欧洲和欧亚大陆合计	92990	211614	304604	35.4	257
南 非	30156	—	30156	3.5	119
中 东	1203		1203	0.1	
非洲、中东合计	32721	174	32895	3.8	127
中 国	62200	52300	114500	13.3	35
印 度	56100	4500	60600	7.0	106
印度尼西亚	1520	4009	5529	0.6	18
澳大利亚	37100	39300	76400	8.9	180
亚太地区合计	159326	106517	265843	30.9	57
世界总计	404762	456176	860938	100.0	118

数据来源：世界能源委员会的 2010 年《能源资源调查》。

从分布上看，全球煤炭资源分布广泛，但相对集中，其中 59.1% 可采储量集中在以下三个国家：美国约占 27.6%、俄罗斯约占 18.2%，中国约占 13.3%。其他四个排位在后的国家是澳大利亚、印度、德国和南非，所占比重为 24.1%。

炼焦煤可采储量 1752 亿吨，占全球煤炭可采储量的 17.8%。炼焦煤主要分布在美国、澳大利亚、中国和加拿大。全球无烟煤可采储量 519 亿吨，占全球煤炭可采储量的 5.3%，其中 189 亿吨分布在亚洲和大洋洲。

从煤种上看，全球优质炼焦煤和无烟煤资源，特别是肥煤和主焦煤等强黏煤种缺乏。

3.4.2 世界煤炭产量、消费量及贸易量

3.4.2.1 世界煤炭产量及消费量

2008 年，全球煤炭原煤总产量达到 67.95 亿吨。主要产煤国是：中国 28.0 亿吨，美国 10.6 亿吨，印度 5.2 亿吨，澳大利亚 4.0 亿吨，俄罗斯 3.3 亿吨，南非 2.5 亿吨，印尼 2.4 亿吨，德国 1.9 亿吨。

2008 年全球炼焦精煤总产量 8.5 亿吨，占全球煤炭总产量的 12.5%。其中炼焦精煤国际贸易量 2.4 亿吨，占总产量的 28%。中国是全球最大的炼焦精煤生产国，2008 年的产量为 4.3 亿吨；其次是澳大利亚，生产了 1.4 亿吨。

3.4.2.2 世界煤炭贸易量

2009 年全球煤炭贸易量达 9.07 亿吨。其中动力煤贸易量约占全球煤炭贸易量的 70% 以上。2004～2011 年世界煤炭和冶金焦煤出口量见表 3-30。

表 3-30 2004～2011 年世界煤炭和冶金焦煤出口量 （Mt）

年 份	2004	2005	2006	2007	2008	2009	2010	2011
煤 炭 出 口								
澳大利亚	225.0	229.3	235.8	251.9	260.9	267.5	298	285
美国	43.5	45.1	44.9	53.4	73.7	66.3	57	85
南非	70.6	71.4	68.7	65.8	61.8	64.0	68	70
印度尼西亚	105.9	127.4	171.4	197.0	201.8	208.2	162	309
加拿大	25.9	28.1	28.0	29.7	31.5	30.5	24	23
波兰	19.6	19.4	16.7	11.9	7.8	6.6		
中国	86.6	71.7	63.2	53.1	40.4	20.4	19.03	14.66
哥伦比亚	50.8	55.5	64.3	66.7	74.7	78.4	68	76
俄罗斯	76.3	86.0	91.4	98.1	100.7	93.2	89	99
其他	63.3	63.6	68.1	75.4	76.4	72		
总 计	**767.6**	**797.5**	**852.5**	**903.0**	**929.7**	**907.1**	**856**	**1041**
年增长	54.2	42.8	55.0	50.4	26.7	-22.6		
比上年的变化率/%	7.6	5.7	6.9	5.9	3.0	-2.4		
冶金焦煤出口								
澳大利亚	117.1	122.2	123.9	137.3	136.9	125.2		
美国	24.6	26.0	24.9	29.2	38.6	35.4		
南非	5.2	0.5	0.7	0.8	0.6	1.7		

年　份	2004	2005	2006	2007	2008	2009	2010	2011
印度尼西亚	3.0	4.9	5.8	6.1	5.2	6.0		
加拿大	25.3	26.7	25.2	26.0	26.6	25.5		
波兰	3.0	3.2	3.6	2.4	1.6	1.3		
中国	10.9	5.3	4.3	2.5	4.7	2.0		
哥伦比亚	2.0	1.9	2.3	2.1	1.1	2.8		
俄罗斯	16.4	10.0	10.0	10.0	14.9	12.6		
其他	12.2	12.9	13.5	13.4	10.1	9.9		
总　计	**219.6**	**213.6**	**214.2**	**229.8**	**240.3**	**222.4**		
年增长	16.7	11.4	0.6	15.6	10.5	-17.9		
比上年的变化率/%	8.2	5.7	0.3	7.3	4.6	-7.5		

近年来世界煤炭和冶金焦煤进出口总量相对稳定,见表 3-31。而我国煤炭的进口量 2011 年比 2004 年增加了 10 倍。我国在 2003 年炼焦精煤的产量为 2.5 亿吨,虽然 2008 年生产了 4.3 亿吨,可是进口量仍达 0.7 亿吨。2008 年比 2003 年相比炼焦精煤的消耗量增加了 1 倍。2009 年炼焦精煤的进口量又比 2008 年几乎增加了一倍。如此增速将难以为继。

表 3-31　2004～2011 年世界煤炭和冶金焦煤进口量

国家和地区	历年进口量/Mt							
	2004 年	2005 年	2006 年	2007 年	2008 年	2009 年	2010 年	2011 年
煤炭进口量	**754.8**	**797.5**	**852.5**	**903.0**	**929.7**	**907.1**	**949**	**1002**
亚洲	**402.7**	**423.3**	**456.9**	**502.9**	**539.0**	**572.6**		
日本	171.4	174.5	180.1	187.2	191.0	176.0	187	175
中国	18.7	27.5	41.3	50.4	68.0	109.1	157	177
韩国	77.8	77.5	78.9	89.1	92.6	96.4	119	129
中国台湾	60.7	61.1	64.4	66.1	67.0	64.1	63	66
印度	31.6	40.2	45.6	58.3	67.1	73.0	88	101
其他	42.5	42.5	46.6	51.8	53.3	54		
欧洲（含独联体、中东）	**275.1**	**283.4**	**301.7**	**305.9**	**299.6**	**257.9**		
德国	34.3	34.8	38.7	42.0	41.3	34.7	45	41
俄罗斯	19.4	20.2	24.7	29.1	27.5	22.3		
英国	36.2	44.0	45.7	40.0	41.3	40.9	26	32
西班牙	23.5	24.8	23.7	23.4	22.0	19.6		
荷兰	13.3	13.0	14.1	14.7	14.2	12.4		
意大利	25.7	25.1	25.4	25.5	25.6	20.9	22	23
其他	122.7	121.5	129.4	131.2	127.7	107.1		
南美洲、中美洲	**21.3**	**22.4**	**21.9**	**25.6**	**27.8**	**23.0**		
巴西	14.8	15.8	14.6	16.7	18.1	14.3		

国家和地区	历年进口量/Mt							
	2004 年	2005 年	2006 年	2007 年	2008 年	2009 年	2010 年	2011 年
其他	21.3	6.6	7.3	8.9	9.7	8.7		
北美洲	**47.2**	**55.5**	**60.0**	**57.0**	**51.0**	**42.6**		
非洲	**7.8**	**11.8**	**10.6**	**10.8**	**10.9**	**9.8**		
大洋洲	**0.8**	**1.1**	**1.4**	**0.8**	**1.3**	**1.2**		
冶金焦煤进口	**202.1**	**213.6**	**214.2**	**229.8**	**240.3**	**222.4**		
亚洲	**108.7**	**109.7**	**108.6**	**119.2**	**129.4**	**144.6**		
日本	56.6	56.5	57.7	59.2	60.2	52.0		
韩国	18.9	18.8	18.2	19.3	19.7	18.0		
中国台湾	8.7	8.2	8.4	8.5	8.2	5.5		
中国	6.8	7.2	4.7	6.2	10.3	33.7		
印度	15.8	16.5	17.2	22.5	28.3	30.0		
其他	1.9	2.5	2.4	3.5	2.7	5.4		
欧洲（含独联体、中东）	**68**	**74.7**	**77.9**	**81.7**	**79.9**	**53.7**		
英国	6.3	6.5	6.9	7.9	6.5	5.5		
意大利	9.0	10.0	10.7	10.7	10.0	6.1		
法国	8.9	8.4	8.1	7.8	8.9	4.4		
德国	6.9	7.2	8.6	9.6	9.8	6.5		
比利时	3.6	3.5	4.0	3.8	4.2	2.7		
西班牙	4.4	4.1	4.1	4.4	3.5	2.7		
其他	28.9	35	35.5	37.5	37	25.8		
南美洲、中美洲	**14.8**	**16.6**	**15.6**	**17.6**	**18.9**	**14.7**		
巴西	13.0	14.4	13.6	15.4	16.6	12.7		
其他	1.8	2.2	2	2.2	2.3	2		
北美洲	**7.1**	**8.0**	**7.9**	**7.0**	**7.7**	**5.8**		
非洲	**3.6**	**4.6**	**4.2**	**4.4**	**4.5**	**3.5**		
大洋洲	**0.0**	**0.0**	**0.0**	**0.0**	**0.0**	**0.0**		

2010 年及2010 年之前，日本是世界上最大的煤炭进口国。近年来，我国煤炭进口量继续保持高位，进口总量不断创出新高，2011 年已超越日本成为全球最大的煤炭进口国。据海关总署统计，2011 年全年共进口煤炭1.82 亿吨。

澳大利亚是世界最大的煤炭出口国，近年来，澳大利亚占世界煤炭贸易的份额维持在27%~29%。

从全球炼焦精煤来看，2009 年全球炼焦精煤出口量为2.22 亿吨，其中澳大利亚是全球最大的炼焦煤出口国，出口量为1.25 亿吨，占全球总出口量的56%；美国位居第二，占总出口量的16%；加拿大占11%；俄罗斯占6%。

与此同时，日本是全球最大的炼焦煤进口国，进口量为5200 万吨，占全球总进口量的23%;中国位居第二,占15%。亚洲、南美和欧洲的主要产钢国家和地区都没有充足的炼焦煤供应,大都依赖从澳大利亚、美国和加拿大进口。

3.4.3 世界煤炭价格及走势分析

近年来,国际煤炭价格大幅上扬,持续高位运行,见表3-32。其主要是由全球煤炭需求大幅增加,特别是中国和印度煤炭需求更大,以及2003年底中国开始减少煤炭出口等两个因素共同作用引起的。

表3-32 日本煤炭用户与澳大利亚出口企业长期协议煤炭价格

项 目	煤炭价格(FOB)/美元·t⁻¹								
	2003年	2004年	2005年	2006年	2007年	2008年	2009年	2010年①	2011年①
硬 煤	46.25	58.00	126.90	114.00	96.00	300.00	129.00	211	289
半硬煤	38.70	50.80	110.00	91.50	71.50	265.00	115.00		
半软煤	30.00	43.00	79.50	58.00	63.90	240.00	83.00		
低挥发分喷吹煤	32.85	46.50	102.00	66.00	67.50	245.00	90.00		

①2010年以后,实行季度定价,表格中数据为四个季度的平均价格。

我国钢铁工业要实现可持续发展,一定要重视煤炭资源特别是焦煤资源的供应能力,同时大力减少焦煤的浪费。

3.5 结语

(1)我国铁矿石的经济可采储量少,对我国钢铁工业的保障程度低。国家正大力组织力量进行勘探。

(2)受铁矿石价格影响,国内铁矿石产量将有所上升,但难以实现大幅增长。未来新增炼铁能力将主要依靠进口铁矿石。

(3)世界铁矿石资源丰富,各铁矿石供应商都有产能扩张的计划,但主要依赖于铁矿石市场的走势,决定其计划的实施。

(4)我国优质主焦煤相对缺乏,而且主要集中在山西境内,受铁路运力的制约,大量优质焦煤的耗费不合理,导致一些优质炼焦煤短缺的地区需要进口炼焦煤。

(5)从表3-22和表3-23可知,近年来,我国炼焦煤的出口量迅速减少,进口量则大幅度增加。世界煤炭价格持续高位运行。

(6)我国钢铁工业的发展受资源的制约将日益严重。应对优质炼焦煤资源加以保护,并合理地利用。炼铁工业应特别重视节约焦煤。

参 考 文 献

[1] 马力. 对我国铁矿石原料供应的展望及思考[J]. 中国钢铁业, 2006(10): 19~23.
[2] 聂闻. 煤价上涨其原因何在[N]. 中国冶金报, 2007-01-30.

4 炼 铁 精 料

4.1 高炉炼铁对原燃料的要求与合理炉料结构

精料是高炉生产顺行、高产、低耗、大喷煤和节能减排的基础和客观要求。我国富矿少、贫矿多，铁矿石的平均品位仅在 30% 左右。近 10 年来，我国大多数高炉使用一定量的进口铁矿石。特别是国外富矿粉的使用，烧结矿的品位显著提高，对高炉高产和降低渣量起到了非常重要的作用。随着高炉炼铁技术的发展，大型化、高利用系数、低成本操作、煤比不断提高和高炉寿命的不断延长，对原燃料的质量要求不断提高。同时，随着用矿资源变化和国内球团技术的发展，炉料结构也不断调整和优化。以高碱度烧结矿为主，搭配酸性球团矿或块矿，是我国高炉炼铁比较合理的炉料结构。近年来，高炉高喷煤比、低焦比操作对喷吹用煤和焦炭质量的要求越来越高。通过选择合适的喷吹煤种、控制煤粉的成分和工艺性能，优化炼焦配煤和改进炼焦生产技术，煤粉和焦炭的质量不断提高，高炉喷煤量也提高到 150 ~ 160kg/t 的水平。

《规范》规定，**高炉炼铁工艺设计，应按本规范的要求落实原料、燃料的质量和供应条件。**

高炉顺行、稳定提高利用系数和喷煤量，要以精料作为基础条件。高炉炉容越大，喷煤量越高，对原燃料的质量要求越高，而且对矿石的冶金性能、焦炭的高温性能都有相应的要求。

4.1.1 高炉炼铁对原燃料的要求

我国炼铁工作者对高炉精料的要求，习惯用"熟"、"净"、"匀"、"小"、"稳"、"少"、"好"七个字来表达。

(1) "熟"是指将铁矿粉通过烧结和球团工艺，制成具有一定的强度和冶金性能的块状含铁炉料。相对于天然块矿而言，烧结矿和球团矿称为熟料，其在炉料中使用的比例称为熟料率或熟料比。铁矿石在高炉内的还原过程为 $3Fe_2O_3 \rightarrow 2Fe_3O_4 \rightarrow 6FeO \rightarrow 6Fe$。烧结矿和球团矿的还原性及冶金性能优于生矿。为了扩大高炉中、上部温度较低区域的间接还原反应，提高煤气利用率，减少高炉下部直接还原反应的吸热量，降低焦比，高炉需要使用以针状铁酸钙为黏结相的高碱度烧结矿和还原性好的球团矿"熟料"炼铁，同时熟料率要高。通常，高炉的熟料率不低于 70% ~ 75%。2008 年全国重点钢铁企业年平均熟料率为92.68%，2009 年为 91.38%，2010 年为 91.69%，2011 年上半年为 92.18%。美国高炉炼铁的熟料率在 85% 左右，日本为 78.7%，欧盟区更高达 90% ~ 100%（其中球团矿率很高）。宝钢与一些厂的高炉 2000 年熟料率的对比见图 4-1。各高炉的熟料率均达到或超过80%。高炉使用熟料后，由于矿石还原性和造渣过程的改善，促使热制度稳定，炉况顺行；同时，由于熟料中大部分为高碱度或自熔性烧结矿，高炉内可以少加或不加石灰石等

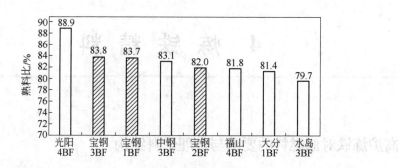

图 4-1 宝钢与一些厂的高炉熟料率的对比（2000 年数据）

（BF 表示高炉炉号）

熔剂，不仅降低了热量消耗，而且又可改善高炉上部的煤气热能和化学能的利用，有利于降低燃料比和增产。

（2）"净"、"匀"、"小"都是对原燃料粒度方面的要求。

"净"是要求炉料中粉料含量少，严格控制粒度小于 5mm 的原料入炉量。原燃料在入炉前经过筛分整粒，筛分后的炉料中，小于 5mm 的炉料占全部炉料的比例不能超过 3% ~ 5%。降低入炉粉末量可以大大提高高炉料柱的空隙率和透气性，为高炉顺行、低耗、强化冶炼和提高喷煤比提供良好的条件。减少小于 5mm 的炉料入炉量也降低了炉尘量。据统计，入炉料的粉末每降低 1%，可使高炉利用系数提高 0.4% ~ 1.0%，入炉焦比下降 0.5%。1999 年日本钢管公司高炉使用 66% 的烧结矿，与基准期使用 73% 未过筛的烧结矿相比，每天生铁产量由 2971t 增加到 3377t，焦比由 478kg/t 降到 466kg/t。

"匀"是要求各种炉料间的粒度差异不能太大，具有合适的粒度组成，粒度均匀。炉料粒度的均匀性，对炉料的空隙率和在炉内的透气性起着决定性作用。混合料中，大粒度级和小粒度级的比例增加，都会使混合料的空隙率变小，煤气通过料层的阻力增加，而影响高炉的透气性和稳定顺行。优化的粒级组成是粗细粒级的粒度差别越小越好。

"小"是指烧结矿和球团矿的粒度应小一些。小粒度的入炉矿对提高矿石还原性、提高炉身效率、降低焦比具有明显的促进作用。一般烧结矿大于 50mm 的部分不宜超过 8%，球团矿粒度应控制在 9 ~ 18mm。

《规范》提出，对原料粒度的要求应符合表 4-1 的规定。

表 4-1 对原料粒度的要求

烧 结 矿		块 矿		球 团 矿	
粒度范围/mm	5 ~ 50	粒度范围/mm	5 ~ 30	粒度范围/mm	6 ~ 18
>50mm/%	≤ 8	>30mm/%	≤ 10	9 ~ 18mm/%	≥ 85
<5mm/%	≤ 5	<5mm/%	≤ 5	<6mm/%	≤ 5

注：石灰石、白云石、萤石、锰矿、硅石粒度应与块矿粒度相当。

（3）"少"是要求入炉料中的非铁元素、燃料中的非可燃成分以及原燃料中的有害杂质含量尽可能的少。原燃料中带入的杂质和有害元素不仅影响铁水成分，增加熔剂消耗和渣量，而且影响高炉燃料比、煤比和高产。有害元素严重影响高炉顺行和长寿。因此，要严格控制入炉原燃料的有害杂质含量。有效措施主要是强化选矿，使用品位高、杂质少、有害元素少的铁精矿、球团粉和块矿；强化选煤，通过洗煤降低炼焦和喷吹煤的灰分及有害杂质。

（4）"稳"是要求炉料的化学成分和性能稳定，波动范围小，炉料质量稳定。烧结矿或球团矿铁分、碱度和 SiO_2、MgO、Al_2O_3 成分的波动，会带来烧结矿或球团矿冶金性能波动，导致高炉炉温波动；而炼焦煤质量、配比和焦炭强度、灰分的不稳定，对高炉透气性、顺行和高效生产影响更大。实现入炉原料的质量稳定，必须有长期稳定的矿石来源，供应稳定。同时要有大型原料场，进行贮存、混匀、堆积处理，减小混匀矿和烧结矿或球团矿的成分波动。现代大型钢铁联合企业都有自己的原料场，可按各种原燃料的使用需求进行水分、粒度管理，可按高炉生产要求进行品种调整、配比调整，适应原料供应变化和高炉生产稳定的要求。自动化堆取料和采用数学模型管理控制混匀堆积效果，可显著减小混匀矿的铁分、SiO_2 成分偏差。要求烧结矿含铁品位波动小于 $\pm 0.5\%$，碱度波动小于 $\pm 0.08\%$。宝钢原料场应用混匀堆积模型进行堆取料，使烧结矿标准差 $\sigma_{TFe} = \pm 0.25\%$、$\sigma_{SiO_2} = \pm 0.087\%$，实现了烧结矿铁分和 SiO_2 等成分的长期稳定，波动小。

炼焦煤和喷吹煤应有长期稳定的来源。通过原料场管理和合理配煤，保证焦炭灰分和冷热态质量指数的稳定，使高炉保持炉况顺行稳定，取得良好的生产技术指标。

（5）"好"是要求入炉矿石的强度高，还原性、低温还原粉化性能、荷重软化性能以及热爆裂性能等冶金性能好；要求焦炭强度高，高温性能好；喷吹煤的制粉、输送和燃烧性能好；这些是高炉对原燃料质量最主要的要求。

近年来高炉精料工作的最大特点是紧密围绕高炉提高喷煤量而展开的。高炉提高喷煤比后，矿焦比增大，料柱透气性变差，要求含铁炉料有更好的还原性和强度。同时，焦炭在炉内受到溶损反应和热冲击破坏加大，要求焦炭有更高的冷强度和高温强度，而且灰分要低。因此高炉提高喷煤量给精料工作提出了更高的要求。表4-2为欧洲高煤比操作的高炉对烧结矿和焦炭的质量要求。

表 4-2　欧洲对高煤比操作时原燃料的质量要求

炉料	参　　数	数值范围/%	炉料	参　　数	数值范围/%
烧结矿	粒度组成 <5mm	<5	焦炭	稳定性指数 转鼓强度：	90 ~ 95
	<10mm	<30		M_{40}（ >60mm）	从大于80到大于88
	>50mm	<10		M_{10}（ >60mm）	从小于5到小于8
	ISO 强度 >3mm	70 ~ 80		$I_{40}^{①}$（ >40mm）	53 ~ 55
	低温还原粉化率 RDI	20 ~ 30		$I_{20}^{①}$（ >20mm）	>77.5
焦炭	平均粒度/mm	50 ~ 60		反应后强度 CSR	60 ~ 70
	无裂纹粒度/mm	50 ~ 55			

①I_{40} 和 I_{20} 为欧洲使用的指标。

高炉对原燃料质量的总体要求是：冶炼每吨铁的渣量小于或等于300kg，炉料成分稳定、粒度均匀、粉末少、冶金性能良好，同时炉料结构要合理。目前国内高炉的炉料以烧结矿为主（约占70%以上），配加一定量的球团矿和天然块矿，因此对烧结矿的质量控制是高炉精料管理的主要内容。良好的焦炭质量对高炉顺行稳定、高产，良好的炉缸工作，以及提高喷煤量至关重要，也是高炉精料的重要内容。

4.1.2 高炉合理的炉料结构

高碱度烧结矿、酸性球团矿和天然块矿在冶金性能、造渣成分等方面各有特点，高炉生产需根据资源条件、市场价格、高炉冶炼顺行接受能力，进行合理搭配，确定合理的用矿比例和炉料结构。为了保证烧结矿的强度，烧结矿的碱度 CaO/SiO_2 必须保证在 1.8 ~ 2.2 范围内。

近 10 年来，随着球团生产技术的进步及进口块矿用量的增加，我国高炉炉料结构发生了较大变化。球团矿比和块矿比有明显增加，其中鞍钢、首钢、武钢等球团矿的产能增加，球团矿比增加较多。部分企业高炉用进口块矿代替部分球团矿，块矿比有所提高，熟料率相应下降。宝钢高炉使用进口优质块矿，块矿比一直较高，在 15% ~ 20%，球团矿比 5% ~ 10%，熟料率 80% ~ 85%。目前，以高碱度烧结矿为主（占 60% ~ 70%）配加酸性球团矿（占 15% ~ 20%）或部分块矿（占 10% ~ 15%），已成为我国高炉基本的炉料结构[1]，一些高炉的炉料结构见表 4-3。

表 4-3 部分高炉炉料结构（2003 ~ 2004 年）

高 炉	炉料结构/%			熟料率/%	综合入炉品位/%
	烧结矿	球团矿	块 矿		
海鑫 1 号 1080m³	67.91	9.21	22.9	76.82	58.06
邯钢 7 号 2000m³	68.4	19.0	9.6	87.9	59.6
马钢 1 号 2500m³	75.25	24.25	0.5	99.5	59.2
鞍钢 10 号 2580m³	73.6	24.2	2.2	97.8	59.6
武钢 5 号 3200m³	68.0	22.3	9.7	90.3	60.2
宝钢 3 号 4350m³	77.7	5.5	16.8	83.2	60.5

球团矿与烧结矿相比，抗压强度偏小，还原粉化率高，软熔温度偏低，用量过高会造成高炉透气性下降，同时从高炉加入的熔剂量上升，渣比增加。球团矿，尤其进口球团矿价格较高，多用球团矿会增加成本，球团矿配比一般不宜超过 20% ~ 25%。

欧洲大力发展和使用高品位球团矿，球团矿比一般高达 40% ~ 60%，甚至全球团矿操作，熟料率一般达到 90% ~ 100%。熟料率和球团矿比与面积利用系数的关系见图 4-2[2]。由图可知，提高熟料率可以显著提高利用系数、降低焦比。欧洲某些高炉熟料率与焦比的关系见图 4-3[2]。

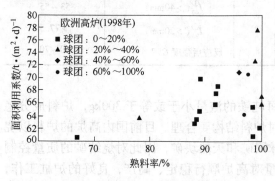

图 4-2 熟料率和球团矿比与面积利用系数的关系   图 4-3 欧洲高炉熟料率与焦比的关系（1997 年）

国外块矿品位高、价格低，可以替代部分球团矿直接入炉。但块矿热爆裂指数高、冶金性能比烧结矿和球团矿差、还原性较低，也不宜多配，否则高炉透气性变差、压差升高、影响顺行，焦比和燃料比明显上升。宝钢不锈钢 $2500m^3$ 高炉，韶钢 $2500m^3$ 高炉等一些高炉使用澳大利亚块矿（包括褐铁矿）代替球团矿以降低用矿成本。试验表明配比超过 15% 对高炉顺行和燃料消耗产生不利影响。日本研究和生产实践认为，高炉熟料率最低不应小于 75%。宝钢高炉长期以来熟料率保持 80% ~ 85%。根据降低熟料率生产试验，当熟料率下降到 76% 时，炉况明显变差、燃料比升高。

各高炉应依据自身用矿资源和烧结矿、球团矿产能及质量，合理选择和调整炉料结构，以高炉稳定、顺行、高效、低耗、低成本生产为原则。大型高炉合理炉料构成见表 4-4。

表 4-4 $1000m^3$ 以上高炉炉料结构要求

块矿比/%	球团矿比/%	熟料率/%	综合入炉品位/%
<15 ~ 20	<20 ~ 25	>75	>56

4.2 提高含铁原料的质量

含铁原料主要包括天然块矿、烧结矿和球团矿等含铁炉料。品位高、成分稳定、冶金和力学性能良好的天然块矿，可以直接入炉冶炼。对于品位较低的矿石，通过细磨精选，提高含铁品位，去除部分有害杂质，然后烧结或球团，获得粒度均匀、还原性和冶金性能良好的人造富矿。因此，《规范》规定**入炉原料应以烧结矿和球团矿为主。高炉应采用高碱度烧结矿，搭配酸性球团矿或部分块矿，在高炉中不宜加入熔剂为原则**。因为加入熔剂将增加炭素的消耗。

高炉原料的质量，除要求含铁品位高、化学成分稳定、粒度合适和冶金性能良好，以及耐磨、抗压等物理性能良好以外，更重要的是要求其在高炉冶炼过程中的抗热爆裂、还原粉化和高温冶金性能好。原料质量的评价指标应以品位和冶金性能为重点，如高炉上部的还原性、热爆裂、粉化以及中下部的软熔性、滴落性等。原料的质量应从以上几方面对其进行全面的评价。含铁原料的含铁品位越高越有利于高炉冶炼操作。针对块矿、烧结矿、球团矿的含铁品位，要求各有不同。由于含铁原料的加工工艺过程不同，化学成分及矿相结构直接影响其在炉内的冶金性能。炉料的性能指标及其对高炉冶炼的影响主要有以下几个方面：

（1）还原性。炉料的还原性决定了高炉生产的效率和能源的利用率。入炉矿石的还原性好，表明矿石氧化物中的氧容易通过间接还原反应被夺去。还原效率高，高炉煤气的利用率提高，燃料比降低，可有效地节约资源和能源。炉料的还原性指标 RI 取决于矿石的化学成分、矿相结构、气孔度、气孔结构、粒度大小等。在化学组成上，Fe_2O_3 易还原，Fe_3O_4 难还原，$2FeO \cdot SiO_2$ 更难还原。所以天然块矿中褐铁矿还原性好，赤铁矿次之，磁铁矿难还原。人造富矿中，球团矿比烧结矿的还原性好。还原性分为 900℃ 和 1200℃ 两种，由于我国精矿粉含 SiO_2 普遍较高，严重影响 1200℃ 时的高温还原性。不论烧结矿还是球团矿的高温还原性都比国外差，造成直接还原多，影响燃料消耗，应引起广泛注意。

（2）炉料在高炉上部的强度和透气性。炉料的冷态强度和低温强度指标影响高炉上部的透气性，因此提高炉料的冷强度和低温强度有利于改善高炉上部透气性，促进上部的还原反应，提高生产效率。同时也会减少生产中炉尘的发生量。矿石冷态和低温强度的评价指标有耐压强度、转鼓指数、低温还原粉化率 RDI、膨胀指数等。

（3）软化、熔融性能。炉料的荷重软化、熔融性能反映了炉料在高炉下部的高温软化和熔化、滴落过程的特性。对高炉软熔带的形成（位置、形状、厚度）和透气性起着决定性作用。表征此特性参数的有炉料开始软化温度、软化终了温度、熔融温度、软化区间、熔融区间、滴落开始温度和终了温度，以及熔滴过程煤气通过时的压差变化及最高压差值等。高炉要求矿石具有合适的软化开始温度、熔化开始温度，窄的软化和熔融温度区间，以使高炉软熔带位置既不过高也不过低，处于适宜的位置，即控制炉内块状带区域的高度，改善上部透气性。软熔带位置或其根部位置过低，熔融渣铁或炉墙周围半熔化的黏结物易直接进入炉缸，导致崩滑料甚至炉凉。炉料的软化熔融温度区间较宽，表明高炉软熔带较厚，煤气通过软熔带的阻力较大，高炉透气性较差。因此，改善炉料的高温冶金性能，对实现高产、优质、低耗至关重要。

影响铁矿石软熔性的主要因素是矿石中 FeO 含量及其生成矿物的熔点。还原过程中产生的含铁矿物和金属铁的熔点，也对矿石的熔化和滴落产生很大影响。研究及实践表明，要改善入炉料的软熔性，关键是提高脉石熔点和降低矿石的 FeO 含量。

4.2.1 提高入炉品位

提高入炉矿石品位是高炉精料的核心。提高入炉品位是提高利用系数、降低渣量、改善高炉透气性、降低燃料比、优化高炉综合指标的基础。根据高炉生产实践，入炉品位每提高 1%，可降低焦比 1% ~1.5%，同时高炉增产 1.5% ~2%，吨铁渣量下降 20 ~25kg，多喷煤 10 ~15kg/t，因此，提高入炉矿石品位是高炉增产节焦的重要环节。

4.2.1.1 入炉矿石品位

近年来，随着进口矿使用量的增多，国内选矿技术水平的提高，烧结矿的品位有很大提高。加之，首钢、武钢等链算机—回转窑氧化球团生产线的投入与产能扩大，高炉入炉矿石含铁品位不断提高。$1000m^3$ 以上高炉的含铁品位在 57% ~61%。除提高烧结矿和球团的品位外，使用部分高品位进口块矿也是提高入炉品位的有效手段。宝钢使用进口矿粉烧结，使用部分高品位进口球团和 15% ~22% 的进口块矿，近年高炉的入炉品位高达 60% ~61%。国内部分高炉入炉品位及生产指标见表 4-5。

表 4-5 2005 年国内部分高炉入炉品位及经济指标

厂别，炉号	炉容/m^3	利用系数/t·$(m^3·d)^{-1}$	煤比/kg·t^{-1}	入炉品位/%	熟料率/%
宝钢，3	4350	2.492	199	60.03	83.48
鞍钢，7	2580	2.207	161	59.59	96.58
唐钢，3	2560	2.012	107	57.92	80.77
武钢，6	3200	2.487	149	59.91	89.41
首钢，3	2536	2.312	119	59.27	87.72

2004 年和 2010 年我国 $1000m^3$ 以上高炉的炉料入炉品位见表 4-6。其中，容积 $1000m^3$ 以上高炉的入炉品位分别平均在 58.20% 和 57.20% 以上。

表 4-6 2004 年和 2010 年我国 1000m³ 以上高炉的入炉矿品位

炉容级别/m³	4000	3000	2000	1000
2004 年平均 TFe/%	60.17	59.99	58.86	58.20
2010 年 TFe/%	58.7~59.8	55.2~59.1	57.2~58.3	56.5~57.5

随着炉容的增大，对于入炉矿品位的要求也更加严格。综合各种因素，大高炉对炉料品位的要求更高。《规范》要求入炉原料含铁品位应符合表 4-7 的规定。

表 4-7 入炉矿平均品位要求

炉容级别/m³	1000	2000	3000	4000	5000
TFe/%	≥56	≥58	≥59	≥59	≥60

注：不包括特殊矿石。

如国内某些铁矿石选矿后仍达不到规定品位，必须经过专题论证，企业的经济效益合适方可降低入炉品位。

4.2.1.2 提高入炉矿石品位的措施

A 提高国产精矿粉的品位

考虑到国内外矿粉价格对烧结生产成本的影响，大部分企业，尤其是中小高炉主要使用国产矿粉烧结。由于我国铁矿石的品位低，因此精料工作的重点应放在提高精矿粉的品位上。通过采用先进的选矿技术和加强铁矿粉质量管理，将其品位稳定在 68% 以上，为提高烧结矿品位做好原料准备。

B 增加进口铁矿粉的使用量

增加进口铁矿粉的使用量，是提高烧结矿品位的重要措施。国外矿石含铁品位高，从澳大利亚、巴西、印度等国进口的铁矿含铁品位均在 65%~68%。配用部分进口矿粉或全部使用进口矿粉烧结，可以显著提高烧结矿品位。目前许多厂的烧结矿品位保持在 58% 以上。由图 4-4 可知，宝钢 3 台烧结机的烧结矿品位达到或超过 59%，在参比厂家中最高，为宝钢高炉增加产量、降低焦比、减少渣量打下了良好的基础。

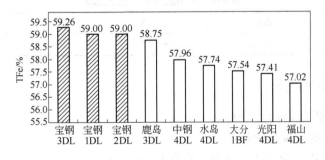

图 4-4 宝钢烧结矿品位与中钢、水岛等厂烧结矿的对比（2005 年）

C 生产高品位烧结矿和球团矿

烧结矿是我国高炉炉料结构中最主要的组成部分，占 70%~85%。增加高品位粉矿比例、提高球团粉的品位和使用部分进口球团粉，可以明显提高烧结矿及球团矿的品位。在炉料结构不变、燃料比基本不变的条件下，烧结矿品位提高 2%，可降低高炉渣量 60~

70kg/t。近年来，国内炼铁厂普遍实施低 SiO_2、高铁分烧结技术，烧结矿的品位显著提高，同时降低了高炉渣量。宝钢 1998 年开始进行低硅烧结技术攻关，到 2001 年烧结矿的 SiO_2 含量从 5.0% 下降到 4.4%，TFe 由 57% 提高到 59.2%，其变化过程见图 4-5。此外，使用有机黏结剂代替膨润土可大幅度提高球团矿的品位，国外研究和生产的球团矿品位高达 68%。

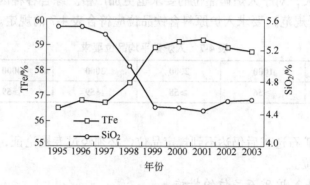

图 4-5 宝钢高铁分低硅烧结矿质量实绩

D 增加球团矿和块矿使用比例

球团矿和块矿品位比高碱度烧结矿品位高，因此，适当提高入炉球团矿的比例和增大块矿比，可以有效提高入炉料的品位，降低渣量，提高高炉透气性，从而提高高炉利用系数和降低燃料消耗。国内球团和宝钢用的进口球团及块矿的含铁品位分别见表 4-8、表 4-9。

表 4-8 我国部分企业球团矿品位

企 业	首 钢	鞍 钢[1]	济 钢	建 龙	邢 钢
球团矿品位/%	65.2	64.35	64.08	63.93	63.39

[1]鞍钢弓长岭链算机—回转窑 2004 年数据。

表 4-9 宝钢进口矿的含铁品位

进口矿	块矿 1	块矿 2	球团矿 1	球团矿 2
TFe 均值/%	65.34	64.77	66.28	65.91

4.2.2 提高烧结矿的质量

4.2.2.1 对烧结矿的质量要求

高炉对烧结矿的质量要求是：

（1）含铁品位高，化学成分稳定，有害杂质少；

（2）机械强度好，粒度均匀，入炉粉末少；

（3）有良好的冶金性能，即还原性、软化和熔滴性能好；

（4）低温还原粉化率低。

高碱度烧结矿，碱度一般在 1.8 ~ 2.0，由于具有优良的强度、高的冶金性能，是目前烧结矿生产的首选品种。而自熔性烧结矿和酸性烧结矿因强度差、还原性差、软熔温度低、燃料单耗高而被淘汰。高炉使用高碱度烧结矿，不仅有利于改善高炉块状带和软熔带透气性，而且可降低高炉熔剂用量，降低了高炉内部熔剂分解吸热和高炉炉墙结瘤的危险，高炉造渣制度控制更为简单灵活。

高碱度烧结矿的优点是：

（1）有良好的还原性，铁矿石还原性每提高 10%，焦比下降 8% ~9%；

（2）较好的冷强度和低的还原粉化率；

（3）较高的荷重软化温度；

（4）良好的熔融、滴落性能。

高碱度烧结矿配加酸性球团或部分精块矿证明是高炉合理的炉料结构。部分企业高炉使用高碱度烧结矿之后，高炉利用系数与入炉焦比的情况见表 4-10。

表 4-10 部分企业高碱度烧结矿与炼铁技术指标

企 业	炉容/m³	利用系数/t·(m³·d)⁻¹	入炉焦比/kg·t⁻¹	烧结矿碱度
宝 钢	4350	2.34	270	1.84
鞍 钢	2580	2.28	357	1.80
马 钢	2500	2.34	361	2.02
邯 钢	2000	2.09	355	1.80
莱 钢	750	2.64	342	2.10

4.2.2.2 烧结矿质量指标对高炉冶炼过程的影响

烧结矿质量对高炉冶炼过程的影响主要有以下几个方面。

A 还原性 RI

烧结矿的还原性，对高炉上部的间接还原率和软熔带初渣中 FeO 的含量产生影响。因此，对高炉炉身效率和下部直接还原的热量消耗，以及炉渣脱硫能力带来较大影响。烧结矿的粒度及其 FeO 含量是影响烧结矿还原性的主要因素。烧结矿中的 FeO 以 Fe_3O_4、$2FeO \cdot SiO_2$ 和 $CaO_x \cdot FeO_{2-x} \cdot SiO_2$ 的形式存在，还原困难。此外，高碱度烧结矿中的铁酸钙矿相还原性好。因此，降低烧结矿的 FeO 含量，通过合理配矿和改进烧结工艺，增加烧结矿的铁酸钙矿相组成，可明显改善其还原性。

烧结矿氧化亚铁含量的高低，在一定程度上反映了烧结过程的温度水平和氧位的高低。当原料和工艺条件不变时，存在一个氧化亚铁含量的适宜值，当着重于降低燃料消耗和改善还原性能时，该值应偏低一些；当偏重于改善烧结矿粒度组成和低温还原粉化性能时，该值应控制高一些。2004 年部分厂家烧结矿 FeO 含量指标见表 4-11 ~ 表 4-14。由表可见大部分厂家烧结矿 FeO 含量都较高，为 8% ~10%。宝钢和武钢较低，为 7% ~8%。适宜的烧结矿 FeO 含量应控制在 6% ~9%，波动范围在 ±1.5% 以内。宝钢烧结矿的还原性 RI 较高，一般为 64% ~70%。

表 4-11 有 1000 ~2000m³ 高炉的厂家的烧结矿指标

厂 家	济 钢	天 钢	太 钢	酒 钢	梅 山	莱 芜
FeO/%	8.09	10.63 ~13.13	10.51 ~10.91	8.14 ~8.29	8.6 ~8.95	8.74
转鼓指数（>6.3mm）/%	77.51	65.61 ~72.09	70.2 ~73.19	81.97 ~82.13	80.06 ~82.72	76.46

厂 家	海 鑫	宣钢二铁	攀 钢	重 钢	湘 钢	水 钢
FeO/%	9.41	9.07 ~ 9.27	7.51	9.57	7.98 ~ 8.8	8.85
转鼓指数(>6.3mm)/%	73.89	75.68 ~ 75.82	68.85	76.6	75.18	67.66

表 4-12   有 2000 ~ 3000m³ 高炉厂家的烧结矿指标

厂 家	首 钢	马钢二铁	唐钢二铁	本钢二铁	上钢一厂
FeO/%	9.25 ~ 9.77	8.03	7.88 ~ 8.93	7.24 ~ 8.9	7.63
转鼓指数(>6.3mm)/%	77.14 ~ 77.31	82.3	78.96 ~ 79.06	79.55 ~ 81.25	78.07

厂 家	沙 钢	邯 钢	包 钢	昆 钢	涟 源
FeO/%	7.9 ~ 8.02	8.88 ~ 8.96	7.72 ~ 10.47	8.76	7
转鼓指数(>6.3mm)/%	75.23 ~ 75.36	74.79 ~ 75.6	71 ~ 71.08	74.49	72.86

表 4-13   有 3000m³ 以上高炉厂家的烧结矿指标

厂 家	宝 钢	鞍 钢	武 钢
FeO/%	7.63	8.22 ~ 8.61	6.66 ~ 8.23
转鼓指数(>6.3mm)/%	82.58	78.16 ~ 79.96	76.67 ~ 77.41

表 4-14   宝钢烧结矿的还原性数据

平均粒度/mm	22.6	22.1	22.0	21.8	21.7
FeO/%	7.45	7.58	7.70	7.64	7.84
RI/%	66.1	64.1	62.7	64	66

B 转鼓指数 TI

烧结矿的冷强度 TI，影响皮带转运过程中的碎化和高炉块状带的透气性，因此要求烧结矿具有较高的冷态强度。烧结矿的强度主要与碱度、SiO_2 含量（影响液相量）和烧结点火温度、燃料单耗、料层厚度、烧结机带速和烧结矿冷却速度等工艺条件有关。烧结矿中加入 6% ~ 10% 的石灰，可大幅度提高其冷强度。在碱度合适的范围内，适当增加硅石配比，提高黏结液相的比例，可提高转鼓强度。宝钢烧结矿的碱度通常控制在 1.8 ~ 1.9，SiO_2 含量控制在 4.5% ~ 5.0%，转鼓指数保持在 75% 左右。在高利用系数、厚料层烧结和低温烧结的实际生产条件下，烧结矿的冷强度满足了高炉高产和高煤比操作的需要。相关指标见表 4-15。

表 4-15   宝钢烧结矿碱度和强度指标

TFe/%	59.07	58.94	58.75	58.90	58.80
SiO₂/%	4.51	4.56	4.55	4.57	4.57
碱 度	1.82	1.82	1.84	1.84	1.84
TI/%	75.13	74.82	74.44	74.88	75.61

C 低温还原粉化率 RDI

烧结矿的低温还原粉化率对高炉上部的透气性有一定影响。烧结矿在高炉上部的低温区还原时发生还原粉化，会使料柱中的小于 5mm 粒级增加，空隙度降低，透气性下降。此外，低温还原粉化率高会造成炉内矿石粉末被较多地带出炉外，增加炉尘量。生产实践表明，炉料低温还原粉化率 RDI 每升高 5%，高炉产量下降 1.5%，煤气利用率下降，焦比有所升高。因此国内外对烧结矿的低温还原粉化率均进行控制和管理。

烧结矿的低温还原粉化率与矿石种类有关，使用 Fe_2O_3 富矿粉生产的烧结矿 RDI 高，而用磁铁精矿生产的烧结矿 RDI 低（在 17.3% ~20.5% 之间）。烧结矿中含 TiO_2 高将使 RDI 显著升高，攀钢含钒钛烧结矿的 RDI 高达 60% 以上。降低 RDI 值的办法是减少烧结矿中骸晶状菱形赤铁矿的数量，也可适当增加 FeO 含量（达 6% ~8%）。此外，国内外普遍采用烧结矿喷洒卤化物（萤石或 $CaCl_2$）的方法，以降低 RDI。宝钢、武钢、柳钢等企业在烧结矿表面喷洒 3% 的 $CaCl_2$ 溶液，使 RDI 值降低 10.8% ~15%，高炉产量提高 5% 左右，焦比降低 2.4%，效果良好。但是喷洒的 $CaCl_2$，在高炉内 Cl^- 进入煤气，它们对装料设备、炉顶除尘设备、TRT、管道、高炉及热风炉耐材有腐蚀作用。而且含 Cl_2 的高炉煤气燃烧后会产生剧毒的二恶英，近些年国内外已停止使用。

D 荷重软化和熔滴性能

烧结矿的荷重还原软熔性能影响高炉软熔带的位置和厚度，从而对高炉的透气性有重要影响。因此，高炉要求烧结矿的荷重还原软熔性能好，软化开始温度较高，软化终了温度较低，软化熔融区间窄。烧结矿成分中 $2FeO \cdot SiO_2$ 的熔化温度低为 1205℃，$2FeO \cdot SiO_2$-SiO_2 共熔混合物熔点仅为 1178℃，$2FeO \cdot SiO_2$-FeO 熔点为 1177℃，所以要减少烧结矿中的 FeO 含量。提高碱度有利于提高脉石熔点，这也就提高了矿石的软熔性。适当提高烧结矿中 MgO 含量也有利于改善其软熔和滴落性能。

E 粒度

烧结矿粒度直接影响高炉块状带炉料的透气性，烧结矿粉末多和粒度过小会影响高炉上部透气性，过大会影响其自身的还原性。烧结矿小于 5mm 比例增加，高炉透气性明显下降。因此粒度应适中，且应与块矿、球团粒度相当。合理的炉料粒度结构能保证高炉良好的透气性，气流分布均匀，炉况稳定。实践证明，烧结矿粒度在 10 ~25mm 占 70% 左右时，高炉生产指标最佳。烧结矿入炉前必须进行整粒，筛除小于 5mm 的粉末，粒度和含粉率合格的烧结矿方可进入高炉矿槽。一般粒度小于 5mm 的比例应不超过 5%，大于 40mm 的比例不应超过 15%。部分企业使用的烧结矿粒度组成数据见表 4-16。宝钢烧结矿的平均粒度为 20 ~23mm，粒度小于 5mm 的含量为 3% ~4%。

表 4-16 部分企业高炉烧结矿入炉粒度组成

厂名，炉号	粒度组成/%				
	>40mm	40 ~25mm	25 ~10mm	10 ~5mm	<5mm
鞍钢 10 号、11 号	0.98	6.72	57.93	32.19	2.63
宝钢梅钢	15.78	11.76	39.19	29.02	4.25
包 钢	6.90	11.42	35.27	40.62	5.80
首 钢	14.46	17.21	40.43	23.90	4.00

4.2.2.3 改善烧结矿质量的途径

通过以下途径能够改善烧结矿的质量指标。

A 精料烧结

精料烧结是改善烧结矿质量的根本，实现精料烧结的措施有：

（1）提高进口富矿粉的使用量，提高烧结矿品位。

（2）优化烧结原料结构，合理使用熔剂。配料前，对所采用的含铁原料的烧结特性及其与 CaO 的同化性、液相生成量及液相流动性、铁酸钙生成特性及黏结相强度等进行测定，然后通过专家配矿技术，将不同化学成分、烧结特性的含铁矿粉合理搭配使用。

（3）加强料场精矿粉的混匀、堆积，改善制粒，稳定混匀料的化学成分（TFe、SiO_2 含量等）和粒度组成。

（4）选择杂质少的燃料和熔剂。

B 优化烧结工艺和采用先进烧结技术

加强原料混匀，采用热风烧结、厚料层烧结、低温烧结工艺，加强布料、点火温度控制、机速、漏风管理，加强烧结过程监测和自动控制。采用偏析布料、燃料分加、小球烧结与球团烧结等技术措施，提高料层透气性和烧成率。改善烧结过程的均匀性和能量利用，提高烧结矿强度。采用低 SiO_2 烧结技术，生产低硅、高铁分烧结矿，可提高烧结矿的还原性，有利于降低高炉渣比，减少滴落带的液体量，改善高炉下部透气性，降低铁水含硅量。

通过配矿专家系统的运用，加强点火炉点火温度和点火面积管理，采取高碱度、适当低 SiO_2 烧结、600~750mm 厚料层烧结，控制合适的机速，加强对烧结机尾料层断面烧成效果的检测分析，宝钢烧结矿质量在使用 40% 褐铁矿的条件下，仍保持较高水平。近几年的主要指标见表 4-17。

表 4-17 宝钢烧结矿指标实绩

项 目	1999 年	2000 年	2001 年	2005 年	2006 年 1~11 月
TFe/%	58.85	59.09	59.15	58.39	58.44
FeO/%	7.32	7.35	7.53	7.91	8.21
SiO_2/%	4.51	4.47	4.43	4.63	4.69
Al_2O_3/%	1.53	1.50	1.48	1.68	1.65
MgO/%	1.74	1.58	1.60	1.81	1.82
碱度 R	1.80	1.80	1.81	1.84	1.85
TI/%	75.30	75.54	76.11	75.72	75.61
RDI/%	33.24	33.17	33.39	29.03	28.03
<5mm/%	4.4	4.5	4.4	3.74	3.85
平均粒度/mm	20.3	20.3	20.2	19.91	20.95
RI/%	67.8	68.3	72.4	70.14	70.92
TFe 波动（±0.5%）/%	98.79	98.83	99.63	99.43	99.11
R 波动（≤±0.05%）/%	96.17	98.19	97.66	99.39	98.71
FeO 波动（≤±1.00%）/%	92.17	88.44	89.24	86.97	83.06

注：2005 年和 2006 年碱度 R 波动为不大于 ±0.08% 的百分率。

4.2.2.4 烧结矿质量要求

宝钢及某些4000m³高炉烧结矿入炉要求见表4-18。

表4-18 宝钢及某些4000m³高炉烧结矿入炉质量要求

全铁量/%	CaO/SiO₂	SiO₂/%	Al₂O₃/%	FeO/%	TI/%	RDI/%	粒度 (5~50mm)/%	粒度 (<5mm)/%
57~60	1.7~2.0	4.1~5.2	≤2.0	5.0~8.5	≥83	≤36	≥85	≤5

根据不同容积高炉入炉烧结矿使用实绩和质量要求,《规范》规定烧结矿质量应符合表4-19的规定。

表4-19 烧结矿质量要求

炉容级别/m³	1000	2000	3000	4000	5000
铁分波动/%	≤±0.5	≤±0.5	≤±0.5	≤±0.5	≤±0.5
碱度波动/%	≤±0.08	≤±0.08	≤±0.08	≤±0.08	≤±0.08
铁分和碱度波动的达标率/%	≥80	≥85	≥90	≥95	≥98
含FeO/%	≤9.0	≤8.8	≤8.5	≤8.0	≤8.0
FeO波动/%	≤±1.0	≤±1.0	≤±1.0	≤±1.0	≤±1.0
转鼓指数(>6.3mm)/%	≥68	≥72	≥76	≥78	≥78

注:不包括特殊矿石。

4.2.3 提高球团矿的质量

球团矿的优点是含铁品位高,耐压强度和转鼓指数高,冶金性能好,是高炉"精料"的重要组成部分。我国铁矿石经细磨、精选,得到较高品位的细铁精矿粉,适合于生产球团矿。近年国内大型球团设备技术有突破,沙钢、武钢、首钢、鞍钢、柳钢等厂都建成年产200万吨以上的大型球团厂。生产球团矿的能耗较烧结矿低,2004年烧结平均工序能耗(标准煤)为66.38kg/t,球团工序能耗(标准煤)为32~50kg/t,有利于炼铁系统节能。这些厂的高炉球团矿的使用比例有很大提高,高炉炉料结构更趋合理,原料条件有很大改善。氧化球团技术的快速进步、球团矿质量的提高,对推动我国高炉精料的发展具有重要意义。

4.2.3.1 球团矿的特点

球团矿与烧结矿比较,具有以下特点:

(1) 可以用品位很高的细磨铁精矿生产,其酸性球团矿品位可达到68.0%,SiO₂含量仅1.15%。

(2) 矿物主要为赤铁矿,FeO含量很低(1%以下)。主要依靠铁晶桥固结,硅酸盐渣相量少,只有碱度高的石灰熔剂球团才有较多的铁酸盐。

(3) 冷强度好,ISO转鼓指数(>6.3mm)可高达95%,单球抗压强度大于2500N。粒度均匀,8~16mm粒级可达90%以上。

(4) 自然堆角小,仅24°~27°,而烧结矿自然堆角为31°~35°,故布料效果好。

(5) 还原性能好,低温还原粉化低,粒度均匀,能改善高炉块状带料柱的透气性。但酸性球团矿的还原软熔温度一般较低，软化温度区间宽，熔滴时易造成压差升高。个别品种的球团矿在还原时出现异常膨胀或还原迟滞现象。

（6）世界上生产的球团矿有酸性球团矿、白云石熔剂球团和自熔性球团三种，但目前高炉生产普遍使用的是酸性氧化球团矿。酸性氧化球团的碱度一般在 0.03 ~ 0.3。

4.2.3.2 球团矿质量指标对高炉冶炼的影响

现代高炉要求球团矿含铁品位高，化学成分稳定，粒度均匀，冶金性能好。就化学成分而言，要求含铁品位高，脉石（$SiO_2 + Al_2O_3$）含量低，S、P、K、Na 等有害杂质少；冶金性能指标主要有还原性 RI、转鼓指数、耐压强度、膨胀指数、热爆裂指数、荷重还原软化性能指标以及滴落性能指标等，这些质量指标对高炉冶炼有很大影响。

A 还原性 RI

球团矿的矿物主要为赤铁矿，FeO 含量很低（1%），且其微孔多，因此球团矿的还原性比烧结矿好。高炉提高球团矿的使用比例，可明显改善炉料的还原性，加之其品位高，可大幅度降低燃料比，提高生产效率。

B 转鼓强度和耐压强度

球团矿的转鼓强度和耐压强度是反映其在输送、装料过程中是否容易碎裂的冷态强度指标。耐压强度高，则球团矿不易破碎粉化，对高炉透气性影响小。球团矿的强度与球团粉的矿物结构、粒度组成、黏结剂种类及其配比、焙烧工艺等密切相关。使用磁铁矿粉、细矿粉的小于 0.074mm（200 目）比例大于 85% 和采用带式焙烧机、链算机—回转窑工艺生产的球团，其抗压强度要高一些。2004 年我国部分企业球团矿的质量指标见表 4-20。

表 4-20 国内主要球团厂球团矿的质量指标

指 标	鞍钢矿业	首钢矿业	包钢	本钢	马钢	涟源
TFe/%	64.33	65.06 ~ 65.22	61.17 ~ 62.45	61.99	62.23	63.73
成品球团耐压强度/N·个⁻¹	2545	2096 ~ 2218			2678 ~ 2700	2275
转鼓指数/%	93.14		86.55 ~ 87.42	92.18	92.28 ~ 92.33	90.65
指 标	昆钢	马钢一铁	济钢	宣钢二铁	重 钢	沙 钢[①]
TFe/%	62.67	62.49	64.08	63.35	62.44	63.65
成品球团耐压强度/N·个⁻¹	1990	3029	3143	2328.6	2975	2660
转鼓指数/%	93.08	92.09	92.02	86.69	91.2	96.72

①2008 年数据。

C 还原膨胀率

氧化性球团矿在还原过程中发生体积膨胀、结构疏松，产生裂纹，使其强度急剧下降，引起粉化。球团矿在高炉内还原过程中产生体积膨胀和粉化，对高炉顺行有不利影响，易造成炉料下降不畅，高炉透气性下降，煤气流上升受阻。因此，球团矿的膨胀性指标影响球团矿的使用比例。日本要求球团矿的还原膨胀率小于 20%，还原后的单球抗压强度大于 250N。球团矿的还原膨胀主要是由于在 Fe_2O_3 还原为 Fe_3O_4、再还原成 Fe_xO 的过程中，引起晶格膨胀、新晶须形成和还原中产生的低熔点液相，不能阻止铁晶须发展等原因造成的。控制球团矿的还原膨胀，关键是要对原料进行合理配合，要控制 K_2O、Na_2O、Zn 等杂质的含量，可适量添加轻烧氧化镁粉、白云石粉，提高焙烧温度等。我国普通酸性球团的膨胀率一般在15%以下，见表4-21。

表4-21 国内外部分球团矿膨胀率

企 业	巴西 CVRD	瑞典 LKAB	巴西 SAMARCO	里奥·廷托	鞍 钢	南 钢
球团矿膨胀率/%	13.00	13.00	12.00	15	14.90	13.78

D 荷重还原软化和熔滴性能

球团矿的还原软熔性能与烧结矿一样，影响炉料在高炉内的软化、熔融和滴落特性，对高炉软熔带的形成温度、位置、形状、厚度和软熔带的透气性、初渣流动性等都有显著影响。通常要求球团矿的软化温度区间窄，熔滴温度适当。国内外球团矿的成分和冶金性能见表4-22和表4-23。可见，国产球团在品位、强度、还原粉化等方面与国外球团相比有一定的差距。国内外的研究和生产实践表明，适量的MgO可明显改善球团矿的还原粉化、膨胀和冶金性能。国内大多数厂家采取提高MgO含量等措施来改善成品球的软熔性能。

表4-22 进口球团矿性能指标

矿种	TFe/%	900℃ 还原度/%	500℃低温还原粉化率/%			还原膨胀率 /%	抗压强度 /N·个⁻¹	荷重还原软化温度/℃		熔滴温度 /℃
			>6.3mm	>3.15mm	<0.5mm			软化开始	软化终了	
巴西矿	66.21	75.8	90.0	92.0	7.2	9.2	3939	889	1196	1371
印度矿	66.80	72.2	90.0	93.1	4.5	17.9	2387	1012	1397	1502
加拿大矿	65.17	72.5	96.2	96.6	3.3	16.6	2891	948	1190	1462
秘鲁矿	65.11	62.2	75.2	90.6	5.7	17.1	2275	875	1188	1426

表4-23 国内企业生产的球团矿性能指标

企 业	TFe/%	900℃ 还原度/%	低温还原粉化率 (>3.15mm)/%	抗压强度 /N·个⁻¹	膨胀指数 /%	荷重还原软化温度/℃		熔滴温度 /℃
						软化开始	软化终了	
鞍 钢	61.51	76.2	90.1	2047	11.3	855	1172	1484
包 钢	62.90	69.1		2381	13.3	1086	1136	
太 钢	62.58	79.5	50.9	2018		937	1185	1440
济 钢	64.40	77.0	82.75	2013	19.3	1120	1230	
武钢程潮	63.55	70.5	16.2	2300~2400	20.8	1160	1308	1491
武钢大冶	62.96	79.6	23.3	2000~2100	19.6	1155	1294	1488

E 粒度

球团矿粒度指标与强度密切相关。球团矿的粒度较之其他炉料稍小，球团矿的粒度与其他炉料的粒度差过大会影响到炉内的透气性，因此合理的球团矿粒度范围应在8~16mm，其比例应达到88%~90%。部分国家球团矿粒度范围见表4-24。

表4-24 国内外入炉球团矿的粒度范围

国 家	中国（宝钢）	日 本	俄罗斯	德 国	美 国
粒度范围/mm	8~16	9~15	10~15	6~15	6~15

4.2.3.3 改善球团矿质量的途径

提高球团矿质量的技术措施有：

（1）提高铁精矿和熔剂的质量。对铁精矿和熔剂的质量要求是：选用高品位的磁铁矿粉，含铁品位大于65%，含 SiO_2 不大于4%，成分稳定，含水量小于10%；矿粉粒度要细，粒度小于0.074mm 的在90%以上，粒度小于0.043mm 的在60%以上，极细颗粒（小于 $10\mu m$）最好在15%左右，比表面积在 $1800cm^2/g$ 以上；矿粉成球性好，生球爆裂温度高，可低温焙烧，焙烧温度区间宽；熔剂和添加剂（消石灰、石灰石、白云石、蛇纹石粉等无机黏结剂和有机黏结剂、皂土等）的粒度细，含水分低，有利于运输、贮存和配料。

（2）合理使用黏结剂。为提高生球强度，常添加膨润土等黏结剂，但大量使用膨润土会降低球团的品位。使用有机黏结剂代替部分膨润土，不仅可提高球团品位，还可改善还原性。我国生产球团矿的精矿粉大部分粒度较粗，焙烧设备多采用竖炉和链算机—回转窑，对生球和干球的强度要求较高，再加上膨润土质量较差，所以膨润土用量较多。每减少1%膨润土可提高球团品位0.55%。但有机黏结剂价格较贵，只能配加部分有机黏结剂。

（3）优化球团配料。为改善酸性球团矿的强度和低温还原粉化率，可以往球团料中加入1%的湿式细磨石灰石，转鼓指数可提高0.5% ~0.6%，单球抗压强度可提高500~600N。

（4）使用内配碳球团。在球团矿混合料中加入少量的含碳添加剂，如焦粉、煤粉等，在干球预热和焙烧过程中，所含的碳将赤铁精矿粉中的 Fe_2O_3 还原成磁铁矿，并且部分氧化放热，可以减少焙烧燃料用量，改善球团的还原性，并且均匀球团矿的质量。但配碳量过多会降低球团抗压强度。一般赤铁精矿球团中配碳量不宜超过1.2%，磁铁精矿球团中配碳量不宜超过0.8%。

（5）提高造球质量，强化焙烧过程的温度场控制。要针对不同矿物性质选择合适的熔剂和黏结剂，控制熔剂与黏结剂的配比。水分选择最佳值，应在造球前，将精矿粉中的水分控制在略低于最佳水分（约1%），然后，在造球过程中喷雾加水达到最佳值。要处理好带式机两边下部球团焙烧不充分和链算机—回转窑的窑身不同区域温度合理控制问题，加强焙烧过程的加热制度管理和焙烧质量监测。生产实践表明，大型链算机—回转窑生产的球团矿质量比竖炉好。

（6）使用含MgO酸性球团矿。增加球团矿中MgO的含量，可适当降低烧结矿中MgO含量，能提高烧结矿的强度和减少粒度5~10mm 部分的比例。

在普通酸性球团矿中加入适量MgO，既能满足高炉炉料结构不变条件下的造渣成分要求，又能改善球团矿的冶金性能。实验表明，当添加轻烧氧化镁时，随MgO含量提高（ MgO/SiO_2 为0.09~0.34），球团矿的成球性能、生球质量均有改善。球团矿MgO含量在2.2% ~3.0%范围内，随MgO含量的增加，球团矿还原性提高，低温还原粉化率和膨胀率均有较明显下降，软化温度和熔融滴落温度提高，冶金性能显著改善，但抗压强度下降[3]。

表4-25和表4-26为鞍钢在实验室条件下，在普通酸性球团矿中配加菱镁石粉，对不同 MgO/SiO_2 酸性球团矿的生球质量和冶金性能的测试结果[4,5]。随着MgO含量的增加，球团矿低温还原粉化率有所改善，还原膨胀率明显降低，球团矿的软融开始温度提高、软

化区间变窄。随 MgO 含量的增加，球团矿抗压强度下降，但 MgO/SiO$_2$ 为 0.54 时，成品球团矿抗压强度仍能达到 2000N/个以上。球团矿 MgO/SiO$_2$ 在 0.45 ~ 0.55（MgO 含量 2.5% ~ 3.5%）范围比较适宜。计算结果表明，在保证炉渣 MgO 含量不变的条件下，球团矿 MgO 含量为 3.4%，与之搭配的烧结矿 MgO 含量为自然 MgO 含量，对炉料入炉品位没有影响[6]。

表 4-25　含 MgO 球团矿化学成分

化学成分	TFe/%	FeO/%	SiO$_2$/%	CaO/%	MgO/%	CaO/SiO$_2$
普通球团	64.8	0.9	7.42	0.25	0.37	0.05
MgO 球团 1	62.47	0.63	6.78	0.3	3.08	0.45
MgO 球团 2	61.7	1.62	6.76	0.41	4.18	0.62

表 4-26　含 MgO 球团矿冶金性能

冶金性能	抗压强度 /N·个$^{-1}$	RDI (>3.15mm)/%	RI (900℃)/%	还原膨胀率/%	软化开始温度/℃	软化终了温度/℃	滴落开始温度/℃	软化温度区间/℃	熔化温度区间/℃
普通球团	3404	83.04	71.08	16.8	1149	1219	1356	85	291
MgO 球团 1	2782	83.96	71.22	6.14	1204	1285	1532	105	471
MgO 球团 2	2553	87.0	74.98	8.76	1213	1308	1545	123	482

首钢矿业公司 2002 年 6 月和 8 月进行了两次熔剂性球团矿工业生产试验，在使用首钢磁铁精矿粉的条件下，用链箅机—回转窑—环冷机工艺生产出了质量合格的熔剂性球团矿。同酸性球团矿相比，熔剂性球团矿 RDI$_{+3.15}$ 高、还原度指数好、还原膨胀率低，开始软化温度高 100℃ 以上、软化温度区间窄，开始滴落温度高、滴落温度区间窄。生产的熔剂性球团矿在首钢 3 号高炉上进行了试验，取得了良好结果。

球团矿入炉前应筛分，特别是堆场存放时间较长和雨天时，要筛分去除粉末后，才能进入矿槽入炉。

4.2.3.4　球团矿的质量要求

宝钢及某些 4000m^3 级高炉对球团矿入炉质量的要求见表 4-27。根据各厂使用国产和进口球团的高炉操作实际情况，《规范》对不同炉容高炉入炉球团的质量要求见表 4-28。

表 4-27　宝钢及某些 4000m^3 高炉入炉球团矿的质量要求

项目	TFe /%	粒度组成/%		TI(<1mm) /%	常温耐压强度 /N·个$^{-1}$	还原后耐压强度 /N·个$^{-1}$	还原率 /%	膨胀指数 /%
		9~16mm	<5mm					
质量标准	≥64	≥85	≤5	≤4	≥2000	≥460 (酸性≥240)	≥54	≤15

表 4-28　球团矿质量要求

炉容级别/m^3	1000	2000	3000	4000	5000
TFe/%	≥63	≥63	≥64	≥64	≥64
FeO/%	≤2.0	≤2.0	≤1.5	≤1.0	≤1.0
S/%	≤0.1	≤0.1	≤0.1	≤0.05	≤0.05
K$_2$O + Na$_2$O/%	≤0.1	≤0.1	≤0.1	≤0.1	≤0.1

炉容级别/m³		1000	2000	3000	4000	5000
转鼓指数(>6.3mm)/%		≥86	≥89	≥90	≥92	≥92
耐磨指数(<0.5mm)/%		≤5	≤5	≤4	≤4	≤4
常温耐压强度/N·个⁻¹		≥2000	≥2000	≥2000	≥2500	≥2500
低温还原粉化率(>3.15mm)/%		≥65	≥80	≥85	≥89	≥89
还原膨胀率/%		≤15	≤15	≤15	≤15	≤15
铁分波动/%		≤ ±0.5	≤ ±0.5	≤ ±0.5	≤ ±0.5	≤ ±0.5
粒度组成/%	10 ~ 16mm	≥85	≥85	≥90	≥92	≥95
	<5mm	≤6	≤6	≤5	≤5	≤5

4.2.4 天然块矿

天然块矿按矿物类型可分为：赤铁矿、磁铁矿、褐铁矿、黄褐铁矿、菱铁矿、黑铁矿和磷铁矿等。根据高炉冶炼要求，按矿石中造渣组分的 4 元碱度又可划分为：碱性矿石（碱度大于 1.2）、自熔性矿石（碱度 0.8 ~ 1.2）、半自熔矿石（碱度 0.5 ~ 0.8）和酸性矿石（碱度小于 0.5）。赤铁矿易破碎、较软、易还原，可直接装入高炉。由于天然块矿直接入炉冶炼，因此要求品位高，杂质少，冶金性能好。对于贫矿，需要经过破碎、选矿和造块后才可进入高炉冶炼。对于有害杂质 S、P、Pb、As、K、Na、Zn、F 等含量较高的矿石，要经过选矿和预处理，去除大部分有害元素后再使用，并充分回收利用其伴生的有益元素 Ni、Cr、Mn、V、Ti、稀土等。

我国国内富矿资源缺乏，95% 以上是贫矿，所以我国使用的天然块矿主要是进口矿，如巴西矿、澳大利亚矿、印度矿、南非矿等。国内的海南岛矿因品位低、含 SiO_2 高，可作为辅助原料用。

4.2.4.1 块矿的质量要求

高炉对天然块矿的质量要求如下：

（1）品位。一般入炉块矿的 TFe 应大于 62%，且成分基本稳定，波动小。一般 1000m³ 级高炉渣中 Al_2O_3 的含量要求控制在 16% ~ 18% 以下为宜；大型高炉要求控制在 15% 以下，并需提高渣中 MgO 的含量，以保证炉渣有良好的流动性。入炉块矿中的 Al_2O_3 的含量尽量低些，根据渣中 Al_2O_3 的含量要求和块矿中的 Al_2O_3 的含量，控制块矿使用比例。块矿中的有害杂质含量应低，要求冶炼每吨生铁由原燃料带入的总硫量小于 4.0kg，总磷量小于 1.2kg。

（2）强度与粒度。天然矿石由于生成条件、矿物结构不同，其强度差异较大。块矿要求具有一定的机械强度，耐磨、耐压、耐冲击碰撞，其 ISO 转鼓指数（ >6.3mm）应超过 80%，抗磨指数（ <0.5mm）应低于 10%。入炉块矿的粒度宜小而均匀，一般要求与烧结矿和球团相当，在 5 ~ 35mm 范围内。大中型高炉要求块矿的粒度在 8 ~ 25mm，小高炉要求在 5 ~ 20mm。一般进口块矿含粉率（小于 5mm）在 10% ~ 20%，而大块矿（大于 35mm）在 15%，见表 4-29，所以块矿都必须严格整粒后方可入炉。大于 35mm 的块矿要进行破碎。料场块矿入炉前应筛分，其小于 5mm 碎粉的比例应小于 5%。对于致密、强度

好、难还原的块矿,可降低粒度的上限,以提高冶炼效果。济钢采用粒度 20～35mm 的块矿代替 35～50mm 的块矿,使高炉焦比降低 51kg/t。

巴西块矿的粒度组成见表 4-29。

表 4-29 巴西里奥·廷托块矿的粒度组成

粒度/mm	100	50	30	25	15	10	8	5	<5	平均
粒度组成/%	0.2	2.6	15.4	9.1	21.8	17.9	6.5	8.4	18.1	18.4

(3) 还原性。天然块矿的还原性相差较大。一般组织结构疏松,气孔率较高,铁氧化物主要以 Fe_2O_3 状态存在的赤铁矿、褐铁矿还原性好;菱铁矿在炉内受热分解,放出 CO_2,结构变得疏松,还原性也较好;而致密的磁铁矿以及 $2FeO \cdot SiO_2$ 含量高的块矿还原性能差。脉石的性质和存在状态也影响矿石的还原性。天然块矿的还原度大于 55% 才可直接装入高炉。几种块矿的还原性能见表 4-30。

表 4-30 不同国家和地区块矿的还原性能

矿 种	秘鲁矿	巴西 CVRD 矿	澳大利亚块矿	南非块矿	海南块矿
还原度 RI/%	69.8	62.90	55.98	62.98	57.22

(4) 热爆裂性能。由于一些天然矿中含有结晶水和碳酸盐矿物,在高炉上部受煤气加热,逸出水蒸气和 CO_2 气体而使矿石爆裂,影响高炉上部的透气性。因此,要求块矿的结晶水或碳酸盐矿物的含量少,抗热爆裂性能高,热爆裂指数应小于 5%。鞍钢在还原气氛(CO 30%,N_2 70%)条件下测定的一些块矿的热爆裂性与低温还原粉化率指标分别列于表 4-31 和表 4-32[1] 中。炉容越大,块矿的热爆裂指数和低温还原粉化率应越小。

表 4-31 几种块矿的热爆裂性（700℃,30min）

矿 种	热爆裂性/%			
	>5mm	5～3mm	3～1mm	<1mm
澳大利亚杨迪矿	84.2	2.8	1.0	12.0
巴西矿	96.4	1.5	0.8	1.3
印度矿	69.3	13.1	42.0	13.4
鞍钢弓长岭矿	99.5	0.1	0.1	0.3
海南矿	99.5	0.1	0.2	0.3

表 4-32 几种块矿的低温还原粉化率（550℃）

矿 种	低温还原粉化率/%			矿 种	低温还原粉化率/%		
	<1mm	<3mm	<5mm		<1mm	<3mm	<5mm
澳大利亚杨迪矿	50.0	50.3	50.7	鞍钢弓长岭矿	4.5	4.7	5.0
巴西矿	10.3	11.3	12.9	海南矿	16.5	16.5	18.4
印度矿	30.3	38.9	44.4				

(5) 高温冶金性能。软化温度高于 1050℃、熔滴温度高于 1450℃、软化温度区间低于 200℃,熔滴温度区间低于 100℃的矿石,属于冶金性能好的矿石。部分进口矿石的冶

金性能见表 4-33[1]。炉容越大，块矿的冶金性能要求越高。

表 4-33 部分进口矿石的冶金性能

矿 种	品位/%	900℃还原度/%	软化开始/℃	软化终了/℃	软化区间/℃	熔滴温度/℃	熔融区间/℃
澳纽矿	65.09	73.0	1017	1318	301	1512	194
澳哈矿	66.17	56.0	959	1187	228	1455	268
南非矿	65.62	62.7	1115	1220	105	1425	205
印卡矿	66.21	73.0	1196	1398	202	1447	180

4.2.4.2 精块矿的质量要求

宝钢 4000m³ 高炉对入炉精块矿的质量要求见表 4-34。根据近年各厂家高炉使用块矿的实绩，《规范》对块矿质量要求，列于表 4-35。

表 4-34 宝钢高炉用精块矿的入炉质量要求

项 目	全铁量/%	粒度范围/mm	粒度组成/%		热爆裂指数/%
			6~30mm	<5mm	
质量标准	>64	6.0~30.0	≥85	≤4	<1~7

表 4-35 入炉天然块矿质量要求

炉容/m³	1000	2000	3000	4000	5000
TFe/%	≥62	≥62	≥64	≥64	≥64
P/%	≤0.07	≤0.07	≤0.07	≤0.06	≤0.06
S/%	≤0.06	≤0.06	≤0.06	≤0.05	≤0.05
铁分波动/%	≤±0.5	≤±0.5	≤±0.5	≤±0.5	≤±0.5
水分/%	<3	<3	<3	<2	<2
热爆裂指数/%	<5	<3	≤1	<1	<1
还原性/%	>50	>50	>55	>55	>55
粒度范围/mm	8~25,≥80% <5,≤6%	8~25,≥80% <5,≤6%	8~25,≥80% <5,≤6%	8~25,≥85% <5,≤4%	8~25,≥85% <5,≤4%

4.2.5 提高喷煤量对原料质量的要求

随着高炉喷煤技术的发展，高炉喷煤量普遍提高，一些高炉喷煤比已达到 150~180kg/t，先进水平高炉焦比已降低到 300kg/t 左右，对高炉透气性的要求进一步提高。喷煤实践表明，使用高温性能良好的焦炭，煤比可大幅度提升。宝钢喷煤技术一直处于世界领先水平，其关键因素之一，在于使用性能优良的焦炭。不仅如此，使用品位高、性能良好的原料，包括烧结、球团以及熔剂，并努力改善烧结矿、球团矿质量，优化炉料结构。使用精料是保证高炉大喷煤、稳定运行、焦比和燃料比低的物质基础。

高炉高喷煤比操作时，炉内冶炼过程与低喷煤比操作时相比有了巨大的变化。高喷煤比时高炉炉况的特点为炉身上部升温较快，软熔带厚度因矿焦比的升高而增加，焦炭在炉内停留的时间延长，循环区内气化反应量增加，导致焦炭高温性能降低，严重劣化，透气性下降，顺行不稳定，炉缸容易堆积。因此，为适应提高喷煤比操作的炉况要求，应加强原料准备和生产技术的改进。

高炉喷煤操作特别是在 180kg/t 以上高喷煤比操作的条件下，高炉改善块状带和软熔带透气性，降低渣量以提高下部透气性、透液性，增强接受煤粉的能力，成为生产操作的客观要求。要求炉料具有更好的还原性、高的品位、强度和冶金性能。

降低渣量可以显著改善高炉软熔带、滴落带的透气性，是提高喷煤比的重要措施。国外喷煤 200kg/t 的高炉，其渣量一般控制在 280kg/t 以下，甚至更低（利用系数约 2.0t/(m³·d)）。根据高炉软熔带、滴落带透气性试验，当煤比从 120kg/t 提高到 150kg/t 时，软熔带、滴落带的气流压差相应提高 20% 左右。渣量由 320kg/t 降低到 305kg/t，高炉透气性阻力系数 K 值可以相应降低 2.6% 左右（关于透气阻力系数 K 值的计算方法见第 5 章式 (5-21)）。高炉入炉渣量与烧结矿、球团矿、天然块矿的含铁品位和炉料配比有关，随煤比提高，应通过提高铁矿石含铁品位和调整炉料结构来不断降低渣量。宝钢高炉高喷煤比的长期生产经验表明，煤比为 180kg/t 时的渣量应控制在 290kg/t 以下，煤比为 200kg/t 以上时渣量应控制在 280kg/t 以下。

煤比提高后，可通过低硅、高铁分烧结等措施将烧结矿的 TFe 维持在 58% 以上。提高烧结矿的转鼓指数 TI 值和降低低温还原粉化率 RDI，可以明显改善高炉块状带的透气性。根据高炉块状带透气性试验，当煤比从 120kg/t 提高到 180kg/t 时，块状带的气流压差相应提高 20% 左右。生产实践分析表明，烧结矿转鼓指数 TI 值提高 1% 可使高炉透气性阻力系数 K 值降低 2.73% 左右。因此，随煤比提高应适当提高烧结矿的转鼓强度。当煤比 180kg/t 以上时，烧结矿转鼓指数 TI 应控制在 74% 以上。根据高炉生产实践，当煤比为 150~200kg/t 时，烧结矿的 RDI 控制在 35% 左右，还原性 RI 控制在 65%~68%，可以满足高炉透气性的要求。降低烧结矿中小于 5mm 粒度的比例可以大幅度地改善高炉块状带的透气性，因此在提高烧结矿强度的同时，要强化入炉烧结矿筛网管理，粉末入炉量控制在 5% 以下。

在喷煤条件下，为改善高炉透气性和降低渣量，可增加球团矿比例。各种球团矿的常温抗压强度（一般应大于 2000N/个）都可以满足高炉冶炼的要求。球团矿膨胀指数是保证高炉正常操作的基本参数，超过某一数值就将给高炉操作带来较大影响，煤比提高后球团矿膨胀指数应小于 16%。

随着煤比的提高，企业可根据获得的资源情况适当增加进口块矿比例，但会增加生产成本。天然块矿的入炉 TFe 应在 62% 以上。块矿热爆裂指数是重要的控制指标，一般应小于 1%~1.5%。

4.3 提高燃料的质量

高炉冶炼的燃料主要有焦炭、喷吹用粉煤和小块焦（焦丁）。焦炭在高炉冶炼过程中起发热剂、还原剂、渗碳剂和块状带、软熔带骨架的作用，以及滴落带（即死料柱）焦床的作用。随着高炉冶炼技术的进步，喷煤量不断提高，焦炭的发热剂、还原剂功能逐渐被粉煤所代替，但对焦炭的骨架作用提出了更高的要求，焦炭质量成为喷煤量提升的限制性因素。

随着高炉的大型化、高利用系数或高冶炼强度操作、高煤比、低焦比和低成本生产的发展，高炉对焦炭质量的要求越来越高。喷吹煤粉的质量影响喷煤系统制粉和输送的能力及喷煤过程的稳定性，对煤粉在炉内燃烧利用、高炉喷煤操作的顺行稳定、喷煤量水平、煤焦置换效果都有重要影响。因此，保持良好的焦炭与煤粉的质量，对高炉高效、低成本冶炼有重要的意义。

4.3.1　焦炭质量对高炉生产的影响

焦炭质量对高炉生产顺行稳定、技术经济指标和高炉炉缸寿命至关重要。对于 2000m³ 以上大型高炉的影响更大。

焦炭在高炉冶炼中，除了提供大部分反应热量和还原剂以外，最重要的作用是担当块状带、软熔带料柱及高炉下部焦床的骨架。从这个角度上，焦炭质量不仅影响高炉透气性和顺行稳定，而且对高炉下部透液性、炉缸工作都有重要影响。焦炭在高炉块状带受炉料挤压、磨损，存在机械破坏。在软熔带和下部高温区，受到煤气中 CO_2 溶损反应、碱金属蒸气的侵蚀以及初渣中 FeO 等熔融氧化物的侵蚀作用，失碳率增加，气孔增多变大，孔壁变薄，引起结构破坏，强度下降，粒度减小。焦炭在风口循环区受高温和回旋运动的磨损，存在热机械粉化。在滴落带和炉缸死料堆内的渗碳反应，更使焦炭粒度缩小，粉末增加。因此，当焦炭在高炉中下部和炉缸死料堆内有大量焦粉积聚时，会导致高炉透气性恶化，顺行变差，煤气流分布不均匀，使利用系数下降，焦比、燃料比升高，同时因炉缸不活跃，易造成炉缸中心堆积，下部透气透液性差，炉缸铁水环流加强，风口破损，出渣、出铁不畅，甚至炉底温度下降、加强对侧壁的侵蚀。增大喷煤量使焦炭在炉内的滞留时间延长，加剧其粉化。总之，焦炭质量与高炉透气性、利用系数、焦比和燃料比有密切关系。

表 4-36 为宝钢 1 号高炉 2008 年 5 月 6 日从不同部位取出焦炭试样的粒度分析结果。由此可见，焦炭到达炉腹区粒度下降最为显著，从 48.9mm（平均粒度）下降到 25.8mm，说明焦炭经过软熔带发生溶损反应和液态渣铁的侵蚀是强度、粒度降解的主要原因。

表 4-36　焦炭在高炉内的粒度变化

取样位置	粒度组成/%					平均粒度/mm
	>40mm	40~20mm	20~10mm	10~5mm	<5mm	
入炉焦炭	85.7	14.15	12	0	0	48.9
冷却板 40-11 段（炉身中上部）	64.7	33.2	0.5	0.1	1.5	42.4
冷却板 38-3 段（炉身中部）	74.0	25.1	0.3	0.2	0.4	44.6
冷却板 32-3 段（炉腰上部）	82.0	15.4	1.0	0.3	1.3	45.8
冷却板 31-3 段（炉腰上部）	65.5	29.1	2.8	0.3	2.3	42.0
冷却板 24-34 段（炉腰下部）	54.7	36.3	1.8	1.6	5.6	38.8
冷却板 20-2 段（炉腹上部）	21.8	41.6	10.4	4.4	21.8	25.8
风口焦炭	17.9	50.6	21.5	4.8	5.2	27.8

焦炭质量的评价指标除化学成分、粒度外，更重要的是其常规力学性能（转鼓强度、耐磨指数等）和高温冶金性能，如反应性 *CRI* 和反应后强度 *CSR*。近年来，随着喷煤量的提高，国内高炉工作者已充分认识到焦炭热性能指标的重要性，也开展了研究、检测和用于指导高炉生产。

4.3.1.1 焦炭质量对高炉生产指标的影响

焦炭质量对高炉冶炼和生产指标的影响如下：

（1）灰分。焦炭增加灰分就会减少碳含量，降低发热值，增加造渣用熔剂量和渣量，增加热量损失，焦比和燃料比上升。生产实际表明[7]，焦炭灰分每增加1%，将使高炉焦比上升1%~2%，产量减少2%~3%，见表4-37。

表4-37 焦炭灰分对高炉生产的影响

焦炭灰分含量范围/%	焦炭灰分含量降低1%时		
	利用系数增加/%	焦比降低/kg·t⁻¹	焦比降低/%
12.17~13.71	1.82	16.70	3.14
12.17~13.00	1.78	14.71	2.76
13.00~13.71	2.31	18.90	3.57

（2）硫和碱金属含量。焦炭中硫高会增加高炉入炉硫负荷，增加熔剂消耗。实践表明，焦炭中每增加0.1%的硫，焦比增加1%~3%，产量减少2%~5%，见表4-38[7]。碱金属对焦炭气化和劣化反应有强烈催化作用，所以焦炭中碱金属的含量也要低。

表4-38 焦炭硫含量对高炉生产的影响

焦炭硫含量范围/%	焦炭硫含量降低1%时		
	利用系数增加/%	焦比降低/kg·t⁻¹	焦比降低/%
0.57~0.84	3.04	11.16	2.07
0.57~0.70	2.37	14.88	2.78
0.70~0.84	3.07	10.19	1.86

（3）水分。焦炭水分波动会引起称量不准，影响炉况稳定。水分过高时，大量焦粉附在焦块表面上，影响筛分和高炉透气性。水分每增加1%将增加高炉焦炭用量1.1%~1.3%。焦炭含水量超过4%，则炉尘量明显上升，高炉顺行变差。

（4）粒度。焦炭粒度均匀对高炉的透气性、炉腹煤气量指数和利用系数有重大影响。中型高炉入炉焦的平均粒度一般为25~60mm，对于大型高炉应为40~80mm，而大于80mm的焦炭稳定性较差。大块焦炭在焦炭层的透气性好，相应地软熔带的透气性也良好，焦炭到达炉缸时粒度也不至过小，过小会引起炉缸堆积。但块度稳定性取决于其强度，焦炭粒度的选择应以焦炭强度为基础。入炉焦炭强度高，平均粒度可适当小些；焦炭强度相对低，焦炭平均粒度应适当增大些。

图4-6所示为克虏伯曼纳斯曼入炉焦炭平均粒度对高炉下部透气性的影响[2]。

芬兰罗得罗基1300m³高炉1966~1998年期间，入炉球团矿品位66.5%，焦炭粒度与利用系数的关系表示在图4-7中[8]。当焦炭粒度40~80mm的比例增加时，高炉利用

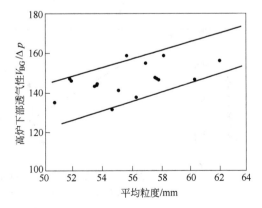

图4-6 入炉焦平均粒度对高炉下部透气性的影响

系数明显提高；当焦炭中大于80mm的粒度增加时，利用系数下降。

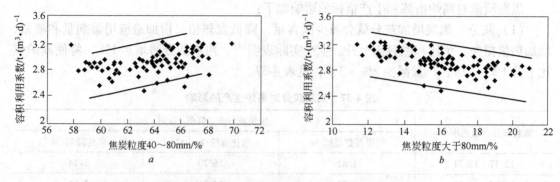

图4-7 焦炭粒度组成对高炉利用系数的影响

（5）焦炭强度。焦炭强度是最重要的质量指标，冷强度用 M_{40}（欧洲用 I_{40}）、M_{10}（欧洲用 I_{10}）和 DI_{15}^{150}（日本标准）评价，热强度用反应性指数 CRI 和反应后强度 CSR 评价。日本、欧洲和国内高炉的生产实践表明，提高焦炭冷态和热态强度可显著改善高炉透气性、降低高炉透气阻力系数 K、增加炉腹煤气量 V_{BG}、增加产量、降低焦比和燃料比。关于计算高炉透气阻力系数 K 的公式见本书第5章；关于计算炉腹煤气量 V_{BG} 的实用公式见本书第5章，理论计算式见本书第7章。

武钢高炉焦炭 M_{40} 增加1%，利用系数增加 $0.04t/(m^3 \cdot d)$，焦比降低 $5.6kg/t$；焦炭 M_{10} 下降 0.2%，焦比下降 $7kg/t$。鞍钢高炉焦炭 M_{40} 和 CSR 对燃料比和利用系数的影响见图4-8。鞍钢焦炭 M_{40} 从77%提高到81%，利用系数提高约 $0.3t/(m^3 \cdot d)$，

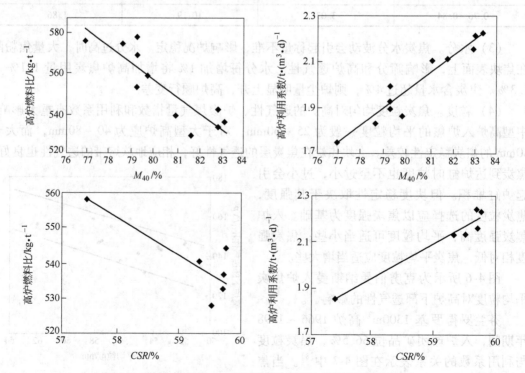

图4-8 鞍钢高炉 M_{40}、CSR 对高炉燃料比和利用系数的影响

燃料比下降近 40kg/t；焦炭 CSR 从 57% 提高到 60%，利用系数提高约 0.3t/(m^3·d)，燃料比下降约 30kg/t[9]。酒钢高炉焦炭 M_{40} 每变化 ±1%，产量变化 ±(1.22%~1.43%)，燃料比变化 ∓(0.57%~0.61%)；焦炭 CSR 每变化 ±1%，高炉产量变化 ±(0.52%~0.58%)，燃料比变化 ∓0.32%。

图 4-9 所示为日本君津 3 号高炉焦炭强度与透气阻力系数 K 的关系。

图 4-10 所示为德国施维尔根高炉焦炭 I_{40}、CSR 与燃料比的关系[10]。

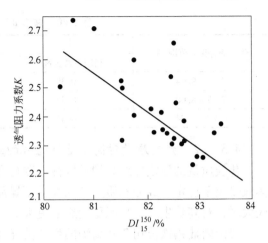

图 4-9　日本高炉焦炭强度与透气阻力系数 K 的关系

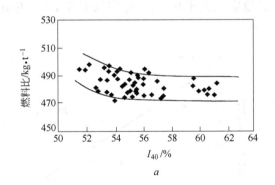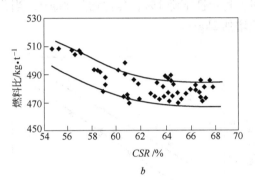

a 　　　　　　　　　　　b

图 4-10　德国施维尔根高炉燃料比与焦炭 I_{40}、CSR 的关系（1995~1999 年）

a—2 号高炉；b—1 号高炉

国内一般用焦炭的冷态强度即 M_{40} 和 M_{10} 指标来评价焦炭的强度。实践表明，M_{40} 每提高 1%，焦比降低 0.75%，产量增加 1.5%，分别见表 4-39 和表 4-40。除具有较高的冷态强度（DI，M_{40}、M_{10}）外，还要具有较高的高温强度，即焦炭在与 CO_2 反应后的强度 CSR。当焦炭 CSR 提高 1%，产量增加 1%，焦比降低 0.3%。俄罗斯下塔吉尔公司 6 号高炉焦炭 CSR 与产量和焦比也存在上述关系。

表 4-39　焦炭 M_{40} 对高炉生产的影响

焦炭 M_{40} 变化范围/%	焦炭 M_{40} 提高 1% 时		
	利用系数提高/%	焦比降低/kg·t^{-1}	焦比降低/%
74.67~83.70	1.08	2.57	0.49
74.67~78.00	1.44	2.79	0.52
78.00~80.00	0.92	2.52	0.47
80.00~83.70	0.57	1.97	0.38

表 4-40　焦炭 M_{10} 对高炉生产的影响

焦炭 M_{10} 变化范围/%	焦炭 M_{10} 降低 0.1% 时		
	利用系数提高/%	焦比降低/kg·t⁻¹	焦比降低/%
7.47 ~ 9.04	0.39	1.33	0.25
7.47 ~ 8.00	0.36	1.28	0.24
8.00 ~ 9.04	0.41	1.43	0.26

4.3.1.2　焦炭质量对高炉冶炼过程的影响

焦炭质量的稳定性对高炉透气性、顺行和风口、炉缸工作都有很大影响，尤其是当炼焦煤供应不稳定、成分和质量波动大，用煤品种变更频繁，以及外购焦炭品种和质量变化较大时，对高炉生产、炉况稳定影响更大。

美国内陆钢铁公司 7 号高炉的生产情况表明，焦炭的稳定性下降，高炉透气性（炉腹煤气量 V_{BG}/炉内压差 Δp）下降，风口破损数量增加[11]，见图 4-11。当焦炭稳定性小于 55 时，稳定性下降 1%，焦比增加 8kg/t，当焦炭稳定性大于 62 时，稳定性下降 1%，焦比只增加 2kg/t。

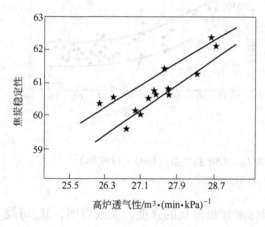
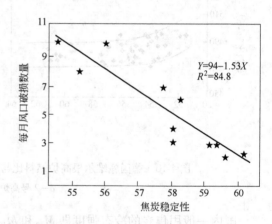

图 4-11　内陆 7 号高炉焦炭稳定性对高炉透气性和风口破损的影响

统计国内高炉的生产数据，焦炭质量变化对高炉利用系数和燃料比的影响列于表4-41。

表 4-41　各厂焦炭质量对利用系数和燃料比的影响

焦炭指标	厂　家	变　化　量	利用系数变化	燃料比变化
灰　分	鞍　钢	-1%（范围12.36% ~ 14.82%）	+3.25% ~ 3.28%	-2.54% ~ 2.92%
	武　钢	-1%（范围12.36% ~ 13.02%）	+2%（产量）	-1.67%（焦比）
	中小高炉统计	-1%		-1.0% ~ 2.0%
硫含量	鞍　钢	-0.1%（范围0.50% ~ 0.78%）	+1.72% ~ 1.78%	-1.46% ~ 1.83%
	中小高炉统计	-0.1%		-1.5% ~ 2.0%
M_{40}	鞍　钢	+1%（范围73.4% ~ 80.4%）	+1.28% ~ 1.65%	-0.8% ~ 1.09%
	武　钢	+1%（范围81.8% ~ 83.2%）	+0.04t/(m³·d)	-5.6kg/t（焦比）
	酒　钢	+1%（范围71.1% ~ 83.2%）	1.22% ~ 1.43%	-0.57% ~ 0.61%
	中小高炉统计	+1%		-5kg/t

焦炭指标	厂家	变 化 量	利用系数变化	燃料比变化
M_{10}	鞍 钢	−0.1%（范围6.7%~8.1%）	+0.55%~0.63%	−0.30%~0.60%
	武 钢	−0.1%（范围6.8%~7.1%）		−3.5kg/t（焦比）
	酒 钢	−1%（范围7.27%~9.9%）	+4.53%~5.15%	−2.72%~2.93%
	中小高炉统计	−0.1%		−3.5kg/t
CRI	酒 钢	−1%（范围22.0%~39.0%）	+0.72%~0.82%	−0.51%~0.56%
CSR	酒 钢	+1%（范围46.0%~64.9%）	+0.52%~0.58%	−0.32%

4.3.1.3 使用劣质焦炭对高炉生产的影响

焦炭质量的优劣，对高炉冶炼过程和生产的影响极大，如图4-12所示[12]。高炉内焦炭不仅提供了大部分热量和还原剂，而且担当了料柱的骨架作用，使煤气得以顺利通过料柱，保证高炉过程的顺利进行。劣质焦炭对炉况的影响见图4-12及其附表。

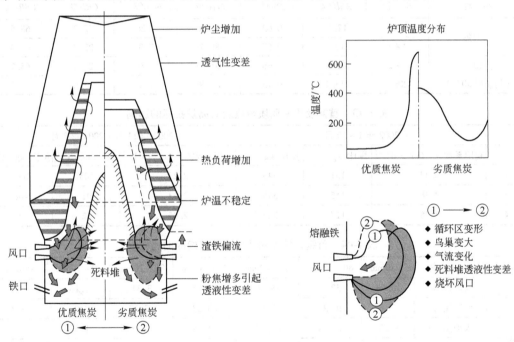

部 位	劣质焦炭的影响
块状带	焦粉增多、炉尘量大、阻力增大
软熔带	焦炭层内粉焦多，影响煤气的再分布
滴落带	粉焦使气流阻力增大，通过该区的煤气减少，煤气偏流增强。滞留的熔融物增多
风口区	循环区深度减小、高度增加，边缘气流增多，气流难以到达炉缸中心。透液性变坏，铁水、熔渣涨积，烧坏风口或灌渣
炉缸	气流不能渗透到达中心，炉缸中心温度下降，渣铁成分变坏，流动变差，出铁、放渣不正常，形成炉缸堆积，环流增加，侧壁侵蚀加重
全局	上部气流分布紊乱，下部风压升高，破坏高炉热交换、还原和顺行

图4-12 高炉使用不同质量焦炭对高炉冶炼影响的示意图

焦炭的质量差、高温性能低，会严重影响其在高炉软熔带和滴落带中的骨架作用，降低高炉的整体透气性。焦炭高温性能差，还导致炉缸内焦炭粉末增多，恶化炉缸死料柱的透气性、透液性，引起高炉下部压差升高，造成炉缸工作不活跃，严重时风口大量破损，铁水脱硫效率差，高炉焦比上升，产量降低。在实际生产中，使用劣质焦炭造成高炉难行、煤气流分布失常、炉况大幅度波动，甚至炉凉、炉缸堆积的现象表现突出，教训十分深刻。首钢 2002 年 11 月后因焦炭供应紧张，使用约 5% 的外购焦入炉焦炭质量严重下降，入炉焦炭粉末大量增加，造成高炉炉况恶化，风口破损增多，利用系数显著降低，焦比和燃料消耗明显上升，技术经济指标显著下滑，成本上升，对生产稳定和增产造成了极大的不良影响[13]。该厂使用不同质量焦炭前后，高炉指标的变化分别见表 4-42 和表 4-43。使用劣质焦炭后的风口取样分析表明，风口焦粒度严重降低，粉末量急剧增加，见表 4-44。焦炭质量改善后，高炉炉况才得到好转。

表 4-42 首钢 2002 年与 2003 年焦炭质量比较

品 种	年 份	ASH/%	TS/%	M_{40}/%	M_{10}/%	CRI/%	CSR/%
自产焦	2002	12. 11	0. 62	80. 9	7. 26	22. 7	68. 5
	2003	12. 3	0. 67	80. 7	7. 3	23. 7	65. 4
外购焦 （约使用 50%）	2002	12. 61	0. 66	80. 15	7. 78	26. 9	65. 7
	2003	13. 2	0. 73	79. 96	7. 9	27. 6	60. 2

表 4-43 首钢使用不同质量焦炭对高炉指标的影响

炉 号	2002 年 1 ~ 10 月			2002 年 11 月 ~ 2003 年 8 月		
	利用系数/t · (m³ · d)⁻¹	煤比/kg · t⁻¹	焦比/kg · t⁻¹	利用系数/t · (m³ · d)⁻¹	煤比/kg · t⁻¹	焦比/kg · t⁻¹
1	2. 32	151	343	2. 27	103	398
3	2. 28	145	345	2. 23	91	408
4	2. 25	117	384	2. 05	62	477

表 4-44 首钢入炉焦和风口焦粒度组成的比较

年 份	粒度组成	>80mm	80 ~ 60mm	60 ~ 40mm	40 ~ 30mm	30 ~ 20mm	20 ~ 10mm	<10mm
2002	入炉焦/%	10. 63	32. 3	38. 86	13. 76	3. 51	1. 16	
	风口焦/%		16. 27	32. 63	20. 03	17. 27	8. 09	5. 7
2003	入炉焦/%	9. 39	29. 64	41. 53	13. 18	4. 72	1. 54	
	风口焦/%		9. 69	22. 47	15. 86	22. 91	15. 86	13. 22

4.3.2 焦炭质量对高炉炉缸工作的影响

高炉炉缸状态对高炉高产、顺行、操作指标和炉缸长寿的影响非常大，尤其是大型高炉，保持炉缸的活跃至关重要。炉缸活跃性除与鼓风动能有关外，主要取决于风口循环区深度和死料堆的透气性、透液性，而循环区深度和死料堆透气性、透液性主要由循环区和炉缸死料堆的焦炭粒度或粉末比例决定。为使炉缸活跃，风口焦炭和死料堆焦炭应保持一定的块度，小于 3mm 或者小于 3mm 的粉末要少，以利于煤气透过和渣铁透液，使高炉下部压差降低，渣铁排放顺畅。当炉缸不活跃，甚至堆积时，易造成炉缸冻结和炉底渗透传热不良，炉底温度下降，侧壁温度上升。因此，从活跃炉缸和炉缸长寿的角度，焦炭应具有良好的冷态和热态性能，在炉内强度、粒度降解小，到达炉缸时应保持足够的粒度。

由图 4-13 可见，死料堆小于 0.5mm 粉焦比例增加，炉缸透气性下降（透气性指数上升），高炉状态变差（高炉状态指数下降）[14]。当焦炭 CSR 下降、长期使用低质量焦炭时，炉缸侧壁温度呈上升趋势，如图 4-14 所示。

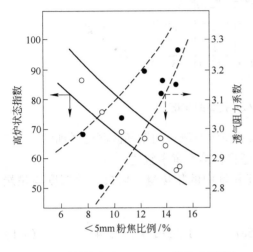

图 4-13 死料堆内小于 0.5mm 粉焦比例增加
对高炉透气性和炉缸状态的影响

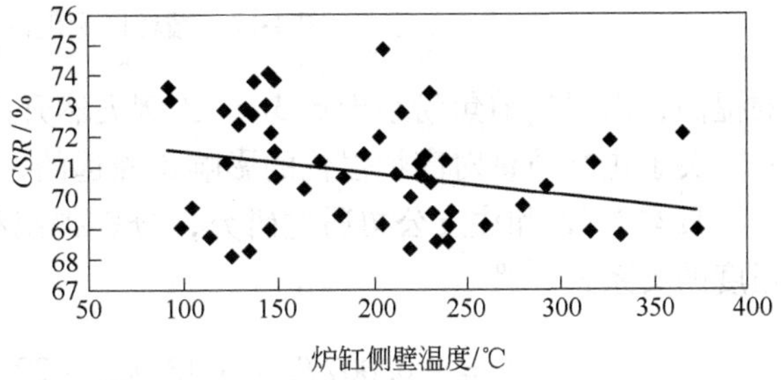

图 4-14 CSR 与炉缸侧壁温度的关系

由图 4-15 和图 4-16 可知，随着焦炭 CSR 提高，风口循环区和死料堆内小于 6.3mm 粉焦比例下降[10]，以及风口循环区焦炭和鸟巢焦粉的平均粒度与入炉焦炭平均粒度的差值缩小[14]。根据图 4-17 可以看出，随着焦炭 CSR

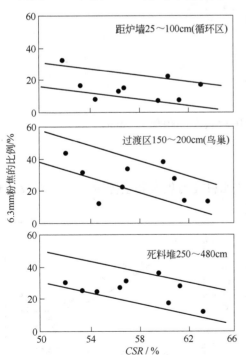

图 4-15 随着焦炭 CSR 提高循环区和死料堆中
小于 6.3mm 粉焦比例的变化

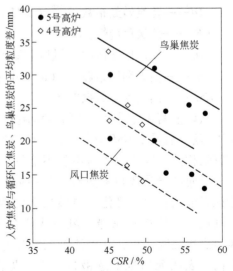

图 4-16 迪林根高炉随着焦炭 CSR 提高
风口焦炭与鸟巢焦炭平均粒度与入炉
焦炭平均粒度差的变化

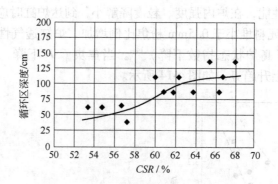

图 4-17　循环区深度随 CSR 提高的变化

的提高，由风口前焦粉小于 6.3mm 比例突然升高的位置所测得的循环区深度增加[10]。

关于焦炭质量对高炉强化的影响是深远的，还将在第 5 章中叙述。

日本 NKK 和住友公司通过研究，分别得出死料堆中的粉焦量、风口插棒深度与焦炭强度的关系式[15,16]：

$$Y = -0.007T_F + 0.136v_{OT} - 20.58DI + 1.833CRI + 1898.4 \tag{4-1}$$

$$D_h = 2560 + 920(\eta_V - 1.37) - 15(v_{OT} - 245) -$$

$$10(T_F - 2270) + 40(CSR - 50) \tag{4-2}$$

式中　Y——死料柱中的粉焦（<5mm）比,%；

　　　T_F——风口前理论燃烧温度,℃；

　　　v_{OT}——风口的鼓风速度，m/s；

　　　DI——焦炭转鼓指数 DI_{15}^{150}（>15mm）,%；

　　CRI——焦炭反应性,%；

　　　D_h——风口插棒深度（风口前端到死料堆焦炭表面的距离），mm；

　　　η_V——高炉利用系数，$t/(m^3 \cdot d)$；

　　CSR——焦炭反应后强度,%。

从以上两式可看出，死料堆焦炭的活跃性（死料柱粉焦率和空隙度）与焦炭反应性 CRI、反应后强度 CSR 有关，还与风口的鼓风速度密切相关。过高的风速不但不能活跃炉缸中心，反而会导致风口前焦炭大量破碎，并堆积于死料堆焦炭中，恶化死料堆焦炭的透液性和透气性，导致炉缸呆滞。风口取样分析表明，风口焦炭粒度变小，其中渣铁的滞留率将显著升高，表明死料堆的透液性变差，见图 4-18。所以，从活跃炉缸的角度也要求在高煤比操作条件下，焦炭具有较高的热强度和高温耐磨性，同时高炉鼓风参数也要合理控制。

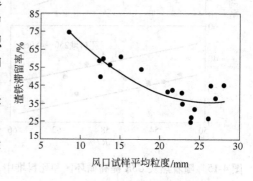

图 4-18　渣铁滞留率与风口焦粒度的关系

4.3.3 高炉强化、喷煤和炉容对焦炭劣化的影响

4.3.3.1 强化冶炼对焦炭劣化的影响

提高高炉强化程度，增加风量和炉腹煤气量，高炉下部的压差升高，将使焦炭在炉内的劣化加重，对焦炭的强度和粒度提出更高的要求。2001～2003年攀钢对1200m³高炉进行了不同冶炼强度下的风口取样分析[17]，结果见表4-45和表4-46。

表4-45 风口焦炭的粒度分布

冶炼强度 /t·(m³·d)⁻¹	粒度分布/%				平均粒度 /mm	入炉焦平均粒度 /mm	粒度差 /mm
	>60mm	60～40mm	40～20mm	20～10mm			
1.090	5.39	22.73	57.29	14.59	34.51	62.56	28.25
1.071	3.06	10.71	59.69	26.54	29.38	58.20	28.82
1.113	6.32	22.78	58.23	12.67	35.18	66.21	31.03
1.167	0.00	11.18	41.93	46.89	25.20	53.97	28.77
1.23	0.00	28.10	22.88	38.02	29.92	65.14	35.22
1.251	0.00	21.82	49.41	28.77	30.05	69.53	39.48

表4-46 入炉焦炭与风口焦炭的强度

冶炼强度 /t·(m³·d)⁻¹	入炉焦炭				风口焦炭	
	冷态强度/%		热态强度/%		热态强度/%	
	M_{40}	M_{10}	CRI	CSR	CRI	CSR
1.090	81.9	8.3	44.25	46.77	39.77	22.13
1.071	82.3	8.2	43.38	48.89	38.80	26.10
1.113	81.8	8.6	43.71	47.34	41.50	31.54
1.167	80.4	7.6	38.10	53.47	40.55	20.40
1.23	79.2	8.0	41.65	51.76	44.63	27.50
1.251	79.6	7.0	38.45	50.69	43.70	30.55

由表4-45可见，随着冶炼过程的强化，风口焦炭与入炉焦炭的平均粒度差增大，冶炼强度1.071t/(m³·d)时，平均粒度差为28.05mm，而冶炼强度提高到1.251t/(m³·d)时，平均粒度差达39.48mm。由表4-46可见，由于焦炭在炉内经过气化反应后，焦炭气孔率变大，气孔壁变薄，风口焦的热强度比入炉焦的热强度有明显降低。

4.3.3.2 喷煤量对焦炭劣化的影响

为了减小高煤比操作时焦炭劣化和未燃煤粉堆积给高炉死料柱透气性、透液性造成的不良影响，防止炉缸中心堆积，除需保证70%～80%的风口前煤粉燃烧率外，还需要改善焦炭质量。提高焦炭热强度和高温耐磨性，适当提高入炉焦炭的粒径，以确保炉缸活跃。

当增加喷煤量时，提高焦炭的热强度CSR对改善透气性具有非常重要的作用，改善热强度的作用比改善冷强度显著。高炉下部焦炭的劣化程度对高炉透气性和顺行稳定有直接影响，因此，在较高煤比操作条件下，要求焦炭有更高的抗溶损反应能力，即较低的CRI和较高的CSR。欧洲、日本高煤比操作的高炉都特别重视焦炭热性能指标，且有明确的指标要求。

　　宝钢在原燃料条件稳定、高炉上下部调剂基本不变的情况下，随着喷煤量的增加，特别是超过200kg/t以后，高炉透气阻力系数 K 值呈显著升高趋势，见图4-19。

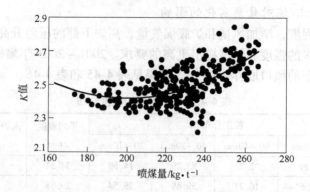

图4-19　提高喷煤量对高炉透气性的影响

　　从不同喷煤比时高炉风口取样分析结果可看出（见图4-20、图4-21和表4-47）[18]，当喷煤比由175kg/t提高到210kg/t和235kg/t时，风口焦平均粒度明显减小，入炉焦与风口焦平均粒度差（ΔMS）由29～30mm大幅度增大到35～36mm和37～39mm，表明喷煤量超过200kg/t后焦炭劣化加剧。尽管喷煤量从110～120kg/t提高到170kg/t以上时焦炭冷、热态强度有所提高，但从分析结果可知，喷煤量增加对焦炭劣化的影响远比焦炭本身质量改善所带来的作用要大。由此可见，高煤比操作对焦炭质量提出了更高的要求。

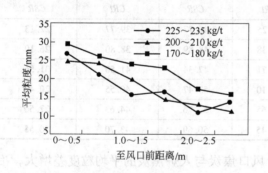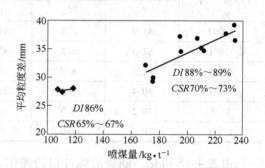

图4-20　不同喷煤量下风口前焦炭的平均粒度比较　　图4-21　提高喷煤量对焦炭劣化程度的影响

表4-47　不同喷煤量下入炉焦和风口焦的质量

喷煤量/kg·t^{-1}		110～120	162～166	170～180	205～215	225～235
入炉焦	平均粒度/mm	50.4	50.5	52.81	53.04	53.25
	DI_{15}^{150}/%	86.1	87.2	88.83	89.15	88.87
	M_{40}/%	88.2	91.4	89.49	89.47	89.48
	M_{10}/%	6.2	4.8	5.49	5.26	5.42
	CRI/%	23.5	22.2	22.93	23.61	24.12
	CSR/%	65.5	69.9	71.75	71.48	70.16
风口焦	平均粒度/mm	23.0	27.8	22.38	17.15	17.57
	平均粒度差/mm	27.4	22.7	30.43	35.90	37.67

增加喷煤量后，风口焦炭中小于 2.5mm 和小于 10mm 的粉焦比例增多，同时沿炉缸深度方向小于 2.5mm 的粉末含量突然增高的位置向风口端移动，亦即循环区缩短，如图 4-22 所示，由于焦炭粉化加重和未燃尽煤粉的增多与积聚，炉缸死料柱内小于 2.5mm 粉末比例显著升高。此外，引起高炉下部边缘气流发展。

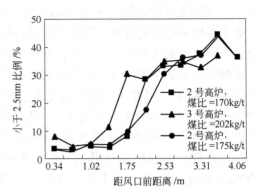

图 4-22 风口前深度方向小于 2.5mm 粉末分布

风口焦炭粒度减小，则死料堆中渣铁的滞留率显著升高，炉缸透液性变差、活性下降。

为了说明喷煤对焦炭在炉内的劣化作用，对 4000m³ 高炉在不同喷煤量时做了如下的简化计算：假定炉内直接还原度和生铁成分不变，也不考虑未燃煤粉的作用的情况下，焦炭工作条件的变化，见表 4-48。

表 4-48 喷煤量对焦炭工作条件的影响

喷煤比 /kg·t⁻¹	焦比/kg·t⁻¹	矿焦比	骨架区			循环区
			滞留时间/h	荷重增加/%	溶损率/%	滞留时间/h
0	489.3	3.474	6.50	0.00	29.63	1.000
100	400.0	4.250	9.06	5.53	36.25	1.393
200	310.7	5.47	14.92	12.33	46.67	2.294

透气阻力系数 K 值是宝钢常用的反映整个高炉透气性和顺行情况的操作监控指标。K 值的高低和变化主要与焦炭的劣化有关。当 K 值发生波动时，在尽量采用调剂高炉气流的情况下，如 K 值不能回复，则说明原燃料质量是构成 K 值发生变化的主要因素。从图 4-23

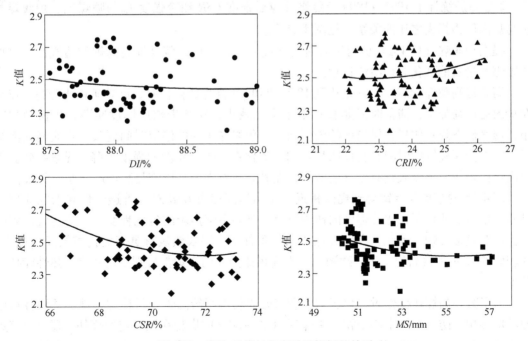

图 4-23 高炉 K 值与焦炭质量指标的关系

可见，宝钢焦炭的 DI_{15}^{150} 对 K 值影响不大，但 CRI、CSR 和平均粒度对 K 值则有很大影响。高炉下部焦炭的劣化程度对整个高炉的透气性有直接影响，因此在高煤比操作条件下，要求焦炭有更高的抗溶损反应能力，即较高的 CSR。随着喷煤量提高，随之 K 值升高，这主要是焦炭劣化加剧的结果，而焦炭的热态强度与高炉透气性又密切相关。提高焦炭的 CSR 和平均粒度 MS，可在很大程度上改善透气性，从而有利于提高喷煤比。由宝钢的统计回归图 4-24 可知，焦炭的冷强度 M_{40}、M_{10} 与喷煤比有显著的关系，说明冷强度的改善仍然是提高喷煤量的基础和必要条件。因此，宝钢要求煤比超过 200kg/t 时，焦炭必须确保 CSR 达到 68% ~ 71% 和较低的 CRI。柳钢高炉焦炭 CSR 从 45% 提高到 65%，喷煤量从 100kg/t 提高到 150kg/t。太钢、马钢、迁钢等大高炉提高焦炭热强度后，喷煤比很快提高到 180 ~ 200kg/t。

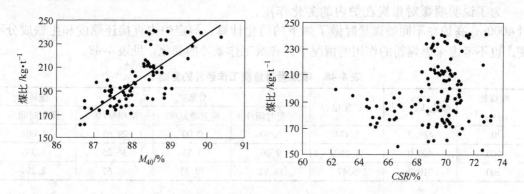

图 4-24   宝钢高炉喷煤比与焦炭质量指标的关系

关于焦炭质量对高炉冶炼的影响，国外也进行了大量的研究工作。德国施维尔根 1 号、2 号高炉统计了 1995 ~ 1999 年焦炭反应后强度 CSR 和冷强度 I_{40} 与喷煤比、炉腹煤气量与炉内压力损失之比的关系，见图 4-25[8]。

提高炉腹煤气量 V_{GB} 与炉内压力损失（$p_B - p_T$）之比，就是提高高炉的透气性，增加炉腹煤气量就能强化高炉冶炼过程。

高炉提高喷煤量后，尤其是达到 180 ~ 200kg/t 高煤比操作时，高炉矿焦比升高，焦炭在炉内的负荷加重，滞留时间延长；由于焦比减小，软熔带焦层厚度减薄，焦窗面积减小，透气性下降；焦炭在风口前的消耗减少，焦炭在炉内的停留时间延长，焦炭经受溶损反应、碱金属侵蚀的时间和程度明显增加，劣化将加剧，粒度和强度下降，见表4-48。因此高煤比操作要求焦炭具有更好的质量，尤其是热态强度，以满足高炉透气性的要求。

图 4-25 的结果与宝钢得到规律相近，说明提高焦炭 CSR 对改善透气性和增加喷煤量具有非常重要的作用，比冷强度的作用显著。高炉下部焦炭的劣化程度对高炉透气性和顺行稳定有直接影响，因此，在较高煤比操作条件下，要求焦炭有更高的抗溶损反应能力，即较低的 CSR 和较高的 CSR。欧洲、日本高煤比操作的高炉都特别重视对焦炭热性能指标要求。

为了减小高煤比操作时，焦炭劣化和未燃煤粉堆积给高炉死料柱透气性、透液性造成的不良影响，防止炉缸中心堆积，除保证 70% ~ 80% 的煤粉在风口前燃烧外，还要改善焦炭质量。提高焦炭热强度和高温耐磨性，适当提高焦炭粒径，也有助于炉缸的活跃。

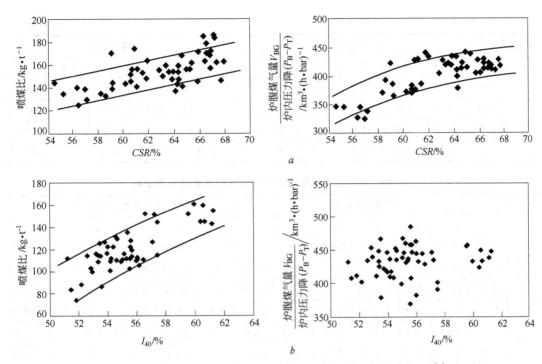

图 4-25 施维尔根焦炭 CSR 和 I_{40} 对高炉透气性和喷煤比的影响[8]

(1bar = 100kPa)

a—1 号高炉；b—2 号高炉

高炉强化和喷煤两者对焦炭质量都提出了更高的要求。喷煤是降低生铁成本的有效措施，同时能节约能源和减少污染。在现阶段，节能减排和降低成本已经上升到主要地位，因此当提高焦炭质量受到限制时，对强化高炉与提高喷煤量之间的矛盾，应进行综合考虑，采取适当降低强度，增加喷煤量可能是一种好的选择。

4.3.3.3 高炉炉容对焦炭劣化的影响

焦炭在不同容积的高炉中的破坏程度是不同的。随着高炉炉容的扩大，焦炭的质量也随之提高。马钢对 2500m³ 级高炉和 300m³ 级高炉的入炉焦与风口焦性能以及入炉焦与风口焦的粒度组成进行了对比[19]，分别见表 4-49 和表 4-50。由表可以看出，2500m³ 级高炉入炉焦炭质量指标优于 300m³ 级高炉，大高炉 M_{40} 平均为 84.6%，小高炉平均为 81.5%，大高炉的反应后强度 CSR 平均为 58.7%，小高炉平均为 52.2%。而小高炉风口焦理化性能明显好于大高炉，2500m³ 级高炉风口焦反应性 CRI 明显高于 300m³ 级高炉，其反应后强度 CSR 明显低于小高炉。大高炉风口焦平均粒度为 36.14mm，小高炉平均为 42mm。这表明焦炭在大高炉和小高炉中，从炉顶到风口的劣化程度是不同的，尤其是焦炭热态性能在大高炉中劣化程度要远高于小高炉。

表 4-49 马钢不同容积高炉入炉焦和风口焦性能的比较

炉容级 /m³	入炉焦/%						风口焦/%				
	挥发分	灰分	硫分	M_{40}	M_{10}	CRI	CSR	挥发分	灰分	硫分	CRI	CSR
300	1.74	12.64	0.55	84.4	7.2	35.0	54.1	1.64	14.11	0.52	37.0	53.6
	2.32	15.18	0.62	78.6	8.2	35.4	50.2	0.53	24.46	0.48	40.6	43.6

炉容级/m³	入炉焦/%							风口焦/%				
	挥发分	灰分	硫分	M_{40}	M_{10}	CRI	CSR	挥发分	灰分	硫分	CRI	CSR
2500	1.98	13.63	0.60	86.5	7.0	33.5	56.5	0.80	16.72	0.45	36.8	53.3
	1.88	13.36	0.82	81.9	7.9	29.1	61.5	0.72	13.13	0.54	44.4	42.1
	1.46	13.72	0.84	85.2	7.7	31.5	57.1	0.68	14.20	0.55	46.0	37.9
	2.10	13.08	0.76	84.6	7.4	28.7	59.5	0.85	15.42	0.53	47.8	42.7

表4-50 不同容积高炉入炉焦炭及风口焦炭的粒度组成

炉容级/m³	入炉焦粒度组成/%							风口焦粒度组成/%					
	>80mm	80~60mm	60~40mm	40~25mm	25~10mm	<10mm	平均	>60mm	60~40mm	40~25mm	25~10mm	<10mm	平均
300	6.47	24.43	55.74	12.8	0.03	0.53	55.01	12.5	42.21	37.15	4.8	3.30	43.14
	11.48	27.89	44.87	14.63	0.10	0.59	57.46	16.3	34.64	31.69	7.71	4.65	40.86
2500	1.44	6.30	52.90	31.39	3.48	4.49	43.42	5.56	21.49	36.91	31.89	4.15	32.63
	2.20	8.94	57.39	27.63	2.20	1.64	46.47	4.50	37.13	37.22	13.49	7.66	36.94
	4.91	16.21	50.03	24.46	2.25	2.14	49.17	7.36	38.89	35.17	13.27	5.46	38.85
	0.84	8.42	56.84	29.46	2.64	1.81	45.28	6.36	40.03	35.71	9.29	8.61	38.85

由图4-26可知，随着炉容的扩大，风口焦炭抗压强度下降，入炉焦炭与风口焦炭平均粒度的差值增大。这表明炉容越大，焦炭在炉内承受的机械负荷以及热作用越大，强度下降和粒度减小程度就越大[12]。所以日本高炉随容积扩大，其使用的焦炭的冷态强度 DI_{15}^{150} 提高，4000m³级高炉用焦炭的 DI_{15}^{150} 达到83%~84%以上[12]，见图4-27。

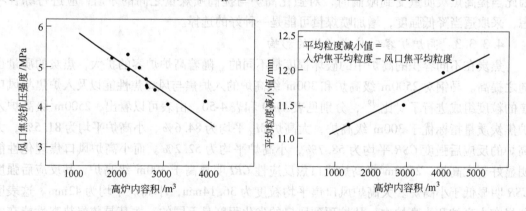

图4-26 风口焦炭抗压强度和平均粒度减小值与高炉容积的关系

为保证炉缸活跃，减小死料堆体积，必须吹透中心，增大鼓风动能。鼓风动能的提高，加快了风口前焦炭的机械破坏。欧洲高炉炉缸直径增大，其所用焦炭的冷热强度均随之提高[8]。因此，大型高炉使用焦炭质量要远好于中小高炉，炉容越大，要求焦炭质量越高。不同容积高炉要有与其炉容相匹配的焦炭冷强度和热强度。从有效利用焦炭性能的角度出发，在满足产能的条件下，保持适当的风口风速，设计应尽量缩小炉缸直径，以期扩

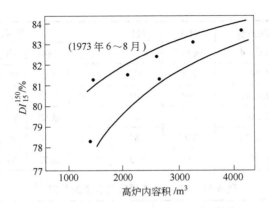

图 4-27 日本高炉用焦炭冷强度随高炉容积增大的变化

大炉缸活跃区域所占的炉缸面积。

4.3.4 高炉对焦炭质量的要求

良好的焦炭质量是高炉顺行和喷煤操作的基础，为确保高炉透气性、炉温、渣铁质量和炉缸的活跃性，必须制定和实施焦炭质量标准，并在生产中作为日常分析项目和监控指标，进行严格管理。不同容积高炉的焦炭使用要求和使用实绩见表 4-51 ~ 表 4-54。

表 4-51 不同容积高炉的焦炭质量要求和使用实绩

炉容/m³	1000 以下	1000 ~ 2000	2000 ~ 3200	4000 以上
对焦炭质量指标要求	马钢（300m³）：$M_{40} > 75\%$，$M_{10} < 8\%$，$CRI < 30\%$，$CSR > 50\%$	唐钢：$A_d < 14\%$，$TS < 0.7\%$，$M_{40} > 75\%$，$M_{10} < 7\%$ 本钢：$A_d < 14\%$，$TS < 0.65\%$，$M_{40} > 78\%$，$M_{10} < 7\%$	武钢：$A_d < 14\%$，$TS < 0.7\%$，$M_{40} > 80\%$，$M_{10} < 7.0\%$ 鞍钢：$A_d < 14\%$，$TS < 0.7\%$，$M_{40} > 80\%$，$M_{10} < 70\%$	宝钢：$A_d < 13\%$，$TS < 0.6\%$，$M_{40} > 85\%$，$M_{10} < 6\%$，$CRI < 26\%$，$CSR > 66\%$，MS：40 ~ 55mm
焦炭指标实绩	马钢（300m³）：$M_{40} = 81.5\%$，$M_{10} = 7.1\%$，$CSR = 52.2\%$，$CRI = 28.9\%$	唐钢：$A_d = 12.27\%$，$TS = 0.57\%$，$M_{40} = 81.71\%$，$M_{10} = 6.93\%$，$CRI = 26.7\%$，$CSR = 65.7\%$ 本钢：$A_d = 12.44\%$，$TS = 0.57\%$，$M_{40} = 78.84\%$，$M_{10} = 7.84\%$，$CRI = 25.8\%$，$CSR = 59.8\%$	鞍钢：$M_{40} = 79.6\% ~ 80.9\%$，$M_{10} = 6.8\%$，$A_d = 12.46\%$，$TS = 0.55\%$，$CRI = 24.50\%$，$CSR = 54.50\%$ 武钢：$A_d = 12.19\%$，$TS = 0.49\%$，$M_{40} = 81.5\%$，$M_{10} = 7.0\%$，$CRI = 24.9\%$，$CSR = 65.3\%$	宝钢：$M_{40} = 88.97\%$，$M_{10} = 5.53\%$，$A_d = 11.31\%$，$TS = 0.5\%$，$CRI = 23.89\%$，$CSR = 68.94\%$，$MS = 52mm$

表 4-52 国内 4000m³ 级高炉入炉焦炭质量要求

炉 号	内容积 /m³	利用系数 /t · (m³ · d)⁻¹	焦比 /kg · t⁻¹	煤比 /kg · t⁻¹	焦炭质量指标/%					
					灰分	硫分	M_{40}	M_{10}	CRI	CSR
宝钢 1 号	4063	2.189	289	195	11.91	0.62	88.13	5.94	23.67	69.85

续表 4-52

炉号	内容积 /m³	利用系数 /t·(m³·d)⁻¹	焦比 /kg·t⁻¹	煤比 /kg·t⁻¹	焦炭质量指标/%					
					灰分	硫分	M_{40}	M_{10}	CRI	CSR
宝钢 2 号	4063	2.183	278	208	11.85	0.61	88.24	5.92	23.61	69.62
宝钢 3 号	4350	2.459	280	200	11.84	0.62	88.14	5.88	23.79	69.39
宝钢 4 号	4747	2.348	267	215	11.9	0.63	88.11	5.94	23.57	69.81
太钢 5 号	4350	3.217	316	167	12.2	0.7	89.5	5.3	23.7	69.2
本钢 1 号	4350	1.954	355	138	12.35	0.73	87.2	6.5	25.68	63.14

表 4-53 欧洲高炉对焦炭质量的要求[20]

国 家	工 厂	炉容/炉缸直径	水分/%	灰分/%	硫分/%	碱金属/%
奥地利	Linz	8m	<3.6	<9.0	<1.60	<0.30
比利时	Sidmar	2347~2550m³①	<5.0	<10.0	<0.75	<0.30
芬兰	Rautarruukki Raahe	8m	<1.0	<9.5	<0.65	<0.3
法国	Sollac Dunkerque	14m	<3.0	<10.0	<0.60	
	Fos	11.8m	<5.0	<11.0		
德国	9 个工厂平均	1829~5513m³	<5.0	<9.0	<0.70	<0.2
荷兰	TaTa Corus Ijmuiden	2678~4250m³	<6.0	<9.0	<0.60	<0.20
	Corus Redcar	14m	3.2	<11.0	<0.65	
英国	Corus Scunthorpe	1534m³①	4.0~6.0	10.0~11.0	<0.7	<0.3
	Corus Port Tablbot	10.8m	<4.0	<10.5	<0.6	
	Corus LIanwern		<5.0	<10.0~10.5	<0.70	<0.22
美国	Ispat Inland	13.72m	2.5(5 最大)	8(9 最大)	0.65(0.82 最大)	0.25(0.40 最大)

国 家	工 厂	I_{40} (>40mm) /%	I_{10} (<10mm) /%	CRI /%	CSR(>10mm) /%	<40mm(最大) /%	<10mm(最大) /%
奥地利	Linz	>50	<18	<31	>60	<25	<3
比利时	Sidmar	>58	<23	<23	>65	<15	<1
芬兰	Rautarruukki Raahe	>65(M_{40})	<7(M_{10})	<30	>60	—	—
法国	Sollac Dunkerque	>49	<19	—	—	—	—
	Fos	>44	<19	—	>53	—	—
德国	9 个工厂平均	>57	<18	<23	>65	<18	<3
荷兰	TaTa Corus Ijmuiden	>58	<18	24~30	>60	<20	—
英国	Corus Redcar	87.5(M_{40})	<5.8(M_{10})	<25	>64	<3(<30mm)	—
	Corus Scunthorpe	>82.5(M_{40})	<6.5(M_{10})	<25	>65	—	—
	Corus Port Tablbot	>85(M_{40})	<7.0(M_{10})	20~25	45~70	<15	—
	Corus LIanwern	>80(M_{40})	<8.0(M_{10})	<30	>57	—	5(<25mm)
美国	Ispat Inland	—	—	—	65(61 最小)	粒度范围 45~60mm，平均 52mm	

①工作容积。

表4-54　新日铁大分厂（1、2炼焦）焦炭质量指标

指　标	1998年7~12月	1999年	2000年1~4月
灰分/%	11.11	11.07	11.33
硫分/%	0.56	0.56	0.58
DI_{15}^{150}/%	84.4	84.6	84.4
CSR/%	62.4	63.2	62.8
CRI/%	26.7	25.5	25
平均粒度/mm	44.95	44.4	43.3
粒度组成(<25mm)/%	7.03	7.13	

高炉炉容不同，对焦炭在块状带的透气骨架作用和在炉缸的透气、透液作用的要求是有重大差别的。炉容扩大后，炉缸直径增大、矿批增大，焦炭负荷加重，要求焦炭的冷强度相应提高。$4000m^3$以上高炉的炉缸活跃性对高产、顺行、喷煤和出渣、出铁的影响更大，对减轻焦炭在炉内的粉化以及保持风口前和死料柱内焦炭粒度的要求更高。因此对焦炭的冷、热态性能和入炉粒度要求要显著高于$3200m^3$以下的高炉。近年来，根据国内$3200m^3$、$4000m^3$、$5000m^3$级高炉生产情况，对入炉焦炭质量指标的要求都分别提高了一个台阶。

国内外研究和生产实践表明，冷强度是焦炭质量的基础。由于CSR与CRI成反比关系，因此，应控制反应性指标CRI≤25%（欧盟高炉要求小于23%），通过减少配煤灰分中CaO、Fe_2O_3、碱金属等的催化作用以控制溶损反应，并减少气煤配比来降低焦炭CRI指标，提高CSR。根据宝钢、欧盟大高炉喷煤操作实绩，$4000~5000m^3$级高炉CSR应不小于65%。

$1000m^3$以上高炉的焦炭粒度下限为20mm，一般小于40mm的比例要小于18%，炉容越大则下限粒级尺寸要相应增大，以确保块状带透气性和减少风口前死料柱焦炭的粉末比例，改善炉缸活跃性。大粒度焦炭也要控制，一般大于80mm部分要少于10%。

必须指出，焦炭热性能测定对焦炭取样、制样和试验条件应有严格的操作标准，其中任何一个环节的偏差都会导致CRI、CSR测量数据产生误差，影响对质量和稳定性的判定。各厂应按国家或行业标准进行测定，减小人为误差，真实反映焦炭质量的数据。

国外不同喷煤比高炉的焦炭质量见表4-55。

表4-55　国外200kg/t煤比高炉的焦炭质量统计[18]

厂家及炉号	喷煤量 /kg·t^{-1}	操作时间	焦炭质量/%
TaTa Steel Ijmuiden 7号 ($4450m^3$)	200~218	1996年11月~1997年2月	I_{40} 48.9~50.1；I_{10} 17.9~18.6；CSR 60.4~62.7
	201	1999年（平均）	I_{40} 55.5；I_{10} 18.4；CSR 59~65
Schwelgern 1号($4416m^3$)	172.9	1999年（平均）	I_{40} 52.5；CRI 22.6；I_{10} 19.2；CSR 67.2
塔兰托2号（$2032m^3$）①	183.2	1994年	CRI 27.9~28.6；CSR 65.8~66.6
维多利亚3号（$1543m^3$）①	194.2	1991年10月~1992年2月	M_{40} 86~87；M_{10} 5.5~6.0；CRI 26；CSR 66
大分1号（$4884m^3$）	119.6	1999年（平均）	DI 84.6；CRI 25.5；CSR 63.2
君津3号（$4063m^3$）	200	1993年11月	CSR 60.8；DI_{15}^{150} 86.1

厂家及炉号	喷煤量 /kg·t⁻¹	操作时间	焦炭质量/%
加古川 3 号（4500m³）	205	1998 年 7～9 月	DI 83.8～84.7
福山 2 号（2828m³）	191.8	1999 年（平均）	CRI 29.3；$CSR_{9.25}$ 55.85
福山 3 号（3223m³）	266	1998 年 6 月	DI_{15}^{30} 92.4
福山 4 号（4288m³）	218	1994 年 10 月	DI_{15}^{30} 93.7；CRI 29.1
光阳 4 号（3800m³）	190～210	2001 年 1～3 月	DI 86.6；CSR 67.6～69.2

①工作容积。

宝钢生产实践统计分析表明，焦炭 DI_{15}^{150} 由 86% 提高到 87%，高炉透气性阻力系数 K 可以降低 8% 左右，因此可以认为煤比从 120kg/t 提高到 150kg/t 时，高炉软熔带、滴落带的透气性增加值的大约 40% 可通过提高焦炭 DI_{15}^{150} 来弥补。喷煤生产实践表明，煤比为 150～180kg/t 时，焦炭的 DI_{15}^{150} 应控制为 85%～88%，M_{40} 控制在 86%～87%，M_{10} 控制在 6%～8%，可以满足透气性要求。根据不同反应时间的焦炭反应性试验和不同煤比条件下的焦炭溶损试验，当煤比由 150kg/t 提高到 180kg/t 或 200kg/t 时，为克服焦炭滞留时间延长以及溶损率提高带来的不利影响，需要将焦炭的反应性 CRI 控制在 27% 以下，CSR 控制在 64% 以上。CRI 指标控制在小于 26%、CSR 控制在大于 66%，可以满足高炉 200kg/t 或以上大喷煤的需要。宝钢及某些 4000m³ 高炉不同喷煤比时的焦炭质量见表 4-56。

表 4-56 宝钢及某些 4000m³ 高炉不同喷煤比时的焦炭质量

煤比/kg·t⁻¹	DI_{15}^{150}/%	灰分/%	TS/%	M_{40}/%	M_{10}/%	CRI/%	CSR/%	平均粒度/mm
170～190	87.78	11.37	0.47	89.74	5.19	23.50	71.40	51.79
200～220	88.06	11.36	0.46	89.54	5.23	23.93	70.64	52.96
230～260	88.75	11.35	0.46	90.13	5.17	24.35	70.69	53.32

《规范》规定的焦炭质量应符合表 4-57 的规定。

表 4-57 焦炭质量的要求

炉容级别/m³	1000	2000	3000	4000	5000
焦炭灰分/%	≤13	≤13	≤12.5	≤12	≤12
焦炭含硫/%	≤0.7	≤0.7	≤0.7	≤0.6	≤0.6
M_{40}/%	≥78	≥82	≥84	≥85	≥86
M_{10}/%	≤8.0	≤7.5	≤7.0	≤6.5	≤6.0
反应后强度 CSR/%	≥58	≥60	≥62	≥64	≥65
反应性指数 CRI/%	≤28	≤26	≤25	≤25	≤25
粒度范围/mm	75～20	75～25	75～25	75～25	75～30
大于上限/%	≤10	≤10	≤10	≤10	≤10
小于下限/%	≤8	≤8	≤8	≤8	≤8

4.3.5 提高焦炭质量的途径

为满足高炉顺行、高产、提高技术经济指标和提高喷煤量的要求，需要根据生产要求不断改善焦炭质量。其主要途径是：

(1) 优化炼焦配煤和科学配煤。焦炭质量的好坏主要取决于炼焦煤的性质。所以，合理选择炼焦煤和科学配煤是保证焦炭质量的基础和首要措施。除多配黏结性好的主焦煤、肥煤、焦煤、瘦煤外，要少配灰分高、含硫高的气煤，控制焦炭灰分和硫含量。焦炭的炭质与灰分的热膨胀性不同，灰分高使焦炭破裂。灰分使反应性 CRI 升高、反应后强度 CSR 下降。硫酸盐在焦炭内部形成的惰性不熔物构成裂纹中心，碳硫复合物使焦炭基质强度下降。宝钢焦炭的冷、热态强度指标与灰分和含硫存在明显的相关关系，焦炭灰分由 11.0% 上升到 12.8%，M_{40} 由 89.5% 下降到 86.7%，M_{10} 由 5.5% 升高到 7.0%，CRI 由 23.4% 上升了约 2%，CSR 由 72.0% 下降了约 4%；焦炭硫含量由 0.46% 升高到 0.87%，M_{40} 由 89.0% 下降到 86.3%，M_{10} 由 5.5% 上升到 6.7%。而焦炭硫含量升高对 CSI 和 CSR 的影响不明显。

国内、欧洲、日本大量研究表明，焦炭反应后强度与其反应性 CRI 呈线性负相关关系，减少变质程度低的气煤类煤配比，降低 CRI，并可提高焦炭热强度，见图 4-28。生产中可以利用煤岩配煤、煤的性质和焦炭显微结构与焦炭质量关系的统计模型，以及专家配煤系统，指导合理配煤。

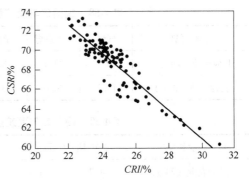

图 4-28 焦炭反应后强度 CSR 与反应性 CRI 的关系

(2) 提高炼焦操作技术和管理水平。实践表明，延长结焦时间 1h，可提高焦炭 M_{40} 指标 1%。生产中控制焦炉火道温度，加强调火管理，适当延长结焦时间，可以提高焦炭的强度。焦炉的操作水平和热工制度对焦炭质量有较大的影响，建立标准化、规范化的焦炉操作制度是生产高质量焦炭的重要条件。要稳定配煤、稳定操作。焦炉采用自动控温技术，加强日常焦炉热工调节，对于保证焦炉炉温均匀、焦炭成熟均匀、节能降耗、提高和稳定焦炭质量是十分重要的。

(3) 采用干熄焦（CDQ）技术。采用干熄焦技术，焦炭孔隙率降低、平均孔径减小、粒度均匀、裂纹明显减少，焦炭 M_{40} 可提高 3% ~ 8%，M_{10} 降低 0.3% ~ 0.8%，焦炭反应性降低，CSR 提高 1% ~ 6%。干法熄焦还可以减少熄焦对环境的污染，同时可以通过 CDQ 锅炉发电，回收红焦显热的 80%。CDQ 粉可部分用于烧结，细的部分用于高炉喷吹，替代喷吹煤，降低成本。

(4) 优化煤的粉碎工艺。炼焦用煤的粉碎细化和粒度组成对焦炭质量影响较大。要根据不同煤种（岩相组成的硬度差异），按不同粒度要求进行粉碎和筛分（可使用机械或风力）。对于硬度较高的气煤等煤种要细破碎，对于易粉碎的焦煤和肥煤可有较大的粒度。这种工艺能够提高煤的结焦性和减少焦炭裂纹，进而提高焦炭质量。要通过试验，优化出本企业的最佳配煤粒度方案。我国炼焦配煤中难破碎的气煤配比较高，要重视对气煤的细粒度要求。日本新日铁通过加强高膨胀性煤的粉碎，避免焦炭气孔连通，减小气孔率，使焦炭 D_{15}^{150} 提高。

（5）配添加剂或喷洒负催化剂。在炼焦煤中，适量配入黏结剂、抗裂剂等非煤添加剂，可以改善煤的结焦性能。配入黏结剂适用于低流动性的弱黏结性的煤种，可以改善焦炭的机械强度和降低焦炭的反应性。抗裂剂适用于高流动性的高挥发性煤种，可增大焦炭块度，提高强度、改善焦炭气孔结构，提高焦炭反应后强度。焦炭表面喷洒硼酸等负催化剂，可降低焦炭反应性，提高热强度。

（6）使用捣固焦。在当今焦煤资源日益匮乏的形势下，既减少焦煤配入量，又保证焦炭的质量，采用捣固焦是一种缓解的选择。捣固炼焦是在焦炉内把煤捣固，使其密度提高到 $950 \sim 1150 \mathrm{kg/m^3}$。捣固炼焦可比顶装炼焦多用气煤、1/3 焦煤、瘦煤、贫瘦煤，相应少用焦煤、肥煤。捣固焦与顶装焦配煤结构的比较见表4-58。所产焦炭质量与顶装焦炉常规配煤的焦炭大体相当，见表4-59，既合理利用煤炭资源，又明显降低炼焦配煤的成本。

表4-58　捣固焦与顶装焦配煤结构的比较（32 家企业）　　　　（%）

企业类型	气煤	1/3 焦煤	肥煤	焦煤	瘦煤	贫瘦煤	贫煤	其他
顶装企业（24 家）	10.1	22.5	18.9	34.3	12.6	0.53	0.23	0.85
捣固企业（8 家）	14.7	26.0	13.7	25.4	19.1	0.58	0	0.42

表4-59　捣固焦与顶装焦焦炭质量的比较（32 家企业）　　　　（%）

企业类型	水分 M_t	灰分 A_d	硫分 $S_{t,d}$	M_{40}	M_{10}	CRI	CSR
顶装企业（24 家）	4.71	12.48	0.66	82.34	7.37	28.36	61.56
捣固企业（8 家）	5.73	14.03	0.68	80.69	7.61	28.66	65.21

可是，有的生产捣固炼焦的企业片面使用捣固炼焦技术，在配煤中几乎不配入焦煤，由于在炼焦过程中缺乏胶结层，只是表面上改进了强度，应当引起重视[21]。

近年来，关于捣固焦的评价和使用，炼焦工作者与炼铁界有不同看法，炼铁工作者认为，虽然从性能和质量指标判别捣固焦优于顶装焦，可是与实际高炉的表现不完全一致。

我们认为，需要对捣固焦质量评价体系做系统的研究，科学地评价捣固焦。北京科技大学冶金与生态工程学院对国丰钢铁公司所用 10 余种捣固焦试样的研究表明，捣固焦的气孔小而不均匀，捣固焦的抗碱能力比顶装焦差，碱作用后出现表面大气孔多而且壁薄；在 1200℃ 与 CO_2 反应后，捣固焦强度比顶装焦差；捣固焦对含铁炉料熔滴的影响比顶装焦大，表现为含铁炉料的软熔区间增大，压差大，从风口取样看，捣固焦劣化程度也稍大于顶装焦。

在高炉生产中，由于炉料带入 K_2O、Na_2O 普遍高于 $2.5 \sim 3.0 \mathrm{kg/t}$ 的要求，因此捣固焦表现差是必然的结果，要改进捣固焦的性能和质量，必须在炼焦的配煤中保证有足够的焦煤和肥煤比例；要选择合适的非黏结煤捣固的压力，使产品的气孔均匀而且壁厚；炼焦过程中结焦时间要比顶装焦适当延长等。

把煤捣固，可使焦炭 M_{40} 提高 1% ~ 6%，M_{10} 降低 2% ~ 4%，反应后强度 CSR 提高 1% ~ 6%。近几年我国捣固焦炉发展很快，5.5m 及以上捣固焦炉已超过 48 座。

（7）煤调湿工艺。煤调湿是将煤在装炉之前除掉一部分水分，一般控制在6%左右。如煤的水分能稳定在6%左右，其焦炭产量可提高7.7%，装炉密度可提高4%~7%，转鼓指数D_{15}^{150}提高0.8%~1.5%，M_{40}提高0.5%~2.5%，M_{10}下降0.5%~1.5%。目前宝钢、太钢、济钢等已应用这一技术，效果良好。宝钢应用煤调湿后，焦炭冷热强度和平均粒度略优于配15%成型煤的焦炭。

（8）煤预热工艺。将装炉煤预热到150~200℃后再装炉，不但可以降低煤中的水分，而且可以提高煤的流动性，进而提高装炉煤的密度。这样有利于煤的表面黏结和界面反应，进而改善焦炭的气孔结构，实现焦炭质量的提高。煤的预热可以提高焦炉的生产能力和降低炼焦工序能耗。如日本新日铁研究开发的SCOPE21炼焦新技术。新日铁大分5号SCOPE21型焦炉2008年2月投产后，装煤密度提高，焦炭质量提高2.5%。由于实施煤的预热还存在一些技术难点，该技术的推广应该还有待生产实践考验。

近几年来，随着国内高炉冶炼过程的强化和喷煤量的不断提高，大中型高炉在努力改善焦炭冷态强度的同时，也逐渐增强了对热强度重要性的认识，生产中增添了热强度性能指标分析项目，并努力改善焦炭的高温性能，促进了高炉生产技术水平的提高。2007年以来，由于炼焦煤紧张，质量劣化，焦炭质量普遍下降，给高炉稳定顺行和喷煤带来较大影响，但太钢、马钢等厂家优化煤种，强化配煤，焦炭仍保持良好质量。国内部分炼铁厂近年焦炭质量情况见表4-60和表4-61。

表4-60 马钢焦炭高温性能及焦炭负荷情况

年 份	1996	1998	2000	2001	2002	2003	2004
CRI/%	29.3	27.6	27.5	26.3	24.8	24.47	22.7
CSR/%	60.8	62.8	64.4	65.1	66.2	67.67	69.5
O/C	3.6	4.0	4.2	4.3	4.24	4.43	4.72
灰分/%	13.29	12.69	12.30	12.31	12.00	12.18	12.3
硫分/%	0.72	0.72	0.68	0.70	0.68	1.19	0.68

表4-61 部分钢厂2010年焦炭质量指标

焦炭指标	M_{40}/%	M_{10}/%	ASH/%	S/%	CRI/%	CSR/%
宝 钢	87.8	6.2	12.2	0.65	25.5（企标）	65.9（企标）
京 唐	90.6	5.9	12.2	0.69	23.9	68.4
马 钢	90	5.6	12.7	0.67	22.6	71.1
武 钢	86.2	6.3	12.6	0.72	28~26	63~65
太 钢	89.5	5.3	12.2	0.7	23.7	69.2
台湾中钢	84.3	7.4	12.32	0.52	26.1	61.6
韩国浦项	87.3（DI^{150}）		11.5	—	—	65.1

注：中钢、浦项为2009年数据。

2002~2004年，1000~3000m^3级高炉焦炭质量指标见表4-62。

表 4-62 1000~3000m³ 级高炉的焦炭质量指标

炉容级/m³	1000			2000			3000		
年 份	2002	2003	2004	2002	2003	2004	2002	2003	2004
灰分/%	12.29	12.26	12.90	12.46	12.46	13.02	12.60	12.50	12.75
硫分/%	0.61	0.60	0.64	0.60	0.61	0.67	0.50	0.54	0.59
M_{40}/%	79.97	79.85	80.1	81.04	81.47	81.12	80.36	80.03	80.74
M_{10}/%	7.33	7.76	7.50	7.57	6.69	7.20	7.37	7.44	7.20

宝钢 4000m³ 级大型高炉一直重视焦炭质量的改进和提高。在满足焦炭冷强度和粒度要求的前提下，注重对焦炭反应性 CRI 和反应后强度 CSR 指标的分析、监控和改善，特别是随着喷煤比的大幅度提高，强调焦炭降低灰分和提高热性能，并对不同喷煤比水平制订了相应的控制标准。宝钢通过建立稳定的炼焦煤供应基地，实施优化配煤和专家配煤、煤岩配煤，加强焦炉操作管理，采用干熄焦技术，焦炭质量一直处于先进水平，为高炉高利用系数（2.2~2.5t/(d·m³)）、长期高煤比（200kg/t）冶炼创造了良好的基础条件。近年来宝钢焦炭质量及粒度组成的实绩见表 4-63，由于炼焦煤资源紧张，质量劣化，焦炭质量近三年来呈下降趋势。

表 4-63 宝钢焦炭质量和粒度组成实绩

年 份	ASH/%	TS/%	DI_{15}^{150}/%	M_{40}/%	M_{10}/%	CRI/%	CSR/%
2002	11.20	0.50	87.83	89.22	5.51	23.97	70.83
2003	11.32	0.55	87.69	88.89	5.54	23.58	70.60
2005	11.86	0.57	87.44	88.45	5.38	24.47	69.55
2006	11.75	0.58	87.50	88.46	5.29	23.94	69.92
2007	11.90	0.63	87.39	88.11	5.94	23.57	69.80
2008	12.36	0.75	86.82	87.13	6.39	23.55	70.23
2009	12.12	0.64	87.22	87.53	6.22	25.86	66.29
2010	12.22	0.65	87.50	87.75	6.22	25.50	65.91

年 份	粒度组成/%					平均粒度 /mm
	>75mm	75~50mm	50~25mm	25~15mm	<15mm	
2002	9.37	55.05	31.44	1.33	2.82	54.87
2003	9.42	52.28	35.04	1.30	1.96	54.46
2005	9.30	45.62	40.79	1.98	2.30	52.52
2006	9.46	44.79	41.30	2.05	2.39	52.36
2007	9.54	44.06	41.56	2.04	2.80	52.09
2008	9.77	43.09	42.16	2.09	2.88	51.93
2009	9.72	43.00	41.70	2.44	3.14	51.74
2010	9.43	43.34	42.41	2.03	2.79	51.86

4.3.6 高炉用小块焦

国内外高炉普遍以矿焦混装形式回收利用高炉槽下小块焦或焦丁，替代部分大块冶金焦,取得良好生产效果,经济效益很大。2005 年以前,高炉小块焦用量普遍在 20 ~ 40kg/t,最近几年国内一些高炉达到 30 ~ 60kg/t,西欧一些高炉则年平均高达 35 ~ 70kg/t。许多高炉生产操作表明,高炉使用小块焦或焦丁不仅能提高块状带矿石层的透气性,促进矿石还原,提高煤气利用率,而且能显著降低焦比和生产成本,使小粒度焦炭资源得到合理利用。此外,对于 4000m³ 以上高炉将小块焦的粒度上限提高,可以增加大块冶金焦的平均粒度,改善透气性和透液性。对小块焦的装入高炉的方式也进行了研究,认为小块焦与矿石混装入炉能提高小块焦的利用效果,其理由和实验依据如下:

(1) 小块焦粒度与烧结矿粒度接近。如果将小块焦布在大块焦层上面,则形成较厚的渗透层,使大块焦层的透气性有所降低。将小块焦与烧结矿混装入炉不会使块状带透气性变差。特别是烧结矿质量较差、粉末多时,还能改善块状带的透气性。

(2) 矿石与小块焦混装以后,从软熔到滴落的压力损失增加很少,且随着小块焦的增加其压力损失增加量有减小的趋势,收缩率也有减小的趋势。试验认为,混入小块焦后,矿石层软熔温度升高,滴下温度下降,软熔带变窄,最高压差大幅度降低,软熔带及以下区域的透气性、透液性都得到改善,并以小块焦、矿石粒度相同时为最佳。

(3) 混装小块焦对大块焦有保护作用,使进入中心焦层的大块焦具有较大的粒度和强度。一方面矿焦混合层中小块焦与矿石接触表面积大,矿石层中还原产生的 CO_2 首先与反应性能较好的小块焦进行碳的气化反应,气流穿过矿石层时,碳的熔损反应就接近于平衡,从而使层状大块焦的碳熔损消耗量大为减少。另一方面,熔滴的 FeO 首先遇上小块焦,并附着其上进行直接还原消耗小块焦,其次才是大块焦,其结果使大块焦的耗损速度大为减缓,保持有较大的粒度和较高的强度,改善了炉缸及其附近区域的透气性和透液性。

(4) 对炉内还原反应的影响。马钢研究所的研究指出,在 1300℃、30% CO + 70% N_2 气氛下还原3h,混有小块焦的烧结矿还原度明显提高,其滴下物和残留物中金属含 Si 量均比单一烧结矿时高。

新日铁的研究表明,在矿石料层中混装小块焦能提高矿石料层中煤气的还原能力,促进矿层上部的还原。为此进行了烧结矿的还原试验,实验结果如图 4-29 所示[6]。在矿层中,随着煤气流上升,矿石料层的上部还原率下降。当装入小块焦以后,矿石料层上部的还原率升高了,并使整个矿层的平均还原率升高。

一般情况下加入小块焦后炉顶煤气 CO_2 含量都有上升,约在 0.4% ~ 0.8% 的范围。

1987 年 4 月,包钢 1 号高炉(1513m³)实施小块焦与烧结矿混装入炉试验,取得了入炉小块焦 16.6kg/t,产量增加 1.63%,燃料比降低 1.07%,透气性指数增加 5.9%,煤气中 CO_2 提高 0.43%,煤气利用率提高

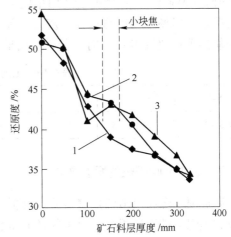

图4-29 在矿石料层中小块焦对烧结矿还原度的影响
1—未加小块焦的基础试验(平均还原度40.5%);
2—试验 1(平均还原度41.7%);
3—试验 2(平均还原度42.5%)

1.16%的良好效果。

1989年4月武钢2号1536m³高炉试用小块焦，取得了煤气中CO_2提高0.43%，煤气利用率提高1.425%，取得了小块焦置换比0.96的良好效果。

攀钢3号高炉混入小块焦19.5kg/t，高炉透气性指数较基准期提高3.38%，料柱透气性得到改善，煤气利用率有所提高，小块焦对入炉冶金焦的置换比达到1.1，对钛的还原无明显影响，高炉主要指标均接近于基准期。

小块焦与冶金焦的置换比，受其入炉方式、冶炼条件、小块焦的特性等多种因素的制约。国内部分高炉的生产实践表明，小块焦与矿石混装入炉，其置换比一般在0.9~1.25间，且多数在1.0以上。所用小块焦的粒度在5~30mm，小块焦的入炉量一般在50~60kg/t，小高炉上有达到113~140kg/t的生产实例。从国外生产实际看，新日铁八幡洞冈1号高炉采用小块焦与矿石混装入炉，小块焦用量达48.4kg/t，取得了置换比1.26的效果。

不同容积高炉对料柱透气性要求不同，对焦炭粒度要求不同，因此对所用小块焦的粒度要求应有所不同。小块焦是焦炭槽下筛分的产物，小块焦的粒度取决于焦炭下筛网的尺寸设置。为减小因溶损粉化给高炉透气性和生产顺行带来的影响，一般1000~3200m³高炉用小块焦的下限粒度应大于10mm，上限粒度25~30mm；4000~5000m³高炉用小块焦的下限粒度应大于15mm，上限粒度50mm。宝钢小块焦成分要求为：水分<2.5%，灰分<13.0%，硫含量<0.6%。宝钢小块焦的成分和粒度见表4-64[22,23]；小块焦粒度组成以10~50mm为主，约占92%~97%，平均粒度20~22mm。根据宝钢4000m³级高炉生产实绩，小块焦比由20kg/t增加到60kg/t时，CO利用率提高0.5%，炉顶煤气温度下降约20~30℃，但由于小块焦粉化和块状带中大块焦炭层的厚度减小，高炉透气性会有所下降。小块焦比在50kg/t以下时，小块焦与大块焦置换比约为0.85。但小块焦硫高、灰分高和灰分中的Al_2O_3含量偏高，使渣量增加。小块焦比由20kg/t提高到60kg/t时，燃料比约上升2~3kg/t。小块焦的合适用量应根据厂内资源条件、炉况接受能力和焦比下降程度综合确定。料场小块焦的水分、灰分、硫含量要比高炉槽下小块焦高，粒度偏小。因此，当小块焦单耗超过40kg/t时，最好使用槽下循环回收设施直接输送的小块焦。

表4-64 宝钢小块焦的成分和粒度 （%）

H_2O	灰 分	固定碳	硫	50~25mm	25~10mm	10~6mm
0.8~2.1	11.7~12.5	83~87	0.5~0.6	20~40	55~70	0.5~1.0

4.3.7 高炉喷吹用煤的质量要求

高炉喷吹煤粉是节约焦煤资源、降低焦比和生产成本的最重要措施。随着喷煤操作的普及和喷煤量的不断提高，对煤粉的质量也越来越重视，要求也越来越高。由于喷吹煤的质量影响喷煤系统的制粉和输送能力，影响煤粉在高炉风口前的燃烧率、炉内利用效果和高炉煤焦置换比，其灰分含量影响高炉渣量，灰分的成分和杂质影响高炉铁水质量，因此，对喷吹煤质量的总体要求是：硫、磷、钾、钠等有害元素含量少，灰分低，碳含量高，流动性、输送性好，反应性和燃烧性高。

对喷吹煤的具体质量要求如下：

（1）煤的灰分要低。通常无烟煤的灰分比烟煤高。各种原煤或混合煤的灰分一般应低于使用的焦炭灰分，要求低于12%。目的是减少高炉的渣量和提高煤粉燃烧效率，为高炉炉况的稳定顺行创造条件。

喷吹煤灰分变化对高炉燃料消耗的影响见图4-30。

（2）煤的硫含量应低于使用的焦炭硫含量，要求低于0.7%。由于高炉硫负荷主要由焦炭和煤粉带入，因此对煤粉的硫含量应合理选择和控制，高煤比操作的高炉，煤的硫分要求更低，应低于0.45%。对喷吹煤硫分的合理控制，是减少高炉辅助原料的用量和获得大喷煤时优质生铁的基础。

（3）煤的结焦性小，应使用基本没有结焦性的煤种，高炉喷吹用煤种主要有无烟煤、贫煤、瘦煤、贫瘦煤、长焰煤等弱黏结和不黏结煤，其成分和主要性能指标见表4-65。除以上煤种外，还有褐煤，但因水分高、易自燃、置换比低，使用的高炉很少。烟煤的胶质层指数 Y 值应小于10mm，避免煤粉在喷吹过程中喷枪和风口小套头部结焦。

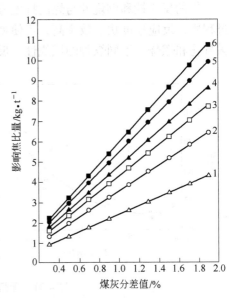

图 4-30　煤粉灰分对焦比的影响
喷煤比：1—100kg/t；2—150kg/t；
3—180kg/t；4—200kg/t；
5—230kg/t；6—250kg/t

表 4-65　常用喷吹煤种的主要性能指标

指　　标	烟煤1	烟煤2	无烟煤1	无烟煤2	贫　煤
工业水分/%	4.29	1.27	0.73	0.99	0.82
灰分/%	6.40	6.92	11.69	10.96	9.93
挥发分/%	33.58	29.47	6.7	8.48	13.48
固定碳/%	60.02	63.61	81.61	80.57	76.59
全硫/%	0.39	0.57	0.37	0.35	0.34
可磨性指数 HGI	63.2	61.1	45.5	66.9	100.5
休止角/(°)	42	41.5		38.5	45.5
压缩度/%	23.2	21.9		21.4	27

（4）煤的发热值高。喷吹煤粉的目的之一是替代焦炭的发热和造气作用。固定碳含量高、碳/氢比高的煤，有较高的煤焦置换比。高挥发分烟煤的低位热值应不低于26000kJ/kg，无烟煤的低位热值应不低于29000kJ/kg，混合煤的低位热值不低于27500kJ/kg。

（5）反应性和燃烧性高。喷入高炉的煤粉要求在循环区内，具有高的燃烧效率，特别是在喷煤量较高的情况下，未燃尽煤粉大量增加会严重影响高炉下部透气性，引起压差升高和顺行变坏。因此要求喷入的煤粉具有高的燃烧性。反应性高的煤燃烧后的半焦，在高炉块状带易于反应消耗，可提高煤粉在炉内的利用率，并利于保护焦炭。

煤的反应性和燃烧性与煤的挥发分含量成正比。燃烧性和反应性好的煤在气化和燃烧过程中，反应速度快、效率高，可使喷入高炉的煤粉能在有限的空间和时间内尽可能多地被气化和燃烧。不同煤种的燃烧性、反应性见图4-31。

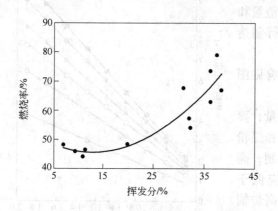
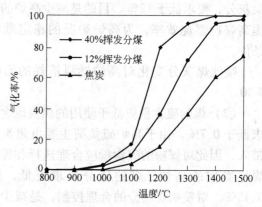

图 4-31 无烟煤、烟煤的燃烧性和反应性

（6）煤的灰分熔点高。灰分熔点低，容易造成风口结渣堵塞，而影响风口进风和正常喷煤。煤的灰分熔点应高于 1500℃。

（7）煤的可磨性和制粉性能好。使用中速磨煤机制粉可磨性指数 HGI 高的煤好磨，制粉出力大。但可磨性系数过高，流动性变差（休止角越大，煤粉流动性越差），影响其输送性能，见图 4-32。因此原煤的可磨性系数应控制在合理的范围内，通常 HGI 控制在 50~90。

（8）流动性和输送性能高。煤的流动性是煤的性质的本质特征。煤粉的输送能力更是与煤粉输送喷吹工艺及其技术参数密切相关的动态性能指标。煤粉流动性差，易导致

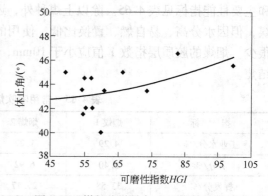

图 4-32 煤的流动性与 HGI 指数的关系

管路堵塞、空喷等现象。在高喷煤量和浓相输送条件下，煤粉输送量大、浓度高，流速减慢，对煤的流动性和输送性能提出了更高的要求。通常用休止角、压缩度或 Carr 指数等静态指标或煤粉输送能力等动态指标来表征煤的流动性和输送性能，见表4-66。在煤粉的比表面积、粒度分布、颗粒形状及水分含量等条件一定时，休止角和压缩度越小，说明煤粉的流动性越好。因此在用休止角与压缩度进行粉体流动性的判定时，必须固定实验条件。根据喷煤实践，煤的休止角控制在 42°以下，压缩度控制在 23.5% 以下，能够满足高炉大喷煤对喷吹煤流动性的要求。

表 4-66 对使用过的煤种流动性评价

休止角/(°)	44.5	42.0	50.5	47.2	49.0	42.0	38.5
压缩度/%	22.5	25.0	43.4	29.0	39.5	22.0	21.5
流动性	可	好	差	好	差	好	好

由于单一煤种很难满足高炉喷吹煤的综合指标的要求，而且也对生产用煤的采购、使用管理、成本和高炉使用效果带来不利影响。目前，除部分高炉因缺少喷煤系统安全设施仍使用无烟煤外，大部分高炉都采用混合煤喷吹。烟煤挥发分高，着火点低，反应性和燃烧率高；而无烟煤固定碳含量高，热值高。采用高挥发分烟煤与无烟煤的混合煤，可以达到兼顾煤的燃烧性和置换比，有利于提高喷煤量和降低焦比的综合效果，对用煤采购和生产组织、控制灰分和硫含量都十分有利。使用混合煤主要应从煤种成分与性质搭配，控制合理的配煤比，以获得良好的综合性能指标等方面进行考虑。通常通过配煤控制煤的挥发分在 18% ~ 25% 的中等水平。灰分应低于焦炭灰分，控制在 12% 以下，硫含量低于 0.5%。

根据以上高炉对喷吹煤的成分和性能要求，在生产中，根据用煤品种和成分、性能指标、按配煤计划合理配煤，通过配煤设施进行配合和均匀混合。对料场原煤的水分和粒度进行管理。使用的原煤在进入磨煤机前应达到表 4-67 所列标准。

表 4-67 喷吹用单一原煤或混合煤的质量要求

灰分/%	挥发分/%	全硫量/%	水分/%	粒度/mm	HGI	休止角/(°)	灰分熔点/℃
<12	18 ~ 25	<0.5	<10	≤25	50 ~ 90	<42	>1500

《规范》要求，**高炉喷吹用煤应根据资源条件进行选择**。选择灰分低、含硫少、可磨性能好的煤作为喷吹煤。喷吹煤质量应符合表 4-68 的规定。

表 4-68 对喷吹煤质量的要求

炉容级别/m³	1000	2000	3000	4000	5000
灰分 A_{ad}/%	≤12	≤11	≤10	≤9	≤9
含硫 $S_{t,ad}$/%	≤ 0.7	≤ 0.7	≤ 0.7	≤ 0.6	≤ 0.6

4.4 辅助原料

高炉冶炼使用的辅助原料主要是熔剂、临时处理炉况用的辅料（如锰矿、萤石等）以及炉缸护炉用含钛物料钛矿等。使用熔剂的目的，是为了与炉料中的脉石及焦炭、煤粉中的灰分组成化学成分和物理性能适宜的炉渣，进行铁水脱硫，保证冶炼顺利进行和生产合格铁水。根据矿石成分、炉料结构和焦炭、煤粉灰分的不同，所用熔剂的种类和用量也有所不同。目前高炉常用的熔剂主要有碱性的石灰石、白云石和酸性的硅石三种。由于绝大多数高炉使用高碱度烧结矿配加酸性球团矿和块矿，熔剂都已经加入烧结矿中，因此在高炉日常生产中熔剂只作为临时调整渣成分和控制铁水质量用。锰矿和萤石能显著降低炉渣熔点，提高炉渣流动性，常作为高炉开炉料和洗炉料（如炉墙严重结厚、炉缸堆积以及停炉放炉缸残铁前炉况异常时）。含钛炉料在高炉内还原生成高熔点的 TiC、TiN、Ti(CN)，沉积于炉缸侧壁和炉底被侵蚀的炭砖表面，对炉缸内衬起保护作用，常作为高炉护炉用原料。

4.4.1 高炉冶炼对辅助原料的质量要求

高炉冶炼对辅助原料的质量要求如下：

（1）有效成分含量高。石灰石和白云石中 CaO 和 MgO 为有效成分，其碱性氧化物（CaO + MgO）的含量要高，酸性氧化物（SiO_2 + Al_2O_3）的含量要低，一般在 3% 左右。石灰石中 CaO 的理论含量为 56%，白云石中 CaO 和 MgO 的理论含量分别为 30.4% 和 21.87%。钢铁企业所用石灰石含 CaO 为 50% ~ 55%，所用白云石含（CaO + MgO）为 48% ~ 51%。我国锰矿的富矿品位为 25% ~ 30%、贫矿为 15% ~ 20%。各类熔剂的化学成分见表 4-69 ~ 表 4-72。

表 4-69 部分企业用石灰石化学成分

厂家	FeO/%	SiO_2/%	Al_2O_3/%	CaO/%	MgO/%	烧损/%	S/%
鞍钢	1.76	3.37	0.56	50.60	1.92	41.15	0.103
太钢	2.22	2.58	0.84	50.78	1.43	42.79	
本钢	4.03		1.04	49.58	3.90	40.60	
马钢		2.29		49.89	0.67	41.79	0.056
梅钢		1.99		52.13	1.76	42.10	

表 4-70 部分企业用白云石化学成分

厂家	FeO/%	SiO_2/%	Al_2O_3/%	CaO/%	MgO/%	烧损/%	S/%
宝钢		1.5		30.8	20.6		
唐钢		1.18		29.80	21.12		
太钢	3.15	4.16	5.18	32.77	14.22	42.56	
马钢		2.07		28.17	19.61	42.64	0.051
梅钢		3.85		30.33	20.22	43.25	

表 4-71 部分企业用硅石成分

厂家	SiO_2/%	Al_2O_3/%	Fe_2O_3/%	CaO/%	MgO/%	S/%	烧损/%
宝钢	96	1.28					
本钢	97.4	0.41	1.68	0.22	0.32	0.019	0.52
梅钢	88.84						

表 4-72 宝钢用锰矿主要成分

厂家	SiO_2/%	Al_2O_3/%	Fe_2O_3/%	CaO/%	MgO/%	TFe/%	Mn/%
宝钢	14	11				15	28

我国萤石矿 CaF_2 成分有不同等级，在 32% ~ 85% 范围。萤石对高炉炉衬有严重侵蚀作用，大多高炉已不用或极少用。

（2）有害元素含量低。各种熔剂一般要求含磷量低，以减少入炉磷负荷和铁水含磷量。各厂所用的石灰石一般磷含量为 0.001% ~ 0.03%，硫为 0.01% ~ 0.08%。

（3）强度大。要求直接入炉的熔剂强度要大，以免在炉内粉碎而影响料柱透气性。石灰石和白云石的物理特性见表 4-73。目前各类熔剂的耐压强度都能满足使用要求。

表 4-73 石灰石、白云石的物理性质

名　称	莫氏硬度	密度/g·cm⁻³	耐压强度/MPa	名　称	莫氏硬度	密度/g·cm⁻³	耐压强度/MPa
白云石	3.5~4	2.8~2.9	294	石灰石	3.0	2.6~2.8	98.07

（4）粒度均匀。为保证良好的料柱透气性和熔剂在块状带、软熔带加热、分解反应过程的进行，熔剂应保持适宜的粒度。粒度过大，易造成其在高炉下部进行分解，影响矿石软化熔融开始区间，并使焦比上升。粒度过小，影响料柱的透气性。高炉用熔剂和辅料的粒度与烧结矿或块矿相当，大中型高炉熔剂和辅料的合适粒度范围在 10~30mm 之间。

4.4.2 辅助原料的质量管理标准

根据高炉生产使用实绩，对各种熔剂和辅料的质量标准见表 4-74 和表 4-75[1]。

表 4-74 石灰石和白云石的化学成分标准

种 类	品 级	CaO+MgO/%	MgO/%	SiO₂/%	P/%	S/%	酸不溶物/%	耐火度/℃
石灰石	特级品	≥54	≤3	≤1.0	0.005	0.02		
	一级	≥53		≤1.5	0.01	0.08		
	二级	≥52		≤2.2	0.02	0.10		
	三级	≥51		≤3.0	0.03	0.12		
	四级	≥50		≤4.0	0.04	0.15		
白云石	特级品		≥19	≤2			≤4	1770
	一级		≥19	≤4			≤7	1770
	二级		≥17	≤6			≤10	1770
	三级		≥16	≤7			≤12	1770

注：大中型高炉用石灰石、白云石的粒度要求用 20~25mm。

表 4-75 硅石化学成分标准

SiO₂/%	Al₂O₃/%	Fe₂O₃/%	CaO/%	MgO/%	S/%	烧损/%
>90	<1.5				<0.02	<0.6

注：对硅石的粒度要求为 10~30mm。

4.4.3 含钛物料的使用和质量要求

高炉炉缸护炉用含钛物料主要有攀枝花和承德钒钛磁铁矿。它们很少配加在烧结料中或通过风口喷吹使用，一般从高炉炉料中直接入炉。由于炉缸护炉主要是利用钛矿物料中的 TiO_2 成分，要求钛矿 TiO_2 含量高，硫、磷有害元素和 Al_2O_3 等成分低，同时，与普通烧结矿、球团块矿一样，钛矿也要有一定的还原性、高温冶金性能和强度、粒度。与钛块矿相比，钒钛球团矿品位高、还原性好、低温还原粉化指数低、软熔性能好、抗压强度高，粒度均匀。因此高炉使用钛矿球团可减小对透气性、顺行的不利影响，减少吨铁消耗，降低渣量，减少焦比、燃料比的增加量，并减轻造渣和炉前作业的困难。钛精矿粉冷固结球团，虽然 TiO_2 品位高，但强度差，槽下粉率高，还原性差，高炉使用的负面作用大。钒钛高炉渣 TiO_2 含量高达 16%~24%，但渣中 Al_2O_3、SiO_2、S 等成分含量也比钛球高得多，使用钛渣护炉对高炉正常冶炼和顺行都有不利影响。因此，不宜用钛精矿粉压球和钛渣。

为使高炉能够维持正常生产，达到护炉的作用，铁中 [Ti] 含量要达到 0.08% ~ 0.15%。通常控制入炉 TiO_2 的量在 8kg/t 左右（渣中 TiO_2 含量小于 1.5%），最高不宜超过 14kg/t，否则炉况和炉前作业有困难。表 4-76 为钒钛球团矿及钒钛块矿的化学成分。

表 4-76 钒钛球团矿及钒钛块矿的冶金性能及化学成分

矿 名	还原度 RI/%	低温还原粉化指数 $RDI_{+3.15}$/%	软化开始温度/℃	软化终了温度/℃	滴落温度/℃	TFe /%	TiO_2 /%	P /%	S /%
钒钛球团矿	67.18	72.55	1091	1217	1380	48.38	17.14	0.016	0.008
钒钛块矿	59.03	80.50	1054	1220	1394	36 ~ 42	10 ~ 11	—	—

根据高炉使用实践，钒钛球团矿的质量应符合表 4-77 的要求。

表 4-77 含钛球团的质量标准

TiO_2 /%	$TFe + TiO_2$ /%	Al_2O_3 /%	S /%	P /%	RI /%	$RDI_{+3.15}$ /%	抗压强度 /kN·个$^{-1}$	粒度 /mm
≥15	≥65	<2	<0.02	<0.02	>65	<70	2.5	8 ~ 13

4.5 入炉有害杂质

矿石中含有硫、磷、铅、锌、砷、氟、氯、钾、钠、锡等有害杂质。冶炼优质生铁要求矿石中杂质含量越少越好，不但可减轻对焦炭、烧结矿和球团矿质量的影响，减少高炉熔剂用量和渣量，而且可减轻炼钢铁水预处理工作量，并为冶炼纯净钢和洁净钢创造必要条件。

4.5.1 有害杂质对高炉生产的影响

4.5.1.1 硫的影响及控制

A 硫的影响

入炉料中硫含量增加将导致熔剂加入量增多，渣量增大，增加高炉热量消耗，焦比上升。高炉入炉硫负荷减少 0.1%，就可使高炉燃料比降低 3% ~ 6%，生铁产量提高 2%。

B 硫的来源及控制

高炉内的硫来自矿石杂质和焦炭、煤粉中的硫化物，熔剂也带入少量的硫。在烧结过程中，可以除去以硫化物形式存在的硫达 90% 以上，可以除去以硫酸盐形式存在的硫达 70% 以上，所以应充分利用烧结除去矿石中的硫。一般来说，入炉硫量的 60% ~ 80% 来自焦炭及煤粉（见表 4-78）。因此，对入炉焦炭和喷吹煤粉的全硫含量要严格控制。

表 4-78 高炉吨铁炉料带入的硫量

喷煤比 /kg·t^{-1}	矿石带入硫量		焦炭带入硫量		煤粉带入硫量	
	/kg·t^{-1}	/%	/kg·t^{-1}	/%	/kg·t^{-1}	/%
200	0.2	8.4	1.56	65.0	0.64	26.7
250	0.2	8.7	1.30	56.5	0.80	34.8

一般天然块矿含硫 0.15% ~ 0.3%。天然块矿石中含硫的界限量：一级矿石要求含硫不大于 0.06%，二级矿石要求含硫不大于 0.2%，三级矿石要求含硫不大于 0.3%。高炉炼铁配料计算中要求每吨生铁的原燃料总含硫量要控制在 4.0kg 以下，并希望在 3.0kg 以下。否则，要调高炉渣碱度，提高脱硫系数，以确保生铁含硫量合格。高炉入炉硫元素的控制标准见表 4-79。

表 4-79 高炉入炉硫的控制指标

吨铁入炉硫负荷/kg·t^{-1}	焦炭含硫量/%	煤粉含硫量/%	炉料含硫量/%
≤3	≤0.6	≤0.4	≤0.03 ~ 0.05

《规范》要求普遍控制每吨生铁的入炉硫量不应超过 4.0kg/t，详见 4.5.3 节。

4.5.1.2 磷的影响及控制

由于烧结和高炉冶炼过程没有脱磷的功能，因此矿石中的磷会全部进入生铁中，这样就要求严格控制入炉料中的含磷量。

磷主要来源于烧结矿，而球团矿、块矿和熔剂中磷含量较少，而烧结矿是高炉的主要原料，因此对烧结矿中的磷含量要严格控制。

矿石中允许含磷量的计算公式如下：

$$P_{ore} = (P_{HM} - P_{flux、coke、adju}) \times Fe_{ore}/Fe_{HM} \tag{4-3}$$

式中　　P_{ore}——矿石中允许含磷量，%；

P_{HM}——单位生铁中的磷量，kg/t；

$P_{flux、coke、adju}$——冶炼单位生铁消耗的熔剂、焦炭、附加物带入的磷量，kg/t；

Fe_{HM}——矿石带入生铁中的铁量，%；

Fe_{ore}——矿石含铁量，%。

高炉生产中对磷的管理指标见表 4-80。

表 4-80 高炉入炉含磷量的控制指标

烧结矿的含磷量/%	炉料含磷量/%	入炉磷负荷/kg·t^{-1}
<0.07	<0.06	<1.0

4.5.1.3 铅的危害及控制

铅以 PbS、PbSO$_4$ 的形式存在于炉料中，铅在炼铁过程中很容易还原。铅密度大（11.34g/cm^3），熔点低（327℃），沸点高（1540℃），不溶于铁水。在炼铁过程中，铅易沉积于炉底，渗入砖缝中，对高炉炉底有破坏作用，所以用含 Pb 的矿石炼铁，在高炉底部要设置专门的排铅口，出铁时要降低铁口高度或提高铁口角度。Pb 在高温区能气化，进入煤气中上升到低温区时又被氧化为 PbO，可再随炉料下降形成循环积累。铅主要由块矿带入炉内，天然块矿的含 Pb 量应小于 0.1%。

4.5.1.4 钛及其他元素

铁矿石中的钛是以 TiO$_2$ 和 TiO$_3$、TiO 等形式存在。钛是难还原元素，其氧化物进入炉渣，通过渣焦界面反应和铁水中 [C] 的直接还原分离出 [Ti]，铁水中的 [Ti] 还能与 [C]、[N] 结合生成 TiC 和 TiN 或 Ti(CN)。TiC 和 TiN 熔点极高，分别为 3150℃ 和 2950℃，以固体颗粒形态存在于渣中，使炉渣黏度急剧增大，造成高炉冶炼困难。普通矿烧结配加钛矿粉的量超过一定标准时，会严重降低烧结矿的还原性和强度。由于高炉铁水中的 TiC 和 TiN 颗粒易沉积在炉缸、炉底的砖缝和内衬表面，对炉缸和炉底内衬有保护作用，钛矿常作为普通矿冶炼的高炉护炉料。

此外，铁矿石中还含有微量的氟。氟是高炉炼铁的有害元素，当矿石中含氟较高时，会使炉料粉化，并降低其软熔温度、降低矿、焦熔融物的熔点，使高炉很容易结瘤。含氟炉渣熔化温度比普通炉渣低 100 ~ 200℃。含氟的高炉渣属于易熔易凝的"短渣"，流动性很强，对硅铝质耐火材料有强烈的侵蚀作用。通常以萤石作为洗炉熔剂。使用含氟矿时，风口和渣口易破损。矿石中含氟低于 1% 时，对高炉冶炼无影响；当含氟在 4% ~ 5% 时，应提高炉渣碱度，以控制炉渣的流动性。普通矿含氟量一般界限为 0.05%。

氯也是对高炉生产和耐材有害的元素；对干式煤气净化装置余压发电装置和伸缩波纹管有极强的腐蚀。燃烧含氯的煤气，其燃烧产物中会生成剧毒物质二噁英也是应该关注的。

氯主要来源于矿石和烧结矿。氯元素易造成高炉炉墙结瘤，耐材破损。

焦炭在高炉内吸附氯化物后反应性增强，热强度下降。

进入煤气中的氯以 Cl^- 形式腐蚀煤气管道，造成煤气泄漏，近几年来采用干法除尘的许多高炉都出现碳钢管道快速腐蚀和不锈钢波纹管腐蚀的问题。

国内铁矿石含氯很少。进口铁矿石含氯高或用海水选矿带入 NH_4Cl 等物质，应控制进口矿石中氯的含量。一些工厂还喷洒 $CaCl_2$ 降低烧结矿的 RDI，或向喷吹煤粉中添加含氯助燃剂，也是高炉氯的来源之一，应严格禁止。日本、宝钢等已停止向烧结矿喷洒 $CaCl_2$，经验证明，高炉透气性也没有明显下降。

铁矿石中的铜含量很少，在高炉炼铁时易被还原，且全部进入生铁中，铜是钢的有益元素。但钢含铜多会使钢热脆，不易焊接和轧制。矿石中铜含量的界限为 0.2%。

《炼铁设计参考资料》对高炉入炉铁矿石的有害元素的界限含量要求，见表 4-81[24]。

表 4-81　入炉铁矿石中有害杂质的含量要求

元　素	S	Pb	Zn	Cu	Cr	Sn	As	Ti, TiO_2	F	Cl
含量/%	≤0.3	≤0.1	≤0.15	≤0.2	≤0.25	≤0.08	≤0.07	≤1.5	≤0.05	≤0.06

表 4-81 系指入炉原料中的块矿在 15% 以下时可供参考。作者认为以控制原燃料带入高炉的有害元素总量为宜，详见 4.5.3 节。

4.5.2　碱金属的危害及其控制

4.5.2.1　碱金属在高炉内的危害

我国许多高炉都存在碱金属危害问题，其中酒钢、新疆八钢、昆钢、包钢、宣钢等高炉，由于矿石、焦炭等炉料碱金属含量偏高，或入炉碱负荷长期超标，受其影响比其他高炉更严重。

从含铁炉料和燃料中带入高炉的 K、Na 等碱金属，在高炉上部存在碱金属碳酸盐的循环积累，在高炉中下部存在碱金属硅铝酸盐或硅酸盐的循环和积累。严重时会造成高炉中上部炉墙结瘤，引起下料不畅、气流分布和炉况失常。碱金属使球团矿产生异常膨胀，还原强度显著下降，还原粉化加剧。碱金属能提高烧结矿的还原度，但使烧结矿的还原粉化率大幅度上升，并降低软熔温度、加宽软熔区间。碱金属在高炉不同部位炉衬内滞留、渗透，会引起硅铝质耐火材料异常膨胀；造成风口上翘、中套变形；会引起耐材剥落、侵蚀，造成炉体耐材损坏，炉底上涨甚至炉缸烧穿等事故。碱金属中 K 元素的循环积累及其危害性比 Na 元素更大。

焦炭的反应性对高炉内焦炭的劣化及高炉冶炼有明显的影响。1982 年鞍钢对 3 号、4 号高炉的分析表明，焦炭的反应性与焦比有关。当使用反应性为 30% 以上的焦炭时，焦炭的反应性每提高 1%，焦比增加 20kg。而且认为焦炭的反应性是控制高炉透气性的重要因素，焦炭的反应性越低，料柱的透气性越好。而碱金属是焦炭溶损反应（$C + CO_2 = 2CO$）的催化剂。在 850～1100℃范围内起着促进反应的作用，含碱量越高，促进反应的作用越强。碱金属能渗入焦炭内部，进入石墨晶格层间，产生体积膨胀，降低焦炭机械强度。

将焦炭浸在碱溶液中使其增碱，进行试验。其结果见表 4-82。

表 4-82 焦炭碱含量对反应性及热强度的影响

试 样	K_2O/%	900℃		1240℃	
		反应性/%	热强度/%	反应性/%	热强度/%
A1	0.84（原焦）	24.57	71.15	65.40	16.90
A2	5.18	25.07	66.68	68.99	13.34
A3	8.02	45.43	42.05	76.35	7.50
A4	11.79	59.21	26.45	80.80	6.29
B1	0.58（原焦）	19.92	74.80	63.71	19.53
B2	7.38	23.87	70.15	70.16	13.88
B3	8.18	31.43	59.66	72.30	12.98
B4	11.09	51.77	36.06	75.39	11.15

注：反应性 $= \dfrac{1h\ 试样总失重（mg）}{焦炭试样重（mg）} \times 100\%$；热强度 $= \dfrac{转鼓后大于\ 10mm\ 试样重}{反应前试样重} \times 100\%$。

首钢 4 号高炉风口取样分析结果如图 4-33 所示[25]。风口焦中碱金属含量升高，风口焦炭粒度减小，入炉焦炭到风口前的劣化程度增大，说明焦炭在高炉内的粉化随着碱金属在焦炭气孔中或焦炭碎末中的积累而变严重。为确保焦炭的料柱骨架和炉缸焦床透气性的作用，必须控制焦炭灰分和入炉碱金属负荷。

4.5.2.2　碱金属的来源及控制

为保证高炉的正常冶炼并获得良好的技术指标，有效的办法是控制入炉料中碱金属的含量和增加碱金属的排除量。

碱金属由原燃料带入，生产中对焦炭和煤粉灰分成分中的钾、钠含量要检验分析并进行控制，见表 4-83 和表 4-84。焦炭灰分成

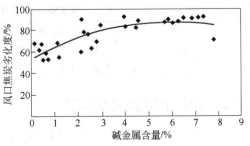

图 4-33　碱金属含量与风口焦炭劣化度的关系

分中，K_2O 和 Na_2O 的总含量一般为 $1.0\% \sim 1.2\%$，喷吹原煤的灰分成分中，K_2O 和 Na_2O 的总含量一般为 $1.1\% \sim 1.3\%$。焦炭灰分成分中的碱金属含量应小于 1.3%。无烟煤灰分和灰中的碱金属含量比烟煤高，高炉使用混合煤喷吹可以控制燃料中带入的碱金属的含量。喷吹煤中碱金属含量应控制在 1.5% 以下。

表 4-83 焦炭灰分成分

成分组成/%	Fe_2O_3	CaO	SiO_2	Al_2O_3	MgO	TiO_2	P	S	MnO	Zn	Pb	K_2O	Na_2O
	4.50	5.24	47.50	35.26	0.499	1.665	0.203	0.625	0.15	0.0072	0.0164	0.52	0.562

表 4-84 喷吹煤的灰分成分

煤种	灰分成分/%											
	Fe_2O_3	CaO	SiO_2	Al_2O_3	MgO	TiO_2	MnO	P	K_2O	Na_2O	Zn	Pb
无烟煤	3.84	5.9	44.4	34.3	0.2	1.58	0.02	0.19	0.43	0.91	0.081	0.017
烟煤	7.26	17.8	35.8	26.2	0.38	0.75	0.09	0.03	0.31	0.7	0.011	0.004

新疆八钢、酒钢等矿石碱金属含量较高，其煤和焦炭中碱金属含量也比中部、东部地区高得多。八钢烧结矿中 K_2O 含量约 $0.066\% \sim 0.13\%$，Na_2O 含量约 $0.06\% \sim 0.21\%$。炉料 K_2O 负荷为吨矿 $0.15 \sim 0.25kg$，Na_2O 负荷为吨矿 $0.12\% \sim 0.35\% kg$，高炉入炉 $K_2O + Na_2O$ 总负荷中，矿石带入约占 $70\% \sim 75\%$，焦炭和煤粉带入约占 $25\% \sim 30\%$。由于碱金属，尤其是 K_2O 对矿石、焦炭的破坏作用以及对高炉生产设备的危害，需要对矿石、煤炭进行脱碱、脱灰处理，高炉日常生产中要通过配矿、配煤减少碱金属入炉，要对原燃料碱金属含量、高炉入炉碱负荷以及碱金属在高炉系统中的收支平衡进行定期检测分析，把握其变化。碱负荷长期偏高的高炉要定期进行炉渣排碱。

1998 年国外高炉入炉碱金属负荷如图 4-34 所示。日本、法国和比利时（西德马厂）的控制标准为小于 $3.0kg/t$。宝钢入炉碱金属负荷，正常生产时为 $1.5kg/t$ 左右，控制标准为小于 $2.0kg/t$。高炉具体控制标准见表 4-85。

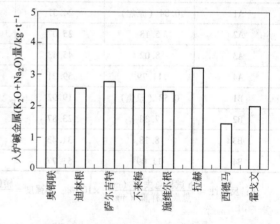

图 4-34 国外入炉料中碱金属的含量
（1998 年年平均）

表 4-85 大型高炉碱金属的控制指标

焦炭灰分中 $Na_2O + K_2O$ 的含量/%	$\leqslant 1.2$
喷吹煤粉灰分中 $Na_2O + K_2O$ 的含量/%	$\leqslant 1.3$
入炉原燃料带入的碱金属量/$kg \cdot t^{-1}$	$\leqslant 2.2$（其中 K_2O 负荷 $< 1.0kg/t$）

4.5.3 高炉内锌的危害及其控制

4.5.3.1 锌在高炉中的循环和危害

锌是与含铁原料共存的元素，常以铁酸盐 $ZnO \cdot Fe_2O_3$、硅酸盐 $2ZnO \cdot SiO_2$ 及闪锌矿

ZnS 的形式存在。高炉冶炼时，其硫化物先转化为复杂的氧化物，然后再在高于1000℃的高温区被 CO 还原为气态锌。锌蒸气在炉内氧化—还原循环。ZnO 颗粒沉积在高炉炉墙上，可与炉衬和炉料反应，形成低熔点化合物而在炉身下部甚至中上部形成炉瘤。当锌的富集严重时，炉墙严重结厚，炉内煤气通道变小，炉料下降不畅，高炉难以接受风量，崩、滑料频繁，对高炉顺行和生产技术指标带来很大影响。有时甚至在上升管中结瘤，阻塞煤气通道，对高炉长寿也有严重的危害。

4.5.3.2 锌的主要来源及控制

高炉生产中，锌的循环除高炉内部的小循环外，还存在于烧结—高炉生产环节间的大循环系统。一般锌从高炉排出后大部分进入高炉污泥中或干法除尘的布袋灰中，可是当高炉的锌负荷很高时，除尘器灰中也含有大量的锌。如果锌含量高的高炉尘泥，甚至锌含量高的除尘器灰配入烧结矿中再进入高炉利用，高炉内就会形成锌的循环富集。应研究高炉内锌的循环与危害，以及烧结—高炉生产中锌的外部循环。烧结配入高炉高锌尘泥和转炉、电炉尘泥，是造成高炉锌富集和危害生产的根源所在，必须打破烧结—高炉间的锌循环链，从源头上切断锌的来源[26]。对于高炉煤气净化灰泥和转炉灰泥、电炉尘泥，必须经脱锌处理后才能回配烧结使用。尽可能少加或不加高锌尘泥到烧结矿中。许多高炉实绩证明，为回收尘泥而牺牲高炉生产顺行的作法是得不偿失的。

在天然矿、球团矿和焦炭、煤粉（锌含量约 0.03% ~ 0.05%）中，也含有微量的锌，但对高炉不具有威胁性。

为控制锌的入炉量，应对烧结矿和高炉瓦斯泥成分进行日常检测，并加强使用管理。高炉生产中通过配料计算，对入炉锌负荷加以监控。国外高炉入炉锌负荷情况如图4-35所示。入炉锌负荷的控制标准见表4-86。

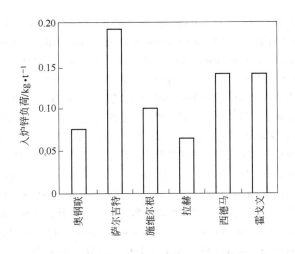

图 4-35 国外高炉入炉锌负荷（1998 年年平均）

表 4-86 高炉锌负荷的控制标准

烧结矿中的锌含量/%	入炉锌负荷/kg·t^{-1}	炉料含锌量/%
<0.01	<0.15	<0.008

近年来，一些高炉入炉有害元素负荷超过控制标准（见表4-87），发生了多起高炉故障，严重影响高炉寿命，有关情况将在第11章叙述。

表4-87 某些高炉有害元素负荷

高 炉	年 份	碱负荷 /kg·t^{-1}	铅负荷 /kg·t^{-1}	锌负荷 /kg·t^{-1}	高 炉	年 份	碱负荷 /kg·t^{-1}	铅负荷 /kg·t^{-1}	锌负荷 /kg·t^{-1}
昆钢6号	1999	4.75	0.328	0.831	酒 钢	1988	7.99~12.32		1.795① 1.455②
	2000	4.58	0.345	0.748	武钢1号	1999	7.0		0.45
	2001	4.79	0.339	0.786	新余1号	2003	4.18		
	2002	4.60	0.251	0.835					
	2003	4.41	0.176	0.885		2004	7.89		
	2004	4.36	0.156	0.764					

①2005年1号高炉的数据；
②2005年2号高炉的数据。

《规范》要求，入炉原料和燃料应控制有害杂质量。其控制宜符合表4-88的规定。

表4-88 入炉原料和燃料有害杂质控制值

K$_2$O+Na$_2$O/kg·t^{-1}	≤3.0	Pb/kg·t^{-1}	≤0.15	S/kg·t^{-1}	≤4.0
Zn/kg·t^{-1}	≤0.15	As/kg·t^{-1}	≤0.1	Cl$^-$/kg·t^{-1}	≤0.6

根据不同级别的高炉及具体情况，可制定企业的相应标准。

参 考 文 献

[1] 许满兴. 中国高炉炉料结构的进步与发展[J]. 烧结球团，2001(2)：6~10.

[2] Lacroix Ph, Dauwels G. High blast furnaces productivity operations with low coke rates in European union [C]. 4th European Coke and Ironmaking Congress Proceedings, Paris, 2000：184~191.

[3] 宋招权. MgO对球团矿质量的影响[J]. 烧结球团，2001(6)：22~24.

[4] 黄永君，周明顺，等. 铁矿球团适宜MgO/SiO$_2$比值的试验研究[J]. 鞍钢技术，2008(3)：14~17.

[5] 于淑娟，于素荣，黄永君，等. 改善鞍钢球团矿冶金性能的研究[J]. 烧结球团，2007(3)：13~16.

[6] 张永明. 含MgO熔剂性球团矿特点及生产实践[J]. 首钢科技，2005(4)：10.

[7] 胡宾生，冯安祖，余亮. 焦炭质量与高炉冶炼的关系[J]. 炼铁，1994(3)：41.

[8] Grobpietsch K H, Lungen H B. Coke quality requirements by european blast furnace operators on the turn of the millennium [C]. 4th European Coke and Ironmaking Congress Proceedings, Paris, 2000：2~11.

[9] 王再义，王相力，张伟，等. 焦炭质量对高炉冶炼的影响[J]. 鞍钢技术，2011(1)：16~19.

[10] Beppler E, Langner K. Coke quality and its influence on the lower part of the blast furnace [C]. 4th European Coke and Ironmaking Congress Proceedings, Paris, 2000：224~230.

[11] Cheng A. Coke quality requirements for blast furnace [J]. Iron and Steelmaker, 2001(9)：39.

[12] 张志仁. 从高炉的解剖与操作分析对焦炭质量的要求[J]. 太钢译文，2006(1)：1~8.

[13] 张思斌，王涛，李颖. 首钢外购焦炭质量恶化后的高炉生产实践[C]. 第4届全国大高炉炼铁年会论文集，2003.

[14] Lin R, Killich H. Investigation of influence of cokes with different quality on the balste furnace operation [C]. 4th European Coke and Ironmaking Congress Proceedings, Paris, 2000：237~240.

[15] 中岛龙一，岸本纯幸，等．高炉内にぉけるコークス劣化举动．NKK 技报，1990，132：1~8.

[16] Iwanaga Y. Coke properties sampled at tuyere and control of deadman zone [J]. Ironmaking and Steelmaking, 1991, 18(2)：102~106.

[17] 蒋胜．不同冶炼强度对焦炭劣化的影响[J]．四川冶金，2005(1)：5.

[18] 徐万仁，吴信慈，等．高喷煤比操作对焦炭劣化的影响[J]．钢铁，2003(3)：4.

[19] 林李全，王杰．焦炭热态性能对 2500m³ 高炉炼铁指标影响的探讨[C]．中国钢铁年会论文集，2003.

[20] 虞积森．高炉冶炼用焦炭的质量和降低焦炭消耗的可能性[J]．太钢译文，2004(3)：1~8.

[21] 孟庆波．采用炼焦新技术改善焦炭质量[C]．全国炼铁年会论文集，2010.

[22] 张龙来，徐万仁，等．高小块焦比操作对高炉燃料消耗的影响[J]．宝钢技术，2005(6)：27~30.

[23] 徐万仁，张龙来，等．高小块焦比操作对高炉透气性和煤气流分布的影响[J]．炼铁，2005(5)：27~30.

[24]《炼铁设计参考资料》编写组．炼铁设计参考资料[M]．北京：冶金工业出版社，1975.

[25] 王冬青，王自亭．首钢 4 号高炉风口焦炭取样分析研究[J]．首钢科技，2007(6)：4~8.

[26] 李肇毅．宝钢高炉的锌危害及其抑制[J]．宝钢技术，2002(6)：18.

5 强化高炉冶炼的途径

长期的高炉生产实践表明，提高高炉利用系数，主要有两个方面：强化冶炼和降低燃料比。在当前低燃料比、高喷煤的条件下，提高利用系数是各国高炉工作者研究的课题。

增大鼓风量、提高冶炼强度是强化高炉冶炼的手段之一。一般在冶炼条件允许的情况下，增加风量能提高利用系数，但是，增大风量后，炉内煤气量也相应增大，煤气流速升高，这就会引起压差升高。当风量增加到超过冶炼条件允许的程度，引起的煤气流速过度升高会导致崩料、悬料、滑料，甚至诱发管道行程，高炉顺行受到破坏，燃料消耗上升，高炉产量反而降低。一般认为，保持炉内合适的煤气流速，以降低燃料比和焦比，从而提高产量是强化高炉冶炼最重要的手段。

本章从提高利用系数、强化高炉冶炼的限制环节入手，分析既降低燃料比和焦比，又提高利用系数的途径。处理好炉内各种相互制约的因素，尽量规避消极因素，最大限度地发挥和利用有利因素。这条路线既符合科学发展观，又符合节能、降耗的要求。

本章从散料层的气流阻力的一般规律出发，讨论高炉炉腹煤气量、透气阻力与限制高炉强化的气体力学因素，提出了炉腹煤气量指数的新概念，及其与强化高炉种种因素的关系。并说明用炉腹煤气量指数来衡量高炉的强化程度更为合理。

5.1 高炉炉内的煤气流动阻力

高炉内煤气因强制鼓风而上升，炉料、渣铁靠自身重力而下降。在高炉上部，煤气通过焦炭、矿石空隙上升；焦炭、矿石依靠重力，克服阻力下降。在高炉的下部，煤气通过焦炭空隙上升，渣、铁透过焦炭空隙下降。

炉料均匀地下降，是高炉顺行、持续生产的重要条件。焦炭在风口区燃烧，产生空间；炉料中的碳被炉料中或煤气中的氧化物氧化，体积缩小。在炉料下降过程中，炉料破碎、粒度缩小及小颗粒填充到大块炉料之间，使炉料的体积缩小。矿石通过物理化学变化形成的渣、铁不断地从高炉排出，倒出空间。炉内不断产生的空间是炉料能够连续下降的前提条件。

高炉炉内同时存在着多相流体，以及其间的传热、传质过程。过去大都认为高炉内为三相，即气体、液体和固体的流动，而喷吹煤粉以后，炼铁界认识到粉体在炉内的作用。高炉应在保证低燃料消耗和稳定顺行的条件下，强化冶炼过程，为此，必须控制好煤气在炉内的三次分配：由风口循环区到炉缸的初始分配、软熔带的二次分配以及块状带的三次分配。高炉现象及其故障是多相流动共同作用的结果。

高炉内促使炉料下降的是炉料的重力，而阻碍炉料下降的力有：炉墙对炉料的摩擦阻力；下降慢的炉料对下降快的炉料，不动的炉料对下降的炉料的阻力；上升煤气流对下降炉料的浮力。只有炉料的重力大于上述三种阻力之和，炉料才能下降。

高炉内煤气流穿过散料层时产生压力降，也就是阻力损失。煤气通过的通道非常曲折，并且受粉末积聚的影响，以及在高温区有软熔带渣、铁液相存在，其阻力损失非常复杂。

透气性和透液性是散状炉料的一个最重要的气体力学特征。它表示在一定条件下，流体通过炉料的能力。一般用单位压差下，流经单位体积料层的流体体积流量来表示。炉料透气性的优劣决定允许流体通过料层的最大流量。气体动力学条件是气相和液相与固相间进行传热传质过程的先决和前提条件。

散料层的透气性和透液性与料层的空隙度是两个完全不同的概念。空隙度大不等于透气性和透液性好，因为后者还取决于料块的平均直径、形状系数和气体的流动性质。

5.1.1 散料层的煤气流动阻力

散料层中的煤气流动阻力与散料层的特性、流动气体的特性有关。

由两种球形料组成的混合料层，其相对透气性与两种不同粒度物料配比的关系见图5-1。由图可知，100%的小粒料组成的料层，其透气性总低于100%大粒料组成的料层的透气性。混合料的相对透气性，随大小粒料组成变化的规律与混合料空隙度变化规律相同。混合料中相对透气性最低处，正好对应于大粒料含量为66.6%。同时在这一含量范围内，随混合料中粒度比 $R = (d_p)_L/(d_p)_S$ 值增大，相对透气性剧烈降低，而超过该范围时，又迅速增加。因此，大粒料含量为66.6%是相对透气性转变的临界值。

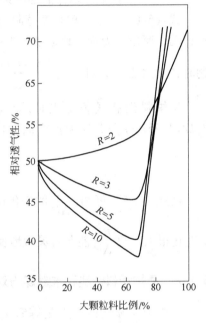

图 5-1 二元球形混合料的相对透气性

将散料体流体力学参数和试验资料结合，可导出经验公式，分析高炉内的情况。其中欧根（Ergun）方程内容较全面，其表达式为：

$$\Delta P/H = \frac{150\mu u_0 (1-\varepsilon)^2}{\overline{d}_p^2 \overline{\phi}^2 \varepsilon^3} + 1.75\frac{1-\varepsilon}{\varepsilon^3}\frac{\rho u_0^2}{\overline{d}_p \overline{\phi}} \tag{5-1}$$

按照卡曼（Carman）的阻损方程导出的表达式为：

$$\Delta P/H = \alpha k u^{1.7} \tag{5-2}$$

其中，与散料和流体物理性质有关的系数可以写成：

$$\alpha = \frac{\mu^{0.3}\rho^{1.7}}{g_c} \tag{5-3}$$

$$k = c\left(\frac{1}{\phi \overline{d}_p}\right)^{1.3}\frac{(1-\varepsilon)^{1.3}}{\varepsilon^3} \tag{5-4}$$

式中　ΔP——散料层压力降，N/m^2；

　　　　H——料层厚度，m；

　　　　μ——煤气的黏度，$Pa \cdot s$；

u_0——煤气的空炉流速，m/s；

ρ——煤气密度，kg/m³；

g_c——重力加速度，m/s²；

c——常数；

ε——散料层的空隙率；

$\overline{d_p}$——炉料的平均粒径，m；

$\overline{\phi}$——炉料颗粒的形状系数，为颗粒体积相等的球体表面积与所求颗粒表面积的比值。球体的形状系数为 1。

式（5-1）中第一项是摩擦阻力损失，第二项是运动阻力损失。高炉内气体以紊流状态运动，摩擦阻力损失比运动阻力损失小得多，故可忽略不计。因此，在讨论高炉顺行问题时，常用 $\Delta P / H = 1.75 \dfrac{(1-\varepsilon)\,\rho u^2}{\overline{d_p}\,\overline{\phi}\varepsilon^3}$。

当炉料没有显著变化时，$\overline{d_p}$、$\overline{\phi}$ 可认为是常数。料层厚度 H 也可视为常数，所以 $\overline{d_p}\overline{\phi}/(1.75H\rho)$ 可归纳为常数 k，可得高炉内煤气流速 u_g 与压力降 ΔP 的关系：

$$\frac{u_g^2}{\Delta P} = k\,\frac{\varepsilon^3}{1-\varepsilon} \tag{5-5}$$

由式（5-5）可知，$\dfrac{u_g^2}{\Delta P}$ 的变化代表了 $\dfrac{\varepsilon^3}{1-\varepsilon}$ 的变化，ε 小于 1，所以 ε 的微小变化会使 ε^3 变化很大，故 $\dfrac{u_g^2}{\Delta P}$ 能非常灵敏地反映炉料的透气性。

5.1.2 高炉炉料性能和未燃煤粉对透气性的影响

高炉炉料透气性一直是炼铁工作者所关心的问题，在第 4 章和第 6 章分别从原燃料质量和炉料分布的角度叙述了如何改善炉料透气性。特别是在高炉大型化和喷煤以后，炉内焦炭粒度的变化和未燃煤粉的积聚等已经成为重要的课题。这里仅做简要的介绍。

5.1.2.1 炉内焦炭粒度的变化

1977 年日本名古屋 1 号高炉（容积 2518m³）用氮气冷却停炉，进行了解剖调查。解剖调查的焦炭粒度分布见图 5-2[1]。

从高炉炉身上部（至出铁口 20～14m），焦炭平均粒度缩小，而炉身中部（至出铁口 14～9m）几乎没有变化，在高炉径向也几乎没有变化。炉身下部和炉腰（至出铁口 9～4m）焦炭平均粒度急剧缩小，而炉腹又没有大的变化。小于 10mm 的焦粉的含量，从炉身上部至中部的高度方向没有太大的差别，且径向上中心和

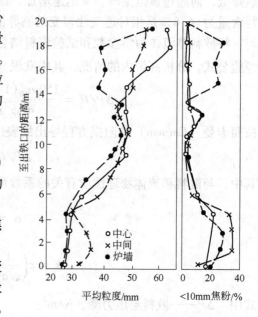

图 5-2 名古屋 1 号高炉停炉解剖调查的焦炭平均粒度和焦粉的分布

中间部位增加了不到 5%，而炉墙边缘显示出 20% 以上的高值。从炉身中部至下部径向的各个位置的焦粉量几乎相同，而后逐渐增加，炉身下部至风口上部焦粉量急剧增加。

关于喷吹煤粉对焦粉产生量的影响，进行了许多实验和模型计算。小型燃烧炉模拟循环区的试验表明，全焦冶炼与喷煤 200kg/t 比较，焦粉的产生量增加了 2.25 倍之多。

在高炉下部，矿石已经软熔，唯有焦炭仍保持固态。决定高炉下部空隙率 ε 的是焦炭粒度组成，除与焦炭的入炉粒度均匀程度有关外，还与焦炭强度，尤其是焦炭的反应后强度、反应性有关。焦炭的强度高，反应后强度高，焦炭在炉内能保持较大粒度，产生较少的焦粉就有较大的空隙率 ε。炉料的空隙率 ε 还受渣量、炉渣滞留量和液泛现象的影响。

5.1.2.2　未燃煤粉和粉焦的行为

高炉内流动着两种类型的粉末，即未燃煤粉和粉焦。用高炉操作模型可以分别将随同气流流动的动态滞留量，以及填充层中积聚的静态滞留量分开处理。在实际高炉操作和低燃料比操作的条件下，进行高炉炉内粉末的积聚行为，以及炉内物流的制约条件的研究。

为了分析实际高炉炉内粉末积聚的行为，现选择高炉容积为 4397m³，产量为 10462t/d，焦比和煤比分别为 369kg/t 和 126kg/t，燃料比为 495kg/t，风量（标态）、风温和富氧率分别为 7283m³/min、1138℃ 和 2.5% 为例进行说明。炉料分布为径向上中间部位的矿石比例高，形成的温度分布是中心和边缘高，中间部位温度低，其结果是形成 "W" 形软熔带。在此解析中，煤粉和焦粉的粒度和堆密度分别设定为 0.1mm 和 500kg/m³ 以及 1.0mm 和 1000kg/m³。由于未燃煤粉和焦粉的粒度和密度不同，在高炉内部相互的流动状态及积聚不同[2]。

图 5-3 和图 5-4 表示微细煤粉和焦粉的存在率。从风口喷入煤粉的未燃部分，从循环区流出主要向上方流动，在水平方向的扩散较少，在高炉的全部高度的径向中间部位，形

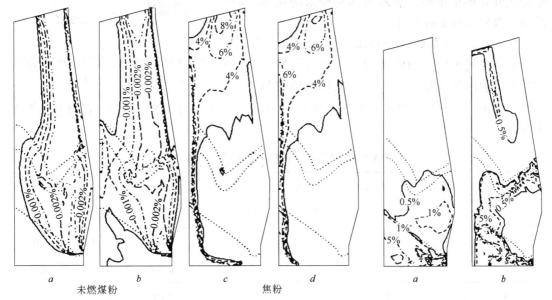

　　　　　a　　　　　　　b　　　　　　　c　　　　　　　d　　　　　　　a　　　　　b
　　　　　未燃煤粉　　　　　　　　　　　　焦粉

图 5-3　未燃煤粉和焦粉的动态分率　　　　　　　　图 5-4　未燃煤粉和
　　　　a，c—非静态；b，d—静态；　　　　　　　　　　　焦粉的静态分率
　　　　　　　　　　　　　　　　　　　　　　　　　　　a—未燃煤粉；b—焦粉

成高浓度的区域。这种粉末的积聚倾向不管情况如何都一样，粉末存在率大。焦粉从这个区域低速向上方移动，并在中心线附近形成高浓度的区域。

死料堆内部透气性恶化，煤气流动变弱，显示出粉末的滞留量和在炉内有高浓度的积聚。其结果，死料堆内部的热供给量下降，形成了低温区域。未燃煤粉和焦粉在死料堆上部有不同的积聚区域。未燃煤粉在循环区上部积聚；焦粉在高炉中心线附近的区域积聚。未燃煤粉和焦粉的积聚速度分布是在炉底中央部分，虽然煤气流量小，但是积聚速度为负值，即积聚粉末被消耗了。在软熔带的下部和炉身上部也会消耗积聚的粉末。在软熔带根部形成积聚速度大的区域，主要是软熔带附近的煤气流动方向发生变化，煤气流速减小的缘故。

在填充的焦炭层中，块焦、未燃煤粉和焦粉产生溶损反应。发生溶损反应的主要区域是循环区周边部分和软熔带上部。粉焦主要在软熔带上部发生反应，在循环区周边部分的反应量很少。块焦主要从软熔带高度方向的中间向上形成反应区域。由于比块焦的反应界面大，在软熔带上部积聚粉焦的概率非常小。这是形成块焦与粉焦不同反应行为的因素。在软熔带的下部形成未燃煤粉溶损反应的区域，比其他碳素材料的反应区域大。但是反应速度比块焦和粉焦小。由于产生这些反应，动态粉末与静态粉末的化学成分随位置的不同而变化。其结果与交换速度成正比，不与积聚速度成正比。图5-5 表示未燃煤粉的有效积聚速度与动态—静态粉末之间的炭素交换速度的比较，图中曲线为其交换速度($g/(m^3 \cdot s)$)的等速度线。图中曲线分布图形不同，显示出两种粉末的化学成分的差异和分布的不同。

5.1.2.3 计算的炉料特性

根据煤气在炉内的停留时间，可以计算出炉料在运动时的实际空隙率 ε_m。实际空隙率与

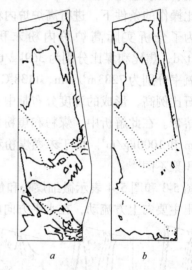

图5-5 未燃煤粉的积聚速度及伴随的交换速度
a—积聚；b—炭素交换

炉料在静止状态下的空隙率 ε_s 相比，最大 ε_m 可为 ε_s 的 1.5 倍。炉料空隙率的计算结果见表5-1。

表5-1 炉料运动和静止状态下的空隙率

实验号	煤气在炉内的停留时间/s	实际煤气量/$m^3 \cdot s^{-1}$	ε_m	ε_s	$\varepsilon_m/\varepsilon_s$
1	7.67	120	0.575	0.42	1.37
2	6.45	113.5	0.457	0.417	1.09
3	8.02	126.5	0.634	0.418	1.51
4	7.01	137.5	0.602	0.416	1.45
5	6.58	114.5	0.471	0.418	1.13
6	6.90	120	0.577	0.417	1.24

对炉顶压力为 0.196MPa、炉顶温度为 120℃ 的高炉炉料的自然堆角和最小流态化气流速度进行计算，见表 5-2。

表 5-2 高炉炉料性能

炉料名称	堆密度 /kg·m^{-3}	空隙率 ε	平均粒度 d_p/mm	形状系数 ϕ	阻力系数 ξ/m^{-1}	最小流态化速度/m·s^{-1}	自然堆角 /(°)
焦　炭	525	0.51	50	0.63	205	2.9	35
烧结矿	1660	0.45	18	0.67	876	2.5	33
球团矿	2150	0.41	12	0.85	1469	2.2	26

5.1.3 软熔带、滴落带和渣铁滞留对煤气流动的影响

5.1.3.1 煤气通过软熔带的流动阻力

用欧根方程计算软熔带阻力损失时，可用下述形式表示：

$$\Delta P/H = f_b \frac{1}{d_p} \left(\frac{\rho_g u^2}{2\phi} \right) \left(\frac{1-\varepsilon_b}{\varepsilon_b^3} \right) \qquad (5-6)$$

式中 ε_b——软熔带中的空隙率，$\varepsilon_b = 1 - \dfrac{\rho_b}{\rho_p}$；

ρ_b，ρ_p——分别为软熔时与软熔前的矿石层密度，g/cm^3；

f_b——软熔带的阻力系数。

由实验所得收缩率与阻力系数的关系为：

$$f_b = 3.5 + 44\sigma^{1.44} \qquad (5-7)$$

式中 σ——软熔时矿石层的收缩率，$\sigma = 1 - \dfrac{H}{H_p}$；

H，H_p——分别为软熔时与软熔前矿石层的厚度，mm。

当 $\sigma = 0$ 时，$f_b = 3.5$，即为原欧根公式；当 $\sigma = 0.4$ 时，f_b 增大 3.5 倍以上，这与图 5-6 所示的实验结果基本相符[3]。

用卡曼方程计算软熔带阻力损失时，方程式的形式不变，而 α 和 k 分别用软熔带的空隙率和系数代入即可。

软熔层的阻力很大，软熔层与焦炭层的透气性之比为 1:52。因而煤气流绝大部分从软熔层之间的焦炭窗穿过软熔带，在绕过软熔层时产生了横向流动。由于软熔带的结构和形状及焦炭窗厚度等透气因素不同，煤气流在软熔层中的分布发生很大的变化。

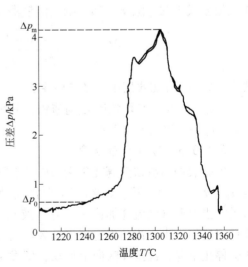

图 5-6 鞍钢烧结矿软熔滴落过程的温度-压差曲线

按照软熔带煤气横向流动的模型试验的结果，得到煤气流经软熔带的阻力损失也可以用如下公式表示：

$$\Delta P / H = K\rho u^2 \frac{B^{0.183}}{n^{0.46} h_e^{0.93} \varepsilon_c^{3.74}} \qquad (5-8)$$

式中　K——阻力系数；

　　　B——软熔层径向宽度；

　　　n——软熔带中焦炭的层数；

　　　h_c——焦炭窗的高度；

　　　ε_c——焦炭窗的空隙率。

由式（5-8）可知，焦炭窗的性质对软熔带中的压力损失起着决定性的作用。因而，增大焦炭批重使其层厚增高，改善焦炭热态强度、减少破碎和粉化，保持焦炭窗有较大的空隙率等对降低软熔带的阻力都是至关重要的；同时也不应忽视原料性能的改善，缩小软熔带的温度区间，减少软熔层的厚度和宽度。

此外，软熔带中包含的焦炭窗数目和软熔层的宽度等因素还与软熔带的形状、位置和高度有关。一般来说，倒 V 形软熔带包含的焦炭窗数目较 W 形要多，阻力损失较小，而且其径向流动的空间较大。倒 V 形软熔带的高度高，包含的焦炭窗数目多，形成的位置低，温度梯度大，软熔层的宽度和厚度缩小，都能减小阻力损失。可是倒 V 形软熔带根部的厚度不能太厚，使得边缘的软熔层宽度和厚度增加，反而使阻力加大。

由此，高炉软熔带的形状、焦炭批重，并保持高炉中心有一定的矿层厚度，形成狭窄范围的中心气流对强化冶炼有重要意义。

5.1.3.2　煤气通过滴落带的流动阻力

滴落带是由焦炭床组成。液态渣铁成滴状或冰凌状在焦炭颗粒之间的空隙中滴落、流动和滞留。由于煤气和渣铁液滴相向运动，而且共用一个通道，以及渣铁的滞留，将占据同一个通道的空隙，因此煤气流动阻力显然会随着渣铁的滞留量的增加而升高。因而可以在欧根公式中的空隙率 ε 项里减去渣铁滞留率 h_t，即可得到所谓"湿区"的欧根方程：

$$\frac{\Delta P}{H} = k_1 \frac{(1-\varepsilon+h_t)^2}{\overline{d}_w^2 (\varepsilon - h_t)^3} \mu u + k_2 \frac{1-\varepsilon+h_t}{\overline{d}_w (\varepsilon - h_t)^3} \rho u^2 \qquad (5-9)$$

式中　h_t——在焦炭层中渣铁滞留率；

　　　$\overline{d}_w$——焦炭平均粒度 d_p 与渣铁液滴平均直径 d_l 两者的调和直径，mm；

　　　k_1，k_2——透气阻力系数。

5.1.3.3　渣铁的滞留量

实验表明，渣铁液滴在焦炭层中的总滞留量 h_t 与煤气流速 u_g、渣铁液滴的密度 ρ_L、黏度 μ_L、表面张力以及对焦炭的润湿性等特性有关，还与焦炭床的平均粒度和空隙率等特性有关。当上升气流流速加快时，渣铁液滴与气流相遇的摩擦力增加，使其下降速度减缓，滞留率增加，煤气流动阻力损失加大。当液滴下降力完全被气流浮力和摩擦力抵消时，液滴会停止下降，甚至反吹向上运动，即发生液泛现象。此时，煤气阻力损失急剧升高，导致顺行的破坏和高炉行程的失常。

液体流动的实验是在固定床中进行的，基本上仍可采用固定床的定义来分类。

在固定层中，颗粒表面、颗粒与颗粒之间、颗粒与壁面之间静止的液体，由于移动层的场合下颗粒下降，也随着颗粒做下降运动。其中一部分液体，由于颗粒的移动提供了运动的能量，附在颗粒上下滴。总之，严格来说，在移动层中几乎不存在静止的液体，对固定层进行的分类不可能原封不动地运用，而沿用固定层的定义可做如下分类：

（1）总液体体积（当连续供应液体时，填充层内存在的液体总体积，也就是供给液体量与排出液体量之差）。

（2）流动液体体积（在填充层内流动的液体体积，也就是停止供给液滴后，从填充层中排出的液体体积）。

（3）静止液体体积（在填充层内停留的液体体积，也就是在颗粒表面、颗粒与颗粒之间的间隙、颗粒与壁面间隙滞留的液体体积）。

把这些液体体积除以空塔的体积的值分别定义为总滞留量（h_t）、动滞留量（h_d）、静滞留量（h_s），以分率表示。

总滞留量用动滞留量与静滞留量之和表示：

$$h_t = h_s + h_d \tag{5-10}$$

在固定床中液体的供给曲线和排出曲线的模式，以及各滞留量的相当体积及对应关系如图 5-7 所示。

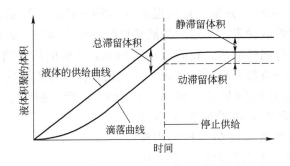

图 5-7　在固定床中液体的供给曲线、
滴落曲线和滞留体积的图解

当气流速度升高，颗粒和液体特性不变时，总的、动和静液体滞留量的变化中，不管气体流速如何变化，动的滞留量几乎不变。另一方面，在气体流速低时，总的和静滞留量不变，可是气流超过某一速度 $u_{g,L}$ 时，开始上升。在该气流速度下，也相应得到了一个稳定的压力损失与此转变点相一致。

当小颗粒的体积分数增加时，动滞留量增加。这是因为空隙变小和液体的流动阻力变大的缘故。然而，静液体滞留量显示出相反的趋势，静液体滞留量随空隙体积而变小。滞留量与福武等人的不均匀填充床的公式有较大不同。小颗粒对静滞留量的影响完全不同。这是由于颗粒与圆筒壁两者形成的反常空隙。当液体流速增加时，动和静液体滞留量两者都增加[4]。

动滞留量公式如下：

$$h_d = 0.15 Re^{0.6} Ga^{-0.4} \varepsilon^{-3.2} \tag{5-11}$$

$$Re = \rho_L u_L d_p / \mu_L \tag{5-12}$$

$$Ga = \mu_L^2 / (d_p^3 g_c \rho_L^2) \tag{5-13}$$

式中 d_p——平均颗粒直径，是以颗粒表面积和体积为基础的平均直径，m；

ε——空隙率；

u_L——液体的流动速度，m/s；

ρ_L——液体的密度，kg/m^3；

μ_L——液体的黏度，Pa·s；

g_c——重力加速度，m/s^2。

把静滞留量分为两个部分（静滞留量低于充滞点和静滞留量超过充滞点），并用试验条件表示：

$$h_s = h_{s0} = 3.7 \mu_L^{0.08} \varepsilon^{4.8} \qquad (u_g \leqslant u_{g,L}) \tag{5-14}$$

$$h_s - h_{s0} = 0.082 \varepsilon^{5.0} \rho_L^{0.1} u_L d_p^{-0.35} \mu_L^{-0.9} (u_g - u_{g,L}) \quad (u_g > u_{g,L}) \tag{5-15}$$

上面的方程式，空隙率对液体的滞留量有很大影响。测量数据与式(5-10)~式(5-15)计算的总滞留量之间仍有25%的误差。

在底部有喷嘴的石墨坩埚（ϕ70mm）中填充焦炭（粒度8~10mm、层高140mm），从下部通入 N$_2$（50L/min），升温至规定温度（1450~1550℃）后，从上部以规定速度连续加入不同黏度的炉渣粉末，测定炉渣滴落期间的压力损失。炉渣粉末是由实验高炉采集的炉渣用药剂进行调整而成，粉碎至小于5mm。实验时压力随时间变化，炉渣投入焦炭填充层上部后，炉渣粉末瞬时就熔化，并在几分钟后开始滴落。滴落开始，压力上升，随后，大体上压力保持恒定。此外，滴落终了后，继续保温，煤气量降低到10L/min以下，将坩埚中残留的滴落炉渣冷却。把此残留的滴落炉渣量（包括坩埚内残留部分）换算成体积，作为焦炭填充层中体积的占有率，与压力损失比较，得到图5-8，几乎呈正相关的结果[5]。此外，实测压力损失与用福武等的理论计算式算出的液体滞留量相差0.5%~4.5%。炉渣残留量几乎与静滞留量相一致。因而数量可能与表面张力、接触角等因素有关。在此，作为评价对象，首先考察炉渣黏度和结晶温度的影响，其次才考察表面张力和接触角的影响。

古伯塔等人在模型中用X射线观察液体的流动得出[6]，循环区的高气流速度使得在风口上方和前方形成了干区。在此区域中高速气流以很高的气体曳力把液体从这个区域推出。在循环区上方，气流垂直向上，直接对抗液体向下穿过的重力。在干区，气体的曳力超过了重

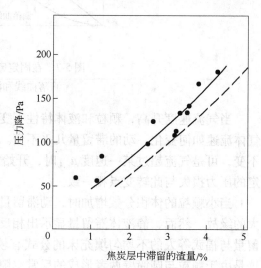

图5-8 在炉渣滴落试验中炉渣静滞留量对压力降的影响

● 在焦炭层中观测的滞留渣量；—— 静滞留量的计算值；——— 总滞留量的计算值

力并使液体不能向下渗透。在干区上面，有一个液体滞留量很高的区域，那里气体曳力与其他的力平衡。液体进入这个区域有很长的停滞时间，这个区域对应于高炉的高温区域。曳力的作用也使液体朝向死料堆，进入到高炉中心附近，这里正是液汽的高发区域。

类似的研究还很多，在这里我们仍然要简要地叙述曾经提到的关于液体黏度 μ_L 和液体流动速度 u_L 对充滞点气流速度 $u_{g,L}$ 和液泛点气流速度 $u_{g,F}$ 的影响。

当气流速度较低时，根据液体黏度，液体的流动方式是多样的。在低黏度（水）的情况下，液体流动像滴状流动；在黏度高（甘油）的情况下，其流动像细线。因此，当气流速度超过充滞点后，流动状态显示出类似于液膜的流动。在液体黏度高时，充滞点和液泛点两者的气流速度变低。

对 2014m^3 高炉的渣量计算表明，当正常生产，不考虑临近出渣、出铁前被煤气吹到焦层中积累的渣量时，滞留在焦炭中的渣量只有 0.013 ~ 0.014m^3/m^3，只相当于焦炭空隙体积的 3% ~ 4%。这时气、液两相逆流运动可以互不干扰，对高炉冶炼过程也不会带来不利的影响。但在高炉行程失常时，如炉渣过黏，渣量过大或气流速度增加过快等，都可能导致焦层中积累大量的炉渣。

5.2 高炉炉腹煤气量指数与透气阻力系数

高炉炉腹煤气量、炉腹煤气量指数和透气阻力系数是衡量高炉强化的重要参数。

高炉各部煤气量随高度而发生变化。近代高炉使用的熟料比例高和高碱度烧结矿，加入熔剂的数量很少，因此沿高炉高度方向煤气量的变化不大，基本上是稳定的。作为工程和控制使用的参数，必须测量数据量少，数据容易采集。炉腰、炉腹部位正是炉内透气性最差、压差最大的部位，因此，炉内煤气数量用炉腹煤气量具有较高的代表性。由此，可以计算炉腹煤气量指数、炉内透气阻力系数，并且把实验和理论与生产结合起来。

5.2.1 炉腹煤气量

炉腹煤气的数量与焦炭、煤粉燃烧量密切相关。焦炭、煤粉燃烧后，形成炉腹煤气。炉腹煤气的数量与鼓风量、富氧量、湿分、喷吹物的数量、成分有关。高炉炉腹煤气量是在风口循环区的燃烧产物进入焦炭床后形成的还原气体量，其理论计算见第 7 章。在高炉生产中，喷吹煤粉的条件下，一般采用下式简便计算炉腹煤气量 V_{BG}：

$$V_{BG} = 1.21V_B + 2V_{O_2} + \frac{44.8W_B(V_B + V'_{O_2})}{18000} + \frac{22.4P_cH}{12000} \tag{5-16}$$

式中　V_B——风量，不包括富氧量（标态，下同），m^3/min；

　　　V_{O_2}——总富氧量，m^3/min；

　　　V'_{O_2}——在总富氧量中，扣除经过湿度计以后加入的富氧量（例如，风口氧枪加入的氧气量），如不需扣除则 $V'_{O_2} = V_{O_2}$，m^3/min；

　　　W_B——鼓风湿分，g/m^3；

　　　P_c——喷吹煤粉量，kg/h；

　　　H——煤粉的含氢量，%。

5.2.2　高炉炉腹煤气量指数

提出炉腹煤气量指数 χ_{BG} 的目的是，把高炉强化时控制炉腹煤气量 V_{BG} 以减少吨铁炉腹煤气量 v_{BG} 和提高炉腹煤气效率 η_{BG} 来保持低燃料比的经验能够推广到各级高炉。而不必对每座高炉繁复地进行逐一标定。

高炉中料柱通过煤气阻力最大的部位是软熔带和滴落带，也就是在高炉下部炉腹、炉腰和炉身下部。理应采用炉腹、炉腰和炉身下部的煤气量及该处平均断面积来表征煤气的通过能力。可是高炉投产以后，透气能力最差的炉腹、炉腰和炉身下部内衬很快被侵蚀，断面发生了巨大变化，以及该处的煤气量难以确定等问题。为简便、实用起见，采用计算参数较少的炉腹煤气量，并改用在生产中不变的炉缸断面积来表征炉内煤气的通过能力。但是要注意，虽然高炉内位置的改变可以简化计算，但不能把概念简单化成炉内煤气的通过能力仅仅取决于炉缸，从而产生认识上的偏差。

将高炉炉腹煤气量指数 χ_{BG} 定义为单位炉缸断面积上通过的炉腹煤气量，即炉腹煤气在炉缸断面上的空塔流速，用下式表示[7,8]：

$$\chi_{BG} = \frac{4V_{BG}}{\pi d_h^2} \quad 或 \quad \chi_{BG} = \frac{V_{BG}}{A_h} \tag{5-17}$$

式中　V_{BG}——高炉炉腹煤气量，m^3/min；

　　　d_h——炉缸直径，m；

　　　A_h——炉缸断面积，m^2。

采用炉缸面积来衡量炉内煤气的流速，不应认为单纯降低炉缸处的煤气流速就能改善料柱的透气性。由于炉腹煤气量指数 χ_{BG} 是炉腹煤气换算到炉缸处的流速，有效容积与炉缸面积之比 V_u/A 可以认为是当量高度。因此，炉腹煤气量指数除以有效容积与炉缸面积之比 χ_{BG}，可以认为是煤气在炉内的停留时间。在设计高炉内型时，不能认为加大炉缸直径就能增加炉内煤气的通过量，相反，为了提高炉腹煤气效率必须增加炉容与炉缸断面积之比 V_u/A 的值。

提高煤气在炉料中的流速是有限度的。这不但从高炉气体动力学理论到实践都证明了这一点；而且由于炉腹煤气量指数代表炉内煤气的流速，它还表征了煤气在炉内的停留时间，高炉煤气在炉内的停留时间太短，对煤气热能和化学能的利用将产生不利的影响。这是本书的重点。还应该指出，煤气流速与煤气在炉内的停留时间与有效高度 H_u，以及炉容与炉缸断面积之比 V_u/A 有关。为了降低燃料比，煤气应该在炉内有足够的停留时间，煤气应该与炉料有足够的时间接触进行化学反应和热交换，高炉应该有适当的有效高度 H_u 和足够容积 V_u。

5.2.3　高炉透气阻力系数

5.2.3.1　全炉透气阻力系数

炉腹煤气在上升过程中，穿过料层，遇到阻力，其阻力的大小除了与炉腹煤气量有关外，还与煤气的黏性、密度、炉料的粒径、形状、空隙率等因素有关。

如果将卡曼阻力方程中有关气体物理特性的系数和实际流速换算成标准状态，则卡曼方程变为：

$$\Delta P/H = \alpha_0 k u_0^{1.7} \frac{P_0 T}{P T_0} \tag{5-18}$$

式中 P_0，P，T_0，T——分别为标准状态和实际高炉条件下的绝对压力和绝对温度。

如果将式（5-18）的 ΔP 用炉顶压力 P_0 和风口热风压力之差来表示，并沿高炉高度 H 方向积分化简，则得到：

$$P_B^2 - P_T^2 = k' \cdot u_0^{1.7} \tag{5-19}$$

式中 P_B——鼓风绝对压力，100Pa；

P_T——炉顶绝对压力，100Pa；

k'——阻力系数；

u_0——煤气的表观速度。

煤气的表观速度可由下式求得：

$$\bar{u}_0 = \frac{V_{BG}}{60} \frac{P_0}{\bar{P}} \frac{\bar{T}}{T_0} \frac{1}{S} \tag{5-20}$$

式中 $\bar{u}_0$——高炉炉内表观煤气流速，m/s；

P_0——标准状态下大气的绝对压力，100Pa；

$\bar{P}$——炉顶压力和风口前鼓风绝对压力的平均值，$\bar{P} = \dfrac{P_B + P_T}{2}$，100Pa；

T_0——标准状态下的大气温度，K；

$\bar{T}$——炉顶温度和风口温度的平均值，K，可取 1473K；

S——炉内平均断面积，$S = \alpha \cdot V_W / h$，m²；

V_W——高炉工作容积，m³；

h——风口中心线至料线的高度，m；

α——炉料空隙系数，可取 $0.45 \sim 0.55$。

将式（5-20）中的煤气的表观速度 $\bar{u}_0$ 用炉腹煤气量 V_{BG} 或炉腹煤气量指数 χ_{BG} 代替，阻力系数 K 可以用全高炉炉内透气阻力系数 K 表示，其气体动力学方程如下：

$$K = \frac{P_B^2 - P_T^2}{V_{BG}^{1.7}} \quad \text{或} \quad K = \frac{P_B^2 - P_T^2}{(A\chi_{BG})^{1.7}} \tag{5-21}$$

式中 K——透气阻力系数；

V_{BG}——炉腹煤气量，m³/min；

χ_{BG}——炉腹煤气量指数，m/min；

A——炉缸断面积，m²；

P_B——鼓风绝对压力，100Pa；

P_T——炉顶绝对压力，100Pa。

在式（5-21）中，采用炉腹煤气量较采用鼓风量考虑的因素要全面，并能反映炉内的实际情况。对于采用高熟料率和高碱度烧结矿、不配加大量石灰石的高炉，炉内煤气量基本上是稳定的。炉腹煤气量包括了富氧率、鼓风湿度、喷煤等因素对炉内煤气量产生的影响。阻力系数 K 是与炉料特性，特别是与炉料透气性密切相关的系数。K 值对高炉顺行、高产和高炉操作的稳定十分重要。当 K 值保持在正常范围时，说明高炉稳定顺行；当 K 值高于正常范围时，说明料柱透气性差；若 K 值不断升高，高炉可能发生悬料等故障；若 K 值低于正常范围，可能发生管道行程。因此，K 值可以作为衡量高炉炉况的指标。K 值和炉腹煤气量 V_{BG} 对高炉操作和设计都具有重要的意义。

将式（5-16）和式（5-21）综合起来分析就可以看出，高炉产量一定时，炉腹煤气量 V_{BG} 的大小取决于单位生铁的耗风量、富氧量、鼓风湿度和喷吹燃料量。在一定的原燃料条件下，产生的炉腹煤气量 V_{BG} 对应着相应的料柱阻力和透气阻力系数 K。在料柱阻力大到一定程度时，顺行状况受到破坏，出现滑料、崩料甚至悬料或出现管道行程。高炉顺行所能接受的最大料柱阻力损失决定着最大的炉腹煤气量 V_{BG}，而最大的炉腹煤气量 V_{BG} 又限制了鼓风量和喷吹量，进而限制了高炉的产量。因此，炉腹煤气量 V_{BG} 是联结高炉传热、传质与气体动力学之间的纽带，并且对高炉工艺设计起着关键的作用。作为高炉强化和工艺设计的纽带，后面的讨论将围绕着透气阻力系数和炉腹煤气量展开。

在原燃料条件和炉腹煤气量一定的条件下，要想提高产量，唯有进一步提高炉顶压力、降低燃料比、提高富氧率，从而降低单位生铁耗风量，才能实现。

高炉操作应当适当保持炉内煤气的两条通路，保持高炉稳定生产；可是，为了强化冶炼而过分发展边缘煤气或者中心气流，将导致煤气的化学能和热能利用的恶化，将招致燃料比上升，是不恰当的。当我们强调提高炉腹煤气量指数 χ_{BG}、降低透气阻力系数 K 值时，不能忽略对煤气利用率 η_{CO} 的影响，而使燃料比上升。为此应该从提高原燃料质量来改善炉料的透气性，而不应该发展边缘煤气或过度开放中心来降低透气阻力。因此，提高炉料透气性时，要密切注意煤气利用率的变化，不应为提高产量而牺牲燃料比。

在评价装料制度和炉料分布的合理性时，除了满足高炉顺行之外，应该以改善煤气分布、提高煤气利用率 η_{CO} 为判定标准。不应该为了强化高炉，而采取尽量使煤气偏流来改善料柱的透气性，降低透气阻力系数 K。关于装料制度对煤气利用率的影响请参阅第6章。

随高炉炉容扩大，透气阻力系数 K 降低。统计了国内多家高炉的生产资料并作成高炉炉容与透气阻力系数的关系，如图 5-9 所示。其中方框点为 2004～2006 年上半年宝钢、鞍钢、武钢、本钢、包钢、首秦、迁安、上钢一厂、重钢等厂利用系数最高月的高炉生产操作数据，黑点为 2009 年全年 174 座高炉的数据。显然后者有较高的数值。

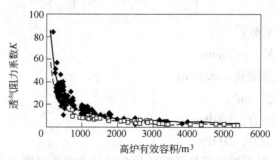

图 5-9 高炉炉容与透气阻力系数的统计关系

我国一些高炉采用透气性指数作为判断高炉透气性的参数，透气性指数为入炉风量除以高炉压差。透气性指数只考虑了风量，可是当富氧量、喷吹物发生变化时不能充分反映炉内的实际状况，有时会产生一些偏差。透气阻力系数 K 采用的是炉腹煤气量 V_{BG}，较真实反映高炉料柱中通过的煤气量。在大多数情况下，两者有很好的相关性。由于本书使用炉腹煤气量 V_{BG} 和炉腹煤气量指数 χ_{BG} 来说明高炉强化的问题，因此采用密切相关的透气阻力系数 K 比较合适。

5.2.3.2 高炉分段透气阻力系数

在 20 世纪 50 年代，本钢一铁厂 $333m^3$ 高炉曾经采用炉身炉墙处静压力计来判断高炉炉况。利用高炉不同高度上炉墙处静压力的变化，判断发生管道、难行或悬料的位置。在采用全炉透气阻力系数 K 的基础上，采用高炉不同高度上的分段透气阻力系数能够更好地判断管道、难行或悬料发生的位置。

高炉下部透气阻力占全炉阻力损失很大的比重，它对高炉炉况影响很大。下部透气阻力系数的变化能提前判断炉温、渣铁滞留、液泛等炉况波动。随着高炉大型化，炉料分布的均匀性受到影响，更容易发生管道，因此测量高炉高度上、圆周上各部表面的静压力及各部透气阻力系数的变化用来判断炉况更显得重要。采用分段透气阻力系数更提高了判断炉况的功能。

在分段透气阻力系数的计算中分母都采用炉腹煤气量 V_{BG}，则高炉总的透气阻力系数为分段透气阻力系数之和。如果将高炉在高度方向分为四段，则分段透气阻力系数与全炉透气阻力系数之间的关系，可用下式表示：

$$K = K_1 + K_2 + K_3 + K_4 = \frac{P_B^2 - P_{S_1}^2}{V_{BG}^{1.7}} + \frac{P_{S_1}^2 - P_{S_2}^2}{V_{BG}^{1.7}} + \frac{P_{S_2}^2 - P_{R_2}^2}{V_{BG}^{1.7}} + \frac{P_{R_2}^2 - P_T^2}{V_{BG}^{1.7}} = \frac{P_B^2 - P_T^2}{V_{BG}^{1.7}}$$

$$(5-22)$$

式中　　　　P_B——鼓风绝对压力，100Pa；

P_{S_1}——煤气在炉腰或炉身下部处的绝对压力，100Pa；

P_{S_2}——煤气在炉身中部处的绝对压力，100Pa；

P_{R_2}——煤气在炉身上部处的绝对压力，100Pa；

P_T——炉顶绝对压力，100Pa；

K_1，K_2，K_3，K_4——对应于各部静压力的分段透气阻力系数。

各个分区都采用炉腹煤气量 V_{BG}，当其中某一段静压力计出现故障时可以将其上、下两段合并，这也是采用透气阻力系数的优点。如果只需区分管道或难行发生在高炉上部还是下部，则可以把 K_2、K_3、K_4 合并成上部透气阻力系数 K_2'。综合观察上下两段透气阻力系数，可以确定发生管道或难行的高度，以及建立圆周上炉喉温度和炉身温度分布的变化与炉腹煤气量在圆周上分布变化的相关关系，使得发生管道或难行部位的透气阻力系数有更加突出的变化，可以更准确地预测和判断产生故障的部位，并采取相应的措施。

现以巴西阿斯米纳斯 2 号 $1750m^3$ 高炉 2008 年 2 ~ 4 月月平均的炉身静压力及分段透气阻力系数的分布为例，作成图 5-10。炉腹、炉腰和炉身下部的压力降和透气阻力系数都比较大。

日本钢管公司福山制铁所 1982 年利用炉身静压力计和炉喉温度计的信息开发了高炉

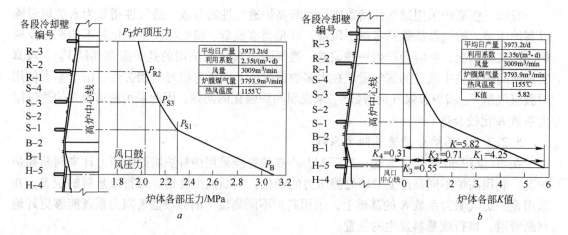

图 5-10　巴西阿斯米纳斯 2 号高炉炉身静压力 (a) 及分段透气阻力系数 (b) 的分布

炉况失常的预测系统。校验系统预测发生管道和滑料的准确率达到 90% 。目前许多高炉炉腹、炉腰和炉身部分采用了铜冷却壁，在铜冷却壁上安装的温度计对炉内温度的变化更为敏感。可以根据炉身静压力计变化，判断软熔带根部的变化与铜冷却壁温度变化的对应规律，用铜冷却壁的温度变化更方便地预测软熔带根部的变化对炉况的影响。

5.3　限制高炉强化的气体力学因素

　　高炉炉内现象可以归纳成气体与固体，气体与液体的对流动量传递、传热和化学反应三个方面。所有限制高炉强化的因素都与高炉内的煤气流动有关。高炉内煤气流有三次分布：送风制度对燃烧带产生的高温还原性气体的流向、流量的一次分布起着主导的作用，软熔带的形状、焦炭窗的分布及尺寸对煤气流的二次分布起主导作用，高炉布料对软熔带以上散料柱内煤气流的三次分布起主导作用。只有搞好三次合理的气流分布，才能实现整个高炉合理的气流分布，才能实现低碳并强化冶炼的高炉炼铁过程。本节对限制高炉强化的气体力学环节进行分析。限制强化高炉的气体力学因素有高炉软熔带、液泛现象及上部的流态化现象等，接近这些现象的界限时会造成高炉失常。

5.3.1　软熔带分布对煤气流动的影响

　　软熔带是高炉透气阻力最大、最可能导致炉况恶化的区域。保持软熔带合理位置和形状是改善高炉透气性的关键：保持良好的透气性，炉缸保持活跃以及高炉下部调剂与高炉上部调剂相匹配。煤气二次分配的关键是软熔带的位置、形状及焦炭窗的数目和宽度。合适的软熔带结构与合理布料相配合才能保证炉内煤气流二次、三次分布的合理性，使煤气能够与铁矿石充分接触，以充分利用煤气的热能和化学能，具有良好的煤气利用率 η_{CO}。

　　当炉料分布较均匀时，在半径方向炉料的下降速度也较均匀，在炉腰上端的高炉中心部位下料速度较慢。在炉身下部往下炉墙附近的下料速度开始减慢，高炉下部炉料向循环区下降的主流是炉墙与死料堆之间的区域，也就是软熔带与死料堆之间的空间。高炉下部煤气流能够顺利地通过软熔带与死料堆之间的空间，并均匀地通过软熔带的焦炭窗。这种情况，软熔带呈倒 V 形，如图 5-11a 所示。高炉下部循环区较大，炉缸中心活跃。正常的软熔带根部不应过于肥大或过低。软熔带与死料堆之间是高炉下部煤气流的重要通道，煤气流线的计算结果也表示在图 5-11 中。在图 5-11a 中，由于风口形成的煤气绕过软熔带根部，流入块状带，软熔带的透气阻力较大，而块状带中煤气的流线与炉墙平行，间隔距离几乎相等，煤气流分布均匀。因而能够充分利用煤气的热能和化学能，煤气利用良好、煤气利用率 η_{CO} 高。

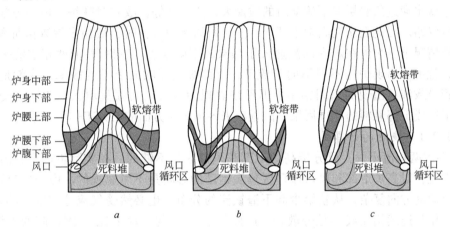

图 5-11 高炉炉料分布对软熔带的影响

a—软熔带倒 V 形；b—软熔带 W 形；c—软熔带倒 U 形

当边缘装入的矿石较少，在高炉的中间部位矿焦比 O/C 高，高炉中间部位的下料速度快，死料堆有缩小的趋势，见图 5-11b。这时软熔带呈 W 形分布，在高炉中心死料堆顶部存在未熔融的软熔带。软熔带与死料堆之间的通道宽度 ΔL 较小，使风口形成的煤气一部分沿炉墙垂直向上流入块状带，煤气在边缘较发展，煤气利用率 η_{CO} 较低，边缘温度上升。

图 5-11c 表示矿石分布到高炉边缘，在边缘部位的矿焦比 O/C 高，高炉边缘部位的下料速度快，中心部位的死料堆有向上扩大的趋势。这时，软熔带呈倒 U 形向上隆起使块状带高度和容积缩小，软熔带根部下降，且肥大，容易使未熔融和未完全还原的物料落入循环区和炉缸。风口形成的煤气趋向高炉中心，在高炉边缘的煤气要绕过软熔带根部，流动的阻力大，边缘煤气的流速较低，边缘温度较低。高炉中心煤气流线变密、中心煤气发展，煤气利用率 η_{CO} 也受到影响。

大量喷吹煤粉时，焦炭在炉内的停留时间延长，焦炭劣化严重，死料堆的透气性、透液性下降，边缘煤气流增强，必须采取提高边缘的矿焦比 O/C，减少中心部位的矿焦比 O/C，以保持良好透气性是保证高炉顺行的有效手段。可是应该妥当控制边缘部位的矿焦比 O/C，不然炉墙附近的熔化能力过大，也将带来不良的后果。

随着边缘部位的矿焦比 O/C 增加，边缘部位的煤气流速下降，边缘部位的矿焦比是控制炉腹煤气流速的有效手段。随着边缘部位的矿焦比 O/C 增加，边缘部位的炉料下降速度也增加，边缘渣铁滴落量也将增加。由于炉料分布和煤气分布的变化，炉内料柱阻力、还原过程、热交换过程和渣铁分布，以及炉缸内部的过程也将产生相应的变化。因此高炉布料应该从多方面考虑，不能只从改善高炉的透气性的角度来决定。

5.3.2 高炉下部的液泛现象

高炉软熔带的分布决定了滴落带内初始流体的分布。在软熔带以下的滴落带内，下行液态渣铁流与风口前形成的上行高温还原煤气在固体的焦炭层内逆向而行，形成气液固三相流区域，在此影响气相、液相正常对流运动的关键因素是液泛。

鉴于铁水通过焦炭层向下流动时的质量大、流动性好，故它对高炉气体动力学过程的影响可以忽略。因此在研究高炉下部气、液相间的流动过程时，液相多指渣相而言。高炉正常生产情况下，炉渣在炉内的流速大于焦炭的下降速度。这时气-液两相逆流平衡条件被破坏，就可能出现炉渣不但不向下流动，反而被气流吹向上部的故障，这就是液泛现象。尽管导致液泛出现的原因很多，但最终表现为煤气压力损失增大，渣铁流动变得困难，甚至造成下部悬料的严重后果。故近年来各国对这方面的研究工作十分重视。

5.3.2.1 液泛的计算式

由气-固两相流出发，只分析高炉下部和风口区是不够的。在实际生产中，高炉内形成的渣铁流，对高炉下部和风口循环区焦炭运动的影响是不可忽视的。由于气流速度大，而且气流运动方向复杂，从软熔带滴下渣铁流的分布，也必然受气流分布的影响。同时，又由于气相是连续相而液相是分散相，因此气-液之间的运动要比气-固相间的更为复杂，关于这方面的深入研究工作也还刚开始。

Sherwood 等人[9]从气、液两相流力平衡的关系出发，提出用气液两相流的质量流量比 $(f.r)$ 来表征液体与气体动能之比，以及气体对液体的浮力与液体自身重力之比 $(f.f)$ 表征影响气液运动的系统内在性质和外部条件的两个无因次数群来衡量液泛出现的条件：

流量比：
$$(f.r) = \frac{L}{G} \cdot \sqrt{\frac{\rho_g}{\rho_1}} \tag{5-23}$$

液泛因子：
$$(f.f) = \frac{u_g^2 \cdot S}{g \cdot \varepsilon^3} \cdot \frac{\rho_g}{\rho_1} \cdot \left(\frac{\mu_1}{\mu_w}\right)^{0.2} \tag{5-24}$$

而 Leva[10] 和熊玮[11] 等人的实验考虑了液体密度对液泛气流速度的影响。在相同流动条件下，密度大的液体泛点气流速度高。而高炉炉腹部位的液相正是密度高、黏度高的熔融炉渣。因此，对于非水系统，在 Sherwood 液泛因子中引入密度校正系数 $\psi = \rho_w / \rho_1$，修正后的液泛因子为：

$$(f.f)' = \frac{u_g^2 \cdot S}{g \cdot \varepsilon^3} \cdot \frac{\rho_g \rho_w}{\rho_1^2} \cdot \left(\frac{\mu_1}{\mu_w}\right)^{0.2} \tag{5-25}$$

式中 u_g——煤气的表观速度，m/s；

S——死料堆中焦炭的平均比表面积，m^2/m^3；

ε——死料堆的空隙率，为常数可取 0.35；

L——液体的质量速度，$kg/(m^2 \cdot s)$；

G——煤气的质量速度，$kg/(m^2 \cdot s)$；

μ——炉渣黏度；

ρ——密度；

下标 1, g, w——分别表示炉渣、煤气和水。

5.3.2.2 实际高炉的数据[12]

对于不同容积的高炉，循环区所占的炉腹断面积的比例不同，因此液泛的参数也不相同。只有容积相近的高炉，采用相应的参数进行比较方可分析实际液泛的界限。

在计算液泛因子时，除了炉腹煤气流速等关键因素，还必须确定焦炭层的平均比表面积 S 和空隙率 ε。比表面积 S 主要由焦炭层的平均粒度 d_C 决定，而 d_C 作为颗粒物理特性需要通过实际操作情况加以确定。近年来，高炉生产普遍采用喷煤操作，使焦炭在高炉内的停留时间延长，经受更剧烈的温度、碱金属及气化反应的作用，溶损反应加剧，劣化更加显著。第 4 章已述及喷煤的影响，对不同喷煤比时高炉风口取样分析的结果表明[13]，喷煤比由 175kg/t 提高到 210kg/t 和 235kg/t 时，入炉焦与风口焦平均粒度差 Δ_{MS} 由 29 ~ 30mm 增大到 35 ~ 36mm 和 37 ~ 39mm。因此，可以通过喷煤量来确定焦炭层的平均粒度 d_C。并且，当未参加反应的焦炭颗粒到达高炉下部时，考虑到下降过程中各种作用力以及渣铁滞留和未燃煤粉的影响，结构较为致密，其空隙率取 $\varepsilon = 0.35$。

分别以流量比和液泛因子作为横坐标和纵坐标，绘制的典型高炉液泛关联图如图 5-12 所示，图中实线为泛点线，点划线为载点线。受数据来源限制，国内各高炉取 2010 年 1 ~ 8 月各月工况数据，而水岛 4 号、君津 4 号、施维尔根 2 号和阿斯米纳斯 1 号等高炉分别取 2001 年、2001 年、2005 年和 2007 年各月工况数据。结果表明，所有高炉各月工况点基本都处于载点线以下。其中，宝钢两座高炉对应工况点接近于载点线，且各点分布并不分散，表明在现有条件下，高炉操作已充分利用了炉内料柱的透气能力，且能够很好地加以控制和调节，这与宝钢高炉煤气利用率长期保持 51% 以上的世界领先水平密切相关。然而，国外其他先进高炉工况点普遍与载点线有一段距离，但位置较为集中，这主要是由于这些高炉通常不追求较高利用系数，而力求低燃料比，保持高炉长期稳定顺行的结果。

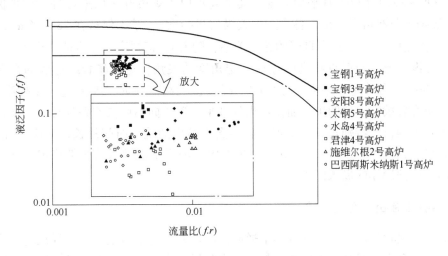

图 5-12　国内外典型高炉液泛关联图

如前所述，空隙率 ε 的值取决于原燃料的质量，特别是焦炭的热强度和喷煤量以及炉腹煤气流速。因为炉内煤气流速与渣铁的滞留有密切关系。当然，与炉内炉料分布有关，如果在装料时，使高炉料柱中的某个区域内矿石很少，甚至没有矿石，在此局部区域中没有软熔带，渣铁的滞留量锐减，那么，正如有的文献将空隙率 ε 提高到 0.5。可是，炉内煤气也自然在此区域形成通道，炉内煤气的化学能和热能也就不能充分利用。我们认为用这种办法来提高空隙率 ε 是不可取的。

5.3.2.3　液泛与炉腹煤气量指数[12]

在计算液泛的参数中，煤气的表观速度对应的是炉腹区域煤气的流速，以炉腹煤气量作为计算依据。综上所述，流量比中渣液两相的质量速度之比可通过下式计算：

$$\frac{L}{G} = \left(\frac{P_s}{24 \times 3600A}\right) \Big/ \left(\frac{V_{BG} \times 24 \times 60\rho_g}{24 \times 3600A}\right) = \frac{P_s}{24 \times 60V_{BG}\rho_g} = \frac{P_s}{24 \times 60\chi_{BG}A\rho_g} \quad (5\text{-}26)$$

式中　P_s——日产炉渣量，t/d；

　　　V_{BG}——炉腹煤气量，m^3/min；

　　　χ_{BG}——炉腹煤气量指数，m/min；

　　　A——炉缸断面积；m^2；

　　　ρ_g——炉腹煤气密度，kg/m^3。

由于炉腹煤气量指数已经广泛使用，采用炉腹煤气量指数 χ_{BG} 为基准判断高炉下部区域气液平衡的影响，以及判定液泛的可能性就比较方便，就不必再用高炉下部的许多参数来评价。在一段时间内，原燃料和炉况稳定的条件下，对同一座高炉而言，其相应的炉缸面积利用系数和日产渣量、炉腹煤气密度 ρ_g 均基本保持稳定。因此，可以令 $k \approx \frac{P_s}{24 \times 60 \times A\rho_g}$，则 $\frac{L}{G} = \frac{k}{\chi_{BG}}$，并将液泛关联图中的横坐标流量比转换为炉腹煤气量指数 χ_{BG}，以取代高炉下部区域的参数。

图 5-13a 在直角坐标系中给出宝钢各高炉炉腹煤气量指数的液泛关联图。其中，3 号高炉为 1999 ~ 2010 年以来月平均数据，其余高炉取该炉役开炉以来各月平均指标。从图 5-13b 中数据点分布可以看出，各高炉炉腹煤气量指数 χ_{BG} 基本保持在 58 ~ 66m/min 之间，并且 χ_{BG} 与液泛因子 $(f.f)$ 有良好的相关关系，随着 χ_{BG} 值提高，相应地 $(f.f)$ 值也升高。并且，在工况点分布与载点线之间存在一定角度的夹角，这意味着载点线的存在将抑制 χ_{BG} 的过度提高。当对应实际生产操作的工况点接近载点线时，如果进一步提高 χ_{BG} 来强化，将很快突破载点线的约束，而使炉内气液平衡逐步向不可操作条件转变，从而恶化炉况，破坏高炉顺行。特别是 3 号高炉，虽然图中给出的统计时间最长，相应工况点最多，但其分布仍然较为集中，这表明，3 号高炉炉内气液平衡能够保持长期稳定，并且较为充分地利用了高炉操作的极限能力。

5.3.3　高炉上部的流态化现象

高炉上部块状带内，气、固两相呈逆向流动。在一定原料条件下，气流速度增加必然使煤气压力降升高。煤气速度增大，使得压力降梯度在垂直方向的分量足以支撑起炉料的有效重量时，炉料将不能下降，高炉也不能正常生产。当气体流速达到临界值时，固体将被流态化。流态化现象表现在高炉炉尘的吹出量或者形成管道行程。

5.3.3.1　流态化的计算式

流态化现象一般采用韦恩（Wenn）的实验式进行计算。

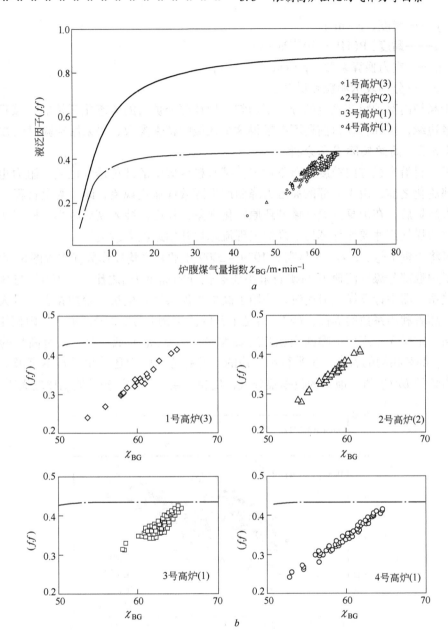

图 5-13 宝钢四座高炉炉腹煤气量指数的液泛关联图

a—液泛关联图；b—工况点分布

根据韦恩的实验式可以求得炉喉部分矿石最小流态化开始速度 U_{mf}。

$$U_{mf} = \frac{\mu_g}{d_p \rho_g}(\sqrt{33.72 + 0.0408G_a} - 33.7) \qquad (5-27)$$

$$G_a = d_p^3 \rho_g (\rho_p - \rho_g) \frac{g_c}{\mu_g^2} \qquad (5-28)$$

式中　　d——颗粒直径，cm；

ρ——密度，g/cm^3；

μ——黏度，$P(1P = 10^{-1}Pa \cdot s)$；

g_c——重力换算系数，$g \cdot cm/(g \cdot s^2)$；

下标 p, g——分别表示颗粒和煤气。

由于高炉内部炉料和气流的分布不均匀，炉喉部分炉料的流态化开始的区域只能是在高炉炉喉边缘，同样，在目前还不能求得这个区域的特性参数，仍采用经验对比方法。

5.3.3.2 高炉实际现象分析

由于炉料沿半径方向粒度分布不均匀，某些粉料集中的部位透气性差，阻力也大。在炉料全部流化之前，由于局部的高压力降而产生区域性流化现象，即"管道行程"。另外，矿石装入高炉后，在炉身低温区域的还原粉化现象，粒度比装入高炉时小。所以实际出现流态化时的煤气流速要比计算出的高炉出现流态化开始速度 U_{mf} 小。

作者将宝钢 1 号、2 号、3 号高炉 1999 ~ 2009 年的月平均操作数据作成图 5-14[14]。图中给出了炉喉部分煤气流速 U 与矿石最小流态化开始速度 U_{mf} 之比，即 U/U_{mf} 与高炉利用系数的关系。图中计算煤气流速时，采用了高炉炉顶煤气发生量，较炉腹煤气量大些。由图可知，随着利用系数的提高，U/U_{mf} 值是上升的。宝钢 1 号、2 号高炉由于内型相同规律性就更强，宝钢 3 号高炉炉喉断面积相对要大些，U/U_{mf} 值要低一些，三座高炉的利用系数与 U/U_{mf} 都有相同的斜率，呈平行和平稳的上升趋势。图中还给出了日本京滨 1 号高炉和 2 号高炉的 U/U_{mf} 值，他们的数据很分散，反映出京滨高炉操作的波动比较大[15]。

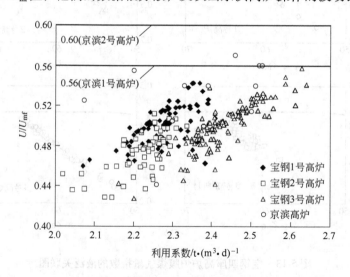

图 5-14 宝钢高炉利用系数与 U/U_{mf} 的关系

由图 5-14 可知，比较利用系数高与利用系数低的时期 U/U_{mf} 的值没有明显变化。宝钢高炉炉内煤气流速远离了流态化区域，局部发生炉料的吹出和管道的可能性小，炉况稳定，高炉顺行，从而燃料比下降，为提高产量创造了条件。

由于炉顶煤气量与炉腹煤气量密切相关，在考虑炉尘吹出量时，用后者代替前者是可行的。图 5-15 为宝钢 1 号、2 号、3 号高炉 1999 ~ 2009 年高炉月平均炉腹煤气量与炉顶炉尘吹出量（包括除尘器灰和煤气清洗系统的灰泥）。当炉腹煤气量增加，与炉顶炉尘吹出量之间也存在明显的关系。图 5-15 中给出了宝钢 1 号高炉和 2 号高炉炉顶炉尘吹出量的回归曲线。当炉腹煤气量指数高于 62m/min 时，吹出量迅速升高。1 号高炉比较明显，而 3 号高炉的炉尘吹出量比较低，而且与炉腹煤气量指数的关系不那样明显，可能与 3 号高炉炉喉直径较大有关。

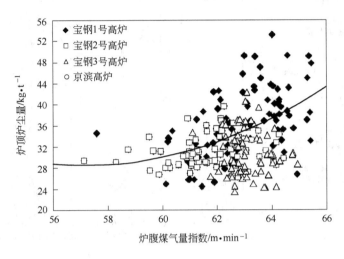

图 5-15　炉腹煤气量指数与炉顶炉尘吹出量之间的关系

5.3.4　炉内应力场与管道行程

5.3.4.1　高炉炉料应力场

按照高炉解剖调查，炉内炉料在下降过程中仍然有序地维持交互呈层状的结构，可是当靠近炉墙的部分局部形成了混合层，由于边缘区域的面积占整个炉喉断面积的比例比较大，炉墙边缘局部炉料的疏松会引起较多的煤气从边缘流过，如果边缘气流难于控制，将导致燃料比升高等方面的重大问题。因此，有必要研究控制炉墙混合层、炉内应力分布以及形成管道的因素。

以小仓 2 号炉容 1850m³ 高炉第 2 代为例研究炉料内应力场的分布。高炉设有 3 个铁口，28 个风口。该高炉于 1982 年开炉，于 2002 年停炉进行了解剖调查，并在弹塑性理论的基础上开发了高炉模拟方法进行炉内应力场的分析[16]。对 1998 年 8 月 22 日至 9 月 10 日期间，高炉日平均产量 3510t/d，利用系数 1.90t/(m³·d)，风量 2544m³/min，风压 277kPa，焦比 377kg/t，煤比 120kg/t，矿焦比 4.33 的操作进行了分析研究。通过计算得到了死料堆下部的边界形状与实际解剖调查相符。炉料中应力场分布见图 5-16a。

图 5-16a 中涂黑的部分表示软熔带呈倒 V 形分布，以粗线表示等应力曲线，箭头为炉料移动的方向及大小。炉喉部分处于低应力区域，在 10kPa 等应力线以下；从 50kPa 等应力曲线来看，在边缘部分应力较低，等应力曲线一直延伸到风口区域，在风口还有 10kPa 以下的区域。在高炉中心应力也较低；死料堆内应力较高，在 100～300kPa 之间；浸入铁水后应力逐步减小，最下面与铁水达到平衡。从炉料下降的流线来看，炉料在块状带平行、均衡、有秩地下降；通过软熔带后情况发生了变化，在死料堆中焦炭呆滞，移动速度缓慢；上部沿死料堆表面向风口循环区滑移；在风口下方有向风口移动的趋势[16]。

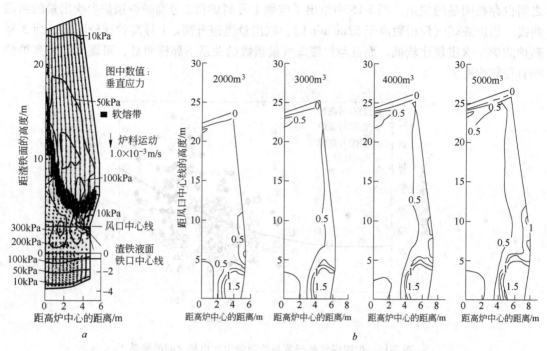

图 5-16　死料堆形状和应力场（a）以及各级高炉管道因素（b）的分布

　　随着高炉大型化，高炉内型发生变化，高炉炉料的垂直应力也发生改变，边缘应力下降，而应力集中到高炉中心，使得风口平面死料堆内的垂直应力成倍地增加。由 100 ~ 200kPa 增加到 5000m³ 高炉的 500kPa 以上[17]。

5.3.4.2　管道因素

　　随着高炉大型化，尽管高炉利用系数不变，但总压力降增大，炉顶煤气流速增加，同时大型化使燃料比下降、鼓风流量下降，为了减弱大高炉煤气流速升高的影响，提高了炉顶压力。

　　高炉的管道因素是煤气上升浮力与炉料下降力之比。在高炉炉墙边缘还应考虑炉墙应力状态。随着高炉炉容的扩大，炉喉直径扩大、高度更高，炉身角减小，焦炭、矿石的分布偏差增加，煤气流的分布趋于不均匀。炉墙表面的摩擦力的作用缩小，炉料在炉墙表面滑移，不能达到高炉中心。图 5-17 用摩尔圆表示炉墙处的应力状态。炉墙屈服线通过摩尔圆，图中炉墙表面的应力相当于点 A，因为炉身部分垂直应力大于水平应力。因此，垂直应力，即正常应力附加了水平应力，随着高炉大型化，炉身角 θ 缩小，在 P 点 σ 等同于 σ_v，而且变小。

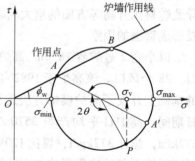

图 5-17　在炉墙处的摩尔圆

　　高炉操作的稳定性可以用炉内料流的规律性来鉴别。按照炉料不规则下降的模型试验结果，可以建立衡量气体和固体流动失常可能性的指标——管道因素 f，并用式（5-29）来定义：

$$f = \frac{P_i - P_T}{\sigma_v} \qquad (5\text{-}29)$$

式中　P_T——炉顶压力，kPa；

　　　P_i——在高炉 i 高度上的炉内压力，kPa；

　　　σ_v——炉料的铅直压力，kPa。

$1000 \sim 5000 m^3$ 高炉管道因素的分布见图 5-16b[17]。随着高炉大型化，炉身角逐渐减小，使垂直应力释放以及压力损失升高，因此大高炉的内型对防止管道行程是不利的。随着炉容扩大，f 值超过 0.5 的区域扩大，发生管道的或然率升高。对于较小的高炉，f 值超过 0.5 的区域集中在高炉下部和紧靠炉墙的狭小区域；随着炉容扩大，区域扩大。由图 5-16b 可知，在 $4000 m^3$ 高炉管道因素的分布中，$f = 0.5$ 的等管道因素线的面积更宽，向高炉高度方向延伸；并且在高炉中心也出现了 f 值超过 0.5 的区域。以边缘部位 f 大于 0.5 的区域已经达到了料面。宝钢、鞍钢分别使用微波料面仪和红外线摄像仪观察到了高炉中心料面发生管道的现象。作者研究了宝钢 2 号、4 号高炉不同的炉身结构对煤气流有明显的影响，对发生管道的敏感性有很大差异[18,19]。4 号高炉气流不稳定，炉顶压力容易"冒尖"，并导致炉身炉墙热负荷升高，且波动大，见图 5-18。两座高炉的平均热负荷相差一倍以上。

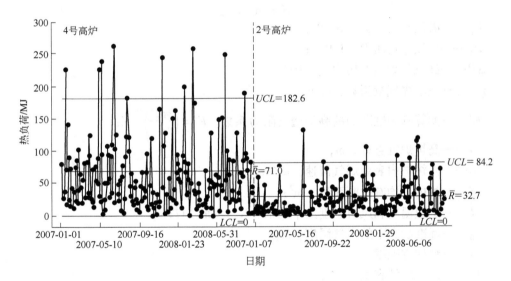

图 5-18　宝钢 2 号、4 号高炉炉墙热负荷波动情况

很明显，高炉剖面的变化，渣皮结厚、内衬脱落，炉料下降在炉墙附近形成混合层，炉料性能的变化，以及软熔带形状变化，炉缸内贮存的渣铁增加等，使高炉下部气流发生变化，其结果使得在高炉上部、径向、圆周方向的气流产生不平衡对管道因素 f 都有影响，导致管道、滑料和悬料，甚至炉凉等高炉炉况失常。

当炉身上部的压力降升高，达到 $f = 1$ 就会发生悬料，而炉身中部由于径向炉料压力分布的均匀性差别大，在同一水平面上的 f 值差别也大，仅仅边缘部位 $f = 1$ 将会造成不均匀下料或产生滑料。当大部分的区域 f 值达到 1 时才会发生悬料。因此管道因素 f 与炉料下降状况密切相关。

当炉腹上部的管道因素 $f \geqslant 1$ 时，造成风口循环区不稳定将出现滑料。

如前所述，炉内应力场和管道因素以及炉料透气阻力变化和炉身静压力变化对炉料均匀下降有很大的影响。高炉炉况失常往往是由于下料异常引起的，因此在操作高炉时能够及时得到发生管道、滑料和悬料的预报至关重要。

5.3.5 最大炉腹煤气量指数的确定[20]

高炉最大炉腹煤气量指数由炉内透气阻力系数、料柱透气能力和风口前鼓风压力上限值组成三个约束条件确定。三个约束条件可以从前面的基本方程式得到，在三个非线性规划方程式以下的区域为可行域。由此写成下面三个不等式：

$$\frac{(P_B^2 - P_T^2)}{K'} - \chi_{BG}^{1.7} \geq 0 \tag{5-30}$$

$$\frac{(P_T + \Delta P)^2 - P_T^2}{K'} - \chi_{BG}^{1.7} \geq 0 \tag{5-31}$$

$$P_T + \sqrt{K'\chi_{BG}^{1.7} + P_T^2} - \frac{\pi d^2 P_0 C \chi_{BG}}{2\bar{u}_0} \geq 0 \tag{5-32}$$

$$C = \frac{\bar{T}}{T_0} \frac{1}{60S}$$

$$S = \alpha V_e / H_e$$

式中　P_B——鼓风绝对压力，100Pa；

　　　P_T——炉顶绝对压力，100Pa；

　　　ΔP——鼓风与炉顶的压力差，100Pa；

　　　χ_{BG}——炉腹煤气量指数，m/min；

　　　K'——换算到炉缸断面的高炉透气阻力系数，$K' = \left(\frac{\pi d^2}{4}\right)^{1.7} K$；

　　　d——高炉炉缸直径，m；

　　　$\bar{u}_0$——高炉炉内表观煤气流速，m/s；

　　　S——炉内平均有效断面积，m^2；

　　　$\bar{T}$——炉顶温度和风口温度的平均值，K，可取1473K；

　　　T_0——标准状态下的大气温度，K；

　　　α——料柱空隙率；

　　　V_e——炉内料柱容积，m^3；

　　　H_e——炉内料柱高度，m。

评估高炉强化可能性及其限制因素的分析，一直是高炉操作者想要解决的问题。既然最大炉腹煤气量指数χ_{BG}指明高炉强化的限度，那么炉腹煤气量指数χ_{BG}也能评估高炉强化的程度，以及指导高炉强化的途径；分析研究改善炉料质量提高透气性，降低透气阻力系数K的措施，并评估措施的有效性；可以将强化程度数量化，改变过去的模糊观念；可以用来规划高炉操作[20]。

作者仍对宝钢3号高炉的操作数据进行分析，该高炉操作可以分为三个时期：从1999年1月至2003年底高炉利用系数维持在2.32~2.42t/(m³·d)之间，透气阻力系数K在2.3~2.6之间，炉腹煤气量指数χ_{BG}在62~64m/min之间。在2004~2005年6月高炉利用系数有较大提高，容积利用系数由2.35t/(m³·d)提高到2.65t/(m³·d)，面积利用系数由66.4t/(m²·d)提高到74.9t/(m²·d)，透气阻力系数K略有升高，炉腹煤气量指数χ_{BG}

也略有上升，而比较平稳。说明利用系数的提高不是单纯依靠增加炉腹煤气量指数来达到的。在 2005 年 6 月以后透气阻力系数 K 上升，并发生波动，炉腹煤气量指数 χ_{BG} 也随之波动，炉腹煤气量指数波动在 $60.4 \sim 64.2m/min$ 之间，容积利用系数波动在 $2.30 \sim 2.50t/(m^3 \cdot d)$ 之间，面积利用系数波动在 $65.0 \sim 70.6t/(m^2 \cdot d)$ 之间。由于透气阻力系数 K 的提高，高炉的稳定程度受到一定的影响。

作者综合选取炉腹煤气量大、产量高的时期，即透气阻力系数低、炉顶压力偏高、鼓风压力偏高的情况作为计算的参数。透气阻力系数 $K' = 30840$，鼓风压力为 $432kPa$，炉顶压力选取超过设计值 $245.25kPa$，选用 $248kPa$；并且高炉的平均有效断面积考虑了炉墙侵蚀、容积扩大等因素，从而计算得到图 5-19。同时还将 $1999 \sim 2009$ 年的月平均操作数据一并绘于图中，由图可知实际操作数据均在三个约束条件之下。

图 5-19 中曲线 1 按鼓风压力 $432kPa$ 定值为计算条件，不受透气阻力系数的影响，该曲线为鼓风压力的约束条件。当炉顶压力提高到设计压力（$245.3kPa$）以上时，由于鼓风压力的限制，炉内压差下降，最大炉腹煤气量指数 χ_{BG} 下降，可是曲线 1 从 A 点到炉顶压力 $245.3kPa$ 的间距很小，所以可以说也不受鼓风压力的限制。

曲线 2 按鼓风压力与炉顶压力之差为 $188kPa$ 为计算条件，该曲线为炉顶压力的约束条件。当炉顶压力提高时，鼓风压力也提高，此时炉腹煤气量随两个压力的上升而增加，若透气阻力系数不变，而压差增加，炉

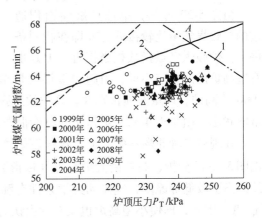

图 5-19 宝钢 3 号高炉炉腹煤气量指数的统计

腹煤气量指数会增加。当炉顶压力提高至 A 点时，则受到鼓风压力的限制。曲线 2 限制了高炉的入炉风量和炉腹煤气量指数 χ_{BG} 的提高。

曲线 3 的影响因素比较多，如高炉边缘炉料的疏松程度、料柱的空隙度、炉内煤气流速和高炉内型等。在高炉操作内型不变、炉料质量稳定、炉料分布稳定的条件下，设定炉内表观煤气流速达到最大，即上限值 $\bar{u}_0 = 3.0m/s$ 条件下的限制，由于炉料中的空隙是曲折的，因此炉内实际煤气流速比表观煤气流速要大得多。在计算时采用宝钢 3 号高炉的操作内型的条件下，料柱的透气能力似乎不是限制高炉强化的主要因素，只在炉顶压力降低至 $210kPa$ 以下才起到限制作用。随着透气阻力系数的提高，料柱透气性影响炉腹煤气量指数 χ_{BG} 逐渐明显，其作用越来越重要。

由图 5-19 可知，$1999 \sim 2005$ 年高炉炉腹煤气量指数 χ_{BG} 比较稳定，各月的炉腹煤气量指数 χ_{BG} 都处于较高的位置，只是受炉顶压力波动的影响，而 χ_{BG} 在 $62 \sim 65m/min$ 之间变动。2006 年以后由于原燃料质量下降，为了维持较低的燃料比，透气阻力系数有所上升，炉腹煤气量指数 χ_{BG} 的分布区域变大。特别是 2008 年和 2009 年透气阻力系数有较大上升，炉腹煤气量指数 χ_{BG} 的上下波动加剧，炉腹煤气量指数 χ_{BG} 反而明显下降到 $58 \sim 63m/min$ 之间，利用系数也受到影响。

由图 5-19 可知，宝钢 3 号高炉的最大炉腹煤气量指数 χ_{BG} 应限制在 A 点以下，确定为 66.0m/min。

作者还统计了 2009 年年平均数据（图 5-20 中菱形黑点），以及宝钢、鞍钢、武钢、本钢、包钢、首秦、迁安、上钢一厂、重钢等厂 2004～2006 年上半年利用系数最高月的高炉操作数据（空心方点），共计 100 多座高炉，得到的炉缸断面积与最大炉腹煤气量指数 χ_{BGmax} 的关系见图 5-20。

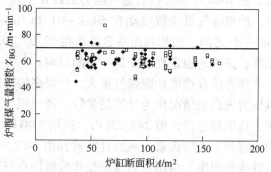

图 5-20 高炉炉缸断面积与炉腹煤气量指数的关系

由图 5-20 可知，单位炉缸断面积通过的炉腹煤气量比较接近，亦即在相同条件下，炉腹煤气量指数相当接近。但是也有些高炉的风量表不准，引起炉腹煤气量指数特别高。图中，已经停炉的鞍钢 9 号炉容 1000m³ 高炉，风量漏损特别大，高炉的炉腹煤气量指数 χ_{BG} 高达 90m/min 左右，属于不正常的状态。由于近年来高炉强化的舆论很强，小型高炉炉腹煤气量指数 χ_{BG} 有偏高的迹象。

在现有各种原燃料条件下，操作较好高炉的炉腹煤气量指数 χ_{BG} 在 58～66m/min。根据图 5-20 的分析，高炉最大炉腹煤气量指数 χ_{BGmax} 定位在 66m/min[5~8]。虽然由于小型高炉的高度较低等原因，气体动力学条件有利于提高炉腹煤气量指数 χ_{BG}，但是煤气利用率 η_{CO} 低，因此，即使小型高炉也没有理由认为炉腹煤气量指数 χ_{BG} 超过 66m/min 是合理的。

因此，不同透气阻力系数 K 时，影响炉腹煤气量指数 χ_{BG} 的因素不同，必须具体分析。当料柱的透气性对提高炉腹煤气量指数起制约作用时，降低透气阻力系数不能以牺牲燃料比为代价，应该研究改善布料、改善软熔带分布、进行上下部调剂、提高原燃料质量，包括原燃料的成分、冷热强度、粒度等；甚至研究高炉剖面的变化、结厚、侵蚀均匀性等显得特别重要。从这些具体分析中，寻求提高炉腹煤气量指数 χ_{BG} 的途径，为实现科学管理创造了条件。

以高炉炉腹煤气量指数取代冶炼强度，改变了高炉强化的理念。提出炉腹煤气量指数的目的是提供科学强化高炉的平台：

（1）可以通过理论计算求得最大炉腹煤气量指数 χ_{BG} 明确的数量值，超过最大炉腹煤气量指数值的界限，将导致燃料比的升高和炉况失常。

（2）在改变布料时，炉内气流分布发生变化和透气阻力系数改变的同时应该密切注意煤气利用率和燃料比的变化。不要因疏松料柱，降低透气阻力系数，而使煤气利用率下降。

（3）炉腹煤气量指数 χ_{BG} 与透气阻力系数之间存在密切的关系。为高炉操作者量化强化高炉的方向和炉况调节措施，为精细化操作创造了条件。操作者力求高炉在趋近最大炉腹煤气量指数 χ_{BG} 的情况下，维持合适的透气阻力系数，保持高炉的稳定顺行，尽量降低燃料比，获得良好的高炉操作指标。

（4）当生产要求进一步强化高炉时，管理者应该了解当前高炉操作炉腹量指数 χ_{BG} 所处的位置，采取必要的保障措施来稳定和提高炉腹煤气量指数 χ_{BG}，为高炉创造必要的条件，如改善原料条件等。为保持炉况稳定和顺行，达到高产。

提出炉腹煤气量指数的概念，不是用来评比，主要是用来评价高炉操作限制因素，检验为创造高炉高产的条件是否到位，达到最大炉腹煤气量的差距，力争高炉操作的稳定顺行条件等。

上面研究了高炉炉内气体动力学现象、高炉透气能力及炉腹煤气量的极限值，得出以下结论：

（1）高炉最大送风量受炉腹煤气量的极限值的限制。

（2）高炉炉腹煤气量受高炉透气能力的限制。

（3）高炉透气能力是由高炉炉内气体动力学因素决定的。

（4）高炉受液泛现象和流态化现象的制约，高炉下部炉渣的滞留是引起高炉失常的重要因素。

（5）高炉进一步增产的方向是降低燃料比、提高富氧率和炉顶压力、稳定高炉行程，进一步降低吨铁耗风量和吨铁煤气量。

5.4 风口循环区、死料堆对高炉强化的影响

高炉冶炼反应是高温、高热量消耗的反应。风口循环区也是高炉炉料下降的源头。强化高炉必须维持合理的煤气流和温度分布，以保证高炉炉料顺利和稳定地下降，并且充分地利用煤气的化学能和热能。影响高炉强化的传热、传质和炉料下降的因素很多，这里只简单叙述风口循环区和死料堆的结构，并讨论风口前燃烧温度、高炉软熔带的供热，以及热流比对高炉强化的影响。

5.4.1 风口循环区和死料堆的结构

5.4.1.1 风口循环区和死料堆结构简述

风口循环区是由于焦炭被风口高速鼓入的热风和煤粉等燃烧产物流态化形成的空腔。焦炭及喷入的煤粉在风口循环区空腔内做高速回旋运动和燃烧，该区域又称回旋区、燃烧带。在风口循环区焦炭燃烧、气化把占有的体积倒空，为炉料下降提供了空间。在风口循环区燃料燃烧生成了初始煤气，同时也产生了高温热量。这种还原能力很强的高温煤气是高炉冶炼所需热能和化学能的主要来源。风口循环区中的传热、传质过程，不但影响着风口燃烧温度和煤气的分布，而且还影响软熔带根部的熔化、炉缸内渣铁的温度和生铁质量。因此是高炉冶炼过程顺利进行和高炉强化的关键。

循环区内焦炭的燃烧产物迸发出的煤气高速上升，与下降的炉料和渣铁相遇，在循环区上部形成漏斗状疏松的下料区域，焦炭颤动着下降、液滴和粉末被吹散、气旋强烈扰动改变了液体和粉末的分布。无论从传热、传质，还是从炉料运动来看，循环区和下料漏斗都是高炉内最活跃的区域。同时在上方存在一个液体滞留率很高的区域，液体在此区域的停留时间比死料堆中停留的时间要长。我们在第4章中已经叙述了焦炭质量对高炉强化至关重要。

随着高炉喷煤量的增加、焦比下降，下料的不稳定因素增加，发生液泛、管道、悬料、滑料的可能性增高。高炉在低燃料比条件下操作，软熔带的焦炭窗宽度减小、位置下

降，死料堆与软熔带之间的高度差减小，即风口前循环区上方供应焦炭的漏斗流区域变得狭窄。当死料堆透气阻力增加时，循环区煤气的流路变得狭窄，而且变长，使得上升煤气在流过焦炭漏斗时的阻力增加。妨碍焦炭顺利流入循环区。煤气流也不稳定，影响到焦炭和铁水的流动，并呈不均匀的流股流向循环区，使得风口火焰亮度呈周期性的变化。

紧邻风口循环区的是死料堆，顾名思义，它是不活跃的区域，而它对风口循环区的结构和状态影响很大，因此在讨论风口循环区结构时必须对死料堆也有所了解。在过去，焦比比较高，死料堆比较疏松，具有良好的透气性和透液性。由循环区喷出的煤气能够渗入死料堆，并保持死料堆有较高的温度。通过滴落带的炉渣和铁水能正常通过死料堆进入炉缸。

高炉下部调剂的目的是为了控制合适的循环区大小及合适的理论燃烧温度，以便实现合理的初始煤气流分布，从而为维护合理的操作内型打下坚实的基础。初始煤气流在圆周方向上分布的均匀性将会严重影响高炉上部温度场的分布，从而影响操作内型的均匀性。理论燃烧温度的高低会影响高炉纵向的温度场分布，影响干区和湿区的分布和软熔带的配置。

当高炉大量喷吹煤粉时，由风口取样器探测到在循环区前端形成透气性差的鸟巢，压迫循环区，使得循环区缩小、下料活跃的焦炭漏斗区域缩小。鸟巢堵塞了由循环区向炉缸中心方向的气流通道，容易形成边缘气流。对边缘炉料的流态化、压力降升高，下料不稳定等有很大的影响。更严重的会使向炉缸中心的供热不足，死料堆的温度降低。从软熔带滴落的炉渣在死料堆中容易黏结，不容易从炉缸中排出。图5-21为循环区和死料堆结构的示意图。

此外，在炉料下降区域，由于边缘气流和下降炉料的集中，炉料中滞留的粉末容易被再次吹出，进入循环区的粉末量减少。从循环区附近吹出的粉末，容易集中到死料堆内形

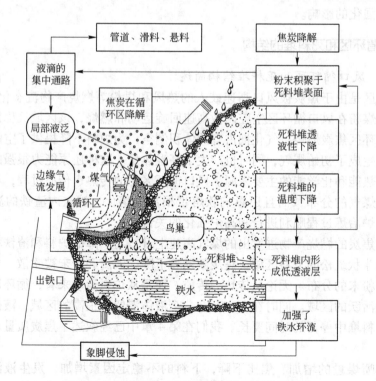

图5-21 大量喷煤时高炉循环区和死料堆的图解

成低透液区域，以及集中到死料堆表面附近气流不活跃的固定料层中，引起粉末在死料堆的积蓄，死料堆的透气性、透液性变差，更导致死料堆温度下降，同时使得炉渣黏度增加和死料堆的透液性进一步降低，阻碍了铁水和炉渣透过死料堆，而集中地沿着死料堆的表面滴落、下降，使得进入炉缸边缘的渣铁流量增加。集中于风口前端和循环区深处的炉渣和铁水正好与煤气相冲突，导致发生局部液泛的可能性大幅度增加。使得高炉下部下料和风压不稳定，容易发生悬料、崩料、生降等故障。同时，未充分还原的炉料通过循环区和大量渣铁，使炉缸边缘的氧化势增加，进入炉缸后对炉缸侧壁炭砖造成伤害。

由于大型高炉的死料堆容积较中小型高炉大得多。这种现象在高喷煤的大型高炉中尤为突出，为了吹透炉缸中心往往不得不采取增加风速、增加鼓风动能的方法，力图延长循环区。可是增加风速使得焦炭在循环区内的回旋速度加快，增加了焦炭的磨损、粉化，使得粉末积聚的可能性更大。如果没有足够的焦炭强度往往不能达到预期的目的。

随着死料堆内焦炭溶解于铁水、气化反应逐渐消化，死料堆表层积蓄的粉末下降污染了死料堆，使得渣铁的滞留量增加。大量喷煤使得焦比降低，焦炭在死料堆中的停留时间延长，焦炭的粉化、降解加剧，在死料堆内形成阻碍铁水流动的低透液层，同时也妨碍死料堆焦炭的更新。由于风口循环区缩小以及铁水和炉渣集中到炉缸边缘，带来了两个不利因素：首先是炉缸堆积，渣铁流动性下降，加强了铁水的环流；其次是由于贮铁时铁水的浮力，将炉缸内死料堆焦炭推向风口循环区做上升运动，供给风口燃烧是死料堆焦炭更新的主要途径，由于循环区缩小到炉缸边缘，焦炭上浮的区域也缩小，对炉缸铁水中焦炭自由层的形状产生影响，将更集中到炉缸边缘，也加强了局部环流对炉缸侧壁的冲刷。

近年来，为了减弱炉缸环流，加深了死铁层，力图加速死料堆的更新，改善整个炉缸的铁水流动状况。可是，由于形成了低透液层，以及在炉缸侧壁形成狭小的焦炭自由层，加强了铁水的局部环流仍然是高炉长寿的难题。

5.4.1.2　死料堆的解剖调查

小仓 2 号高炉在没有放残铁的情况下，采用芯钻进行炉底调查[16]。在停炉前进行了示踪物试验用来确定铁水流动的"有效"深度以及芯钻的位置。并且在停炉前 3 天进行了加锰矿的冶炼试验，使铁水中的 Mn 的含量达到 1% 的水平，用芯钻金属样品中 Mn 的含量来鉴别铁水迟滞和凝结范围。

使用模拟炉缸耐材的侵蚀形状，估计了最大热负荷时期的炉内状态和侵蚀形状，与芯钻观测的结果相符。模拟应力场获得的炉内状态和死料堆的下部边界形状与实际观测的结果基本相符，见图 5-22。

由图 5-22 可知，小仓 2 号高炉炉缸耐材侵蚀也呈锅底状，形成了很深的死铁层，并在炉底底部存在一层焦炭自由空间，死料堆焦炭刚好漂浮在炉缸中，而炉底角部又不存在焦炭自由层。高炉料柱大部分靠死料堆支承，因此死料堆结构及其中炉料和铁水的运

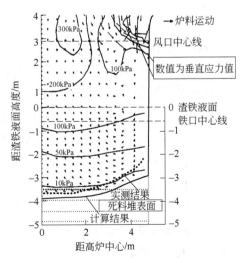

图 5-22　炉缸中的应力场和死料堆的形状

动对高炉生产有重大影响。

焦炭自由空间的芯钻试样为金属铁，没有夹杂物。炉缸侧壁炭砖完好，基本上未被侵蚀。说明炉缸中心的死料堆漂浮在铁水中为死料堆中焦炭的更新创造条件，保持死料堆良好的透液性，使得铁水长期能够透过整个炉缸，从而减轻炉缸铁水环流，使炉缸侧壁均匀侵蚀。

小仓2号高炉停炉后，死料堆的芯钻取样样品中包含铁水和焦炭，焦炭颗粒碎裂成约2mm或更细的粉末。死料堆的堆密度越向下越重，主要取决于铁水的含量，包括分布在其中的铁在 $2.2 \times 10^3 \sim 4.9 \times 10^3 kg/m^3$。死料堆的堆密度值估计为 $3.54 \times 10^3 kg/m^3$。死料堆的空隙率低、焦炭颗粒之间的空隙小，推测死料堆的透液性很差，形成了低透液区域，阻隔了铁水的流动，并被停炉前的示踪试验和加锰矿冶炼试验所证实。

死料堆样品的导热系数分布在 $6 \sim 9 W/(m \cdot K)$，在金属铁与焦炭之间。死料堆的导热系数取决于死料堆中金属铁的含量。

5.4.2 风口循环区参数

确保炉内料流的稳定性是高炉操作的基本原则。风口循环区是由鼓风和燃料燃烧形成高速煤气推动的流态化空腔。它是料流和煤气高速运动的起点，也可能是料流不稳定运动的起点。风口循环区参数受鼓风的动能及其上方炉料下降的状态影响很大[21]。在高炉日常操作中，高炉下部调剂是基础，当合适的送风参数确定的情况下，要保持其稳定，依靠上部调剂寻求与之合理的配合。

5.4.2.1 鼓风动能

鼓风动能 E 取决于与风口风速 v_{OT} 有关的参数，如风量 V_B、风温 T_B、富氧量 V_{O_2} 等。

$$E = \frac{1}{2} m v_{OT}^2 \tag{5-33}$$

$$m = \left[1.2507 \times 0.79 V_B + 1.4289 \times (0.21 V_B + V_{O_2}) + \frac{(V_B + V'_{O_2}) W_B}{1000 \times \left(1 - \frac{W_B}{803.6}\right)} \right] \times \frac{1}{60 \times 9.81 \times n} \tag{5-34}$$

风口风速是鼓风动能的重要标志。它对高炉冶炼的影响极大，风口风速影响循环区形状，从而影响到煤气流的初始分布。

$$v_{OT} = \frac{V_B + V_{O_2}}{60 S_f} \frac{T_B P_0}{T_0 P_B} \frac{803.6}{803.6 - W_B} \tag{5-35}$$

式中　　V_B——高炉入炉送风量，m^3/min；

V_{O_2}——总氧气量，m^3/min；

V'_{O_2}——在总的富氧量中扣除经过湿度计之后，加入的富氧量（例如，风口氧枪加入的氧气量），m^3/min；

S_f——风口面积，m^2；

T_B——热风温度，K；

P_B——热风压力，kPa；

W_B——鼓风湿度，g/m³；

n——风口数目。

5.4.2.2 循环区大小

循环区的长度、高度等形状特征与炉缸内气流分布和高炉初始气流分布有密切的关系。而循环区的形状特征受风口结构、死料堆的透气性、透液性，以及炉前作业因素变化的影响。计算风口循环区尺寸的经验公式很多，现介绍其中的一种给读者。在一定原燃料和炉型条件下，一般以循环区的长度 D_R、高度 H_R 及其比值 H_R/D_R 来表示循环区的形状特征值。循环区长度 D_R 可用经验公式计算：

$$D_R = 0.88 + 0.000092E - 0.00031 \times P_c/n \tag{5-36}$$

循环区高度 H_R 的经验公式为：

$$H_R = 22.856 \left(\frac{v_{OT}^2}{g d_{pc}} \right)^{-0.404} \times \frac{D_R^{1.286}}{d_{pc}^{0.286}} \tag{5-37}$$

式中 v_{OT}——风口的鼓风风速，m/s；

P_c——喷煤量，kg/h；

g——重力加速度，m/s²；

d_{pc}——装入焦炭的平均粒度，m。

高炉下部的各个操作参数都可以通过 D_R 和 H_R 得到反映。随炉容增加，炉缸直径加大，D_R、H_R 以及鼓风动能应相应增加。容积 2000m³ 以下高炉的鼓风动能 E 可参考以下经验公式控制管理：

$$E = 9.81(86.5d^2 - 313d + 1160) \tag{5-38}$$

式中 d——炉缸直径，m。

循环区长度 D_R 增加，煤气流将趋向中心。在一定的风速范围内，随着风速增加，循环区长度 D_R 延长，对炉缸内的下部气流分布在径向上趋于均匀，中心气流得到合理发展，使死料堆保持一定的温度，维持一定的透气和透液性能。相反，减少风量后导致风速大幅度降低，D_R 值变小，边缘气流较强发展。

大喷煤后，循环区缩小，边缘气流加强，H_R/D_R 值随风速增大而下降，循环区高度变小，喷煤对炉况产生不利的影响（见图 5-21）。由于风量、风速和喷煤量的变化，使 D_R 减小，将导致燃烧焦点靠近风口，并使炉腹的温度升高，边缘煤气发展，甚至烧毁冷却设备。

随着焦炭平均粒度变小，风速降低，循环区长度 D_R 变小，循环区高度 H_R 增大，风口前的温度升高，透气性变差，也引起炉墙温度升高。

风口循环区上部下料漏斗壁炉料下降的停滞会引起循环区不稳定、静压力发生较大幅度的波动以及循环区长度和高度的变动。扩大风口直径和过度增加风量，使得漏斗内的炉腹煤气流速过高，容易造成循环区的失衡。从煤气转移成风口循环区内破碎焦炭能量，从确保炉内透气性、循环区稳定性的角度出发，应考虑投入合适的炉腹煤气能量[22]。曾经在名古屋 1 号高炉解剖调查时发现，在风口上方炉墙附近及死料堆表层堆积了小于 10mm 的焦粉量约 30%。在热态实验中，风口风速采用 200m/s 和 260m/s 两个级别：当风口风速为 260m/s 时，在风口上方 340mm 水平面上，沿高炉半径方向从风口前端 700~1000mm

很宽的区域，堆积小于 3mm 焦粉 10% 以上，最大焦粉率达到 18%；当风口风速 200m/s 时，只有循环区前端很狭小区域的最高焦粉率为 10%。即风口风速从 260m/s 降低到 200m/s，循环区大小并没有明显变化，而焦粉发生量明显减少[23]。因此，投入炉腹煤气的能量对炉缸死料堆的透气性和透液性影响很大。这也是高炉越大，对焦炭强度的要求越高的主要原因。

首钢 4 号高炉从风口测量高炉炉缸径向不同位置的煤气压力。按照煤气压力分布可以分析炉缸径向初始煤气流动，能够很好地判断中心气流的强弱，从而调整装料制度[24]。

5.4.2.3　风口前的理论燃烧温度

高炉内各种物理化学反应都在各自需要的温度条件下进行，其中一些主要反应都是高温吸热反应。只有热量的概念没有温度的要求是不行的。富余的低温热量根本不能弥补高温热量的稀缺。为保证炉内各反应能在各自温度范围内顺利进行，必须使炉缸保持足够的温度，以物理热表示就是焦炭进入循环区时的温度 t_c 和渣铁温度 t_s 和 t_e。这是高炉顺行的基础。影响炉缸温度的因素是多方面的，但是高炉热源温度，即风口前的理论燃烧温度的高低是一个很重要的因素。

理论燃烧温度高还表明，同样体积的煤气有更多的热量，更有利于炉料加热、分解、还原和熔化过程的进行，从而使燃料消耗降低。理论燃烧温度是假定在绝热条件下，风口前燃料与进入高炉的高温鼓风进行不完全燃烧形成 CO 时，燃烧气体产物所能达到的温度。这是煤气与炉料在进行热交换以前的原始温度。它可借助于风口前每吨生铁消耗燃料燃烧的热平衡，亦即，循环区热平衡方程式求出：

$$T_F \times c_G^{T_F} \times v_{BG} = 9797C_F^c + Q_{PC} + Q_C + Q_B - Q_W - Q_A \qquad (5\text{-}39)$$

式中　T_F——风口前的理论燃烧温度，℃；

　　　$c_G^{T_F}$——在理论燃烧温度下，燃烧产物的热容量，kJ/（m³·℃）；

　　　v_{BG}——吨铁炉腹煤气量，m³/t；

　　　C_F^c——风口前焦炭燃烧的碳量，kg/t；

　　　Q_{PC}——扣除分解热以后，煤粉在风口前的燃烧热量，kJ/t；

　　　Q_C——炽热焦炭进入风口区带入的热量，kJ/t；

　　　Q_B——鼓风带入热量，kJ/t；

　　　Q_W——水分分解热量，kJ/t；

　　　Q_A——每吨生铁输送煤粉的压缩空气加热至鼓风温度所需热量，kJ/t。

风口前的煤气温度与理论燃烧温度密切相关。通过热平衡的理论计算式（5-40）展开，在日本君津高炉经验公式的基础上，以单位风量化简成燃烧温度的近似公式为：

$$T_F = 1559 + 0.839T_B + 4.972O_2 - 6.033W_B - k_c P_c \qquad (5\text{-}40)$$

式中　T_B——热风温度，℃；

　　　O_2——富氧量，m³/km³；

　　　W_B——鼓风湿度，g/m³；

　　　P_c——喷煤量，kg/km³；

　　　k_c——喷煤对燃烧温度的影响系数，煤的挥发分在 35% 以上的长焰煤 k_c 为 3.4 ~

3.5；挥发分约25%的一般烟煤 k_c 为2.8；挥发分20%的混合煤 k_c 为2.5～2.8；挥发分在10%以下的无烟煤 k_c 为1.5～2.0。因大多使用混合煤建议采用 $k_c=2.56$。

吨铁炉腹煤气量随风口前燃烧的焦炭量 C_F^c 的多少而变化。当 C_F^c 增加时，发热量虽增加，但煤气量也相应增加，加热煤气所需的热量也增加，故 C_F^c 的变化对理论燃烧温度没有大的影响。

但是，鼓风温度 T_B、鼓风湿度 W_B、鼓风含氧量 f 都能显著影响理论燃烧温度的变化。

提高鼓风温度、降低鼓风湿度能直接增加燃烧产物具有的热量和减少水分的分解热，因而显著提高理论燃烧温度，反之则降低理论燃烧温度。

提高鼓风含氧量相应减少了鼓风含氮量，致使风量下降，鼓风带入热量减少，但因鼓风含氮量减少也使燃烧产物显著减少，最终使理论燃烧温度有较大的提高。

各种因素对理论燃烧温度的影响值见图5-23。由图可知，鼓风温度 $T_B\pm100℃$，风口前燃烧温度 $T_F\pm80℃$；鼓风湿度 $W_B\pm1\%$，$T_F\mp75℃$；富氧率 $f\pm1\%$，$T_F\pm40℃$。

风口前燃烧温度过高，使煤气流速加快，炉料下降阻力增大，容易破坏高炉顺行。此外，风口前燃烧温度过高，使焦炭中 SiO 挥发量显著增加，堵塞料柱空隙，造成难行和悬料。

风口前燃烧温度不能过低。高温煤气与低温炉料之间有足够的温差，是高炉内热交换能够顺利进行的前提。由于两者的温差较小，温度较低的燃烧气体产物即使拥有足够热量，实际上也难以达到规定的渣铁温度。

为维持高炉内的焦炭温度，保持透气性和透液性要采用较高的燃烧温度 T_F 值和铁水温度。风口前燃烧温度与高炉炉容有关，见图5-24。按图和循环区长度 $D_R=1.7m$ 估算宝钢2号高炉的 T_F 值应在2280℃。当矿焦比下降时，T_F 值应减小。从宝钢2号高炉的实际来看，图中的下限可能再低一些，呈虚线状态。

按照热平衡计算可以达到的渣铁温度，从传热的角度不一定能达到。因此，

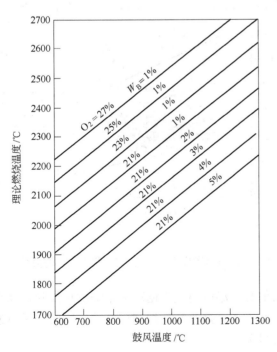

图 5-23　风温、湿度和富氧率对
风口前燃烧温度的影响

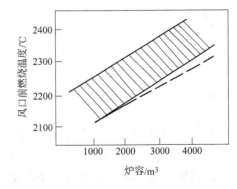

图 5-24　风口前燃烧温度与炉容的关系

理论燃烧温度应维持在热交换所需要的最低水平以上才行。冶炼实践指出，在燃料比600kg/t 以上，最低水平是1980℃左右；随着燃料比的降低，理论燃烧温度应在2000℃以上或更高。关于喷煤比与理论燃烧温度的关系，参见图6-22。

5.5 炉内温度和热量对高炉强化的影响

5.5.1 燃烧热量、炉腹煤气量对高炉利用系数和生产效率系数的影响

由于各高炉使用的原燃料条件不同、炉况不同，测控设备的可靠性与精度各异等，因此，不同高炉必须以自身的操作控制数据与技术经济指标为依据，进行相关的计算分析。

5.5.1.1 风口前燃烧热量和炉腹煤气量对利用系数的影响[24]

高炉利用系数与风口循环区吨铁不完全燃烧热能 Q_{spec} 的相关关系十分明显。高炉风口前完全燃烧的热能和风口循环区不完全燃烧的热能越低，高炉利用系数越高。这又一次证明降低燃料比的重要性。

现将巴西阿斯米纳斯2号炉容为1750m³ 的高炉2007 年1~10 月逐日指标制作成风口前燃烧产物的物理热 Q_{spec} 与燃烧温度 T_F 和吨铁炉腹煤气量 v_{BG} 的关系，示于图5-25。图5-25b 为风口前理论燃烧温度与吨铁炉腹煤气量的关系，亦即，与炉腹煤气效率的关系。图5-25b 中把风口前燃烧产物的物理热划分成6 个级别，即 Q_{spec}：< 4.7GJ/t，4.7 ~ 4.9GJ/t，4.9 ~ 5.1GJ/t，5.1 ~ 5.3GJ/t，5.3 ~ 5.6GJ/t 和 > 5.6GJ/t，并用不同符号表示；还将不同等级的风口前热量回归后，得到代表不同燃烧产物物理热的等热能线（图5-25b 中的一组斜线）。

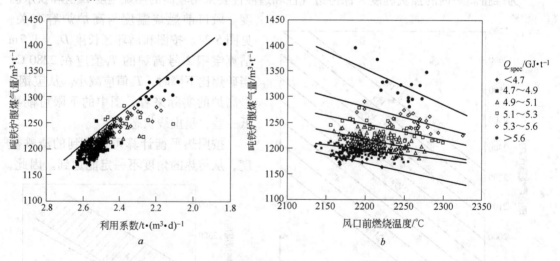

图5-25 巴西阿斯米纳斯2号高炉利用系数（a）、风口前燃烧温度（b）与炉腹煤气量的关系

在分析中研究了提高富氧率和提高风口前燃烧温度与风口循环区燃烧的热能和提高利用系数的相关关系。得到的结果是提高富氧并不能直接改变高炉利用系数，同时也没有发现提高富氧率与提高风口前的燃烧热能的明显关系。

风口循环区燃烧的热能与风口燃烧产物量、燃烧温度和燃烧产物的比热容成正比例。在分析研究中发现，提高富氧率能够提高利用系数的重要原因是降低炉腹煤气量。由于单

位生铁的风口燃烧产物减少,燃烧热能降低反而能够提高利用系数。

虽然提高风口前燃烧温度,例如富氧可以使单位燃烧产物的热含量提高,但是,富氧的作用在于不但能提高风口前的燃烧温度,而且更重要的是能够提高鼓风中的氧气含量,减少吨铁耗风量,使单位生铁燃烧产物的热量减少。由于入炉风量的减少和鼓风氧气浓度的增加,炉腹煤气中的 CO 浓度提高,从而提高单位体积和单位生铁的炉腹煤气的热能和化学能,既满足冶炼单位生铁热能和化学能的需要,又能为降低单位生铁需要的炉腹煤气量创造条件。提高利用系数的关键因素还是我们经常强调的提高高炉煤气的通过能力和如何充分利用透气能力,用降低燃料比和精料来强化高炉冶炼是最有成效的。

由图 5-25a 还可以看出,虽然吨铁炉腹煤气量上下波动,可是在不同利用系数的情况下,很明显吨铁炉腹煤气量 v_{BG} 与利用系数有很好的相关性,因为利用系数也相当于每分钟单位炉缸面积上的产铁量。虽然吨铁炉腹煤气量 v_{BG} 波动的范围较大,但我们可以划一条趋势线来框住向上波动的点,炉腹煤气量的波动受到这条线的打压和限制。当吨铁炉腹煤气量在高位运行时,受炉腹煤气量指数 χ_{BG} 为 60m/min 的限制;当降低燃料比、降低吨铁炉腹煤气量 v_{BG} 时,炉腹煤气量指数可以放宽到 66m/min。高炉增产、提高利用系数,除了一般概念的强化之外,效果最佳的是降低燃料比。在实际操作中高炉透气阻力系数 K 值限制了炉腹煤气量 V_{BG} 的提高,正如宝钢一直采用透气阻力系数 K 值来指导高炉生产,因此做到了高炉的长期稳定。

虽然图 5-25 已经删除了歧离太大的数据,但是由于高炉生产中的其他因素的干扰,图中的等热量线并不是平行的,线与线之间的间距相差也比较大,其间的规律性较差,把某个实际操作数据绘于图上不一定有指导意义。用此图直接指导生产会出现一些问题。

对日常高炉操作数据进行的分析,就可以用来研究如何改进高炉操作的实用方法。在图中除了风口燃烧产物的热能以外,风口前燃烧温度 T_F、单位生铁的炉腹煤气量 v_{BG} 都是高炉实时控制的参数。风口燃烧产物的等热能线,实际上并不是用来确定高炉操作点的位置,而是用来估计消耗的热量水平以及了解可能节约热能的动向。可以用来估计用增加炉腹煤气量强化高炉的可能性。因为过低的单位生铁炉腹煤气量 v_{BG} 和风口热能是不可能的,过高的炉腹煤气量也是不可能的,必须在多个条件约束之下寻求合理的操作制度,图表提供了定量的操作指导。

在巴西阿斯米纳斯 2 号高炉的情况下,可以按强化程度分为三个区域来制订不同的操作方针:

(1) 利用系数在 2.4t/(m^3·d)以下的低强化区域,为恢复期,在 K 值和炉温允许的条件下,可以以提高风量为主,调节炉况采取较大的步长操作;

(2) 利用系数在 2.4~2.5t/(m^3·d)之间的区域,以上、下部调剂,改善煤气利用率、降低单位生铁的炉腹煤气量、热能和化学能的需求为主,采取较小的步长操作;

(3) 利用系数在 2.5t/(m^3·d)以上的高强化区域,以稳定为主,进一步采取提高精料水平等手段,操作上精益求精,力争高炉长期稳定地保持在高水平运行。

如果读者对这个图表有兴趣,相信对不同容积的高炉、不同原燃料条件、不同内型以及不同设备和控制系统的高炉都能制作相应的图表。在高炉日常操作中可以看到当前操作所处的位置,以此可能起到一些借鉴的作用,也可能对改进操作得到一些启示。

5.5.1.2 风口前燃烧热量和炉腹煤气量对生产效率系数的影响

在很多情况下，高炉的生产条件不同难于进行比较，例如高炉利用系数受炉渣量的影响很大。作者认为，在操作条件相差较大的情况下，衡量高炉的效率应该考虑渣量的因素。熔化每吨渣和铁所需热量，可以借助于风口前每吨生铁消耗燃料燃烧的热平衡方程（式（5-41））。将每吨生铁的燃烧产物的体积 v_G，折算成冶炼每吨炉渣和生铁量 p_L 时的炉腹煤气量 v_{BGL}，并令每吨炉渣和生铁量在风口处燃烧消耗的热量为 Q_{Lspec}：

$$T_F \cdot c_G^{T_F} \cdot v_{BGL} = T_F \cdot c_G^{T_F} \cdot \frac{V_{BG}}{p_L} = Q_{Lspec} \tag{5-41}$$

式中 v_{BGL}——每吨渣铁的炉腹煤气量，m^3/t；

$\quad\quad c_G^{T_F}$——燃烧产物的比热容，J/m^3；

$\quad\quad p_L$——每分钟产出的炉渣和生铁，t/min。

为了深入分析风口燃烧温度、风口前每吨渣铁带入的热量以及炉腹煤气量对软熔带剖面形状及高炉操作的影响，建议用高炉生产效率系数 E_F 来衡量，并定义如下：

$$E_F = \frac{P_t^2}{(P_t + 1.77P_s) \times V_u} \tag{5-42}$$

式中 P_t，P_s——生铁和炉渣的日产量，t/d；

$\quad\quad 1.77$——炉渣熔化热量为铁水熔化热量的 1.77 倍；

$\quad\quad V_u$——高炉容积，m^3，采用了我国通用的高炉有效容积。

根据上述研究，提高风口前燃烧温度 T_F，下部热量增加，使软熔带根部的熔化量增加，根部升高和变狭，顶部平坦。现举宝钢 1~3 号高炉自 1999 年至 2005 年的月平均风口前燃烧温度、炉腹煤气量与高炉生产效率系数关系为例，并制作成诺模图，见图5-26。

将吨渣铁炉腹煤气量与风口前燃烧温度、高炉生产效率系数联系起来，同时还把炉腹

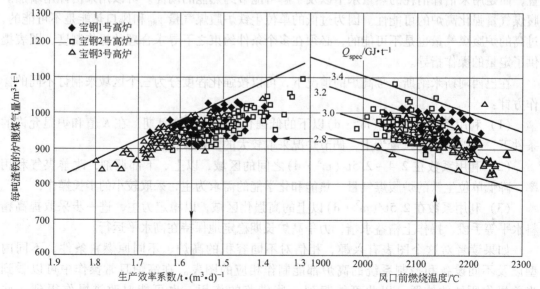

图 5-26　宝钢高炉风口前燃烧温度、炉腹煤气量的控制高炉操作诺模图

煤气量与高炉生产效率系数，即高炉产量联系起来。这样具有较高的研究价值和用来控制高炉的实用价值。当强化高炉的熔化性能时，提高风口前燃烧温度是有效措施。当采取提高风口前燃烧温度时，如果保持每吨渣铁的炉腹煤气量 v_{BGL}，其结果将提高热量消耗，增加燃料比。为了提高高炉的生产效率系数，必须降低炉腹煤气量，必须降低燃料比。

当式（5-41）右面的 Q_{Lspec} 为不同值时，可以得到风口燃烧温度与每吨生铁和炉渣的炉腹煤气量 v_{BGL} 之间的关系，如图 5-26 右边的一组直线为等热量线。每条直线代表风口处燃烧消耗的热量相等。考虑每吨渣铁炉腹煤气量 v_{BGL} 与高炉最大炉渣和生铁日产量之间的关系，可以给出图 5-26 左边的斜线。从图 5-26 左面的月平均数据来看，很难超过图中斜线的制约。由实际生产数据可知，当每吨渣铁的炉腹煤气量 v_{BGL} 较高时，生产效率系数较低，此时的炉腹煤气量指数 χ_{BG} 低于 63.8m/min；当高炉生产效率系数提高时，每吨渣铁炉腹煤气量 v_{BGL} 必然降低，炉腹煤气量指数 χ_{BG} 上升至 65.5m/min 以下。即使在生产最良好和稳定的条件下，高炉生产效率也受到炉腹煤气量指数的限制。实质上，诺模图得到了高炉的最大炉腹煤气量指数以及燃料比与最高产量的关系。当已知风口前燃烧温度、每吨渣铁炉腹煤气量和生产效率系数时，可以从图中箭头绘出操作点的位置，从而估计改进操作的方法。

由图 5-26 可知，一切降低燃料比和炉腹煤气量的措施都是提高生产效率系数的措施。还可以看到：

（1）提高生产效率系数 E_F，必须降低燃料消耗，降低输入炉内的热量，使块状带的体积和煤气利用率 η_{CO} 增加，炉顶煤气温度下降。

（2）随着单位生铁和炉渣的炉腹煤气量 v_{BGL} 的减少，生产效率系数 E_F 提高。

（3）当输入炉内的热量一定时，降低风口前燃烧温度 T_F，单位炉腹煤气量 v_{BGL} 增加，则生产效率系数 E_F 下降。反之，当输入炉内的热量足够低时，欲继续提高生产效率系数 E_F，此时由于软熔带剖面平坦，液体生成量少，被炉料下降的时间缩短所抵消。

（4）在相同的风口燃烧温度 T_F 时，熔化每吨渣铁所需的热量 Q_{spec} 增加，则每吨渣铁炉腹煤气量 v_{BGL} 增加，生产效率系数 E_F 降低，并且此影响比较明显。

（5）降低矿石的滴落温度 T_{se} 及熔化温度 T_s，与降低风口前燃烧温度 T_F 有相同的效果，效率系数受到软熔带性能变化的影响很大。而其影响可能是正或是负，取决于软熔特性改变之前的熔化温度 T_s。例如用 MgO 代替 CaO，提高 T_{se}、T_s，对提高效率系数是有利的。

（6）风口燃烧温度 T_F 应有最佳的范围，此范围取决于为获得最佳效率系数而应带入的热量。

若风口燃烧温度 T_F 低于最佳风口燃烧温度 $T_{F,opt}$，则提高风口燃烧温度 T_F 能降低燃料比，以及软熔带的位置足够高时，使效率系数 E_F 升高。

若风口前燃烧温度 T_F 上升到最佳燃烧温度 $T_{F,opt}$ 以上，则效率系数将因软熔带剖面形状变得过于平坦而下降。

从图 5-26 左边的各点均未超过左上方的直线的实际，说明存在着高炉能通过的最大炉腹煤气量值。如要提高高炉生产效率系数，可以采用降低单位生铁产生的炉腹煤气量 v_{BG} 的方法：降低燃料比，降低风口处燃烧消耗的热量，以及采取高风温、富氧鼓风、脱湿鼓风措施，提高风口循环区的温度。

提高高炉产量的手段是在尽量逼近高炉所能够通过的最大炉腹煤气量指数 χ_{BG}，尽量降低吨铁产生的炉腹煤气量 v_{BG} 的条件下操作。

5.5.2 软熔带热量消耗与高炉操作区域

软熔带的形状和位置直接影响块状带和滴落带的体积，因而影响上、下部炉料与煤气之间的传热与传质过程的进行和炉料下降的均匀性。一般认为，从矿石熔化滴落到渣层表面之间的滴落带高度，是衡量高炉下部热状态的重要指标。当软熔带根部位置不变时，随着软熔带形状的变化，软熔带高度发生变化，滴落带的容积也随之变化。软熔带根部位置的变化，取决于边缘热流比的变化，控制边缘热流比可以调节软熔带根部位置的高低。

从传热的方式来看，软熔带内侧与外侧是不同的。软熔带外侧，即靠块状带侧，是以对流传热和传导传热为主，辐射传热较弱；而软熔带内侧，即靠滴落带侧，软熔带开始滴落与气流之间的传热，主要是对流传热，辐射传热得到加强；气流通过软熔带内"焦炭窗"也是以对流传热为主。

风口循环区焦炭燃烧带入的热量、风口前理论燃烧温度以及炉腹煤气量等，对软熔带的内表面积均有影响。熔化渣铁所需的热量，又与软熔带内侧表面积的大小有关。如果忽略化学反应所需要的热量，则熔化渣和铁所需热量与软熔带内表面上的热量相等，熔化每吨渣和铁所需的总热量 Q_{tra} 为：

$$Q_{tra} = Q_r + Q_c \tag{5-43}$$

式中　Q_{tra}——熔化每吨渣和铁所需的总热量，一般为 0.3GJ/t；

　　　Q_r——辐射传热量，kJ/t；

　　　Q_c——对流传热量，kJ/t。

以辐射方式传递的热量：

$$Q_r = C_r A_f \left[\left(\frac{T_r}{100} \right)^4 - \left(\frac{T_s}{100} \right)^4 \right] \tag{5-44}$$

式中　C_r——辐射给热系数，J/(m²·K⁴)；

　　　A_f——软熔带总表面积，m²；

　　　T_r——软熔带温度，K；

　　　T_s——软熔带熔化滴落温度，一般取 1690~1720K。

以对流方式传给软熔带内表面的热量：

$$Q_c = \alpha_c A_f (T_F - T_b) \tag{5-45}$$

式中　α_c——对流给热系数，J/(m²·K)。

软熔带总面积，由软熔带内表面积 A_{in} 和软熔带根部面积 A_{ro} 组成：

$$A_f = A_{in} + A_{ro}$$

将式 (5-44)、式 (5-45) 代入式 (5-43) 可得软熔带的总面积 A_f(m²)：

$$A_f = \frac{Q_{tra} \times P_L}{24(Q_r + Q_c)} \tag{5-46}$$

软熔带的内表面积可由下式求得：

$$A_{in} = \frac{kQ T_{tra} \times P_L}{24 \left\{ C_r \left[\left(\frac{1866}{100} \right)^4 - \left(\frac{1720}{100} \right)^4 \right] + \alpha_c \left(\frac{0.9 T_F + 1866}{2} - T_s \right) \right\}} \tag{5-47}$$

式中　k——系数，取0.6，取决于矿焦比，当矿焦比增加时，k 值下降。

软熔带的根部面积为：

$$A_{ro} = \frac{k_{ro}Q_{tra} \times P_L}{24\left\{C_r\left[\left(\dfrac{0.9T_F}{100}\right)^4 - \left(\dfrac{1720}{100}\right)^4\right] + \alpha_c(T_F - T_s)\right\}} \tag{5-48}$$

式中　k_{ro}——系数，取1.4，取决于矿焦比，当矿焦比增加时，k_{ro} 值下降。

由式（5-47）和式（5-48）可知，软熔带面积、内表面积和根部面积都与高炉日产渣铁量 P_L 成正比。在 T_F 一定的条件下，A_{in} 和 A_{ro} 又与 C_r 和 α_c 成反比，因此改善气流与软熔带之间的传热，可以减少软熔带内侧表面积，而获得相同的产量。同时，还可以看出，控制风口燃烧温度 T_F、矿石熔化滴落温度 T_s 和改变矿焦比 O/C 能控制合适的内表面积。

根据风口前燃烧区的热量消耗 Q_{spec}、高炉生产效率系数 E_F 以及软熔带热量消耗 Q_{tra} 的关系可以作出图5-27。图中数据为宝钢1号、2号、3号高炉的月平均数据。提高生产效率系数会受到炉腹煤气量的制约，图5-27中曲线1为炉腹煤气量的限制曲线，限制了生产效率的提高。高炉工作区域的下限，受软熔带热量消耗 Q_{tra} 最低限的制约。过分降低对软熔带的供热量，将导致高炉炉况失常。由图可知，风口前燃烧区消耗的热量 Q_{spec} 越低，高炉生产效率越高；随着高炉生产效率的提高，高炉的工作区域越狭窄，操作的难度越大，要求操作水平越高。曲线2是风口前燃烧热量的限制线，过分降低供给风口前燃烧的热量也是不可能操作的。

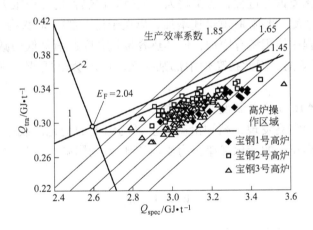

图 5-27　宝钢高炉工作区域
1—炉腹煤气量的限制曲线；2—风口前燃烧热量的限制曲线

由图 5-27 可知，在宝钢高炉的实际风口前燃烧区的热量消耗 Q_{spec} 和软熔带热量消耗 Q_{tra} 与蒂森高炉的热量消耗相当。其中有个别月份低于理论值，这可能是由于测量和计算的误差造成的。与蒂森高炉比较，宝钢高炉的操作区域处于生产效率系数高的位置，更处于操作尖端、狭小的区域，由此能够得出，高炉的生产条件要求更高、炉况更需要稳定，才能取得高的生产效率。

5.5.3　热流强度与炉内温度分布

高炉内煤气自风口区经炉料向上流动，借着对流、辐射及传导的方式将热量传给炉料，使炉料温度在下降过程中逐渐升高，煤气温度在上升中逐渐降低。炉顶温度与渣铁温度的高低，是煤气与炉料之间热交换的结果。由于高炉过程的复杂性，用一般传热理论研究炉内的热交换是很困难的。通常还是利用热量的概念来研究炉内的热交换问题。

5.5.3.1　炉料和煤气的水当量

水当量就是单位时间内，通过某一截面的炉料或煤气，温度升高或降低 1℃，所吸收或放出的热量。炉料水当量和煤气水当量由下式计算：

炉料水当量　　　　　　　$W_s = G_s \times c_s$ 　　$(kJ/(h \cdot ℃))$ 　　　　　　$(6\text{-}49a)$

煤气水当量　　　　　　　$W_g = V_g \times c_g$ 　　$(kJ/(h \cdot ℃))$ 　　　　　　$(6\text{-}49b)$

式中　G_s，V_g——分别为高炉截面上每小时通过的炉料和煤气量，kg/h 或 m³/h；

　　　c_s，c_g——分别为炉料和煤气的折算比热容（即包括放热和吸热反应的热量在内），kJ/(kg · ℃) 或 kJ/(m³ · ℃)。

炉料和煤气的水当量决定了炉内的热流强度。热流强度决定炉内的温度分布和热交换。在高炉内，煤气和炉料进行热交换的同时，还进行着一系列放热的或吸热的物理化学过程。不同高度上炉料的水当量的变化见图 5-28。在高炉上部炉料主要是进行加热、水分蒸发，少量碳酸盐分解的吸热过程，同时进行放热的 CO 间接还原反应。因此单位时间内炉料升高 1℃ 所需要的热量较少，W_s 较小，变化量也不大。在下部炉料进行大量直接还原和碳酸盐分解、熔化渣铁等过程，热消耗大，其折算比热容也变得很大。愈到下部炉料的耗热量愈大，c_s 也愈大，此时 W_s 就迅速增加，以至于比上部的 W_s 大得多。

煤气在上升过程中体积稍有增加，但其热容量随温度逐渐降低而减小，可以认为，沿高度上 W_g 是基本不变的。因此在高炉中部某一区域内就会出现 $W_s = W_g$，$W_g/W_s = 1$ 的情况，如图 5-28 中的 B 点。

5.5.3.2　热流比与炉内温度变化的关系

根据许多高炉的实测发现，高炉沿高度上平均温度的变化曲线呈反"S"形的特征，见图 5-29。分析炉内温度的变化规律，为受热流比 W 的影响。热流比 W 是炉料水当量与煤气水当量之比：

$$W = W_s/W_g \qquad\qquad (5\text{-}50)$$

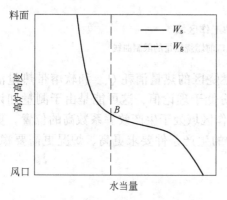

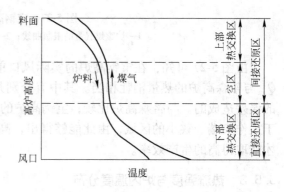

图 5-28　沿高炉高度上炉料水当量的变化　　　　　图 5-29　煤气与炉料温度的变化

按此温度变化规律，可将高炉划分为三个热交换区：在上部热交换区 $W_g > W_s$，亦即热流比小于 1 时，煤气降低 1℃ 所释出的热量可使炉料升高 1℃ 以上，故此区内煤气的温度下降慢，炉料的升温快，热交换不太激烈。在下部热交换区 $W_g < W_s$，热流比大于 1 时，煤气降低 1℃ 所释出的热量不足以使炉料升高 1℃，故煤气温度下降快，炉料的升温慢，热交换激烈进行，愈接近风口区直接还原量愈大，热交换就愈激烈。在空区 $W_g \approx W_s$，热流比接近于 1，煤气温度的降低和固体温度的上升基本相同，煤气与炉料沿高度的温度基本不变，两者的温差也很小，约为 50℃。此区域热交换缓慢，故亦称"热滞区"，仅有 CO、H_2 的间接还原。在使用熔剂性烧结矿时，装入的石灰石量很少，空区的开始温度取决于焦炭开始溶损的温度。提高该区域的间接还原进程，可以抑制"热滞区"的发生。总的来说，高炉热交换基本符合上述三个热交换区的分析。

鉴于高炉上下部传热情况有很大的差别，在它们之间又有一个温差小、温度基本不变的过渡区域，我们可以把上部和下部看做在热量上互不相关的两部分，分别研究它的传热规律和热量利用问题。由于计算每小时通过高炉截面的炉料与煤气的热量是困难的，故下面的水当量大小都按单位生铁来考虑。

在高炉操作中热流比作为炉身热交换的指标来使用。高炉日平均热流比 $\overline{W}$ 计算公式如下：

$$\overline{W} = \frac{(0.31 \times CR + 0.22 \times OR) \times P_r \times \dfrac{Ch}{1440}}{\left(0.307 \times \dfrac{H_2}{100} + 0.312 \times \dfrac{CO}{100} + 0.412 \times \dfrac{CO_2}{100} + 0.311 \times \dfrac{N_2}{100}\right) \times V_T} \tag{5-51}$$

式中　　　Ch——当日料批数，批/d；

　　　　　CR——焦比，t/t；

　　　　　OR——矿石比，t/t；

　　　　　P_r——生铁生成量，t/批；

　　　　　V_T——炉顶煤气量的日平均值，m^3/min；

H_2，CO，CO_2，N_2——炉顶煤气成分的体积分数，%。

由式（5-51）可知，增加炉顶煤气量，将降低热流比。降低热流比引起风口燃烧温度下降；导致炉顶温度上升。改变高炉热流比，还使沿高炉高度温度的分布也发生改变。炉内温度分布的变化，将引起高炉炉内过程的一系列变化。提高热流比，与下降固体相对应的煤气量减少，炉料预热慢，矿石升温和还原速度缓慢，落入风口区的生降频率增加，会导致炉凉。为维持高炉稳定，就需要有合适的煤气量，采取降低热流比，提高高炉上部温度的措施。有文献报道[15]，热流比达到 0.93 以上，炉顶温度过低，风口前频繁发生生降，从而影响炉况的稳定。可是，提高热流比的同时，改善矿石还原性，提高煤气还原能力，也可以在更高的热流比的条件下保持稳定顺行。宝钢高炉就曾经在热流比 0.95 以上维持稳定生产。

5.5.3.3　富氧、喷煤对炉内温度的影响

当高炉采用高风温、低湿度、低燃料比操作时，可采用富氧或喷煤量来调节风口前的燃烧温度 T_F，同时还必须考虑热流比的变化对炉顶温度的影响。宝钢高炉实现大量喷煤粉过程中，有关的生产因素对热流比影响的统计数据见图 5-30～图 5-32。富氧率与热流比的关系见图 5-30。当富氧率提高时，吨铁煤气量减少，热流比上升。宝钢高炉高喷煤比时，

煤比对热流比的影响见图 5-31。随着煤比的增加，吨铁煤气量增加，热流比降低。

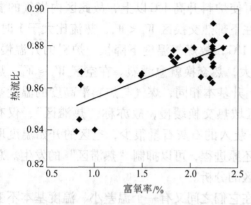 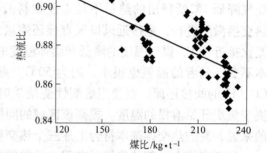

图 5-30　富氧率与热流比的关系　　　　　　图 5-31　煤比与热流比的关系

　　热流比与炉顶温度的关系如图 5-32 所示。随着热流比的升高，炉顶煤气温度下降。在采用干式煤气除尘后，除尘设备对炉顶温度控制的要求高了。在生产中，可以采用调节热流比的方法来调节炉顶温度。

　　影响热流比的因素还很多，诸如精料程度、入炉炉料的温度和比热容、炉料下降速度、炉内的反应热和热损失等。

　　当炉腹煤气量不变时，将影响热流比的因素绘制成图 5-33，可以作为规划提高富氧率、提高高产和提高煤比时的参考。

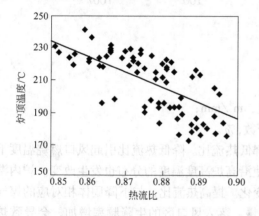  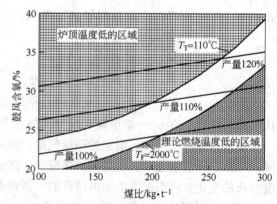

图 5-32　热流比与炉顶温度的关系　　　图 5-33　当富氧和喷煤时合适的操作范围
　　　　　　　　　　　　　　　　　　　　　　（T_F 为风口前理论燃烧温度）

　　除了前述风口前最高理论燃烧温度限制提高富氧率以外，图 5-33 中还显示出按照热流比，有一个与最低理论燃烧温度曲线相对应的最低富氧率，以及一个与最低的炉顶温度相对应的高富氧率。最低的炉顶温度约为 100~110℃，此时必须增加煤气的水当量 W_g 来提高炉顶温度。当提高富氧率时，相应提高煤比能达到更高的产量。换言之，对于每座高炉可以根据炉料水当量 W_s 和煤气水当量 W_g 选取合适的热流比。

　　由于在高炉横断面上，炉料和煤气流量的分布是不均匀的，因此在高炉横断面各点的热流比也不相同。

5.6 提高利用系数的措施

5.6.1 降低燃料比和焦比[25]

降低燃料比和焦比的措施将在第 6 章详细介绍。这里只叙述降低燃料比、焦比是高炉强化冶炼的重要手段。

在原料品种一定的条件下，冶炼每吨生铁，由原料带入高炉的氧气量是基本相同的，由燃料夺取原料中的氧气量也基本相同。在燃料比降低时，由原料带入的氧气分摊到每吨燃料的数量增加，风口燃烧的燃料或焦炭减少，吨铁耗风量减少。

富氧鼓风，对高炉的影响是多方面的。富氧鼓风后，吨铁煤气量减少，风口前理论燃烧温度提高。在炉腹煤气量一定的条件下，由于风口前理论燃烧温度提高，煤气实际体积增大，煤气实际流速提高，会提高阻损；在高温下，焦炭灰分中的 SiO_2 易产生 SiO 蒸气，上升到炉上部炉料间沉积，影响透气性。

富氧鼓风改变了高炉的热平衡。鼓风中氮气浓度的降低，风量减少，热风带入高炉的热量下降。富氧鼓风后，吨铁煤气量减少，煤气带到高炉上部的热量减少，高炉炉内炉料与煤气的热流比发生变化，影响炉内温度分布。热流比的变化，使高温区下移，块状带扩大；高炉上部温度下降，表现在有利于间接还原的中温区温度降低，炉顶温度降低。由于整个高度上温度分布的变化，使冶炼过程也相应发生改变。过去有许多文献记载，富氧鼓风使焦比升高。这就是富氧导致炉内温度分布不恰当的变化，影响到还原过程所致。

为此，富氧鼓风往往与提高煤粉喷吹相结合，煤粉分解时吸收热量，可以减少富氧鼓风引起的风口前理论燃烧温度的升高；喷煤还改变高炉炉内的热流比，而它的作用恰恰与富氧的作用相反。喷煤后使高炉炉料中的焦炭量减少，炉料带入下部的热量下降。喷吹煤粉后，吨铁煤气量要增加，与富氧鼓风相反，炉顶温度上升。富氧鼓风与煤粉喷吹适当搭配，可以减少热流比的变化，也可以使风口前理论燃烧温度维持在合理的范围，使高炉处于稳定顺行状态。

统计宝钢 1 号、2 号、3 号高炉 1999～2005 年高炉生产实绩，富氧率与炉顶温度的关系如图 5-34 所示。提高富氧率，使炉顶温度下降。

宝钢 1 号、2 号高炉提高煤粉喷吹量，使炉顶煤气温度升高的情况如图 5-35 所示。虽

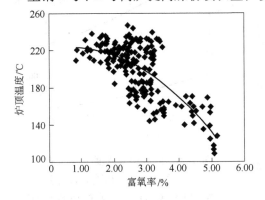

图 5-34 宝钢 1 号、2 号、3 号高炉
富氧率与炉顶温度的关系

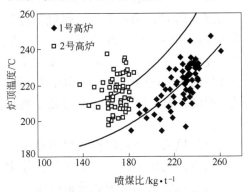

图 5-35 喷煤比与炉顶温度的关系

然不同高炉喷煤对炉顶温度的影响不同，但增加喷煤量、提高炉顶温度的趋势十分明显。

5.6.2 富氧鼓风

鼓入炉内的风，主要是其中的氧气参与燃烧反应，其产物参与还原反应。富氧鼓风使鼓风中最活跃的氧浓度提高，降低 N₂ 量。鼓风中氧的浓度增加，燃烧单位质量的碳所需的鼓风减少。鼓风中氮的浓度下降，在风口带燃烧单位质量的碳生成的煤气量也减少了。吨铁炉腹煤气量减少，因而可以提高产量。富氧鼓风是强化高炉冶炼的重要手段，是提高产量的有效措施。富氧鼓风对风口前的理论燃烧温度和循环区的大小有很大的影响。

5.6.2.1 富氧率的计算

富氧鼓风的程度常用富氧率来表示。富氧率是指富氧后，鼓风中氧气含量增加的百分数。单位时间内氧气加入量与富氧率两者的关系，可以按两种不同情况进行计算。

鼓风机前富氧，或氧气管道兑入口在冷风管道流量孔板前面，即富氧量流经流量孔板的情况，计算式为：

$$f = \left[\frac{(0.21 + 0.29\varphi) \times (V_B - V_{O_2}) + V_{O_2} \times b}{V_B} - 0.21 \right] \times 100\% \quad (5\text{-}52a)$$

氧气管道兑入口在冷风管道流量孔板后面，即富氧量未经流量孔板的情况：

$$f = \left[\frac{(0.21 + 0.29\varphi) \times V_B + V_{O_2} \times b}{V_B + V_{O_2}} - 0.21 \right] \times 100\% \quad (5\text{-}52b)$$

式中 f——富氧率，%；

V_B——冷风流量显示值，m³/min；

V_{O_2}——富氧量，m³/min；

φ——鼓风湿度，%，为便于计算，可忽略不计；

b——工业氧气浓度，%。

5.6.2.2 富氧鼓风的增产效果

由图 5-36 可以明显看出，燃烧单位质量的碳所需风量和燃烧后生成的煤气量与鼓风中的氧气浓度成一定的比例。但由于碳燃烧时，与单位体积的氧生成两个体积的 CO，所以煤气量的减少幅度，要比风量的减少幅度小些，见式 (5-16)。

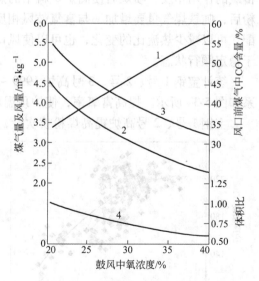

图 5-36 鼓风中氧浓度与煤气量、煤气中的 CO 含量和风量的关系
1—煤气中的 CO 含量；2—单位质量碳燃烧所需风量；3—单位质量碳产生的炉腹煤气量；4—富氧鼓风与大气鼓风煤气体积之比

富氧鼓风后，吨铁炉腹煤气体积缩小，煤气对炉料下降的阻力减小。如果保持原来的煤气量，就可以增加风口前燃烧的碳量，高炉产量自然要提高。在既定的原燃料和设备条件下，炉腹煤气量制约着高炉顺行，从而限制着

高炉的产量。在采用富氧鼓风，保持炉腹煤气量不变的情况下，富氧鼓风增产效果分析如下。

富氧鼓风后，风中的氧气量为：

$$V_{BO_2} = 0.21V_B + V_{O_2} = V_B \times \frac{21 + f}{79 - f} \qquad (5\text{-}53)$$

在相同产量时，高炉用氧气量增加，每吨生铁的耗风量下降。宝钢三座 $4000m^3$ 级高炉 1998 ~ 2005 年逐月高炉富氧量、富氧率与高炉产量的生产统计数据见图 5-37。由图可知，提高富氧率对提高高炉产量的效果极为明显。3 号高炉的效果尤其明显。

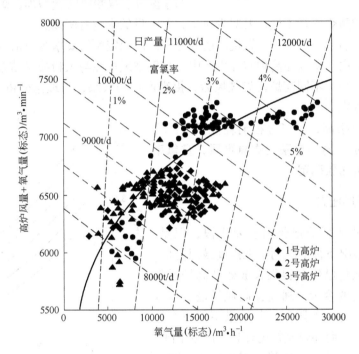

图 5-37　宝钢高炉富氧量与高炉产量之间的关系

由图 5-37 可以看出，高炉强化程度较低、富氧量较低时，提高产量的效果比较高。1 号、2 号高炉富氧率在 1% ~ 2% 之间产量直线上升，这是富氧量与风量同时增加的结果。富氧率超过 2%，产量的波动范围变大，提高产量的效果逐渐降低。

将 3 号高炉富氧量与产量增加的实际数据作出回归曲线。开始时曲线迅速上升，而后上升速度逐渐变慢，说明随着富氧率的提高富氧的效果降低。同样，在富氧率 1% ~ 3% 之间效果较好，超过回归曲线，产量的上升速度高于统计的曲线。富氧率的良好效果一直延续到 3%，而后，富氧率增加的效果下降，产量的上升速度变得平缓，富氧量与实际产量的数据略低于回归曲线。但 3 号高炉产量的波动较小，高炉能够接受氧气，提高富氧率仍有增产效果。由此分析，不同高炉接受氧气的能力是不同的，应根据不同高炉的特性，寻找合适的富氧范围。

由于图 5-37 的数据时段较长，受各种因素的影响。按照理论计算，当由不富氧到富氧率 1% 时，产量提高 4%；而富氧率由 5% 提高到 6%，增产的效果降低到 3%。

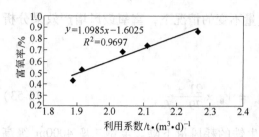

图 5-38 昆钢 6 号高炉采用富氧
鼓风提高利用系数的实绩

近年来，昆钢 6 号高炉采用富氧鼓风来提高利用系数的实绩如图 5-38 所示。

生产实践表明，在焦比不变的情况下，富氧鼓风的增产效果为：风中含氧 21% ~ 25%，增产 3.2% ~ 3.5%；风中含氧 25% ~ 30%，增产 3%。

上述富氧对高炉产量的影响，都是在鼓风湿分、煤粉喷吹量没有变动的前提下计算的，如果湿分、煤粉喷吹量增加，炉腹煤气量相应增加，为保持炉腹煤气量不变，要减少风量，对产量的影响有所减少。

富氧鼓风还引起风口前理论燃烧温度变化，高炉稳定顺行要求风口前理论燃烧温度保持在合理的范围内，所以在高炉实际生产中，富氧鼓风往往与煤粉喷吹结合起来使用。由于其他因素的影响，不同高炉富氧鼓风后，提高产量的效果，与理论分析并不完全一致，相互之间也有差别。

由于氧气价格高，制氧过程消耗能量大。因此《规范》规定，**高炉宜采用富氧鼓风，富氧率应经过技术经济比较确定。**

5.6.3 提高炉顶压力

增加鼓风量是高炉强化的重要手段，但是，并不是在任何情况下都能顺利实现提高鼓风量的。特别是在高炉强化已经获得很大成效和高炉透气能力已受到限制的今天，通过提高风量进一步强化经常受到高炉行程的限制。其结果不但没有达到增产的目的，反而导致燃料比升高，产量下降。

提高高炉炉内压力可以降低煤气流速，减少料柱的压力损失，而得以顺行和增加风量。

5.6.3.1 对炉内煤气流速和风口风速的影响

高炉炉内煤气流速的大小直接影响到料柱的阻力和煤气的利用率。炉内平均煤气流速对阻损影响很大。

炉内煤气流速与高炉平均断面积、炉腹煤气量、原料性能、炉顶压力和炉内平均压力等因素有密切的关系。

由炉内压力与炉内煤气流速的关系式(5-20)可知，尽管煤气量没变，炉顶压力提高后，由于煤气体积缩小，上升煤气流速降低。宝钢 1 号、2 号高炉的透气阻力系数 K 为 2.6 时，炉顶压力与煤气流速与风压的关系见图 5-39。

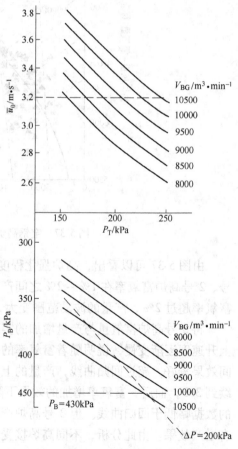

图 5-39 当透气阻力系数 K 为 2.6 和不同
炉腹煤气量时，炉顶压力 P_T 与炉内
煤气流速 $\bar{u}_0$、风压 P_B 的关系

由于炉内煤气流速的下降，炉内透气性改善，透气阻力系数 K 降低。这就意味着，炉顶压力提高后，在相同的透气阻力系数下，高炉可以接受更高的炉腹煤气量，从而提高产量。

如前所述，从高炉生产的制约条件中可以归纳出，高炉炉内煤气流速存在着上限值。宝钢1号、2号高炉的炉内煤气平均流速上限值为3.2m/s。在不同炉腹煤气量的情况下，要求达到一定的炉顶压力才能正常操作。若以炉内煤气流速3.2m/s为标准，当炉腹煤气量为10250m³/min时，炉顶压力要求超过226kPa；当炉顶压力与风压同时发生变化时，炉顶压力下降，风压也降低，则高炉的操作区域应由图5-39下部炉顶压力与风压之间的关系决定。其可操作区域应在炉内压力降 $\Delta P=200kPa$ 虚线以下的区域。

在高炉减风或加风过程中，应与炉顶压力配合好，最好保持炉内煤气流速稳定和炉内压力降稳定，避免炉内煤气流速和炉内压力降有大的变化而影响炉况。

5.6.3.2 对炉内阻力损失的影响

提高炉顶压力，炉内的阻力损失降低，风口压力与炉顶压力的压差下降。以某高炉为例，高炉入炉风量 V_B 为 3800~5000m³/min，富氧量 V_{O_2} 为 6000m³/h，鼓风湿度 W_B 为 15g/m³，喷煤量 P_C 为 25000kg/h，煤中含氢为3%，透气阻力系数 K 为3.197，在其他条件不变的情况下，炉腹煤气量（标态，下同）在5400~6400m³/min范围内变化，计算其炉内压力损失的变化，见图5-40。

由图可知，随着炉顶压力的提高，炉内压差明显下降。当炉腹煤气量为5953m³/min，风压和炉顶压力分别为265kPa和125kPa时，炉顶压力上升或下降10kPa，炉内压力损失下降或升高3.8kPa。

5.6.3.3 对炉腹煤气量、高炉产量和燃料比的影响

对强化程度较高的高炉，炉内压力降对高炉顺行起着制约的作用，在操作管理中，一定要保持炉内压力降稳定。在上述各种条件不变，而只改变炉顶压力的情况下，对炉内压力损失的变化情况进行研究。当炉内压力损失稳定在150~200kPa范围时，计算炉腹煤气量的变化，得到一组曲线，由图5-41可知，对于一定的炉内压力损失值，随着炉顶压力

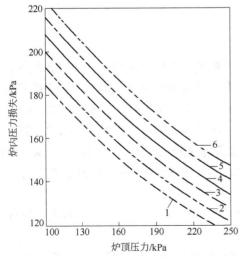
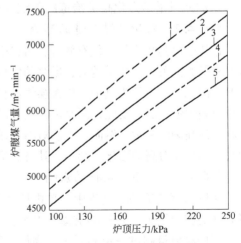

图5-40 炉顶压力与炉内压力损失的关系
1—5400m³/min；2—5600m³/min；3—5800m³/min；
4—6000m³/min；5—6200m³/min；6—6400m³/min

图5-41 炉顶压力与炉腹煤气量的关系
炉内压力损失：1—150kPa；2—160kPa；
3—170kPa；4—180kPa；5—190kPa

的提高，炉腹煤气量能够大幅度增加。

以上计算表明，炉顶压力提高 10kPa，高炉可增产 1.9%。但这个值随着透气阻力系数的改变而有所不同。料柱透气性越好，炉顶压力的效果越大。

炉顶压力提高，缩小了煤气体积，降低了煤气流速，从而降低阻损，改善顺行，容许高炉接受更多的风量。由于各高炉冶炼条件不同，炉顶压力对提高利用系数的效果差别较大。一般高炉顶压提高 0.01MPa，增产率为 2%~3%，且随着顶压提高而增产率递减。现代高炉顶压提高 0.01MPa，增产率降为 1.1%±0.2%。

本钢 5 号高炉提高炉顶压力后，提高利用系数的实绩见图 5-42。

提高炉顶压力的另一良好效果是降低燃料比和焦比。虽然各厂的效果不同，但在大多数情况下，燃料比都有所降低。

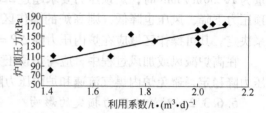

图 5-42　本钢 5 号高炉提高炉顶压力的效果

提高炉顶压力后，促使燃料比下降的原因可能有下列几个方面：

（1）高炉炉内压力提高之后，使 $2CO = CO_2 + C$ 反应向缩小体积方向移动，反应加速，即趋向于提高 CO_2 的浓度，使煤气化学能的利用更为完善，并有利于间接还原过程的进行。

（2）提高炉顶压力最明显的效果是，促进高炉顺行，减少炉况波动。保持稳定操作，就会改善冶炼指标，特别是降低燃料比和焦比。

（3）提高炉顶压力，高炉风口的鼓风动能和炉内煤气分布相应朝着更合理分布的方向变化，从而改善炉内气流分布，使煤气利用率提高，燃料比和焦比降低。

（4）提高炉顶压力，降低煤气流速，使炉尘吹出量降低，从而提高焦炭负荷和提高煤粉的利用率，能够减少燃料比和焦比。

5.6.4　增加鼓风量

增加鼓风量是强化高炉冶炼的传统方法。

5.6.4.1　对炉腹煤气量的影响

冶炼强度是指高炉单位有效容积每昼夜燃烧的燃料量。当然，这与单位时间鼓入高炉的风量有较大的关系。风量越大，燃烧的焦炭量就越多，炉腹煤气量也就越多，冶炼强度也就越高。因此，一般认为风量与炉腹煤气量和冶炼强度几乎成正比关系。前面已介绍过炉腹煤气量对高炉强化的重要性，同时炉腹煤气量也是制约高炉强化的重要因素。过高的炉腹煤气量将导致高炉的失常。然而，人们对冶炼强度的制约观念始终比较淡薄，引入炉腹煤气量的概念，探讨其对高炉强化的影响，其目的是对高炉的强化有一个更全面、更科学的认识。

5.6.4.2　对高炉顺行的影响

在风量逐步提高的过程中，炉内煤气发生量增加，炉内的煤气流速不断增大。煤气通过料柱的阻力增大，料柱的支撑力增大。

当提高风量超过一定界限时，高炉下部渣铁在滴落带中的滞留量增加，透气阻力系数 K 值升高；炉腹煤气量超过限界后，高炉就会出现难行、崩料和管道，进一步发展成为悬料等严重的故障，因此继续提高风量受到限制。

5.6.4.3 对燃料比的影响

在炉腹煤气量低时,随着风量增加、高炉的强化,燃料比和焦比将会下降。在高炉强化达到一定程度炉腹煤气量受到限制后,继续增加风量,燃料比和焦比将随高炉的强化而升高。这是由于炉内煤气受到炉料透气性的影响,继续强化遇到阻力,继续增加风量往往采取疏松边缘或者开放中心的措施,导致边缘气流发展或者中心气流过强,煤气利用率下降,燃料比升高。在此情况下,应采取改善原燃料的质量或本节前述的降低燃料比,提高富氧率,降低吨铁耗风量;提高炉顶压力,降低炉内煤气流速等措施强化高炉冶炼。

5.7 提高高炉高效,稳定运行时间

高炉只有长期稳定顺行,才能带来最大的经济效益。短时间的、几天的高利用系数不能给企业带来实在的效益,相反,只能引起炉况的波动。

在高炉操作和设计中,应尽量消除一切影响高炉稳定顺行的干扰,创造稳定顺行的必要条件。影响稳定顺行的因素是多方面的,其中包括操作的指导思想、操作技术的应用、设计为生产创造的条件等。

我国长期以来,一直存在高冶炼强度与合适冶炼强度的争论。然而,由于中等冶炼强度只是一种概念,没有明确、具体的数值,炼铁工作者有各自不同的理解,无法统一,造成不必要的、人为的炉况波动。本章提出以最大炉腹煤气量指数为标准,可以直接与高炉炉内炉料和煤气相对运动和气流阻力的理论与实践相结合,反映了高炉冶炼的客观规律。最大炉腹煤气量或最大炉腹煤气量指数可以提出明确的数量限界。

当接近最大炉腹煤气量指数时,操作人员就能够自觉地通过稳定炉况来尽量减少波动值,以保证高炉的顺行,并且使实际炉腹煤气量尽量逼近最大炉腹煤气量以获得高产。为了进一步提高利用系数,就必须采取改善炉料透气性,或者减少吨铁炉腹煤气量的措施。

因此,采用冶炼强度或最大炉腹煤气量指数两种不同的指标,就产生了两种不同的操作思想、操作理念。由于前者没有明确的界限,以为多鼓风就能强化,违反了高炉内部炉料与煤气逆流的客观规律,致使炉况不稳定。后者,以稳定炉况为主,实施精细操作,为实现集约型的高炉生产创造条件。

不能认为只要多鼓风就能高产,必须为高炉创造良好的条件,采用富氧鼓风和高压操作等一系列措施,才能获得良好的生产操作指标。

如前所述,提高原燃料质量,特别是提高焦炭强度,对提高利用系数有重大的作用。提高炉身效率、降低热停滞区的温度、降低热损失等,对提高利用系数也有很大的作用。现将这些影响因素归纳于表5-3。

表5-3 各种因素对利用系数的影响

操作因素	增减的量	对利用系数的影响 /t·(m³·d)⁻¹	操作因素	增减的量	对利用系数的影响 /t·(m³·d)⁻¹
炉顶压力/kPa	+10	+0.046	高炉下部空隙率/%	+0.5	+0.059
燃料比/kg·t⁻¹	−10	+0.050	高炉热损失/MJ·t⁻¹	−10	+0.048
富氧/%	+1	+0.047	热停滞区温度/℃	−10	+0.019
渣量/kg·t⁻¹	−10	+0.018	炉身效率/%	+1	+0.018
高炉下部焦炭粒度/mm	+1	+0.069	炉料中金属铁/kg·t⁻¹	+10	+0.017

此外，正如第 4 章指出的那样，入炉有害元素，如锌对炉腹煤气量和高炉阻力系数也有影响。因此，炉腹煤气量指数能够定量反映高炉冶炼中各种因素的影响，并能采用各种方法找到制约提高利用系数的关键因素。

采用炉腹煤气量指数来衡量高炉强化程度的合理性表现在以下几个方面：

（1）将炉腹煤气量指数与透气阻力系数相结合，为实现科学管理创造了条件。当生产要求进一步强化高炉时，管理者应该检查透气阻力系数和炉腹量指数的潜力。采取必要的措施，降低透气阻力系数，使炉腹煤气量接近最大值；已经接近最大值时，应为高炉创造必要的条件，采取减少吨铁炉腹煤气量措施，保持炉况稳定和顺行，达到高产[8]。

（2）在确定了最大炉腹煤气量界限值的条件下，高炉操作者的任务就是为精细化操作创造条件。操作者力求高炉在趋近最大炉腹煤气量的情况下，保持高炉的稳定顺行，尽量降低燃料比，以获得良好的高炉操作指标。

（3）设计者可以采用适宜的透气阻力系数和正常的炉腹煤气量指数，选取合适的设备能力；以最大炉腹煤气量指数确定最大设备能力。这使选择设备有了明确的依据。

在本书以后各章中，贯穿着透气阻力系数和炉腹煤气量指数的理念，并且应用透气阻力系数和炉腹煤气量指数更新了高炉的设计方法，科学合理地解决高炉设计中的各种问题，如确定高炉的内型设计、高炉鼓风机选择、热风炉，以及煤气系统 TRT 能力的选取等。

现代高炉设计和装备完全有能力为生产创造稳产的条件，例如，保证获得稳定的高风温；热风炉换炉时稳定风压；避免湿度随时间的波动，采取脱湿或调湿鼓风等。

高炉提高利用系数的重要措施之一就是提高高炉的作业率，即降低休风率和减风率。

设计应保证设备的可靠性，为稳定生产创造条件。特别是高炉炉体、供料系统、炉顶设备、出铁场设备等。

加强设备维护，减少设备检修时间。由于设备的原因，高炉休风、减风会影响高炉作业率。设备故障势必会造成高炉休风、减风，降低高炉产量，频繁的设备故障甚至会导致高炉失常。设备必要的检修不可缺少。提高设备维护、检修质量，减少停机检修时间，保持设备完好是实现高利用系数的基本条件。

加强管理，搞好生产平衡。高炉生产受到多方面的制约，前工序原燃料供应、后工序铁水消化以及能源介质、铁水运输等都会限制高炉产能的发挥。只有搞好综合平衡，消除限制高炉产能的"瓶颈"，高炉才有可能实现高利用系数。

完好的设备，质量优良、稳定的原燃料以及充分满足生产要求的外围条件，提供了高利用系数的基础条件。实现高利用系数，还需要良好的高炉操作技术。选择适宜的送风制度、装料制度、炉热制度、造渣制度，实现炉况的长期稳定顺行，充分应用、发挥富氧大喷吹、高炉顶压力、高风温等技术的作用，在"高效、优质、低耗、长寿、环保"的方针下，实现高利用系数。

参 考 文 献

［1］绪方勲，一田守政．最近の日本の高炉操業からみたコークス品質への期待［J］．鉄と鋼 2004，90（9）：2.

［2］垏上洋，Pintowantoro S，八木順一郎．未燃チャーと微粉コークスの高炉内挙動の同時解析［J］．鉄と鋼，2006，92（12）：256.

[3] 周传典. 高炉炼铁生产技术手册[M]. 北京：冶金工业出版社，2002.

[4] Bando Y, Hayashi S, Matsubara A, Nakamura M. Effects of packed and liquid properties on liquid flow behavior in lower part of blast furnace[J]. ISIJ Int. , 2005, 45(10)：1461.

[5] 砂原公平，中野薫，星雅彦，等. 高炉操業に及ぼすスラグAl_2O_3成分の影響[J]. 鉄と鋼，2006，92(12)：183.

[6] Gupta G S, Litster J D, Rudolph V R, et al. Model studies of liquid flow in the blast furnace lower zone [J]. ISIJ Inter. 1996, 36(1)：32.

[7] 项钟庸. 用高炉炉腹煤气量指数来衡量高炉强化程度[J]. 炼铁，2007，26(2)：2.

[8] 项钟庸. 以高炉炉腹煤气量指数取代冶炼强度的研究[J]. 钢铁，2007，42(9)：10.

[9] Sherwood T K, Shipley G H, Holloway F A L. Flooding velocities in packed columns[J]. Industrial and Engineering Chemistry, 1938, 30(7)：765.

[10] Leva M. Tower Packed and Packed Tower Design(2nd ver.)[M]. USA：The U. S. Stoneware Co. , 1953.

[11] 熊玮. 高炉下部气液两相逆流流体力学特性研究[D]. 武汉：武汉科技大学，2005.

[12] 徐小辉，项钟庸，邹忠平，罗云文. 高炉下部区域气液平衡实证研究[J]. 钢铁，2011，46(8)：17～21.

[13] 徐万仁，吴信慈，陈君明，等. 高喷煤比操作对焦炭劣化的影响[J]. 钢铁，2003，38(3)：5.

[14] 项钟庸，陶荣尧. 限制高炉强化的因素[C]. 第七届全国大高炉炼铁学术会议论文集. 2006，126.

[15] 中岛龙一，岸本纯幸，饭野文吾，等. 大型高炉における高铁比操业[J]. 鉄と鋼，1990，76(9)：1458.

[16] Inada T, Kasai A, Nakand K, et al. Dissection investigation of BF hearth-Kokura No. 2 BF(2nd Campaign)[J]. ISIJ International, 2009, 49(4)：470.

[17] Inada T, Takatani K, Takata K, Yamamoto T. The effect of change of furnace profile with the increase in furnace volume on operation[J]. ISIJ International, 2003, 43(8)：1143.

[18] 林成城，项钟庸. 宝钢高炉炉型特点及其对操作的影响[J]. 宝钢技术，2009(2)：49.

[19] 林成城，项钟庸. 宝钢高炉炉身结构的差异对煤气流的影响[J]. 宝钢技术，2009(4)：53.

[20] 项钟庸. 用炉腹煤气量指数诺模化来指导高炉操作[J]. 钢铁，2011，46(5)：7.

[21] 羽田野道春，平冈文章，福田充一郎，增池保. 実験炉にとる羽口前燃焼帯の解析[J]. 鉄と鋼，1976，62(5)：505.

[22] 中野薫、山冈秀行. 高炉のレースウェイ近傍物流状態に関する力学解析[J]. 鉄と鋼，2006，92(12)：939.

[23] 田村健二，一田守政，胁元博文，等. 高炉レースウェイ近傍の粉コークスの堆積挙動からみた適正羽口风速[J]. 鉄と鋼，1987，73(15)：1980.

[24] Zhu Weichun, Zhang Xuesong, Ma Li, et al. Reserch on tuyere coke sampling and instruction for blast furnace operation[C]. ICSTI'09, Shanghai, China, October 2009：711.

[25] 项钟庸. 用高炉炉腹煤气量指数来评价高炉能耗水平[J]. 炼铁，2010，29(6)：9.

6 降低燃料比和焦比的措施

强化高炉冶炼,即高炉的高效化,包括提高高炉利用系数、降低燃料比、提高作业率等。提高利用系数仅仅是高炉生产追求的目标之一。在"高效、优质、低耗、长寿、环保"的总方针下,实现高炉强化冶炼,就更符合新时期的要求。通过降低燃料比来强化高炉冶炼过程更符合科学发展观,更能使高炉炼铁由粗放型转变为集约型的炼铁工艺。

实质上,本章与第5章讨论的是同一个课题,即高炉的高效化实现低碳炼铁。

高炉炼铁所需能量有78%是由碳素燃烧获得,19%是由热风提供。燃料比占炼铁工序能耗的80%以上。因此,对高炉炼铁过程而言,最主要的一项指标是燃料消耗(含焦炭和煤粉),不断降低高炉燃料消耗是高炉炼铁技术发展的方向,是贯彻节约资源、节约能源,实现"减量化"生产的根本,也是强化高炉冶炼的方向。在过去进行的低燃料比的操作中,芬兰罗德罗基、瑞典拉赫、福山3号高炉、新日铁室兰2号高炉、新日铁大分2号高炉、浦项3号高炉、我国宝钢1号、3号高炉都曾取得过好的操作指标,高炉操作数据见表6-1和图6-1[1]。

表 6-1 低燃料消耗的高炉指标[1]

指标	室兰2号 1981.7	大分2号 1994.3	浦项3号 2002.1	施维尔根 1号	HKM 8号 2008	敦刻尔克 4号 2008	拉赫1号 2008	宝钢1号 2002.9	宝钢3号 2008.9
有效容积/m^3 (炉缸直径/m)	2290	5245	3795	4419	2630 (11.0)	4626 (14.0)	(8.0)	4063	4350
利用系数有效容积 (工作容积利用系数)/$t \cdot (m^3 \cdot d)^{-1}$	1.84	2.19	2.28	2.30	2.17 (2.57)	1.91 (2.24)	约2.9 (3.44)	2.37	2.53
燃料比/$kg \cdot t^{-1}$	448	454.7	493	476	464.2	485.4	458.5	489.5	486.9
焦比/$kg \cdot t^{-1}$	448	356.3	271	274.9	289	266.1	319	256.1	291.8
煤比/$kg \cdot t^{-1}$	0	98.4	222.3	160.7	0	171.5	100.5	233.4	175.3
油比(小块焦)/$kg \cdot t^{-1}$	0	0	0	(40.4)	23.5 (66.8)	(66.5)	(39)	0	(19.8)
天然气/$kg \cdot t^{-1}$					84.9				
风温/℃	1202	1268	1138	1178				1244	1238
湿分/$g \cdot m^{-3}$	23	20	6					16.9	15.7
顶温/℃	113	109	208					229	151
熟料率/%	93.9	78.5	83.1					83.2	84
烧结矿FeO/%	5.55	5.53	6.47					7.82	
焦炭灰分/%	10.6	10.7	11.4					11.3	12.5
铁水温度/℃	1518	1522	1516					1507	1522
渣比/$kg \cdot t^{-1}$	316	287	277	273			约230	253	272
富氧率/%				3.22	7.1	3.3	6.2	3.2	5.9

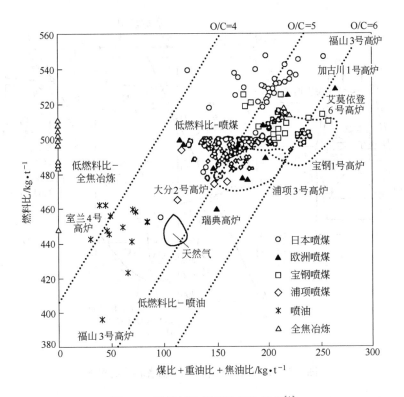

图 6-1 低燃料比的高炉操作结果[1]

降低高炉燃料消耗的手段有两个方面：一是增加热量收入，如提高鼓风温度、降低鼓风湿度；二是减少热量输出，如减少热量损失、减少硅的还原、提高还原效率（增加间接还原）。

由表 6-1 和图 6-1 可知，不论高炉容积大小，都可以获得低的燃料比，甚至 $1000m^3$ 级高炉比容积较大的高炉更低。

我国的能源、矿产资源和环境状况对经济发展已构成严重的制约。高炉炼铁应把节约资源作为基点，发展循环经济，建设资源节约型、环境友好型的高炉，切实走新型炼铁工业的发展道路，坚持节约发展、清洁发展、安全发展，实现可持续发展。

降低燃料比是一项综合技术。在保证原燃料质量的基础上，保证高炉稳定顺行以及热能和化学能的利用，才能达到降低燃料比的目的。与单纯强化冶炼相比较，增加了合理利用燃料和煤气能量的要求。降低燃料比的技术与单纯强化高炉相比较，单纯强化冶炼是单目标的技术，而要依靠低燃料比来达到高产、高效、低成本，则是多方向、多目标、全方位的技术，是更高层次的炼铁技术。

以高炉操作线图解为基础能够综合地表示高炉降低燃料比的理论概念以及降低燃料比的具体措施，如图 6-2 所示。降低燃料比的基本方法是将高炉内还原反应尽可能向平衡点移动，以及减少高炉下部的热消耗和热量损失，如低硅冶炼，降低炉温，控制还原平衡温度进一步向氧化侧移动。此外，控制 FeO/Fe 还原平衡，减少炉内煤气量、减少直接还原率、改进炉身效率、热平衡，提高风温、降低鼓风湿度，加入金属化含铁料以及控制还原平衡等相关的技术，以期提高煤气利用率、降低燃料比。对于研究的高炉应该采取的措

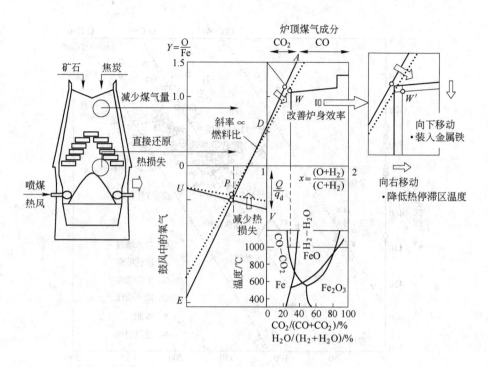

图 6-2   基于高炉操作线图降低燃料比的概念

施，必须绘制具体的操作线图，其方法见本书第 7 章。因为，任何一种降低燃料比的操作措施都必须结合该高炉的具体情况，并肯定会对降低整个钢厂 CO_2 排放起有利的作用，所以必须进行系统的研究。

我们将在以后各节围绕图 6-2 展开讨论。

6.1   减少炉内煤气量降低燃料比

为了高炉炼铁的可持续发展，合理利用资源、节约能源、降低燃料比、减少排放是炼铁的方向。降低燃料比是炼铁的系统工程，是综合技术，是高炉技术水平的体现。因此本书前面各章的论述最终体现应该是降低燃料比。

6.1.1   低燃料比是高炉操作水平的综合体现

我们在第 5 章讨论了强化是有限度的，因为高炉冶炼的主要目的是生产生铁，因此限制高炉强化的又一个重要因素是燃料比的高低。如果设想一下，在高炉内不加入矿石，就没有软熔带和滴落带，高炉变成了煤气发生炉，不但不需要考虑高炉煤气的利用率。而且，要求煤气中有更多的 CO 和 H_2，那就是仅仅考虑高燃烧强度即可，以发生更多的煤气。这样，无论是容积燃烧强度，还是面积燃烧强度，煤气发生炉的燃烧强度都要比高炉高好几倍，甚至不是同一个数量级，容积燃烧强度接近 $100t/(m^3 \cdot d)$。但是，高炉必须冶炼生铁，高炉内部的现象要比煤气发生炉复杂得多，进入高炉的燃料，发生的煤气既作为还原剂，又作为供热的载体，操作者要努力使煤气的化学能（煤气中的 CO 尽可能多地转变成 CO_2）和物理热（从炉缸温度 2300℃ 左右到达炉顶降低到 120 ~ 150℃）得到充分利用。因此对评价高炉的生产效率的指标必须科学地进行综合讨论。

在一定的原燃料质量和燃料比的前提下，存在合理的最大炉腹煤气量指数值。研究表明，按照低碳炼铁的理念和运用科学的规律，依靠降低燃料比、降低吨铁炉腹煤气量 v_{BG} 的方法仍然能够提高产量[2]。也就是说，在限制炉腹煤气量的情况下，要想提高产量必须走降低燃料比 $F.R$，减少吨铁炉腹煤气量的途径。

为了评估炉腹煤气量指数 χ_{BG}、炉腹煤气效率 η_{BG} 和面积利用系数 η_A 作为操作指标以后产生的影响，把以上三个指标与煤气利用率、燃料比和面积燃烧强度联系起来进行研究。把以上 6 个高炉操作参数归纳为四组来加以说明：

（1）关于炉腹煤气量指数 χ_{BG}、面积利用系数 η_A 与炉腹煤气效率 η_{BG} 的关系在第 1 章已经进行过讨论。证明了炉腹煤气量指数 χ_{BG}、炉腹煤气利用率 η_{BG} 与面积利用系数 η_A 之间存在简单的数学关系，即 $\eta_A = \eta_{BG} \cdot \chi_{BG}$。吨铁炉腹煤气量 v_{BG} 可以由高炉炼铁配料计算求得，并且与燃料比存在密切的关系。随着燃料比 $F.R$ 升高，吨铁炉腹煤气量 v_{BG} 增加。因此，炉腹煤气量指数 χ_{BG} 和炉腹煤气效率 η_{BG} 与燃料比存在密切的关系。

（2）燃料比 $F.R$ 与煤气利用率 η_{CO} 之间的关系可以用 Fe-C-O-H 的物质平衡和热平衡的理论计算解决。炉腹煤气效率 η_{BG} 与煤气利用率 η_{CO} 和燃料比 $F.R$ 的定量关系可以通过第 7 章炼铁工艺计算和第 2 章的图 2-1 进行说明。

在此还应强调，高炉稳定顺行是使操作点更趋近于最低燃料比的必要条件。限制燃料比下降的制约条件仍然是化学能的利用和热能利用两个方面。降低化学限制线的方法：提高热风温度、降低鼓风湿度、减少渣量、降低生铁含硅量、降低喷吹物的分解热和热损失；降低热量限制线的方法有：降低浮氏体的还原温度、提高原料的还原性能和喷吹含氢物质。当高炉有较低燃料比并已经趋近最低燃料比时，需要多方配合，保持炉况稳定顺行，减小波动幅度，才能缩小最低燃料比与较低燃料比之间的差距，才能减少为炉况波动预留的余裕量。

（3）炉腹煤气量指数 χ_{BG} 与煤气利用率 η_{CO} 之间的关系，可以理解为炉内煤气流速与煤气利用率 η_{CO} 之间的关系，因为炉腹煤气量指数 χ_{BG} 是以炉缸断面积和炉腹煤气为基础在炉内的空塔流速。在实际生产的高炉上，煤气在炉内的停留时间约为 3s，煤气实际线速度约 10m/s，煤气与炉料的接触时间很短，在能够进行间接还原的中温区域就更短。当炉内煤气流速加快时，煤气与炉料的接触时间缩短，由 CO 夺取铁矿石中氧的可能性降低，煤气的利用率下降。由图 6-2 左下角 E 点说明炉腹煤气量指数 χ_{BG} 与煤气利用率 η_{CO} 之间存在限制关系，当鼓风中氧气增加，炉腹煤气量指数 χ_{BG} 提高时，煤气利用率 η_{CO} 下降。

我们还可以通过第 7 章炼铁工艺计算和利用图 1-4 燃料比 $F.R$、富氧率与吨铁炉腹煤气量 v_{BG} 之间的关系进行说明。而燃料比与煤气利用率 η_{CO} 之间存在热平衡和物质平衡的关系。因此炉腹煤气量指数 χ_{BG} 与煤气利用率 η_{CO} 之间的定量关系也是可以计算的。

（4）面积利用系数 η_A 与燃料比 $F.R$ 的关系，同容积利用系数与燃料比的关系一样可以用下式表示：

$$\eta_A = \frac{J_A}{F.R} \tag{6-1}$$

式中　J_A——炉缸面积的燃烧强度，$t/(m^2 \cdot d)$。

炉腹煤气量指数 χ_{BG} 与面积利用系数 η_A 采用单位炉缸面积作基准以后，其他高炉操作参数的物理意义也就变得更好理解了。高炉内燃料的燃烧是在炉缸内燃烧带进行的，而且燃烧带环圈与炉缸面积之比对高炉煤气的初始分布有重要意义。例如对大高炉来说，这一比值在 0.5 时，初始煤气分布较合理，炉缸活跃，高炉生产会取得较好的效果。很早以前在高炉设计中就采用了炉缸面积的燃烧强度 J_A，来确定炉缸直径 d。而 60 多年来人们一直笃信的冶炼强度 i，也就是有效容积燃烧强度，但是，风口以上没有氧气，燃料不可能燃烧。它错误地引导高炉工作者盲目崇信一个没有意义的指标，而且仍然要用炉缸面积的燃烧强度 J_A 来转换。只不过冶炼强度披上了"冶炼"两字罢了，就有了很强的迷惑力。

我们应当采用更科学、更符合高炉冶炼规律的指标，例如用炉腹煤气量指数等来评价高炉的生产效率。

6.1.2 高炉强化指标与燃料比

我们在第 1 章图 1-4 和图 1-5 中已经表示了炉腹煤气量指数 χ_{BG}、炉腹煤气效率 η_{BG} 与炉缸面积利用系数 η_A 的关系。我们在这里把炉腹煤气量指数、炉腹煤气效率与炉缸面积利用系数的关系进一步扩大范围，增加了与高炉燃料比、煤气利用率和面积燃烧强度制作成综合的关系图，尽可能多角度、多方向地进行分析。由于没有得到更多高炉的煤气利用率，只有对第 1 章表 1-1 的某些高炉的生产操作数据进行综合分析。把以上 6 个参数分为四组关系汇总到一张图中，见图 6-3[2]。把 6 个操作参数变成一张图就表示得更清晰了，

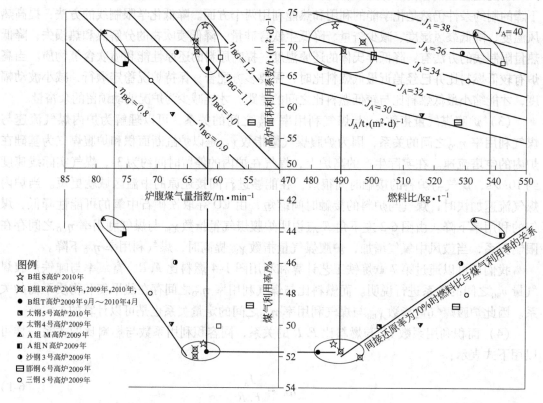

图例
☆ B组 S 高炉 2010 年
⊠ B组 R 高炉 2005 年，2009 年，2010 年
● B组 T 高炉 2009 年 9 月～2010 年 4 月
◨ 太钢 5 号高炉 2010 年
▽ 太钢 4 号高炉 2009 年
▲ A组 M 高炉 2009 年
■ A组 N 高炉 2009 年
◐ 沙钢 3 号高炉 2009 年
▱ 邯钢 6 号高炉 2009 年
○ 三钢 5 号高炉 2009 年

图 6-3　炉腹煤气量指数 χ_{BG}、面积利用系数 η_A、炉腹煤气效率 η_{BG}、
燃料比 $F.R$ 和煤气利用率 η_{CO} 的关系

今后当高炉操作指标变化时，就可以把它落在图上，便可以一目了然地看出操作的合理性，并指明进一步降低燃料比、进一步节能减排的方向。

下面从图 6-3 中第 Ⅱ 象限（左上角）开始，按照顺时针方向逐次进行讨论。图 6-3 的左上部分就是第 1 章的图 1-5，只不过把腹煤气量指数 χ_{BG}、面积利用系数 η_A 与炉腹煤气效率 η_{BG} 的关系反转罢了。

把燃料比 $F.R$ 与面积利用系数 η_A 的关系，绘在图中第 Ⅰ 象限（右上角），其中还画出了一组炉缸面积燃烧强度 J_A 的曲线，也就是等面积燃烧强度曲线。

我们可以把图 6-3 中第 Ⅳ 象限（右下角）与第 2 章图 2-1 的最低燃料比图表联系起来，利用热平衡和物质平衡的理论计算得到燃料比 $F.R$ 与煤气利用率 η_{CO} 之间的关系。还要强调这里的间接还原度的概念与过去的间接还原度不同的是：这里的间接还原度不是 FeO 还原时，用 CO 还原的百分率，而是全部铁的氧化物用 CO 还原的百分率。采用这个间接还原率就可以知道在最低燃料比时，能够达到的最高煤气利用率 $\eta_{CO\,max}$。为了更能说明燃料比 $F.R$ 与煤气利用率 η_{CO} 的关系，把它作成图表，并且把某些高炉的实际燃料比 $F.R$ 和煤气利用率 η_{CO} 绘在图 6-4 中。

将生产高炉的燃料比理想地与最低燃料比作比较，可以说明生产高炉降低燃料比的潜力。我们已经在第 2 章图 2-1 中把理论最低燃料比与 A 组和 B 组的燃料比进行了比较，而两者的间接还原率都在 70% 左右，因此我们在间接还原率 70% 处作一垂线，并与不同煤气利用率的斜线相交；得到在间接还原率 70% 时，各煤气利用率的燃料比之值，并画在图 6-3 第 Ⅳ 象限（右下角）的燃料比与煤气利用率的关系中，见图中直线。直线的方程式为燃料比 $= -7.14x + 801.3$，则煤气利用率变化 1% 影响燃料比 7.14kg/t，与通常煤气利用率变化 1% 将影响燃料比 4~7kg/t 相符。

根据国内大型高炉生产实绩数据，当风温 1180~1250℃、硅素在 0.37%~0.50% 以及渣比 250~320kg/t 的情况下，煤气利用率与高炉燃料比之间的关系，见图 6-4。图中直线的斜率为 -6.01。可见煤气利用率对燃料比的影响之大。

图中第 Ⅲ 象限（左下部分）为炉腹煤气量指数 χ_{BG} 与煤气利用率 η_{CO} 的关系。相应地由于炉腹煤气效率 η_{BG} 与燃料比存在相关关系，因此，当间接还原率为 70% 时，炉腹煤气量指数 χ_{BG} 与煤气利用率 η_{CO} 也可以在图左下角画出一条直线，而且这条直线正好是间接还原率为 70% 时，燃料比 $F.R$ 与煤气利用率 η_{CO} 关系直线的映射线。从还原动力学的观点来看，炉腹煤气量指数 χ_{BG} 相当于炉内煤气流速，炉内煤气流速过高，煤气不能充分与铁矿反应，其利用率 η_{CO} 必然下降。图 6-3 左下方的直线反映了这一规律。

高炉内煤气流速很快，在 10m/s 左右。煤气在炉内的分布状态直接影响炉内的还原过程。气

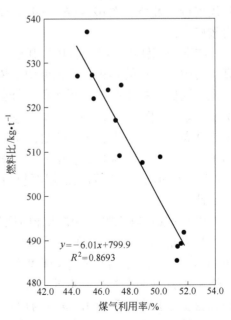

$$y = -6.01x + 799.9$$
$$R^2 = 0.8693$$

图 6-4　煤气利用率与燃料比的关系

流分布合理, 炉况顺行, 生产指标改善。反之, 煤气利用不好, 燃料比升高。因此, 寻求合理的煤气分布一直是生产中一项很重要的工作。

由图 6-3 可知, 实际高炉生产中, 炉腹煤气量指数 χ_{BG}、面积利用系数 η_A、炉腹煤气效率 η_{BG}、燃料比 $F.R$ 与煤气利用率 η_{CO} 都存在良好的相关关系。

邯郸 6 号高炉和沙钢宏发 3 号高炉的炉腹煤气效率 η_{BG} 接近 1, 燃料比 $F.R$ 都在 528kg/t, 煤气利用率 η_{CO} 分别为 48.7% 和 46.0%, 炉腹煤气量指数 χ_{BG} 分别为 54.57m/min 和 66.85m/min, 因此面积利用系数 η_A 相应为 57.4t/(m²·d) 和 68.6t/(m²·d)。由此可以说明炉腹煤气量指数 χ_{BG} 对高炉利用系数的影响。可是, 炉腹煤气量还不能完全决定利用系数的高低。下面的实例可以说明, 燃料比 $F.R$、炉腹煤气效率 η_{BG} 和煤气利用率 η_{CO} 对利用系数的影响相当大。

由图 6-3 可以看到, B 组高炉与 A 组高炉的两组数据各占据图中的两个犄角, 很明显两组高炉的操作思路截然不同。B 组高炉在强化的同时, 保持较低的燃料比和较高的煤气利用率。下面对两组数据进行比较: B 组高炉的煤气利用率 η_{CO} 在 51.5% 左右, A 组的煤气利用率在 43.7% 左右; 两者燃料比分别为 487kg/t 和 538kg/t。虽然 B 组高炉和 A 组高炉的炉腹煤气量指数 χ_{BG} 分别为 62.4m/min 和 77.1m/min, 即 A 组较 B 组约高出 15.0m/min, 如果能够提高 A 组的炉腹煤气效率 η_{BG} 的话, A 组面积利用系数至少比 B 组高 15t/(m²·d), 即利用系数应高出 20%, 可是, 由于燃料比高, 炉腹煤气效率低下, 两组高炉的利用系数几乎不相上下。

根据太钢 5 号 4350m³ 高炉 2010 年的生产经验, 在炉腹煤气量指数达到 65m/min 时, 风速一般控制在 264~272m/s, 鼓风动能在 160~165kJ/s。在保持中心煤气流旺盛的前提下, 适当放开边缘煤气流, 通过平衡好炉内阻力系数的关系来控制下部风速和鼓风动能, 提高煤气流分布的稳定性, 从而实现低燃料比生产。初步定位大型高炉合理炉腹煤气量指数控制在 62~66m/min。此时, 煤气流和操作炉型易于控制, 技术经济指标也较好[3]。

在高炉炼铁中比拼容积燃烧强度 i 或面积燃烧强度 J_A 是错误的, 尤其是, 比拼大型高炉与中小高炉的容积燃烧强度即冶炼强度 i 更不科学。因为比拼的结果是大高炉的冶炼强度远低于中小高炉, 而面积燃烧强度 J_A 却相反, 大高炉的燃烧强度远高于中小高炉。例如 A 组两座大高炉的冶炼强度 i 为 1.289t/(m³·d), 并不比中型高炉高, 更比不上小型高炉; 可是由图 6-3 可知, 面积燃烧强度 J_A 达到了 37.36t/(m²·d), 比中小型高炉都高。可见大型高炉使用容积的概念, 掩盖了对自身特点的理解与运用。因此, 图 6-3 很能说明问题。我们建议用面积为基础, 把大中小高炉基本放在同一标准之下才有可比性。

图 6-3 还可以说明, 高炉操作的优劣主要还是由燃料比 $F.R$、煤气利用率 η_{CO} 和炉腹煤气效率 η_{BG} 决定。从面积燃烧强度 J_A 来看, A 组高炉与 B 组高炉的面积燃烧强度都在 36t/(m²·d) 上下, 并没有像炉腹煤气量指数 χ_{BG} 那样能够有明确的划分界限。因为, 面积燃烧强度 J_A 也只是燃烧燃料的多寡, 如前所述, 当采用富氧等强化高炉的手段以后, 面积燃烧强度也没能反映炉内煤气与炉料运动的规律。

从图 6-3 还能看出 A 组与 B 组高炉的吨铁能耗差别的端倪。仅就焦比、煤比、吨铁耗风量、吨铁耗氧量的部分能耗数据, 单位实物消耗量的能耗取相同的值进行粗略的比较。

鼓风和氧气考虑加热到热风温度消耗的煤气能耗，相差约75kgce/t，见第2章表2-4。

6.1.3 冶炼周期和煤气停留时间与燃料比

除了原燃料性能以外，煤气利用率 η_{CO} 在很大程度上取决于炉料与煤气的接触时间、煤气流速和温度。过度强化冶炼必然会增加煤气流速并使煤气与炉料的接触时间过短，使反应动力学条件变差。

还原动力学研究指出，高炉内还原反应过程基本上处于矿石内部的扩散范围，因此增加煤气的速度、增加炉腹煤气量指数不能改变内部扩散条件和还原反应速度。进一步提高强化程度、进一步提高煤气流速，可能使煤气的分布变坏，使还原过程和煤气化学能的利用变差。此外，炉料在炉内的停留时间或冶炼周期 τ 缩短，对发展间接还原更为不利，炉料的还原变差。而且由于还原过程和煤气化学能的利用变差，导致燃料比上升，引起单位矿石的煤气量增加，炉腹煤气效率 η_{BG} 下降，使煤气流速进一步提高，更使冶炼周期缩短，煤气在炉内的停留时间 τ' 也缩短，燃料比更高。如此循环的恶果就非常明显了。

因此，冶炼周期 τ 和煤气在炉内的停留时间 τ' 对燃料比有重大影响。从煤气利用率 η_{CO} 的角度，用煤气停留时间更有意义，也更方便。

我国长期强调高炉的强化，一般来说，冶炼周期和煤气在炉内的停留时间已经很短，影响到煤气利用率和燃料比。中国钢铁工业协会委托中冶赛迪工程技术股份有限公司进行的《"十一五"装备调查》统计了2009年308座有效容积380~5800m³高炉的生产数据，估算得到的煤气停留时间与燃料比的关系如图6-5所示。

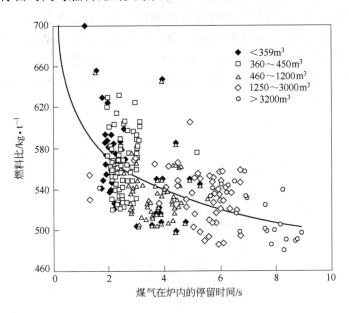

图6-5 煤气在炉内的停留时间与燃料比的关系

高炉强化，煤气的发生量大幅度增加，使得炉内煤气流速过高，煤气在炉内的停留时间 τ' 过短，导致煤气的热能和化学能没能充分利用，煤气利用率下降，燃料比升高。至于最小煤气在炉内停留时间 τ'_{min}，目前我国还没有研究。一般认为炉料在炉内的最短停留时间τ_{min}为6.5h，并可以将此数值用于高炉炼铁生产最佳化经济模型中，见第7章7.8.2节。

6.1.4 煤气利用率是限制高炉强化的重要因素

高炉炼铁节能减排，就必须在较低的燃料比的条件下生产。那么，煤气利用率是限制高炉强化的又一个重要制约条件。

如上所述，提高煤气利用率η_{CO}与燃料比直接有关，与吨铁炉腹煤气发生量v_{BG}，即炉腹煤气效率η_{BG}有关。

为了提高煤气利用率η_{CO}，应该采取布料手段加强煤气与炉料的接触措施，可是，这样会使高炉透气阻力系数K有所上升，料柱通过煤气的能力会受到一定的限制。

高炉炉料分布对软熔带的分布、煤气流的分布、高炉行程、炉墙的侵蚀都有重要影响。随着高炉大型化，冶炼周期延长，焦炭的劣化更严重，炉内煤气流量增加；随着横断面积扩大，死料堆的容积增加，煤气流的分布均匀性变差，需要增强中心气流，适当增高炉内软熔带呈倒V形分布的高度，以保证足够的焦炭窗面积，使煤气流通畅。高喷煤以后，焦炭窗面积进一步缩小、焦炭的劣化加剧，边沿气流发展，使中心气流不稳定，需要发展中心部分气流。为了稳定炉内气流的合理分布，使炉况稳定、充分利用煤气化学能和热能，必要时适当采取中心加焦。

中小型高炉并不存在大型高炉所遇到的炉缸呆滞等问题，有条件更好地利用燃料和煤气中的热能和化学能。可是，情况恰恰相反，一些中小型高炉以提高冶炼强度为目的，而大量采用中心加焦，有意识地造成煤气的偏流，致使燃料比上升，资源利用效率降低。特别在节能减排已经成为国家可持续发展战略举措的今天，是不合适的。

中小型高炉的高度矮、块状带体积小，冶炼周期短，炉料与煤气的接触时间很短。降低燃料比必须提高煤气利用率、增加炉内的间接还原。从提高煤气利用率和降低燃料比的意义上，中小高炉没有理由可以采用较高的炉腹煤气量指数。图6-6为2009年308座高炉

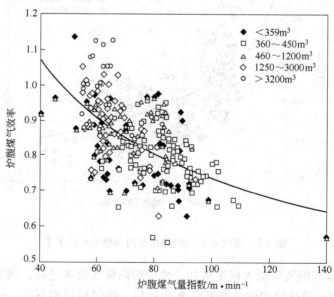

图6-6 炉腹煤气量指数与炉腹煤气效率的关系

的炉腹煤气量指数与炉腹煤气效率 η_{BG} 的关系。将图6-5与图6-6对照，可以得出 $450m^3$ 以下高炉炉腹煤气效率很低的原因，其结果必然招致燃料比的升高。

如前所述，为了全面评价高炉的运行状况、设计的优劣，不但需要对高炉的强化指标进行评估，而且还应该用代表炉内还原过程的指标来进行评估。不能用一种矛盾掩盖另一种矛盾，当前应该更重视高炉炼铁不适应节能、减排以及降低成本要求的方面。

6.1.5 炉腹煤气效率与燃料比和利用系数

在相同的鼓风量等条件下，高炉燃料比降低，风量单耗减少、吨铁能耗降低、炉腹煤气效率升高，相应地吨铁能耗下降。如果保持相同的炉腹煤气量，高炉产量应能大幅度提高。这是一举多得的有力措施。

现对宝钢3号高炉2007年全年及2008年1~3月底每天的生产数据进行分析。宝钢高炉以稳定炉况为操作指导思想，多年来没有发生过悬料、崩料等故障。很明显，随着燃料比的降低利用系数明显升高[4]。

图6-7列出了高炉操作最关心的参数，燃料比、富氧率、吨铁炉腹煤气量 v_{BG} 和高炉利用系数的关系。其中，富氧率和炉腹煤气量都是可以对高炉进行实时控制的参数。如前所述，1440除以吨铁炉腹煤气量 v_{BG} 就是炉腹煤气效率 η_{BG}，实际上，图6-7a为燃料比与炉腹煤气效率 η_{BG} 的关系图，图6-7b为利用系数与炉腹煤气效率 η_{BG} 的关系。由于燃料比与吨铁炉腹煤气量 v_{BG} 受到富氧率的影响，除了高利用系数和低燃料比时炉况稳定数据比较集中外，还有一些数据点就比较分散。为了考虑富氧率的影响，图中也作了等富氧率线，可是由于低富氧率的数据点太少，规律性不强。为此对富氧率的影响进行了诺模化，制作成图6-7a的一组斜线。

由于图6-7是按每天的操作数据绘制的，因此有可能上一天的产铁量留到了下一天，使得下一天的燃料比偏离正常值，出现少数燃料比低于470kg/t的点。

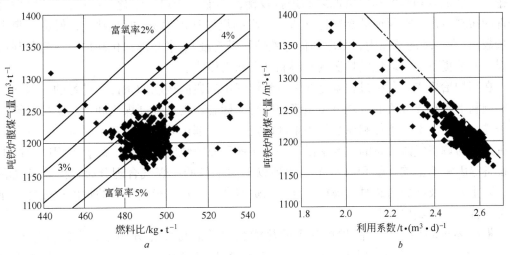

图6-7　宝钢3号高炉燃料比、富氧率和炉腹煤气
效率 η_{BG} 与高炉利用系数的诺模图

　　诺模图可以用来估计高炉操作所处的位置，以及了解降低燃料比的动向。图 6-7*b* 的双点划线，是由经验确定的最大炉腹煤气量，可以用来估计用增加炉腹煤气量强化高炉的可能性。由于高炉的煤气通过能力不允许过高的单位生铁炉腹煤气量，图表提供了在多个条件约束之下寻求合理操作制度的方法，并进行定量的操作指导。要降低吨铁炉腹煤气量 v_{BG}，必须降低燃料比，降低吨铁热能的需求，更有效地利用热能和化学能，才能获得高的利用系数。

6.2　合理的气流分布

6.2.1　高炉上部调剂应该有整体思想

　　在高炉采取上部调剂手段时，应该有炉内软熔带变化以及操作炉型变化的整体观念。因为炉内煤气流的变化都牵连到高炉冶炼的整体。我们曾经在图 4-12 给出了不同焦炭质量对炉况的影响，在图 5-11 表示了炉内软熔带分布对气流分布的影响。

　　合理煤气流分布是炉况稳定顺行的基础，高炉通过上下部调剂达到炉内煤气流的合理分布，以保证高炉的稳定顺行和能量的最佳利用。煤气流的二、三次分布受布料制度的制约；与中部冷却制度相匹配，实现软熔带呈近似于倒 V 形，根部较低的稳定分布；从而保持高炉整体温度场的稳定，可有效地维护高炉的合理操作炉型。合理的煤气流分布还应注意炉顶温度的波动幅度与圆周上的差值合适，透气阻力系数稳定在合理水平，探尺工作正常、下料均匀，炉缸物理热充沛，高炉各部温度正常[5,6]。

　　过去，高炉布料的合理性基本上是由高炉行程、高炉顺行来评价。我们有很好的专家和操作者，能够在很高的强化程度下，依靠改变布料模式保持高炉顺行。可是对于依靠布料提高煤气利用率 η_{CO}，对节能减排方面的贡献强调不够。

　　因此，在判定合理煤气流分布的标准中，除了高炉炉况的要求、强化冶炼的要求以外，还应该增加改变布料对煤气利用率 η_{CO} 的考量。必须在提高产量或降低燃料比、节能减排、降低成本和有效利用资源之间进行权衡，不能一味追求强化、产量，牺牲燃料比。合理的布料应该是在保证低燃料比 $F.R$、较高的煤气利用率 η_{CO} 的基础上，保证炉腹煤气量指数 χ_{BG} 在合理的范围内，采取降低吨铁炉腹煤气量 v_{BG} 来合理强化高炉。在充分利用高炉煤气的前提下，采取稳定炉况的装料制度和布料模式。

　　在高炉冶炼中，各种过程都是在炉料和煤气不断逆向运动的条件下进行的。因此，炉料的顺利下降和煤气流的合理分布是高炉顺行的标志，也是提高煤气利用、获得低耗的前提条件。当高炉冶炼条件和原燃料等条件确定后，下部送风制度将基本固定，所以上部布料调剂成为调整气流分布的主要手段。炉顶布料受原料粒度和质量、高炉容积以及高炉装料设备等因素的影响。炉顶布料主要达到以下四个目的：煤气合理分布，提高煤气利用率；防止风口及高炉内砖衬的破损，延长高炉寿命；有长期稳定良好的炉内透气性，保证炉况顺行；炉体热损失低。

　　提高煤气利用率，使高炉煤气中的热能和化学能得以充分利用，是降低燃料比的有效手段。我国 4000 m³ 以上高炉的煤气利用率普遍较高，在 47% 以上，宝钢和太钢最高，接近 52%。煤气利用程度明显优于容积较小的高炉，为钢铁企业节能减排作出了贡献，见表 6-2。

表 6-2　煤气分布类型及对高炉的影响

煤气分布类型	装料制度	煤气曲线形状	煤气温度分布	软熔带形状	炉内煤气阻力	煤气利用率
倒 V 形	中心型				最高	最好
W 形	边缘发展型				最小	较差
倒 U 形	中心过度发展型				较小	较差

煤气分布类型	O/C 分布集中位置	渣铁滴落分布集中位置	气流分布集中位置	对炉墙侵蚀	炉顶温度	对炉料要求	散热损失
倒 V 形	较均匀	较均匀	较均匀	最小	较低	较高	较小
W 形	中间	中间	边缘	最大	较高	较低	较大
倒 U 形	边缘	边缘	中心	较小	较高	较低	较小

　　为了提高煤气利用率、减少热损失，必须提高透气性与还原效率，采取两者兼顾的炉料分布控制方法。在当今，高炉的强化程度足够高，而达到节能减排目标相当远的情况下，应以提高还原效率为主要方向。除了对焦炭强度和反应性提出适当的要求以外，有必要采取防止焦粉在死料堆积蓄的措施，改善死料堆的透气性、透液性，以及促进死料堆粉焦的排出。

　　开发高精度控制边缘及中心煤气流的布料技术十分重要。

6.2.2　布料的调节手段

6.2.2.1　无料钟炉顶装料制度的选择

　　装料制度的作用是多方面的。选择装料制度的目的就是要达到炉喉径向 O/C 的控制，以实现合理的煤气流分布，保持高炉稳定顺行，充分利用煤气能量，提高产量，降低能耗，有利于高炉长寿。

　　装料制度包括装料方式、料批重量、布料方式、料线高低等。

　　装料制度合理，使炉内的煤气分布合理，改善矿石与煤气接触条件，减少煤气对炉料的阻力，避免高炉憋风、悬料，从而促使高炉稳定顺行。通过合理的装料制度，控制煤气流的合理分布，就可避免和处理高炉冶炼过程中发生的某些事故。此外，下部调剂也很重要，下部调剂合适，炉缸热制度稳定，就能保证高炉冶炼进程顺利，降低铁水含硅量，对装料制度也会产生重要影响。事实上，合理的装料制度和送风制度，能解决煤气流和炉料逆向运动之间的矛盾，使气流分布合理，炉况稳定顺行。因此，在高炉冶炼操作过程中，两者的作用都很重要，又都是某个局部，即所谓上、下部调剂，影响全局的手段。

国内外高炉模型试验和高炉解体研究结果表明，炉料在炉内下降过程中的分布直到熔化前，始终保持着清晰可辨的焦矿分层结构。炉喉布料的层状结构一直保持到软熔带，矿石熔化和滴落，只是由于从炉喉到炉身下部高炉断面逐渐扩大，料层发生横向位移，使料层变薄，以及由于风口循环区焦炭的燃烧，边缘料速较中心料速相对较快，炉料堆角趋于平坦。事实证明，在软熔带以上的所有区间，矿、焦相对比例大体和炉喉相近，所以，矿石和焦炭在炉喉水平面上各点的比例，就成为影响煤气流分布的重要因素。

实践证明，焦炭多的地方，煤气流较发展，煤气成分中 CO 含量高，温度也高，软熔带位置也高。因此，装料制度对煤气流的影响就不是一批料的作用，而是整个固体料柱的作用。

当然，送风制度、炉料特性等对软熔带也有重要影响。装料制度对软熔带的生成，或者说对煤气分布的影响是巨大的。因此，如何选择合理的装料制度，也是本节讨论的重点。表 6-2 列出三种软熔带形状和相应的煤气曲线图。

高炉煤气分布可分三种类型[7]：中心型、边缘发展型、中心过度发展型，即倒 V 形、W 形、倒 U 形。它们对高炉的影响见表 6-2。

煤气曲线分布随着原燃料条件的改善和冶炼技术的发展而不断变化，20 世纪 50 年代热烧结矿，没有冷却和筛分整粒设备，粉末很多。为保持顺行，必须控制边缘与中心 CO_2 煤气流比较旺盛，接近"双峰"式煤气分布。20 世纪 60 年代以后，随着原燃料条件的改善，以及炉顶压力的提高、高风温和喷吹技术的应用，煤气利用改善，炉喉煤气曲线形成了边缘 CO_2 略高于中心，向"中心"式曲线过渡，综合煤气 CO_2 为 16% ~ 18%，逐步克服了 W 形软熔带分布。

20 世纪 70 年代，随着烧结矿冷却、整粒技术和炉料铁分的提高，以及炉料结构的改善，为改善煤气利用和改善透气性创造了条件。出现了边缘煤气 CO_2 高于中心，而且差距较大的"中心"型煤气曲线。综合 CO_2 达到 19% ~ 20%，最高达到 21% ~ 24%。但不管怎样变化，都必须保持边缘与中心两股气流，过分的加重边缘会导致炉墙黏结，炉况失常；过分发展边缘将呈现气流不稳定或边缘管道的征兆，炉况不稳定和管道形成对炉身寿命带来极大的损害。

高炉内煤气流有三次分布：送风制度的一次气流分布，软熔带区域的二次气流分布，软熔带以上散料柱的三次分布。只有实现三次合理的气流分布，才能实现整个高炉合理的气流分布。

一次气流分布主要决定于送风制度，即送风压力、风量、风口面积、风温、富氧率、喷吹燃料、高压操作、风口前理论燃烧温度等，体现在鼓风速度和动能指标，综合运用这些冶炼条件，科学地达到一次气流合理分布。二次气流分布主要与软熔带形状、位置有关，它与炉料结构、炉料的高温冶金性能、装料制度和鼓风动能密切相关。三次气流分布主要取决于装料制度、炉料粒度、筛分及分级入炉，合理布料才能达到第三次合理分布和煤气能的有效利用。装料制度还应注意球团矿的性能，因其大多数为酸性料，软熔温度低，区间宽，加之其在炉内超越下降，因此应尽量往中间环带和中心布料。

总结煤气曲线变化的过程，软熔带呈"W"形分布，煤气分布的类型为边缘发展型。煤气分布曲线是边缘轻，中心重。大量煤气从边缘通过，煤气利用差，边缘温度高，对炉墙侵蚀大，在现今的原燃料条件下，是不可取的。当煤气分布类型为中心过度发展型呈倒"U"形时，软熔带也呈倒"U"形分布。炉料大量分布在边缘，中心加入大量焦炭，煤气分布曲线边缘重，中心轻。大量煤气从中心通过，煤气利用也差。在当前节能减排的形势下，也是不可取的。当软熔带呈倒 V 形时，反映在中心型的煤气分布与边缘发展型和中心过度发展型相反，较多的煤气在较小的中心部分通过，煤气利用率提高，对炉墙起保护作用，其效果亦好。在长期生产中，通过试验摸索，对于大型高压高炉应积极推行中心型煤气分布，使中心气流分布范围尽量缩小，既可保持煤气在中心有狭窄通道，又能保持较大范围的最佳煤气利用，取得降低燃料比的效果。

日本神户制钢加古川 2 号高炉（炉喉直径 10m）为钟式炉顶装料设备，在高喷煤比的条件下，为了稳定炉内气流、稳定炉况，另外设置了一个小的焦炭漏斗和向中心加焦的溜槽，每批焦炭向加入中心加焦量约为 100 ~ 150kg，约占全部焦炭量的 0.5%[8]。大型高炉当在高喷煤比的条件下，焦炭窗面积进一步缩小，焦炭的劣化加剧，边沿气流发展，使中心气流不稳定。中心加焦使高炉中心部位的煤气流增强和稳定，减少中心焦炭的溶损，防止焦炭降解，使倒 V 形的软熔带高度适当加高，保证了炉内气流的合理分布，稳定炉况充分利用煤气的热能和化学能；并且用中心的大块焦炭置换死料堆中的焦炭，改善死料堆的透气性和透液性，因此大型高炉在必要时可适当采取中心加焦技术，见图 6-8a。

采用中心加焦时，仍保持软熔带的分布呈倒 V 形的合适形状。在高炉横断面积的中心部位的面积上加入适量的焦炭，以增强中心的煤气流，使软熔带的分布高度适当增加，焦炭窗的数目也适当增加，改善料柱透气性。保持软熔带根部与顶部的合适形状；软熔带顶部与料面之间的距离是为了保证有足够的块状带容积，能够充分利用煤气中的 CO 将含铁原料进行还原，以提高炉身效率；软熔带与风口循环区之间的距离是使从软熔带滴落的渣铁与赤热焦炭充分接触，将渣滴中残存的 FeO 充分还原，铁滴进行充分渗碳。高炉中心的焦炭进入炉缸加速死料堆焦炭的更新，改善死料堆的透气性和透液性。

在大型高炉高喷煤时，由于高炉料柱透气性变差，中心堆积，为了扩大焦炭窗的面积，必要时采用中心加焦是稳定炉况的一个有效措施。可是最近国内部分中小型高炉为了追求高冶炼强度，采用 W 形或倒"U"形的软熔带的分布，使得煤气利用率很低，不能不引起重视。特别是，在倒 U 形软熔带的基础上又采取大量中心加焦，有的中心加焦占全部入炉焦炭量的 1/3，大量矿石集中在边缘。这种过量的中心加焦，使得软熔带呈去掉了倒"U"形顶部的形状，过分发展了中心气流，见图 6-8b，可以说，为了强化打开气流通路，而大量放散煤气必然招致燃料比的升高。

由于过量中心加焦将焦炭集中到高炉中心，高炉中心大面积没有矿石，迫使大量矿石积聚在边缘，如图 6-8b 所示。边缘部位的矿焦比 C/O 很高，使得软熔带高度增加，根部变得肥大，煤气流不能通过肥大的软熔带，使软熔带根部下移，缩短了滴落带的距离。大量煤气集中到高炉中心部位，由焦炭料柱中通过，缩小了块状带，将存在矿石的块状带压迫到高炉边缘、透气性差、还原煤气量减少、温度过低，不利于矿石的还原。此外，大量铁液和炉渣在高炉边缘滴落，部分未还原矿石中的 FeO 进入炉缸，增加直接还原，并使炉

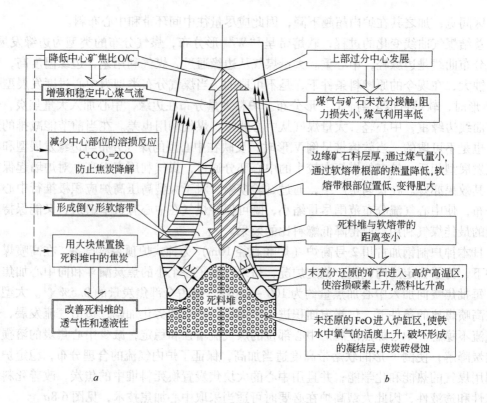

图 6-8　正常中心加焦（a）和过量中心加焦（b）效果示意图

缸温度下降；未饱和碳的铁液集中在炉缸边缘，增加了铁水环流以及吸收碳素的量。对于高炉炉缸侧壁炭砖也有莫大的威胁。

6.2.2.2　布料档位

无料钟炉顶布料灵活，可采用多种布料方式，达到理想的效果。采用环形布料，实现单环或多环布料，主要是通过炉料下到炉喉内形成的堆尖所处半径位置，调整边缘或中心煤气流的分布。不同炉喉直径的高炉应采用一个适当的溜槽倾角档位数，小于 $1000m^3$ 级的高炉，一般可选 5 ~ 7 个溜槽倾角档位；$1000m^3$ 级的高炉，可选 8 ~ 10 个倾角档位；大于 $2000m^3$ 的高炉，可选 10 ~ 12 个溜槽倾角档位。旋转溜槽档位对应的倾角列于表 6-3。

表 6-3　旋转溜槽各档位对应的倾角

档　位	1	2	3	4	5	6	7	8	9	10	11
倾角/(°)	52	50.5	48.5	46	43	40	36.5	33	29.5	24	15

从提高煤气利用率的角度出发，无料钟炉顶布料的布料方式，通常采用平台加漏斗的方法，即考虑焦炭平台、矿石平台的宽度和中心漏斗的深度。在实际生产中，一般将矿石和焦炭的平台宽度布成约为炉喉半径的 1/3，焦炭平台的宽度略大于矿石平台的宽度，见图 6-9。当高炉喷煤比上升时，由于炉内矿焦比提高，焦炭批重缩小，焦层气窗变小，块状区边缘矿焦比加重，致使煤气流分布受到影响，引起高炉透气性变差，整个高炉的压差

升高。所以，在布料上必须考虑增加中心漏斗深度，来调整中心气流；同时要适当开放边缘，增加边缘的焦炭量或减少矿石量。总的来说，平台加漏斗布料模式需要确定焦炭平台的宽度和中心漏斗内的焦炭量和滚向中心的矿石量，避免中心气流受阻，高炉顺行受到影响。各高炉的焦炭平台宽度和中心漏斗深度应根据自身的生产条件确定。

6.2.2.3 批重

矿石批重对炉料在炉喉分布影响很大，因此有一个临界值。当批重大于临界值时，随矿石批重增加而加重中心；批重再进一步加大则炉料分布趋向均匀，边缘及中心均会加重；当批重小于临界值时，矿石不能分布到中心，随批重增加而加重边缘或对中心的作用不明显。批重作为高炉上部调剂的手段，对煤气流分布有一定的影响，对不同高炉有一个合适的控制范围，过大或过小的批重都会使高炉的压差升高。

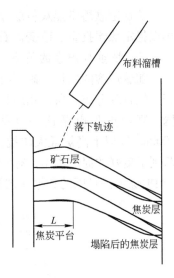

图 6-9　焦炭平台示意图

加大批重的优越性体现在可以稳定上部煤气流，增加煤气与矿料接触时间，改善煤气利用；加大焦炭料层厚度，使软熔带焦炭窗的面积变大，有利于改善透气性；批重大使整个料柱的层数少，减少了界面效应，同样也有利于改善透气性。但过分扩大批重，在增大中心气流阻力的同时，也会增大边缘气流阻力，随批重增加高炉压差会有所增加。合适的矿石批重与下列因素有关。

A　矿石批重与高炉强化程度的关系

随着冶炼强度的提高，矿石批重也相应扩大。提高冶炼强度后，因风量或氧量增加会使高炉炉腹煤气量增加，势必造成中心气流发展，所以必须扩大矿石批重，以抑制中心气流，两者之间有较好的对应关系。宝钢 1 号高炉矿石批重与炉腹煤气量 V_{BG} 的关系见图 6-10[9]。此外，随着炉腹煤气量 V_{BG} 的提高，炉料下降速度也有所提高，为扩大矿石批重、增加矿层厚度创造了条件。

B　批重与喷吹燃料的关系

喷吹燃料量增加，喷吹的燃料在风口前燃烧分解，炉腹煤气量增加，使风口循环区发生变化，影响炉缸初始煤气流分布；喷吹量越大，焦比下降越多，装入炉内焦炭量减少，O/C 增大，焦炭的层厚相对变薄，使料柱透气性变差。扩大批重有利于改善软熔带中焦炭窗的透气性。因此，为维持煤气流的合理分布，矿石批重也要随之扩大。例如，英国斯肯索普 4 号高炉喷吹粒煤，当喷煤量增加时，其焦炭批重维持在炉喉焦炭层厚度 430mm；矿石层厚度由全焦时的 400mm 增加到喷煤 200kg/t 时的 660mm；当喷煤比为 215kg/t，O/C 为 6.4 时，矿石层厚度为 705mm。

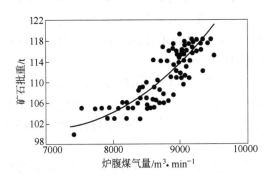

图 6-10　矿石批重与炉腹煤气量的关系

从稳定软熔带焦炭料层厚度，减少炉内煤气流分布变化的角度来看，生产中的上部调剂以稳定焦炭批重、改变矿石批重为宜。

C 批重与炉容的关系

随着炉容的增加，矿石批重必须相应扩大。因为炉容增加，炉喉面积相应加大，为保证煤气合理分布，所以相应扩大矿石批重，从而改善了煤气利用，降低了燃料比。目前，国内高炉正是遵循这一规律，逐步扩大矿石批重，2000~3200m³级高炉比较明显，5000m³级以上高炉最大矿批已经达到160t以上。大矿批对稳定高炉炉况和改善煤气利用起到了良好的促进作用，有利于降低燃料比。国内不同高炉容积对应的矿石批重见图6-11（根据炼铁信息网的数据作图）。

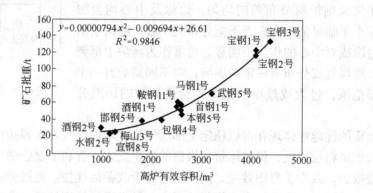

图 6-11 不同高炉容积对应的矿石批重

装入批重总的调整原则是在高炉冶炼强化程度一定的条件下，以矿石批重为基础，根据所定的矿石批重，同时兼顾焦炭批重的大小计算出焦炭批重。一般在炉喉的焦批层厚控制在0.65~0.75m，中、小高炉控制在0.5~0.6m。随着喷煤量的提高，炉内矿焦比的大幅度上升，最高时已超过了6.0，此时矿石料批层厚已超过焦炭料批层的厚度。由于受炉顶设备的限制，当矿石批重不能继续增加时，矿焦比的提高势必造成焦批缩小，可能会造成焦层厚度不够，影响高炉透气性。对于焦批层厚的要求：在炉喉处不宜小于0.50m；在炉腰处不宜小于0.20m。

6.2.2.4 料线

改变料线深度是调剂炉顶布料的一个重要手段，对气流的分布影响较大。调节料线的高度，就是调节炉料的落下高度，以改变炉料堆尖的位置，通常与布料溜槽的起始角度配合使用。当料线提高时，炉料堆尖向中心移动，有疏松边缘的作用。反之，当料线降低时，有加重边缘的作用。当料线在炉喉碰撞点位置时，边缘最重。

对于无料钟炉顶来说，堆尖位置可用溜槽角度控制，所以找到适宜的料线以后，一般不再变动。料线不同，装入炉料时炉料在料面的分布也不同。料线深度与上部内型、炉料性能等有关，在操作中应根据开炉前所做的料面测量结果，结合无料钟的布料模式，找出最适宜本高炉的料线。

不同的料线深度，装入炉料时炉料在料面的分布也不一样。当料线适中时，炉料堆尖（透气性不好地带）基本上落在炉墙附近，与焦炭或矿石的平台宽度相一致。料线深度与高炉炉喉和炉身上部内型以及炉料的性能等有关，一般在零料线以下 1.0～2.0m 时，炉料的落点控制在炉喉钢砖以内。在操作实践中应该结合无料钟布料角度，以控制起始料落点位置距炉墙 300mm 以内为目标，找到合适的料线。

当实际料线低于设定料线时，为防止炉料撞击炉墙，应当及时调整溜槽的布料角度，使料流的落点位置不发生太大的偏移。下面列出宝钢高炉不同料线时，对应的布料角度补偿值供参考，见表 6-4。

表 6-4　高炉低料线时对应的布料角度补偿

档　位	1	2	3	4	5	6	7	8	9	10	11
料线 0	52°	50.5°	48.5°	46°	43°	40°	36.5°	33°	29.5°	24°	15°
料线 1	51°	49.5°	47.5°	45°	42°	39°	35.5°	32°	28.5°	23°	15°
料线 2	50°	48.5°	46.5°	44°	41°	38°	34.5°	31°	27.5°	22°	15°
料线 3	49°	47.5°	45.5°	43°	40°	37°	33.5°	30°	26.5°	21°	15°
料线 4	48°	46.5°	44.5°	42°	39°	36°	32.5°	29°	25.5°	20°	15°

注：料线 0 为基准料线对应的布料角度，料线 1～4 为低料线时对应的布料角度。

6.2.3　合理煤气流分布

高炉内煤气流速很快，一般炉内平均表观煤气流速为 2.5～3.0m/s。前苏联曾经使用放射性同位素氡进行过测量，煤气从风口至炉喉的停留时间为 1.5～2.74s，煤气的线速度为 7.9～14.5m/s。通常煤气在炉内停留的时间不到 3s 就能通过高炉内的行程。所以煤气在炉内的分布状态直接影响炉内的还原过程。气流分布合理，炉况顺行，生产指标改善。反之，煤气利用不好，焦比升高。因此，寻求合理的煤气分布一直是生产中一项很重要的工作。

高炉合理气流分布的规律，首先要保持炉况稳定顺行，控制边缘与中心两股气流；其次是最大限度地改善煤气利用，获取高的煤气利用率，降低焦炭消耗。但煤气流分布没有一个固定模式，随着高炉生产条件变化和冶炼技术进步而需要不断地进行调整，主要是形成边缘煤气二氧化碳含量要高于中心、而且差距较大的"中心"型煤气分布曲线，煤气中二氧化碳含量达到 20%～23%，最高可以达到 24% 以上，煤气利用率要超过 50%。宝钢 2 号高炉在不同生产阶段炉顶十字测温煤气温度分布曲线见图 6-12[10]。高炉中心温度 CCT 约控制在 500～700℃，边缘温度控制大于 100℃。此外，也可由炉喉十字测温计算中心气流指数 Z 值和边缘气流 W 值，以及 Z 值与 W 值的比值来判断煤气分布的合理性。Z 和 W 的定义，请见 6.7.3 节中式（6-21）和式（6-22）。

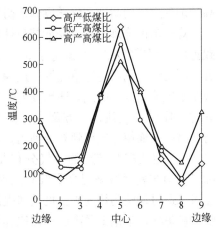

图 6-12　炉顶煤气温度分布曲线

　　为了改善高炉透气性和提高煤气利用率，需要适当兼顾高炉中心煤气温度和边缘煤气温度，保持边缘、中心两股气流，加重或过分地加重都不利于高炉的稳定运行。由于高炉边缘的面积相对于中心大，为了改善煤气的利用，日本钢管公司和神户制钢曾分别提出以改变炉喉的矿焦比来控制煤气分布或少量中心加焦，使中心形成煤气通道，适当抑制边缘气流的操作思路，避免因高喷煤引起的中心气流波动。

　　高炉实践表明，理想的煤气流分布，是适当发展边缘，将 CO_2 煤气最高点稍离炉墙一定距离而中心开放，可以获得很好效果。宝钢 2 号高炉煤气利用率的径向分布见图 6-13[11]。

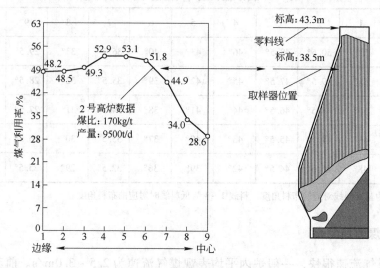

图 6-13　高炉煤气利用率的径向分布

　　按照上述的各种控制手段，力图抑止边缘气流，有望减少热损失和改善炉身效率。当热损失减少 400MJ/t，炉身效率提高 2% 时，预计焦比可以降低 20kg/t。

6.2.4　提高煤气利用率的措施

　　在高炉操作中，煤气流分布是否合理，应从其自身能量是否得到充分利用和能否保证高炉顺行两个方面来考虑。在其他条件不变的情况下，煤气热能和化学能利用的好坏，可以用高炉炉顶煤气的温度和化学成分来衡量，二氧化碳愈高，温度愈低，则煤气利用愈好。

　　煤气流的合理分布，既能使料柱具有最大透气性，又能充分利用煤气能量。通过长期实践得出"两道气流"的煤气分布一直是高炉操作的准则。高炉"两道气流"对高炉顺行有利，同时煤气利用也比单纯发展边缘气流或中心气流要好。因此，适当发展边缘的同时确保中心气流，一方面保证高炉顺行，另一方面使煤气得到充分利用，形成"中心"型或喇叭花形的煤气分布曲线。除了利用布料手段来提高煤气利用率外，还可以通过调整高炉的矿石批重和提高高炉的矿焦比。宝钢 1 号高炉矿焦比和煤气利用率的关系见图 6-14。

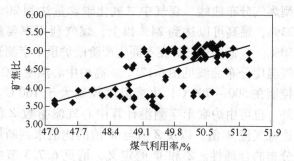

图 6-14　高炉矿焦比和煤气利用率的关系

提高炉顶压力和增大高炉的容积也是提高煤气利用率的一个途径。随着高炉容积增大、煤气在炉内的停留时间延长，煤气中 CO_2 含量有上升趋势。国内部分有效容积在 1800m³ 以上高炉的容积与煤气中 CO_2 含量之间的关系见图 6-15。由于生产条件和操作条件的差异，在 1800~3200m³ 高炉中，相同容积高炉之间的煤气利用率差异很大。国内部分 4000m³ 级高炉煤气利用率水平见表 6-5。

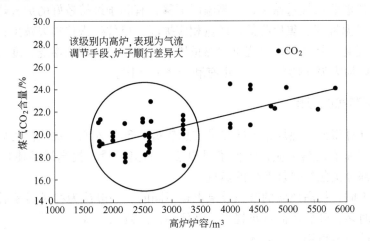

图 6-15　高炉有效容积与煤气中 CO_2 含量的关系

表 6-5　国内部分 4000m³ 级高炉煤气利用状况（2011 年 1~10 月平均数据）

高　炉	有效容积/m³	煤气利用率/%	燃料比/kg·t⁻¹	焦比/kg·t⁻¹	风温/℃
宝钢 1 号	4966	51.2	485	305	1243
宝钢 2 号	4706	51.0	488	330	1236
宝钢 3 号	4350	51.7	492	306	1234
宝钢 4 号	4747	51.4	489	320	1254
马钢 A	4000	47.4	525	388	1223
沙钢 5800m³	5800	47.2	509	347	1224
太钢 5 号	4350	50.1	509	324	1240
首迁 3 号	4000	48.9	508	335	1245
曹妃甸 2 号	5500	46.5	524	405	1218
鲅鱼圈 1 号	4000	46.9	517	367	1221

关于提高炉顶压力，既能降低燃料比和焦比，又能提高高炉产量。对于大型高炉，更是把提高炉顶压力作为高炉正常生产不可或缺的手段。

6.3　高风温

高炉冶炼需要大量的热量。高炉所需的热量主要来源是燃料在炉缸的燃烧热和鼓风带入的物理热。鼓风带入的热量越多，所需的燃料燃烧热就越少。提高风温能够降低燃料比和降低铁水生产成本，主要原因是提高风温不仅因鼓风带入的物理热增加，替代了一部分燃料而使焦比降低，而且提高风温后，又可多喷煤，替代了一部分焦炭，所以提高风温、降低焦比有双重效应。

长期生产实践表明，提高风温对高炉生产起到以下作用：

（1）热风带入的物理热，减少了作为发热剂所消耗的焦炭；

（2）风温提高后焦比降低，使单位生铁煤气量减少，煤气水当量减少，炉顶煤气温度降低，煤气带走的热量减少；

（3）提高风温后煤气量减少，使高温区下移，有利于维持较好的炉缸热状态；

（4）由于风温提高、焦比降低，产量相应提高，单位生铁热损失减少；

（5）风温提高，鼓风带入燃烧带的热量增加，使风口前理论燃烧温度升高，炉缸热量收入增加，可以加大喷吹燃料数量，更有利于降低焦比。

6.3.1 风温对节焦的影响

由热平衡计算得知，热风带入的热量占总热量的 30% 左右。高风温可以节省焦炭，主要是通过鼓风增加了显热供应，降低了风口焦炭的消耗量。提高风温使带入的物理热增加，代替了一部分由焦炭燃烧产生的热量。

风温水平不同，提高风温的节焦效果也是不同的。一般认为在风温较低时，节省的焦炭要比风温高时多，随着风温逐步提高，降低焦比的效果递减。

热风带入的热量可用下式表示：

$$Q_B = c_B \times V_B \times t_B \tag{6-2}$$

式中 c_B，V_B，t_B——分别为鼓风热容、单位生铁风量和鼓风温度。

提高风温后，鼓风多带入的热量为：

$$\Delta Q_B = c_{B2} \times V_{B2} \times t_{B2} - c_{B1} \times V_{B1} \times t_{B1} \tag{6-3}$$

式中 c_{B1}，c_{B2}——分别为风温 t_{B1} 和 t_{B2} 时的鼓风热容；

V_{B1}，V_{B2}——分别为风温 t_{B1} 和 t_{B2} 时的单位生铁的风量。

当风温提高 100℃ 时，考虑到鼓风热容变化不大，式（6-3）可以简化成：

$$\Delta Q_B = c_B \times V_{B2} \times 100 - t_{B1} \times c_B (V_{B1} - V_{B2}) \tag{6-4}$$

从式（6-4）不难看出，随着风温提高，焦比降低，V_B 值减少，因而 ΔQ_B 也逐渐变小。故提高风温而节省的焦炭愈来愈少，其效果见表 6-6[8]。

表 6-6 提高风温的节焦效果

风温水平/℃	约 950	950 ~ 1050	1050 ~ 1150	> 1150
节焦效果/kg·t⁻¹	-20	-15	-10	-8

从表 6-6 可以看出，每提高 100℃ 风温节省的碳量，风温高时的效果不如风温低时的效果好。因此在风温水平比较低、焦比较高的情况下，提高风温的效果更加显著。随着风温的提高，带来了入炉矿焦比的提高，煤气利用的改善，煤粉置换比的升高，使入炉燃料比进一步降低，即产生所谓风温提高后的二次效果。宝钢 2 号高炉风温提高后和焦比的实际对应关系见图 6-16。随着高炉风温的提高，焦比明显下降。

既然风温提高，降低焦比的效果变差，为什么国内外仍在致力于继续提高风温呢？其原因是高炉喷吹燃料后，必须要有高风温相配合。风温越高，燃烧温度越高，燃料燃烧越完全，喷吹效果越好；另外喷吹燃料本身又有降低循环区温度的作用，因而又可促进风温的提高，为高炉接受风温创造了良好的条件。宝钢高炉风温与喷煤量的关系见图6-17。

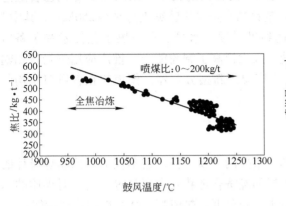

图 6-16　风温提高与焦比的对应关系

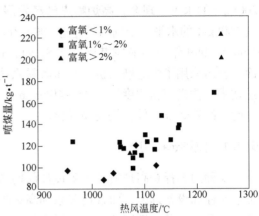

图 6-17　热风温度与喷煤量的关系

目前世界上喷煤量超过200kg/t的高炉风温绝大部分都在1200℃以上，并尽量提高到1250℃以上或更高。国内近十年新建的高炉都已具备了1250℃的高风温。

6.3.2　风温对高炉冶炼的影响

风温提高引起冶炼过程发生以下几个方面的变化：

（1）在热收入不变的情况下，提高风温带入的热量替代了部分风口前焦炭燃烧放出的热量，使单位生铁风口前燃烧碳量减少，但是风温每提高100℃所减少的单位生铁风口前燃烧碳量是随风温的提高而减少的。

（2）高炉高度上温度分布发生变化，炉缸温度上升，炉身和炉顶温度降低，中温区略有扩大。

（3）铁的直接还原增加，这是由于单位生铁风口前燃烧碳量减少，而使单位生铁的CO还原剂减少和炉身温度降低等原因造成的。

（4）炉内料柱阻损增加，特别是炉子下部的阻损急剧上升，这将使炉内炉料下降的条件明显变坏。在冶炼条件不变时，风温每提高100℃，炉内压差升高约5kPa。

高风温是高炉实现大量喷煤的关键因素之一。喷煤后风口理论燃烧温度降低，需要对风口前的理论燃烧温度进行补偿，按照新日铁提供的经验公式，增加100℃风温约可以提高理论燃烧温度60℃。提高风温为高喷煤比提供了良好的条件，而喷煤比的增加又促使风温进一步提高。喷煤量愈高，需补偿的热量就愈多。据鞍钢经验，喷吹1kg重油或煤粉时，分别需要补偿1746kJ和1009kJ热量。

提高风温后增加了炉缸的热量，确保风口循环区具有较高的温度水平，有利于促进风口喷吹物的裂化和燃烧，有利于喷吹物热能和化学能的充分利用。所以提高风温是加大喷吹量和提高喷吹效果的重要措施。

6.4　喷吹煤粉

1973年石油危机发生后，高炉喷煤得到广泛重视。20世纪80年代，形成了世界范围的高炉喷煤建设高潮，各国相继开始喷煤。日本喷煤始于 1980 年，英国始于 1983 年，德国始于 1985 年，并取得了良好的成绩。在 20 世纪 90 年代初有部分高炉达到了 180 ~ 200kg/t 的水平。现今，高炉喷煤已经发展成高炉最突出的技术，国内高炉煤比已普遍达到 160kg/t 的水平，个别高炉超过 200kg/t。宝钢的高炉煤比曾突破月平均 250kg/t，其中 1 号高炉 1999 年全年平均煤比达 238kg/t，达到世界领先水平。在喷煤工艺技术和装备方面，普遍采用了中速磨煤机和负压收粉系统，大大提高了制粉能力；推广应用煤粉浓相输送技术，输送煤粉浓度达到 35 ~ 40kg/m³；推广应用新型分配器，使煤粉在各风口间均匀分配，改善燃烧条件，提高喷煤比。

6.4.1 煤种选择和优化

煤种的选择是高炉喷煤工程设计前期非常重要的一项工作，它不仅关系到喷煤设计的工艺流程和设备选型，而且还关系到高炉喷煤的经济合理和安全可靠等问题。对煤质的总体要求是硫、磷、钾和钠等有害元素的含量少，灰分低，热值高，燃烧性和输送性能好。

原则上，所有煤种都可用于高炉喷吹。但是由于焦煤、肥煤等强黏结性煤是宝贵的炼焦煤资源，且储量有限，同时，高炉喷吹具有黏结性的煤容易导致风口结焦或结渣，因此，高炉喷吹用煤大多选择无烟煤和属于烟煤的贫煤、瘦煤、贫瘦煤和长焰烟煤等弱黏结、不黏结煤。风口结渣的成分见表 6-7。

表 6-7   风口结渣取样成分 （%）

CaO	SiO₂	Al₂O₃	MgO	S	Mn	Na₂O	K₂O	TFe
9.28	45.02	36.18	1.15	0.003	0.105	0.87	0.97	5.30

高炉喷吹用煤，应根据不同的需求选用无烟煤、烟煤或混合煤。无烟煤发热量高、理论置换比高，但无烟煤燃烧性较差，尤其是在煤比较高时，产生过多的未燃煤粉不仅影响高炉顺行，还会导致置换比降低，燃料比升高。因此，使用 100% 无烟煤或混煤挥发分小于 12% 时，适宜于喷煤量较小的高炉。烟煤燃烧性好，产生的炉腹煤气量大，可磨性指数一般比无烟煤高，有利于提高煤比，但烟煤的发热量比无烟煤的发热量低，理论置换比较低，爆炸性比无烟煤高。混合煤的理论置换比等于单一煤种理论置换比的加权平均数，但燃烧率却要比加权平均值高。这说明两种变质程度相差较大的煤粉混合后，各自的燃烧速度因受到相互影响而发生了变化，不再是单独燃烧的速度。使用混合煤，可降低生产成本，同时扩大了喷煤资源，那些由于灰分、硫分含量过高不能单独使用的煤，采用混合煤喷吹时可适当使用。图 6-18 是实验室对 A、B 两种无烟煤与烟煤在不同配比试验时得到的燃烧率，烟煤配比越高，煤粉燃烧率越高，并高于加权平均值。因此，采用适当比例的混合煤喷吹，虽然置换比有少量下降，可是通过操作获得较高的喷煤比。

从提高高炉喷煤比、改善煤焦置换比的角度出发，高炉喷吹用煤的选择应该是进行

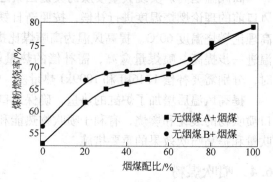

图 6-18   不同烟煤配比时煤粉燃烧率

多煤种混合喷吹。高炉首选用煤，应根据市场供应及价格成本等因素，来决定选用全无烟煤、全烟煤喷吹还是采用各占一定比例的混煤。当然，根据资源配置情况也可以考虑使用一部分或全部贫瘦煤进行喷吹。如果高炉喷煤系统具有混煤设施，一般建议使用 3~5 种煤进行混煤喷吹是比较合适的。目前，随着喷煤工艺的改进，也有一部分厂家添加使用小比例的延迟焦和除尘焦粉。

在世界范围内，高炉喷吹煤粉包括了无烟煤、烟煤、褐煤等不同煤种。高炉喷吹煤种类并不固定。德国蒂森公司从 1985 年 10 月开始喷吹煤粉，使用过各种煤种，从挥发分为 9% 的无烟煤到挥发分达 50% 的褐煤，并使用过两种以上按比例混合的煤种进行喷吹，效果良好。英国钢铁公司斯肯索普（Scunthorpe）厂喷吹粒煤，则大多使用挥发分 25%~37% 并含有一定结晶水的烟煤。日本由于一次能源大多依赖从国外进口（达 88.9%），高炉喷吹煤粉种类多，包括低挥发分无烟煤，甚至挥发分达 40% 左右的烟煤。我国高炉应用无烟煤比较普遍，随着制粉和输送系统安全措施和监测手段的完善，烟煤喷吹也已取得成功，并正在逐步扩大范围。为混合煤喷吹创造了良好的条件，在不同煤种按比例混合喷吹方面也取得了重要进展。

6.4.2 煤粉成分控制

随着喷煤技术的日益普及，对煤种研究的逐渐深入，鉴于喷吹单一煤种的局限性，近年来提出将两种或多种煤按一定比例进行混合煤喷吹。混合煤喷吹最大的优点是可以改善煤粉的燃烧性能，提高喷煤比，扩大喷吹煤种的利用范围。因此，研究用于混合煤的合适煤种和合适的混合比例具有重要意义。在混合煤时一般要考虑以下几点：

（1）良好的燃烧性能；

（2）较高的煤焦置换比；

（3）合理的挥发分含量；

（4）较低的入炉硫负荷。

从研究的结果来看，任何两种煤混合后的燃烧率随混合比例的变化，不是两种煤单独燃烧时煤粉燃烧率的简单叠加，即混合煤的燃烧率并不等于两种煤各自的燃烧率乘以各自配比后的和。这一现象说明两种变质程度相差较大的煤粉混合燃烧时，各自的燃烧速度因受到对方的影响而发生了变化，不再是单独燃烧时的燃烧速度。图 6-19 是两种煤在不同比例配合时的燃烧率[12]。

对煤种的质量要求已经在第 4 章中叙述，这里不再重复。但是，就目前使用的煤种而言，没有一种煤的灰分、硫分、可磨性、热值、燃烧性能等全部达到要求。此外，各种煤源由于产地远近、开采方法、运输的方式不同，价格不同，因此生产中常采用配煤来获得性能好、价格低的混合煤。一般常用碳含量高、热值高的无烟煤与挥发分高、燃烧性能好的烟煤配合使用[13]，使混合煤的挥发分在 15%~25%、灰分低于焦炭灰分，一般

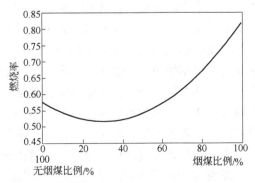

图 6-19　两种煤不同比例配合时的燃烧率

不应超过11%，混合煤可以充分发挥两种煤或多种煤的优点，以取得更好的喷煤效果。挥发分的高低与煤粉的燃烧率、煤焦置换比有很大关系。正常情况下挥发分与燃烧率成正比，而与煤焦置换比成反比。图6-20是鞍钢3号高炉不同喷煤比对应的混合煤挥发分含量[14]。

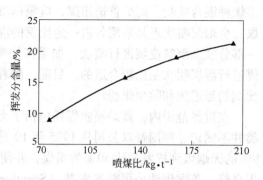

图 6-20　喷煤比对应的混合煤挥发分含量

对喷吹用煤粉的质量要求主要有：

（1）粒度组成。煤粉的粒度影响制粉出力、输送性能和煤粉在风口前循环区内的燃烧率。粒度既不能过细也不能太粗，应根据喷煤量水平、高炉所用喷煤燃烧条件（鼓风温度、富氧率等）、煤粉在高炉内的实际燃烧和利用效果，同时考虑制粉生产能力和喷吹系统输送条件进行综合判断，决定适合高炉自身的煤粉粒度。粒度组成中，一般控制小于0.074mm（200目）的粒度为：烟煤大于50%，混合煤大于60%，无烟煤则宜在70%～80%。

（2）温度。煤粉温度应控制在70～80℃，主要是避免输送煤粉载体中的饱和水蒸气结露，而影响喷煤系统的运行。

（3）水分。喷入高炉的煤粉要求水分越低越好。煤粉水分高会降低风口前理论燃烧温度，增加焦比；水分过高还会降低流动性，甚至堵塞管道，影响喷吹系统的稳定运行。煤粉的水分控制要考虑制粉磨煤机的出口温度和系统出力。一般要求水分控制在1.5%±0.5%，最高不应超过2.5%。

对煤粉的质量要求见表6-8。

表 6-8　煤粉质量控制标准

粒度组成/%	5（>50目），60～80（<200目），<5（325目）
水分/%	<1.5±0.5

6.4.3　提高煤粉利用率

煤粉在炉内燃烧和利用的状况与高炉鼓风参数、喷煤量、煤气流分布等条件密切相关。高炉保持良好的煤粉利用状况，主要考虑进入风口循环区的煤粉，大约有70%在这里被燃烧，余下的部分将参加高温区的溶碳、渗碳、硅锰还原反应。如果炉内上述反应需要的碳量远大于未燃煤粉含碳量，就可以被充分利用。根据计算，高炉参加渗碳和硅锰还原等其他反应的碳量约占总碳量的30%，远远高于喷煤产生的未燃煤粉量 UPC（风口循环区煤粉燃烧率按70%考虑）。因此，未燃煤粉可以在高炉内被充分利用。有效地提高煤粉利用率，其关键在于如何让未燃煤粉参加炉内的反应。提高煤粉利用率有两个途径：一是提高煤粉在风口区的燃烧率，主要是通过鼓风温度、鼓风含氧量、煤粉粒度、煤粉成分、煤枪插入位置等因素来控制；二是提高未燃煤粉在炉内的利用率，主要是通过调整送风制度，使炉缸初始煤气流合理分布，来解决进入炉内未燃煤粉的利用。

煤粉在炉内参加风口前燃烧、未燃烧的煤粉参加碳的气化反应和铁水渗碳为有效利用部分；而混入渣中及随煤气逸出炉外的则是未被利用部分，煤粉在炉内利用状况见图 6-21[13]。一般混入渣中而排出炉外的很少，可不考虑，故可从炉顶煤气除尘灰和煤气除尘泥中含量多少来了解煤粉在炉内的有效利用率的高低。

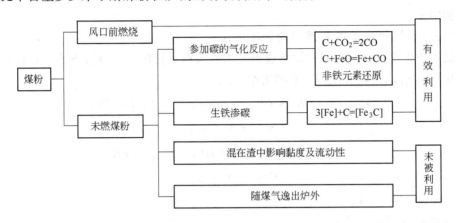

图 6-21 煤粉在高炉内利用的途径

国内外高炉大量喷吹煤粉的理论和实践表明，随喷煤量增大，循环区煤粉燃烧率降低，未燃煤粉量增加，入炉焦炭粉化加剧，高炉透气性下降，炉顶吹出的未燃煤粉量上升。提高煤粉燃烧率和焦炭强度，控制合理的煤气流分布，改善高炉上下部的透气性，是有效提高煤粉利用率的关键。

煤粉燃烧和下部透气性主要受富氧率、燃烧工况以及未燃煤粉和粉焦在循环区焦巢内积聚程度等因素的影响。因此，要提高煤粉在高炉内利用状况，应采用以下措施：

（1）高风温和高富氧率；控制风口前理论燃烧温度，以及炉缸内未燃煤粉和粉焦的积聚量。图 6-22 所示为宝钢高炉喷煤比与风口前理论燃烧温度的关系[10]。考虑煤粉在风口前的燃烧率为 68% 时，实际风口前理论燃烧温度约 2200～2300℃。

（2）改善原燃料质量、降低渣量是提高喷煤量的又一重要环节。未燃煤粉量对软熔带焦炭窗透气性的影响，可以等同于炉腹渣量，在此将两者统称为"概念"渣量。图 6-23 所示为宝钢高炉考虑到未燃煤粉时的"概念"渣比 V_s。由图可知，随着喷煤比的提高，"概念"渣比保持基本不变，需要高炉入炉实际渣比不断下降。

（3）调整送风制度操作参数，确保高炉下部适宜的中心气流，通过合适的鼓风动能将

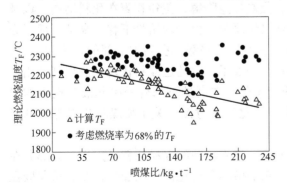

图 6-22 风口前理论燃烧温度与
喷煤比的关系

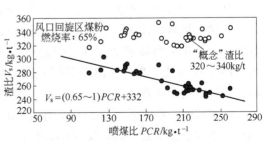

图 6-23 考虑未燃煤粉时的"概念"渣比
●—"概念"渣比；○—实际渣比

进入炉缸内的未燃煤粉及积聚在风口循环区外的粉焦量进行合理地分配，使未燃煤粉在炉内得到充分的利用，也有利于维持合理的炉缸初始煤气流分布，改善高炉下部透气性和提高煤气利用率。

6.4.3.1　煤粉在炉内利用率的计算方法

根据入炉煤粉量、焦炭量和炉尘逸出的未燃煤粉及粉焦量，可按下面公式计算出未燃煤粉的吹出率 η_{UPCo} 和煤粉在炉内的利用率 η_{PC}：

$$\eta_{UPCo} = (DR_1 \times UPC_{DR1} + DR_2 \times UPC_{DR2}) / PCR \tag{6-5}$$

$$\eta_{PC} = 1 - \eta_{UPCo} \tag{6-6}$$

$$\eta_{Co} = (DR_1 \times C_{DR1} + DR_2 \times C_{DR2}) / FR \tag{6-7}$$

$$\eta_C = 1 - \eta_{Co} \tag{6-8}$$

式中　　PCR——煤比，kg/t；

　　　　FR——燃料比，kg/t；

　　　UPC——未燃煤粉量，%；

　　　　η_C——总炭利用率，%；

　　　η_{UPCo}——未燃煤粉吹出率，%；

　　　η_{PC}——煤粉在炉内利用率，%；

　　　η_{Co}——总炭吹出率，%；

　　　DR_1——一次灰比，kg/t；

　　　DR_2——二次灰比，kg/t；

　　UPC_{DR1}——一次灰中 UPC 量，%；

　　UPC_{DR2}——二次灰中 UPC 量，%；

　　　C_{DR1}——一次灰中总炭量，%；

　　　C_{DR2}——二次灰中总炭量，%。

总炭是指炉尘中未燃煤粉与粉焦的总和。

6.4.3.2　煤粉在炉内的利用率

A　高炉喷煤对炉内的影响

高炉喷入大量煤粉以后，由于焦炭在炉内的滞留时间增加，使之经受更剧烈的温度、碱金属及气化反应的作用。在此恶劣条件下，焦炭加速降解，焦粉积聚在死料堆内，以及在风口循环区前端形成粉焦壳，使死料堆的透气性恶化。由于软熔带下移，高炉下部阻力损失升高。边缘煤气有发展的趋势，炉身效率有恶化的趋势。在高炉上部的热流比上升，延缓了炉料加热的速度，炉身的还原条件恶化，助长了炉料的还原粉化现象。当高利用系数时，压力损失明显增加，容易引起焦炭的流态化。在高炉下部容易引起液泛现象的发生。图 6-24 为高喷煤时，高炉下部引起一系列变化的示意图。关于喷煤对焦炭劣化的影响，请见本书第 4 章 4.3.3 节。

在喷煤时，在高炉下部的状态有很大的变化，喷入高炉的煤粉代替了焦炭，大部分在风口前燃烧。焦炭在炉内停留时间延长，对焦炭的破坏和粉化的作用加强，使焦粉积聚在死料堆内，降低了死料堆的透气性、透液性和温度。未燃尽的残炭部分积存在炉缸死料堆表面，与粉焦形成焦粉巢。焦粉巢阻碍了煤气向炉子中心渗透，进一步使高炉中心呆滞，

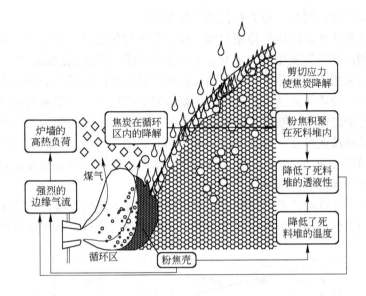

图 6-24 高喷煤时高炉下部的工作状态

高炉中部死料堆的焦粉增加。高炉上部滴落的炉渣和铁水也向炉缸边缘集中，容易引发炉渣的液泛，并使炉缸铁水环流增加。日本福山 4 号高炉在喷煤时，对死料堆中焦粉变化进行了取样分析，分析的结果见图 6-25[16]。

日本钢管福山 5 号高炉对全焦冶炼及喷煤时，风口平面铁水、炉渣滴落量的分布以及风口平面炉渣中 Al_2O_3 分布的变化进行了研究。福山 5 号高炉当喷煤比为 176kg/t 时，大量铁水集中在距离风口 0.8~1.5m 处，见图 6-26。法国福斯高炉也进行了高喷煤条件下，

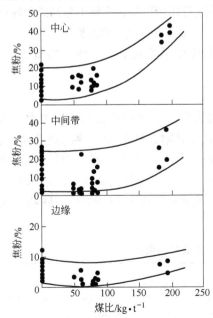

图 6-25 喷煤对死料堆中焦粉率的影响

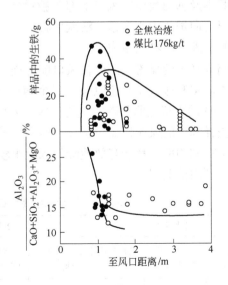

图 6-26 喷煤对风口平面渣铁滴落量和成分的影响

渣铁在风口平面分布的研究，得到相似的测量结果。

高炉喷煤使焦炭在炉缸内的停留时间延长，焦炭劣化加剧，死料堆中焦粉率增加的结果是使死料堆的内部结构发生很大变化。在死料堆内形成低透液的区域。千叶6号高炉、水岛4号高炉曾采用了示踪原子及解剖调查研究了低透液的区域对炉底温度与出铁、出渣的影响及其定量的分析。弄清了低透液的区域形成的机理是：当炉底温度下降时，由从铁水中析出石墨与炉缸中焦炭被铁水溶解时残余的灰分、粉化了的焦炭及喷煤时未燃煤粉等所组成。由于低透液区域在死料堆中的部位不同，其影响有差别，因此还应考虑低透液区域对炉缸侧壁局部侵蚀的影响。千叶1号高炉、水岛4号高炉曾也经发生过由于低透液区域导致炉缸侧壁局部侵蚀的情况。

据日本统计，随着喷煤量的增加，高炉利用系数有下降的趋势，见图6-27。从图中可看出我国宝钢和韩国浦项高炉在高煤比条件下，利用系数比日本高炉要高得多。

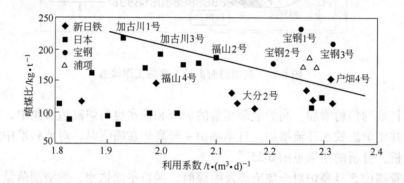

图6-27 喷煤比与高炉利用系数的关系

在图6-27与图6-1中，对各高炉燃料比与煤比的关系进行比较可知，宝钢1号高炉和浦项3号高炉达到了界限的过剩氧气比0.6和矿焦比6.0的操作，被国外权威专家所称道[17,18]。

日本及韩国浦项在风口下部单独设置氧枪，直接向焦粉巢喷吹氧气，将焦粉巢烧掉，改善煤气向炉缸中心渗透，活跃炉缸。

B 高炉煤粉利用率

喷入高炉的煤粉大部分在风口前燃烧，未燃尽的残炭部分积存在炉缸死料堆表面，参加铁水渗碳和非铁元素还原等；其余随煤气流上升，部分黏附在软熔带的熔融渣铁层上，进行FeO的直接还原和碳的气化反应。未燃煤粉在块状带主要通过气化反应消耗。没有在炉内消耗利用的煤粉将随炉顶煤气逸出炉外。可见，提高风口前煤粉燃烧率，改善未燃煤粉的消耗利用率，都会有效地降低未燃煤粉的逸出量。表6-9列出宝钢高炉在不同喷煤比时煤粉利用情况[10]。

表6-9 宝钢三座高炉在不同喷煤比时的煤粉利用率

1号高炉			2号高炉			3号高炉		
煤比 /kg·t⁻¹	未燃煤粉 吹出率/%	煤粉利用率 /%	煤比 /kg·t⁻¹	未燃煤粉 吹出率/%	煤粉利用率 /%	煤比 /kg·t⁻¹	未燃煤粉 吹出率/%	煤粉利用率 /%
170	0.1	99.9	160	0.6	99.4	190	0.5	99.5

1 号高炉			2 号高炉			3 号高炉		
煤比 /kg·t⁻¹	未燃煤粉 吹出率/%	煤粉利用率 /%	煤比 /kg·t⁻¹	未燃煤粉 吹出率/%	煤粉利用率 /%	煤比 /kg·t⁻¹	未燃煤粉 吹出率/%	煤粉利用率 /%
205	1.4	98.6	160	0.7	99.3	202	1.5	98.5
235	2.1	97.9				210	1.3	98.7
245	3.2	96.8				215	1.6	98.4

从表6-9可知，在高炉喷煤160~170kg/t时，未燃煤粉吹出率为0.1%~0.7%，煤粉利用率在99.3%以上；喷煤比为200~215kg/t时，未燃煤粉吹出率为1.3%~1.6%，煤粉利用率为98.5%~98.7%；喷煤比为235~245kg/t时，未燃煤粉吹出率为2.1%~3.2%，煤粉利用率为96.8%~97.9%。当喷煤比上升时，未燃煤粉逸出量明显上升，煤粉在炉内的利用率下降。但从总体上看，即使喷煤比增加到245kg/t，未燃煤粉吹出量相对于入炉煤粉量仍然较少，在炉内的煤粉几乎全部被消耗利用了。

6.4.3.3　影响煤粉利用率的因素

在高炉喷吹煤粉的条件下，影响或控制煤粉燃烧率或燃烧速率的因素是温度、煤粉颗粒大小、氧浓度，鼓风流股与煤粉之间的相对运动速度或混合程度，以及煤粉本身的结构等[19]。

（1）温度。提高温度能加快煤粉挥发物挥发速度、燃烧速度是普遍的规律。因为提高温度，既能加快化学反应速度，也能增大氧的扩散速度。因此，在喷煤过程中，提高风温有利于提高煤粉的燃烧和气化。在高炉喷吹煤粉时，风温一般都要超过900℃，大部分在1050℃左右，最高的在1200℃以上，也就是说气体扩散是控制煤粉燃烧速度的主要因素。温度对煤粉燃烧率的影响见图6-28。

（2）煤粉颗粒。有研究表明，反应速率与碳的活性和内部、外部表面积有关，煤粉的比表面积越大，活性也越大。在一定条件下氧化反应

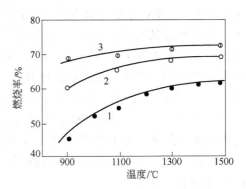

图6-28　温度对煤粉燃烧率的影响
1—无烟煤；2—烟煤；3—褐煤

不仅在煤颗粒表面上进行，反应气体也扩散到颗粒内部。因此内表面积越大，燃烧速率越高。随着煤粒燃烧程度的增加，观察到反应速率也增加，接着反应速率又下降。图6-29为煤粉粒度与燃烧率的关系。

（3）氧的浓度。碳的气化速度与气相中氧的浓度成正比，在任何反应中，反应物的浓度差都是反应进行的动力，浓度差越大，反应速率就越大。因此提高氧浓度和加快氧向碳表面传递速度是加快煤燃烧的重要因素。实验室研究结果表明：富氧率增加1%，可提高煤粉燃烧率1.51%。空气过剩系数对煤粉燃烧率的影响见图6-30。

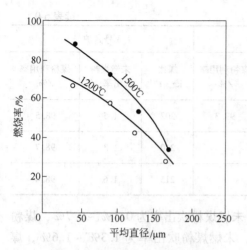

图 6-29　煤粉粒度对燃烧率的影响

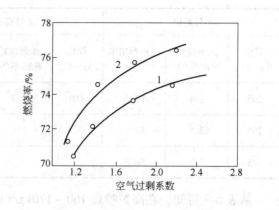

图 6-30　空气过剩系数对煤粉燃烧率的影响
1—无烟煤；2—烟煤

6.4.3.4　提高煤粉利用率的途径

提高风口前煤粉燃烧率是减少炉顶未燃煤粉吹出量的重要措施。过去国内外认为喷煤 200kg/t 需要富氧 4% ~ 6%，但宝钢高炉能在喷吹较粗的煤粉（煤粉挥发分 15% ~ 25%，煤粉粒度小于 0.074mm 的比例为 20% ~ 30%）、在使用 1.5% ~ 2.0% 的较低富氧率的条件下，实现喷煤 200kg/t。这是采用高风温和低鼓风湿度起了关键作用。图 6-31 所示为宝钢高炉煤比与鼓风条件的关系[20]。可以明显看出，喷煤量与风温、湿分直接相关，而与富氧率相关性较小，说明高风温的热补偿和低热消耗是实现高喷煤比的重要基础，而富氧率的高低则不是决定性因素。

总的来说，采用高风温、低湿分和一定的富氧等常规操作，可以满足大喷煤时煤粉燃烧和热补偿的需要。高的富氧率对促进风口前煤粉燃烧和减少炉尘

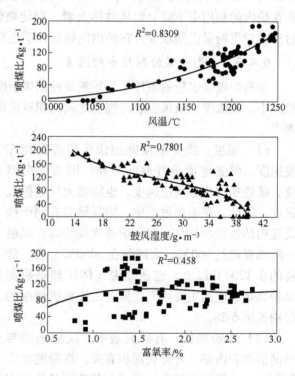

图 6-31　喷煤比与鼓风条件的关系

吹出量是有利的。采用高风速和高鼓风动能，在布料上采用疏松中心、适当抑制边缘气流的措施，形成合理的煤气流分布，能够减少未燃煤粉吹出的数量。

6.4.4　提高煤焦置换比的措施

高炉喷煤的目的在于最大限度地节约焦炭，改善高炉炼铁的技术经济指标。要想达到此目的，在提高喷煤量的同时，还要保持较高的置换比。因此，置换比是高炉喷煤过程中

一个很重要的技术指标。

喷吹 1kg 煤粉能替代多少焦炭，叫做煤焦置换比。它是衡量高炉喷吹煤粉效果如何的重要指标，置换比越高说明喷吹煤粉利用效果越好。影响喷煤置换比的因素有很多，如煤的质量、煤粉燃烧、高炉操作等因素，也就是说，煤种的优化是提高煤焦置换比的重要措施。

高挥发分烟煤具有挥发分高、着火点低、H_2 含量高、固定碳含量低等特点。其特征是易于自燃、着火、爆炸和燃烧率高，结果是煤焦置换比较低；而低挥发分无烟煤的特点和特征正好与高挥发分烟煤相反。因此，将上述煤种有机地结合起来（合适的配合比例），在保证高炉大喷煤的情况下，使煤焦置换比达到最高。

6.4.4.1 喷煤置换比计算方法

A 比较置换比（基准期法）

以不喷煤，即全焦冶炼时期的焦比为基准，置换比计算公式为：

$$R = \frac{CR_0 - CR \pm \Sigma\Delta CR}{PCR} \tag{6-9}$$

式中　R——置换比；

CR_0——基准期实际平均焦比，kg/t；

CR——喷煤期间实际平均焦比，kg/t；

$\Sigma\Delta CR$——喷煤期间除喷煤因素之外的其他因素对焦比影响的数值代数和，kg/t；

PCR——喷煤比，kg/t。

如果以某一喷煤比下的冶炼工况为基准期，则可计算喷煤比变化时的差值置换比：

$$R' = \frac{CR_1 - CR_2 \pm \Sigma\Delta CR'}{PCR_2 - PCR_1} \tag{6-10}$$

式中　R'——差值置换比；

CR_1——喷煤比 PCR_1 时的焦比，kg/t；

CR_2——喷煤比 PCR_2 时的焦比，kg/t；

$\Sigma\Delta CR'$——PCR_1、PCR_2 时其他因素对焦比影响的数值代数和，kg/t；

PCR_1, PCR_2——减、增喷煤量冶炼阶段的煤比，kg/t。

日本大分厂、千叶厂高炉，我国鞍钢、首钢、宝钢等厂高炉采用第一种方法计算置换比。使用时必须要有一个基准期数据，还要计算 $\Sigma\Delta CR$。因各高炉计算中考虑影响焦比的因素及其折算标准不一，各高炉置换比之间无可比性。

B 经验公式法

阿姆科（Armco）公司加毕（Garbee），根据 4.6% ~ 9.8% 灰分、34.7% ~ 38.3% 高挥发分煤导出置换比的经验公式：

$$R = 1.48 - 0.66 \times \frac{A_{PC}}{A_C} \tag{6-11}$$

式中　A_{PC}——煤粉灰分，%；

A_C——焦炭灰分，%。

这个公式比较简单，只考虑了煤、焦灰分的影响，而没有考虑煤的成分、原燃料质量和炉况等条件的影响。

加拿大学者 W. P. Hutny 认为，置换比受煤的质量（C/H，灰分）、燃烧条件（碳氧比 C/O）、炉料质量、煤气流分布、循环区理论燃烧温度等因素的影响。Hutny 根据工业数据分析，得出如下置换比的回归方程式：

$$R = 0.677 + 0.000943PCR + 0.000311T_B -$$
$$0.010905A_{PC} - 0.014862PC_0/A \quad (6\text{-}12)$$

式中 T_B——风温，℃；

PC_0/A——煤与空气之比，kg/m^3。

6.4.4.2 影响煤粉置换比的因素

影响煤粉置换比的主要因素有：煤的质量、煤的燃烧、气化程度、未燃煤粉量、风温、富氧率等。

（1）喷吹煤粉中的碳和氢可代替焦炭中的碳，含碳、氢高的煤粉置换比高，煤中灰分低，置换比高。

（2）煤粉在风口前燃烧充分，气化程度好，置换比高，如煤粉在风口区气化产生大量烟碳，则影响喷吹效果，置换比降低。

（3）在风口循环区内燃烧率高，减少未燃尽的煤粉进入炉内，有利于提高煤粉置换比。

（4）进入炉内的未燃煤粉分布合理，在炉内得到充分利用，煤粉置换比就高。

（5）鼓风参数，如风温、富氧率、炉顶压力也会在一定程度上影响煤粉置换比。

6.4.4.3 提高煤粉置换比的措施

为解决煤粉置换比低的问题，国外许多大喷吹的高炉，大都进行混合煤喷吹（高挥发分烟煤配加低挥发分无烟煤），通过混合煤将煤粉的成分保持在一个合适的区间，混合后煤粉的挥发分一般控制在 15% ~ 25%，这样既能满足煤粉燃烧率的需要，同时又能满足高煤比的要求。保持较高的煤焦置换比，有利于燃料比的降低，有利于高炉炉况的稳定，有利于高炉接受更多的煤粉。采用混合煤喷吹，使高炉煤焦置换比由喷全烟煤时的 0.7 左右提高到混合煤时的 0.8 以上。宝钢高炉在不同喷吹煤配比时的煤粉置换比见表6-10。

表 6-10 高炉喷吹全烟煤和混合煤时的置换比

阶 段	焦比 /kg·t⁻¹	喷煤比 /kg·t⁻¹	燃料比 /kg·t⁻¹	校正焦比 /kg·t⁻¹	置换比
基准期	518.0	0	518.0	0	
全烟煤	387.2	122.2	509.4	-44.29	0.708
混合煤	378.1	116.1	494.1	-42.25	0.841

宝钢高炉焦比与喷煤比的关系见图 6-32。在不考虑焦比校正的情况下，煤粉置换焦炭的效果达到了 1.06。

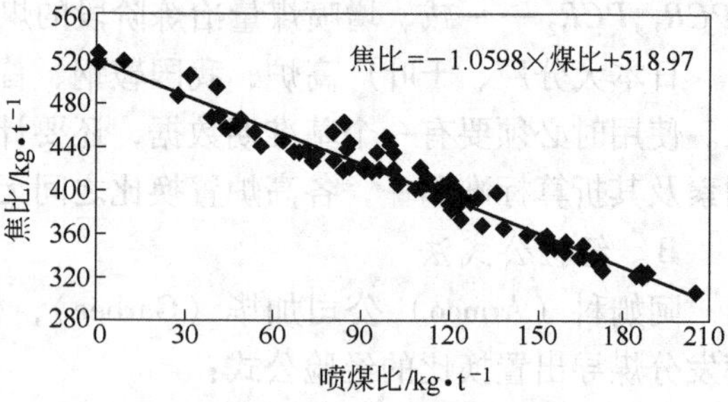

焦比=-1.0598×煤比+518.97

项 目	焦 炭	煤 粉
灰分/%	11 ~ 11.5	7.95
挥发分/%	1 ~ 1.5	16 ~ 25
C/%	86 ~ 88	70 ~ 80
H/%		3 ~ 4.5

图 6-32 高炉焦比与喷煤比的关系

6.5 脱湿鼓风

高炉鼓风湿分从风口吹入炉内，在风口前的高温区进行分解，该过程是吸热反应，消耗了该区域的热量，相应地降低了风口前的温度。脱湿鼓风既可以减少水分分解吸热、提高风口前理论燃烧温度，又可以降低焦比、稳定铁水质量，高炉脱湿鼓风已经成为降低高炉燃料比的重要措施之一。

随着高炉冶炼技术的发展，高炉鼓风就其含湿量而言，经历了一个从自然湿度鼓风到加湿鼓风又发展到现在的脱湿鼓风的过程。最早的自然湿度鼓风，是随着一天中温度的变化，湿度自然变化，高炉炉况也随之发生变化。为了解决鼓风中湿分的波动问题，第一种情况是进行加湿鼓风，用稳定的高湿度换取炉况的稳定；第二种情况是同样为了稳定炉况，进行脱湿鼓风，使进入高炉的鼓风湿度在低位稳定，既大幅度节约焦炭，又可以提高高炉喷吹量。

现代高炉应广泛采用脱湿鼓风。但由于冶炼条件和认识上的不同，我国大多数高炉还没有应用这一技术手段来强化高炉冶炼，提高高炉生产技术经济指标。

我们认为下列两种情况应优先考虑采用脱湿鼓风：

(1) 需要炉缸充足热量的冶炼。脱湿鼓风减少了风口前水分分解反应吸收的热量，提高风口前理论燃烧温度，这部分热补偿可以增加喷吹量或炉缸的热需要。

(2) 大气湿度较高或湿度变动较大地区的高炉。脱湿鼓风使鼓风中水分含量基本保持在一个定值，消除了风口前因鼓风湿分分解引起的炉缸温度波动，使高炉操作能够保持稳定，有利于降低高炉燃料比。

6.5.1 脱湿鼓风对高炉过程的影响

6.5.1.1 对炉缸循环区的影响[21]

鼓风带入高炉的湿分，在风口前循环区与燃料中的碳反应形成 CO 和 H_2，同时 H_2O 的分解吸收了 $10800kJ/m^3$ H_2O 或 $13440kJ/kg$ H_2O 热量。湿度降低以后，使循环区发生如下变化：

(1) 燃料中 1kg 碳消耗的风量略有增加，燃烧形成的煤气量也略有增加；

(2) 燃烧 1kg 碳形成的煤气中 CO、H_2 的浓度降低，N_2 浓度增大；

(3) 在湿分较低时，每 1% 湿分降低风口前理论燃烧温度 45℃ 左右；

(4) 风口前的循环区有所减小。由于减少了水蒸气分解吸热，降低了燃烧温度和 H_2 和 H_2O 的扩散的作用，使碳的燃烧过程变快。以煤气中 CO_2 和 H_2O 含量 1% ~2% 作为循环区的边界，则循环区会有所减小。

6.5.1.2 对高炉内还原的影响

风口前循环区的温度升高，使还原过程加快，有利于降低燃料比。特别是对难还原的元素来说，其还原过程更为有利。例如高炉炼锰铁时，炉料中的氧化锰在上部还原到 MnO，而 MnO 几乎全部以 $MnSiO_3$ 状态进入初渣流入炉缸，再通过直接还原成金属锰，这要求有充足的炉缸热量和高的炉缸温度来保证。因此在冶炼锰铁时，保证炉缸内的高温，才能提高锰的回收效率和降低燃料比。在风温 1000 ~1100℃、不富氧或低富氧的条件下，鼓风脱湿是提高风口前的燃烧温度、维持炉缸足够高温的最佳选择。新余钢铁公司高炉冶炼锰铁，使用鼓风脱湿技术取得良好效果就是实例[22]。新余地区7月、8月大气湿度（标态）可达30.1g/m³以上，每吨锰铁鼓风带入水量约170kg，而1月大气湿度为6.1g/m³。据新余钢铁厂多年统计：冬季产量比夏季高10%，而焦比冬季比夏季低10%。同时昼夜湿度还影响炉况。新钢2000年各月鼓风湿度与焦比的关系见表6-11。

表6-11　新钢各月鼓风湿度与高炉焦比的关系

月　份	1	2	3	4	5	6	7	8	9	10	11	12
绝对湿度（标态）/g·m⁻³	6.08	6.44	9.63	13.15	17.69	21.07	23.25	24.3	19.11	15.27	9.21	7.89
焦比/kg·t⁻¹	1710	1705	1681	1714	1752	1860	1937	1850	1765	1688	1670	1669

对于冶炼普通生铁来说，无论脱湿或加湿鼓风都能使炉况稳定，塌料和悬料大幅度减少。这种改善炉况顺行的机理可能是脱湿和加湿都能保持鼓风湿度稳定，消除大气湿度变化对炉况的不利影响。

6.5.1.3　对产量的影响

脱湿和加湿鼓风都能使产量有所提高，其原因有二：一是两者都消除了湿分波动对炉况的不利影响，使炉况顺行，从而可以相应地强化冶炼来增产；二是焦比降低。加湿鼓风时，产量的提高决定于能否用风温来补偿湿分分解所消耗的热量。前苏联的实践表明，在加湿时，湿分分解耗热完全为风温补偿的条件下，每1%湿分可降低焦比0.9%，增加产量为3.2%；而不用风温补偿时，产量基本不变，即因顺行改善而提高冶炼强度所得的产量被焦比的升高所抵消。

由于上述两个原因，脱湿鼓风提高产量更为明显。其实早期脱湿鼓风增产的效果有一半是提高风温使焦比降低的结果。脱湿鼓风对降低焦比和提高产量的效果总要比加湿鼓风大。

但鼓风脱湿后可能使高炉煤气中含氢量相应减少，会导致高炉煤气发热值下降。

6.5.1.4　对高炉喷吹煤粉的影响

众所周知，限制喷煤量的因素主要有三个：炉缸热状态；煤粉在风口前的燃烧率和料柱透气性能。

国内外生产实践表明，喷煤180~230kg/t的必要条件是：风温1200~1250℃；富氧3%左右，精料（渣量250kg/t，粒度均匀，成分稳定等），以及鼓风脱湿。

目前我国大部分高炉的富氧不到3%，风温低于1200℃，用脱湿鼓风提高喷煤量显得尤为必要。因为脱湿后可以节省水分分解消耗的热量，使有限的风温和富氧率用来补偿喷吹煤粉的分解耗热，以维持高炉风口前的燃烧温度。喷吹煤粉量每增加10kg/t，风口前燃烧温度下降约30℃，而鼓风中湿分每降低1g/m³，风口前燃烧温度可提高5~6℃。从维持炉缸热状态这个因素来说，鼓风脱湿1g/m³可以提高喷煤量1.5~2.0kg/t，效果是十分明显的。

6.5.2　脱湿鼓风对燃料比的影响

高炉鼓风中的水分随着鼓风吹入炉内，在风口循环区高达2200℃左右的高温气氛中被热解成氢和氧。热解是吸热反应，使风口前的燃烧温度降低，而大气中的水分随季节和昼夜变化，致使高炉炉温也要相应地波动。脱湿鼓风可减少水分分解吸热，提高炉温，稳定炉况，降低焦比，既能节省能耗又可提高生铁质量。一般来说，去除鼓风中 $1g/m^3$ 湿分，可降低焦比 $0.8 \sim 1kg/t$，对于空气含湿量较大的地区节能效果相当显著。

高炉从风口喷入的燃料，要加热到炉缸循环区的温度，以及受热分解都需要吸收一定热量，这些热量使得风口循环区的温度降低。根据风口前理论燃烧温度的经验计算公式可以得出，当高炉喷吹 $100kg/t$ 的煤粉时，可以造成风口前理论燃烧温度下降约 $150 \sim 250℃$。因此，高炉喷吹除在喷吹燃料品种、改进喷吹方法、改善原料条件等方面采取措施外，设法提高风温是非常重要的。而当热风炉风温已达 $1200℃$ 以上时，再进一步提高热风温度存在着一定困难。而脱湿鼓风对提高高炉风口循环区内的温度能起到一定作用，脱除湿分 $1g/m^3$ 约可提高风口前理论燃烧温度 $6℃$，正好弥补了喷吹燃料后风口燃烧温度的不足。

在一定温度条件下，鼓风中脱掉 $1g/m^3$ 的水，相当于风口循环区内热风温度增加 $6.12℃$。从高炉总的热平衡而言，上述增加的温度是可以忽略不计的。但从炉缸区域热平衡来看，特别是此温度可直接用于提高风口循环区温度和增加喷吹量，无疑是十分可贵的。如果鼓风经脱湿后去掉 $10g/m^3$ 水分，则相当于热风温度提高 $61.2℃$，相当于可以弥补喷吹煤粉 $20 \sim 30kg/t$ 影响的风口理论燃烧温度。国内宝钢 2 号高炉采用鼓风脱湿后焦比下降情况见图 6-33。由此可见，在高炉提高热风炉风温有较大的困难时，采用脱湿鼓风技术

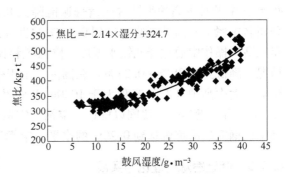

图 6-33　宝钢 2 号高炉鼓风湿度与
入炉焦比的关系

是有很大效果的。上钢一厂高炉使用脱湿装置前后一个月的产量、燃料消耗变化情况见表 6-12。产量上升了 $27.5t/d$，在热风温度下降了 $14℃$ 的情况下，燃料比仍然下降了 $18.4kg/t$[23]。

表 6-12　上钢一厂高炉使用鼓风脱湿前后的燃料消耗变化情况

项　目	产量/t·d⁻¹	焦比/kg·t⁻¹	煤比/kg·t⁻¹	小焦/kg·t⁻¹	燃料比/kg·t⁻¹	风温/℃
使用前	6040.2	326.2	128.4	45.2	499.8	1153
使用后	6067.7	330.1	126.9	24.4	481.4	1139
变化（±）	27.5	3.9	-1.5	-20.8	-18.4	-14

加湿鼓风时，水蒸气分解要消耗热量，如果不用提高风温来补偿，则鼓风中增加 1% 的湿分，焦比约升高 $4 \sim 5kg/t$；如果用风温来补偿，则风温要提高 $25℃$。

由于节省了水蒸气分解消耗的热量和炉况改善，脱湿鼓风中 1% 的湿分，焦比将会下降 $1.5\% \sim 2.0\%$。这在国内外脱湿鼓风生产中得到证实，例如日本大分厂在 1976 年脱湿 $10g/m^3$，焦比降低 $8kg/t$；我国宝钢高炉在 $1988 \sim 1990$ 年间脱湿鼓风也取得类似的效果。

6.6　低硅冶炼

6.6.1　低硅冶炼的意义

低硅冶炼是高炉冶炼炼钢生铁的重要技术之一。随着高炉冶炼技术的不断进步，低硅

冶炼技术越来越受到重视，已成为高炉操作的重要研究课题。高炉铁水含硅量低，不但可降低焦比和生产成本，同时还可满足转炉少渣冶炼的要求。在转炉冶炼或铁水的"三脱"过程中，降低含硅量是脱磷的必要条件。因此对铁水降低含硅量的要求越来越高，国内外普遍展开了对低硅操作技术的研究。

高炉低硅冶炼技术是一项系统性的工作。从整个降低高炉生铁含硅量过程来看，既有选择合适的原燃料质量来降低入炉的 SiO_2 含量，优化操作参数（如降低风口前的理论燃烧温度等），还有以确保高炉稳定顺行来减少炉温的波动（如 σ_{Si}）等综合性措施。实施低硅冶炼有利于降低燃料比。

6.6.2　国内外低硅冶炼水平

高炉冶炼低硅生铁是 20 世纪 70 年代新技术之一，并在 80 年代得到了很快的发展。80 年代中的日本高炉生铁含硅量普遍能降到 0.25% 左右，最低生铁含硅量记录由新日铁公司名古屋 1 号高炉创造，达到 0.12% 的世界最佳水平。韩国浦项钢铁公司光阳厂 1996 年在高炉操作中通过降低铁水温度、降低燃料比等手段使生铁含硅量在原燃料条件变化的情况下降低到 0.28% ~ 0.34%。在国内，由于受原燃料条件、高炉操作水平等因素的综合影响，大中高炉（有效容积大于 $1000m^3$）的生铁含硅量平均在 0.4% 左右，有的甚至在 0.5% 左右。近年来，我国以杭钢、宝钢、宁钢、武钢等企业为代表的低硅操作水平较高，其中杭钢低硅冶炼曾达到 0.20% 的水平，宝钢生铁含硅量稳定保持在 0.26% ~ 0.35%[24]。

6.6.3　低硅冶炼的理论与实践

6.6.3.1　高炉内铁水含 [Si] 变化规律

根据国内外研究，控制高炉铁水含 [Si] 量主要考虑三个方面的情况[25]：

（1）控制硅的来源，炼钢生铁中的硅主要来自焦炭、煤粉灰分中的 SiO_2；

（2）控制滴落带的高度，因为铁水中吸收的硅量是通过随煤气上升的 SiO 气体与滴落铁水中 [C] 发生反应而还原出来的，降低滴落带高度可以减少铁水中 [C] 与 SiO 相接触的机会；

（3）增加炉缸渣中的氧化性，以促进铁水脱硅反应的进行。

目前，对于高炉中硅进入铁水的途径较为普遍的看法是，硅通过 SiO 气体分两步进入铁水。日本学者槌谷等人根据高炉解剖与大量的实验室研究工作证实，高炉中硅的还原主要是通过焦炭灰分中的 SiO_2，并且是分两步进行的[24]。其反应式为：

$$SiO_{2coke} + C \longrightarrow \{SiO\} + \{CO\} \tag{6-13}$$

$$\{SiO\} + [C] \longrightarrow [Si] + \{CO\} \tag{6-14}$$

式中　　SiO_{2coke}——焦炭灰分中的二氧化硅；

C——焦炭中的碳；

$\{SiO\}$，$\{CO\}$——气相中的一氧化硅和一氧化碳；

$[C]$，$[Si]$——铁水中的碳和硅。

由于焦炭灰分中 SiO_2 的活度 a_{SiO_2} 比较高，而且与焦炭中碳的接触条件极好，在风口以上的高温区，发生了 SiO_2 的还原反应，产生的 SiO 气体，随着煤气上升，在上升过程中与滴落带不断下落渗碳饱和的铁水相遇，SiO 气体与铁滴中的碳发生反应。根据日本学者的研究，铁滴对于 SiO 气体的吸收率可达到 70% ~ 100%。结果，Si 进入铁水。随着铁滴的不断下降，铁水中的含硅量也越来越高，以至于在风口上方达到最高含量。当铁水下降通过风口时，由于风口部位的高氧化势，使含硅量由于氧化作用而明显降低。进入炉缸后，高碱度渣降低了 a_{SiO_2}，再加上渣中 MnO、FeO 的氧化作用，反应式为：

$$2(MnO) + [Si] = (SiO_2) + 2[Mn] \tag{6-15}$$

$$2(FeO) + [Si] = (SiO_2) + 2[Fe] \tag{6-16}$$

使生铁中的含硅量进一步降低，达到了最终要求的含硅量。因而，炉渣起到了脱硅的作用。铁水中含硅量变化见图 6-34[24]。

可以看出，铁水中 [Si] 含量在风口水平面处达到最高，故可以这样来划分；在风口水平面以上，主要是硅的还原，铁水 [Si] 含量不断升高的过程，因此称为硅的还原区，铁水吸硅区又叫做增硅区；在风口水平面以下，由于各种氧化作用的结果，铁水 [Si] 含量不断减少，形成一个脱硅过程，因此可以叫做硅的氧化区，铁水脱硅区又叫做降硅区。日本高炉解剖后 [Si] 变化的分布规律见图 6-35[25]。

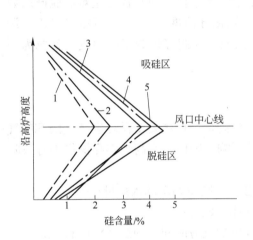

图 6-34 高炉铁水硅含量在炉内的变化
1—杭钢 3 号高炉；2—涟钢 4 号高炉；
3—湘钢 2 号高炉；4—承钢 2 号
高炉；5—太钢 4 号高炉

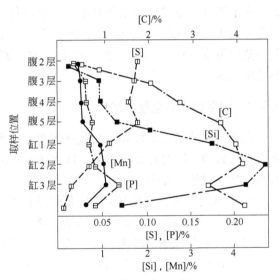

图 6-35 日本高炉解剖后 [Si]
变化的分布规律

6.6.3.2 炉温的准确概念

铁水中除含有 Fe 以外，一般还含有五大元素，即 C、Si、Mn、P、S。人们常以 Si 含量的高低来衡量铁水温度的高低，并确定其为炉缸热制度的主要参数。以硅化学元素来衡量铁水温度高低，称为化学法；以铁水温度来衡量炉温，称为铁水物理热。在正常生产情况下，有良好的对应关系。在钒钛矿冶炼时，过高的铁水含硅量，将造成渣中 TiO_2 的还原，使炉渣的流动性变差，因此在保证铁水温度的前提下，必须降低铁水含硅量。即钒钛矿冶炼时要求物理热，化学凉。根据 Fe-C 相图，铁水的熔化与凝固只与铁水碳含量和物理温度有关，而与铁水 [Si] 含量高低无直接关系。因此，一般采用物理热来表征炉温状态更为合理。

6.6.3.3　铁水降［Si］的理论分析

要控制铁水［Si］含量，可从以下三个方面进行分析：

（1）控制硅源。硅经过迁移反应而进入铁水是以滴落带的 SiO 为媒介而进行的，SiO 来源于焦炭、煤粉灰分与从矿石脉石进入炉渣中的 SiO_2。要尽量减少炉料带入的 SiO_2，首先要降低焦炭和煤的灰分。当炉料品种一定时，只有控制 SiO 的挥发量才能控制铁水硅含量。高炉冶炼过程属于高温冶金过程，从化学反应平衡的观点分析，当温度提高时，SiO 挥发增多，因此风口前理论燃烧温度不能过高，而对炉内压力的控制则相反。

（2）控制铁水吸硅量。为了冶炼低硅铁，当冶炼与原料条件一定时，要尽量减少铁水吸硅量，由于铁水吸硅是在滴落带，下滴铁液中的［C］与随煤气上升的 SiO 之间进行。因此，软熔带到渣面之间的距离（滴落带高度）的控制也是必要的。而软熔带的位置，在一定条件下是由炉料结构、热流比和送风参数等来确定，所以铁水吸硅量与炉料结构、软熔带高度和煤气流分布有关。

（3）增加炉缸的脱硅反应。在冶炼低硅铁时，实际上风口中心线以上区域铁水的吸硅量远远超过低硅铁水的硅含量，铁水中大部分［Si］都要被有关脱［Si］反应脱除掉。因此，在冶炼低硅铁时，铁水吸硅越多，脱硅任务越重，导致降［Si］操作越难。脱硅的数量受炉渣中二氧化硅活度（a_{SiO_2}）的影响，降低二氧化硅活度（a_{SiO_2}），当然主要依靠调整炉渣的碱度（CaO/SiO_2）和 MgO 含量来控制。因此，控制好炉渣碱度和成分就成为脱硅的重要因素。

6.6.4　降低铁水硅含量的措施

高炉内硅的反应机理和硅的迁移表明，铁水中含硅量高低主要受循环区产生的 SiO 气体反应的影响，同时还受滴落带内铁水滴落距离的影响。因此，在高炉实际操作中有效降低铁水含硅量的主要措施是：

（1）降低焦比、焦炭灰分和降低烧结矿 SiO_2 含量，减少 SiO_2 的入炉量；

（2）降低风口循环区的火焰温度，减少 SiO 气体生成量；

（3）控制好软熔带的形状和位置，减少 SiO 气体的反应时间，抑制［Si］的生成；

（4）优化炉渣性能，降低炉渣中 SiO_2 的活度。

6.6.4.1　降低反应区域温度

硅还原反应是强吸热反应，反应区温度（主要是理论燃烧温度、铁水温度和焦炭温度）对铁水含硅量影响极大。宝钢高炉铁水温度与铁水［Si］含量的关系见图 6-36。铁水温度提高，表示滴落带渣铁温度相应升高，从而相对提高焦炭温度，使铁液—SiO、焦炭—SiO 等各种硅还原过程得到加强。另外，焦炭温度升高，风口理论燃烧温度相应提高，促进了 SiO 气体的挥发。因此降低反应区温度有利于抑制硅还原的发生，减少 SiO 气体的挥发，从而减少硅的吸收。

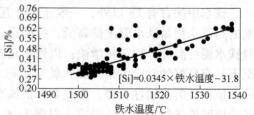

图 6-36　铁水温度与铁水［Si］含量的关系

6.6.4.2　减少滴落带内滞留时间

因为渣铁反应时间受其在焦炭床内滞留时

间的控制，铁滴从软熔带下部生成流经焦炭床的高度距离越长，滞留的时间越长，所吸收的硅就越多。当铁水温度、炉渣成分组成及利用系数一定时，生铁含硅量将主要取决于软熔带距离风口水平面向上延伸的高度。研究表明，软熔带的位置和形状与铁水含硅之间存在定量的关系。当采用倒 V 形软熔带操作时，平均铁水滴落距离缩短 0.4m，铁水含硅量下降 0.3%。在一定的铁液生成条件下，降低这个高度等于减少硅还原的时间，从而减少 SiO 的挥发量，降低进入生铁中硅的含量。降低软熔带的高度可以通过下列手段来实现：

（1）增加装入料的热流比；

（2）改善矿石的高温冶金性能，提高炉料本身的软熔温度，增加人造富矿中 MgO 含量；

（3）改善煤气流分布，有效运用上下部调剂手段，保证足够的中心气流，同时适当发展边缘气流，形成双峰式煤气流分布，有利于减少高炉高温区体积，扩大炉内中、低温区的范围。

关于软熔带形状，W 形比倒 V 形软熔带的铁水含硅量低。在 W 形软熔带操作时，铁水含硅量较低的原因是：

（1）由于矿石分布在高炉中间部位较多，软熔带呈 W 形分布，在风口循环区的上方正是中间部位软熔带的位置，距离风口平面很低；

（2）大量渣、铁滴从中间温度较低的部位流过，避开了 SiO 气体挥发的循环区，抑止了 Si 向铁水的转移；

（3）渣、铁的温度低，FeO 的浓度高，降低了渣中 SiO_2 的活度 a_{SiO_2}。

6.6.4.3 合适的炉渣成分组成

SiO 气体来源于焦炭和渣中的 SiO_2，由于焦炭和煤灰分中 a_{SiO_2} 提高时，促进了 SiO 气体的挥发，提高了硅的吸收量。降低渣中 a_{SiO_2} 有利于降硅。提高渣的碱度，特别是由于形成硅酸钙等化合物降低了 a_{SiO_2}，有利于铁水中 ［Si］ 的氧化，减少铁水中硅的含量。MgO 的性能与作用和 CaO 类似，仅次于 CaO，也属于碱性氧化物，而且特别有利于改善炉渣的流动性与稳定性。根据炉内冶炼操作经验，MgO 含量应该保持适宜的量，在 7% ~ 12% 为好。炉渣中 MgO 含量变化对铁水硅的影响见图 6-37。国内外冶炼低硅铁的高炉，炉渣成分列于表 6-13[25]。

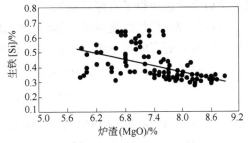

图 6-37　高炉炉渣 MgO 含量和铁水 ［Si］ 含量的关系

表 6-13　高炉低硅冶炼时炉渣成分

厂　家	渣 铁 组 成			
	［Si］/%	CaO/SiO_2	MgO/%	$(CaO + MgO)/SiO_2$
杭钢 2 号高炉	0.21	1.15 ~ 1.25	10.4 ~ 14.85	1.45 ~ 1.60
首钢 2 号高炉	0.29	1.06	11.1	1.37
涟钢 4 号高炉	0.21	1.10	13.0	1.52
日本水岛 2 号高炉	0.17 ~ 0.31	1.23	7.60	1.45
日本福山 3 号高炉	0.27	1.28	7.30	1.52
宝钢 3 号高炉	0.28	1.21	8.10	1.43

6.6.4.4　良好的原燃料条件

生铁中的硅主要来自焦炭中的灰分，因此降低焦炭灰分可以减少硅源，相应降低生铁的含硅量。日本高炉能够炼出含硅量低于0.2%的优质生铁，这与其使用低灰分的焦炭有很大的关系[24]。而国内由于焦煤资源的特点（焦煤、肥煤灰分高，硫低），各钢铁公司所使用的焦炭灰分含量绝大部分都高于12%，这就增加了我国冶炼低硅铁的难度。目前仅有宝钢的焦炭灰分低于12%，约11.8%。宝钢1号高炉铁水［Si］含量与焦炭灰分的关系见图6-38[26]。此外，低焦比操作同样可以有效地降低硅含量。

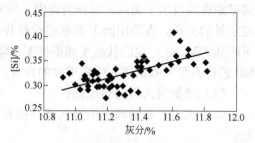

图 6-38　高炉铁水［Si］含量与焦炭灰分的关系

从杭钢高炉操作参数的统计结果来看，炉料的影响是明显的：烧结矿转鼓指数每提高5%，［Si］降低0.009%~0.012%，采用烧结矿配加球团矿的方法，提高了炉料的软化温度和高温还原性。球团中的 MgO 改善了高温冶金性能，一方面可以降低高炉软熔带高度；另一方面可以发展间接还原，降低焦比，有利于低燃料操作，降低铁水含硅量。

6.6.4.5　风口区的参数控制

风口区氧势很高，对于铁水中的硅具有极强的再氧化作用。因此，在风口区喷吹氧化性粉料有助于降硅。川崎钢铁公司千叶厂5号高炉采用喷吹系统将矿粉、碳酸钙等粉料从风口喷入，取得了以下结果：

（1）喷吹铁矿粉9.2kg/t 铁降硅0.026%。

（2）喷吹混合矿粉12.4kg/t 铁降硅0.055%。G. Brun 等人在敦刻尔克和福斯索马所做的类似实验也取得了良好的效果。

风口前理论燃烧温度是炉缸热状态的重要参数。风口前理论燃烧温度高表明，同等体积的煤气拥有更多的热量传递给炉料，有利于炉料的加热、分解和促进还原过程的进行。由高炉炉缸渣—铁间 Si 分配的反应式

$$SiO_2 + 2[C] =\!=\!= [Si] + 2CO \tag{6-17}$$

得知：在反应温度分别为1450℃、1500℃、1550℃时，上式中标准自由能的变化分别为：-88032.68J/mol、-107919.03J/mol 和 -127805.38J/mol。可以看出，随着温度升高，反应式的标准自由能负值相应增大，其反应趋势也越来越大。因此，较高的理论燃烧温度会增加 SiO_2 的还原和 SiO 气体的挥发，有利于硅的还原，不利于高炉低硅生铁冶炼，对生铁［Si］含量也有较大影响。在保证炉缸热量充沛、高炉顺行的条件下，适当降低理论燃烧温度是低硅冶炼的一种操作手段。

6.6.5　低硅冶炼对高炉寿命的影响

实现低硅冶炼主要采取了降低软熔带距离风口平面的平均距离，减少铁水滴落时与 SiO 气体的接触，以及降低渣滴的温度和增加 FeO 的浓度以降低渣中 SiO_2 的活度等。

福山4号高炉对低硅冶炼时，风口平面铁水、炉渣滴落量以及滴落炉渣中 FeO 含量进

行了测量，铁水和炉渣的滴落量与全焦冶炼没有太大的变化，都集中在风口前端1.0～1.5m处，见图6-39。在风口前端0.9m处，渣中（FeO）含量高达25%～26%，在风口前端1.3m处渣中（FeO）含量在20%～2%之间有很大的变化，当距离大于1.5m时，（FeO）含量在0～2%变化，接近终渣中（FeO）0.4%的含量。也就是说，在冶炼低硅生铁时，大量渣铁滴落的部位，有含（FeO）很高的炉渣进入到炉缸，见图6-40。

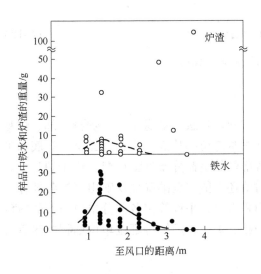

图6-39 在风口平面上渣铁滴落量的分布

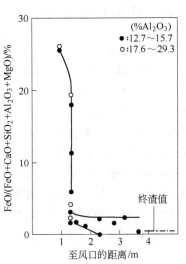

图6-40 在风口平面上渣中FeO的含量

$((\%Al_2O_3) = Al_2O_3 / (CaO + SiO_2 + Al_2O_3 + MgO) \times 100)$

各厂已经对高炉风口平面上、下铁水含硅［Si］浓度的分布进行了测定，见图6-34。由图6-34表明风口中心线以下铁水中的含硅量有大幅度的下降，是由于风口平面以下存在高（FeO）浓度炉渣，使得［Si］浓度降低。

当采用低硅冶炼时，应该注意对高炉寿命的影响：

（1）铁水含硅量低时，对碳素的饱和浓度升高，溶解的碳素量增加。

（2）进入渣中的FeO升高，强化了对炉缸炭砖的侵蚀作用。

（3）如果过分依靠W形软熔带操作降低含硅量，发展边缘煤气流，将导致炉体热负荷的升高。

因此，近年来不再提倡低硅冶炼。为了降低铁水含硅量，大都采用炉前脱硅或者炼钢处理。

6.7 降低高炉热量损失

降低高炉热损失主要是控制合适的高炉炉体热负荷。热负荷反映了高炉炉体各部分的冷却状况，常常用来判断边缘气流的发展情况及高炉炉墙的工作状况。准确使用热负荷概念，有效利用热负荷的大小来判断高炉边缘气流的发展状况，通过布料有效地调整炉内煤气流分布，是保证高炉炉况稳定顺行、达到高炉长寿、高效的有效措施。如果热负荷控制不当，过高的热负荷会加剧炉墙的侵蚀，从而影响高炉长寿，还会增加燃料消耗。将热负荷控制在一定范围内，尽可能降低高炉热损失，有利于降低高炉的燃料消耗。可是热负荷太低可能造成炉墙结厚,影响气流合理分布,影响炉况稳定顺行。当渣皮脱落时,也会造成炉况波动,甚至砸坏风口,造成减风或休风。因此,控制合适的炉体热负荷,有利于稳定炉况,有利于降低燃料比。

6.7.1 高炉炉体热负荷计算方法

热负荷 Q 计算通用公式为:

$$Q = c \times W \times \Delta t \tag{6-18}$$

式中　c——水的比热容,取 1kcal/(kg·℃), 1kcal = 4.18kJ;

　　W——水的流量,kg/h;

　　Δt——进出水的温差,℃。

高炉总体热负荷一般是由炉底、炉缸侧壁、炉腹、炉腰、炉身下部、炉身中部、炉身上部等七个部分组成。正常生产时,高炉炉腹和炉身部位的热损失占很大比例,炉底和炉缸侧壁热负荷所占的比例最小,宝钢1号高炉各部位热负荷分布见图6-41。由于炉身、炉腹等各部位的面积不同,因此上述的热负荷绝对值还不能完全准确地反映出高炉各部分的热负荷强度。这就需要根据炉体各部分所占的面积大小,来计算出各部分单位面积的热负荷大小,从而更加准确地反映出炉底、炉身、炉腰、炉腹、炉缸等部位单位面积的热负荷强度。

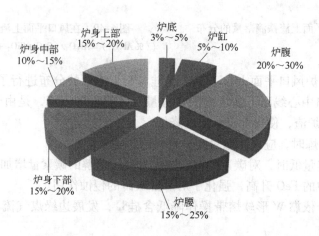

图 6-41　高炉炉体各部位的热负荷分布

在整个高炉炉体范围内,单位面积热负荷最高的区域在炉腹和炉腰,这个区域正是高炉炉内反应最剧烈、温度最高的部位;炉缸侧壁和炉底区域则是温度最低的部位,这和炉缸有厚实的碳砖保护层有关;炉身上、中、下部的单位面积热负荷强度比较均匀。

6.7.2 影响炉体热负荷的因素

宝钢在高炉的操作方面,对热负荷的控制已由高炉的上下部调剂,而逐步强调对高炉中部(炉身下部至炉腹间)的管理。

在日常的操作中维持炉体各部的合适热负荷,一是保持合适的煤气流分布,可以通过改变炉顶装入模式等方法来实现;二是根据炉衬侵蚀情况及炉体温度值调整水量,维持稳定的渣皮和操作炉型。

影响炉体各部热负荷的主要因素有煤气流分布、原燃料条件、冷却制度等，既有单因素的影响，又有相互之间的交互作用。在日常操作控制中，调整煤气流的分布是其中最重要的手段，此外还要充分注意各参数之间的匹配。影响热负荷波动的因素见图6-42。

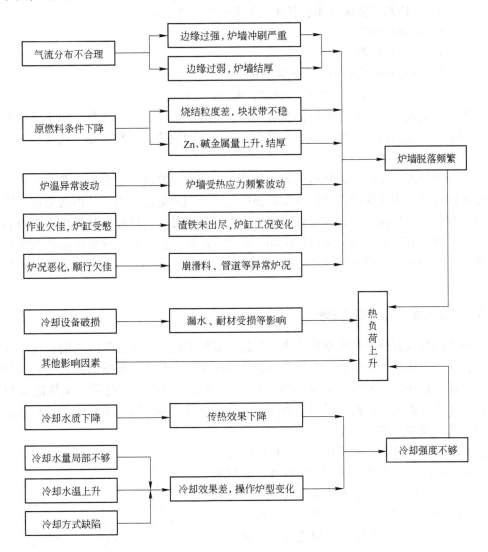

图 6-42 影响高炉热负荷的主要因素

冷却壁传热方程可用式(6-19)表示：

$$\frac{q}{F} = \frac{t - t_0}{2b(\lambda_b + \lambda_s) + aL/(\pi d\lambda_b) + L/(\pi da) + x/\lambda_x} \tag{6-19}$$

通过式(6-20)可以简约计算相应热负荷下的渣皮厚度：

$$x = \lambda_x \left\{ \frac{(t - t_0)F}{q} - \left[2b(\lambda_b + \lambda_s) + \frac{aL}{\pi d\lambda_b} + \frac{L}{\pi da} \right] \right\} \tag{6-20}$$

式中 q——冷却壁热负荷，W；

F——冷却壁面积，m^2；

t——炉墙内表面平均温度，$℃$；

t_0——冷却水温度，$℃$；

d——冷却壁水管直径，m；

a——冷却壁铸体（不包括镶砖）厚度的一半，m；

b——镶砖厚度，m；

x——渣皮厚度，m；

L——冷却壁水管中心线间距，m；

λ_b，λ_s，λ_x——镶砖、铸铁、渣皮热导率，$W/(m \cdot ℃)$。

在生产中的高炉中冷却壁的设计参数一定，则 F、d、a、L 为常数，如果镶砖没有侵蚀或全部被侵蚀也是固定的值。至少可以令方括弧内的数值为常数，则公式可以进一步简化。

冷却制度管理的主要目标是将高炉热负荷和水温差控制在一个合适的范围之内，不能过高也不能过低，以确保冷却系统的冷却强度处于合理的范围之内，从而既能保证冷却设备不因冷却强度过低而烧坏，也保证炉墙不因冷却强度过大而结厚。频繁出现炉墙黏结物的结厚或脱落，容易导致高炉顺行的破坏。因此在高炉操作方面不仅要根据炉况实行上下部调剂，而且还应根据炉墙状况进行中部（炉身下部至炉腹间）的管理，以维持高炉合理的操作炉型。

6.7.3 气流分布对热负荷的影响

调整炉内煤气流分布是控制炉体热负荷最重要的手段。边缘煤气流发展会使炉体热负荷升高，反之则降低。边缘过分发展不但造成炉体热负荷升高，影响高炉长寿，而且煤气利用差，能量消耗高，同时也影响到高炉的稳定顺行。边缘煤气过重，又易造成炉体结厚、悬料等失常炉况。因此，根据具体的原燃料等条件，寻求稳定的操作炉型和适宜的煤气流分布是一项很重要的工作。

高炉内部流动的煤气量及其分布，对热损失起着重大的支配作用，利用炉顶十字测温装置来判断煤气流分布是否合理也越来越普及，其中边缘气流指数 W 值就充分反映了炉顶煤气流分布状态。W 值为炉顶十字测温边缘四点温度平均值与炉顶煤气温度平均值的比值，是反映高炉上部边缘气流强弱的一个重要参数，W 值越大，说明边缘煤气流越强。十字测温计各温度点的布置见图 6-43[9]。

根据测量结果确定中心气流指数和边缘气流指数，用下面的公式计算：

$$Z = \frac{t_4 + t_5 + t_6 + t_{13} + t_{14}}{t} \qquad (6-21)$$

$$W = \frac{t_1 + t_9 + t_{10} + t_{17}}{4t} \qquad (6-22)$$

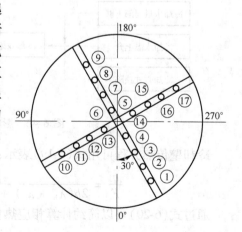

图 6-43 宝钢 1 号高炉炉喉十字
测温点的分布图
（图中号码为炉喉温度检测点的位置及编号）

式中　　　　Z——中心气流指数，反映中心气流强弱程度；

　　　　　　W——边缘气流指数，反映边缘气流强弱程度；

$t_1,t_2,\cdots,t_{17}$——十字测温计各个测温点的温度，℃；

　　　　　　t——炉顶温度，℃。

在大型高炉生产中，可以发现炉身部位的热负荷与边缘气流指数 W 值有着明显的关系。随着边缘煤气流指数 W 值的上升，炉身的热负荷明显上升，且有着良好的相关性。根据这个相关性，可以预测出不同 W 值时的炉身各部分的热负荷状况，见表6-14。从表中可以看出，高炉上部边缘气流强弱对炉身热负荷有重要影响。

表6-14　边缘气流指数 W 值与炉身热负荷的关系

高炉各部位热负荷 /GJ·h^{-1}	W 值							
	0.5	0.6	0.7	0.8	0.9	1.0	1.1	1.2
炉身上部	260.8	298.3	335.8	373.3	410.8	448.3	485.9	523.4
炉身中部	234.3	248.4	262.4	276.5	290.5	304.6	318.7	332.7
炉身下部	241.9	260.4	278.9	297.4	315.9	334.4	352.8	371.3
炉身合计	737.0	807.1	877.1	947.2	1017.2	1087.3	1157.4	1236.4

此外，还可以利用炉身取样器中间部位与边缘部位 η_{CO} 之差 $\Delta\eta_{CO}$，作为边缘气流指数的指标（数值大则边缘气流强），来解析 $\Delta\eta_{CO}$ 与炉体热损失之间的关系。日本福山、仓敷的高炉研究表明，在同等的热流比条件下，边缘气流指数与热损失的关系见图6-44。从图中可以看出，降低 $\Delta\eta_{CO}$ 20%，可以减少热损失约185MJ/t。当然，实际高炉操作时，为了稳定高炉的操作，要根据原料条件使用相应的边缘气流指数。

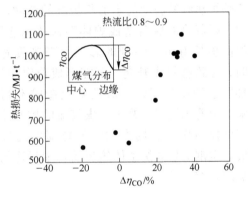

图6-44　边缘气流指数 $\Delta\eta_{CO}$ 与热损失之间的关系

在喷煤量增加的过程中，高炉死料堆透气性下降和富氧率提高，随之风口风速下降，循环区的深度减小，强化了高炉的边缘气流，热损失有增加的趋势。

6.7.4　确定合理的热负荷

高炉投入生产后，随着时间的推移，炉体各部位耐火材料都有了不同程度的侵蚀，高炉操作内型不断变化，热负荷的控制值也需要不断地调整。

从长寿的角度考虑，炉体热负荷越低，越有利于炉体的维护，但从冶炼的角度考虑，炉体某些部位热负荷过低，容易发生炉墙结厚，影响高炉顺行。因此应根据高炉的具体情况，高炉操作炉型的不断变化，相应地不断调整热负荷，摸索出合理的炉体热负荷控制范围，以取得炉况稳定、气流分布合理、渣皮脱落少、操作炉型相对稳定、延长高炉寿命的效果。各高炉应根据冷却设备、内衬侵蚀和顺行情况，制定符合本高炉的炉体各部位热负荷的目标值和控制范围。总之，在高炉操作者的心中经常要有当前高炉操作炉型和软熔带分布的图像及其变化趋势，并在操作中采取相应的措施。

6.7.5 热负荷变化对焦比的影响

热负荷的计算公式主要由水的比热容、水的流量和水温差三要素构成，在正常生产情况下，水的比热容、水的流量基本上是恒量，热负荷的变化取决于冷却水温差的变化。因此，观察热负荷的变化是重点注意冷却水温差的变化。在正常生产条件下进行热负荷控制，有助于加强对炉体的维护，有助于高炉降低燃料消耗，更有助于探索出不同时期高炉生产中合理的热负荷管理模式。

当炉体热负荷波动时，特别是上升量较大，高炉操作应及时跟踪，并认真分析原因，寻找发生的根源；检查原燃料粒度及性能的变化，结构变化，炉温变化，操作炉型变化以及煤气流变化等等原因。当煤气流分布变坏时，要密切注意滑料、崩料、管道行程的发生，关注煤气利用率的变化及对炉温的影响。

炉体热负荷的控制，对炉体砖衬的维护具有极其重要的作用。适度的热负荷是以不发生周期性炉墙附着物生成脱落、炉墙不过快侵蚀，以及高炉煤气流分布合理为限度。当高炉中部热负荷过低时，在炉墙上容易产生附着物，并频繁脱落，引起热负荷波动，不但造成高炉炉热频繁波动甚至引起炉况的波动，而且由于附着物的脱落造成炉体砖衬的加速侵蚀，给高炉长寿带来不利的影响。当热负荷过高时，导致燃料比升高，不能形成稳定的渣皮，加剧了炉墙的侵蚀，对长寿也造成不利的影响。随着原燃料的改善，煤气流的控制更趋向于朝提高煤气利用率和降低热损失的方向发展。宝钢 1 号高炉炉体热负荷与燃料比的关系见图 6-45。

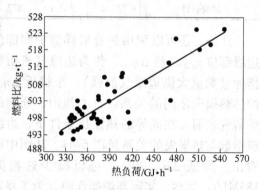

图 6-45 炉体热负荷与燃料比的关系

参 考 文 献

[1] 内藤誠章，松崎真六. 高炉の低還元材比操業技術について[J]. CAMP-ISIJ，2004，17（1）：2～5.
[2] 项钟庸，王筱留，银汉. 再论评价高炉生产效率的评价方法[J]. 钢铁，2013，48(3)：89.
[3] 卫继刚. 大型高炉合理炉腹煤气量指数的控制及探讨[J]. 钢铁，2012，47(3)：15.
[4] 项钟庸，朱仁良. 降低燃料比和提高富氧率增加高炉产量[J]. 钢铁，2010，45(10)：9.
[5] 朱仁良，王天球，朱锦明. 追求最佳操作条件发挥大型高炉优势[N]. 中国冶金报，2012-04-05（B1）.
[6] 朱仁良，朱锦明，李军. 我国高炉大型化发展与探讨[C]. 2010 年全国炼铁生产技术会议暨炼铁学术年会文集，中国金属学会，北京，2010：13.
[7] 刘云彩. 高炉布料规律(第 3 版)[M]. 北京：冶金工业出版社，2005.
[8] 文学铭，糜克勤，沈震世，等. 宝钢炼铁生产工艺[M]. 哈尔滨：黑龙江科学技术出版社，1996.
[9] 李维国，陶荣尧，金觉生，文学铭. 宝钢 1 号高炉一代炉龄实绩及其操作实践[J]. 钢铁，1997，32（10）：1～6.
[10] 朱锦明. 宝钢高炉高喷煤比的实践与探索[J]. 炼铁，2004，23(6)：20～24.

[11] 朱锦明. 宝钢高炉200kg/t以上喷煤比的实践[J]. 炼铁，2005，24(增刊)：36~40.

[12] 侯国宪，等. 高炉喷吹煤粉合理配煤的实验研究[J]. 河北理工学院学报，2002(3)：11~15.

[13] 汤清华，等. 高炉喷吹煤粉知识问答[M]. 北京：冶金工业出版社，2009：55，182.

[14] 刘兴惠，吴炽. 鞍钢高炉喷吹煤粉合理配煤的试验研究[J]. 鞍钢技术，1997(4)：1~4.

[15] 徐万仁，等. 高炉高煤比操作的实践[J]. 钢铁，2005，40(9)：9~12.

[16] 有山達郎，佐藤道貴，佐藤健，等. 今後の高炉操業から見たコークス性状あり方[J]. CAMP-ISIJ，2004，17(4)：610~613.

[17] 内藤誠章. 第179回西山記念技術講座. 2003，87.

[18] 清水正賢，内藤誠章. 新世紀にぉける高炉操業の進展と研究開発[J]. 鉄と鋼，2006.92(12)：2~10.

[19] 邓守强. 高炉炼铁技术[M]. 北京：冶金工业出版社，1991：260~265.

[20] 徐万仁，李荣壬，钱晖. 宝钢高炉大量喷煤时煤粉在炉内利用状况[J]. 钢铁，2000，35(5)：5~8.

[21] 朱仁良，胡中杰. 宝钢高炉高喷煤比的基础与实践[C]. 第一届中德（欧）冶金技术研讨会论文集：49~53.

[22] 蒋海冰，周少瑜. 锰铁高炉脱湿鼓风技术研究及应用[C]. 2004年全国炼铁生产技术暨炼铁年会. 2004，826~830.

[23] 张振伟，等. 宝钢不锈钢2500m³高炉脱湿装置的使用及效果[J]. 炼铁，2006，25(3)：31，32.

[24] 金永龙，徐南平，刘振均，朱仁良. 高煤比条件下低硅冶炼的理论与实践[J]. 钢铁，2004，39(1)：17~20.

[25] 宋建成. 高炉炼铁理论与操作[M]. 北京：冶金工业出版社，2005：256~266.

[26] 刘振均，等. 宝钢1号高炉低硅冶炼操作实践[J]. 炼铁，2003，22(1)：1~4.

7 炼铁工艺计算

7.1 高炉炼铁工艺计算的意义

高炉炼铁设计应该包括三个主要部分：原燃料设计、操作制度设计和工程设计，而前两项是高炉炼铁工艺设计最重要的部分。原燃料设计是规划高炉炼铁的具体生产条件，应该包括在钢铁厂前期可行性研究中，并成为其中的重要组成部分。操作制度设计是高炉炼铁高阶段设计的重要任务，并贯彻于高炉的全生命周期之中，对操作参数的变化进行评估。炼铁工艺计算是完成前两项任务的重要手段。

根据设计高炉的具体生产条件，用科学的和相当准确的计算方法来预测冶炼的结果和指导高炉操作，以及在采用新的冶炼技术时，用计算和模型来寻求最适宜的冶炼制度，都对高炉系统的原燃料及物料、能源介质的需求有着重要的意义。

高炉炼铁工艺计算的前面部分是在给定的原燃料条件和冶炼参数下，通过计算确定：

（1）单位生铁的原燃料消耗量，为装料设备、供料系统以及相邻车间生产能力和设备选型的设计提供依据；

（2）冶炼产品成分和数量，为渣铁处理系统的设计提供依据，并检验所得炉渣的性能是否能满足冶炼要求；

（3）计算吨铁鼓风量，为鼓风机的选择和送风系统（包括热风炉）的设计提供依据；

（4）吨铁煤气发生量及其成分，为煤气净化系统和全厂煤气平衡等的设计提供依据；

（5）对配矿评估，为优化炉料结构和降低采购成本提供依据；

（6）冶炼参数变化时，计算其对燃料比、焦比的影响等。

本章最后部分介绍了利用线性规划模型进行高炉操作制度的设计、生产中操作参数的最优化和降低成本的方法，为精细化操作选择合适的操作参数，如高炉日产量、风量、风温、喷吹燃料量、炉腹煤气量、富氧率、风口燃烧温度、炉顶煤气温度和停留时间等的优化提供依据。

7.2 联合计算法

联合计算法是在给定原燃料条件和冶炼参数的情况下，应用物料平衡和热平衡联合求解单位生铁的焦炭、矿石、熔剂等的消耗量。根据所得消耗量计算吨铁的耗风量和煤气量以及热平衡等。目前联合计算法有两种：一是由前苏联著名炼铁专家 A. H. 拉姆教授创立的联合计算法[1]；二是根据操作线图原理开发的联合计算法[2]。

随着炼铁技术的进步，A. H. 拉姆教授创立的联合计算法已经过几十年的不断完善，其特点是方法科学和精确，但较繁琐。由于现代计算技术已很发达，繁琐的问题就很容易解决了。

加拿大 J. G. 皮西和 W. G. 达文波特根据法国钢铁研究院 A. 里斯特（Rist）教授创立

的操作线图原理，开发出另一种联合计算法。

两种方法的基本原则是相类似的，即在物料平衡和热平衡的基础上列出联立方程式，并解联立方程式。两种方法的进一步发展是计算冶炼条件和参数变动对高炉炼铁的焦比、产量的影响。应当指出，J. G. 皮西和 W. G. 达文波特联合计算法主要应用于生产高炉计算，分析各种因素对焦比的影响；对于设计高炉来说则用得较少，因为这种方法没有配料计算所要解决的矿石消耗和熔剂消耗的方程式，所以无法解决矿石消耗量和熔剂消耗量的问题。但是作为一种方法，炼铁工作者还是要对其有所了解，或用其来验证设计选定的指标是否最佳。因此，本章简要介绍这两种方法，供工艺设计者参考。

7.2.1 A. H. 拉姆联合计算法[1,3]

7.2.1.1 物料平衡和热平衡方程式

本计算法是在所有的物料平衡方程式中，以焦炭消耗量作为未知数；而在热平衡方程式中，以矿石、熔剂与其他物料的消耗量作为未知数。

在最复杂的配料中，根据冶炼及产品成分的要求，可列出以下平衡方程式。

A　铁平衡方程式

铁平衡方程式为：

$$Ke_K + Pe_P + Xe_X + Ye_Y + \cdots + \Phi e_\Phi + Me_M = 1$$

或简化概括为：

$$\sum (me_m) + Me_M = 1 \tag{7-1}$$

B　生铁中元素平衡方程式

根据生铁中某元素要求的含量或某元素的平衡，例如［Mn］、［P］等的平衡方程式可以写成：

$$\sum (m\overline{X}_m) + M\overline{X}_M = 0 \tag{7-2}$$

C　炉渣碱度平衡方程式

炉渣碱度或造渣氧化物的平衡方程式为：

$$\sum (m\overline{RO}_m) + M\overline{RO}_M = 0 \tag{7-3}$$

D　炉渣中氧化物平衡方程式

根据炉渣中某一造渣氧化物含量或渣中某氧化物的平衡，例如（MgO）、（Al$_2$O$_3$）等的平衡方程式可以写成：

$$\sum (m\overline{Y}_m) + M\overline{Y}_M = 0 \tag{7-4}$$

E　热平衡方程式

冶炼每吨生铁的热平衡方程式为：

$$\sum (m\bar{q}_m) + M\bar{q}_M = 0 \tag{7-5}$$

式中　m, M——分别为冶炼单位生铁时炉料（焦炭、矿石、X 矿、Y 矿、熔剂）的消耗量和喷吹煤粉的消耗量，t/t 或 kg/kg，$m = K, P, X, Y, \Phi$；

e_m, e_M——分别为 1kg 炉料和煤粉的理论出铁量，kg/kg；

$\overline{X}_m, \overline{X}_M$——分别为生铁中该元素含量达到给定值时，各配料用炉料和煤粉中该元素的多余量或不足量，kg/kg；

$\overline{RO}_m, \overline{RO}_M$——分别为在要求的炉渣碱度下，各配料用炉料和煤粉中该造渣碱性氧化物的多余量或不足量，kg/kg；

$\overline{Y}_m$，$\overline{Y}_M$——分别为炉渣中该氧化物含量达到规定值时，各配料用炉料和煤粉中该氧化物的多余量或不足量，kg/kg；

$\overline{q}_m$，$\overline{q}_M$——分别为炉料和煤粉的热当量或热量系数。

热当量或热量系数的含义是：1kg 物料在高炉内除了满足本身经受全部物理和化学变化所消耗的热量以外，能给出或所需要的热量，单位为 kJ/kg。对于焦炭和喷吹煤粉来说，表示它们在炉内能提供冶炼的净热量；对于矿石、熔剂等来说，则是它们需求的折算热消耗量。

对以上各物理量，A. H. 拉姆教授称其为炉料和喷吹燃料的物料特性。

7.2.1.2 炉料和喷吹燃料物料特性的确定

在列出具体冶炼条件下的联立方程式时，需要算出各配料用炉料和喷吹煤粉的物料特性。根据给定的冶炼条件，可以按下列各方程式计算。

A 理论出铁量

理论出铁量即冶炼中每千克物料产生的生铁量（kg/kg）：

$$e = \frac{Fe\eta_{Fe} + Mn\eta_{Mn} + P\eta_P + \cdots}{1.0 - [C] - [Si] - [Ti] - [S]} \tag{7-6}$$

式中 Fe，Mn，P，…——相应元素在物料中的含量，这些元素进入生铁的数量主要取决于它们在炉料中的含量；

η_{Fe}，η_{Mn}，η_P，…——相应元素的回收率，各元素的回收率取决于还原反应的热力学和冶炼条件；

[C]，[Si]，[Ti]，[S]——相应元素在生铁中的含量，这些元素的含量可以在冶炼过程中控制。

B 理论出渣量

理论出渣量即冶炼中每千克物料产生的渣量（kg/kg）：

$$u = SiO_2 + Al_2O_3 + TiO_2 + MgO + CaO + 1.29\mu_{Mn}Mn + 1.286\mu_{Fe}Fe + \cdots +$$
$$0.5(1 - \lambda_S)S - e(2.14[Si] + 1.67[Ti] + 0.5[S]) \tag{7-7}$$

式中 SiO_2，Al_2O_3，…——相应氧化物和元素在该物料中的含量，kg/kg；

e——理论出铁量，按式（7-6）算出；

μ——元素以氧化物进入炉渣比例；

λ_S——炉料中硫进入煤气的比例；

系数——$1.29 = \frac{MnO}{Mn} = \frac{71}{55}$，$1.286 = \frac{FeO}{Fe} = \frac{72}{56}$，$2.14 = \frac{SiO_2}{Si} = \frac{60}{28}$，$1.67 =$

$\frac{TiO_2}{Ti} = \frac{80}{48}$；

0.5——从 CaO 形成 CaS 时进入煤气中的氧量，等于 S 量的一半。

C 自由碱性氧化物量 $\overline{RO}$

由于计算中选定的炉渣碱度不同，自由碱性氧化物量 $\overline{RO}$ 的计算是有差别的。

按规定的 $R = (CaO)/(SiO_2)$ 计算：

$$\overline{RO} = CaO - R(SiO_2 - 2.14e[Si]) \tag{7-8a}$$

按规定的 $R = \frac{(CaO) + (MgO)}{(SiO_2)}$ 计算：

$$\overline{RO} = CaO + MgO - R(SiO_2 - 2.14e[Si]) \tag{7-8b}$$

按给定的渣中含量(CaO) + (MgO)计算:

$$\overline{RO} = CaO + MgO - u((CaO) + (MgO)) \tag{7-9}$$

D $\overline{X}$, $\overline{Y}$

如果配料计算规定了生铁中某种元素的含量或炉渣中某些氧化物的含量,则有必要进行特性 $\overline{X}$ 和 $\overline{Y}$ 的计算。

(1)相应元素的多余量或不足量(kg/kg):

$$\overline{Mn} = Mn\eta_{Mn} - e[Mn] \tag{7-10}$$

$$\overline{P} = P\eta_P - e[P] \tag{7-11}$$

(2)相应氧化物的多余量或不足量(kg/kg):

$$\overline{MgO} = MgO - u(MgO) \tag{7-12}$$

$$\overline{Al_2O_3} = Al_2O_3 - u(Al_2O_3) \tag{7-13}$$

E 热当量

如前所述,热当量是高炉配料中各组分,在冶炼过程中满足自身经受全部物理和化学变化所消耗的热量以后,能够给出的或需要提供的热量。对于焦炭和煤粉来说,它们所含的碳氧化放出大量的热,而自身的灰分造渣和脱硫消耗热量并不多,所以它们的热当量 $\overline{q}_m$ 是正数,其多余热量提供给矿石等。而矿石和熔剂不含可燃烧放热的碳(在极少情况下,由于烧结过程未控制好,烧结矿中有时含有少量残碳,这是例外),而其氧化物还原、脉石造渣等消耗大量的热,因此其热当量 $\overline{q}_m$ 是负数,需要其他物料(焦炭和煤粉)提供热量。

A. H. 拉姆教授创立此联合计算法时,是通过冶炼过程的全炉热平衡推导出热当量 $\overline{q}$ 的计算式。随着高炉炼铁工艺理论及技术的发展,人们已认识到决定高炉燃料比的是高炉下部高温区的热量消耗,所以热当量按高温区热平衡计算更趋合理。为了更清楚地理解热当量这个物料特性,现对两种计算分别进行介绍。

a 按高炉全炉热平衡计算热当量 $\overline{q}$

按传统的依据盖斯定律编制的热平衡进行高炉热平衡计算,这种热平衡表达形式如下。

(1)热收入项:

1)风口前焦炭中的碳燃烧成 CO 产生的热量, $q_1 = W_C C_\phi$;

2)风口前喷吹煤粉燃烧成 CO 和 H_2 产生的热量, $q_2 = W_M M$;

3)炉料带入的物理热, $q_3 = \Sigma i_m m$;

4)热风的焓(扣除风中水分分解耗热), $q_4 = i_B V_B$;

5)直接还原中碳氧化成 CO 的热效应, $q_5 = W_C C_d$;

6)间接还原中 CO 和 H_2 氧化成 CO_2 和 H_2O 的热效应, $q_6 = W_{CO}^{\bullet} CO_i + W_{H_2}^{\bullet} H_{2i}$。

---

❶ 这里 $W_{CO} = 12645 kJ/m^3$ (3020kcal/m^3), $W_{H_2} = 10800 kJ/m^3$ (2580kcal/m^3)。

全部热收入：$$Q = q_1 + q_2 + \cdots + q_6$$

（2）热支出项：

1）有效热消耗 Q_0'，它由氧化物、硫化物、碳酸盐、结晶水分解耗热，炉料水分蒸发耗热，铁水的焓、炉渣的焓（扣除成渣热）等组成；

2）炉顶煤气带走的热 Q_g；

3）热损失 Z。

为计算方便，常将风口前焦炭或煤粉中 1kg 碳燃烧成 CO 放出的热量换算成放出的净热量，以 q_C 表示。它既包括碳燃烧成 CO 时的放热 9800kJ/kg，又包括燃烧用热风带入热量（扣除其中水分分解耗热）$v_B c_B t_B - 10800 v_B \varphi$，并减去煤气从炉内带离高炉的热量 $v_{Tg} c_g t_{Tg}$ 以及热损失 Z，这样 q_C 可以写成：

$$q_C = (1 - Z)(9800 + v_B c_B t_B - 10800 v_B \varphi - v_g c_g t_g) \tag{7-14}$$

式中　9800——1kg 焦炭中碳在风口前燃烧成 CO 的放热量（认为焦炭中碳 50% 为石墨，50% 为无定形碳），kJ/kg；

　　　v_B——燃烧 1kgC 消耗的风量，m^3/kg；

　　　φ——大气湿度（体积分数）；

　　　v_g——燃烧 1kgC 形成的煤气量，m^3/kg；

　　　t_B, t_g——分别为热风温度和炉顶煤气温度，℃；

　　　c_B, c_g——分别为热风的平均比热容和煤气的平均比热容，kJ/($m^3 \cdot$ ℃）；

　　　10800——水分分解耗热，kJ/m^3；

　　　Z——热损失，即占循环区产生的 q_C 的比例，以小数表示，生产数据统计的 Z 值范围，炼钢生铁为 0.08 ~ 0.12，铸造生铁为 0.10 ~ 0.14，且高温区热损失占总热损失的 70% ~ 80%。

当采用大气鼓风时　　　$$v_B = \frac{0.9333}{0.21 + 0.29\varphi}$$

当采用富氧鼓风时　　　$$v_B = \frac{0.9333}{(0.21 + 0.29\varphi)(1 - \omega) + \omega O_2} \tag{7-14a}$$

式中　0.9333——燃烧 1kgC 消耗的氧量 m^3/kg；

　　　ω——用氧量（体积分数）；

　　　O_2——工业氧中含氧量（体积分数）。

$$v_g = CO + H_2 + N_2 = 1.8667 + v_B(1 - \omega)\varphi + v_B N_{2B} \tag{7-14b}$$

$$N_{2B} = 0.79(1 - \varphi)(1 - \omega) + \omega N_2$$

式中　N_2——工业氧中含氮量（体积分数）。

喷吹煤粉时，煤粉中 1kgC 燃烧放出的净热量与式(7-14)稍有差别：其一是煤粉燃烧时分解要消耗热量，因此 C 氧化成 CO 的放热量扣除分解热后为 8400 ~ 9400kJ/kg（低值为高挥发分烟煤，高值为低挥发分无烟煤）；其二是煤粉本身含有 O_2、H_2 和 N_2，这样燃烧 1kgC 消耗的风量要少一些，而产生的煤气量则要略大些。它们的计算式分别为：

当采用大气鼓风时　　　$$v_{BM} = \frac{0.9333 - (O_M / C_M) \times 22.4/32}{0.21 + 0.29\varphi}$$

当采用富氧鼓风时 $\quad v_{BM} = \dfrac{0.9333 - (O_M/C_M) \times 22.4/32}{(0.21 + 0.29\varphi)(1 - \omega) + \omega O_2}$ (7-15a)

$$v_{gM} = 1.8667 + (11.2H_M + 1.244W_M) + 0.8N_M + v_{BM}[(1 - \omega)\varphi + 0.79(1 - \omega)(1 - \varphi)]$$

这样煤粉中 $1kgC$ 燃烧放出的净热量 q_{CM} 为:

$$q_{CM} = (1 - Z)((8400 \sim 9400) + v_{BM}c_B t_B - 10800v_{BM}\varphi - v_{gM}c_g t_g)$$ (7-15b)

对直接还原中 C 氧化成 CO 的热效应以及间接还原中 CO 和 H_2 氧化成 CO_2 和 H_2O 的热效应做同样处理,得出:

$$q_{Cd} = 9800 - 1.8667c_{CO}t_g \quad (kJ/kgC)$$ (7-16)

$$q_{COi} = 23610 - 1.8667(c_{CO_2} - c_{CO})t_g \quad (kJ/m^3CO)$$ (7-17)

$$q_{H_2i} = 121020 - 11.2(c_{H_2O} - c_{H_2})t_g \quad (kJ/m^3H_2)$$ (7-18)

这样,热平衡的表达式为:

$$C_\phi q_C + M(C)_M q_{CM} + C_d q_{Cd} + CO_i q_{COi} + H_{2i} q_{H_2i} - Q_0' - q_0' = 0$$ (7-19)

式中,q_0' 为炉料放出气体进入炉顶煤气后带走的热量,一般包括炉料中的水分和结晶水分解产生的水蒸气、碳酸盐($FeCO_3$、$MnCO_3$、$MgCO_3$ 和少部分 $CaCO_3$)分解产生的 CO_2 等。

C_d 为直接还原消耗碳量。它由 Fe 直接还原、少量元素直接还原、脱硫和石灰石分解出的 CO_2 在高温区与 C 反应等消耗的碳量组成,可通过这些反应中夺取的氧量折算出来:

$$C_d = \frac{12}{16}O_d$$ (7-20)

$$O_d = 0.2865\eta_{Fe}Fe_{rd} + 0.2913\eta_{Mn}Mn + 0.491\eta_V V + 0.461\eta_{Cr}Cr + 1.29\eta_P P + 1.14e[Si] +$$

$$0.668e[Ti] + 0.5[(1 - \lambda_S)S - e[S]] + 1.5(1 - \lambda_S)SO_3 + 0.3636\psi_{CO_2}CO_{2CaO}$$

(7-20a)

CO_i 和 H_{2i} 是间接还原消耗的 CO 和 H_2 量,也就是间接还原生成的 CO_2 和 H_2O 量。它由高价氧化物还原到 FeO 和 MnO、部分 FeO 还原到 Fe 以及易还原元素氧化物还原等组成。在间接还原中,既有 CO 也有 H_2 参与还原,其分配一般按炉内 η_{CO} 和 η_{H_2} 的比值计算,常采用 $\eta_{CO} = \eta_{H_2}$。参与间接还原的 H_2 量取决于燃料带入的 H_2 量和鼓风中水分含量。在采用大气鼓风和不喷吹含 H_2 高的燃料时,参与还原的 H_2 量占 $H_2 + CO$ 总量的 $5\% \sim 10\%$;而喷吹含 H_2 高的燃料(例如重油、天然气和高挥发分的长焰烟煤)时,此值要大一些,可达 25%。例如俄罗斯大量喷吹天然气时,此值可达 40% 以上。这个量用 α 表示,在计算出间接还原夺取的氧量后,即可算出 CO_i 和 H_{2i}。间接还原夺取的氧量为:

$$O_i = 0.1432Fe^{3+} + 0.2913Mn_{MnO_2} + 0.314V_{V_2O_5} + 0.272\eta_{Ni}Ni +$$

$$0.252\eta_{Cu}Cu + 0.2865(1 - r_d)\eta_{Fe}Fe$$ (7-21)

$$CO_i = \frac{22.4}{16}\alpha O_i = 1.4\alpha O_i$$ (7-22)

$$H_{2i} = CO_i \frac{1 - \alpha}{\alpha}$$ (7-23)

C_ϕ 可由各种炉料组分带入的碳量 C_m 扣除直接还原耗碳量和进入生铁的碳量后算得，即：

$$C_\phi = C_m - C_d - e[C] \tag{7-24}$$

按全炉热平衡计算的炉料和喷吹煤粉的热当量表达式为：

对于炉料（焦炭、矿石、熔剂等）

$$\bar{q}_m = C_{\phi m} q_C + C_{dm} q_{Cd} + CO_{im} q_{COi} + H_{2im} q_{H_2i} - Q'_{0m} - q'_{0m} \tag{7-25}$$

对于喷吹煤粉

$$\bar{q}_M = q_{CM} + C_{dM} q_{Cd} - Q'_{0M} \tag{7-26}$$

比较式（7-25）和式（7-26）可以看出，计算喷吹煤粉热当量的公式简单得多。这是因为煤粉从风口喷入高炉，灰分中的氧化物只能直接还原，因此 CO_{iM} 和 H_{2iM} 两项都等于零；而煤粉分解出的水分和挥发分在风口前参与了燃烧反应，所以 q'_{0M} 等于零。

b　按高温区热平衡计算热当量 $\bar{q}$

高炉是个逆流式的反应器和热交换器，从还原热力学和高炉内竖炉热交换规律分析，只要高炉下部产生的 CO 能保证使 FeO 还原到 Fe，则还原后产生的煤气组成完全能保证使 Fe_3O_4 还原到 FeO；同样，只要热量能满足下部的热消耗，则煤气带走到上部的热量就完全能满足高炉上部冶炼的热消耗，所以用高温区热平衡计算 $\bar{q}$ 完全可能，而且是最简便的。因为高温区内也没有间接还原，所以按高温区热平衡计算 $\bar{q}$ 就如同式（7-26）那样：

对于炉料 $\quad\quad\quad\quad\quad \bar{q}_m = C_{\phi m} q_{C_{HT}} + C_{dm} q_{Cd_{HT}} - Q'_{0m} \tag{7-27}$

对于煤粉 $\quad\quad\quad\quad\quad \bar{q}_M = q_{M_{HT}} + C_{dM} q_{Cd_{HT}} - Q'_{0M} \tag{7-28}$

虽然表达式简单了，但高温区的 $q_{C_{HT}}$、$q_{Cd_{HT}}$、Q'_0 与全炉热平衡却有差别。

首先，$q_{C_{HT}}$ 与 $q_{Cd_{HT}}$ 的差别产生于 c_g 和 t_g。在全炉热平衡中，c_g 是炉顶温度下的平均比热容，t_g 是炉顶煤气温度；而在高温区热平衡中，c_g 是高温区边界处煤气温度下的平均比热容，t_g 是边界处的煤气温度，一般高温区的边界条件选为 $t_g = 1000\text{℃}$，$t_m = 950\text{℃}$。

c　有效热消耗 Q'_0 的计算

为便于读者理解和应用计算，将计算 $\bar{q}_m$ 和 $\bar{q}_M$ 中的重要项 Q'_0 介绍如下：

（1）全炉热平衡的有效热消耗。它由以下几部分组成：铁氧化物和锰氧化物分解到 FeO 和 MnO 以及易还原元素 Ni、Cu 等氧化物分解的热效应 q'_{1-a}，FeO 分解到金属 Fe 的热效应 q'_{1-b}，能还原进入生铁的少量元素氧化物的分解热效应 q'_{1-c}；结晶水碳酸盐分解热效应 q'_2；水分蒸发热效应 q'_3；铁水的焓 q'_4；炉渣的焓 q'_5；一般还将成渣热 q'_6 和炉料带入炉内的热 q'_7 在这里扣除。这些项目的计算分别为：

$$q'_{1-a} = 2520 Fe^{3+} + 460 Fe^{2+} + (2462 Mn_{MnO_2} - 1407\lambda_{Mn} Mn) + 4103\eta_{Ni} Ni +$$

$$3182 V_{V_2O_5} + 1465 Fe_{FeS} + 13440\psi_{H_2O} H_2O_{Ch} \tag{7-29a}$$

$$q'_{1-b} = 4840(FeO - \mu_{Fe} Fe) \tag{7-29b}$$

$$q'_{1-c} = 7013\eta_{Mn} Mn + 1717(Fe_{FeS_2} + Fe_{FeS}) + 12080\eta_V V + 10870\eta_{Cr} Cr +$$

$$36080\eta_P P + 30105 e[Si] + 19170 e[Ti] + 5485[(1 - \lambda_S)S -$$

$$e[S]] + 24920(1 - \lambda_S)S_{CaSO_4} + 6440\psi_{CO_2}CO_{2CaO} \tag{7-39c}$$

$$q'_1 = q'_{1-a} + q'_{1-b} + q'_{1-c} \tag{7-30}$$

$$q'_2 = 2450H_2O_{Ch} + 4040CO_{2CaO} + 2303CO_{2MgO} + 2650CO_{2MnO} + 1331CO_{2FeO} \tag{7-31}$$

$$q'_3 = 2450(H_2O_{Ph} + H_2O_{Ch}) \tag{7-32}$$

$$q'_4 = eQ_e \tag{7-33}$$

$$q'_5 = uQ_u \tag{7-34}$$

$$q'_6 = 1440CO_{2CaO} + 1030CO_{2MgO} + 1340P_2O_{5CaO} \tag{7-35}$$

$$q'_7 = 1c_m t_m \tag{7-36}$$

全炉热平衡的有效热量消耗为:

$$Q'_0 = q'_1 + q'_2 + q'_3 + q'_4 + q'_5 - q'_6 - q'_7 \tag{7-37}$$

(2) 高温区热平衡的有效热消耗。高温区热平衡的有效热消耗可以用两种方法计算。一种仍以盖斯定律为基础,它由 FeO 和难还原氧化物分解到元素的热效应 q'_{1HT}、进入高温区分解石灰石的热效应 q'_{2HT}、铁水的焓 q'_{3HT}、炉渣的焓 q'_{4HT},扣除成渣热 q'_{5HT} 和炉料由中温区进入高温区时带入的热量 q'_{6HT} 组成。这种算法各项 q' 的算式如下:

$$q'_{1HT} = q'_{1-b} + q'_{1-c} = 4840(FeO - \mu Fe) + 7013\eta_{Mn}Mn + 1717(Fe_{FeS_2} + Fe_{FeS}) + 12080\eta_V V +$$
$$10870\eta_{Cr}Cr + 36080\eta_P P + 30150e[Si] + 19170e[Ti] + 5485[(1 - \lambda_S)S - e[S]] +$$
$$24920(1 - \lambda_S)S_{CaSO_4} + 6440\psi_{CO_2}CO_{2CaO} \tag{7-38}$$

$$q'_{2HT} = 4040\psi_{CO_2}CO_{2CaO} \tag{7-39}$$

$$q'_{3HT} = q'_4 = eQ_e \tag{7-34}$$

$$q'_{4HT} = q'_5 = uQ_u \tag{7-35}$$

$$q'_{5HT} = q'_6 = 1440CO_{2CaO} + 1030CO_{2MgO} + 1340P_2O_{5CaO} \tag{7-36}$$

q'_{6HT} 可以按物料中元素或氧化物含量与它们在 950℃ 时的焓的乘积之总和计算,也可按各物料总体在 950℃ 时的焓计算,即:

$$q'_{6HT} = 1702(C + S) + 965Fe + 884Mn + 1065Cr + 1207V + 838TiO_2 +$$
$$1044(SiO_2 + Al_2O_3) + 860CaO + 1076MgO + 1324CO_{2CaO} \tag{7-40}$$

或
$$q'_{6HTcoke} = 1432 \quad (kJ/kg 焦) \tag{7-41}$$

$$q'_{6HTore} = (0.75 \sim 0.80) \times 930 \quad (kJ/kg 矿) \tag{7-42}$$

式中,0.75 ~ 0.80 是考虑矿石在中温区间接还原失去部分氧的系数,它与矿石的氧化程度和间接还原发展程度有关,本式中采用的系数是以使用烧结矿为主和 r_d 在 0.4 ~ 0.5 范围内的统计数。

$$q'_{6HTS} = (0.8 \sim 0.9) \times 930 \quad (kJ/kg 石灰石) \tag{7-43}$$

式中,0.8 ~ 0.9 是考虑石灰石约有 25% 在中温区分解失去部分 CO_2 的系数,失去的 CO_2 占石灰石量的 10% ~ 20%。

另一种高温区热平衡的有效热消耗是按高温区实际发生的反应热效应计算,它由铁和少量元素直接还原耗热 q'_{1HT}、脱硫耗热 q'_{2HT}、部分进入高温区的石灰石分解耗热 q'_{3HT}、铁水的焓 q'_{4HT}、炉渣的焓 q'_{5HT},扣除成渣热 q'_{6HT} 和炉料带入高温区的热量 q'_{7HT} 组成。但是按这种方法计算 Q'_0 时,热收入项也要相应变动,要将直接还原反应中 C 氧化成 CO 的放热去掉,即去掉 $C_{dm}q_{Cd_{HT}}$ 项,而使式 (7-27) 和式 (7-28) 变成:

$$\overline{q}_m = C_{\phi m} q_{C_{HT}} - Q'_{0m_{HT}} \tag{7-44}$$

$$\overline{q}_M = q_{M_{HT}} - Q'_{0M_{HT}} \tag{7-45}$$

这种算法中的 $q'_{1_{HT}}$、$q'_{2_{HT}}$ 分别为：

$$q'_{1_{HT}} = 2890[Fe]r_d + 22960[Si] + 4880[Mn] + 26520[P] + \cdots \tag{7-46}$$

$$q'_{2_{HT}} = 4650u(S) \tag{7-47}$$

其余 $q'_{3_{HT}}$、$q'_{4_{HT}}$、$q'_{5_{HT}}$、$q'_{6_{HT}}$ 和 $q'_{7_{HT}}$ 与式(7-33)～式(7-35)、式(7-41)～式(7-43)和式(7-36)完全相同。

7.2.1.3 物料的单位消耗量

按式(7-6)～式(7-43)中相关计算式，计算出配料中各组分和喷吹煤粉的物料特性 e、u、$\overline{X}$、$\overline{Y}$ 和 $\overline{q}$ 后，就可根据配料中物料的品种和冶炼要求列出式(7-1)～式(7-5)，然后联立求解，得出各组分的单耗。

最简单的配料是由焦炭、矿石和熔剂三者组成，喷吹煤粉量给定时的方程式只有三个：

铁平衡方程 $Ke_K + Pe_P + \Phi e_\Phi + Me_M = 1 \tag{7-48}$

造渣氧化物平衡方程 $K\overline{RO}_K + P\overline{RO}_P + \Phi\overline{RO}_\Phi + M\overline{RO}_M = 0 \tag{7-49}$

热平衡方程 $K\overline{q}_K + P\overline{q}_P + \Phi\overline{q}_\Phi + M\overline{q}_M = 0 \tag{7-50}$

在现代高炉上，配料中已完全不用熔剂，而是采用高碱度烧结矿 P_1 与酸性料 P_2（球团矿或富块矿）搭配的炉料结构。这时通过造渣氧化物平衡求解熔剂量（Φ）的方程式，用酸性料和高碱度烧结矿代替以确定它们的配比，由此三个平衡方程变为：

铁平衡方程 $Ke_K + P_1e_{P_1} + P_2e_{P_2} + Me_M = 1 \tag{7-48}$

造渣氧化物平衡方程 $K\overline{RO}_K + P_1\overline{RO}_{P_1} + P_2\overline{RO}_{P_2} + M\overline{RO}_M = 0 \tag{7-49}$

热平衡方程 $K\overline{q}_K + P_1\overline{q}_{P_1} + P_2\overline{q}_{P_2} + M\overline{q}_M = 0 \tag{7-50}$

如果将高碱度烧结矿 P_1 和酸性料 P_2 按规定的炉料结构换算成混合矿 P，则式(7-48)、式(7-50)改为：

$$Ke_K + Pe_P + Me_M = 1.0 \tag{7-51}$$

$$K\overline{q}_K + P\overline{q}_P + M\overline{q}_M = 0 \tag{7-52}$$

一般吨铁喷煤量是给定的，所以 M 为已知数，式(7-48)～式(7-50)中的三个未知数为 K、P_1、P_2，式(7-51)、式(7-52)中的两个未知数为 K 和 P。联立求解就可得出焦比、矿比或烧结矿比和球团矿比（或富块矿比）。

7.2.1.4 生铁成分校核与渣量和炉渣成分计算

A 生铁成分校核

在求得配料中各组分的消耗量后，一般应按元素的分配率校核生铁成分。其中 [Si]、[Ti]、[S] 等在高炉生产中是由操作制度控制的，可按设计要求的含量计入生铁成分，其他如 [P]、[Mn]、[V] 等则按元素分配率校核。

$$[P] = \sum mP_m \tag{7-53}$$

$$[Mn] = \sum m Mn_m \eta_{Mn} \tag{7-54}$$

$$[V] = \sum m V_m \eta_V \tag{7-55}$$

$$[Fe] = \sum m Fe_m \eta_{Fe} \tag{7-56}$$

$$[C] = 100 - [Fe] - [Mn] - [P] - [V] - [Si] - [Ti] - [S] \tag{7-57}$$

B 渣量和炉渣成分计算

渣量可直接按物料消耗量与该物料理论出渣量的乘积的总和计算,即:

$$u = \sum m u_m \tag{7-58}$$

也可以先算出炉渣中各组分的量,即:

$$(SiO_2) = \sum m(SiO_{2m} - 2.14 e_m[Si]) \tag{7-59}$$

$$(CaO) = \sum m CaO_m \tag{7-60}$$

$$(MgO) = \sum m MgO_m \tag{7-61}$$

$$(Al_2O_3) = \sum m Al_2O_{3m} \tag{7-62}$$

$$(MnO) = [Mn] \times \frac{71}{55} \times \frac{1 - \eta_{Mn}}{\eta_{Mn}} \tag{7-63}$$

$$(FeO) = [Fe] \times \frac{72}{56} \times \frac{1 - \eta_{Fe}}{\eta_{Fe}} \tag{7-64}$$

$$\frac{1}{2}(S) = (\sum m S_m(1 - \lambda_S) - e_m[S])/2 \tag{7-65}$$

将上述各量加和的总量即为渣量,而将各氧化物量除以渣量即为它们在炉渣中的含量(即炉渣成分)。得出炉渣成分后,校核其碱度是否与要求相符,同时选用一种或几种脱硫能力计算方法来验算炉渣的脱硫能力。脱硫能力的计算方法有 A. H. 拉姆经验式、B. R. 沃斯柯博依尼科夫经验式、硫容量 C_S 计算式等。

a A. H. 拉姆经验式

A. H. 拉姆教授通过研究提出,为使渣中硫含量达到 1.0% 以上,生铁含 S 0.03%,炉渣中碱性氧化物之和要达到或超过:

$$(RO) = 50 - 0.25(Al_2O_3) + 3(S) - \frac{0.3[Si] + 30[S]}{u}$$

先将物料平衡计算获得的生铁和炉渣成分中的 $[Si]$、$[S]$ 和 (Al_2O_3)、(S) 以及渣量 u 代入,得到脱硫要求的 (RO);然后根据炉渣成分计算出 $\sum(RO)$;再根据经验式计算得到的 (RO) 大于炉渣中 $\sum(RO)$,说明所得炉渣能保证脱硫。

例如,某设计高炉要求的生铁成分为:$[\%Si] = 0.4\%$,$[\%S] = 0.03\%$,$[\%Mn] = 0.24\%$,$[\%C] = 4.96\%$;计算所得的炉渣成分为:$(\%SiO_2) = 34.02\%$,$(\%CaO) = 39.12\%$,$(\%Al_2O_3) = 15.43\%$,$(\%MgO) = 9.01\%$,$(\%FeO) = 1.15\%$,$(\%MnO) = 0.41\%$,$(\%S) = 1.2\%$;渣量为 267kg/t。将上述数据代入 A. H. 拉姆经验式得出$(\%RO) =$

45.92%，而炉渣中的 $\Sigma(\% RO) = 49.68\%$（$\Sigma(RO) = 49.68$），炉渣中实际（RO）大于经验式所要求的（RO），所以能保证脱硫。

b B. R. 沃斯柯博依尼科夫经验式

B. R. 沃斯柯博依尼科夫通过实验研究总结出炉渣温度为 1450℃ 时，硫在铁水和炉渣中的分配系数 L_S^{1450} 的表达式：

$$L_S^{1450} = 98X^2 - 160X + 72 - (0.6(Al_2O_3) - 0.012(Al_2O_3)^2 - 4.032)X^4$$

式中，$X = ((CaO) + (MgO) + (MnO))/(SiO_2)$；$(CaO)$、$(MgO)$、$(MnO)$、$(SiO_2)$、$(Al_2O_3)$ 分别为炉渣中该氧化物的质量百分数。

为计算其他渣温下硫的分配系数，B. R. 沃斯柯博依尼科夫又提出温度系数 η：

$$\eta = 2.7 \times 0.01t - 0.67 \times 0.01t^2 - 24.063$$

实际温度为 t 时

$$L_S^t = \eta L_S^{1450}$$

例如，上述例子的 $X = ((CaO) + (MgO) + (MnO))/(SiO_2) = 1.43$，$L_S^{1450} = 33.22$。生产中炉渣温度维持在 1550℃，$\eta = 1.69$，则 $L_S^{1550} = \eta L_S^{1450} = 1.69 \times 33.22 = 56.14$。

计算结果表明，该设计高炉的硫分配系数可达到 56.14，该炉渣能保证生铁硫含量低于 0.03%。

c 硫容量 C_S 计算式

硫容量是指熔渣容纳或吸收硫的能力，在高炉炼铁中，硫容量是指炉渣溶解铁液中硫的能力。研究者们通过研究总结出硫容量 C_S 的一些经验式。本例中采用黄希祜编的《钢铁冶金原理》（第 4 版）一书中利用熔渣碱度求硫容量的方法，并用求得的 C_S 计算出硫的分配比 L_S。

（1）根据炉渣成分计算出渣中 SiO_2、CaO、MgO、Al_2O_3 的摩尔分数 x，见表 7-1。

表 7-1 渣中各氧化物的摩尔分数

组　分	SiO_2	CaO	MgO	Al_2O_3
n/mol	0.567	0.699	0.225	0.151
x	0.345	0.426	0.137	0.092

（2）按最简单的 C_S 与碱度的关系式求 C_S：

$$\lg C_S = -5.57 + 1.39R$$

式中，碱度 R 的表达式为：

$$R = \left(x(CaO) + \frac{1}{2}x(MgO)\right) \Big/ \left(x(SiO_2) + \frac{1}{3}x(Al_2O_3)\right)$$

将各组分的 x 代入得 $R = 1.316$，再将 R 值代入 C_S 与碱度 R 的关系式得出 $\lg C_S = -3.7408$，这样 $C_S = 1.815 \times 10^{-4}$。

（3）利用下面公式求 L_S：

$$\lg L_S = \lg C_S - \frac{1}{2}\lg p_{O_2} + \lg f_S - \lg K^{\ominus}_{[S]}$$

根据炉缸内 CO 分压为 $1.5 \times 10^5 Pa$，算出 $\frac{1}{2}\lg p_{O_2} = -7.62$。

根据生铁成分算出 $\lg f_S$:

$$\lg f_S = -0.028[S] + 0.063[Si] - 0.026[Mn] + 0.11[C]$$

由于 0.028×0.03 的值很小，可忽略不计，这样 $\lg f_S = 0.56$。

根据 $\lg K_{[S]}^{\ominus}$ 与温度的关系式：

$$\lg K_{[S]}^{\ominus} = \frac{7054}{T} - 1.224$$

由 $T = 1550 + 273 = 1823K$，算得 $\lg K_{[S]}^{\ominus} = 2.645$。

这样

$$\lg L_S = \lg \frac{(S)}{[S]} = -3.7408 + 7.62 + 0.56 - 2.645 = 1.7942$$

$$L_S = \frac{(S)}{[S]} = 62.26$$

计算结果表明，该炉渣有足够的溶解铁液中硫的能力，L_S 相当大，可保证铁水硫含量低于 0.03%。

以上计算是将风口前燃烧的喷吹煤粉中的碳量计入 C_ϕ 中，如果将其单列出来，则风量 V_ϕ 按下式计算：

$$V_\phi = KC_{\phi K}v_{BK} + MC_{\phi M}v_{BM}$$

式中　$C_{\phi K}$——在风口前燃烧的焦炭中的碳量，$C_{\phi K} = C_K n_K$，n_K 为焦炭在风口前的燃烧率；

$C_{\phi M}$——在风口前燃烧的煤粉中的碳量，$C_{\phi M} = C_M n_M$，n_M 为煤粉在风口前的燃烧率；

v_{BK}——风口前燃烧 1kg 焦炭中碳消耗的风量，其值与 v_B 相同；

v_{BM}——风口前燃烧 1kg 煤粉中碳消耗的风量，见式 (7-15a)。

7.2.1.5　风量和煤气量计算

A　风量的计算

风量可按下式计算：

$$V_\phi = C_\phi v_B \tag{7-66}$$

而

$$C_\phi = C_m - C_d - e[C] = \Sigma(C_m - C_{dm} - e_m[C])$$

也可采用在计算热当量时算得的 $C_{\phi m}$ 求 C_ϕ：

$$C_\phi = \Sigma m C_{\phi m} \tag{7-67}$$

燃烧 1kg 碳消耗的风量 v_B 见式 (7-14a)，即在大气鼓风时，$v_B = \dfrac{0.9333}{0.21 + 0.29\varphi}$；在富氧鼓风时，$v_B = \dfrac{0.9333}{(0.2 + 0.29\varphi)(1 - \omega) + \omega O_2}$。

B　煤气量及其成分计算

高炉炉顶煤气由 CO、CO_2、H_2 和 N_2 组成，经过科学的气相色谱仪分析，炉顶煤气中没有 CH_4。传统的化验方法因受各种因素（吸收液的浓度、化验人员的误差等）限制，未能将煤气中的 CO、CO_2 全部吸收，残余部分当做了 CH_4，计算成分时不应再计算 CH_4。

a　CO_2

煤气中的 CO_2 由间接还原生成的 CO_2、碳酸盐在中温区分解出来的 CO_2 和少量焦炭挥发分分解出来的 CO_2 组成：

$$CO_2 = CO_{2i} + 0.509(CO_{2carb} - \psi_{CO_2}CO_{2CaO}) + 0.509CO_{2KV} \qquad (7\text{-}68)$$

式中　CO_{2i}——间接还原生成的 CO_2 量，其值等于间接还原消耗的 CO_i 量，可通过式 (7-21)、式 (7-22) 算出；

　0.509——换算系数，$0.509 = 22.4/44$；

CO_{2carb}——进入炉内碳酸盐（$FeCO_3$、$MnCO_3$、$MgCO_3$、$CaCO_3$）分解放出的 CO_2 量；

CO_{2CaO}——进入高温区分解的 $CaCO_3$ 放出的 CO_2，它在高温区内与 C 反应转变成 CO 的量；

　ψ_{CO_2}——石灰石进入高温区的分解量占全部石灰石量的比例；

CO_{2KV}——焦炭挥发分放出的 CO_2 量，它由 KCO_{2K} 算出。

b　CO

煤气中的 CO 由风口前碳燃烧形成的 CO、直接还原生成的 CO、石灰石在高温区分解出来的 CO_2 与 C 反应生成的 CO、焦炭挥发分放出的 CO，扣除间接还原消耗的 CO 等项组成：

$$CO = CO_{C_\phi} + \frac{22.4}{12}C_d + \frac{22.4}{44}\psi_{CO_2}CO_{2CaO} + \frac{22.4}{28}KCO_K - CO_i \qquad (7\text{-}69)$$

c　H_2

煤气中的 H_2 由风口前燃烧生成的 H_2（包括风中水分和喷吹煤粉分解等）、有结晶水存在时少量结晶水与 C 反应生成的 H_2、焦炭中的有机 H_2 和挥发分中放出的 H_2，扣除间接还原消耗的 H_2 组成：

$$H_2 = V_\phi\varphi + MH_{2M} + \frac{22.4}{18}\psi_{H_2O}H_2O_{Ch} + \frac{22.4}{2}KH_{2K} - H_{2i} \qquad (7\text{-}70)$$

式中　H_{2i}——间接还原消耗的 H_2 量，可按式 (7-23) 计算；

H_2O_{Ch}——进入高温区分解的结晶水放出的 H_2O 量；

　ψ_{H_2O}——进入高温区分解的结晶水占全部结晶水的比例；

　H_{2K}——焦炭中有机 H_2 和挥发分中 H_2 量，即 $H_{2KO} + H_{2KV}$。

d　N_2

煤气中的 N_2 由风口前燃烧生成的 N_2（包括鼓风中的 N_2 和喷吹燃料中的 N_2）和焦炭中的 N_2（包括有机 N_2 和挥发分中的 N_2）组成：

$$N_2 = V_\phi(1 - \varphi)(1 - \omega) + \frac{22.4}{28}MN_{2M} + \frac{22.4}{28}KN_{2K} \qquad (7\text{-}71)$$

e　煤气量

上述四个组分之和，即：

$$V_g = CO_2 + CO + H_2 + N_2$$

将每个组分除以 V_g，即得煤气中各组分的百分含量（体积分数），即为煤气成分：

$$\%CO_2 = (CO_2/V_g) \times 100\% \qquad (7\text{-}72)$$

$$\%CO = (CO/V_g) \times 100\% \qquad (7\text{-}73)$$

$$\% H_2 = (H_2/V_g) \times 100\% \tag{7-74}$$

$$\% N_2 = (N_2/V_g) \times 100\% \tag{7-75}$$

这里的煤气量是干煤气量，煤气成分是干煤气成分，实际上煤气中含有水分。水分由两部分组成：一是还原生成的 $H_2O_{red} = H_{2i}$；另一部分是焦炭、熔剂、富块矿等带入的水蒸发形成 H_2O_{Ph}，在生产中这些水分测不出来。

7.2.1.6 物料平衡与热平衡

将计算所得各组分的单耗、风量、煤气量和渣量等汇总成物料平衡表。按前面所述方法将热收入和热支出各项算出，然后汇总成全炉热平衡表和高温区热平衡表。

A. H. 拉姆教授的联合计算法比较科学和精确，但如前所述，计算 $\bar{q}$ 是相当繁琐的，不过使用计算机后，计算速度还是很快的，克服了过去计算耗时多、易出错的缺点。联合计算法的框图如图 7-1 和图 7-2 所示。

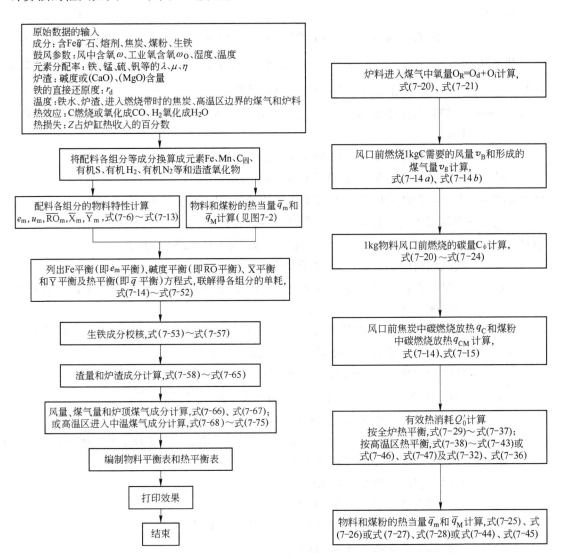

图 7-1 A. H. 拉姆联合计算法框图　　　　图 7-2 物料和煤粉的热当量计算框图

7.2.2 J.G. 皮西和 W.G. 达文波特联合计算法 （P.D.R. 联合计算法）[2]

法国 A. 里斯特及其研究小组，从 20 世纪 60 年代开始研究"高炉过程控制"，于 1964~1966 年陆续发表了他们的研究成果，其中最有影响力的是操作线图。A. 里斯特从高炉内众多复杂的物理化学反应中，突出其主要体系 F-O-C 体系，以 O/Fe 和 O/C 的原子比为单位，采用既简单又能在工程上达到准确度要求的手段，表达出高炉过程的能量消耗及影响焦比诸因素的作用，详见本章 7.4 节。加拿大 J.G. 皮西和 W.G 达文波特教授在这个基础上，利用碳平衡、氧平衡和热平衡三个方程式联立求解的方式，确定冶炼过程的焦比、风量、煤气量等主要冶炼指标。

7.2.2.1 方程组的一般形式

碳平衡：
$$n_C^K + n_C^{CaCO_3} + n_C^I = n_C^A + (C/Fe)^m \tag{7-76}$$

氧平衡：
$$n_O^B + (O/Fe)^x + n_O^I + n_O^f + n_O^{CaCO_3} + n_O^{O_2} = (1 + 0.3\eta)n_C^A + 0.38\eta n_{H_2}^I \tag{7-77}$$

热平衡：
$$D^{wrz} + n^I D^I = S_A + S_B + S_I \tag{7-78}$$

式中　n_C^K——入炉焦炭中的碳量，kg 原子 C/kg 原子 Fe；

$n_C^{CaCO_3}$——入炉碳酸盐中的碳量，主要是熔剂的石灰石中的碳量，kg 原子 C/kg 原子 Fe；

n_C^I——喷吹燃料中的碳量，kg 原子 C/kg 原子 Fe；

n_C^A——反应消耗的碳量，kg 原子 C/kg 原子 Fe；

$(C/Fe)^m$——非反应消耗的碳量，即渗碳消耗的碳量，kg 原子 C/kg 原子 Fe；

n_O^B——干风带入高炉的氧量，kg 原子 O/kg 原子 Fe；

$(O/Fe)^x$——化学热储备带铁氧化物中的氧量，kg 原子 O/kg 原子 Fe；

n_O^I——喷吹燃料中的氧量，kg 原子 O/kg 原子 Fe；

n_O^f——少量元素还原时被夺取的氧量，它由 $2[Si/Fe]^m + [Mn/Fe]^m + 2.5[P/Fe]^m$ 等组成，kg 原子 O/kg 原子 Fe；

$n_O^{CaCO_3}$——入炉碳酸盐，主要是石灰石分解出 CO_2 中的氧量，kg 原子 O/kg 原子 Fe；

$n_O^{O_2}$——鼓风水分中的氧量，kg 原子 O/kg 原子 Fe；

$n_{H_2}^I$——喷吹燃料带入高炉的 H_2 量，kg 分子 H_2/kg 原子 Fe；

η——CO、H_2 间接还原时平衡气相成分中 CO 和 H_2 的利用率；

D^{wrz}——还原过程的总热量消耗，kJ/kg 原子 Fe；

D^I——1kg 喷吹燃料分解为其组分元素时的热量消耗，kJ/kg 分子喷吹燃料；

n^I——喷吹燃料量，kg 分子喷吹燃料/kg 原子 Fe；

S_A——碳反应放出的热量，kJ/kg 原子 Fe；

S_B——热风带入的热量，kJ/kg 原子 Fe；

S_I——喷吹燃料中氢氧化反应时放出的热量，kJ/kg 原子 Fe。

7.2.2.2 方程组中各运算主要项的计算

由于 A. 里斯特创立操作线的单位与常规工业生产上的单位不同，它是以冶炼 1kg 原子铁为基本单位，所有迁移的氧也是以 kg 原子计量，因此在计算时，首先要将输入的原始数据转化为里斯特数模单位，即迁移的氧以 kg 原子 O/kg 原子 Fe 表示，与碳结合的氧以 kg 原子 O/kg 原子 C 表示，消耗的碳以 kg 原子 C/kg 原子 Fe 表示，热量消耗以 kJ/kg 原子 Fe 表示。

A n_C^K

$$n_C^K = \frac{C_K/12}{[Fe] \times 10/56} \quad (\text{kg 原子 C/kg 原子 Fe}) \tag{7-79}$$

式中 C_K——焦炭含 C 量，kg/t；

[Fe]——生铁含 Fe 量，%。

B $n_C^{CaCO_3}$

$n_C^{CaCO_3}$ 是炉料中碳酸盐分解放出的 CO_2 中的碳量，因此计算时就需要知道炉料中碳酸盐的数量。在现代高炉上使用高碱度烧结矿与酸性球团矿或富块矿搭配的炉料结构，高炉炉料中已不配加石灰石，所以此项就消失了，设计高炉计算时就可以按 $n_C^{CaCO_3} = 0$ 进行。在生产中高炉使用石灰石时：

$$n_C^{CaCO_3} = [R(P(\%SiO_2)_P + K_0(\%SiO_2)_{K_0} + M(\%SiO_2)_M + \cdots - 21.43[Si]) -$$

$$P(\%CaO)_P - K_0(\%CaO)_{K_0} - M(\%CaO)_M - \cdots]/$$

$$(56/[Fe] \times 10/56) \quad (\text{kg 原子 C/kg 原子 Fe}) \tag{7-80}$$

C n_C^I

$$n_C^I = \frac{M(\%C)_M/12}{[Fe] \times 10/56} \quad (\text{kg 原子 C/kg 原子 Fe}) \tag{7-81}$$

D $(C/Fe)^m$

$$(C/Fe)^m = \frac{[C]/12}{[Fe]/56} \quad (\text{kg 原子 C/kg 原子 Fe}) \tag{7-82}$$

E $(O/Fe)^x$

$(O/Fe)^x$ 是化学热储备带氧化铁中的氧原子数。一般设定铁氧化物到化学热储备带时都已还原到 FeO，而 FeO 是个缺位化合物，即在晶格上 Fe^{2+} 有一定程度的缺位，缺位相对数量在氧数量上是 23.16% ~25.60%，所以在研究中常将 FeO 以 Fe_xO 表示（x 数值约为 0.95）。在计算中，$(O/Fe)^x$ 可取 1.05，工程上为了简化，常用 $(O/Fe)^x = 1.0$ 表示。

F n_O^I

喷吹燃料中总是含有少量的氧，我国喷吹煤粉含氧量取决于煤种，烟煤含氧量高，例如东胜烟煤 O_f 达 10% 以上；无烟煤含氧量较低，例如阳泉无烟煤 O_f 在 1.5% ~2.0%，宁夏优质无烟煤 O_f 在 1.0% ~1.2%。所以在计算时，喷吹无烟煤所含的氧往往忽略不计。

$$n_O^I = \frac{M(\%O_2)_M/16}{[Fe] \times 10/56} \quad (\text{kg 原子 O/kg 原子 Fe}) \tag{7-83}$$

G n_O^f

少量元素还原时被夺取的氧量以及脱硫过程中与 C 结合的氧量分别为：

$$2[Si/Fe]^m = 2\frac{[Si]/28}{[Fe]/56} = 4\frac{[Si]}{[Fe]} \tag{7-84}$$

$$[Mn/Fe]^m = \frac{[Mn]/55}{[Fe]/56} = 1.01\frac{[Mn]}{[Fe]} \tag{7-85}$$

$$2.5[P/Fe]^m = 2.5\frac{[P]/31}{[Fe]/56} = 4.5\frac{[P]}{[Fe]} \tag{7-86}$$

脱硫反应按 $(CaO) + [S] + C = (CaS) + CO$ 反应计算氧量:

$$[S/Fe]^m = \frac{u(\%S)/32}{[Fe] \times 10/56} = 0.175\frac{u(\%S)}{[Fe]} \tag{7-87}$$

式中 u——渣量, kg/t 生铁;

(%S)——渣中含硫量。

H $n_O^{CaCO_3}$

碳酸盐分解出的 CO_2, 其碳原子与氧原子的比为 1:2, 所以:

$$n_O^{CaCO_3} = 2n_C^{CaCO_3} \tag{7-88}$$

I $n_O^{O_2}$

风中水分带入的氧量, 它与 n_O^B 和风中水分含量 φ 有关:

$$n_O^{O_2} = \frac{\varphi}{0.21}n_O^B \tag{7-89}$$

J $n_{H_2}^I$

$$n_{H_2}^I = \frac{M\frac{\%H_2}{2}}{[Fe] \times \frac{10}{56}} = 2.8\frac{M\%H_2}{[Fe]} \tag{7-90}$$

K D^{wrz}

D^{wrz} 是还原过程的总热量消耗, 它与 A. H. 拉姆联合计算法中有效热量消耗的概念是相同的, 它由铁还原耗热 (D^{Fe})、少量元素还原耗热、生铁和炉渣熔化过热耗热 ($D^{Fe/1053}$, uD^u)、碳酸盐分解耗热 ($n_{CaCO_3}D^{CaCO_3}$) 以及溶入生铁的碳的化学热 $[(C/Fe)^m D^C]$ 等组成, 即:

$$D^{wrz} = D^{Fe} + (C/Fe)^m D^C + D^{Fe/1053} + (Si/Fe)^m D^{Si} + (Mn/Fe)^m D^{Mn} + \\ (P/Fe)^m D^P + uD^u + n_{CaCO_3}D^{CaCO_3} + \cdots \tag{7-91}$$

上述各项热消耗的计算可用拉姆联合计算法中的方法计算, 也可用各类教材或专著中的方法计算, 不过计算后都要以 kJ/kg 原子 Fe 为单位。J. G. 皮西与 W. G. 达文波特在他们的专著《高炉炼铁理论与实践》中列出了以反应热效应为主, 加上物态转变热效应和过热到高炉内温度热效应得到的热消耗计算式, 读者可在该书中查到[2]。

L n^I 与 D^I

n^I 是喷吹燃料数量, 一般是已知的, 只需将它由 kg/t 生铁换算成 kg 分子喷吹燃料/kg 原子 Fe。

D^I 是喷吹燃料分解耗热。它与喷吹燃料的种类和元素分析有关, 在我国喷吹煤粉, 可从手册上查到不同煤种的分解耗热, 将其换算成 kJ/kg 分子喷吹燃料。

M S_A、S_B、S_I

S_A、S_B、S_I 三项是碳反应放出的热量，碳反应放热鼓风带入热和氢氧化反应放热实际上是热平衡的热收入项，依据文献 [2] 中的计算式计算：

$$S_A = [113000(1 - \eta_{CO}) + 395000\eta_{CO}]n_C^A = 198000n_C^A \tag{7-92}$$

$$S_B = (82.805T_B - 99365.71)n_O^B \tag{7-93}$$

$$S_I = 95000\eta_{H_2}n_{H_2}^I \tag{7-94}$$

式中　113000——1000℃时生成1kg CO 分子的热效应；

　　　η_{CO}——1000℃下间接还原反应平衡时的 CO 利用率，即 $\eta_{CO} = 0.3$；

　　　395000——1000℃时生成1kg CO_2 分子的热效应；

　　　T_B——热风温度，K，式（7-93）中的 S_B 实际上是热风带入热量扣除其离开高温区时带走热量后的净热量；

　　　95000——95000 = 249000 × 0.38，249000 为 1000℃时生成1kg H_2O 分子的热效应，0.38 为 1000℃时平衡气相成分中 H_2O 含量。

将计算所得各项代入式（7-76）、式（7-77）和式（7-78），联解求得 n_C^A、n_C^K、n_O^B 等，然后根据它们计算焦比、风量、煤气量和成分以及渣量等。

焦比：　$K = 100\left[n_C^K \times 17.9\dfrac{1200}{(\%C)_K} + W_{dust}(\%C)_{dust}/100\right]$　（kg/t 生铁）　（7-95）

风量：　$V_B = n_O^B \times \dfrac{17.9 \times 16}{0.21 \times 1.429} = n_O^B/(1.0478 \times 10^{-3})$　（m^3/t 生铁）　（7-96）

煤气成分：

$$X_{CO}^g = 2 - (O/C)^g; \quad X_{CO_2}^g = (O/C)^g - 1$$

$$X_{H_2}^g = 1 - X_{H_2O}^g; \quad X_{H_2O}^g = (O/H_2)^g \tag{7-97}$$

$$n_{CO}^g = n_C^A X_{CO}^g; \quad n_{CO_2}^g = n_C^A X_{CO_2}^g; \quad n_{N_2}^g = \frac{0.79}{2 \times 0.21}n_O^B$$

$$n_{H_2}^g = n_{H_2}^I X_{H_2}^g; \quad n_{H_2O}^g = n_{H_2}^I X_{H_2O}^g;$$

$$\Sigma n = n_{CO}^g + n_{CO_2}^g + n_{N_2}^g + n_{H_2}^g + n_{H_2O}^g \tag{7-97a}$$

$$\%CO = \frac{n_{CO}^g}{n_\Sigma} \times 100\%; \quad \%CO_2 = \frac{n_{CO_2}^g}{n_\Sigma} \times 100\%$$

$$\%N_2 = \frac{n_{N_2}^g}{n_\Sigma} \times 100\%; \quad \%H_2 = \frac{n_{H_2}^g}{n_\Sigma} \times 100\%$$

$$\%H_2O = \frac{n_{H_2O}^g}{n_\Sigma} \times 100\%$$

应当指出，煤气中%H_2O 是还原反应生成的 H_2O，不包括炉料带入炉内的物理水，将煤气中%H_2O 扣除，就得到干煤气成分。将 n_{CO}^g、$n_{CO_2}^g$、$n_{N_2}^g$、$n_{H_2}^g$ 由 kg 分子/kg 原子 Fe 换算成 m^3/t 生铁，然后相加的总和即为煤气量。

P. D. R. 联合计算法采用计算机进行计算将提高计算速率，计算机的运行框图如图 7-3 所示。

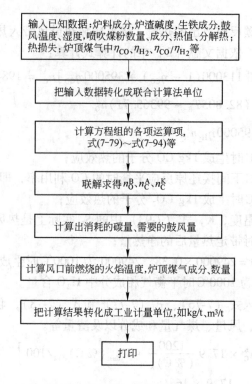

图 7-3 P. D. R. 联合计算框图

7.3 线性配料计算

线性配料计算的含义是用线性规划的方法来解决配料的优化问题。也就是说,在有多种可供选择的原燃料条件时,要选择其中最佳配料,以达到生铁成本最低、经济效益最大的目的。采用这种方法的要求是:

(1) 最优化配料必须同高炉操作的变量具有线性关系;

(2) 操作变量必须彼此具有线性关系。

在生产中,人们常把焦比与成本、焦比与产量、原料的采购成本与生铁成本等之间视为线性关系,例如高炉利用系数(产量)与焦比成反比,与冶炼强度成正比,因此应用线性规划可以解决配料与产量、焦比与成本的问题。

设计和生产时会遇到以下情况:含 Fe 料可能是粉状,也可能是块状,它们入炉前的处理方法不同。

(1) 块矿。块矿一般是作为炉料结构中的酸性组分,直接入炉,入炉前要筛除粉末和测定其冶金性能,特别是爆裂性。如果它们能满足要求,可通过计算判断块矿的合理采购价格,从而既可以获得较好的操作指标,也可选用最低成本的矿石。

(2) 粉矿。粉矿一般分为精矿粉和富矿粉两类,原则上要求:品位高、SiO_2 含量低(4% 以下)、比表面积在 $1800cm^2/g$ 以上的精矿粉,适宜生产球团矿;品位偏低(62% ~ 65%)、SiO_2 含量偏高(4% 以上)、比表面积在 $1500cm^2/g$ 以下的精矿粉,要么再细磨深选(提高品位、降低 SiO_2 含量、提高比表面积),以获得适合于生产球团矿的优质精矿粉，要么与富矿粉配料生产烧结矿，前者的成本会升高。

富矿粉一般筛出大于 8mm 的颗粒，作为直接入炉的块矿进入高炉配料；小于 8mm 的用于生产烧结矿，这类富矿粉在优化烧结配料时，要从两个方面选择：矿粉的烧结特性和采购成本。所谓矿粉的烧结特性是指矿粉的同化性（与 CaO 反应生成低熔点液相的能力）、液相生成量及其流动性、黏结相的强度以及铁酸钙生成特性等，在诸多可选矿种中选择上述性能互补的品种配料，以获得性能良好的烧结矿。生产中不乏这样的事例，矿粉价格便宜，但烧结特性差，结果是因烧结机减产、烧结矿质量差而影响高炉生产。因此，要在获得相似性能烧结矿的前提下，通过线性规划配料计算找出最低成本的烧结配料。

线性配料计算实质上是将前面介绍的联合计算与矿石冶炼价值计算或燃料（焦炭、煤粉）的使用价格对比计算结合起来进行，从而获得生铁成本最低、经济效益最大的结果，或者通过计算确定某种矿石或煤在生铁成本不变时的最低采购价。

7.3.1 应用 A. H. 拉姆联合计算法时的线性配料计算

这是将拉姆联合计算法与矿石冶炼价值计算式联合求解的方法。其中：

$$\Sigma(me_m) + Me_M = 1 \tag{7-1}$$

$$\Sigma(m\overline{RO}_m) + M\overline{RO}_M = 0 \tag{7-3}$$

$$\Sigma(m\overline{q}_m) + M\overline{q}_M = 0 \tag{7-5}$$

$$S = PJ_P + KJ_K + \Phi J_\Phi + G \tag{7-98}$$

式中 S——吨铁车间生产成本，元/t；

P，K，Φ——分别为吨铁消耗的矿石量、焦炭量、熔剂量，t/t，可用简易计算法求得；

J_P，J_K，J_Φ——分别为矿石、焦炭和熔剂的进厂价格，元/t；

G——吨铁的加工费用，元/t。

7.3.1.1 简易联合配料计算

拉姆联合计算法的特点是可较精确地确定吨铁焦炭、矿石、熔剂及其他配料组分的消耗量，而在线性配料计算中主要是进行不同矿石价值的对比，即在焦炭、熔剂、喷吹燃料成分不变，冶炼参数、生铁成分、炉渣碱度、鼓风温度和湿度稳定的情况下，进行矿石冶炼价值的对比，选定可以获得最低燃料比和最低生铁成本的矿石。在这种条件下就可以简化联合计算法，在简化过程中可以做以下设定：

（1）冶炼在全焦冶炼下进行，这种方程式中 M 项（即喷煤项）省去了，而且忽略焦炭灰分和熔剂进入生铁的铁量；

（2）由于忽略焦炭灰分和熔剂中的铁量，为了平衡也不计炉渣带走的铁量，而且生铁中 Si、Mn、P、S 含量稳定，这样理论出铁量可化为 $e_P = \dfrac{Fe}{1.0 - [C]}$；

（3）以下部高温区热平衡计算焦炭、矿石、熔剂的热当量；

（4）将配料简化为只有三种炉料，即焦炭、矿石、熔剂。

式(7-1)、式(7-3)和式(7-5)可简化成：

$$Pe_P = 1 \tag{7-1a}$$

$$K\overline{RO}_K + P\overline{RO}_P + \Phi\overline{RO}_\Phi = 0 \tag{7-3a}$$

$$K\overline{q}_K + P\overline{q}_P + \Phi\overline{q}_\Phi = 0 \tag{7-5a}$$

解此联立方程式就比较简便了，先算出 1kg 焦炭和 1kg 矿石两者消耗的熔剂量：

$$\Phi_K = -\frac{\overline{RO}_K}{\overline{RO}_\Phi}; \quad \Phi_P = -\frac{\overline{RO}_P}{\overline{RO}_\Phi}$$

考虑所需熔剂后的出铁量为：

$$e_{P\Phi} = e_P + \Phi_P e_\Phi; \quad e_{K\Phi} = e_K + \Phi_K e_\Phi$$

由于 e_K 和 e_Φ 都设定为 0，则：

$$e_{P\Phi} = e_P; \quad e_{K\Phi} = 0$$

考虑所需熔剂后的热当量为：

$$\overline{q}_{P\Phi} = \overline{q}_P + \Phi_P\overline{q}_\Phi; \quad \overline{q}_{K\Phi} = \overline{q}_K + \Phi_K\overline{q}_\Phi$$

这样式（7-5a）在消掉式（7-3a）后成为：

$$K\overline{q}_{K\Phi} + P\overline{q}_{P\Phi} = 0 \tag{7-5b}$$

若将 $\overline{Q}_{P\Phi} = \overline{q}_{P\Phi}/e_{P\Phi}$ 和 $e_{K\Phi} = 0$ 代入，则得到：

焦炭消耗量 $\qquad\qquad K = \overline{Q}_{P\Phi}/\overline{q}_{K\Phi}$ $\qquad\qquad\qquad\qquad$ (7-99)

矿石消耗量 $\qquad\qquad P = \dfrac{1}{e_{P\Phi}} = \dfrac{1}{e_P}$ $\qquad\qquad\qquad$ (7-100)

熔剂消耗量 $\qquad\qquad \Phi = P\Phi_P + K\Phi_K$ $\qquad\qquad\qquad$ (7-101)

7.3.1.2　矿石冶炼价值计算

通过简易联合配料计算，求得某一种矿石冶炼时的焦炭、矿石和熔剂消耗量后，应用式（7-98）可以算出该矿石冶炼 1t 生铁的车间成本。如果有多种矿石可供选择，则按式（7-98）算出每种矿石的车间成本，选成本最低的矿石作为配料用的矿石。如果将式（7-98）移项整理，则可以得出待选矿石在要求的车间成本下进厂的最高价格：

$$J_P = (S - KJ_K - \Phi J_\Phi - G)/P \tag{7-102}$$

应当说明，吨铁加工费用 G 是由不随产量而变化的部分（如工人工资及福利附加费、折旧费、车间管理费）和随产量而稍有变化的部分（如动力消耗费等）构成，它们折算成吨铁时 G 将随产量变化而略有增减，可以从统计规律中找出。

7.3.2　应用 P. D. R. 联合计算法时的线性配料计算

P. D. R. 联合计算法的线性计算的实质与 A. H. 拉姆联合计算法的线性计算是相同的，都是为了使冶炼过程某方面的费用最低，确定原料配比与冶炼过程相适应，达到好的操作指标和低的成本。因为 P. D. R. 联合计算法主要用于计算燃料比，所以线性计算较适合于寻求吨铁总燃料费用最低的燃料比（焦炭加煤粉），它是确定吨铁燃料比的方程组。最简单的情况下，只有式(7-103)和式(7-104)两个：

$$n_C^A + (C/Fe)^m = n_C^K + n_C^I \tag{7-103}$$

$$D^{wrz} + n^I D^I = S^{wrz} \tag{7-104}$$

$$F = J'_K n_C^K + J'_M n_C^I \tag{7-105}$$

式中　F——1kg 原子 Fe 的燃料费用，它应是最低的；

J'_K，J'_M——分别为折合成 1kg 原子 C 的焦炭和煤粉的价格；

n_C^A、$(C/Fe)^m$、n_C^K、n_C^I、D^{wrz}、D^I、n^I，均与 7.2.2.1 节中的含义相同。

应当指出,单从价格最低的角度考虑,显然用煤比用焦炭成本要低。但是高炉炼铁是离不开焦炭的,因为焦炭在高炉内所起的是热源、还原剂、料柱骨架和生铁渗碳的作用。喷吹煤粉只能起到热源、还原剂和渗碳三个方面的作用,无法起到料柱骨架的作用,所以式(7-105)还有附加的约束条件。目前喷吹实践表明约束条件是:焦炭数量应保证风口前的火焰温度(理论燃烧温度 t_F)在 $2100 \pm 50℃$,煤粉在风口前的燃烧率达 80% 以上,并应保证料柱的透气性。这些约束条件以理论上的数学式描述还不成熟,一般可以通过近似计算或统计规律等式(或不等式)表示,例如:

(1)为保证必要的热风温度 t_F,热风温度 t_F 的数学式可表示为:

$$n_C^K \geqslant X n^I \tag{7-106}$$

可以在相同风温和湿度条件下,通过风口带热平衡计算纯焦和纯煤粉燃烧达到的 t_F,然后用加权平均法求得 X。假定纯焦和纯煤粉燃烧时的 t_F 为 t_F^K 和 t_F^M,则通过

$$2100 = (1 - X)t_F^K + X t_F^M \tag{7-107}$$

即可求得 X 值。

(2)为保证煤粉在风口前的燃烧率,可通过提高风温、富氧以及将煤粉磨细等手段来达到目的。

(3)为保证料柱透气性,就目前实验室研究和高炉喷煤生产实践结果来分析,吨铁焦比最低大概为 250kg/t,折算成 P. D. R. 法的计算单位,大概是 1.05kg 原子 C/kg 原子 Fe;现在达到的先进水平为 300kg/t,折算后为 1.26kg 原子 C/kg 原子 Fe。这样,这个约束条件可以写为:

$$n_C^K \geqslant (1.05 \sim 1.26)\text{kg} \quad (\text{kg 原子 C/kg 原子 Fe}) \tag{7-108}$$

从上述三个约束条件中选择焦炭消耗量最高的作为联解方程式(7-105)的附加条件,进行求解,可以采用图解法,也可采用解析法,请参阅参考文献 [2]。

7.4 高炉操作线计算[5]

高炉操作线是 20 世纪 60 年代由法国冶金学家 A. 里斯特教授创立的,因此有时也称为里斯特操作线。在高炉冶炼不喷吹含 H_2 高燃料的情况下,冶炼过程的实质是铁、氧和碳三元素之间的氧化还原反应,也就是氧的转移过程:矿石中的氧从与铁结合状态(Fe_2O_3、Fe_3O_4)转移到与碳结合生成 CO 或 CO_2,而将铁还原成金属状态;在鼓风中氧从分子状态转变成与碳结合(风口前的燃烧反应)生成 CO。在前一个过程中,铁的氧化程度由最高的原子数比 $n_O/n_{Fe} = 1.5(Fe_2O_3)$,逐级地变小到 $1.33(Fe_3O_4)$ 和 $1.05(Fe_{0.95}O)$,直到最后还原成金属铁,氧化程度为零;而碳的氧化程度 n_O/n_C 则由零逐级提高到 1.0(CO)和 2.0(CO_2)。在以 n_O/n_{Fe} 为纵坐标、n_O/n_C 为横坐标的直角坐标系中,冶炼过程中这种氧的迁移过程可用一斜率为 μ 的直线表达出来,见图 7-4a。直线的斜率为:

$$\mu = \tan\theta = \frac{n_O}{n_{Fe}} \bigg/ \frac{n_O}{n_C} = n_C/n_{Fe} \tag{7-109}$$

图 7-4 说明:

(1)斜率表示冶炼一个 Fe 原子消耗的 C 原子数,它同生产中的焦比有着相类似的含

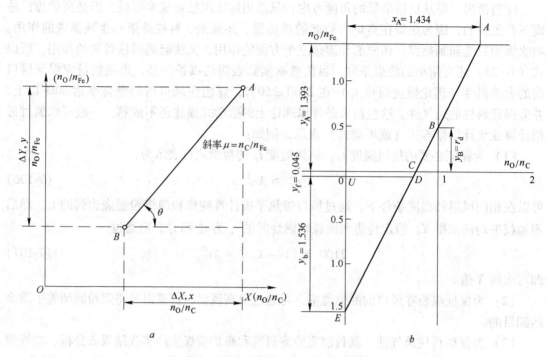

图 7-4　由氧迁移线段组成的高炉操作线

a—氧迁移的斜率线段；b—高炉操作线

义，但在数值上并不相等，需经过必要的单位换算，即 $K = \dfrac{215}{C_K} \times \mu [Fe]$（参阅 7.2.2 节）；

（2）斜率代表冶炼一个 Fe 原子所产生的煤气组分的分子数，因为每个 C 原子必定同氧结合成一个 CO 分子或一个 CO_2 分子；

（3）当表示几种氧的迁移过程时，它们的线段都具有同一斜率 μ，而且这些线段可按某种顺序连接成为一条斜率为 μ 的直线，这条直线就是里斯特操作线（见图 7-4b）。

7.4.1　里斯特操作线的画法

如上所述，操作线是一条斜率为 μ 的直线，所以只要算出操作线上任何两点的坐标，就可连接这两点而延伸成操作线。最简单的画法是根据高炉冶炼原料成分、生铁成分、炉顶煤气成分、风口前燃烧的碳量计算出 A 点和 E 点坐标，连接成操作线。

7.4.1.1　A 点坐标

X_A 是碳进入高炉冶炼后最终离开高炉时的氧化程度，可以按炉顶煤气成分算出：

$$X_A = \left(\frac{n_O}{n_C}\right)_A = \frac{2CO_2 + CO}{CO_2 + CO} = 1 + \frac{CO_2}{CO_2 + CO} \tag{7-110}$$

当煤气中 100% 为 CO 时，$X_A = 1.0$；当煤气中 100% 为 CO_2 时，$X_A = 2.0$。在实际生产中，X_A 在 1.0 ~ 2.0 之间，先进高炉的 $X_A = 1.50 \sim 1.52$；生产差一点，即炉顶煤气利用较差的高炉，$X_A = 1.3 \sim 1.4$。

Y_A 是矿石中铁的氧化程度，也就是矿石入炉时的氧化程度，可以根据矿石成分计算：

$$Y_A = \left(\frac{n_O}{n_{Fe}}\right)_A = \frac{(Fe_2O_3 \times 0.3 + FeO \times 0.222)/16}{TFe/56} \tag{7-111}$$

当矿石中的铁完全是 Fe_2O_3 时，$Y_A = 1.5$；当矿石中的铁完全是 Fe_3O_4 时，$Y_A = 1.33$。酸性球团矿中 FeO 含量在 1% 以下，基本上是 Fe_2O_3，所以它的 Y_A 接近 1.5；而一些难还原的磁铁矿基本上是 Fe_3O_4，Y_A 接近 1.33。实际生产中使用高碱度烧结矿与酸性料配合的炉料结构时，Y_A 在 1.40 ~ 1.45 之间。

7.4.1.2 E 点坐标

$X_E = 0$，表明碳进入高炉还没有与氧结合，氧化程度$(n_O/n_C)_E$ 为零。

Y_E 由两部分组成：少量元素还原过程中迁移的氧量 y_f 和风口前燃料燃烧消耗的氧量 y_b。

(1) y_f。y_f 可以按生铁成分中少量元素含量和脱硫中的 S 量计算氧量，然后除以生铁中 Fe 量来计算：

$$y_f = y_{Si} + y_{Mn} + y_P + y_S = 4.00\frac{[Si]}{[Fe]} + 1.02\frac{[Mn]}{[Fe]} + 4.50\frac{[P]}{[Fe]} + 1.75\frac{u(S)}{[Fe]}$$

$$\tag{7-112}$$

式中 $[Si],[Mn],[P],[Fe]$——生铁中各元素的含量，%；

u——渣量，kg/t；

(S)——渣中硫含量，%。

如果生铁中还含有其他元素，例如 $[Ti]$、$[V]$ 等，则也应计入，$y_{Ti} = 2.33\frac{[Ti]}{[Fe]}$，$y_V = 2.74 - \frac{[V]}{[Fe]}$。

y_f 还可以根据少量元素还原和脱硫耗碳量计算：

$$y_f = \frac{C_{dSi,Mn,P,S,\cdots}/12}{[Fe] \times 10/56} \tag{7-113}$$

式中 $C_{dSi,Mn,P,S,\cdots}$——少量元素还原和脱硫消耗的碳量，kg/t。

(2) y_b。风口前碳燃烧是一个 C 原子与一个 O 原子结合成 CO，所以可根据物料平衡计算得到的风口前燃烧碳量 C_ϕ 计算 y_b：

$$y_b = \frac{C_\phi/12}{[Fe] \times 10/56} \tag{7-114}$$

$$Y_E = y_f + y_b$$

在得出 E 点后，连接 AE 得出操作线。

在设计高炉时，常设定铁的直接还原度 r_d。这样就已知 B 点坐标（$Y_B = y_d = r_d$，而 $X_B = 1.0$）。根据已知 r_d，算出铁直接还原形成的 CO 量，换算后得出$(n_O/n_C)_{Fed}$；根据生铁成分，算出少量元素还原生成的 CO 量，将它们换算成相应的 n_O/n_C，通过 $1 - (n_O/n_C)_{Fed} - (n_O/n_C)_f = X_D$、$Y_D = y_f$ 得到 D 点；连接 BD 向两端延伸，得出操作线 AE。更简单的是确定 C 点坐标，连接 BC 延伸得出操作线，因为 $Y_C = 0$，$X_C = 1 - (n_O/n_C)_{Fed}$。

7.4.2 操作线的特点

里斯特操作线现已广泛应用于分析高炉生产以及铁矿的还原。这是由它的特点所决定的。

7.4.2.1 操作线各点和线段的描述

A 里斯特操作线各点和线段可以很好地描述高炉内的氧化还原过程,是操作线的特点之一

A 点描述高炉炉顶的状况。Y_A 说明矿石入炉时的情况,矿石未被还原 Y_A 就是矿石的氧化程度;X_A 说明煤气离开炉顶时的情况,即煤气中 CO 和 CO_2 的数量或煤气的利用程度,因为 CO 利用率的表达式为 $\eta_{CO} = \dfrac{CO_2}{CO + CO_2}$,而 $X_A = 1 + \dfrac{CO_2}{CO + CO_2}$,所以 $X_A = 1 + \eta_{CO}$。式中,1 表示直接还原和风口前碳燃烧成 CO 中氧原子数与碳原子数的比值;而 $X_A > 1$ 的部分就表示 CO_2 生成中碳原子与氧原子结合情况,因此 AB 段正说明高炉上部的间接还原过程,而 η_{CO} 说明间接还原发展的程度。

B 点是假定高炉内的直接还原与间接还原不重叠时,这两种还原反应的分界点。亦即矿石从上部间接还原区落入直接还原区,间接还原结束,直接还原开始,而煤气由高温区进入中温区进行间接还原的分界点。这样,Y_B 就是铁的直接还原度 r_d,而 X_B 则是高温区内生成的 CO、风口前碳燃烧生成的 $CO(x_b)$、少量元素还原生成的 $CO(x_f)$ 和铁直接还原生成的 $CO(x_d)$ 的总和。这样 BC 线段就说明铁的直接还原,CD 段说明少量元素还原,DE 段说明碳在风口前燃烧。

C 点是来自于铁氧化物的氧与其他来源的氧生成 CO 的分界点。$Y_C = 0$,说明矿石中的铁氧化物经历间接还原和直接还原后,其中氧完全迁移与 C 结合,而它本身还原成金属铁。BC 段在 X 轴上的投影就是铁直接还原生成的 CO 数量。

D 点表明少量元素还原情况。CD 段在 X 轴上的投影是少量元素还原生成的 CO 数量,而 $Y_D = y_f$ 是少量元素还原中碳夺取的氧量。

E 点是碳在风口前燃烧的起点。碳燃烧生成 CO 前,$X_E = 0$,然后碳燃烧生成 CO。DE 线段就描述了这个过程,产生的 CO 数量由 DE 段在 X 轴上的投影 X_D 表示。

B 操作线图上还有两个重要的点:W 点和 P 点

W 点是由热力学上间接还原的气相平衡决定的。一般 W 点的坐标通过碳溶解损失反应明显进行温度下的 FeO 间接还原平衡气相成分确定。这一温度通常为 1000℃,这一温度下 FeO 间接还原平衡气相成分是 CO 71%、CO_2 29%,因此 W 点的横坐标为:

$$X_W = 1 + \frac{CO_2}{CO + CO_2} = 1.29 \tag{7-115}$$

W 点的纵坐标 Y_W 是以 FeO 中氧原子数和铁原子数的比值确定的。在工业生产中,$Y_W = 1.0$。前面已经说明,浮氏体中氧化亚铁并非固定成分的铁氧化物,因晶体结构上铁离子未充满而有空位,造成氧化亚铁中氧含量不是分子式中的 22.2% 而是在 23.16% ~ 25.6% 范围内波动。里斯特在确定其成分时,以含氧 23.16% 为准,则其分子式写成 $Fe_{0.95}O$,这样

$$Y_W = (n_O/n_{Fe})_W = 1.05 \tag{7-116}$$

W 点是热力学上的间接还原平衡描述点。它就是操作线变动的极限点,即任何操作线变动时与 W 点相切就是极限了。

P 点是操作线斜率变化的轴点,即所有操作线变动时都通过的点。它的坐标是由高温区热平衡确定的:

$$X_P = q_d/(q_d + q_b) \tag{7-117}$$

$$Y_P = y_f + X_P(Y_V + y_f) = y_f + X_P\left(\frac{Q}{q_d} - y_f\right) \tag{7-118}$$

式中　q_d——每直接还原 1kg 原子 Fe 消耗的热量，它根据 $FeO + C = Fe + CO$ 反应的热效应来确定，$q_d = 153200$ kJ/kg 原子 Fe；

　　　　q_b——1kgC 原子在风口前燃烧放出的有效热量：

$$q_b = (9800 + v_B c_B t_B - v_g c_g t_g)/12 \quad (\text{kJ/kg 原子 C}) \tag{7-119}$$

　　　　Q——除 FeO 直接还原消耗的热量外其他有效热量消耗，它可通过高温区热平衡计算求得，$\dfrac{Q}{q_d}$ 为其他有效热量消耗相当于直接还原多少千克 Fe 原子所消耗的热量，在操作线图上用线段 FV 表示，见图 7-5。

7.4.2.2　炉身工作效率

如前所述，W 点是间接还原的极限点，即炉身中间接还原达到极限的程度——平衡状态的点。但实际生产中，炉身间接还原还没有达到平衡，因此操作线总是偏离 W 点，偏离程度用炉身工作效率描述。

在操作线图上，通过连接 W 点与 G 点得到直线（G 点为 Y_A 平行于横坐标的直线与 $X = 1.0$ 平行于纵坐标的直线的交点）GW。它与操作线 AE 交于 Z 点，测量 Z 点到 G 点的距离，将它与 GW 相比就得出炉身工作效率（图 7-5）：

$$\text{炉身工作效率} = (GZ/GW) \times 100\% \tag{7-120}$$

在现代先进高炉上，炉身工作效率已达到 90% 以上，有的甚至达到 95%，说明炉身间接还原已进行得相当完善，接近于平衡状态。但大部分高炉的炉身工作效率还甚低，一些中小高炉的炉身工作效率只有 70% 左右。

7.4.2.3　理想操作线与节省焦比的潜力

连接 PW 线向两端延伸，得出新的操作线 A_1E_1。这条操作线通过 W 点，说明炉身工作效率已达到 100%，所以称为理想操作线，见图 7-6。A_1E_1 线的斜率为炉身间接还原达到热力学平衡时的斜率，也就是该冶炼条件下的

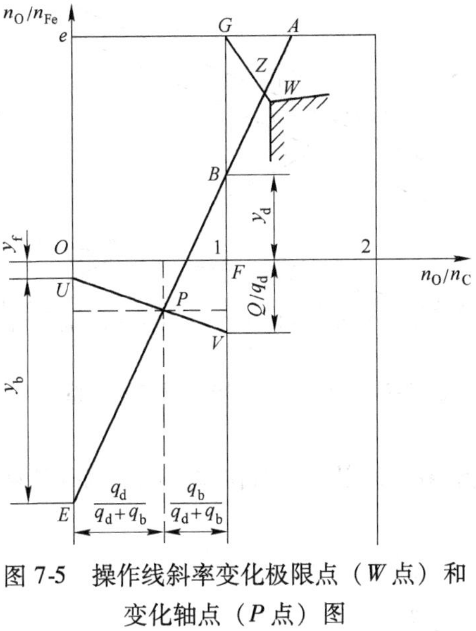

图 7-5　操作线斜率变化极限点（W 点）和变化轴点（P 点）图

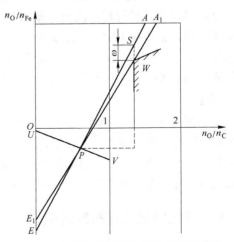

图 7-6　实际与理想操作线斜率差的计算

最小斜率。

通过实际操作线与理想操作线的斜率差，就可以找到实际燃料消耗与理想状态下燃料消耗的差距，也就是节焦的目标。

理想操作线的斜率为：

$$\mu_i = (Y_W - Y_P)/(X_W - X_P) \tag{7-121}$$

实际生产操作线的斜率为：

$$\mu_{pr} = (Y_S - Y_P)/(X_W - X_P) \tag{7-122}$$

$$\Delta\mu = \mu_{pr} - \mu_i = \frac{Y_S - Y_W}{X_W - X_P} = \frac{\omega}{X_W - X_P} \tag{7-123}$$

冶炼单位铁节约的焦炭消耗量为：

$$\Delta K = \frac{215}{C_K} \cdot \frac{\omega}{X_W - X_P} \tag{7-124}$$

式中 C_K——焦炭中固定碳含量，以小数代入。

7.5 理论最低碳的计算[4]

前苏联冶金学家 M. A. 巴甫洛夫院士提出表达高炉内直接还原与间接还原发展程度的指标：铁的直接还原度 r_d 和间接还原度 r_i，并且 $r_d + r_i = 1.0$。铁的直接还原度的计算公式为：

$$r_d = \frac{\text{以直接还原方式将 FeO 还原成 Fe 的数量}}{\text{全部还原的 Fe 量}} = \frac{Fe_{dFeO \to Fe}}{Fe} \tag{7-125}$$

在 20 世纪 30 年代，讨论法国冶金学家格留涅尔提出的理想行程——100% 间接还原的假说时，众多炼铁学者一致认为，高炉炼铁过程中应该是间接还原与直接还原合理组合为理想行程，而既不是 100% 的间接还原，也不是 100% 的直接还原。关于如何组合，当时 M. M. 列波维奇和 A. H. 拉姆就以图解方式（见图 7-7）解决了这个问题。

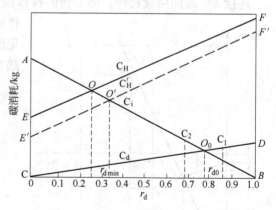

图 7-7 碳消耗与直接还原度的关系

在那个年代，炉料不精，操作水平不高，突出的问题就是渣量大、焦比高。所以图解时不考虑或者说不必考虑焦炭作为料柱透气性的保证者，而是分析还原剂量多少与热量供给多少，以决定氧化铁还原中的碳消耗。

7.5.1 氧化铁还原的还原剂碳消耗

直接还原是不可逆反应，还原剂消耗量按反应方程式

$$FeO + C \Longrightarrow Fe + CO$$

计算：
$$C_{dFe} = \frac{12}{56}Fer_d = 0.215Fer_d \tag{7-126}$$

间接还原是可逆反应，还原剂消耗量按反应方程式

$$FeO + nCO \Longrightarrow Fe + (n-1)CO + CO_2$$

计算：
$$C_{iFe} = n \times \frac{12}{56}Fe(1 - r_d) = 0.215nFe(1 - r_d) \tag{7-127}$$

以单位 Fe 为计算基准（Fe = 1.0），以碳消耗为纵坐标、r_d 为横坐标作图，见图 7-7。图中的 $AB(C_i)$ 与 $CD(C_d)$ 两线相交于 O_0 点，它的纵坐标就是单位 Fe 还原剂耗量最低的碳量，因此时 r_{d0} 直接还原产生的 CO 量正好满足 $1 - r_{d0}$ 间接还原需要的 CO 量。如 r_d 超过 r_{d0}，直接还原产生的 CO 量超过了间接还原所要求的 CO 量，还原剂碳消耗 C_1 高于 O_0 点的碳量；反过来，如 r_d 低于 r_{d0}，直接还原产生的 CO 满足不了间接还原所要求的 CO 量，需要消耗额外的碳形成 CO 来满足间接还原所需的 CO 量，碳消耗 C_2 高于 O_0 点的碳量。显然，在 O_0 点 $C_d = C_i$，即：

$$0.214Fer_{d0} = 0.215nFe(1 - r_{d0})$$

由此
$$r_{d0} = n/(1 + n) \tag{7-128}$$

式（7-128）说明，作为还原剂的最低碳消耗的 r_{d0} 取决于间接还原中 CO 的过剩系数 n，而 n 又是温度的函数，它随反应进行的温度而变化。FeO 间接还原的过剩系数 n 与温度的关系见表 7-2。

表 7-2　温度、n 与 r_{d0}

温度/℃	700	800	900	1000	1100	1200
n	2.5	2.88	3.17	3.52	3.82	4.12
r_{d0}	0.71	0.74	0.76	0.78	0.79	0.80

7.5.2　氧化铁还原热量需求的碳消耗

高炉炼铁是火法冶金，需要一定温度的高温热量来保证。从氧化铁还原反应来分析，FeO 的间接还原是少量的放热反应（240kJ/kg Fe），而 FeO 的直接还原则是大量的吸热反应（2735kJ/kg Fe），反应所需热量由燃料在风口前燃烧形成 CO 时放出的热量来保证。应当注意，风口前燃料中 C 燃烧形成的 CO 上升后成为上部间接还原的还原剂，也就是说，焦炭和喷吹煤粉中的碳燃烧既放出了热量，也制造了间接还原剂。

根据盖斯定律的高炉炼铁热平衡：

（1）热收入包括：直接还原 C 氧化成 CO 和风口前 C 燃烧生成 CO 的放热量（C - C_{CO_2}）q_{CO}，间接还原中 CO 氧化成 CO_2 的放热量 $C_{CO_2}q_{CO_2}$，风口前燃料中 C 燃烧生成 CO 消耗的热风带入的热量（C - C_d）q_B。总热收入为三者之和：

$$(C - C_{CO_2})q_{CO} + C_{CO_2}q_{CO_2} + (C - C_d)q_B$$

（2）热支出 Q 根据冶炼 1kg Fe 消耗的热量算出。热平衡方程式为：

$$(C - C_{CO_2})q_{CO} + C_{CO_2}q_{CO_2} + (C - C_d)q_B = Q$$

式中 C——作为燃料消耗的碳量；

C_{CO_2}——间接还原中转化成 CO_2 的碳量，即 $C_{CO_2} = 0.215nFe(1 - r_d)$；

C_d——直接还原消耗的碳量，即 $C_d = 0.215Fer_d$；

q_{CO}——1kgC 氧化成 CO 时放出的热量，一般焦炭中 1kgC 氧化成 CO 放热 9800 kJ/kgC；

q_{CO_2}——1kgC 氧化成 CO_2 时放出的热量，一般按 33410kJ/kgC 计算；

q_B——风口前燃烧 1kgC 时热风带入的热量，一般 $q_B = v_B c_B t_B$。

从热平衡方程式中得出作为热量提供者的碳消耗量 C_H：

$$C_H = [Q - C_{CO_2}(q_{CO_2} - q_{CO}) + C_d q_B]/(q_{CO} + q_B)$$

$$= [Q - 0.215n(1 - r_d) \times (33410 - 9800) + 0.215r_d v_B c_B t_B]/(9800 + v_B c_B t_B)$$

$$= A + Br_d \tag{7-129}$$

式中
$$A = \frac{Q - 5076n}{9800 + v_B c_B t_B}; \quad B = \frac{5076n + 0.215v_B c_B t_B}{9800 + v_B c_B t_B}$$

7.5.3 理论最低碳比和吨铁最低燃料比

将热量提供要求的碳消耗量 C_H，按式（7-129）的线性关系，在图 7-7 上画出一直线 EF，与作为还原剂消耗的碳量 AB 线相交于 O 点。在 O 点处的碳消耗既能满足还原剂需要，又能满足冶炼的热量需要，它就是热力学上氧化铁还原成金属铁时的最低碳消耗。O 点的碳消耗所对应的 r_{dmin}，是热力学上允许的最低铁的直接还原度。

在现代高炉的生产条件下，O 点所对应的 r_{dmin} 通常为 0.2 ~ 0.3。如果冶炼过程中的 r_d 低于 r_{dmin}，则过多的间接还原所需求的 CO 量，超过供热生成的 CO 量与极少量直接还原生成的 CO 量之和。为了达到热力学上还原反应所要求的 CO 量，尚需燃烧部分 C 而生成 CO 来满足，此时的碳消耗取决于 C_i。如果冶炼过程中 r_d 高于 r_{dmin}，则过多的直接还原耗热需要在风口前燃烧更多的碳放热来满足。此时生成的 CO 量与直接还原生成的 CO 量之和，超出了热力学上（$1 - r_d$）Fe 间接还原所要求的 CO 量，此时碳消耗取决于 C_H。这正是目前高炉生产所处的状况（$r_d = 0.4 ~ 0.5$）。应当指出，C_H 受多个因素的影响，最重要的因素是 Q。从图 7-7 不难看出，随着 Q 的降低，C_H 的 EF 线下移（成为 $E'F'$ 线），交点 O 朝着 O'（亦即 r_d 增高的方向）移动。这时，r_{dmin} 有所增加，但碳消耗却降低。在生产操作中，就是要通过进一步降低 r_d 和吨铁热量消耗的途径来降低碳消耗，以达到降低燃料比的目的。

r_{dmin} 和 C_{min} 可通过作图求得 O 点坐标算出，也可通过解析法从 $C_i = C_H$ 方程式求得：

$$r_{dmin} = \frac{0.215n - A}{0.215n + B} \tag{7-130a}$$

$$C_{min} = C_{iO} = C_{HO} \quad (kgC/kgFe) \tag{7-130b}$$

最低碳消耗值，可通过相应的数值和 r_{dmin} 代入式（7-127）或式（7-129）算得。

对应于 C_{min} 的吨铁最低理论焦比 K_{min} 可以通过下式算出：

$$K_{min} = \frac{C_{min}[Fe] \times 10 + C_{dSi,Mn,P,S,\cdots} + C_e}{C_K} \tag{7-131}$$

式中　[Fe]——吨铁的含 Fe 量,%;

$C_{dSi,Mn,P,S,\cdots}$——吨铁中 Si、Mn、P 等少量元素还原和脱硫耗碳量,kg/t;

　　C_e——吨铁中渗碳量, $C_e = [C] \times 10$;

　　C_K——焦炭的含碳量,以小数代入。

7.5.4 高炉实际生产中的碳消耗和燃料比

在具体生产操作条件下,为了挖掘高炉生产操作在降低燃料比方面的潜力,可以通过计算实际碳消耗和燃料比,以其与理论最低碳消耗和燃料比的差距来定量地评估,并由此确定实现低碳、低成本炼铁的操作方针。

7.5.4.1 炉顶煤气利用率与碳消耗

高炉是逆流反应器,在炉身 CO 还原 FeO 后的煤气上升,还将继续还原 Fe_3O_4 到 FeO,还原 Fe_2O_3 到 Fe_3O_4,最终到达炉顶,部分 CO 转变为 CO_2。转变程度的多少,生产上用炉顶煤气 CO 利用率 $\eta_{CO} = \dfrac{CO_2}{CO + CO_2}$ 来衡量;反之,炉顶煤气利用率是利用碳夺取全部氧气进行还原的最终结果。因此,煤气中 CO 夺取氧气的百分率对高炉燃料利用十分重要。为此,将炉顶煤气利用率与碳消耗量和最低碳消耗量的关系绘成图7-8,可以非常清楚地了解和检验生产中高炉所处的状况。图7-8 中的纵坐标与图7-7 相同;而横坐标用间接还原度 r_i' 命名,其与前述直接还原率对应的间接还原率的不同之处在于:它不仅指用 CO 夺取 FeO 中的氧气形成

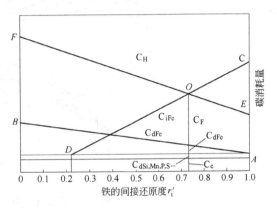

图7-8　炉顶煤气利用率与碳消耗的关系

CO_2,而是 CO 夺取的氧气占全部铁氧化物中氧气的百分率。因此,图7-8 的图形大部分与图7-7 正好相反。由于此处的间接还原度 r_i' 中有部分氧气是由高价铁氧化物中夺取的,所以直接还原度为 1.0 时化学反应限制线碳消耗量的原点不在间接还原度为零的位置,而在铁的高价氧化物被 CO 还原以后 D 的位置。化学反应限制线的上端位于间接还原度为 1.0,即直接还原度为零时的碳消耗量处。

按照 A. 里斯特的操作线图,设定高炉停滞带温度以后,就可以得到该温度时的间接还原极限点 W(见图7-6);并由通过 W 点的 PA_1 线的 A_1 点,可以确定最低燃料比时煤气中的 CO 和煤气利用率 η_{CO}。根据最低燃料比时的煤气利用率 η_{CO} 以及煤气中的 $\dfrac{CO_2'}{CO_2' + CO}$ 比值来确定生成 CO_2 的碳量 C_{CO_2},因为它们存在下述关系:

$$\frac{CO_2'}{CO_2' + CO} = \frac{C_{CO_2}}{C} \tag{7-132}$$

由于现代高炉很少加入熔剂,炉料中带入的也很少,因此可以认为 $CO_2' = CO_2$。则风

口燃烧和溶损碳量 C 可以用下式表示:

$$C_{CO_2} = \frac{CO_2}{CO_2 + CO}C = \eta_{CO}C$$

也可写成:

$$C = \frac{C_{CO_2}}{\eta_{CO}} \tag{7-133}$$

按照前面绘制图 7-8 时求得的最佳间接还原度 $r_{d,opt}$ 处的最低碳消耗量 C_{min},以及与之相对应的最高煤气利用率 $\eta_{CO,max}$,把 O 点处的最低碳消耗量 C_{min} 作为基础,使 $C_{min} = C_{CO_2}$,可以利用式(7-133)求出在最佳间接还原度 $r'_{i,opt}$ 处不同煤气利用率时的风口燃烧和溶损碳量 C。然后把它们与原点连接成一组等 η_{CO} 直线,这样就可将这一重要因素表达在间接还原度 r'_i 与碳消耗关系图上,得到图 7-9。

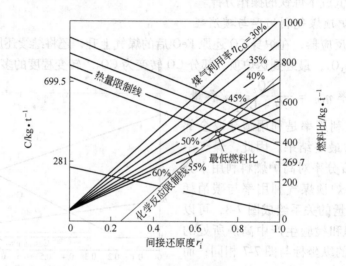

图 7-9 炉顶煤气利用率与碳消耗的关系

如果在上述 Fe-C-O 平衡关系中再加入氢的作用,可以利用 Fe-C-O-H 化学平衡关系计算最低燃料比。则图 7-9 将变成前述第 2 章图 2-1[7]。图中横坐标仍然是间接还原度 r'_i,并且可以将碳消耗量换算成燃料比,则左侧的纵坐标为燃烧碳量与溶损碳量之和,右侧纵坐标为燃料比。铁水含碳以及 Si、Mn、P 等元素直接还原和脱硫消耗的碳量为 44.2kg/t,喷煤比为 159.3kg/t。

图 7-9 中的等煤气利用率 $\eta_{CO} = \frac{CO_2}{CO + CO_2}$ 线组,也可变成图 2-1 中的等煤气利用率 $\eta_{CO,H_2} = \frac{CO_2 + H_2O}{CO + CO_2 + H_2 + H_2O}$ 线组。

由于我国没有采用含氢高的喷吹燃料,不考虑氢的作用对评估最低燃料比的精度影响不大,采用图 7-9 所示的计算图已经可以满足要求。

从图 7-9 得出:随着吨铁热量消耗的降低、炉顶煤气 η_{CO} 的提高,吨铁的碳消耗降低。因此,实现精料,改善焦炭质量、入炉含 Fe 料的冶金性能及粒度组成,合理布料,精心操作,保持炉况稳定顺行,是实现低碳、低成本炼铁的重要措施。

7.5.4.2 碳溶解损失的计算

在一定的冶炼条件下，冶炼吨铁消耗的最低碳量由四个方面组成：生铁渗碳量 C_e，少量元素还原和脱硫消耗的碳量 $C_{dSi,Mn,P,S,…}$，铁直接还原消耗的碳量 C_{dFe}，风口前燃烧碳量 C_ϕ。碳在风口前燃烧放热可满足冶炼过程热能需要，同时还形成间接还原的还原剂 CO。

A 生铁渗碳量 C_e

其数量与生铁成分和铁水温度有关，可通过化验测定，也可在无化验时按如下经验式计算：

$$[C] = 1.34 + 2.54 \times 10^{-3} t_{HM} - 0.35[P] + 0.17[Ti] - 0.54[S] + 0.04[Mn] - 0.30[Si]$$
$$(7-134)$$

或

$$[C] = -8.62 + 28.8 \frac{CO}{CO + H_2} - 18.2 \left(\frac{CO}{CO + H_2}\right)^2 - 0.244[Si] + 0.00143 t_{HM} + 0.00278 p_{CO}$$
$$(7-135)$$

式中　　　　　　　　　　t_{HM}——出铁时铁水温度，℃；

$[C]$，$[Si]$，$[Mn]$，$[P]$，$[S]$，$[Ti]$——分别为铁水中 C、Si、Mn、P、S、Ti 的含量，%；

CO，H_2——分别为炉顶煤气中 CO 和 H_2 含量，%；

p_{CO}——炉顶煤气中 CO 分压，kPa。

生产实践表明，在现代高炉生产条件下，铁水中的碳含量波动在 4.5% ~ 5.1%，最高时可达 5.3%，这样 $C_e \approx 45 \sim 51 kg/t$。

B 少量元素还原和脱硫消耗的碳量 $C_{dSi,Mn,P,S,…}$

其数量与生铁中 Si、Mn、P、Ti 等少量元素含量及吨铁硫负荷有关，可以通过还原反应式和脱硫反应式计算：

$$C_{dSi,Mn,P,S,…} = [Si] \times 10 \times \frac{2 \times 12}{28} + [Mn] \times 10 \times \frac{12}{55} + [P] \times$$
$$10 \times \frac{5 \times 12}{62} + \cdots + u(S) \times \frac{12}{32} \qquad (7-136)$$

式中　u——吨铁渣量，kg/t；

(S)——炉渣含硫量，%。

一般 $C_{dSi,Mn,P,S,…}$ 波动在 6 ~ 12kg/t。

C 铁直接还原消耗的碳量 C_{dFe}

其数量与炉内铁直接还原进行的程度有关，可根据 r_d 计算。r_d 可由高炉冶炼的物料平衡计算得出，也可以通过操作线作图求得：$Y_B = y_d = r_d$。

$$C_{dFe} = 10[Fe] r_d \times \frac{12}{56} \qquad (7-137)$$

一般 C_{dFe} 波动在 85 ~ 90kg/t，生产差一点的高炉 r_d 在 0.6 左右时，C_{dFe} 可达 100kg/t 以上。

D 风口前燃烧碳量 C_ϕ

其数量与吨铁热量消耗和还原状况有关，生产中可根据吨铁风量 v_B 与燃烧 1kgC 消耗

的风量 v_C 计算：

$$C_\phi = \frac{v_B}{v_C} \tag{7-138}$$

燃烧 1kgC 消耗的风量，按 C 在风口前燃烧形成 CO 的反应式计算：

$$v_C = \frac{22.4}{12 \times 2} \bigg/ 风中含氧量 = 0.9333 / 风中含氧量$$

吨铁消耗风量可以通过物料平衡或者风量表的记录计算：

$$v_B = \frac{V(1 - \alpha)}{P}$$

式中　V——风量表显示的风量，m^3/min；

　　　α——漏风率，%，现代大型高炉应不考虑漏风率，因为漏风将使设备很快损毁，当使用风量表记录的风量时不应计算漏风率，当使用物料平衡计算的风量时漏风率可取 2% ~3%；

　　　P——每分钟的出铁量，$P = P_d/1440$，或根据小时下料批数及每批料的出铁量除以 60 求得。

根据以上四项碳消耗的计算结果得出吨铁碳消耗，即碳比：

$$碳比 = C_e + C_{dSi,Mn,P,S,\cdots} + C_{dFe} + C_\phi$$

$$燃料比 = 碳比 / 燃料中碳含量$$

将生产实际数据按式（7-126）、式（7-127）和式（7-129）计算的结果以及计算所得的 C_e、$C_{dSi,Mn,P,S,\cdots}$，绘在图 7-9 中。只需将具体生产条件下的碳消耗和煤气利用率的交点画在图 7-9 中，就可以与最低碳消耗量进行对比，这样可以非常方便地了解和检验生产中高炉所处的状况，并确定改进的方法。

两条直线的上方为实际高炉生产燃料比的允许范围。实际燃料比与最低燃料比之间的差值说明高炉进一步降低燃料比的可能性，以及高炉为提高产量和炉况波动储备热量的需要。高炉炉况波动储备热量的多少与原燃料的波动和操作掌控水平有关，当原燃料质量稳定和炉况波动小时，储备热量可以减少。

降低燃料比最有效的方法是改善原燃料质量、提高强度和改善粒度组成、改善含铁原料的还原性以及寻求最佳的炉料分布，以改善炉身效率、软熔带的分布和冶炼过程。

按照热平衡中热量的供应，热收入主要是由碳燃烧和鼓风带入的热量；热支出中直接还原约占一半（在 47% 左右），铁水和炉渣带走的热量约占 42%，还原 Si、Mn、P、S 的热量约占 3%，冷却及其他热损失约占 8%。降低热量限制线的方法有提高热风温度、降低鼓风湿度、减少渣量、降低生铁含硅量、降低喷吹物的分解热，减少冷却及其他热损失等，降低化学反应限制线的方法有降低浮氏体的还原温度、提高原料的还原性能和喷吹含氢物质等。

7.6 影响高炉炼铁焦比诸因素的计算

在分析高炉生产结果或阐明某一技术措施对生产所起的作用时，需要知道一些重要因素对焦比影响数量的大小，以修正冶炼条件和对比操作水平。一般生产中，经常使用手册或其他文献资料上所列的经验数据，而这些数据是在一定冶炼条件下统计归纳出来的。而且现有的数据大都是 20 世纪 50~60 年代归纳出来的，那时的冶炼条件相对较差。由于冶炼条件的变化，这些数据适用性较差，甚至导致错误的结论。适用性较好的数据应根据现今高炉冶炼的具体条件，用科学的方法计算出来。本章介绍的 A. H. 拉姆联合计算法、P. D. R. 联合计算法和高炉里斯特操作线图法，都可用来解决这一问题。将上述各种方法编制成算法模型及应用软件，能够迅速而且方便地算出影响数量和预测某些技术措施对高炉冶炼的作用，分析高炉操作结果，发现和挖掘生产潜力，为进一步降低焦比指出方向。

7.6.1　A. H. 拉姆联合计算法的应用[1]

7.6.1.1　熔剂用量的影响

应用拉姆计算法时，将取代出高炉配料中 1kg 熔剂作为计算基准；当生产使用熔剂性或高碱度烧结矿，将熔剂加入烧结配料而取代高炉配料中的熔剂时，高炉节焦 ΔK，由此也节约了一些焦炭灰分造渣用的熔剂，$\Delta \Phi = \Phi_K \Delta K$。这样由式（7-5）可以得出：

$$(K - \Delta K)\bar{q}_K + P\bar{q}_P + (\Phi - \Phi_K \Delta K)\bar{q}'_\Phi = 0 \tag{7-139}$$

联解式（7-5）和式（7-139）可得：

$$\frac{\Delta K}{\Phi} = (\bar{q}'_\Phi - \bar{q}_\Phi)/(\bar{q}_K + \Phi_K \bar{q}'_\Phi) \tag{7-140}$$

式中　$\bar{q}'_\Phi$——熔剂加入烧结矿后的热当量，kJ/kg。

例如，某厂将熔剂加入高炉，$\bar{q}_\Phi = -3550$kJ/kg 石灰石，加入烧结矿时 $\bar{q}'_\Phi = -905$kJ/kg 石灰石，焦炭造渣用石灰石量为 $\Phi_K = 0.12$kg 石灰石/kg 焦炭，$\bar{q}_K = 9245$kJ/kg 焦炭，$\Delta K/\Phi = 0.29$kg 焦炭/kg 石灰石。在早期（20 世纪 50 年代前）风温较低，使用品位不高的天然矿冶炼，$\Delta K/\Phi$ 高达 $0.36~0.48$kg/kg。现在高炉风温达到 1200℃，再加上富氧率，$\bar{q}_K$ 高达 11000kJ/kg 以上，$\Delta K/\Phi$ 降低到 0.25kg/kg 左右。这个计算表明，石灰石影响焦比的数值随冶炼条件而变，不宜采用某一固定值。

7.6.1.2　矿石含 Fe 量的影响

在分析矿石含 Fe 量对焦比的影响时，可设想矿石是由纯含 Fe 的有用矿物（Fe_2O_3、Fe_3O_4）与脉石（SiO_2 等）组成的混合物，假定 x 为矿石中有用矿物的变动含量，e_0 为有用矿物的理论出铁量，$\bar{q}_0$ 为有用矿物的热当量，$\bar{q}_1$ 为考虑造渣所需熔剂量后 1kg 脉石的热当量。这样矿石的 $\bar{q}_{P\Phi}$ 和 $e_{P\Phi}$ 分别用以下两式表示：

$$\bar{q}_{P\Phi} = x\bar{q}_0 + (1 - x)\bar{q}_1 \tag{7-141}$$

$$e_{P\Phi} = xe_0 \tag{7-142}$$

对式（7-99）：$K = \bar{Q}_{P\Phi}/\bar{q}_{K\Phi}$ 进行全微分后，除以式（7-99），并将式（7-141）和式（7-142）代入整理得：

$$\frac{\Delta K}{K} \times 100\% = 1/[e_P - (1 - \bar{q}_0/\bar{q}_1)e_P^2/e_0] \tag{7-143}$$

式（7-143）为 Δe 变动 1% 时影响焦比的计算式。

以某厂的条件为例：

矿种	纯 Fe_2O_3	纯 Fe_3O_4	烧结矿	本地块矿	进口澳矿
化学成分/kg·kg^{-1}					
Fe	0.7	0.724	0.5339	0.5247	0.6631
SiO_2			0.0702	0.1965	0.0240
热当量/kJ·kg^{-1}					
$\bar{q}_0$	−3212	−3610	−2482	−2484	−3062
$\bar{q}_1$			−1470	−3079	−1840
$\dfrac{\Delta K}{K}$/%·(%e)$^{-1}$			1.18	2.11	0.88

以上计算表明，矿石含 Fe 量对焦比的影响不仅与原始含 Fe 量有关，而且受脉石组成（主要是 SiO_2）的影响很大。总的来说，对于 SiO_2 含量高的含酸性脉石的赤铁矿，出铁量在 50%～70% 时，出铁量每波动 1%，焦比变动达 3.5% 左右；而对于碱度高的烧结矿，ΔK 下降到 1.0%～0.7%。因此，传统上所说的矿石品位波动 1% 影响焦比 2%、影响产量 3% 的经验是不可取的，应通过计算确定其影响程度。

7.6.1.3　焦炭和喷吹煤粉的灰分、含硫量的影响

在分析焦炭和喷吹煤粉灰分和含硫量的影响时，可以认为冶炼所用矿石及其特性不变，则 $\bar{Q}_{P\Phi} = \text{const}$。从式（7-99）看出，焦比与 $\bar{q}_{K\Phi}$ 和 $\bar{q}_{M\Phi}$ 成反比。现将 $\bar{q}_{K\Phi}$ 和 $\bar{q}_{M\Phi}$ 分解为：

$$\bar{q}_{K\Phi} = q_C(C)_K + \bar{q}_{A\Phi K}(A)_K + \bar{q}_{S\Phi K}(S)_K \tag{7-144}$$

$$\bar{q}_{M\Phi} = q_C(C)_M + \bar{q}_{A\Phi M}(A)_M + \bar{q}_{S\Phi M}(S)_M \tag{7-145}$$

式中　$(C)_K$, $(C)_M$——分别为焦炭和煤粉的固定碳含量，质量分数；
　　　$(A)_K$, $(A)_M$——分别为焦炭和煤粉的灰分含量，质量分数；
　　　$(S)_K$, $(S)_M$——分别为焦炭和煤粉的硫含量，质量分数。

式（7-144）和式（7-145）说明，焦炭和煤粉灰分和硫含量的影响与风温水平、熔剂加入高炉还是加入烧结矿的方式等有关。目前，在风温为 1100±50℃、焦炭原始灰分为 12%、熔剂加入烧结矿中成为高碱度烧结矿的情况下，式（7-144）和式（7-145）可以通过计算 $\bar{q}_{A\Phi K}$、$\bar{q}_{A\Phi M}$ 和 $\bar{q}_{S\Phi K}$ 而简化为：

$$\bar{q}_{K\Phi} = 12200 - 15290(A)_K - 30770(S)_K \tag{7-144a}$$

$$\bar{q}_{M\Phi} = 10490 - 15260(A)_M - 30770(S)_M \tag{7-145a}$$

如果考虑因（A）和（S）的变动而引起固定碳含量也随之变动，则式（7-144a）和式（7-145a）将变为：

$$\bar{q}_{K\Phi} = 9800(C)_K - 2760(A)_K - 20000(S)_K \tag{7-144b}$$

$$\bar{q}_{M\Phi} = (9400 \sim 8400)(C)_M - 2800(A)_M - 20000(S)_M \tag{7-145b}$$

若基准期的 $\bar{q}_{K\Phi}$ 用 $\bar{q}_{K\Phi 0}$ 表示，灰分或硫含量变动后的 $\bar{q}_{K\Phi}$ 用 $\bar{q}_{K\Phi 1}$ 表示，则灰分或硫含量变动后对焦比的影响 $\Delta K/K$ 为：

$$\frac{\Delta K}{K} \times 100\% = \frac{\bar{q}_{K\Phi 1} - \bar{q}_{K\Phi 0}}{\bar{q}_{K\Phi 1}} = 1 - \frac{\bar{q}_{K\Phi 0}}{\bar{q}_{K\Phi 1}} \tag{7-146}$$

7.6.1.4　铁的直接还原度的影响

高炉炼铁的焦比 $K = \bar{Q}_{P\Phi}/\bar{q}_{K\Phi}$。铁的直接还原度对焦比的影响是通过 $\bar{Q}_{P\Phi}$ 的变化而显示出来的，$\bar{Q}_{P\Phi}$ 由 $\bar{q}_{P\Phi}/e_{P\Phi}$ 而得。如果将其消耗热量的计算式展开写出，应为：

$$\overline{Q}_{P\Phi} = Q_{P\Phi} + 0.509\Phi_P CO_{2\Phi} c_g t_g + q_C[C] + C_d(q_C - q_{Cd}) - CO_i q_{CO} - H_{2i} q_{H_2} - M q_M$$

$$(7\text{-}147)$$

式中 $Q_{P\Phi}$ ——矿石及其所需熔剂在炉内冶炼过程中消耗的热量;

$0.509\Phi_P CO_{2\Phi} c_g t_g$ ——矿石所需熔剂分解 CO_2 气体带出炉外的热量;

M, q_M ——分别为喷煤量及煤粉的给热量。

铁的直接还原度 r_d 的变化,将引起 $\overline{Q}_{P\Phi}$ 中 $C_d(q_C - q_{Cd})$、$CO_i q_{CO}$ 和 $H_{2i} q_{H_2}$ 的变化。铁的直接还原耗碳量每增加 1kg 引起的焦比升高量为:

$$\Delta K = (q_C - q_{Cd} + q_{Ci})/\overline{q}_{K\Phi} \tag{7-148}$$

其中

$$q_{Ci} = [\alpha q_{CO} + (1 - \alpha)q_{H_2}]22.4/12 \tag{7-149}$$

式中,α 为一氧化碳以间接还原方式夺取的氧量占全部夺取氧量的百分数。它通过 H_2 和 CO 利用率的比值 $\xi = \eta_{H_2}/\eta_{CO}$ 计算:

$$\alpha = 1/(1 + \xi H_{2\Sigma}/CO_\Sigma) \tag{7-150}$$

一般情况下,C_d 每增加 1kg,焦比升高 2.5 ~ 3.0kg;而 C_d 每增加 1kg,相当于 r_d 升高 0.005。如果高炉炼铁的实际 r_d 在 0.5 左右,那么直接还原度相对升高 1%(= 0.005/0.5 × 100%),焦比升高 2.5 ~ 3.0kg;而绝对值升高 0.01,即由 0.50 升高为 0.51 时,焦比将升高 5.0 ~ 6.0kg。因此,改善间接还原、降低 r_d 是降低焦比的重要途径。

7.6.1.5　风温的影响

风温对焦比的影响比较复杂,从式(7-99)、式(7-144a)和式(7-147)可以看出,随着风温的变化,$\overline{Q}_{P\Phi}$ 和 $\overline{q}_{K\Phi}$ 都变动,为计算风温的影响值,可将 $K = \overline{Q}_{P\Phi}/\overline{q}_{K\Phi}$ 进行全微分:

$$dK = \frac{d\overline{Q}_{P\Phi}}{\overline{q}_{K\Phi}} - \overline{Q}_{P\Phi}\frac{d\overline{q}_{K\Phi}}{\overline{q}_{K\Phi}^2} \tag{7-151}$$

相当于影响值为:

$$\frac{dK}{K} = \frac{d\overline{Q}_{P\Phi}}{\overline{Q}_{P\Phi}} - \frac{d\overline{q}_{K\Phi}}{\overline{q}_{K\Phi}} \tag{7-152}$$

例如,某厂风温由 1050℃ 提高到 1250℃,风温提高 200℃,按式(7-152)计算的结果见表 7-3。

表 7-3　计算风温的影响值

风温/℃	$\overline{Q}_{P\Phi}/kJ \cdot kg^{-1}$	$\Delta\overline{Q}_{P\Phi}/kJ \cdot kg^{-1}$	$\overline{q}_{K\Phi}/kJ \cdot kg^{-1}$	$\Delta\overline{q}_{K\Phi}/kJ \cdot kg^{-1}$
1050	−4550	230	9800	1090
1250	−8780		10890	

$$\frac{\Delta K}{K} \times 100\% = \left(\frac{230}{4550} - \frac{1090}{9800}\right) \times 100\% = 6\%$$

相当于风温每提高 100℃,影响焦比 3%。

7.6.2　应用 P. D. R. 联合计算法计算

P. D. R. 联合计算法确定焦比的计算式如式(7-95)所示。在分析各因素对焦比影响时,可将其中的炉尘一项省略,这样焦比计算式就改为:

$$K = 100 n_C^K \times 17.9 \frac{1200}{(\%C)_K} \tag{7-153}$$

将冶炼参数确定一个基准期，算出基准期焦比 K_0；然后将要计算的因素变动值代入，再计算出其焦比，焦比影响值就可通过

$$\frac{\Delta K}{K} = \frac{K_0 - K}{K_0} \times 100\% \tag{7-154}$$

算出。

如果将 $100 \times 17.9 \frac{1200}{(\%C)_K}$ 预先计算作为常数（焦炭品种不变，固定碳含量不变；当不计算焦炭灰分和含硫影响时，$(\%C)_K$ 将略有变化，可将 $100 \times 17.9 \times 1200$ 作为常数），则通过计算求得 n_C^K，焦比影响值计算式就可以简化为：

$$\frac{\Delta K}{K_0} = \frac{n_{C,0}^K - n_C^K}{n_{C,0}^K} \times 100\% \tag{7-155}$$

7.6.3 应用里斯特操作线图计算[2,4]

里斯特操作线可用来分析一些高炉操作因素变动对焦比的影响。操作因素的变化可能影响操作线的两个方面：改变理想操作线的状态，改变实际操作线的斜率或炉身工作效率。前者通过 W 点和 P 点坐标的改变来影响操作线的状态，后者则是由于实际操作线与理想操作线的斜率差发生变化而造成的。

通过计算影响因素变动后的 $Y_E(-y_f - y_b)$ 和 $Y_B(y_d)$，按式（7-156）可算出焦比；或通过计算影响因素变动后 Y_E、Y_B 的变量 ΔY_E 和 ΔY_B，按式（7-157）算出焦比的变动量：

$$K = \frac{\dfrac{12(y_d + y_f + y_b) \times [\text{Fe}]}{56} + 10[\text{C}]}{C_K}[\text{Fe}] \tag{7-156}$$

$$\Delta K = \frac{\dfrac{12(\Delta Y_E + \Delta Y_B) \times [\text{Fe}]}{56} + 10[\text{C}]}{C_K}[\text{Fe}] \tag{7-157}$$

7.6.3.1 铁的直接还原度 r_d 变化

随着高炉冶炼采用精料和操作技术的进步，高炉内的间接还原得到发展，而直接还原则减少。这反映在高炉操作线上就是 B 点，B 点的横坐标是固定的 $X_B = 1.0$，而直接还原的多少影响 B 点的纵坐标 Y_B，如前所述，$Y_B = y_d$。间接还原发展、直接还原减少使 Y_B 值减小，B 点下移为 B_1，这样就出现 ΔY_B。如果除铁的直接还原变化外，其他有效热量消耗保持不变，则 P 点保持不变。连接 B_1 点与 P 点得到新的操作线，向两端延伸得到新的 A_1 点和 E_1 点（见图7-10）。E_1 点与 E 点的纵坐标差值为 ΔY_E。根据所得的 ΔY_E 和 ΔY_B，可按式（7-157）算得因 r_d 变化而影响焦比的量。

7.6.3.2 炉料中使用金属化球团矿

在高炉炉料中，使用金属化球团矿是降低高炉焦比的一项措施。利用竖炉或转底炉，用煤或还原性气体将球团矿还原到一定的金属化程度（65% ~ 80%），然后加入高炉。实践表明，每金属化10%可节焦6.5%左右。在操作线图上可以获得这一结果（见图7-11），使用金属化球团矿后，图上的 W 点和 P 点发生相应的变化。

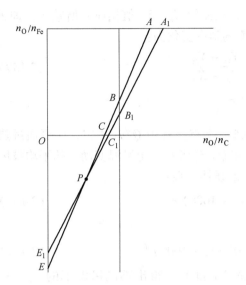

图 7-10 铁的直接还原度 r_d 变化的影响

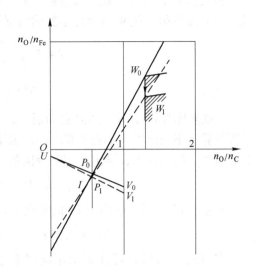

图 7-11 金属化球团对 Y_W 的影响

设 α 为炉料中金属铁的比例数，则在操作线图上相应的变化有：

$$\Delta Y_W = -1.05\alpha$$

$$\Delta Y_V = -0.112\alpha$$

$$\Delta Y_P = -0.112 X_P \alpha$$

$$\Delta\mu = \frac{\Delta Y_W - \Delta Y_P}{X_W - X_P} = \frac{1.05\alpha - 0.112 X_P \alpha}{X_W - X_P} = \frac{(1.05 - 0.112 X_P)\alpha}{X_W - X_P}$$

或

$$\frac{\Delta\mu}{\alpha} = (1.05 - 0.112 X_P)/(X_W - X_P) \tag{7-158}$$

例如，$X_W = 1.29$，$X_P = 0.60$，则：

$$\frac{\Delta\mu}{\alpha} = \frac{\Delta Y_W - \Delta Y_P}{X_W - X_P} = \frac{1.05 - 0.112 X_P}{X_W - X_P}$$

$$= \frac{1.05 - 0.112 \times 0.60}{1.29 - 0.60}$$

$$= 1.424 \text{kg 原子 C/kg 原子 Fe}$$

$$\Delta K = \frac{215}{C_K} \cdot \frac{\Delta\mu}{\alpha}[\text{Fe}]$$

$$= \frac{215}{0.85} \times 1.424 \times 0.945$$

$$= 340 \text{kg 焦 /t 生铁}$$

在 $\alpha = 10\%$ 时，$\Delta K = 36$kg/t，如果吨铁燃料比为 550kg/t，则 ΔK 相应为 6.54%。

7.6.3.3 风温变化

在操作线图上，风温变化反映为 P 点的坐标变化（见图 7-12），因为 P 点坐标

$$X_P = q_d/(q_d + q_b), \quad Y_P = y_f + X_P(Y_V - y_f)$$

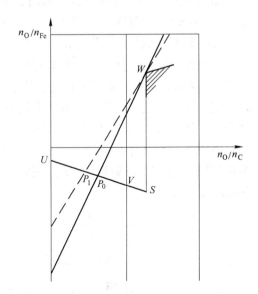

图 7-12 风温提高对操作线的影响

随风温变化而 q_b 变动。在风温提高以后，q_b 增大，从而使 X_P、Y_P 值相应有所减小，即 P 点向左上方移动。在 W 点坐标不变的情况下，PW 的斜率变化为：

$$\Delta\mu = \frac{Y_W - Y_{P1}}{X_W - X_{P1}} - \frac{Y_W - Y_{P0}}{X_W - X_{P0}} \tag{7-159}$$

$$\Delta K = \frac{215}{C_K}\Delta\mu[Fe]$$

P 点坐标与 q_b 有关，风温变动后，q_b 随之也变。V 点坐标由 Q/q_d 决定，Q 要通过热平衡计算，不同风温水平要计算不同风温下的 q_b 和 Q。作者在设定风温变动下的平均鼓风热容为常数的情况下，导出适用于我国的 q_b 与 t_B 的线性关系：

$$q_b = 115 + 0.075(t_B + 1000) \tag{7-160}$$

在 $q_d = 153.2MJ/kg$ 原子 Fe 的情况下，

$$X_P = 0.571/[1 + 2.8 \times 10^{-4}(t_B - 1000)] \tag{7-161}$$

应用式（7-161）可计算出不同风温条件下的 X_P 和 Y_P，得出不同风温下的 X_P、Y_P 后，就可按式（7-159）计算 $\Delta\mu$ 和 ΔK。例如在 $W(1.29, 105)$、$U(0, -0.045)$、$V(1, -0.614)$ 的情况下，风温由 1000℃ 提高到 1200℃ 时，代入式（7-161），则：

$$X_{P0} = 0.571, \quad X_{P1} = 0.541$$

$$Y_{P0} = -0.370, \quad Y_{P1} = -0.353$$

由式（7-159）得出：

$$\Delta\mu = \frac{Y_W - X_{P2}}{X_W - X_{P2}} - \frac{Y_W - X_{P1}}{X_W - X_{P1}} = -0.102kg \text{ 原子 } C/kg \text{ 原子 } Fe$$

$$\Delta K = \frac{215}{C_K}\Delta\mu[Fe] = 24.6kg/t$$

即风温由 1000℃ 提高到 1200℃ 时，焦比降低 26kg/t，相当于每提高 100℃ 风温可节约焦炭 12.5kg/t，在燃料比为 530kg/t 时，相当于每提高 100℃ 风温可节约焦炭 2.36%。

7.6.3.4 生铁含硅量变化

生铁含硅量的变化，既影响硅还原消耗碳量 C_{dSi}，从而影响 y_f；又使热消耗量随之变化，因而使计算 V 点坐标的其他有效热消耗 Q 也随之变化，使 Q/q_d（即 V 点的纵坐标）发生变化，出现 ΔY_U 和 ΔY_V 同步的正比变化，结果使操作线图上的 UV 线围绕一个 J 点旋转（见图 7-13）。这时：

$$\frac{X_J - 1}{X_J} = \frac{\Delta Y_V}{\Delta Y_U} \tag{7-162}$$

$$X_J = \Delta Y_U/(\Delta Y_U - \Delta Y_V)$$

而 $\Delta Y_U = -4\dfrac{\Delta[Si]}{[Fe]}$，$\Delta Y_V = \Delta Y_U\dfrac{q_{Si}}{q_d}$

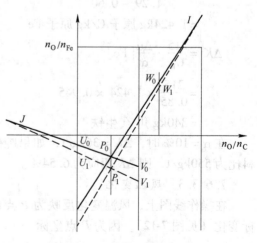

图 7-13 生铁含硅量的影响

P 点的位移：

$$\Delta Y_P = (X_P - X_J)(\Delta Y_V - \Delta Y_U) \tag{7-163}$$

P 点位移后造成新旧操作线的斜率变化，其值为：

$$\Delta\mu = (\Delta Y_P)/(X_W - X_P) \tag{7-164}$$

导致的焦比变化为：

$$\Delta K = \frac{215}{C_K}\Delta\mu[\mathrm{Fe}]$$

7.6.3.5　喷吹含有 H_2 的燃料

里斯特操作线是设定高炉内的物理化学反应在 Fe-O-C 系内进行的氧的传递过程。在喷吹含 H_2 燃料时，反应在 Fe-H_2-O-C 系内进行，操作线的计算、画法及其他因素在操作线上的表达应做必要的补充。在补充时有不同的考虑和方法，现将最常用的方法介绍如下。

氢与碳参与反应的不同之处在于，氢是以分子状态参与反应，与氧原子结合后形成 H_2O，仍以分子状态存在。这样 H_2 就要以分子作为坐标单位，即纵坐标为 n_{O+H_2}/n_{Fe}，横坐标为 n_{O+H_2}/n_{C+H_2}。在绘制操作线时，先计算炉料（焦炭中的有机 H_2、部分结晶水在高温区分解后与 C 反应生成的 H_2）和喷吹燃料中的 H_2，然后按操作线要求换算成：

$$y_{H_2} = \frac{H_2/2}{[\mathrm{Fe}] \times 10/56} \quad (\text{kg 分子 } H_2/\text{kg 原子 Fe}) \tag{7-165}$$

由于 H_2 与 H_2O 的出现，说明炉顶煤气的 X_A 计算式变为：

$$X_A = \left(\frac{n_{O+H_2}}{n_{C+H_2}}\right)_A = \frac{CO + H_2 + 2CO_2 + 2H_2O}{CO + H_2 + CO_2 + H_2O} = 1 + \frac{CO_2 + H_2O}{CO + H_2 + CO_2 + H_2O} \tag{7-166}$$

应当说明，生产中无法分析煤气中还原生成的 H_2O_{red}，一般应通过 H_2 平衡计算：

$$H_2O_{red} = 11.2(H_{2m} + H_{2M}) + V_B\varphi - V_g H_{2g} \tag{7-167}$$

也可以通过 η_{H_2} 计算：

$$H_2O_{red} = [11.2(H_{2m} + H_{2M}) + V_B\varphi]\eta_{H_2} \tag{7-168}$$

而 η_{H_2} 可通过 $\eta_{CO}/\eta_{H_2} = \xi$ 算出，因为高炉内存在着处于平衡状态的反应 $H_2 + CO_2 \rightleftharpoons CO + H_2O$，所以常认为 $\eta_{CO}/\eta_{H_2} \approx 1.0$，因此式（7-168）可写成：

$$H_2O_{red} = [11.2(H_{2m} + H_{2M}) + V_B\varphi]\eta_{CO} \tag{7-168a}$$

而 η_{CO} 可根据炉顶煤气中的 CO 和 CO_2 含量算出。

在很多文献上，在绘制喷吹含 H_2 燃料时的操作线时，保持 Y_A 不变，X_A 按式（7-166）算出，而 Y_E 则由 y_f、y_{H_2} 和 y_b 三者组成，如图 7-14a 所示。所得操作线的斜率 μ：

$$\mu = \frac{n_{O+H_2}/n_{Fe}}{n_{O+H_2}/n_{C+H_2}} = n_{C+H_2}/n_{Fe} \tag{7-169}$$

操作线的斜率 μ 表明冶炼 1kg 原子 Fe 消耗的 C 原子和 H_2 分子总量。斜率 μ 与燃料比基本相同，根据消耗 H_2 分子数计算出喷吹煤粉量，然后再算出焦炭消耗量，两者之和即为燃料比。

从炼铁工艺原理来分析，这样处理 y_{H_2} 并不完全合理。如果矿石中含有大量易还原元

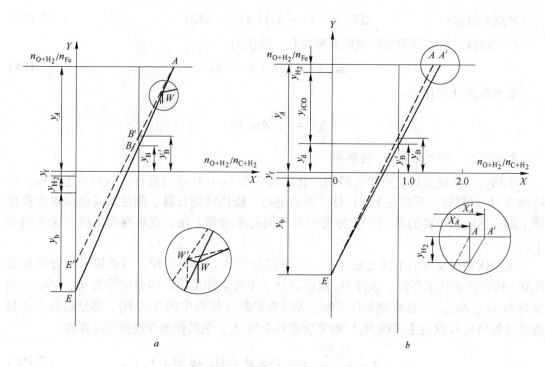

图 7-14 H_2 的参与对操作线的影响

a—y_{H_2} 置于 Y 轴负方向；b—y_{H_2} 置于 Y 轴正方向

X_A—未考虑 H_2 还原的情况；X_A'—考虑 H_2 还原后的情况；

- - - - 不喷吹燃料时；——喷吹含 H_2 燃料时

素氧化物，例如 Ni、Cu 等氧化物，H_2 还原它们夺取的氧量与 Si、Mn、P 和脱 S 夺取的氧量相类似。这时，y_{H_2} 如同 y_f 那样，置于 Y 轴的负方向是合理的。但是在高炉内，H_2 参与间接还原夺取的氧是与 Fe 结合的氧，即 Fe_2O_3、Fe_3O_4 还原剂 FeO 和 FeO 还原到 Fe 过程中夺取的氧。这样，y_{H_2} 是 y_A 中的 y_i 的一部分，将 y_{H_2} 置于 Y 轴的正方向才是合理的。由此绘制的操作线如图 7-14b 所示。

由于 H_2 参与了还原反应，操作线上的各点也有相应的变化。最重要的是 W 点，它要根据 H_2 和 CO 间接还原在 1000℃ 时的平衡气相成分及参与还原反应的 CO 和 H_2 的比例算出。在 1000℃ 时的平衡气相成分中 CO_2 为 29%，而 H_2 则为 42%。如果参与还原反应的 CO + H_2 中有 15% H_2、85% CO，则 W 点的横坐标 X_W 为：

$$X_W = 1 + \frac{29 \times 0.85 + 42 \times 0.15}{100} = 1.31$$

它表明喷吹含 H_2 燃料后，W 点向右移动了。而且燃料 H_2 含量越高，煤气中 H_2 所占比例越多，W 点向右移动量越大，其极限值为全部 H_2 时的 1.42。

其他点的变动可通过计算确定。例如 B 点，$Y_B = y_d = r_d$，因 H_2 参与还原反应，$r_d = 1 - r_{iCO} - r_{iH_2}$，所以 r_d 降低了，Y_B 也下移了。再如由于 y_{H_2} 的出现，使 U 点下移。但如果其他有效热量消耗 Q 基本不变，则 V 点不变，这样 P 点向下方有所移动。

7.7 理论燃烧温度计算[4]

理论燃烧温度亦称循环区火焰温度，指的是碳在风口前燃烧放出的热量全部用来加热燃烧产物后所能达到的温度，即把碳在风口前燃烧视为一个绝热过程而不考虑实际存在的热损失，虽然它与实际火焰温度有差别（偏高），但它已成为高炉操作者判断炉缸热状态的重要参数。其值通过循环区碳燃烧绝热过程的热平衡求得：

热收入 $\qquad Q_C + Q_B + Q_K + Q_M$

热支出 $\qquad Q_{res.W} + Q_{res.M} + V_g c_g t_F + Q_{KA} + Q_{MA} + Q_{uPC}$

这样 $\quad t_F = (Q_C + Q_B + Q_K + Q_M - Q_{res.W} - Q_{res.M} - Q_{KA} - Q_{MA} - Q_{uPC})/V_g c_g$ (7-170)

式中 $\quad Q_C$——燃料中 C 在风口前燃烧生成 CO 时放出的热量，一般焦炭中的碳燃烧放热为 9800kJ/kgC，因煤粉中碳的石墨化程度低，燃烧时放出的热量要稍高一点，为 10400kJ/kgC；

$\quad Q_B$——燃烧 C 用热风带入的热量，$Q_B = V_B c_B t_B$，kJ；

$\quad Q_K$——焦炭进入循环区时带入的热量，即焦炭进入循环区时的物理热，它由焦炭量与其焓的乘积而得，kJ；

$\quad Q_M$——喷吹煤粉带入的热量，它由煤粉量与其焓的乘积而得，kJ；

$\quad Q_{res.W}$——鼓风中的湿分和喷吹燃料带有的物理水分解耗热，一般为 10800kJ/m³ H₂O；

$\quad Q_{res.M}$——喷吹燃料热分解耗热，它通过测定而得，kJ；

$\quad V_g$——燃烧中碳燃烧生成的煤气量，m³；

$\quad c_g$——燃烧生成的煤气在 t_F 时的平均比热容，kJ/(m³·℃)；

$\quad Q_{KA}$——焦炭灰分带走的热量，kJ；

$\quad Q_{MA}$——煤粉灰分带走的热量，kJ；

$\quad Q_{uPC}$——未燃煤粉带走的热量，kJ。

7.7.1 循环区煤气成分和数量及炉腹煤气成分和数量

7.7.1.1 循环区煤气成分和数量

众所周知，循环区处于 2000℃以上高温，鼓风中的氧很快消失，而燃料中的碳却充满整个炉子下部的滴落带，因此喷吹燃料和焦炭中的碳氧化只能生成 CO，其余为鼓风和燃料带来的 H₂ 和 N₂。燃烧生成的煤气成分和煤气量 V_g 可以 1kg 碳、1m³ 鼓风或生产 1t 生铁为计算单位。在不喷吹燃料时，以燃烧 1kg 碳计算较简便；而在喷吹燃料时，常以生产 1t 生铁计算。三种计算的计算式为：

（1）以燃烧 1kg 碳为单位：

$$CO = 1.8667 \qquad (7-171)$$

$$H_2 = v_B \varphi \qquad (7-172)$$

$$N_2 = v_B(1 - \omega)(1 - \varphi) \qquad (7-173)$$

（2）以 1m³ 鼓风为单位：

$$CO = [(1 - \varphi)\omega + 0.5\varphi] \times 2 \qquad (7-174)$$

$$H_2 = \varphi \tag{7-175}$$

$$N_2 = (1 - \varphi)(1 - \omega) \tag{7-176}$$

（3）以生产 1t 生铁为单位（包括喷吹燃料在内）：

$$CO = \frac{22.4}{12}C_\phi = 1.8667C_\phi \tag{7-177}$$

$$H_2 = V_B\varphi + \frac{22.4}{2}H_{2M} \tag{7-178}$$

$$N_2 = V_B(1 - \varphi)(1 - \omega) + \frac{22.4}{28}N_{2M} \tag{7-179}$$

式中 v_B——燃烧 1kgC 所消耗的风量，不富氧时 $v_B = \frac{22.4}{2 \times 12}\left[\frac{1}{(1-\varphi) \times 0.21 + 0.5\varphi}\right]$，富

氧时 $v_B = \frac{22.4}{2 \times 12}\left[\frac{1}{(1-\varphi) \times 0.21 + 0.5\varphi + \omega O_2}\right]$，$m^3/kgC$；

ω——富氧率，%；

φ——鼓风湿分，%；

C_ϕ——冶炼 1t 生铁风口前燃烧碳量，$C_\phi = V_B/v_B$，kg/t；

V_B——冶炼 1t 生铁消耗的风量，m^3/t；

H_{2M}，N_{2M}——冶炼 1t 生铁由喷吹燃料带入的 H_2 及 N_2 量，kg/t。

将生成的 CO、H_2、N_2 量相加的总和即为煤气量（m^3/kgC 或 m^3/t），将 CO、H_2、N_2 量除以煤气量即得煤气各组分的体积分数。

7.7.1.2 炉腹煤气成分和数量

目前关于炉腹煤气的概念并不严格，尚无统一的定义。有人认为，循环区生成的煤气离开循环区就进入炉腹，所以炉腹煤气量就是循环区形成的煤气量；有人认为，在现代高炉上，炉腹煤气应是滴落带内的煤气，除循环区形成的煤气外，它还应计入少量元素还原生成的 CO 量等。本书采用国际通用的前一种观点，即炉腹煤气的数量等同于燃烧带生成的煤气量，其成分也等同于燃烧带生成煤气的成分。

7.7.2 燃料带入循环区的热量

在喷吹煤粉的情况下，燃料带入循环区的热量包括两部分：一部分由焦炭带入；另一部分由煤粉带入。两者相比，前者比后者大得多，因为在燃料的数量上焦炭比煤粉多，其比值为焦炭：煤粉 = (3:2) ~ (4:1)；而在进入循环区时，焦炭温度 t_C 在 1500℃以上，而煤粉温度 t_M 在 80℃以下；同时，焦炭的比热容也比煤粉的大，因为比热容是温度的函数，一般物料随着温度的升高，比热容增大。所以在生产中计算 t_F 时，常将煤粉带入热量（约 1400kJ/t 生铁）忽略不计，而只算焦炭进入循环区时带入的热量。焦炭带入循环区的热量为：

$$Q_K = \alpha K c t_C \tag{7-180}$$

式中 α——焦炭在风口前的燃烧率，%；

K——焦比，kg/t；

    c——焦炭的比热容,在焦炭进入循环区时的温度范围内,平均比热容约为 1.675kJ/(kg·℃),但严格来说,比热容是焦炭温度的函数,它随焦炭进入循环区时的温度而变化;

    t_C——焦炭进入循环区时的温度,℃。

    传统的文献中,常将焦炭进入循环区时的温度设定为1500℃,这是在20世纪50年代风温较低、t_F 在2100℃左右时的统计数值。现在风温已达1200±50℃,t_F 高的达到2300~2350℃。据我国的生产实践统计,$t_F = 2200 \pm 50$℃,低的也在2150℃以上,因此 t_C 要比1500℃高。大量的统计数据表明,t_C 是 t_F 的函数,t_C 还取决于炉内的热交换,热交换好,t_C 就高;反之,热交换不好(生降等炉况),t_C 就低。在正常炉况下,t_C 与 t_F 的关系为:

$$t_C = (0.7 \sim 0.75) t_F \tag{7-181}$$

将此关系式代入式(7-170),并取焦炭进入循环区时的平均比热容为1.675kJ/(kg·℃),焦炭在风口前的燃烧率为 0.65~0.7,则得出 $Q_K = 0.85K$。

    在高炉生产的实际操作中,在相对精度允许的条件下,常将 Q_M、Q_{KA}、Q_{MA} 和 Q_{uPC} 几项简化省略,这样:

$$t_F = \frac{Q_C + Q_B - Q_{res.W} - Q_{res.M}}{V_g c_g - 0.85K} \tag{7-182}$$

    如果要获得精确的计算结果,就要通过燃烧带热平衡和高温区热平衡两个方程式联解求得 t_F 和 t_C。

7.8 最佳化高炉炼铁线性规划

7.8.1 线性规划配料计算[6]

    企业的经济效益是企业经营管理的目标,因此常成为线性规划的目标函数[7]。而炼铁生产受一定条件的制约,必须满足高炉冶炼的要求就成为约束条件。这种方法适用于工厂的采购计划等方面,可以适用于高炉的多种配料的选择,预测在可能选择矿石品种的范围内获得最佳选择。这种方法可以在 A. H. 拉姆联合计算法的基础上,将其中的某些等式变为不等式,成为约束条件;然后制订一组目标,即线性规划的目标函数。

    在保持出铁量方程式(7-1)和热平衡方程式(7-5)的条件下,

$$\sum (m e_m) + M e_M = 1 \tag{7-1}$$

$$\sum (m \bar{q}_m) + M \bar{q}_M = 0 \tag{7-5}$$

    我们可以把式(7-2)、式(7-3)和式(7-4)变成一组符合冶炼条件的不等式,冶炼条件用一个上、下限的范围表示。

    以 A. H. 拉姆联合计算法的炉料和喷吹燃料的物料特性为例,正常冶炼时,炉渣碱度、生铁锰含量以及炉渣中的 MgO、Al_2O_3 含量等可以保持在某个允许的范围内,不至于引起高炉冶炼的困难。在实际生产中,无论是炉渣还是生铁的成分都是在一定的范围内为合格,并非一个固定值。因此,约束其上限或下限时,可以写出两个方程。例如,对于某个炉渣成分的约束方程式可以是两个,即某个炉渣成分的上限为一个小于或等于0的方程式,而下限为一个大于或等于0的方程式。

这个范围可以用两个方程式表示，如规定炉渣碱度的上限为 R_{max}，下限为 R_{min}，则炉料和喷吹燃料的自由碱性氧化物量为：

$$\overline{RO}_{max} = CaO + MgO - R_{max}(SiO_2 - 2.14e[Si]) \qquad (7\text{-}8a)$$

$$\overline{RO}_{min} = CaO + MgO - R_{min}(SiO_2 - 2.14e[Si]) \qquad (7\text{-}8b)$$

由此，炉渣碱度或造渣氧化物的平衡方程式为：

$$\Sigma(m\,\overline{RO}_{mmax}) + M\,\overline{RO}_{Mmax} \leqslant 0 \qquad (7\text{-}3a)$$

$$\Sigma(m\,\overline{RO}_{mmin}) + M\,\overline{RO}_{Mmin} \geqslant 0 \qquad (7\text{-}3b)$$

同样，生铁中某元素要求的含量或某元素，例如 [Mn]、[P] 等的平衡方程式为：

$$\Sigma(m\overline{X}_{mmax}) + M\overline{X}_{Mmax} \leqslant 0 \qquad (7\text{-}2a)$$

$$\Sigma(m\overline{X}_{mmin}) + M\overline{X}_{Mmin} \geqslant 0 \qquad (7\text{-}2b)$$

炉渣中某一造渣氧化物含量或渣中某氧化物的平衡，例如（MgO）、（Al$_2$O$_3$）等可以写成如下方程式：

$$\Sigma(m\overline{Y}_{mmax}) + M\overline{Y}_{Mmax} \leqslant 0 \qquad (7\text{-}4a)$$

$$\Sigma(m\overline{Y}_{mmin}) + M\overline{Y}_{Mmin} \geqslant 0 \qquad (7\text{-}4b)$$

然后增加一个目标函数，目标函数由一组系数 C_m 和 1kg 物料组成，即式（7-98a）：

$$S = \Sigma(C_m m) \qquad (7\text{-}98a)$$

目标函数可以求得最低原料价格的配矿、最低燃料价格的配矿或者成本最低等。这种方法已经广泛应用于生产管理、购矿决策，并且考虑更多的因素而发展应用了非线性规划。

为了保证方程组能够得到解，没有必要规定上、下限者，尽量不作为约束条件。

当然，也可以用 A. 里斯特教授的方法：高炉上部和下部采用物质和能量平衡方程式，并假定两个区域之间的边界上存在热量和化学停滞区，其条件接近化学和热平衡；此模型还包括循环区状态的全面描述。

7.8.2 最佳化炼铁生产经济操作模型[8]

模型开发的目标是确定最有利的高炉操作方法。可是，由于描述高炉操作参数与原燃料性能之间的关系涉及非线性规划分析，使得问题的求解非常复杂，优化往往需要大量的迭代并可能得不到满意的答案。因此，选择描述过程性能的模型是分析中重要的一步，并将分析转化成线性模型使问题简化。

7.8.2.1 最佳经济操作模型的构成

在高炉物质和能量平衡为第一级模型的基础上，通过第二级线性规划可以建立降低生铁成本的优化工艺经济模型，制订最有利的高炉操作方法。为达到这一目的，必须引入第二级变量，形成一个混合整数线性规划（MILP）问题。

　　由高炉物质和能量平衡建立最重要的过程典型状态变量组合，例如风量、氧气量、喷吹燃料比、风温、球团矿比和熔剂比 6 个变量，并确定其变化范围和等级。由因子法建立最重要的输入变量组合。根据所研究高炉的实际条件，在本模型中因子法给出了 50 种不同变量的组合。将其用作 A. 里斯特高炉物质和能量平衡的第一级模型的输入变量，并估算出若干有用的操作选择，形成一个带有风量、氧气量、喷吹燃料比、风温、球团矿比和熔剂比 6 个变量的回归点阵 $X_1 = \dot{V}_B$、$X_2 = \dot{V}_{O_2}$、$X_3 = m_{Inj}$、$X_4 = t_B$、$X_5 = m_P$ 和 $X_6 = m_{Lime}$，以及 13 个第二级模型的输入项。第二级模型的输入项为铁水产量 $\dot{m}_{hm}$、焦比 m_{coke}、风口燃烧温度 t_F、炉腹煤气量 V_{BG}、炉料在炉内停留时间 τ、炉顶煤气温度 t_T、炉渣碱度 B、渣比 m_{slag}、炉顶煤气量 $\dot{V}_T$ 和成分 y_{CO}、y_{CO_2}、y_{H_2} 以及热值 Q_T。这些输入项都预先作成线性回归方程形式：

$$Y_i = K_{i,0} + K_{i,1}\dot{V}_B + K_{i,2}\dot{V}_{O_2} + K_{i,3}m_{Inj} + K_{i,4}t_B +$$

$$K_{i,5}m_P + K_{i,6}m_{Lime} \quad (i = 1, 2, \cdots, 13) \tag{7-183a}$$

或者矩阵
$$\boldsymbol{Y} = \boldsymbol{K}\tilde{\boldsymbol{X}} \tag{7-183b}$$

式中　$\dot{V}_B$——风量，m^3/min；

　　　　$\dot{V}_{O_2}$——氧气量，m^3/min；

　　　　m_{Inj}——喷吹燃料比，kg/t；

　　　　m_P——球团矿比，kg/t；

　　　　m_{Lime}——熔剂比，kg/t；

　　　　t_B——风温，℃。

式中，$\boldsymbol{Y} = (Y_1, \cdots, Y_{13})^T$；$\tilde{\boldsymbol{X}} = [1, X_1, \cdots, X_6]^T$；点阵 $\boldsymbol{K}$ 的元素由线性回归决定，产生 13 个输出值的精确模型。由于烧结矿、球团矿和铁水成分是固定的，烧结矿比可以通过铁的质量平衡求出。

7.8.2.2　约束条件和目标函数

A　约束条件

　　为使操作的优化有实际意义，必须考虑实际操作条件的约束。当然，其中应考虑炉料（焦炭、烧结矿和球团矿）的最高供应量以及喷吹的燃料和氧气的供应量。除了这些外部约束条件以外，还应有受内部条件限制的变量，例如风量、风口燃烧温度、炉顶煤气温度、炉腹煤气量、炉料停留时间、炉渣碱度等。其中，风温的约束是因为热风炉操作的限制；此外，还应限制炉腹煤气量，以防止高炉下部发生液泛和流化。炉顶煤气温度的上限受煤气输送和净化系统允许温度的约束，而且输出煤气水分冷凝决定其下限。还可以合理引入炉料停留时间限制，时间太短，可能出现炉料接近停滞区时没有达到应有的还原度；而时间太长，则可能导致烧结矿降解等。

　　为了说明模型，现以芬兰中型高炉实例进行说明。高炉操作第一级变量的等级、最大值和最小值见表 7-4；用于线性模型式（7-183a）第二级的输入变量共 13 个，其中 6 个变量还规定了范围，见表 7-5。

表 7-4 第一级变量的等级、最小值和最大值

变 量	等级	最小值	最大值	变 量	等级	最小值	最大值
风量/$m^3 \cdot min^{-1}$	3	1670	2330	风温/℃	5	950	1100
鼓风含氧/%	5	21	49	球团矿配比/%	5	20	40
油比/$kg \cdot t^{-1}$	6	0	200	石灰石/$kg \cdot t^{-1}$	4	0	60

表 7-5 某些第二级变量的范围

变 量	单 位	范 围	变 量	单 位	范 围
铁水产量 $\dot{m}_{hm}$	t/d	3120~3600	炉顶煤气温度 t_T	℃	100~250
炉腹煤气量 V_{BG}	m^3/min	2500~3250	炉料在炉内停留时间 τ	h	6.5~9.5
风口燃烧温度 t_F	℃	2000~2300	炉渣碱度 B		1.05~1.2

本来，优化的可行域应该是 n 维欧氏空间的凸集。为了说明优化方案中可行区域及限制的概念，只能通过二维图形来简要地表示特定日产量为 3320t/d 时层面的可行区域，见图 7-15。图中横坐标为油比 m_{Oil}，纵坐标为鼓风含氧量 $y_{O_2,B}$。图 7-15 能够增进对约束条件及提出的一些变量范围和最佳区域的深入理解。

图 7-15 中用粗线框住的范围为日产量为 3320t/d 时的可行区域，在区域内符合各种有效约束限制的范围属于可操作的范围。粗线边界顶部的鼓风含氧量取决于鼓风温度 t_{Bmin} 的限制。从顶部沿着顺时针方向的粗线边界为喷油比上限 200kg/t 的制约，其还受到炉料最大停留时间 τ_{max} 的限制。粗线向下当富氧含量较低时，风口燃烧温度的下限 $t_{F,min}$ 成为有效限制。当氧气量较低时，区域界线由炉腹煤气量上限 $V_{BG,max}$ 以及风温上限 $t_{B,max}$ 限定。低油比时，区域内左下角的有效限制为炉料的最短停留时间 τ_{min}。边界向上和向右，允许的最

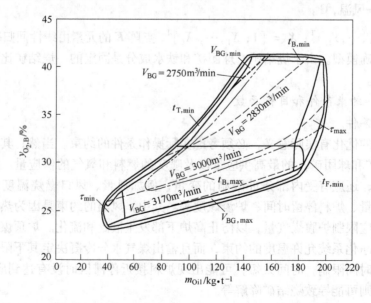

图 7-15 当产量为 3320t/d 时的可行区域内的有效约束
（双点划线包络的区域是产量为 3500t/d 时的可行域；虚线为等炉腹煤气量 V_{BG} 线）

低炉顶煤气温度 $t_{T,min}$ 成为有效限制。最后边界曲线向右、向上升高，最小炉腹煤气量 $V_{BG,min}$ 成为限制条件，一直回到风温下限 $t_{B,min}$ 时路径结束。

在图 7-15 中还给出了产量为 3320t/d 时的等炉腹煤气量 V_{BG} 曲线，即 2750m³/min、2830m³/min、3000m³/min 和 3170m³/min 时的等炉腹煤气量 V_{BG} 曲线。随着炉腹煤气量上限 $V_{BG,max}$ 允许值的升高，曲线向右下方移动就能扩大可行域的范围。这说明通过改善原燃料来提高炉腹煤气量的上限值 $V_{BG,max}$，可操作的区域可变得宽广。

当高炉产量不同时，就不能用二维的平面图形来表示，而变成三维的立体图形。随着高炉产量的提高，可行域逐渐缩小，特别是炉腹煤气量上限 $V_{BG,max}=3250m³/min$ 的曲线将向上移动，炉料停留时间的下限 τ_{min} 会向右移动。当高炉产量由 3320t/d 增加到 3500t/d 时，可行区域缩小并向右上角移动，即要求有更高的油比 m_{Oil} 和更高的富氧量 $y_{O_2,B}$。图 7-15 中双点划线就是产量为 3500t/d 时的操作范围。这说明在产量变化时，随着产量的提高，可行域层面的区域缩小并存在一个峰值。若不改善操作条件，欲进一步超过峰值的产量，则不可行。

如果再多考虑一个变量的限制，例如炉顶温度的限制，则可行域必须用四维空间才能表示。当有 n 个变量限制时，则可行域只能用 n 维欧氏空间的凸集来表示。

B　目标函数

高炉炼铁的经济性可以表示成包括原料成本及发生高炉煤气的收入等项目的目标函数。目标函数 C 可以表示成：

$$C = m_{Coke}C_{Coke} + m_{Inj}C_{Inj} + m_{Sin}C_{Sin} + m_P C_P + m_{Line}C_{Line} +$$

$$V_{O_2}C_{O_2} + E_B C_B - E_T C_T \tag{7-184}$$

式中　m_i——对应物料的消耗量，kg/t；

C_i——对应物料的单位成本，元/kg 或元/m³；

V_{O_2}——吨铁氧气消耗量，m³/t；

E_B——吨铁风量及加热鼓风的能量，m³/t；

E_T——吨铁高炉煤气量，m³/t。

为了消除加热鼓风消耗的能量随温度和成分变化的非线性关系，将鼓风焓的变化取成本较高的最大值 ΔH_B^{max}，则式（7-184）中 $E_B = KV_B\Delta H_B^{max}$，考虑热风炉的损失，其中 K 取大于 1 的值。由于炉顶煤气的热值 Q_T 在很大程度上取决于炉顶煤气成分，而随喷吹燃料量和富氧率变化很大。当炉腹煤气量限于一定范围内时，炉顶煤气也就很稳定了。为了不高估利润，近似地用炉腹煤气量的下限得到炉顶煤气量的低值，即 $E_T = V_T^{min}Q_T$。

总之，降低生铁成本可以描述为：

$$\min_z C \qquad AZ \leqslant b \tag{7-185}$$

式中考虑了过程的约束值，其中 A 为一个系数的矩阵，Z 为保持线性模型的输入和输出变量（X 和 Y）的矢量，b 为常量的矢量。

我们仍然用芬兰中型高炉的生铁成本作为参考，表 7-6 列出了目标函数中使用的成本。

表 7-6 目标函数中使用的成本

变　量	单　位	成本 C_i/欧元	变　量	单　位	成本 C_i/欧元
烧结矿	t	35	石灰石	t	30
球团矿	t	50	氧　气	km^3	50
自产焦炭	t	200	鼓风加热	MW·h	15
外购焦炭	t	300	炉顶煤气能量	MW·h	10
重　油	t	150			

　　高炉使用烧结矿、球团矿和焦炭,辅助燃料采用喷吹重油,产量约为 3500t/d,渣比为 200kg/t。除了外部约束条件之外,合理的约束条件是炉顶煤气温度、风口燃烧温度、炉腹煤气量、炉料在炉内的停留时间以及产量。炉料停留时间上限的约束对最佳点起到积极的作用,但它不严格,可以用炉腹煤气量上限的约束条件取代。在产量提高的过程中,高炉操作趋近于最低成本之后,如果炉腹煤气量保持上限值,提高产量就要依靠增加鼓风中含氧量,但风量减少了,则鼓风带入的热量下降,这些能量需要靠补充燃料来提供。

　　目标函数相当于在 n 维欧氏空间凸集中寻找一个极点,无法直观地表达。为了能够比较直观地了解各操作参数的最佳化,只有限定一些变量而改变其中一个变量,但是所表现的优化操作点不一定是最佳操作性能值。

　　为了进行比较具体的说明以及评估风温的效果,把鼓风温度 t_B 设定为 1100℃ 和 950℃两种并进行对比,绘成图 7-16。图中“○”曲线说明在风温为 1100℃ 的条件下,降低成本对应的其他操作参数的优化。可见,在产量提高初期可达到最佳的操作性能值,但继续提高利用系数将严重影响其经济性,究其原因是未能采用大量富氧控制炉腹煤气量;相反,为达到要求的高利用系数,必须在提高鼓风量的同时降低喷油量,此时,鼓风减少的能量需要通过增加焦比来进行补偿。

　　风温稳定在 t_B = 950℃ 时的最佳操作方式,其结论如图 7-16 中“*”曲线所示。可见,降低风温使生产成本增加,并且进一步提高高利用系数时的成本。在较低利用系数时,低风温可使吨铁燃料比增加 15 ~ 17kg/t,与目前影响每吨铁水 3 欧元的成本结构相符。当高炉产量低于 3400t/d 之前,风口燃烧温度处于下限值,而后温度上升,炉腹煤气量达到了最大值。

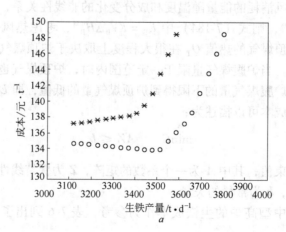

a

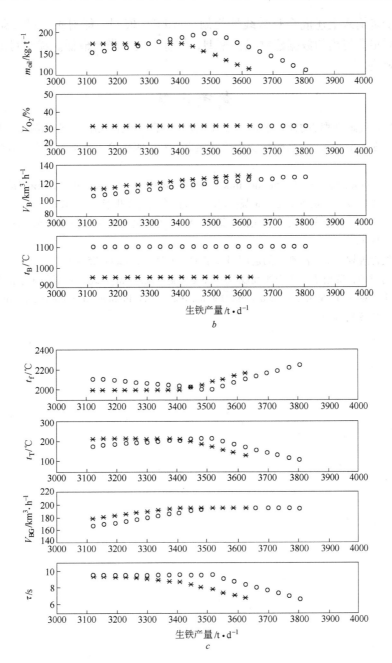

图 7-16　不同风温下，生铁产量与最优成本（a）；喷油量、鼓风含氧量、风量及风温（b）；
风口燃烧温度、炉顶煤气温度、炉腹煤气量和炉料停留时间（c）的关系
○ —$t_B = 1100℃$ ；✳ —$t_B = 950℃$

因此，最经济的操作点是在风温 $t_B = 1100℃$ 的条件下选定高炉操作参数，高炉产量保持在 3520t/d 的水平并使用最大的炉腹煤气量。

综上所述，高炉炼铁工艺计算不但能够决定高炉的设计参数，而且能够通过模型来扩大高炉炼铁工艺计算的用途。通过模型可以规划高炉炼铁的经济性和优化操作。将高炉最

主要的操作变量输入上述混合整数线性规划（MILP）模型，能对重要的高炉性能变量进行估算。然后根据得出的数据建立线性模型，将炼铁成本降到最低。模型可通过电子表格等方式得到解决。

参 考 文 献

[1] 拉姆 A H. 现代高炉过程的计算分析[M]. 王筱留，等译. 北京：冶金工业出版社，1981.

[2] 皮西 J G，达文波特 W G. 高炉炼铁理论与实践[M]. 傅松龄，等译. 北京：冶金工业出版社，1985.

[3] Рамм А Н. Определение технических показателей доменной плавки[M]. Ленинглад：ЛПИ，1971.

[4] 王筱留. 钢铁冶金学（炼铁部分）.3 版[M]. 北京：冶金工业出版社，2013.

[5] 麦克马斯特大学，卢维高. 高炉炼铁技术讲座[M]. 北京钢铁学院炼铁教研室，译. 北京：冶金工业出版社，1980.

[6] 项钟庸. 线性规划在高炉配料中的运用[J]. 钢铁，1979，14(2)：25~35.

[7] 江道琪，何建坤，陈松华. 实用线性规划方法及其支持系统[M]. 北京：清华大学出版社，2006.

[8] Pettersson F, Saxén H. Model for Economic Optimization of Iron Production in the Blast Furnace[J]. ISIJ inter，2006，46(9)：1297.

8 高炉鼓风机的选择

从高炉透气性决定炉内能够通过的煤气量，即最大炉腹煤气量的观点出发，为设计高炉适宜的送风制度创造了条件，为合理地选择高炉送风设备的能力创造了良好的条件。

高炉鼓风机是高炉的重要设备。高炉设备配套的能力，在一定程度上，取决于鼓风机的能力，因为高炉热风炉系统和煤气系统的能力都由鼓风机的能力确定。合理选择高炉鼓风机是关系到整个高炉能力配置的重大问题，是一个理论与实践密切结合的问题。鼓风机的能力应该从实际最大炉腹煤气量，以及其中由鼓风产生的炉腹煤气量分量来决定。在选择高炉鼓风机时，应注意以下事项：

（1）高炉鼓风机能力应能保证高炉获得设计的技术经济指标，使高炉的绝对产铁量高，质量好，成本低，单位炉容和生铁投资少。

（2）高炉鼓风机的选择应尽可能充分发挥高炉和鼓风机的能力。

（3）选择鼓风机时应考虑留有适当的富余能力。

（4）选择鼓风机时，应考虑经常在鼓风机的经济运行区内工作。

（5）鼓风机的出口压力应能满足高炉炉顶压力、炉内料柱阻力损失和送风系统阻力损失的要求。

高炉鼓风系统，包括热风炉系统和煤气系统，占高炉总投资的50%左右。高炉鼓风消耗是高炉冶炼的消耗和主要能耗（约占工序能耗的10%）。

在选择高炉鼓风机时，应按照第5章所介绍的内容，对设计高炉的透气能力进行分析研究。过高评估高炉的透气能力，将导致高炉鼓风机能力长期过剩。同时，与之配套的高炉煤气系统的能力也将过剩，反之会使高炉的能力得不到发挥。如对两种情况处理不当，必然会影响高炉的效用指标，造成资金的积压及能耗和成本的升高。

为便于计算和比较，建议鼓风机的风量以标准状态来表示。而高炉鼓风机能力的预留，可以通过脱湿鼓风等技术手段来实现。

在第5章中已经提出了炉腹煤气量和炉腹煤气量指数的计算方法，分析了高炉强化的限度是受最大炉腹煤气量和最大炉腹煤气量指数的制约。根据高炉生产实际的最大炉腹煤气量和炉腹煤气量指数选择鼓风机较气体动力学计算更科学、更符合实际。

本章将系统总结宝钢确定高炉鼓风机能力的理论与实践，以及采取高炉扩容的措施使高炉炉容与鼓风机相适应的过程。

由于富氧鼓风已经成为提高鼓风质量的重要手段，本章将简要介绍制氧的方法，供读者参考。

8.1 高炉实际最大炉腹煤气量的确定

高炉可以采用气体动力学公式计算和实际统计分析两种方法决定最大炉腹煤气量 $V_{BG,max}$。

在第 5、6 章中作者已经对限制高炉强化的本质进行了阐述，关键的制约因素是高炉的透气能力和煤气热能化学能的利用。在第 5 章中还对一批高炉的炉腹煤气量指数 χ_{BG} 和透气阻力系数 K 值进行了统计分析，为高炉炉容与风机配合得更好创造了条件。

8.1.1 由气体动力学确定最大炉腹煤气量的计算方法

虽然高炉的气体动力学公式中的若干参数无法直接测量，常常采用经验数据来确定最大炉腹煤气量，因此由最大炉腹煤气量计算得到的入炉风量会产生偏差。可是我们还可以通过统计生产数据来求得最大炉腹煤气量以确定高炉入炉风量。这里，首先对宝钢 1 号高炉采用气体动力学公式来确定最大炉腹煤气量的过程进行介绍。

透气阻力系数 K 是高炉气体动力学的主要参数，是衡量高炉透气性好坏的一个综合指标，这一指标与高炉强化程度有非常密切的关系。它的大小取决于原、燃料条件，诸如粒度的大小、粒度的均匀性、料层结构的情况，以及软熔带形状等多种因素。

第 5 章已经介绍了确定炉内煤气平均流速 $\bar{u}_0$、炉腹煤气量 V_{BG}、炉腹煤气量指数 χ_{BG}，以及透气阻力系数 K 的方法。

在正常情况下，透气阻力系数还受炉料的性质、炉料质量、炉顶压力、高炉容积等因素的影响。高炉透气阻力系数可由式（5-21）计算。

图 5-9 统计了不同容积高炉与透气阻力系数的关系。不同高炉容积的透气性系数 K 值不同。随着炉容扩大，透气阻力系数 K 值降低。

在计算高炉鼓风机时，可以采用三种方法确定最大炉腹煤气量 $V_{BG,max}$：

（1）采用气体动力学公式计算最大炉腹煤气量；

（2）采用第 5 章介绍的最大炉腹煤气量指数计算最大炉腹煤气量值，见式（5-17）；

（3）采用第 5 章介绍的最大炉腹煤气量，计算其中鼓风所占的份额，确定入炉风量的简化方法。

我们先从气体动力学公式计算最大炉腹煤气量开始叙述。最高透气能力可以由炉内阻力损失、煤气平均表观流速和风口前鼓风压力上限值的三个非线性规划的约束条件确定。将这三个约束条件写成如下三个不等式：

$$\frac{P_B^2 - P_T^2}{K} - V_{BG}^{1.7} \geqslant 0 \tag{8-1}$$

$$\frac{(P_T + \Delta P)^2 - P_T^2}{K} - V_{BG}^{1.7} \geqslant 0 \tag{8-2}$$

$$P_T + \sqrt{KV_{BG}^{1.7} + P_T^2} - \frac{2P_0 C V_{BG}}{\bar{u}_0} \geqslant 0 \tag{8-3}$$

$$C = \frac{\bar{T}}{T_0} \frac{1}{60S}$$

式中　P_B——鼓风绝对压力，100Pa；

　　　P_T——炉顶绝对压力，100Pa；

　　　ΔP——鼓风与炉顶的压力差，100Pa；

　　　P_0——大气绝对压力，100Pa；

V_{BG}——高炉炉腹煤气量，m^3/min；

$\bar{u}_0$——高炉炉内表观煤气流速，m/s；

S——炉内平均有效断面积，m^2；

$\bar{T}$——炉顶温度和风口温度的平均值，K，可取1473K；

T_0——标准状态下的大气温度，K。

式中，透气阻力系数可以取图5-9中较高的数据；煤气平均表观流速一般为2.5~3.0m/s，不宜超过3.0m/s，最高不超过3.2m/s。高炉透气能力是在满足上述三个条件下，由炉腹煤气量的上限值表示。求解不等式，得最大极限炉腹煤气量。

下面列举了宝钢1~3号高炉采用上述方法选择高炉鼓风机的过程，以及1号高炉第三代经过生产实践以后高炉扩容的过程[1,2]。

(1) 高炉透气阻力系数K值：高炉透气阻力系数K值是通过理论和实践结合确定的。

宝钢1号、2号高炉（炉容4063m^3）的实际K值一般为2.6，最高值为2.9。设计选定透气阻力系数K值为2.6。宝钢3号高炉设计的透气阻力系数K值选定为2.4。宝钢1号高炉第三代炉容扩大至5000m^3，设计的透气阻力系数K值也选定为2.4。

图5-9中的实际统计数据表明，高炉炉容由4000m^3扩大到4500m^3左右时，透气阻力系数约下降0.2。

(2) 透气能力：为确定宝钢1号、2号、3号高炉最高透气能力设定的炉内阻损、煤气平均流速和风口前鼓风压力上限值见表8-1。

表8-1 确定高炉透气能力的参数

炉　　号	1号、2号高炉	3号高炉	1号高炉第三代
炉内阻损上限值 $\Delta P/kPa$	≤196	≤200	≤200
炉内煤气平均表观流速上限值 $\bar{u}_0/m \cdot s^{-1}$	≤3.2	≤3.2	≤3.2
风口前鼓风压力上限值 P_B/kPa	≤522	≤535	≤540

高炉透气能力是在满足上述式(8-1)~式(8-3)三个非线性规划条件下，以炉腹煤气量的上限值来表示。为满足上述条件，将1号、2号、3号高炉第一代及1号高炉第三代的风口前鼓风压力值、料柱阻力损失值代入式(8-1)和式(8-2)，并将炉内煤气平均流速上限值代入式（8-3），则可分别作出图8-1~图8-3三个图。宝钢1号、2号高炉设计的炉顶压力P_T与炉腹煤气量V_{BG}的关系见图8-1。3号高炉设计的炉顶压力P_T与炉腹煤气量V_{BG}的关系见图8-2。1号高炉第三代扩容后气体动力学计算结果见图8-3。

图8-1给出了1号、2号高炉炉腹煤气量的限制范围。图中曲线1、曲线3的下方为该非线性规划的可行区域，两曲线的交点A就

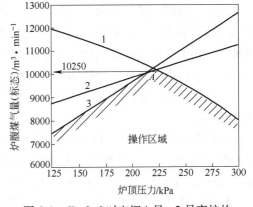

图8-1 $K=2.6$时宝钢1号、2号高炉的
炉腹煤气量的上限值

1—$P_B=422kPa$；2—$P_B-P_T=196kPa$；

3—$\bar{u}_0=3.2m/s$

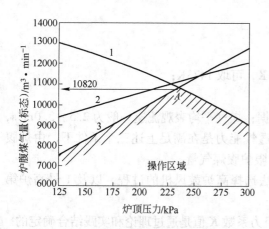

图 8-2　$K=2.4$ 时的宝钢 3 号高炉
炉腹煤气量的上限值
1—$P_B=435$ kPa；2—$P_B-P_T=200$ kPa；
3—$\bar{u}_0=3.2$ m/s

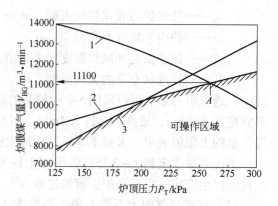

图 8-3　宝钢 1 号高炉第三代的
炉腹煤气量的上限值
1—$P_B=450$ kPa；2—$P_B-P_T=190$ kPa；
3—$\bar{u}_0=3.2$ m/s

是所求的最大炉腹煤气量 $V_{BG,max}$。由图 8-1 可知，炉内煤气平均流速与送风压力上限值决定了炉腹煤气量的极限值，当 $K=2.6$ 时，$V_{BG}\leqslant10250$ m³/min。最大极限炉腹煤气量指数为 72.68 m/min。尽管实际生产从来没有达到过，可是采用此法要比过去选择鼓风机的方法小得多。

3 号高炉容积增加到 4350 m³ 以后，设计的炉顶压力 P_T 与炉腹煤气量 $V_{BG,max}$ 的关系见图 8-2。当 $K=2.4$ 时，$V_{BG,max}\leqslant10820$ m³/min，最大极限炉腹煤气量指数为 70.29 m/min。高炉接受风量的能力有所增加。

在宝钢 3 号高炉经验的基础上，挖掘鼓风机的潜力，决定将宝钢 4 号高炉和大修的宝钢 2 号高炉分别扩容至 4700 m³ 左右，并且把宝钢 1 号高炉第三代炉容扩大至 5000 m³。扩容后的宝钢 1 号高炉设计的炉顶压力 P_T 与最大炉腹煤气量 $V_{BG,max}$ 的理论曲线见图 8-3。由图可知，炉内煤气平均流速与送风压力上限值决定了炉腹煤气量的极限值，当 $K=2.3$ 时，$V_{BG,max}\leqslant11100$ m³/min，计算的最大炉腹煤气量指数为 66.6 m/min。高炉接受风量的能力有所增加，高炉利用系数仍长期保持在 2.55 t/(m³·d) 左右，由此证明，高炉鼓风机有很大的潜力。发挥设备潜力，使炉容与风机配合得更好。

宝钢 1 号高炉第三代最大炉腹煤气量的位置，与宝钢 1~3 号高炉比较向炉顶压力高的方向推移。

宝钢高炉均采用 8800 m³/min 鼓风机（扣除热风炉的充风量 850 m³/min 后实际最大风量为 7900 m³/min）。宝钢 2 号高炉大修炉容已经扩大至 4747 m³，单位炉容的风量仅为 1.85 m³/min。而且，宝钢 1 号高炉大修将扩容到 5000 m³，单位炉容的风量仅为 1.76 m³/min。

K 值随原料条件、操作水平变化。如果改善原燃料条件，高炉透气性将改善，K 值将减小，随之 $V_{BG,max}$ 增加；反之 K 值增高，$V_{BG,max}$ 则降低。

按表 8-1 中的条件，决定宝钢 3 号高炉的炉腹煤气量上限值，比较图 8-1、图 8-2 与图 8-3 可以发现，宝钢 1 号、2 号、3 号高炉炉腹煤气的最大值主要是由炉内煤气平均流速上限值所决定，而宝钢1号高炉第三代的炉内煤气平均流速上限值只在炉顶压力很低的情况下起限制作用。在正常操作的炉顶压力区间内，将受炉内压差的限制。分析宝钢3号高炉历年生产指标，高炉扩容和高产主要依靠改善高炉操作，降低吨铁鼓风量来达到的。在新的生产条件下，吨铁鼓风量由设计的$1200m^3/t$降低到$1000m^3/t$以下。

8.1.2 由实际高炉生产确定最大炉腹煤气量

气体动力学确定的最大炉腹煤气量与实际使用的炉腹煤气量最高值有相当的差距，其原因在于：

（1）由于宝钢1号、2号高炉第一代是国内第一次采用气体动力学计算最大炉腹煤气量，而且当时希望得到较大的值。因此，选用的透气阻力系数和炉内煤气流速不恰当。

（2）高炉操作中气体动力学最困难的部位是软熔带和滴落带，可是在气体动力学公式中却没有充分反映出来。

（3）高炉炉况随时都在波动、变化。实际上，高炉操作良好时才能接近最大炉腹煤气量的区域操作，而要达到最大炉腹煤气量是很困难的。

图8-4为宝钢3号高炉1999～2009年11年间的月平均操作数据。图中也绘出了按照约束方程式(8-1)～式(8-3)计算得到的曲线，曲线1和2的交点的最大炉腹煤气量为$10820m^3/min$，并进行了比较。

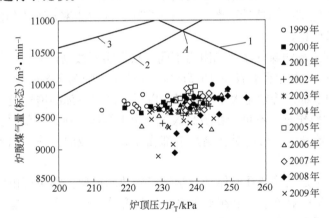

图8-4 宝钢3号高炉月平均炉顶压力与炉腹煤气量的关系

$1—P_B=432kPa；2—P_B-P_T=188kPa；3—\bar{u}_0=3.2m/s$

由图8-4可知，高炉强化程度最高（利用系数$2.5t/(m^3·d)$以上）的区域是在炉顶压力较高、透气性较好的月份实现的。其中2004年11月、2005年3月和4月炉顶压力为237～347kPa，透气阻力系数为2.52以下，容积和面积利用系数分别达到了$2.61t/(m^3·d)$和$73.8t/(m^2·d)$以上的实绩。即使高产，月平均日产量达到11480t/d的情况下的炉腹煤气量为$9989m^3/min$，与最大炉腹煤气量上限值相差约为$820m^3/min$。所以宝钢高炉的强化不是仅仅依靠增加风量、增加炉腹煤气量的方法来达到的，而是依靠降低燃料比、降低吨铁耗风量来达到的，最大炉腹煤气量指数也没有超过65.0m/min。

由此说明高炉鼓风机支撑$5000m^3$容积高炉是可能的。我们对宝钢1号高炉扩容后进行了跟踪分析。图8-5为宝钢1号高炉操作区域图8-3的局部放大，并且把2010年下半年的日操作数据也绘制在图中。由图 8-5 可知，宝钢 1 号高炉的操作非常稳定，由于提高炉顶压力至 255～270kPa 之间，炉腹煤气量 V_{BG} 保持在 10200～11000m³/min 之间，除了有几天定期维修以外，数据点密集在一起。2010 年 7 月 22 日高炉的操作数据如下：容积利用系数为 2.656t/(m³·d)，面积利用系数为 79.88t/(m²·d)，燃料比为 477.1kg/t，炉顶压力 262.82kPa，料柱阻力损失为 175.54kPa，透气阻力系数 K 为 2.32，炉腹煤气量 $V_{BG,max}$ 为 10713m³/min，炉腹煤气量指数 $\chi_{BG,max}$ 为 64.88m/min。可以认为宝钢 1 号高炉扩容更能发挥鼓风机的能力。

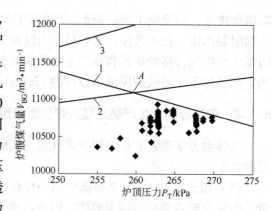

图 8-5 宝钢 1 号高炉月平均炉顶压力与炉腹煤气量的关系
1—$P_B = 450kPa$; 2—$P_B - P_T = 190kPa$; 3—$\bar{u}_0 = 3.2m/s$

从实际高炉操作数据得到的实际最大炉腹煤气量与由气体动力学计算的最大炉腹煤气量之值相差较大。实际最大炉腹煤气量比气体动力学计算的最大炉腹煤气量小的原因如下：

（1）在三个非线性规划约束条件方程式中，选择的参数不配套。

（2）对炉料的空隙率的估计不准确。因为在高炉内空隙率是不均匀的。高炉上下部的空隙率应该分段来计算。

（3）高炉不同区域的煤气流速和阻力不同。根据实测数据计算，炉缸到炉喉煤气的平均线速度为 10.5m/s，炉缸到炉腰为 15.5m/s，炉腰到炉喉为 7.8m/s。决定炉料透气阻力最大的部位是高炉下部，特别是大量喷吹煤粉以后，高炉下部的透气阻力增加。

（4）高炉正常操作时，不可能在最高煤气流速下操作。所采用的最大煤气流速应该是透气性最差部位的流速，有可能是在高炉下部临界液泛区域的流速，而不是整个高炉的平均值。

以上三个实例正是正确选择气体动力学计算参数的过程。如果要由气体动力学计算得到符合实际的最大炉腹煤气量，必须更加系统地研究公式中的参数。首先，要确定高炉内制约强化区域的炉料空隙率、煤气流速和透气性。

8.2 高炉入炉风量和风压的确定

我国和前苏联在确定高炉鼓风机能力时，采用了冶炼强度作为选择的标准已经产生了一系列的副作用。其他国家没有冶炼强度的概念，因此也不采用冶炼强度来选择鼓风机，大多数采用气体动力学公式计算最大炉腹煤气量来确定高炉鼓风机的能力。

8.2.1 吨铁耗风量的确定

高炉鼓风流量应根据高炉物料平衡计算确定。 冶炼每吨生铁的消耗风量与高炉燃料比等因素有关。

选择高炉鼓风机的风量是以设计的高炉操作指标为依据，进行相应的计算确定（见本书第 7 章）。

为了选择高炉鼓风机时，控制高炉的耗风量，《规范》对冶炼每吨生铁的耗风量进行了框算。在高炉不富氧时，框算的每吨生铁耗风量是根据鞍钢、本钢和宝钢高炉的实际耗风量折算，以及配料计算的结果取其上限值得到的，实际折算和配料计算的吨铁耗风量均较《规范》选用数据（曲线）为低，见图8-6。按照图8-6的曲线，当不富氧时，冶炼每**吨生铁消耗风量值宜符合表8-2的规定。**

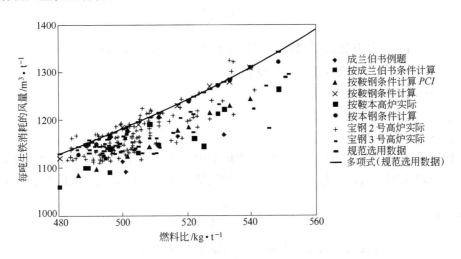

图 8-6　不富氧时每吨生铁耗风量

表 8-2　冶炼每吨生铁消耗风量值（不富氧）

燃料比/kg·t⁻¹	540	530	520	510	500
消耗风量/m³·t⁻¹	≤1310	≤1270	≤1240	≤1210	≤1180

注：耗风量为标准状态。

根据图8-6曲线和表8-2的数据可以回归得到吨铁耗风量的经验公式如下：

$$v_0 = 0.01292FR^2 - 10.20FR + 3050 \tag{8-4}$$

式中　　FR——燃料比，kg/t；

　　　　v_0——不富氧时的吨铁耗风量。

由于目前大部分高炉已经采用新的送风系统，管道漏风损失很少。新的送风系统后，可避免漏风，鼓风机的设备能力得以正常发挥，并减少能量损失。如宝钢、曹妃甸、太钢等高炉采用了新的送风系统，几乎没有漏风。把它们的实际风量折算成不富氧的状态，吨铁耗风量均小于表8-2所列的推荐值。

《规范》要求鼓风机留有足够的富余能力：首先，吨铁耗风量取的值比计算结果要高；其次，计算时降低富氧量，采用设计或更高的富氧率鼓风机的能力就有了富余；再次，考虑热风炉的充风量；最后，采用冷却脱湿，鼓风机的能力就更富余。例如，鞍钢新建4038m³高炉采用7700m³/min鼓风机，单位炉容的风量仅为1.91m³/min。宝钢高炉均采用8800m³/min鼓风机。宝钢2号高炉大修炉容已经扩大至4747m³，新建的4号高炉炉容也为4747m³，单位炉容的风量仅为1.83m³/min；1号高炉大修将扩容到5000m³，单位炉容的风量仅为 1.76m³/min。日本大量 4000m³ 级高炉扩容至 5000m³ 以上，均没有更换风机。

富氧鼓风时，吨铁耗风量和耗氧量可以由下式求得：

$$v_f = v_0 \frac{21}{21 + f} \tag{8-5a}$$

$$v_{O_2} = v_b \frac{f}{79 - f} \tag{8-5b}$$

式中 v_f——富氧时的吨铁耗风量和耗氧量（标态，下同），m³/t；
  v_0——不富氧时的吨铁耗风量，m³/t；
  v_{O_2}——吨铁耗氧量，m³/t；
  v_b——富氧率 f 时的吨铁耗风量，m³/t；
  f——富氧率，%。

高炉入炉风量是指在高炉风口处进入高炉炉内的标准状态的鼓风流量。如前所述，高炉入炉风量建议用吨铁耗风量来计算。吨铁耗风量可按下式计算入炉风量 V_B（m³/min）：

不富氧时：
$$V_B = \frac{P \times v_0}{1440} \tag{8-6a}$$

高炉富氧时分为鼓风机前富氧和鼓风机后富氧两种情况。

鼓风机后富氧时：
$$V_B = \frac{P \times v_f}{1440} \tag{8-6b}$$

当鼓风机前吸入口处富氧时，除了鼓风通过鼓风机以外，富氧量也要通过鼓风机，即通过鼓风机的量应为入炉风量与富氧量之和，即：

$$V_B + V_{O_2} = \frac{P \times v_f}{1440} \tag{8-6c}$$

式中 V_B——高炉入炉风量，m³/min；
  P——高炉日产铁量，t/d；
  v_0——不富氧时，吨铁耗风量，m³/t；
  v_f——富氧时，吨铁耗风量和耗氧量，m³/t；
  V_{O_2}——富氧量，m³/min。

在第 5 章中已经介绍过，高炉的强化是有限度的。由于通过炉腹的煤气量是有极限的，在理论和实践上都受到高炉透气能力的限制。因此入炉风量也存在限制，也应有界限值。

过去常把冶炼强度作为高炉强化的唯一指标，而没有把高炉透气阻力系数是限制高炉强化的重要参数这一问题放在应有的位置，用冶炼强度来确定风机的能力，就极易带来过高冶炼强度和过大风机能力的弊病，特别是在现代高炉技术手段高度发展的今天，关于冶炼强度的这种观念已经过时，没有把富氧鼓风、高压操作的重要性突出出来。本书推荐采用炉腹煤气量指数来衡量高炉强化程度。

在确定高炉入炉风量时，充分考虑了富氧鼓风和高压操作对高炉强化的作用。在确定产量和选择入炉风量时，是在同类型高炉操作的基础上，由高炉的透气能力、透气阻力系数、最大炉腹煤气量确定。

透气阻力系数由鼓风压力、炉顶压力及炉腹煤气量确定。

8.2.2 气体动力学确定的高炉最大入炉风量

前节已经由气体动力学三个非线性方程确定了最大炉腹煤气量。本节仍然使用宝钢高炉按照由高炉风口处的鼓风压力、料柱阻力损失和炉内煤气的平均流速三个约束条件，决定最大炉腹煤气量的思路来计算入炉风量、氧气量和高炉产量。由最大炉腹煤气量可以计算出不同富氧率时所需的最大入炉风量和氧气量；可以计算出在规定高炉产量的条件下，不同富氧率时的入炉风量和氧气量的变化；以及在最大炉腹煤气量的条件下，不同单位耗风量时的高炉产量。由这三组曲线可以通过作图法求得规定的高炉产量的条件下的富氧率、最大入炉风量和氧气量。

我们还把实际的入炉风量点绘制在计算图表中进行对比，以说明由实际最大炉腹煤气量确定入炉风量的过程和合理性。

在确定最大炉腹煤气量计算最大入炉风量之前，建议首先确定高炉生产的操作范围，一般采用三组生产指标：

（1）第一组产量最高，燃料比最低，煤比高，富氧率最高，吨铁耗风量最低；

（2）第二组燃料比最高，产量最低，富氧率最低，吨铁耗风量最高；

（3）第三组居中。

这样是符合高炉操作范围特点的。由于最大炉腹煤气量制约了高炉产量，高炉燃料比高时，产量相应降低。因此在确定鼓风机能力时，根据生产实践选择的三组生产指标作为确定鼓风机的参数，能够框住高炉操作的各种条件，使得鼓风机能够适应各种工况条件。并且，不致于产生由冶炼强度确定鼓风机时，最高产量、最高燃料比、较高的吨铁耗风量相互重叠，造成大马拉小车，设备能力的积压。

此外，确定三组生产指标对全厂生产平衡有很大的好处：第一组指标能够正确提出最大烧结矿的需要量，避免高产时烧结矿质量下降，并计算需要的最大氧气量；第二组指标提出最大焦炭需要量，以避免当焦比高时，焦炭供应和质量不能满足高炉的需求。用第三组生产指标确定高炉的年产量，能够保证高炉的生产富有弹性。

一般可以根据原燃料条件，第一组可取《规范》规定的年平均利用系数的高值，燃料比和焦比可按《规范》规定的年平均燃料比、焦比减少 10kg/t；第二组年平均利用系数可取低值，燃料比和焦比可按《规范》增加 10kg/t。第三组取中值。首先，虽然看起来《规范》的利用系数不高，实际上要达到《规范》规定的燃料比和焦比的条件下，达到规定的利用系数就不大容易。其次，按照《规范》规定的利用系数确定鼓风机能力已经足够，如果需要进一步提高利用系数，高炉入炉风量反而下降，增产主要依靠提高富氧率来达到。因此，并不妨碍高炉利用系数的提高。这将在本章 8.2.4 节得到证明。

《规范》还考虑到高炉设备适应进一步提高利用系数对增加矿石供应量的要求，因此，《规范》要求高炉供料和装料系统保证较低的设备作业率，以满足提高利用系数的要求。

在本节中将叙述由设定的操作范围和最大炉腹煤气量通过作图求得入炉风量的过程。

以宝钢 1 号、2 号高炉为例，高炉的主要操作指标设定见表 8-3。

表 8-3 宝钢 1 号、2 号高炉原设计的操作水平

项 目	[A₁] 阶段	[A₂] 阶段	[A₃] 阶段	备 注
高炉日产量 $P/t \cdot d^{-1}$	9100	9100	9600	
利用系数/t·(m³·d)⁻¹	2.24	2.24	2.36	
燃料比/kg·t⁻¹	530	528	490 (510)	
焦比/kg·t⁻¹	480	468	430	
油比/kg·t⁻¹	50	60	60	1 号高炉喷油
煤比/kg·t⁻¹			80	2 号高炉喷煤
富氧率/%	≤3	≤3	≤3	
湿度(标态)/g·m⁻³	15	10	10	
基准单位耗风量(标态)/m³·t⁻¹	1356	1348	1206	富氧率为0%时
入炉风量/m³·min⁻¹	7210	7170	6770	富氧时

表 8-3 中高炉指标分为三个阶段：[A₁] 阶段为投产初期阶段；[A₂] 阶段为生产转换阶段；[A₃] 阶段为正常生产阶段。高炉由初期阶段转变为正常生产阶段时，产量的提高，利用系数的上升，是依靠燃料比的下降和吨铁耗风量的下降来达到的。炉腹煤气量的上限值代表高炉煤气的通过能力，炉腹煤气量上限值限制了入炉风量。强化高炉冶炼还应靠降低燃料比、提高炉顶压力以及提高富氧率来达到，而不能仅仅靠多鼓风来达到高产。

由表 8-3 可知，当利用系数提高时，燃料比下降，如果同样在喷油的条件下，冶炼强度应大幅度下降。这是符合矿焦比升高、炉料透气性下降的规律的。因此本书推荐，在高利用系数时，相应地降低燃料比。这样可以避免高利用系数与高燃料比相互叠加，致使选用的鼓风机能力过大。

宝钢高炉采用鼓风机前富氧，由式（8-6c）可以计算并作出不同出铁量 P，需要的鼓风量（$V_B + V_{O_2}$）和富氧率 f 之间的关系曲线（见图 8-7 中的 B 组曲线）。B 组曲线表示在

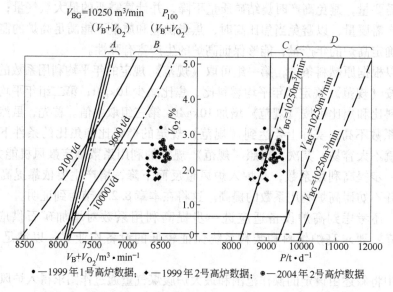

●—1999 年 1 号高炉数据；◆—1999 年 2 号高炉数据；●—2004 年 2 号高炉数据

图 8-7 宝钢 1 号、2 号高炉富氧率、入炉风量与产量的关系

相同日产量的条件下，随着富氧率的提高，风量和富氧量之和的变化。

根据 1 号、2 号高炉的不同日产量和理论计算的最大炉腹煤气量 $V_{BG,max} = 10250 m^3/min$ 时，由最大炉腹煤气量 $V_{BG,max}$ 计算高炉的入炉风量及氧量（$V_B + V_{O_2}$），可利用式（5-16）变换，并代入式（8-5a）和式（8-6c）得到由最大炉腹煤气量计算最大入炉风量和氧气量的 A 组曲线公式：

$$(V_B + V_{O_2})_{max} = \frac{V_{BG,max}}{1 + \dfrac{44.8W_B}{18000} + \dfrac{21+f}{100} + \dfrac{22.4PCR \times H}{200v_f}} \tag{8-7}$$

将式（8-6c）代入式（5-16）和式（8-5a）可以得到由最大炉腹煤气量计算产量的 D 组曲线公式：

$$P = \frac{V_{BG,max}}{\dfrac{v_f}{1440}\left(1 + \dfrac{44.8W_B}{18000} + \dfrac{21+f}{100}\right) + \dfrac{22.4PCR \times H}{288000}} \tag{8-8}$$

式中　$V_{BG,max}$——高炉最大炉腹煤气量，m^3/min；

$\quad\quad V_B$——高炉入炉风量，m^3/min；

$\quad\quad V_{O_2}$——富氧量，m^3/min；

$\quad\quad P$——高炉日产铁量，t/d；

$\quad\quad f$——富氧率，%；

$\quad\quad v_f$——富氧时的吨铁耗风量和耗氧量，m^3/t；

$\quad\quad W_B$——鼓风湿度，g/m^3；

$\quad\quad PCR$——喷煤比，kg/t；

$\quad\quad H$——煤粉的含氢量，%。

由气体动力学公式计算的最大炉腹煤气量 $V_{BG,max} = 10250 m^3/min$，利用式（8-7）即可作出图 8-7 中的 A 组曲线。利用式（8-8）可以给出图 8-7 中的 D 组曲线，每条曲线的炉腹煤气量 V_{BG} 相同，随着富氧率的提高，日产量也随之提高。

图 8-7 中 C 组曲线是一定操作水平下的出铁量线。图中的 9100、9600、10000 三条线是设定了在三种不同日产量的条件下，可以达到的出铁量，故 C 组曲线是由原料条件、各种操作条件及操作水平所决定，其位置是可以改变的。C 组与 B 组相对应。

图 8-7 中，A 组曲线与 B 组曲线两两相交，并且相互制约；C 组曲线与 D 组曲线两两相交，也相互制约。除去 $V_{BG} > V_{BG,max}$ 的虚线部分和由操作水平所暂时限制而达不到的虚线部分，就得出最大出铁量、最高鼓风量、最低富氧率之间的关系曲线。

在不同操作水平时，入炉风量与富氧率的关系用图 8-7 的炉腹煤气量数据确定。在透气阻力系数 K 取 2.6 时，宝钢 1 号、2 号高炉设计的产量，富氧率和入炉风量之间的关系就确定了。

由图 8-7 可知，入炉风量和利用系数受炉腹煤气量 $V_{BG,max}$ 上限值的限制，在低富氧率时产量就不能达到规定值，实线部分表示操作区域的上限。

也就是说，高炉的入炉风量主要由高炉炉内煤气的通过能力决定。在高炉下部受液泛现象的制约；在高炉上部受炉料的流态化现象等条件的制约。

这一曲线对指导高炉设计和高炉操作具有重要意义，下面的分析可以说明这一点：

（1）当高炉的燃料比、煤比 PCR、鼓风湿度 W_B 一定时，其操作范围就确定了，即图 8-7 中曲线 A、D 所围成的范围。当改善高炉的操作时，才可能超过这一范围。

（2）对高炉实际操作中的每一组燃料比、煤比、鼓风湿度 W_B（当然是选具有代表性的）均可以作出 $P - (V_B + V_{O_2}) - f$ 曲线，图中显示了受最大炉腹煤气量 $V_{BG,max}$ 限制的最大入炉风量制约线，同时还显示了一系列的出铁量线和一系列的炉腹煤气量 V_{BG} 线。

（3）由图 8-7 可知，富氧鼓风的作用是减少炉腹煤气量 V_{BG}。若维持出铁量不变，则 f 增加将使 V_{BG} 减少，高炉顺行。如果炉腹煤气量 V_{BG} 维持不变，则富氧率 f 增加将使出铁量增加。在提高高炉的强化程度，使出铁量增加到一定水平后，继续强化，将对原燃料条件和高炉操作水平提出更高的要求。否则，只有发展边缘煤气或中心气流，导致高炉难行、管道等障碍，引起燃料比的升高。

（4）在高炉投产初期，由于燃料比比较高，富氧率低，每吨生铁的耗风量高，高炉使用的风量高，高炉产量受炉腹煤气量 $V_{BG,max}$ 的限制。此时，最高出铁量只能达到 8425t/d，取整为 8400t/d。这就决定了鼓风机的最高风量点。在设计时，这一数据用于确定鼓风机的风量。

图 8-7 说明高炉操作必须有一个适宜的工作区，才能适应高炉原燃料条件的波动、高炉操作条件的变化、高炉炉况的波动等，才能满足高炉生产条件变化的要求。即使是适宜的工作点也是介于最高日产量 10000t/d 与较低产量 9100t/d 之间的区域。

宝钢 1 号、2 号高炉在高炉产量 9600t/d、利用系数 2.36t/($m^3 \cdot d$) 的条件下，风量波动区域可以在 680m^3/min 范围内变化，富氧率可在 0.6% ~ 3.0% 范围内变化。它的操作区域宽，即操作的自由度比较大。图 8-7 中的点是宝钢 1 号、2 号高炉 1999 年和 2004 年的月平均生产操作数据。2004 年富氧率略有上升，维持在 2.5% 左右，高炉的炉腹煤气量普遍下降，而产量上升。

宝钢高炉实际生产以后，由于操作条件和技术的改善，高炉操作稳定，每吨铁的耗风量不断下降，风量波动范围缩小，高炉能够高产。尽管如此，实际高炉的煤气通过能力有限，实际需要的最大风量约 6800m^3/min，因此允许扩容，获得更好的实绩。

8.2.3 由实际生产获得的最大炉腹煤气量确定最大入炉风量

根据炼铁技术的最新进展，近年来，宝钢高炉生产技术有了长足的进步。宝钢 3 号高炉产量已经大幅度超过设计水平，接近 5000m^3 高炉的正常产量。而最高炉腹煤气量仍不超过 10000m^3/min，高炉操作稳定、利用系数高、燃料比低、喷煤量高。因此，高炉能在高利用系数、高产量、稳定地在较窄的操作区域内进行操作，主要降低了吨铁耗风量，保持炉腹煤气量接近 9800m^3/min 的水平。

根据宝钢 3 号高炉 2004 年 3 月实际最高炉腹煤气量，以及高炉建设时设计的最大设备能力，宝钢 3 号高炉扩容后的设计和操作指标如表 8-4 所示。表中最高炉腹煤气量按照实际调整为 10000m^3/min。

表 8-4 所列的正常和最大设备能力在原设计的基础上，除了最大炉腹煤气量之外，为了加宽操作区域以及满足高喷煤量的要求，还做了如下调整：煤比都按 200kg/t 计算；增大了正常和设备能力时的基准吨铁耗风量的数值；富氧率的范围也做了提高。在此条件下

按照前述宝钢1号、2号高炉选择高炉鼓风机的方法进行计算得到图8-8。按照最大炉腹煤气量 $V_{BG,max}$ 为 10000m³/min，日产量 9600t/d、10000t/d 和 11500t/d 绘制图中的 A、B、C 和 D 组曲线。由曲线 D 可知，随着富氧率的提高，高炉日产量上升；从曲线 A 可以看出，为保持最大炉腹煤气量，所需要的风量加富氧量（$V_B + V_{O_2}$）略有下降；即使高炉日产量达到 11500t/d 时，仍在 7300m³/min 以下，见曲线 B。由 A、B 两组曲线的交点引平行于横坐标的直线交于 D 组曲线得到 C 组直线，其意义是炉腹煤气量限制在 10000m³/min，按照表8-4 的参数，要得到日产量 9600t/d、10000t/d 和 11500t/d 时，富氧率分别应达到 3.2%、3.3% 和 5.05% 以上。

表8-4 宝钢3号高炉扩容后的设计和操作指标

项 目	正 常	设备能力	2004年3月 实际操作数据	备 注
日产量 $P/\mathrm{t \cdot d^{-1}}$	9600	10000	11480	
利用系数 $/\mathrm{t \cdot (m^3 \cdot d)^{-1}}$	2.21	2.40	2.639	
燃料比 $/\mathrm{kg \cdot t^{-1}}$	518		493.2	
焦比 $/\mathrm{kg \cdot t^{-1}}$	430		291.5	
煤比 $/\mathrm{kg \cdot t^{-1}}$	88	120	185.9	按照200kg/t计算
小块焦比 $/\mathrm{kg \cdot t^{-1}}$			15.9	
炉腹煤气量 $/\mathrm{m^3 \cdot min^{-1}}$	10000	10000	9872	
吨铁耗风量 $/\mathrm{m^3 \cdot t^{-1}}$			850.0	
吨铁耗氧量 $/\mathrm{m^3 \cdot t^{-1}}$			58.4	
基准吨铁耗风量 $/\mathrm{m^3 \cdot t^{-1}}$	1273	1233	1125.5	当富氧率为0%时
富氧率/%	3.0	4.0	5.07	
鼓风湿度 $/\mathrm{g \cdot m^{-3}}$	10	10	15.9	

在图8-8中还将宝钢3号高炉 1999~2009 年间的月平均操作数据分年度做了标志。扩容后的风量波动范围缩小，无论高炉产量如何变化，高炉风量加氧气量保持在 6800~7300m³/min 范围内，炉腹煤气量保持在 8900~9900m³/min 范围内，特别是燃料比和吨铁炉腹气量低于表8-4 的设计条件。因此大多数的实际操作点不必达到设计规定的炉腹煤气量，日产量就超过了曲线 D 的制约，高炉操作更加稳定、顺行。由图8-8 右侧图可知，高炉产量的提高与富氧率密切相关，当富氧率提高时产量明显提高；而对应的入炉风量和氧气量之和基本上与产量无关，即使在高炉最高产量时，高炉入炉风量加氧气量不超过 7300m³/min，鼓风机还有约 800m³/min 的富余。

对于采用鼓风机后富氧，氧气不通过鼓风机，也可以按照最大炉腹煤气量计算高炉的入炉风量 $V_{BG,max}$。将计算炉腹煤气量的式（5-16）变换并代入式（8-5b）和式（8-6b）得到由最大炉腹煤气量计算最大入炉风量 $V_{B,max}$ 的 D 组曲线公式：

$$V_{B,max} = \frac{V_{BG,max}}{1.21 + \dfrac{2f}{79-f} + \left(\dfrac{44.8W_B}{18000} + \dfrac{22.4PCR \times H}{200v_f}\right) \times \left(1 + \dfrac{f}{79-f}\right)} \quad (8-9)$$

式中 $V_{BG,max}$——高炉最大炉腹煤气量，m³/min；

       $V_{B,max}$——高炉最大入炉风量，m³/min；

       V_{O_2}——富氧量，m³/min；

f——富氧率，%；

v_f——富氧时的吨铁耗风量和耗氧量，m^3/t；

W_B——鼓风湿度，g/m^3；

PCR——喷煤比，kg/t；

H——煤粉的含氢量，%。

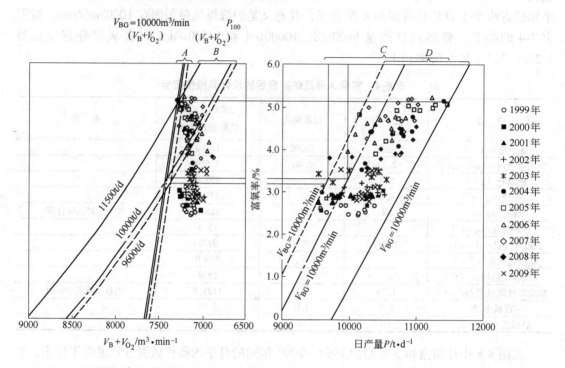

图 8-8 宝钢 3 号高炉 1999 年至 2009 年富氧率、入炉风量与产量的关系

变换式（8-6b），并代入式（8-9）可以得到与式（8-8）相同的公式，因此在制作鼓风机后富氧时的富氧率、入炉风量与产量 P 的关系，类似于图 8-8 的图表时，只需把图 8-8 左边的图修改成富氧率与入炉风量 V_B 之间的关系即可，右边富氧率与日产量的图表不必修改。

图 8-9a 把鼓风机前富氧时，富氧率与入炉风量加氧量（$V_B + V_{O_2}$），以及机后富氧时，入炉风量 V_B 与富氧率的关系进行了比较。图中还将各月的入炉风量 V_B 分年度用不同的点代表。图中有两组曲线，上面一组曲线与图 8-8 中的 A 组曲线相同，为入炉风量加氧气量，即在鼓风机前加入氧气；虚线为日产量 9600t/d、点划线为 10000t/d 和实线为 11500t/d。较低的一组为入炉风量，可以认为是机后富氧，即氧气不通过鼓风机入炉；其线形也与较高的一组相同。两组曲线之间为富氧的数量，富氧率越高富氧量越大，并且由于最大炉腹煤气量的限制，随着富氧率的提高，入炉风量是下降的。

代表出铁量 P 为 9600t/d、10000t/d 和 11500t/d 的 B 组曲线所需要的鼓风量 V_B 可由式（8-6b）求得。可以作出把式（8-9）求出的 A 组曲线和式（8-6b）求得的 B 组曲线绘制出如图 8-8 左的新图。两级曲线同样也分别交汇于富氧率 3.2%、3.3% 和 5.05%，亦即，要达到相应的产量富氧率应达到 3.2%、3.3% 和 5.05% 以上。当富氧率分别为

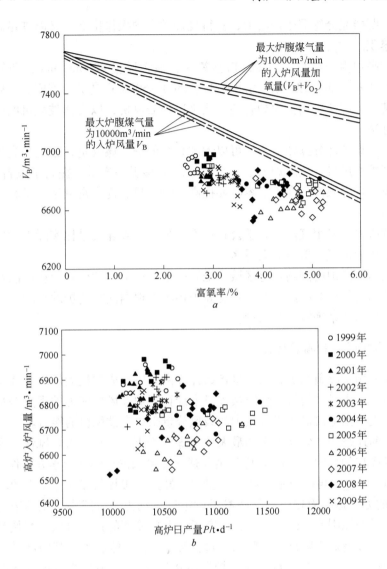

图 8-9 宝钢 3 号高炉 1999～2009 年富氧率与入炉风量（a），
以及日产量与入炉风量（b）之间的关系

3.2%、3.3% 和 5.05% 时，入炉最大风量分别约 7110m^3/min、7100m^3/min 和 6850m^3/min。由于产量越高，需要一定的富氧量，入炉风量就越小，因此入炉风量不可能超过 7100m^3/min。由图 8-9b 更能说明，产量越高，风量越低，提高产量是依靠降低燃料比，降低吨铁炉腹煤气量和吨铁耗风量来达到的。由图可知，当 2005 年 3 月最高月产量时，高炉风量加富氧量为 7241m^3/min，扣除氧量 465m^3/min，即风量为 6776m^3/min。

比较图 8-9a 的两组曲线可知，机前富氧与机后富氧对鼓风机的出力是不同的，当富氧率提高时，机后富氧的鼓风机出力下降要比机前富氧快。如果在选择鼓风机能力时，鼓风机的高效区适应低富氧率的话，那么，在富氧率高时有可能离开了高效区。这是在决定机前富氧还是机后富氧要考虑的。

在上述操作水平的条件下，不同高炉炉容有相对应的高炉操作区域。高炉扩容后的最佳炉容就是，既能充分挖掘生产潜力，获得良好的高炉操作指标，又能满足高炉适宜操作区域的高炉容积。

根据宝钢高炉生产经验，当吸入口富氧时，最大风量 $8800\mathrm{m}^3/\mathrm{min}$，即使扣除热风炉充风量后为 $7900\mathrm{m}^3/\mathrm{min}$ 的鼓风机仍能够满足 $4800\sim5000\mathrm{m}^3$ 高炉的需要。一般现有高炉鼓风机的能力偏大，应该采用扩大炉容的方法来适应鼓风机，以发挥鼓风机的能力，不失为一种补救的办法。

由于扩容挖掘了部分操作潜力，可以增加高炉的炉腹煤气量，也就是高炉能够多吃风量，同样的高炉鼓风机、热风炉系统和煤气系统能够提高产量，提高了设备的效用指标。由于受炉腹煤气量的限制，在不扩容时要提高产量，只有提高富氧率。扩容后可以降低能耗和降低成本。

正如前节所述，采用气体动力学公式计算的最大炉腹煤气量比实际大的原因相同，计算所得的入炉风量加氧气量也会大得多。

由于难以确定高炉内制约强化区域，难以确定气体动力学公式中相应区域的炉料空隙率、煤气流速和透气性等参数。对于新建高炉还不如根据同类高炉的实际最大的炉腹煤气量或炉腹煤气量指数来确定入炉风量。

8.2.4　确定入炉风量的简易方法[2]

本书推荐采用实际最大炉腹煤气量指数计算由鼓风形成的最大炉腹煤气量指数确定高炉鼓风机的能力。不过采用最大炉腹煤气量来计算高炉鼓风机能力的观点是最基本的。在这种方法中，也是由形成炉腹煤气量中的鼓风分量来决定鼓风机的能力。

为了推广前述采用气体动力学和最大炉腹煤气量 $V_{\mathrm{BG,max}}$ 确定入炉风量，为了方便读者或操作者计算高炉的最大入炉风量 V_B，由前述比较复杂的气体动力学方程作图求解计算最大炉腹煤气量 $V_{\mathrm{BG,max}}$；再由设定的高炉产量 P、最大炉腹煤气量 $V_{\mathrm{BG,max}}$ 作图求解计算最大入炉风量 V_B 的方法进行简化，并且回避了设定气体动力学公式中各项参数的困难。在确定高炉入炉风量的原则不变的前提下，研究了以下更简便的计算方法。简便计算方法的核心仍然是采用各级高炉实际最大炉腹煤气量指数 $\chi_{\mathrm{BG,max}}$，然后确定其中由鼓风形成的炉腹煤气量指数分量 $\chi_{\mathrm{BG_B,max}}$，再计算最大入炉风量指数 $\chi_{\mathrm{B,max}}$，最后决定最大入炉风量 $V_{\mathrm{B,max}}$。统计分析最大炉腹煤气量指数 $\chi_{\mathrm{BG,max}}$ 的工作，相当于第 8.1 节的计算；确定最大炉腹煤气量指数中鼓风形成的分量 $\chi_{\mathrm{BG_B,max}}$ 和计算最大入炉风量 $V_{\mathrm{B,max}}$ 的工作，相当于简化了第 8.2.2 节或第 8.2.3 节复杂的图表法确定最大入炉风量 $V_{\mathrm{B,max}}$。确定入炉风量的简易方法是建立在大量统计分析工作的基础之上，因此更符合实际。

可以认为除了鼓风湿分和煤粉中带入的氢气以外，炉腹煤气量主要由鼓风和氧气形成。为此，可以不通过式 (8-9) 把最大炉腹煤气量加以分解，将其中由鼓风形成的炉腹煤气量换算成风量，作为选择高炉鼓风机之用。可是简易计算就容易在概念上产生偏差，忽略了高炉内限制炉腹煤气通过量的是透气性最差的炉腹上部和炉腰部位。因此不能理解为要增加鼓风机能力，只需加大炉缸面积；相反应当全面评估高炉内型的各部尺寸，包括炉容与炉缸面积的比值以及适当增大炉腰部分的断面积来提高炉内煤气的通过能力等。

统计的时段尽量选用指标较好的时期，表 8-5 为各高炉的生产指标。表中的还列出了风量最大日的各项指标。

表 8-5 各高炉的统计时间及主要指标

厂名炉号	起止日期	容积利用系数 η_V /t·(m³·d)⁻¹	面积利用系数 η_A /t·(m²·d)⁻¹	燃料比 /kg·t⁻¹	焦比 /kg·t⁻¹	煤比 /kg·t⁻¹	碎焦比 /kg·t⁻¹	风量 /m³·min⁻¹	单位炉容风量 /m³·m⁻³	η_{CO} /%	χ_{BC} /m·min⁻¹	χ_{BC_B} /m·min⁻¹	χ_B /m·min⁻¹
G.A.2	2008年1月~2009年4月	2.303	57.25	506.33	372.65	100.92	32.76	2866	1.638		51.76	49.39	41.33
	最大风量日	2.443	61.61	506.88	339.10	128.00	39.78	3284	1.877		59.47	57.25	47.32
安钢9	2003年4月~2010年10月	2.136	56.58	537.98	363.79	141.33	34.61	4701	1.678		60.60	55.15	45.58
	最大风量日	2.372	62.85	561.11	374.57	141.68	44.85	5040	1.800		65.48	59.13	48.87
兴澄	2011年1~7月	2.399	60.39	516.16	300.00	178.68	37.48	5741	1.794	48.83	61.59	54.90	45.68
	最大风量日	2.667	67.90	515.26	301.62	179.65	33.99	6010	1.878	49.86	65.46	57.17	47.82
宝钢3	2005年1~12月	2.518	71.16	481.63	276.16	197.21	18.44	6748	1.551	52.03	64.20	54.15	44.75
	最大风量日	2.638	74.56	491.52	287.03	188.74	15.74	6971	1.603	52.80	66.19	55.68	45.28
宝钢1	2010年1~12月	2.449	73.64	484.47	280.24	177.58	26.55	6929	1.395	51.18	62.65	52.06	43.03
	最大风量日	2.536	76.26	491.51	279.51	184.61	27.39	7203	1.450	50.75	65.54	53.98	43.62
沙钢	2010年4~9月	2.221	70.07	499.05	306.43	159.17	33.45	7750	1.336	48.90	63.86	53.78	42.16
	最大风量日	2.337	73.74	488.63	295.76	167.28	25.58	8026	1.384	49.01	65.56	55.37	43.65

注：η_{CO}—炉腹煤气效率；χ_{BC}—炉腹煤气量指数；χ_{BC_B}—由风量形成的炉腹煤气量指数；χ_B—风量指数。

8.2.4.1 实际炉腹煤气量指数中的鼓风分量

作者对各级高炉进行了统计分析,现举例如下。

A 5000m³级高炉

(1) 5000m³级高炉选取沙钢5800m³高炉2010年4~9月的日平均操作数据进行分析。图8-10为在上述期间高炉日平均利用系数与总的炉腹煤气量指数及由风量形成的炉腹煤气量之间的关系。

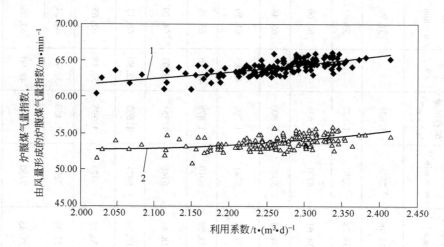

图8-10 沙钢5800m³高炉利用系数与炉腹煤气量指数的关系

1—总的炉腹煤气量指数;2—由风量形成的炉腹煤气量指数

(2) 宝钢1号4966m³高炉第三代自2009年2月开炉至2010年11月的日平均操作数据进行分析。图8-11为宝钢1号高炉上述期间日平均利用系数与总的炉腹煤气量指数及由

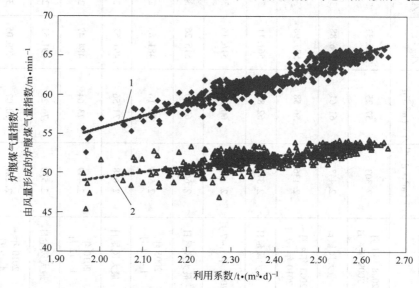

图8-11 宝钢1号高炉利用系数与炉腹煤气量指数的关系

1—总的炉腹煤气量指数;2—由风量形成的炉腹煤气量指数

风量形成的炉腹煤气量之间的关系。高炉月平均利用系数在 2.20 ~ 2.65t/(m³·d)之间，高炉有两个强化的阶段：在 2009 年 9 月高炉风量有较明显的增加，同时氧气量也有明显增加，总的炉腹煤气量指数 χ_{BG} 由 58.0m/min 提高到 61.0m/min 左右；第二个阶段在 2010 年 6 月高炉总的炉腹煤气量指数由 61.0m/min 增加到接近 64.5m/min，而风量有些增加，由风量形成的炉腹煤气量指数从 52.0m/min 增加到 53.0m/min。炉腹煤气量增加的部分完全是由增加氧气量形成的（两条回归线之间的部分）。在 2010 年 6 月以后由鼓风形成的炉腹煤气量指数几乎呈一条水平线，始终维持在 53m/min 左右。

两座高炉的容积利用系数达到 2.05t/(m³·d)以后，进一步提高产量，始终保持最大日炉腹煤气量指数为 66m/min，由风量形成的炉腹煤气量指数 $\chi_{BG_B,max}$ 为 54 ~ 55m/min。

B 4000m³ 级高炉

4000m³ 级高炉选取强化程度很高的宝钢 3 号高炉进行分析。图 8-12 为宝钢 3 号高炉 1999 ~ 2009 年 11 年间的月平均利用系数与炉腹煤气量指数，日产量与风量之间的关系。高炉月平均利用系数在 2.20 ~ 2.64t/(m³·d)之间。总的炉腹煤气量指数 χ_{BG} 由 58.0m/min 提高到 63.96m/min。炉腹煤气量增加的部分完全是由增加氧气量形成的（两条回归线之间的部分），而由鼓风形成的炉腹煤气量指数几乎呈一条水平线，始终维持在 53m/min 左右。由风量形成的最大炉腹煤气量指数 $\chi_{BG_B,max}$ 是在利用系数 2.35 ~ 2.45t/(m³·d)之间出现的，其最大值小于 55.5m/min。当产量提高到 2.45t/(m³·d)以上时，没有增加反而略有下降至 53.5m/min 左右。

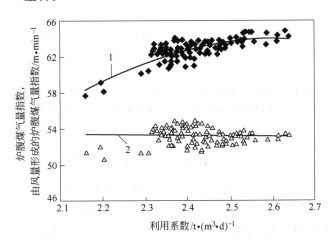

图 8-12 宝钢 3 号高炉利用系数与炉腹煤气量指数的关系
1—总的炉腹煤气量指数；2—由风量形成的炉腹煤气量指数

我们还统计了宝钢 3 号高炉 2008 年的日平均操作数据，当利用系数由 2.01t/(m³·d)提高到 2.66t/(m³·d)时，产量提高 32.3%。炉腹煤气量由 8200m³/min 提高到 9300m³/min，炉腹煤气量增加的部分也完全由增加氧气量所形成。炉腹煤气量指数由 53.29m/min 提高到 60.41m/min，仅提高 13.4%，增加炉腹煤气量的贡献率为 41.5%。如果扣除了由氧气增加炉腹煤气量的部分，则利用系数达到 2.2t/(m³·d)以上之后，由风量产生的炉腹煤气量也稳定在 8200m³/min 没有增加，即由鼓风形成的炉腹煤气量

指数 χ_{BG_B} 为 53.29m/min。

按照上面的分析，由风量形成的最大炉腹煤气量指数 $\chi_{BG_B,max}$ 选取 55.5m/min 为宜，即最大入炉风量为 7000m³/min。在宝钢鼓风机前加入氧气的情况下，鼓风机处的鼓风量和氧气量之和为 7300m³/min，符合前面的分析。

C 3000m³ 级高炉

图 8-13 所示为兴澄 3200m³ 高炉 2011 年 1~7 月的日平均高炉利用系数与炉腹煤气量指数和由风量形成的炉腹煤气量指数的关系。

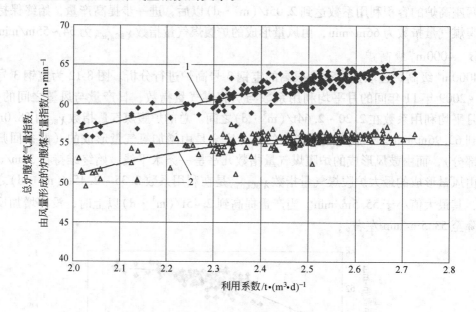

图 8-13 兴澄 3200m³ 高炉利用系数与炉腹煤气量指数的关系
1—总的炉腹煤气量指数；2—由风量形成的炉腹煤气量指数

D 2000m³ 级高炉

图 8-14 所示为安阳钢铁公司 9 号 2800m³ 高炉自 2009 年 4 月至 2010 年 10 月的日平均利用系数与总的炉腹煤气量指数及由风量形成的炉腹煤气量指数之间的关系。高炉月平均利用系数在 1.90~2.49t/(m³·d) 之间，富氧率较低。近期采用炉腹煤气量指数控制高炉以来获得良好效果。在 2010 年 8 月 9 日高炉利用系数最高达到 2.49t/(m³·d)，总的炉腹煤气量指数 χ_{BG} 为 64.12m/min，由风量形成的炉腹煤气量指数 χ_{BG_B} 为 56.83m/min。最大炉腹煤气量指数是在 2010 年 4 月 2 日出现，为 65.18m/min，由风量形成的炉腹煤气量指数 χ_{BG_B} 为 57.92m/min，利用系数为 2.37t/(m³·d)。当提高利用系数时，开始风量和氧气量都同时呈上升趋势，当利用系数达到 2.20t/(m³·d) 以后，风量的上升趋势明显变缓，同时氧气量有明显增加。炉腹煤气量增加的部分完全是由增加氧气量形成的（两条回归线之间的部分），利用系数的提高也主要是增加富氧率的结果。

E 1000m³ 级高炉

1000m³ 级高炉选择了巴西阿斯米纳斯 2 号 1750m³ 高炉 2008 年全年日平均数据进行了

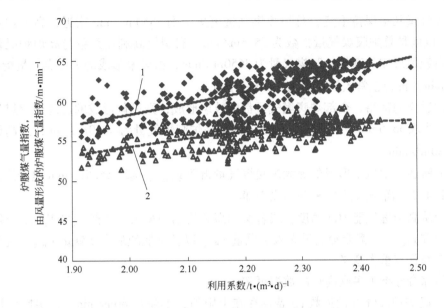

图 8-14 安阳钢铁厂 9 号高炉利用系数与炉腹煤气量之间的关系

1—总的炉腹煤气量指数；2—由风量形成的炉腹煤气量指数

分析。分析结果绘制成图 8-15。图中同样可以将最大炉腹煤气量加以分解，并且把其中由鼓风形成的炉腹煤气量换算成风量，作为选择高炉鼓风机之用。

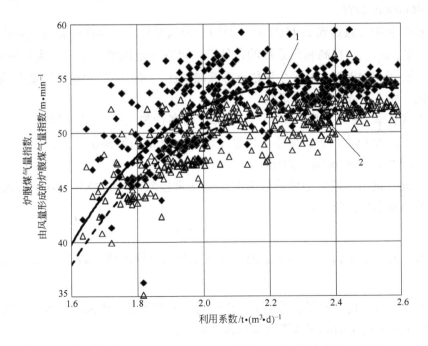

图 8-15 巴西阿斯米纳斯 2 号高炉利用系数与炉腹煤气量指数的关系

1—总的炉腹煤气量指数；2—由风量形成的炉腹煤气量指数

由图 8-15 可知，当高炉利用系数达到 2.10t/(m³·d)时，总炉腹煤气量和由鼓风形成的炉腹煤气量几乎保持不变，总炉腹煤气量更集中到 $3850m^3/min$ 附近，高炉炉缸直径为 $9.40m$，也就是总炉腹煤气量指数为 $55.5m/min$，表明提高利用系数与高炉炉况稳定密切相关。由鼓风形成的高炉炉腹煤气量为 $3650m^3/min$，由风量形成的炉腹煤气量指数 χ_{BG_B} 为 $52.6m/min$，折合正常入炉风量为 $3020m^3/min$。

考虑适当的富裕，全部炉腹煤气量都由鼓风形成，则风量形成的最高炉腹煤气量指数 $\chi_{BG_B,max}$ 也选取 $55.5m/min$，则由鼓风形成的最高炉腹煤气量为 $3850m^3/min$，最高风量可以选取 $3180m^3/min$。

综上所述，由风量形成的最大炉腹煤气量指数 $\chi_{BG_B,max}$ 选取 $55.5m/min$ 是合适的。

8.2.4.2　高炉入炉风量的简易计算

无论从高炉透气能力的角度，或者实际高炉使用的最大炉腹煤气量 $V_{BG,max}$ 和最大炉腹煤气量指数 $\chi_{BG,max}$，都能确定最大入炉风量 $V_{B,max}$ 以及可能的最大出铁量 P_{max}。这对高炉设计和生产都具有重大意义。

前面综合分析了多座高炉的数据可知：

（1）高炉炉腹煤气量指数 χ_{BG} 普遍存在上限值，不超过 $66m/min$。说明操作较好的高炉炉腹煤气量指数 χ_{BG} 保持在 $58\sim66m/min$ 为宜是合适的[2,4,5]。提高利用系数是将炉腹煤气量指数 χ_{BG} 长期稳定在高位水平，如果采取冲高、回落、大幅振荡的办法来操作，则拔苗助长，无法稳定维持在高利用系数和低燃料比的水平。

（2）由风量形成的炉腹煤气量指数 χ_{BG_B} 在 $50\sim56m/min$ 范围内，则正常入炉风量指数 χ_B 以 $45\sim46m/min$ 为宜。

（3）高炉利用系数达到 $2.25t/(m^3\cdot d)$ 时，由风量形成的最高炉腹煤气量指数基本上已达到最大值 $\chi_{BG_B,max}$。在高利用系数的条件下，留有一定的富余 $\chi_{BG_B,max}$ 也不宜超过 $60m/min$。特别是，大于 $4000m^3$ 高炉主要依靠降低燃料比，降低吨铁炉腹煤气量和吨铁耗风量来提高产量，而不是依靠提高鼓风量。

则，当富氧率3%左右时，对小于 $4000m^3$ 的高炉最大入炉风量指数 $\chi_{B,max}$ 不宜超过 $50m/min$；大于 $4000m^3$ 高炉的操作应以稳定为主，风量的波动值缩小，最大入炉风量指数 $\chi_{B,max}$ 更应低些，取 $48m/min$ 为宜。

（4）由此，按照由风量形成的最大炉腹煤气量指数 $\chi_{BG_B,max}$ 换算成入炉最大风量指数 $\chi_{B,max}$ 可以简单地用公式计算：

$$\chi_{B,max} = \chi_{BG_B,max}/1.21 \tag{8-10}$$

最大入炉风量指数 $\chi_{B,max}$ 乘以炉缸断面积 A 就可以计算出高炉的最大入炉风量 $V_{B,max}$：

$$V_{B,max} = \chi_{B,max} \times A \tag{8-11}$$

从第1章开始，我们不断地讨论正确评价高炉生产效率的指标及其取值。对于设计来说，应该应用前面讨论的成果来正确地选择高炉配置的设备。

综前所述，各级高炉由炉腹煤气量指数中鼓风分量和高炉炉缸直径就可以计算入炉风量。

这里还要特别强调的是，我国高炉追求高利用系数，特别是薄壁高炉的有效容积与炉缸面积之比 Vu/d 和炉腰直径 D 过小，影响到软熔带的气流通过能力，影响到高炉操作和合理操作内型的形成。因此，不应为了选择较大能力的鼓风机，而进一步扩大炉缸。

8.2.5 鼓风机风量和风压的确定

高炉鼓风机能力的主要参数为鼓风机的风量和风压。鼓风机风量，包括入炉风量、热风炉充风量和漏风损失。

由于高炉入炉风量决定了鼓风机、送风系统、热风炉的能力，同时也决定了煤气系统的能力，对高炉各部分能力的匹配至关重要。因此前面介绍了三种计算高炉入炉风量的方法，本书推荐后两种计算方法。

8.2.5.1 热风炉的充风量

设计应考虑高炉炉况稳定，就是尽量消除环境对高炉操作的干扰。当热风炉换炉时，若鼓风机仍为定风量调节，由于部分鼓风进入另一座热风炉，以提高热风炉内的压力，导致进入高炉的风量减少，风压势必下降，引起炉内压力波动。特别是当高炉难行时，这种风压波动，将造成炉况失常。假设每隔40min切换一次热风炉，每次切换热风炉需要7min，则这种压力波动的频度将达到17.5%，会影响高炉炉况的稳定。这对于大型高炉是不允许的。

大型高炉在切换热风炉时，鼓风机将自动从定风量调节切换成定风压调节，此时鼓风机将增加鼓风量，以维持鼓风压力不变。这个增加的风量，就是热风炉的充风量 ΔV。

因此，大型高炉鼓风机的最大风量应该是高炉所要求的最大入炉风量加上热风炉的充风量。热风炉的充风量与热风炉的有效容积、热风温度、鼓风压力以及充风时间的长短等多种因素有关。

高炉热风炉的充风量用以下简便公式推算的结果与设计采用的数据基本吻合：

$$\Delta V = 2V_S \times 10P_B \times \frac{273}{273 + t_a} \frac{1}{\tau} \tag{8-12}$$

式中　ΔV——热风炉的充风量（标态），m^3/min；

$\quad\quad V_S$——热风炉内空间，m^3；

$\quad\quad P_B$——鼓风机出口压力（表压），MPa；

$\quad\quad t_a$——热风炉内空气平均温度，$℃$；

$\quad\quad \tau$——充风时间，min。

8.2.5.2 高炉鼓风机风量的确定

上面对宝钢高炉鼓风机风量点进行了分析。《规范》归纳了选择鼓风机的方法。

在选择鼓风机风量时，应符合下列要求：

（1）应按设计的高炉产量、燃料比以及由富氧率折算的每吨生铁消耗风量来确定鼓风机的正常作业点。

（2）应适当提高高炉的燃料比，或降低富氧率来计算鼓风机的最大入炉风量。如采用鼓风机前富氧还要考虑氧气通过鼓风机的量。

（3）计算鼓风机的最大标准风量时，如热风炉换炉采取定风压操作时，还要考虑增加的充风量可不考虑漏风损失。计算结果应为鼓风机的最大能力点。如热风炉换炉采取定风量操作不考虑热风炉的充风量时，则3000m³ 及以上高炉的鼓风漏风损失应小于1.5%；

小于 3000m³ 高炉鼓风漏风损失应小于 2%。

在确定高炉最大风量时，应考虑高炉投产初期和生产的波动等因素。往往在高炉过分强化使操作指标变坏时，风量最大。此时的燃料比较高，高炉利用系数受高炉透气能力的限制而相应降低，出现了高炉最大入炉风量。

建议按以下实例计算高炉正常入炉标准状态风量、最大入炉标态风量和鼓风机出口最大标态风量（见表 8-6）。在表 8-6 中按鼓风机前富氧时，选用正常入炉风量加氧量的值，当机后富氧时选用正常入炉风量之值。在表 8-6 中鼓风机出口最大标态风量中较小的值为鼓风机后富氧时的出口最大标态风量，较大的值包括了富氧量的风机出口风量。

正常入炉标态风量，此处按《规范》规定的设计年平均利用系数和燃料比设定。单位生铁消耗的风量（不富氧）的推荐值见表 8-2，并按富氧率时的每吨生铁消耗风量进行计算。

计算所得在标准状态下的鼓风机风量与目前高炉鼓风机以标准状态的风量来表示鼓风机的能力是一致的。

将中国、欧洲和日本高炉鼓风机的实际配置情况进行比较，并将高炉炉容及炉缸面积与高炉单位炉容的鼓风机风量的统计数据作成图 8-16。从图 8-16b 可以看出，按炉缸面积统计不同炉缸面积的鼓风量相差比较小。同时也可以看出，我国中小高炉配置的高炉鼓风机能力偏大。按表 8-6 的数据作成曲线也绘于图 8-16b，可以认为用来选择高炉鼓风机是比较合适的。

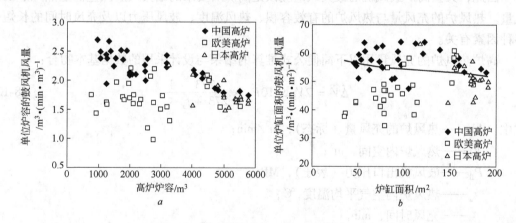

图 8-16 中国、欧美和日本高炉鼓风机风量与
炉容（a）及炉缸面积（b）的关系

这些现象归根结底是由于采用冶炼强度指导高炉操作的结果。冶炼强度确定鼓风机能力的缺点是：

（1）我国用冶炼强度来代表高炉强化的程度，因此有一大部分高炉处于提高冶炼强度，燃料比上升的高冶炼强度的阶段。

（2）在高度强化的情况下，造成无节制地多鼓风。因为冶炼强度高就是多烧燃料，甚至提出"有风就有铁"。

（3）生产的组织者、管理者也普遍存在这种简单思想，造成多产铁，就多鼓风，而不管燃料比会不会升高。

表8-6 各级高炉入炉标态风量和鼓风机出口标态风量的推荐值

指　标	高　炉									
炉容级别/m³	1000	1500	2000	2500	3000	3500	4000	4500	5000	5500
炉容选例/m³	1000	1500	2000	2500	3000	3500	4000	4500	5000	5000
日产量/t·d⁻¹	2300~2650	3250~3825	4300~5000	5250~6125	6300~7350	7350~8400	8400~9800	9225~10800	10000~12000	11000~13200
面积利用系数/t·(m²·d)⁻¹	51.2~70.0	51.2~70.1	52.6~70.7	53.3~70.9	57.5~71.2	57.5~71.8	58.7~74.0	58.8~73.6	59.1~74.4	60.6~74.8
容积利用系数/t·(m³·d)⁻¹	2.20~2.65	2.15~2.55	2.15~2.50	2.10~2.45	2.10~2.45	2.10~2.40	2.10~2.45	2.05~2.40	2.00~2.40	2.00~2.40
正常炉腹煤气量指数/m·min⁻¹	58.0	56.0	56.0	56.5	59.0	58.0	62.5	61.7	60.1	65.8
最大炉腹煤气量指数/m·min⁻¹	66.2	66.2	66.1	66.0	65.8	65.5	66.0	65.6	65.5	66.0
燃料比/t·d⁻¹	500~540	500~540	500~530	500~530	495~520	495~520	490~510	490~510	490~505	485~505
富氧率/%	1.0~2.5	1.0~2.5	1.5~3.0	1.5~3.0	2.0~3.5	2.0~3.5	2.0~4.0	2.0~4.0	2.0~4.0	2.0~4.0
正常入炉标态风量/m³·min⁻¹	1760	2540	3250	4000	4650	5300	6000	6670	7280	7940
最大入炉标态风量/m³·min⁻¹	2000	2950	3600	4400	5200	5900	6500	7200	7900	8600
热风炉充风量/m³·min⁻¹	300	350	400	450	500	600	700	800	850	850
鼓风机出口风量/m³·min⁻¹	2300	3300	4000	4850	5700	6500	7200	8000	8750	9450
单位炉容的风量/m³·(m³·min)⁻¹	2.30	2.20	2.00	1.94	1.90	1.86	1.80	1.78	1.75	1.72

（4）在向炼铁厂下达增产的指示时，操作者照例运用加风的手段，让炉内煤气通畅地逸出炉外，煤气热能和化学能均没有有效利用。

（5）反之，操作者把鼓风机的风量都加完了，产量上不去，就怪鼓风机的能力小了，就不是操作者的责任了。

因此，采用冶炼强度指导生产的结果是使用大鼓风机，"大马拉小车"是必然结果。

较长时期以来，我国炼铁工作者按照小型高炉的经验，盲目地选用大风量鼓风机来提高冶炼强度，期望达到高的利用系数。这是一种脱离炉料透气性实际情况的片面观点。

图 8-17 中统计的 2000 ~ 2004 年 1000 ~ 4000m³ 级高炉的生产实践表明，从单位炉容鼓风机的风量与高炉利用系数来看，恰恰是单位炉容鼓风机的风量小的高炉获得较高的利用系数。这就是依靠大风机而忽视降低燃料比的结果。过大的鼓风机风量与炉容之比，造成"大马拉小车"，导致单位生铁的燃料比高，风机的能耗大，造成很大的浪费。图中的结果可能是由于单位炉容鼓风机风量小的高炉精心操作的缘故，从而达到了既高效又节能的良好效果。

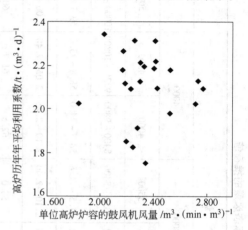

图 8-17 鼓风机风量与高炉年平均利用系数的关系

例如，梅山高炉原设计采用 Z3250 汽动鼓风机，因风量过大，将鼓风机改小。蒸汽耗用量也由 53 ~ 55t/h 降低到 45t/h。实践证明，梅山高炉生产贯彻"优质、低耗、长寿、高产"方针比较好。

宝钢 3 号高炉每 1m³ 炉容鼓风机的风量为 2.023m³/min，2004 年和 2005 年年平均利用系数分别达到 2.425t/(m³·d) 和 2.496t/(m³·d)，2004 年 11 月和 2005 年 3 月的月平均利用系数分别达到 2.624t/(m³·d) 和 2.636t/(m³·d)。宝钢 1 号高炉第三代每 1m³ 炉容鼓风机的风量为 1.76m³/min，2010 年 11 月利用系数达到 2.552t/(m³·d)。

武钢解决了鼓风机与高炉炉容不匹配的矛盾，杜绝了"大马拉小车"现象，减少了放风操作，使吨铁耗风量下降，每吨生铁的动力消耗（标准煤）降低了 2 ~ 3kg/t。

日本扇岛 1 号高炉（炉容 4907m³）鼓风机的铭牌风量（标态，下同）为 8500m³/min，风压为 0.47MPa。大分 2 号高炉（炉容 5775m³）的热风炉设计风量为 9920m³/min。福山 5 号高炉（炉容 5550m³）的热风炉设计风量为 8658m³/min。住友金属新建 5370m³ 高炉热风炉的设计风量为 7800m³/min。韩国浦项 1 号高炉（炉容 3800m³）热风炉的设计最大风量为 6650m³/min。国外有一批高炉的单位炉容风量为 1.5 ~ 1.7m³/min，而这些高炉的生产业绩仍然不错。

我国最近新建的一批高炉大部分鼓风机都选得很大，唯一的补救办法是将来高炉大修时，扩容 20% ~ 30%。由于鼓风机大，热风炉、煤气净化系统、TRT 的设备也大，而高炉炉体的投资只占 12% ~ 15%；仅热风炉一项的投资就超过高炉炉体的投资，热风炉的投资占总投资的 14% ~ 18%；鼓风站的投资接近高炉炉体，约占 9% ~ 13%，煤气净化系统（包括 TRT）的投资也接近高炉炉体，约占 7% ~ 11%。这些系统的投资占高炉总投资的

40% ~48%，按此估计积压的总投资约 10% ~15%，亦即每 1m³ 高炉容积积压投资 3.2 万 ~4.0 万元。况且圆形出铁场的炉体结构很难扩容，则会造成更大的浪费。在《规范》制定过程中做了许多调研工作，并在条文说明中列出了上述的结果。这里还应说明的是《规范》的条文说明也具有《规范》正文的作用。

8.2.5.3 鼓风机风压的确定

鼓风机的出口压力应满足高炉炉顶压力、炉内料柱阻力损失和送风系统阻力损失的要求。

鼓风机出口表压力 P_C 按下式计算：

$$P_C = P_T + \Delta P_1 + \Delta P_2 + \Delta P_3 \qquad (8\text{-}13)$$

式中　P_T——炉顶压力，MPa；

　　　ΔP_1——炉内料柱阻损，MPa；

　　　ΔP_2——热风炉阻损，MPa；

　　　ΔP_3——送风管路阻损，MPa。

鼓风机出口绝对压力为表压力加上工况下的当地大气压力。

高炉均应采用高压操作，高炉的炉顶设计压力值宜符合表 8-7 的规定。

表 8-7　高炉的炉顶设计压力值

炉容级别/m³	1000	2000	3000	4000	5000
炉顶设计压力/kPa	200	200 ~ 250	220 ~ 280	250 ~ 300	280 ~ 300

注：压力为表压。

炉顶压力应随炉容的扩大而增大，尤其在 3000m³ 以上的大高炉必须采用更高的炉顶压力来强化操作。随着炉顶压力的提高，对操作、设备维修和管理都提出更高的要求。

高压操作是一种强化高炉冶炼、提高产量、降低焦比的先进技术。新建高炉理应采用更高的炉顶压力操作。目前宝钢、武钢、鞍钢等厂大型高炉的炉顶压力已长期稳定在 220kPa 运行。首钢等大型高炉的炉顶压力一般为 200kPa 左右。其余高炉的炉顶压力均低于 200kPa，而在 1000m³ 级高炉中，炉顶压力均在 150kPa 以下。

对炉顶压力的制约因素主要是鼓风机出口压力和设备的严密性，由于较小的高炉所使用的设备都较小，应该说更有利于提高炉顶压力。因此，《规范》将较小高炉的炉顶压力提高得多一些。

当高炉利用系数为 2.2t/(m³·d)、喷煤比为 200kg/t、炉顶压力为 0.245MPa 时，炉内料柱阻损随高炉炉容的增大而提高，日本高炉推荐的炉内压力降和炉喉煤气的流速见图 8-18。《规范》考虑到我国高炉强化的特点，在选择鼓风机时，采用了较高的炉内阻损值。

为了强化高炉冶炼，降低燃料比，《规范》提出较高的炉顶设计压力推荐值，而且留有一定

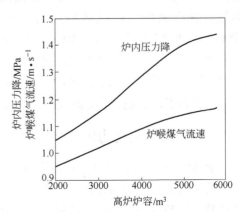

图 8-18　高炉容积与炉内压力降

的幅度，设计时可根据具体情况选择。

高炉炉内料柱阻力损失取决于原料、燃料条件和冶炼操作制度。高炉送风系统的阻力损失主要取决于送风管道布置形式、气体流速及热风炉形式，如管道长可酌情增加。

《规范》指出，**高炉炉内料柱阻力损失、送风系统的阻力损失及高炉鼓风机出口压力值宜符合表 8-8 的规定。**

表 8-8　高炉的料柱阻力损失、送风系统阻力损失及高炉鼓风机出口压力值

炉容级别/m³	1000	2000	3000	4000	5000
料柱阻损/MPa	0.12 ~ 0.14	0.14 ~ 0.16	0.16 ~ 0.18	0.18 ~ 0.20	0.19 ~ 0.23
送风系统阻损/MPa	0.025	0.025	0.03	0.035	0.035
炉顶压力/MPa	0.20	0.20 ~ 0.25	0.22 ~ 0.28	0.25 ~ 0.30	0.28 ~ 0.30
鼓风机出口压力/MPa	0.34 ~ 0.37	0.36 ~ 0.44	0.40 ~ 0.49	0.45 ~ 0.54	0.49 ~ 0.57

注：1. 如果冷风管道长度较长，应适当增加送风系统阻力损失。
　　2. 压力为表压。

在最终确定鼓风机最高出口压力时，还宜增加风压的波动值。小于或等于 3000m³ 级高炉可提高 0.02MPa，4000m³ 级以上高炉可提高 0.04MPa。

鼓风机的最高出口压力，只考虑最大入炉风量。当热风炉换炉时，鼓风机应保持正常的送风压力。因此，为充风而增加的部分风量，不再考虑风压的波动值。这样避免鼓风机传动功率的闲置和浪费。

对中国、欧美和日本高炉鼓风机的实际配置情况进行统计比较，并将高炉炉容与鼓风机风压的关系作成图 8-19。

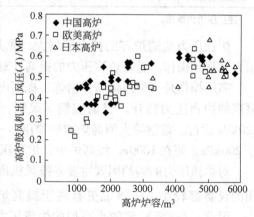

由图 8-16 和图 8-19 的统计数据可知，我国高炉鼓风机的能力都比较大，能力尚未充分发挥。高炉风压和炉顶压力有提高的余地。目前我国各级高炉鼓风机的额定出口压力为：1000m³ 级高炉在 0.31 ~ 0.46MPa 之间；2000m³ 级高炉在 0.40 ~ 0.52MPa 之间；3000m³ 级高炉在 0.45 ~ 0.49MPa 之间；4000m³ 级高炉为

图 8-19　中国、欧美和日本高炉鼓风机风压与炉容的关系

0.51。它们都已经具备炉顶压力达到 0.25MPa 的条件。

8.3　高炉鼓风机能力的确定

高炉鼓风机能力应根据钢铁厂所在地准确的气象条件确定。

鼓风机能力必须与高炉工况匹配。当采用脱湿鼓风和富氧鼓风时，必须调整各工况点的风量，以免造成不必要的放风，既污染环境、增加投资和运行成本，又造成能源浪费。

高炉鼓风机能力一般以鼓风机风量、压力、压比等参数来衡量。

8.3.1 鼓风机的稳定运行范围和有效使用范围

不同类型的鼓风机的安全运行范围也就是鼓风机的稳定工作范围不完全一样。如果鼓风机在安全范围以外运行，就会发生事故，甚至会毁坏鼓风机。

鼓风机的有效使用范围是指在鼓风机的安全运行范围内，加上各种安全措施的限制，如防喘振放风线、防阻塞线和压力限制线等之后，就构成了鼓风机可以使用的工作范围。因此，设计时必须把工况点放在鼓风机的有效使用范围内。

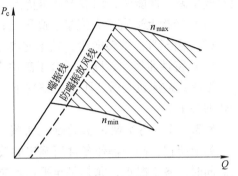

图 8-20 离心鼓风机的有效运行区

离心式鼓风机的安全运行范围是由左边的喘振线以及最小转速和最大转速之间所构成的区域。而有效使用区是由防喘振放风线以及最小转速和最大转速之间所构成的区域，如图 8-20 所示。

静叶可调轴流式鼓风机的安全运行范围是：静叶角度 θ 有一允许的变化范围，超出此范围运行，鼓风机容易处于不安全状态。当运行时，超过最大允许角度 θ_{max}，鼓风机有可能进入初级叶片阻塞线或鼓风机构件强度的安全极限线；若在小于最小安全运行角 θ_1 运行，鼓风机极易进入左面的旋转失速（气流分离）状态，使叶片产生交变应力，导致疲劳破坏，所以不允许鼓风机在小于最小安全运行角 θ_1 运行。将各静叶角度（或转速）下喘振点连成线，即为喘振线。风机若进入左上方喘振状态，导致风机出口压力和进口流量激烈波动。鼓风机、轴承，甚至管道都会产生剧烈振动，对鼓风机的危害极大，甚至毁坏鼓风机。为保证鼓风机的安全运行，在喘振线下还设有一防喘振线（报警线）。另外，鼓风机也不适于在下方的末级叶片阻塞线下工作。鼓风机的有限使用范围是：由左下面到旋转失速区的边线；右面至初级叶片的阻塞线或鼓风机构件强度安全极限；下面到防阻塞线；上方到放风线和压力限制线。所构成的区域，如图 8-21 所示。

目前反映 1000m³ 高炉的风压不够，有可能是选取过分大的鼓风机所致。鼓风机长期在低风量区域运行时，靠近了鼓风机的喘振线，而被迫降低风压运行。

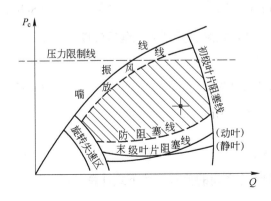

图 8-21 轴流式鼓风机的有效使用区

鼓风机设有防喘振控制、防阻塞控制、逆流保护装置并采取防"失速"保护等安全控制措施。为满足高炉的稳定操作，鼓风机还设有定风量或定风压——叶片定位串级调节。

定风量或定风压调节是机组控制系统将高炉生产工艺所需的风量作为给定值，根据流量计测得的实际流量，并经过运算，控制调节回路能自动完成轴流鼓风机静叶角度的实时调节，保证高炉生产工艺所需的风量。在进行风量调节的过程中，控制系统还能根据高炉生产工艺的实际需要而自动或人为地将定风量调节无扰动地变为定风压调节。同定风量调节一样，定风压调节也是通过对轴流鼓风机静叶角度的实时调节来实现的，定风压调节的目的是保证鼓风机出口压力满足高炉生产工艺所需的恒定风压。系统完整的功能保证鼓风机定风量与定风压切换为无扰动互换选择控制。

众所周知，大型高炉的轴流式鼓风机已经取代了离心式鼓风机。这是因为轴流式鼓风机有效率高、性能好、调节方便等优点。

（1）结构上适宜于大流量、高风压；

（2）由于气流的转向少，效率比离心式约高出 10%；

（3）特性曲线比较陡，适合于高炉定风量操作。

轴流式鼓风机在转速不变的情况下，采用调节各级静叶角度来适应高炉对风量、风压变化的要求。

8.3.1.1　高炉鼓风机的性能曲线

如上所述，高炉操作条件所确定的鼓风机工况区，必须位于鼓风机的安全运行范围以内。同时，各工况点，尤其是年平均点应处于鼓风机的高效运行区域内。

在选择鼓风机时，应由制造厂提供鼓风机的夏季、冬季和年平均性能曲线。

A　鼓风机吸入风量与出口标准风量的换算

鼓风机的夏季、冬季和年平均性能曲线是考虑了不同时期大气温度、压力、湿度的变化对鼓风机性能的影响而绘制的。对鼓风机性能的修正如下：鼓风机的吸入流量 V 与鼓风机出口标准风量 V_h 之间存在一个风量修正系数 k（见式 8-14），它包含风机入口气压修正系数 k_1、温度修正系数 k_2、湿度修正系数 k_3。

$$k = k_1 k_2 k_3 \tag{8-14}$$

（1）风机入口气压修正系数 k_1，按下式计算：

$$k_1 = P_x / P_0 \tag{8-15}$$

式中　P_x——风机吸入口法兰处压力，MPa，为鼓风机工作条件下大气压力减去进风系统
　　　　　　阻力，包括过滤器、脱湿器等阻力；

　　　　P_0——标准状况下空气的压力，0.101325MPa。

（2）风机入口温度修正系数 k_2，按下式计算：

$$k_2 = 273 / (t + 273) \tag{8-16}$$

式中　t——鼓风机入口空气温度，℃，若风机入口有脱湿装置则为脱湿后温度。

（3）风机入口湿度修正系数 k_3，按下式计算：

$$k_3 = 1 - (P_w \times \psi) / (100 \times P_a) \tag{8-17}$$

式中　P_w——鼓风机入口温度下的水蒸气饱和压力，MPa；

　　　　ψ——空气相对湿度，%；

　　　　P_a——鼓风机工作条件下的大气压力，MPa。

鼓风机吸入流量 $V(\text{m}^3/\text{min})$ 与出口标准风量 V_h 之间的关系，按下式计算：

$$V = V_h / k \tag{8-18}$$

B 鼓风机压比

鼓风机的压比 ε，按下式计算：

$$\varepsilon = (P_c + P_a)/P_x \tag{8-19}$$

式中 P_c——鼓风机出口表压力，MPa。

8.3.1.2 高炉鼓风机的工作区域

将高炉操作的典型工况点落实到鼓风机的性能曲线上，并研究与确定鼓风机有效范围的限制线之间的关系，同时还应使之在高效运行区域之内。图 8-22 表示确定鼓风机各工况点 A、B、C、D 和 E 的方法。

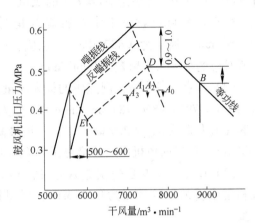

图 8-22 高炉鼓风机的工作区域

（1）A 点。由正常操作指标确定的标准状态的正常入炉风量（见表 8-6）和风机出口风压（见表 8-9）确定。A 点也就是正常炉腹煤气量指数时的操作点。该点应在鼓风机的最高效率区内。

（2）B 点。在各工况点中，与最大炉腹煤气量指数相对应的最大风量点（即表 8-7 中的风机出口标准状态风量），已经考虑了热风炉的充风量。

表 8-9 鼓风机的极限工况点

工况点	风量/m³·min⁻¹	风压/MPa	轴功率/kW	备 注
B	8800	0.56	约 46600	最大风量点
C	8400	0.60	约 46600	最高风压点
D	7500	0.60	约 41200	最高风压时的最小风量点
E	6000	0.47	约 28000	最小风量点

（3）C 点。风压按《规范》规定的鼓风机最高出口压力确定，风量按 B 点所确定的鼓风机轴功率推算。由于切换热风炉时，鼓风机按定风压操作，B 点的风量为最大，而此时，高炉的风压不可能是最高，但是，B 点的轴功率已经是最大的了。用 B、C 两点等功率的方法可以得到 C 点的风量 V_C：

$$V_C = \frac{V_B\left(\varepsilon_B^{\frac{\kappa-1}{\kappa}} - 1\right)}{\varepsilon_C^{\frac{\kappa-1}{\kappa}} - 1} \tag{8-20}$$

式中 V_B，V_C——分别为 B、C 两点的风量，m³/min；

ε_B，ε_C——分别为 B、C 两点的压缩比；

κ——空气的绝热指数。

（4）D 点。由 E 点引平行于喘振线的直线与最高风压线的交点，即 $P_D = P_C$ 确定。

（5）E 点。一般由该点的风量 $V_E = (0.65 \sim 0.68)V_B$ 确定，风压则可根据较喘振线或旋转失速区的边线增加约 10% 的风量位置，以及垂直于喘振线的引线，两直线的交点确定

（见图 8-22）。

现以宝钢 1 号、2 号高炉为例加以说明：

（1）A_1、A_2、A_3、A_0 点。按表 8-3 中的 $[A_1]$、$[A_2]$、$[A_3]$ 阶段的操作指标确定的标准状态的正常入炉风量和表 8-8 的风机出口风压确定。$[A_3]$ 阶段为生产指标较好的长期运行点，A_3 点也就是正常炉腹煤气量时的操作点。该点包括氧气量在内的风量为 7000m^3/min，风压为 0.432MPa。A_3 点应在鼓风机的最高效率区内。A_0 点为最大炉腹煤气量所对应的最大入炉风量 7900m^3/min。

（2）B 点。各实际工况点中的最大风量点为：高炉最大风量加热风炉充风量，即 $V_B = V_{A0} + 850 = 7900 + 850 = 8750$m^3/min，取整为 8800m^3/min。当入炉风量为 7900m^3/min，最高透气阻力系数 $K_{max} = 2.9$ 时，高炉入炉最高鼓风绝对压力 $P_B = 0.54$MPa，加上风管阻损 0.02MPa，所以鼓风机出口的绝对压力 $P_B = 0.56$MPa。

（3）C 点。C 点是先决定风压 $P_C = P_B + 0.04 = 0.60$MPa，4000m^3 高炉风压波动值和富余量的经验数据为 0.04MPa。风量按 B 点的功率不变，即按等功线求得 C 点的风量。

（4）D 点。风压 $P_D = P_C$，风量可以用图 8-22 中的方法，根据经验得出。

（5）E 点。风量 V_E 为 6000m^3/min，风压可用图 8-22 的方法，根据经验得出。

8.3.1.3　宝钢高炉鼓风机的选择

宝钢鼓风机的性能曲线及工作区域见图 8-23。由于夏季、冬季和年平均的吸气条件不同，有三条不同的鼓风机性能曲线。这是其中较有代表性的曲线图。其运行条件为：大气压力为 0.101325MPa，大气温度为 20℃，吸入温度为 20℃，吸入湿度为 83%，脱湿器停止工作。

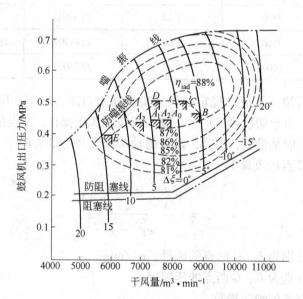

图 8-23　宝钢高炉鼓风机典型性能曲线

η_{iad}—鼓风机内部绝热效率；$\Delta\xi$—静叶叶片角度

对鼓风机性能的要求为：夏季鼓风机的性能曲线应能满足最大风量 B 点的要求。而冬季鼓风机的性能曲线也能在最小风量 E 点稳定运行。

长期运行，A 点应该在鼓风机的高效率区。

希望 E 点的风量尽可能的小，而 E 点风压尽可能的高，以获得更宽广的鼓风机稳定运行范围。

8.3.2 高炉鼓风机

8.3.2.1 轴流鼓风机的结构

静叶可调轴流鼓风机的典型结构如图 8-24 所示，主要由机壳、转子、叶片承缸、调节缸、进口圈、扩压器、轴承等组成。

（1）机壳。又称外缸，即为支承内部件（如叶片承缸、调节缸等）之用，又作为进气、排气蜗室。

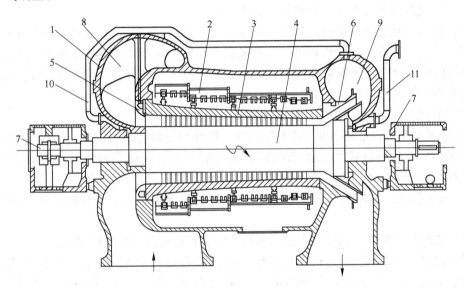

图 8-24　静叶可调轴流鼓风机的结构

1—机壳；2—调节缸；3—叶片承缸；4—转子；5—进口圈；6—扩压器；7—轴承；
8—进气蜗室；9—排气蜗室；10—高压平衡管道；11—低压平衡管道

（2）调节缸。通过液压伺服机构带动调节缸做同步轴向往复移动，调节鼓风机的各级静叶叶片角度，从而改变鼓风机的工作工况。调节缸放在机壳和叶片缸之间，因此又称中缸。若为静叶固定型轴流鼓风机，则无调节缸。

（3）叶片承缸。又称内缸，支承静叶，也作为气体在压缩过程中气流通道。气流从机壳进气室进入，沿流道经过转子叶片逐级压缩，静叶栅的不断扩压，提高压力。最后经过扩压器进一步扩压，并汇入机壳排气室，由管道引出鼓风机。

（4）转子。这是鼓风机的最重要部件，转子上装有多级动叶。通过转子的高速旋转来提高气体压力。

转子组装完毕后，一般要进行高速动平衡和超速试验。

（5）进口圈。又称收敛器，它使气流逐渐均匀和适当加速。

（6）扩压器。它将压缩气体中一部分动能进一步有效转化为压力能。

（7）轴承。支承鼓风机转子用。包含支承轴向（径向）和轴向推力轴承。

8.3.2.2　鼓风机的驱动

高炉鼓风机的驱动方式有电动机驱动和汽轮机驱动。汽动鼓风和电动鼓风的特点归纳如下：

（1）电动鼓风机对电的依赖性较高，不适合在电压不稳定和缺电地区使用。特别是在缺电地区，钢铁厂内有电炉和轧钢机等冲击负荷时，由于电网容量小，电网频率波动会引起鼓风电动机经常失步跳闸，引发高炉坐料事故。可是，电动鼓风能改善电网的功率因素。

（2）单纯从鼓风站来看，汽动鼓风站投资一般是电动鼓风站的 1.5~2.5 倍，但是，电动鼓风还要计入发电机组和变压送配电设备的投资分担，因此电动鼓风可能要贵一些。但是，电动鼓风站占地小，一般是汽动鼓风站的 1/2~1/3。

（3）电动鼓风站设备少，操作简单，安全性高。

（4）汽动鼓风备用机启动时间 30~40min；电动鼓风备用机启动时间大约 10min。

（5）汽动鼓风由于汽轮机直接驱动鼓风机，能量不发生二次转换效率高。可是，从燃料到机械能的转换全面分析来看就不一定了。因为发电机的容量一般都比鼓风汽轮机大，发电效率高于鼓风汽轮机的效率。

以宝钢 4000m³ 级高炉为例计算两种鼓风方式的总效率：

1）鼓风电动机容量 48MW，效率 98.3%，降压变压器效率 99.35%，发电机升压变压器效率 99.7%，由燃料到发电端 350MW 发电总效率 37%，由燃料到鼓风机的总效率为：37%×99.7%×99.35%×98.3%=36%。

2）汽动鼓风，汽轮机直接驱动鼓风机，由燃料到鼓风机，50MW 的汽轮机总效率32%。

以上比较显而易见电动鼓风大量的节省能源，符合节能减排的环保要求。

当所建设的钢铁厂，发电机容量小到与鼓风机容量相差无几时，以上比较则发生逆转，即如果发电机容量也只有 50MW 时，采用汽动鼓风，由汽轮机直接驱动鼓风机，50MW 的汽轮机由燃料到鼓风机的总效率仍然是 32%。因而，从燃料到电动鼓风机总效率为：32%×99.35%×99.35%×98.3%=31.05%。

此时电动鼓风机的方案无论从投资和运行来说都是不合适的。经分析大约在发电机的容量等于鼓风机容量的 2.5~3 倍时其总效率差不多相等。

为了提高汽动鼓风效率，国外采用尽量加大汽轮机容量的办法建设了汽轮机-发电机-鼓风机机组 TGB，以求得由燃料到鼓风机的高效率。

总的来说，两种鼓风方案各有优劣，采用电动鼓风的方式总体投资较高，但运行维护简单，占地少，对高炉的稳定供风更有保障；采用汽动鼓风的方式投资省，但运行维护复杂，向高炉供风的可靠性不如电动鼓风方式。能耗比较结果：发电机容量大于鼓风机容量较多时，宜采用电动鼓风。

由于环境保护的要求日益严格，在**采用蒸汽鼓风机时，必须保证锅炉烟气排放符合相应的国家标准**。

8.3.2.3　轴流鼓风机系列

我国已经有多个厂家生产高炉使用的静叶可调轴流鼓风机。其中某厂生产的静叶可调式轴流鼓风机见表8-10。

表 8-10　国产高炉静叶可调轴流鼓风机系列

产品型号	级数	进出口压比	吸入流量 /km³·h⁻¹	轴功率 /kW	转速 /r·min⁻¹	配套高炉炉容 /m³
AV56	9~18	2.7~7.2	135~170	$(65~160) \times 10^2$	5968	<1000
AV63	9~18	2.7~7.2	165~225	$(80~200) \times 10^2$	5300	1000~1500
AV71	9~18	2.7~7.2	210~280	$(100~270) \times 10^2$	4600	1200~1800
AV80	9~18	2.7~7.2	275~370	$(135~330) \times 10^2$	4180	2000~3000
AV90	9~18	2.7~7.2	350~440	$(170~410) \times 10^2$	3720	2500~3500
AV100	9~18	2.7~7.2	425~560	$(210~510) \times 10^2$	3342	4000~5000
AV112	9~18	2.7~7.2	550~700	$(280~600) \times 10^2$	3000	≥5000

8.4　脱湿鼓风

脱湿鼓风具有稳定鼓风中湿分和降低焦比的双重作用。采用脱湿鼓风时要考虑以下两个方面的因素：

（1）气象条件。脱湿鼓风如果在高炉所处地区大气比较干燥，全年大部分时间不脱湿，脱湿的经济效益就比较差。《规范》规定，**在我国南方地区宜采用脱湿鼓风，北方地区宜采用调湿鼓风。**

（2）喷吹燃料价格。供电价格直接关系到脱湿鼓风的经济效益。

以下三种情况的高炉应积极采用脱湿鼓风：一是长江以南地区和空气湿度较大的地区；二是高喷煤比的高炉；三是冶炼耗热量大、燃料比高的高炉。

对于高炉脱湿鼓风的评价，主要的目的是降低焦比，增加产量，提高喷煤比，提高风口前理论燃烧温度，提高鼓风的质量（密度和成分稳定），达到高炉生产稳定、顺行[6]。

8.4.1　高炉脱湿鼓风的作用

8.4.1.1　大气湿度的计算

高炉鼓风湿度受大气温度和地区环境的影响。气象部门一般采用相对湿度，而对于高炉冶炼，则需要了解鼓风带入高炉参加反应的水量。空气中的含水量或通常高炉冶炼所使用的绝对湿度可以通过饱和状态下，空气的含水量和相对湿度求得。表8-11为饱和状态下空气的含水量。

表 8-11 饱和状态下空气的含水量（压强为 101.324kPa）

温度/℃	蒸汽分压/Pa	1m³空气中含水量				温度/℃	蒸汽分压/Pa	1m³空气中含水量			
		质量/kg		体积分数/%				质量/kg		体积分数/%	
		干空气	湿空气	干空气	湿空气			干空气	湿空气	干空气	湿空气
-65	0.267	0.0024	0.0024	0.0003	0.0003	12	1402.5	11.2	11.1	1.40	1.38
-60	0.933	0.0080	0.0080	0.001	0.001	13	1497.2	12.1	11.9	1.50	1.48
-55	2.000	0.0160	0.0160	0.002	0.002	14	1598.5	12.9	12.7	1.60	1.58
-50	3.866	0.0320	0.0320	0.004	0.004	15	1705.2	13.7	13.5	1.71	1.68
-45	6.933	0.0560	0.0560	0.007	0.007	16	1817.2	14.6	14.4	1.82	1.79
-40	12.40	0.097	0.097	0.012	0.012	17	1937.2	15.7	15.5	1.95	1.93
-35	22.26	0.177	0.177	0.022	0.022	18	2063.8	16.7	16.4	2.08	2.04
-30	37.33	0.30	0.30	0.037	0.037	19	2197.1	17.8	17.4	2.22	2.17
-25	62.66	0.50	0.50	0.062	0.062	20	2338.5	19.0	18.5	2.36	2.30
-20	102.9	0.80	0.81	0.102	0.101	22	2643.8	21.5	21.0	2.68	2.61
-15	165.1	1.32	1.31	0.164	0.163	24	2983.7	24.4	23.6	3.04	2.94
-10	259.4	2.07	2.05	0.257	0.256	26	3361.0	27.6	26.7	3.43	3.32
-8	309.4	2.46	2.45	0.306	0.305	28	3779.7	31.2	30.0	3.88	3.73
-6	368.1	2.85	2.84	0.364	0.353	30	4242.3	35.1	33.7	4.37	4.19
-5	401.3	3.19	3.18	0.397	0.395	32	4754.3	39.6	37.7	4.93	4.69
-4	436.8	3.48	3.46	0.432	0.430	34	5319.5	44.5	42.2	5.54	5.25
-3	475.4	3.79	3.77	0.471	0.459	36	5940.8	50.1	47.1	6.23	5.86
-2	517.2	4.12	4.10	0.512	0.510	38	6624.8	55.3	52.7	7.00	6.55
-1	562.1	4.49	4.46	0.558	0.555	40	7375.4	63.1	58.5	7.85	7.27
0	610.5	4.87	4.84	0.605	0.602	45	9583.2	84.0	76.0	10.43	9.46
1	656.6	5.24	5.21	0.652	0.648	50	12333	111.4	97.9	13.85	12.18
2	705.8	5.64	5.60	0.701	0.697	55	15732	148.0	125.0	18.40	15.50
3	757.9	6.05	6.01	0.753	0.748	60	19918	196.0	158.0	24.50	19.70
4	813.4	6.51	6.46	0.810	0.804	65	24998	265.0	199.0	32.80	24.70
5	872.3	6.97	6.91	0.868	0.860	70	31157	361.0	249.0	44.90	31.60
6	935.0	7.48	7.42	0.930	0.922	75	38543	499.0	308.0	62.90	39.90
7	1001.6	8.02	7.94	0.998	0.998	80	47343	715.0	379.0	89.10	47.10
8	1072.6	8.59	8.52	1.070	1.060	85	57808	1061.0	463.0	135.80	57.00
9	1147.8	9.17	9.10	1.140	1.130	90	70101	1870.0	563.0	233.00	70.00
10	1227.8	9.81	9.73	1.220	1.210	95	84513	4040.0	679.0	545.00	84.50
11	1312.4	10.50	10.40	1.310	1.290	100	101325		816.0		100

8.4.1.2 各地区大气湿度的变化

我国地域辽阔，各地气候变化大。在确定高炉脱湿前，应对当地气象条件进行研究。

重庆是湿热地区，一年内的湿度变化很大，表 8-12 列出了各月平均湿度、极端最高和极端最低湿度。即使在北方地区一年内的温度变化也很大，如鞍山地区一年内的月平均湿度的变化也达到 15.5g/m³。

鞍山、上海和重庆 2004 年各月份的平均湿度变化见表 8-12。

表 8-12　鞍山、上海和重庆 2004 年各月份的平均湿度（标态）变化　　（g/m³）

地区＼月份	1月	2月	3月	4月	5月	6月	7月	8月	9月	10月	11月	12月
鞍　山	1.47	1.68	2.84	4.16	7.26	12.48	16.98	15.78	9.75	6.02	3.57	2.50
上　海	5.1	6.5	6.8	9.7	14.9	19.3	24.2	25.0	19.5	12.0	10.0	7.1
极端最高	7.7	9.7	11.3	14.7	22.3	23.7	27.7	28.7	23.3	16.3	17.0	9.7
极端最低	3.0	3.0	3.7	4.7	8.3	13.0	18.7	19.0	13.0	8.7	4.0	4.3
重　庆	6.53	7.53	9.58	12.20	14.39	17.77	18.44	19.31	16.65	12.00	10.11	7.95
极端最高	8.70	10.53	13.54	18.81	20.35	24.48	25.57	23.41	22.83	14.32	13.33	10.08
极端最低	4.04	3.71	3.86	5.45	5.42	13.92	11.98	12.46	8.02	9.56	6.14	2.41

重庆一年四季每昼夜的早晚温差小，因此专门收集了其昼夜湿度变化数据。重庆冬季期间（2003 年 12 月 ~ 2004 年 2 月）按时间的平均值，以及随机抽取 2004 年 1 月 5 日作为冬季无降水的代表日和以 2004 年 1 月 19 日作为有降水的代表日。将它们的湿度随时间的变化作成图 8-25a。重庆夏季期间（2004 年 6 ~ 8 月）按时间的平均值，以及 2004 年 7 月 25 日为夏季无降水的代表日和以 2004 年 8 月 13 日为有降水的代表日的湿度随时间的变化，见图 8-25b。

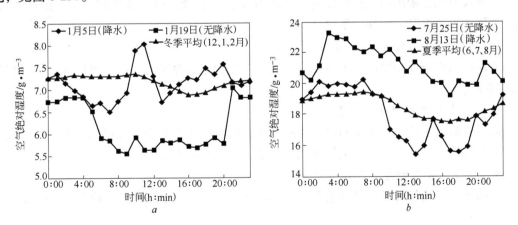

图 8-25　重庆 2004 年夏季及冬季和某天的湿度随时间的变化
a—冬季及某天的湿度；b—夏季及某天的湿度

由图 8-25 可知，即使在南方昼夜温差小的地区，昼夜湿度变化仍然很大。昼夜湿度随时间的变化会影响高炉冶炼的行程，导致循环区温度的变化。北方地区的湿度变化更大，例如北京石景山地区夏季湿度 26g/m³，冬季 2g/m³，相差 24g/m³。如不控制循环区温度，将相差 144℃；9～10 月一个月内最大湿度差 11g/m³，影响循环区温度 66℃；即使在 4 月内湿度也相差 6.5g/m³，温度波动也有 39℃。

8.4.1.3　提高风机的质量流量

在采用鼓风机吸入侧冷却脱湿方式（以下简称冷却脱湿）时，由于通过冷却脱湿后，鼓风机进口处的大气温度降低，使鼓风的密度增大，从而鼓风机送出的冷风质量流量增加。据新余钢铁公司铁合金厂 300m³ 级高炉所用鼓风机的测算，在大气通过脱湿机温度由 29℃降到 8℃时，风机的质量流量平均增加 9%，而在炎热的夏季，增加的风量可达到 13.7%，从而使高炉增产。这对风机能力不足的高炉来说，无疑是好事。尤其是在高炉大修扩容时，采用脱湿鼓风的方式能提高 10% 的风机出力，就可以在不更换风机的情况下扩容 10%。这对发挥设备能力、提高单炉产量是非常有利的。

8.4.2　各种脱湿方法及其特点

迄今为止，用于高炉鼓风脱湿的常用方法有干式氯化锂吸附法、湿式氯化锂吸附法、冷却及氯化锂吸附联合法、鼓风机出口侧冷却法以及鼓风机吸入侧冷却法等。

不同的脱湿方法，在设备、运行、维护方面，特别是在能耗方面有所差异。在选择脱湿方法时应充分注意这一点。

8.4.2.1　各种脱湿方法

A　氯化锂吸附法

无论是干式还是湿式，不但在再生吸附剂时要消耗热量，而且吸附过程会使湿空气的潜热变成显热，使鼓风机吸入空气温度升高，导致鼓风机功率增大。而且干式氯化锂吸附装置的管理较复杂，湿式氯化锂还有腐蚀鼓风机叶片的缺点。

B　冷却及氯化锂吸附联合法

冷却及氯化锂吸附联合法可以将空气的湿度脱得很低，但是这种方法用于鼓风脱湿，运行和维护均较复杂，消耗能量也多。

C　鼓风机出口侧冷却脱湿法

鼓风机出口侧冷却脱湿法不需要冷冻机，但是会导致冷风的热量损失以及鼓风机出口压力的损失。

D　鼓风机吸入侧冷却脱湿法

鼓风机吸入侧冷却脱湿法的优点是：在鼓风机吸风管道上易于设置脱湿器；调节性能好；无需吸附剂，节能，可增加鼓风机的风量，而且技术成熟。

8.4.2.2　吸入侧冷却脱湿法的特点

节约能量和增加鼓风机的风量是吸入侧冷却脱湿法最主要的优点，现分别说明如下。

A　节约能量

脱湿装置本身是需要耗能的，但是冷却脱湿以后，鼓风机吸入空气温度、吸入空气湿度下降而使鼓风机节能，脱湿装置的耗能与鼓风机的节能完全相当，两者可以相互抵消，有时甚至略有节余。因此，吸入侧冷却脱湿法无须多耗能。运行的经济性好。现以宝钢冷却脱湿的设计数据为例，加以说明（见表 8-13）。

表 8-13 宝钢脱湿装置耗电与鼓风机省电的比较

指标	状态	风量[1] /m³·min⁻¹	风压（表压）/MPa	吸入空气温度/℃	吸入空气湿度/g·m⁻³	鼓风机功率/kW	脱湿后鼓风机省功 kW	脱湿后鼓风机省功 %	脱湿装置耗功/kW	差额/kW
设计点	不脱湿	7900	0.442	32.0	32.5	39312	4002	10.2	3647	355
设计点	脱湿	7900	0.442	8.5	9.0	35310				
年平均	不脱湿	7900	0.442	16.0	12.9	36462	1951	5.4	1616	335
年平均	脱湿	7900	0.442	2.5	6.0	34511				

① 高炉鼓风机能力为 8800m³/min，扣除热风炉的充风量 850m³/min 后，最大入炉风量为 7900m³/min。

宝钢采用大型鼓风机，压缩比较高，冷却脱湿以后鼓风机节能较多，除抵消脱湿装置耗能外，尚略有富余。其效果可以从影响鼓风机功率的诸因素得到说明。鼓风机的内功率 $N_i(kW)$ 为：

$$N_i = \frac{G}{102\eta_{iad}} \frac{k}{k-1} RT_1 (\varepsilon^{\frac{k-1}{k}} - 1) \tag{8-21}$$

式中　G——质量流量，$G = \frac{V}{60} \times 1.293(1+x)$，kg/s；

V——鼓风量（标态），m³/min；

x——绝对湿度，kg/kg；

R——气体常数，$R = 47.06(0.622+x)/(1+x)$，kg·m/(kg·K)；

T_1——吸入空气的绝对温度，K；

η_{iad}——鼓风机内绝热效率，%；

k——质量热容比，$k = c_p/(c_p - R/427)$；

c_p——定压比热容，$c_p = (1.005 + 1.926x)/(1+x)$，kJ/(kg·K)；

ε——鼓风机的压缩比，$\varepsilon = P_2/P_1$。

将不脱湿的有关参数作为 100%，冷却脱湿后影响鼓风机内功率诸因素的变化见表 8-14。

表 8-14 脱湿后鼓风机内功率诸因素的变化

参　数	工况点/% 设计点	工况点/% 年平均	参　数	工况点/% 设计点	工况点/% 年平均
T_1	92.136	95.332	$\varepsilon^{\frac{k-1}{k}} - 1$	100.663	100.204
G	98.230	99.471	N_i	89.67	94.57
R	98.945	99.682	省功	10.33	5.43
$\frac{k}{k-1}$	99.478	99.841			

上述分析结果与表 8-13 中宝钢的设计数据完全吻合。

冷却脱湿装置的能量消耗与大气条件及脱湿的程度有关。在吸入空气温度、吸入空气湿度相同的情况下，鼓风机节约的能量与其风压有关。鼓风机出口风压越高，节能越多，越能抵消脱湿装置所耗的能量，甚至有余；反之出口风压越低，节能越少。从图 8-26 可以看出，功率比是脱湿后鼓风机功率及脱湿装置功率两者之和与不脱湿时鼓风机功率之比。

因此，在现有的鼓风脱湿的各种方法中，鼓风机吸入侧冷却脱湿法是较为节能的一种方法。

B 增加鼓风机的风量

采用吸入侧冷却脱湿后，由于吸入空气状态的改变而影响鼓风机性能，使鼓风量增加。从鼓风机性能换算可求得增加风量，换算的简化公式为：

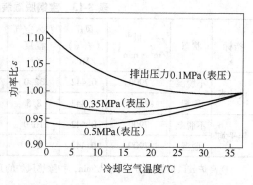

图 8-26 鼓风机省功与排出压力之间的关系

$$V_N = \frac{\alpha_0}{\alpha} V_0 \frac{\varepsilon^{1/3} + 1}{\varepsilon_0^{1/3} + 1} \qquad (8-22)$$

$$\varepsilon = \left(\frac{R_0 T_0}{RT} \cdot \varepsilon_0^{1/3} + 1 \right)^3 \qquad (8-23)$$

$$\alpha = \frac{273 + t}{273} \cdot \frac{1.033}{P - \varphi P_b} \qquad (8-24)$$

式中　　　α——标准状态干空气量折算成某实际状态湿空气量的折算系数；
t, P, φ, P_b——分别为某实际状态湿空气的温度，℃；绝对压力；相对湿度，%；饱和绝对压力；
　　　　V_N——标准状态下干空气流量，m^3/min；
　　　　ε——鼓风机的压缩比；
　　　　R——湿空气的气体常数。

下角标"0"表示无冷却脱湿时的参数；无下角标者为冷却脱湿后的参数。

将式（8-23）代入式（8-22）得：

$$V_N = \frac{\alpha_0}{\alpha} \cdot \frac{\frac{R_0 T_0}{RT}(\varepsilon_0^{1/3} + 1) + 2}{\varepsilon_0^{1/3} + 1} V N_0 = ABV_N \qquad (8-25)$$

式中　A——吸气状态改变而引起风量增加的系数，$A = \frac{\alpha_0}{\alpha}$；
　　　B——鼓风机性能改变而引起风量增加的系数。

$$B = \frac{\frac{R_0 T_0}{RT}(\varepsilon_0^{1/3} + 1) + 2}{\varepsilon_0^{1/3} + 1} \qquad (8-26)$$

以宝钢为例，年平均气温 15.6℃，含湿量 12.9g/m^3，经过冷却脱湿以后温度为 2.5℃，含湿量 6.0g/m^3，此时，风量增加系数 $A \cdot B = 1.055 \times 1.0129 = 1.0685$，即风量增加 6.85%。宝钢在夏季气温最高月月平均气温 31.8℃，含湿量 32.5g/m^3，经过冷却脱湿以后温度为 8.5℃，含湿量为 9.0g/m^3。此时，风量增加系数 $A \cdot B = 1.118 \times 1.0254 = $

1.146，即风量增加 14.6%。

最后还需说明：上述情况是在有冷却脱湿和无冷却脱湿时，鼓风机工况基本相似的基础上分析的。倘若冷却脱湿以后，使鼓风机的压比维持不变，风量将进一步增加，而增加的风量与鼓风机特性曲线的斜率有关，见图 8-27。

对于压缩比较小（$\varepsilon \leqslant 2$）的风机，在利用式(8-25)计算时，取 $B = 1$。因为在压缩比 ε 较小的情况下，可以认为鼓风机的吸入流量不受吸气条件的影响。

8.4.2.3 宝钢的鼓风脱湿装置[7]

宝钢高炉采用了鼓风机吸入侧冷却脱湿法，其流程如图 8-28 所示。

宝钢 1 号高炉鼓风脱湿装置的主要参数见表 8-15。

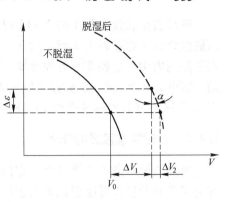

图 8-27 冷却脱湿后风量增加示意图
（$\Delta V = \Delta V_1 + \Delta V_2 = (A \cdot B - 1)V_0 + \Delta \varepsilon \tan \alpha$ 一般 ΔV_2 很小，可忽略不计）

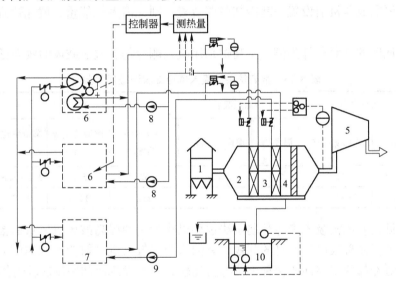

图 8-28 宝钢高炉鼓风冷却脱湿流程图

1—布袋式空气过滤器；2—冷水冷却器（冷却面积 13950m²）；3—盐水冷却器（冷却面积 9936m²）；
4—除雾器；5—鼓风机；6—冷水冷冻机（900kW）；7—盐水冷冻机（870kW）；
8—冷水泵（780m³/h，100kW）；9—盐水泵（766m³/h，100kW）；10—排水池与排水泵

表 8-15 宝钢脱湿装置主要参数

项 目		工 况		项 目		工 况	
		夏季平均最高（设计条件）	年平均			夏季平均最高（设计条件）	年平均
空气量(标态)/m³·min⁻¹		7900	7900	出口	温度/℃	8.5	2.5
入口	温度/℃	32	16		含湿量/g·m⁻³	9.0	6.0
	相对湿度/%	83	80	需要冷量/kcal·h⁻¹		10290000	3972000
	含湿量/g·m⁻³	32.5	12.9	脱除水分/kg·h⁻¹		11140	3270

冷却脱湿装置在每年的 3~11 月投入运行，这 9 个月叫做脱湿期。每年 12 月至次年 2 月脱湿装置不需要投入运行，这 3 个月叫做非脱湿期。按照原定设计条件，若以 1 号高炉在脱湿期内生产生铁 225 万吨计算，则预计高炉在该时间内可节省焦炭 17300t 左右，鼓风站可节电 220 万 kW·h 左右（见表 8-13）。合计每年节省标准煤 24000t，也就是说每年生产 1t 生铁将可节省标准煤约 10.6kg。

8.4.3 冷却脱湿鼓风的作用

脱湿鼓风对高炉节能具有一定的作用，新建高炉采用冷却脱湿鼓风，能够稳定炉况，避免因季节和昼夜湿度变化而引起炉况不顺。应根据高炉冶炼的需要、建厂地区的气象条件等因素综合确定。

冷却脱湿法不仅可以增加鼓风机的风量，而且还可以获得提高入炉干风温度、稳定炉况、节省焦炭等效果，一举多得。

对于国内正在生产的高炉，如果采用了风口喷吹燃料的技术，而又感到鼓风机风量不足，那么只要在鼓风机前设置一套冷却脱湿装置，则无需多耗能量，就能达到增加鼓风量的效果。

以上海地区的气象条件为例，某高炉采用吸入侧冷却脱湿法鼓风的效果见表 8-16。

表 8-16 某高炉采用吸入侧冷却脱湿鼓风的效果

指 标	大气条件		冷却脱湿后		预 计 效 果			
	温度/℃	湿度/g·m⁻³	温度/℃	湿度/g·m⁻³	提高入炉干温度/℃	增加鼓风量/%	降低焦比/kg·t⁻¹	增加产量/%
年平均	16.0	12.9	2.5	6.0	62	5.5	5.5~8.3	约5.5
8 月	32.0	32.5	8.5	9.0	212	11.8	19~28	约11.8

由此可见，鼓风机吸入侧冷却脱湿法也可以作为一种提高鼓风机风量的措施。过去国内有不少高炉存在着鼓风量不足的问题，有的采用了鼓风机加前置风机加压的方法来增加鼓风量。如对冷却脱湿与加压两种方法进行比较，不难发现冷却脱湿法较为优越。

8.5 氧气的制取与供应

8.5.1 氧气制取

现代高炉大都采用富氧鼓风的方式来强化高炉冶炼、提高产量。随着高炉炉容的扩大，需要的氧气量也不断加大。

空气是一种混合气体，主要成分是氮气和氧气，其中氮气占 78%，氧气占 21%，其他气体占 1%。工业所需大量氧气均从空气分离制得。空气分离的主要方法有：深冷分馏法、变压吸附法（PSA）、膜分离法。我国钢铁行业传统的制氧方法主要是深冷分馏法，其主要特点是氧气纯度高（≥99.5%O₂），并可同时生产高纯氮气、氩气以及氪、氙等稀有气体。其缺点是能耗较高、机组投资较大。变压吸附（PSA）法具有工艺流程简单，制氧过程在常温下实现，建设投资省、单位制氧能耗低等优点，其缺点是产品单一，纯度不高。膜分离法是 20 世纪 90 年代初才发展起来的高分子分离技术，其处理量较小，氧气纯度约在 25% ~ 40%，而且使用的膜件主要靠进口，价格较高，该技术距工业化应用还有一段距离。

高炉富氧氧气的纯度应根据氧气供应条件确定，高炉可采用低纯度氧气。 因此供应高炉的氧气可采用深冷分馏法，也可采用变压吸附法（PSA）来制取。

8.5.1.1 深冷法制氧

深冷空气分离法首先使空气液化，利用氧沸点高和氮沸点低，将液体蒸发使氮从液体进入气体中，而气体在冷凝部分氧气从气体进入液体中，通过在精馏塔板上进行的多次蒸发与冷凝，实现氧与氮的分离。深冷制氧规模已经达到 $60000m^3/h$，甚至更大。

先进的深冷制氧工艺流程如下：原料空气在自洁式空气过滤器中除去尘埃和机械杂质后进入离心式空气透平压缩机，压缩后气体进入空气冷却塔进行洗涤降温，然后进入分子筛纯化系统，在两个交替使用的分子筛吸附器中除去水分、二氧化碳和碳氢化合物等杂质。净化后的空气大部分进入冷箱内的主换热器，被返流出来的气体冷却至接近露点，进入空分下塔底部参与精馏。另一小部分洁净空气进入增压透平膨胀机增压端，经增压并冷却后进入主换热器，被返流气体冷却到一定温度后，进入透平膨胀机膨胀，然后进入上塔参与精馏。经过多级精馏后，在上塔底部获得产品氧气，在上塔顶部获得产品氮气，氧气、氮气进入主换热器与原料空气换热复热后出冷箱。

深冷法制氧机组可以生产高纯度氧气，也可以生产低纯度氧气，而且一套制氧机组还可以同时生产不同纯度的氧气。从深冷法空气分离制氧角度来看，氧气纯度越低制氧电耗越少，制取纯度为 95% 氧气的电耗是制取纯度为 99.6% 氧气的 86.4%，制取纯度为 90% 氧气的电耗是制取纯度为 99.6% 氧气的 84.2%。另外，氧气纯度越低，富氧需要的气体量越大，对于加压机来说，氧气纯度低、加压量大，导致加压机的耗电大。因此，对 $1m^3$ 压力为 0.8MPa 的氧气，采用不同纯度时的制氧、压氧电耗的比较见表 8-17。

表 8-17　不同纯度氧气制氧、压氧及总电耗的比较

项　目	氧气纯度		
	99.6%	95.0%	90.0%
制氧电耗/kW·h·m^{-3}	0.407	0.369	0.379
压氧（压力 0.8MPa）/kW·h·m^{-3}	0.124	0.130	0.137
总电耗/kW·h·m^{-3}	0.531	0.499	0.516
与 99.6% 纯度氧气的电耗比	1.0	0.9397	0.9718

显然，从深冷制氧和压氧的能耗来看，高炉采用低纯度氧气能降低成本，低纯度中又以 95% 纯度更具优势。

8.5.1.2 变压吸附制氧

变压吸附（PSA）技术是近 30 年来发展起来的一项新型气体分离与净化技术。变压吸附（PSA）气体分离装置依靠吸附剂与被吸附介质分子间的分子力（包括范德华力和电磁力）进行吸附，吸附过程速度快，而且吸附与解吸是完全可逆的，即高压下吸附而在低压下解吸再生。在相同压力下，吸附剂对不同的气体组分的吸附容量是不同的，选择合适的吸附剂，可以大量吸附除氧以外的其他气体组分、很少量吸附氧气，从而使氧气得以通过吸附床层而得到产品氧气，吸附饱和后可以通过降低压力来实现吸附剂的再生。通过两个或多个吸附器交替进行的吸附、再生过程，即可实现空气中氧气与氮气的连续分离。

低压吸附、真空解吸的真空变压吸附（VPSA）流程如下：空气经过预处理（脱硫）由鼓风机增压后进入吸附塔，经过吸附塔内多种吸附剂的吸附，空气中的 H_2O、N_2、CO_2 等组分被依次吸附掉，得到满足纯度要求（纯度可在 70% ~ 95% 间任意设定）的氧气从塔顶输出进入产品缓冲罐，产品氧气供用户。吸附剂饱和后，关闭该吸附塔进出口阀，经过均压降压、抽真空进行再生，然后用产品氧气升压后进入下一次吸附状态。

8.5.1.3　深冷制氧与变压吸附制氧的比较

深冷制氧与变压吸附制氧的比较见表 8-18。

表 8-18　深冷制氧与变压吸附制氧比较

项　目	深　冷　制　氧	真空变压吸附制氧
主要特点	氧气纯度高（≥99.5%），可同时生产多种产品，但工艺流程复杂，设备较多，投资较大，运行费用较高	工艺流程简单，设备少，投资低，运行费用较低，但氧气纯度不高（≤95%）、产品单一
装置规模	100 ~ 60000 m^3/h	200 ~ 15000 m^3/h（折合纯氧）
制氧电耗	15000 m^3/h 机组：≤0.45kW·h/m^3 30000 m^3/h 机组：≤0.42kW·h/m^3	≤0.35kW·h/m^3

8.5.2　氧气供应

8.5.2.1　高炉富氧用制氧机组的选择

高炉富氧用制氧机可以采用深冷法，也可以采用变压吸附法，深冷法中还可以制取高纯度氧，也可制取低纯度氧，可供选择的范围很大。但通常钢铁厂氧气供应不单是高炉，还有另一用氧大户——转炉，而转炉则要求氧气纯度不小于 99.5%，因此钢铁厂制氧机组配置应该根据具体情况来考虑。

目前国内大多数钢厂均采用多套全部生产高纯氧的深冷制氧机组，这种方式虽然投资和能耗要略高一些，但机组互换性好、操作灵活、适应性强。当然，为降低高炉富氧的投资和能耗，也可以采用专门为高炉建设变压吸附制氧机组的方式，如通钢、水钢、营口中板厂等企业部分高炉采用的就是变压吸附制氧。

8.5.2.2　氧气的加入

高炉富氧氧气加入点可设置在鼓风机前，也可设置在鼓风机与放风阀之间的冷风管上。供给高炉的氧气压力，应根据鼓风站与氧气站之间的距离和加入点的压力确定。氧气加入点设在鼓风机前，也就是通常所说的机前富氧，要求氧气压力在加入口处不小于 2kPa 即可；氧气加入点设在鼓风机与放风阀之间，也就是通常所说的机后富氧，根据高炉鼓风压力不同，通常要求氧气加入点压力为 600 ~ 800kPa。

不论是深冷制氧还是变压吸附制氧制得的氧气都是低压，深冷制氧压力约为 20kPa，变压吸附制氧压力 7 ~ 10kPa。如果是采用机前富氧方式，适当考虑制氧装置与高炉的距离，两种方式都能满足富氧压力的要求。如果是机后富氧方式，两种制氧装置的氧气都必须通过加压机加压后方能供高炉使用。

关于高炉采用机前或机后富氧的比较：机前富氧的方式通过略为提高鼓风机的能力而

不建氧压机及其配套设施，因此可以减少投资、降低运行成本，但是氧气浓度越高对鼓风机组的材质和消防要求越高，需要充氮保护，故富氧率一般限制在3%～5%，最大不超过7%，国外最大运行富氧率在9%。机后富氧方式氧气加入放风阀前的鼓风机出口冷风管道内，考虑氧气管网的阻力损失，氧气压力需要高于鼓风机最高出口压力100～200kPa，即氧气输入口处的压力为400～700kPa，将导致氧气加压的能耗增加。从节省投资、降低运行费用来看，机前富氧比机后富氧更好。特别是大型高炉，优势更明显，因此，**新建钢铁企业宜采用鼓风机前富氧**。

从氧气管网来的氧气，经过压力调节阀将压力调至高炉所需压力，再经流量调节阀调节流量后供高炉使用。为保证安全，管路上设置适当的阻火器及安全阀。典型的富氧调压站流程见图8-29。

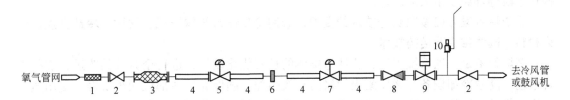

图 8-29　富氧调压站流程图

1—氧气阻火器；2—切断阀；3—氧气过滤器；4—阻火铜管；5—压力调节阀；
6—流量计；7—流量调节阀；8—止回阀；9—快速切断阀；10—安全阀

参 考 文 献

[1] 章天华，鲁士英，主编. 炼铁——现代钢铁技术[M]. 北京：冶金工业出版社，1986.
[2] 项钟庸，陶荣尧. 限制高炉强化的因素[P]. 第七届全国大高炉炼铁学术会议论文集，本溪. 2006：126.
[3] 欧阳标，项钟庸. 以高炉炉腹煤气量确定鼓风机能力的新方法[J]. 钢铁，2012，47(4)：19.
[4] 徐小辉，项钟庸，邹忠平，罗云文. 高炉下部区域气液平衡实证研究[J]. 钢铁，2011，46(8)：17.
[5] 卫继刚. 大型高炉合理炉腹煤气量指数的控制及探讨[J]. 钢铁，2012，47(3)：15.
[6] 王筱留. 高炉炼铁的脱湿鼓风[J]. 冶金动力，2004(1)：50.
[7] 张宜万. 宝钢高炉的鼓风脱湿[J]. 炼铁，1984(1)：47.

9 高炉炉体

对高炉的全面评价，主要是对各项生产指标（包括高效、优质、低耗、长寿、环保等各方面）进行全面评价。延长高炉寿命不仅可以直接节约大修费用，而且还可以减少由于大修引起的停产损失。随着高炉大型化进程的加快，对于高炉本体的设计提出了越来越高的要求。为了实现这些目标，高炉工作者对于高炉的内型设计、冷却技术、耐火材料以及操作手段等都做了重大的改进。

高炉炼铁设计应按照长寿技术的要求，选用冷却设备结构形式、材质、冷却介质、耐火材料、砌体结构及监控技术。

高炉长寿是一项系统工程，要注重整体的长寿优化设计，进行全方位的改进，实行综合治理。高效冷却设备与优质耐火炉衬的有效匹配，确保高炉各部位同步长寿；使用质量稳定的优质原燃料，保证高炉稳定顺行；在降低燃料比的前提下取得高产；采用有效的监测和维护手段是实现高炉长寿的重要保证。

在 20 世纪 70 年代之后，由于软水密闭循环冷却技术的发展，铁素体球墨铸铁冷却壁以及优质耐火材料在高炉上得到广泛应用，高炉寿命普遍延长。

20 世纪 90 年代初期，高炉在已经取得的长寿技术的基础上，又在炉体下部推广应用了铜冷却壁，已经有一批高炉的一代炉役寿命达到了 15~20 年以上，一代炉龄产铁量超过 $15000t/m^3$。

《规范》提出，**高炉一代炉役的工作年限应达到 15 年以上。在高炉一代炉役期间，单位高炉容积的产铁量应达到或大于 10000t。**

9.1 高炉内型

合理的高炉操作炉型对于获得良好的技术经济指标和延长高炉寿命都具有重要的意义。合理的高炉内型设计方法：

（1）参考已有的炉型计算方法，初步确定高炉内型各部位尺寸及其基本比例关系；

（2）研究国内外内型发展的趋势，重点调整局部尺寸；

（3）收集国内外内型资料，以炉容相近，原燃料及操作条件相似，生产指标先进的内型作为参考，对计算内型尺寸进行适当的调整。

9.1.1 高炉容积的定义、内型尺寸代号及炉缸直径的确定

9.1.1.1 内型尺寸的代号

高炉内型分为六个部分，由炉缸、炉腹、炉腰、炉身、炉喉和死铁层组成。炉缸、炉腰和炉喉为圆柱形，炉腹和炉身为锥台形。各部位尺寸的表示符号见图 9-1。

9.1.1.2 高炉容积的定义

国内和国外衡量高炉产能的指标有：高炉有效容积 V_u、内容积 V_{inner}、工作容积

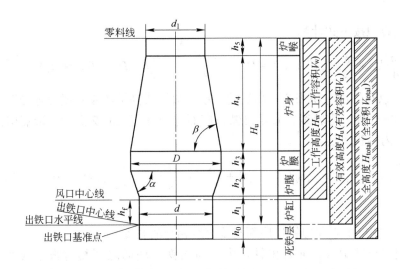

图 9-1　高炉内型各部位尺寸的表示方法

d—炉缸直径；D—炉腰直径；d_1—炉喉直径；H_u—有效高度；h_1—炉缸高度；

h_2—炉腹高度；h_3—炉腰高度；h_4—炉身高度；h_5—炉喉高度；

h_0—死铁层高度；h_f—风口高度；α—炉腹角；β—炉身角

V_w、总容积 V_{total}、炉缸断面积 A 或炉缸直径 d 等。我国和独联体国家多用高炉有效容积，日本和欧美国家多用内容积，欧美国家也用工作容积、总容积、炉缸断面积等。当高炉采用无料钟炉顶时，有效容积与内容积几乎相等，遵循我国的习惯，并且也能与独联体、日本和欧美国家接轨，因此建议采用有效容积和炉缸直径作为高炉尺寸大小的标志。

高炉有效容积（effective volume of blast furnace）**为高炉有效高度内包容的容积。**

各国对于高炉有效高度的描述有一些差别：

（1）为了真实地计算高炉有效容积，维护统计的可靠性，《规范》规定，**高炉有效高度指高炉零料线至出铁口中心线之间的垂直距离。**

料钟式高炉的零料线是指大钟下降下沿位置。无料钟式高炉的零料线可设置在炉喉钢砖上沿位置。

出铁口中心线的定义是指设计内型的炉缸直径与出铁口通道中心线的交点为基准点引出的水平线，见图 9-1。出铁口中心线只与内型有关，而与出铁口处的砌体厚度和炉壳的尺寸无关。

炉缸直径 d 由风口带永久砖衬围砌成的内表面直径决定，在此直径以内的一切砌体、保护砖、喷涂料均计算在炉缸容积之内。炉喉直径 d_1 为钢砖内表面直径。

在计算高炉有效容积时，高炉炉缸和炉喉部分容积按照设计内型的炉缸尺寸和炉喉尺寸计算，其余部分应按包括保护砖和保护喷涂层在内的容积计算。炉腰直径 D 由永久砖衬围砌成的内表面直径决定。

当采用薄壁内衬冷却壁表面不砌砖，也不镶砖时，一般在铜冷却壁热面镶入、喷涂或浇注厚度 50～100mm 的耐火材料可不包括在高炉有效容积之内。各部分高度和容积见图

9-1。

高炉有效容积按下式计算：

$$V_u = \frac{\pi d^2}{4}h_1 + \frac{\pi}{12}h_2(d^2 + dD + D^2) + \frac{\pi D^2}{4}h_3 + \frac{\pi}{12}h_4(D^2 + Dd_1 + d_1^2) + \frac{\pi d_1^2}{4}h_5 \quad (9-1)$$

（2）日本以高炉内容积来衡量高炉的大小，料钟式高炉的零料线位置是取大钟开启时底面以下 1000mm 处。零料线位置至出铁口底面与炉缸直径的交点为基准点引出的水平线之间的容积为内容积 V_{inner}。

$$V_{inner} = \frac{\pi d^2}{4}(h_1 + h_t) + \frac{\pi}{12}h_2(d^2 + dD + D^2) + \frac{\pi D^2}{4}h_3 + \frac{\pi}{12}h_4(D^2 + Dd_1 + d_1^2) + \frac{\pi d_1^2}{4}h_5$$

$$(9-2)$$

式中　h_t——出铁口中心和出铁口底面与垂直线相交的高度。

由于采用无料钟炉顶，而且出铁口中心与出铁口底面之间相差很小（约差 50mm），因此，国外高炉使用的内容积与我国使用的有效容积几乎相等。

（3）美国料钟式高炉的零料线位置是取大钟开启时底面以下 915mm 处。零料线位置至风口中心线之间的容积为工作容积 V_w。

$$V_w = \frac{\pi d^2}{4}(h_1 - h_f) + \frac{\pi}{12}h_2(d^2 + dD + D^2) + \frac{\pi D^2}{4}h_3 + \frac{\pi}{12}h_4(D^2 + Dd_1 + d_1^2) + \frac{\pi d_1^2}{4}h_5$$

$$(9-3)$$

欧美也有采用高炉全容积的。高炉全容积是指零料线位置至炉底砌砖表面之间（包括死铁层）的容积 V_{total}。

$$V_{total} = \frac{\pi d^2}{4}(h_1 + h_0) + \frac{\pi}{12}h_2(d^2 + dD + D^2) + \frac{\pi D^2}{4}h_3 + \frac{\pi}{12}h_4(D^2 + Dd_1 + d_1^2) + \frac{\pi d_1^2}{4}h_5$$

$$(9-4)$$

计算死铁层容积时也以炉缸直径来计算。死铁层高度为出铁口基准点引出的水平线至炉底面。炉底面是指陶瓷垫的上表面。

9.1.1.3 炉缸直径及风口数目的确定

炉缸直径和风口数目是决定高炉生产率最重要的参数。因此，在确定高炉内型各部尺寸时，过去和现在都是首先确定高炉的炉缸直径。

A　过去确定炉缸直径的方法

在高炉内型计算中最重要的参数为炉缸直径。在前苏联使用冶炼强度 i 之前，国际上一直使用炉缸断面燃烧强度 J_A 的经验值来确定炉缸直径，而前苏联国立冶金工厂设计院于 1932 年制订有效 930m³ 和 1000m³ 的标准高炉时，研究、统计当时高炉的炉缸面积燃烧强度 J_A 的变化范围较大，为 22～29t/(m²·d)；而每立方米容积燃烧的焦炭量 i 则很稳定，在 0.84～0.90t/(m³·d) 之间。因此能够比较方便地确定高炉容积[1]。由此，在计算炉缸直径 d 时，就需要采用面积燃烧强度 J_A 和冶炼强度 i 两个经验数值来确定，即：

$$d = 1.13\sqrt{\frac{iV_u}{J_A}} \quad (9-5)$$

式中 i ——冶炼强度,t/($m^3 \cdot d$),一般为 1.0 ~ 1.5;

  J_A ——炉缸断面燃烧强度,t/($m^3 \cdot d$),一般为 24 ~ 40(包括喷吹燃料);

  V_u ——高炉有效容积,m^3。

求出炉缸直径后,算出炉缸面积。由经验可知,$V_u/A = 24 ~ 30$,求出有效容积。

由式(9-5)可知,式中出现两种燃烧强度,公式就失去了有价值的物理意义。并且在采用式(9-5)计算时,由于冶炼强度和炉缸断面的燃烧强度值的范围很宽,即使参考同容积高炉的内型也很难计算出合适的尺寸。

  B 采用炉腹煤气量指数确定炉缸直径的方法

在内型设计中,推荐使用炉腹煤气量指数,可以直接用规定的高炉产量,方便而准确地计算炉缸直径。

已知高炉日产量 P 用下式计算炉缸直径 d:

$$d = \sqrt{\frac{Pv_{BG}}{360\pi\chi_{BG}}} \quad 或 \quad d = 0.03\sqrt{\frac{Pv_{BG}}{\chi_{BG}}} \tag{9-6}$$

或由正常炉腹煤气量 V_{BG} 求得:

$$d = \sqrt{\frac{4V_{BG}}{\pi\chi_{BG}}} \quad 或 \quad d = 1.13\sqrt{\frac{V_{BG}}{\chi_{BG}}} \tag{9-7}$$

式中 v_{BG} ——吨铁产生的炉腹煤气量,m^3/t;

  χ_{BG} ——炉腹煤气量指数,可取 58 ~ 66m/min。

高炉风口数目的确定,应符合炼铁工艺要求,并应符合风口区炉壳开孔和结构的要求。风口数目宜符合表 9-1 的规定。

表 9-1 风口数目

炉容级别/m^3	1000	1500	2000	2500	3000	3500	4000	4500	5000
风口数目/个	16 ~ 20	18 ~ 26	24 ~ 28	26 ~ 30	28 ~ 32	30 ~ 34	34 ~ 38	36 ~ 40	40 ~ 42

9.1.2 厚壁高炉内型

自从 1765 年工业革命以来,开始出现近代高炉,不仅冶炼条件得到大幅度提升,高炉结构也发生了很大的变化。随着高炉鼓风设备的大型化、机械化和电气化,高炉大型化、炉缸不断扩大、炉腹角不断增大,形成五段式内型。在扩大炉缸直径的过程中,确实使得产量得到提高,于是有人认为炉腹没有用处,提出炉缸直径与炉腰直径相等的无炉腹高炉。美国、英国、俄罗斯、瑞典、捷克等也曾建造过无炉腹或炉腹角 86° 左右的"瓶式"高炉。这些高炉在生产中,炉腹内衬、冷却设备及炉壳很快烧坏,生产指标很差。经过不断实践,厚壁高炉的炉腹角才逐渐统一到 77° ~ 82°。经过上百年的反复实践,使现代厚壁高炉的内型不断合理化,并逐步符合了高炉冶炼的客观规律。

高炉的原燃料条件、操作条件以及采用的新技术对高炉内型尺寸有影响。高炉合理内型必然是符合冶炼工艺要求的内型。亦即在这种高炉内型的条件下,有利于炉内物理化学过程的进行,特别是有利于炉料的运动和煤气流的合理分布。所谓高炉"合理内型"是指能够在其整个一代中,取得最好的生产指标——容积利用系数、面积利用系数和燃料比的高炉内型。

厚壁高炉投产后,其内衬立即受到损坏和侵蚀,设计内型随之发生变化。设计内型仅仅是提供转变为合理操作内型的基础。设计内型的合理与否取决于设计者的经验,亦即设计者预见高炉投产后,形成操作内型是否合理的能力。

现将我们统计的150多座厚壁高炉的内型数据作成图9-2和图9-3。高炉有效容积与高炉各部分的高度见图9-2,两条曲线之间分别为炉腹高度、炉腰高度、炉身高度和炉喉高度,它们的总和为有效高度。高炉各部分的直径见图9-3。下面的曲线为高炉有效容积与炉喉直径的关系,中间的曲线为炉缸直径,最上面的曲线为炉腰直径。由图可以看出高炉容积与各部分尺寸的大致规律。

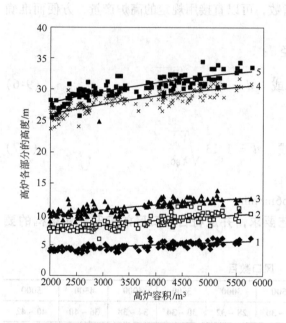 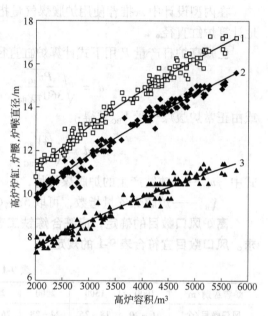

图9-2　高炉有效容积与高炉各部分的高度之间的关系
1—炉缸高度;2—炉缸+炉腹的高度;3—炉缸+炉腹+炉腰的高度;4—炉缸+炉腹+炉腰+炉身的高度;5—高炉有效高度

图9-3　高炉有效容积与高炉各部分直径之间的关系
1—炉腰直径;2—炉缸直径;3—炉喉直径

在确定高炉设计内型时,应充分考虑投产后形成操作内型的合理性。在设计内型转变为操作内型时,高炉有效高度、炉缸直径及高度、炉喉直径及高度基本不发生变化。

9.1.3　厚壁高炉生产后内型的演变

从厚壁高炉发展变化的历程来看,经过千百年的演变才形成现代厚壁高炉的内型。薄壁高炉的发展才有二十多年,在我国也只有十年的历史,在高炉发展史中,还是新生事物。当前薄壁高炉也积累了许多经验和教训,我们认为:首先要研究厚壁高炉合理化的过程及其对高炉操作的影响;其次,应收集、研究生产指标优良的厚壁高炉的操作内型,对确定薄壁高炉内型具有很好的参考价值。

所谓"操作内型"是在高炉长期操作过程中经过火的洗礼,自然形成的内型。实际上,它对高炉生产起着主导的作用。由于采用厚壁炉墙,在高炉生产过程中,随着高炉内衬的侵蚀，高炉内型是不断变化着的。往往高炉投产初期生产指标（包括高炉利用系数和燃料比等）较差，而后指标逐渐改善，但到炉役后期又有不同程度的变坏。同时，往往在投产初期边缘气流不通畅，下料不顺，对原燃料质量要求高，但到后期压制边缘气流困难。相应地，在炉役期间指标也在不断变化。那么，"合理操作内型"应该是在高炉生产操作过程中，操作指标最佳时期所具有的内型尺寸。这时既不是设计的高炉内型，也不同于生产末期，停炉后测量得到的内型。在设计时，应充分考虑这一变化规律，力求在生产中获得合理操作内型。

自从 20 世纪 50 年代在鞍钢设计高炉内型时，就考虑了形成操作内型的合理性，已经有很多成功的先例[2~13]。这里只举两个例子：鞍钢 20 世纪 50 年代的实测资料和宝钢 3 号高炉进行说明。

9.1.3.1 鞍钢高炉内型的演变及生产实践

长期以来，高炉一代生产呈现出开炉初期操作指标差；经过一段时间生产之后，顺行情况得到改善，各项指标达到良好水平；到生产后期，炉况又变差，而且每况日下，一直发展到停炉大修，结束一代寿命。这种现象（见图 9-4）具有普遍性、规律性，高炉工作者把高炉一代生产的这三个时期分别称为开炉期、经效期和炉役末期[3]。

产生这种现象的原因，广大炼铁工作者普遍认为是内型的变化，投产初期高炉

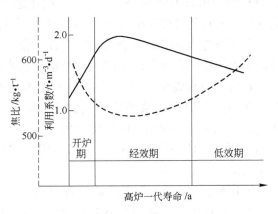

图 9-4 高炉一代中三个时期生产指标变化的示意图

的内型保持着设计尺寸，不适应高炉强化的需要，只有当高炉炉腹、炉腰内衬受到一定侵蚀，横向尺寸适当扩大之后高炉才适合强化，操作指标才能改善。

20 世纪 50~60 年代国内外炼铁界十分重视高炉生产中剖面的变化，鞍钢炼铁厂 2 号、4 号、6 号~8 号高炉大中修停炉后测量的内型尺寸见表 9-2；在生产中钻孔探测资料，见表 9-3[4]。

表 9-2 鞍钢高炉停炉后侵蚀内型与设计尺寸比率的比较

炉号	D'/m	d_1/D	d_1/D'	β	β'	D/d	D'/d	α	α'	H_u/D	H_u/D'
2	8600	0.78	0.593	86°8'16"	81°25'	1.18	1.54	81°25'26"	71°52'	3.52	2.63
4	9900	0.78	0.600	86°20'	81°45'	1.13	1.48	81°28'12"	68°44'	2.93	2.31
4	9460	0.78	0.63	86°20'	80°25'	1.13	1.41	81°28'12"	73°54'	2.93	2.31
6	9600	0.75	0.600	85°49'	81°35'	1.15	1.43	81°38'03"	72°41'	3.22	2.55
7	9800	0.75	0.590	85°49'	81°37'	1.19	1.51	80°	69°43'	3.22	2.52
8	10000	0.75	0.570	85°49'	81°	1.17	1.54	80°48'40"	69°18'	3.20	2.45

注：D 为炉腰直径，d_1 为炉喉直径，β 为炉身角，d 为炉缸直径，α 为炉腹角，H_u 为有效高度；D'、β'、α' 为侵蚀后测量的尺寸。

表 9-3　鞍钢 4 号、8 号高炉开炉后 3 ~ 11 个月炉墙厚度测量情况　　　　（mm）

炉 号	年 份	位 置	东 北	西 北	东 南	西 南	工作时间/月
8	1957	炉喉下部	920	900	900	900	3
		炉身中部	740（东）	350（西）	570（北）	330	
4	1960	炉腰	280	260	260	330	11
		炉身中部	—	—	280	550	

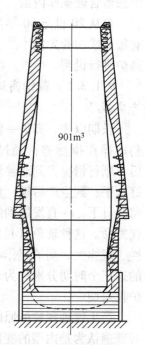

图 9-5　某高炉停炉
测量内型

某高炉停炉时，生产指标良好，其侵蚀内型如图 9-5 所示[2]。

根据表 9-2 和表 9-3 来看，无论是停炉实测或生产中的测量，炉腰、炉身下部均遭到严重的侵蚀，使得炉腰直径增加 1.5 ~ 2.0m，炉身角缩小到 81°30′左右，炉腹角缩小到 70°左右，有效高度与炉腰直径之比缩小到 2.31 ~ 2.55。而且在冷却结构上造成一个平衡条件从而出现一个稳定的界面，使一切破坏作用在这一界面上趋于稳定或停止，对高炉一代寿命起到很好的作用。

我们进一步收集了几十座高炉的侵蚀内型，总结得出了形成操作内型和炉腹侵蚀平衡界面的规律，并且把这些规律用于新设计的高炉。20 世纪 90 年代又在宝钢 3 号高炉上进行了实际运用，证明设计高炉内型时，应当运用这些规律来建立合理的操作内型。

9.1.3.2　宝钢 3 号高炉的操作内型

A　厚壁或薄壁高炉的合理操作内型相同

在宝钢 3 号高炉建设时，曾经为采用第三代或第四代冷却壁，也就是厚壁或薄壁高炉举棋不定，而制造、施工越来越紧迫。我们基于适合高炉冶炼工艺过程的操作内型应该不受厚壁，或者薄壁内衬影响的观点；尽管高炉结构形式不同，两种冷却结构的内型设计参数相差甚远，可是不管厚壁或者薄壁，影响操作内型的基本参数不会发生变化，建立了合理操作内型应该是一致的认识。因为操作内型在很大程度上取决于冷却壁热面的轮廓，不管厚壁与薄壁，不管第三代或第四代冷却壁只是内衬厚度不同，合理操作内型应该相同，则去除内衬以后的冷却壁热面轮廓相同，而冷却壁是固定在炉壳上的。因此"炉壳是重要的工艺结构……即既满足第四代冷却壁，又满足第三代冷却壁的要求。"[14]在宝钢 3 号高炉初步设计中也有如下表述："高炉炉壳是重要的工艺结构。在高炉投产后，高炉内衬很快被侵蚀，高炉内型发生了变化。高炉主要依靠安装在炉壳上的冷却壁长期维持，因此炉壳剖面形状的正确性，不亚于高炉内型设计对高炉操作的影响。"为此在统一的炉壳尺寸前提下，提出了第三代冷却壁厚壁内型（见图 9-6a）和第四代冷却壁薄壁内型（见图 9-6b）两个方案[14]。看来这个认识和决定不但满足了建设的需要，而且对宝钢 3 号高炉长寿和稳定高产起着有利的作用。为了形成合理的操作内型，有意识地把宝钢 3 号第四代冷却壁的炉身做成三段式：上段炉身角为 81°42′34″，中段 76°48′44″，下段 81°39′36″；炉腹角为 74°57′26″。虽然，宝钢 3 号高炉最终确定为第三代冷却壁的厚壁高炉，冷却壁热面轮廓仍然没有变化，只是在热面前砌了较厚的砖衬而已，但是由于充分预测了操作内型，经历了一般厚壁高炉投产初期的阵痛后，经过 18 年的生产实践证明形成的操作内型（见图 9-6c）是合理的。

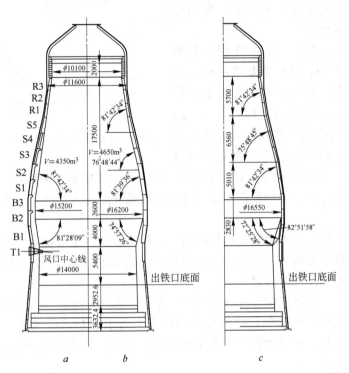

内型参数	厚壁内型	薄壁内型	操作内型
D	15.2m	16.2m	16.55m
α	81.4692°	74.6237°	72.3203°
β	81.7095°	80.1135°	79.5584°
H_u/D	2.072	1.944	1.903
V_u/A	28.34	30.30	31.01
D/d	1.086	1.157	1.182
d_1/D	0.6645	0.6235	0.6103
d_1/d	0.7214	0.7214	0.7214

图 9-6　宝钢 3 号高炉第三代冷却壁的内型（a）和第四代冷却壁的内型（b）
以及预测的操作内型（c）

B　设计内型向操作内型演变阶段

宝钢 3 号高炉也经历了厚壁高炉开炉初期的各种问题。从 1994 年 9 月投产到 1998 年的阶段，经历了内衬和凸台的侵蚀和烧损，从设计内型向操作内型不断演化的过程。在这个过程中高炉在生产、设备、操作等都表现出不稳定状态：（1）冷却设备破损多；（2）高炉炉况不稳定。

3 号高炉是宝钢第一座全冷却壁的高炉，为了尽量延长内衬的寿命，在炉身中下部设置了 5 层凸台来支撑砖衬。而凸台突出在炉内，妨碍形成平滑的剖面，有碍合理操作内型的形成。根据经验，厚壁内衬的寿命约1~3年，凸台也与之相当。为了不使凸台的寿命过长，在凸台内只设置了一根水管，当内衬被侵蚀后凸台也随之损坏。

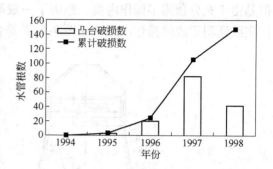

图9-7 宝钢3号高炉冷却壁凸台破损数量趋势

从1995年8月开始，高炉S3段冷却壁凸台水管出现了破损，随后冷却壁凸台水管破损数量不断增加，图9-7所示为宝钢3号高炉冷却壁凸台水管破损的趋势，可以看出1997年凸台水管破损数量达到高峰，全年破损了82根，到1998年底已经累计破损148根，占冷却壁凸台总量的73%。在这段时期，由于凸台水管的不断破损，高炉的内型也随着衬砖的侵蚀和冷却设备的破损而不断变化是造成煤气流分布不稳定的重要因素，高炉操作制度难以稳定[15,16]。

在开炉第一年炉况基本稳定，这阶段得益于开炉初期内型的稳定。进入第二年后，高炉崩料、滑料次数明显增加，又由于与3号高炉配套的烧结、焦化一直持续到1997年底投产，也是高炉指标差的原因之一。

在这个阶段，一方面还没有充分掌握冷却壁高炉的操作技术；另一方面，由于凸台和砌砖的损坏高炉内型不断变化。当时在高炉操作上力求控制边缘气流，造成边缘气流过弱、且不稳定，崩料、滑料次数多，在出现崩料、滑料、管道时高炉炉温出现明显下降，导致发生多次炉凉[15]。

针对冷却设备不断破损，为保护炉壳、加强对冷却壁的冷却和维持操作内型，自1997年11月起安装了微型铜冷却器，其直径为150mm，伸入冷却壁热面约100mm。到2010年底已在B2、B3、S1、S2、S3等位置累计安装了856根微型冷却器。微型冷却器加强了冷却，改善了冷却壁的工作状况，控制不规则侵蚀，对长寿和稳定生产起到了一定的作用。

C 操作内型的形成与维护

在形成操作内型时，由于炉腰、炉身砌砖的损坏，炉腰直径扩大，炉身角变小，这一点已经被大家公认，并已经在设计中体现。

高炉炉身结构特点：为避免生产后期炉身上部形成凹凸不平的剖面的措施，即炉身上部冷却壁热面铸铁肋直接沿内型线布置；为避免炉身中部砌砖脱落后，出现大的凸跃，形成焦矿混合，影响气流分布，考虑了形成操作内型后，炉身上部与中部剖面平滑地过渡，具体结构见本章炉身结构部分。

由于炉腹结构对高炉内型、冷却设备的寿命有重大影响，因此在这里不得不作较详细的叙述。

作者收集、研究、整理了几十座国内外高炉侵蚀内型，发现长寿高炉一方面依靠优良的耐火材料，另一方面依靠在冷却结构上造成一个平衡条件，从而在内衬上出现一个相对稳定的界面，使一切破坏在这一界面上趋于稳定或停止。对于炉腹部分这一现象也十分明显，并对平衡界面的轮廓进行了研究。

高炉风口循环区是集中下料的部位，相当于料仓的卸料口，其界面形状呈抛物面形。这种现象在观察风口数目很少的小型高炉炉腹侵蚀状况时，尤为明显。正对每个风口的漏斗处的耐火材料侵蚀就比较严重，风口之间就要轻得多。我们得到的炉腹侵蚀的平衡界面是与风口漏斗抛物面密切相关。侵蚀后的炉腹是由全部风口的漏斗抛物面所组成，实际上，并不是规整的倒截头圆锥形。因此，炉腹下部必须有足够厚度的耐火材料，让高炉生产中有形成与风口数目相对应的下料漏斗空间[16]。因此形成的炉腹角 α 变得很小，反而使下料顺畅，并避免阻碍下料和循环区炉料、煤气的冲刷，而得以长寿。这也与国外千叶 6 号、水岛 2 号、巴西 CST 1 号等长寿高炉的经验相符。

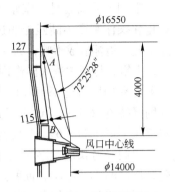

图 9-8 所示为沿风口中心线垂直面与冷却壁热面以及经验抛物面的交线之间的关系。图中 A 点为抛物线的上部端点的位置，B 点为抛物线的下端点的位置。两点的连线与冷却壁热面之间约有 120mm 的间隙，其内如果有冷却设备也会受

图 9-8 宝钢 3 号高炉沿风口中心线垂直面与冷却壁热面以及经验抛物面的交线之间的关系

到侵蚀，何况其他材料。因此，在抛物线以内不大可能形成渣皮；而热面与抛物线之间有可能形成渣皮，以保证炉腹冷却壁不被烧坏。事实证明，宝钢 3 号高炉直到大修停炉炉腹冷却壁水管很少损坏[15,16]。

按照厚壁或薄壁高炉形成的合理操作内型应该是一致的，则上述抛物面的尺寸也应该相同。因此，我们在厚壁高炉选用的炉腹角为 81°28′09″；由于炉壳不变，则采用第四代薄壁高炉时的炉腹角为 74°57′26″，形成操作内型的炉腹角为 72°25′28″。我们总结了长寿高炉的炉腹结构，操作内型的炉腹角 α 很小是长寿的特征；而目前有一些高炉采用了几乎与厚壁高炉内型相同的炉腹参数来设计薄壁高炉，则出现炉腹冷却壁或风口冷却壁被烧坏，即使铜冷却壁也会被磨蚀。

图 9-9 所示为宝钢 3 号高炉本体管破损分布。可以看出在炉役后期冷却壁普遍有侵蚀的情况下，炉腹、炉腰和炉身下部冷却壁的水管的破损率都比较低；因此合理的操作内型，除了能够达到高产、低耗的操作目标以外，还能达到冷却壁的长寿、延长高炉寿命。

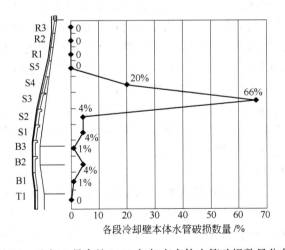

图 9-9 宝钢 3 号高炉 2003 年年底本体水管破损数量分布

宝钢 3 号高炉是一座厚壁冷却壁高炉。在近 19 年的生产周期中，是一个操作内型合理化和操作制度不断匹配的过程，一方面随着高炉操作内型的不断演变，对高炉操作状态、经济技术指标造成影响，另一方面高炉冶炼参数的调整反过来影响操作内型的变化。总体来看，宝钢 3 号高炉进入操作内型稳定期后的 10 余年间，平均容积利用系数在 2.4t/($m^3 \cdot d$) 以上，平均燃料比 494kg/t，煤气利用率 51.84%。2010~2012 年的容积和面积利用系数分别保持在 2.469t/($m^3 \cdot d$)、2.433t/($m^3 \cdot d$)、2.468t/($m^3 \cdot d$) 和 69.77t/($m^2 \cdot d$)、68.75t/($m^2 \cdot d$)、69.74t/($m^2 \cdot d$)。

我们经过长期观察和正反两方面的经验教训，特别是根据宝钢 3 号高炉实现高产、低耗、长寿的成功经验，证明这个经验也适用于薄壁高炉。同时，为了减少炉墙侵蚀引起操作内型的变化，采用薄壁炉衬结构是合适的。

9.1.4　薄壁高炉内型设计

自从 21 世纪我国开始在高炉炉腹、炉腰和炉身下部推广应用铜冷却壁以来，人们关于炉身结构的设计理念发生了变化：炉身长期稳定的工作不是依赖耐火材料，而是依靠冷却设备的可靠工作。只要这一部位的冷却设备不损坏，炉身寿命就获得了保证。厚壁或薄壁只是高炉结构的形式，只要投产后高炉顺行、稳产、控制性能良好，操作指标好，寿命长，结构就合理。厚壁高炉能够适应各种原燃料变化、操作制度变化，而采用薄壁不是在于形式和节省那一点耐火材料，目的在于保证从投产开始的在整个炉役中在合理的操作内型下长期稳定生产[13]。因此，确定薄壁高炉的原则是高炉结构和内型能够符合生产需要，能够顺利地获得与之相匹配的操作制度，从而获得稳定的良好操作指标。人们习惯把具有薄壁炉身结构的高炉称为薄壁高炉。薄壁高炉结构设计的显著特点是：在一代炉役中，高炉内型固定、不可能有大的变化，即要求高炉操作内型与设计内型基本保持一致；在生产中要求高炉操作制度来适应内型，以求得生产的长期稳定。这便给高炉内型的设计提出了更高的要求。

作者认为在寻求合理薄壁高炉内型时，应该研究、汲取厚壁和薄壁高炉内型的经验和教训，结合生产中厚壁内型合理化的实践，争取在较短的时期内，不断完善，从而获得合理的薄壁高炉内型。采用薄壁高炉的目的是要避免厚壁高炉开炉初期，形成合理操作内型的过程中，生产不顺的损失。为此，采用薄壁高炉是趋势。我们反对生搬硬套厚壁高炉的内型设计参数，致使高炉操作不稳定，即使用铜冷却壁也很难达到长寿的目的。目前对薄壁高炉内型的界定以及研究方法方面，在认识上还比较模糊。这样一来反而延误了内型合理化的进程，致使高炉生产后形成的操作内型不合理。我们不得不在这些方面也要花费些笔墨，进行澄清。首先必须对薄壁高炉下一个明确的定义。

国内外公认的薄壁高炉定义为：炉身、炉腰冷却壁热面内不砌筑内衬，允许冷却壁上喷涂或镶入耐火材料的厚度为 50~150mm。

9.1.4.1　薄壁内型设计原则

高炉最基本的冶炼工艺包括还原过程、热交换过程和流体的流动过程，这些过程决定了内型设计的基本思想。我国高炉存在两个偏向：首先过于强调高产；其次过于强调容积的效益，导致高炉容积尽量设计小，过分强调矮胖，尤其是过分扩大炉缸直径，以至于薄壁高炉内型出现违背工艺规律的现象。高炉内型应在满足高炉还原和热交换的前提下，提供尽可能强化的条件。

A 炉容与炉缸面积之比 V_u/A

高炉有效容积与炉缸面积之比 V_u/A 是评价高炉内型的重要指标。从工艺角度来看，在容积 V_u 中完成着还原、热交换、造渣、渗碳、熔融等整个炼铁过程。而炉缸面积 A 则是高温区和循环区燃料燃烧产生还原煤气的空间。而 V_u/A 具有还原煤气在炉内停留时间的概念。在某种意义上，它比高炉有效高度与炉腰直径之比 H_u/D 的作用更具代表性。此外，由于厚壁高炉内型合理化的过程中，炉腰内衬被侵蚀、炉腰直径扩大，H_u/D 有减小的趋势，而实际上 V_u/A 增大。薄壁高炉内型也有相同的趋势[17]。因此，用炉容与炉缸面积之比 V_u/A 作为内型指标较为合适，只用 H_u/D 不能完整地说明炉内的现象。

由于我国高炉长期以来，采用容积相关的指标来考核，因此为了取得好的容积指标，炉容与炉缸面积之比偏小，特别是中、小型高炉更严重。为了追求高冶炼强度、缩小容积，牺牲了还原和热交换的要求。以 1000m³ 高炉为例，20 世纪 60 年代高炉有效高度 H_u 为 25～26m，目前为 23～24m；20 世纪 60 年代厚壁高炉 V_u/A 为 24～25.2，现下降到 23～24，采用薄壁高炉本应增加 V_u/A，至少应该恢复到原来的 V_u/A 值，而最近有人推荐 1000m³ 薄壁高炉的 V_u/A 为 22.4[18]，我们认为这样做会影响还原和热交换过程，违背了高炉冶炼的基本原则。

B 炉缸直径 d

为了增加风口数目必须扩大炉缸直径 d，而扩大炉缸直径就必须相应增加风口风速，以保持循环区的面积与炉缸面积之比，并尽可能加深风口循环区的深度。可是，循环区深度不可能按炉缸直径的扩大而扩大。扩大循环区必须提高鼓风动能和风口风速，过高的风速将导致焦炭的粉化[19,20]。其结果，风口前的鸟巢增厚，使死料堆变得肥大，使透气性、透液性恶化，造成不能充分热交换、炉缸呆滞。作为解决的手段，应改善焦炭的质量；同时增加死铁层的深度，加快死料堆中焦炭的更新，使死料堆的焦炭粒度加大，避免炉缸堆积。然而为了获得高质量的焦炭，成本也将上升。为此，基本思想是在满足产量的基础上，尽可能采用小的炉缸直径[21]。

炉缸直径的扩大意味着死料堆活跃性的降低，必然会使炉腹煤气量指数下降。目前出现的倾向是把扩大炉缸直径作为强化高炉的手段，其实炉缸直径 d、炉缸面积 A 不是制约高炉强化的瓶颈。我们一再强调制约高炉强化的部位是形成软熔带和滴落带的炉腰、炉腹区域。

目前有许多薄壁高炉在设计内型时，沿用了厚壁高炉的内型参数，炉腰狭窄、炉腹角大。由于薄壁高炉内型不能自动合理化，炉腰直径不能扩大；从高炉投产到炉役末期，始终是在厚壁高炉投产初期的内型下操作，导致高炉两股气流不容易发展，炉况顺行受到影响，强化冶炼比较困难，对原燃料质量要求也较高。为了强化冶炼，采取过量的中心加焦，使大量煤气从炉子中心逸出，致使煤气利用率 η_{CO} 下降、燃料比升高，这是不合适的。

C 炉腰直径 D 和炉腹角 α

厚壁高炉投产后内型合理化过程的最大特点是：炉腰耐材很快被侵蚀，炉腰直径扩大，相应地高炉实际炉容扩大，煤气在炉内的停留时间延长。软熔带是高炉内透气能力最差的部位，扩大炉腰使煤气能够较顺畅地通过。这种现象是高炉生产工艺的要求。所以在形成合理操作内型时，应该考虑较宽松的炉腹和炉腰能使软熔带根部与死料堆之间的距离 ΔL 比较宽松，有利于高温还原煤气的分布，提高还原效率，避免煤气过分向边缘或中心

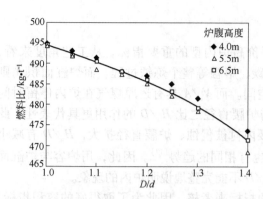

图 9-10 炉腰直径与炉缸直径之比
对燃料比的影响

偏流，以提高煤气利用率 η_{CO}；合适的炉腰尺寸对减轻炉体热负荷也是有利的。适当增加高炉炉腰直径 D，使得操作内型有较小的炉腹角 α，增加 V_u/A 和炉腹直径与炉腰直径比值 D/d 能够降低燃料比[22]，见图 9-10。

当前，作者认为，扩大薄壁高炉炉腰直径的阻力来自两个方面：厚壁高炉参数深入人心；生产操作指标使用容积利用系数，促使人们采用小的高炉容积所致。所以采用面积利用系数有积极意义[5,23~25]。

缩小炉腹角的理由还在于炉腹正处于燃烧带循环区及其上方，循环区内焦炭的燃烧产物迸发出的煤气高速上升，与下降的炉料和渣铁相遇，在循环区上部形成漏斗状疏松的下料区域，焦炭颤动着下降、液滴和粉末被吹散、气旋强烈扰动改变了液体和粉末的分布。无论从传热、传质，还是从炉料和煤气运动角度来看，循环区和下料漏斗都是高炉内最活跃的区域。同时在上方存在一个液体滞留率很高的区域，渣铁的停留时间比死料堆中停留的时间还要长。在此区域也是发生液泛几率最高的部位，作者及同事在分析这个区域液泛条件时[26]，考虑了此区域的侵蚀情况。因此不迅速扩大炉腹断面，循环区上部漏斗没有足够空间，软熔带根部与死料堆之间没有足够的间距 ΔL，就不足以使炉腹煤气顺利通过，就不足以释放燃烧煤气的动能，就不足以缓解炉料和渣铁下降的阻力。由于循环区上部漏斗位于各个风口的上方，它对炉腹炉墙的作用不同，因此炉腹不应采用薄壁，下部内衬较厚、上部逐渐减薄，便于在风口正上方形成漏斗。

我们认为现在部分的薄壁高炉正在重蹈 18 世纪欧美炉腹角为 86°的"瓶式"高炉内型的覆辙[27]。试想把薄壁内型返回到厚壁内型的话，在厚壁高炉形成操作内型时，炉腹角会缩小 8°~9°，如果按照一些人主张炉腹角为 77°~80°的话，就超过了"瓶式"高炉的炉腹角。高炉不出现的风口冷却壁、炉腹冷却壁烧坏的事故才怪；在薄壁高炉炉腹、炉腰和炉身下部使用了冷却强度极高的铜冷却壁，也出现了气流冲刷形成局部的凹槽、磨损造成的冷却壁上下厚度不均匀，冷却通道裸露以及大面积烧损[28]。

现以某 2200m³ 高炉投产两年后风口带冷却壁烧坏为例，停炉降料线修复风口冷却壁时，观察到炉腹铜冷却壁被严重磨损，下端的肋几乎被磨平，见图 9-11。作者认为高炉炉腹角为 78.69°的情况下，铜冷却壁热面进入燃烧带上方的下料漏斗中，受到焦炭的剧烈磨损；即使形成渣皮，也会很快熔化或脱落，造成炉况波动，同时也影响铜冷却壁的使用寿命。

根据前述，作者总结了炉腹角和炉腹结

图 9-11 某厂 2200m³ 高炉炉腹冷却壁
下端及风口冷却壁损坏情况

构，并在一批高炉上实践得到的规律[29~31]，运用到各级高炉的结果，得到第二代薄壁高炉的炉腹角和炉腹结构，如图 9-12 所示。

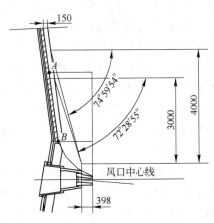

图 9-12 炉腹侵蚀规律及炉腹结构

在图 9-12 中给出了抛物线上 A、B 点，铜冷却壁用剖面线表示，在铜冷却壁热面镶嵌或喷涂 150mm 厚的耐火材料。抛物线的 A、B 两点就落在铜冷却壁的肋上，这样炉腹的角度可以比较大，如果炉腹高度为 3000mm，则炉腹角为 72.5°；如果炉腹高度为 4000mm，则接近 75°。在后面推荐薄壁高炉内型时，我们将考虑这一点。如果抛物线的 A、B 两点落在铜冷却壁前面 150mm 的耐火材料面上，则炉腹高度为 3000mm 时，炉腹角为 69.9°；炉腹高度为 4000mm 时，则炉腹角为 73.0°。虽然我们认为铜冷却壁热面应该留有形成渣皮的空间，可是相差 150mm，将影响炉腹角 2.5°~2.0°，有些人更难接受，高炉侵蚀的规律是不以人们的主观意志为转移的，有待进一步验证。

D 炉喉直径 d_1、炉身高度 h_4 和炉身角 β

圆柱形的炉喉和炉身起着控制气流的作用，炉身角对气流分布影响很大。

根据模型研究的结果表明，较大的炉腰直径能保证高炉下部有充足的热量贮存，有较低的燃料比。炉喉直径与炉缸直径也应有合适的比例，图 9-13 表示在炉喉直径与炉缸直径之比在 0.7~0.8 的范围内炉内的阻力损失最小，适合于高炉的强化[22]。

研究还表明，炉身角与管道因素有如图 9-14 所示的关系。3000m³ 高炉中，在利用系数为 2.2t/(m³·d)，高喷煤比 200kg/t 及低燃料比时，为了避免出现管道行程，侵蚀后的炉身角希望在 80°以上，至少也应在 78°以上。避免经常出现管道，而导致高炉操作指标的恶化。

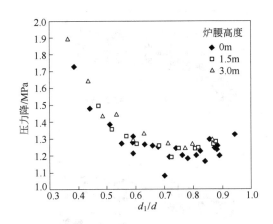

图 9-13 炉喉直径与操作时炉缸直径之比与炉身压力降的关系

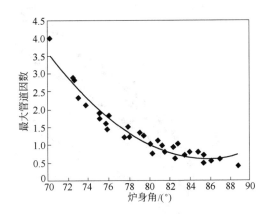

图 9-14 炉身角与管道因数之间的关系

为了增加进行间接还原的块状带体积，加高炉身高度是有效的，可是提高高度会增加透气阻力。

当高炉内型合理化和炉容扩大时，炉身角趋于减小，而较低的炉身高度和较小的炉身角容易形成"管道"[29,30]，因此应使炉身有足够的高度，而适当降低炉腹、炉腰和炉身高度。宝钢3号高炉将炉身分为三段，炉身上部有较大的炉身角，使"管道"不容易形成贯穿的通路，起到"封闭"气流的作用[16,31]，大胆践行了高炉合理操作内型的参数，吸收了国际上采用水冷壁维护炉身上部剖面的经验。高炉生产18年仍然没有发生边缘煤气过旺的现象，保持了良好的控制炉内气流的功能。

因此，炉喉直径、炉身高度和炉身角三者必须协调，如能保持适当的炉身角就不必增加炉喉直径，因为料批过大，会使软熔带增厚。总之，炉喉尺寸必需便于采用布料的手段确保有较高的煤气利用率 η_{CO}。

厚壁高炉的合理操作内型基本上就是薄壁高炉的设计内型。在设计薄壁高炉内型时，必须吸收厚壁高炉内型合理化的丰富经验，使高炉操作有较大的调剂空间，为高产、低燃料比创造条件，并避免冷却设备的过早损坏；如果薄壁高炉内型设计按照厚壁高炉内型参数设计，势必在整个炉役期间内招致厚壁高炉投产初期炉况不稳定、对原燃料质量要求高的处境。

9.1.4.2 薄壁内型尺寸的统计数据[32]

为了科学地、严肃地对待研究的对象，在此必须对数据处理的步骤做如下说明：首先，在处理薄壁高炉内型尺寸时，要找出施工图纸，检查冷却壁的热面尺寸，按照我们制订的薄壁高炉喷涂或镶嵌耐火材料厚度重新校正各部尺寸；对于炉腰直径 D，在已知铜冷却壁内面直径 D_B 时，用式 $D = D_B - 2\delta$，冷却壁内面嵌镶或喷涂的厚度 δ，应在 $50 \sim 150mm$ 之间。可是我们所统计内型的全部图纸，其中某些薄壁高炉内型的实际内衬厚度超过了150mm，所以我们对有图纸的高炉采用了 $\delta = 50mm$。其次，在内型尺寸求实的基础上，重新核算高炉实际容积，有的炉容与实际炉容相差很大，有的1000m³ 高炉在15%以上；核实后才将各部尺寸作为一组可用的数据。然后，我们收集整理了148座国内外高炉成组的数据进行回归。回归的内容包括高炉炉缸、炉腰和炉喉直径，以及有效高度、炉缸、炉腹炉腰、炉身和炉喉高度分别得到9个回归式，作为基础回归式。作成图9-15，图

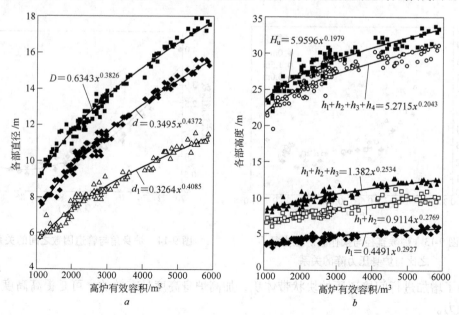

图9-15 薄壁高炉有效容积与高炉各部分的直径（a）和高度（b）的回归统计

中列出了统计得到的基础回归式。最后校核设定炉容 V_{u_s} 与用 9 个回归式计算的炉容 V_{u_f} 之间的误差，由 1000m³ 到 5500m³ 高炉的炉容误差为 $1 - (V_{u_s}/V_{u_f})$，在 0.220% ~ -0.445% 之间，我们认为达到了要求。

在列举薄壁高炉内型尺寸之前，需要说明的是由于我们根据图纸对高炉的炉腰直径已按 $\delta = 50$mm 进行了调整，炉腰、炉腹高度按炉腰和炉腹冷却壁交接的拐点重新计算，因此得到的炉容与原设计炉容有一些差别。由于两者相差不大，因此表 9-4 中的有效容积没有重新计算。某些薄壁高炉内型尺寸，见表 9-4。

表 9-4　某些薄壁高炉内型尺寸

厂　名	重钢	CSN	Huckingen	Bremen	CST	梅山	Duckerck	宝钢	鹿岛	沙钢
炉　号	4	1	A	2	3	5	4	1	1	
有效容积/m³	1350	2070	2785	3173	3617	4050	4626	4966	5265	5800
炉缸直径/mm	8900	10000	10300	12000	12500	13300	14000	14500	15000	15300
炉腰直径/mm	10900	11700	12700	14200	14700	15300	16260	16700	17300	17500
炉喉直径/mm	6400	7400	7900	9400	9400	9600	10500	10800	11200	11500
有效高度/mm	24700	27200	29900	30050	29700	31500	30510	32100	30800	33200
炉缸高度/mm	3600	4500	4660	4350	4600	5400	5680	5500	5160	6000
炉腹高度/mm	3200	3300	3510	3400	3600	3535	4100	3800	4540	4000
炉腰高度/mm	2000	1800	3080	2300	2500	2865	2800	3000	1800	2400
炉身高度/mm	14100	15600	17400	17800	16900	17700	15650	17800	17300	18600
炉喉高度/mm	1800	2000	1250	2200	2100	2000	2290	2000	2000	2200
$\alpha/(°)$	72.6460	75.556	71.1255	72.0721	73.0092	74.2046	74.5769	73.8557	75.7857	74.6237
$\beta/(°)$	80.9335	82.1529	82.1467	82.3210	81.0883	80.8529	79.5708	80.5899	80.0015	80.8377
H_u/D	2.27	2.33	2.35	2.12	2.02	2.06	1.88	1.93	1.78	1.90
V_u/A	25.12	26.42	32.18	30.43	29.47	30.21	30.05	31.25	29.79	31.93
D/d	1.225	1.170	1.233	1.183	1.175	1.150	1.161	1.152	1.153	1.144
d_1/d	0.719	0.740	0.767	0.783	0.752	0.722	0.750	0.745	0.747	0.752

9.1.4.3　推荐的薄壁高炉内型[32]

根据 148 个薄壁高炉数据组回归统计得到了基础回归式，为克服如前所述较小高炉存在的一些缺陷对基础回归式影响，所以对回归式做了如下少量调整：

(1) 为了适当提高高炉有效高度，纠正过大的炉缸，炉缸直径 d 略有缩小；1000m³ 高炉的炉缸和炉腰直径分别由 7.16m 和 8.91m 缩小到 6.94m 和 8.83m；大型高炉没有变化。

(2) 对 1000m³ 高炉的炉腹高度 h_2 由 2.78m 提高到 3.00m，炉腹角 α 保持 72.5°；对大型高炉，为适当加大炉身角，提高了炉身高度，相应将炉腹高度降低至 4.1m 以下；5500m³ 高炉炉腹角下降到 74.8°。

(3) 对 1000m³ 高炉，有效高度 H_u 由 23.37m 提高到 23.85m；大型高炉几乎没有变化。

(4) 1000m³ 高炉的 V_u/A 由 24.77 增加到 26.48；大型高炉的 V_u/A 也略有增加，

5500m³ 高炉 V_u/A 由 30.87 增加到 31.32。

经过上述调整后,按照本书的逻辑关系将计算顺序按炉容开始,转换为从确定炉缸直径开始。即,首先按式(9-6)或式(9-7),由高炉产量和炉腹煤气量指数 χ_{BG} 决定炉缸直径 d;然后以炉缸直径为基础计算各部尺寸。按炉缸直径 d 计算高炉各部尺寸的方程式如下:

$$\left.\begin{aligned}
D &= 1.6512d^{0.8652} \\
d_1 &= 0.9390d^{0.9107} \\
H_u &= 10.6369d^{0.4168} \\
h_1 &= 0.9634d^{0.6505} \\
h_2 &= 1.4075d^{0.3891} \\
h_4 &= 6.0639d^{0.4182} \\
h_5 &= 1.0599V_u^{0.2592} \\
h_3 &= H_u - (h_1 + h_2 + h_4 + h_5) \\
V_u &= 13.5339d^{2.2207}
\end{aligned}\right\} \qquad (9\text{-}8)$$

由方程组(9-8)计算推荐的薄壁内型尺寸见表9-5。

表9-5 推荐的薄壁高炉内型尺寸

炉缸直径/mm	7000	8300	9500	10500	11400	12200	13000	13700	14300	15000	15300
炉腰直径/mm	8892	10304	11580	12628	13559	14379	15191	15896	16497	17193	17490
炉喉直径/mm	5525	6451	7296	7992	8614	9162	9708	10183	10588	11059	11261
有效高度/mm	23936	25697	27185	28343	29331	30172	30982	31667	32237	32886	33158
炉缸高度/mm	3416	3817	4167	4447	4692	4903	5110	5287	5437	5609	5681
炉腹高度/mm	3001	3207	3380	3514	3628	3725	3818	3897	3963	4037	4068
炉腰高度/mm	2080	2147	2192	2221	2242	2256	2267	2274	2279	2283	2284
炉身高度/mm	13683	14693	15547	16211	16778	17261	17726	18119	18446	18819	18975
炉喉高度/mm	1755	1834	1900	1950	1992	2027	2060	2089	2112	2138	2149
$\alpha/(°)$	72.5077	72.6515	72.8923	73.1544	73.4292	73.7000	73.9926	74.2645	74.5082	74.8040	74.9343
$\beta/(°)$	82.9856	82.5323	82.1581	81.8648	81.6178	81.4038	81.2144	81.0443	80.8896	80.7477	80.6677
H_u/D	2.692	2.494	2.348	2.244	2.163	2.098	2.040	1.992	1.954	1.913	1.896
V_u/A	26.524	27.509	28.327	28.957	29.490	29.940	30.372	30.735	31.037	31.379	31.522
D/d	1.270	1.241	1.219	1.203	1.189	1.179	1.169	1.160	1.154	1.146	1.143
d_1/d	0.7892	0.7773	0.7680	0.7612	0.7556	0.7510	0.7468	0.7433	0.7404	0.7373	0.7360
有效容积/m³	1021	1488	2008	2507	3010	3500	4031	4531	4985	5545	5796

如果读者不习惯用炉缸直径计算高炉各部尺寸的话,也可以用高炉有效容积按下式计算炉缸直径,然后代入式(9-8)也一样可以计算高炉各部尺寸。

$$d = 0.3094V_u^{0.4503}$$

由上式计算的炉容误差在 $-0.061\% \sim 0.111\%$ 之间。

9.1.5 死料堆的运动及死铁层的深度

高炉下部是高炉负荷最重的区域，它的寿命决定了高炉炉役期的长短。在高喷煤后，高炉下部的状态有了较大的变化，高炉边缘气流和局部炉料下降速度有了较大的提高，高炉边缘的冶炼过程得到强化，渣铁的生成速度也明显提高。对死料堆的透液性产生影响，与铁水流动有很大的关系。炉缸耐火材料的损伤加速。

9.1.5.1 死料堆与焦炭深入铁水

高炉料柱的重力通过死料堆传递给炉缸内积存的渣铁，在炉料重力和铁水的浮力之间的平衡下，死料堆中的部分焦炭沉浸在铁水中，而且有时深度相当大。我国学者很早以前已经观察到，单出铁口高炉的死料堆随出铁时铁水面的上下运动而上下浮动。在多出铁口的高炉中，由于连续出铁，铁水维持在较低的水平面上变动。但由于风口带的燃烧和鼓风的上浮力，在死铁层足够深时，死料堆也是浮动的，死料堆底部的焦炭呈锅底形漂浮在铁水中。芬兰高炉以压力为基础计算死料堆的浮动指数。它与炉缸容积存在相关关系。按俄罗斯的研究结果，焦炭沉入铁水的深度可以用下式估算[33]：

$$h = \frac{1}{\rho_i}\left[\frac{\rho_{c.a}}{\rho_{c.p}}(\alpha H_m \rho_m - 10\Delta P) - H_{sl}\rho_{sl}\right] \tag{9-9}$$

式中　ρ_i，ρ_{sl}——铁水和炉渣的密度，t/m^3；

　　$\rho_{c.a}$，$\rho_{c.p}$——焦炭的表观密度和堆积密度，t/m^3；

　　　　α——有效重力系数；

　　　H_m——料柱高度，m；

　　　ρ_m——料柱堆积密度，t/m^3；

　　　ΔP——高炉煤气的阻损，kN；

　　　H_{sl}——渣层厚度，m。

根据日本高炉停炉后的解剖调查，焦炭沉入铁水的深度如图9-16所示。本书第5章介绍了小仓2号高炉一代寿命20年，停炉解剖调查发现，炉底耐火材料侵蚀，形成锅底状，死铁层深度达到3.4m，死料堆刚好漂浮在死铁层中，而炉底角部没有焦炭自由层。此时

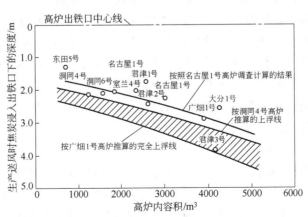

图9-16　焦炭沉入铁水的深度

死铁层高度与炉缸直径比为38%。

随着炉缸铁水积聚量的增加，焦炭上浮。一方面使死料堆的空隙率减小；另一方面部分焦炭从燃烧带下方被挤入循环区而气化，这部分焦炭约占燃烧带气化焦炭量的15%～20%。所以，死料堆的焦炭并不是完全停滞的，它沿着底部自由的焦炭床表面按倾角不超过静摩擦角，向循环区下部运动着和蠕动着，且因部分被气化，死料堆中的焦炭是不断更新的，其周期约为7～10天。

9.1.5.2 实际高炉的操作

高炉生产要求炉缸活跃，炉缸环流减弱，中心死料堆具有足够的透液性。希望炉缸侧壁的温度应保持足够低的水平，而炉底中心的温度需保持在适当的水平。在死铁层深度较浅时，并不能达到此目的，反而侧壁的温度容易升高。

根据日本高炉炉底不放残铁的解剖调查，在炉底的边缘部分往往存在大块的残铁。这是由日本高炉的死铁层较浅造成的。近年来日本对炉缸进行了模型实验、数学模拟和实际高炉的放射性示踪原子等方面的试验研究[5,6]。促使死铁层的厚度逐年加深，变化的趋势非常明显，而且加深得很快。日本高炉死铁层逐年的变化如图9-17所示。

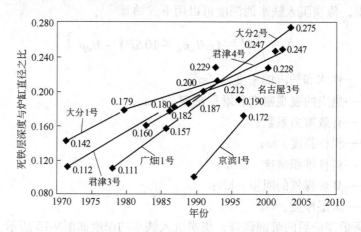

图9-17 日本高炉死铁层深度逐年的变化

新日铁2002年大修的君津3号、4号高炉炉缸直径分别为14.5m和15.2m时，死铁层深度分别为3.58m和3.758m，均为炉缸直径的24.7%；大分2号高炉炉缸直径为15.6m，死铁层深度为4.294m，为炉缸直径的27.5%。最近鹿岛1号、3号高炉改造成5265m³时，炉缸直径为15m，死铁层深度为4.5m，为30%。日本5000m³级高炉的死铁层高度一般为炉缸直径的25%～30%。欧洲高炉也有加深死铁层的趋势[50]。

宝钢3号高炉死铁层的高度为2.985m，为炉缸直径的21.3%，获得良好效果。国内外高炉死铁层高度都在逐步加高[34]。

9.1.5.3 合适的死铁层深度

高炉炉缸侧壁的侵蚀已经成为延长炉底、炉缸寿命的关键。根据研究，浅的死铁层的边缘角部仍存在狭小的无焦炭的铁水自由空间。在那里形成强烈的环流，冲刷炉缸耐火材料，使保护凝结层不易形成，促进蘑菇状或象脚状侵蚀。而开炉后炉底侵蚀，死铁层加深之后，往往缓和了对炉缸侧壁的侵蚀。因此，加深死铁层已被公认为延长炉缸、炉底寿命的措施。但死铁层应该多深合适，尚无定论，意见还不统一，总的来说，国内高炉死铁层正谨慎地逐渐加深。

由于喷煤量的提高，炉料质量增加，沉入铁水的深度加大。此外，较深的死铁层能减轻炉缸的环流，保护炉底，延长高炉底寿命。建议死铁层深度按下式计算：

$$h_0 = 0.0436V_u^{0.522} \tag{9-10}$$

高炉的死铁层高度与炉缸直径之比增加到 0.25 以上，对提高喷煤量、活跃炉缸有利。

9.2 炉底、炉缸冷却和砌体结构

炉底、炉缸承接冶炼的最终产品，是燃料燃烧生成还原气体的发源地，是高炉工作条件最严酷的部位。因此，炉底、炉缸是高炉寿命的薄弱环节之一。研究这一部位的结构对于延长高炉寿命是一个十分重要的课题。

9.2.1 炉缸、炉底的工作条件

炉缸、炉底的工作条件如下：

(1) 长期受高温热流的侵袭。炉缸内盛装铁水和熔渣温度一般在 1450~1500℃，特别是风口区燃烧焦炭产生大量煤气，是高炉内温度最高的区域，其温度在 2000~2300℃。由于受热负荷的作用，炭砖内部产生温度梯度，当炭砖热膨胀时，受到炉壳的机械束缚将产生应力。

(2) 铁水流动的机械冲刷。来自软熔带的液态渣铁进入炉缸，在出铁时以环流的状态流向铁口，积聚并转向，最后通过铁口流出。铁水环流速度的大小与死铁层的深浅和死料堆的孔隙度有关。当死铁层的深度较大时，死料堆漂浮在铁水的上面，铁水的环流速度较小，相应侧壁耐火材料所承受的冲刷力较小；而当死铁层的深度过小时，死料堆坐落在炉底的上面，透液性降低，铁水的环流速度较大，相应侧壁耐火材料所承受的冲刷力较大。许多高炉出现的蒜头状（也称象脚状）侵蚀主要是由于铁水流动的机械冲刷造成的。

(3) 热应力和化学侵蚀形成的炭砖脆裂带。炭砖内脆裂带形成的机理有两个方面：由于炉底、炉缸砌体承受热负荷时，炭砖内部的温度梯度产生不均匀膨胀，并受到机械束缚产生的应力破坏；由于化学侵蚀而形成脆裂带可能的因素有：铁水通过气孔渗入炭砖内而引起的体积膨胀，碱金属化合物对炭砖的化学侵蚀，CO 通过 Fe、H_2 的催化而裂解析出碳。

(4) 化学侵蚀使炭砖降解。化学侵蚀是多方面的，包括：铁水溶解炭砖中的炭素；水蒸气、漏水和 CO_2 的氧化侵蚀，使得炭砖降解形成鼠洞、粉化；Zn 和碱金属侵蚀等，使炭砖体积膨胀和疏松。

(5) 凝结层的脱落。凝结层的脱落引起炭砖裸露在铁水中，直接承受高温的侵袭，不饱和铁水的溶解和冲刷。在这种情况下，炭砖很快被侵蚀。凝结层脱落的原因是多方面的，包括：水蒸气、漏水和 CO_2 的氧化使得炭砖表面粉化，与凝固的黏结力下降；正常热流传导路径被破坏，引起凝结层熔化；炉缸内铁水流动状态的变化，例如炉缸中心堆积或死料堆肥大，迫使铁水环流速度提高，对炉缸侧壁的冲刷力加强等。

炉底和炉缸损坏的原因十分复杂，本书从多方面分析其原因，归纳在表 9-6 中。与设计关系比较密切的因素将在本章介绍，与操作关系比较密切的内容将在第 11 章进行分析。

至于特定高炉那种原因起主导作用需要进行具体的分析。

表 9-6 高炉炉缸侵蚀原因和预防性措施

原 因		措 施	本书介绍和分析内容的分工
脆裂带	热应力		本章介绍
	Zn、碱金属	避免有害物质带入	第 11 章介绍
铁水的溶解、渗透		微孔炭砖、陶瓷垫	本章介绍
铁水流动引起的冲刷		提高死料堆的透液性和出铁技术及加深死铁层深度	本章和第 11 章介绍
热机械性能		耐火结构的设计、减少休风	本章介绍
凝结层脱落	炉缸中心堆积和低透液区域	操作上采取疏松炉缸中心的操作	第 11 章介绍
	化学侵蚀—CO_2 的氧化	加强冷却、阻止形成气体通路	第 11 章介绍
	水蒸气的氧化	防止漏水	第 11 章介绍
	防止传热路径受阻	炉底灌浆	第 12 章介绍
由铁水引起的溶解		活跃炉缸中心、加入含钛矿石、加强冷却形成稳定的凝结层	第 11 章介绍

延长高炉炉底、炉缸寿命必须设计与生产、维护密切配合，采取有效措施防止各种损坏因素对炉底、炉缸的侵害。

9.2.2 炉底、炉缸冷却和砌体结构设计原则

炉底、炉缸部位的工作可靠性对于生产和安全至关重要。生产实践经验表明，延长炉底、炉缸寿命的基本设计理念应该是采用优质炭砖与合理的冷却相结合。只有采用具有良好导热能力的炭砖和合理的冷却相结合，才能在炉缸工作表面形成稳定的渣铁凝结层，为炉底、炉缸长期稳定工作提供可靠的保证。

应该特别说明，高炉开炉初期，无论冷却方式如何，炉缸侧壁炭砖较厚，具有较大的热阻，使得 1150℃（铁水凝固温度）等温线分布在炭砖内部。此时，炭砖裸露在铁水中，由于机械冲刷和溶解，炭砖处于不断被侵蚀的状态，炭砖被侵蚀的速度取决于它本身的质量，冷却方式的影响很小。当炭砖被侵蚀到一定的残余厚度时，炭砖的热阻减小，依靠良好的冷却达到平衡，形成渣铁凝结层，才能抵抗铁水的机械冲刷和溶蚀。此时炉缸的稳定工作主要依靠冷却来维持，冷却强度越高，越有利于形成渣铁凝结层。但是，在高炉操作过程中炉缸热制度的波动、铁水流动的变化以及化学侵蚀是不可避免的，使得凝结层脱落，炭砖又处于被侵蚀状态。这种反复出现的渣铁凝结层形成—消失—再形成的过程，要求炉底、炉缸使用高性能的耐火材料，而且结构设计也应该合理。

（1）各种炉缸配置结构只要热面能够生产稳定的渣铁凝结层都可实现长寿，各种配置都有长寿的业绩。

（2）为了获得炉缸可靠的稳定工作，在选择炉缸炭砖时，要求它具有适宜的导热性能是十分必要的，但同时还必须具有良好的抗铁水熔蚀和冲刷性能、耐铁水渗透性、耐碱性和容积稳定性。炉缸的长寿技术措施主要包括：提高耐火砖的质量、维持适当冷却水速、增大冷却壁比表面积、减小炭砖与冷却壁之间炭捣料的热阻等。

（3）在结构上，要求死铁层具有足够深度，改善死料堆的透液性，减少铁水环流对耐火材料的冲刷；炉缸剖面要避免形成铁水涡流的可能性。

（4）过厚的炉底、炉缸结构是没有必要的，因为高于1150℃等温线部位的炭砖在炉役初期都将以较快的速度被侵蚀掉；从传热的角度出发，为了冷却过厚的炭砖，在冷面使用较厚的石墨质炭砖，企图将1150℃等温线推向炭砖热面；往往在热面的炭砖侵蚀后，使石墨炭砖裸露在铁水中。

（5）为了保证炉底、炉缸部位的工作可靠性，建立准确可靠的炉底、炉缸热流强度监视系统。在高炉一代炉役中，监测炭砖和渣铁凝结层的状况，及时采取保证炉墙有效传热的体系，并采取有效措施，包括维修和操作措施，使高炉远离炉缸烧穿。

（6）炉缸耐火材料的配置与施工应防止炉墙出现气隙，使得传热系统遭到破坏，而引起凝结层的脱落，以及沿裂隙窜通煤气损坏耐火材料。

9.2.3 炉底、炉缸冷却结构

炉底最早采用风冷，20世纪60年代以后采用水冷。侧壁采用冷却壁或喷淋冷却延续至今，由于喷淋冷却的水量损失大，炉缸周围的工作条件较差，目前都改为冷却壁冷却。

目前，国内外高炉能够适应高炉长寿要求的炉底炉缸结构有多种多样的形式。《规范》建议的冷却形式为**高炉炉底宜采用水冷。炉缸、炉底侧壁宜采用光面冷却壁。**

高压高炉炉底均设有炉底钢板。炉底水冷有两种形式：在炉底钢板上面设置冷却水管；在钢板下面设置水冷管。

从冷却的观点看，冷却水管设置在炉底钢板之上比较合适。从高炉炉底水冷管的寿命对高炉的影响来看，设置在钢板下面为宜。其结构见图9-18a。

南昌钢铁厂400m³级高炉曾经使用类似前苏联的炉底结构，就是把炉底炉壳延伸，包住基墩；在此基础上，增加了炉底钢板，钢板与炉壳之间的焊缝隐蔽在炉壳内，见图9-18b。当高炉基墩出现问题时，分不清是高炉本身的问题还是基墩的问题使炉壳开裂。解体修理发现炉底钢板与高炉炉壳间的焊接质量极差，没有起到密封煤气的作用，形同虚设。而且炉底的冷却强度不宜过大，导致死料堆不活跃，而导致侧壁的侵蚀。

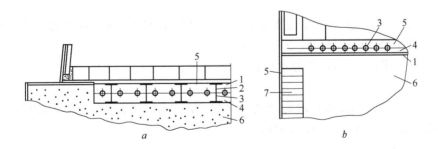

图9-18 炉底冷却水管布置

a—炉底冷却水管设置在炉底钢板下面；b—炉底冷却水管设置在炉底钢板上面

1—炉底钢板；2—工字钢梁；3—冷却水管；4—浇注料；

5—炭捣料；6—基墩；7—黏土砖

当炉底冷却水管设在钢板下面时，水管与炉底钢板之间必须严密，保证热量能被水带走，施工比较复杂。

炉缸冷却壁一般采用铸铁冷却壁。冷却壁的材质有两种：灰口铸铁和低合金铸铁。灰口铸铁的导热性比低合金铸铁高，价格便宜。由于高炉正常时，炉缸部分温度很低，发生事故时，目前所有材质的冷却壁抵御不住铁水的侵袭，因此倾向于采用灰口铸铁做冷却壁的本体材料。

宝钢 1 号、2 号高炉炉缸冷却曾经采用过洒水冷却取得良好的效果，欧美许多高炉采用夹套冷却也取得了良好的效果，这些冷却方式的优点是冷却均匀。

对炉缸和铁口部位采用铜冷却壁的必要性意见不尽一致。根据炉缸部位的传热计算表明，在炉缸炭砖完整时，采用铸铁冷却壁或铜冷却壁对于温度场的影响确实不大，但是随着炭砖被侵蚀，它的残余厚度不断减薄到一定厚度时，它们的影响才逐步显示出来了，见图 9-19[35]。在炭砖热面上形成凝结层的厚度是不一样的，但是两者相差不大。既然采用铸铁冷却壁或铜冷却壁都可以形成凝结层，影响其厚薄的因素很多，因此炉缸是否有必要采用铜冷却壁还有待不断总结经验，根据实际情况再确定。

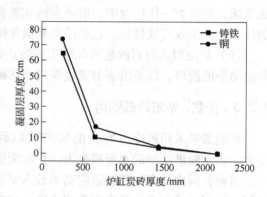

图 9-19　炭砖厚度和冷却设备对凝结层影响

附带说明的是，当炉缸部位采用铜冷却壁时，必须注意避免铜冷却壁的导热性强，影响高炉烘炉，并保证达到炭砖砖缝及填料烧结的温度，以便建立良好的传热体系保证对炭砖的冷却[36]。

当炭砖厚度小于 500mm 时，炉缸烧穿的危险性增大。无论哪种冷却方式或无论哪种材质的冷却设备都不能阻止炉缸的烧穿，主要应该重视日常操作、维护，当炉缸耐火材料温度过高，必要时应采取第 11 章 11.4 节的措施。

9.2.4　炉底、炉缸砌体结构

关于炉底、炉缸内衬破损的主要原因将在第 11 章分析。本章将对属于设计炉底、炉缸时有关结构优化的理论分析加以介绍。

炉底、炉缸用耐火材料的性能应满足如下要求：

（1）耐高温性、高导热性；

（2）耐侵蚀性，如高温炉渣的侵蚀，特别是渣中含碱金属及氧化物时侵蚀性更强，其次是铁水的侵蚀，还有 O_2、H_2O 的侵蚀；

（3）耐冲刷、耐磨性；

（4）抗渗透性。

随着高炉的强化，喷煤量的增加，炉底、炉缸工作条件的恶化，加速了耐火材料的破坏。炉底、炉缸部位使用的耐火材料主要有炭砖、热压炭砖、微孔炭砖、超微孔炭砖、碳复合 SiC 砖、石墨化炭砖等。

为了尽可能避免损坏，除了在高炉炉型的设计要维持一定的死铁层深度，以减少铁水环流侵蚀外，长寿高炉对炭砖质量必须有严格的要求，其主要的质量指标应是高的导热性、高密度和低渗透性，以及耐碱的侵蚀性。其中应特别关注炭砖的热导率，因为热导率的提高可以大大缓解上述破坏因素。

铁水渗透侵蚀、铁水环流冲刷、炉衬温度分布不均造成的应力环裂，以及 800℃ 左右温度区域的炭砖脆化、炉缸下部"象脚"侵蚀等是炉底、炉缸的主要破坏机制。现代高炉采用综合炭质炉底和水冷炉底系统，炉底寿命得到很大提高，炉缸侧壁，特别是出铁口附近区域的寿命成为高炉长寿的关键。

炉缸、炉底应采用全炭砖或复合炭砖炉底结构，并应采用优质炭砖砌筑。

风口带宜采用组合砖结构。

不同容积的高炉和高炉的不同部位应选用不同的耐火材料。提高炉缸、炉底用炭砖和砌体的质量，以保证高炉生产中，炉缸侧壁和底部有一定厚度的炭砖是延长高炉寿命的重要条件。

20 世纪 80 年代以后，我国高炉炉缸、炉底采用综合炉底，对结构和冷却进行了改进，寿命大幅度延长。

国内外高炉炉缸、炉底结构有以下三种基本形式：

（1）大块炭砖砌筑，炉底设陶瓷垫；

（2）热压小块炭砖，炉底设陶瓷垫；

（3）大块或小块炭砖砌筑，炉底和炉缸设陶瓷杯。

从国内外高炉的生产实践看，上述三种结构形式都可以获得延长高炉寿命的良好效果。

国内外炉底均已采用铺设高导热炭砖、微孔炭砖和陶瓷垫的结构。由于高喷煤以后特别强调活跃炉缸中心，炉底中心应保持适当的温度。因此，人们逐渐重视陶瓷垫的寿命，使之长期起到保持炉缸中心温度的作用。

目前，获得炉缸长寿主要有以下两种观点。

9.2.4.1 强化冷却形成凝结层理论

炉缸侧壁使用具有高导热的耐材系统。采用高导热耐材、低孔隙度能阻止铁水和渣的渗透，具有高抗碱性能，可吸收部分热应力，配以高效的水冷系统，能将炉缸的热量迅速传递给冷却系统带出炉外，降低了炉缸壁的温度梯度，从而在炉缸侧壁炉衬耐材的热面形成一层稳定的凝结保护层，抵抗炉缸侧壁的"象脚"侵蚀，使炉缸获得长寿，其关键是炉缸侧壁的导热能力。选择耐火材料的重点是导热性、防渗透性和防止发生环形裂纹。在高炉炉缸的维护方面，强调发挥冷却的效果，经常对容易形成空隙的部位在严格受控条件下进行灌浆。上述强化冷却理论，已在生产实践中得到验证。

A 大块炭砖结构

日本及我国的许多高炉都采用这种形式的炉底、炉缸结构。这种结构的特点是全面改善耐火材料质量，炉缸和炉底上部区域侧墙采用具有高热导率（$\lambda = 21\text{W}/(\text{m}\cdot\text{℃})$）的大块炭砖砌筑，而炉底部位用 $\lambda \geq 9.3\text{W}/(\text{m}\cdot\text{℃})$）的微孔或超微孔大块炭砖砌筑。炉底上部砌筑优质陶瓷质耐火材料的衬垫，称为陶瓷垫。其结构如图 9-20 所示。

大块炭砖砌筑的炉底、炉缸结构得到广泛的应用，并取得了良好的效果。炉底炭砖有两种砌筑方式：炭砖平砌或立砌方式。

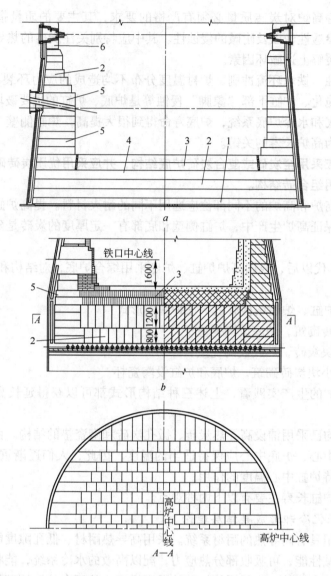

图 9-20　大块炭砖炉底炉缸结构
a—炭砖平砌；b—炭砖竖砌
1—高导热性石墨炭砖；2—炭砖；3—陶瓷垫；4—微孔炭砖；5—炉缸环形炭砖；6—风口砖

图 9-20a 所示为平砌方式。大型高炉在炉底铺设一层高导热的石墨炭砖，其上满铺 2~3 层普通炭砖，再上面有一层微孔炭砖或不设微孔炭砖，侧壁象脚侵蚀部位采用微孔炭砖。最上层铺设两层由高铝质耐火材料组成的陶瓷垫。炉缸部分由大块炭砖环砌构成，在出铁口部分局部加厚。

图 9-20b 所示为利用炭砖导热性的方向性，采用立砌两层炭砖的方式。下层炭砖高 800mm，上层炭砖高 1200mm。上面砌筑两层高铝砖，总厚度 2700mm 左右。

在砌筑前，炭砖必须进行预组装、编号。高炉在砌筑炭砖之前，基准面必须用炭素捣打料或碳化硅浇注料找平。砌筑时，按照预组装时的编号进行砌筑。砌筑时用千斤顶把炭砖顶紧。每砌完一层环砖后，用炭素填料将周围的膨胀缝分层填捣密实。

B　小块炭砖结构

小块炭砖结构的特点在于用热压小块炭砖取代炉缸和炉底上部区域侧墙的大块炭砖，以避免这一部位的炭砖出现环裂。其他部位的砌砖和冷却方式都相同。热压小块炭砖的炉缸结构见图9-21。砌筑炉底中部的大块炭砖的方法与前相同，小块炭砖用专门的泥浆砌筑，小块炭砖与冷却壁之间不留膨胀缝，与冷却壁直接顶砌。砌筑方法与一般耐火砖的砌筑相同。

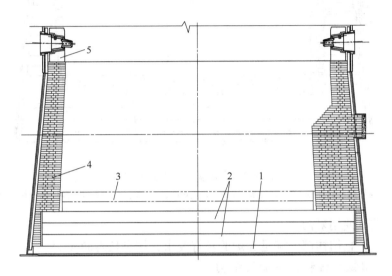

图 9-21　热压小块炭砖的炉底炉缸结构
1—高导热性石墨炭砖；2—大块炭砖；3—陶瓷垫；4—热压小块炭砖；5—风口砖

我国长寿高炉中，宝钢1号、2号高炉，武钢5号高炉的炉缸、炉底采用日本炭砖，炉底设陶瓷垫。本钢4号、5号高炉，首钢1号和3号高炉，包钢3号高炉及宝钢3号高炉采用了热压小块炭砖，炉底设陶瓷垫。其炉缸寿命均在10年以上。

9.2.4.2　陶瓷杯结构或耐火材料隔热论

陶瓷杯结构由法国人发明，欧洲高炉使用较多。陶瓷杯是在大块炭砖的炉缸内，衬以导热性低的耐火材料与炉底的陶瓷垫构成杯状的耐火衬，见图9-22。一般在炉缸炭砖热面附加一层抗铁水侵蚀能力强、低导热的优质莫来石或 SIALON 刚玉等耐火材料陶瓷杯，它既可在几年内保护炭砖免遭渣铁的直接侵蚀，又降低了炭砖的工作温度，将1150℃铁水凝固线控制在陶瓷杯以内，防止铁水的侵蚀。过去还强调将800~870℃等温线控制在陶瓷杯壁内，以防止大块炭砖的环裂，避免炭砖过早发生脆化侵蚀，起到了延长炉底、炉缸寿命的作用。此外，由于陶瓷材料热阻大，有利于降低铁水的热损失。国内也有在小块热压炭砖的炉缸内，衬砌陶瓷杯的。

陶瓷杯壁砖有大型预制块和小块砖两种。大型预制块在砌筑前，按预组装顺序逐块吊装就位。小块砖与一般耐火砖的砌筑相同。

近年来，国内外有30余座大型高炉采用陶瓷杯。国内首钢1号高炉、梅山新建高炉、宝钢1号高炉第二代炉役都先后使用了陶瓷杯结构。陶瓷杯的不足之处在于其材料未经在炉缸长期工作的温度下充分烧透，在开炉后使用过程中内部可能因发生晶型转变而产生膨

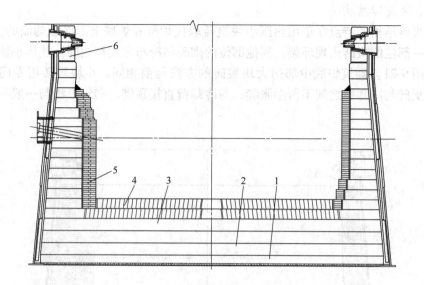

图 9-22 大块炭砖的陶瓷杯结构

1—高导热石墨炭砖；2—普通炭砖；3—微孔炭砖；4—陶瓷垫；5—陶瓷杯；6—风口砖

胀或开裂，影响其使用寿命。

三种炉底、炉缸结构都能满足高炉的长寿要求，均有长寿的实例。

9.2.4.3 出铁口区和风口带的结构

出铁口一般用小块炭砖砌筑成出铁口通道，或者在大块炭砖上钻出出铁口通道。

20 世纪 80 年代风口带采用硅线石组合砖，目前多采用碳化硅组合砖砌筑。《规范》认为风口带宜采用组合砖结构。

9.2.5 炉底、炉缸用耐火材料

20 世纪 50 年代，高炉炉底、炉缸采用炭砖。最早采用炭砖砌筑的炉底炉缸结构被称为综合炉底结构。除炉底上部用非炭质耐材砌筑外，其余炉缸、炉底均用大块炭砖砌筑。由于当时炭砖质量较差，热导率($\lambda = 3.5 \sim 4.7 W/(m \cdot ℃)$)和抗渗透能力都较低，综合炉底结构普遍存在的问题是炉缸炭砖出现严重的环裂和出铁口区域以下出现异常的"象脚"侵蚀。

由于炉底、炉缸以炭质耐火材料为主，本节仅介绍炭质耐火材料。

高炉采用的优质炭砖和炭块，除应提出常规性能指标的要求外，还应提出导热系数、透气度、抗氧化性、抗碱性、抗铁水侵蚀性等指标的要求。

9.2.5.1 炭砖

炭砖是以电煅无烟煤或焦炭、石墨为主要原料，以焦油沥青或酚醛树脂为结合剂制成的耐火制品。炭砖具有以下性质：

（1）耐火度高；

（2）极高的荷重软化温度；

（3）高温耐磨性能良好；

（4）高温体积稳定性好；

（5）良好的导热性和导电性；

（6）抗热震性好。

其缺点是在高温下易氧化。

炭砖的以上特性，适应高炉炉底和炉缸生产特点对内衬的要求。近年来，炭砖的使用范围不断扩大，炉腹和炉身下部也开始采用炭砖。

A　高炉高导热炭块

YB/T 2804—2001 的高炉高导热炭块的理化指标，见表9-7。

表9-7　高炉高导热炭块的理化指标

项　目	指　标	项　目	指　标
抗折强度/MPa	≥8	耐碱性/级	U，LC
耐压强度/MPa	≥30	导热系数/W·(m·K)$^{-1}$	≥20
真气孔率/%	≤20	铁水溶蚀/%	≤32
体积密度/g·cm^{-3}	≥1.60		

注：1. 热导率、透气度两项作为参考指标；
　　2. 生产高炉用的炭块，要为用户提供热导率（800℃、400℃、200℃）和透气度指标。

B　半石墨炭砖

半石墨炭砖是采用高温煅烧无烟煤、石墨、添加剂为主要原料而制成的耐火制品。半石墨质炭砖配方中一般不使用冶金焦为粉料，而使用磨碎的石墨为粉料，半石墨炭砖的导热性能非常好，而且抗碱金属盐类腐蚀的能力也比普通炭砖好。

我国某些耐火材料厂生产的半石墨炭砖的理化指标见表9-8。

表9-8　半石墨炭砖理化指标

项　目	指　标			项　目	指　标		
	WSB	HYB	GYB		WSB	HYB	GYB
真密度/g·cm^{-3}		≥1.90	≥1.9	铁水溶蚀性指数/%	≤30	≤30	
体积密度/g·cm^{-3}	≥1.52	≥1.56	≥1.5	抗碱性能	U，LC	U，LC	
显气孔率/%	≤18	≤19	≤20	平均孔半径/μm	<1.25		
氧化率/%	≤20			<1.0μm 的孔径比/%	≥56		
透气度/mDa	≤60			灰分/%		≤7	≤8
抗折强度/MPa	≥8.5	≥8	≥7.8	热导率(800℃)/W·(m·K)$^{-1}$	≥7	≥7	≥7
耐压强度/MPa	≥30	≥30	≥30				

C　微孔炭块和超微孔炭块

微孔炭块是以高温电煅烧无烟煤、人造石墨、碳化硅为主要原料，煤焦油沥青为黏结剂，加入多种添加剂微粉，经过振动成型、高温焙烧、精磨加工而制成的，主要用于高炉炉底上部和炉缸、出铁口。微孔炭块理化指标（YB/T 141—2009）和超微孔炭块理化指标（YB/T 4189—2009），见表9-9。

表 9-9 微孔炭块的理化指标

项 目	指 标		项 目	指 标	
	微孔	超微孔		微孔	超微孔
真密度/g·cm⁻³	≥1.98	—	常温抗折强度/MPa	—	≥9
体积密度/g·cm⁻³	≥1.63	≥1.68	抗碱性能/级	U，LC	U
显气孔率/%	≤18	≤17			
氧化率/%	≤16		平均孔径/μm	≤0.5	≤0.1
透气度/mDa	≤9	≤2	<1.0μm 的孔径比/%	≥70	≥80
耐压强度/MPa	≥36	≥38			
铁水溶蚀性指标/%	≤30		热导率(600℃)/W·(m·K)⁻¹	≥13	≥19

D 国外炭砖

美国 UCAR 公司生产的热压小块炭砖，采用热压制砖法 BP 工艺（即热模压）成型。把配好的料经过加热混练，与定量的糊料一起放到模具内进行模压，通电加热。脱模以后，焙烧结束。这种热压小块炭砖具有下列特点：优良的高温性能；热导率高，导电性好；良好的抗碱侵蚀性能；抗热震性、热冲击性好；低渗透性，孔隙度小，气孔封闭，吸水性能极弱；炭砖尺寸小，单块炭砖的温差小。日本以电煅烧无烟煤、人造石墨为主要原料生产的炭块也具有良好的抗碱侵蚀性能以及优良的高温性能和导热性能。法国生产的 AM101、AM102 型炭砖，热导率高，抗碱侵蚀性能好。表 9-10 ~ 表 9-13 列出了国外炭砖的技术指标。

表 9-10 日本电极炭砖的技术指标

项 目		指 标				
		石墨砖 AG-C	普炭砖 BC-5	微孔炭砖 BC-7S	超微孔炭砖 BC-8SR	超微孔炭砖 BC-12
密度/g·cm⁻³		≥1.62	≥1.53	1.62	1.71	1.78
显气孔/%		≤21	≤19	17.5	17	18.5
常温抗压强度/MPa		≥22	≥30.5	43	63	56
抗折强度/MPa				12	14	16
固定碳/%		≥99	≥92			
烧后残余/%				17.5	23	25
挥发分/%		≤0.7	≤0.7			
灰分/%		≤0.3	≤6			
平均孔径/μm				0.3	0.05	0.05
抗碱性能		U	U	U 或 LC	U	U
导热系数 /W·(m·K)⁻¹	室温	≥100	≥11	12.8	20.8（200℃）	37（200℃）
	400℃		≥12	13.5	21.1	35
线膨胀系数(20~900℃) /K⁻¹		≤4.5×10⁻⁶	≤4.5×10⁻⁶	3.4×10⁻⁶	3.5×10⁻⁶	3.4×10⁻⁶

表9-11 美国热压炭砖的典型性能指标值

项 目	NMA 热压炭砖	NMD 热压半石墨砖	NMG 热压低灰分	NMS 含 SiC 热压半石墨砖	NMGS 热压半石墨砖
体积密度/g·cm^{-3}	1.61	1.82	1.78	1.86	1.84
显气孔率/%	18	16	16	16	16
耐压强度/kPa	33000	30000	29200	35000	29200
灰分/%	12	9	0.6	17	10
重烧线变化（1000℃）/%	±0.1	±0.1	±0.1	±0.1	±0.1
热导率（20℃）/W·(m·K)$^{-1}$	17	60	83	60	70
渗透率[①]/m'darcy's	11	5	4	3	4

① 1m'darcy's = 0.987×10^{-3}μm^2，按 UCAR 测量方法检测。

表9-12 德国 SGL 炭砖的技术指标

项 目	指 标					
	石墨砖 AG-C	普炭砖 RD-N	微孔炭砖 3RD-N	炭砖 5RD-N	超微孔炭砖 7RD-N	超微孔炭砖 9RD-N
密度/g·cm^{-3}	1.6	1.56	1.64	1.57	1.7	1.69
显气孔/%	23	14	15	14	15	15
常温抗压强度/MPa	23	40	55	35	55	50
含铁量/%	0.5	0.1	0.1	0.1	0.1	0.1
挥发分/%						
灰分/%	0.5	3	18（含添加剂）	3	22（含添加剂）	20（含添加剂）
>1μm 的孔径比/%			4		2	2
抗碱性能		LC	U	LC	U	U
导热系数（30℃）/W·(m·K)$^{-1}$	150	11	9	16	17	18
线膨胀系数（20~200℃）/K^{-1}	2×10^{-6}	2.4×10^{-6}	2.6×10^{-6}	2.5×10^{-6}	2.6×10^{-6}	2.8×10^{-6}

表9-13 法国炭砖的技术指标

项 目	AM101	AM102	项 目	AM101	AM102
原料构成	电煅烧、无烟煤、天然石墨、金属 Si	无烟煤、石墨	灰分/%	5.00	12.00
			氧化速度/mg·(cm·h)$^{-1}$	10.0	1.0
体积密度/g·cm^{-3}	1.54	1.56	透气度/mDa	2000	20
显气孔率/%	14	18	热导率（25℃）/W·(m·K)$^{-1}$	6.5	10.0
耐压强度/MPa	31.3	37.2			

目前，对炉缸采用自焙炭砖尚有争议，对所有级别的长寿高炉均不应使用自焙炭砖。

目前国产炭砖的性能与国外产品相比存在一定差距，因此在大型高炉上使用量较少，炭砖进口量逐渐增加，多数高炉使用了日本、美国和德国的炭砖。因此，迫切需要提高国产炭砖的质量。

9.2.5.2 石墨砖

高炉用石墨砖是以石油焦、沥青焦和煤沥青等为主要原料。高炉用石墨砖除具有高炉炭块的一般特性外，还具有较高的热导率。其理化指标应符合 YB/T122—1997 的规定，见表9-14。

表9-14 高炉用石墨砖的理化指标

项 目	指 标	项 目		指 标
真密度/g·cm^{-3}	≥2.18	耐碱性能/级		不低于 LC
体积密度/g·cm^{-3}	≥1.60	热导率 /W·(m·K)$^{-1}$	室 温	≥45.0
显气孔率/%	≤21		200℃	≥43.0
耐压强度/MPa	≥23.0		600℃	≥40.0
灰分/%	≤0.5		800℃	≥35.0

应该说，对炉底炉缸部位使用的炭砖的性能要求，无论是对大块炭砖、热压小块炭砖还是陶瓷杯结构，都应该是一样的。

9.3 炉底、炉缸结构的分析

炉缸内衬是高炉的要害部位，尤其是由于高温和液相的共同作用，其侵蚀机理要复杂得多，侵蚀也严重得多。

除了与铁水流动、铁水渗透和热应力等有关的机械磨损外，还有碳的溶解、炉渣、碱、锌，以及裂解碳和水蒸气等所引起的各种化学侵蚀，这些不同的侵蚀过程往往互相混杂，而且相互影响。

本书对炉缸侵蚀原因和预防措施都做了介绍，第11章对由碱金属、Zn、水蒸气以及化学侵蚀造成炉缸产生脆裂带的因素进行了分析，并强调炉缸形成稳定凝结层的重要性。本章对由于热应力的作用产生脆裂带、炉底温度场、铁水冲刷力、热震破坏等进行了分析。

为了使设计更合理，目前正在广泛地采用计算机模拟和分析的方法。其他主要由化学反应引起的损坏将在第11章介绍。这些损坏原因还没有用数学模型来分析，故不再赘述。

铁水渗透、铁水的溶解和铁水的侵蚀与炭砖的导热性能、气孔度和气孔直径等因素有关，还与炭砖砌体中的温度分布和耐火砌体的结构等有关。

铁水的流动冲刷侵蚀与高炉产量、死铁层深度、死料堆的透液性，以及出铁口的设计参数和出铁速度等操作因素有关。

炭砖的环裂与水蒸气将炭砖氧化、碱金属和锌等有害杂质的侵蚀，以及热应力等因素有关。

分析炉缸内衬损坏的原因，对提高设计水平有很大帮助。

9.3.1 炉缸、炉底温度场的分析

高温铁水渗入耐火材料砌体的砖缝或裂缝中，使耐火材料上浮。铁水侵蚀主要指炉底、炉缸炭质耐火材料被铁水的溶解侵蚀。这些侵蚀主要与炉底炉缸耐火材料的温度有关。近年来，对炉底耐火材料中的温度场进行了许多分析。

导致炉缸、炉底烧穿的主要原因有铁水对炉缸和炉底的冲刷、氧化及化学侵蚀。因此将铁水与炉缸、炉底隔离，便可有效地阻止铁水对炉缸和炉底的冲刷、氧化及化学侵蚀。目前用于高炉的耐火炉衬都不可能承受高温铁水的长期冲刷、氧化和侵蚀，需要在高炉炉缸和炉底冻结一层渣铁凝结层。此凝结层成为炉缸、炉底耐火炉衬的保护层。为此应用传热学理论建立了炉缸和炉底温度场的数学模型。通过数值分析的结果改进炉缸、炉底结构，将1150℃及870℃等温线推离炉缸和炉底的炭砖热面，使炉缸和炉底热面冻结一层凝结层，把炽热的铁水与炉缸、炉底耐火内衬隔离开，从而阻止上述侵蚀行为的发生。

9.3.1.1 传热方程

根据能量平衡原理，建立包括凝固潜热的炉缸炉底三维温度传热方程，在柱坐标下，微分方程为：

$$\rho c_P \frac{\partial T}{\partial t} = \frac{\partial}{\partial z}\left(k\frac{\partial T}{\partial z}\right) + \frac{1}{r}\frac{\partial}{\partial r}\left(kr\frac{\partial T}{\partial r}\right) + \frac{1}{r}\frac{\partial}{\partial \theta}\left(\frac{k}{r}\frac{\partial T}{\partial \theta}\right) + q_V \tag{9-11}$$

式中　ρ——微元的体积密度，kg/m^3；

c_P——微元的体积热容，$J/(m^3 \cdot ℃)$；

k——微元体导热系数，$W/(m \cdot ℃)$；

T——微元体温度，℃；

q_V——微元体内源项；

z——炉缸炉底的轴向；

r——径向；

θ——圆周方向。

在给定了炉缸炉底的几何形状、尺寸和热物性参数的情况下，求解方程（9-11）还需要边界条件和初始条件。

9.3.1.2 数学模型[37]

高炉的炉缸炉底形状如图9-23所示。在建立高炉炉缸炉底温度场计算模型时，对高炉过程进行如下简化和假设：把高炉看做是一个轴对称容器，炉缸、炉底的侵蚀状况沿高炉中心线呈轴对称分布，故炉缸炉底的传热过程是二维的。因此，在进行温度场计算时，可忽略式（9-11）中的圆周项θ，只考虑轴向z和径向r，对应的二维传热方程为：

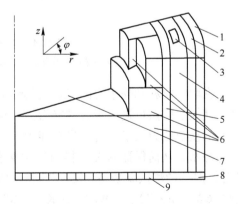

图9-23　高炉炉缸、炉底温度场物理模型

1—炉壳；2—外部填料层；3—冷却壁水管；4—冷却壁本体；5—内部填料层；6—耐火材料；7—铁水；8—耐热混凝土；9—炉底冷却水管

$$\rho c_{P} \frac{\partial T}{\partial t} = \frac{\partial}{\partial z}\left(k \frac{\partial T}{\partial z}\right) + \frac{1}{r} \frac{\partial}{\partial r}\left(kr \frac{\partial T}{\partial r}\right) + q_{V} \tag{9-12}$$

根据炉缸、炉底的对称性，建立了二维非稳态炉缸、炉底传热数学模型。

根据炉缸的物性参数，计算以图9-23的轴向剖面图为物理模型的温度场。

9.3.1.3 从铁水渗透的角度设计炉底、炉缸合理结构

采用数学分析方法研究炉底、炉缸结构认为，为了获得合理的温度分布，采取自上而下提高各层砖的导热系数的原则设计炉底、炉缸结构是有利的[38]。

炉底各层砖采用不同导热系数的耐材炉底、炉缸温度场有明显的不同。图9-24a 为自上而下炭砖的导热系数由 5W/(m·K) 逐步提高到 40W/(m·K) 时的温度场分布；图9-24b，相反。图中每层砖的高度为 500mm。由图可知，总热阻相同的两种不同结构，温度场的分布明显不同。图9-24b 炉底各层炭砖的温度均高于图9-24a，热量淤积于炉底内衬中，而且1150℃等温线的位置也更深，同时靠近冷却水管的炭砖温度也高。显然，图9-24b结构的热损失也大，随着侵蚀的进展，铁水更容易渗入炉底耐火材料中，炉底耐火材料的侵蚀也严重得多。

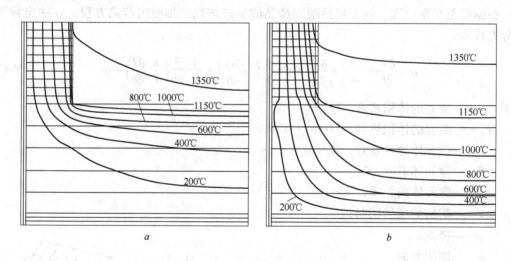

图 9-24 不同炉底结构的温度场分布
a—导热系数自上而下增大；b—导热系数自下而上逐渐减小

在耐火材料和铁水之间保护层的形成是保证炉底长寿的基础，重要的是保护层的持久性。使铁水的热量进入炭砖的能力大于炭砖付出热量的能力；而接近冷却系统的炭砖，冷却水的换热能力大于炭砖的导热能力。即导热系数应自上而下增大，使进入炉底的热量传给冷却水，从而保证耐火材料与铁水接触面的温度低于1150℃凝固线以下，形成稳定的"自保护"的渣铁凝结层。图9-25 将炉底耐火材料分为自上而下的四个区域，导热系数分别为6W/(m·K)、16W/(m·K)、30W/(m·K)和50W/(m·K)。在刚投产时（见图9-25a），1150℃侵蚀线在炭砖热面以外，极易自然形成渣铁凝结层。在形成渣铁凝结层之后，温度分布将进一步改善，见图9-25b，特别是陶瓷垫能够起到良好的作用。

在高炉整个炉役的生产过程中，按炉缸侧壁的残存厚度，大致可以分为三个阶段[35]：

(1) 炭砖被侵蚀阶段。高炉开炉初期，炉缸侧壁炭砖较厚，具有较大的热阻，1150℃

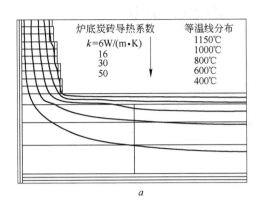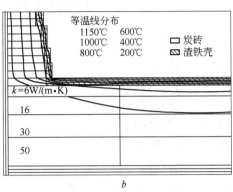

图 9-25　建议炉底结构的温度场分布

a—刚投产时；b—形成渣铁凝结层后

等温线分布在炭砖内部。此时，受铁水的机械冲刷和熔蚀，炭砖处于不断的被侵蚀状态。炭砖被侵蚀的速度取决于它本身的铁水熔蚀指数大小，冷却方式的影响很小。

（2）相对稳定阶段。当炭砖被侵蚀到一定的厚度之后，炭砖热阻减少。根据传热学的研究，在正常冷却的条件下，当炭砖的残余厚度达到约 1000mm 时，热面上形成凝结层是可能的，但它是对静止铁水而言的。当高炉出铁制度不当时，出现强烈的铁水环流，有可能造成热面上的凝结层消失。出铁强度越大，炉前出铁速度越快，凝结层消失的几率就越高。这样，一旦凝结层消失，炭砖表面便又直接遭受铁水环流的冲刷，1150℃ 等温线位置又重新进入炭砖内，炭砖又将处于被侵蚀状态。在此阶段中，以凝结层不断形成——消失的形式，反复循环；高炉炉缸寿命的长短取决于相对稳定阶段的长短。

（3）临界工作阶段。在此阶段中，炭砖的残余厚度已经很小，但至少保持炭砖厚度在 500mm 以上。此时更应严格监视炉底、炉缸温度和热流强度。

目前已经把炉缸、炉底温度场的分析广泛用于改进炉缸、炉底的结构设计中，并且根据数学模型的计算分析，采用容易自然形成渣铁凝结层的炉底、炉缸结构是合理的。

9.3.2　铁水流动冲刷力的分析

9.3.2.1　数学模型及假定

模型以铁水的物质平衡和动量平衡，以及铁水与炉底、炉缸耐火材料的能量平衡，采用 Navier-Stokes、Ergun 和 Darcy 公式计算铁水的流体阻力 F 和作用在高炉炉缸墙上的剪应力 P_a。用 Navier-Stokes 公式计算焦炭自由空间中的流场，对焦炭多孔填充层（即死料堆）中铁水流动采用 Darcy 流动公式。

$$\frac{\partial(\varepsilon\rho)}{\partial t} + \nabla \cdot (\varepsilon\rho U) = 0 \tag{9-13}$$

$$\rho\frac{\partial U}{\partial t} + \rho(U \cdot \nabla)U = -\nabla p - \mu\nabla^2 U + F \tag{9-14}$$

$$\rho\frac{\partial(C_p T)}{\partial t} + \rho(U \cdot \nabla)C_p T = \nabla(k\nabla T) \tag{9-15}$$

其中

$$F = \left\{ 150 \left[\frac{1 - \varepsilon}{\varepsilon d_{p} \phi} \right]^{2} \mu + 1.75 \left[\frac{1 - \varepsilon}{\varepsilon d_{p} \phi} \right] \rho \mid U \mid \right\} U$$

式中 ρ——密度；

t——时间；

U——速度矢量；

k——导热系数；

ε——死料堆的空隙率；

μ——铁水黏度；

C_{p}——热容量；

d_{p}——死料堆内颗粒的直径；

T——温度；

ϕ——死料堆内颗粒的形状系数。

在高炉炉缸中漂浮和坐落的死料堆的尺寸，通过出铁口的半径和高度方向，即 r-z 面的断面图（见图9-26）。铁水从上方几乎垂直地落入炉缸。在炉缸内有一个已知孔隙率的焦炭死料堆。死料堆的形状已经被许多研究者假定为半球或截头圆锥形。这里死料堆的外形假定为截头体的形状（见图9-26），几乎插入整个炉缸。图9-26a 为漂浮的死料堆，图9-26b 为坐落在炉底的死料堆。为了模型化，假定漂浮的死料堆与炉底之间有 0.1m 的间隙。炉缸的其余区域被模型化成焦炭自由区，亦即铁水中没有焦炭。当然，严格地说，铁水中不可能完全没有焦炭。从炉缸底部 0.955m 高度上炉缸炉墙内设置一个耐火材料和炮泥组成的泥包，通过它钻成 0.05m 直径的出铁口。在轴向 z 上泥包的高度为 0.55m，在圆周方向展开的方位角为 4.33°。在径向 r 上，出铁口突出到炉缸内的深度 L 在 0.3 ~ 1.25m 之间变化，出铁口角度在 −15° ~ +30°变化。因为炉缸内部的压力比出铁口外的大气压力

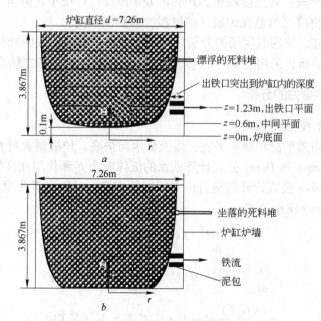

图 9-26 炉缸中死料堆和出铁口位置示意图

a—漂浮的死料堆；b—坐落在炉底的死料堆

高，炉缸中铁水集中朝出铁口流动。其目的是计算在不同出铁口角度、深度和各种死料堆情形下，铁水流动在炉缸炉墙上的应力场[39~41]。

假设出铁时剩余铁水面保持恒定，在开始出铁和连续一些时间铁水面逐渐降低。在这个时期，炉墙上的应力将是它们的最大值。当铁水面下降时，出铁口附近的流速也降低，造成炉墙上的应力下降。为了模拟最大应力，模型最坏的状态，因此假定一个不变的状态。

在炉墙上的流体摩擦力产生的剪力 P_a 按下列各方程计算：

$$\tau_{rz} = \mu\left(\frac{\partial v_z}{\partial r} + \frac{\partial v_r}{\partial z}\right) \tag{9-16}$$

$$\tau_{r\theta} = \mu\left(\frac{\partial v_\theta}{\partial r} + \frac{1}{r}\frac{\partial v_\theta}{\partial \theta} - \frac{v_\theta}{r}\right) \tag{9-17}$$

计算使用的边界条件如下：

（1）假定在炉缸顶部 $z = 3.867\mathrm{m}$，见图9-27，规定的入口边界条件，按日产铁水 1800t/d 计算，铁水以一定的速度进入炉缸。

（2）出口条件是铁水由出铁口流出（$z = 1.23\mathrm{m}$，$r = 3.63\mathrm{m} = R$，以及 $\theta = 0° \sim 0.39°$）到大气中（相对大气压力为固定压力0.0）。

（3）炉墙的边界条件是在炉缸炉底 $z = 0$ 和炉缸侧壁 $r = 3.63\mathrm{m}$ 处的铁水流动速度为零。

（4）在炉缸炉墙内部的耐材泥包表面也被作为没有流动的边界条件。

9.3.2.2　分析和讨论

计算了不同类型的死料堆和各种出铁口深度时，液体流动作用在高炉炉墙 $r = 3.63\mathrm{m}$ 上的剪应力。对三个平面轴上的剪应力，即在炉底面 $z = 0$，在炉底与出铁口平面之间的水平面 $z = 0.6\mathrm{m}$，以及出铁口水平面 $z = 1.23\mathrm{m}$，进行了详细的讨论。

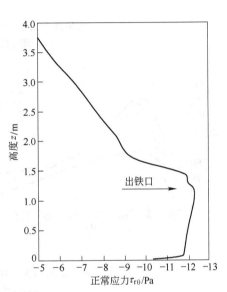

图9-27　炉缸中有漂浮死料堆，出铁口 1.05m，$\theta = 31°$ 的情况下，在高度方向 z 轴上，炉墙剪切应力 $\tau_{r\theta}$ 的变化

A　铁水流动对炉缸侧墙上产生的剪切应力

图9-27 表示在 $\theta = 31°$ 位置，$L = 1.05\mathrm{m}$，出现峰值应力，炉缸壁上各 z 轴距离上的正常剪应力 $\tau_{r\theta}/(0.5\rho V_{avg}^2)$。可以看出，炉墙上的负应力从 $z = 0$ 到 $z = 0.1\mathrm{m}$ 迅速增加，然后缓慢增加，直到出铁口平面 $z = 1.23\mathrm{m}$。在出铁口平面的炉墙应力达到最高之后，随轴向距离的增加而突然减少。从 $z = 0$（炉底平面）到 $z = 1.23\mathrm{m}$，轴的范围内产生峰值应力。因此，对这个范围内应力的研究更具有深刻的意义，而且实践发现，在这个区域产生最大的炉缸侵蚀。

出铁口角度为 $-10°$，炉缸中有漂浮的死料堆时，炉缸炉墙上的应力变化见图9-28a。从图中可知，在 $x = 0.5\mathrm{m}$ 水平面上，应力有两个峰值，但是在 $x = 1.5\mathrm{m}$、2.1m 和3m 水平面上，在出铁口两侧约40°的位置有一个应力峰值。图9-28b 为死料堆充满炉缸时的应力分布。比较图9-29 中的 a 与 b，可以看出两者的应力曲线完全相似，$x = 0.5\mathrm{m}$ 时也出现两个峰值。而填充的炉缸比漂浮死料堆的应力值要高很多[39,40]。

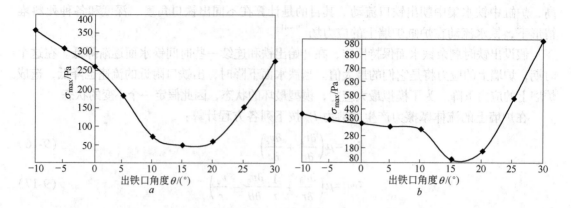

图 9-28　出铁口角度 θ 对最大炉墙剪切应力的影响

a—漂浮的死料堆；b—炉缸内充填炉料

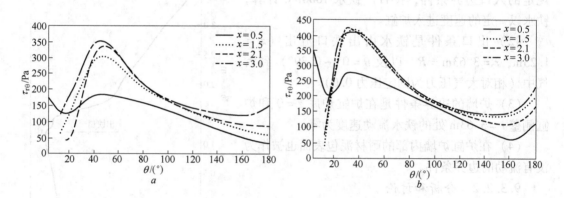

图 9-29　出铁口为 -10° 时，炉墙剪切应力随方位角 θ 的变化

a—漂浮的死料堆；b—充填的炉缸

图 9-28 表示漂浮的死料堆或充填的炉缸，出铁口角度由 -10° 变化到 30° 时，在炉缸炉墙上的最大应力。当改变出铁口角度时，在炉缸炉墙上的最大应力也随之变化。剪切应力最小的出铁口角度都在 15° 左右。当出铁口角度过小或过大时，边缘流动的力将会很高，在炉墙上引起较高的剪切应力。

B　漂浮或坐落死料堆的峰值应力

在任何点上炉缸炉墙上的峰值应力是 $\tau_{r\theta}$ 和 τ_{rz} 的组合，为了进行比较，用 $\sigma_e = (\tau_{r\theta}^2 + \tau_{rz}^2)^{1/2}$ 和 $(0.5\rho V_{avg}^2)$ 划分，正常化的平衡应力是 θ 和出铁口突出到炉缸内的深度两者的函数。在炉缸炉墙上不同轴的位置 θ_P 上出现这个正常平衡应力的最大值。很明显，θ_P 取决于出铁口突出到炉缸内的深度，将此图形表示在图 9-30 中。从图 9-30 可以看出，出铁口突出到炉缸内的深度增加，出现最大应力的角度位置 θ_P 也增大。

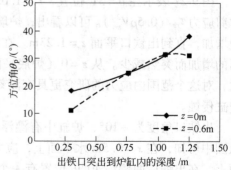

图 9-30　在炉缸炉墙上出现峰值应力的位置是出铁口突出到炉缸内的深度的函数

在图9-31中，对漂浮、坐落和没有死料堆的情况，出铁口突出到炉缸内的深度相反有三种不同的轴向位置使正常平衡应力最大。当炉缸中没有死料堆时，与死料堆坐落和漂浮的情况比较，在炉底面上的最大应力值非常低，见图9-31c。这是由于铁水在出铁前全都不流经炉底。

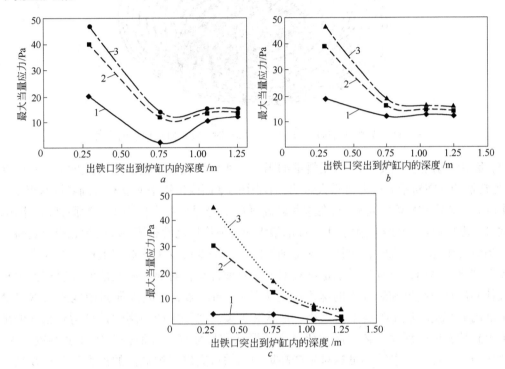

图9-31 漂浮的死料堆或坐落的死料堆在规定的位置上炉缸炉墙上的
最大平衡应力与出铁口突出到炉缸内的深度的关系

a—炉缸中有漂浮的死料堆；b—死料堆坐落在炉底上；c—炉缸中没有死料堆

1—$z=0m$；2—$z=0.6m$；3—$z=1.23m$

C 炉底应力场

当死料堆漂浮时，在死料堆下面有流动。通常铁水从死料堆下面流向出铁口，并呈放射状向外流动。靠近炉墙，几乎是环流，而且靠近出铁口的流动主要包含这种环流。当炉底面上出铁口附近的铁水流动时，它向中心转移，以便使铁水能上升到出铁口的平面。因此，在出铁口附近开始呈辐射状流动（图9-32），并使环流的强度降低，从这点向 $\theta=0$ 引起炉墙应力降低。因此，在出铁口附近 θ_P 的位置出现峰值应力。当出铁口突出到炉缸内的深度增加，θ_P 也增大，引起流动铁水更向内流动，再度造成炉墙应力减小。当漂浮的死料堆下面铁水流加强时，铁水在内部的流动阻力增加，造成中心的流动减小及环流增加。由图9-31a 可以看出，当出铁口突出到炉缸内的深度从0.75m增加到1.05m时，铁水受到辐射方向的阻力，同时炉墙剪应力再次增加。相同的现象在坐落的死料堆的情况下发生，但在这种形式的死料堆下面没有流动，因此与漂浮的死料堆比较，$z=0$ 时环流速度以及应力较高，见图9-31b。

对于坐落的死料堆，出铁口突出到炉缸内的深度增加到1.05m时，观察到峰值应力有最

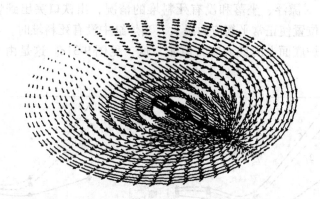

图 9-32 漂浮的死料堆，出铁口 1.05m 时，在炉缸底面上的应力场

小值，因为辐射的流动受坐落的死料堆的阻碍，所以炉底面上的应力再次增大。在炉底面上，死料堆的存在对最大应力有重大影响，但对中间平面或出铁平面没有看到对铁水流动的这种影响。对漂浮和坐落的死料堆，在这些较高平面上仍保持最大应力值。然而，应该指出，对出铁口突出到炉缸内的深度大于 0.75m 的最大应力值保持比没有死料堆的炉底面上更高。

当炉缸中有死料堆时，出铁口突出到炉缸内的深度可以用炉缸壁上产生的应力变小来达到最佳化，然而，没有死料堆是不真实的。目前计算，对漂浮和坐落的死料堆的两种情况最佳的出铁口突出到炉缸内的深度确定为约 0.8m。然而，应该强调最佳的出铁口突出到炉缸内的深度取决于死料堆的大小、形状和类型。对于生产的高炉计算达到精确的出铁口突出到炉缸内的深度，必须提供死料堆的形状和尺寸等计算所需要的许多参数，因此，需要适当地估计这些参数。虽然对生产高炉的出铁口突出到炉缸内的深度计算很复杂，但仍然希望计算指明设计的方向。

D 不同高度的炉缸断面上铁水的流速

图 9-33 可形象地表示炉缸中不同高度上流动速度的矢量。炉缸内有漂浮的死料堆，所以流动速度很慢。图 9-33a 表示在出铁口下方水平速度矢量。图 9-33b 为该出铁口平面局部放大。由图可以看出，铁水在出铁口泥包前转向炉缸中心，然后朝向出铁口上升，并由出铁口流出炉外。在任何轴向位置的流动速度都比出铁口角度 15°大。这就是平均应力

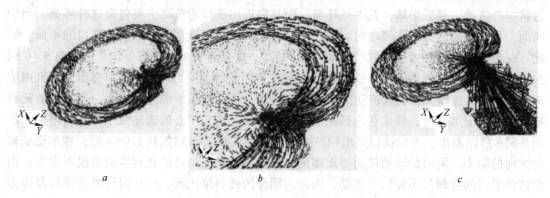

图 9-33 出铁口角度 -10°和漂浮的死料堆，炉缸内铁水流动的矢量图

a—在出铁口下方平面上的速度场；b—图 a 的出铁口局部放大；c—出铁口平面的速度场

比出铁口角度 15°大的理由。图 9-33c 表示在出铁口平面上的速度矢量，在出铁口两侧的泥包附近发现有小的再次循环流动。出现这些小的循环流动表明流动和冲刷非常强。而出铁口角度为 15°时，没有发现再循环的现象[37]。

9.3.3 炉内应力分布以及铁水流动和耐材侵蚀综合数学模型

支配炉缸铁水流动的最重要的因素是向炉缸供应铁水，以及炉缸内部的填充结构，亦即铁水滴落分布、死料堆的沉浮、焦炭的粒度、孔隙率的空间分布。我们已经在第 5 章叙述了高炉炉内煤气流和应力场的分布以及炉缸内部死料堆的结构，在第 6 章叙述了风口平面渣铁滴落的分布状况。

根据高炉炉内炉料、煤气流分布，以及气体、固体和流体之间的化学反应、传热和传质的检测数据确定各参数值，由气、固、液三相的动量、物质、能量守恒，得到向炉缸内滴落的渣铁温度分布、流动状态、成分组成分布等参数。

在炉缸中死料堆沉入的深度取决于作用在死料堆上的力。这是由铁水的浮力与死料堆自身及其上面移动床的重力，确定沉入深度以及炉缸中焦炭自由空间的轮廓，并用以评价铁水流动对炉缸侵蚀发生影响。因此，该方法对于弄清炉缸现象是重要的，可用于评价炉缸中死料堆的情况，如死料堆下部边界的水平和形状。由高炉填充层内炉料下降和应力场求得死料堆在炉缸内的沉浮及浸入铁水的形状。

在本节中也叙述了炉底、炉缸温度场模型和铁水流动模型。

9.3.3.1 模型的构成

中野薰等人将上述现象模型化，经过反复与实际生产高炉检测数据对照，验证了模型中参数的可靠性和精度，建立了铁水滴落分布、炉内应力分布以及炉底、炉缸铁水流动和耐材侵蚀的综合模型，模型的构成如图 9-34 所示。该模型由几个子模型构成[42]：

（1）三维非稳态模型。通过气、固、液三相的物质平衡和动量、能量平衡来推测整个

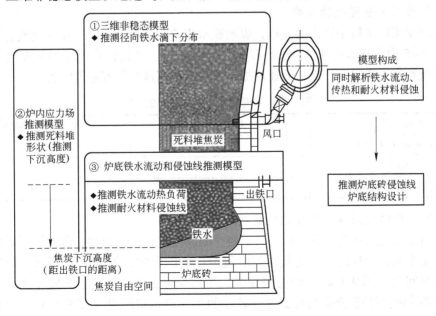

图 9-34　炉底、炉缸侵蚀综合数学模型的构成

炉内流动状态、温度和成分的分布，以求得铁水向炉缸滴落的分布。

（2）炉内应力场模型。由炉内焦、矿填充层内炉料下降和应力分布推测死料堆下部形状和沉入铁水的高度。

（3）炉底铁水流动模型。以滴落的渣铁量和温度径向分布作为边界条件，用应力场模型推算铁水流动的热负荷和温度分布对炭砖的侵蚀。求得炭砖的侵蚀状态。

由推算的炭砖侵蚀线提供炉底设计的参考意见。

9.3.3.2 应用实例[43]

A 模型计算条件

以 3000m³ 高炉为例，炉缸直径为 11.7m，死铁层深度约 2.0m，死料堆呈圆锥形，在铁水内的角度为 32°。模拟的炉底结构与小仓 2 号高炉第二代和君津 3 号高炉第一代类似。模拟计算的炉底炭砖上部设有 2990mm 黏土砖层，下部为炭砖，如图 9-35 所示。计算条件如下：利用系数 2.2t/(m³·d)，即以日产量 6600t/d 为基础，铁水温度 1550℃。计算中设定的炭砖热化学溶解侵蚀的温度为 1150℃，黏土砖为 1350℃。利用上述数学模型计算了焦炭自由空间尺寸、高炉产量和通过死料堆液体流动阻力对炉缸侵蚀的影响。

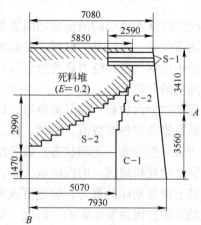

耐火材料	k /kJ·(m·s·K)$^{-1}$	ρ_s /kg·m^{-3}	c_p /kJ·(kg·K)$^{-1}$
S-1	0.00198	2350	1.08
S-2	0.00180	2350	1.06
C-1	0.0203	1610	1.22
C-2	0.0221	1830	1.23

图 9-35 基本条件和耐火材料特性

B 产量对炉缸侵蚀的影响

高炉产量影响炉缸中铁水的流速，表示铁水流速对图 9-35 中 A、B 两点残存砖厚的影响列于表 9-15 中。铁水流速越高，炭砖的侵蚀越厉害，并且铁水流速对侧壁炭砖残存厚度的影响比炉底严重得多。因为流速增加，热负荷升高这是很容易理解的。

表 9-15 不同产量时残存砖厚的比较

产量/t·d^{-1}	侧壁 A 点残存砖厚/m	炉底 B 点残存砖厚/m
4500(6600×0.75)	1.28	2.64
6000	1.1	2.35
7500(6600×1.25)	0.91	2.35

C 焦炭自由空间对炉缸侵蚀的影响

当死料堆底面形状为锥形，且形状不变，而漂浮的高度不同时，研究了死料堆底面的位置改变使焦炭自由空间发生变化对炉缸侵蚀过程的影响，如图 9-36 所示。当炉底没有焦炭自由空间时（图 9-36a），炉底侵蚀少，当焦炭自由空间大时，炉底侵蚀也小，见图 9-36c。而在侧壁与炉底交汇的角部存在较小的焦炭自由空间时（图 9-36b），由于铁水高速流过焦炭自由空间，炉缸角部的侵蚀最厉害，并且这种情况是在循环 500 步即在开炉初期时，在铁口下面2m处就发生了侵蚀。实际上，也可以把上述三种情况视为死料堆的漂浮高度不变，死铁层的深度有三种情况。

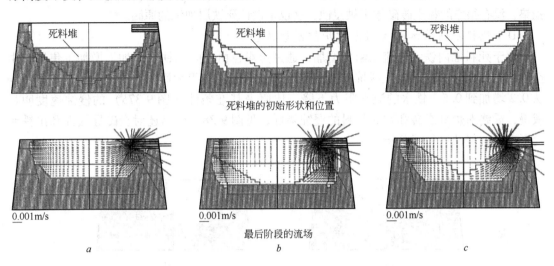

图9-36 焦炭自由空间对生产末期铁水流场的影响

a—没有焦炭自由空间；*b*—狭窄的焦炭自由空间；*c*—大的焦炭自由空间

当死料堆底部位置不变按图9-36*b*时，随着侵蚀过程的发展，最终达到炉役终结（30000步）时，炉底的侵蚀过程如图9-37*b*所示。在开炉初期炉缸角部最先侵蚀；由于炉底有3m厚的黏土砖层（见图9-35），随着炉底黏土砖向下侵蚀（2000步），焦炭自由空间扩大，铁水流速变缓，对侧壁的侵蚀反而减弱了，一直到炉役终结（30000步）对侧壁炭砖的侵蚀几乎没有变化。在一定程度上，数模计算的结果符合生产的实际。高炉开炉两年左右，炉缸侧壁发生较严重的侵蚀。随着炉底黏土砖的侵蚀，使实际死铁层深度增加，对侧壁的侵蚀反而

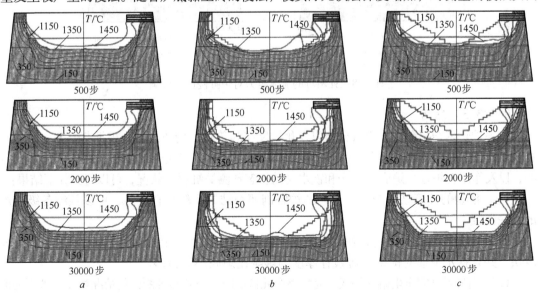

图9-37 焦炭自由空间对炉底侵蚀发展过程的影响

a—没有焦炭自由空间；*b*—狭窄的焦炭自由空间；*c*—大的焦炭自由空间

变得缓慢了。这与君津 3 号高炉第一代和小仓 2 号高炉第二代形成锅底状侵蚀的条件相似，是日本高炉死铁层迅速加深的缘由。近年来，炉底日益减薄，炉底上部只有两层高质量的陶瓷垫，没有很厚的黏土砖砌体可供侵蚀，这也是设计死铁层加深的原因。

D 死料堆内铁水流动阻力对炉缸侵蚀的影响

由于死料堆内铁水的流动阻力增加，通过焦炭自由空间的铁水增加，增加了焦炭自由空间中的铁水流速，因此死料堆的透液性对炉底的侵蚀有很大影响。当死料堆中空隙率 ε 从 0.2 增加到 0.5，铁水的流动阻力下降，比原来基准条件（图 9-37b）的侵蚀速度明显减慢，最终对炉缸炭砖和耐火材料的侵蚀降低，见图 9-38。模型还对炭砖导热性和出铁制度影响炉缸侵蚀进行了分析。

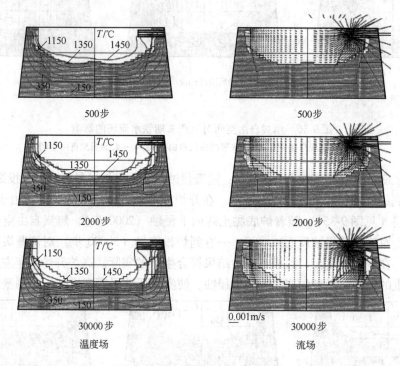

图 9-38 死料堆的流体阻力对炉缸侵蚀的影响

9.3.3.3 结语

由高炉炉内炉料分布、煤气分布以及化学反应和传热、传质过程，根据气、固、液三相物质、动量和能量守恒可以解算渣铁向炉缸滴落量、温度和成分的分布，炉内应力场的分布，以及作用在炉缸、炉底温度场和铁水流动状态预测炉缸侵蚀状况，可以得到如下结果：

（1）模型的计算结果与实际生产高炉解剖调查结果比较符合实际，可以预测各级高炉的炉底侵蚀。

（2）由于提高高炉产量，使得炉缸中铁水的流速增加，而铁水流速越高，炭砖的侵蚀越快，并且铁水流速对侧壁炭砖残存厚度的影响比炉底严重得多。

（3）当死料堆完全坐落在炉底，充填整个死铁层时，与死料堆漂浮的情况相比，铁水的流速增加，炉缸侧壁受到冲刷力较强。特别是，在出铁口下面的区域，铁水力图在出铁口正面的侧壁开辟捷径，局部形成焦炭自由层，铁水的冲刷力最强，使得侧壁局部侵蚀速度加剧。

（4）焦炭自由空间对炉缸侵蚀有重大影响。当死铁层深度深时，在炉缸中心形成焦炭自由空间，则炉缸的侵蚀较小。可是，在炉底角部存在狭窄的焦炭自由空间时，由于在此处形成高速的铁水流，将造成剧烈的象脚侵蚀。随着炉底向下侵蚀，焦炭自由空间扩大，铁水流速变缓，对侧壁的侵蚀反而减弱了，一直到炉役终结对侧壁炭砖的侵蚀几乎没有变化。在一定程度上，计算结果符合生产的实际。高炉开炉两年左右，炉缸侧壁发生较严重的侵蚀。随着炉底侵蚀，使实际死铁层深度增加，对侧壁的侵蚀变得缓慢了。

（5）保持死料堆良好的透液性，对保护炉缸具有重要意义。

（6）出铁口泥包有利于降低出铁口正面从炉底面（$z=0$）到出铁口面（$z=1.23\text{m}$），高炉炉墙上的冲刷力。

总体来说，模拟计算结果与实际比较符合，具有较高的参考价值。对于模型还应考虑的因素很多，对模型的边界条件还应根据解剖调查的成果进一步细化，如死料堆下部形状和孔隙率、低透液层以及炉缸内铁水温度、碳素的饱和程度的不均匀性等。

9.3.4 热应力形成炭砖脆裂带

在炉缸工作的条件下，炭砖由于受热负荷的作用，炭砖内部产生温度梯度，同时炭砖的热膨胀而受炉壳的机械束缚都将产生应力。

为了确保操作时耐火材料的可靠性，应充分收集关于热应力破坏现象产生的原因，并在材料设计、筑炉设计中有所反映。

热应力的定义是，在材料承受热负荷时，材料内部产生温度梯度，或由于热膨胀受机械束缚产生的应力。它可以进一步划分为稳态温度场的恒定热应力与非稳态温度场的非稳定热应力；黏弹性、蠕变以外的弹性问题与弹塑性问题，参考图9-39。

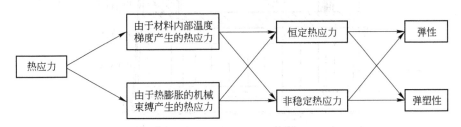

图 9-39 热应力的分类

在这里，主要研究稳态热应力和机械束缚产生的热应力和破坏。非稳态热应力的破坏（即热震破坏），将在后面进行讨论。

耐火材料由于热应力作用而产生的破坏、碎裂现象，称为剥落，可分为三类。

（1）热剥落。不存在外力束缚，仅由耐火材料内部温度梯度产生热应力的开裂；

（2）机械剥落。耐火材料热膨胀受炉壳等外力束缚作用产生的破坏；

（3）结构剥落。由于炉渣渗透等，伴随着耐火材料本身物理性能的变化而破坏。

高炉炉缸部分炭砖的环裂是由于受炉壳等外力作用引起束缚的机械剥落。

首先，简单介绍热弹性理论。热弹性理论是研究热负荷在材料内部产生热应力与变形的关系。该研究是在19世纪前半期出版的关于Duhamel的热力学中提出的。

9.3.4.1 热弹性理论计算的假定

当热负荷与外力同时作用时，应按材料的热弹性问题考虑，并做如下假定：

（1）材料为线性弹性体；

（2）变形极微小；

（3）在相同温度状态 T_0 时，去除外力后，材料内无应力（称为基准状态）；

（4）选择直角坐标系 x_1（对于其他坐标系必须适当地进行坐标系的变换）。

在热弹性应力问题中的基础方程式有结构方程式、连续方程式（质量守恒法则）、运动方程式（动量守恒法则）、能量守恒法则、热传导方程式，以及熵的变化率等。这里不一一介绍。

耐火材料是具有各向异性的材料，也可应用某些过渡应力状态的公式，但求解边界值就很困难。实际上，在我们所遇到的许多工程问题中，由于加速度比较小，此外材料的尺寸变化很小，大多数情况可以简化为非耦合的准静热弹性问题。此时，可以简化基本方程式，把热传导方程式与热弹性理论分开。即开始时认为应力与变形没有关系，求解热传导方程式，得出温度分布，作为时间和位置的函数。然后，解所需温度分布的平衡方程式，可以计算得出应力分布及应变分布，这样可以把热传导问题与弹性理论分开。

高炉炉底的侵蚀剖面及计算单元的位置见图9-40。

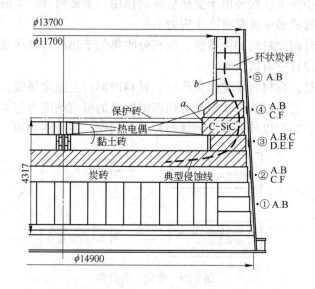

图 9-40 带探测元件的高炉炉底侵蚀剖面
（b 砖为有限元法计算的环状炭砖）
A—炉壳应变计；B—炉壳温度计；C—捣打层压力计；D—炭砖位移计；
E—炉壳变位计；F—炉内煤气压力计；
①~⑤为探测元件的位置

在开炉时，测量炭砖和炉壳的变位和应变、捣打料及煤气压力等，由于黏土质炉底砖的热膨胀，在半径方向上受到压缩应力，并预计图9-40中炭砖 a 的压缩应力很小，约0.5MPa，不足以发生破坏。可是，死铁层处的炭砖 b 的温度梯度很大，产生很大的应力，因而用有限元法进行热应力分析，研讨产生破坏的可能性。

9.3.4.2 炉底环状炭砖的束缚裂纹模型

高炉耐火砌体是由有限数量的实心砌块构成的，即所谓"砌块构筑物"，如像石块砌成的拱形结构，对砌块构筑物的非线性静态、动态行为进行数值分析时，必须考虑相邻砌块之间的分离、接触和摩擦滑动，以及每个砌块的弹性变形。

采用针对接触问题的特殊有限元法，如直接节点约束法、间隙单元法、拉格朗日乘子法、补偿函数法等，一般都不适合于砌块构筑物，这是因为接触表面实在太多，而这些表面上的分离和滑动现象均应予以考虑。同时，这些非线性因素，无须经过特殊处理，就容易用离散元模型考虑。离散元模型也称为"刚体弹性模型"，由普通弹簧和抗剪弹簧相连接，通过对连接弹簧常数进行控制来抵抗相对位移的刚性元构成。此外，接触条件下的弹簧常数（取决于与弹簧相连接的相邻刚性元的弹性性能和大小），也就是相邻单元的弹性劲度，可以避免在有限元分析中由于补偿弹簧和间隙单元中人工假定的劲度更高，造成在补偿函数法和间隙单元法中观察的困难。换言之，"刚体弹性模型"中的连接弹簧，并不是人工弹簧，它具有双重作用，一个作用是作为砌块的弹性劲度，另一个作用是将分离、接触和摩擦处理成弹簧[44,45]。

图 9-41 为二维模型的模式图，为一块炭砖的 1/2。在该模型中，由于工作面侧的温度升高和热膨胀，相邻炭砖之间和保护砖之间在圆周方向为通缝，能传递压缩力，炭砖及保护砖能缓和应力，以及向炉体半径方向后退。炉壳也随之后退，可是为了从炉体中心保持相同的角度移动，圆周方向产生的拉应力妨碍砖向后移动，以求得总体的平衡状态。砖缝可以传递压缩力，而砖缝对拉应力的传递作用非常弱，具有非线性应力-应变弹簧模型的特征。在砖与炉壳之间的捣打料，按照实际高炉测量的厚度与压力的关系也具有非线性弹簧模型的特征。保护砖与炭砖之间也像弹簧一样不能传递剪切应力。

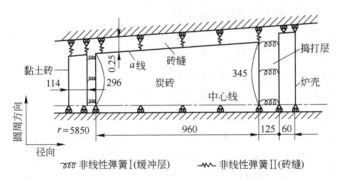

图 9-41　高炉炉底炉壳和内衬的二维有限元模型（单位：mm）

根据该模型对炭砖发生横裂纹的机理进行说明。由于炭砖工作面的温度高，热膨胀大，在圆周（圆环上）方向产生束缚力。由此在炭砖内部圆周方向产生几乎同样数值的压缩应力。圆环方向的压缩应力随着半径增大而减小。圆环方向的应力为零的位置正是炭砖径向发生了最大应力的位置。此应力值超过了炭砖的强度，因此在平行于工作面的这个位置上产生了裂纹。而且，此次分析实例的温度为稳定状态，显然，当升温过程为非稳定状态时，工作面产生的拉伸应力将更大。

9.3.4.3　二维热应力分析

对二维"刚体弹性模型"进行了增量公式化，该模型由在接触面上分布的正弹簧和抗剪弹簧相连接的多边刚性元构成模型。根据全拉格朗日近似法（total Lagrangian approach），增量理论考虑了有限旋转的影响。同时，还描述了相邻单元之间分离和摩擦滑动的处理。在每个荷载（或时间）步骤中，通过对每个单元间边界线上每个积分点的弹簧常数进行控制，就能够实现同时考虑了分离和摩擦滑动影响的数值模拟的刚性弹簧模型。

图 9-42 显示，在开炉 12 天后内衬温度几乎达到稳定，可以作为温度分布分析的时点。高炉所用炭砖的尺寸为：长 960mm、厚 600mm、宽 592～690mm，在炉内侧设厚度 114mm 的黏土质保护砖。

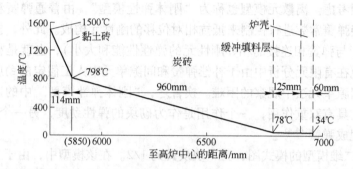

图 9-42　用有限元法分析开炉 12 天后内衬的温度

将炭砖侧面（图 9-41 中 a 线）长度方向和圆周方向的应力分布的分析结果表示在图 9-43a 中，由于环向紧贴的保护砖对炭砖不产生压缩应力。炉壳在环向的拉伸应力为 172MPa，实测值为 57MPa，后者低得多。

由于没有考虑在 800℃ 以上黏土质保护砖的蠕变，可能是造成分析计算值与实测值不一致的原因。保护砖在 1000℃、900℃ 以上软化，不产生任何应力，都不考虑，并按此假定进行分析。结果表示在图 9-43b，c 中，可以看出，在工作面一侧产生很大的环向压缩应力和径向产生拉伸应力。炉壳的环向拉伸应力为 85MPa、72MPa，与实测值相近。

关于保护砖的应力，完全忽略其影响，则径向拉伸应力为 2.4MPa，炉壳的环向拉伸应力为 61MPa。这些分析与得到的实测值接近，而更准确的值可用三维分析法求出。

9.3.4.4　三维热应力分析[44]

A　三维"刚体弹性模型"的模拟程序基本特征

三维"刚体弹性模型"的模拟程序基本特征如下：

（1）采用任意多角平面构成的多面体元素，而不考虑曲面；

（2）考虑微小变形；

（3）作为分布弹簧系统来考虑弹性模量与温度的关系；

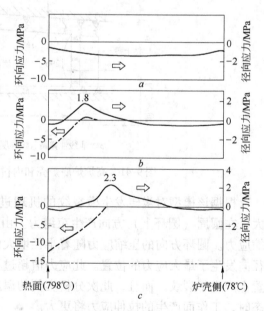

图 9-43　按图 9-41 用二维有限元法
分析沿 a 线的应力

a—蠕变 1500℃ 开始，炉壳环向应力 172MPa；
b—蠕变 1000℃ 开始，炉壳环向应力 85MPa；
c—蠕变 900℃ 开始，炉壳环向应力 72MPa

（4）以接触、非接触及摩擦滑动来控制和表现分布弹簧常数值；

（5）热应力与周围的热负荷等价，并用应力和力矩来表示；

（6）考虑多种材料的特性。

B 三维刚体—弹簧模型的计算条件

使用刚体—弹簧模型为基础的三维结构体应力分析模型，砌体特有的砖缝作为等价的弹簧。图9-44表示分析区域的模型图，表9-16列出使用材料的物理性质。先给出温度边界条件，计算内部的温度分布，在此基础上计算半径和圆周方向的应力分布。

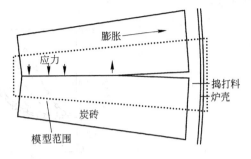

图9-44 计算的区域

表9-16 材料特性

材 料	L/mm	$\lambda/W \cdot (m \cdot K)^{-1}$	E/MPa
炭 砖	1000.0	20.8	1.76E+04
捣打料	107.5	29.1	1.23E+01
炉 壳	60.0	46.5	2.03E+05

C 三维弹簧模型分析的结果

（1）由于采用了不同的模型，三维热应力分析比二维热应力分析的应力值要大得多。两者的分析都说明大块炭砖的环裂是由热应力产生的。

（2）最大拉伸应力的位置在炭砖的中部。

（3）工作面温度高和残存炭砖厚度小时，应力的绝对值增大，最大应力的位置几乎不变。

（4）工作面的温度急剧上升（700℃→1500℃）时，应力的峰值先稍微向工作面移动，而后几乎回复到原来的位置。其绝对值增加（见图9-45）。

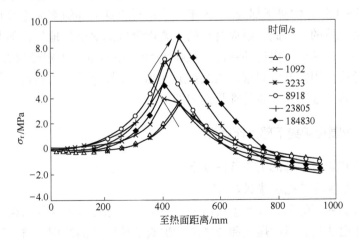

图9-45 工作面温度上升时的径向应力分布

（5）减小炭砖背面的捣打料的弹性模量，则最大应力的位置向工作面方向移动（图9-46）。

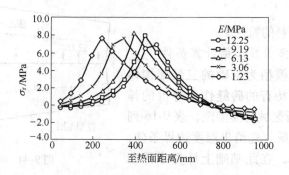

图 9-46　捣打料弹性模量对径向应力分布的影响

9.3.4.5　结论

上述炭砖热应力的计算结果表明：

（1）炭砖内最大拉伸应力的位置几乎在炭砖的中央部位；

（2）工作面温度升高和残存炭砖厚度小时，应力的绝对值增加，最大应力的位置几乎不变；

（3）减小炭砖背面捣打料的弹性模量值，最大的应力位置将向工作面方向移动。

从炉底、炉缸解剖调查中发现，呈现脆裂带是普遍现象，许多研究者在有些脆裂裂缝中发现了钾和锌的存在。可是从残砖的宏观结构来看，所谓脆裂带实际上是压、剪应力作用下的断裂行为，属于机械破坏作用[42,46]。钾和锌很可能是炭砖出现缺陷以后乘虚而入的结果。从高炉内衬侵蚀的显微剖析也支持了热应力破坏的观点[47]。

9.4　炉腹、炉腰和炉身冷却和砌体结构

炉身下部耐火材料的损坏主要是化学侵蚀（特别是碱金属氧化物的破坏反应）、高热负荷以及温度波动造成的。根据操作经验，使用冷却壁的高炉在这些部位的砖衬工作时间：炉腹为 0.5~1 年，炉身下部为 2~3 年。炉腹到炉身下部的寿命主要是依靠冷却壁长期稳定的工作来维持的。因此，耐火材料的重要性降低到次要的地位，甚至现在一些采用铜冷却壁的高炉，采用了无内衬的结构，仅喷涂 50~150mm 的不定形耐火材料。

炉身中上部应使用铸铁冷却壁，以及抗磨性和致密性好的耐火材料，如碳化硅砖、铝炭砖、致密高铝砖、致密黏土砖等都是选用的对象。

9.4.1　炉腹、炉腰和炉身下部工作条件

炉腹、炉腰和炉身下部的工作条件如下。

9.4.1.1　高温的煤气和渣铁冲刷

燃烧带形成炉料下降和煤气运动最活跃的区域。在循环区内煤气的温度高达 2000℃ 以上。从循环区逸出的超高温的煤气和渣铁流对炉腹部位剧烈的冲刷，将炉腹、炉腰的耐火材料烧蚀，特别是高炉高喷煤比时炉腹的工作条件更为恶劣。

9.4.1.2 高热流强度及热冲击

高炉经受着高温和多变的热流冲击。高炉炉体部位热流强度及其峰值的分布见图 9-47。

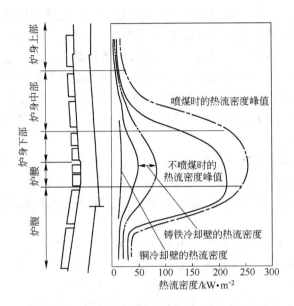

图 9-47 高炉炉体热负荷及其峰值的分布

从图 9-47 中可以看到，由于在炉腹、炉腰和炉身下部正是软熔带根部和焦炭窗所在部位，软熔带气流分布的随机变化会引起炉腰和炉身下部相应的温度变化。实际测量发现，峰值热流强度与设计的值相差很大，而且操作条件不同，峰值的差值也会很大。在使用 100% 的烧结矿时，炉身下部砖衬热面温度变化的幅度可达到 50℃/min，而在使用 50% 的烧结矿和 50% 球团矿的冷却板高炉，此处温度在数分钟内，可从 150℃ 上升至 1000℃ 以上，变化幅度高达 150℃/min，其热流强度的正常平均值为 25kW/m²；最大为 75kW/m²。6 块冷却板的局部峰值为 220kW/m²；1 块冷却板为 500kW/m²。高利用系数和喷煤比更使热震的幅度增加，温度的波动将引起耐火材料的严重剥落。在这些温度敏感区域，耐材的抗热震性能尤其重要。

9.4.1.3 碱金属和锌的破坏作用

碱金属氧化物与耐火砖衬发生反应，形成低熔点化合物，并与砖中 Al_2O_3 形成钾霞石、白榴石体积膨胀（30% ~ 50%），使砖衬剥落。研究表明，该部位的砖衬破损，是碱金属和锌的破坏作用造成的（参阅第 11 章）。在生产中，必须限制每吨生铁入炉原料的碱金属和锌的数量，应分别控制在 3kg/t 和 0.15kg/t 以下（见第 4 章）。

众所周知，炉腹、炉腰和炉身下部是很容易被侵蚀的。一代炉役中，这些部位绝大部分时间依靠冷却设备维持工作，因此，这一部位的寿命不取决于耐火材料，而是取决于冷却设备是否能长期可靠地工作。

9.4.2 炉腹、炉腰和炉身冷却结构

高炉长期的生产实践证明，延长炉腹、炉腰和炉身寿命的根本出路在于从耐材材质、

结构到冷却等达到综合的、整体的体系完善和合理。

20 世纪 80 年代以前，我国高炉采用的工业水开路循环和普通灰口铸铁冷却壁冷却系统。直至 20 世纪末，我国许多高炉在这一部位采用了软水密闭循环冷却系统、球墨铸铁冷却壁和优质耐火材料，炉身寿命得到了相应的延长，但是球墨铸铁冷却壁本体材料的导热系数低，水管表面的防渗碳涂层所形成的气隙层，使得冷却壁的整体热阻很大。这样便造成在高炉工作条件下本体温度较高。高炉的操作条件越不稳定，这种情况的出现将越频繁，冷却壁的损坏就越快。因此人们不得不采取高档的耐火材料与双层水管冷却壁（第 4 代冷却壁）同时并用的方案，才能获得炉身较长的寿命。自从德国 MAN·GHH 公司 1979~1988 年在汉博恩（Hamborn）4 号高炉试用铜冷却壁获得成功以后，人们发现铜冷却壁是一种较好的选择。

从炉底至炉喉全部采用冷却器的全炉体冷却，无冷却盲区，可实现高炉各部位的同步长寿。炉腰及炉身下部是决定高炉一代炉役能否不中修的关键部位，该部位采用的冷却设备形式极为重要。因此，《规范》推荐，**炉身上部宜采用镶砖冷却壁。高炉炉体宜采用全冷却壁薄炉衬结构。**

例如，宝钢 3 号高炉炉缸采用了 6 段灰口铸铁光面冷却壁，炉腹、炉腰、炉身中下部采用了 7 段高韧性铁素体球墨铸铁冷却壁的厚壁炉衬，炉身上部至炉喉钢砖之间沿高炉内型线敷设了 4 段球墨铸铁冷却壁的无内衬结构，全炉体冷却。从 1994 年 9 月开炉至今，由于较好地处理了无内衬到厚壁炉墙的局部构造，能很好地控制炉内气流的分布，没有因高炉剖面的变化影响高炉操作。薄壁高炉炉身上部更没有必要砌筑内衬。

本钢 5 号高炉、鞍钢新 1 号高炉均采用全炉体冷却。新日铁君津 2 号、3 号、4 号高炉过去均采用冷却板，最近都改用了冷却壁的全炉体冷却。

《规范》推荐，**炉腹宜采用铸铁或铜冷却壁，也可采用密集式铜冷却板。炉腰和炉身中、下部的冷却设备宜采用强化型铸铁镶砖冷却壁、铜冷却壁或密集式铜冷却板，也可采用冷却板和冷却壁组合的形式。**

我国高炉炉腹、炉腰和炉身下部冷却结构有以下三种类型。

9.4.2.1 密集式铜冷却板结构

密集式铜冷却板的炉体结构的特点是，各层冷却板之间的间距小，约 300mm。将纯铜制造的冷却板插入高炉砌体内，以降低内衬的温度，保持内衬的完整，从而维持合理内型，密集式铜冷却板结构见图 9-48。

宝钢 1 号、2 号高炉、鞍钢新 1 号高炉、太钢 4350m³ 高炉等均采用此类结构。

根据高炉生产实践及传热学的研究，建立起了以下概念：

（1）铸铜冷却板的允许正常工作温度低于 150℃，只要保证铜冷却板内冷却水的流速，铜冷却板的长期稳定工作是有保证的。根据不同部位使用铜冷却板的水流速度，$v \geqslant 1.8 \sim 2.3 \mathrm{m/s}$。

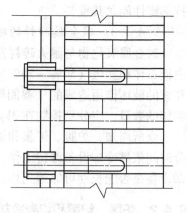

图 9-48　密集式布置的
铜冷却板结构

（2）铜冷却板的布置越密，其冷却效果越好。但是由于安装条件的限制，冷却板的垂直中心距离建议采用：带法兰冷却板的距离为 314mm；不带法兰的冷却板为 250mm。

（3）铜冷却板之间砌筑的耐火材料的导热率与砖衬的侵蚀状况有密切关系。推荐采用的耐火材料按石墨砖—半石墨砖—SiC 砖的顺序排列。

使用"高导热、抗热震"性能的石墨耐火材料内衬，此种石墨耐火材料内衬价格较贵。

铜冷却板属于点式冷却，对耐火材料的冷却不均匀，形成的渣皮也不均匀、不牢固，冷却效果差的地方耐火材料易被迅速侵蚀。随着耐火材料的侵蚀，铜冷却板的前端大部分裸露在炉内，熔融的渣铁很容易滴落到裸露的冷却板前端，易造成冷却板熔损性烧坏。冷却板虽可更换，但设备维护工作量大，增加生产成本。

使用冷却板后，不能形成平滑的操作炉型，操作炉型不规则。

使用密集布置冷却板的高炉炉壳开孔太多而密集，不仅煤气泄漏点多，炉役期内冷却板之间的炉壳易发红，产生应力集中而引发炉壳开裂事故。

9.4.2.2　冷却壁结构

过去炉腹、炉腰和炉身下部的冷却壁结构采用镶砖冷却壁和厚炉墙结构。开始时冷却壁的材质为灰口铸铁。

20 世纪 60 年代苏联首先采用球墨铸铁制造冷却壁。而后，许多高炉在炉身下部使用了带凸台的球墨铸铁冷却壁（见图9-49）。有的凸台设在冷却壁上端，也有设在冷却壁中部的实例。带凸台的目的是避免下部砖衬脱落时，可利用凸台来支承上部的砖衬，以延长冷却壁寿命，使本体能承受更大热流强度的冲击。但是，由于凸台本身暴露在炉内而过早损坏，没有达到预期的效果。铜冷却板与铸铁冷却壁相结合的结构也是较好的形式。

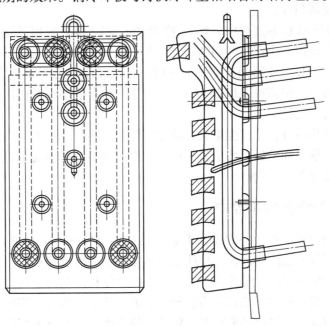

图 9-49　带凸台的镶砖冷却壁

　　德国曼内斯曼等是最早研制铜冷却壁的公司。最初研制的铜冷却壁采用轧制厚铜板钻孔焊接而成，含铜量大于 99.95%。1979 年 8 月在蒂森汉博恩（Hamborn）4 号高炉的炉身下部试用。该高炉 1988 年 7 月停炉。高炉在使用铜冷却壁的 9 年内共生产铁 1422.7 万吨。停炉后的测试表明，铜冷却壁的状态良好。冷却壁的肋高 60mm，在不同部位上仅侵蚀掉 0~3mm 不等。按铜冷却壁的侵蚀速率 0.3mm/a 推断，其使用寿命可达 30~50 年，而铜冷却壁受热变形问题尚需解决。随后又于 1988 年在 Ruhrot 6 号高炉的炉腰和炉身下部各试用了一块铜冷却壁。由于高炉采用铜冷却壁获得了令人满意的结果，目前已为各国炼铁界所认可。20 世纪 90 年代以来，为了大幅度延长高炉炉身寿命，铜冷却壁得到了推广应用。

　　铜冷却壁具有极高的工作可靠性，主要特点是：

　　（1）热阻小，工作温度低。轧制铜板的热导率高，$\lambda = 380W/(m \cdot ℃)$，约比球墨铸铁高 9.5 倍，而且铜冷却壁不铸入水管，消除了气隙热阻。这样，便降低了冷却壁本体的温度和相应的温度应力，有利于形成能够保护冷却壁的渣皮。

　　（2）当炉况波动出现渣皮脱落时，能在热面上迅速建立起新渣皮。根据首钢 2 号高炉的测定，在铜冷却壁上渣皮重建的过程只不过 20min 左右。

　　（3）热承载能力大。根据计算，在高炉高温区域内，其热流密度达到 $500kW/m^2$，其最高温度也只有 250℃。在此温度条件下，铜的金相组织没有改变，抗拉强度还维持在较高（大于 80MPa）的水平上。

　　从传热角度来看，在冷却壁热面有渣皮存在时，本体的工作温度只不过 60℃ 左右，一旦渣皮脱落，其工作温度也低于 250℃。这就是说，在保持必要的冷却制度下，即使在高炉炉役后期，铜冷却壁也可以保持不会被烧坏的状态。因此，在使用铜冷却壁的炉身下部使用质量过高、厚度过大的砖衬便没有必要。铜冷却壁一般不必外砌耐火砖，仅需喷涂一层开炉期间抗磨损的耐火泥。

　　近期投产或正在建设的高炉中，有 17 座 2500m³ 以上高炉采用了铜冷却壁。我国有一些高炉采用铜冷却壁以后出现一些问题，其中有水管焊接根部漏水，以及熔损及磨损的现象。作者认为，由于我国使用铜冷却壁的时间不长、经验不足，应从结构、材质、内型、操作等方面综合考虑。相信在风口以上炉腹、炉腰至炉身下部区域使用铜冷却壁，寿命有望达 15~20 年的长寿目标。

　　铜冷却壁的导热性好，冷却强度大，冷却壁体温度均匀，表面工作温度很低，能快速形成稳定的渣皮。铜冷却壁的自我造衬作用，使得在冷却壁炉内面不必砌衬，淡化了高炉内衬的作用，应采用薄壁结构。

9.4.3　炉腹、炉腰和炉身砌体结构

　　炉腹、炉腰和炉身下部，特别是其下部炉料温度约在 1600~1650℃，气流温度也高，并形成大量的中间渣开始滴落。该部位所受的热辐射、熔渣侵蚀都很严重。另外，碱金属的侵入、碳的沉积而引起的化学作用、由上而下的熔体和由下而上的炽热气流的冲刷作用也加剧。所以，炉腹、炉腰历来都是高炉长寿的关键环节。因此，该区域的材料应有很高的抗侵蚀、抗冲刷能力，同时还要兼有一定的抗热震能力。炉身下部产生大量低熔物，并且受炽热炉料下降的摩擦作用、煤气上升时粉尘的冲刷作用和碱金属蒸气的侵蚀作用，因

此这个部位的耐火材料和冷却设备极易受侵蚀，甚至全部损坏，靠炉壳维持生产。由于采用高冷却强度的铜冷却壁，降低了这部分耐火材料的质量要求。

9.4.3.1　炉腹、炉腰和炉身下部结构

炉腹、炉腰和炉身下部采用铜冷却壁的高炉，其砌体应采用薄壁结构，设计中应该注意下列原则：

（1）薄壁高炉只是一种形式，目的是要避免厚壁高炉在开炉初期，内型合理化过程对操作的影响。因此薄壁高炉内型的设计应借鉴厚壁高炉内型合理化的经验，避免薄壁高炉铜冷却壁的早期破损。

（2）薄壁的区域应为炉腰和炉身下部。但是，风口区的砖衬厚度必须保持必要的厚度。

（3）高炉采用铜冷却壁之后，炉身下部寿命的延长主要依靠冷却设备长期可靠的工作，而不像厚壁高炉那样，要依靠高质量的耐火材料。炉身寿命的延长主要依靠冷却壁来维持。因此，在炉腰及炉身下部使用质量过高、厚度过大的砖衬便是没有必要的了。一般在炉腰和炉身部位均采用薄壁结构，即不设内衬，只在冷却壁上镶嵌高铝砖或黏土砖即可。甚至喷涂一层厚度50mm的喷涂料作为铜冷却壁的保护层也被证明是可行的。

风口带、炉腹和炉腰结构有两个方案：

（1）炉腹作为过渡区域，炉腹与风口带衔接处砌体较厚而逐渐减薄至炉腹与炉腰衔接处不砌砖，形成砌体下厚上薄，铜冷却壁的安装角度与砌衬的炉腹角不同，以保证铜冷却壁的安全，如图9-50a所示。

（2）为避免炉腹耐火材料过度侵蚀，危及风口设备，炉腹下部用冷却板过渡和保护。如图9-50b所示。

人们对炉身结构的设计观念发生变化以后，炉腰、炉身部位采用了没有砖衬支撑结构

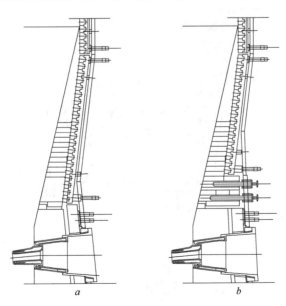

a　　　　　　　　*b*

图9-50　铜冷却壁的炉腹结构

的薄壁炉身结构。薄壁与厚壁高炉内型相比，我们特别要关注的是薄壁高炉的炉腰直径、炉身角以及炉腹角，高炉设计内型要尽可能接近操作内型，以最大限度地获得高效长寿的效果。

9.4.3.2 炉身中上部结构

炉身是高炉本体的重要组成部分，起着炉料的加热、还原和造渣作用，自始至终承受着煤气流的冲刷与物料冲击。但炉身上部和中部温度较低（400~800℃），无炉渣形成和渣蚀危害。这个部位主要承受炉料冲击、炉尘上升的磨损或热冲击（最高达50℃/min），以及受到碱、锌等的侵入和碳的沉积而遭受破坏。所以该部位主要采用低气孔率的优质黏土砖及高铝砖。

20世纪80年代之前，炉身上部一般只砌砖不冷却。但一些高炉生产经验表明，高炉操作6~8年之后，由于炉身上部砖衬严重损坏，出现布料混乱的状态。在20世纪70年代，首先在攀钢高炉采用了全部高度冷却的结构，那时炉身上部的冷却壁前面仍旧砌砖，当砌体损坏后，仍然形成凹凸不平的剖面影响气流分布，冷却能延缓砌体的损坏。

为避免生产后期炉身上部形成凸凹不平的剖面，宝钢3号高炉炉身上部结构与传统设计有巨大区别，冷却壁热面铸铁肋直接沿内型线布置。

为了避免在形成操作内型的进程中，炉身中部砌砖脱落后，出现大的凸跃，会形成焦矿混合层影响气流分布。设计考虑减小剖面的扩张，其中的凸跃也要在较短的时间内消除和烧损，保持剖面尽量平滑。在结构上做了如下处理：S4与S5冷却壁过渡的地方只有很小的扩张或凸跃。在S5冷却壁下端有200mm的缺口，并开始砌砖；而后逐渐加厚至700mm，见图9-51；即使S4冷却壁处200mm砌砖脱落，也不至于影响操作[32]。

此外，对于S5冷却壁，故意将最下端的肋做得比较薄仅75mm，冷却壁下端不设横水管。目的是使炉身砌砖脱落后，使S5下部的肋较早损坏。此外，冷却壁下端还采用了双

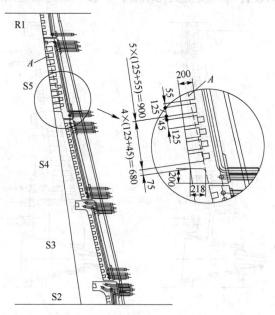

图9-51 宝钢3号高炉炉身中上部的过渡结构

层镶砖，即在 S5 冷却壁的热面镶嵌的 200mm 砖以外，其下部加镶一层厚 75mm 砖；冷却壁热面镶砖之间肋的厚度上、下也不同，上部镶砖的肋较厚为 55mm，有较强的冷却效果；下部肋的厚度较薄为 45mm，冷却较差。当砌砖脱落后，预期 S5 冷却壁下部的肋损坏较快，热面的镶砖也较快损坏，使得 200mm 的扩张也很快消失，见图 9-51 放大图。希望形成如 A 所示的剖面，以保证高炉内型的平滑[32]。

随着 B2、B3、S1、S2、S3 冷却壁凸台的损坏，高炉内衬的全部脱落，高炉获得了平滑的剖面。并且在炉身 S3、S4 等部位微型冷却器的安装到位，冷却效率不断改善，操作中也没有发现结厚的现象，内型的侵蚀也趋于稳定，达到了平衡。图 9-52 所示为宝钢 3 号高炉薄壁炉衬的实绩[32]。对这个时期炉墙、渣皮和冷却壁厚度的测量来看，操作内型的变化与预期的尺寸基本一致。虽然炉腰直径 D 更进一步扩大，炉腹角 α 进一步缩小，而炉身角 β 与第四代冷却壁的 3 个角度比较相差不大，特别是炉身上部角度没有变化。

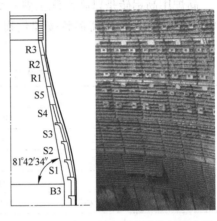

图 9-52　宝钢 3 号高炉薄壁炉衬的实绩

由于 S3、S4 段冷却壁制造比较简单，因此宝钢铸造车间制造高炉冷却壁就由 S3 和 S4 段冷却壁开始试制，在制造中技术上还没有完全掌握。到 2003 年底 S3、S4 段冷却壁的折断情况日趋严重，冷却效果下降。为了延长高炉高效期的时间和高炉寿命，维持合理操作内型十分重要，在 2004 年和 2009 年采用定修模式分别对 S3、S4 段冷却壁进行了整体更换，从而保障了炉役后期炉体的安全，高炉内型也更加光滑，冷却效果良好，有效维持了高炉操作内型和煤气流分布。图 9-52 右图为宝钢 3 号高炉更换炉身中部冷却壁时的照片[13]。由在更换 S4 冷却壁时的照片可以看出，除了有折断的 S4 冷却壁外，炉身中、上部形成非常平滑的操作内型。

炉身部分的结构对控制气流分布和热负荷很重要，对高炉操作有重大的影响[6,48]。炉身下部采用铜冷却壁后，与炉身中上部的连结有两种结构：

（1）采用全覆盖镶砖铸铁冷却壁，但它的施工工作量较大，当镶砖消失后，可以采用定期喷涂，或者待冷却壁损坏后整体更换的方式解决。

（2）采用带凸台的冷却壁作为砖衬的支撑结构。可是，首钢 2 号高炉的生产实践证明：铸铁冷却壁的凸台仍不足以抵挡该部位热流强度的侵袭。铸铁冷却壁的凸台过早损坏将使炉身中部的砖衬失去支撑，并且在凸台损坏过程中，同样会招致前述厚壁高炉内型合理化过程对炉况的影响。

由此可见，建议炉身中上部直接采用镶砖铸铁冷却壁结构为宜。其最大优点是在冷却壁损坏过程中不会对炉况有较大的影响，发生破损后也能如宝钢 3 号高炉那样，在短期内进行更换，确保高炉的稳产、高产。

9.4.4　炉腹、炉腰和炉身用耐火材料

高炉砌体的设计应根据炉容和冷却结构，以及各部位的工作条件选用耐火材料。

高炉采用的优质碳化硅砖，除应提出常规性能指标的要求外，还应提出热导率、抗渣

性、热震稳定性、抗氧化性、线膨胀系数等适宜炉身中、下部工作的指标要求。目前，耐火材料标准理化性能指标不全，甚至缺少一些极为重要的指标，难以满足《规范》中对高炉长寿的要求。因此，《规范》中根据工艺特点提出应增加的一些主要性能项目要求，便于今后修订耐火材料标准时，加入《规范》规定的指标。

9.4.4.1 高铝砖

高炉用高铝砖是以高铝矾土熟料为主要原料制成的用于砌筑高炉的耐火制品。YB/T 5015—1993 将高炉用高铝砖按理化指标分为 GL-65、GL-55、GL-48 三种牌号，其理化指标见表9-17。

表9-17 高炉用高铝砖的理化指标

项 目		指 标		
		GL-65	GL-55	GL-48
$w(Al_2O_3)/\%$		≥65	≥55	≥48
$w(Fe_2O_3)/\%$		≤2.0		
耐火锥号		180	178	176
0.2MPa 荷重软化开始温度/℃		≥1500	≥1480	≥1450
重烧线变化率/%	1500℃，2h	0 ~ -0.2		
	1450℃，2h		0 ~ -0.2	
显气孔率/%		≤19		≤18
常温耐压强度/MPa		≥58.8		49.0
透气度		必须进行此项检验，将实测数据在质量证明书中注明		

9.4.4.2 黏土砖和磷酸浸渍黏土砖

高炉用黏土砖用于高炉炉身。高炉用黏土砖要求常温耐压强度高，能够抵抗炉料长期作业磨损；在高温长期作业下体积收缩小，有利于炉衬保持整体性；显气孔率低和 Fe_2O_3 含量低，减少炭素在气孔中沉积，避免砖在使用过程中膨胀疏松而损坏；低熔点物形成少。高炉用黏土砖比一般黏土砖具有优良性能。

YB/T 5050—2009 将高炉用黏土砖按理化指标分为 ZGN-42 和 GN-42 两种牌号，其理化指标见表9-18。

表9-18 高炉用黏土砖的理化指标

项 目	指 标		项 目	指 标	
	ZGN-42	GN-42		ZGN-42	GN-42
$w(Al_2O_3)/\%$	≥42	≥42	重烧线变化/% (1450℃，3h)	0 ~ -0.2	0 ~ -0.3
$w(Fe_2O_3)/\%$	≤1.6	≤1.7	显气孔率/%	≤15	≤16
耐火锥号	176	176	常温耐压强度/MPa	≥58.8	≥49.0
0.2MPa 荷重软化开始温度/℃	≥1450	≥1430	透气度	必须进行此项检验，将实测数据在质量证明书中注明	

YB/T 112—1997 规定了高炉用磷酸浸渍黏土砖的理化指标，见表 9-19。

表 9-19　磷酸浸渍黏土砖的理化指标

项　目	指　标	项　目	指　标
$w(Al_2O_3)/\%$	41～45	重烧线变化(1450℃,3h)/%	-0.2～0
$w(Fe_2O_3)/\%$	≤1.8	显气孔率/%	≤14
$w(P_2O_5)/\%$	≥7	常温耐压强度/MPa	≥60
0.2MPa 荷重软化开始温度/℃	≥1450	抗碱性(强度下降率)/%	≤15

9.4.4.3　碳化硅砖

碳化硅砖的主要特征是 SiC 为共价结合，不存在通常的烧结性，依靠化学反应生成新相达到烧结。我国 1985 年在鞍钢 6 号高炉上首次使用 Si_3N_4 结合碳化硅砖获得成功。目前，我国高炉用优质碳化硅砖主要品种有 Si_3N_4 结合碳化硅砖、Sialon 结合碳化硅砖和自结合（β-SiC 结合）碳化硅砖。

Si_3N_4 结合碳化硅砖是用 SiC 和 Si 粉为原料，经氮化烧成的耐火制品。SiC、Si_3N_4 都是共价键化合物，烧结非常困难。在多级配的 SiC 颗粒和细粉中，加入磨细的工业硅粉，Si 与 N_2 在高温下进行 $2N_2 + 3Si \rightarrow Si_3N_4$ 反应烧结。反应时生成的 Si_3N_4 与 SiC 颗粒紧密结合而形成以 Si_3N_4 为结合相的碳化硅制品。研究发现，大多数 Si_3N_4 结合相为针状或纤维状结构，存在于 SiC 颗粒周围或 SiC 颗粒的孔隙处，Si_3N_4 呈纵横交错的结构与 SiC 颗粒紧密结合，使之具有很高的常温和高温强度。

YB/T 4035—2007 对高炉用氮化硅结合碳化硅砖的理化指标做了规定，并将制品分为 TDG-1 和 TDG-2 两类，其理化指标应符合表 9-20 中的要求。

表 9-20　高炉用氮化硅结合碳化硅砖的理化指标

项　目	指　标		项　目	指　标	
	TDG-1	TDG-2		TDG-1	TDG-2
显气孔率/%	≤16	≤18	$w(SiC)/\%$	≥72	≥70
体积密度/g·cm⁻³	≥2.65	≥2.60	$w(Si_3N)/\%$	≥20	≥20
常温耐压强度/MPa	≥160	≥150	$w(Fe_2O_3)/\%$	≤0.7	≤1.0
高温抗折强度 (1400℃×0.5h)/MPa	≥45.0	≥40.0			

9.4.4.4　铝炭砖

高炉铝炭砖采用特级高铝矾土熟料，鳞片状石墨及 SiC 为主要原料。一般大型高炉使用烧成（烧成温度不高于 1450℃）铝炭砖。高炉铝炭砖具有气孔率低、透气度低、耐压强度高、热导率高、抗渣、抗碱、抗铁水溶蚀及抗热震性好等各种优良性能，且价格便宜。

烧成微孔铝炭砖。烧成微孔铝炭砖是指平均孔径不大于 1μm 的孔容积占开口气孔总容积的比例不小于 70% 的烧成铝炭砖。烧成微孔铝炭砖，按 YB/T 113—1997 理化指标分为 WLT-1、WLT-2 和 WLT-3 三个等级，见表 9-21。

表9-21 烧成微孔铝炭砖的理化指标

项 目	指 标			项 目	指 标		
	WLT-1	WLT-2	WLT-3		WLT-1	WLT-2	WLT-3
$w(Al_2O_3)$/%	≥65	≤60	≤55	铁水熔蚀指数/%	≤2	≤3	≤4
$w(C)$/%	≥11	≤11	≤9	热导率(0~800℃) /$W\cdot(m\cdot K)^{-1}$	≥13	≥13	≥13
$w(TFe)$/%	≤1.5	≤1.5	≤1.5	抗碱性(强度 下降率)/%	≤10	≤10	≤10
常温耐压强度 /MPa	≥70	≥60	≥50	透气度/μm^2 (mDa)	≤4.94×10⁻⁴ (0.5)	≤1.97×10⁻³ (2.0)	≤1.97×10⁻³ (2.0)
体积密度/$g\cdot cm^{-3}$	≥2.85	≥2.65	≥2.55	平均孔径/μm	≤0.5	≤1	≤1
显气孔率/%	≤16	≤17	≤18	小于$1\mu m^2$孔容积 占的比例/%	≥80	≥70	≥70

注：1. 孔径分布检测范围：0.006~360μm；

2. 铁水溶蚀指数仅用于炉缸和炉底。

9.4.4.5 铜冷却壁热面喷涂料

铜冷却壁热面主要是形成渣皮保护，不必衬砌耐火砖。在开炉时，在冷却壁热面采用喷涂不定形耐火材料，其理化指标见表9-22。

表9-22 喷涂料BFS理化指标

项 目		指 标	项 目		指 标
w(化学成分)/%	Al_2O_3	52.7	耐压强度/MPa	1450℃	44.5
	Fe_2O_3	1	线性收缩/%	1000℃	0.3
最高使用温度/℃		1500		1450℃	1.2
110℃体积密度/$g\cdot cm^{-3}$		2.13	导热系数(600℃)/$W\cdot(m\cdot K)^{-1}$		0.79
耐压强度/MPa	110℃	44.8	加水量/%		11~13
	1000℃	25.5			

注：用途为铜冷却壁及铸铁冷却壁炉内侧喷涂。

9.5 炉腹、炉腰和炉身耐材损坏的分析

9.5.1 炉腹、炉腰和炉身下部的热应力破坏

9.5.1.1 炉身部分单块砖的损坏

炉身下部的黏土砖中沿工作面发生平行的裂纹，是由于热应力开裂引起的，并采取了相应措施[45]。

砖的单面加热试验如图9-53所示。将实际高炉相同尺寸的砖除了加热面和冷却面外，四面用绝热材料覆盖，加热面的气氛温度以3℃/min或5℃/min的速度升温，使砖内形成温度梯度，加热面达到800℃以后，为了防止冷却时产生热裂纹，用小于0.5℃/min的冷却速度降低至室温。在砖内部安装了热电偶和高温应变计，为了检测裂纹，安装了探测声

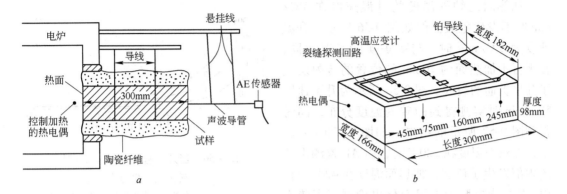

图 9-53 带探测器的砖和热剥落试验的示意图
a—带 AE 传感器的剥落试验；b—传感器（应变计，裂缝探测回路）

音的传感器（AE）。此外，在砖表面贴应变片，根据其回路的电阻值的变化检测深入砖表面的裂纹。

黏土砖的特性见表 9-23，热膨胀曲线见图 9-54，热状态的杨氏模量见图 9-55。杨氏模量是由挠曲振动的频率求得动杨氏模量，并与室温下由应力-应变特性求得的静杨氏模量相一致。采用 20mm×20mm×50mm 的试样，以室温均匀的作用状态下的拉伸应力求得拉伸强度。

表 9-23　黏土砖的特性

项　目		普通砖	改良砖	项　目		普通砖	改良砖
化学成分（质量分数）/%	SiO_2	53.7	42.0	导热系数/W·(m·K)$^{-1}$	600℃	1.74	2.14
	Al_2O_3	42.9	54.5		1000℃	1.85	2.27
密度/g·cm^{-3}		2.35	2.44	比热容/J·(g·K)$^{-1}$	300℃	1.01	1.01
显气孔度/%		12.7	12.9		600℃	1.09	1.09
抗压强度（厚度方向）/MPa		64~85	129~142		1000℃	1.17	1.17
抗拉强度（长度方向）/MPa		10.5~13.5	10.0~12.3	泊松比（室温，长度方向）		0.14±0.02	0.2（设定值）
导热系数/W·(m·K)$^{-1}$	300℃	1.65	2.01				

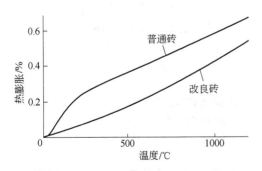

图 9-54　黏土砖的热膨胀曲线

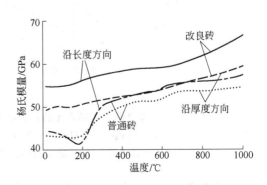

图 9-55　黏土砖的杨氏模量

加热面的炉气温度的升温速度在3℃/min时不发生龟裂。但如图9-56所示,升温速度为5℃/min时,与高炉实际情况相同,在平行于加热面约70mm的位置的砖内发生了几乎贯通的裂纹。图9-56所示为升温速度5℃/min时实测得到的砖内温度分布,同时得到图9-57所示的结果。如图9-57a~c所示,加热面温度在220℃时,由AE检测出砖的内部发生了龟裂,加热面温度在420℃时,由AE和导电胶的电阻变化也检测到了砖表面发生龟裂。

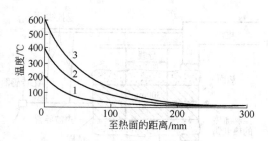

图9-56 当升温速度为5℃/min时,砖内的温度分布
1—220℃(内部开始产生裂纹);2—420℃(表面开始产生裂纹);3—620℃

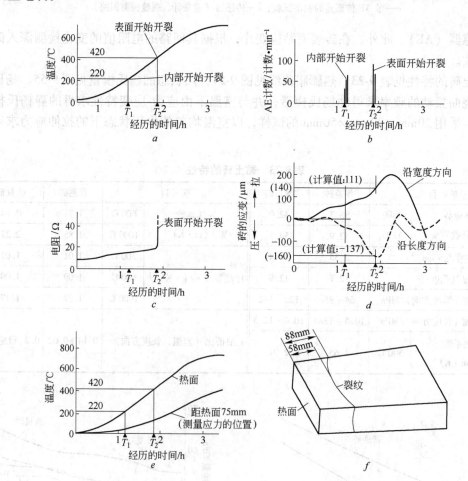

图9-57 普通黏土砖在升温速度为5℃/min时热剥落试验的结果
a—热面温度上升过程;b—加热时AE的脉冲;c—裂缝探测回路的电阻变化;
d—在距离热面75mm处测量的应变曲线;e—温度上升曲线;f—试验后砖的裂纹

图9-57a所示为在距加热面75mm处发生龟裂的位置,测量砖的表面应变,在宽度方

向为拉伸，而长度方向为收缩。在220℃时发生的内部龟裂对砖表面应变的影响很小，可是，在420℃龟裂扩展到表面以后，应变的绝对值大幅度减小，认为是由于龟裂发展后应力有所缓和的现象。实际的测量结果与分析值相吻合。

9.5.1.2　热应力分析

A　分析模型和分析条件

按照有限元法进行单面加热实验的三维热应力分析。由于外力非常小，在分析中不予考虑。

在热应力分析中，只在砖的长度方向存在温度变化，为了与实验对应，采用图9-56的实测温度分布。计算时，砖的线膨胀系数采用图9-54的数据和图9-55的杨氏模量，以及表9-23所示的泊松比值。除泊松比以外，其他物理性质均与温度有关，杨氏模量更与材料的各向异性有关。

B　分析结果

在加热面220℃时，检测出在内部开始发生龟裂。如图9-58所示，在 X 面（中心部分的水平面）和 Y 面（表面部分的水平面）上的应变和应力分布的分析结果表明，最大拉伸应力发生在靠近 X 面中央的加热面上，砖长度方向的应力比宽度方向稍大。应力值约为12.5MPa，超过砖的抗拉强度（平均11.3MPa），在实验中裂纹发生的位置和方向对应于实际高炉，发生平行于工作面的裂纹。在 X、Y 两侧产生约为27MPa压缩应力，但与

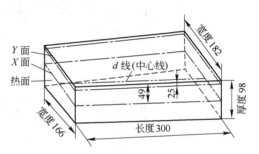

图9-58　有限元法设定砖的面和砖的方向（单位：mm）

抗压强度（约78MPa）相比是很小的值，不会因压缩应力而引起破坏。

随着加热面温度的升高，砖中心线（图9-58的 d 线）的应力分布也发生变化（见图9-59）。

在加热面温度上升至220℃时，砖内部的拉伸应力最大值超过了砖的破坏应力而发生龟裂。进一步增加到320℃左右，温度再升高，可是反而显示出应力有下降的趋势。此外，随着温度的升高，发生最大拉伸应力的位置从加热面移向冷面，而其所在位置的温度通常为100℃左右，其原因是从常温至250℃左右的温度区间砖的热膨胀大。

9.5.1.3　提高砖的质量来防止热应力破坏

在低温区域热膨胀系数大的原因是由于存在过剩的石英（鳞石英、方石英）。添加氧化铝进行莫来石化，能抑制砖的异常膨胀。改良后的砖的品质特性见表9-23，热膨胀系数、杨氏模量分别见图9-54和图9-55。

改良的砖和普通砖，在加热面上300℃和800℃时，砖中心线（d 线）上的热应力分析结果见图9-60。改良的砖产生的应力低，此外，产生最大拉伸应力的位置没有移动。

改良砖进行单面加热实验的结果，在升温5℃/min、最高1000℃的条件下，反复两次进行加热，认为没有发生龟裂，确认了具有显著的改良效果。

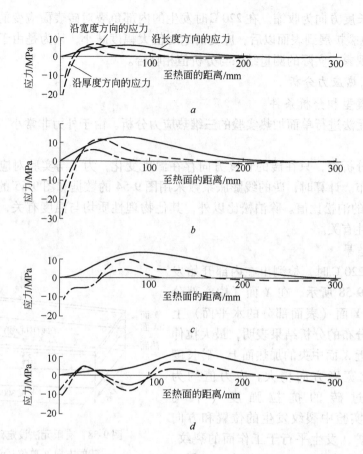

图 9-59 当加热至 120℃、220℃、420℃和 620℃时，用有限元法
得到图 9-58 的中心线处的应力分布
a—热面温度 120℃；b—热面温度 220℃（内部开始开裂）；
c—热面温度 420℃（表面开始开裂）；d—热面温度 620℃

9.5.2 炉腹、炉腰和炉身下部耐材的热震破坏

9.5.2.1 热震破坏的基础

热震破坏或者热剥落破坏可定义为非稳定的热应力破坏现象，这与稳定热应力问题
（9.2.4.1 节）不同。可是，由于热弹性理论的限制，两者在本质上是同样的现象，在惯
性项忽略的条件下，其基础结构方程式、质量守恒法则、动量守恒法则、能量守恒法则、
导热方程式等各法则均成立[49]。

在采用断裂力学方法评价耐火材料的破坏行为时，出现了许多问题。以经常使用的线
性断裂力学方法求断裂韧性值，不能用来表示耐火材料的抗断裂性能；此外，在很多情况
下，规定的裂纹开始的抗断裂性能值与进展中裂纹的抗断裂性能值之间有很大的差别。虽
然，以热力学为基础的能量论对耐火材料的复杂破坏现象是有效的，但仍要强调耐火材料
的抗热震性 R 曲线行为能量断裂韧性值的重要性。线性断裂力学提供了将断裂现象定量化
的极其有效的方法。它也能解释从原子间或分子间的结合断裂，成为断裂起点的微小龟

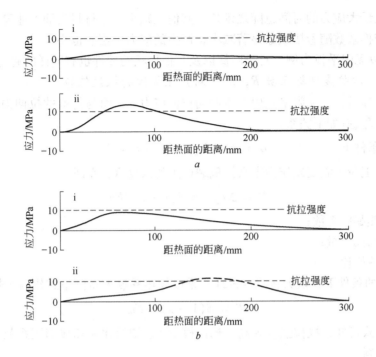

图 9-60　当加热至 300℃和 800℃时，普通黏土砖与改良黏土砖之间应力的比较

a—热面温度 300℃；b—热面温度 800℃

i—改良砖；ii—普通砖

裂，以及非线性断裂现象。

断裂力学中的抗热震破坏及损伤的指标 R、R'、R''' 值等均可使用，但是，由此也带来许多缺点。

本节简略说明对抗热震破坏及损伤的评价。

9.5.2.2　抗热震破坏和抗损伤系数

一般表示热震的剧烈程度用毕欧数来定义。

$$\beta = r_0 \alpha_{\mathrm{m}} / \lambda \tag{9-18}$$

式中　　α_{m}——热交换系数；

λ——导热系数；

r_0——部件的尺寸。

在热震时，毕欧数对产生的应力有重大的影响，如图 9-61 所示，在平板表面产生的无因次热应力随时间变化曲线很大程度上依赖于毕欧数的变化。当毕欧数无限大时，亦即 α_{m} 无限大时，材料表面在瞬间冷却到冷媒的温度，同时在表面产生最大的应力，随着时间的延长应力逐渐下降。随着毕欧数变小，材料的表面温度不可能在瞬间跟着冷媒的温

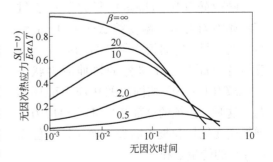

图 9-61　在平板表面急剧冷却产生的无因次热应力随时间的变化与毕欧数的关系

度降低，产生最大应力的时间也随之延长，其值也减小。在材料表面产生蒸气或反应气体的场合，热交换系数随着毕欧数显著减小，产生的应力，当然也小。

图 9-61 以无限平板为例，对于圆筒以及其他形状的部件也有同样的趋势。

9.5.2.3 抗热震破坏系数 R, R'（对产生裂纹的抵抗值）

当急剧冷却时，在无限平板内产生两向拉伸应力 σ，而与材料的拉伸强度 S 相等时的最大温度差 ΔT_{max} 有如下关系：

在 $\beta = \infty$ 的条件下
$$\sigma = E\alpha\Delta T_{max}/(1 - \nu) = S \tag{9-19}$$

由该式，把最大温度差作为定义抗龟裂产生的尺度 R。亦即，

$$R \equiv \Delta T_{max} = S(1 - \nu)/E\alpha \tag{9-20}$$

式中 α——热膨胀系数；

     E——杨氏模量；

     ν——泊松比。

在 $\beta \ll 1$ 的条件下，认为将式（9-21）乘以导热系数 λ 得到下式作为抗热震破坏值：

$$R' \equiv S(1 - \nu)\lambda/E\alpha \tag{9-21}$$

从以上各式可知，抗拉强度 S 高，杨氏模量 E、泊松比 ν 和线膨胀系数 α 小的材料为抗热震好的材料。

9.5.2.4 抗热震损伤系数 R''', R''''（抗裂纹进展值）

假定在部件内部积蓄的热弹性应变能量全部消耗在裂纹的发展上，则裂纹发展消耗的能量与裂纹的表面积成正比。

在使用断裂能量 γ 恒定的材料之间进行比较时，抗热震损伤系数定义为：

$$R''' = E/S^2(1 - \nu) \tag{9-22}$$

材料的断裂能量有大的差异时，抗热震损伤系数定义为：

$$R'''' = E\gamma/S^2(1 - \nu) \tag{9-23}$$

由式（9-22）、式（9-23），抗拉强度 S 小，而杨氏模量 E 和泊松比 ν 大的材料抗热震损伤系数 R'''、R'''' 就大。这样，正好与抗热震破坏系数相反。

9.5.2.5 热震破坏的能量理论和统计理论简述

哈西曼（Hasselman）研究了在三维束缚体中均匀承受温度差 $\Delta T(<0)$ 的负荷，在半径 r 的圆板均匀分布的裂纹（密度 N 个/cm²）三个坐标的拉伸应力状态 $E \sim \Delta T/(1 - 2\upsilon)$ 相同时的热应力破坏问题。这时，系统的全部能量 W 为热应力的弹性应变能量和裂纹断裂表面（每单位面积 γ）的能量之和。

按能量求得的临界温度差 ΔT_c 与初期裂纹半径 r 之间的关系见图 9-62。实线以

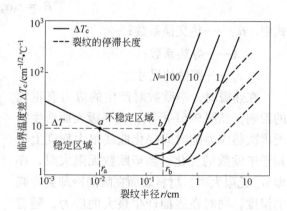

图 9-62 临界温度差 ΔT_c 与初期
裂纹半径 r 之间的关系

上的区域为裂纹不稳定传播的区域，实线以下的区域为稳定区域。实线呈向下弯曲的曲线，具有极小值，显然不稳定区域变窄，裂纹密度增密。图中，在温度差 ΔT_c 为常数与上述曲线相交的两点 a、b。对应于两点的裂纹半径分别为 r_a 和 r_b，在 $r_a < r < r_b$ 区域中，裂纹呈不稳定传播，在其外区域为稳定传播。

耐火材料的热震破坏，即热剥落破坏是由于在材料内产生过高的热应力，认为在材料表面及内部存在的缺陷发生破坏的现象是自然的，其破坏应力反映在统计上变化为尺寸的标准离差。因而热震破坏用断裂力学结合的破坏统计理论来分析是很必要的。

热震破坏问题的统计方法如下：

（1）由实验取得材料的物理特性——杨氏模量、线膨胀系数、导温系数、比热容、强度、强度分布、断裂韧性与温度的关系，做出温度函数的近似多项式。

（2）由强度分布数据的各种破坏原因类别来推算威伯尔参数。

（3）推算媒体接触材料表面的热交换系数。通常，实测材料内部的温度变化，由热流速度的平衡求得。

（4）进行温度与应力转换的应答分析。在热弹性理论能够适用时，可以使用前节的各个基础公式。在材料非线性强的场合，用非线性有限元法进行数值分析。

（5）由应力分析结果进行断裂概率的计算。

（6）将计算得到的断裂概率与规范进行比较，判断是否合适。

进行热震破坏试验，与计算值做比较。为了正确地测量发生裂纹时间，希望进行 AE（发出的声音）测定。

9.5.2.6　从抗热震的观点选择耐材

从抗热震的观点来看，选择耐火材料主要考虑其导热系数和抗热震性能。表 9-24 给出了各种高炉用内衬材料的物理性质。

表 9-24　高炉常用内衬材料导热系数和抗热震性能

材　料	导热系数 /W·(m·K)$^{-1}$	开始产生裂纹的临界温度变化 /℃·min^{-1}	材　料	导热系数 /W·(m·K)$^{-1}$	开始产生裂纹的临界温度变化 /℃·min^{-1}
石墨质	80~120	500	45% Al$_2$O$_3$ 质	1.2~2.0	5
半石墨质	40~60	250			
碳化硅质	12~18	40~50	铬刚玉质	1.2~1.5	4
铸铁（冷却壁）85% Al$_2$O$_3$ 质	40~50	50	黏土质	1~2	3~4

从表 9-24 中可以看出，对于采用 100% 烧结矿的高炉，炉内温度变化达到 50℃/min，由于各种 Al$_2$O$_3$ 质耐火材料的抗热震性能很差，均不适合于在炉腹、炉腰和炉身中下部这些温度变化较大的区域使用。碳化硅质的耐材，虽然可以承受 40~50℃/min 的温度变化才开始产生裂纹，其抗热震性能不足以抵御更高的温度变化，如炉料中球团矿的比例增加或者喷煤比提高、高利用系数等情形。

石墨质和半石墨质的耐材具有优良的抗热震性能，实践证明，这两种材料即便在炉内温度变化最大的区域也不会产生裂纹。

9.6 高炉冷却设备

冷却设备是保证高炉在高温条件下抵御热流侵袭和机械磨损的关键设备。

通常,人们通过以下途径来提高冷却设备的可靠性:

(1) 提高冷却设备本体材料的热导率,保证冷却设备具有足够大的导热能力,能够把炉内传递给它的热量通过冷却水带走;

(2) 冷却设备本体选用具有较高允许工作温度的材料;

(3) 利用砖衬或形成渣皮保护层,降低强大的热流侵袭。

因此,在设计、制造冷却设备时,必须研究使用材料的允许工作温度、导热性能和传热分析,才能获得长寿的冷却设备。

9.6.1 冷却壁的材料及其传热分析

9.6.1.1 冷却壁材料允许的长期工作温度

现代高炉所采用的一些冷却设备材质,热导率和允许使用温度列于表9-25。

表9-25 冷却壁使用材料的热导率和允许使用温度

序 号	材 料	热导率/W·(m·K)$^{-1}$	熔化温度/℃	允许工作温度/℃
1	普通灰铸铁	约40	1225~1250	400
2	球墨铸铁	38~40		709 或 760
3	碳素钢	40	1520~1530	400
4	紫铜	380	1083	250
5	铸铜	340		150

当采用球墨铸铁冷却壁时,有两种温度可以考虑作为冷却壁的允许工作温度:

(1) 日本通常以CO_2与石墨反应的开始温度709℃作为球墨铸铁冷却壁的允许工作温度。高炉炉腹、炉腰及炉身下部冷却壁发生这一反应是可能的。该反应随着温度的升高而加剧。

(2) 德国通常以珠光体的相变温度约760℃作为球墨铸铁冷却壁的允许工作温度。由于铁素体在球墨铸铁中,金相组织基体为铁素体,珠光体所占的比例小于15%。由于组织内珠光体发生相变,将造成原来组织的破坏而导致裂纹。

对于压延(轧制或锻压)铜冷却壁本体材料不仅要求具有良好的导热性能,而且要求在工况条件下具有足够的机械强度。轧制铜板在不同温度下的机械强度见表9-26。

表9-26 在不同温度下轧制铜板的机械强度

温度/℃	93	204	290	371	537	704
机械强度/MPa	115	105	78	71	44	22

上述数据表明,它在不高于250℃的情况下,具有较好的强度,而且金相组织不会出现相变,因此,把250℃作为允许工作温度应该是安全的。

铸铜冷却板由于化学成分的波动较大,其物理、力学性能也将有波动,一般以150℃作为它的允许使用温度。

9.6.1.2 冷却壁传热分析

冷却壁在高炉内的传热比较复杂，既有不同路径的平板传热，又有冷却通道的多层圆筒壁传热。冷却壁在没有渣皮时的传热热阻如图9-63所示。

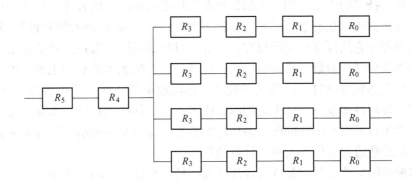

图9-63 铸铁冷却壁的热阻分析图

(R_0，R_1，R_2，R_3，R_4，R_5见式（9-24）和表9-27）

冷却壁的一维传热方程可以用式（9-24）表示：

$$Q = \Delta t / \left[(4 \times \alpha_0)^{-1} + \Sigma (8\pi L)^{-1} \lambda_i^{-1} \times \ln(r_{i+1}/r_i) + \Sigma \delta_i (BL\lambda_i)^{-1} + \alpha^{-1} \right] \quad (9\text{-}24)$$

式中　α_0，α——分别为水对冷却壁、炉内煤气流对冷却壁的对流传热系数，W/(m² · K)；

B，L——分别为冷却壁本体的宽度，长度，m；

R_0——水对冷却通道壁的对流传热热阻，(m² · K)/W；

R_1，R_2，R_3——分别为冷却壁的水管、气隙层和防渗碳涂料层的圆筒壁导热热阻，(m² · K)/W；

R_4，R_5——分别为冷却壁本体和燕尾槽区的平板导热热阻，(m² · K)/W。

在铜冷却壁的热阻中，因不铸入水管，就没有 R_1、R_2 和 R_3，见表9-27。

表9-27 冷却壁的分项热阻　　　　　　　　((m² · K)/W)

部　位	球墨铸铁冷却壁	铜冷却壁
水对冷却通道壁	$R_0 = 1/(4\alpha_0)$ $= (d_i^{0.2} \gamma^{0.4}) \times (4 \times 0.023 v^{0.8} \lambda^{0.6} c_p^{0.4} \rho^{0.4})^{-1}$	$R_0 = 1/(4\alpha_0)$ $= (d_i^{0.2} \gamma^{0.4}) \times (4 \times 0.023 v^{0.8} \lambda^{0.6} c_p^{0.4} \rho^{0.4})^{-1}$
铸入水管	$R_1 = [4\lambda_1 \ln(r_2/r_1)]^{-1}$	
气隙层	$R_2 = [4\lambda_2 \ln(r_3/r_2)]^{-1}$	
防渗碳涂层	$R_3 = [4\lambda_3 \ln(r_4/r_3)]^{-1}$	
本体区	$R_4 = \delta_2/\lambda_2 (\delta_2由传热路径确定)$	$R_4 = \delta_2/\lambda_2 (\delta_2由传热路径确定)$
燕尾槽区	$R_5 = \delta_1/\lambda_1$	$R_5 = \delta_1/\lambda_1$
冷却壁整体热阻	$R = R_0 + R_1 + R_2 + R_3 + R_4 + R_5 + \cdots$	$R = R_0 + R_4 + R_5 + \cdots$

实际计算表明：在维持正常的冷却制度条件下，冷却壁的整体热阻 R 远大于 R_0，这就是说，水对冷却通道壁的对流换热系数远大于冷却壁本体的总传热系数。通过调节冷却通道内的水速可以在一定程度上影响冷却壁的冷却能力，但它是极有限的。特别是铸铁冷

却壁，由于气隙和防渗碳涂层的热阻很大，提高水速的作用更小，而提高水速引起水量增加，导致动力消耗和水的浪费。

9.6.1.3 确定冷却壁结构参数的原则

随着计算机技术的广泛应用，人们已经有条件根据传热学的理论，采用数值计算的方法，对于冷却壁的热工状况进行必要的分析。因此，在开展冷却壁的设计时，应对它在高炉内的使用条件和它的温度场进行研究。研究的目的是用这种既快又好的方法来优化冷却设备的冷却参数和结构参数。总的目标是：应该保证在最恶劣的高炉工况条件下，即炉内温度或热流强度达到峰值时，冷却壁的最高工作温度不高于所采用材料的允许工作温度。显然，不同区段的冷却设备，由于它们的热边界不同，其结构和冷却参数的要求都会有差别。但是，对于自下而上串联的闭路循环冷却系统，冷却设备的结构和冷却参数应以热流强度最大区段的热边界条件作为热工计算依据。

炉内温度或峰值热流强度是进行冷却壁温度场分析最重要的边界条件之一。高炉在整个炉役期的操作过程中，冷却壁热面的砖衬将逐渐被完全侵蚀。它所承受的热流密度值将对应于计算的最大热流密度值。由于操作条件的变化，可能出现短时间的渣皮脱落，此时，冷却壁所承受的热流密度值将大幅度增加，它将对应于峰值热流密度值。炉内平均热流密度值和峰值热流密度值可以参考图 9-47 所示的相关数据。高炉操作实践证明，尽管炉腹区域的煤气温度是最高的，但由于该部位能够形成较厚而且稳定的渣皮，因此高热负荷区不在炉腹。尽管炉身下部的煤气温度稍低，但其形成渣皮的条件远比炉腹区域差。这样，炉身下部应该是研究的重点区域。不同区段的边界条件是不一样的，通常，炉内温度以 1600℃ 作为炉腰和炉身下部的边界条件。

9.6.1.4 冷却壁的改进

高炉冷却壁的主要改进有：

（1）热负荷高，波动大的区域采用高导热材料。

（2）加大水管内径。

（3）减少水管中心距。

（4）提高冷却壁的水管和冷却壁热面积比。

（5）减小镶砖厚度，适当提高镶入材料的导热性。

（6）减小水管与铸体间的防渗碳涂层，降低热阻。

（7）使用不结垢、无腐蚀的冷却水。

（8）水管中水速达到 1.5 ~ 2.0m/s。

根据傅里叶三维传热方程，对炉身下部球墨铸铁冷却壁和铜冷却壁进行计算的结果见表 9-28 和表 9-29。计算结果是在炉内 1200℃ 温度条件下，冷却壁的热面处的热流强度和最高温度下得出的。

表 9-28　炉身下部铸铁冷却壁最高温度的计算

序　号	工况条件		计算结果	
	砖衬厚度/mm	渣皮厚度/mm	热流密度/kW·m⁻²	最高温度/℃
1	345	0	29.5	325.5
2	230	0	36.9	404.7

序 号	工况条件		计算结果	
	砖衬厚度/mm	渣皮厚度/mm	热流密度/kW·m⁻²	最高温度/℃
3	0	50	20.9	238.8
4	0	20	37.5	410.9
5	0	10	50.4	560.1
6	0	0	73.3	882.7

注：计算条件为：冷却壁材质为铁素体球墨铸体；水管直径 d 为 $\phi70mm\times6mm$；水管间距 L 为240mm；镶砖厚度为75mm。冷却水流速 v 为1.4m/s；水温为45℃；炉内温度 t_f 为1200℃。

表9-29 铜冷却壁的最高温度

序号	工况条件	计算结果		序号	工况条件	计算结果	
	渣皮厚度/mm	热流密度/kW·m⁻²	最高温度/℃		渣皮厚度/mm	热流密度/kW·m⁻²	最高温度/℃
1	50	23.48	62.4	3	10	74.17	99.1
2	20	47.85	79.9	4	0	177.6	175.6

注：计算条件为：冷却壁材质为纯铜；冷却壁结构参数：水管直径为 $\phi45mm$；水管间距 L 为240mm；镶砖厚度为75mm；冷却水流速 v 为1.4m/s；水温为45℃；炉内温度 t_f 为1200℃。

由表9-28和表9-29的计算可知：

（1）球墨铸铁冷却壁在失去砖衬或渣皮的条件下，炉内热流密度将大于 $73kW/m^2$，它的最高工况温度超过它的极限工作温度760℃，则在温度高于1200℃的部位使用不可能取得良好的效果。

（2）铜冷却壁在没有渣皮的条件下，炉内热流密度高达 $177kW/m^2$ 时，它的最高工况温度为175.6℃，因此距它的允许使用温度250℃还有富裕。可是，铜在温度高于120℃时，强度随温度升高而下降，当有10mm厚的渣皮时，其热面最高温度只有99℃；因此铜冷却壁要用在高炉有液相的区域，形成渣皮才能取得效果。炉身中上部无液相炉渣使用铸铁镶砖冷却壁为宜，能降低造价。

9.6.2 铸铁冷却壁

9.6.2.1 铸铁冷却壁的分类

按材质分类如下：

（1）普通灰铸铁光面冷却壁。灰铸铁冷却壁的铸铁牌号一般为HT150~200。它的允许使用温度不高于400℃，但它的热导率较球墨铸铁和低铬铸铁高（ $\lambda=40\sim42W/(m\cdot℃)$ ），适合于热流强度较小而稳定的炉底、炉缸和风口带使用。

（2）低铬铸铁光面冷却壁。低铬铸铁冷却壁在普通灰铸铁的基础上，加入少量的铬（ $Cr\leqslant0.6\%$ ，国外还加入含Cr量一半的Ni），提高了它的允许使用温度的极限。低铬铸铁的导热性较灰口铸铁差，限制了它的使用，一般只适合于风口带使用。

普通灰铸铁或低铬铸铁光面冷却壁的结构形式如图9-64所示。

（3）球墨铸铁镶砖冷却壁。球墨铸铁镶砖冷却壁本体材料的金相组织的基体是铁素体和少量的珠光体。生铁中的碳以球状石墨的形式存在。它的热导率比普通铸铁略低，但它的特点是，当冷却壁受高温作用发生裂纹时，裂纹不向热影响区以外传播。允许使用温度较高，适合于炉腹、炉腰和炉身部位使用。

9.6.2.2 铸铁冷却壁的设计

A 材料选择

铸铁冷却壁本体材料的选择应考虑：

（1）冷却壁使用部位的热流强度值；

（2）材料的热导率；

（3）材料的允许使用温度。

炉底、炉缸部位的热流强度值较小且稳定，冷却壁本体材料选用灰口铸铁。风口带选用低铬铸铁居多。而炉身部位的热流强度值大且波动大，多选用以铁素体为基体的球墨铸铁作为冷却壁本体材料。

铸铁冷却壁镶砖的作用：一是有利于挂渣，二是为了阻隔热量的传递，减小冷却壁本体的热交换量。根据计算，当砖的热导率从2.3W/(m·K)升高到8W/(m·K)时，铸铁温度约升高40℃。从理论上看是不利的，但还要考虑砖的其他性能（如挂渣、抗磨和热震）以及温度场的分布状况等因素进行选择。

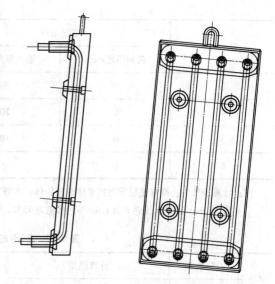

图9-64 铸铁光面冷却壁

B 结构参数的确定

a 欧美国家对冷却壁的改进

如上所述，球墨铸铁的允许使用温度为760℃。在确定结构参数时，一般以680℃作为参考界限。合理的球墨铸铁冷却壁的结构参数应根据相关的温度场计算结果确定，也可参考图9-65～图9-69。计算是在炉内温度为1200℃，对炉内的传热系数为232W/(m²·K)的条件下完成的。

b 新日铁对冷却壁的改进

新日铁十分重视对球墨铸铁冷却壁的改进。下面介绍其第一代、第二代、第三代和第四代铸铁冷却壁（图9-70）。

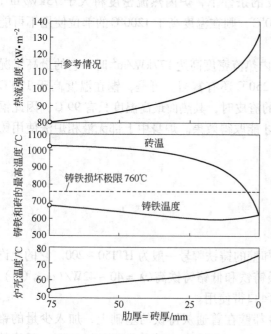

图9-65 冷却壁镶砖高度对热流
强度和温度的影响

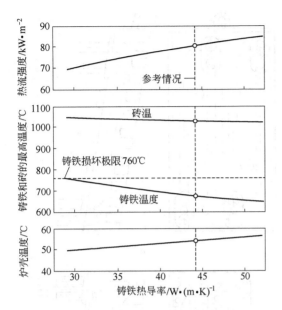

图 9-66 铸铁热导率对热流强度和温度的影响

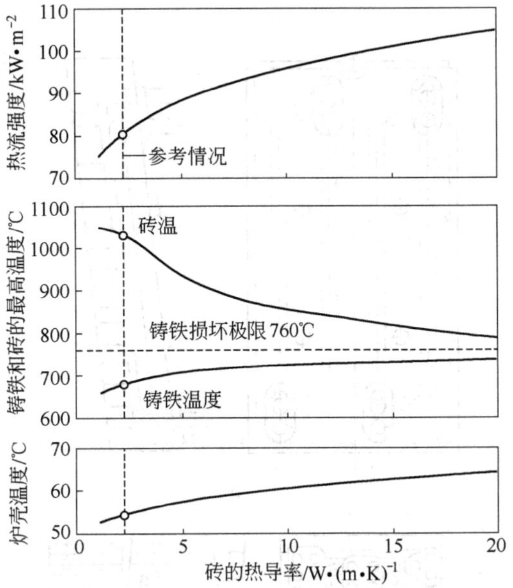

图 9-67 镶砖热导率对热流强度和温度的影响

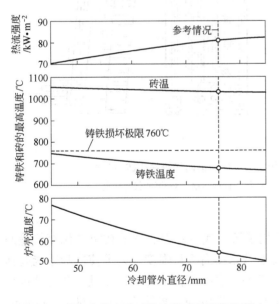

图 9-68 冷却水管直径对热流强度和温度的影响

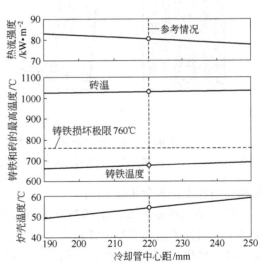

图 9-69 水管间距对热流强度和温度的影响

（1）第一代冷却壁。新日铁第一代冷却壁从前苏联引进。这种冷却壁的缺点是冷却壁的四个角部位置冷却强度低，易于破损。镶砖的材质是高铝砖或黏土砖，有的采用了碳捣等。

（2）第二代冷却壁。它是在第一代冷却壁的基础上改进的，为加大边角部位置的冷却强度。这种冷却壁冷却强度不高，一般用于炉腹、炉腰、炉身中下部。用于炉身中下部时与铜冷却板配合使用效果较好。冷却壁厚度为 260～280mm，砖厚为 75～150mm。在日本

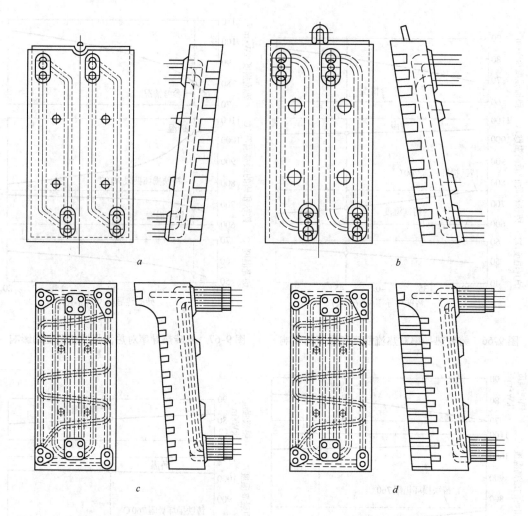

图 9-70 新日铁高炉第一代、第二代、第三代和第四代铸铁镶砖冷却壁
a—第一代冷却壁；b—第二代冷却壁；c—第三代冷却壁；d—第四代冷却壁

的操作条件下，寿命超过 10 年。

（3）第三代冷却壁。在 1977～1985 年采用了第三代冷却壁。它是在第二代冷却壁的基础上，增加了角部冷却水管和背部蛇形冷却水管来提高冷却强度。为了使冷却壁能起到支承砖衬的作用，增加了凸台，凸台有设在上部的，也有设在中部的，而且在凸台处设冷却水管，以保护凸台。冷却壁厚度由 260mm 增加到 320mm，水管为 $\phi46～60mm×6mm$，砖厚为 75～150mm，镶砖的材质由高铝、黏土砖改为含 SiC 的铝炭砖等性能良好的耐火材料。

（4）第四代冷却壁。在第三代冷却壁的基础上，将高炉耐火砖衬与冷却壁结合在一起。为提高镶砖的寿命，采取提高冷却壁对镶砖的支承强度和冷却强度的措施。冷却壁厚度达到约 500～600mm，水管为 $\phi46～60mm×6mm$，并将高炉内衬砌砖镶到冷却壁中，镶砖分为两层，镶砖总厚度增加到 275mm，后来又将镶砖厚度减薄到 165mm。以减少由于镶砖的侵蚀，影响操作内型的变化。镶砖的材质为含 SiC 和碳的高铝砖。取消过去冷却壁的凸台，使高炉操作内型更光滑。冷却水管的布置形式同第三代冷却壁。一般寿命为 15 年。

9.6.3 铸铁冷却壁的损坏分析

9.6.3.1 铸铁冷却壁的热震破坏

冷却壁的损坏也是由铸铁在反复的热震情况下开裂引起的。铸铁冷却壁设计使用的热负荷及热震曲线，是以冷却壁使用中提出的冷却壁内温度变化为依据，推算冷却壁承受的热负荷。假定在炉况正常时，有砖衬或渣皮保护，正常热负荷很低，为 $19kW/m^2$；而砖衬或渣皮部分脱落时，热负荷迅速增大到 $70kW/m^2$，维持 130min；经过 5min 后，下降到 $38kW/m^2$，维持 15min，然后恢复正常。此热负荷没有考虑高喷煤时热负荷提高的要求。

冷却壁设计的出发点是冷却壁的损坏是由热震造成的热应力疲劳损坏。对冷却壁的结构建立了三维有限元传热模型。首先进行传热计算，得到冷却壁内的温度随时间的变化曲线和温度的分布，由此计算热应力和应力分布。

上述不稳定热负荷状态下，根据温度变化计算得到在高炉圆周方向的热应力 σ_z 较其他方向都大。肋前端热应力 σ_z 随时间变化的关系如图 9-71 所示。由图可知，非稳定态加热开始时，铸铁内部的热应力为压缩应力。随着温度升高，压缩应力基本不变，一直维持到降温开始点。当温度下降时，铸铁内的应力由压缩应力急骤转变为拉伸应力。但是，各种结构的应力值都大致相同。

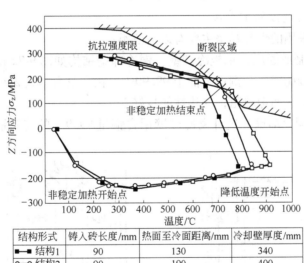

结构形式	铸入砖长度/mm	热面至冷面距离/mm	冷却壁厚度/mm
■—■ 结构1	90	130	340
○—○ 结构2	90	190	400
□—□ 结构3	150	190	400

图 9-71 肋前端温度与应力 σ_z 的关系

铸铁能承受的拉伸应力较低，肋前端温度与应力变化的关系见图 9-71。冷却壁镶砖厚度较大的结构，在降低温度的过程中，有短时间应力达到抗拉强度以上，超过了抗拉强度，进入球墨铸铁的断裂区域，因此发生裂纹的可能性大。

镶砖厚度较薄的结构 1 拉伸应力 σ_z，虽然没有达到抗拉强度限，但由于受到反复的热震作用而产生热疲劳。根据冷却壁铸铁在升温、降温过程中，温度变化产生的交变热应力变化的反复次数，根据产生应力变化幅度确定能够承受的反复次数，或者热应力变形的积累产生疲劳裂纹损坏。

实际上，将铁素体球墨铸铁反复在 200~800℃ 区间升温、降温的热震试验中，大致经过 150 次就发生了断裂。

9.6.3.2 铸铁冷却壁的高温破坏

在大型冷却壁的试验炉中，对宝钢 3 号高炉炉身中部 S3 冷却进行了热态试验。从试验可以看出，冷却壁受热面的最高热负荷集中在凸台前沿和凸台的底部。当凸台成为光面时，该处的最高温度仅比炉温低近 200℃。也就是说，当炉气温度为 1200℃ 时，该处的温度可达 1000℃ 以上，远远超过了球墨铸铁所能承受的正常工作温度。此时冷却壁凸台前沿和角部区域出现了熔融状态，尤其是凸台角部出现严重的层状剥落。而冷却壁本体部位的温度仅为 800℃ 左右，仅出现一层薄薄的氧化层。这说明当凸台裸露时，该处的冷却能力是远远不够的。而且在高温下的多次反复形成频繁的应力变动，造成高频热震，因而该处的冷却壁最容易损坏。

9.6.4 铜冷却壁和铜冷却板

铜冷却壁和铜冷却板用铜作为冷却设备的本体材质，基本出发点在于利用它的高导热性能，冷却设备本体的温度低，而且有利于形成能保护自身的渣皮或耐材。

9.6.4.1 铜冷却壁的分类及对铜的材质要求

A 铜冷却壁制造方法的分类

目前，国内外采用的铜冷却壁主要有以下三类：

(1) 压延（轧制或锻压）铜板冷却壁。铜冷却壁结构如图 9-72 所示，采用轧制或锻压厚铜板钻圆孔焊接而成，含铜量不低于 99.90%。由于这种铜冷却壁的水流通道是钻圆孔加工而成的，不存在间隙热阻，导热性能良好。

(2) 连铸板坯铜冷却壁。这种铜冷却壁用含铜量 99.9% 的连铸铜板坯制造。冷却通

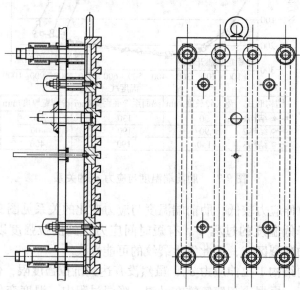

图 9-72 压延铜板冷却壁

道为扁圆形并在连铸过程中成型。冷却壁本体与冷却水管焊接成一整体。连铸铜板坯未经轧制，其致密性比轧制铜板差，冷却通道有效的冷却表面积增加，冷却效果获得了一定程度的补偿，并且冷却壁可以做得薄一些。

（3）铸铜冷却壁。完全用铸造方法制造。铸铜冷却壁又由铸入的管材不同分为三种：铸入 Monel 管（镍64%～69%，铜26%～32%和少量锰、铁）、钢管或纯铜管形成冷却通道。

上述三类铜冷却壁都能满足高炉冷却的要求，可以按照高炉不同部位和结构的要求选用。例如冷却水管的形状比较复杂的情况，铸造铜冷却壁能更适合要求。在目前铜冷却壁中，压延（轧制或锻压）铜板冷却壁的使用较广泛。

B 按材质分类及对铜的材质要求

（1）紫铜的牌号和化学成分见表9-30。

表9-30 紫铜的牌号和化学成分

组别	合金牌号	代号	化学成分（质量分数）/%												
			铜(≥)	磷(≤)	铋(≤)	锑(≤)	砷(≤)	铁(≤)	镍(≤)	铅(≤)	锡(≤)	硫(≤)	锌(≤)	氧(≤)	杂质总和(≤)
纯铜	一号铜	T1	99.95	0.001	0.001	0.002	0.002	0.005	0.002	0.003	0.002	0.005	0.005	0.02	0.05
	二号铜	T2	99.90		0.001	0.002	0.005	0.005	0.005	0.002	0.002	0.005	0.005	0.06	0.1
	三号铜	T3	99.70		0.002	0.005	0.01	0.05	0.2	0.01	0.05	0.01		0.1	0.3
无氧铜	一号无氧铜	TU1	99.97	0.002	0.001	0.002	0.002	0.004	0.002	0.003	0.002	0.004	0.003	0.002	0.03
	二号无氧铜	TU2	99.95	0.002	0.001	0.002	0.002	0.004	0.002	0.004	0.002	0.004	0.003		0.05
脱氧铜	一号脱氧铜	TP1	99.90	0.005 ~ 0.012	0.002	0.002	0.002	0.01	0.005	0.005	0.002	0.005	0.005	0.01	0.1
	二号脱氧铜	TP2	99.85	0.013 ~ 0.50	0.002	0.002	0.005	0.05	0.01	0.005	0.01	0.005		0.01	0.15
银铜	0.1 银铜	TAg 0.1	Cu 99.5	Ag 0.06 ~ 0.12	0.002	0.005	0.01	0.05	0.02	0.01	0.05	0.01		0.1	0.3

（2）铜及铜合金的导热系数与电导率。铜及铜合金的导热系数与电导率之间有着内在的联系。因此研究电导率与热导率是一致的。

杂质元素对于铜的导电性的影响。紫铜中杂质主要来自原料，同时也与熔炼等工艺有关。很多种杂质即使含量极少（甚至十万分之几）也大幅度降低铜的导电、导热和压力加工等性能。为改善铜的性能，有时需添加某些其他微量元素，或容许某些脱氧剂元素在铜中保持一定残留量。所有杂质及微量元素均不同程度地降低铜的导电性和导热性。固溶于铜的元素（除银、镉以外）对于铜的导电性和导热性降低较多，而呈第二相析出的元素则对于铜的导电、导热性降低较少。杂质含量对铜及铜合金电导率和热导率影响程度大小的排序为 P，Si，Fe，…（见图9-73）。因此控制这些杂质的含量十分重要。

电导率与热导率的换算是在某一温度下的导热系数 λ，可根据在该温度下的电导率

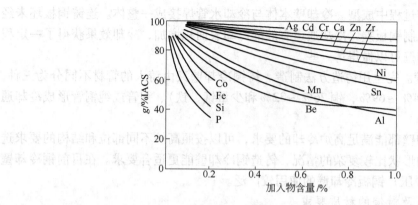

图 9-73　各种元素对铜的电导率的影响

（% IACS），按 $\lambda \approx \%\text{IACS}/100$ 估算。电导率为 $g > 25\% \sim 30\%$ IACS 的导电系数、导热系数、低合金化铜合金的导热系数还可用下式估算：

$$\lambda = 0.01596\gamma + 0.002(100 - x) \tag{9-25}$$

式中　γ——试验测得的合金导电系数，$m/(\Omega \cdot mm^2)$；

　　　x——含铜量（质量分数），%。

在已知电导率的情况下，可通过表 9-31 来换算热导率，铜及铜合金于 20℃时的导热系数。

表 9-31　电导率近似换算表

20℃时的电导率/% IACS	20℃时的导热系数 λ/kW·(m·℃)⁻¹									
	0	1	2	3	4	5	6	7	8	9
0	0.0075	0.0117	0.0159	0.0197	0.0238	0.0280	0.0322	0.0360	0.0401	0.0443
10	0.0485	0.0527	0.0569	0.0611	0.0652	0.0694	0.0736	0.0778	0.0815	0.0857
20	0.0899	0.0941	0.0983	0.1025	0.1066	0.1108	0.1150	0.1192	0.1230	0.1271
30	0.1313	0.1355	0.1397	0.1434	0.1476	0.1518	0.1560	0.1598	0.1639	0.1681
40	0.1719	0.1760	0.1802	0.1840	0.1882	0.1924	0.1966	0.2003	0.2045	0.2087
50	0.2124	0.2166	0.2208	0.2246	0.2288	0.2325	0.2363	0.2400	0.2442	0.2480
60	0.2518	0.2555	0.2593	0.2630	0.2668	0.2706	0.2743	0.2781	0.2819	0.2852
70	0.2890	0.2923	0.2961	0.2994	0.3028	0.3065	0.3099	0.3132	0.3166	0.3203
80	0.3237	0.3270	0.3304	0.3337	0.3371	0.3404	0.3433	0.3467	0.3500	0.3534
90	0.3563	0.3597	0.3626	0.3659	0.3689	0.3722	0.3751	0.3785	0.3814	0.3847
100	0.3877	0.3906	0.3935	0.3969	0.3998					

注：1. 本表的用法，例如 20℃的电导率为 15% IACS 时，则 20℃的导热系数为 0.0694kW/(m·℃)；

　　2. 1% IACS = 0.58ms/m = 0.58m/(Ω·mm²)，1m/(Ω·mm²) = 1ms/m = 1.724% IACS。

（3）铜冷却壁的材质要求。目前，对于铜冷却壁的材质尚无统一要求。德国 Demag 公司以及欧洲其他公司对轧制铜板冷却壁本体材质的理化性能要求如下：

化学成分	Cu	≥99.90%
	P	≤0.008%
	O	≤0.005%
	P/O	≥0.8
电导率 k		≥55m/($\Omega \cdot$ mm^2) = 95% IACS
金相结构		热锻结构
力学性能	屈服强度 $R_{p0.2}$	约 40N/mm^2
（控制值）	抗拉强度 R_m	约 200N/mm^2
	伸长率	约 45%
	硬度 HB 2.5/62.5	约 40

我国某厂对轧制铜板冷却壁本体材质的理化性能要求如下：

化学成分	Cu	≥99.95%
	S	≤0.005%
	P	≤0.003%
	O	≤0.003%
	P/O	≥0.8
电导率 k		≥98% IACS
力学性能	抗拉强度 R_m	200N/mm^2
（控制值）	屈服强度 $R_{p0.2}$	40N/mm^2
	伸长率	45%
	硬度 HB2.5/62.5	40
金相结构		热锻结构，晶粒≤5mm

国内外高炉的生产实践证明：欧洲人对铜冷却壁本体材质的要求是可靠的。从降低生产成本，有利于推广应用铜冷却壁的角度出发，对铜冷却壁本体材质的要求维持现状即可，不必苛求。

9.6.4.2 铜冷却壁的设计

从目前国内外采用铜冷却壁的高炉来看，绝大多数用于炉腹、炉腰、炉身下部。人们对于在高炉炉腹至炉身下部区段采用铜冷却壁是肯定的，对于炉缸和出铁口部位采用铜冷却壁的必要性的意见却不尽一致。反对者的主要理由是炉缸部位在采用铸铁冷却壁或铜冷却壁时，对于炉缸炭砖的温度场影响极小。国内对炉缸温度场的研究表明，在炉缸炭砖完整时，冷却设备对温度场的影响确实不大，但是随着炭砖被侵蚀，它的残余厚度不断减薄，它们的影响便逐渐显现出来。当炭砖的残余厚度仅为120mm时，不同材质冷却壁在炉缸工作表面的渣铁凝结层厚度是不一样的。采用铜冷却壁时，渣铁凝结层的厚度比铸铁冷却壁要厚100mm左右。这对于岌岌可危的状况会带来好处。

A 铜冷却壁结构参数的确定[50]

合理的铜冷却壁结构参数应根据相关的温度场计算结果确定。通过对轧制铜冷却壁和铸铜冷却壁，以及内铸钢管和 Monel 合金管的铜冷却壁温度场分析，可以确定铜冷却壁中合理的铜冷却壁结构；研究不同材质的铜和水管对镶砖高度、砖的热导率、肋高、冷却水管直径和水管间距对热流强度、铜的最高温度、镶砖最高温度和炉壳温度的影响，并进行比较，可作为铜冷却壁的优化设计的参考。

a 模型的建立

模型建立的假设条件：假定在模型计算宽度和高度范围内，炉体内表面附近的温度均匀；忽略了炉壳与冷却壁、冷却壁与镶砖间的接触热阻；假定宽度方向两冷却壁中心之间的传热对称；假定高度方向沿镶砖中心线的传热对称。

根据以上假设，得到铜冷却壁的几何模型如图9-74所示。

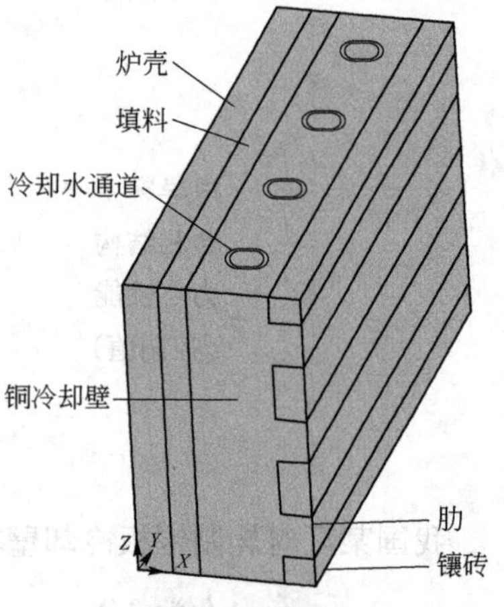

模型固定的几何尺寸：炉壳厚度为50mm；填料层厚度40mm；冷却壁厚度（不包括肋高）105mm。

b 模拟条件

模型计算边界条件：冷却壁热面与炉内煤气换热

图 9-74 计算模型示意图

面：炉内煤气温度1200℃，换热系数232W/（m² · K）；冷却水与冷却壁的热交换面：水速2m/s，水温35℃；炉壳与周围空气的换热系数12W/（m² · K），空气温度取30℃。

计算条件：在研究不同材质的铜和水管对冷却壁参数的影响时，主要改变了其相应的热导率，铸铜冷却壁内母体铜与水管两者之间按照理想熔合状态考虑的，没有考虑增添的热阻。在计算热导率对热流强度和温度的影响时，轧制铜的热导率取320~400W/（m · K），铸铜的热导率取200~300W/（m · K），铜管的热导率为200~300W/（m · K），钢管的热导率为48W/（m · K）；Monel 管的热导率为25W/（m · K）。在其他情况，轧制铜的热导率都取350W/（m · K），铸铜的热导率取230W/（m · K）。

特别应指出的是，Monel 合金是一种高强度的抗腐蚀材料，能够在抗强酸、碱介质中有寿命长的特点。工作温度在 −190~260℃范围。在常温下热导率很低约为16W/（m · K）；高温时，热导率升高。可是作为高炉冷却水来说，温度不可能超过100℃。

在研究镶砖热导率对热流强度和温度的影响时，镶砖的热导率取 2~30W/（m · K）；其他情况，镶砖的热导率取15W/（m · K）。

在研究肋的高度对热流强度和温度的影响时，假定肋高等于镶砖厚度为 0~75mm；其他情况，冷却壁肋的高度为50mm。

在研究冷却水管直径对热流强度和温度的影响时，水管直径取40.8~73.2mm，即30mm×56.5mm~60mm×86.5mm；其他情况，轧制铜及铸铜冷却壁水管的当量直径取62.6mm，即50mm×76.5mm，内铸钢管的当量直径为50mm。

在研究冷却水管间距对热流强度和温度的影响时，冷却水管间距取 180~260mm，其他情况取 200mm。

c 计算结果

图9-75所示为轧制铜冷却壁、铸铜冷却壁和内铸钢管铜冷却壁的镶砖高度对热流强度和温度的影响。图9-76所示为轧制铜冷却壁、铸铜冷却壁和内铸钢管铜冷却壁铜的热导率对热流强度和温度的影响。图9-77所示为镶砖热导率对热流强度和温度的影响。图9-78所示为冷却水管直径对热流强度和温度的影响。图9-79所示为冷却水管间距对热流强度和温度的影响。

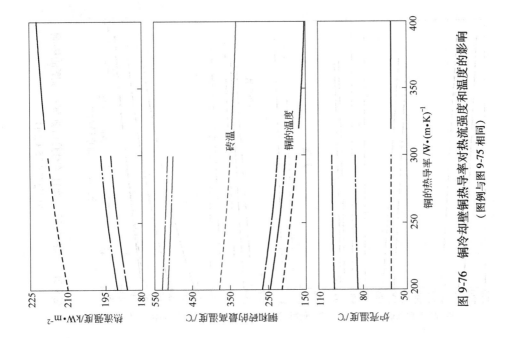

图 9-76 铜冷却壁铜热导率对热流强度和温度的影响
(图例与图 9-75 相同)

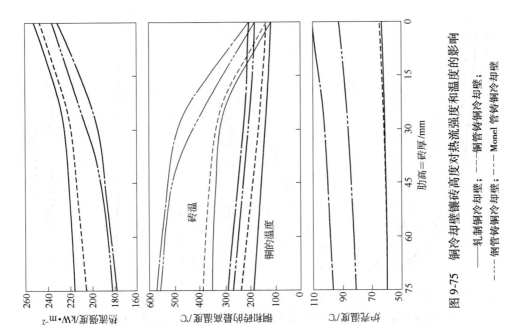

图 9-75 铜冷却壁镶砖高度对热流强度和温度的影响

—— 轧制铜冷却壁；——— 铜管铸铜冷却壁；
----- 钢管铸铜冷却壁；—·—·— Monel 管铸铜冷却壁

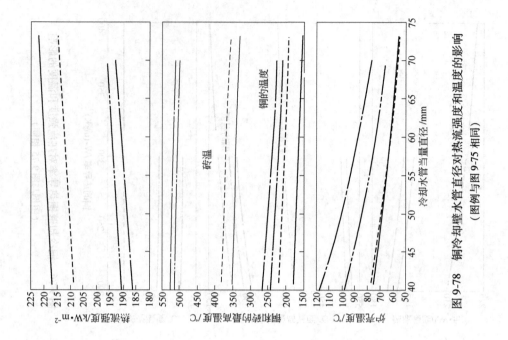

图 9-78　铜冷却壁水管直径对热流强度和温度的影响
（图例与图 9-75 相同）

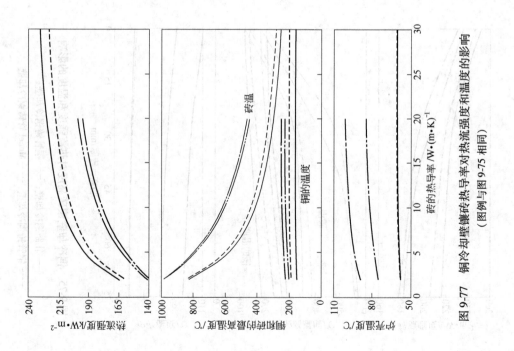

图 9-77　铜冷却壁镶砖热导率对热流强度和温度的影响
（图例与图 9-75 相同）

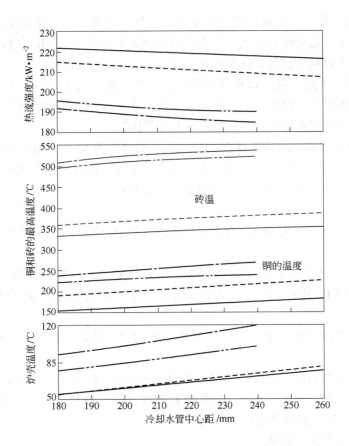

图 9-79　铜冷却壁水管间距对热流强度和温度的影响
(图例与图 9-75 相同)

由图 9-75 ~ 图 9-79 的上部来看, 轧制铜冷却壁比铸铜冷却壁的热流强度高一些, 但高出不多; 内铸钢管或 Monel 合金管的铜冷却壁与前两者比, 热流强度明显减小。从图 9-75 ~ 图 9-79 来看, 轧制铜冷却壁与铸铜冷却壁比较, 铜的最高温度(粗线)、镶砖最高温度(细线)轧制铜较铸入铜管的铸铜冷却壁低一些, 但低得不多; 而内铸钢管和 Monel 合金管的铸铜冷却壁较两者高许多。从图 9-75 ~ 图 9-79 的下图来看, 轧制铜与铸入铜管铜冷却壁的炉壳温度几乎没有差别; 而钢管或 Monel 合金管的铸铜冷却壁与轧制铜冷却壁的炉壳温度相差较大。说明铸入钢管或 Monel 管的热导率差的作用是很明显的。

由图 9-75 可知, 随肋高的减小, 热流强度增大, 而铜的最高温度、镶砖最高温度减小, 炉壳温度略有上升。可是轧制铜与铸铜水管的铸铜冷却壁的热流强度、镶砖温度相差不大, 而铸入钢管或 Monel 管的铸铜冷却壁相差的较大, 会影响冷却效果和镶砖寿命。如果炉内煤气温度高于 1200℃, 或者换热系数较设定的高, 肋部热面温度将更高, 可能影响铜的寿命。从肋高的计算结果来看, 肋高越小, 对铜冷却壁的长寿越有利, 但肋高的设计, 须考虑铜冷却壁的磨损和挂渣性能。

由图 9-76 可知, 随铜的热导率增大, 热流强度略有增大; 而铜的最高温度、镶砖最高温度减小, 炉壳温度略有增大, 但总的影响趋势比较平缓, 尤其是对热流强度和炉壳温度影响较小。

从图 9-77 可以看出,随镶砖的热导率增大,热流强度增大,镶砖最高温度减小,而铜的最高温度、炉壳温度略有增大。当镶砖热导率大于 15W/(m·K) 时,变化趋于平缓,所以对冷却壁耐火材料的选择,热导率在 15W/(m·K) 比较合适。

从图 9-78 可以看出,随冷却水管直径增大,热流强度增大,铜的最高温度、镶砖最高温度和炉壳温度减小。因此,从传热角度来讲,冷却水管直径越大越好,但冷却水管直径的选择应考虑铸造工艺的可行性、冷却壁强度等因素。

从图 9-79 可以看出,随冷却水管间距增大,热流强度减小,铜的最高温度、镶砖最高温度和炉壳温度增大。因此,从传热角度来讲,冷却水管间距越小越好,但冷却水管间距的选择应考虑制造工艺的可行性、冷却壁强度等因素。

d 结语

(1) 铸铜冷却壁中铸入 Monel 合金管和钢管,管道的隔热作用比较明显,对冷却壁传热有不利的影响。

(2) 铸铜冷却壁本体金属与管道的熔合十分重要,本计算是在理想的熔合条件下得出的。如果铸入的 Monel 合金管或钢管熔合不好将对铸铜母体金属内的温度有重大影响。

(3) 铜冷却壁镶砖热导率最好大于 15W/(m·K),镶砖温度较低,有较好的粘渣作用。

(4) 铜冷却壁的肋高尽可能小,铜冷却壁肋高推荐设计为 35~40mm。

(5) 在铸造工艺、强度、成本等条件满足的情况下,冷却壁应尽可能减小水管间距、增大水通道面积,以提高冷却强度和均匀度。

B 冷却通道特性的分析

铜是一种昂贵的有色金属,尽可能地减少铜料消耗,有着极大的经济意义。近年来,人们采用了扁圆孔形、复合孔形(俗称花生壳形)和双圆孔形等冷却通道。这些冷却通道对于降低铜料消耗的作用很大。如何来评估它们的热交换能力,在传热学的文献资料中,对于管道内充分发展的湍流段的换热强度常采用式(9-26)来进行计算:

$$Nu = (\alpha \times d_i)/\lambda = 0.023Re^{0.8}Pr^{0.4} \tag{9-26}$$

式中 Nu——努塞尔数;

α——对流换热系数,W/(m²·K);

λ——水的传热系数,W/(m·K);

d_i——对圆形通道,为直径;对非圆孔形通道,为当量直径,$d_i = 4A/L$(A 为非圆孔形通道断面积,L 为非圆孔形通道周长),m;

Re——雷诺数;

Pr——普朗特数。

因此,强制对流换热系数为:

$$\alpha = (0.023w^{0.8}\lambda^{0.6}c_p^{0.4}\rho^{0.4})/(d_i^{0.2}\nu^{0.4}) \tag{9-27}$$

式中 w——水的平均速度,m/s;

ν——水的运动黏度,m²/s;

c_p——水的比定压热容,J/(kg·K);

ρ——水的密度，kg/m^3。

根据牛顿传热公式，冷却通道的换热量为：

$$q = \alpha f \Delta t \tag{9-28}$$

式中 q——换热量，W/m^2；

f——冷却通道的换热面积，m^2；

Δt——通道壁与水的平均温差，℃。

将式（9-27）代入式（9-28）得：

$$q = (0.023 w^{0.8} \lambda^{0.6} c_p^{0.4} \rho^{0.4} f \cdot \Delta t) / (d_i^{0.2} \nu^{0.4})$$
$$= (0.023 \lambda^{0.6} c_p^{0.4} \rho^{0.4} \Delta t\, w^{0.8} L^{1.2}) / (4^{0.2} A^{0.2} \nu^{0.4}) \tag{9-29}$$

从式（9-29）可以看出，在冷却水参数和冷却通道断面积一定的条件下，冷却通道壁与冷却水之间的换热量 q 与冷却通道横断面周长的 1.2 次方的乘积成正比。

为了研究轧制铜板冷却壁冷却通道的特性，曾经进行过冷却通道为圆孔形和复合孔形的铜冷却壁热态对比试验。两块冷却壁的外形尺寸（高 × 宽 × 厚）为 800mm × 280mm × 110mm。冷却通道的参数见表 9-32。

表 9-32 试验用铜冷却壁冷却通道特性

名　称	圆　孔	复合扁孔
孔的规格	φ55	30／R20 R20／30／70
周长/mm	172.8	193.5
面积/mm²	2375.8	2331.9
当量直径/mm	55	48.2

试验中实测的不同温度下冷却通道的换热量以及水流速度对壁体温度的影响见图 9-80 和图 9-81。

从图 9-80 可以看出，在不同温度下复合孔形冷却通道的换热能力约比圆孔形大

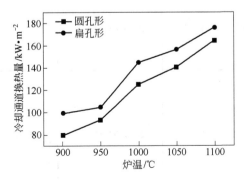

图 9-80 冷却壁的换热能力对比

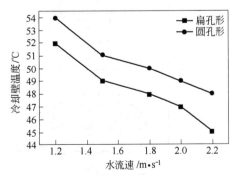

图 9-81 水流速度对温度的影响

14.11%。图 9-81 表明，由于复合孔形铜冷却壁的冷却能力显著增强，因此在保持同样的冷却效果（本体的温度相同）的条件下可以相应减小冷却水的流速，从而降低了冷却水量的消耗量。

我们研究了传热学的文献资料中对于管道内充分发展的湍流段的换热量有关计算后发现：计算的复合孔形与圆孔形冷却通道换热量与实测的平均数据是十分接近的。因此，我们认为利用传热学的公式来分析不同孔形冷却通道的换热能力是可靠的，无需进行过多的重复试验。实践证明，SMS Demag 采用含铜量不小于 99.90% 的铜板坯制造的 ϕ55mm 单一圆孔形铜冷却壁，能保证高炉炉身的工作可靠性。以此出发，可以将 ϕ55mm 圆孔形冷却通道的相对换热能力 φ 认为是 1，只要保证新的孔形与 ϕ55mm 圆孔形冷却通道的换热能力比值不小于 1，就可以认为冷却壁的工作可靠。

通过对传热学公式的一些演算，得出了以下结果：如果改变冷却通道的形状，与 ϕ55mm 单一圆孔形冷却通道相比较，相对换热能力 φ 与冷却通道的周长和断面积之间存在着如下关系：

$$\varphi = \frac{2.4556 \times L^{1.2}}{A^{0.2}} \tag{9-30}$$

式中　φ ——冷却通道相对的换热能力。

　　L ——冷却通道的周长，m；

　　A ——冷却通道的断面积，m^2。

当 φ 的值等于 1 时，冷却通道的换热能力与 ϕ55mm 单一圆孔形相等。该值大于 1 时，前者的换热能力将大于后者。

根据上述试验及分析的结果，开发了 3 种冷却通道孔形，见表 9-33。以孔形 1 为基准，其他 3 种孔型与其进行比较。从表中数据可以看出，孔形 2、3 的水流通道截面积大体与 1 相同，其冷却水消耗量也一样，它的换热能力却较孔形 1 大。这样既减少铜料用量，又增大了换热能力。孔形 4 与孔形 1 相比，换热能力大体在同一水平上，但它的通道截面积仅为孔形 1 的 76.1%，在节约冷却水用量 24% 的条件下，达到大体同样的换热效果，这样既减少铜料用量，又节约动力消耗。

表 9-33　不同冷却通道孔形的相关数据

序　号	孔形及尺寸/mm	周长 L/m	截面积 A/m^2	φ
1	ϕ55	172.79×10^{-3}	2375.83×10^{-6}	1
2	21.5 21.5 R17.5 R17.5 30.62 78	198.98×10^{-3}	2379.07×10^{-6}	1.18

序 号	孔形及尺寸/mm	周长 L/m	截面积 A/m²	φ
3		194.62×10^{-3}	2377.16×10^{-6}	1.15
4		168.4×10^{-3}	1808.8×10^{-6}	1.02

C 铜冷却壁的厚度

决定铜冷却壁厚度的因素可以用下式表示：

$$B = d + h + 2\delta + \Delta S \tag{9-31}$$

式中 B——铜冷却壁的总厚度；

d——组成冷却通道的圆孔直径；

h——燕尾槽深度；

δ——冷却通道边缘至冷面或燕尾槽底面的净厚度，现有铜冷却壁本体最薄处的厚度 $\delta \geqslant 16 \sim 22.5$ mm；

ΔS——冷却通道中心线的加工总偏差，冷却通道中心线的偏差要求一般为 ±1mm/m。

冷却通道的设计应考虑：通道的换热表面应尽可能大，而通道的横断面积尽可能小，以保证在达到足够的冷却效果的条件下，达到减少冷却水消耗量的目的。因此，扁孔形冷却通道与圆孔形相比，前者是有利的。我们采用的复合扁孔型冷却通道是由 3 个互相贯通的 φ35mm 圆孔组成的扁孔通道，显然，它与 φ55mm 圆孔通道相比，铜冷却壁的厚度便可减薄 20mm。

铜冷却壁的燕尾槽只是为了有利于挂渣而设置的。国内外高炉的生产实践证明，燕尾槽深度不必太大，槽内充填不定形耐火材料，$h = 28 \sim 30$mm 即可，槽内镶砖时，$h \geqslant 40$mm。

应该说这一要求是很高的。特别是 d 的尺寸小而钻孔深度又较大时，必须有特殊的手段才能达到此标准。但是，由于加工偏差 ΔS 过大引起的壁厚增大完全是毫无意义的消耗。因此，提高制造水平，严格控制 ΔS 的偏差对于减小铜冷却壁的厚度是十分重要的。

我国制造厂为国外高炉供货的最薄的铜冷却壁厚度为 95mm。国内高炉使用的最薄的铜冷却壁厚度为 100mm。目前，这些铜冷却壁的工作状况良好。

D 内部传热状况的测定

a 铜冷却壁热面的传热边界条件

在对高炉用轧制铜板冷却壁（4×40mm 冷却通道，通道中心距为 210mm）热边界条件的热态试验中发现，在温度 1000～1200℃范围内，且不存在渣皮的条件下，一块铜冷却壁传热过程的努塞尔数（Nu）与炉内温度之间存在着明显的线性关系。它可以用下式表达：

$$Nu = 28.445t - 19308 \qquad (9\text{-}32)$$

式中 Nu ——努塞尔数；

t ——炉内温度,℃, $t = 1000 \sim 1200$℃。

式（9-32）说明：（1）在试验温度条件下，铜冷却壁具有足够大的导热能力，能够把炉内传递给它的热量通过冷却水带走。（2）铜冷却壁的换热系数不是一个固定值，而是随炉温或热交换量变化的函数。这一结果为编制铜冷却壁整体温度场提供了重要的试验依据。

b 轧制铜板冷却壁断面上的温度分布

通过对多组试验结果的分析发现，铜冷却壁水流通道结构决定了铜冷却壁温度分布的形式，水流通道结构相同的铜冷却壁，温度分布的形式基本相同。炉温、水温、水速等因素变化后，对于冷却壁温度的高低虽有变化，但其基本形式变化不大。图 9-82 为2937mm 高的轧制铜板冷却壁在热面没有渣皮时，纵截面下半部分的等温线分布图。

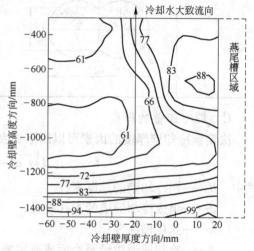

图 9-82 冷却壁断面等温线分布

c 断水试验

为了考察铜冷却壁在断水条件下的工作状况，曾对某厂高炉使用的轧制铜冷却壁进行过切断 1 根或 2 根冷却水管的供水试验。

目的在于考察 4 条冷却水通道的冷却壁，如果某一或两条水管出现故障而不能正常供水时，铜冷却壁的工作情况。试验在炉气温度为 1200℃，水流速度为 1.5m/s 的条件下，在冷却壁的热面上布置了大量热电偶，对采集的数据进行汇总处理后，结果见表 9-34。

表 9-34 不同供水条件下铜冷却壁热面温度状况

冷却通道供水状况	热面温度/℃			
	平均值	最小值	最大值	范 围
4 根水管正常供水	84.1	67.0	97.9	30.9
切断中部一根供水管	106.4	71.2	129.8	58.6
切断中部两根供水管	142.4	108.1	186.4	78.3

试验结果表明，铜冷却壁在一根冷却通道失去供水（软水闭路循环冷却系统检漏）时，维持工作不会出现问题。

E 铜冷却壁的损坏

从理论上讲，铜冷却壁应该具有很长的寿命，可是目前国内外使用铜冷却壁却不够理想。归结起来，在使用中，发现了铜冷却壁进出水管焊缝开裂、热面本体磨损、熔损和变形等问题。

a 铜冷却壁进出水管焊缝开裂

铜冷却壁进出水管焊缝开裂的原因是制造质量和制造及安装误差造成。由于铜的导热性很好，如果焊接预热和焊接电流控制不当，只将水管熔接，而铜冷却壁本体熔接深度不够，进出水管与本体没有可靠地焊在一起，将造成焊缝脱焊。如果在安装时，没有保证炉壳与进出水管之间的间隙，当高炉生产时，由于热负荷波动，造成铜冷却壁的热胀冷缩，而进出水管缺少位移的余地，造成焊缝反复交变应力而损坏、漏水。

b 铜冷却壁的磨损

在炉腹、炉腰和炉身下部，铜冷却壁具有极强的冷却能力，理应形成稳定的渣皮保护。在炉内气体温度相同的条件下，铸铁冷却壁的热面温度较铜冷却壁高许多，容易损坏。可是，过去厚壁高炉炉腹部位的铸铁冷却壁很少损坏，风口带冷却壁几乎没有烧损的情况。而目前炉腹、炉腰和炉身下部的铜冷却壁都有磨损的情况出现，以及风口带铸铁冷却壁也发生烧损，因此，损坏机理还需研究，以便寻求对策。本章前面分析薄壁内型不合理也可能是损坏的原因之一。

c 铜冷却壁的热变形

对于铜冷却壁的变形，曾经进行了长度 $L = 3000mm$ 铜冷却壁的热态试验，试验按无约束状态（所有工作螺栓不固定）和有约束状态（所有工作螺栓固定）进行，试验结果表明：

（1）无论是在无约束状态和有约束状态下，铜冷却壁的冷面所有变形都是正值，它与铜冷却壁在高炉实际工况状态下的变形情况是相符的；

（2）在固定螺栓约束范围外的变形值比约束范围内大；

（3）一次升温引起的变形值很小，但是，如果多次升温，其变形值有积累的现象。这是由于温度应力引起不可逆的塑性变形所致。按积累的变形值推算，适当控制冷却壁长度，在一代炉役寿命期间，热变形不至于影响铜冷却壁的正常工作。

尽管轧制铜板冷却壁可以承受强大的热流强度冲击而不损坏，但如果出现频繁的渣皮脱落，温度变化引起的变形积累对铜冷却壁是不利的。

国内某高炉采用进口连铸铜冷却壁，由于设计长度达到 4m，在炉内渣皮生成脱落的作用下，产生热变形，不仅水管焊缝被拉开，而且螺栓也从冷却壁中拔出，导致冷却壁失效。高炉生产了约 8 年半将两段长冷却壁改为 4 段较短的冷却壁。因此铜冷却壁的长度应该适当控制。

9.6.4.3 铜冷却板的设计

铸铜冷却板在高炉中是一种点冷却设备，它的工作状况除了与本身的结构和冷却参数有关外，还与布置的密集程度、周边所砌耐火材料的热导率以及它的侵蚀状态有关。

铸铜冷却板是高炉采用较早的冷却设备。它利用铜的高导热性能，通过冷却水把炉内煤气流传递到炉体的热量带走。随着冷却技术的发展，铜冷却板也在不断改进，为了保证冷却的可靠性，冷却板的冷却通道形式由一进一出四通道、一进一出六通道发展到二进二出八通道。其结构形式如图 9-83 所示。

冷却板的水流速度与冷却板最高温度的关系见图 9-84。冷却板间距和悬空长度对热流强度、冷却元件和炉壳温度的影响见图 9-85。冷却板布置的密集程度、周边所砌耐火材料的热导率以及它的侵蚀状态之间的关系见图 9-86。

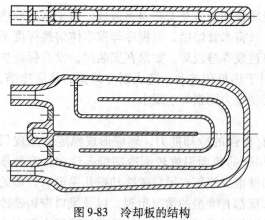

图 9-83 冷却板的结构

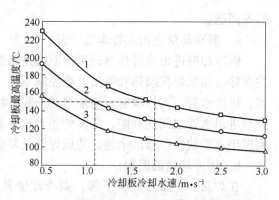

图 9-84 冷却板的水流速度与最高温度的关系
（冷却板垂直间距为 312mm，内衬为石墨砖）
1—炉内温度 1600℃；2—炉内温度 1300℃；
3—炉内温度 1000℃

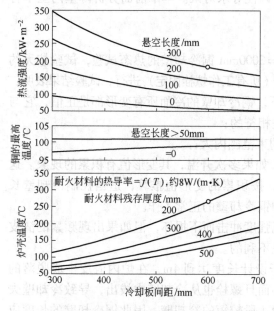

图 9-85 冷却板间距和悬空长度对热流强度、
冷却元件和炉壳温度的影响

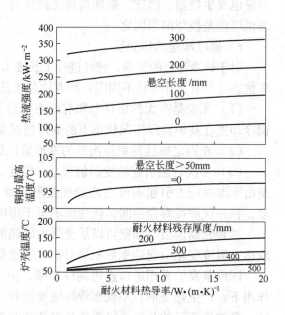

图 9-86 耐火材料热导率对热流强度、
冷却元件和炉壳温度的影响

图表按炉温为 1200℃，炉内的传热系数为 232W/(m² · K) 的条件计算。

9.6.4.4 风口

风口小套是高炉中承受工作环境最恶劣的冷却元件。恶劣的工作环境表现在：

（1）输送约 1200℃ 高温鼓风，并在温度高达 2000℃ 以上的焦炭回旋区前工作，承受着高炉最大的热流强度的冲击。

（2）在风口的上方有液态渣、铁不断滴落冲刷，如果出现风口回旋区不活跃时，在风口的下方可能直接接触液态渣、铁，因此，伸入炉内的风口小套前端随时可能经受液态渣、铁的熔蚀。当铁水与风口接触时，峰值热流强度可能达到 8～23MW/m²，在如此高的热流强度冲击下，如果热量不能及时被冷却水带走，水冷表面将出现膜态沸腾，使得风口壁的温度迅速上升，直至超过它的熔点而烧毁。

（3）风口小套外侧要承受进入风口回旋区赤热焦炭的机械摩擦，喷煤时风口内侧要承受输送煤粉的冲刷。

（4）当风口上方渣皮脱落时，有可能砸坏风口小套。

为了保证风口小套在如此恶劣的条件下长期稳定工作，风口小套的设计和操作必须考虑：一是当风口与铁水接触时不能被烧坏；二是风口应能经受住焦炭和煤粉的磨损。

日本 Naomichi Ukai 等人对风口如何抵御与铁水接触时经受强大的热流强度冲击进行过大量的研究，他们的研究结果在于总结出了一条风口烧毁热流值的经验公式。风口烧毁热流值的经验公式如下：

$$q_{bo} = (1.75 \times 10^3 \lambda^{0.64} + 5.6 T_m - 2.4 \times 10^3) \Delta t_{sub} v^{0.45} \tag{9-33}$$

式中　q_{bo}——烧毁热流，W/m^2；

　　　λ——风口材料的热导率，$W/(m \cdot K)$；

　　　T_m——材料的熔点，℃；

　　　Δt_{sub}——水入口处的欠热温度，℃；

　　　v——水的流速，m/s。

从式（9-33）可知，决定风口烧毁热流值的大小，即风口能够承受多大的热流强度，主要取决于风口材料的导热系数 λ、水流速度 v 和水入口处的欠热温度 Δt_{sub}。它概括了改进风口结构设计的基本原则。

为了保证风口在与铁水接触时不被烧坏，风口的制造和冷却应重视：

（1）提高风口材料的导热系数；

（2）提高冷却通道的水流速度 v，保证良好的冷却；

（3）提高风口冷却水入口处的欠热温度 Δt_{sub}。

目前，提高风口冷却水入口处的欠热温度 Δt_{sub} 这一措施尚未被人们所重视。一般来说，我国高炉风口冷却水入口处的压力约为 0.55MPa，其欠热温度约 62℃。如果我们把风口冷却水入口处的压力提高到 1.2MPa，它的欠热温度将提高到约 92℃。这样一来，风口能够承受的最大热流强度值将提高约 48%。实现这一目标的措施是将风口开路循环改为闭路循环冷却系统，并提高膨胀罐的充 N_2 压力。这样，冷却系统的能量消耗不仅不会增加，相反，还将会降低。达到了既提高风口冷却可靠性，又节约能耗的目的。

大量生产实践证明，将风口小套头部冷却水速度提高到 12 ~ 17 m/s，水压加大到 1.5MPa，对于提高风口寿命是行之有效的。提高水速的目的在于加强对流传热，使风口不仅在正常工作条件下，甚至在受液态生铁侵袭的条件下也能迅速将热量导出。而提高冷却水压力的结果，加大了欠热度，避免在风口内出现局部沸腾。

9.7　高炉冷却系统

冷却元件和水冷循环系统的传统功能是用来保护高炉炉壳。为了达到这一目的，冷却系统必须从耐火材料带走足够的热量，从而使机械应力、热应力以及导致耐火材料损耗的化学侵蚀最小化。同时，水冷循环系统必须保持冷却元件热面的温度在指定的范围之内，以确保 15 年以上的炉龄。

对不同炉容和操作方式的高炉进行比较和研究，在所有的设计中，冷却水循环系统都应在正常热量和峰值热负荷的情况下，能够带走冷却元件的热量。

近年来，我国高炉采用软水密闭循环冷却技术有较快发展，如武钢、鞍钢、本钢、太钢、唐钢、宝钢、攀钢等一些大型高炉均已采用。设计应根据水源、水质情况选用软水密闭循环冷却或工业水开路循环冷却。炉底采用水冷。炉体冷却系统要尽量考虑高炉操作中调节不同部位的冷却水量、水压，控制各部位的热负荷的要求。

9.7.1 冷却介质

冷却水的质量是保证冷却系统可靠工作的首要环节。

对高炉冷却水水质评价的研究认为，不仅要注意冷却水的硬度，还要注意水的稳定性温度范围。高炉冷却水水质大体可分为三类，见表9-35。

表9-35 高炉冷却水水质评价及处理意见

水质等级	一等	二等	三等
总硬度/度①	<8	8 ~ 16	>16
稳定性/℃	>80	65 ~ 80	50 ~ 65
工业处理建议	自然水、沉淀池处理	软水或提高稳定性处理	软 水

① $1 度 = 10mg/L_{CaO} = 10 \times 10^{-4}\% CaO$。

我国北方地区绝大多数自然水均属三等，同时水资源紧张，因此，在这一地区应推广采用软水密闭循环冷却系统。对于水质属于二等的地区应根据具体情况慎重对待。在采用工业水开路循环冷却系统时，必须进行水质及其稳定性分析。无论是闭路还是开路系统，只有在高炉正常工况条件下，冷却设备水流通道壁的温度低于水的稳定温度时才是允许的。

《规范》规定，以江河水、湖水等地表水为原水，经常规处理产生低硬度的水时，高炉可采用开路循环冷却水系统。在水质硬度高或较高的地区，应对生产新水进行软化，并应采用软水密闭循环冷却水系统。在气象条件允许的地区，宜采用空气冷却器冷却循环水。

9.7.2 冷却系统的分类及水质控制

9.7.2.1 冷却系统的分类

高炉采用的冷却系统可分为以下三类：

（1）工业水开路循环冷却系统，其原理见图9-87。

（2）汽化冷却系统，其原理见图9-88。

（3）软水（纯水）密闭循环冷却系统，其原理见图9-89。

为确保冷却系统的有效性和长寿，应采用软水，以及氮气加压的强制密闭循环冷却系统。在每个主要的冷却回路中，冷却水都加压后流经各自的冷却设备，然后汇集到一个排水

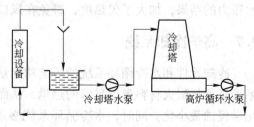

图9-87 工业水开路循环冷却系统原理图

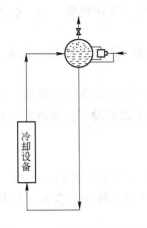

图 9-88 汽化冷却系统原理图

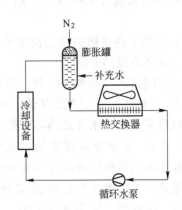

图 9-89 软水密闭循环冷却系统原理图

主管中。每个排水主管都穿过一个脱气装置，水位调节膨胀罐和热交换器，通过热交换器，热量被传递到二冷水系统或被直接排放入大气中。冷却以后，每个冷却回路中的水进入此回路循环泵的入口侧。氮气的压力需要满足回路的要求并通过压力控制阀来使压力保持恒定。

上述三种冷却系统的区别在于其循环使用的冷却介质的热量散发方式不同：工业水开路循环冷却系统，依靠冷却塔（池）中水的直接蒸发冷却；汽化冷却系统，依靠蒸发时水的汽化潜热来冷却；软水、纯水密闭循环系统通过热交换器间接换热。值得注意的是，在密闭循环冷却水系统中还要节约二次冷却水。

高炉采用工业水冷却时，在冷却水硬度高的条件下，由于碳酸盐的沉积，冷却设备的通道壁上容易结垢。水垢的形成是造成冷却设备过热直至损坏的重要原因。对于水的硬度高、强化冶炼的高炉，矛盾尤为突出。

汽化冷却是最节约水，并且有可能利用热量的理想冷却方式。但是由于高炉的热负荷波动大，冷却设备容易过热，经过长时间的试验和应用，影响高炉寿命而改用软水密闭循环冷却系统。

高炉采用软水密闭循环冷却系统具有以下优点：

（1）冷却可靠性高，冷却效率高。软水密闭循环冷却系统克服了汽化冷却和工业水自然循环冷却的固有缺点，把它们的优势集于一身。回路压力的增加，提高了水的沸腾点，同时降低了局部泡核沸腾的可能性，水可以在较高的欠热度条件下工作，在高炉应用之后获得了令人满意的效果。

（2）水量消耗少。在软水密闭循环冷却系统中没有水的蒸发损失，流失也极少，因此，系统的水量消耗极少。根据高炉的实际操作经验，正常的软水补充量约为系统总流量的 1‰ ~ 5‰。

（3）动力消耗低。闭路系统与开路系统不同，系统中水泵的工作压力取决于膨胀罐内的充 N_2 压力，而水泵的扬程是由系统的阻力损失决定的，冷却水的静压头能够得到完全的利用，即水泵的扬程 $H = \Delta P$。在开路系统中水泵的扬程除了取决于系统的阻力损失之外，还应附加供水点的高度 h_1 和剩余水头 h_2，即水泵的扬程 $H = \Delta P + h_1 + h_2$。

（4）水处理费用低。采用比较廉价的化学处理。

（5）冷却水流管道中以及冷却元件内无腐蚀、结垢、氧化现象，也不会产生生物污垢。

（6）运用了高灵敏的泄漏检测系统，对每个冷却回路都进行了流量、流速、工作压力以及压力下降情况的分析。

软水密闭循环冷却系统已被广泛应用，特别是在缺水和水质差的地区，应采用此系统。因此，《规范》规定**高炉炉体、炉底应采用软水密闭循环冷却。在水源充足、水质好的地区也可采用工业水开路循环冷却。**

9.7.2.2　高炉冷却设备的水质控制

冷却水水质及稳定性对冷却设备的传热效果及高炉长寿起着重要的作用。本书第11章将阐述高炉生产中水质控制的重要性。对于设计，冷却水按杂质含量不同可分为工业水、软水、纯水等，标准见表9-36。

表 9-36　冷却水水质及补充水水质指标

序 号	项目名称	工业水（清循环水）	过滤水	软化水	纯 水
1	pH 值	7 ~ 8	7 ~ 8	7 ~ 8	5.5 ~ 7.5
2	悬浮物 SS/%	$<2 \times 10^{-4}$	$<2 \times 10^{-4}$	$<2 \times 10^{-4}$	0
3	总硬度 H_0/°dH	5.6	5.6	5.6	微 量
	/% $CaCO_3$	100×10^{-4}	100×10^{-4}	100×10^{-4}	微 量
4	钙硬度 H_{Ca}/°dH	2.8	2.8	2.8	微 量
	/% $CaCO_3$	50×10^{-4}	50×10^{-4}	50×10^{-4}	微 量
5	总碱度 M_0/°dH	3.36	3.36	3.36	1
6	氯根 Cl^-/%	平均 60×10^{-4}	平均 60×10^{-4}	平均 60×10^{-4}	1
		最大 20×10^{-4}	最大 20×10^{-4}	最大 20×10^{-4}	
7	硫酸根 SO_4^{2-}/%	$<50 \times 10^{-4}$	$<50 \times 10^{-4}$	$<50 \times 10^{-4}$	
8	全铁 TFe/%	$<2 \times 10^{-4}$	$<2 \times 10^{-4}$	$<2 \times 10^{-4}$	微 量
9	可溶性 SiO_2/%	$<6 \times 10^{-4}$	$<6 \times 10^{-4}$	$<6 \times 10^{-4}$	0.1×10^{-4}
10	电导率/$\mu S \cdot cm^{-1}$	<500	<500	<500	<10
11	蒸发残渣/%	$<300 \times 10^{-4}$	$<300 \times 10^{-4}$		

铸铁冷却壁要求水质的含氧量低。一般采用软化水或纯水密闭循环冷却技术。由于铸铁冷却壁本身导热能力低，同时碳钢材质的冷却水管易产生氧化腐蚀和电解质腐蚀，铸铁冷却壁在使用过程中要求冷却水管内不能形成任何结垢，否则其热阻会明显升高，引起冷却壁破损。国外使用铸铁冷却壁的高炉都采用纯水密闭循环冷却系统。国内使用铸铁冷却壁的高炉采用软水（如武钢5号高炉）或纯水密闭循环系统（如宝钢3号高炉）。当一个冷却系统中有铸铁冷却壁、铜冷却器两种以上冷却设备时，建议设置热力除氧装置处理补充水。

9.7.3　软水密闭循环冷却系统设计[51]

9.7.3.1　系统流程

软水密闭循环冷却系统是一个完全密闭的系统。冷却介质为软水。系统由冷却设备、膨胀罐、热交换器、循环水泵站和管路附件组成。

炉体冷却系统的设计应注意以下原则：

（1）冷却系统在最大热负荷条件下工作时，应尽量接近水的允许温升；

（2）冷却水管以竖向方式自下而上连接，坚持"步步高"是必要的。冷却水管线向下倒流布置将由于排气（汽）困难而造成回路梗阻；

（3）为了保证冷却水在高炉圆周方向上的分配均匀，每一小回路的阻力应尽可能接近。

一般将高炉分为几个软水密闭循环冷却系统，如炉体冷却壁系统、热风阀和炉底系统、风口循环冷却系统等。现举例说明我国长寿高炉的循环冷却系统。

（1）宝钢3号高炉（炉容4350m³），高炉寿命已超过18年。高炉炉体冷却壁、热风阀和炉底采用纯水密闭循环冷却系统。冷却壁冷却又分为本体系和强化系两个循环冷却系统。本体系冷却部分包括炉缸至炉身中部的冷却壁本体管的冷却，设计用水量为2200m³/h，后增至3500m³/h。强化系包括炉缸下部冷却壁水管和炉腹至炉身上部冷却壁蛇形管和凸台水管的冷却，设计用水量为1400m³/h，后增加至1800m³/h。炉底和热风阀组成一个循环冷却系统。

宝钢3号高炉纯水密闭循环冷却系统实际流程图，如图9-90所示。

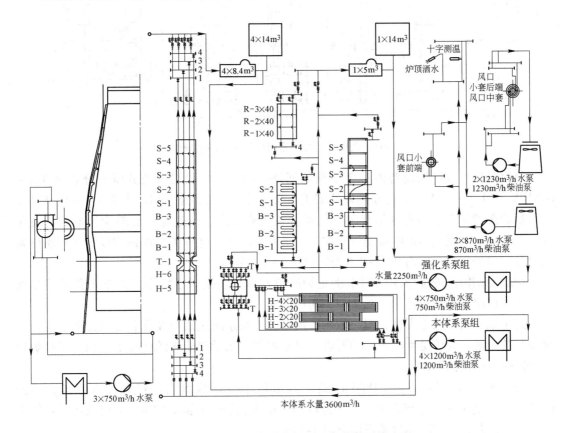

图9-90 宝钢3号高炉密闭循环水冷却系统流程

（2）武钢5号高炉（炉容3200m³），高炉寿命12年零7个月。高炉采用软水密闭循环冷却系统，见图9-91。高炉循环冷却系统分为冷却壁、风口和炉底三个循环冷却系统。炉体冷却壁从下至上串联在一起。

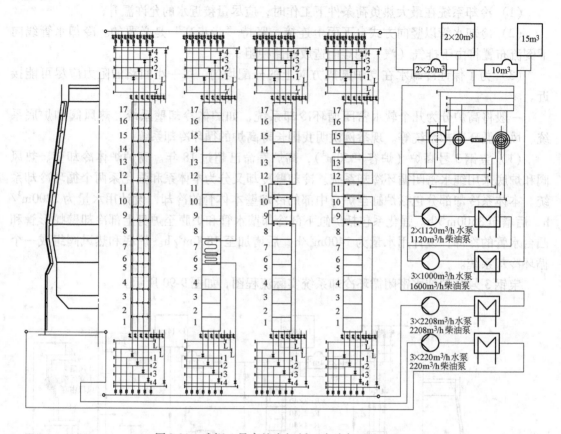

图9-91 武钢5号高炉密闭循环水冷却系统流程

风口区域以及热风设备由一个单独的回路供给。入口和出口处的压力分别为0.5～0.8MPa及0.2～0.5MPa。需要额外的增压泵来满足风口支回路入口压力为1.1～1.6MPa。

从炉腹到炉身上部的冷却壁制冷装置都被串联起来。流速是优化热交换器的必备条件，而冷却水的流量是影响流速因素之一。通常情况下，这种类型回路的设计运转条件是入口和出口处压力分别为0.5～0.8MPa和0.2～0.4MPa。

炉底冷却回路的工作压力用来满足炉缸冷却壁、出铁口区域以及炉缸下部的冷却要求。正常情况下其压力范围为0.2～0.4MPa。

近年来，高炉操作人员，提出软水密闭循环冷却系统应该沿高度和圆周方向上实行分区冷却的意见。为满足生产操作的要求，又不增加供水量和能耗的前提下，出现了高炉炉体分段软水密闭循环系统。

（3）安阳新3号、达钢1800m³高炉等采用了分段软水密闭循环冷却系统，见图9-92[51]。在高炉循环冷却系统中，炉体冷却壁用水也是从下至上供给，并可以按照炉体高度上不同冷却壁材质和热负荷采取分段供给水量。

高炉应根据不同用水水质和水压要求，分别设置供水系统，并应根据不同水质和水温的要求串级使用。

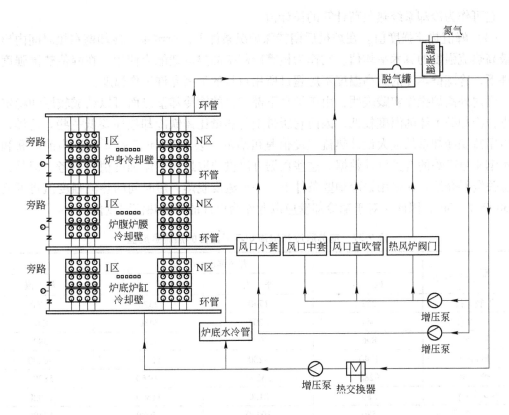

图 9-92　高炉分段密闭循环水冷却系统流程

9.7.3.2　热流强度及冷却水量

热流强度是冷却系统和冷却设备设计的重要参数。可靠而适当的冷却是保证高炉长寿,并获得良好的技术经济指标的必要条件之一。冷却不足将造成冷却设备过早损坏。过度的冷却不仅使动力消耗增加,而且将对高炉操作带来不利的影响。因此在进行冷却系统及冷却设备的设计时,选择合理的热流强度是一个十分重要的问题。所谓热流强度是指冷却介质从每 $1m^2$ 冷却面积所带出的热量。通常,高炉的冷却面积应以炉壳内的表面积为依据进行计算。但在实际应用中,许多设计人员采用以下做法:对冷却壁冷却的高炉,热流强度以冷却壁的内表面积作为冷却面积进行计算;对冷却板冷却的高炉,热流强度以炉壳的内表面积作为冷却面积进行计算。

高炉内热流强度最大的区段是在炉身下部。它取决于高炉冶炼强化的程度及煤气流分布等因素。在同一座高炉内,炉身下部的热流强度,将随砖衬的侵蚀状态而有很大的变化。在内衬被完全侵蚀后,冷却设备表面完全暴露在炉内,并依靠渣皮维持长期的工作。如果操作条件变化造成渣皮脱落,其热流强度将出现激烈的波动。在进行热工计算时,对采用冷却壁的高炉冷却系统和冷却设备,通常使用以下 4 种热流强度值:

(1) 最小热流强度值。开炉初期冷却设备所承受的热流强度值。

(2) 平均热流强度值。在整个炉役期内热流强度的算术平均值。经验表明,大部分高炉冷却壁在平均热流强度值的条件下工作。它可作为计算冷却系统技术经济指标的依据。

(3) 最大热流强度值。在炉役后期所测得的一组冷却壁的最大热流强度的算术平均值。它可作为冷却系统热负荷计算的设计值。

(4) 峰值热流强度值。在炉役后期特殊炉况条件下，所测单一冷却壁在短时间内出现的最高热流强度的算术平均值。它作为核算冷却壁的热承载能力使用。在峰值热流强度值条件下，冷却壁本体的最高温度不应超过所用材料的最高允许工作温度。

国内外高炉操作实践表明，由于炉身下部工作的铜冷却壁热面可以结成较厚和稳定的渣皮，冷却壁本体的温度较低，因而它所带走的热量比铸铁冷却壁还要低一些。这样，我们沿用铸铁冷却壁的最大设计热流强度值是可靠的。表 9-37 和表 9-38 分别为前苏联和我国本钢 4 号高炉的有关设计数据。这些数据可以供选取最大热流强度值时参考。但是，根据有关资料介绍，在采用铜冷却壁条件下，一旦渣皮脱落，短时间的热流强度值将可能达到 $300000W/m^2$，因此，对于铜冷却壁应以此作为设计的峰值热流强度值。

表 9-37 前苏联冷却壁高炉不同部位的热流强度值

部 位	热流强度/$W \cdot m^{-2}$			
	最 小	平 均	最 大	峰 值
炉底 1 排	232	1740	2320	6960
2 排	464	2204	3480	9280
炉 缸	896	4060	5220	13920
风口带	1740	9280	11600	40600
炉 腹	9280	23200	30160	58000
炉身[①]1 排	580	8120	11600	13920
2 排	580	10440	15080	17400
3 排	580	13920	19720	23200
4 排	580	13920	19720	34800
5 排	580	22040	31320	48720
6 排	580	37120	52200	69600
7 排	580	37120	52200	75400
8 排	580	19720	30160	53360
9 排	580	13920	19720	40600
10 排	580	13920	19720	34800
11 排	580	13920	19720	31320

①炉身冷却壁高度为 1m。

表 9-38 本钢 4 号高炉设计热流强度值

冷却壁层数	热流强度值/$W \cdot m^{-2}$		冷却壁层数	热流强度值/$W \cdot m^{-2}$	
	最大值	峰 值		最大值	峰 值
1	5820		7	53000	81000
2	5820		8	53000	81000
3	11630		9	40700	
4	11630		10	29100	
5	23250		11	23250	
6	29100		12	11630	

表9-39所列数据可以作为高炉设计的最大及峰值热流强度参考值。

表9-39 热流强度参考值

部 位	最大值/W·m⁻²	峰值/W·m⁻²	部 位	最大值/W·m⁻²	峰值/W·m⁻²
炉 底	5000~6000		炉身中部	30000~40000	
炉 缸	10000~12000				
风口带、炉腹	20000~35000		炉身上部	15000~20000	
炉腰、炉身下部	50000~55000	铸铁：80000 铜：300000	风口小套		23×10⁶

系统的最大热负荷是各区段热流强度的最大值与它们的面积乘积的总和。它是确定冷却系统能力的主要参数之一。

高炉冷却系统最大的总热负荷是确定用水量的最重要依据，计算关系式如下：

$$W = Q / \left[c(t_2 - t_1) \times 10^3 \right] \tag{9-34}$$

式中　W——冷却水用量，m^3/h；

　　　Q——热负荷，J/h；

　　　c——水的质量热容，$J/(kg \cdot ℃)$；

　　t_1，t_2——分别为冷却设备进水和出水温度，℃。

铜冷却壁使用工业水冷却时，其水速必须大于2m/s，水的硬度必须小于8，避免产生硬质垢，并需定期进行杀菌灭藻，以保证不会因微生物大量繁殖而在冷却通道内形成生物黏泥，影响铜冷却壁传热。采用软水或纯水冷却时则要求水速大于1.5m/s。目前国内外在炉腹、炉腰、炉身下部位置安装铜却壁或板壁结合的高炉，而炉身中、上部及炉缸、炉底位置采用铸铁冷却壁的高炉，为保证铸铁冷却壁的安全和避免冷却系统复杂化，大都采用同一套软水或纯水密闭循环冷却系统。但京滨1号高炉在安装两块试验铜冷却壁时，采用工业水冷却，经过4年多的使用，未发现产生结垢而使铜冷却壁的导热能力下降的现象。

工业水、软水、纯水都能满足铜冷却板的使用要求，采用铜冷却板的高炉一般采用工业水开路清循环水系统，如宝钢1号、2号高炉。稳定、适宜的冷却水水质及合理的管网设计与科学的冷却工艺制度相结合，是高炉长寿的基础。

9.7.3.3 膨胀罐

系统中设置膨胀罐的目的在于吸收水在密闭系统中由于温度升高而引起的膨胀，以及使冷却水中的气泡从循环水中分离出来。膨胀罐内充填氮气以隔绝空气，避免空气中的氧气进入水中。

A 膨胀罐的布置

膨胀罐一般布置在高炉上部，并与高炉回水环管相连接，系统流程见图9-90~图9-93。

由于膨胀罐布置于上部，系统有条件设置附加自然循环汽化冷却系统。一旦电动水泵和柴油水泵同时发生事故时，系统还可以转为汽化冷却，以确保高炉冷却的万无一失，宝钢3号高炉考虑了自然循环汽化冷却的可能。在采用这种布置时，国外4000m³级和5000m³级高炉有不设应急柴油水泵的实例。

B 膨胀罐的容积

高炉使用的膨胀罐有水平式和竖直式两种。从补水的角度出发,膨胀罐宜采用下部容积大、上部直径小的形状,下部直径大有利于储水,而上部直径小,水位的变化对于系统泄漏反应比较灵敏,因此有利于及时补水。

9.7.3.4 循环水泵站

在密闭循环冷却系统中,冷却水通过水泵送至各冷却元件,并利用其余压通过热交换器将冷却水降温后循环使用。

A 冷却水量的确定

软水密闭循环冷却系统均以每个冷却元件的水管自下而上串联。一般水流量是根据热流强度最大区段的冷却通道流速、断面积和数量来确定。

软水密闭循环冷却系统设置三台电动泵(其中两台工作,一台备用)和一台柴油泵。柴油泵是作为停电时保证向高炉安全供水用的事故备用泵。

B 扬程的确定

闭路系统与开路系统不同,水泵的扬程仅由系统的管路阻力损失决定,与供水点的高度无关。即闭路循环系统的水泵扬程 $H = \Delta P$。系统的阻力损失根据一般的水力学计算确定,并在此基础上预留25%富余量。

9.7.3.5 热交换器

采用软水或纯水闭路循环冷却系统时,水在离开冷却设备时处于被加热的状态,必须经过热交换器降温后才能循环使用。常用换热器有水—水板式换热器、水—空干式空冷器、水—空喷淋蒸发式空冷器。由于焊接技术的提高,近年来在化工行业开始使用水—空板式换热器。

水—水板式换热器是以波纹板为换热面的水—水换热设备。换热器本身具有换热效率高、设备体积小和拆装方便等优点,但它需要的二次水流量大,只有在水源充足的地区才是适用的。板式换热器的突出优点是换热能力大,检修维护方便,可达到大温差的工艺要求;其缺点是一次性投资大,占地多,运行成本高,循环水量是被冷却水的1.2倍,二次冷却塔蒸发损耗大,适用于水量充足的地区。

空冷器是由翅片管束和通风机组成的换热设备。水从翅片管内流过,通过通风机造成在翅片管外流动的空气与水进行热交换,它适用于年平均气温低、缺水的北方地区。但它的体积比较庞大,为了节约占地面积,一般把它布置在循环水泵房的屋面上。水—空干式空冷器,在北方地区采用多,其优点是投资低,运行成本也低;其缺点是能力受限,达不到15℃温差换热的工艺要求,夏天造成高炉进水温度达到78~80℃,新开炉头1~2年尚可,其后翅片管上翅片松动和积灰则失去其换热的作用。

鞍钢在2002年从化工行业首次引入喷淋式水—空蒸发空冷器后,使用效果较好,其后各厂广为使用。它的投资和运行成本介于上述两工艺之间。目前出现的问题是厂区含灰尘大,粉尘会随空冷器风机进入管束遇喷淋水而结聚在管束的管壁,降低传热效果,需定期清洗,大气湿度高的地区含尘量较少,使用效果更好。它的投资运行成本介于板式换热器和干式换热器之间。

随着技术的进步,近几年板式空冷器已在化工行业使用,优点是效果好,占地少,运行成本低。

9.7.3.6 安全供水

为了保证高炉在停电的情况下不至于烧坏冷却设备,设置高炉的安全供水系统是完全必要的。《规范》将**高炉必须设置安全供水系统**。列为强制条款要求严格执行。

由于软水密闭循环冷却系统与开路系统不同,出现停电事故时,系统处于密闭状态,水的压力变化不大,依靠高位水塔安全供水是有困难的。**安全供水系统宜采用柴油泵机组供水。对工业水冷却的高炉还可以设置高位水池或高位水塔。安全供水量应减少到正常供水量的50%～70%。应急柴油机泵的启动时间不应超过10s。**

目前,各国对于安全供水系统的设置是不相同的。在德国,密闭循环安全供水系统只设置快速启动柴油泵而不设置高位水塔,日本不设安全水塔,能转变成汽化冷却的系统甚至不设应急柴油泵。而我国和日本采用工业水冷却一般是快速启动柴油泵和高位水塔并用。许多国家的软水密闭循环冷却系统已经不再设置两条(每条流量70%)互为备用的地下供水总管,而是采用一条(100%流量)架空供水总管。

9.7.3.7 水处理系统

除掉阳离子的水称做软水,在软水的基础上将软水中阴离子再除掉的水称做除盐水。海水淡化处理的水称做除盐水。对水除盐处理的工艺,目前有两种:一种是树脂交换处理工艺,一种是返渗透除盐水处理工艺。树脂交换处理工艺中要用到酸碱,对操作人员和环境带来一定的污染。目前采用返渗透处理工艺越来越多。两种典型的处理工艺见图9-93、图9-94。

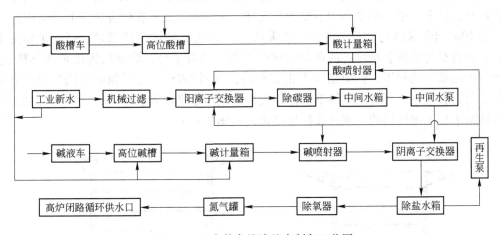

图9-93 国内某高炉除盐水制备工艺图

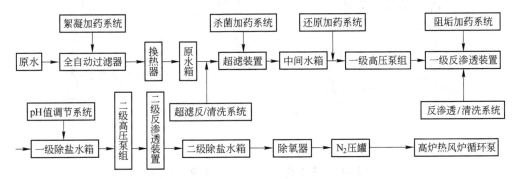

图9-94 某厂返渗透除盐水制备工艺图

使用软化水或纯水（除盐水）时，要做好防腐工作。

9.8　高炉炉体钢结构

9.8.1　钢结构框架

过去，我国高炉炉体钢结构的形式是多种多样的。从 20 世纪 60 年代中期鞍钢 5 号、6 号高炉大修开始，国内外高炉炉体钢结构的形式都趋向于采用"自立式"的框架结构。尽管为了适应环形出铁场要求的炉体钢结构形式仍有采用支承结构，但由于环形出铁场的诸多缺陷，近年来，大型高炉设计几乎都采用"自立式"的框架结构。因此《规范》规定，**高炉应采用自立式结构，并应设置炉体框架。1000m³ 级高炉也可采用不设高炉炉体框架的集约型设计**。这是由于采用铜冷却壁以后，炉壳的安全性得到提高，最近，世界上已有一批 1000m³ 级高炉不设高炉炉体框架。

9.8.1.1　炉体框架

典型的"自立式"的框架结构如图 9-95 所示。这种结构具有独立的承重结构，当炉壳出现烧红变形时，不会危及承重结构的正常工作。同时，它也给高炉大修更换炉壳带来了方便。

过去，20 世纪 50 年代我国曾流行过前苏联的炉体支承结构。在炉缸周围设炉缸支柱，炉缸支柱支承与炉腰炉壳焊接成一体的炉身托圈，由托圈支承 6 根炉身支柱，炉身平台支承在炉身支柱上。中、小型高炉不设炉身支柱。炉身平台支承在炉身炉壳上的结构。

自 1965 年鞍钢 5 号、6 号高炉大修采用"自立式"炉体结构以来，高炉炉体完全独立，炉内荷载与炉顶装料设备的荷重由炉壳承担。炉身平台、炉顶结构由炉体框架支承。根据高炉出铁口的布置，框架结构为正方形的，见图 9-95a。为了保证出铁口间具有足够大的夹角，自宝钢 3 号高炉炉体下部框架支柱采用矩形平面布置以来，国内大部分高炉把下部框架平行于出铁场的一侧做成梯形结构，见图 9-95b。

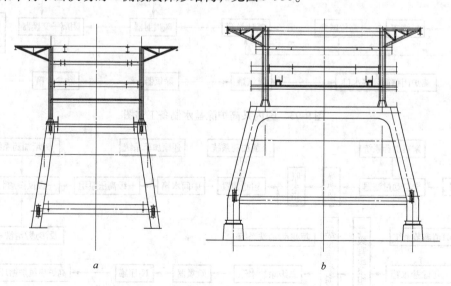

a　　　　　　　　　　　　　　b

图 9-95　典型的"自立式"的框架结构图

a—正方形框架结构；b—矩形框架结构

9.8.1.2　支柱

炉体框架一般均与高炉中心对称布置。炉顶荷载（炉顶框架及炉顶平台荷载）通过炉体框架直接传递给高炉基础。

框架支柱至高炉中心线最小间距取决于风口平台操作面积和热风围管的布置，一般情况下，支柱与热风围管外壳之间的净空尺寸不宜小于250mm。

9.8.2　炉壳设计

金属炉壳的主要作用是：承受荷载，固定冷却设备，防止煤气逸出。有不少高炉还采用炉外喷水来冷却砖衬。

炉壳外形尺寸应与炉体各部内衬、冷却形式及荷载传递方式等同时考虑。炉壳设计一般应注意以下几点：

（1）尽量减少炉壳的转折点，并使其变化平缓，尤其是炉腹以下部分，采用自立式炉体结构时更应注意。

近年来，许多高炉由于采用了合理的内衬结构和冷却形式，炉缸内衬减薄了，炉腰和炉身下部也改成薄壁，因而炉壳的外形大体与高炉内型相似，转折点的薄弱环节得到了很大的改善。

（2）风渣口大套法兰盘和出铁口套法兰盘的边缘距炉壳转折点一般不小于100mm；风、渣口及出铁口法兰盘不但作为密封之用，而且还作为加固炉壳之用。

（3）炉顶封板与炉喉外壳连接处的转折角（水平夹角）一般应大于50°。

（4）炉壳开孔应尽可能采用圆孔或椭圆孔，炉壳的焊缝应尽量避免设在冷却设备的螺栓孔和进出水管的位置上。

（5）炉腹以下砌体与冷却设备之间应有足够的炭素填料间隙，以防止由于砌体膨胀而使炉壳承受巨大的应力，甚至将炉壳胀裂或顶起。对于1000m³以上高炉，采用120～150mm间隙。

（6）为了避免炉壳底部漏煤气，要求炉壳底部密封良好。

9.8.3　炉壳破坏原因的分析

高炉炉壳开裂的事故很多，造成了直接生产损失，更使高炉寿命缩短。高炉的大型化，使炉壳事故造成的影响也扩大了。

高炉炉壳作为结构的同时，也是进行工艺过程高温反应的气密性容器。尽管炉壳开裂的原因多种多样，当炉壳的开裂发生构造性损坏时，高炉的功能受到明显的影响，曾经对54座高炉进行了调查研究和分析计算，现归纳如下：

（1）由于砌砖侵蚀和脱落。冷却壁暴露在炉内，冷却壁开裂和角部烧坏，使炉壳局部烧红。

（2）由于冷却壁局部损坏，使炉壳内表面暴露在炉内严酷的高温气流中，长期在高温和还原性气氛下工作。按照Fe-C反应而被渗碳，钢材中的晶粒变粗，钢材变脆、强度降低。

（3）由于炉内高温煤气的冲刷，炉壳内部受热冲击和膨胀而凸出，炉壳受热产生压应力而局部变形、膨胀。当炉壳冷却时，凸出部分转变成拉应力，使暴露在炉内的炉壳产生裂纹。

（4）由于炉壳内表面温度的急剧的变化，拉、压应力和炉壳钢材变质组合结果的反复作用使裂纹扩大，造成炉壳开裂。

将前述炉壳开裂和过程用图 9-96 表示。特别是当炉壳在红热状态下打水急冷产生热应力而开裂，已经成为炉壳损坏的主要原因。

在高炉上，要避免炉壳温度的局部升高，制作过热模型，包括该部位由于洒水急剧冷却时的模型，炉壳温度分布、热应力、应变的计算结果表明，对容积 2000～4000m³ 的高炉温度分布的考察结果，几乎与炉容无关。热应力和应变都很大。认为急冷是发生裂纹的直接导火线。而且从一般结构及设计方面提出有效的办法是困难的，从材质方面也得不到好的办法[52]。

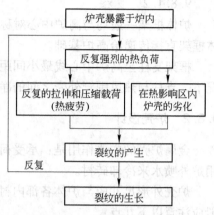

图 9-96　高炉炉壳开裂的机理

根据计算，内衬完整或冷却壁完整时，炉壳的温度不高。高炉在冷却壁健全的状态不发生裂纹。

对冷却壁纵向熔损了一半，只剩炉壳内面残存 40mm 的不定形耐火材料时进行计算。此时，仅 40mm 的喷涂不定形耐火材料就能保护炉壳。在最大热负荷的炉身下部也不超过 500℃。

在一部分冷却壁熔损时，炉壳内面不定形耐火材料也有脱落，炉壳内部直接受热。此时，对稳定和非稳定状态计算的炉壳温度，与实际情况非常接近。

9.8.3.1　稳定状态[52]

稳定状态的计算条件：冷却壁熔损孔洞 $\phi500mm$，炉壳外部大气温度 T_1 为 30℃，炉内温度 T_2 为 1000℃，炉壳与大气的热交换系数 α_1 为 23.3W/(m²·℃)，炉气与炉壳或冷却壁的热交换系数 α_2 为 349W/(m²·℃)，炉壳的导热系数 λ_1 为 46.6W/(m·℃)，浇注料的导热系数 λ_2 为 0.93W/(m·℃)，冷却壁的导热系数 λ_3 为 46.6W/(m·℃)。得到稳定状态时各点的温度如下：冷却壁熔损孔洞中心位置炉壳的内侧温度 θ_{11} 为 931℃，炉壳外侧温度 θ_1 为 912℃；孔洞边缘的炉壳内侧温度 θ_{12} 为 811℃，外侧温度 θ_2 为 781℃；随着离孔洞中心的距离增加温度逐渐下降。以炉壳外表面的温度变化为例：距孔洞中心 500mm 的温度 θ_3 为 530℃，距中心 900mm 的 θ_4 为 472℃，距 1600mm 的 θ_5 为 465℃，距 3000mm 的 θ_6 为 465℃，并且炉壳内外温差均为 9℃。很明显炉壳局部呈赤热状态，过热温度超过 900℃。此外，板厚方向的温度差小，而距离孔洞中心的温度梯度较大。

9.8.3.2　非稳定状态

A　温度分布计算

非稳定（洒水）的实例为 $\phi100mm$ 的局部过热计算。非稳定状态的计算条件如下：炉壳外部洒水温度 T_1 为 20℃，炉内温度 T_2 仍为 1000℃，炉壳与冷却水的热交换系数 α_1 为 5815 W/(m²·℃)，炉气与炉壳或冷却壁的热交换系数 α_2 降低到 116 W/(m²·℃)，炉壳的导热系数 λ_1 为 46.6 W/(m²·℃)，浇注料的导热系数 λ_2 为 0.93 W/(m²·℃)，冷却壁的导热系数 λ_3 为 46.6 W/(m²·℃)。计算温度的各点位置见图 9-97。其计算值见图 9-98。

由图9-98可知，急剧冷却使炉壳外面的温度下降，可是内表面从12s以后才慢慢开始下降，在洒水开始后10~30s时内外表面的温度差最大。由于半径方向的温度差预计会产生出现问题的应力。

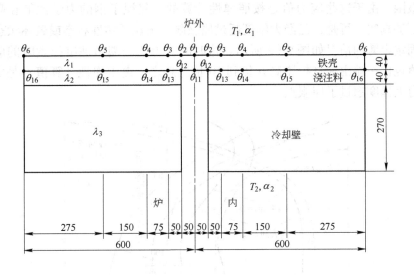

图 9-97 非稳定状态的计算模型

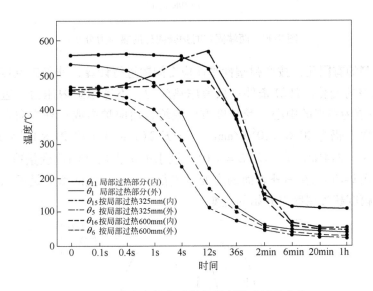

图 9-98 非稳定状态时各点温度随时间的变化

B 热应力计算

对于前述温度分布进行热应力的研究。这时简化模型，作为局部过热，具有直径100mm的圆形热点。由于局部圆形热点的束缚程度弱，因而认为要超过圆形。热应力计算模型按距热点中心600mm两端固定，或者一端固定和一端由油缸拉紧两种情况进行计算。为了简化计算，炉壳材料与温度无关，取弹性模量 $E = 20.6 \times 10^4 \text{N/mm}^2$。炉壳的一端由油缸拉紧，在洒水前的稳定状态时，孔洞中心位置炉壳内外侧的轴方向应力和半径方向应力

均在 ±196N/mm² 以内，并且随着距孔洞中心的距离增加而降低。

从总体看，洒水前，稳定状态的应力在屈服点以内。但是，洒水后应力值迅速上升。经过洒水后11s的时点，中心部位应力约为785N/mm²，周边部位也有约490N/mm²，大幅度超过屈服限。由于这些应力值是按照弹性计算的，忽视了钢的力学性能在高温下的降低，数据不够真实。可是，已经大幅度超过屈服限，出现了塑性状态或破坏状态。

周围固定束缚的情况如图 9-99 所示。这时的应力比一端由油缸拉紧时的应力变化复杂，应力值也比一端由油缸拉紧高几倍到 10 倍。总之，由于弹性计算值不是实际值，只能说明应力大幅度超过了屈服点。

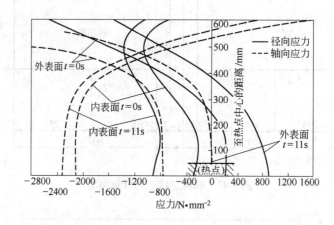

图 9-99　两端固定时炉壳内外的热应力分布

用详细分割的有限元，按照弹塑性平面应变问题进行计算，非稳定温度分布以及炉壳内外表面温度差的变化。计算条件：只考虑热应力，不考虑炉内压力。边界条件：板长 3600mm，其一端为热点的中心，受长度方向束缚，而向炉内或炉外方向自由；另一端固定。材料的常数 E 仍为 $20.6 \times 10^4 \text{N/mm}^2$，$G = E/2(1+v) = 79.21 \times 10^3 \text{N/mm}^2$，$v = 0.3$，$a = 11 \times 10^{-6}$，$s_y = 314\text{N/mm}^2$，$E_p/E = 0.01$。洒水前炉壳内外的应变量取1%左右，洒水后的应变量见图 9-100，在内外表面的应变量差很大，应力值的增大是可以理解的。显然这些应变量大幅度超过屈服点开始的应变。

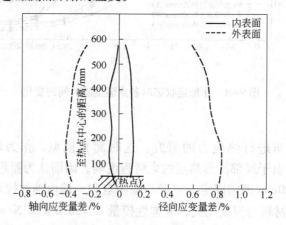

图 9-100　炉壳内外应变量差的变化

从热应力计算的结果来说，不能设想用一般材料的强度来承受这样大的值。用现有材料，现成数据，也就是说在大幅度超过 σ_y、σ_γ 的状态，很难考虑允许使用上述计算结果。以耐火材料及冷却系统的破损作为限度，炉壳发生事故是必然的结果。

9.8.4　炉体平台走梯

高炉炉体配置机械设备、人孔、探测孔及冷却设施的区域均应设有平台。各层平台之间应有走梯相连接。高炉炉体的平台及走梯应符合下列要求：

（1）过道平台及梯子的宽度一般为 700~800mm；炉体各层工作平台宽度一般不小于 1200mm；

（2）炉身各层平台的铺板应采用花纹钢板，如没有花纹钢板时，应采取防滑措施；

（3）炉体平台与炉壳间所留的空隙是为了冷却设备配管之用，平台的两侧应加设高 100mm 的踢脚板；

（4）炉体走梯，一般采用坡度为 45° 的斜梯，上下梯段最好能相互错开，梯段高度一般不大于 4m；

（5）平台及梯子的栏杆高度一般采用 1.1m。

9.9　结语

本章介绍了现代长寿高炉的设计思想和最新发展趋势：重视高炉优化设计，注重提高高炉整体寿命，确保高炉各部位同步长寿。炉役寿命 20 年以上、单位炉容一代炉役的产铁量 1.3 万~1.5 万 t/m^3 应作为现代长寿高炉同时追求的目标。现代长寿高炉趋向普遍采用全炉体冷却，在炉腹、炉腰至炉身下部采用铜冷却壁，炉缸侧壁内衬采用高效水冷系统结合的高导热小块炭砖或超微孔炭砖，合理的冷却水质及管网设计与科学的冷却工艺制度，强化炉缸残厚在线监测等实用先进技术。综合应用上述行之有效的技术是现代高炉实现长寿的关键。

参 考 文 献

[1] Колесников Б П，Вейнгартен С М. Технические коэфициенты производительности доменных и мартеновских печей［J］. Советская Металлургия，1932(7)：397.

[2] 王至刚，项钟庸. 小高炉炉型问题的探讨［J］. 钢铁，1959(2)：35.

[3] 李清珍. 高炉结构的若干问题［C］//鞍钢炼铁技术的形成和发展文集. 北京：冶金工业出版社，1998(原文发表于 1965 年).

[4] 鞍钢炼铁厂，鞍钢中心试验室. 高炉强化与内型的关系［C］//鞍钢炼铁技术的形成和发展文集. 北京：冶金工业出版社，1998(原文发表于 1961 年).

[5] 张寿荣，于仲洁，等. 武钢高炉长寿技术［M］. 北京：冶金工业出版社，2009.

[6] 项钟庸. 高炉炉身内衬损坏部分修复技术的发展［J］. 钢铁技术，1992(2)：20.

[7] Орешкин Г Г. Рациональный профиль доменных печей［J］. Сталъ，1951(4)：22.

[8] 项钟庸，文学铭. 延长宝钢 1 号高炉的寿命［J］. 钢铁，1994，29(1)：1.

[9] 江崎瀚，阿部幸弘，岩月钢治，今田邦弘，高崎诚，井上展夫. 名古屋第 1 高炉（2 次）の吹卸し［J］. 鉄と鋼，1981，S50.

[10] 神原健二郎，荻原友郎，重见彰利，近藤真一，金山有治，若林敬一，平本信义. 高炉解体调查炉

内状况[J]. 鉄と鋼, 1976(5): 535~546.

[11] Klein C A, Fujihara F K, Faria J A. CST No. 1 blast furnace the challenge of the 25-year campaign [J]. 2002 Ironmaking Conference Proceeding, 2002: 61, 87.

[12] 项钟庸. 鞍钢高炉冷却结构的研讨[J]. 钢铁, 1959(9): 357.

[13] 朱仁良, 朱锦明, 李军. 我国高炉大型化发展与探讨[C]//2010年全国炼铁生产技术会议暨炼铁学术年会文集. 北京: 中国金属学会, 2010.

[14] 项钟庸. 长寿大型高炉设计[J]. 钢铁, 1992, 27(1): 7.

[15] 朱仁良, 项钟庸, 欧阳标. 宝钢3号高炉的生产与炉体维护[J]. 炼铁, 2012, 31(1): 12.

[16] 朱仁良, 项钟庸, 欧阳标. 宝钢3号高炉操作内型的形成与维护[J]. 中国冶金, 2012(3): 22.

[17] 张寿荣, 银汉. 高炉冶炼强化的评价方法[J]. 炼铁, 2002, 21(2): 1.

[18] 吴启常, 魏丽. 薄壁高炉内型设计[J]. 炼铁, 2011, 30(2): 6.

[19] 中野薫, 山冈秀行. 高炉のレースウェイ近傍物流状态に关する力学解析[J]. 鉄と鋼, 2006, 92(12): 939.

[20] 田村健二, 一田守政, 胁元博文, 斧胜也, 林洋一. 高炉レースウェイ近傍の粉コークスの堆积举动からみた适正羽口风速[J]. 鉄と钢, 1987, 73(15): 1980.

[21] 研野雄二, 析冈正毅, 梅津善德, 天野繁. 君津3高炉における制铁技术の进步[J]. 制铁研究, 1982(310): 237.

[22] 稻田隆信, 高谷幸司, 山本高郁, 高田耕三. 高炉炉体形状炉内状态及影响评价[J]. CAMP-ISIJ, 2002, 15(1): 126.

[23] 项钟庸, 王亮. 低燃料比条件下的高炉强化冶炼[J]. 炼铁, 2011, 30(2): 22.

[24] 项钟庸, 银汉. 高炉生产效率的评价方法[J]. 钢铁, 2011, 46(9): 17.

[25] 项钟庸, 王亮, 银汉. 全面贯彻炼铁方针, 提高高炉生产效率[C]//第八届中国钢铁年会论文集. 北京: 中国金属学会, 2011.

[26] 徐小辉, 项钟庸, 邹忠平, 罗云文. 高炉下部区域气液平衡实证研究[J]. 钢铁, 2011, 84(8): 1.

[27] 东北工学院炼铁教研室. 现代炼铁学[M]. 北京: 冶金工业出版社, 1959.

[28] 杨天钧. 以科学发展观指导实现低消耗低排放高效益的低碳炼铁[C]//2012年全国炼铁生产技术会议暨炼铁学术年会文集. 中国金属学会, 2012: 1.

[29] 重庆钢铁设计研究院, 上海宝钢设计总队. 宝钢3号高炉炉体现状及其对策, 1996.10(内部资料).

[30] Carpenter J A, Berdusco D C. Blast furnace design [C]. 2001 Ironmaking Conference Proceeding, 2001: 60, 93.

[31] [加] 麦克马斯特大学编, 北京钢铁学院炼铁教研室, 等译. 高炉炼铁技术讲座[M]. 北京: 冶金工业出版社, 1980.

[32] 项钟庸, 欧阳标, 王筱留. 薄壁高炉的合理内型[J]. 钢铁, 2012, (10).

[33] 维格曼 E F, 等. 炼铁学[M]. 北京: 冶金工业出版社, 1993.

[34] 项钟庸. 国外高炉炉缸长寿技术研究[C]//2012年全国高炉长寿与高风温技术研讨会论文集. 2012: 1.

[35] 吴启常, 王筱留. 炉缸长寿的关键在于耐火材料质量的突破[C]//2012年全国高炉长寿与高风温技术研讨会论文集. 2012: 10.

[36] 邹忠平, 项钟庸, 胡显波. 炉缸不定形材料对炉缸长寿的影响[C]//2012年全国高炉长寿与高风温技术研讨会论文集, 2012: 123.

[37] 石琳, 程树森, 孙天亮. 高炉炉缸三维侵蚀形状的可视化技术[J]. 冶金自动化, 2005(1): 5.

[38] 赵宏博, 程树森, 赵民革. 高炉炉缸炉底合理结构研究[J]. 钢铁, 2006, 41(9): 18.

[39] Vats A K, Dash S K. Flow induced stresses distribution on wall of blast furnace hearth [J]. Ironmaking and

Steelmaking, 2000, 2(27): 123.

[40] Dash S K, Ajmoni S K, Kumar A, Sandhu H S. Optimum taphole tength and flow induced stresses [J]. Ironmaking and Steelmaking, 2001, 2(28): 110.

[41] Dash S K, et al. Optimisation of taphole angle to minimize flow induced wall stresses on the hearth [J]. Ironmaking and Steelmaking, 2004, 31(3): 207.

[42] 中野薫, 宇治泽优, 稲田隆信, 高谷幸司, 小细温弘, 片山贤治, 山崎比吕志, 片幸敬朋. 高炉长寿命化技术の开发[J]. ふぇらむ, 2012, 17(3): 20.

[43] Takatani K, Indda T, Takata K. Methematical model for transient erosion process of blast furnace hearth [J]. ISIJ Inter., 2001, 10(41): 1139~1146.

[44] 筱竹昭彦, 大一, 菊地. 热应力解析に基づく高炉炉底侧壁レンガの损耗メカニズムの检讨[J]. CAMP-ISIJ, 2002, 15(1): 120.

[45] 饭山真人. 耐火物の热的·机械的性质の评价-基础と应用-(その24) 8. 热应力破坏 应用编 [J]. 耐火物, 2002, 54(7): 382.

[46] Tamura S, Fujihara S, Iheda M. Wear of blast furnace hearth refractorys [J]. Bull Am. Cer, Soc., 1986, 65(7): 1065

[47] 高振昕, 李红霞, 石干, 等. 高炉衬蚀损显微剖析[M]. 北京: 冶金工业出版社, 2009.

[48] 林成城, 项钟庸. 宝钢高炉炉型特点及其对操作的影响[J]. 宝钢技术, 2009(2): 49.

[49] 松尾阳太郎. 耐火物の热的·机械的性质の评价-基础と应用-(その24)9.1. 热冲击破坏 基础编 [J]. 耐火物, 2002, 54(9): 480.

[50] 许俊, 项钟庸. 铜冷却壁结构参数的传热分析[J]. 钢铁技术, 2011(5): 1.

[51] 李杰, 胡显波, 邹忠平. 高炉软水系统设计探讨[J]. 炼铁, 2011, 30(4): 6.

[52] 日本钢铁协会共同研究会设备技术部, 铁钢设备分科会高炉铁皮龟裂防止小委员会. 高炉铁皮龟裂防止对策[M]. 东京: 日本钢铁协会, 1975.

10 热 风 炉

现代高炉普遍采用蓄热式热风炉，它由蓄热室和燃烧室两大部分组成。其工艺流程是：首先，在热风炉的燃烧期内，借助煤气燃烧产生的高温烟气将蓄热室内的格砖（或耐火球）加热；然后，换炉至送风期由格砖将贮存的热量传给冷风并将其加热。由于燃烧和送风是断续、交替工作的，为保证向高炉连续供风，每座高炉至少配备两座热风炉，一般配置 3~4 座。

热风炉的设计指导思想是尽量提高热风炉热效率，降低燃料消耗，提高热风温度。这是高炉炼铁技术的重要组成部分，是降低工序能耗、创建资源节约型企业的重要手段。

《规范》规定，**热风炉系统应采取提高热效率、降低燃料消耗的措施。**

提高热风炉热系统效率应从以下几个方面入手：

（1）合理的热风炉结构设计，即优化蓄热室结构和合理的砖衬，包括工作层与绝热层厚度和材质的选择及膨胀缝的设置，使热风炉能够长期稳定地工作，降低热风炉钢壳及其高温管道钢壳的表面温度，从而减少热风炉钢壳散发的热损失。

（2）回收热风炉废气余热，目前较为普遍的做法是利用热风炉燃烧废气预热助燃空气和煤气，利用后的热风炉废气还可作为高炉煤粉车间制粉系统的干燥气体。

（3）采用高效陶瓷燃烧器，在最小空气过剩系数条件下实现充分燃烧，减少煤气和助燃空气消耗。

热风炉结构形式的选择主要取决于热风炉设计的风温水平。按送风温度的不同，热风炉可分为低温热风炉（1100~1200℃）、高温热风炉（1200~1250℃）和超高温热风炉（1250~1350℃）。大型高炉热风炉不但要求风温高，而且要求热效率高，寿命长，操作自动化程度高。

目前热风炉结构形式包括内燃式、外燃式、顶燃式、球式。各种热风炉结构示意图见图 10-1。各种形式热风炉的主要特点如下：

（1）内燃式热风炉。蓄热室和燃烧室同在一个筒体的炉壳内，两者由耐火隔墙分开，见图 10-1a。

（2）外燃式热风炉。将蓄热室与燃烧室分开，分别置于两个筒体的炉壳内。外燃式热风炉因拱顶的结构形式不同，又有多种形式，见图 10-1b、c、d。

（3）顶燃式热风炉。也是将蓄热室和燃烧室同置于一个筒体内。其燃烧室设置在热风炉顶部，见图 10-1e。

《规范》要求，**热风炉设计应同时满足加热能力和长寿的要求。不同炉容级别的设计风温及热风炉结构形式宜符合表 10-1 的规定。**

表 10-1　不同炉容级别的设计风温及热风炉结构形式

炉容级别/m³	1000	2000	3000	4000	5000
设计风温/℃	1200～1250	1200～1250	1200～1250	1250	1250
热风炉形式	内燃或顶燃	内燃、顶燃或外燃	内燃、顶燃或外燃	外燃	外燃
热风炉座数/座	3	3～4	3～4	3～4	3～4
设计拱顶温度/℃	1300～1400	1350～1450	1350～1450	1450	1450

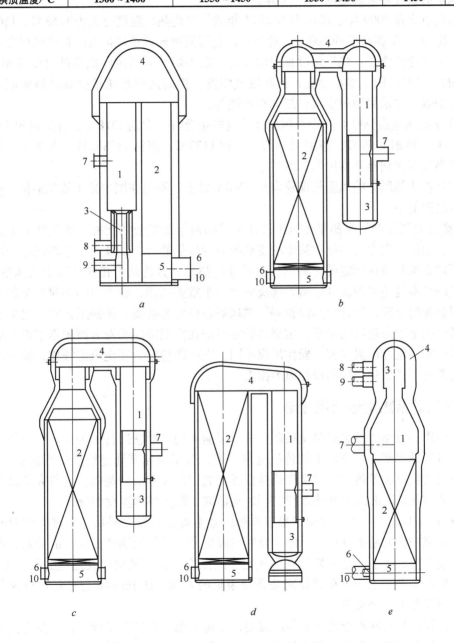

图 10-1　外燃式、内燃式、顶燃式热风炉结构示意图

a—改进内燃式；b—新日铁（NSC）外燃式；c—马琴（M & P）外燃式；d—地得（Didier）外燃式；e—顶燃式
1—燃烧室；2—蓄热室；3—燃烧器；4—拱顶；5—炉箅子及支柱；6—冷风入口；
7—热风出口；8—煤气入口；9—助燃空气入口；10—烟气出口

热风炉的形式是多种多样的，长期以来国内外热风炉以内燃式为主，同时在解决传统内燃式热风炉火井倾斜掉砖、烧穿短路问题的过程中，产生了将火井搬出热风炉的设想，从而产生了外燃式和顶燃式热风炉。目前顶燃式热风炉的发展迅速，占有的比例正在增加。京唐 5500m³ 高炉采用了顶燃式热风炉。

热风炉的设计寿命应达到 25 ~ 30 年。

我国重点企业 2009 年、2010 年和 2011 年的年平均热风温度分别为 1158℃、1160℃ 和 1179℃。比 2001 年提高了约 100℃。近年来，我国使用球式热风炉的高炉热风温度也有提高。提高风温的措施是：热风炉拱顶使用硅砖，缩小烧炉与送风时拱顶的温度差至 100 ~ 150℃，缩短送风时间，缩小格孔，提高废气温度，提高送风系统承受高风温的能力，以及单烧高炉煤气时采用助燃空气和煤气双预热等。

2010 年我国重点钢铁企业中热风温度较高的企业有：太钢 1218℃、首钢京唐 1215℃、宝钢 1213℃、攀钢 1199℃、鞍钢 1188℃、天钢 1179℃、唐钢 1178℃ 等。有不少顶燃式热风炉的风温甚至达到年平均风温 1250℃。

宝钢外燃式热风炉的风温长期稳定在 1240℃ 以上，不但在国内处于领先地位，而且在世界上也名列前茅。

"加热能力和长寿"是衡量热风炉设计水平的两个最重要的指标，加热能力是热风炉的最基本的功能，它主要包括蓄热室的蓄热能力和传热能力，以及燃烧室燃烧器的燃烧能力。热风炉必须具备在规定的时间内储存足够的热量，并将热量传递给高炉鼓风的条件。实现热风炉长寿是热风炉设计中需要解决的另一个重要问题，在大力提倡建立节约型社会和节约型企业的今天，设计出高温长寿型热风炉显得尤为必要。炼铁工艺本身也对高温长寿型热风炉提出越来越高的要求，宝钢高炉热风炉在实现高温长寿方面积累了许多成功经验，值得借鉴。设计风温与实际操作风温不同。在操作稳定、固定风温操作、减少混风或不混风的条件下，设计风温与操作风温接近。

10.1 热风炉蓄热室热交换理论

热风炉作为典型的蓄热式热交换器，很早以前人们就对它进行了研究。由于热风炉内的热交换过程是周期的、非稳定的传热过程，因此分析时比普通连续热交换器复杂得多。本书所采用的热风炉蓄热室热交换理论是世界上通用计算方法的基础。它研究了沿蓄热室纵向温度分布及其随时间的变化规律，同时也研究了贮热体内温度的分布。

1929 年 H. Hausen[1~5] 首先由非稳定传热的基本规律出发，采用了有规律的时间间隔换向的蓄热室平衡的精确理论，试图研究它的温度分布及其周期性温度差的关系，更深入地考虑精确变化的问题。他用发生在蓄热室中的温度振荡将换向以及过程的条件公式化。可是要想把这个方法用于工程计算需要花费很长的时间。H. Hausen 曾经动员全家花费几个月的时间计算了一个实例。

由于计算消耗时间不能满足工程的需要，于是出现了在试验基础上，寻找适当的系数将非稳定传热的蓄热室简化为稳定传热的换热器的计算方法。这种方法在 20 世纪 70 年代前相当流行，有 Schack[2,3,6,7] 等数十种经验的方法，Hausen 本人也曾使用过经验算法[4,8,9]。过去我国的热风炉设计使用的就是 Schack 计算方法[3]。

在这些近似方法中增加了更多假定。两者的区别是，在蓄热室纵向与换热器纵向温度明显不同。由于脱离了基础就很难理解在蓄热体的横断面内部空间温度的差别。在建造蓄热室的格砖中，忽略了格砖内部温度变化，只考虑在蓄热体任何横断面上的空间平均温度是不准确的。

由于电子计算机的出现，1964 年英国约克大学（University York）计算科学系 Willmott 教授[10,11]提出了适合计算机的逐步解算 Hausen 理论的方法，于是在 20 世纪 60～70 年代掀起了应用 Hausen 理论的热潮，Hausen 的书籍不断再版，并翻译成多种语言[9,10]，成为热风炉的经典著作。全世界公认了 Hausen 理论的精确性，我国也于 1973 年开始使用[12]，并且已经在世界各个工程设计中广泛应用。Hausen 理论还可以模拟各种操作制度蓄热室内不同位置、不同时期的格砖温度、烟气温度和热风温度的分布，使热风炉工作制度最优化。

Hausen 的方法与换热器的近似方法的区别在于，换热器方法是把蓄热室的非稳定传热简化成为稳定传热。蓄热室中的传热过程是间歇性的非连续的，不采用非稳定传热过程不能解释许多现象，甚至是根本性的现象都与蓄热室实际有偏离。当计算技术没有提供解算蓄热室的非稳定传热时，只有采用粗浅的换热器计算蓄热室的方法来确定热风炉的蓄热面积，这只是权宜之计。当今计算技术的发展，提供了快速解算蓄热室的非稳定传热的可能性，如果再采用换热器的方法来计算蓄热室的热交换，那么我们就落后于时代了。

10.1.1　蓄热过程

在蓄热室中，烟气和鼓风以及格砖的温度是随位置和时间变化的。在蓄热室任意已知位置上气体和格砖温度随时间变化的关系见图 10-2。

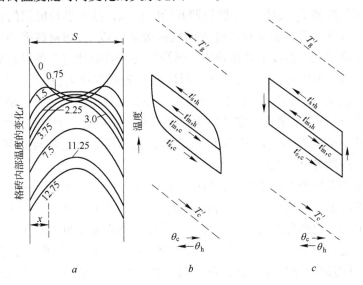

图 10-2　格砖内部温度变化与时间的关系

a—送风期格砖内部温度随时间的变化；b—蓄热室中部格砖温度的变化；c—假定格砖内部温度随时间变化

T'_g—烟气温度；t'_s—格砖表面温度；T'_a—鼓风温度；θ—时间；t'_m—格砖平均温度；

S—格砖厚度；h—下角标，表示燃烧期；c—下角标，表示送风期

在燃烧期，烟气温度 T'_g 高于格砖表面温度 $t'_{s,h}$，而且在燃烧期的大部分时间内，格砖表面温度高于格砖的平均温度 $t'_{m,h}$，除蓄热室末端外，烟气温度 T'_g 与格砖平均温度 $t'_{m,h}$ 基本上与时间呈直线变化关系。送风期的情况也相似，鼓风温度 T'_a 低于格砖表面温度 $t'_{s,c}$，在周期的大部分时间内，格砖表面温度低于格砖平均温度 $t'_{m,c}$。由于格砖表面受到烟气和鼓风的交替作用，格砖温度 t' 在极大值 t'_{max} 和极小值 t'_{min} 之间上下周期波动。格砖表面温度的变化比内部大得多，波动的具体变化取决于气体的温度 T' 和以哪种形式随时间变化。

在试验结果和蓄热室理论研究的基础上，过去曾假定在两次换炉之间气体温度随时间 θ 的变化是线性的。图 10-2a 表示在送风期间鼓风流经格砖厚度为 40mm 的蓄热室时，格砖被冷却的情况（假设送风期和紧接着的燃烧时间均为 12.75min）。

在燃烧期终了、送风期开始之前，格砖内的温度分布曲线为开口向上的抛物线。开始送风时，格砖外表的温度急剧下降，而格砖内部仍向中心传热，曲线发生变化。送风 3min 后，温度分布曲线变为开口向下的抛物线，从此时起，曲线的形状基本不变，而格砖温度则以匀速向下移动。接着燃烧期的格砖内温度有同样的变化，只是方向相反。

如果送风期与燃烧期的时间相等，并将坐标相互反向，或者可以理解为燃烧期至送风期的转换时间为轴线，燃烧期为送风期的逆过程，并且 $\Theta_c = \Theta_h$ 时，得到如图 10-2b 所示的图形。图中送风期时间 θ_c 的坐标是从左端开始，自左向右逐渐延长；而燃烧期时间 θ_h 的坐标恰好相反，是从右端开始，自右向左逐渐延长。即右端的送风期终了的时间坐标就是燃烧期开始的时间坐标；而左端的燃烧期终了的时间坐标就是送风期开始的时间坐标。图 10-2b 所示为各种温度变化的曲线，其中虚线表示气体的温度，实线表示格砖的温度。蓄热室中部的烟气温度 T'_g（虚线）在燃烧期开始时较低，随着燃烧时间的延续，蓄热室被加热，烟气温度逐渐上升，相应地燃烧期的格砖表面温度 $t'_{s,h}$ 和格砖平均温度 $t'_{m,h}$（实线）也逐渐上升，而格砖表面温度上升得较快，燃烧期终了时都到达了各自的最高温度。送风期开始时，格砖表面温度 $t'_{s,c}$ 与燃烧期终了时的格砖表面温度 $t'_{s,h}$ 在同一个点上；相应地，此时的格砖平均温度 $t'_{m,c}$ 与 $t'_{m,h}$ 也在同一个点上。随着送风时间的延续，格砖被冷却，格砖表面温度 $t'_{s,c}$ 和格砖平均温度 $t'_{m,c}$（实线）也逐渐下降，相应地，加热鼓风的温度 T'_c（虚线）也逐渐下降。其中格砖表面温度 $t'_{s,c}$ 下降得较快，送风期终了时各自都到达最低的温度。此值又回复到燃烧期各自的温度。

经过燃烧期和送风期的一个周期，格砖表面温度 $t'_{s,h}$ 和 $t'_{s,c}$ 就形成一条封闭的曲线，这条曲线与磁滞曲线相似。格砖厚度上的各部分的温度变化也会形成一条相似的封闭曲线，由于格砖厚度上的其他部分的温度变化较小，因此构成的磁滞回线的高度较小，所包围的面积也较小。在空间的平均值，可以认为格砖整个厚度上的温度平均值 $t'_{m,h}$（燃烧期）和 $t'_{m,c}$（送风期）随时间的变化互相重合在一起，并且可以近似地用一条直线（图中实线）表示。这条直线具有两个方向，分别表示燃烧期及送风期的平均温度值。

如果在图中横坐标上有这么一个点，它既是送风期的某一时刻，又是燃烧期的某一时刻（这种时刻被称为相互对应的时间），则从图 10-2b 可以看出，这一时刻的温度为：

$$t'_{m,h} = t'_{m,c}$$

在蓄热室末端及其附近的温度变化有很大的区别，这是由于两种气体的入口温度都是恒定的结果。例如，在蓄热室的热端，如图 10-3 所示，$T = T'_g$，燃烧期烟气的入口温度不随时间变化。燃烧期格砖表面温度 $t'_{s,h}$ 及其平均温度 $t'_{m,h}$ 的变化特性为上部两条实线。T'_c、$t'_{s,c}$ 和 $t'_{m,c}$ 为送风期相应的温度，其中冷风温度为 T'_c。

10.1.2 蓄热室纵向温度分布

为了说明蓄热室内部温度与蓄热室末端温度随时间的变化之间的差异，并阐明它们对蓄热室纵向的温度分布的影响，必须再次假定在燃烧期和送风期通过蓄热室气体的流量 W 和比热容 c 的乘积，即两者不仅相等，而且温度也是独立的。此外，所有其他参数，如格砖厚度、格砖的导温系数、传热系数等，在蓄热室所有位置上都有相同的值。若蓄热室的长度（高度）足够长，其内部的格砖温度的变化如图 10-2a

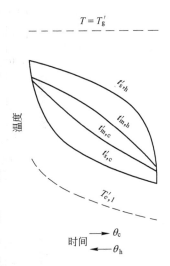

图 10-3　蓄热室上端格砖温度
随时间变化的关系

和 b 所示那样随时间顺序变化。在蓄热室纵向上全部气体和格砖温度的变化都是线性的。在横断面上的格砖平均温度 $t'_{m,h}$ 和 $t'_{m,c}$ 随时间的变化也是线性的，在蓄热室纵向上映射出一个线性的空间温度分布。另外，如果 $t'_{m,h}$ 和 $t'_{m,c}$ 随时间的变化是曲线，则在蓄热室末端（见图 10-2c）以及在蓄热室纵向的温度分布也是曲线。

在平衡状态下，在一个长的蓄热室的中央区域和末端周期性变化的温度状态差异的物理特征可以理解为像一根弦那样振动的一个强制的温度振荡，并且可以分为一个基本振荡及其谐波。

在上述具体假定的基础上，当燃烧期和送风期的气体质量流量与比热容的乘积相等时，即 $W_g c_g = W_a c_a$，当传热系数为常数时，基本振荡相当于在距离和时间两个趋向的温度变化是线性的；在蓄热室纵向的全部温度按线性变化，并且格砖平均温度随时间呈线性变化关系，见图 10-4a。

为了理解谐波振动的特性，假设使用一种高导热系数的蓄热材料，因此在蓄热室中蓄热材料横断面上空间的温度差可以忽略，则可以想象，谐波振动是自始至终蓄热室有相同的温度并在每个时期气体进入蓄热室产生一个周期性的温度波动。因而，入口温度是周期性振动的形式，而使其振幅增加。如图 10-5 所示，其中 ξ 是一个缩小的尺度，将在以后说明，它相当于从气体入口位置开始至蓄热室横断面的距离；$\lambda - \xi$ 表示从气体出口位置开始的距离。气体温度的振荡以虚线表示，而蓄热材料用实线表示。

每个燃烧期或送风期的振荡数表现为一个至另一个谐波的特性；振荡数可以为 $1 \sim \infty$ 之间的实数。气体温度的振荡结果是在蓄热材料中的温度产生相应的振动。虽然，振动从蓄热室内部向外逐步衰减变弱（图 10-5a）。在一个长的蓄热室内部气体温度几乎与蓄热材料的温度相同。当气体到达蓄热室的另一端时，有时它的温度变化再次被谐波振动的特征所修改。前个时期产生的温度振荡干扰，应该被当前流过的气体消除，以解释蓄热材料的温度分布被干扰的事实。蓄热室承受了气体按时间顺序的非周期性的温度波动（图 10-5b）；在蓄热室内部气体出口的部位是最大的非线性部位，而从出口向蓄热室内部递

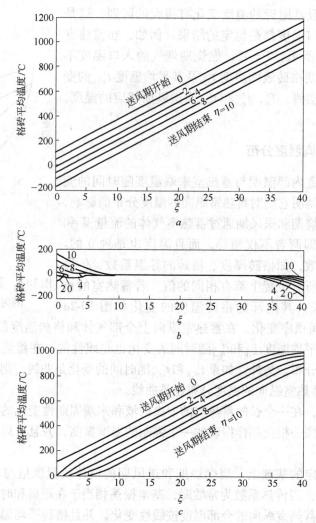

图 10-4　蓄热室内温度变化的特征函数曲线

a—零次特征函数（基谐波振动）的温度变化；b—较高次特征函数（高谐波振动）的
总和；c—格砖平均温度的实际变化

η—缩短了的周期时间的无因次参数；ξ—缩短了的蓄热室长度的无因次参数

减。每个谐波振动由两部分组成：在蓄热室末端有最大值，并且朝蓄热室内部方向呈指数衰减。

如果基本振荡再附加一个相匹配的谐波振动，则在该周期内通过蓄热室的气流入口温度不变的情况下，它可以表征蓄热室末端温度随时间的变化，基本上如图 10-2c 所示。尽管基本振荡不能单独像温度恒定的不随时间变化的情况，但它可以代表一个随时间线性变化的气体温度（见图 10-5）。谐波振动叠加对蓄热室纵向温度分布的影响如图 10-4 所示。

为了清楚起见，只表示在送风期格砖平均温度 $t'_{m,c}$ 的变化。在上部单独表示由基本振荡的温度分布的结果。独立的线组对应于送风期的无因次量 η 表示的时间比例。蓄热室纵向温度的线性变化对应于格砖平均温度按时间顺序的线性下降。图 10-4c 的中部表示全部

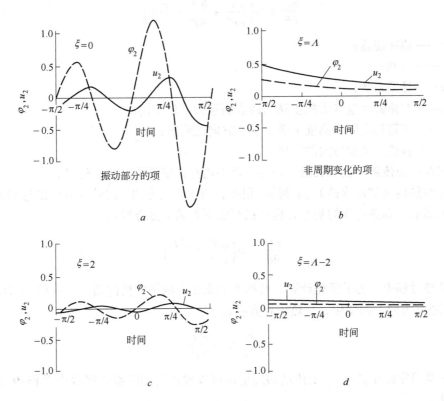

图 10-5 当 $k=2$ 时，u_k 和 ψ_k 的特征函数

a—气体入口处；b—气体出口处；c，d—离蓄热室末端 $\xi=\dfrac{\bar{a}f}{W_c}=2$ 处

谐波振动的总和。曲线表示各个较高次特征函数乘以相应的系数。如前所述，相应于谐波振动的特性，这个总和在蓄热室末端有一个最大值，并且随着观察的位置向蓄热室内部移动，较高次特征函数的总和将逐渐减小。而在一个长的蓄热室的中部区域，其总和的值将变得可以忽略不计。若将基本振荡与谐波振动相加，其形状就与图 10-4c 所示一致，它表示蓄热室的真实温度曲线。

相应地，在低温技术中图 10-4 也有重要作用。虽然，在钢铁工业中，谐波振动常常达到蓄热室的内部，甚至到达蓄热室中央，如图 10-2b 和 c 所示，$t'_{m,h}$ 和 $t'_{m,c}$ 随时间的变化也没有完全消失。

蓄热室热交换微分方程的基本振荡和谐波振动的解，将在下面进行数学上的研讨。这些解能满足换向的边界条件，用 $0\sim\infty$ 范围内的任何实数的特征值 x 表示这些特征函数。零次特征函数用 $k=0$ 来标记，代表基本振荡；高次特征函数用 $k\geqslant1$ 代表谐波振动。

10.1.3 蓄热室热交换过程的解析

本节将讨论蓄热室格砖横断面的温度分布的计算方法。应该首先讨论这些微分方程式及其边界条件。

10.1.3.1 建立蓄热室热交换的微分方程式

对于蓄热室中的非稳定态传热过程可以采用著名的傅里叶热传导方程式来表示：

$$\frac{\partial t'}{\partial \theta} = a \left(\frac{\partial^2 t'}{\partial x^2} + \frac{\partial^2 t'}{\partial y^2} + \frac{\partial^2 t'}{\partial z^2} \right)$$

式中　t'——格砖温度；

θ——时间；

a——导温系数；

x——在格砖厚度 S 方向上从格砖表面至内部的距离；

z——在蓄热室同一高度上垂直于 x 方向的距离；

y——蓄热室高度方向的距离。

此式在一般传热学及有关冶金炉的书籍中均有详细说明，故不赘述。

假定蓄热料（如耐火砖）的导热性很差，与气流同方向 y 的热传导可以忽略不计，而没有任何影响。则热传导的基本方程可以写成下列偏微分方程式：

$$\frac{\partial t'}{\partial \theta} = a \left(\frac{\partial^2 t'}{\partial x^2} + \frac{\partial^2 t'}{\partial z^2} \right)$$

在推导过程中，为了简化计算，对单个的无热源的平板格砖而言，可以不考虑格砖表面温度 t'_s 在 z 方向上的变化，其热传导方程式为：

$$\frac{\partial t'}{\partial \theta} = a \frac{\partial^2 t'}{\partial x^2} \tag{10-1}$$

由于蓄热室微小高度 dy 上传递的热量也可以理解为相应蓄热室微小面积 df 上传递的热量，$\frac{A}{L} dy = df$，$M = \gamma AS/2$，α 为热交换系数，A 为蓄热表面积，W 为气体的质量流量，T' 为气体温度，c 为气体的比热容，c_s 为格砖的比热容，L 为蓄热室的长度（高度）和 M 为蓄热体的重量，故微分方程式可改写为：

$$\left(\frac{\partial T'}{\partial f} \right)_\theta = \frac{\alpha}{Wc} (t'_s - T') \tag{10-2a}$$

$$\left(\frac{\partial t'_m}{\partial \theta} \right)_y = \frac{\alpha df}{d(Mc_s)} (T' - t'_s) \tag{10-2b}$$

当使用平板形的蓄热元件时，则 df 的容积相当于 $S \dfrac{df}{2}$，$d(Mc_s) = \dfrac{\gamma c_s S}{2} df$，则式 (10-2b) 可写成：

$$\left(\frac{\partial t'_m}{\partial \theta} \right)_f = \frac{2\alpha}{S\gamma c_s} (T' - t'_s) \tag{10-2c}$$

式 (10-2) 含义十分清楚，如果式 (10-2a) 乘以单位时间内通过蓄热室气体的热容量 W_c，方程式 (10-2b) 乘以 M，就得到了所研究的板状蓄热体单位表面上的热交换量。式 (10-2a) 表明，在单位表面积上、单位时间内气体给出的热量同样也是气体与蓄热体表面的温度差 $T' - t'_s$ 所传递的热量。式 (10-2b) 说明，蓄热体得到这些热量导致格砖温度 t'_m 上升了 $\left(\dfrac{\partial t'_m}{\partial \theta} \right)_f$。此外，应特别注意 f 是从蓄热室顶部至观测断面之间的蓄热面积。

如果令缩短了的蓄热室长度的无因次参数 ξ 和缩短了的周期时间的无因次参数 η 分别为：

$$\xi = \frac{\alpha A}{McL}y = \frac{\partial f}{Wc} \tag{10-3a}$$

$$\eta = \frac{\alpha A}{Mc_s}\theta = \frac{2\alpha}{S\gamma c_s}\theta \tag{10-3b}$$

则微分方程式还可以进一步简化为：

$$\left(\frac{\partial T'}{\partial \xi}\right)_\eta = t'_s - T' \tag{10-4a}$$

$$\left(\frac{\partial t'}{\partial \eta}\right)_\xi = T' - t'_s \tag{10-4b}$$

10.1.3.2 蓄热室热交换的无因次参数

经过上述无因次化后，原来用 α，A，c，c_s，L 和 M 等多个变量描述蓄热室中的温度变化过程，现在只用两个无因次参数 ξ 和 η 描述就行了。我们称 ξ 为缩短了的长度，称 η 为缩短了的周期时间。我们还可以把总的蓄热室长度和周期时间也用缩短了的量来表示（其中 Θ 为周期时间）：

缩短了的蓄热室长度 $$\Lambda = \frac{\alpha A}{Wc} \tag{10-5a}$$

缩短了的周期时间 $$\Pi = \frac{\alpha A}{Mc_s}\Theta \tag{10-5b}$$

求得蓄热室平衡状态下这些微分方程解的前提条件是，在计算开始时必须分别得到整个燃烧期和整个送风期格砖各处的温度 t'。这个条件被称为转换条件，满足这个条件有无限多个解，它们被称为特征函数，用"特征值 k"表示。特征值 k 是 $0 \sim \infty$ 范围内的一切实数。$k=0$ 时的特征函数表示基谐波振荡，$k \geq 1$ 时的特征函数表示高谐波振荡。

单位时间内通过蓄热室的两种气体热流量，即烟气或鼓风单位时间的质量流量与比热容的乘积 W_gc_g 或 W_ac_a，以及燃烧期时间 Θ_h 和送风期时间 Θ_c 满足如下条件时

$$W_gc_g\Theta_h = W_ac_a\Theta_c \tag{10-6}$$

就可以简化特征函数。这里只能简单地说，这种简化的最终结果是足够精确的，具有使用价值。

由于篇幅所限，关于 $W_gc_g\Theta_h \neq W_ac_a\Theta_c$ 的问题不做讨论，感兴趣的读者，可参阅文献 [1，2]。

10.1.3.3 边界条件

在平衡状态下，由于研究蓄热材料中各个位置的温度而产生的一个重要的边界条件，即在送风期终了时必须与燃烧期开始时有相同的温度值，反之亦然。这个边界条件就是著名的换向条件。

蓄热室热交换过程的一个更精密、更完善的计算方法，将在下面介绍。它必须满足第二个边界条件，气体进入蓄热室的状态和温度是恒定的。这个条件称为入口条件。对蓄热材料的表面积也要附加一个条件式（10-7）：

$$\partial(T' - t'_s) = -\lambda_s\left(\frac{\partial t'}{\partial x}\right)_{x=0} \tag{10-7}$$

这个热量状态的条件，由于温度差 $T' - t'_s$ 的影响将使气体的热量进入蓄热体表面的传递途径中有一个相应的温度降。尽管这个条件用式（10-2a）或式（10-2b）也是令人满意的。式（10-2a）或式（10-2b）凭借着温度降 $T' - t'_s$ 的作用来传递热量，并使蓄热体贮存热量；用 t'_m 也能求得贮存的总热量。式（10-7）有时也很有用。

10.1.4 基谐波振荡——零次特征函数

现代蓄热室理论已经发展到了几乎不受任何假定约束的程度，从而能够很精确地重现蓄热室的实际状态。最重要的基本概念已经包含在前节所述的理论之中。最重要的是要理解在平衡状态下，蓄热室内发生的强制温度振荡，以及可以将它们分成基本振荡和谐波振动。为了求得基本振荡和谐波振动的数学关系，我们在满足换向条件的情况下，求解微分方程（10-1）、（10-2a）和（10-2b）。已知，用偏微分方程理论的常规求解方法"特征函数"有无穷多个解。函数用"特征值 k"来表征，k 可以取 $0 \sim \infty$ 之间的任意一个实数。如前所述，基本振荡相当于 $k=0$ 的特征函数，较高的特征函数则重现谐波振动。

10.1.4.1 零次特征函数的推导

在最早的文献中，假定在平衡状态下蓄热室纵向温度分布与换热器相同。零次特征函数的解能够精确地求得最简单的纵向温度曲线的变化，并与换热器中的温度变化相同。在比较时，考虑了周期的同一时刻或平均时间内的蓄热室温度的变化。由微分方程式的解可以得出在蓄热室高度方向上最简单的温度变化曲线，并且可以证明这条曲线恰好是 $k=0$ 的特征函数，与基谐波振动曲线完全相符。由此可以定义零次特征函数；零次特征函数表示在高度方向上的温度变化蓄热室与换热器相同，是线性变化。

如果要寻找 $W_g c_g \Theta_h = W_a c_a \Theta_c$ 的零次特征函数，必须考虑两种气体热容量相同的换热器，只要 $W_g c_g$、$W_a c_a$、α_h 和 α_c 不变，换热器中沿高度 y 方向的温度变化就是一条直线。所以选择的蓄热面积延伸到蓄热室纵轴上所研究的横断面时，表达式（10-8）中气体温度 T' 和格砖温度 t' 对于时间 θ 不变。

$$\left(\frac{\partial T'}{\partial f}\right)_\theta = \left(\frac{\partial t'}{\partial f}\right)_\theta = \left(\frac{\partial t'_m}{\partial f}\right)_\theta = 常数 \tag{10-8}$$

如果除了 α 和 W_c 之外，蓄热体的导热系数、密度、比热容及厚度也不变，则可由式（10-8）和式（10-2a）得到 $t'_s - T' = 常数$。在给定的时间 θ 内格砖表面与气体之间的温度差完全一致，则在蓄热室所有位置上有完全相同的值。在规定的时间间隔内传递到蓄热室全部位置的总热量必须相同，那么通过蓄热室的气体温度应完全一致，而且流量也相同。因而蓄热室的纵向温度分布能表示成一条直线，并且必须相互平行地移动。现在式（10-8）不变，以及 $t'_s - T'$ 也与时间无关。由式（10-1）可以得到式（10-9）。

$$\left(\frac{\partial t'_m}{\partial \theta}\right)_f = 常数 \tag{10-9}$$

所以从 y 方向上的温度变化得出每个蓄热体断面上的平均温度随时间也呈线性变化。这样就证明，过去被看成是近似的规律，实际上就是 $W_g c_g \Theta_h = W_a c_a \Theta_c$ 时的零次特征函数的规律[3,4]。因此，两个周期相互对应的时间 $t'_{m,h} = t'_{m,c}$，同样也能十分精确地满足零次特征函数。这就形成了蓄热室内温度分布的初步轮廓，在此基础上便可研究蓄热体温度和气体温度更复杂的变化。

接着研究换向条件，从燃烧期转换成送风期的瞬间，格砖平均温度 $t'_{m,h} = t'_{m,c}$ 彼此必然相等，则送风期终了时的平均格砖温度也必然与燃烧期开始时的值相等。对于蓄热室各个横断面用式（10-9）得到的 $t'_{m,h}$ 和 $t'_{m,c}$ 曲线，如图 10-2b 已作出的 $t'_{m,h}$ 和 $t'_{m,c}$ 为交互反向的简单直线。若两个时间的时间 Θ_h 和 Θ_c 相同，则"彼此对应"于时间的 $t'_{m,h}$ 和 $t'_{m,c}$ 可以写成

$$t'_{m,h} = t'_{m,c}$$

此等式表示了零次特征函数的一个重要特征。

根据格砖平均温度 $t'_{m,h}$ 和 $t'_{m,c}$ 的考察，对以后的研究十分重要。在一定程度上，这些简单结构的曲线能够更精确地描绘个别格砖温度 $t'_{m,h}$、$t'_{m,c}$ 和气体温度 T'_g、T'_a 的复杂曲线。

图 10-2 给出了在零次特征函数范围内气体温度和蓄热体温度变化的基本概念[5]。下面可以利用微分方程式（10-1）的解析法来精确地计算不同情况的温度变化：

$$t' = C + \left(\frac{\partial t'_m}{\partial \theta}\right)_f \cdot \theta - \frac{1}{2a}\left(\frac{\partial t'_m}{\partial \theta}\right)_f x(S - x) + \sum_{n=1}^{\infty} \beta_n \cdot \exp(-\beta_n^2 a\theta)\cos\beta_n\left(x - \frac{S}{2}\right)$$

$$(10\text{-}10)$$

式中　C，β_n——适合条件的任意常数；

$\left(\dfrac{\partial t'_m}{\partial \theta}\right)_f$——常数；

n——大于零的一切实数。

式（10-10）中的第二项表示 t'_m 与时间呈线性关系；第三项表示温度的变化曲线呈抛物线形状变化，正如周期结束时形成的温度曲线那样（见图 10-2a）；最后带 $\cos\beta_n$ 的项表示由换向使抛物线产生的偏差。式中有取决于 x 的项，就能保证蓄热体温度曲线始终与蓄热体 $x = S/2$ 轴对称的中心。其中 x 如图 10-2a 所示，是从格砖的两个表面之一开始至考察位置的距离。

为了保证 t'_m 按时间顺序的变化是线性的，规定 β_n 的值是使在蓄热体的整个厚度 S 上 $\cos\beta$ 项的平均值趋于极小，使该项不会对 t'_m 产生影响。所以我们规定：

$$\frac{1}{S}\int_0^S \cos\beta_n\left(x - \frac{S}{2}\right)dx = 0 \qquad (10\text{-}11)$$

并且由此得到：

$$\beta_n = \frac{2n\pi}{S} \qquad (10\text{-}12)$$

假如将 $x(S - x)$ 减去 $\dfrac{S^2}{6}$，那么抛物线项的平均值同样也很小。我们可以随意规定 β_n 的符号，所以将式（10-2b）和式（10-12）代入式（10-10），注意到 $a = \dfrac{\lambda}{\gamma c_s}$，得到：

$$t'_h = t'_{m,h} - \frac{\alpha_h}{\lambda S}(T'_g - t'_{s,h})\left[x(S - x) - \frac{S^2}{6}\right] + \sum_{n=1}^{\infty} B_{n,h}\exp\left[-\left(\frac{2n\pi}{S}\right)^2 a\theta_h\right]\cos\left(2n\pi \frac{x}{S}\right)$$

$$(10\text{-}13)$$

式（10-13）适用于燃烧期。同理，对于送风期：

$$t'_c = t'_{m,c} - \frac{\alpha_c}{\lambda S}(T'_a - t'_{s,c})\left[x(S-x) - \frac{S^2}{6}\right] + \sum_{n=1}^{\infty} B_{n,c}\exp\left[-\left(\frac{2n\pi}{S}\right)^2 a\theta_c\right]\cos\left(2n\pi\frac{x}{S}\right)$$

（10-14）

如果考虑到送风期间蓄热体单位表面积上交换的热量 q 与燃烧期相同，则可以写成：

$$q = \alpha_c(t'_{s,co} - T'_a)\Theta_c = \alpha_h(T'_g - t'_{s,ho})\Theta_h \qquad (10\text{-}15)$$

还可以将式（10-14）变形为：

$$t'_c = t'_{m,c} + \frac{\alpha_h}{\lambda S}(T'_g - t'_{s,ho})\frac{\Theta_h}{\Theta_c}\left[x(S-x) - \frac{S^2}{6}\right] + \sum_{n=1}^{\infty} B_{n,c}\exp\left[-\left(\frac{2n\pi}{S}\right)^2 a\theta_c\right]\cos\left(2n\pi\frac{x}{S}\right)$$

（10-16）

式中　$t'_{s,ho}$，$t'_{s,co}$——气体入口处蓄热体的表面温度。

时间 θ_h 和 θ_c 在每个周期中应从转换开始的一瞬间算起。

下面从转换条件求 $B_{n,h}$ 和 $B_{n,c}$ 的值。按照转换条件，燃烧期开始时蓄热体温度 t'_h 应该与送风期结束时的蓄热体温度 t'_c 一样。同理，燃烧期结束时的蓄热体温度也应与送风期开始时的蓄热体横断面上所有位置的温度相同。如果从式（10-13）中求得的燃烧期开始时（$\theta_h = 0$）蓄热体的温度，以及用式（10-16）求得送风期结束时（$\theta_c = \Theta_c$）蓄热体的温度，则从 $W_g c_g \Theta_h = W_a c_a \Theta_c$ 可知：

$$t'_{m,b} = t'_{m,c} \qquad (10\text{-}17)$$

代入式（10-14）、式（10-16）可以得到：

$$\sum_{n=1}^{\infty}\left\{B_{n,h} - B_{n,c}\exp\left[-\left(\frac{2n\pi}{S}\right)^2 a\Theta_c\right]\right\}\cos\left(2n\pi\frac{x}{S}\right) = \frac{\alpha_h}{\lambda S}(T'_g - t'_{s,ho})\left(1 + \frac{\Theta_h}{\Theta_c}\right)\left[x(S-x) - \frac{S^2}{6}\right]$$

（10-18）

式（10-18）左边是带有待定系数的傅里叶级数，待定系数为：$B_{n,h} - B_{n,c}\exp\left[-\left(\frac{2n\pi}{S}\right)^2 a\Theta_c\right]$，如果令式（10-18）的右边等于 $f(x)$，则根据傅里叶系数的著名方程式就可得到：

$$B_{n,h} - B_{n,c}\exp\left[-\left(\frac{2n\pi}{S}\right)^2 a\Theta_c\right] = \frac{2}{S}\int_0^S f(x)\cos\left(2n\pi\frac{x}{S}\right)dx \qquad (10\text{-}19)$$

将式（10-19）积分：

$$B_{n,h} - B_{n,c}\exp\left[-\left(\frac{2n\pi}{S}\right)^2 a\Theta_c\right] = -\frac{1}{(n\pi)^2}\frac{\alpha_h S}{\lambda}(T'_g - t'_{s,ho})\frac{\Theta_h + \Theta_c}{\Theta_c} \qquad (10\text{-}20a)$$

按照燃烧期结束及送风期开始的转换条件得出方程式：

$$B_{n,c} - B_{n,h}\exp\left[-\left(\frac{2n\pi}{S}\right)^2 a\Theta_h\right] = \frac{1}{(n\pi)^2}\frac{\alpha_h S}{\lambda}(T'_g - t'_{s,ho})\frac{\Theta_h + \Theta_c}{\Theta_c} \qquad (10\text{-}20b)$$

解出式（10-20a）和式（10-20b）中的 $B_{n,h}$ 和 $B_{n,c}$，得到式（10-21）。这是在 $W_g c_g \Theta_h = W_a c_a \Theta_c$ 条件下，最一般的零次特征函数的形式。

$$B_{n,h} = -\frac{1}{(n\pi)^2}\frac{\alpha_h S}{\lambda}(T'_g - t'_{s,ho})\frac{\Theta_h \Theta_c}{\Theta_c}\frac{1 - \exp\left[-\left(\frac{2n\pi}{S}\right)^2 a\Theta_c\right]}{1 - \exp\left[-\left(\frac{2n\pi}{S}\right)^2 a(\Theta_h + \Theta_c)\right]} \quad (10\text{-}21a)$$

同理

$$B_{n,c} = -\frac{1}{(n\pi)^2}\frac{\alpha_c S}{\lambda}(T'_a - t'_{s,co})\frac{\Theta_h \Theta_c}{\Theta_c}\frac{1 - \exp\left[-\left(\frac{2n\pi}{S}\right)^2 a\Theta_c\right]}{1 - \exp\left[-\left(\frac{2n\pi}{S}\right)^2 a(\Theta_h + \Theta_c)\right]} \quad (10\text{-}21b)$$

将 $B_{n,h}$ 和 $B_{n,c}$ 分别代入式（10-13）和式（10-16），得到零次特征函数的一般形式：

$$t'_h = t'_{m,h} - \frac{\alpha_h S}{\lambda}(T'_g - t'_{s,ho})\left\{\frac{x}{S}\left(1 - \frac{x}{S}\right) - \frac{1}{6} + \frac{\Theta_h + \Theta_c}{\Theta_c}\sum_{n=1}^{\infty}\frac{1 - \exp\left[-\left(\frac{2n\pi}{S}\right)^2 a\Theta_c\right]}{1 - \exp\left[-\left(\frac{2n\pi}{S}\right)^2 a(\Theta_h + \Theta_c)\right]} \times\right.$$

$$\left.\exp\left[-\left(\frac{2n\pi}{S}\right)^2 a\Theta_h\right]\cos\left(2n\pi\frac{x}{S}\right)\right\} \quad (10\text{-}22a)$$

$$t'_c = t'_{m,c} - \frac{\alpha_c S}{\lambda}(T'_a - t'_{s,co})\left[\frac{x}{S}\left(1 - \frac{x}{S}\right) - \frac{1}{6} + \frac{\Theta_h + \Theta_c}{\Theta_c}\sum_{n=1}^{\infty}\frac{1 - \exp\left[-\left(\frac{2n\pi}{S}\right)^2 a\Theta_h\right]}{1 - \exp\left[-\left(\frac{2n\pi}{S}\right)^2 a(\Theta_h + \Theta_c)\right]} \times\right.$$

$$\left.\exp\left[-\left(\frac{2n\pi}{S}\right)^2 a\Theta_c\right]\cos\left(2n\pi\frac{x}{S}\right)\right) \quad (10\text{-}22b)$$

式（10-22a）和式（10-22b）就是 $W_g c_g \Theta_h = W_a c_a \Theta_c$ 时的零次特征函数。如果用 $(t'_m)_0$ 表示周期开始时 t'_m 之值，则由式（10-2a）和式（10-2b）有：

$$t'_m = (t'_m)_0 + \left(\frac{\partial t'_m}{\partial \theta}\right)_f \theta = (t'_m)_0 + \frac{2\alpha}{\gamma c_s S}(T' - t'_s)\theta \quad (10\text{-}23a)$$

$$T'_h = t'_{s,h} + (T'_g - t_{s,ho}) \quad (10\text{-}23b)$$

$$T'_c = t'_{s,c} + (t_{s,co} - T'_a) \quad (10\text{-}23c)$$

计算步骤：先假定燃烧期开始时的蓄热体温度 t'_m，呈直线分布，解式（10-22a），得到初始时刻气体入口处的蓄热体表面温度 $t'_{s,ho}$，然后由式（10-22a）、式（10-23a）计算燃烧期内蓄热体温度和平均温度的变化。接着用同样方法计算送风期蓄热体内部温度和平均温度的变化。用送风期末蓄热体温度作为燃烧期开始时刻的温度重新计算使用周期的蓄热体内部温度和平均温度的变化。气体温度按式（10-23b）和式（10-23c）计算，即由蓄热体表面温度加上不随时间变化的 $(T' - t'_s)$ 值。

10.1.4.2　理论计算结果与实际的比较

从严密的推导中，我们可以看出这些关系式的正确性和完善程度，同时还可以通过实例加以验证[6,7]。图 10-6a、b 中的曲线是从理论上计算求出来的。计算条件为耐火材料的蓄热体厚度为 80mm，周期时间 $\Theta_c = \Theta_h = 1h$。此外，假定格砖的 $\lambda_s = 1.163\ \text{W/(m·K)}$，

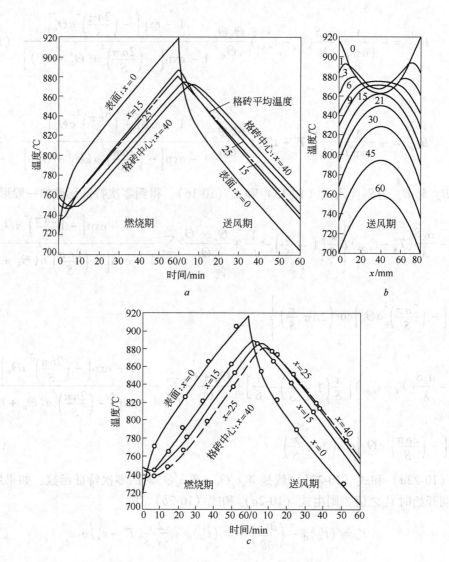

图 10-6 格砖厚度为 80mm 时，格砖温度的变化曲线

（送风期及燃烧期均为 1h；x 为某处与格砖左端面的距离，mm）

a—格砖理论温度与时间的关系；b—格砖内部理论温度分布曲线（图中数字为时间 θ，min）；
c—格砖实测温度与时间的关系

$\rho = 2000\text{kg/m}^3$，$c_s = 1.047\text{kJ/(kg·K)}$。当然这里仍有 $W_g c_g \Theta_h = W_a c_a \Theta_c$。图 10-6a 的曲线表示格砖某个断面上的温度随时间变化，各曲线分别表示离开格砖表面的距离，其距离分别为 0mm、15mm、25mm 和在砖厚的中心线上 $\left(x = \dfrac{S}{2} = 40\text{mm}\right)$ 的温度随时间变化的情况。图中的点线表示格砖平均温度 $t'_{m,c}$ 及 $t'_{m,h}$ 的直线变化。图 10-6b 与图 10-2a 一样，表示格砖断面上离开格砖表面为 x 的某个厚度上在各个时间 θ 时的温度分布曲线。图 10-6c 的曲线是根据苏马契（Schumacher）在一座试验热风炉中获得的实际测量的数据绘制的。由图可知，计算与试验结果非常吻合，尤其是恰当地反映了因换炉产生的温度突变。

此外，如果取较厚的格砖或较短的周期时间，就会使格砖内部温度发生变化；格砖越厚，图 10-6b 所示的抛物线或准抛物线从开口向上到开口向下的过渡时间就越长。如果格砖很厚，需要的时间也相应延长，甚至在周期结束时还不能形成一个完整的抛物线。周期越短，抛物线不能代表的部分越多。假定周期时间仍为 1h，其他条件与图 10-6 相同，计算求得格砖厚度为 200mm 时的温度变化。由图 10-7 可以看出，格砖的温度变化相对较小，因而它贮存和放出的热量也较少。由于格砖中心的温度实际上没有变化，热交换处于完全停顿状态，因此增加格砖的厚度并不能增加交换的热量。

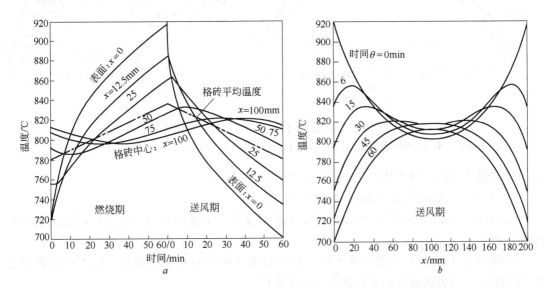

图 10-7　格砖厚度为 200mm 时，格砖温度的变化曲线

a—格砖的理论计算温度与时间的关系；b—格砖内部的理论计算温度分布曲线

现代热风炉的格砖厚度已经大幅度减薄，为大幅度缩短送风期的时间创造了条件。中冶赛迪工程技术股份有限公司计算了某厂热风炉上层硅质格砖在燃烧和送风期内格砖内部的温度变化，见图 10-8[13]。格砖厚度为 30mm 的蓄热体，送风周期时间 Θ_c 为 40min，燃烧周期时间 Θ_h 为 60min；格砖的 $\lambda_s = 1.05 + 0.93 \times 10^{-3} t$ W/(m·℃)，$\rho = 1850$kg/m³，$c_s = 0.19 + 0.7 \times 10^{-4} t$ kJ/(kg·℃)。

图 10-8a 给出了不同时期单个格砖内部不同点温度，除燃烧的初期以及送风初期外，温度随时间是基本呈直线变化的。从图 10-8b 以及图 10-8c 我们可以得到格砖内部的温度分布情况，根据分析不同时期格砖中心温度与表面温度的差值变化，可以全面地掌握格子砖在燃烧以及送风的过程中蓄热传热过程的特性和规律。

从格砖厚度 200mm 的图 10-7b 看，送风期达到 60min 时，格砖内部的温度分布才基本呈抛物线的形状；而格砖厚度 80mm（图 10-6b）在送风至 21min 时，格砖内部温度分布呈抛物线；当格砖厚度减薄至 30mm 时，送风仅 2min（图 10-8c）就呈抛物线形。格砖厚度减薄以后，在格砖全部厚度上温度的变化加大，参加热交换更活跃，在短时间内就能完成较高的温度变化，提高格砖的利用率。反之，企图用较薄的格砖，使用较长的燃烧周期或送风周期，则不可能贮存更多的热量。因此对于特定的格子砖，可以得到与此格子砖对

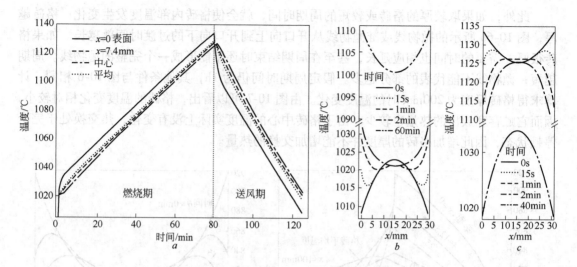

图 10-8 不同时期格子砖横向温度分布曲线

a—格砖内部不同点温度随时间的变化；b—燃烧期格砖内部温度分布；c—送风期格砖内部温度分布

应的最佳操作时间；对于生产中的热风炉提供操作指导。

10.1.4.3 零次特征函数与热交换系数 K_o

根据式（10-22）和式（10-23）得出的温度变化，不难计算与零次特征函数有关的热交换系数 K_o。

只要令式（10-22）中的 x 等于零，并把时间 θ 从 $0 \sim \Theta_h$ 进行积分，就可以得到燃烧期随时间变化的表面温度的平均值 $\overline{t'_s}$，这时就有：

$$\overline{t'_{s,h}} - \overline{t'_{m,h}} = \frac{\alpha_h S}{\lambda}(T'_g - t'_s)\varphi \tag{10-24}$$

$$\varphi = \frac{1}{6} - \frac{S^2}{4a}\left(\frac{1}{\Theta_h} + \frac{1}{\Theta_c}\right) \times \sum_{n=1}^{\infty} \frac{1}{(n\pi)^4} \frac{\left\{1 - \exp\left[-\left(\frac{2n\pi}{S}\right)^2 a\Theta_c\right]\right\}\left\{1 - \exp\left[-\left(\frac{2n\pi}{S}\right)^2 a\Theta_h\right]\right\}}{1 - \exp\left[-\left(\frac{2n\pi}{S}\right)^2 a(\Theta_c + \Theta_h)\right]} \tag{10-25}$$

式中 $\overline{t'_m}$——t'_m 的时间平均值。

对送风期：

$$\overline{t'_{s,c}} - \overline{t'_{m,c}} = \frac{\alpha_c S}{\lambda}(T'_a - t'_s)\frac{\Theta_h}{\Theta_c}\varphi \tag{10-26}$$

用式（10-24）和式（10-26）可以计算随时间变化的气体温差平均值 $(T'_g - T'_a)_m$。因为 $T'_g - t'_s = $ 常数，$t'_s - T'_a = $ 常数，而 $\overline{t'_{m,h}} = \overline{t'_{m,c_0}}$，所以：

$$(T'_g - T'_a)_m = (T'_g - t'_s)_m + (\overline{t'_{s,h}} - \overline{t'_{m,h}}) + (\overline{t'_{m,c}} - \overline{t'_{s,c}}) + (t'_s - T'_a) \tag{10-27}$$

将式（10-24）式（10-26）代入式（10-27），并且利用式（10-25）的相等关系，又可得：

$$(T'_g - T'_a)_m = (T'_g - t'_s)\left[1 + \frac{\alpha_h \Theta_h}{\alpha_c \Theta_c} + \left(1 + \frac{\Theta_h}{\Theta_c}\right)\frac{\alpha_h S}{\lambda}\varphi\right] \tag{10-28}$$

根据热交换系数的定义，在一个周期内每平方米蓄热体蓄热面上获得或释放的热量 q 应该是：

$$q = \alpha_h(T'_g - t'_s)\Theta_h = K_0(T'_g - T'_a)_m(\Theta_h + \Theta_c) \tag{10-29}$$

从这些方程式出发，利用式（10-28）中的 $(T'_g - T'_a)_m$，又可得到热交换系数 K_0 的关系式：

$$\frac{1}{K_0} = \left[\frac{1}{\alpha_h\Theta_h} + \frac{1}{\alpha_c\Theta_c} + \left(\frac{1}{\Theta_h} + \frac{1}{\Theta_c}\right)\frac{S}{\lambda}\varphi\right](\Theta_h + \Theta_c) \tag{10-30}$$

这个方程式与过去使用的经验计算式相差 6φ。

φ 说明换炉产生的温度突变对热交换有影响。由于过去的经验计算式忽略了它的影响，因此当格砖越厚，周期越短时，综合热交换系数就越不精确。考虑 φ 的影响以后，在零次特征函数的范围内，对任意厚度的格砖、任意长的周期时间，式（10-24）都能精确地反映实际情况。

10.1.4.4　圆柱体或球体蓄热体蓄热室的基谐波振荡

为了弄清蓄热体的外形对热交换的影响，像前述的板状蓄热体那样，对圆柱体或球体半径为 $S/2$ 的蓄热体，也可以写出非稳定态传热方程。这里也假定燃烧期和送风期的 $W_g c_g \Theta_h = W_a c_a \Theta_c$。对于圆柱体，相应的微分方程式为：

$$\frac{\partial t'}{\partial \theta} = \frac{\alpha}{r}\frac{\partial}{\partial r}\left(r\frac{\partial t'}{\partial r}\right) \tag{10-31a}$$

对于球体，相应的微分方程式为：

$$\frac{\partial t'}{\partial \theta} = \frac{\alpha}{r^2}\frac{\partial}{\partial r}\left(r^2\frac{\partial t'}{\partial r}\right) \tag{10-31b}$$

式中　r——从圆柱体或球体蓄热体的中心位置到所考察的蓄热体内某位置的距离。

将式（10-2a）保持不变，而将方程（10-2b）改写成一般的形式：

$$\left(\frac{\partial t'}{\partial \theta}\right)_y = m\frac{2a}{S\gamma c_g}(T' - t'_s) \tag{10-2c}$$

对于板状蓄热体，$m=1$；对于圆柱体蓄热体，$m=2$；对于球体蓄热体，$m=3$。上面所讨论的两种情况是在零次特征函数的范围内。同时，与式（10-32）对应，得到半径为 R 的圆柱体及球体的公式[7]。

圆柱体：

$$t'_h = t'_{m,h} + \frac{\alpha_h}{2\lambda R}(T'_g - t'_{s,h})\left(r^2 - \frac{R^2}{2}\right) + \sum_{n=1}^{\infty} A_{n,h}\exp(-\omega_n^2 a\theta_h)J_0(\omega_n r) \tag{10-32a}$$

球体：

$$t'_h = t'_{m,h} + \frac{\alpha_h}{2\lambda R}(T'_g - t'_{s,h})\left(r^2 - \frac{3}{5}R^2\right) + \sum_{n=1}^{\infty} \frac{B_{n,h}}{\gamma}\exp(-\beta_n^2 a\theta)\sin(\beta_n r) \tag{10-32b}$$

式中　　　　　　J_0——第一类零阶贝塞（Besse）函数；

$A_{n,h}$，ω_n，$B_{n,h}$，β_n——常数。

对式（10-32a）和式（10-32b），值得注意的是像板状蓄热体的各项一样，$t'_{m,h}$ 后面的项代表一条抛物线温度曲线。由于此项接近常数，对 $t'_{m,h}$ 来说，影响不大。式（10-32a）和式（10-32b）需要分别增加带 ω_n 和 β_n 的项，并且对 $t'_{m,h}$ 来说也是影响不大的值。

ω_n 和 β_n 的特征值由如下方程确定：

圆柱体：
$$J_1(\omega_n R) = 0 \tag{10-33a}$$

球体：
$$\tan(\beta_n R) = \beta_n R \tag{10-33b}$$

式中 J_1——第一阶贝塞函数。

与燃烧期的式（10-32a）和式（10-32b）相对应，也可确定燃烧期的方程式中的系数，因为由转换条件可以得到相应的关系。

圆柱体：
$$A_{n,h} = -\frac{2\alpha_h}{\lambda R} \frac{T'_g - t'_{s,h}}{\omega_n^2 J_0(\omega_n R)} \frac{\Theta_h + \Theta_c}{\Theta_c} \frac{1 - \exp(-\omega_n^2 a\Theta_c)}{1 - \exp[-\omega_n^2 a(\Theta_h + \Theta_c)]} \tag{10-34a}$$

球体：
$$B_{n,h} = -\frac{2\alpha_h}{\lambda R} \frac{T'_g - t'_{s,h}}{\beta_n^2 \sin(\beta_n R)} \frac{\Theta_h + \Theta_c}{\Theta_c} \frac{1 - \exp(-\beta_n^2 a\Theta_c)}{1 - \exp[-\beta_n^2 a(\Theta_h + \Theta_c)]} \tag{10-34b}$$

式（10-32a）、式（10-33a）及式（10-34a）对圆柱体砖内随时间变化的温度变化过程作了明确的规定。相应地，由方程（10-32b）、方程（10-33b）及（10-34b）确定了球体砖内随时间变化的温度变化过程。

假定圆柱体和球体蓄热体的直径与图 10-6 中平板状格砖的厚度相同（$S = 80$mm）。此外，与图中的所有假定都相同，得到圆柱体蓄热体横断面上理论计算的温度分布，如图 10-9a 所示。球体蓄热体横断面上理论计算的温度分布如图 10-9b 所示。

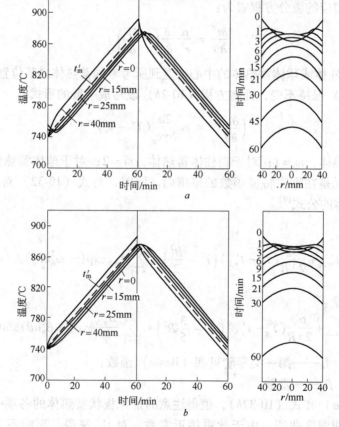

图 10-9 圆柱体及球体的温度变化过程
a—圆柱体蓄热体的温度变化过程（圆柱直径为 80mm）；b—球体蓄热体的温度变化过程（球直径为 80mm）

在很大程度上，所有三种砖形都有相同的温度分布。在每一瞬间格砖表面和内部之间的温度差，球体比圆柱体小，圆柱体比平板状格砖小。球体内部比圆柱体、圆柱体比平板状格砖内部在温度变化方面起更大的作用。由此可以说明一个事实，规定蓄热体的直径或厚度 S 相等，而单位面积的圆柱体体积比板状砖小，而球体单位面积的体积又比圆柱体小。因此蓄热质量较小者加热和冷却期也应较短。

$$\frac{1}{K_0} = \left[\frac{1}{\alpha_h \Theta_h} + \frac{1}{\alpha_c \Theta_c} + \left(\frac{1}{\Theta_h} + \frac{1}{\Theta_c} \right) \frac{S}{\lambda} \varphi \right] (\Theta_h + \Theta_c) \tag{10-35}$$

这里函数 φ 还包括圆柱体和球体对板状砖的形状修正。当 $R = S/2$ 时，φ 表示为：

圆柱体：$\varphi = \frac{1}{8} - \frac{S^2}{4\alpha} \left(\frac{1}{\Theta_h} + \frac{1}{\Theta_c} \right) \sum_{n=1}^{\infty} \frac{[1 - \exp(-\omega_n^2 a \Theta_h)][1 - \exp(-\omega_n^2 a \Theta_c)]}{\left(\omega_n^2 \frac{S}{2} \right)^4 \{1 - \exp[-\omega_n^2 a (\Theta_h + \Theta_c)]\}}$ $\quad$ (10-36a)

球体：$\varphi = \frac{1}{10} - \frac{S^2}{4\alpha} \left(\frac{1}{\Theta_h} + \frac{1}{\Theta_c} \right) \sum_{n=1}^{\infty} \frac{[1 - \exp(-\beta_n^2 a \Theta_h)][1 - \exp(-\beta_n^2 a \Theta_c)]}{\left(\beta_n^2 \frac{S}{2} \right)^4 \{1 - \exp[-\beta_n^2 a (\Theta_h + \Theta_c)]\}}$ $\quad$ (10-36b)

10.1.5 蓄热室末端的温度变化及其对热交换的影响

零次特征函数精确地描述了蓄热室中部温度的变化规律。蓄热室末端的温度变化曲线与零次特征函数的偏差见图 10-2。我们把烟气和鼓风每次进入蓄热室的温度都视为稳定的，这与实际情况基本相符；图 10-2 中燃烧期与送风期的时间坐标相同。图 10-2 中最高位置的直线 $T' = T'_g$ 表示不随时间变化的烟气入口温度，上面的曲线表示燃烧期格砖表面温度 $t'_{s,h}$ 和蓄热体平均温度 $t'_{m,h}$ 的变化。T'_c、$t'_{s,c}$ 和 $t'_{m,c}$ 为送风期相应温度的变化曲线。值得注意的是，蓄热室末端的 $t'_{m,h}$ 和 $t'_{m,c}$ 呈曲线变化，而不是重叠在一起的直线。零次特征函数既不能表示不随时间改变的气体入口温度，也不能表示 $t'_{m,h}$ 和 $t'_{m,c}$ 的非线性变化。

不管用什么方法得出的实际温度变化曲线与零次特征函数曲线的差别，以及蓄热室理论与实际热效率的差别，即使不用高次特征函数，也都是可以的。但是，如果我们要想清楚地了解蓄热室热交换的物理意义，就必须研究高次特征函数对热交换的影响。

10.1.5.1 蓄热体平均温度与热交换系数的关系

因为较高次特征函数要比零次特征函数的变化复杂，而且计算时它只起校正的作用，所以当出现高次特征函数时，不必逐一计算不同时刻蓄热体断面上各点之间的温度差，而只需取 t'_s 与 t'_m 之间的差，以及 T' 与 t'_m 在不同时刻的差就足够了，这与在单位时间内传递相同的热量时由零次特征函数中计算出的结果相同。$t'_s - t'_m$ 随时间变化的平均值是通过式（10-24）得到的，如果在方程的两边加上在零次特征函数时不变的值（$T' - t'_s$），那么就有 $T' - t'_m$ 随时间变化的平均值的方程：

$$\overline{T' - t'_m} = \left(\frac{1}{\alpha} + \frac{S}{\lambda} \varphi \right) \alpha (T' - t'_s) \tag{10-37}$$

因为 $q = \alpha(T' - t'_s) \Theta$ 表示一个周期内单位面积上传递的热量，所以也可以把 $q = \alpha(T' - t'_s) \Theta$ 写成：

$$q = \overline{\alpha} (\overline{T' - t'_m}) \Theta \tag{10-38}$$

还可以写成：

$$\frac{1}{\overline{\alpha}} = \frac{1}{\alpha} + \frac{S}{\lambda}\varphi \tag{10-39}$$

式中　$\overline{\alpha}$——与蓄热体平均温度有关的热交换系数。

对于在极短的时间 $d\theta$ 内传递的热量 dq，可将式（10-38）写成：

$$dq = \overline{\alpha}(T' - t'_{m})d\theta \tag{10-40}$$

这样就可以计算较高次特征函数各个时间上的热交换系数 $\overline{\alpha}$[8]。

用式（10-39）和式（10-40）计算较高次特征函数时，产生的误差很小。计算热交换系数不必考虑式（10-39）中的 φ 值，可将转换直接产生的温度剧变均匀地分布在整个周期之中。除此之外，在各个较高次特征函数中还出现明显的误差，因为气体和蓄热体的温度按照这些函数轨迹的变化，完全不同于它们按零次特征函数轨迹的温度变化，而且采用近似方法不可能完全满足式（10-40）的条件。最后结果的精确性是一个衡量标准。允许误差的大小相当于高次特征函数允许的误差。前面证明过，当 $\varphi = 1$ 时，这个误差极小，在正常情况下，对蓄热室内热交换的影响约小于1%。当 $\varphi < 1$ 时，用式（10-24）计算得到的差 $t'_{s} - t'_{m}$ 减小，这时误差也减小，所以从量的角度来看，计算的精确性就相应地提高了。

在较高次特征函数中，运用 $\overline{\alpha}$ 的优点是：在计算时可以把规定断面上同一时刻蓄热体内各处的温度看成都是相等的，即 $t'_{s} = t'_{m}$，而且还可以把温差 $T' - t'_{m}$ 看成是热量传递到蓄热体表面的动力。整个断面上温度几乎相等的这种极限情况，只有在低温蓄热室中才能实现，这种蓄热室的蓄热体不是耐火砖，而是导热性很高的薄钢板。

10.1.5.2　蓄热室的基本振荡和谐波振动

上节已经谈到，除了零次特征函数（基本振荡）以外，只可能对平衡状态进行蓄热室末端发生的较高次特征函数（谐波振动）的计算，以及蓄热室的温度分布进行全面的计算。为了避免复杂的关系，我们仍然规定 $W_{g}c_{g}\Theta_{h} = W_{a}c_{a}\Theta_{c}$，并且燃烧期和送风期的延续时间相等（$\Theta_{h} = \Theta_{c}$），通过各时期单位时间内的气体流量有相同的热流量 $W_{g}c_{g} = W_{a}c_{a}$，以及两个时期的热交换系数 $\overline{\alpha}$ 相等，同样 $\Lambda_{h} = \Lambda_{c}$ 和 $\Pi_{h} = \Pi_{c}$。此外，正如微分方程式（10-1）、式（10-2）所假定的，在气体流动方向上，蓄热材料的导热性很小，可以忽略不计。使用这些假定条件，利用前述无因次偏微分方程式（10-2）推导特征函数的表达式。由于推导前的准备及推导过程都比较复杂，因此不在这里讨论了，直接将推导结果列出。显然，这个真实解或"特征函数"仍然相当复杂。

最终得到用 u_{k} 和 v_{k} 表示的蓄热材料温度 t'：

$$u_{k} = \frac{\Pi}{2k\pi}\left\{\exp\left(\frac{\eta}{2} - \xi\right) \cdot \sin\left(\frac{2k\pi}{\Pi}\eta - \frac{\Pi}{2k\pi}\xi - \frac{\pi}{2}\right) - (-1)^{k} \cdot \right.$$

$$\left. \exp\left[-\frac{\eta}{2} - (\Lambda - \xi)\right] \cdot \sin\left[-\frac{\Pi}{8k\pi}\eta - \frac{\Pi}{2k\pi}(\Lambda - \xi) - \frac{\pi}{2}\right]\right\} \tag{10-41a}$$

$$v_{k} = \frac{\Pi}{2k\pi}\left\{\exp\left(\frac{\eta}{2} - \xi\right) \cdot \cos\left(\frac{2k\pi}{\Pi}\eta - \frac{\Pi}{2k\pi}\xi - \frac{\pi}{2}\right) - (-1)^{k} \cdot \right.$$

$$\left. \exp\left[-\frac{\eta}{2} - (\Lambda - \xi)\right] \cdot \cos\left[-\frac{\Pi}{8k\pi}\eta - \frac{\Pi}{2k\pi}(\Lambda - \xi) - \frac{\pi}{2}\right]\right\} \tag{10-41b}$$

相应地，气体温度 T' 的特征函数表示如下：

$$\phi_k = \exp\left(\frac{\eta}{2} - \xi\right) \cdot \sin\left(\frac{2k\pi}{\Pi}\eta - \frac{\Pi}{2k\pi}\xi\right) - (-1)^k \frac{\Pi}{4k\pi} \cdot$$

$$\exp\left[-\frac{\eta}{2} - (\Lambda - \xi)\right] \sin\left[-\frac{\Pi}{8k\pi}\eta - \frac{\Pi}{2k\pi}(\Lambda - \xi) - \frac{\pi}{2}\right] \quad (10\text{-}42a)$$

$$\psi_k = \exp\left(\frac{\eta}{2} - \xi\right) \cdot \cos\left(\frac{2k\pi}{\Pi}\eta - \frac{\Pi}{2k\pi}\xi\right) - (-1)^k \frac{\Pi}{4k\pi} \cdot$$

$$\exp\left[-\frac{\eta}{2} - (\Lambda - \xi)\right] \cos\left[-\frac{\Pi}{8k\pi}\eta - \frac{\Pi}{2k\pi}(\Lambda - \xi) - \frac{\pi}{2}\right] \quad (10\text{-}42b)$$

在蓄热室的某些位置，ξ 为常数，则方程的第一部分可以写成：

$$常数 = \exp\left(\frac{\eta}{2}\right)\frac{\sin}{\cos}\left(\frac{2k\pi}{\Pi}\eta\right)$$

如果 ξ 增大，相位会有少许偏转，仍可忽略不计。在时期 Π，函数的自变量 $\frac{2k\pi}{\Pi}\eta$ 随 $k \cdot 2\pi$ 变化，在一个蓄热室周期，第一项代表随 k 周期的振荡。在比值 $\exp\left(\frac{\eta}{2}\right)$ 中，随 η 的增加，振荡的振幅也增加。另外，第二项也是 sin 和 cos 的函数。几乎与给定的 k，η 和 ξ 的值无关。若规定 ξ 为常数，则第二项的非周期性减弱，实质上也是 $\exp\left(-\frac{\eta}{2}\right)$ 的函数。

与 ξ 有关的两项值得注意。在所研究的时期中，气体入口的蓄热室末端 $\xi = 0$，第一项有最大值。从该位置开始随着 ξ 距离的增加，第一项很快减小。只要 k 有大的值，当 $\xi = 6.9$ 时，它总共只有 $\xi = 0$ 时的 1%。如果设定的 k 值小，它下降得较缓慢。

另一方面，非周期性的第二项只与蓄热室对面的末端的距离 $\Lambda - \xi$ 有关。在第二种气体入口的末端，第二项有最大值。按相同的规律，第二项与第一项相似，从气体入口位置开始，随着距离增加而变小。在长的蓄热室中，$k > 0$ 的特征函数只在蓄热室末端区域有较大的值，同时在长的蓄热室中部区域几乎全部为零。在蓄热室中央，温度分布完全可以用零次特征函数来代表。较高特征函数的两项，只有在比较短的蓄热室才有值得注意的值，并且必须加在它的零次特征函数上。在钢铁工业中 Λ 的值在 10 ~ 20 之间，需要注意较高特征函数的值。而在低温技术中 Λ 几乎经常有大于 100 的值，可以不加注意。

当 $\Pi = \pi = 3.1416$，$k = 1$ 时，用式（10-41a）、式（10-41b）、式（10-42a）和式（10-42b）计算的特征函数，见图 10-10 和图 10-11。在图中表示了 $k = 2u_k v_k$ 特征函数。在这些图中，ξ 有恒定值的振荡项表示在左边，同时，对 $\Lambda - \xi$ 有恒定值的非周期性的项表示在右边，它们都是时间 η 的函数。虚线表示气体温度，实线表示蓄热体的温度。在振荡项中，蓄热体的温度滞后于气体的相位，温度呈偏移状态。较高的 K 值使偏移增加，甚至达 $\pi/2(90°)$ 的极限值。

前面已介绍了较高次特征函数的物理重要性，它们重现了蓄热室的谐波振动。最后还需说明，这些特征函数的第一项代表围绕着一个零温度位置的振荡。第二项代表对这个零温度位置偏差的补偿，以补偿前个时期蓄热室另一端区域发生的振荡。

当气体入口温度恒定时，由基本振荡和谐波振动构成的蓄热室总的温度分布。

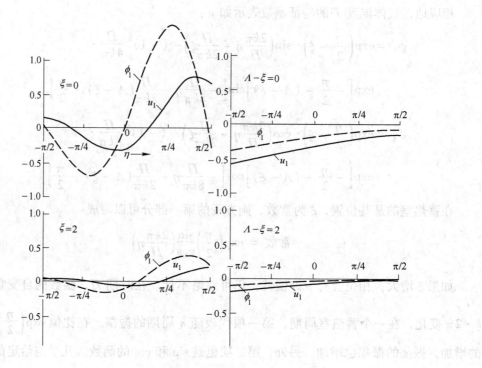

图 10-10　当 $\varPi = \pi$ 时，u_1 和 ϕ_1 特征函数

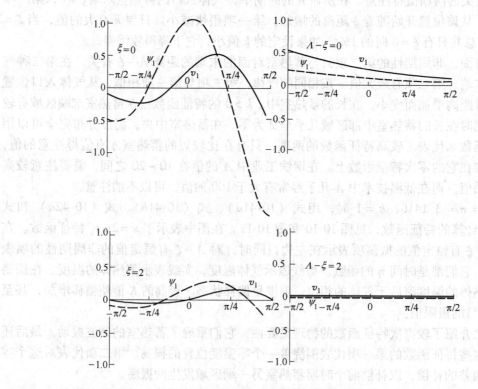

图 10-11　当 $\varPi = \pi$ 时，v_1 和 ψ_1 特征函数

已经计算了基本振荡和谐波振动的特征函数，现在可以求出一个平衡状态下的逆流蓄热室总的温度分布。在此末端的这些振动必须满足所研究时期的气体入口温度是恒定的，并用适当的方法组合在一起。由于微分方程都是线性的，因此在数学上是可以组合的。特征函数的代表解是由各线性微分方程的解组合而成。在 α_k 和 β_k 为初始的任意常数的基础上，气体温度 T' 和蓄热体温度 t' 可以扩展为如下特征函数的数列。我们将气体温度 T' 用从所有 ϕ_k 和 ψ_k 特征函数中列出的一组无穷级数来表示[9]：

$$T' = \alpha_0\phi_0 + \alpha_1\phi_1 + \alpha_2\phi_2 + \alpha_3\phi_3 + \cdots + \alpha_k\phi_k + \cdots +$$

$$\beta_1\psi_1 + \beta_2\psi_2 + \beta_3\psi_3 + \cdots + \beta_k\psi_k + \cdots \tag{10-43}$$

蓄热体温度 t' 也有相应的方程：

$$t' = \alpha_0 u_0 + \alpha_1 u_1 + \alpha_2 u_2 + \alpha_3 u_3 + \cdots + \alpha_k u_k + \cdots +$$

$$\beta_1 v_1 + \beta_2 v_2 + \beta_3 v_3 + \cdots + \beta_k v_k + \cdots \tag{10-44}$$

由于这些数列有各自独立的项，遇到换向也是如此。所有这些要求可以用来求解式中 α_0，α_1，α_2，$\cdots$，α_k，$\cdots$，β_1，β_2，β_3，$\cdots$，β_k，$\cdots$，等表示任意值的常数，即通过式（10-43）求出当位置 $\xi = 0$ 时，入口气体温度 $T' = T'_{en}$ 来确定系数 α_0、α_1、β_1、β_2 等的值。虽然，求解调谐函数数列的这些系数是困难的，特别是不能用傅里叶级数直接得到。关于这些困难产生的原因及其解决方法，这里不做讨论。

求解出 α_k 和 β_k 的值，可以用式（10-43）和式（10-44）计算全部蓄热室内的温度分布。图 10-12 表示在位置 $\xi = 0$，气体温度用 α_k 和 β_k 的倍数的特征函数 ϕ_k 和 ψ_k 的变化。图中 $\Lambda = 10$，$\Pi = \pi = 3.1416$ 和 $T'_{in} = 20℃$。横坐标为缩短了的时间 η，在 $-\pi/2 \sim +\pi/2$ 的范围内变化。纵坐标为气体温度。图中标有"0"的直线与式（10-43）中的 $\alpha_0\phi_0$ 相当，它的温度随时间变化呈直线变化。曲线 1 相应表示 $\alpha_0\phi_0 + \alpha_1\phi_1 + \beta_1\psi_1$ 的变化；曲线 2 表示 $\alpha_0\phi_0 + \alpha_1\phi_1 + \alpha_2\phi_2 + \beta_1\psi_1 + \beta_2\psi_2$ 的变化；曲线 3 表示由 $k = 0 \sim 3$ 的全部特征函数；曲线 4 也表示 $k = 0 \sim 4$ 的所有特征函数。入口温度恒定，$T'_{in} = 20℃$，当逐步增加特征函数的次数时，就能不断地接近此恒定值。

按时间顺序和空间温度分布计算的最终结果见图 10-13。图 10-13 表示两个时期在位置 $\xi = 0$、3 和 5 时，温度按时间顺序的变化，

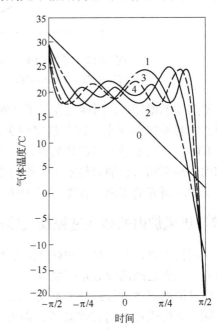

图 10-12 当 $\Lambda = 10$、$\Pi = \pi$ 和恒定的入口气体温度 $T'_{in} = 20℃$ 时，温度波动的近似值

0—特征函数 $k = 0$；1—特征函数 $k = 0 \sim 1$；2—特征函数 $k = 0 \sim 2$；3—特征函数 $k = 0 \sim 3$；4—特征函数 $k = 0 \sim 4$

图中 $\xi=0$ 相应为蓄热室的冷端，而 $\Lambda=10$、$\xi=5$ 相当于蓄热室中央。

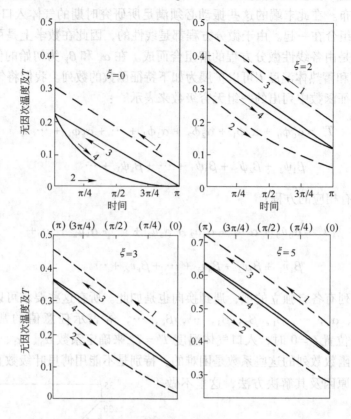

图 10-13 当 $\Lambda=10$、$\Pi=\pi$ 时，蓄热室不同位置的温度曲线
1—烟气温度；2—鼓风温度；3—燃烧期蓄热体温度；4—送风期蓄热体温度

蓄热体的温度 t'，同样也经历了磁滞回线的变化，在蓄热室的末端磁滞回线最大，并随着 ξ 值的增加而变小。在蓄热室中央，两个时期都一样，磁滞回线都几乎变成一条直线。实际上，它不是一条精确的直线。在图 10-13 所示的实例中，蓄热室相对比较短，更是如此。甚至相当长的蓄热室中央都与零次特征函数有差异。

图中所研究的实例，在图 10-4 中再现了热风炉蓄热室中常见的情况。

10.2 热风炉内的燃烧过程及气体运动

从结构上讲，影响热风炉燃烧的是燃烧器、燃烧室，以及进入燃烧器的空气、煤气管道布置。三者之间的核心是燃烧器。

热风炉的燃烧过程是一个系统工程。由于热风炉结构，煤气种类，空气、煤气预热温度不同，则应采用不同的燃烧器，即对于不同的热风炉，没有通用的燃烧器结构和操作参数。

10.2.1 燃烧器及其研究方法

10.2.1.1 燃烧器的特点

燃烧器是热风炉的供热设备，它的工作情况直接影响热风温度和热效率。热风炉所用的气体燃料一般是高炉煤气，随着高炉焦比的降低，高炉煤气越来越贫化。在提供相同热量的情况下，热风炉用燃烧器要比加热炉用燃烧器在相同时间内燃烧更大的煤气量。以鞍钢为例，高炉煤气的可燃成分的体积分数约为24%～25%。由于高炉煤气可燃成分含量低，燃烧时煤气体积与空气体积比例约为1：(0.65～0.7)，煤气体积大于空气体积。煤气中25%的可燃成分与空气中21%的氧反应，瞬时混合只有5%的概率发生燃烧，所以火焰一般都很长。为了尽可能地缩短火焰长度，保证煤气燃烧完全，热风炉的燃烧器应该具备良好的煤气与空气的混合性能。

热风炉燃烧的另一个特点是燃烧脉动，按照经验数据，燃烧的脉动频率大约在25～100Hz，燃烧产生的噪声在15～30dB之间，而且随着煤气和空气的预热温度的增高、反应激烈程度增大而增大。严重的燃烧脉动会导致炉顶裂缝和炉墙开裂。

10.2.1.2 对燃烧器的要求

热风炉燃烧器是实现合理组织煤气燃烧的装置。一般来说，在设计的煤气种类和流量的条件下，对热风炉用燃烧器的要求是：

(1) 有足够的煤气通过能力，在一定的空间和时间内，实现煤气完全、稳定的燃烧；

(2) 有适当的火焰长度；

(3) 具有较大的燃烧调节比；

(4) 其寿命是高炉的两倍。

10.2.1.3 燃烧器的分类

热风炉用燃烧器的种类较多，从材质上可分两类：金属燃烧器和陶瓷燃烧器。过去使用金属燃烧器，现已不用。

为适应高风温的要求，出现了陶瓷燃烧器。国外1963年开始使用热风炉陶瓷燃烧器，我国在1974年开始使用。陶瓷燃烧器具有燃烧能力大、燃烧强度高、火焰较短、空气消耗系数较低、燃烧完全以及燃烧稳定等优点，其缺点是对燃烧室掉砖较敏感。

对于燃烧器燃烧的火焰性质的划分，学术界还有不同看法。这里暂且将陶瓷燃烧器燃烧的性质划分为扩散燃烧、动力燃烧，以及介于两者之间的半扩散燃烧。其结构可分为套筒式、矩形、三孔式及栅格式陶瓷燃烧器。前两种燃烧器的煤气、空气出燃烧器后，基本上是在燃烧室中混合，加热、燃烧，属于扩散燃烧；三孔式及栅格式燃烧器的煤气和空气，基本上是出燃烧器前混合，属于动力燃烧。还有一种双环式陶瓷燃烧器，空气和煤气在出燃烧器前部分混合，是一种半焰式燃烧器。它介于扩散燃烧与动力燃烧之间。

陶瓷燃烧器置于内燃式和外燃式热风炉燃烧室内，它与燃烧室纵轴平行；而顶燃式热风炉由于取消了燃烧室，其燃烧器置于拱顶中央或置于拱顶环圈。燃烧器一般用定形耐火材料砌筑。

A 套筒式燃烧器

普通的套筒式燃烧器由于结构简单，可以做成耐热混凝土的结构件，安装方便，得到了广泛应用。套筒式陶瓷燃烧器由两个套在一起的同心圆筒组成，通常内环通过煤气，外环通过空气。它适合于圆形和"苹果"形燃烧室的内燃式热风炉。其特点是中心气流呈柱状的低速流股；外圈的气流变成环状小流股或多个小流股。依靠小流股对中间的柱状流股的交叉、渗透、混合，进行燃烧。套筒式燃烧器的结构见10.2.2.1节。

这种燃烧器与金属套筒式燃烧器性能相似。套筒式燃烧器由横向安装变为竖向安装，克服了气流与燃烧室隔墙发生碰撞的缺点，燃烧的脉动情况有了很大改善。但这种燃烧器是中心通过煤气，四周通过空气，为了增加强度和结构的稳定性，把空气出口分隔成片状。由于大块混凝土的结构件在热疲劳性能上有缺陷，因此存在寿命问题。

这种燃烧器的缺点是空气和煤气混合差，空气虽然以 55°～60°交角与煤气相交，并不能由此认为燃烧在此交点处已经完成，其实，两股气流相交时只能起到空气在燃烧室下部产生一个回流的作用，而这个回流与燃烧时的低频振动有关。由于混合差，火焰长，在进入格砖之前尚未燃烧完毕。部分燃烧反应有在格砖顶部发生的情况，造成这一区域过热和格砖烧融、变形、蠕变。严重时，造成隔墙向格砖方向倾斜。因此，不适合作为大型热风炉的大功率燃烧器。

B　矩形燃烧器

矩形燃烧器必须与"眼睛"形燃烧室相配合。从原理上看，这种矩形燃烧器仍然是套筒式燃烧器，只不过是"挤扁"了的套筒燃烧器。煤气通过中心矩形孔，中心气流的流柱厚度较小；空气在矩形孔的两侧以片状小孔喷出，并以 50°～60°交角与煤气相混合。由于煤气通道由圆形变为矩形，煤气与空气的扩散距离缩短了，因此煤气与空气的混合性能变好，火焰变短，但仍然是湍流扩散火焰。它的另一个优点是由于煤气是从矩形孔出来，火焰按眼睛形长轴的大小从穿顶向格砖方向流入，火焰的铺展性比较好，再加上悬链式穿顶对烟气流分布的作用，改善了烟气在格砖断面上的均匀分布。

矩形燃烧器必须对每个热风炉的火焰长度都要做火力模型试验，保证火焰在到达穿顶前已接近完全燃烧。1993 年曾经有在煤气矩形孔中再加一个空气通道的方案。在煤气通道的中心再加空气管（通过 10%～20% 的空气）的目的是，改善煤气和空气的混合，以控制火焰长度。这说明矩形燃烧器的火焰仍偏长。

C　三孔式燃烧器

三孔式燃烧器是把燃烧器中的气体通道分成三个环。中心圆形通道通过焦炉煤气或转炉煤气；中环通过空气；外环通过高炉煤气。三环的面积配比与这三种气体的体积比相适应，这是三孔燃烧器设计上的成功之处。空气分别以六组流股向中心（焦炉煤气或转炉煤气）和外环（高炉煤气）输送，所以也可以认为是六组栅格式燃烧器。其气流混合较均匀，比矩形燃烧器的火焰长度短。

由于高热值煤气是单独送入这种燃烧器的，燃烧器具有单独控制高热值煤气比例的功能。节约高热值煤气是其最大的优点：在快速升温阶段，可以加大焦炉煤气或转炉煤气的比例，加速拱顶的升温过程。而在燃烧后期的保温阶段，可以减少焦炉煤气或转炉煤气的配入量，操作灵活；可以大幅度节约高发热值煤气，降低热量消耗，合理地、经济地使用煤气。

宝钢应用三孔式燃烧器的效果很好，热风温度高，吨铁热风炉消耗的热量达到世界先进水平。没有发生过曾经担心掉砖堵塞栅格的情况，在高炉炉役结束后只需更换陶瓷燃烧器的上部环砖和栅格，即可用于高炉第二代炉役。宝钢 1 号高炉已经使用了 20 多年，宝钢 2 号高炉第一代使用了 15 年，并已经在第二代使用。

D　栅格式燃烧器

栅格式燃烧器的煤气和空气被分隔成相邻的片状。在片状气流出口处又加上与片状相垂直的钝体，使气流进一步被切割。从而引起在截面上均匀分布的小回流，混合很好，火焰较短。每一个小回流点是燃烧时的稳焰火种点，燃烧平稳。这种燃烧器能获得性能优良的火焰。栅格式陶瓷燃烧器结构见10.2.2.2节。

由于栅格本身占有一定的面积，当栅格的组数太多时，阻力增大，会影响燃烧器的煤气通过能力。所以栅格的组数应适当，太少效果不显著，太多则阻力增大。使用这种燃烧器，最好不要在同一座高炉上使用其他类型的燃烧器。

燃烧室拱顶和燃烧室砖发生剥落和掉砖，虽然有可能影响栅格式陶瓷燃烧器的工作，但是，国内栅格式陶瓷燃烧器已经使用了8年以上的热风炉没有发现此类问题。

10.2.1.4　对燃烧器的研究方法

目前对燃烧器的性能研究主要有三种方法，即实物测量法、模型实验法和数值模拟计算法。实物测量需要对热风炉燃烧器进行冷态测试及热态实测，测量工作量大，花费的人力、物力多。模型实验法，包括对模型的冷态测试和在试验台上进行热态试验等。数值模拟计算方法是在实物测量和模型实验的基础上，根据流场、燃烧理论建立数学模型进行计算的方法。

数值模拟计算方法应建立在经过实测和实验数据的反复验证，证明所用数学模型的正确性和有效性之后，才能对各种新的装置进行计算。在研究开发新的装置时，这种方法能够节约大量人力、物力、财力和时间。

10.2.2　燃烧器的实验研究

10.2.2.1　套筒式陶瓷燃烧器的冷态实验及冷态测量

冷态试验是把设计的燃烧器或设想中的燃烧器制作成金属或耐火材料的燃烧器模型，在实验室中进行空气动力测试研究，主要是研究燃烧器结构对其性能的影响，包括燃烧室中的流场，回流区形状、分布，回流量，系统阻力损失，阻力损失系数，燃烧室中空气和煤气（或煤气的代替体）的混合情况（即浓度场），以及进入燃烧器前的空气和煤气管道的结构和布置方式等对燃烧器性能的影响。

套筒式陶瓷燃烧器是最早使用的一种燃烧器。它砖形少，对燃烧室墙体掉砖不敏感。套筒式陶瓷燃烧器气体力学阻力损失较小，但空气与煤气混合较差，燃烧火焰较长，空气消耗系数偏大（n 约为 $1.10 \sim 1.2$），燃烧能力较低，当空气、煤气预热温度较高，或燃烧室断面产物流速较大时，易发生燃烧不稳定[14]。

当空气预热温度较高时，特别对热风炉自身预热助燃空气的陶瓷燃烧器，由于空气预热温度高，通用的套筒式陶瓷燃烧器结构不能适应。研究适应于空气和煤气预热的陶瓷燃烧器，就成为当务之急。图 10-14 为 $2500m^3$ 高炉的热风炉所用套筒式陶瓷燃烧器示意图。试验模型是钢质机加工制品和耐火材料制造的套筒式陶瓷燃烧器模型各一件。冷态试验时，燃烧室用有机玻璃圆管制作，在纵向开若干个测试孔。为使该燃烧器空气、煤气不预热和预热不同温度条件下均能正常工作，对该

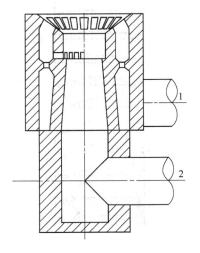

图 10-14　套筒式陶瓷燃烧器
1—空气通道；2—煤气通道

燃烧器的结构和操作参数进行了优化计算。最后选择中心通煤气，环道通空气，并在空气与煤气的隔墙上部圆筒段开多个孔，使通过该孔的气体量控制在 20% 左右。

A 燃烧器出口气流分布

根据图 10-14 的燃烧器结构，在不同流量时，测量了空气环道 18 个出口的相对速度值。中心煤气通道出口截面测量了 17 点，这些测点在两个正交的直线上均匀分布[15]。在不同的空气流量时，空气环道出口流速相差比较大，流速高的环道出口正对着空气入口通道，测得最大出口速度与最小速度之比大约在 1.5～1.7 倍之间。在环道内有收缩段比无收缩段对提高出口速度分布均匀有益处。对图 10-14 所示的燃烧器结构而言，可提高 6.0% 左右。对于空气管道布置在煤气入口管道之上的燃烧器，则环道高度比中心通道短，使空气管道入口的对面出口气体较多，而空气入口的上方流量少；若空气和煤气入口管道处于同一水平标高，则环道出口速度分布将会改善。中心煤气出口截面速度分布较均匀，最大速度与最小速度之比为 1:1.85 倍。若在中心通道入口管道对面安装气流分布板，可进一步改善出口的气体流速分布均匀性。分布板装在中心管道下部的中心，其高度稍高于入口管道的上沿。分布板开有孔缝，孔缝可以是圆形、矩形，也可是条缝，其面积约为入口管道面积的 0.5～0.6 倍。圆形与矩形相比，矩形孔缝较好。

B 燃烧室流场

图 10-15a 是燃烧室下部空气，煤气均不预热条件下，用五孔探针测得的速度分布。从图中可看出，燃烧室下部中心气流速度较大，随着燃烧室高度的增加，中心流速减小，截面气体流速趋于均匀。在燃烧室下部四周有一个气体回旋区，回旋区的气体主要在燃烧器的出口断面进入主流区。对陶瓷燃烧器而言，回旋区是煤气燃烧时的主要点火源。回旋区的位置、回流量、回流区的数量，对燃烧器的稳定燃烧是非常重要的。

图 10-15b 所示为模拟煤气预热 100℃、空气预热 600℃时，测得的燃烧室气体速度场。尽管此时较不预热的空气体积大了 3 倍左右，但流场形状基本不变，回旋区的厚度稍有增加，回流量也增大。从套筒式陶瓷燃烧器热态模拟试验得知[14]，当结构一定，煤气量变

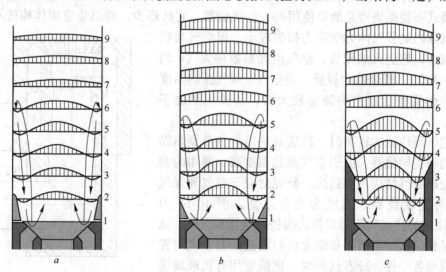

图 10-15 燃烧室速度场

a—空气、煤气未预热时的速度场；b—空气、煤气预热后的速度场；c—加减振环后的速度场

化及空气和煤气预热温度不同时，为使燃烧稳定，则回旋区的位置、回流量是不同的，回流量过大或过小都使燃烧不稳定。

图 10-15c 所示为在燃烧器上部靠近燃烧室的内壁加了一个减振环的速度场。加减振环后，不仅使回旋区和回流量变小，且使原来的一个环形点火源变为两个不同高度的点火源，由集中点火变为分散点火，这样可使燃烧器下部，在煤气和空气预热到较高温度时的燃烧由集中到分散，从而降低了燃烧室下部的燃烧强度，这对煤气燃烧稳定是非常重要的。

C 燃烧室浓度测量

空气和煤气出陶瓷燃烧器进入燃烧室，在燃烧室中空气与煤气的混合决定了火焰的形状和长度。因此，燃烧室中煤气和空气的混合是一个重要的参数。测量浓度通常采用化学分析法。在做模型测试时，一般是空气由风机供给，煤气则由另一种气体代替，在燃烧室中抽取不同位置的气体的试样，用化学分析法确定成分，以此判断两种气体的混合。该方法不便之处是，难以获得大量与空气不同的可替代煤气的气体。使用电子能谱分析法研究了两种气体的浓度[16]。当燃烧器试验用风机供气时，在进入燃烧器前的管道里，分别均匀地混入两种不同微粒子固体。在燃烧室的不同断面，同时装有多个接收靶，将瞬间收集的样品，通过电子显微镜的能谱分析便可得到燃烧室里的两种气体的混合信息。图 10-16 为燃烧室某断面的示踪粒子能谱图[17]。图中 Ag 是混入代替煤气的空气中的粒子，Ba 是空气中的粒子。图 10-16 中 a、b、c、d 是同一断面不同的四个取样点的能谱。图10-16a 表示该取样点几乎都是空气，煤气甚少；图 10-16b 表示煤气量大于空气量；图 10-16c 与 b 相反，空气量大于煤气量；图 10-16d 表示取样点煤气量与空气量几乎相等。采用电子能谱分析法还可得知各取样点两种粒子的电子数及其能量之比的百分数。

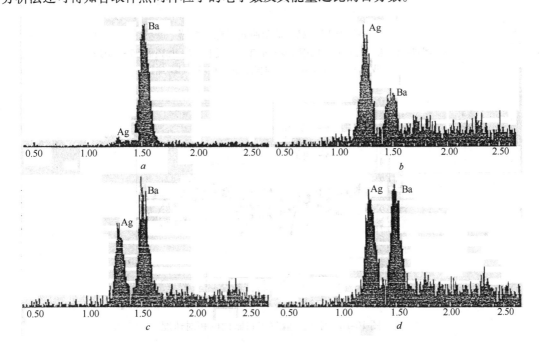

图 10-16 燃烧室某断面位置上的示踪粒子能谱图

D 双环道陶瓷燃烧器[18]

图 10-17 为双环道套筒式陶瓷燃烧器的示意图。它已用于 3000m³ 高炉的热风炉，煤气和空气各有独自的环道，出燃烧器前在气体分布帽内开始混合，这是一种煤气和空气半预混式燃烧器。由冷态模拟试验研究可知，该燃烧器单独通煤气或空气，在出口处气流分布不均，但同时通煤气和空气时，则出口处断面气体分布较均匀，见图 10-18。进入燃烧器管道直径为定性尺寸，煤气和空气道局部阻力损失系数 K_A 约为 3.4 ~ 3.6，空气道局部阻力损失系数取下限。

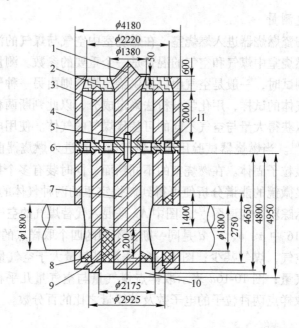

图 10-17 双环道套筒式陶瓷燃烧器
1—帽芯；2—混合孔；3—中心墙；4—外墙；5—连杆；6—加强板；7—芯柱；
8—煤气导向台；9—空气导向台；10—底板；11—缩口

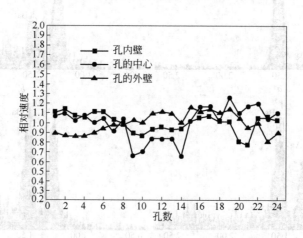

图 10-18 空气、煤气出口断面的相对速度

这种燃烧器的中下部是双环道套筒，上部有多个近似于梯形断面的斜长孔道，煤气与

空气在此混合，由于孔道长度所限，只有部分煤气和空气混合。它的性能优越于套筒式陶瓷燃烧器，稍逊于栅格式燃烧器。

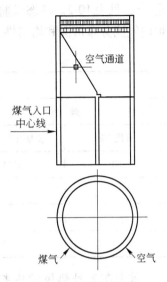

图 10-19　栅格式陶瓷
燃烧器示意图

10.2.2.2　栅格式陶瓷燃烧器冷态模型试验

栅格式陶瓷燃烧器是一种最早用于化学工业窑炉的燃烧装置，它砌筑在热风炉燃烧室的下部。

A　栅格式陶瓷燃烧器的结构

图 10-19 为栅格式陶瓷燃烧器示意图。

栅格式燃烧器的下部是用隔墙分开的煤气室和空气室；中部是多个断面逐渐扩张的煤气与空气的间隔通道，通道隔墙及上部栅格坐落在钢铁横梁上，通道内装有众多的气流分布楔形砖柱；上部两层是正交的条形砌砖，最上面是几十到数百个小孔的砌砖体，煤气、空气在这三层中混合。栅格式陶瓷燃烧器特点是：空气过剩系数小（$n = 1.02 \sim 1.08$），火焰长度较短，燃烧能力和燃烧强度大，燃烧稳定，但结构较复杂，对燃烧室掉砖敏感，流体系统阻力损失较大。

B　模型的冷态试验

由图 10-20 可看出，当空气和煤气入口与燃烧器横断面纵轴各为 45°角时，在燃烧器出口断面上，不论其纵轴或横轴，混合气体的相对速度分布是比较均匀的，不同空气和煤气的入口夹角使燃烧器出口断面和燃烧室内的流场不同[18,19]。一般来说，气体入口的对面上方速度较大[20]。

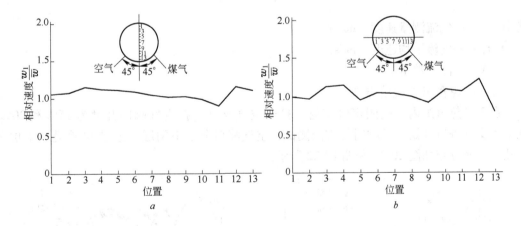

图 10-20　冷态试验栅格式燃烧器出口表面相对速度分布

a—纵轴的分布；*b*—横轴的分布

栅格式陶瓷燃烧器的系统局部阻力损失较大，以空气和煤气入口管道为特性尺寸时，$K_i = 4.0 \sim 5.5$。

10.2.2.3　顶燃式热风炉冷态试验

在首秦 1 号高炉 2 号、3 号新型顶燃式热风炉内进行了燃烧器出口流速的分布测定[21]，见表10-2。冷态试验了解和掌握了该热风炉的流场分布规律，尽可能定量地描述炉内气流分布情况和均匀性。

表10-2　首秦顶燃式热风炉燃烧器测定

2号热风炉				3号热风炉
煤 气		空 气		空 气
开度/%	流量/m³·h⁻¹	开度/%	流量/m³·h⁻¹	
50	6314	10	无	助燃风支管压力2.11kPa，流量54500m³/h
		25	2300	
		40	4240	
		55	5000	

首先在2号热风炉内打开空气阀门，关闭煤气阀门，调节空气阀门开度为10%、25%、40%、55%，分别利用涡轮式风速仪对格砖表面入口气流的速度分布进行测试。在2号热风炉内，还利用红绸飘带和抛撒纸屑，观察其气体的流动情况。

试验分析中引入气体分布指数 ξ，其值越大，说明气体分布的均匀程度越高。表达式如下：

$$\xi = 1 - \sqrt{\frac{\sum_{i=1}^{N}(v_i - v_p)^2}{Nv_p^2}} \tag{10-45}$$

式中　v_i——气流测量速度，m/s；

　　　v_p——气流平均速度，m/s；

　　　N——测点数量。

A　燃烧器出口流速分布

在3号热风炉内，关闭煤气支管，打开空气支管，在空气阀门开度为15%和20%。从空气支管进口开始，沿顺时针方向测试，空气喷口分上下两层，上层18个孔，下层20个孔，流速分布如图10-21和图10-22所示。

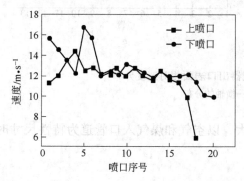
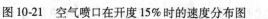
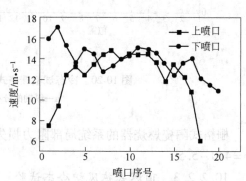

图10-21　空气喷口在开度15%时的速度分布图　　图10-22　空气喷口在开度20%时的速度分布图

由图可知，空气阀门开度增大，上层喷口速度分布均匀性有降低趋势，而下层喷口速度分布均匀性有提高的趋势，但是从分布指数可以看出喷口速度分布的均匀性尚可。

B　格砖内的速度分布

在空气阀门开度55%的情况下，格砖表面气流速度分布的测量表明，其气流分布较不均匀，主要是中心形成负压区，从中心到边界其气流速度呈逐步增加趋势。三维速度分布图分析表明，变化的趋势有波折，说明格砖表面气流旋流较强烈，造成气流分布不均匀，这样可能降低格砖寿命。

随空气阀门开度增大，分布指数有增加趋势，说明空气量越大，格砖表面速度分布越均匀，越有利于格砖蓄热，增加换热效率，延长格砖寿命。

10.2.2.4　陶瓷燃烧器模型的热态实验

A　热态试验装置

陶瓷燃烧器安装在高压、高温的热风炉炉体内。为了较全面地认识燃烧器的性质，需对实际使用的陶瓷燃烧器进行测试，但要耗费大量的人力和物质资源，且由于生产技术条件所限，往往难以进行现场测试。因此，在热态实验台上，进行陶瓷燃烧器模型的热态试验就成为一个重要的研究方法。鞍钢炼铁厂和鞍山钢铁学院在1992年建立一座热态实验台，系统示意图见图10-23。在这座实验台上做过多种陶瓷燃烧器的不同煤气量、不同煤气和空气预热温度的燃烧试验。其试验结果简述如下。

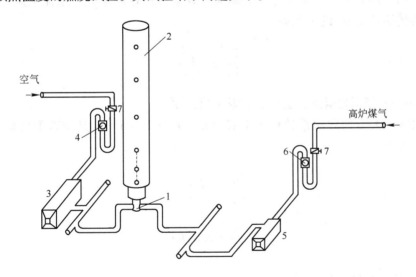

图10-23　热态试验台系统示意图
1—燃烧器；2—燃烧室；3—空气预热器；4—空气流量计；
5—煤气预热器；6—煤气流量计；7—调节阀

B　套筒式陶瓷燃烧器的热态试验[15]

a　燃烧室的温度场

当煤气量一定时，空气预热温度 T 不同，沿燃烧室高度温度分布见图10-24。由图可知，在常温空气的火焰较长；空气预热温度 T 为600℃时火焰最短。随空气预热温度的提

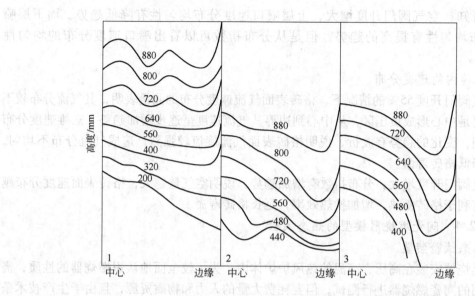

图 10-24　煤气量一定时不同空气预热温度的燃烧室内温度分布
1—常温；2—预热 600℃；3—预热 300℃

高，燃烧室内高温区下移。

试验表明，随着空气、煤气温度的提高，火焰传播速度增大，紊流火焰传播速度 U_t 与层流火焰传播速度 U_L 的关系如下：

$$\frac{U_t}{U_L} = \sqrt{\frac{a_t}{a}} \qquad (10\text{-}46)$$

式中　a_t，a——分别为紊流、层流的导温系数，m^2/s。

用 20℃ 和 600℃ 的导温系数代入上式可得，$U_t = 2.565 U_L$；又知普朗特数 $Pr = 1$ 时，上式又可表示为：

$$\frac{U_t}{U_L} = \sqrt{\frac{v_t}{v}} \qquad (10\text{-}47)$$

$$\frac{v_t}{v} = 0.01 Re$$

式中　v——运动黏度系数，m^2/s；
　　　Re——雷诺准数。

将试验参数代入 Re 后，得知 $Re \gg 6000$。说明，此种燃烧是属于大尺度涡流。它流动时，大漩涡变成多个小漩涡，小漩涡对火焰峰面的作用，不仅使其变形，且提高了紊流强度。在宏观上表现为火焰长度缩短，高温区下移。

b　燃烧室内的浓度场

所有废气样的分析结果均用气体分析方程式校核，其方程为：

$$(1 + \beta)RO_2 + (0.605 + \beta)CO + O_2 - 0.185H_2 - (0.58 - \beta)CH_4 = 21 \quad (10\text{-}48)$$

式中　　　　　　　　　β——燃料特性系数；

RO_2，CO，O_2，H_2，CH_4——废气成分，%。

空气消耗系数，按氧气平衡原理计算。不完全燃烧热损失的检测用公式：

$$q_{ch} = \frac{RO_{2max}}{i} \times \frac{30.2CO + 25.8H_2 + 85.5CH_4}{RO_2 + CO + CH_4} \times 100\% \qquad (10-49)$$

式中　q_{ch}——废气中化学不完全燃烧的热损失，%；

RO_{2max}——燃烧计算产物中二氧化物的最大理论含量，%；

i——干理论燃烧产物的焓。

经计算，所分析的废气样均可信。

在不同空气预热温度时，某高炉热风炉陶瓷燃烧器热模型所测的浓度，见图10-25、图10-26。图10-25和图10-26分别为$t_a = 600℃$及$t_a = 20℃$时，燃烧室径向和纵向的浓度分布。比较图10-25和图10-26可知，随着空气预热温度的提高，气体的紊流强度增大，着火条件改善，在600℃时废气中可燃气体在700~1900mm处为2.0%，20℃时在1400~1500mm处还有4.0%，同一浓度值在燃烧室中下移。

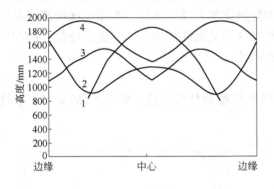

图10-25　$t_a = 600℃$时的浓度场

1—O_2 为7.7%；2—CO_2 为20%；

3—N_2 为70%；4—CO 为2.0%

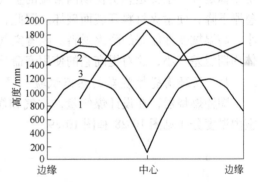

图10-26　$t_a = 20℃$时的浓度场

1—O_2 为2.0%；2—CO_2 为20%；

3—N_2 为70%；4—CO 为4.0%

C　燃烧能力及火焰长度

当空气不预热、燃烧稳定时，对一定结构的燃烧器，随着燃烧能力的增大，火焰长度基本不变。对图10-14所示热风炉套筒式陶瓷燃烧器而言，其热态模型实验的火焰长度是燃烧室直径的11倍左右。但是随空气预热温度的提高，其可见火焰长度L在缩短，如图10-27所示。

将该数据回归，得方程：

$$L = 2202 - 7.17t + 0.008t^2 \qquad (10-50)$$

式中　L——火焰长度，mm；

t——空气预热温度，℃。

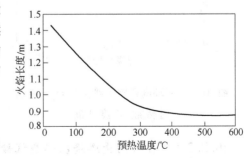

图10-27　当V_g为常数时，助燃空气预热温度与火焰长度的关系

当煤气发热值小于4000kJ/m³，煤气和空气不预热时，对套筒式陶瓷燃烧器煤气通过环道，比空气通过环道的燃烧火焰短，若煤气预热100～150℃，空气预热500～600℃，则环道通过空气，火焰较短；若发热值大于4000kJ/m³，从理论上讲应与上述结果相反。

不论是模型试验还是实际生产，煤气燃烧的开始着火位置都不在燃烧器表面上，形成远离表面的悬举火焰[22]。本节所讨论的几种陶瓷燃烧器，当煤气或空气不预热时，煤气燃烧时都是悬举火焰。随着空气和煤气预热温度的提高，火焰向燃烧器表面靠近。

在实际生产中，当热风炉顶温1130℃、热风温度750℃时，实测送风末期距陶瓷燃烧器上表面35mm深的电偶为510℃。另一座热风炉顶温1170℃，风温1030℃时，则陶瓷燃烧器上表面温度为800℃左右[13]。因此，只要风温高于900℃，则热风炉由送风转换为燃烧期，陶瓷燃烧器上表面就是煤气燃烧的点火源之一。

陶瓷燃烧器表面温度主要取决于送风温度、送风时间及热风出口与燃烧器表面的距离。一般条件下，燃烧器上表面不高于送风温度。造成陶瓷燃烧器破损除燃烧室掉砖和燃烧不稳定外，主要是燃烧初期因常温的空气和煤气与燃烧器热交换，导致燃烧器上部温度急剧下降，使耐火材料开裂而破坏。因此，陶瓷燃烧器上部砌砖体，必须选择线膨胀系数小、高温蠕变性能好的耐火材料。随着空气和煤气预热温度的提高，陶瓷燃烧器上部砌砖体周期温差变小，这对提高它的使用寿命是有利的。

D　双环陶瓷燃烧器的热态试验

陶瓷燃烧器，在设计煤气量，空气和煤气不预热和分别预热500℃及150℃时，燃烧室内温度分布见图10-28和图10-29。

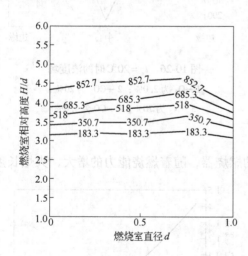

图10-28　双环陶瓷燃烧器在 $t_a = t_g$ = 常温时燃烧室温度分布

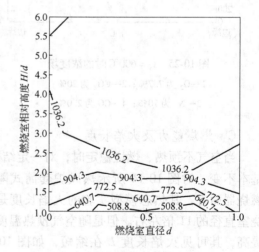

图10-29　双环陶瓷燃烧器在 t_a = 500℃、t_g = 150℃时燃烧室温度分布

10.2.2.5　各种陶瓷燃烧器热态试验综述

当空气、煤气不预热时，三孔陶瓷燃烧器和栅格式陶瓷燃烧器的燃烧室温度分布见图10-30、图10-31。

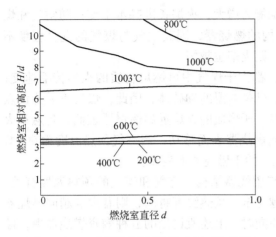

图 10-30 三孔陶瓷燃烧器在 t_a 和 t_g 为常温
时燃烧室温度分布

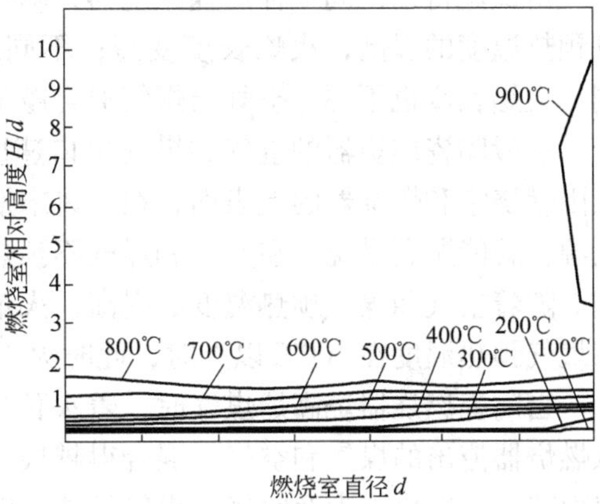

图 10-31 栅格陶瓷燃烧器在 t_a 和 t_g 为常温
时燃烧室温度分布

当空气、煤气不预热和分别预热为 200℃
时，矩形陶瓷燃烧器的燃烧室温度分布见
图10-32。

由图 10-28 ~ 图 10-32 可知，在上述四种
燃烧器的空气、煤气不预热时，燃烧室下部
低于煤气的着火温度，该区无燃烧火焰。随
着空气和煤气预热温度的提高，火焰向燃烧
器表面移动。火焰的位置取决于空气和煤气
的混合、预热温度和着火条件等。

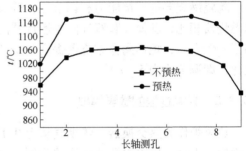

图 10-32 沿长轴方向矩形燃烧器在
某高度的温度分布

A 燃烧器的火焰长度和着火位置

当煤气种类一定时，火焰长度与空气、
煤气的混合和它们的预热温度有关。判断火焰长度的方法有两种：一种是分析燃烧产物中
可燃烧组分的燃烧比率；另一种是对实际燃烧的测量。前者对扩散和动力燃烧都适用；后
者仅适用于扩散燃烧。煤气燃烧可分解为三个过程：煤气与空气（或氧气）的混合，加热
到着火温度及煤气可燃烧物的激烈氧化。对热风炉而言，要求煤气在进入蓄热室前燃烧完
毕。文献 [14] 推荐把燃烧反应完成 99% 的点定义为火焰前端。陶瓷燃烧器烧高炉煤气
时，对不同结构的燃烧器，在空气、煤气不预热和不同预热温度时，热态试验目测和烟气
分析的火焰长度见表 10-3。

表 10-3 几种陶瓷燃烧器热态试验参数

燃烧器种类	火焰长度	着火点位置	燃烧能力调节比
套筒式陶瓷燃烧器	5 ~ 11	1 ~ 4	1 ~ 6
矩形陶瓷燃烧器	5 ~ 9	1 ~ 4	1 ~ 4.8
双环式陶瓷燃烧器	4 ~ 9	1 ~ 3	1 ~ 5
三孔式陶瓷燃烧器	3 ~ 7	1 ~ 3.5	1 ~ 6
栅格式陶瓷燃烧器	2 ~ 7	0.5 ~ 3.5	1 ~ 7

注：火焰长度和着火点位置均是燃烧室当量直径的倍数。空气、煤气不预热时取上限，预热时取下限。

由试验得知，同一种陶瓷燃烧器，随燃烧能力增大，火焰长度基本不变；随空气和煤气预热温度的提高，火焰长度变短；不同结构的燃烧器，因其空气与煤气的混合程度不同，火焰长度也不同。空气与煤气混合越早，则火焰也越短。

一般陶瓷燃烧器的空气和煤气出口速度，都大于煤气中可燃烧物质的火焰传播速度；又因燃烧室和燃烧器的上表面，在送风末期，已是高温的砌砖体，因此，煤气不需另设点火源，就能顺利燃烧。在空气和煤气不预热时，所形成的火焰远离燃烧器表面，是悬举火焰。随着空气和煤气预热温度的提高，火焰向燃烧器表面移动。当空气预热温度为 600℃ 和煤气预热温度在 300℃ 以上时，此时火焰几乎始于燃烧器上表面。

当陶瓷燃烧器烧高炉煤气时，着火位置与燃烧器结构，空气和煤气的预热温度有关。从燃烧器流出的煤气和空气，混合得越快、越完全，预热温度越高，则着火点越向燃烧器表面移动。燃烧能力及空气、煤气预热温度相同时，上述所讨论的五种陶瓷燃烧器中，栅格式陶瓷燃烧器着火点距燃烧器表面最近，而套筒式陶瓷燃烧器着火点距燃烧器表面最远。

B　燃烧能力及调节比

陶瓷燃烧器的燃烧能力和调节比，普遍比金属燃烧器的燃烧能力大，调节比宽。与金属燃烧器相比，套筒式和双环陶瓷燃烧器的燃烧能力提高了 50% 左右，栅格式和三孔式提高了一倍左右，矩形陶瓷燃烧器提高 30% 左右。上述几种陶瓷燃烧器最大与最小燃烧能力之比，即调节比为 5 ~ 7 倍。

10.2.3　燃烧过程的数学模拟

热风炉作为热交换器，热烟气从上往下流动，而冷风从下往上流动，总的流动方案是正确的。下面主要以内燃式热风炉为例，讨论热风炉内的气体流动。

10.2.3.1　燃烧器及燃烧室内的气体流动

由于煤气体积比空气大，将套筒式陶瓷燃烧器的中心通过煤气，但其圆面积大，而四周通过空气，使圆筒中心的煤气与空气混合距离变长，导致火焰很长。难以实现火焰锋面不与燃烧室墙接触。为了消除煤气中心圆面积过大而带来的煤气与空气扩散距离过大的弊病，矩形燃烧器由圆形变为长方形，燃烧室也变为眼睛形。这个改变带来两个好处：混合变好，火焰比套筒火焰短；火焰变宽，对格砖的覆盖性变好，提高了传热效率。这种燃烧器套筒式的基本特征仍然存在，其最大缺陷是燃烧时的过剩空气系数高，一般在 1.2 左右，有时甚至更高，最低不能小于 1.1。

煤气进入燃烧室，从水平方向转为垂直向上，煤气在圆筒中分布是不均匀的，入口对面侧煤气多，进口侧少。为了使煤气在圆筒内均匀分布，可以采用煤气分配板来调节，当然也可以使煤气以切向进入，煤气在圆筒中环流而达到分配均匀的目的[23]。

A　套筒式陶瓷燃烧器的流场分布[24]

研究套筒式陶瓷燃烧器的流场分布可以看到：

（1）煤气从陶瓷燃烧器垂直上升，由于发生燃烧，煤气的平均温度不断提高，煤气温度升高，导致流速提高至一倍以上。但从流动状况看，仍是平稳的平行向上流动。空气以 50°交角射向煤气流，在燃烧室的下部形成一个回流。随着空气向上流动，由于扩散作用使速度趋于均匀。一般在贴近燃烧室壁面处速度较小，燃烧室中心处速度较大，可见无论煤气或空气，都是在一个强浮力作用下的向上平行流动，气流在燃烧室内的停留时间短于0.5s。

（2）空气流股虽然以一定角度与垂直向上的煤气流股相交，但其作用仅仅是在燃烧室的下部生成一个回流，不能在宏观流动上达到穿透煤气流的作用。由此可知，燃烧室的大小与燃烧器的大小存在一个合理的比例，如燃烧室的直径接近燃烧器直径，则回流不能发育，但燃烧器太小也影响煤气的通过能力。

（3）设计中有8个小孔，产生一次扩散火焰。空气进入煤气后，立即贴壁上升，煤气流动状况仅在一次火焰孔的正前方略有波动，可见这些小孔并不起很大的混合作用。

（4）这个燃烧器在空气出口加设了阻流板。当对未加设阻流板的燃烧器的流场进行数值模拟时，发现整个燃烧室和陶瓷燃烧器在几何结构和物理过程上均表现为轴对称特征，各纵截面上的速度分布完全相同，是典型的二维流动问题，各高度上的速度分布均没有角速度存在。在加设阻流板后，中心通道内煤气的流动方式与不设阻流板时基本没有区别，仍表现为一种射流特征。单空气通道内的流动方式发生了变化，由于阻流板的存在，空气不能通过，使得煤气流向外扩。这种交错流动方式有利于煤气和空气的混合。设计阻流板后改变了气流完全对称的特征，由原来的完全对称变为局部的对称和局部区域的整体对称，但总的来看圆周方向的速度不是很大，这个速度对加强混合的作用是很小的。在燃烧器的上方一定距离处又恢复了对称的特征。

B 套筒式陶瓷燃烧器火焰分析

对燃烧后产生的火焰分析，用混合分数来描述湍流扩散火焰的形状，如图10-33所示。煤气入口处的混合分数为1.0，空气入口混合分数为0.0，空气过剩系数为1.05。根据CO燃烧的化学当量比，混合分数为0.658的等值线是火焰面的形状，也是温度最高的地方。混合分数大于0.658是混合气流中CO过剩，而小于0.658是混合气流中O_2过剩。图中表示了几个不同截面的混合分数的等值线。从图中可以看出，与气体流动相似，火焰面的形状是直筒形的，但热风炉内是湍流燃烧，火焰长度有时比平均火焰长，有时比平均火焰短。为了保证火焰不会进入格砖，火焰的平均长度应该是燃烧室当量直径的6～8倍，或采用有效火焰长度是蓄热室高度的1/2为宜。如果煤气在进入格砖之前不能燃烧完全，就可能发生在烟道废气中既含有CO又含有O_2的情况。

10.2.3.2 影响火焰长度的因素

对燃烧器火焰长度的选择应是既不太长，又不太短，火焰太长会发生局部燃烧在顶部格砖之内进行；火焰太短则容易造成局部地区巨大的热应力和发生低频振动而危害热风炉寿命。在选择有燃烧室的热风炉时，湍流扩散火焰的

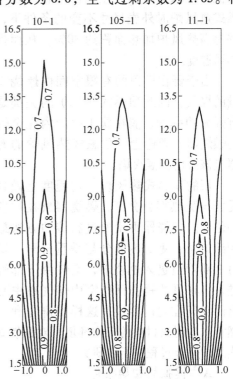

图10-33 陶瓷燃烧器内的混合分数分布

燃烧器是比较好的，而且当煤气与空气预热时，火焰会变短。

对于某个固定的燃烧器而言，影响它的火焰长度的因素有两个：空气过剩系数；煤气和空气的预热温度。

一般来说，空气过剩系数在 1.0 ~ 1.1 的范围内变化时，其值越大，火焰越短。煤气和空气的预热温度越高，火焰越短，见图 10-34。空气过剩系数高会降低煤气的理论燃烧温度，影响热风炉的热效率，应在完全燃烧的条件下，将其控制在合理的范围内，尽量降低空气过剩系数。改用陶瓷燃烧器后，工人很难看到煤气的燃烧状况，空气过剩系数很难控制（一般在 1.1 以上），应采用残氧分析等自动控制技术。

10.2.3.3 顶燃式热风炉的模拟

顶燃式热风炉取消了燃烧室，把燃烧空间置于热风炉的顶部。这种热风炉的最大优点是取消了燃烧室。在内燃式改为顶燃式热风炉时外壳尺寸不变的条件下，能够提高热风炉加热面积约 30%，从而提高热风温度。

由于要在拱顶的有限空间内燃烧完大量的煤气，因此顶燃式热风炉的关键是要有强大功率的、能在狭小空间内完全燃烧的燃烧器。理论上，顶燃式热风炉的燃烧器应该采用预混火焰。

新的顶燃式热风炉一定程度上做到了受压与受热部分分开，燃烧器放在拱顶中心位置。燃烧器重量通过斜传的方法最终传给炉壳，使受热部分与承重分开。煤气由上部管道进入燃烧器，空气由下部管道进入，其目的是在预燃室中煤气在中心流出而空气在它的四周，这样安排有利于预燃室本身耐火材料的工作环境。对顶燃式热风炉进行多方面的模拟研究，现介绍对顶燃式热风炉燃烧过程进行的研究。[21]

A　模拟的初始条件

煤气和助燃空气的成分（体积分数）见表 10-4。

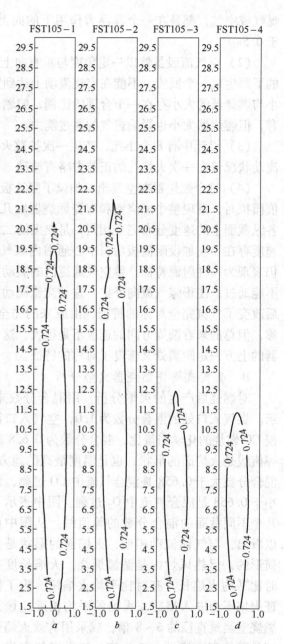

图 10-34　套筒式燃烧器湍流扩散火焰平均长度
（空气过剩系数 1.05）

a—煤气和空气都不预热；b—空气预热到 200℃；
c—煤气预热到 200℃；d—空气和煤气都预热到 250℃

表10-4 煤气和助燃空气的成分 （%）

煤 气			助 燃 空 气	
CO	CO_2	N_2	O_2	N_2
24.0	20.0	56.0	21.0	79.0

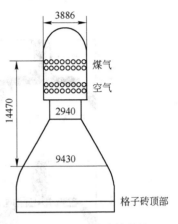

图 10-35 顶燃式热风炉
燃烧室和拱顶示意图

顶燃式热风炉结构如图 10-35 所示。燃烧器用高炉煤气 75000 m^3/h，预热温度 180℃，入口流速 12.1 m/s。空气量 53000 m^3/h，预热温度 180℃，入口流速 12.0 m/s。煤气从上部两排长方孔（25 cm×17 cm）以逆时针方向 25°切向喷入，每层孔数 24 个均布，上下两层孔以棋格式布置；助燃空气在下部两排孔（15 cm×17 cm），其中上层空气以径向喷入，其中下层以顺时针方向 25°切向喷入，以保证气流有足够的旋流强度。蓄热室格砖顶面（自拱顶内面的最高点为零向下计算）为 16.4 m。可见火焰应短于 16.4 m 才能保证未燃煤气没有进入格砖内。燃烧筒内径 3686 mm；蓄热室内径 9130 mm，燃烧室扩张锥角为 30°。

B 模拟结果

三维燃烧模拟结果如图 10-36 ~ 图 10-38 所示，图中横坐标为自拱顶内面的最高点为零点向下的距离；纵坐标为半径。从模拟结果可以看出：

（1）由于三维模拟引入了煤气和助燃空气的切向喷入速度，在圆筒段气体有相当强度的圆周运动，导致烟气在圆锥扩张段中贴着扩张锥角向下运动；并在中心产生一个向上的回流，切断了火焰向中心延长，而沿着锥角的空间扩张，形成典型的平焰燃烧，使火焰由长条状变为向上拱起有一定厚度的圆饼状。烟气旋流强度过大，则四周温度高中心温度低；如果旋流强度小，就可能产生火焰外面有空气包裹，四周温度低，中心温度高，延长火焰的长度，直到蓄热室格砖顶面尚未燃烧完毕。

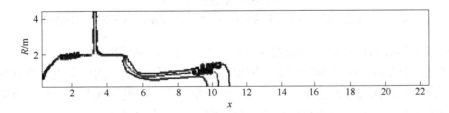

图 10-36 火焰长度

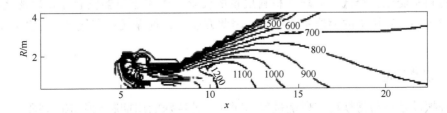

图 10-37 温度分布

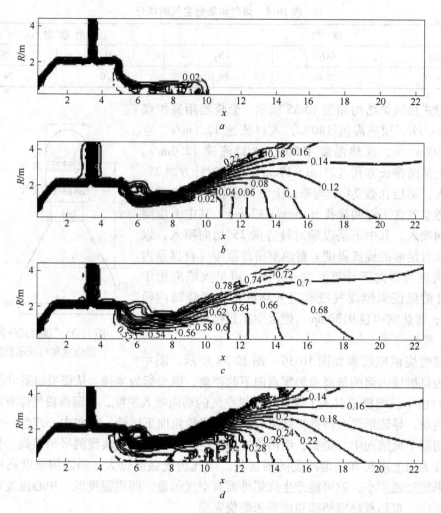

图 10-38　组分浓度分布

a—CO 的浓度分布；b—O_2 的浓度分布；c—N_2 的浓度分布；d—CO_2 的浓度分布

（2）长方形孔口的作法，只能对煤气和空气的混合起到辅助作用，主要的混合作用是宏观的流动而引起的，中心部分的回流缩短了火焰轴向的长度，而转向更大空间的锥形扩张空间。由于火焰在圆锥面上扩展，因此气流分布改善。可见锥角与烟气切向旋流强度之间有一定的关系。这部分耐火材料应选用耐高温、抗热震的材料。

（3）顶部燃烧器解决受力部分与受热部分分离。燃烧器的重量由炉壳承担，耐热部分的耐火材料不受压，降低了对耐火材料质量的要求。由于燃烧器安置在顶部燃烧圆筒上，其直径较内燃式热风炉的燃烧室直径大，因此方便地布置煤气和空气出口，并降低了喷出速度。

10.2.4　燃烧振动

燃烧振动是指与常规稳定燃烧过程不同的一种特殊的周期脉动燃烧的现象。

在稳态燃烧过程中，宏观上是稳定的。此时燃烧室内的压力、温度、气体流速和燃烧速率等参数均不随时间变化。但是，燃烧过程并不总是在稳定状态下运行。由于系统的不稳定，会产生或多或少的振动或噪声。出现这种振动的燃烧的过程，通常称为燃烧的不稳定性。

燃烧不稳定时会造成不寻常的极高燃烧速率，带来剧烈的振动，伴有很大的噪声，对热风炉产生危害。人们最早知道有关脉动燃烧现象，始于 1777 年，希格金斯博士（Dr. Higgens）发现了"唱歌的火焰"现象。其后，1796 年德鲁克（J. A. Deluc）等多位学者相继进行了研究。19 世纪李康特（Le Conte）教授偶然发现了对声音"敏感的火焰"。这正是脉动燃烧过程中两个基本激励过程：燃烧可以在某种条件下激发燃烧器中的声学脉动；反之，声脉动可改变燃烧的特性[25]。

热风炉燃烧室脉动也是基于上述两种原因开展研究的。其具体内容是：燃烧室高度和燃烧室内气体声速与振动频率的关系[26]，即"唱歌的火焰"；燃烧器供气系统气体压力、流量变化以及风机的机械振动诱发的声振对燃烧脉动的影响[26]，即对声音"敏感的火焰"。消除燃烧脉动的主要方法是：选择合适的供气管道长度，或安装共鸣器，以及尽可能使燃烧室横断面空气与煤气混合均匀。

热风炉供风系统因电网参数波动以及煤气管网的压力波动的影响很小，况且大多数煤气系统有稳压装置。空气和煤气较小的压力变化难以产生燃烧脉动。在几乎相同的供气管网中，轧钢厂的工业炉窑燃烧器很少产生燃烧脉动。在热态试验台上，在空气和煤气条件不变时，用同一个燃烧室，对结构不同的 7 种以上陶瓷燃烧器进行了试验。在设计参数条件下，只有 3 种燃烧器存在燃烧脉动。因此，热风炉的燃烧脉动主要是因燃烧器结构不合理或燃烧器与燃烧室不匹配造成的。

在高炉煤气成分一定时，随着套筒式陶瓷燃烧器燃烧能力的增大或空气预热温度的提高，出现了脉动燃烧。大幅度的低频振动将会导致燃烧器和燃烧室砌砖体的破损。因此，必须研究预防或减少脉动燃烧的发生。为了寻找燃烧能力和空气预热温度与脉动燃烧的关系，对燃烧过程进行了目测及仪器测量。

稳定燃烧时，燃烧室内的火焰流动平稳，无明显的横向气流（或火焰），火焰长，且外形规整，燃烧区与回旋区分界清晰，在燃烧器出口处无可视火焰。但随着煤气量或空气预热温度增加到一定值后，会突然发生不稳定燃烧或脉动燃烧。此时，原来的火焰迅速下移，横向气流加剧，火焰轮廓不清，伴随着有节奏的振动声音。通过窥视孔可以见到有规律的周期性的吸气和排气。其振动频率因燃烧不稳定而变化。在试验中，具有破坏性的频率大于 20Hz。

对脉动燃烧的研究结果表明，稳定燃烧时，表现为高频、低振幅的随机噪声，无明显的幅值突变，不形成剧烈振动。当煤气增大到一定值后，出现属于低频振动的脉动燃烧，振幅大，具有较强的破坏能力。出现这种现象的主要原因是燃烧器与燃烧室不匹配，即回流区过大。为了研究回流区对燃烧振动的影响，在燃烧器出口的燃烧室下部，靠燃烧室的内壁加一层环形砌体的减振环[16]。

空气预热 300℃ 时，无减振环的燃烧器煤气量与振动频率的关系见图 10-39 中的曲线 1；有减振环的燃烧器，空气预热和不预热的煤气量与振动频率的关系见图 10-39 中曲线 2、3。由图可看出，随着煤气量的增加，振动频率加大。无减振环的燃烧器，当煤气量为 200～300m³/h 时，振动频率增加缓慢，无破坏能力。当煤气量大于 350m³/h 时，振动频率突然增大，其值大于 20Hz。煤气量超过 400m³/h，产生较强的振动，并随着燃烧能力的增加而加剧。在工程中使用更大燃烧量时，低频共振频率为 100~125Hz。

有焰燃烧的燃烧强度及燃烧稳定性与煤气、空气的混合情况和着火条件有关。由燃烧器的冷态模拟试验可知，沿燃烧室高度，煤气、空气的混合呈莲藕状变化周期交叉进行，在横断面上呈双峰或多峰状。且随着空气预热温度的升高，其混合均匀所需路程变短[16]，从冷态流场测试得知，空气、煤气出燃烧器后，在燃烧室中心是主流区，而在边缘形成一个循环区（或回流区）。随着燃烧器出口速度的增大，循环区长度基本不变，但其体积增大，循环区内的负压也相应增

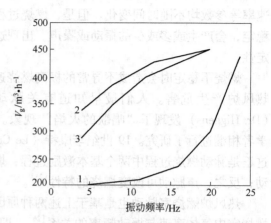

图 10-39 套筒式燃烧器不同煤气量及空气预热温度与振动的关系
1—空气预热无减振环；2—空气预热有减振环；
3—空气不预热有减振环

大。循环区气体，在与主流区的分界面上进入主流区，其中以底部进入最多。在循环区内，气体不是整体大循环，而是无数多个小循环的综合。在二维图形上，循环区与主流区的分界线不是直线，而是中下部偏宽的曲线。其具体形状是空气、煤气流量及两者速度比的函数。

热态试验时，当煤气、空气的质量流量一定时，随着空气预热温度的提高，循环区体积增大，高温的回旋区产物进入主流区，使局部混合好的空气、煤气迅速被加热燃烧，燃烧产物向四周膨胀，不仅使紊流增加，而且使断面压差增大。瞬间燃烧所生成的高温燃烧产物横向运动，使回旋区被压缩变窄，此时回旋区气体量减少，主流区着火条件变弱，燃烧温度下降。这种周期性的燃烧变化，使火焰峰面呈周期性的变化，曲面的波峰、波谷时大时小，故此产生了燃烧噪声，严重时就是不稳定的脉动燃烧。有焰燃烧时，空气、煤气的混合速度、混合位置、循环区大小、温度及其变化（或着火条件）是影响燃烧稳定的关键因素。

当空气预热 600℃ 时，加减振环时测得振动的振动幅值与同样煤气量的无减振环燃烧器振动结果相似，其区别在于加减振环时振幅小，频率低。

振动功率沿频率域的分布见图 10-40，由图可知，低频时存在一个较大的振动功率值，而后随着频率增加，功率下降。低频时的较大功率具有很强的破坏能力。燃烧时所测的振动声压与频率的关系与图 10-40 中的变化规律相同。相同频率范围时，由无减振环和有减振环燃烧器的热态测量结果可知，随煤气量的增加，振动功率增大，但有减振环比无减振环的燃烧器的功率小。也就是说，在同样条件下，

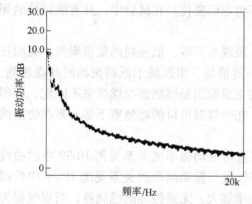

图 10-40 振动功率与频率的关系

有减振环的比无减振环燃烧稳定，产生振动的破坏能力小。

10.2.5　烟气和冷风的分布

10.2.5.1　烟气的分布

内燃式热风炉烟气流经拱顶时，由于惯性作用沿拱顶圆曲面而流动。烟气进入蓄热室时，燃烧室对侧烟气多，而靠近燃烧室侧少，不能使烟气均匀地分配到每一格孔中。悬链式拱顶由于最上面的小球曲率半径小于热风炉的半径，因此气流在流出小球时就出现气流与拱顶分离的现象，从而改善了烟气的分布。

悬链线拱顶气流分布的均匀性与拱顶的高度有关[29]。以 1200m³ 高炉，风量 2900m³/min，风温 1200℃，热风炉全高 40.31m，外径 8.00m，内径 6.85m，蓄热室横断面 25.15m²，燃烧室横断面 4.18m² 为例进行数学模拟。以燃烧室—蓄热室中心线为 $x = 0$，热风炉的另一垂直中心线为 $y = 0$，拱顶的底面为 $z = 0$。设拱顶高度 h 为 3.0m、3.5m、4.0m、4.5m 和 5.0m。图 10-41 为不同拱顶高度时，沿 $y = 0$ 断面、$z = 0$ 处的烟气不均匀度 U。虽然悬链线拱顶的空间内都存在烟气的偏流现象，在 $x = -1$ 到 $x = 1$ 以内不均匀度最高，在 $x = -2$ 和 $x = 2$ 以外两侧的区域不均匀度较小。而随着拱顶高度的增加，烟气分布趋于均匀。可是，两侧的区域的烟气分布的不均匀度增加。因此设计拱顶高度时，应选择恰当的高度。

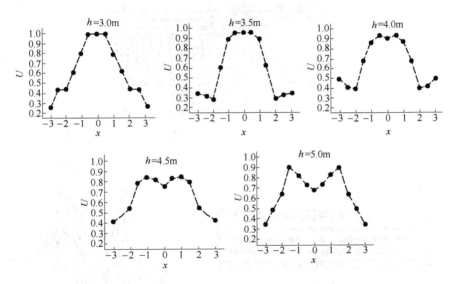

图 10-41　内燃式热风炉拱顶烟气分布

外燃式热风炉，烟气从中心圆筒向圆形蓄热室内流动，部分克服了内燃式烟气流动的缺点。但由于气体流动时向外的扩张角有限，而这部分扩张段的高度不够，造成烟气分布中心多，四周少。即使是外燃式热风炉也应重视烟气的均匀分布。外燃式热风炉有不同的拱顶结构形式，燃烧室和蓄热室穹顶对称形状结构较好。

10.2.5.2　蓄热室下部冷风的流动

进入热风炉下部冷风的流动属于有限空间内的射流，其流动规律是以射流为中心线，把面积分为两块，各自产生回流。早期设计的鞍钢原 4 号高炉热风炉冷风以 40°角度进入，与燃烧室不对称，气流分布均匀率最低。冷风入口必须要与燃烧室相对称，冷风从燃烧室底部进入要优于从烟道侧进入，因为此时烟气分布与冷风分布的匹配性较好。从烟道两侧进冷风比从中心一侧进入要好，两侧进口在炉箅子空间分成四个小区，各自有一个回流，增加了每一小区的气流均匀性[30,31]。

利用炉箅子支柱作为气流的阻挡和二次分配也能使冷风均匀分配。冷风入口区的支柱适当分布得密些，以满足冷风的二次、三次再分配，下游支柱则疏些。但由于支柱是圆形截面，对二次分配的作用相当有限。

在炉箅子区域设置金属导流板使气体分配均匀是很成熟的技术，安全性和寿命均无问题，单独采取这个措施大约有10℃风温的潜力可挖。特别要提出的是在冷风入口区上方有抽吸作用，有意地分流一部分进入冷风入口紧邻上方的冷风，有利于消除抽吸作用。

设置导流板前热风炉支柱空腔内的流动状况如图10-42所示。气流沿着冷风入口轴线方向直冲对墙，形成一个大的回旋流。在回旋中心有一个负压区，发生卷吸。在对墙和主气流冲击的第一根支柱上形成较大的出口流速。在靠近燃烧室的三角区域形成一个弱流区。整个蓄热室格砖冷风入口处气量分布极不均匀。这种气流分布状况可以与支柱空腔内的灰尘堆积形状相对照。

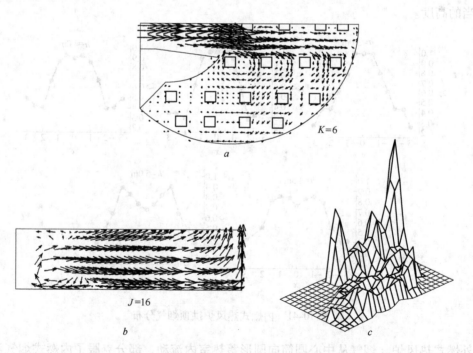

图 10-42　未加导流板时热风炉支柱空腔内的流动状况和出口气量图
a—横截面流场图；b—立剖面流场图；c—出口气量图

加设竖直导流板后支柱空腔内的流动状况如图10-43所示。图中在 K 为 5~6 的高度上（K 值表示导流板的高度，K 的差值表示导流板的大小）加设四块导流板。此外，还有在 K 为 4~7、K 为 2~4 的高度上加设四块导流板等情况。加设导流板可以使气流分布均匀性得到改善。

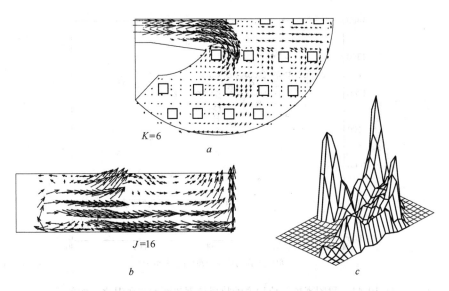

图 10-43　加设导流板（K 为 5~6）后热风炉支柱空腔内的流动状况和出口气量图
a—横截面流场图；b—立剖面流场图；c—出口气量图

10.3　热风炉的使用情况和结构形式

10.3.1　热风炉的使用情况

10.3.1.1　热风炉配置情况和热风温度

近年来，我国重点企业 1000m³ 及以上高炉的热风炉座数和热风炉形式所占比例见表 10-5。高炉风温水平近年来稳步提高，从图 10-44 来看，有一批高炉的年平均风温已经达到设计水平，但许多蓄热面积大的热风炉其风温水平并不高。图中热风温度几乎与蓄热面积无关。由单位高炉炉容的蓄热面积可知，随着蓄热面积的增加，实际风温反而有下降的趋势。这种趋势在 1999~2004 年的实际年平均风温尤其突出，2008~2010 年虽然这种趋势仍存在，但要好得多。这可能是最近热风炉的操作水平有较大提高的效果。总的来说，我国热风炉的蓄热面积与风温水平仍然不相称，离国际先进水平相比还存在一定的差距。

表 10-5　近年来部分 1000m³ 及以上高炉的热风炉座数和热风炉形式所占比例

炉　容		1000m³ 级		2000m³ 级		3000m³ 级		>4000m³		合　计	
		座数/座	比例/%	座数/座	比例/%	座数/座	比例/%	座数/座	比例/%	座数/座	比例/%
统计的高炉座数及比例		23	24.73	38	40.86	15	16.13	17	18.28	93	100
高炉座数/座	每座高炉三座热风炉	14	60.87	22	57.89	10	66.67	3	17.65	49	52.69
	每座高炉四座热风炉	9	39.13	16	42.11	5	33.33	14	82.35	44	47.31
不同形式热风炉的高炉座数/座	内燃式	11	47.83	14	36.84	8	53.33	3	17.65	36	38.71
	顶燃式	9	39.13	13	34.21	5	33.33	3	17.64	30	32.26
	外燃式	3	13.04	11	28.95	2	13.34	11	64.71	27	29.03

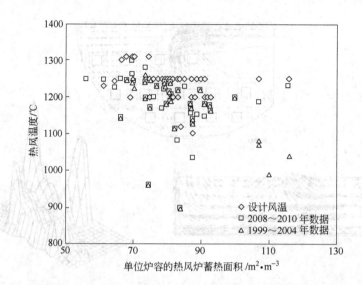

图 10-44　我国高炉单位炉容的热风炉蓄热面积与风温之间的关系

　　我国高炉的蓄热面积一般都比国外同级高炉大许多，特别是中小型高炉尤为突出。大型高炉与国外的差距较小。例如，沙钢 5800m³ 高炉单位炉容蓄热面积为 56.22m²，宝钢 1 号、2 号高炉单位炉容蓄热面积分别为 61.50m² 和 64.70m²。

　　设置 4 座热风炉与 3 座热风炉相比，其优点是可以采用交错并联操作，有利于缩小拱顶温度与鼓风温度差，有利于提高风温，降低废气温度，节约能源；工作可靠，当一座热风炉损坏检修时，可采用"两烧一送"的工作制度，仍可保证高炉正常生产，风温降低值较小。在我国有些厂还没有充分发挥 4 座热风炉的功能，显现出了投资高的缺点。

10.3.1.2　热风炉寿命

　　《规范》规定，**热风炉的设计寿命应达到 25～30 年。**设计寿命的含义是指热风炉内部砌体结构损坏，贮热能力明显降低，严重影响高炉正常生产而被迫停炉更换砌体时的工作年限。

　　热风炉的设计寿命应满足高炉两代炉役（25～30 年）的规定，符合当代炼铁技术的发展要求和国内外高炉热风炉的实际运行情况，高温长寿热风炉技术是一项成熟技术，在世界范围内得到应用，在应用中不断得到完善和发展，这些成熟技术是热风炉实现高温长寿目标的重要保证。在世界范围内高温长寿热风炉不乏其例，如日本、欧洲的一些大型高炉热风炉的工作年限都已超过 20 年，宝钢 1 号、2 号、3 号高炉是国内高效长寿热风炉的代表。这些高炉的热风炉在长期的实际运行当中积累了大量的高温长寿经验，在热风炉设计中，要充分借鉴这些成功经验，同时配合健全、完善的生产管理和检修维护制度，《规范》制定的长寿目标是能够实现的。

　　在我国，实现高温长寿目标的热风炉不多，只有宝钢高炉热风炉（特别是 1 号高炉热风炉）实现了真正意义上的高温长寿目标。鞍钢 6 号高炉外燃式热风炉（1985 年大修后一直工作至今）等虽然也工作了 20 年，但平均风温只有 1040℃，还不是真正意义上的高温长寿热风炉。我国高炉热风炉的使用寿命现状与国际先进水平和《规范》制定的目标相比，还存在较大的差距，主要表现在技术装备落后、耐火材料质量缺陷、设备和耐火材料的出厂检验及现场安装砌筑达不到设计要求，生产操作不够稳定以及生产检修制度不健全等方面。各企业要在技术改造和建立现代企业制度中，通过逐步提升技术装备水平、采用高质量耐火材料，确保产品质量和施工质量，建立健全生产检修制度等措施，逐步缩小上述差距，并最终实现本规范制定的长寿目标。

热风炉寿命主要与设计、设备和耐火材料的制造与施工质量、生产操作与运行维护等因素有关。

高温长寿热风炉设计的主要内容包括：各部位温度区间的计算与划分、各部位耐火材料的选择、薄弱易损部位（如热风出口、热风管道各三叉口、拱顶与拱顶联络管）的耐火材料结构设计、高效陶瓷燃烧器的设计、送风管系的设计（包括合理设置波纹膨胀节及合理的管道砌砖等）、合理的墙体结构设计（设置适宜的膨胀缝和滑动缝）以及热风炉炉壳结构设计。

有了好的热风炉设计，不等于热风炉就一定会长寿，高质量的热风炉设计仅仅是热风炉实现长寿的必要条件，还必须对设备与耐火材料的制造和施工质量、生产操作与运行维护等影响热风炉长寿的因素给予充分重视，并按照相应的规范和标准对这些因素进行严格控制。

10.3.2 热风炉结构形式及其特点

10.3.2.1 内燃式热风炉

1857 年考贝（Cowper）首先提出采用蓄热式热风炉，后来经过长期的发展，形成了传统的内燃式热风炉。传统的内燃式热风炉存在着严重的缺陷，如拱顶耐火砖破损，甚至掉砖，隔墙倾斜、破损，甚至"短路"，热风出口耐火砖破损、掉砖；格砖错乱、堵塞、呈"锅底"状等。为了解决这些缺陷，国内外都提出了许多对内燃式热风炉的改进方案，并采用了陶瓷燃烧器，形成了改进型内燃式热风炉。其形式见图 10-1a。

改进型内燃式热风炉的特点是：

（1）拱顶由传统的半球顶改为悬链线型或锥球结合型，并将拱顶砌体坐落在炉壳上，采用迷宫滑动缝，实现大墙与拱顶分离，大墙在高温作用下可自由上涨，大墙上涨不会对拱顶砌体产生推力，保证拱顶的整体稳定；

（2）在隔墙的中、下部增设隔热夹层和耐热合金钢板，解决火井掉转和短路问题；

（3）将金属燃烧器改为陶瓷燃烧器，强化煤气与助燃空气的混合，改善燃烧，消除脉动，减少火井破损；

（4）火井改为圆形或眼睛形。圆形的结构形式稳定，但燃烧室占地面积大。眼睛形燃烧室占地面积小，气流分布较为均匀，可消除蓄热室内气流的死区，但火井结构不够稳定，为增加隔墙的稳固性，应加大隔墙厚度，使隔墙与热风炉大墙呈滑动接触，大墙上设有滑动沟槽，使隔墙成为独立而稳固的自由涨落结构。

在我国，改进型内燃式热风炉也得到广泛的应用，并取得了预期的实践效果。如鞍钢 9 号高炉（炉容 987m³）、昆钢 2000m³ 高炉、鞍钢新 1 号高炉（3200m³）、首钢迁安 4000m³ 高炉和武钢（3200~4100m³）高炉的高温内燃式热风炉等。

内燃式热风炉的缺点是热风炉直径大、拱顶结构尺寸大、拱顶砌体结构稳定的难度大。此外，矩形陶瓷燃烧器为国外专利技术。

10.3.2.2　外燃式热风炉

在解决传统内燃式热风炉火井倾斜掉砖、烧穿短路的问题时，提出了将火井搬出热风炉的设想，即外燃式热风炉。外燃式热风炉的蓄热室、燃烧室、拱顶、锥体、大墙、连接管道均为独立砌体，并且都建有混风室，其形式见图 10-1b、c、d。

外燃式热风炉是在 1910 年由弗朗兹·达尔（Franz Dahl）提出并且申请专利的；1928 年在美国卡尔尼基钢铁公司建成，由于热损大而没有得到发展；1938 年科珀斯（Koppers）公司又提出专利[3]，并在化学工业中得到了发展，1950 年用于高炉，1959 年出现了地得式外燃式热风炉；1965 年德国蒂森公司使用了马琴式外燃式热风炉。

外燃式热风炉的燃烧室和蓄热室是两个各自独立的系统，通过联络管将其连接起来，从根本上消除了内燃式热风炉因隔墙温差引起的破损。此外，外燃式热风炉稳定性好，蓄热室内气流分布比较均匀，其中又以马琴式和新日铁式的气流分布情况为最好。

外燃式热风炉的优点是：

（1）外燃式热风炉将燃烧室与蓄热室分开，消除了内燃式热风炉的致命弱点；

（2）较好地解决了高温烟气在蓄热室横截面上的均匀分布问题；

（3）其拱顶对称，尺寸小，拱顶、缩口、大墙相对独立，可自由涨落，结构稳定性好，气流分布好；

（4）热风炉炉壳转折点均采用曲面连接，较好地解决了炉壳的薄弱环节问题。

一般认为，外燃式热风炉存在占地面积大、耗用钢材和耐火材料量大、基建费用高、散热损失大等问题。但是从高风温、长寿命、适合大型高炉使用获得的经济效益相比，不能算是缺点。外燃式热风炉解决了大型高炉高风温热风炉的结构问题，普遍高温长寿。

当前世界上采用外燃式热风炉已比较普遍，特别是要求提供 1200℃ 高风温的大型高炉的热风炉。目前 4000m³ 以上的大型高炉大都采用外燃式热风炉。其中，有 8 座 4000m³ 以上的高炉风温可达到 1300 ~ 1350℃。

外燃式热风炉按燃烧室与蓄热室的连接方式不同可分为地得（Didier）式、科珀斯（Koppers）式、马琴（Martin and Pagenstecher）式和新日铁（NSC）式 4 种。

A　地得（Didier）式热风炉

地得式热风炉见图 10-1d，它是用 1/4 小球拱与 1/4 大球拱将直径较小的燃烧室与直径较大的蓄热室连成一体。其优点是：

（1）高度较低，占地面积小；

（2）拱顶结构简单，消除了联络管波纹管的薄弱环节，并且砖形较少；

（3）晶界应力腐蚀比较容易解决；

（4）使用液压千斤顶来克服蓄热室与燃烧室间热膨胀的高度差带来的结构问题。

其缺点是气流分布相对较差，拱顶结构庞大，稳定性较差。

B　科珀斯（Koppers）式热风炉

科珀斯式热风炉是以一个连通管将两个不同直径的球顶连成一体；燃烧室和蓄热室均保持其各自半径的半球形拱顶。其优点是：

（1）高度较低，与地得式热风炉相似；

（2）钢材消耗量较少，基建费用较省；

（3）气流分布较好。

其缺点是砖形多，连接管端部应力大，容易产生裂缝，占地面积大。

C 马琴（M&P）式热风炉

马琴式外燃式热风炉将直径大的蓄热室缩小至与直径小的燃烧室等径后，以一个巷道式的半圆拱碹将两者的1/4球顶连通，见图10-1c。其优点是：

（1）气流分布好；

（2）拱顶尺寸小，结构稳定性好；

（3）砖形少。

其缺点是结构较高，燃烧室与蓄热室之间没有波纹补偿器，拱顶应力大，容易产生晶界应力腐蚀。

D 新日铁（NSC）式热风炉

新日铁式热风炉是科珀斯式与马琴式的结合，见图10-1b。它利用锥形缩口将蓄热室缩小到与燃烧室等径后，以连通管将两者的球顶连接起来，中间设有波纹补偿器。

其优点是：气流分布好，拱顶对称，尺寸小，结构稳定性较好。

其缺点是外形较高，占地面积大，砖形较多。

这四种外燃式热风炉蓄热室内的气流分布以马琴式为最好，地得式次之，科珀斯式较差。马琴式、新日铁式的连通方式较好。地得式热工性能好，缺点是砌体结构的稳定性差。科珀斯式在连通管钢壳上以波纹形膨胀节来吸收燃烧室与蓄热室的不均匀膨胀。

我国目前采用的外燃式热风炉类型有地得型、马琴型和新日铁型3种，使用数量已达40余座，其中使用数量多、应用效果较好的为新日铁外燃式热风炉。

由于外燃式热风炉能提供高风温，从20世纪60年代开始在我国得到了广泛的应用，有很多大型的外燃式热风炉，例如鞍钢几座高炉的热风炉，见表10-6。

表10-6 鞍钢外燃式热风炉

高 炉	高炉有效容积/m³	热风炉形式/数量	系统概算/万元
7号高炉	2580	外燃式/4座	14168（改造性大修）
10号高炉	2580	外燃式/4座	13522（改造性大修）
新4号高炉	2580	外燃式/4座	15640
新2号、3号高炉	3200	外燃式/4座	20928
鲅鱼圈1号、2号高炉	4038	外燃式/4座	

宝钢高炉使用的外燃式热风炉具有结构合理、寿命长、热效率高等特点，能适应高风温的要求。其中1号高炉自1985年投产以来风温一直维持在1250℃。高炉在1995年和2006年两次大修时，热风炉只对部分的掉砖修补和燃烧器上部修理，一直使用至今，热风炉性能仍保持良好。预计寿命可以超过高炉两个炉役。鞍钢10号高炉自身预热外燃式热风炉投产已11年，只烧单一的高炉煤气，风温一直维持在1150～1200℃的水平。

10.3.2.3 顶燃式热风炉

顶燃式热风炉利用拱顶的空间进行燃烧，取消了侧部的燃烧室或外部的燃烧室。其结构对称，温度区分明，占地小，投资较少。顶燃式热风炉，在19世纪就有人提出设想，并在化工行业使用。1979年首钢2号高炉（炉容1327m³）采用了顶燃式热风炉，2009年首钢京唐在5500m³高炉采用了改进型顶燃式热风炉。

改进型顶燃式热风炉的优点是仍然采用扩散火焰燃烧。在有限的燃烧空间内采用扩散火焰，没有得到充分燃烧的低温热风气流沿着拱顶炉墙流动，保护了拱顶耐火砌体，见图10-1e。

顶燃式热风炉的优点如下：

（1）炉内无蓄热死角，在相同炉壳内容量时，可增加蓄热面积的利用率；

（2）炉内结构对称、稳定性好，流场分布均匀，消除了因结构导致的格砖蓄热不均的现象；

（3）由于是稳定对称结构，因此炉型简单，受力均匀，整体强度高，稳定性好；

（4）燃烧器布置在热风炉顶部，穹顶的温度较低，减轻拱顶炉壳晶界应力腐蚀的危险性，烟气的流路短、减少了热损失，有利于提高热效率和送风温度；

（5）布置紧凑，占地少。

顶燃式热风炉存在以下缺点：

（1）由于燃烧器位于热风炉顶部，热风出口也处于较高位置，阀门和相应管道的安装位置较高，为了安装检修阀门等设备，一般需在框架的顶部设置检修桥式吊车，不利于降低钢结构的投资。

（2）需要性能良好的高效燃烧器，要求空气和煤气在拱顶有限的空间内实现完全燃烧，否则未燃气体将进入格砖中继续燃烧，不利于格砖砌体的长寿。

顶燃式热风炉的特点是将燃烧器设置在热风炉的顶部。为了发挥顶燃式热风炉的优越性必须对燃烧器提出一系列的要求：

（1）燃烧器应有足够大的燃烧能力。由于高炉煤气可燃物质约24%，大部分成分是氮气，因此热风炉燃烧器的工作条件是煤气体积大于空气体积。在燃烧过程中，燃烧空间是限制性环节，因此要求可燃物质与空气必须在狭小的空间内能够有效地混合、燃烧。

（2）要求在热风炉拱顶部位的煤气完全燃烧，火焰长度短，火焰不能进入格砖。

（3）燃烧器的寿命应与热风炉的寿命相匹配，寿命达到25~30年。

10.3.2.4 球式热风炉及其他

球式热风炉属于顶燃式热风炉，只是不砌格砖，将耐火球直接装入热风炉的蓄热室内。目前小高炉广泛应用。如成都钢铁厂318m³高炉于1991年10月采用球式热风炉，并取得成功。目前柳钢1000m³高炉也采用了球式热风炉。球式热风炉要解决耐火球的使用期限短、在使用过程中热风炉的阻力变化的问题。

10.4 热风炉砌体结构及耐火材料

随着高风温热风炉的发展，对耐火材料的材质和结构提出了愈来愈高的要求。根据热风炉各部分的温度条件和受力状况选用不同性能的耐火材料和结构。特别重要的是高温区域所选用的耐火材料要恰当，砌体结构是否牢固，对热风炉的寿命和操作安全性有重大影响。这就要求开发出性能优良的耐火材料，使用严格按照规定生产的优质耐火材料。

热风炉耐火材料主要为定形耐火材料和不定形耐火材料。定形耐火材料主要是指耐火砖制品。不定形耐火材料主要是指耐火泥、喷涂料、捣打料、耐火纤维制品等。耐火材料根据理化指标可分为硅质材料、高铝质材料、黏土质材料；根据使用条件可分为低蠕变率材料、抗急冷急热、抗剥落材料、可塑性材料、抗酸碱性材料等；根据其密度不同又可分为重质耐火材料、中质耐火材料、轻质保温隔热耐火材料。

10.4.1 热风炉用耐火材料的发展

20 世纪 50 年代,我国热风炉用耐火材料主要是黏土砖,品种也比较单一,基本上都使用标准砖,砖形简单,基本上满足了当时 800~900℃风温的要求。60 年代,由于高炉喷吹技术的应用,风温有了很大的提高,在热风炉的高温部位开始用高铝砖砌筑,格砖也由板状砖发展到整体多孔砖,基本上满足了风温 1000~1100℃的要求。70 年代,热风炉开始使用硅砖。80 年代,我国绝大部分热风炉的高温部位使用的耐火材料都是高铝砖,这种高铝砖虽具有较高的荷重软化温度,但高温抗蠕变性能差。硅砖也开始推广,并采用了组合砖。90 年代至今,各大钢厂改造和新建的热风炉,平均风温达到 1100℃以上,国内耐火行业开始研制低蠕变高铝砖、低蠕变黏土砖和硅砖。国外高风温热风炉高温区几乎全部使用硅砖。

当然,一些新型的耐火材料正在开发和试用当中。如镁质耐火材料的高温体积稳定性、耐侵蚀性和抗蠕变性能好,容重、热容量和导热系数较高;欧洲试用了方镁石耐火材料;前苏联试用过含镁橄榄石耐火材料;我国 1971 年曾经在南京的磁液体发电设备的球式热风炉试用了铬镁质耐火材料,取得了 1550~1600℃的风温[32]。由于 1250℃以上的高风温不取决于耐火材料,而取决于高温区炉壳晶界应力腐蚀,并且这类耐材的价格高,在间断使用热风炉的高温区会被水解,因而没有推广。

10.4.2 热风炉的砌筑结构

热风炉的高风温、长寿技术是高炉生产获得最佳技术经济指标的重要措施之一。随着高炉大型化、现代化和强化冶炼技术的发展,节能降耗及循环经济技术的进步,国内外冶金科技工作者在热风炉高风温、长寿技术研究上取得了新的进展。这主要表现在热风炉的结构形式,内衬砌筑方式,耐火材料的选配,高效能格砖砖型设计,陶瓷燃烧器的研制与应用,新型耐高温炉箅子的研究,助燃空气、煤气双预热技术推广及烟气余热综合回收利用,热风炉自动燃烧、自动换炉、自动送风及风温自动调节等方面。

热风炉是一个高温高压系统,其工作层耐火材料砌体(包括格砖)要能够承受长期的高温高压(包括鼓风气压和耐火材料自重)的作用,热风炉墙体与拱顶各口及送风管道各三叉口除承受长期的高温高压作用外,还要承受由于气流收缩、扩张和转向所产生的冲击和振动作用。因此,《规范》要求热风炉工作层应采用致密性耐火材料,在热风炉各口区域采用组合砖。致密性耐火材料具有荷重软化温度高、常温耐压与抗折强度大、密度大等特点,这些特点决定了高温致密性耐火材料具有承受高温高压和气流冲击振动的性能,同时也具有充足的蓄热能力和传热能力,加之其具有的低蠕变性能,致密性耐火材料应能更好地适应热风炉的工况条件。为了提高这些区域的砌砖结构的稳定性,在各开口区域广泛采用组合砖,组合砖在热风炉上已获得广泛应用并取得预期效果。热风炉组合砖的设计、制造和砌筑是影响组合砖性能的主要因素,在生产实践中必须将这三个因素有机地结合起来,才能取得最佳效果。

10.4.2.1 拱顶砌筑

热风炉拱顶长期在高温状态下工作,拱顶部位必须选用优质耐火材料,特别是与鼓风和烟气直接接触的砌砖层,必须具有良好的抗热震性和抗蠕变性能。拱顶还必须具有足够的结构稳定性，以利于气流分布，此外，还要求砌体的独立性，质量轻，隔热性能好，施工方便。

现代热风炉无论是内燃式还是外燃式的拱顶都单独支承在热风炉炉壳上。这样，热风炉大墙与拱顶砌体之间的密封结构很重要，一般采用迷宫式结构。迷宫中的间隙用陶瓷纤维充填，并设有辐射膨胀缝。受热时，大墙与拱顶两砌体之间可以滑动，自由膨胀[3]。

A　内燃式热风炉拱顶

改造内燃式热风炉，其拱顶采用近似悬链线的稳定结构形式。其工作温度在 1400 ~ 1550℃ 的高温区，其工作面砖宜选用耐火度高、荷重软化温度高、高温机械强度好、蠕变率重烧线变化率低及抗渣化性良好的硅质耐火材料。其结构为特殊曲线拱顶，因此必须采用带有子母扣的异型组合砖来砌筑。并要考虑预留合理的环向膨胀缝和胀缩空间，以解决其工作温度变化时的胀缩问题，如图 10-45 所示。由于拱顶部位是热风炉散热损失的重点部位，一般来说，在工作面砖外侧应设置 2 ~ 3 层轻质绝热砖，减少散热损失。为了防止拱顶部的炉壳晶界应力腐蚀，则应在炉壳内表面喷涂耐酸喷涂层。

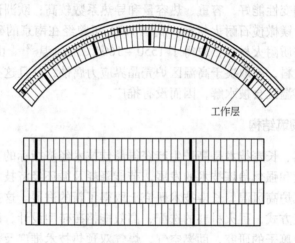

图 10-45　拱顶砌砖

大型内燃式热风炉拱顶设置有两组关节砖，见图 10-46。某厂内燃式热风炉拱顶每组关节砖分为 52 个板块，每个板块由两组具有凸凹形状的异型砖成对组成的关节砖，可以前后活动。板块之间设 15mm 膨胀缝，缝内填充聚氯乙烯板。

B　外燃式拱顶的砌筑

某外燃式热风炉拱顶呈两个半球形，其间以联络管相连。联络管下半部与炉顶下部的直筒段相连，上半部与拱顶相连。联络管口组合砖中心线与联络管中心线成 10°22′ 的倾角连接，见图 10-47。

拱顶与联络管应同时砌筑。拱顶下部直筒段炉墙砌筑要求与悬链线形拱顶相同，但增加了连接处组合砖的配合砌筑，故要求更高。

C　顶燃式热风炉拱顶砌筑

顶燃式热风炉将燃烧室高架于蓄热室顶部，虽消除了内燃式热风炉燃烧室隔墙的弊病，又克服了外燃式热风炉燃烧室与蓄热室温差不同造成的涨落不均的缺点，但其燃烧室的砌筑复杂程度增大，要求其砌筑必须与顶燃燃烧器的砌筑有机结合。图 10-48 为顶燃式热风炉拱顶结构。

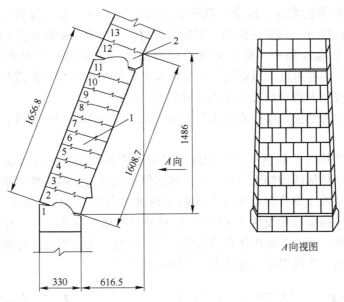

图 10-46 关节砖的结构示意图

1—第一组关节砖；2—第二组关节砖

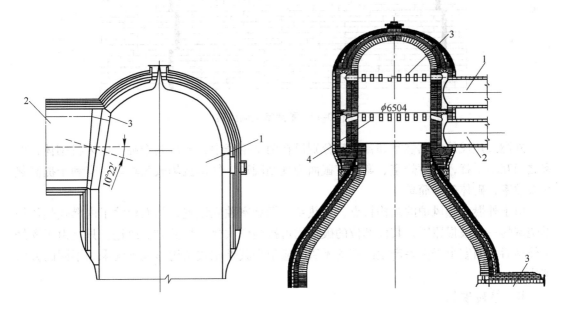

图 10-47 某外燃式热风炉拱顶

1—拱顶；2—联络管；3—连接处组合砖

图 10-48 顶燃式热风炉拱顶结构

1—煤气入口管；2—助燃空气入口管；
3—煤气喷出口；4—助燃空气喷出口

10.4.2.2 蓄热室和燃烧室大墙及格砖的砌筑

A 蓄热室大墙

热风炉蓄热室大墙衬体自下而上温度梯度变化很大，由低到高，下部温度为 250 ~

350℃，而顶部温度为 1400 ~ 1550℃。其工作面砖应根据温度区间选用。下部墙体宜选用耐急冷急热、抗耐压强度好、蠕变率低的黏土质材料。中下部墙体宜选用 Al_2O_3 含量在 48% 左右、抗压强度好、蠕变率低的高铝质耐火材料。中上部墙体宜选用具有一定高温机械强度、荷重软化温度适中、蠕变率低的优质低蠕变高铝砖耐火材料砌筑，高铝砖的 Al_2O_3 含量以 65% 左右为宜。而蓄热室上部墙体宜选用耐火度高、荷重软化温度高、高温机械强度好、蠕变率和重烧线变化率小的硅质耐火材料。

外燃式热风炉蓄热室应按中心线进行砌筑。砌筑多环组成的炉墙时，由炉壳向炉内一环一环地砌筑。

改进型内燃式热风炉蓄热室墙体砌筑宜采用多个板块组合，在板块间设有膨胀滑动缝，保证各层环砌衬体圆周膨胀滑动，预留膨胀缝的数量应根据温度梯度及各段耐火材料的重烧线变化率及蠕变率合理设置（大墙砌体板块结构如图 10-49 所示）。在工作层砖外侧应根据各段温度梯度区间设置 1 ~ 3 层对应材质的轻质绝热砖。在工作层砖与绝热层砌体之间应设置油纸，保证各环砌体自由涨落，互不干扰。为了保证炉体钢壳宜在绝热砖外侧喷涂中质喷涂层。喷涂厚度一般在 50 ~ 80mm 之间。

图 10-49　蓄热室大墙砌砖

外燃式热风炉的燃烧室和蓄热室分别设在两个钢壳中，形成两个独立的内衬砌体，两室之间互不干扰，且蓄热室、燃烧室截面为规则圆形，气体流场较为均匀，有利于提高热交换效率，砌体砖形简单。

由于外燃式热风炉的结构特点，蓄热室和燃烧室独立设置，从而消除了内燃式热风炉燃烧室的一些破损原因，其他部位的破损均可按内燃式热风炉的方法改进。只是由于燃烧室外移后，两室由于温差产生的涨落矛盾，应根据其外燃式结构形式不同采用不同的方法解决。

B　格砖砌筑

蓄热室高温区格砖要求具有良好的高温体积稳定性、耐侵蚀性和抗蠕变性能。硅砖具备这些特性，并且价格便宜，因此国内外高风温热风炉上得到广泛应用。

蓄热室各部分耐火材料的选择可以根据 10.1 节计算的燃烧期终了时蓄热室温度分布来确定。在蓄热室中、下部的格砖，通常采用高铝质和黏土质耐火材料。随着大型热风炉蓄热室的增高，下部格砖承受的压力越来越大，最下部有的改用抗压强度高、抗蠕变好、耐急冷急热性能好的高铝砖。

蓄热室格砖多采用六角形的外形,上下带沟舌具有三点定位的格砖。按国内方法砌筑时,格砖四周与炉墙间留有膨胀缝;国外方法是不留膨胀缝,格砖紧靠炉墙砌筑。相邻格砖间的膨胀间隙应根据不同材质预留:一般黏土格砖间隙为4mm,高铝格砖为6~8mm,硅质格砖为8~12mm。

C 燃烧室大墙和燃烧器的砌筑

燃烧室中安设有燃烧器,是热风炉的关键部位。

送风期陶瓷燃烧器上表面的温度稍低于风温;燃烧期略高于助燃空气和煤气进入燃烧器前的温度。因此,在一个周期中,燃烧器上部温差很大。特别是在换炉的瞬间,燃烧器上部温升或温降特别迅速。为了保证燃烧器砌体的整体性、气密性和使用寿命,要求耐火材料的线膨胀系数小,抗蠕变性好。目前大型高温热风炉燃烧器上部多采用高铝堇青石砖、莫来石堇青石砖。

燃烧器具有结构复杂,砖形多、异型砖多且备用砖量少,安装要求严格、尺寸要求高,且需进行预组装等特点。

a 内燃式热风炉燃烧室大墙和燃烧器的砌筑

内燃式热风炉的特性决定了燃烧室与蓄热室同处一个钢壳中,因此燃烧室隔墙的砌筑方式是内燃式热风炉寿命长短的关键。除了在其高度上按温度梯度选用与蓄热室墙体相对应的耐火材料外,还要考虑到由于送风期和燃烧期工作温度、工作压力变化导致两室工作温度的不同。无论是圆形燃烧室、复合燃烧室还是眼睛形燃烧室均存在着两室工作温差的不同。在燃烧室墙体砌筑上要充分考虑到两室温差不同产生其内外环工作面砖涨幅不同的影响,应在内外环工作面砖之间增设隔热夹层,并在加层中设置耐热金属隔板,防止气体短路造成的破坏。安装时,插入砖缝中,上下搭接6层砖,左右搭接193~270mm。燃烧室隔墙工作面砖之间有无隔热层,其砖体温差变化很大。其墙体应采取镶嵌于热风炉大墙的设计,在与大墙砖交替部位设置带滑动缝的组合砖,使之形成两室墙体独立涨落、互不干扰的纵向垂直板块组合结构。当隔墙为板块结构时,在板块之间设有膨胀滑动缝。滑动缝中填充耐火纤维,膨胀滑动缝的设置应依据其温度梯度及耐火材料的理化特性来决定其数量的多少。滑动缝和膨胀缝要仔细留设。将燃烧室隔墙内外层工作面砖设置带子母扣的异型砖,有利于提高板块单元的整体性和气密性。

矩形燃烧器是为了适应"眼睛"形燃烧室的热风炉设计的,其结构仍为套筒式燃烧器。砌筑分下、中、上三段进行,砌筑时应保证煤气通道、空气通道的内空尺寸和形状;应按样板砌筑煤气道斜型墙;安装导流墙应准确无误。矩形燃烧器的结构如图10-50所示。

b 外燃式热风炉燃烧室大墙和燃烧器的砌筑

外燃式热风炉的燃烧室砌筑与蓄热室基本相同。燃烧室大墙与燃烧器的砌筑顺序是先大墙,后燃烧器。中央部位预留进料和进人的通道。

燃烧室大墙以炉壳喷涂层中心线为基准,由炉壳向炉内一环一环地控制砌体内径砌筑。

三孔式陶瓷燃烧器上部栅格是整个燃烧器的关键部位,其结构见图10-51。燃烧器底部砖层表面应严格找平,找好中心基准点。沿圆周分15°角等分线,按照组装图的砖号顺序由中心开始,向外一块一块砌筑。

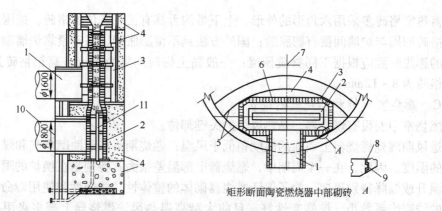

矩形断面陶瓷燃烧器中部砌砖 A

图 10-50 矩形陶瓷燃烧器

1—助燃空气入口；2—煤气通道墙；3—空气通道墙；4—耐火浇注料；5—油纸；6—发泡苯乙烯；
7—热风炉中心；8—膨胀缝板；9—耐火陶瓷纤维；10—煤气入口；11—导流板

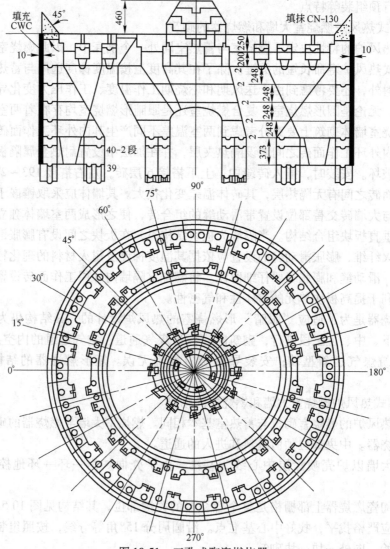

图 10-51 三孔式陶瓷燃烧器

10.4.2.3 热风炉各券口砌筑

热风炉各券口的工作条件十分恶劣，各券口的损坏是由于墙体随着燃烧期和送风期交替涨落和温度荷载及重量荷载的长期作用造成的。应采用受力好的向心券口砖加过渡砖相结合的组合砖砌筑，提高券口使用寿命。混风室出口组合砖如图 10-52 所示，券口砖组合砖如图 10-53 所示。

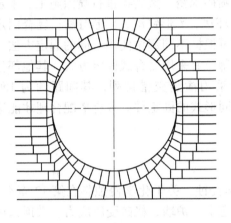 

图 10-52　混风室出口组合砖　　　　图 10-53　券口砖组合砖

10.4.2.4 热风管道的结构和耐材

引起热风管道损坏的原因有耐火材料和管道结构不合理两个方面。

从管道结构来看，热风管道受热膨胀，以及热风在管道内产生的压力波动和盲板力的作用。对于这些力的作用应该进行仔细的分析。在保证耐火材料膨胀的基础上，利用其间的相互作用而抵消。应该是有限制的定向膨胀，即把热风总管以及每根热风支管的中心固定在一个位置上，在两个固定管之间加波纹补偿器，热风管道的膨胀限制在两个固定点之间。采用以下方法，可取得非常好的效果：

（1）在每座热风炉的热风支管两侧的主管上各安装一个波纹补偿器。设置热风主管端部波纹补偿器，以消除拉杆伸长对热风支管产生的影响。端部波纹补偿器的补偿量应足以补偿拉杆的伸长。

（2）将分段式拉杆改造成一体的长拉杆。

（3）在热风支管与主管中心线的交点设置固定支座。

热风总管和围管的耐火材料一定要具有良好的耐急冷急热性能。热风管道内衬一般采用高铝质、黏土质耐火砖和轻质隔热耐火砖砌筑，也有的采用耐火喷涂料和耐火陶瓷纤维制品等。砌筑时，应保证错缝，避免热风从砖缝中窜出烧坏管道。

10.4.2.5 热风炉不定形耐火材料的应用

不定形耐火材料在 20 世纪 70 年代得到了迅速的发展，应用范围广泛。我国起步较晚，在宝钢 4063m³ 高炉上首先采用，逐步普及。不定形耐火材料有其独特的优点，因它是以散装料出厂，不需成型和烧成工艺，易于运输，施工效率高，在现场施工时采用相应的施工机械即可。不定形耐火材料按施工方式可分为浇注料、涂抹料、捣打料、喷涂料；按理化特性可分为重质料、中质料、轻质料、可塑料、耐酸碱料。在热风炉上使用不定形耐火材料主要为喷涂料，用于保护热风炉炉壳。高温区所用耐酸喷涂料主要用于防止炉壳高温下晶界应力腐蚀。中温区所用中质喷涂料主要用于保护炉壳及起到一定隔热作用。下部低温区所用中质喷涂料与中温区作用大致相同。热风管道所用喷涂料主要是保护管道钢壳及起到一定隔热作用。热风炉烟道内重质喷涂料主要起管道钢壳隔热及耐磨保护作用。

为了防止热风炉各部位喷涂的不定形耐火材料脱落，使其与钢壳形成一个整体，必须在钢壳内壁焊上金属固定件，固定件焊好后进行喷砂除锈，然后再进行喷涂施工。不定形耐火喷涂料的固定方法有：单一固定方式，如钢环法、Y形钉法、V形钉法；复合固定方式，如：金属网+钢环法、Y形钉法+钢环法。可根据不同部位使用不同的固定方法，如热风炉拱顶高温区、热风出口、烟道出口等重要部位宜采用复合式固定方式，其他部位可采用单一固定方式。一般来说，固定钉的布置采用横竖交错排列，其间距约为150~250mm。根据喷涂层厚度合理选配不同长度、不同形式的固定件。只有搭配合理才能达到预期的效果。

10.4.3　耐火材料中的应力

热风炉耐火材料的损坏包括应力损坏和化学侵蚀。关于化学侵蚀将在第12章介绍。热风炉耐火材料中存在各种形式的应力。在冷状态下，炉墙、格砖受压应力、拱顶起拱的应力、各孔洞处应力的再分配等；在受热状态下，各结构受温度应力及温度变化时产生的应力。这些应力使热风炉的结构产生各种形式的破坏，如弹性破坏、非弹性破坏、热膨胀破坏、断裂、压碎、蠕变等。关于这些形式的破坏，已有一部分在第9章中介绍过了。

10.4.3.1　热风炉砌体受力概述

热风炉在工作时，砌体受到热交换过程中温度急剧变化的作用、高炉煤气带入灰尘的化学侵蚀作用、机械荷载作用、燃烧气体的冲刷作用等。热风炉砌体损坏的力学原因主要有：

（1）热应力作用。热风炉在加热时，燃烧室的温度很高，炉顶温度可达到1400~1450℃，从炉顶沿炉墙和格子砖向下，砌体和格砖逐渐被加热。由于热风炉不停地加热、送风交替工作，热风炉砌体和格子砖经常处于急冷急热变化之中，砌体出现裂纹、开裂和剥落。

（2）机械荷载作用。热风炉是一种较高的构筑物，其高度一般在35~50m之间。蓄热室格子砖下部承受的最大静荷重达0.8MPa，燃烧室下部承受的静荷重也较高，产生弹性破坏。砌体在长期高温状态的荷重作用下，还发生非弹性破坏、变形和产生裂纹，影响了热风炉的使用寿命。

（3）相变应力。在高温下，热风炉砌体内部耐火材料矿相组织发生变化，引起砌砖内部应力，导致砖的破坏。

（4）压力作用。热风炉周期性地进行燃烧和送风，燃烧期内处于低压状态，送风期处于高压状态。传统的大墙和拱顶结构，其拱顶与炉壳间留有较大的空间，大墙与炉壳设置的填料层在长期高温作用下收缩及自然压实后也留下一定的空间。由于这些空间的存在，受高压气体的压力作用，砌体承受了很大的向外推力，易造成砌体倾斜、开裂和松动，然后砌体外的空间周期性地通过砖缝进行充压和卸压，进而加剧对砌体的破坏。

热风炉用耐火材料的作用是隔热和承受高温荷载，故确定各部位用炉衬材料的材质和厚度时，应根据砌体所承受的温度、负荷和隔热的要求，以及烟气对砌体的物理、化学作用等条件而定。

10.4.3.2 耐火材料砌体中的非弹性破坏

第9章已经介绍了耐火砌体的热应力破坏，热冲击破坏等现象及其模拟计算。这些计算同样也可用于热风炉砌体。有关相变引起的应力破坏分析的内容，本书不做介绍。这里仅介绍热风炉砌体中常见的蠕变等非弹性破坏。

在弹性变形中，消除外力后，变形恢复到原状，其中变形永久保留的部分称为非弹性变形。非弹性变形大致可分为与时间无关（瞬间）的塑性变形和与时间有关的永久变形。与时间有关的永久变形往往多以弹塑性、黏弹性、黏塑性等复合变形存在，以蠕变变形、黏弹性变形、应力缓和等各种现象来说明。

A 蠕变是影响热风炉寿命的重要因素

在热风炉中，耐火材料在高温下工作，蠕变变形是很重要的问题。

从单个的耐火材料物理性能的研究，近年来，逐渐重视包含耐火材料的结构整体行为和结构设计。特别对热风炉使用的耐火材料等结构进行了探索。为了定量地评价，只考虑弹性区域的评价是不够的，必须考虑耐火材料很强的非线性。

当设计和使用耐火材料及其结构时，应该考虑结构受到负荷产生的应力和应变，以及由于热负荷产生的热应力超过材料强度而产生裂纹两类。一般将前者划分为材料力学领域，后者划分为断裂力学范畴。材料力学又划分为材料的强度，以及结构内部材料的应力和应变分析的内容。使用的参数以应力和应变为主体，涉及屈服行为、蠕变、弹塑性等的非线性领域。

在耐火材料结构内部运用断裂力学研究裂纹及其发展，裂纹附近产生的应力集中，以及采用解析方法判定裂纹的发生和进展，此外，还需考虑蠕变、疲劳等多种破坏形式，这就更为复杂和困难了。

热风炉格砖的倒塌、沉陷等破坏是典型的蠕变损坏。内燃式热风炉的隔墙变形、倒塌也与砌体的蠕变、疲劳有密切的关系。对耐火材料的蠕变、弹塑性行为的测定比金属少，并且最近才开始采用蠕变、弹塑性等非线性有限元法计算。

外燃式热风炉燃烧室大墙除考虑弹塑性、蠕变变形以外，还要用有限元法计算热风炉炉壳的变形。在此计算中，不应该直接将耐火砖模型化，事先应用耐火砖与炉壳材料的1次非稳定传热模型解析，先求出热交换条件和砖的膨胀压力，用别的途径建立的炉壳模型的结果作为边界条件或外力进行计算，而且应将蠕变解析与热弹塑性解析分开进行。

B 用非线性元法对耐火材料进行强度解析

用非线性元法对耐火内衬进行解析。由于反应膨胀与温度变化引起的膨胀不同，为不可逆膨胀，表现为时间的函数。下面研究内衬材料由于热负荷引起的膨胀、反应变形、弹塑性、蠕变等。假定可以将弹性变位 $\bar{\varepsilon}^e$、塑性变形 $\bar{\varepsilon}^p$、热变形 $\bar{\varepsilon}^t$、蠕变变形 $\bar{\varepsilon}^c$、反应变形 $\bar{\varepsilon}^r$ 相互分离，则全部应变之和可以用下式定义。

$$\bar{\varepsilon} = \bar{\varepsilon}^e + \bar{\varepsilon}^p + \bar{\varepsilon}^t + \bar{\varepsilon}^c + \bar{\varepsilon}^r \tag{10-51}$$

其增量可以表示为：

$$\Delta\bar{\varepsilon} = \Delta\bar{\varepsilon}^e + \Delta\bar{\varepsilon}^p + \Delta\bar{\varepsilon}^t + \Delta\bar{\varepsilon}^c + \Delta\bar{\varepsilon}^r \tag{10-52}$$

式中 $\bar{\varepsilon}$——张量。

由此按照逐步线性化的增量型的能量泛函数，在增量 N 步后对有限元法进行标准化，得到以下的增量型有限元平衡方程式：

$$\overline{K}\Delta\underline{q} = \Delta\underline{F}^{a} + \Delta\underline{F}^{e} + \Delta\underline{F}^{p} + \Delta\underline{F}^{t} + \Delta\underline{F}^{c} + \Delta\underline{F}^{r} + \Delta\underline{F}^{N} - \underline{R} \qquad (10\text{-}53)$$

式中　$\overline{K}$——刚性矩阵；

　　$\Delta\underline{q}$——节点变位的增量矢量；

　　$\Delta\underline{F}^{a}$——增量荷重矢量；

　　$\Delta\underline{F}^{e}$——弹性变形矢量；

　　$\Delta\underline{F}^{p}$——塑性变形矢量；

　　$\Delta\underline{F}^{t}$——热变形矢量；

　　$\Delta\underline{F}^{c}$——蠕变变形矢量；

　　$\Delta\underline{F}^{r}$——反应变形矢量；

　　$\Delta\underline{F}^{N}$——初期外加荷重矢量；

　　$\underline{R}$——初期应力矢量。

由式（10-53）按各增量逐步求解变位增量。如果在式（10-53）的各变位中，不考虑塑性变形、蠕变变形、反应变形等，就可以按照弹性考虑。

在不同温度、荷重下的蠕变值，适用于诺顿-拜尔（Norton-Baily）法则求蠕变系数的有限元计算结果。诺顿-拜尔法则的表达式为：

$$\varepsilon^{c} = A(T) \cdot \sigma^{n(T)} \cdot t^{m(T)} \qquad (10\text{-}54)$$

式中　$A(T),n(T),m(T)$——与温度有关的系数；

　　A——全部弯曲蠕变量；

　　n——各应力蠕变量的差异；

　　m——时间对蠕变的响应性。

这些系数由蠕变试验决定。此外，蠕变硬化法则采用应变硬化法则，为了在应力反向时对应变硬化法则进行修正，采用 Oak Ridge 国家实验室的修正硬化法则。一次蠕变、二次蠕变可能相近，式（10-54）还可以容易地用于多次蠕变的解析。但是，要注意诺顿-拜尔法则必须考虑三次蠕变。

按照反应变形的膨胀特性来模型化是非常复杂的，自由度很高，用简单的模型不可能在整个区间表现出高精度。在此推广使用了纽拉尔（Neural）网络。为了进行热风炉燃烧和送风的反复热冲击的解析，使用非稳定态传热有限元法对内衬材料的温度分布进行了解析。

分析对象和边界条件如图 10-54 所示。燃烧室（图 10-54a）由内衬的外侧有隔热层和外壳组成。解析对象是燃烧室横断面上取出与中心线垂直断开的微小元。在热传导解析中，进行了蓄热室内衬、耐火材料隔热层和外壳结合体的传热解析。如图 10-54a 所示，作为传热的边界条件，温度 T 的波动条件为燃烧室内表面的温度变化。在 B 面，y 方向给出绝热边界条件。背面 C 的部分为热流通过炉壳的外侧方向，作为边界条件。如图 10-54b 所示，半径方向的背面 C 相当于 y 方向的束缚，在圆周的侧面 B 方向设定相当于 x 方向的束缚。假定为平面变位进行解析。

由于热风炉是在温度交变的状态下工作的，还应根据燃烧室不同部位的温度变化，预

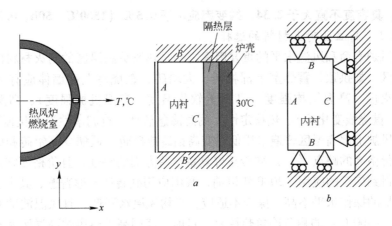

图 10-54 燃烧室横断面部分的边界条件

a—受热状态分析；b—结构分析

先设定内衬表面温度的变化过程。

蠕变测定采用 ASTM 蠕变试验装置，并求取诺顿-拜尔法则的蠕变常数与温度的关系。

燃烧室在反复燃烧和送风承受热冲击时，内衬中温度反复变化。在燃烧终了和送风终了时，内衬各部位温度不同，求得由外向内各个位置（半径方向）的温度分布。经过约 5 个周期，温度分布几乎达到了稳定。

然后，用有限元法进行内衬的结构分析。考虑了内衬材料的反应膨胀、弹性模量与温度的关系，以及蠕变特性进行解析，得到燃烧期终了和送风期终了时的应力分布。在燃烧期终了时的弹性解析中，燃烧室内衬中全部都产生了压应力。从内表面至 50mm 的区域，温度在 1000℃ 以上，弹性模量很低，其压缩应力很低。在此区域，由于发生蠕变，应力得到了缓和。在 1000℃ 以下的区域没有发生蠕变，产生压应力，中间区域应力的变化很剧烈。而在低温的弹性区域中，虽然受到了压应力，但是应力变化比较平稳。

10.4.4 对耐火材料的要求

热风炉耐火材料是由蓄热室、燃烧室、拱顶、陶瓷燃烧器、热风管道及烟道用耐火材料构成。根据对热风炉各种工作状态的模拟计算，确定了砌体各部位的温度分布，并根据温度分布状况选择各部位的材质。

耐火材料的使用原则是它们在冷态和热态的物理性能，包括耐火度、密度、耐压强度、热容量、导热性、线膨胀系数、高温蠕变率、抗热冲击性能、荷重软化温度、高温抗压强度、弹性模量、永久线性变化等，它们对热风炉的设计都是十分重要的。

热风炉要实现高温、长寿，耐火材料质量是最重要的条件。耐火材料蠕变性能是表示耐材在温度和应力长期作用下的变形趋势，它是衡量耐材承受热风炉工况条件的一个重要指标。《规范》在参照国内外的某些行业标准和国内近期大型高温长寿热风炉设计中通常采用的蠕变率数据的基础上，确定了不同材质低蠕变砖的蠕变率。

《规范》规定，**热风炉应采用致密性耐火材料及组合砖。耐火材料除应提出常规性能指标要求外，还应提出抗蠕变性能指标要求。高温区的黏土质和高铝质耐火砖的蠕变率均应小于 0.7％（1200～1500℃，50h，0.2MPa）。硅质耐火砖应控制残余石英含量，不宜**

大于 1.0%，真密度不宜大于 2.34，蠕变率应小于 0.5%（1500℃，50h，0.2MPa）。

10.4.4.1 高温区耐火材料的选择

影响热风炉寿命和风温水平的重要因素之一是热风炉高温区的耐火材料的性质，对于热风炉高温区，如拱顶、蓄热室上部格砖、大墙砖、燃烧室上部墙体应有良好的高温性能，例如耐火度、高温结构强度（即荷重软化温度、高温机械强度）、高温体积稳定性（耐蠕变率、重烧线变化率）、热稳定性（耐急冷急热性、抗剥落性）和抗侵蚀性等。

我国热风炉上部高温区普遍采用低蠕变高铝砖或硅砖。低蠕变高铝砖和硅砖相比，具有性能差、价格高的缺点[32,33]。硅砖正好具备这些方面的特性，且价格便宜。因此在高风温热风炉上得到广泛的应用。2000 年以前，我国应用硅砖还不够普遍，其主要原因是：我国高炉热风炉的操作水平不高，操作不适应，平均风温水平低，且风温波动大，而硅砖在中温区（300~800℃）的耐急冷急热性差。目前，我国高炉热风炉高温区大多用高铝质耐火材料，这是因为同硅砖相比，高铝质耐火材料容量大，价格高。但我国生产的低蠕变高铝质砖主要是通过加入膨胀剂，在莫来石的反应结束时，其抵消收缩的作用将失效，抗蠕变能力大大降低。

根据国内的具体情况，当热风炉拱顶设计温度不低于 1400℃时，在高炉原燃料条件好、操作水平高的前提下，热风炉高温区的首选耐火材料是硅砖，且硅砖的残余石英必须控制在不大于 1%。采用硅砖的热风炉需要注意的是必须仔细确定硅砖使用的温度下限，并设置可靠的温度检测装置，保证在生产操作（包括休风停炉）过程中硅砖的最低使用温度不低于 800℃。当热风炉拱顶设计温度不高于 1400℃时，采用低蠕变、高容重的高铝质耐火材料的蠕变指标已达到较高的水平，如荷兰霍戈文的 HD 砖在 1350℃、0.196MPa、50h 条件下，其蠕变率不大于 0.2%；日本品川的 AC-8M 砖在 1300℃、0.196MPa、50h 条件下，其蠕变率不大于 0.2%。在相应条件下，我国高铝质耐火材料的蠕变率指标均不大于 1%，同世界先进水平相比还有较大的差距。

由于高铝质耐火材料的抗蠕变性和抗侵蚀性不如硅砖，因此目前国内在高温区采用高铝砖的热风炉，其上部格砖大都出现了不同程度的侵蚀，即所谓的"渣化"现象，造成格砖的孔洞堵塞，影响了热风炉的使用寿命。

可按 10.1 节介绍的设计计算方法所提供的热风炉周期内沿蓄热室高度上的温度变化曲线来选配格砖。选配格砖的原则是根据高度上温度曲线来划分工作温度区间的高低，选用不同理化特性的格砖材质[3]。格砖的材质应与大墙砌体工作面砖的材质相对应。

高温区格砖表面渣化、下沉、变形、错位的主要原因是：煤气尘中碱金属氧化物如 K_2O 和 Na_2O 渗入，生成低熔点液相，格砖的抗渣性和抗蠕变性能低等。

10.4.4.2 其他部分耐火材料的选择

热风炉格砖同时受热负荷和砖重的作用。热负荷为上部最高，中部次之，下部最低，砖重负荷与此相反，下部为最大。因此，要求中部大墙和格砖必须具有相当高的荷重软化温度和高温强度，更高的体积稳定性、抗蠕变性和抗热震稳定性。而下部的砖，则要求较高的抗压强度。所以目前热风炉的中低温区一般都采用低蠕变高铝砖、低蠕变黏土砖。

除工作层外，还有隔热砖、喷涂层。高风温热风炉的高温区由于存在 NO_x、SO_x 与炉壳上的冷凝水作用生成 HNO_3 和 H_2SO_4，在有 Fe^{3+} 存在的条件下，成为钢材的强腐蚀剂。此外，$Ca(NO_3)_2$、NH_4NO_3 等盐类在熔融状态下也有腐蚀作用，一般在钢壳内表面涂以耐酸材料并采用耐酸喷涂料，还可采取在钢壳外表面铺设隔热材料和铝箔板组成的保温层等措施来防止高温区炉壳的晶界应力腐蚀现象发生。其他部位采用轻质喷涂料。喷涂料在内壁形成一个完整的耐火体，增加了炉子的气密度，同时还有良好的隔热作用，对保护炉壳具有良好的效果。在关键部位如燃烧室、蓄热室上部及隔墙隔热层中，使用温度高、热导率低的高铝聚轻隔热砖及莫来石聚轻隔热砖。其他部位则采用轻质黏土砖和轻质高铝砖。

热风管道同样承受着高风温，同时由于管道较长，管道钢壳和砖衬存在很大的膨胀变形，因此其耐火材料的选用和砌筑结构也很重要，尤其是热风出口、各三岔口和人孔等孔口部位都应采用组合砖，材质与热风管道相应部位相同，可采用莫来石-堇青石、红柱石、低蠕变高铝砖。

陶瓷燃烧器的工作温度随着热风炉的换炉而不断剧烈波动，因此要求砌筑陶瓷燃烧器的耐火材料应具有良好的抗热震稳定性和抗急冷急热性能。目前燃烧器一般选用堇青石砖或红柱石砖砌筑。

10.4.5　热风炉使用的耐火材料

10.4.5.1　热风炉用硅砖

热风炉用硅砖是以鳞石英为主的矿相结构。用于砌筑高炉热风炉高温部位的硅质耐火制品应具有下列特征：

（1）在长期高温并有负荷的条件下，体积稳定，高温蠕变率低。

（2）600℃以上抗热震性好，能适应热风炉温度的变化。

（3）抗化学侵蚀性好。

（4）热导率大。

冶标（YB/T 133—2005）将热风炉用硅砖的牌号定为 RG-95，按其用途分为炉顶、炉墙砖和格子砖。其理化指标见表 10-7。

表 10-7　热风炉用硅砖 RG-95 的理化指标

项　目		指　标	复验允许偏差
化学成分/%	SiO_2	≥95	−1
	Al_2O_3	≤1.0	+0.1
	Fe_2O_3	≤1.3	+0.1
显气孔率/%		≤22(24)	+0.5
体积密度/g·cm^{-3}		≤2.32	+0.01
常温耐压强度/MPa		≥45(35)	−10(−7)
残余石英/%		≤1.0	—
荷重软化温度($T_{u,a}$)/℃		≥1650	20
蠕变率(0.2MPa,1550℃,50h)/%		≤0.8	—
热膨胀率(1000℃)/%		≤1.25	—

鞍钢、洛耐部分硅质耐火材料的理化指标见表 10-8。表中 KQ-95/AG 为硅质大墙砖，KK-95/AG 为硅质格砖。

表10-8 硅质大墙砖、格砖的理化指标

项目		KQ-95/AG	KK-95/AG	LRDG-95
化学成分(质量分数)/%	Al_2O_3	≤1.0	≤1.0	
	SiO_2	≥95	≥95	≥95
	$Na_2O + K_2O$	≤0.5	≤0.5	
	Fe_2O_3	≤1.0	≤1.0	
体积密度/g·cm⁻³		≥1.85	≥1.85	
真密度/g·cm⁻³		2.29~2.34	2.29~2.34	≤2.34
显气孔率/%		≤21	≤22	≤22
常温耐压强度/MPa		≥40	≥35	≥35
耐火度/℃				≥1710
荷重软化温度/℃		≥1660	≥1660	≥1650
重烧线变化率(1400℃,3h)/%		±0.2	±0.2	+0.2①
蠕变率(20~50h,1500℃)/%		-0.2~0	-0.2~0	≤0.8②
残余石英/%		≤1.0	1.0	≤2.0

① 2h；② 50h，1550℃。

10.4.5.2 热风炉用高铝砖

热风炉用高铝砖是以高铝矾土熟料配入部分结合黏土制成的、Al_2O_3含量大于48%的耐火制品。YB/T 5016—2000 将热风炉用高铝砖按用途分为普通高铝砖和低蠕变高铝砖两类。热风炉用普通高铝砖按理化指标分为 RL-65、RL-55、RL-48 三种牌号；热风炉用低蠕变高铝砖按理化指标分为 DRL-155、DRL-150、DRL-145、DRL-140、DRL-135、DRL-130、DRL-127 七个牌号。热风炉用高铝砖的理化指标见表10-9和表10-10。

表10-9 热风炉用普通高铝砖的理化指标

项目		指标		
		RL-65	RL-55	RL-48
$w(Al_2O_3)$/%		≥65	≥55	≥48
耐火度/℃		≥1780	≥1760	≥1740
0.2MPa荷重软化开始温度/℃		≥1500	≥1470	≥1420
重烧线变化/%	1500℃,2h	0.1~-0.4		
	1450℃,2h			0.1~-0.4
显气孔率/%		≤22(24)		
常温耐压强度/MPa		≥50	≥45	≥40
抗热震性(1100℃→水冷)/次		≥6(炉顶、炉墙砖)		

注：括号内的数值为蓄热室格子砖的指标。

表 10-10 热风炉用低蠕变高铝砖的理化指标

项 目		指 标						
		DRL-155	DRL-150	DRL-145	DRL-140	DRL-135	DRL-130	DRL-127
$w(Al_2O_3)/\%$		≥75	≥75	≥65	≥65	≥65	≥60	≥50
显气孔率/%		≤20	≤21	≤21	≤22	≤22	≤22	≤23
体积密度/g·cm^{-3}		2.65~2.85	2.65~2.85	2.50~2.70	2.40~2.60	2.35~2.55	2.30~2.50	2.30~2.50
常温耐压强度/MPa		≥60	≥60	≥60	≥55	≥55	≥55	≥50
蠕变率/%		≤0.8	≤0.8	≤0.8	≤0.8	≤0.8	≤0.8	≤0.8
(0.2MPa,50h)		(1550℃)	(1500℃)	(1450℃)	(1400℃)	(1350℃)	(1300℃)	(1270℃)
重烧线变化/%	1550℃,2h	0.1~-0.2	0.1~0.2	0.1~0.2				
	1450℃,2h				0.1~-0.2	0.1~-0.4	0.1~-0.4	0.1~-0.4
抗热震性(1100℃→水冷)/次		(炉顶、炉墙砖)提供数据						

注：体积密度为设计用砖量的参考指标。

鞍钢、洛耐部分抗热震低蠕变及低蠕变高铝质大墙砖和格砖理化指标见表 10-11 和表 10-12。

表 10-11 抗热震低蠕变及低蠕变高铝质大墙砖理化指标

项 目		RDLQ-150/AG	DLQ-140/AG	DLQ-150/AG	RL-65	RL-55
化学成分（质量分数）/%	Al_2O_3	≥70	≥75	≥70	≥65	≥55
	$Na_2O + K_2O$	≤0.5	≤0.5	≤0.5		
	Fe_2O_3	≤1.5	≤1.5	≤1.5		
体积密度/g·cm^{-3}		≥2.65	≥2.55	≥2.65		
显气孔率/%		≤19	≤19	≤19	≤24	≤24
常温耐压强度/MPa		≥70	≥60	≥70	≥49.0	≥44.1
耐火度/℃					≥1790	≥1770
荷重软化温度/℃		≥1650	≥1600	≥1700	≥1500	≥1470
重烧线变化率(1500℃,3h)/%		±0.1	±0.1	±0.1	+0.1~-0.4	+0.1~-0.4
蠕变率(20~50h,1500℃)/%		-0.2~0	-0.2~0	-0.2~0		
蠕变率(0~50h,1500℃)/%		-0.8~0	-0.8~0	-0.8~0		
抗热震性(1100℃→水冷)/次		≥30				

表 10-12 抗热震低蠕变及低蠕变高铝质格砖理化指标

项 目		RDLK-150/AG	DLK-150/AG	RL-65	RL-55
化学成分（质量分数）/%	Al_2O_3	≥65	≥65	≥65	≥55
	$Na_2O + K_2O$	≤0.5			
	Fe_2O_3	≤1.5			
体积密度/g·cm^{-3}		≥2.65	≥2.65		
显气孔率/%		≤20	≤20	≤24	≤24

项 目	RDLK-150/AG	DLK-150/AG	RL-65	RL-55
常温耐压强度/MPa	≥60	≥60	≥49.0	≥44.1
耐火度/℃			≥1790	≥1770
荷重软化温度/℃	≥1650	≥1700	≥1500	≥1470
重烧线变化率(1500℃,3h)/%	±0.1	±0.1	+0.1~-0.4	+0.1~-0.4
蠕变率(20~50h,1500℃)/%	-0.2~0	-0.2~0		
蠕变率(0~50h,1500℃)/%	-0.8~0	-0.8~0		
抗热震性(1100℃→水冷)/次	≥30			

10.4.5.3 热风炉用黏土砖

热风炉用黏土砖是以耐火黏土为原料,用来砌筑热风炉的耐火制品。热风炉用黏土砖用于热风炉的炉墙、隔墙、格子砖等许多部位。热风炉用黏土砖要求抗热震性好,荷重软化温度高,蠕变小。

YB/T 5107—2004 将热风炉用普通黏土质耐火砖按三氧化二铝质量分数分为 RN-42、RN-40、RN-36 三种牌号。其理化指标见表 10-13。

表 10-13　热风炉用普通黏土质耐火砖的理化指标

项 目		指　标		
		RN-42	RN-40	RN-36
$w(Al_2O_3)$/%		≥42	≥40	≥36
体积密度/g·cm^{-3}		2.00~2.20	2.00~2.20	2.00~2.20
0.2MPa 荷重软化温度/℃		≥1410	≥1350	≥1300
加热永久线变化/%	1400℃,2h	0~-0.4	—	—
	1350℃,2h	—	0~-0.5	0~-0.5
显气孔率/%		≤22(24)	≤22(24)	≤22(24)
常温耐压强度/MPa		≥35	≥30	≥25
抗热震性 (1100℃,水冷)/次		提供数据		

热风炉用低蠕变黏土砖按蠕变率试验温度分为 DRN-125、DRN-120、DRN-115、DRN-110 四个牌号,其理化指标见表 10-14。

表 10-14　热风炉用低蠕变率黏土砖的理化指标

项 目	指　标			
	DRN-125	DRN-120	DRN-115	DRN-110
$w(Al_2O_3)$/%	≥45	≥42	≥40	≥36
体积密度/g·cm^{-3}	2.15~2.35	2.00~2.20	2.00~2.20	2.00~2.20
显气孔率/%	≤22(24)	≤22(24)	≤22(24)	≤22(24)
常温耐压强度/MPa	≥40	≥35	≥30	≥25
压蠕变率(0.2MPa,50h)/%	≥0.8(1250℃)	≥0.8(1200℃)	≥0.8(1150℃)	≥0.8(1100℃)

续表10-14

项　目		指　标			
		DRN-125	DRN-120	DRN-115	DRN-110
加热永久线 变化/%	1400℃，2h	−0.3~0.1	—	—	—
	1350℃，2h	—	−0.3~0.1	—	—
	1300℃，2h	—	—	−0.4~0.1	−0.4~0.1
抗热震性（1100℃，水冷）/次		提供数据			

10.4.5.4 莫来石砖

莫来石砖是以莫来石为主矿相的铝硅系耐火制品。由于莫来石砖的主矿相为莫来石，其性质主要由莫来石矿相决定。莫来石砖的耐火度在1850℃左右，荷重软化温度高，高温蠕变率低，抗热震性好，耐酸性熔渣侵蚀。莫来石砖的理化性能见表10-15。

表10-15 莫来石砖的理化性能

项　目	用烧结料制成的 莫来石砖	用电熔料制成的 莫来石砖	项　目	用烧结料制成的 莫来石砖	用电熔料制成的 莫来石砖
	用于热风炉	用于热风炉		用于热风炉	用于热风炉
$w(Al_2O_3)$/%	82	73	常温耐压强度/MPa	79~105	160
耐火度/℃	1850		蠕变率 (1550℃,50h)/%	0.1	0.16
显气孔率/%	18~21	14~16			
体积密度/g·cm^{-3}	2.68~2.74	2.7			

10.4.5.5 刚玉莫来石砖

刚玉莫来石砖是以天然高铝矾土和白刚玉为主要原料制成的耐火砖。该砖具有高温性能好、抗酸碱侵蚀性能强等特点。刚玉莫来石砖的理化指标见表10-16。

表10-16 刚玉莫来石砖的理化指标

项　目	指　标		项　目	指　标	
	刚玉莫来石砖组合砖	刚玉莫来石砖		刚玉莫来石砖组合砖	刚玉莫来石砖
$w(Al_2O_3)$/%	≥65	≥70	重烧线变化率/%	±0.2 (1450℃,4h)	±0.2 (1500℃,4h)
$w(Fe_2O_3)$/%	≤1.0	≤1.0			
$w(TiO_2)$/%	≤0.5		常温抗折强度/MPa	≥15	
碱/%	≤0.6		常温耐压强度/MPa	≥40	≥70
杂质/%	≤0.7		蠕变率 (20~50h,0.2MPa)/%	≤0.2 (1500℃)	
碱+杂质/%	≤1.2				
体积密度/g·cm^{-3}	≥2.6	≥2.8	0.2MPa 荷重软化温度/℃	0.5%	≥1470	≥1650
显气孔率/%	≤20	≤18		2.0%	≥1580
抗热震性 (1100℃→水冷)/次	≥25	≥25		5.0%	≥1600

10.4.5.6 红柱石-莫来石质砖

红柱石-莫来石质砖或红柱石高铝砖具有蠕变率低、热容量大、高温强度高、抗热震性好的特点,是热风炉用理想的耐火材料,特别是用在燃烧室和陶瓷燃烧器上。表10-17列出了红柱石-莫来石质砖理化性能指标。

表 10-17　红柱石-莫来石质砖理化性能指标

项　目	指　标			
	HD	HS	HS1	HB
$w(Al_2O_3)/\%$	≥53	≥57	≥57	≥65
$w(Fe_2O_3)/\%$	≤1.7	≤0.8	≤1.5	≤0.8
$w(TiO_2)/\%$	≤0.6	≤0.5	≤0.5	≤0.5
碱/%	≤0.6	≤0.6	≤0.6	≤0.6
杂质/%	≤0.7	≤0.7	≤0.7	≤0.7
碱+杂质/%	≤1.2	≤1.2	≤1.2	≤1.2
体积密度/g·cm^{-3}	≥2.325/2.275	≥2.4/2.35	≥2.4/2.35	≥2.45/2.4
显气孔率/%	≤20/22	≤20/22	≤20/22	≤20/22
抗热震性(1100℃→水冷)/次	≥20	≥20	≥20	≥20
重烧线变化率/%	±0.2(1400℃,4h)	±0.2(1500℃,4h)	±0.2(1500℃,4h)	±0.2(1500℃,4h)
常温抗折强度/MPa	≥15/12	≥15/12	≥15/12	≥18/15
常温耐压强度/MPa	≥40/30	≥40/30	≥40/30	≥50/40
蠕变率(20~50h,0.2MPa)/%	≤0.2(1350℃)	≤0.2(1450℃)	≤0.2(1400℃)	≤0.2(1500℃)
0.2MPa荷重软化温度/℃	≥1350	≥1470	≥1420	≥1520
	≥1490	≥1580	≥1580	≥1630
	≥1560	≥1600	≥1600	≥1650

10.4.5.7 高铝堇青石砖

高铝堇青石砖是含堇青石的高铝质耐火制品。它可用做热风炉中陶瓷燃烧器用耐火材料。堇青石的线膨胀系数小,抗热震性好,但耐火度较低。高铝堇青石耐火砖的理化性能指标见表10-18。

表 10-18　高铝堇青石砖的理化性能指标

项　目	用烧结料制成的莫来石砖	用电熔料制成的莫来石砖	项　目	用烧结料制成的莫来石砖	用电熔料制成的莫来石砖
	用于热风炉	用于热风炉		用于热风炉	用于热风炉
$w(Al_2O_3)/\%$	≥50	≥60	线膨胀率(1000℃)/%	≤+0.5	≤+0.5
耐火度/℃	≥1770	≥1790			
显气孔率/%	≤24	≤24	抗热震性(1100℃→水冷)/次	≥12	≥12
体积密度/g·cm^{-3}	≥40	≥50			

10.4.5.8 隔热耐火砖

常见的热风炉隔热耐火砖主要是高铝质隔热耐火砖和黏土质隔热耐火砖。高铝质隔热耐火砖又按化学成分分为低铁高铝质隔热耐火砖和普通高铝质隔热耐火砖两类，见表10-19。普通高铝质隔热耐火砖是以铝矾土为主要原料制成的 Al_2O_3 含量不小于48%的隔热耐火制品。GB/T 3995—2006 将普通高铝隔热砖按体积密度分为 LG140-1.2、LG140-1.0、LG140-0.8L、LG135-0.7L、LG135-0.6L 和 LG125-0.5L 六种牌号，其理化指标见表10-20。低铁高铝质隔热耐火砖按 Al_2O_3 质量分数分为 DLG180-1.5L、DLG170-1.3L、DLG160-1.0L、DLG150-0.8L、DLG140-0.7L 和 DLG125-0.5L 六种牌号，其理化指标见表10-21。黏土质隔热耐火砖是以耐火黏土为主要原料制成的 Al_2O_3 含量为30%~48%的隔热耐火制品。GB/T 3994—2005 将黏土质隔热耐火砖按体积密度分为 NG135-1.3、NG135-1.2、NG135-1.1、NG130-1.0、NG125-0.8、NG120-0.6 和 NG115-0.4 七种牌号，其理化指标见表10-22。目前，高炉和热风炉应用轻质低铁高铝砖比较多，我国某厂生产的轻质低铁高铝砖的理化指标见表10-23。

表 10-19　高铝隔热耐火砖的分类及型号

分　类	型　号					
低铁高铝质	DLG 180-1.5L	DLG 170-1.3L	DLG 160-1.0L	DLG 150-0.8L	DLG 140-0.7L	DLG 125-0.5L
普通高铝质	LG 140-1.2	LG 140-1.0	LG 140-0.8L	LG 135-0.7L	LG 135-0.6L	LG 125-0.5L

表 10-20　普通高铝质隔热耐火砖的理化指标

项　目	指　标					
	LG 140-1.2	LG 140-1.0	LG 140-0.8L	LG 135-0.7L	LG 135-0.6L	LG 125-0.5L
$w(Al_2O_3)/\%$	≥48					
$w(Fe_2O_3)/\%$	≤2.0					
体积密度/g·cm^{-3}	≤1.2	≤1.0	≤0.8	≤0.7	≤0.6	≤0.5
常温耐压强度/MPa	≥4.5	≥4.0	≥3.0	≥2.5	≥2.0	≥1.5
加热永久线变化不大于2%的试验温度/℃	1400			1350		1250
导热系数（平均温度 350℃±25℃)/W·(m·K)$^{-1}$	≤0.55	≤0.50	≤0.35	≤0.30	≤0.25	≤0.20

表 10-21　低铁高铝质隔热耐火砖的理化指标

项　目	指　标					
	DLG 180-1.5L	DLG 170-1.3L	DLG 160-1.0L	DLG 150-0.8L	DLG 140-0.7L	DLG 125-0.5L
$w(Al_2O_3)/\%$	≥90	≥72	≥60	≥55	≥50	≥48
$w(Fe_2O_3)/\%$	≤1.0					
体积密度/g·cm^{-3}	≤1.5	≤1.3	≤1.0	≤0.8	≤0.7	≤0.5
常温耐压强度/MPa	≥9.5	≥5.0	≥3.0	≥2.5	≥2.0	≥1.5

项 目	指 标					
	DLG 180-1.5L	DLG 170-1.3L	DLG 160-1.0L	DLG 150-0.8L	DLG 140-0.7L	DLG 125-0.5L
加热永久线变化不大于 1% 的试验温度/℃	1800	1700	1600	1500	—	—
加热永久线变化不大于 2% 的试验温度/℃	—	—	—	—	1400	1250
导热系数(平均温度 350±25℃) /W·(m·K)$^{-1}$	≤0.80	≤0.60	≤0.40	≤0.35	≤0.30	≤0.20

表 10-22 黏土质隔热耐火砖的理化指标

项 目	指 标						
	NG135-1.3	NG135-1.2	NG135-1.1	NG130-1.0	NG125-0.8	NG120-0.6	NG115-0.4
体积密度/g·cm^{-3}	≤1.3	≤1.2	≤1.1	≤1.0	≤0.8	≤0.6	≤0.4
常温耐压强度/MPa	≥5.0	≥4.5	≥4.0	≥3.5	≥3.0	≥2.0	≥1.0
加热永久线变化不大于 2% 的试验温度/℃	≥1350	≥1350	≥1350	≥1350	1250	1200	1150
导热系数(350±25℃) /W·(m·K)$^{-1}$	≤0.55	≤0.50	≤0.45	≤0.40	≤0.35	≤0.25	≤0.20

表 10-23 轻质低铁高铝砖的理化指标

项 目		指 标		
		DLD-0.8	DLD-1.0	DLD-1.2
$w(Al_2O_3)$/%		≥60	≥60	≥65
$w(Fe_2O_3)$/%		≤1.0	≤1.0	≤1.0
体积密度/g·cm^{-3}		≤0.8	≤1.0	≤1.2
常温耐压强度/MPa		≥5.0	≥6.5	≥8.0
重烧线变化(1400℃,12h)/%		≤2	≤2	≤2
热导率/W·(m·K)$^{-1}$	200℃	0.24	0.28	0.38
	400℃	0.27	0.30	0.40
	800℃	0.32	0.35	0.44
0.2MPa 荷重软化开始温度/℃		1400	1400	1400

隔热耐火砖已经不只是具有隔热作用,还具有保温节能的作用,以降低能耗。因此,开发应用高性能的隔热保温材料是目前的一个研究热点。新型隔热砖与传统的隔热耐火砖相比,具有以下优点:

(1) 热导率低,特别是在高温状态下,热导率相对较低,保温隔热性能好。

(2) 抗热震性好,在使用温度范围内,砖不变形,不剥落。

(3) 根据用途不同,选用合理的机械强度,使轻质砖各项性能最佳。

(4) 较高的荷重软化温度和较小的重烧变化率,与类似材质轻质砖相比较,使用温度更高,寿命更长,更安全。

10.4.6 不定形耐火材料

不定形耐火材料包括耐火砖的泥浆、耐火浇注料、喷涂料和隔热保温材料。

10.4.6.1 耐火泥浆

砌筑热风炉耐火砖使用的泥浆可参照砌筑高炉的泥浆，本节不再详述。这里只介绍在热风炉中的高温部分砌筑硅砖使用的硅质耐火泥浆。硅质耐火泥浆采用硅石粉或加入部分硅粉作为主料，结合剂可用软质黏土或化学结合剂。YB 384—1991 规定了热风炉用硅质耐火泥浆的理化指标，应符合表 10-24 中的要求，该标准还规定了硅质隔热耐火泥浆的理化指标，应符合表 10-25 中的要求。

表 10-24　热风炉用硅质耐火泥浆的理化指标

项　目		指　标	项　目		指　标
		RGN-94			RGN-94
耐火度，锥号 CN		170	粒度组成/%	> 0.5mm	≤1
冷态抗折黏结强度/MPa	110℃ 干燥后	≥1.0		< 0.074mm	≤60
	1400℃，3h 烧后	≥3.0	w(化学成分)/%	SiO_2	≥94
				Fe_2O_3	≤1.0
黏结时间/min		1 ~ 2	0.2MPa 荷重软化开始温度/℃		≥1600

表 10-25　硅质隔热耐火泥浆的理化指标

项　目		指　标		项　目		指　标	
		GGN-94	GGN-92			GGN-94	GGN-92
耐火度，锥号 CN		170	166	粒度组成/%	> 0.5mm	≤3	≤3
冷态抗折黏结强度/MPa	110℃ 干燥后	≥0.5	≥0.5		< 0.074mm	≤50	≤50
	1400℃，3h 烧后	≥1.5	≥1.5	w(SiO_2)/%		≥94	≥92
黏结时间/min		1 ~ 2	1 ~ 2				

10.4.6.2 耐火浇注料

砌筑热风炉内衬时，在一些部位还使用了浇注料，如在热风炉底部采用黏土质浇注料，在陶瓷燃烧器外围墙与燃烧室之间采用红柱石质浇注料。表 10-26 列出了部分热风炉用耐火浇注料的性能指标。

表 10-26　热风炉用耐火浇注料的性能指标

项　目	指　标		项　目	指　标	
	黏土质浇注料(X)	红柱石质浇注料(HS)		黏土质浇注料(X)	红柱石质浇注料(HS)
w(Al_2O_3)/%	≥35	≥58	粒度/mm	≤6	≤6
w(Fe_2O_3)/%	≤2.5	≤1.0	线变化率/%	±1 (1300℃,4h 烧后)	±1 (1500℃,4h 烧后)
w(CaO)/%	≤8	≤4			
工作温度/℃	≥1150	≥1350	耐压强度/MPa (110℃,24h 烘干)	> 20	> 40
体积密度 /g·cm^{-3}	≥1.85 (110℃,24h 烘干)	≥2.4 (110℃,24h 烘干)			

10.4.6.3 喷涂料

热风炉普遍应用耐火喷涂料，热风炉的燃烧室、蓄热室、混合室以及各种热风管道内壁均可采用不同品种的耐火喷涂料，其作用是隔热保温、提高炉体的气密性、保护炉壳钢板等。表 10-27 列出了热风炉用喷涂料理化指标。

表 10-27　热风炉用喷涂料理化指标

项　目		指　标		
		黏土质喷涂料	轻质喷涂料	耐酸喷涂料
		CN-130	CL-130G	MSL-1
$w(Al_2O_3)/\%$		≥40	≥35	≥50
$w(Fe_2O_3)/\%$				≤0.5
耐火度/℃		≥1530	≥1530	≥1530
体积密度/g·cm^{-3} (1300℃, 3h 烧后)		≥1.65	≤1.4	≥1.8
热导率/W·(m·K)$^{-1}$		≤0.7	350℃, ≤0.3	
线变化率/%		-1~+1 (1300℃, 4h 烧后)	-1~+1 (1300℃, 4h 烧后)	-1~+1 (1300℃, 4h 烧后)
耐压强度/MPa			≥15	≥15
抗折强度/MPa	110℃, 24h 烘干	≥5	≥3	≥3
	1300℃, 3h 烧后	≥0.5	≥0.3	≥2 (酸处理后110℃, 24h 烘干)

10.4.6.4 隔热保温材料

隔热耐火材料是指气孔率高、体积密度低、热导率低的耐火材料。在热风炉中应用较多的隔热保温材料有隔热耐火砖、耐火陶瓷纤维毡、聚苯乙烯板等。一些隔热保温材料的技术指标见表 10-28。

表 10-28　隔热保温材料理化指标

项　目	指　标				
	普通硅酸铝耐火陶瓷纤维毡	微晶硅酸铝耐火陶瓷纤维毡	多晶莫来石耐火陶瓷纤维毡	聚苯乙烯泡沫板	高强度聚苯乙烯板
	STD	ST	PMF	EP	EPS
$w(Al_2O_3)/\%$	≥45	52~57	60~72		
$w(Al_2O_3+SiO_2)/\%$	≥96	≥99	≥99.5		
$w(Fe_2O_3)/\%$	≤1.2	≤0.2			
$w(K_2O+Na_2O)/\%$	≤0.5	≤0.2			
主晶相			莫来石		
纤维直径/μm	2~4	2~4	2~4		
工作温度/℃	1000	1250	1450		
熔化温度/℃				≤200	≤200
体积密度/g·cm^{-3}	128	128	200	≥15	≥1000

10.5 蓄热室设计的优化

随着高炉炉容的扩大和热风温度的提高，必须相应增加热风炉的能力，这样不仅加大了热风炉的尺寸，增加了耐火材料和金属材料消耗，而且增加了安装和建设工程量。因此，优化热风炉的设计具有特别重要的意义。

在设计热风炉时，首先应确定热风炉的操作条件，使之具有最佳的操作性能和运行费用，以及适宜的投资。也就是说，设计现代热风炉不仅以提高热风温度为目标，而且还应降低能耗，达到长寿和节省建设费用的目的。

10.5.1 热风炉设计的优化方法

10.1 节已经简要介绍了 H. Hausen[1~5] 的蓄热室理论，在 20 世纪 80 年代前，世界上对 H. Hausen 理论的应用也已经发表过上百篇论文。在运用 H. Hausen 理论来进行蓄热室的优化非常必要，因为蓄热室的计算要比换热器的计算复杂得多。换热器的换热量仅仅与换热面积、热交换系数和冷热介质的温差有关，当换热器的形式和冷热介质温度差一定时，要增加换热器的换热量只需增加换热面积即可，难怪有许多炼铁工作者仍然持换热器的观念，提出热风炉增加蓄热面积就能提高风温的想法。

由于蓄热室与换热器的工作原理存在着巨大的差异。蓄热室的优化就要困难得多，蓄热室的优化与许多因素有关。优化方法应该允许操作条件和设计约束条件的无限个组合的情况下，获得蓄热室的最佳设计。如果把所有因素都考虑在一起，至今还没有找到用一个数学模型来全面解决。下面介绍的蓄热室设计的优化方法也受到了用来描述系统的数学模型的限制。这个过程可以用七个方面的变量来描述。可是这些变量中，又受到隐含或显在约束的限制，在涉及非线性约束的优化还受到优化方法的限制[34]。

对于单独送风平板式格砖热风炉的优化可以简单些。

我们首先要明确，本节要与 10.1 节的论理联系起来进行扼要的讨论。

在设计蓄热装置时，希望对两个工艺参数进行优化：一个是在蓄热材料中贮存热量 Q^+ 值最大化；另一个是能够贮存更多的有效热量。

在稳定状态下，在规定时间内贮存的总蓄热量 Q 为：

$$Q = \gamma_m c_m V \int_0^\tau \frac{\partial t_m}{\partial \theta} \mathrm{d}\theta \tag{10-55}$$

式中　γ_m——格砖密度，kg/m^3；

　　　c_m——格砖比热容，$kJ/(kg \cdot K)$；

　　　V——格砖的砖体积，m^3；

　　　t_m——格砖温度，K；

　　　θ——时间，s。

在蓄热体内总的最大蓄热量 Q_{max} 为：

$$Q_{max} = \gamma_m c_m V (t_{fi} - t_0) \tag{10-56}$$

式中　t_{fi}——流体进入蓄热室时的温度，K；

　　　t_0——格砖的初始温度，K。

首先，在稳定状态、规定时间内的总蓄热量 Q 与总的最大蓄热量 Q_{max} 之比定义为无因次蓄热量 Q^+：

$$Q^+ \equiv \frac{Q}{Q_{max}} \tag{10-57}$$

按照无因次蓄热量 Q^+ 最大进行优化。

其次是贮存尽可能多的有效热量。无因次有效蓄热量 A^+ 为蓄热量 Q 与进入流体的有效热量之比。无因次有效贮存热量 A^+ 可以表示如下：

$$A^+ = \frac{Q}{\dot{m}_f c_f (t_{fi} - t_0)\theta} \tag{10-58}$$

式中　$\dot{m}_f$——流体的质量流量，kg/s。

蓄热体的初始温度可以用有效热量来代替。对无因次有效贮存热量 A^+ 和无因次蓄热量 Q^+ 的基本定义可以有以下关系：

$$A^+ = \left(\frac{S c_m \gamma_m L P_h}{\dot{m}_f c_f \theta}\right) Q^+ \tag{10-59}$$

为了简单化只讨论与无因次函数 Q^+ 有关的变量[35]，可以写成：

$$Q^+ \{S, L, d, P_h, \alpha, W, \theta, t_0, t_{fi}, \lambda_m, c_m, \gamma_m, c_f, \gamma_f\} \tag{10-60}$$

式中　γ_f——流体的密度，kg/m³；

　　　d——格孔的水力直径，m；

　　　α——热交换系数，W/(m²·K)；

　　　λ_m——格砖的热导率，W/(m·℃)；

　　　c_f——流体的比热容，kJ/(kg·K)；

　　　S——格砖厚度，m；

　　　L——蓄热室高度，m；

　　　P_h——格孔的周长，m。

因为格孔通道的截面积、流体流速 w 和水力直径 d 都能表示成其他变量的函数，则可以将 Q^+ 的关系式进一步简单化，可是必须确定下列各项参数：

(1) 格砖的材质；

(2) 传输热量的流体参数；

(3) 燃烧或送风的时间 θ；

(4) 流体进入蓄热室的温度 t_{fi}；

(5) 蓄热室的初始温度 t_0；

(6) 格砖厚度 S；

(7) 流体的质量流量 $\dot{m}_f$。

此外，考虑到实际运用，蓄热室还要增加某些约束条件，如：

(1) 蓄热室最大或最小高度；

(2) 格砖的最大或最小厚度；

(3) 流体流经蓄热室时的最大允许压力降 ΔP_{max} (kPa)；

（4）蓄热室所需的最小蓄热量 $Q_{min}(W)$；

（5）最高出口热风温度 t_{f0}。

为了尽量简单优化的过程，我们应该预先对能够确定的因素，如热风炉的设计条件等进行优化。

10.5.2 优化热风炉的设计条件

热风炉的优化要有许多必要的条件。首先，需要正确确定热风炉加热的风量和风温，以及燃烧煤气的参数。

过去高炉的所有设备是根据冶炼强度来确定的。由于冶炼强度的不确定性，热风炉的优化也就没有了基础。由于对合适冶炼强度的不同理解，高炉鼓风量也就存在随意性，其结果会反映到蓄热面积上。

本书第1、5章提出以炉腹煤气量指数来衡量高炉强化的程度的观点。在第8章中，又介绍了以炉腹煤气量计算高炉入炉风量，并提供了选择高炉鼓风机能力的示例。因此，在计算热风炉蓄热面积时，也应以炉腹煤气量指数计算的高炉入炉风量来计算。以正常炉腹煤气量指数计算的入炉风量和热风温度计算蓄热面积，并用最大炉腹煤气量指数计算的最大风量来校核正常使用的风温。

在设计时，受蓄热室的温度场和温度差的制约，通常根据下述原则确定：

（1）为防止晶界应力腐蚀拱顶温度不超过1420℃，如有可能应尽量降低拱顶温度，根据国内外经验，采用3座热风炉时，最高控制鼓风温度与拱顶温度的差值为80～150℃。于是就确定了上部格砖的设计温度和燃烧期和送风期的温度差。

（2）下部格砖的最高温度取决于炉算子系统的允许工作温度及余热回收系统。

没有余热回收系统时，废气温度应尽可能低，以减少废气热损失。但不能低于冷风温度。

当采用预热系统时，应尽量提高废气温度以便获得较高的预热温度，但废气温度不能超过炉算子和余热回收系统的允许工作温度。

（3）对于同样的工况条件，无预热系统比有预热系统需要更大的加热面积。预热系统本身增加投资，但可减少格砖投资，减小热风炉尺寸。

（4）格砖的蓄热和传热量取决于所要求的鼓风量、风温、热风炉座数，以及送风时间和烧炉时间。

（5）减少送风时间，意味着可以减少加热鼓风所储存的热量，因此在给定格砖温度和温差条件下可以减小蓄热室体积。

但增加换炉次数及增加预热系统中煤气和助燃空气的流量，也会对高炉鼓风机的能量消耗产生影响。

10.5.3 优化热风炉的设计

如前所述，优化热风炉的设计，首先要正确确定设计的条件。

热风温度与热风炉蓄热面积、格砖质量以及燃烧和送风周期、操作制度、烟气流速、拱顶温度等因素有关。热风炉的蓄热面积仅仅是其中的一个重要因素。

原则上，适当提高拱顶温度和废气温度，适当缩短送风周期，不混风，适当缩小格孔和余热利用有助于提高热风温度，改善热风炉的性能，并减小蓄热面积和砖重。增加蓄热面积将导致基建投资增加，蓄热面积过小也会影响热风温度。

我国单位炉容的热风炉蓄热面积分级见表10-29。我国单位炉容的热风炉蓄热面积与欧洲和日本相比，我国的蓄热面积较高，见图10-55。近年来，我国高炉的热风温度不断提高，而单位炉容的蓄热面积却有下降。据不完全统计，2010年单位炉容的热风炉蓄热面积在80m² 以上的高炉座数减少了约4%。此外，还出现了分化的现象。

表10-29 部分高炉单位炉容的蓄热面积的统计

年 份	统计的高炉座数/座	<60 m²/m³		60~70 m²/m³		70~80 m²/m³		80~90 m²/m³		90~100 m²/m³		100~110 m²/m³		110~120 m²/m³	
		座	%	座	%	座	%	座	%	座	%	座	%	座	%
1999	41			3	7.32	13	31.71	17	41.46	7	17.07	1	2.44		
2002(2~4月)	46			4	8.7	15	32.61	19	41.30	7	15.22	2	4.34		
2010	69	1	1.45	9	13.04	20	28.99	27	39.13	9	13.04	2	2.90	1	1.45

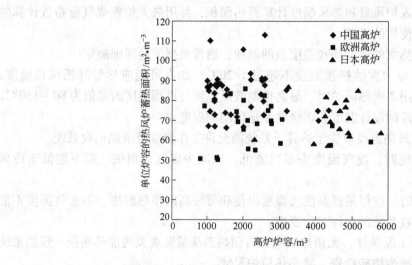

图10-55 中国、欧洲和日本高炉炉容与蓄热面积的关系

从我国高炉热风温度与蓄热面积的统计（图10-44）来看，蓄热面积和砖重偏大（例如单位炉容的蓄热面积超过900m³），不一定热风温度就高，甚至热风温度还低于具有较合理的蓄热面积（例如单位炉容65~75m²/m³）的热风炉。热风炉的操作起到相当大的作用。其原因是热风炉的换炉时间往往取决于废气温度。蓄热面积较大和砖重较大的热风炉，废气温度上升较缓慢，换炉周期长。而送风周期延长，风温降落大，拱顶温差大，热风温度必然低，风温比蓄热面积小的还低。最近鞍钢采用规定风温决定换炉次数的方法操作，对提高热风温度有一定效果。

如前所述，热风炉的最优化比换热器要复杂得多，过去靠增大热风炉蓄热面积来提高热风温度的办法是不全面的，因为决定风温的高低不是单靠蓄热量，而是靠高温区域储存的高温热量和有效蓄热量，以及供应热量的时间等因素有关。片面强调蓄热面积能够贮存更多的能量，可是往往由于蓄热面积大而延长了贮存热量的时间，等待废气温度达到规定温度，从而延长了送风时间和周期时间，致使热风出口温度降增加，制约了热风温度。有可能是出现单位炉容的热风炉蓄热面积大，而热风温度低的重要原因。

宝钢 3 号高炉单位炉容蓄热面积为 $70.2m^2$，4 号高炉为 $68.1m^2$，1 号高炉为 $61.5m^2$，风温均达到了 1240 ~ 1250℃。

热风炉蓄热面积及格砖重量是确定热风炉基建费用和热风炉性能的重要参数。《规范》规定，**热风炉蓄热面积及格砖重量，应按入炉风量为基准的传热计算确定，单位炉容的蓄热面积宜为 65 ~ 75m²，不得超过 85m²（不含球式热风炉）。**

规定热风炉单位炉容的蓄热面积的上、下限，而没有采用单位风量的蓄热面积的原因是，与过去采用冶炼强度确定风量所出现的问题相同，因此在没有推行炉腹煤气量指数之前，很难做出正确决定。《规范》规定上限的目的是保证热风炉能够满足提供设计规定热风温度的要求。下限是根据理论计算和热风炉操作实践确定的，如能进一步改进热风炉的操作，还可以减少蓄热面积。增加更多的热风炉蓄热面积达不到提高热风温度的目的，反而增加很多投资。

因此，有必要研究热风炉的最优化。

热风炉的工作条件相当复杂，热工计算也很繁琐。近年来，由于计算机的应用，已经开始研究蓄热室优化的理论问题。有的研究人员采用了 7 个变量的非线性规划来研究蓄热室的最优化[11]。在工程上，蓄热室和格砖的优劣还不能以明确的指标来检验。设计的优化有以下几方面：

（1）蓄热室性能的优化。包括单位炉容或单位风量的蓄热面积的优化；相同蓄热室容积的条件下，气体的阻力在一定范围内，储存的热量最大化；热风炉的操作性能良好；基建费用和操作费用低等。

（2）格砖性能的优化。包括合适的格砖尺寸，制造格砖较容易，格砖蓄热面积的优化等。

蓄热室和格砖的最优化需要对各种条件进行大量计算。由于时间所限，在编写本书时，还没有采用 10.1 节介绍的蓄热计算方法，而是仍然把蓄热室作为换热器来看待，因此会产生一些偏差，其结果可能偏重于蓄热面积[3]。不过，在设计每座高炉的热风炉时都要针对其工作条件进行计算，这里只是定性分析，仅供参考。

10.5.4 蓄热室的最优化[36]

前面我们已经对优化热风炉的设计条件进行了说明。为了选择合适几何结构，并且把无因次函数 Q^+ 有关的变量的数目由原来的 14 个减少到 3 个，即蓄热室长度 L、格砖通道直径 d 和热交换系数 α。无因次函数 Q^+ 成为 3 个变量的函数，即无因次函数 $Q^+\{L, d, \alpha\}$[36]。

在独立变量中还有 3 个隐含的约束条件。第一个隐含的约束条件是规定流体无因次出口温度 T_{f0} 的最高和最低值。这对燃烧期蓄热室最高无因次出口温度 T_{f0} 条件是很重要的，废气温度过高将烧坏炉算子和支柱，并使热效率降低。最低无因次出口温度 T_{f0} 的限制是防止废气与冷风温度几乎相同，因此贮存的热量极少。在送风期更要防止送风末期热风温度过低，满足不了高炉的要求。

第二个隐含的约束条件是蓄热室必须贮存最小的热量 Q_{max}。如无此要求，有可能蓄热室长度接近于零，因为在极短的蓄热室中 Q_{max} 也接近于零。结果 $Q^+ = Q/Q_{max}$。将达到1.0。

第三个隐含约束条件是流体通过蓄热室时的最大压力降 ΔP_{max}。最大压力降的约束条件制约了独立变量 L 和 d。使得蓄热室长度 L 不允许太长，流体的通道直径 d 也不至于太小。

下面的计算中使用的隐含约束条件为：

（1）无因次流体出口温度：$0.2 \leqslant T_{f0}^+ \leqslant 0.875$；

（2）最小蓄热量：$Q_{max} \leqslant Q$；

（3）压力降：$0 \leqslant \Delta P \leqslant 1270Pa$。

为了说明按照前述方法优化分析的结果，采用了方便设计人员使用的图表形式来表达。现举一种在高温下导热系数接近硅砖的材料制作的蓄热室为例来说明送风时间、蓄热材料厚度、对无因次有效贮存热量 A^+ 和无因次蓄热量 Q^+ 的影响。其操作条件和约束条件列于表10-30中。

表 10-30 蓄热室优化所使用的操作条件及约束条件

项 目	单 位	蓄热体材料性能	项 目		单 位	蓄热体材料性能
密 度	kg/cm³	3.9	蓄热室的初始温度		℃	20
比热容	kJ/(kg·℃)	0.92	蓄热时间		min	40
导热系数	W/(m·℃)	2.1	空气入口温度		℃	100
导温系数	m²/s	0.58×10^{-6}	约束条件	蓄热室长度 L	m	$0.2 \leqslant L \leqslant 10$
蓄热体半厚度	cm	4		通道直径 d	cm	$1.0 \leqslant d \leqslant 4$

蓄热室中通过的流体为空气，其特性如下：空气密度 $1.06kg/m^3$；比热容 $1.01kJ/(kg·℃)$；导热系数 $2.88 \times 10^{-2}W/(m·℃)$；动力黏度 $0.188 \times 10^{-4}m^2/s$。

质量流量对蓄热室的影响见表10-31。在单位通道宽度上的质量流量以单位宽度4.0g/(s·cm)，无因次空气出口温度 $T_{f0} = 0.875$ 和压力降1.25kPa为基础，流量变化的影响结果见表10-31中计算例1、2和3。增加流量会造成单位宽度上 Q、Q^+ 和 A^+ 的轻微下降，最佳设计的蓄热室体积也会有所降低，可是影响不大。可得出结论：若三个蓄热室并列连接，每个蓄热室在宽度方向的流量为2.0g/s，可使贮存的热量比单个蓄热室高4%以上；若在宽度方向的流量为6.0g/s，则增长2.98倍。

表 10-31 蓄热室中质量流量的影响

运算编号	1	2	3	4	5	6	7
单位宽度质量流量/g·s⁻¹	4	2	6	4	4	4	4
通道厚度/cm	1.01	0.53	1.47	1.72	0.807	1.26	1.63
蓄热室长度/m	3.55	1.78	5.30	3.49	1.61	6.87	14.94
出口温度 T^+	0.875	0.875	0.875	0.875	0.875	0.75	0.50
单位宽度蓄热量/kJ·cm⁻¹	292	150	432	247	311	478	768
Q^+	0.718	0.732	0.709	0.616	0.750	0.606	0.448
A^+	0.252	0.258	0.248	0.213	0.268	0.412	0.662
ΔP/kPa	1.25	1.25	1.25	0.249	2.49	1.25	1.25

从表10-31中运算1、4和5的结果可以看出，提高压力降来提高通道中流体的流速只会影响过程的对流传热部分；贮存的总热量与压力降没有直接的比例关系。例如，压力降从1.25kPa增加至2.49kPa，增大1倍，将使总蓄热量增大26%，Q^+增大21.7%，A^+增大25.8%。

从运算1、6和7看出，当蓄热室的长度增加时，最高容许流体出口温度T^+下降，贮存的总热量和贮存的有效总能量的比例将下降，而Q^+的值及蓄热室的平均温度也下降。

虽然全部用硅砖材料来代表高炉热风炉在贮存的热量方面有一些差别，可是仍然具有足够的代表性。为了更清楚地了解时间对蓄热室蓄热特性的影响，可以制作两种不同的图表。第一个图表用来表示贮存的热量与供热总量之比A^+与蓄热过程持续时间θ的关系。该图使用的流体为空气，流经通道的质量流量为每厘米宽度4g/s。图10-56为由不同蓄热体厚度及表10-30的材料制作的蓄热体无因次有效贮存热量A^+与θ的关系图。蓄热室的最大允许压力降ΔP_{max}为1.25kPa。

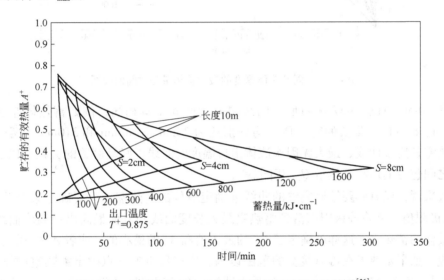

图10-56　蓄热体无因次有效贮存热量与时间θ的关系[36]

图10-56中对蓄热体半厚度S为2cm、4cm、8cm而言，绘出了两条边界线。上部曲线为蓄热室最大许可通道长度$L=10$m的约束条件；最大无因次空气出口温度限制$T_{f0}=0.875$用下部曲线表示。随着蓄热体（格砖）厚度的减薄，上部曲线向下和向左移动；而随着T_{f0}的降低，另一条下部曲线则向上和向左移动，使得有效蓄热量的区间缩小。图中还显示出了单位通道宽度上恒定的蓄热总量的曲线，随着蓄热体厚度的减薄，能够包容的总蓄热量曲线的范围也缩小，使得有效蓄热量减少。

图10-56中还表示了特定操作条件下所有可行的蓄热室设计，设计约束在最大流体出口温度线和代表最大蓄热装置长度的线条之间的范围内，蓄热线上标有对应于蓄热室所需的最小蓄热量Q_{min}的值。

图10-57表示空气以每厘米宽度4g/s的质量流量通过表10-30所列性能材料制成的蓄热室通道的Q^+与θ关系图。空气的最大压力降限制在1.25kPa。图中A、B和C三组曲线分别对应蓄热体厚度为4cm、8cm、16cm的蓄热特性。图中每组曲线又同样有三条曲线界

定了最优的蓄热室区间。下面的曲线代表最大蓄热室长度 L 均为 10m；上面的曲线表示最大无因次流体出口温度，规定为 0.875；以及上述两条曲线之间用一组单个蓄热通道必须贮存的最小蓄热量 $Q_{\min}$ 曲线相连接。

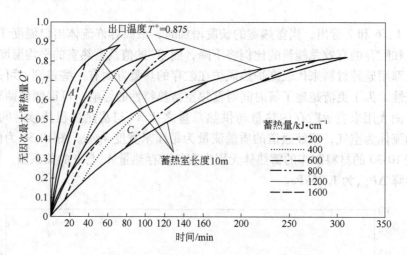

图 10-57　不同蓄热体厚度的最大蓄热量与时间的关系[36]

将图 10-56 与图 10-57 相对照，曲线包容的区间基本相同，例如蓄热体厚度分别为 2cm、4cm、8cm 时，最长的时间顶点均分别约为 70min、140min 和 310min。两个图代表最大蓄热室长度 L 曲线、最大无因次流体出口温度的曲线正好呈倒置的关系；以及上述两条曲线之间包容的最小蓄热量 $Q_{\min}$ 相同。

一般来说，没有必要绘制完整的曲线来确定最佳的蓄热室。只要确定某个蓄热室 A^{+} 和 Q^{+} 的极限值，并将该极限值落到蓄热室最大长度曲线和流体最高出口温度曲线上面就得到了最佳的蓄热室。这样就确定了 Q^{+} 的最大值和 A^{+} 的最小值，或者 A^{+} 的最大值和 Q^{+} 的最小值。如果蓄热量在可以接受的范围以内，应以经济的观点确定蓄热室的设计参数。当 Q^{+} 为最大值时就能保证初始投资的最大回报。在 A^{+} 为最大值时便能获得流体的有效热量的最好利用。

虽然上述图表是由表 10-30 的材料制作的蓄热室得出的，可是它提供了一个重要观念，蓄热体（格砖）的厚度 S 与蓄热室加热（燃烧）时间 Θ_{h} 或冷却（送风）时间 Θ_{c} 有密切的关系。由于热风炉格砖采用热导率低的耐材制作，在目前采用的格砖厚度的情况下，这种关系没有表现出来。而当格砖厚度越来越薄、格孔直径越来越小，寄希望于增加蓄热面积来保持周期时间的时候，表现出难于维持规定热风温度的送风周期时间 Θ_{c}，而蓄热量显得不足。

为了说明无因次函数 $Q^{+}\{S,\theta\}$ 的关系，举如下实例，选择格子砖的加热面积相同，格砖当量厚度不同，蓄热室高度不同。热风炉工作制度为两烧一送，改变格子砖的燃烧周期和送风周期，可以得到如图 10-58 ~ 图 10-61 的结果。图中我们都以送风周期为基准，燃烧周期即为两倍送风周期时间减掉两次换炉时间，每次换炉时间为 10min。由图 10-58 可知，随着周期时间的延长，即送风周期时间的延长，燃烧末期的最高废气温度均有上升趋势；而当格砖厚度减薄到 0.0209mm 时，废气温度的上升速度加快，到达规定换炉时的废气最高温度的周期时间缩短。

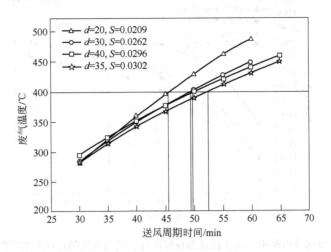

图 10-58 不同格砖当量厚度时，最高废气温度与送风周期时间的关系[37]
d—格孔直径（mm）；S—砖厚（m）

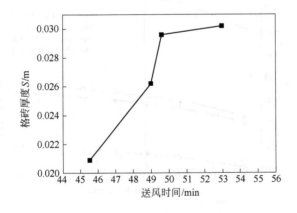

图 10-59 格砖厚度与可持续送风周期时间的关系[37]

如果设定最高废气温度为 400℃，如图 10-58 中的水平线，则热风炉废气温度曲线与格砖厚度为 0.0209m、0.0262m、0.0296m 和 0.0302m 相交，得到可持续的送风周期时间分别为 45.5min、49.0min、49.6min 和 53.0min，并将结果绘于图 10-59。格孔直径 35mm 与直径 40mm 的格砖当量厚度分别为 30.2mm 和 29.6mm，相差不大，因此对送风周期影响也不大。而继续缩小格孔并减薄格砖当量厚度至 26.2mm 和减薄至 20.9mm 时，可持续的送风周期时间迅速下降，即燃烧周期时间也迅速缩短。

图 10-60 可知，缩小格孔有利于提高热风温度。可是，由于废气温度升高得快，受最高废气温度的限制，送风周期时间缩短，使得风温高的优势变得不明显。从图来看，格砖厚度比较薄的热风炉，燃烧末期废气温度上升较快、较难控制，而且风温受周期时间长短的影响比较大，即对遵守操作制度的要求比较严。

在对不同厚度的格子砖进行格子砖利用率的限定同时，我们也考虑了最高废气温度的影响，即考虑了燃烧期蓄热室最高无因次出口温度 T_{f0}。从图 10-58 中可以看出，当量厚度

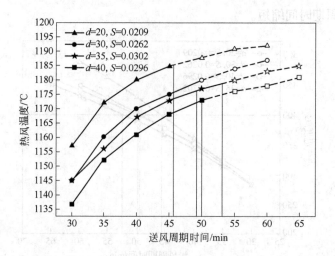

图 10-60　相同蓄热面积不同孔径及当量厚度时，热风温度随送风周期时间的变化[37]

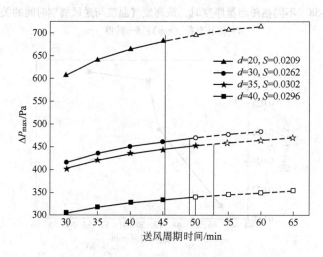

图 10-61　相同蓄热面积不同格砖孔径及当量厚度时，
送风周期时间与最大压力降 ΔP_{max} 的关系[37]

较小的格子砖，最高废气温度随燃烧周期时间的增长率明显大于当量厚度较大的格子砖。

从图 10-61 可以看出，流体通过蓄热室时的最大压力降 ΔP_{max} 随着周期（燃烧和送风时间）增长，逐渐增大。在相同的操作条件下，格孔直径小的蓄热室长度虽然相应减小，可是格孔越小的蓄热室，其最大压降 ΔP_{max} 越高。这就使得我们在选择格子砖的时候，蓄热室长度 L 不允许太长，流体的通道直径 d 也不至于太小。在操作上，当煤气压力波动时，格孔小的热风炉比格孔大的热风炉的影响要大。应优先考虑格孔小热风炉的操作需要，优先供应煤气，否则很容易"欠烧"，难以维持高风温。

从图 10-60 中可以看出，在目前使用的格孔直径 d 和格砖厚度 S 的情况下，格孔缩小，风温升高。值得注意的是，由于废气温度的限制，随着格子砖当量厚度 S 进一步缩小，其最大送风周期时间缩短的趋势越来越明显，其关系如图 10-59 所示。为了适应缩小格孔直径和格砖厚度，必须改进热风炉的操作制度，才能发挥其作用。

10.5.5　格砖的最优化[3]

格砖的优劣没有明确的指标来表示。为了选择最佳的格砖结构,广泛地计算和分析了各种格砖的几何参数。在设计格砖时应处理好加热面积与蓄热体容积 V_s 或格砖质量之间的关系。单位体积格砖加热面积 f 代表格砖的热交换能力,蓄热体的容积 V_s 或格砖质量代表格砖的贮热能力。对没有横向凸出部分和水平通道的格砖,其参数可用流体直径 d_s 和活面积 φ_s 表示:

单位加热面积(m^2/m^3):
$$f = \frac{4\varphi}{d_s}$$

蓄热体的容积(m^3/m^3):
$$V_s = 1 - \varphi$$

格砖当量厚度(m):
$$S = \frac{2(1-\varphi)}{f}$$

当保持格砖活面积 φ_s 或蓄热体质量 $V_s \gamma_s$ 不变时,缩小格砖格孔直径 d_s,可以得到具有大的蓄热面积的高效格砖。

格孔直径不变,提高格砖的活面积,同样可以增大单位蓄热面积,提高热风温度。如果热风温度不变,则可缩小蓄热室的外形。但是,在增加格砖活面积的同时,减少了贮热体的重量,其结果是送风期的热风温度降增大,降低了入炉热风温度。因此可以寻求热风温度最高,而蓄热室外形尺寸最小的最佳活面积 φ_{opt}。

在缩小格孔直径时,还应注意流体在格孔中的流动状态。在格孔缩小以后,流体会从紊流转变为层流,对流体与格砖的热交换产生不利的影响。

如果每个格孔直径具有最佳的活面积,则热风温度将达到最高理论值。最佳活面积与拱顶温度无关,但在很大程度上与周期时间有关。当格孔直径 d_s 为 15~55mm 时最佳的活面积在以下范围:

送风时间 θ_c/h:min	0:45	1:20	2:00
最佳活面积 φ_{opt}/$m^2 \cdot m^{-2}$	0.39~0.45	0.33~0.41	0.27~0.35

当格孔直径 d_s 小于 35mm 时,蓄热室阻力增加很快。在一定程度上可以用增加格砖活面积的办法使蓄热室阻力接近最佳值。

格砖砖型尺寸见图 10-62,主要特性见表 10-32 和表 10-33。

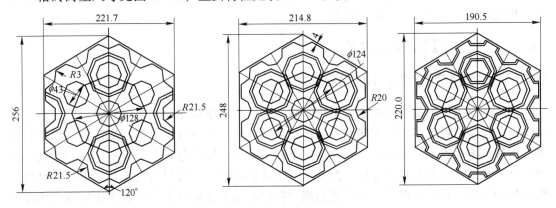

图 10-62　某些格砖的砖型尺寸

表 10-32　圆形格孔的格砖主要特性

格砖外形	六角形	六角形	六角形	六角形	六角形	六角形	六角形	六角形	六角形
格孔尺寸/mm	$\phi43$	$\phi40$	$\phi35$	$\phi33$	$\phi30$	$\phi30$	$\phi28$	$\phi23$	$\phi20$
单位加热面积 f/m² · m⁻³	38.06	40.30	46.2	44.36	39.7	48.61	50.71	59.83	64.00
活面积 φ/m² · m⁻²	0.409	0.4031	0.405	0.366	0.2975	0.365	0.355	0.344	0.320
蓄热体容积 V_s/m³ · m⁻³	0.591	0.5969	0.595	0.634	0.7025	0.635	0.645	0.656	0.680
当量厚度 S/mm	31.07	29.62	25.76	28.60	35.39	26.14	25.44	21.93	21.25
V_s/f 值/km² · m⁻³	15.53	14.81	12.88	14.29	17.70	13.06	12.72	10.96	10.62

表 10-33　六角形格孔的格砖主要特性

格砖外形	六角形	六角形	格孔外形	六角形	六角形
格孔尺寸/mm	30	20	蓄热体容积 V_s/m³ · m⁻³	0.6025	0.6463
单位加热面积 f/m² · m⁻³	55.14	73.36	当量厚度 S/mm	21.85	17.62
活面积 φ/m² · m⁻²	0.3975	0.3537	V_s/f 值/km² · m⁻³	10.93	8.81

　　热风炉蓄热面积及格砖质量与燃烧和送风周期、操作制度、烟气流速、废气温度等因素有关,蓄热面积和砖重过大,将导致基建投资增加,过小将影响风温。因此,一般应根据条件计算确定。设计原则应是采用适宜的短周期、小格孔,适当提高废气温度,有助于减少蓄热面积和砖重。

　　蓄热室高度降低和热效率提高,可以大幅度降低各种投资和生产费用。单位风量的总基建费用 $\sum K/V_a$、运行费用 C_{exp}/V_a 和折算费用 P/V_a,并且都存在最小值。随着格孔直径 d_s 增加,最佳格砖活面积 φ_{opt} 的值也增大,而与鼓风流速 V_a/A_r 的关系较小,因此对操作的要求较宽松。当改变 d_s 和 V_a/A_r 时,对于 $\sum K/V_a$、P/V_a 和 C_{exp}/V_a,最佳的 φ_s 值的变化范围不大,约在 0.4 ~ 0.57m²/m² 之间。对 H 来说,φ_{opt} 的变化范围更小,约在 0.43 ~ 0.48m²/m² 之间。

　　当增加鼓风流速 V_a/A_r 时,蓄热室高度对流体阻力明显增大。为了使基建费用、运行费用和折算费用等特征值最小,必定有一个最佳鼓风流速值 $(V_a/A_r)_{opt}$。

　　缩小格孔流体直径和减小格砖厚度,在规定的拱顶温度和废气温度下,能降低投资和操作费用。但是,必须与缩短周期时间相配合;同时,由于增加了阻力损失,就得相应地提高煤气压力,这又带来实际的困难。

10.6　热风炉金属结构及设备

10.6.1　炉壳晶界应力腐蚀的成因及预防措施

　　热风炉拱顶温度是由需要的风温决定的。热风炉的基本作用就是将高炉鼓风加热,使高炉鼓风携带尽可能多的物理热进入高炉,从而达到降低燃料比,实现高炉稳定顺行的目的。但鼓风温度也不是越高越好,在一定条件下,鼓风温度有一个适宜的区间和上限。鼓风温度要与当前乃至未来的炼铁工艺技术、节约能源以及热风炉系统装备水平和耐材的品种质量相匹配。在此前提下,尽可能为高炉提供较高的鼓风温度,同时还要实现高热效率和长寿的目标。

热风炉高温区的晶界应力腐蚀已经成为高温热风炉提高风温和长寿的制约环节。

自从 1968 年苏联扎波罗热冶金工厂热风炉使用硅砖以来，高温热风炉的耐火材料问题已经基本解决。早在 20 世纪 70 年代联邦德国考帕公司和马琴公司已经设计了拱顶温度 1550℃、热风温度 1350℃ 的外燃式热风炉，霍戈文也设计了拱顶温度 1500℃ 的内燃式热风炉。之所以不久后纷纷降低了热风温度，则是由于出现了晶界应力腐蚀被迫限制拱顶温度的缘故。

以霍戈文 7 号高炉内燃式热风炉为例，1972 年投产，1977 年就因拱顶和燃烧室炉壳晶界应力腐蚀进行了修补，在原炉壳外面包裹了第二层钢板，不久又产生了裂纹。在 1979 年热风炉进行了大修，更换了拱顶和燃烧室的全部炉壳。最近，又发现了 NO_x 可以传到整个热风炉和热风系统。在某种条件下，晶界应力腐蚀也可以在低温部分，如热风炉下部煤气、烟气、热风出口或热风主管和环管发生。这是提高热风温度时应予妥善解决的问题。

热风炉拱顶的最高温度不应超过 1420℃，以预防晶界应力腐蚀和对环境的污染。

10.6.1.1 产生晶界应力腐蚀的原因

根据理论和生产实践，随着风温水平的不断提高，由提高风温带来的降低燃料比、增加喷煤比的效果逐渐下降。高炉的各个能耗指标是相互关联的，不能片面追求某个指标先进，必须综合考虑各个指标都能控制在合理的范围内，才能实现高炉的最佳效果。

在高温条件下，N_2 和 O_2 分解成单体的 N 和 O，N 和 O 又生成氮氧化合物，当拱顶的最高温度超过 1400℃ 时，生成的氮氧化合物迅速增加，高温区炉壳将受到晶界应力腐蚀的破坏，影响热风炉炉壳的寿命。对此，国内外均严格控制。

由晶界应力腐蚀引起的钢壳破裂，是高温热风炉进一步提高风温的主要障碍。引起晶界应力腐蚀破裂的原因综合起来有下列几点：

（1）鼓风中的 N_2 与 O_2，在高温下生成 NO_x，温度越高，其浓度越大，1250~1370℃ 风温条件下，NO_x 浓度为 $(40~600) \times 10^{-4}\%$，当拱顶温度超过 1450℃ 时，$NO_x$ 浓度可高达 $3500 \times 10^{-4}\%$（换炉充压时）。

（2）煤气中的 S 被氧化为 SO_x。

（3）NO_x、SO_x 与炉壳上的冷凝水作用生成 HNO_3 和 H_2SO_4，在有 Fe^{3+} 存在的条件下，成为钢材的强腐蚀剂。此外，$Ca(NO_3)_2$、NH_4NO_3 等盐类在熔融状态下也有腐蚀作用。

（4）腐蚀液从炉壳存在应力的地方（如焊缝、制作时的伤痕等处）沿着晶格深部侵入，扩展而致破裂。同时，由于热风炉操作会产生缓慢的脉冲拉应力和疲劳应力，使拉应力有超过屈服极限的可能，从而促进腐蚀破裂的进程。由此可见，造成应力腐蚀破裂的原因，一是有腐蚀气体存在，二是有应力存在。

10.6.1.2 预防晶界应力腐蚀的措施

为获得高风温，腐蚀气体的产生是不可避免的，而且随着温度和压力的提高，浓度越来越高。防止晶界应力腐蚀破裂的措施是从消除应力及防止腐蚀液和炉壳接触两方面入手。预防晶界应力腐蚀通常有两种办法：一是整个炉壳采用外部绝热法，使炉壳温度高于 180℃，高于电解液的露点；二是整个炉壳采用内表面涂层的办法。

内表面涂层法优于外部绝热法的理由如下：

（1）由于炉壳温度要高于酸液露点温度，炉壳抗腐蚀能力降低，炉壳厚度要增加。

（2）炉壳被绝热层覆盖后，使用过程中出现的损坏不易早期发现。

（3）在绝热和非绝热的结合区，高温时炉壳上出现冷凝现象，这些酸性冷凝液可能引起腐蚀破坏。

（4）纤维绝热层厚度和性能的波动导致不均匀的温度场，引起炉壳出现附加应力。

（5）耐火砖衬较高的温度要求使用高级耐材，因而投资增加。

欧洲新建大型高炉采用新的防晶界应力腐蚀措施，即在拱顶高温区炉壳内表面涂刷3层防晶界应力腐蚀涂料。3层的厚度分别为 $200\mu m$、1.5mm、1.5mm。

炉壳内表面防晶界应力腐蚀的具体要求如下：

（1）炉壳材料要具有良好的抗晶界应力腐蚀性能，而且这种性能要经过长期实际检验后已得到证明，炉壳材料同时要具有良好的焊接性能。

（2）对所有炉壳焊缝进行超声波探测，并进行研磨。

（3）炉壳内表面涂刷防晶界应力腐蚀涂料前应进行喷砂处理。

目前国内外防止晶界应力腐蚀的主要措施包括热风炉拱顶高温区炉壳外保温和炉壳内表面涂刷耐酸油漆及涂料。

（1）高温区炉壳采用耐腐蚀的低合金结构钢，提高焊接性能。所有的炉壳转折点都采用曲线连接，连接半径一般均大于1500mm，锥体倾角为45°，各开孔部位都进行补强。施工过程中不允许在炉壳上任意开孔以及在炉壳上焊接其他构件，以消除局部应力集中。

（2）拱顶炉壳加工完毕，一般采用现场机械振动法整体消除内应力。有条件时，应对拱顶炉壳进行整体退火，消除应力。

（3）在高温区炉壳内表面涂抹耐酸漆及喷涂耐酸耐火材料，防止腐蚀性液体和炉壳直接接触。在拱顶炉壳外表面包扎隔热材料，进行外保温，防止炉壳内表面温度过低产生冷凝液，从而防止 HNO_3 和 H_2SO_4 的生成。

最近，晶界应力腐蚀有向低温区扩展的现象，因此，所有热风炉炉壳，包括热风管道系统的结构都要防止应力集中和焊缝交叉。

10.6.2 热风管道

随着高炉大型化、高风温及高压化，热风炉及其管道承受的高温、高压以及温度和压力的波动越来越剧烈，工作条件越来越严酷。热风管道也成为进一步提高风温的限制环节，因此应进行详细的热膨胀和受力分析。

10.6.2.1 热风管系的设计理念

如前所述，热风炉分为内燃式、外燃式和顶燃式三种。由于内燃式热风炉出口标高与热风围管标高一致，热风管系结构相对简单；外燃式热风炉外置单独的燃烧室，一般在燃烧室旁设置有混风室，从混风室热风出口到高炉的热风管系与内燃式热风炉相似；顶燃式热风炉由于热风出口高，从热风主管到热风总管需设置竖管过渡标高差，管系工作状态比内燃式和外燃式热风炉更加复杂。因此，顶燃式热风炉热风管系的合理设计就显得尤为重要。

合理的热风管系设计应遵循"低应力、有序约束、可控位移、合理耐材"的设计原则。从传热分析、应力分析和位移分析入手，综合考虑管道、拉杆、支座和波纹管配置以及耐火材料的匹配，同时监控主要承力件及耐火材料的制造和施工质量，从根本上保证管系的稳定、长寿。

合理的热风管系设计理念主要有如下特点或要素[38]：

（1）低应力。考虑管壳热膨胀，通过固定支座、导向支座、滑动支座、弹簧支座、单式或复式波纹管、全长拉杆及抱箍等要素，来引导热膨胀、管道盲板力等带来的拉杆及管道位移，降低管壳应力。

（2）有序约束、可控位移。通过固定点及设置的固定支座，配合全长拉杆及抱箍对热风管系关键部位进行必要的约束，合理分配位移，让管系及关键部位（如三岔口部位）耐火材料处于更加稳定的状态。

（3）合理耐材设计。管道耐火材料设计与管道钢结构设计是相辅相成，二者互为重要因素，管系不稳定，将导致耐火材料错动、掉砖，而耐火材料设计不合理，将发生串气，损坏钢结构。从传热分析着手，根据温度、压力、位移情况，选择低导热性、高强度、低蠕变、抗化学侵蚀、适当抗热震的耐火材料，管道圆周方向根据温度梯度合理配置耐火材料，管道轴向设置膨胀缝，并对膨胀缝、波纹管、热风阀等处的耐火材料设计进行特殊处理，保证密封性能。所有砖衬进行特殊配比，严格错缝，减少切砖。

10.6.2.2 稳定长寿的因素分析

热风管系的设计是一个系统工程，涉及热学、力学、材料学（金属材料学、耐火材料）等学科，具有一定的复杂程度，因而，热风管系的稳定长寿牵涉面较广，影响因素众多可以归纳成表10-34。

表10-34 顶燃式热风炉热风管系稳定长寿影响因素分析[38]

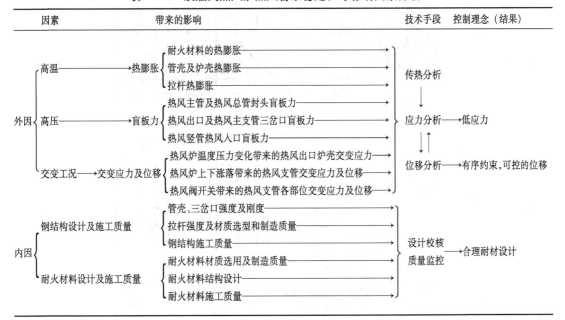

由表10-34可知，影响热风管系寿命的因素很多，现作如下简要分析[38]：

（1）高温的影响。对于送风温度不小于1250℃的高风温热风炉而言，混风前的热风主、支管介质温度最高可达1400℃。热量通过工作层向外传递，最终由管壳通过传热给大气环境。管壳正常温度约为80～150℃，而工作层耐火砖平均温度达到1300℃左右。在正常情况下，耐火材料按$5 \times 10^{-6}℃^{-1}$的线膨胀系数计算，耐火材料热膨胀约6mm/m，钢按

$11.4 \times 10^{-6}℃^{-1}$ 的线膨胀系数计算，管壳热膨胀约1mm/m；在事故状态下，热膨胀位移将更大。若不释放这些位移，耐火材料将被挤坏，管壳产生巨大的热应力。因此，设计中必须考虑措施来释放这些位移。同时，由于管壳热传导及热辐射，拉杆也会有一定的温度，在盲板力、季节变化温度波动等因素的综合影响下，拉杆会产生较大的位移并随着风温、风压、季节变化而波动，设计中考虑拉杆的位移及其波动是十分必要的。由于忽略了拉杆的位移也会带来很多问题。

（2）高压的影响。高炉根据炉容级别，其送风压力在 0.3～0.6MPa（表压）不等，若忽略压力损失，即为热风管系内部的内压。在管道封头、管道变径处（含波纹管波纹处和不对称开孔处）、管道拐弯处等凡是有阻挡高压气体流通趋势的地方均会产生"盲板力"，盲板力的大小等于管道内压乘以管道有效截面积。4000m³级高炉热风主管盲板力可达到5500kN。在全刚性管系（无波纹管的管系）中不考虑温度影响的情况下，只要管壳强度够强，热风主管两端的盲板力本身是相互抵消的。对于近代高炉热风管系而言，由于温度和压力的影响管道通常会设置波纹管来吸收位移以降低应力，或方便热风阀的更换。由于波纹管是柔性件，不能承受盲板力，因此需设置拉杆来抵御盲板力。在巨大的盲板力的作用下，拉杆会发生弹性伸长，并与热膨胀伸长进行叠加。因此设计必须进行管道的应力分析，见图10-63。若设计不合理，管道砖缝将会拉裂，高温、高压气体将通过裂纹而串至管壳，导致管壳发红、开裂。

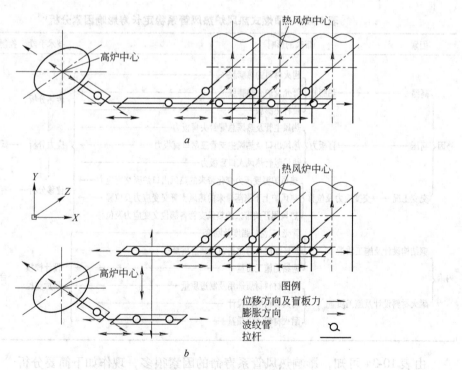

图10-63 热风管道的热膨胀和受力分析简图
a—内燃式或外燃式热风炉；b—顶燃式热风炉

图10-63a 所示为内燃式热风炉或外燃式热风炉热风管道的热膨胀和受力分析。图10-63b 为具有垂直热风总管的顶燃式热风炉的热膨胀和受力分析简图[38]。根据热风管道

的热膨胀和受力分析才能正确确定波纹管的形式、拉杆结构和设置支架的位置及形式。

（3）交变工况的影响。热风炉燃烧时，炉内为低压；送风时，炉内为高压。这种工况的交替变换会导致一系列的变化，如热风炉会随着炉壳温度波动上下涨落，炉壳半径方向也会发生弹性伸缩，热风主管和支管也会发生相应的交变伸缩。根据不同的设计，热风出口及热风主、支管三岔口都将承受不同程度的交变应力。如果这些部位不加以有效保护，极易造成炉壳疲劳开裂、串气发红、耐火材料松动破损甚至脱落，导致不良后果。

（4）钢结构设计及施工质量的影响。热风管系钢结构主要包括管壳、人孔、拉杆及支座。这些钢结构的强度和刚度、设备质量、施工质量直接影响热风管系的稳定和长寿，设计时需根据工况严格校核，适当加固，施工时需进行严格检查。

（5）耐火材料设计及施工质量的影响。热风管系稳定长寿最主要依赖管道耐火材料的稳定。耐材一旦开裂、串气、掉砖，高温会很快损坏管道。保证耐火材料稳定，设计和施工两方面都要做好。首先，根据使用工况，如工作温度，内压及自身荷载，不同部位可能的介质及其成分，按需选择低热导、高强度、低蠕变、抗化学侵蚀、抗热震的耐火材料。同时，设计时要仔细考虑管道位移情况和耐火材料膨胀情况，做到相互匹配。而要做到相互匹配，必须要找准计算条件。这一点往往容易忽略，设计中常常以经验数据作为设计条件，特别是耐火材料的计算，因为国内的供应商通常不提供准确的耐火材料热导率及热膨胀系数等参数，国外耐火材料供应商往往提供了非常准确的、全面的产品数据单（即product data sheet，PDS），包含性能参数及设计参数。虽然国产耐火材料性能上已经达到甚至超越了国外的先进水平，但在质量稳定性和标准化上面还有差距。那么，设计师应在这些方面加以引导及控制，保证产品质量和设计准确性。耐火材料施工时需严格按标准及图纸施工、验收，灰缝大小和饱满程度要严格控制。

10.6.3 热风炉设备

热风炉设备是保证热风炉能为高炉提供稳定的高风温的保障之一，要求实现设备长寿化、轻型化，操作简单精确。因此在设计中应根据具体的条件选择设备形式和材质。

10.6.3.1 主要设备的构成

热风炉系统设备可分为标准设备和非标准设备。

热风炉的工艺标准设备主要包括助燃风机、助燃风机出口阀、助燃风机放散阀、热风阀、冷风阀、助燃空气阀、煤气阀、烟道阀、混风阀、倒流休风阀、废气阀和冲压阀、煤气放散阀，检修起重机、液压系统设备等。其中标准设备有大部分要参加热风炉操作的连锁控制。热风炉的设备配置图见图10-64。

非标准设备包括炉算子及支柱、燃烧器、预热设备等。

随着高炉大型化，对热风炉的风温提出了更高的要求。而且随着技术的进步，热风炉各管路系统的设计也在不断细化，尤其是大型高炉，各管系都根据其具体的布置设置了波纹补偿器，以吸收管路钢结构的变形，避免因钢结构的变形应力而产生的设备和管路损坏。

为便于热风炉各阀门的安装、更换，吸收管道的膨胀，以及防止漏风，在管道上应设置伸缩管。

随着热风炉风温水平的逐步提高，热风炉设计和使用寿命的不断延长，热风炉管系，

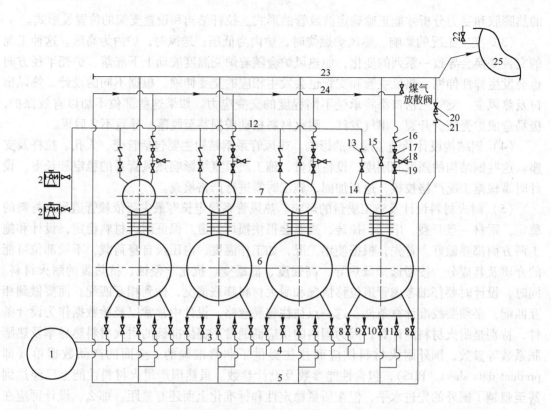

图 10-64 热风炉设备的配置

1—烟囱；2—助燃风机；3—废气主管；4—烟道主管；5—冷风主管；6—热风炉蓄热室；7—燃烧室；8—烟道阀；
9—废气阀；10—冷风阀；11—充压阀；12—助燃空气主管；13—助燃空气调节阀；14—助燃空气阀；
15—热风阀；16—煤气调节阀；17—煤气切断阀；18—煤气放散阀；19—煤气燃烧阀；20—混风
切断阀；21—混风调节阀；22—倒流休风阀；23—热风主管；24—煤气主管；25—热风围管

特别是热风管道工作条件越来越苛刻，出现的问题愈来愈多，如热风各出口、热风管道各三岔口管道扭曲变形、焊缝开裂漏风等，热风管道正在成为热风炉实现长寿的一个限制环节。这就要求我们对热风炉管系的设计要求给予足够的重视，其中在热风炉管系上广泛应用各种形式的波纹管就是一个主要的标志。通过在热风炉管系上设置各种形式的波纹管来吸收各个方向上的膨胀，从而消除热风炉各管道钢壳的高温膨胀应力和结构应力，允许管道在径向和轴向上出现一定程度的变形，以期实现热风炉各管道长期平稳运行。在热风炉管道上设置各种形式的波纹管的另一个主要作用是方便各阀门（特别是大型闸阀）的安装和拆卸，波纹管已被广泛应用。

10.6.3.2 阀门

各种阀门的选用依据有工作温度、工作压力、气体流量及气体的动力学参数等。

A 水冷闸阀

热风阀、倒流休风阀、混风阀是热风炉系统工况温度最高的阀门。工作状态下，设备各部位要经受高温化学侵蚀、材料的高温蠕变及热疲劳的作用。一般采用水冷闸板阀。阀门应保证阀板关闭位置准确，阀板采用螺旋型水道，具有良好的冷却效果、水道中不得沉积污物。阀体下部设方箱式排污结构，减少污物（管道掉的砖）对阀板的冲击，延长其使用寿命。热风阀结构见图 10-65。

阀板外水圈、阀体水圈为整体锻造结构，增强阀门耐热疲劳强度，延长阀门使用寿命。在阀盖与阀板之间设有全浮动密封，可使泄漏率为零。为使阀板和阀座不直接经受高温热辐射和热风冲刷，并起到隔热、耐温作用，在阀板和座上焊上锚固件后涂注耐火材料。

阀门要进行强度和气密性试验。强度试验：1.5 倍工作压力的水压，30min 无异常。气密性试验：通以 1.1 倍密封压力的压缩空气，保持 5min 后，压降不大于 5%。

热风阀设置在热风出口处，其作用是切断热风炉与热风主管。热风阀两端受热，且热流强度大，除了阀板、阀座水冷外，还要配置水冷法兰短管，以保证阀门及管道的寿命。

倒流休风阀用于高炉休风时排放鼓风，正常处于关闭状态；混风阀用于稳定热风温

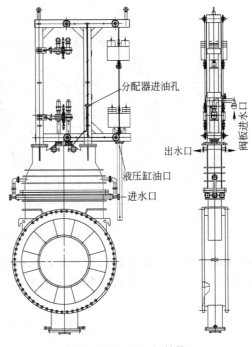

图 10-65 热风阀结构

度，由混风调节阀控制流量。倒流休风阀和混风阀在正常工作状态为一侧受热，因此除了阀板、阀座水冷外，只在热端设置水冷法兰短管。

各阀门的冷却水量和冷却水压力因风温水平和阀门大小不同而异。

B　闸阀

充压阀和废气阀的作用是均衡热风炉与管道之间的压差。目前采用的切断阀（可为闸板阀或蝶阀），一般的开启压差为 0.01MPa，而热风炉炉内与管道的压差较大，因此需要均压。热风炉从燃烧转为送风，要开启充压阀，提高热风炉内压力，然后才能开启热风阀和冷风阀；而从送风转为燃烧时，在烟道阀开启前要打开废气阀，将热风炉内剩余的鼓风排放掉，降低炉内压力，使烟道阀和各燃烧阀顺利开启。一般充压阀和废气阀均采用闸阀，阀体、阀板密封面堆焊硬质合金，阀板密封面为不锈钢，耐磨损，双楔双面密封，密封性能稳定。强度试验：1.5 倍工作压力气压，20min 无异常。气密性试验：间隙检验，密封面间隙不大于 0.03mm；通以 1.0 倍密封压力的压缩空气，保压 5min，压降不大于 6%。

充压阀要求设置三位控制开关，以利于调节风量。

C　蝶阀

为了安全，煤气切断阀一般配置两台，中间设有煤气放散阀，用于该热风炉送风时使煤气和热风炉彻底断开，见图 10-66。助燃空气切断阀用于切断助燃空气管道和热风炉的联系。烟道阀用于隔断烟道与热风炉；冷风阀用于隔断冷风管道与热风炉。

非高温切断阀可选用竖型闸阀或蝶阀。竖型闸阀的优点是流阻小，工作稳定可靠；其缺点是体积和重量大。在工作条件下，阀杆的直线运动方式很难做到长期保持良好密封状态。用于工作压力很低、直径很大的煤气切断阀时，密封性能达不到要求。蝶阀的应用可以很好地弥补闸阀的弱点。它的特点是重量轻、阀杆的旋转运动，容易实现少泄漏或无泄

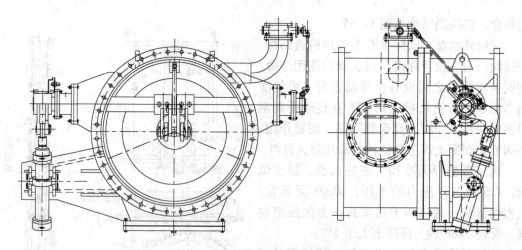

图 10-66　带人孔及放散阀的煤气燃烧阀

漏。低压时也能保证良好的密封。其缺点是阀门流阻较大，需要较大驱动力。目前蝶阀有双偏心、三偏心和三杆式切断阀（见图 10-67）。

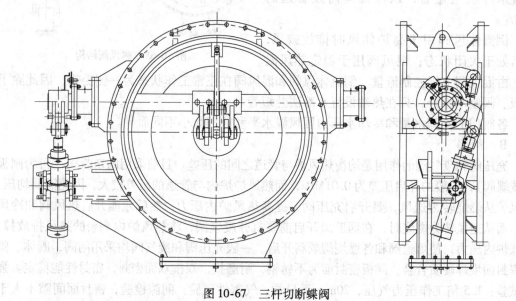

图 10-67　三杆切断蝶阀

10.6.3.3　助燃风机和检修起重机

助燃风机的能力，应根据工艺设施的阻力损失和燃烧的煤气量进行选择。

热风炉的气体阻力很大。不可能仅靠烟囱抽出烟气，必须使用助燃风机强制供应助燃空气。用于热风炉助燃空气的含尘量宜小于 **10mg/m³**。确定助燃风机压力时，应包括余热回收装置在内的系统流路阻力损失。助燃空气压力值宜符合表 10-35 的规定。

表 10-35　助燃空气压力值

炉容级别/m³	1000	2000	3000	4000	5000
助燃空气压力/kPa	≥10		≥12		

注：当采用热风炉自身预热、蓄热式热风炉或换热器预热助燃空气时，还应增加助燃空气的压力。

为了确保热风炉格孔不渣化、不堵塞、延长寿命,《规范》规定了热风炉助燃空气的含尘量。热风炉通常以环境大气作为助燃空气,按照我国新的环保法的要求,冶金工厂烟囱高空排放浓度为 $50mg/m^3$,冶金工厂厂区低空环境空气含尘小于 $5mg/m^3$,空气质量可以满足本规范规定的要求。

当采用热风炉自身预热、蓄热式热风炉预热助燃空气时,根据鞍钢几座高炉的实际经验,应在表 10-35 的基础上适当增加助燃空气的压力。如鞍钢 7 号高炉、鞍钢 10 号高炉采用热风炉自身预热方式,鞍钢新 2 号高炉和鞍钢新 3 号高炉采用蓄热式热风炉预热助燃空气方式,这 4 座高炉热风炉助燃风机压力均为 15kPa。

以前热风炉大多采用分散送风。随着高炉的大型化,助燃风机的能力也相应增大,大容量电机的频繁启动和消声等问题出现,同时为减少设备,提高工作的可靠性,逐渐采用集中送风方式。

要求助燃风机的机壳要有足够的刚度和强度,吊装方便,带人孔门,机壳最低点设排污孔。助燃风机的调节性能良好;保证性能参数,特性曲线无负偏差;临界速度至少高于设计速度的 25%。风机的设计应考虑到稳定工况下的离心力、压力、热应力,以及风机自重和保温重量的同时作用。在风机机壳外包裹消声材料,风机入口安装消声器。一般热风炉配置两台助燃风机,一台工作,一台备用。

助燃风机的形式与热风炉需要的助燃空气量有关。中型热风炉采用单吸入、双支撑风机;大型热风炉采用双吸入、双支撑的风机。为了调节风机的风量,风机入口设有调节风门,采用电动执行器调节。大型热风炉还可采用变频调速的电机,增加其运行稳定性。

为了减少振动的影响,延长其寿命,风机的进出口均可设置软连接。设有冷却水冷却风机轴承。大型风机要求设有完备的温度和振动的检测设施及声光报警,保证其正常运行。

随着大型高炉冶炼的不断强化,高炉鼓风压力、热风炉助燃风机能力都不断提高,热风炉助燃风机工作噪声及高炉冷风放风噪声均超过环保法规定的噪声值,因此,必须采取相应降噪措施,以便将热风炉助燃风机工作噪声和冷风放风噪声控制在低于 85dB,改善厂区作业环境,实现环境友好。目前的通常做法是分别在热风炉助燃风机吸风口和冷风放风阀出口设置相应的消声器,同时要在助燃风机出入口处设置软连接。

为了保证热风炉的正常燃烧,除了对助燃风机的压力提出要求以外,《规范》提出**确定热风炉净煤气接点压力时,应包括余热回收装置的阻损在内的系统流路阻力损失。净煤气接点压力值应符合表 10-36 的规定。**

表 10-36 净煤气接点压力值

炉容级别/m³	1000	2000	3000	4000	5000
煤气压力/kPa	≥8			≥10	

随着高炉的大型化,热风炉的各种阀门趋于大型化,安装位置也不断抬高,给设备的安装、检修吊装带来了一定的困难。因此应配置检修起重机,一般在热风阀侧设置一台、烟道侧设置一台。起重机应依据设备的最大可拆卸质量和体积选择吊装能力和吊装高度,并在相关的平台上设置吊装孔,地面设有运输通道和停放位置。

10.6.3.4 炉箅子及支柱

高炉的大型化，要求更高的风温，因此热风炉的烟气温度控制水平也在相应提高。大型高炉的热风炉均采用耐热铸铁制作炉箅子。

热风炉炉箅子及支柱由耐热球墨铸铁铸成，可以在低于350℃的温度下长期稳定运行。由于高炉要求的风温越来越高，很多热风炉提高热风炉的废气温度，要求炉箅子的耐热温度提高。因此炉箅子多采用钼铬合金铸铁，其正常操作温度在400℃，最高温度450℃。

炉箅子根据格砖的尺寸，铸有 ϕ43mm 的圆孔，或采用梅花孔结构，提高通孔率。炉箅子依靠下部的支柱和支柱上的两根横梁支承。横梁采用箱形结构，横梁之间采用螺栓连接，以减小悬臂，使梁受力合理。支柱用楔铁和螺栓找平定位后，浇注一层耐热混凝土，结构稳定，安装方便。

炉箅子支柱的布置应根据蓄热室断面形式而定，尽可能使每根支柱的受力基本一致，进一步提高稳定性。同时支柱的布置要适当考虑冷风和烟气的均匀分布，见图10-68。

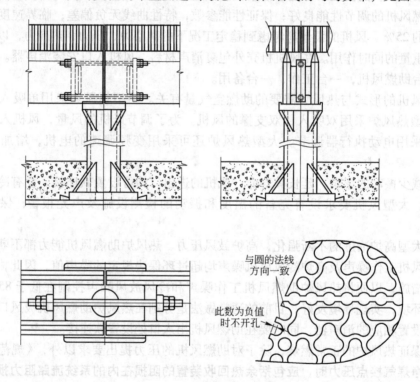

图 10-68　梅花孔炉箅子及支柱

炉箅子上的孔洞应与格砖相配合。炉箅子也已普遍采用梅花孔形孔洞。

蓄热室格砖下部的炉箅子、支柱长期承受高温荷载及周期性温度波动的作用，工况条件较为恶劣，因此须严格控制热风炉烟气温度，使之低于炉箅子及支柱的最高安全工作温度。热风炉炉箅子及支柱应根据烟气温度设定条件选用材质。一般应用的材料为耐热球墨铸铁，耐热钼铬合金铸铁，支柱一般宜采用圆形结构，横梁宜采用箱形结构，箅面格孔的设置应与格砖孔形相同，并考虑其透孔率要求。

当采用常规材料（如普通耐热铸铁）制作热风炉炉箅子、支柱时，热风炉烟气温度可控制在 250 ~ 300℃，不得超过常规材料的最高安全工作温度 350℃。超过该温度后，常规材料的抗压强度、抗弯强度等力学性能将显著下降，直至失效。

当采用耐热铸铁时，烟气温度可控制在 350 ~ 400℃，鞍钢新 1 号、2 号、3 号高炉，武钢 7 号高炉已经采用。热风炉的烟气热量必须进行回收利用，既可提高风温，又可节能，国内已广泛采用。因此，《规范》要求**采用常规材料的炉箅子、支柱时，热风炉排出的烟气温度不得超过 350℃；采用耐热材料时，可采用 400 ~ 450℃。热风炉排出烟气的余热应回收利用，设计中应配置余热回收装置预热空气和煤气。采用干法除尘时，可不预热煤气。**

10.7　热风炉废气热量利用及低发热值煤气提高热风温度的途径

10.7.1　废气热量利用

根据热风炉的工作条件，热风炉废气温度一般控制在 250℃左右，热风炉废气中含有大量的热能，充分利用热风炉废气余热，可提高热风炉系统的热效率，降低高炉的工序能耗。

热风炉的设计指导思想是尽量提高热风炉热效率，降低燃料消耗。这是高炉炼铁技术发展的内在要求和必然趋势，是减少二氧化碳排放、降低污染和能耗、实现可持续发展、创建资源节约型企业的重要手段。

回收热风炉废气热量的较为成熟的方法是通过各种形式的换热器将烟气的热量传递给热风炉烧炉用的煤气和助燃空气，由于被预热的煤气和助燃空气增加了物理热，可提高理论燃烧温度。实践证明，助燃空气每提高 100℃，相应提高理论燃烧温度 30℃；煤气每提高 100℃，相应提高理论燃烧温度 50℃，拱顶温度也相应地得到提高，进而提高热风温度。经过换热的热风炉的废气温度一般降低至 150℃左右，此时的热风炉废气还可送给煤粉车间与烟气发生炉产生的高温烟气混合作为制粉系统的惰性干燥剂进一步利用，将煤粉干燥后，排入大气的干燥剂温度低于 90℃。

目前国内外热风炉上已广泛采用烟气预热回收技术，其换热设备形式主要有热管式、热媒式和金属板式等。目前应用较多的是分离式热管换热器。

热风炉宜设置余压回收装置。热风炉换炉时的剩余压力可作换炉充压用。

10.7.1.1　分离式热管换热器

热风炉分离式热管换热器，利用热风炉烟气余热预热助燃空气和煤气。该双预热系统由三台换热器组合而成，热风炉的烟气经烟气总管进入烟气换热器加热管内的工质，烟气经烟囱排空，而工质则经自然分流，分别通过煤气换热器和空气换热器加热煤气和助燃空气，加热后的煤气和助燃空气送热风炉燃烧。工艺流程见图 10-69。

热管式换热器的传热体由管束和管束内的热工介质组成。热管是一种新型高效率的换热元件，其本身是一个封闭抽真空的管件，管内充入适量的热工介质。热管一般以蒸馏水、二次蒸馏水或液态无机混合物作为热工介质。热管式换热器是利用热工介质传递热量，即热风炉废气首先将热工介质加热，被加热的热工介质再加热被预热的空气或煤气。热工介质的传热效率随时间衰减，热管式换热器的预热效果会随时间的推移而逐渐下降。

热管式换热器属于低温换热器，它能够承受的废气温度一般要低于 400℃，过高的废

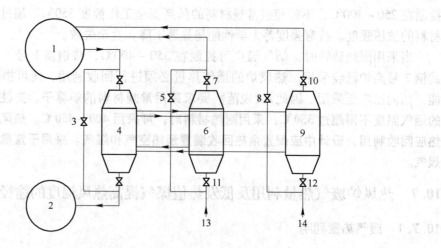

图 10-69 分离式热管换热器工艺流程

1—热风炉；2—烟囱；3—烟气旁通阀；4—烟气换热器；5—煤气旁通阀；6—煤气换热器；
7—煤气出口切断阀；8—空气旁通阀；9—空气换热器；10—空气出口切断阀；
11—煤气入口切断阀；12—空气入口切断阀；13—煤气主管；14—助燃风机

气温度会引起热管内压力升高而造成热管爆裂。

热管换热器换热原理示意图见图 10-70。热风炉烟气经烟气总管流经蒸发器时，由于其温度作用，将蒸发器内的热媒蒸发为蒸汽，蒸汽在管内压差的作用下流向冷凝器，蒸汽在冷凝器内凝结，并将冷凝时放出的潜热传给管外的高炉煤气和助燃空气。冷凝后的热媒靠重力作用流回蒸发器，再进行蒸发、冷凝。如此循环往复，热量便不断由烟气间接传给高炉煤气和助燃空气。

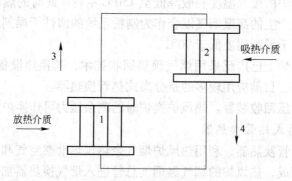

图 10-70 热管换热器换热原理示意图
1—蒸发器；2—冷凝器；3—蒸汽导管；4—冷凝液导管

分离式热管换热器与附加燃烧炉比较，其特点如下：

(1) 分离式热管换热器传热能力大，效率高，单位体积的热交换面积大，结构较紧凑，避免了高温流体及低温流体间的泄漏，安全可靠，并且在少量热管失效或损坏时，不会影响设备运行。

(2) 分离式热管换热器无运动部件，运行时不需要动力，气体阻力小；结构比较简单，由热膨胀产生的问题少，检修维护方便。

（3）分离式热管换热器预热温度较低，一般为 180~200℃。如果提高热风炉的烟气出口则不能用水作为热管的工质。

10.7.1.2 热媒式、旋转再生式、板式热交热器

在分离热管换热器推广使用之前，曾经使用过热媒式、旋转再生式、板式热交换器回收热风炉烟气的热量。

A 热媒式热交换器

由于宝钢 1 号高炉热风炉与烟囱之间的间距特别小，管道布置上有困难，采用了热媒式热交换器回收热风炉烟气热量的装置。工质为纯水，由循环水泵强制压入废气热交换器，加热后分别流入助燃空气和煤气预热器中，将热量传递给空气和煤气，使之加热到130~160℃，然后流回循环泵。

热媒式热交换器的特点如下：

（1）热媒由热媒泵输送，基本上可保持原有的热风炉管道布置不变；

（2）较分离热管的维修量大；

（3）热效率较分离热管低。

B 旋转再生式热交换器

马钢和杭钢曾经采用旋转再生式热交换器回收热风炉烟气的热量。旋转再生式热交换器是由钢板蓄热体制作成转鼓，当转鼓到高温废气通道时，一部分蓄热体被加热；旋转到低温的助燃空气通道时，把热量传给助燃空气。

旋转再生式热交换器的特点如下：

（1）适应高温运用；

（2）设备结构大，转动部件重量大，维修量大；

（3）热风炉管道必须重新布置；

（4）热效率低，漏风损失大。现在已不再采用。

C 板式热交换器

板式回收热风炉烟气热量的装置是由金属板制成的，曾经在攀钢使用过。其特点为：

（1）热风炉管道必须重新布置；

（2）热效率低，已不再使用。

10.7.2 使用低发热值煤气获得高风温的方法

影响热风炉送风温度的因素有热风炉燃烧气体的理论燃烧温度和拱顶温度、热风炉蓄热室内的热交换、热风炉操作制度、热风炉的保温状况等。在热风炉的结构和操作制度确定后，燃烧气体的理论燃烧温度是影响风温的主要因素。影响燃烧气体理论燃烧温度的主要因素有煤气的低发热值、助燃空气和煤气带入的物理热等，提高风温就要从影响燃烧气体理论燃烧温度的因素入手。

拱顶温度与热风温度之间有一个温度效率 η_t 的简单关系式：

$$t_f = \eta_t \times t_d \tag{10-61}$$

式中　t_f——热风出口温度，℃；

　　　t_d——热风炉拱顶温度，℃；

η_t——温度效率，一般取 0.84 ~ 0.86。

拱顶温度比热风出口温度约高 120 ~ 180℃，如若缩短送风时间的话，两者之差可以减小至 80℃。一般来说，热风炉燃烧末期拱顶温度越高，能够送出的风温越高。温差过大会降低温度效率，温差过小则需增加蓄热面积，不经济。拱顶温度与煤气的质量、理论燃烧温度有关，它还受到耐火材料质量的限制。理论燃烧温度还受过剩空气量和不完全燃烧的影响，实际的燃烧温度（即烟气温度）略低于理论燃烧温度。加上热风炉的外部热损失，拱顶温度比理论燃烧温度低 70 ~ 90℃。

因此，在正常生产条件下进行高风温技术研究，主要以提高理论燃烧温度为基础，采取相应措施来提高鼓风温度。

预热助燃空气及预热煤气后理论燃烧温度的变化情况见图 10-71。

单独预热高炉煤气或助燃空气，从理论上讲都可以提高热风炉的理论燃烧温度。但实际上过高地预热某一温度，因温差过大会使热风炉燃烧器受到温度应力破坏，缩短使用寿命。同时将高炉煤气和助燃空气预热，不仅会明显提高热风炉的理论燃烧温度，而且有利于提高热风炉的寿命，降低能源消耗。

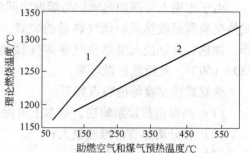

图 10-71　预热助燃空气及预热煤气
对理论燃烧温度的影响
1—预热高炉煤气温度的效果；
2—预热助燃空气温度的效果

在将发热值为 3150kJ/m³ 的高炉煤气加热到 100 ~ 300℃，助燃空气加热到 100 ~ 600℃，取空气过剩系数为 1.15 时，可以得到不同对应关系下的热风炉理论燃烧温度，见表 10-37。

表 10-37　预热煤气和助燃空气后对应的理论燃烧温度　　　　　　　（℃）

空气温度/℃	煤气温度/℃			
	45	100	200	300
36	1142	1170	1222	1275
100	1161	1189	1241	1294
200	1192	1220	1272	1325
300	1223	1251	1302	1355
400	1254	1282	1333	1386
500	1286	1314	1365	1418
600	1318	1346	1397	1450

热风炉采用的燃料应根据全厂煤气平衡确定。宜采用高热值煤气，有条件的企业宜采用转炉煤气。焦炉煤气和转炉煤气的低发热值分别为 17600kJ/m³ 和 6700kJ/m³，它们的低发热值要明显高于高炉煤气的低发热值，随着炼铁技术的进步，高炉入炉焦比和燃料比逐年下降，导致高炉煤气发热值降低，一般高炉煤气发热值仅在 3100kJ/m³ 左右，热风炉单烧高炉煤气风温只能达到约 1000 ~ 1050℃，根本满足不了高风温的需要。采用混合的富化煤气是提高煤气的低发热值和提高风温的最简便有效的方法。许多企业还有大量转炉煤气没有很好利用，《规范》提出要充分利用转炉煤气。但有些钢铁企业因高热值煤气紧缺而

不能采用这种方法，只能寻求其他的解决办法。

为了实现较高风温水平的热风炉系统自身余能的充分利用，各厂应根据自身的实际情况，在新建和改建项目中尽量采用各种预热工艺，最大程度地利用和回收热风炉系统自身余能和热风炉废气余热，提高热风炉系统的热效率和热能的循环利用率。

采用单一高炉煤气作燃料时，热风炉可采用自身余热、蓄热热风炉和前置炉等方法预热助燃空气，也可采用各种换热器预热煤气。

10.7.2.1 热风炉自身余热预热

我国首创的热风炉自身余热预热助燃空气的方法是利用热风炉送风期终了后，蓄热室自身"剩余的热量"来加热助燃空气，成为用低热值煤气获得高风温的一种有效方法。图10-72 为热风炉自身余热预热助燃空气的工艺流程图。用自身余热加热助燃空气必须增设一套冷、热助燃空气阀门和管道系统。助燃空气也设有混风室，调节助燃空气的温度，使之符合燃烧的要求。该技术自 20 世纪 60 年代发明以来，首先在当时的济南铁厂 3 号高炉热风炉上试验成功。80 年代后期，邯郸钢铁厂 $1260m^3$ 高炉热风炉采用该技术。1994 年，鞍钢 10 号高炉（$2580m^3$）热风炉采用该项技术后的实践表明，助燃空气可以预热到500℃，煤气由烟气预热到 180℃，风温稳定在 1150℃以上，最高可达 1200℃，热风炉热效率可达 78%。

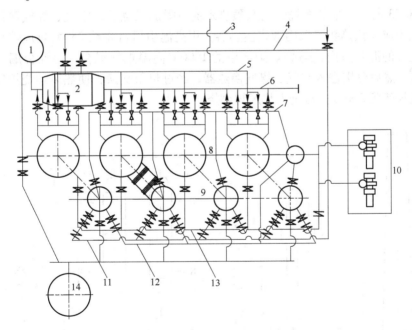

图 10-72　热风炉自身余热预热助燃空气的工艺流程图

1—烟囱；2—煤气换热器；3—预热前煤气主管；4—预热后煤气主管；5—冷风
主管；6—烟道主管；7—预热后助燃空气主管；8—热风炉组蓄热室中心线；
9—热风炉组燃烧室中心线；10—助燃风机；11—煤气主管；12—混合后
助燃空气主管；13—预热前助燃空气主管；14—热风围管

热风炉工作制度：四座热风炉，采用二烧、一送、一预热的工作制度。完成送风的热风炉转为预热炉，将一部分助燃空气由常温加热到 1000℃左右。被预热的助燃空气进入助燃空气混风室,与未被预热的助燃空气混合到 500~600℃,然后,送入另一座热风炉与利用废气余热预热到约 200℃ 的高炉煤气一起烧炉。预热期以后,该预热炉转为燃烧炉。鞍钢 10 号高炉(有效容积为 2580m³)是国内较早运用自身预热技术的大型高炉,自 1994 年投产至今,在单烧高炉煤气条件下,年均风温达到 1150℃,取得可观的经济效益。鞍钢 7 号高炉(有效容积为 2580m³),2003 年改造大修时采用了自身预热工艺。2004 年 9 月投产,在单烧高炉煤气条件下,2005 年 3 月月平均风温达到 1210℃,2005 年年平均风温达到 1191℃,取得了采用低热值高炉煤气获得高风温的效果。自身预热技术在鞍钢两座 2000m³ 级的高炉上获得了成功应用。自身预热技术的主要优点是充分利用低热值煤气获得高风温。其缺点是单位炉容蓄热面积较大,要求热风炉具有充足的热储备能力;热空气管道通径大,管系复杂,需要增加两套(8 台)热风阀及水冷系统;在老厂改造中实施难度较大;控制系统相对复杂;一次性投资偏高。

自身预热是利用热风炉送风后的余热预热助燃空气,每座高炉必须配置 4 座热风炉才能实现。同时热风炉系统的阀门和管道增加,给设备检修带来了一定的难度,热风炉燃烧器的能力也要加大。3 座热风炉只能实现一烧一送一预热,相当于其中的一座热风炉用于预热。

10.7.2.2 附加燃烧炉的双预热

如图 10-73 所示,附加燃烧炉的双预热系统由附加燃烧炉、空气、煤气双预热装置及烟气引风机组成。预热装置采用管式换热器,用高温引风机将约 250℃ 热风炉烟道废气引入燃烧炉上部的混合室内,与燃烧炉产生的 1000℃ 高温烟气混合,使混合烟气温度达到 500~600℃,然后分别进入空气、煤气换热器,经过热量交换,使热风炉烧炉所需要的空气、煤气被加热到 300℃,再进入热风炉燃烧。

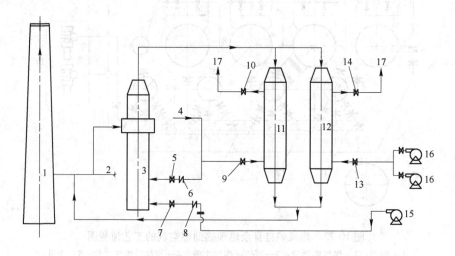

图 10-73 附加燃烧炉的双预热系统

1—烟囱;2—烟道;3—热风炉;4—煤气总管;5—煤气阀;6—煤气调节阀;7—助燃空气阀;8—空气调节阀;9—煤气入口阀;10—煤气出口阀;11—煤气换热器;12—空气换热器;13—空气入口阀;14—空气出口阀;15—燃烧炉用助燃风机;16—助燃风机;17—送往热风炉

因为提高了空气、煤气的物理热,所以可相应提高热风温度。生产实践证明:采用带有附加燃烧炉的双预热装置,可保证高炉送风温度达到1200℃以上。

(1) 附加燃烧炉。由陶瓷燃烧器、燃烧室和混合室组成。其主要作用是利用低热值高炉煤气产生高温烟气。高温烟气在上部的混合室与来自热风炉烟道的热风炉废气混合,混合烟气分别进入空气和煤气换热器,将助燃空气和煤气预热至所需要的温度。

可通过调节高温烟气与热风炉废气的比例来控制混合烟气的温度和流量,从而达到预期的预热效果。

(2) 煤气和空气换热器。采用管式换热器,由高温段和低温段换热器组成,为了消除或减少温度应力的影响,在换热器上设有波纹管,吸收管束与换热器壳体产生的不同步位移。高温段换热器管束需要进行耐热处理。混合烟气通常经过管内,被预热的煤气和空气经过管外。为了减少占地面积,换热器和燃烧炉通常采用竖向布置。

(3) 烟气引风机。将热风炉废气抽出送至附加燃烧炉混合室。通常采用高温轴流风机。

预热炉双预热的工艺特点:

(1) 热风炉在单烧高炉煤气条件下,送风温度达到1200℃以上;

(2) 操作简单,运行可靠,可随意调节空气、煤气预热温度,满足生产需要;

(3) 占地面积小,维护量少,不需要增加操作人员;

(4) 设备可靠,寿命长,可保证一代寿命达到12年以上;

(5) 经济效益显著,投资回收期短(一年以内)。

预热炉双预热的运行效果:1998年该技术首先在鞍钢11号高炉上(2580m³)应用,经过多年的不断改进和完善,已日趋成熟。自2000年起,该技术已被2000年12月投产的太钢4号高炉(1650m³),2003年12月投产的梅山2号高炉(1280m³)和2006年11月投产的太钢3号高炉(2000m³)所采用,均取得预期效果。

太钢4号高炉附加燃烧炉双预热系统将煤气和空气预热到230℃,风温由预热前的1010℃提高到1170℃。该系统自2000年12月投产以来一直平稳运行。梅山2号高炉附加燃烧炉双预热系统将煤气和空气预热到260℃,风温由预热前的1025℃提高到1200℃。这两座高炉均采用单一高炉煤气作为热风炉燃料。

附加燃烧炉的管式换热器预热助燃空气和煤气,燃烧炉不存在问题,但换热器的加大给制造和施工带来了一些困难。

10.7.2.3 蓄热式热风炉预热助燃空气

蓄热式热风炉预热助燃空气主要用在大型高炉的热风炉上。图10-74为蓄热式热风炉预热助燃空气的流程图。一般设置两座预热热风炉,两台助燃风机,一台工作、一台备用。其工艺流程是:高炉煤气和助燃空气进入预热炉进行燃烧,达到要求的拱顶温度后,转入送风。热风炉的助燃空气一部分进入预热炉加热,然后进入混风室;另一部分直接进入混风室。冷、热助燃空气经混风室混合后送往热风炉进行燃烧。混合后助燃空气的温度根据热风炉燃烧需要,用调节阀调节其预热助燃空气的流量。

预热炉的特点:预热炉是低等级的小热风炉,操作简单,易于维护。相对于自身预热助燃空气的方式,其占地面积较大,但投资较少。

目前预热炉多采用顶燃式。蓄热体可采用耐火球或格砖。首钢及京唐高炉的预热炉采用格砖,鞍钢新2号、3号、4号高炉的预热炉采用耐火球。

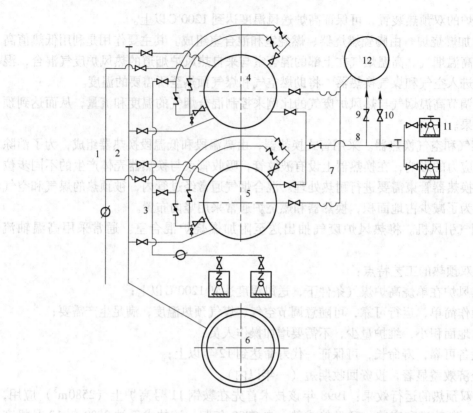

图 10-74 蓄热式热风炉预热助燃空气的流程图

1—煤气主管；2—烟道主管；3—助燃空气主管；4—1 号预热炉；5—2 号预热炉；

6—烟囱；7—热空气主管；8—冷空气主管；9—冷空气调节阀；

10—冷空气放风阀；11—助燃风机；12—混风室

10.8 热风炉操作

10.8.1 烘炉

任何形式的热风炉都是耐火材料的砌体，在投入使用之前都要进行烘炉，其目的主要有以下三点：

（1）缓慢将耐火材料内的水分烘干，使砖缝硬化，增加砌体的稳定性，同时避免因水分蒸发过快而产生爆裂和膨胀，破坏耐火砌体。

（2）使耐火材料均匀、缓慢而又充分膨胀，避免砌体因热应力集中或耐火砖内晶型转变而造成损坏。

（3）热风炉内蓄积足够的热量，保证高炉烘炉和开炉所需要的风温。

10.8.1.1 烘炉原则

烘炉的原则是：

（1）烘炉以热风炉的拱顶温度作为依据，以废气温度和界面温度作为参考。

（2）由于热风炉使用的耐火材料的性质有一定的差别，根据实际情况，制定合理的烘炉曲线。

（3）严格按照烘炉曲线进行烘炉，操作人员可以通过调节烟道阀、调节空气和煤气等进行拱顶温度和废气温度的控制，拱顶温度波动控制在±5℃范围内。

（4）热风炉烘炉必须连续进行，严禁中断烘炉过程，以免由于温度波动损坏耐火材料。如因故必须停止烘炉时，要设法保温，恢复烘炉后，应在此基础上按烘炉曲线升温，不能加快升温速度。

（5）注意控制烟道温度，以免由于同高炉烘炉衔接不好而导致废气温度上升过快，影响高炉开炉风温的使用。

（6）烘炉的过程中，要严格监视热风炉各部位炉壳的膨胀情况，避免损坏设备。

10.8.1.2 烘炉曲线的制定

A 烘炉升温进程

由于各地原材料的化学成分和物理性能不同，以及制砖过程中操作上存在差异，应根据各厂生产耐火材料的质量，以及热风炉的砌筑情况，制定热风炉烘炉升温进程表（见表10-38）。

表10-38 热风炉烘炉升温进程表

项 目	砌体材料	前期升温速度/℃·班$^{-1}$	关键温度点/℃	后期升温速度/℃·班$^{-1}$	总计烘炉时间/d
中 修	高铝砖或黏土砖	40	300	60~100	5~6
	硅 砖	10	300 600	20~40	15~20
新建和大修	高铝砖或黏土砖	30	300	50~100	6~7
	硅 砖	2~3	300 600	2~5	20~22

B 烘炉曲线

不同耐火材料砌筑的热风炉的烘炉曲线见图10-75。

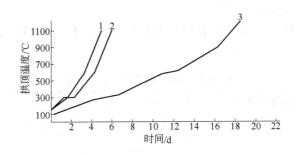

图10-75 热风炉烘炉温度曲线

1—高铝砖中修热风炉；2—新建高铝砖或高炉大修后硅砖热风炉；3—新建硅砖热风炉

10.8.1.3 烘炉操作

做好各项准备工作以后，就可以开始烘炉了。首先把烘烤器点燃，操作岗位熟悉各个阀门的活动范围，调整火焰，使拱顶温度稳定在150℃或者100℃，恒温两个班的时间。这时检查热风炉各部分的情况，如果没有影响烘炉进程的问题，就可以按烘炉曲线进行烘炉了。烘炉是一个连续的过程，中间不得停止。

烘炉初期，要严格按照升温曲线进行，调节的过程中要及时观察火焰的颜色，使空气和煤气充分混合，避免火焰熄灭。同时，要使烟气量大一些，这样可以多带走一些水分，但烟气量也不要太大，以免引起废气升温过快，影响后期的烘炉操作。

在关键温度控制点上要格外小心，温度不能波动，避免因温差大而损坏耐火材料。

烘炉后期的要求不是太高，可以根据实际情况来调整烘炉的进程，最好做到烘炉结束后能及时为高炉送风。如果不能及时为高炉送风，就要做好保温工作。

10.8.2 凉炉

热风炉的凉炉和烘炉一样，也要根据耐火材料的性质来控制凉炉的速度。凉炉速度慢，影响检修工期。如果凉炉速度过快，会损坏耐火材料，所以热风炉的凉炉要根据实际情况来确定合理的凉炉方式和凉炉速度。

热风炉的凉炉方式一般分为自然凉炉和强制凉炉两种。自然凉炉就是在热风炉停止生产后，打开热风炉的上下部人孔，自然通风冷却，使热风炉慢慢地冷却下来。采用这种凉炉方式，对耐火材料的损害小，但时间比较长，一般受生产条件的限制，很少采用。强制凉炉是采用外界强制通风，使炉子凉下来的方式。这种方式可控性强，时间比较短。生产中，通常所说的热风炉的凉炉都是指强制凉炉。

10.8.2.1 凉炉方法

一座高炉同时配备三座或四座热风炉，当有一座热风炉在检修期间高炉正常生产，需要凉炉的热风炉为高炉送最后一次风，这期间热风炉炉顶温度降低到900℃，换炉后采用冷风均压阀为高炉小送风，并且通过对冷风阀或者冷风均压阀开度的控制来控制拱顶温度下降的速度。这种为高炉送风的流程，符合硅砖的工作状态，确保了硅砖砌体的稳定降温，消除急冷急热的影响。

当炉顶温度在300℃以下时，炉顶温度下降的速度不明显，改为用助燃风机拨风，反吹冷却凉炉。通过对空气调节阀的开度控制来实现拱顶温度下降的速度控制。

10.8.2.2 凉炉曲线的制定

热风炉的凉炉和烘炉一样，也要根据各厂生产耐火材料的质量以及热风炉的砌筑情况，制定降温进程表，见表10-39。

表10-39 热风炉凉炉降温进程表

砌体材料	前期降温速度/℃·班⁻¹	关键温度点/℃	后期降温速度/℃·班⁻¹	总计凉炉时间/d
高铝砖或黏土砖	50~100	300	40	5~6
硅 砖	40	550 260 160	20	15~20

用不同耐火材料砌筑的热风炉的凉炉曲线见图10-76。

10.8.2.3 凉炉注意事项

注意事项包括：

(1) 严格按凉炉曲线凉炉，确保降温速度均匀、稳定。

（2）凉炉期间严密监视炉顶温度变化，做到勤观察、勤调整、勤联系，防止热风炉炉顶降温速度过快或者过慢。

（3）采用助燃风机凉炉时，要经常检查风机运转情况，如出现异常应及时汇报、处理，保证凉炉工作顺利进行。

（4）高炉冷风凉炉期间，控制好冷风流量、压力，防止恶性事故的发生。

（5）做好凉炉期间的记录工作，主要记录拱顶温度、冷风流量、废气温度等的变化，如有异常情况应及时采取应对措施。

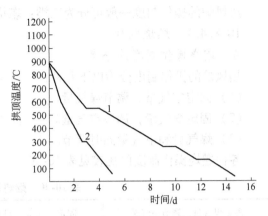

图 10-76　热风炉凉炉温度曲线
1—硅砖热风炉；2—高铝砖、黏土砖热风炉

10.8.3　热风炉的保温

热风炉的保温（重点是硅砖热风炉的保温），是在高炉停炉或热风炉需要检修时进行。应保持硅砖砌体温度不低于 600℃，而废气温度又不高于 400℃。可根据停炉时间的长短与检修的部位和设备情况，采用不同的保温方法。一般的保温方法是：

（1）高炉 6 天以内的休风，热风炉又没有较多的检修项目，在高炉休风前将热风炉烧热，将炉顶温度烧到允许的最高温度即可。

（2）高炉 10 天以内的休风，热风炉又没有什么检修项目，在高炉休风前将热风炉逐渐凉炉，特别是将废气温度降低，保温期间炉顶温度低于 700℃ 时就烧炉加热，可以保持 10 天废气温度不超过 400℃。

（3）如果是长时间的保温，则炉顶温度低于 750℃ 时，就烧炉加热；废气温度高于 350℃ 时就送风冷却，冷却风由热风总管经倒流管排放大气中。为了不使热风窜到高炉而影响施工，在倒流休风管和高炉之间的热风管内砌一道挡墙。

热风炉拱顶温度降到 750℃ 时就强制烧炉，再次烧炉时间为 0.5~1h，拱顶温度达到 1100~1200℃。废气温度达到 350℃ 时就送风冷却。冷风流量约为 1000~3000m³/min，风压为 5kPa，冷风由高炉风机拨风或者安装通风风机。操作程序和热风炉正常工作程序一致，各座热风炉轮流燃烧、送风。每个班每座热风炉约换炉一次。这是燃烧加热保持拱顶温度、送风冷却、控制废气温度的做法。

自身预热的热风炉的保温方式比较简便。用助燃空气冷却废气温度高的热风炉，热空气提供给另一座拱顶温度低的热风炉燃烧用，这样进行循环，保温时间比较长，操作简单，是自身预热式热风炉的优点之一。

应特别注意的是热风炉保温烧炉时，由于热风阀不严，燃烧产生的含有少量煤气的烟气极易窜到高炉。因此热风炉烧炉时，高炉风口周围区域、炉内严禁有人作业。

10.8.4　热风炉的操作制度

热风炉的操作制度的合理化对于提高热风炉的蓄热量、格砖利用率、提高热风温度、节能减排、延长热风炉寿命至关重要。例如采用快速烧炉、交叉并联送风和缩短送风时间都是提高热风炉效率的有效措施。

热风炉的操作制度一般可分为三类：燃烧操作制度、送风操作制度和换炉操作制度。

10.8.4.1 燃烧制度

A 燃烧操作制度的分类

热风炉的操作制度分为以下几种：

(1) 固定空气量，调节煤气量。

(2) 固定煤气量，调节空气量。

(3) 煤气量和空气量同时调节。

各种燃烧操作制度的比较见表 10-40。

表 10-40 燃烧操作制度的比较

固定煤气量，调节空气量	固定空气量，调节煤气量	空气量和煤气量同时调节
1. 整个燃烧期煤气量固定不变； 2. 当拱顶温度达到规定值时，以增加空气量来控制拱顶温度； 3. 因废气量大，流速大有利于对流传热	1. 当炉顶温度达到规定值时，以减少煤气量来控制炉顶温度； 2. 因废气量减少，不利于传热和热交换的强化，蓄热能力差	1. 燃烧初期采用最大煤气量和适当的空燃比燃烧，当拱顶温度达到规定值时，同时减少空气量和煤气量来维持拱顶温度； 2. 适合自动燃烧，既能使热风炉蓄热合理，又能节约燃料

B 降低空气过剩系数

在相同条件下，理论燃烧温度随着空气过剩系数的降低而升高。在有条件时，降低空气过剩系数，可使烟气量 V_g 降低，从而获得较高的理论燃烧温度，在其他条件不变的情况下，不同热值的高炉煤气在空气过剩系数发生变化时的理论燃烧温度如图 10-77 所示。

在操作热风炉时，不管高炉煤气、助燃空气是否预热，当空气过剩系数降低时，理论燃烧温度均能得到相应的提高，并且降低热损失。在不同高炉煤气、助燃空气温度时，空气过剩系数对理论燃烧温度的影响见图 10-78。

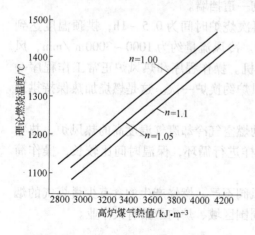

图 10-77 空气过剩系数和理论燃烧温度

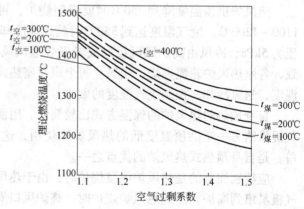

图 10-78 空气过剩系数对理论燃烧温度的影响

C 使用转炉煤气

转炉煤气（LDG）的可燃成分主要是 CO，发热值约为焦炉煤气（COG）的 40%，在焦炉煤气紧张的地方，转炉煤气可以替代焦炉煤气进行热风炉烧炉，获得高的风温。宝钢高炉在余热回收的情况下，用转炉煤气替代焦炉煤气，风温仍可达到1250℃。热风炉烧炉常用的煤气成分见表10-41。

表 10-41 热风炉烧炉常用的煤气成分

| 种 类 | 成 分/% | | | | | | 发热值/kJ·m⁻³ |
	CO_2	CO	H_2	N_2	CH_4	C_2H_4	
高炉煤气	20 ~ 24	19 ~ 23	2 ~ 4	50 ~ 55			2850 ~ 3220
转炉煤气	16 ~ 18	62 ~ 64	1 ~ 2	18 ~ 20			7530 ~ 8380
焦炉煤气	2 ~ 3	6 ~ 7	56 ~ 58	3 ~ 8	27 ~ 29	2 ~ 3	18000 ~ 19300

以转炉煤气替代焦炉煤气烧炉有以下特点：

（1）燃烧转炉煤气后传热载体总量增加，降低拱顶热量的积聚。

（2）由于转炉煤气发热值低于焦炉煤气，拱顶辐射传热效率下降。

（3）低热量、大流量的转炉煤气有利于蓄热室中、下部格砖的蓄热。

使用转炉煤气烧炉，应保持快速烧炉；设定转炉煤气流量的下限值，通过转炉煤气/高炉煤气的比例控制，使废气达到管理温度，高炉煤气流量不再下降。图10-79所示为宝钢热风炉使用转炉煤气烧炉前后的实绩。

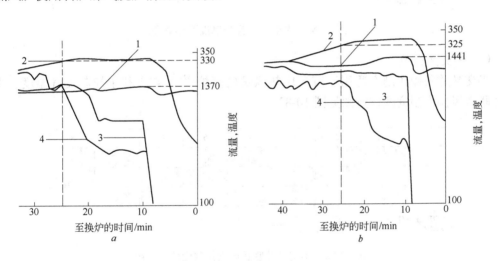

图 10-79 改进前和改进后的烧炉方法

a—改进前；b—改进后

1—拱顶温度（℃）；2—废气温度（℃）；3—转炉煤气流量（m³/min）；4—高炉煤气流量（m³/min）

10.8.4.2 送风操作制度

A 交叉并联

一般交叉并联操作制度适合于有4座热风炉的高炉。两座热风炉燃烧，两座热风炉送风，交错进行。这种操作方式风温稳定，提高热风炉热效率，并减少换炉时的风温、风压波动有利于高炉的顺行。交叉并联操作制度的作业图见图10-80。

B 两烧一送

两烧一送操作制度适合于有3座热风炉的高炉。这是一种传统的操作制度，送风初末

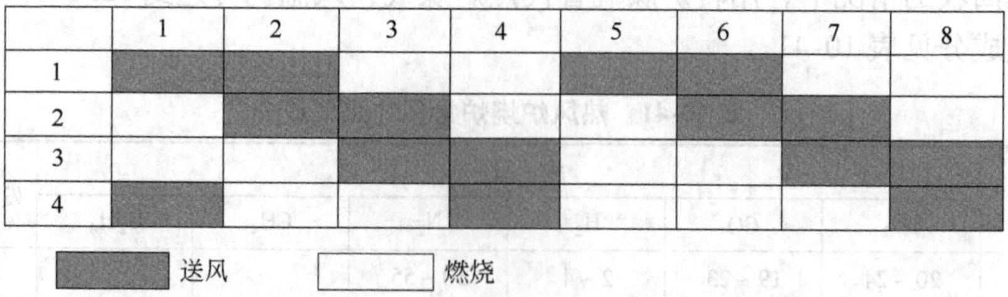

图 10-80 交叉并联操作制度的作业图

期温差较大，需要混入一定量的冷风来调节风温，减少波动。两烧一送操作制度的作业图见图 10-81。

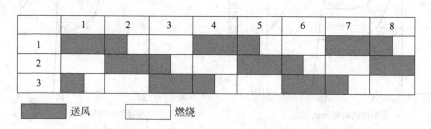

图 10-81 两烧一送操作制度的作业图

C 半交叉并联

半交叉并联操作制度适用于有 3 座热风炉的高炉[39]。它有利于控制废气温度。半交叉并联送风操作制度的作业图见图 10-82。

图 10-82 半交叉并联送风操作制度的作业图

D 各种制度的比较

各种送风操作制度的比较见表 10-42。

表 10-42　各种送风操作制度的比较

送风制度	适用条件	风温波动	热效率	周期煤气量
交叉并联	4 座热风炉常用	波动小	最高	少
两烧一送	3 座热风炉常用	波动稍大	低	多
半交叉并联	3 座热风炉燃烧能力大时用	波动较小	高	少

10.8.4.3 换炉操作制度

热风炉的设备、结构和使用燃料不同，换炉操作也不同。具有代表性的基本换炉程序见表10-43。

表 10-43 热风炉基本换炉程序

燃烧转送风		送风转燃烧	
停止烧炉	送 风	停止送风	燃 烧
1. 关焦炉煤气阀或者适当减少用量（指烧混合煤气的热风炉）； 2. 关小助燃风机拨风板（指集中鼓风的热风炉）； 3. 关煤气调节阀； 4. 关煤气闸阀； 5. 关空气调节阀（集中鼓风的炉子应关空气调节阀）； 6. 关煤气燃烧阀； 7. 开煤气安全放散阀； 8. 关空气阀； 9. 关烟道阀	1. 逐渐开冷风均压阀； 2. 开热风阀； 3. 开冷风阀	1. 关冷风阀； 2. 关热风阀； 3. 开废气阀，放尽废气即关	1. 开烟道阀，关废气阀； 2. 小开助燃空气调节阀、煤气调节阀； 3. 开助燃空气阀； 4. 开煤气燃烧阀； 5. 开煤气闸阀； 6. 开大助燃风机入口调节阀（单炉鼓风应启动风机）； 7. 开大空气调节阀和煤气调节阀； 8. 开助燃空气混风调节阀，使助燃空气达到规定的温度

10.8.4.4 高炉休风及送风操作

A 倒流休风及送风

高炉的倒流休风就是在高炉休风时，用设在热风炉管道上的倒流管道把炉缸内的残余煤气抽出的过程，称为倒流休风。其操作程序见表10-44。

表 10-44 倒流休风、送风操作程序

休 风	送 风
1. 关混风阀（冷风大闸）；	1. 关倒流阀；
2. 关热风阀；	2. 开冷风阀；
3. 关冷风阀；	3. 开热风阀
4. 开废风阀，放净废风；	
5. 开倒流阀，进行煤气倒流	

B 不倒流的休风及送风

高炉不倒流休风，不需要倒流时，将倒流休风、送风程序中的开、关倒流阀的程序取消即可。

参 考 文 献

[1] Hausen H. Näherungsverfahren zur Berechnung des Wärmeautaushes in Regeneratoren [J]. Z. Angew. Math. Mech. , 1931(11)：105~114.

[2] Hausen H. Berechnung von Regeneratoren nach der Gaußschen Integrationsmethode [J]. Int. J. Mass Heat Transfer，1974(17)：1111~1113.

[3] 项钟庸，郭庆弟. 蓄热式热风炉[M]. 北京：冶金工业出版社，1987.

[4] Hausen H. Berechnung der Steintemperatur in Winderhitzern. Arch [J]. Eisenhüttenw，1938/39 (12)：473~480.

［5］Hausen H. Vervollständigte Berechnung des Wärmeaustausches in Regeneratoren［J］. VDI-Beiheft Verfahren-stechnik, 1942(2): 31~43.

［6］Binder L. Auβere Wärmeleitung und Erwärmung electrischer Maschinen［M］. Diss. München, 1911.

［7］Schmidt E. Das Differenzenverfahren zur Lösung von Differentialgleichungen der nieht stationären Wärmeleitung, Diffusion und Impulsausbreitung［J］. Forschung Ing. Wes., 1942(13): 177~185.

［8］Hausen H. Wärmeübertragung im Gegenstrom, Gleichstrom und Kreuzstrom［M］. New York: Speinger-Verlag Berlin Heidelberg, 1976.

［9］Hausen H. Über die theorie des wärmeaustausches in regeneratoren［J］. Habilitationsschrift, 1927, 21(2): Z. f. angew. Math. Mech., 1929(9): 173~200.

［10］Willmott A J. Digital computer simulation of a thermal regenerator［J］. Int. J. Heat mass Tranafer, 1964 (7): 1291~1302.

［11］Frank W S, Willmott A J. Thermal Energy Storage and Regeneration［M］. 1980.

［12］项钟庸. 济南铁厂热风炉提高风温的分析［J］. 钢铁, 1976(3): 23; (4): 23.

［13］罗志红, 杨艳, 项钟庸. 高炉热风炉理论与设计［C］//2010 年全国炼铁生产技术会议暨炼铁学术年会论文集. 北京: 中国金属学会, 2010: 606.

［14］鞍钢炼铁厂, 鞍山钢铁学院. 高炉热风炉陶瓷燃烧器模型试验［J］. 鞍钢技术, 1975: (2).

［15］鞍山钢铁学院. 热风炉自身预热的陶瓷燃烧器模型试验研究报告［R］. 1997.

［16］邢桂菊, 等. 能谱分析法研究热风炉陶瓷燃烧器性能的冷态模拟试验［J］. 冶金能源, 1994, 13 (3): 18~21.

［17］杜廷发. 现代仪器分析［M］. 长沙: 国防科技大学出版社, 1997.

［18］鞍山科技大学. 鞍钢某高炉热风炉陶瓷燃烧器试验报告［R］. 2004, 5.

［19］何治. 栅格式陶瓷燃烧器冷态模拟试验研究［D］. 鞍山: 鞍山科技大学, 1996.

［20］赵治国. 热风炉用栅格式燃烧器燃烧场的试验研究与数值模拟［D］. 鞍山: 鞍山科技大学, 2001.

［21］贺友多, 李学华, 李超, 贺真. 对顶燃式热风炉燃烧器的认识［J］. 炼铁, 2007, 26(2): 43.

［22］安德烈·斯坦标林努. 工业火焰的燃烧过程［M］. 北京: 机械工业出版社, 1983.

［23］张胤, 贺友多, 李士琦, 沈颐身. 套筒式陶瓷燃烧器内燃烧过程数学模型［J］. 金属学报, 2000, 36(6).

［24］王莉, 张胤, 贺友多. 阻流板对陶瓷燃烧器及燃烧室内流动过程的影响［J］. 包头钢铁学院学报, 2000, 19(1).

［25］程显辰. 脉动燃烧［M］. 北京: 中国铁道出版社, 1994.

［26］Schick F T, Paiz H. Iron Steel Eng., 1974, 51(3): 41~44.

［27］Hodgson W R, 等. 雷德卡厂热风炉燃烧的改进［J］. 国外钢铁, 1989(2): 1~13.

［28］贺友多, 张胤, 李士琦, 沈颐身. 对热风炉用陶瓷燃烧器的评价［J］. 包头钢铁学院学报, 1999, 18(2).

［29］胡日君, 程素森. 考贝式热风炉拱顶空间烟气分布的数值模拟［C］//高风温长寿热风炉研讨会论文集. 中国金属学会炼铁专业委员会, 2005, 71~78.

［30］陈义胜, 张捷宇, 那树人, 贺友多, 等. 热风炉冷风分布的计算机模拟研究 (Ⅰ)［J］. 包头钢铁学院学报, 1999, 18(1).

［31］贺友多, 陈义胜, 贺真, 郝志忠, 韩建军. 浅论热风炉中的气体流动［C］//2005 年大高炉会议论文集.

［32］苏华钦, 刘前鑫, 刘传博, 金万敏. 磁流体发电专集［M］. 1979, 48~57.

［33］潘志生. 梅山 2 号高炉内燃式热风炉获高风温的生产实践［J］. 中国冶金, 2006, 16(8): 14~16.

［34］Box M J. A new method of constrained optimization and a comparison with other methods［J］. Computer J.,

1965, 8(1): 42.

[35] Somers R R. The design optimization of a single fluid, solid sensible, heat storage unit [J]. M. S. Thesis, Pennsylvia State University, University Park, Pa. , 1976.

[36] Schmidt F W, Somers R R, Szego H J, Laanaen D H. Desigign optimization of a single fluid, solid sensible, heat storage unit [J]. J. Heat Transfer, Trans. ASME, 1977, 99: 174.

[37] 杨艳, 罗志红, 项钟庸, 邹忠平, 赵瑞海. 热风炉蓄热室的优化[C]//2012 年全国高炉长寿与高风温技术研讨会论文集. 北京, 2012: 271.

[38] 唐耀, 赵瑞海, 罗志红, 印民, 邹忠平, 项钟庸. 高风温热风炉热风管系设计理念的探讨[C]// 2012 年全国高炉长寿与高风温技术研讨会论文集. 北京, 2012: 276.

[39] 唐文权, 冯燕波, 杨涛. 三座热风炉操作制度改用一烧两送热并联, 开辟高炉节能减排新途径 [C]//2012 年全国高炉长寿与高风温技术研讨会论文集. 北京, 2012: 307.

11 延长高炉寿命的措施

高炉炼铁设计、建设、生产应以精料为基础，贯彻喷煤、富氧、高压、高风温、低硅冶炼等技术方针。实现优质、低耗、长寿、高效、环保的目标。而延长高炉寿命不仅可以直接减少昂贵的大中修费用，而且可以避免由于停产引起的巨大经济损失。因此，延长高炉寿命是近百年来高炉炼铁工作者的中心课题。实践证明，实现高炉长寿是从设计、制造、施工、操作、维护、管理一套完整的系统工程。

11.1 高炉寿命的现状

11.1.1 高炉寿命

高炉的一代炉役的寿命为一座高炉新建或大修竣工点火开炉，生产若干年或一段时间后要进行大修，则停炉。从开炉到停炉运行了多少时间称为高炉一代炉役寿命。目前高炉寿命的计算比较混乱。判断高炉一代炉役的终结，高炉是否需要大修，主要依据是高炉本体能否维持生产。我们将高炉已经不能继续生产，而恢复生产时更换了炉缸炭砖，判定为高炉大修。更具体地说，放残铁并整体更换一层炉底炭砖则判定为大修。

长寿高炉应是一代炉龄（无中修）的时间与单位炉容一代炉龄的产铁量，两个指标均应同时达到《规范》的规定：**高炉一代炉役的工作年限应达到寿命大于 15 年以上。在高炉一代炉役期间，单位高炉容积的产铁量应达到或大于 10000t。**

过去或历史上高炉炉腹到炉身中下部寿命较短，一代炉役中要对这些部位的耐火材料或冷却器进行一次或多次检修或更换，更换有的要耗时 1~3 个月不等，这种检修不涉及风口以下部位，高炉也不处理炉缸剩余残铁，属于中修或年修。

随着工艺、制造、检修等技术水平的提高，特别是铜冷却器、软水（或工业纯水）的应用，提高了这些部位的寿命，可达到一代炉役的整体寿命，因此取消了中修。又随着检修水平的提高，或功能性检修技术开发，风口以上的局部损坏能够快速修复，如宝钢 3 号高炉曾经仅用 101 个小时更换了 S1、S2 段冷却壁。因此，很多问题在一般检修中就得以解决。

热风炉的设计寿命应达到 25~30 年。

11.1.2 高炉长寿实绩

高炉炼铁技术不断进步，使得高炉—转炉工艺流程目前仍占钢铁生产流程产量的 95% 以上。虽然中国年产铁量已经占全世界产量的一半。我国高炉炼铁技术水平仍然相对落后，表现在高炉的高效利用资源、能源，以及节能、长寿、环保方面，因此这些环节是当今炼铁技术的发展方向。

高炉炼铁生产已有几百年历史，近二十余年发展非常迅速，高炉寿命得以不断提高，

20 世纪 20 年代，鞍钢一座 531m³ 高炉 1919 年 4 月 29 日投产，只生产了 2 年零 7 个月就因事故破损，被迫停炉大修，这是过去资料上查到寿命最短的一座高炉。表 11-1 和表 11-2 列举了国内外部分高炉寿命状况，巴西图巴朗 Tubarao 1 号高炉创造 28 年寿命和一代炉役单位炉容产铁 21272t 的世界纪录。国内寿命最长的宝钢 3 号高炉达到 19 年寿命，还如武钢 5 号、首钢 1 号、首钢 3 号、宝钢 2 号等高炉寿命超过了 15 年。

表 11-1　国外部分长寿高炉

高炉名称	炉容/m³	开停炉时间	利用系数 /t·(m³·d)⁻¹	寿命/年	一代炉役单位炉容 产铁量/t·m⁻³
图巴朗 1 号高炉	4415	1983.11.30～2012.4.18	2.09	28.4	21272
千叶 6 号高炉	4500	1977.6.17～1998.3.24	1.77	20.9	13386
仓敷厂 4 号高炉	4826	1982.1.29～2001.10.15		19.9	
仓敷厂 2 号高炉	2857	1979.3～2003.8	1.94	24.5	15615
光阳厂 2 号高炉	3800	1988.7～2005.3	2.31	16.8	13555
艾莫伊登 6 号高炉	2678	1986～2002	2.27	16	12696
艾莫伊登 7 号高炉	4450	1991.6～2005.12		14.5	
施维尔根 2 号高炉	5513	1993.11～	1.95	20～	14313.7
大分厂 2 号高炉	5245	1988.12.12～2004.2.26	2.22	15.2	11826
神户制钢 3 号高炉	1845	1983.4～2007.11.1		24.7	
和歌山 4 号高炉	2700	1982.2～2009.7.11		27	
布来梅 2 号高炉	3200	1999～	1.83	14～	8357
汉堡 9 号高炉	2132	1987.12～2012	2.07	25	18136

表 11-2　国内部分长寿高炉

高炉名称	炉容 /m³	炉役 /代	开停炉日期	平均利用系数 /t·(m³·d)⁻¹	寿命 /年.月	一代炉役单位炉容 产铁量/t·m⁻³
宝钢 3 号高炉	4350	1	1994.9.20～2012.8.31	2.27	18.11	15700
武钢 5 号高炉	3200	1	1991.10.19～2007.5.30	1.95	15.8	11096.6
武钢 1 号高炉	1386	2	1978.12～1999.5.14	4 次中修	18.10	11171.8
宝钢 2 号高炉	4063	1	1991.6～2006.9	2.11	15.2	11679
鞍钢 10 号高炉	2580	1	1995.2.12～2008.10	2.23	13.8	10800
首钢 1 号高炉	2536	1	1994.8～2010.12①	2.30	16.5	13328
首钢 3 号高炉	2536	1	1993.6.2～2010.12①	2.26	17.7	13991
首钢 4 号高炉	2100		1992.5～2008.1	2.27	15.8	12560
昆钢 6 号高炉	2000	1	1998.12～2011.4	2.12	12.4	9433
梅山 3 号高炉	1250	3	1995.12.16～2009.5.15	2.22	13.6	10553

注：表中利用系数有的计算有的不规范，是以年生产按 350 天推算的。

①因搬迁停炉。

一代炉役单位炉容产铁量由过去 4000～7000t/m³，发展到现在 1.0 万～1.5 万 t/m³，有的突破了 2.1 万 t/m³。一代炉役产铁量是说明高炉生产效率的重要指标。高炉寿命的长短和一代炉役单位炉容产铁量多少充分体现了该座高炉的高效和低耗。

图 11-1 列出日本高炉停炉原因及寿命的一些演变，日本高炉由 20 世纪 80 年代中期前的炉身部位寿命较短是限制性环节，后变为炉缸侧壁寿命较短为限制环节，我国也有相同的趋势。日本目前高炉平均寿命达到 15 年以上，比我国高炉平均寿命高出 5~10 年，因此应有所借鉴。

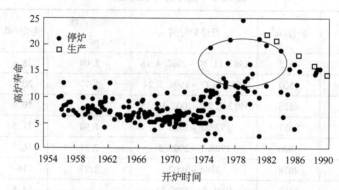

时间段（年）	1975~1985	1986~2000	2000~
风口上部	43	22	—
炉缸底部	11	3	—
炉缸侧壁	29	47	4(+5)
设备问题	0	6	—
计划停炉	36	22	3

图 11-1 日本高炉停炉原因及寿命变化

11.1.3 实现高炉长寿是一项系统工程

高炉、热风炉长寿涉及到设计、制造与施工质量、操作与维护水平等一系列的环节。哪个环节做不好，都将功亏一篑，而达不到这一目标。可以说，实现高炉长寿是一项完整的系统工程。如果把设计、制造与施工质量认为是先天性的长寿条件，那么操作与维护则是后天性的长寿保证。这两个方面孰轻孰重，不好划分，只有在建设时着力抓好前者，投产后有赖于后者。

11.1.3.1 设计

高炉、热风炉设计已经在本书第 1~10 章做了详细说明，在此不做详细介绍，仅对下述几点做一些强调：

（1）工艺设计的配套。主要是指高炉炼铁工序各工艺的配套设计。本书第 4、5、6、8 章从理论与实践突出强调了设计的合理配套。当前干扰长寿设计的主要问题是业主公司层面对框住投资非常重视，而高炉炼铁厂对装备水平、设备能力要求过高，甚至 3000m³ 级高炉的装备水平、设备能力要按 4000m³ 级高炉来配套，弄得设计处于尴尬的境地。不得已只有削减保证长寿的关键项目，因为这类项目比较隐蔽。

（2）选用先进的设计参数。配套及结构优良的设计是实现高炉长寿的先决条件，各部分工艺设计、设备、材料、选型不合理，后续的制造、施工质量再好，生产操作、管理水平再高也很难实现高炉长寿，即先天不足。因此，设计是实现高炉长寿基础的基石。

11.1.3.2　制造与施工

设备、材料制造和施工质量也是高炉长寿的先天因素，也是长寿系统工程的重要环节。在此环节中，应当执行监督制造制度、严格按标准检验制度、施工中上下工序验收交接制度、设备检验制度等设专人负责制、有资格负责任的监理制度。保证制造和施工质量。

11.1.3.3　生产操作维护及管理

高炉生产操作维护和管理是高炉长寿的后天因素。从高炉开炉一直到终结都要不间断地生产，通过操作、管理、维护与维修来实现高炉长寿、高效、低耗的最终目标。这一环节时间长达 6500 到 10000 个日日夜夜，且条件在不断的变化，掌握侵蚀的进展、把握破损的信息，不能疏忽、失误，只有坚守，采取合理的生产操作、检查、维护、检修及管理手段来延长其寿命，就显得极其重要了。

高炉操作管理的理念必须有较大的转变，才能实现高炉的长寿。在当前必须克服生产的高指标、高消耗；克服只管高产，不及其余的操作方式。必须树立节约资源、节约能源的思想；必须改变粗放型的操作、管理模式，坚持日常的标准化作业。由于高炉操作理念的偏差，即使高炉长寿的基础再牢、再好，装备水平再高，也达不到高炉长寿的目标。

11.2　高炉损坏的原因

高炉的破损是一个长期的过程，必然有其长期起作用的内在原因。高炉损坏的原因和机理错综复杂，高炉长寿技术就是在不断探索中发展的，寻求减少侵蚀所需采取的结构、材料以及工艺、操作和维护措施。

11.2.1　破损调查及分析

高炉破损调查像尸体解剖查明致死原因一样，仍然是查明损坏原因、总结经验的最佳方法。不过仅仅观察破损的剖面形状不能完全查明损坏的原因，还应研究死料堆、凝结层、渣铁及其混合物的状态，以及生产操作参数，甚至使用示踪原子等现代检测手段才能揭示高炉破损的较为真实的原因。

11.2.1.1　炉缸、炉底破损形状[1]

高炉的破损情况多种多样，现利用一般的破损调查作简要的归纳。高炉炉缸侵蚀的形状大致有四种："蘑菇形"、"锅底形"、"象脚形"和"宽脸形"。图 11-2 为这四种侵蚀类型的示意图。

（1）蘑菇状侵蚀 A 的特点是，在出铁口下方 1~2m 处炉缸侧壁局部大量侵蚀，而炉底侵蚀很少或基本没有侵蚀。国外近

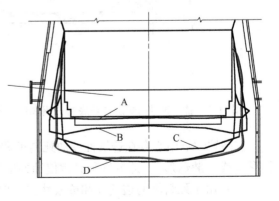

图 11-2　炉缸炉底典型的侵蚀形状

A—蘑菇形；B—象脚形；C—宽脸形；D—锅底形

年来已经很少见到，但国内仍有，而且在圆周方向呈不均匀侵蚀。如沙钢的 1 号 2500m³ 高炉生产 8 年后发现在西铁口方向形成蘑菇形侵蚀，集中在约 1000mm 高度范围内，炉底陶瓷垫尚存一层，为平底型，而对面侧壁的环状炭砖侵蚀甚少。同样鞍钢对 3 座 3200m³ 高炉的破损调查结果看出，经 4~9 年生产后炉底陶瓷垫侵蚀很少，炉底和侧壁交界处的炭侵蚀较少，而在其上炭砖侵蚀较严重，也应属蘑菇形侵蚀。

（2）象脚侵蚀 B 的特点是，向炉底垂直方向的侵蚀较少，往往炉底中心部位陶瓷垫较完好，炉底和侧壁角部交界处的炭砖和炉底陶瓷垫侵蚀严重，形如象脚。在我国呈这种侵蚀或具有这种侵蚀倾向的高炉比较普遍，包括一些长寿高炉在内。

（3）锅底状侵蚀 D 的特点是，侵蚀主要向炉底下部发展，在炉底形成"锅底形"深坑，炉底侵蚀严重；有减轻炉缸环流的作用，对侧壁侵蚀较少。估计炉底死料堆下部铁水仍有较强的流动、冲刷。这种侵蚀常被冷却结成的凝结层所阻止，使高炉炉底、炉缸有较长的寿命。这是人们希望的图 11-3a 为君津 3 号第 1 代炉容 4063m³ 高炉，生产 11 年后的侵蚀状况。

（4）20 世纪 80 年代后出现了"宽脸"状侵蚀 C，其特点是炉缸侧壁和炉底中心都有侵蚀，而主要影响寿命的仍然是炉缸侧壁。出现"宽脸"状侵蚀的原因可能是操作条件的变化，可是至今尚未完全弄清。图 11-3b 是生产了 12 年后，2700m³ 的君津 2 号高炉侵蚀的剖面图[2,3]。

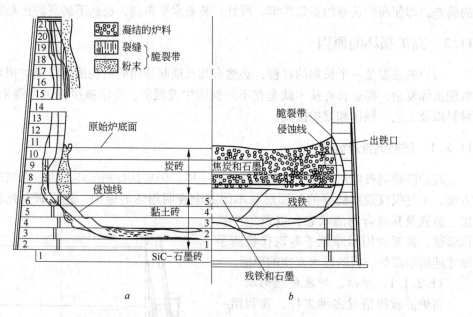

图 11-3　君津 3 号高炉炉缸炉底的"锅底形"侵蚀（a）和 2 号高炉的"宽脸形"侵蚀（b）

在高炉炉缸中心存在透液性差的死料堆和较强的铁水环流时，炉缸侵蚀的形状呈"象脚形"或"蘑菇形"，造成这种异常侵蚀的原因有：

（1）由于死料堆的透气性和透液性差，炉缸内铁水环流发展，对侧壁的冲刷加强，故造成环状侵蚀，形成蘑菇状或象脚状侵蚀。一般来说，当炉底砖被侵蚀以后对侧壁的侵蚀会有所减弱。

（2）炉缸侧壁的不均匀侵蚀，主要是由于铁水不均匀流动，局部受到严重冲刷，炭砖表面的凝结保护层脱落或溶解，使炭砖裸露在铁水中，炭砖迅速被溶蚀。这已经成为当前炉缸事故的重要原因。

（3）除炉缸内铁水环流的作用外，铁水的渗入和碳的溶损也是造成异常侵蚀的重要原因。相反，国外一些优质炭砖导热性能好，气孔率低，又加入了少量金属微粉以进一步降低气孔率，这就有效地抑制了侵蚀。

（4）在炉底中心的死料堆透液性变差，使炉底铁水流动停滞、温度下降。炉底中部表面高铝砖被烧结成致密的一体，增强了抗铁水渗透性，侵蚀较轻，甚至上涨。

（5）在炭砖的砖缝、裂缝造成的气体间隙或渣铁形成的裂缝热阻又使炭砖热端受铁水的机械、化学侵蚀速度增大，一旦发生局部侵蚀，炉缸就有烧穿的危险。

至于20世纪80年代后出现"宽脸"状侵蚀的原因还不清楚，可能与操作制度的变化有关。

11.2.1.2 破损位置的调查

炉缸出现破损的位置不同，破损程度也不同。出铁口区以上到风口以下区域，炉缸最内侧为渣、铁、石墨炭和焦炭等混合黏结沉积物；接着是环缝内侧300~800mm厚的炭砖，然后是炭砖中部环缝或环缝中的渣铁，环裂缝外侧有300~500mm的炭砖。鞍钢10号高炉炉缸采用半石墨自焙炭砖，停炉后的调查结果表明，与黏结物相接的炭砖内表面基本没受侵蚀。10号高炉停炉大修的原因是炉缸二段（死铁层区域）严重破损所致，可见出铁口上下的破损原因不同。炉缸出铁口以上区域，因存在沉积物，炭砖表面侵蚀轻微，而炭砖中部环裂缝内侵蚀严重，环缝宽达150~400mm是常见的，且缝内被铁和渣充填。

出铁口至炉底，因炭砖导热性能差，使1150℃等温线出现在炭砖层内，这使炉缸表面黏结保护层不能稳定存在，导致侵蚀过程充分进行，侵蚀线急剧向外扩展，造成严重的异常侵蚀。

11.2.1.3 炭砖破损原因

（1）铁水接触炭砖后，发生铁液的渗透，碳的溶解和铁水的机械冲刷，因温度波动，导致炭砖龟裂和脆化，这就破坏了炭砖的结构，造成了炭砖的侵蚀。

（2）热应力的破坏作用。因炉壳在炉缸处有折点，加之焙烧炭砖尺寸大，开炉后炭砖里外两端温差大，使炭砖产生热应力，炭砖热端的热膨胀，冷端受到炉壳的限制及综合炉底中高铝砖和炭砖膨胀系数的差异也增大了炭砖的热应力。几种热应力的综合作用结果造成了环裂。停炉后的破损调查发现，炭砖热端向上折断。由断口判断，这是明显的机械损坏。环裂产生的原因是因炭砖尺寸大、性能差和多种因素产生的热应力所致。

（3）渣铁由渣铁口区炭砖的气孔及砌缝渗入炭砖环缝中，导致了所谓的脆化层。在脆化层中侵蚀加重，使炭砖出现环状膨胀和粉化，造成环裂。认为铁液渗入炭砖1nm以上的孔隙，进而使炭砖脆化或粉化，造成炭砖环裂，其温度在800℃左右。

（4）碱金属的破坏作用。这一作用主要发生在环裂缝外侧和冷却壁或风口漏水处。在多次炉缸破损调查中发现，环裂缝外侧炭砖呈疏松粉末状，炭砖出现溶洞。经分析为碱金属、锌等有害元素的富集和破坏。

（5）漏水和CO_2的氧化损坏。使炭砖疏松、粉化或出现空洞。

（6）炭砖质量的降解。炭砖长期在高温、高压的条件下工作，铁水中的碳渗入炭砖或砖缝中，以石墨的形态沉积在炭砖或砖缝中使炭砖疏松、降解。

11.2.1.4 炭砖破损的进程

在高炉整个炉役的生产过程中，炉缸侧壁的炭砖逐渐被侵蚀，大致可以分为如下三个阶段。各个阶段可以用砖衬的残存厚度来划分。各阶段的侵蚀机理及相应的延长寿命的措施，见表11-3[1]。

表 11-3　炉缸侧壁侵蚀的阶段及长寿措施

阶 段	砖 厚	侵蚀机理	延长高炉寿命的措施
初步侵蚀阶段	>1.0~1.5m	·尚未形成保护层 ·铁水直接接触炭砖 ·由于高产炭砖提前侵蚀	·使用抗铁水渗透和侵蚀的炭砖 ·避免砖内的热应力 ·避免操作波动降低侵蚀
中期稳定阶段	1.0~1.5m	·形成稳定凝结层 ·使铁水几乎不接触炭砖 ·保持稳定的炭砖厚度	·提高炉料质量、加强布料控制气流 ·保持死料堆的透液性避免铁水环流 ·避免炉缸温度波动
后期侵蚀阶段	<1.0m	·炭砖进一步降解和脆化 ·由于炉身冷却壁等的损坏引起操作波动 ·由于高产、漏水等可能引起凝结层脱落	·精确估计炉底、炉缸的侵蚀状况 ·用改善死料堆结构减轻侵蚀严重部位的冲刷 ·控制出铁方式 ·局部加强冷却 ·迅速反应和采取必要的护炉措施

炭砖被侵蚀阶段：高炉开炉初期，无论冷却方式如何，炉缸侧壁炭砖较厚，使得炭砖表面高于铁水凝固温度。此时，由于铁水的机械冲刷和溶蚀，炭砖处于不断被侵蚀的状态，炭砖被侵蚀的速度取决于它本身的质量，冷却方式的影响很小。这个阶段为时约两年，也有几个月的。在没有形成保护层之前，没有及时制止局部铁水冲刷侵蚀，也可能导致烧穿等恶性事故。

初期侵蚀阶段：应尽量减小炭砖的热膨胀，避免操作的突然变化，保证炉温的平缓上升，尽快建立起稳定的保护层。

中期稳定阶段：当炭砖被侵蚀到一定的残余厚度之后，炭砖热阻减少，依靠良好的冷却，使得炭砖表面形成凝结保护层，依靠合理的操作制度来延长相对稳定阶段的时间。提高炉料质量、加强上下部调剂；保证高炉稳定顺行，避免炉缸温度波动；保持死料堆的透液性减轻铁水环流，加强出铁和炉前管理；保持凝结层的稳定。通过这些手段，延缓炭砖的侵蚀。

由于高炉操作过程中不可避免的炉缸温度波动，破坏凝结层，炭砖又将处于被侵蚀状态。操作者必须采取稳定炉况、减轻铁水环流、提高死料堆透液性的措施，力求重新形成凝结层，使炭砖回复到被保护状态。可是炭砖的侵蚀厚度是无法恢复的，每次失误都可能对降低寿命产生不可逆的影响。从这个意义上来说，操作对炉缸寿命起着决定性的作用。这个阶段的时间越长，高炉寿命也就能延长。

后期侵蚀阶段：炭砖的残余厚度已经很薄，炉缸侵蚀不均匀。因此必须精确地推算侵蚀的剖面形状，执行稳定操作和采取控制侵蚀的手段，在已出现侵蚀的区域，采取措施来预防避免侵蚀的发展，加强冷却。更详细地预报铁水流动与侵蚀剖面形状之间的相互关系，改善死料堆的透液性，减缓铁水的流动，以及调整使用出铁口的模式。

当炉缸侧壁厚度小于 1.0m 时，应采取加强监测和护炉措施；如果炭砖局部残存厚度小于 0.5m 时，应堵风口、控制产量等等措施；当高炉后期炭砖性能降解，即使均匀侵蚀的残存厚度只有 0.5m 时，应进行停炉大修。

炉缸烧穿往往是耐火材料的局部侵蚀，发生局部侵蚀之前必然有各种前兆，能够及早捕捉到报警的信息就能避免恶性事故的发生。高炉发生恶性事故原因很多，因素很复杂，有先天性的、有后天性的破损原因。事故存在各种前兆，我们在介绍合理操作制度时，也将述及如何获取异常侵蚀的信息，在任何阶段都要严防发生局部侵蚀。

11.2.1.5 炉腹、炉腰和炉身中、下部的损坏

（1）高温的煤气和渣铁冲刷。燃烧带形成炉料下降和煤气运动最活跃的区域。在循环区内温度高达 2000～2300℃的煤气，以及渣铁流对炉腹部位剧烈的冲刷，将炉腰、炉腹的耐火材料烧蚀。

（2）高热流强度及热冲击。高炉内衬经受着高温和多变的热流冲击。实际测量发现，在不同操作条件下，峰值热流强度值高出设计值很多。高利用系数和高煤比更使热震的幅度增加，引起耐火材料的严重剥落。关于耐材的抗热震性能和热震破坏将在第 9 章介绍。

（3）碱金属和锌的破坏作用。碱金属氧化物与耐火砖衬发生反应，形成低熔点化合物，并与砖中 Al_2O_3 形成钾霞石、白榴石体积膨胀（30%～50%），使砖衬剥落。研究表明，这个部位的砖衬破损，碱金属和锌的破坏作用约占 40%，热震破坏约占 10%，磨损约占 10%，渣侵蚀约占 5%。因此，在生产中必须限制吨铁入炉原料的碱金属和锌的数量，应分别控制在 3kg/t 和 0.15kg/t 以下（参见第 4 章）。

（4）本世纪大量应用软水或除盐水以提高水质、改进冷却结构和提高冷却器质量、铜质冷却器应用以及砖-壁合一内衬和渣皮自我保护等技术开发应用，炉腹往上的寿命得以提高。但有的高炉铜冷却壁投产 6 年左右就开始损坏，其原因及解决办法尚在探讨中。

为了叙述方便，将高炉的损坏原因分为两部分：一部分损坏现象，如操作制度、水蒸气和 CO_2 的氧化、碱金属和锌的化学侵蚀，以及铁水环流和死料堆状况对炉底、炉缸侵蚀的影响等在本章中做简要介绍；另一部分作为设计人员进行高炉炉体设计应该掌握的耐火材料的热应力和热冲击损坏，铸铁冷却壁的损坏等的分析，以及对优化炉体设计的方法。有关设计方面已经在第 9 章内介绍。有关炉底、炉缸侵蚀原因和操作部分与设计应该考虑的预防措施已经在分工表 9-6 中列出。设计与操作两部分是密切相关不可分割的，因此，对炭砖的脆裂带、铁水环流冲刷力以及综合因素的分析等有兴趣的读者请参阅第 9 章。

11.2.2 高炉炉底和炉缸的化学侵蚀和侵蚀进程的分析

11.2.2.1 化学反应使炭砖中形成脆裂带

炭砖的环裂已为国内外所公认，虽对其形成机理有一些不同的理论，但有一点是肯定的，即脆裂带是由于炭砖体积增大，结构破坏而形成的。其原因可能是：

（1）铁水通过炭砖的气孔渗透。被铁水渗透的砖结构含 10%～15% Fe，其热膨胀是原始状态时的 3 倍。

（2）由于 CO 分解而生成裂变碳。比如在发生泄漏而有水渗入时，通过 Fe、H_2 和水蒸气的催化而使反应加剧。

（3）生成碱性化合物或锌化合物。

（4）热应力破坏将在第9章介绍。

除了热应力使炭砖形成脆裂带以外，化学侵蚀也是炭砖形成脆裂带的重要原因。在20世纪60年代，最早使用炭砖的高炉，发现炭砖中有空洞和裂缝，分析其形成的原因，是由于风口或冷却设备漏水汽化使炉缸炭砖氧化所致。

氧化只有在超过规定的温度界限（水蒸气约700℃），达到一定的"活化能"以后才会发生。

对炉底和炉缸耐火材料来说，碳的沉积也很重要，在狭窄的低温范围内最突出。图11-4所示为在各种温度下，一氧化碳气体在氧化铝耐火材料中碳沉积的试验结果。

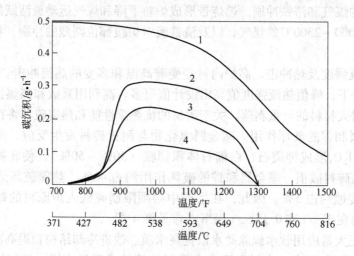

图 11-4 水蒸气和氢对碳沉积及催化作用的速度与温度的关系

1—碳反应平衡；2—CO + 3% 水蒸气 + 4% H_2；

3—CO + 3% 水蒸气；4—纯 CO

此后，1983 年在武钢高炉上，发现沿风口大套下沿垂直向下平行于炉壳。在距炉壳400mm 左右，直至炉底，形成连绵不断的裂缝。形成环状宽度约 80～150mm 的疏松带，砖发白，带灰绿色，有大量炭黑沉积，置于空气中潮解，且有滑腻的感觉[4]。

武钢 1～4 号高炉破损调查中，炉缸第 1 层至第 7 层距离炉壳大约 400～700mm 炭砖环缝中的疏松物基本是有害元素和炭黑的沉积物，其化合物组成见表 11-4。

表 11-4 炉缸炭砖环缝中的化合物组成

试样	化学组成/%			备注	试样	化学组成/%			备注
	K_2O	Na_2O	Zn			K_2O	Na_2O	Zn	
第1层炭砖环缝	1.46	1.25	1.46		第5层炭砖环缝	0.66	0.320	0.60	
第2层炭砖环缝	1.29	0.36	1.54	平行于炉底高铝砖的炭砖	第6层炭砖环缝	0.32	0.121	0.031	平行于炉底高铝砖的炭砖
第3层炭砖环缝	0.69	0.114	1.44		第7层炭砖环缝	0.15	0.06	<0.01	
第4层炭砖环缝	0.54	0.179	1.27						

炭砖中宽窄不一的疏松脆裂带是受碱金属和锌对炭砖的氧化和还原侵蚀造成的。碱金属和锌的侵蚀是从约400℃的低温开始，并随着温度升高（800～1200℃）而增加。在800℃左右，锌和碱金属与CO反应产生炭黑。

在裂纹和碎裂材料中，在450℃就开始有碳的沉积。碳的沉积将使气孔扩大，同时还产生裂纹扩长的作用力。有人认为，碳的沉积是形成脆裂带的重要因素之一。

随着"新鲜的"CO气体的供给，碳的沉积增加。高炉频繁"休风"，在休风前后的减压和升压，也将助长气体通道的形成，并产生不利的影响。假定炉壳是密封的，当CO降低时碳的沉积通常会达到平衡。例如，出铁口漏煤气或打开出铁口时CO将泄漏，从而在非稳定状态下出铁口周围碳的沉积仍将继续。由于类似的原因，炉底板必须完全密封。高炉煤气的泄漏都将使"新鲜的"CO气流连续地通过耐火材料，从而加速碳的沉积。任何泄漏都应立即堵塞和修补[5]。

11.2.2.2 炉底及炉缸炭砖的侵蚀及凝结层的形成

由于高炉炉缸铁水中的碳处于不饱和状态，铁水的溶解和渗透力非常强，当炭砖裸露在铁水中时，炭砖被冲刷、溶解和渗透变质的速度很快。根据炉缸侧壁温度记录，当凝结物脱落时，温度迅速上升，并很快超过原有炭砖最薄时的记录。

炉缸内充满铁水，凝结层的成因、组成和形态应该与炉体部分的渣皮有所区别。一般认为凝结层由凝结物和黏滞层两部分组成。凝结物可能由炉缸死料堆中的焦粉、未燃煤粉、焦炭中碳素溶解以后残存的高熔点灰分，以及含钛矿石护炉时形成的高熔点 Ti(C,N) 化合物等所组成。

A 凝结层的形成

由于 Ti(C,N) 化合物比较容易识别，其他凝结物是否在生产中黏结形成就较难识别，黏滞层就更难鉴别。因此，在此只举形成 Ti(C,N) 化合物凝结物的实例。这不意味着推荐某种凝结层的形成方法，而应该是自然形成为好。

日本和歌山2号高炉于1969年10月开炉。投产9个月1号出铁口下部温度快速上升，如图 11-5a 所示，最高795℃。增加炉料中装入的 TiO_2 5～8kg/t；减风20%操作；堵出铁口上部2个风口；强化出铁口下部冷却，增加水量300t/h；增加出铁口打泥量（最多

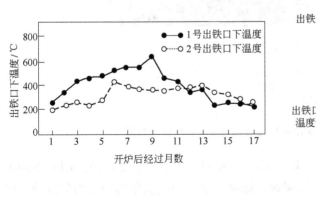

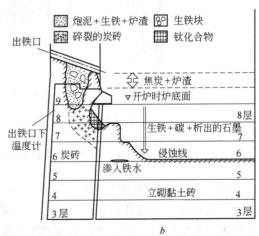

图 11-5 和歌山2号高炉下部温度变化（a）和炉底解剖调查结果（b）[6]

1000kg/d）；炉壳和炭砖之间灌浆等措施[6]。

实施后约2个月后下降至400℃以下。以后把400℃作为出铁口下温度管理基准值。超过这个值时，采取包括减风等上述处理。结果避免了炉缸侧壁破损的恶性事故。终于经过5年4个月的操作于1975年3月停炉。解体时进行了炉底侵蚀状况的调查。

停炉没有放残铁，解体调查结果：炉底侵蚀没有超过立砌的3层（1350mm）黏土砖，情况良好。除了出铁口部分，侧壁方向的侵蚀残存约750mm炭砖，也没有特别的问题，其他出铁口附近仍属正常的均衡侵蚀。图11-5表示1号出铁口下方受到强烈的局部侵蚀，严重影响高炉寿命，炭砖只残存300~350mm。从分析结果判断7~8层炭砖的残存砖的炉内侧有如图所示的变质层，铁水一直侵蚀到Ti化合物凝结层，由于此凝结层才避免了铁水的继续侵蚀。而且第9层炭砖在半径方向上中间部位受到了侵蚀，其前端还存在呈块状的炭砖。在侵蚀部位中混合了炮泥、炉渣和铁块在一起。

和歌山2号高炉之所以能够平稳停炉，有赖于出铁口下方凝结层的形成。

B 长寿高炉的波折

国内外长寿高炉并不是一帆风顺的，有的开炉不久就发现炉缸侧壁温度升高；有的烘炉前就出现影响高炉寿命的严重问题。现以日本千叶6号高炉、仓敷4号高炉以及宝钢2号、3号高炉为例进行说明。

日本千叶6号第1代4500m³高炉的概况见表11-1。根据炉缸侧壁温度计根据数学模型推算的炉缸侵蚀速度的变化表示在图11-6中。由图可知，开炉的最初3年高炉炉缸侧壁的侵蚀速度相当快。炉缸侧壁厚度由3.4m，经过3年厚度只剩1.5m，每个月侵蚀了0.05m。高炉被迫采用含钛矿等护炉措施。长寿的关键是从第4年开始侵蚀得到了缓和，整个炉役期间对建立起稳定的凝结层进行了严密监视，一直保持到炉役的终结[7,8]。并且发现当炉底中心温度低时，侧壁温度上升的现象。可能是由于死料堆的低透液区域阻碍了炉底中心部分铁水的流动，另外，由于死料堆上浮又可能在炉底边缘部位周期性地出现焦炭的自由层，使得凝结层的厚度不断变化。

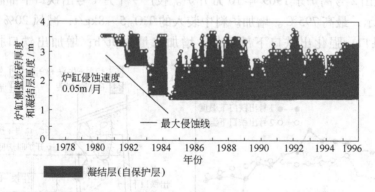

图11-6 千叶6号高炉炉缸侧壁侵蚀的发展及形成的凝结层[8]

日本仓敷4号高炉高炉寿命接近20年，概况见表11-1。生产中发现炉缸侧壁不均匀侵蚀。高炉在不放残铁的条件下进行解体调查，结果炉缸、炉底呈象脚的不均匀侵蚀，侵蚀严重。在出铁口与炉底之间的焦炭填充层中，看到以石墨为核心的生铁、石墨、焦炭灰分和焦粉形成的混合层，见图11-7。在混合层中生铁呈微小粒子分散分布，体积比约30%

或更少，说明铁水流过混合层非常困难，以后我们把此混合层称之为低透液区域。同样在千叶1号、5号高炉、小仓2号高炉也发现了低透液区域。在这种情况下，仓敷4号高炉研究了形成的规律以及改善炉缸透液性达到了高炉长寿[9]。

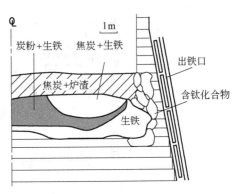

图11-7　仓敷4号高炉炉底
不均匀侵蚀状况[9]

宝钢1号、2号高炉炉缸侧壁的侵蚀，除了受铁口夹角小（40°）的影响之外，可能与死铁层深度较小（仅1.8m）有关。宝钢2号高炉生产1年多，两出铁口之间出铁口水平面下1m处的热电偶温度就超过了规定的"注意"温度。操作人员采取了提高炉底温度、在风口喷吹钛矿等措施。

宝钢对高炉炉底的侵蚀状况一直非常重视，从1号高炉投产开始就进行常年跟踪[10]。对宝钢2号高炉炉底、炉缸的侵蚀状况也是从投产开始进行研究的。特别是1996年决定宝钢2号高炉必须在没有预留放残铁的条件下，大修时放残铁。宝钢和设计单位的专家跟踪研究炉缸的侵蚀状况。研究的方法是应用炉底和炉缸炭砖的侵蚀是不可逆转的原理。先采用一维计算对炉底和炉缸埋设的各部分温度计的温度变化进行统计分析，计算历次温度升高造成炭砖侵蚀的厚度。此外，假定渣铁形成凝结层的温度为1150℃，计算稳定的渣铁凝结层的厚度。例如，在第8层炭砖，标高9.8m处埋设有8点温度计。每点温度计设有两只热电偶，取其中位于2号出铁口和3号出铁口之间，即出铁口下面1.4m处的炉缸侧壁上接近90°方向的TI 3953/TI 3961热电偶作出历史温度变化曲线。将1998年7月1日至2005年9月的温度变化作成图11-8。由温度变化可计算出热流强度和炭砖及凝结层的厚度，1991年6月投产时，炭砖厚度为2.8m，初期炭砖被剧烈侵蚀，但没有温度记录，残存的炭砖厚度难以估计。为了对近期炭砖厚度进行估算，假定至1998年残存的炭砖厚度为2.0m。在2000年9月中旬该处的温度升高，炭砖裸露在铁水中，被侵蚀至1.7m左右。而后，在炭砖面上凝固了渣铁，温度趋于稳定。在2001年6月中旬至10月上旬，温度有较大的波动，凝结物又全部脱落，炭砖被铁水损坏，炭砖厚度急剧下降到1m左右。从2001年以来，加强了维护，虽然热电偶温度短期有一定的波动，但凝结层与冷却保持了平衡，没有使炭砖完全裸露于铁水之中，炭砖得以长期维持（见图11-9）。由图可以清楚地

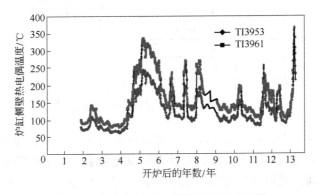

图11-8　炉缸侧壁热电偶温度变化的推移

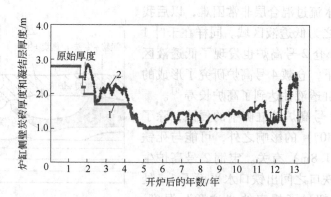

图 11-9 炉缸侧壁厚度的推移
1—炭砖厚度；2—残存炭砖及凝结层总厚度

看出，炭砖的侵蚀是渐进的。当该处凝结层脱落时，温度升高，两者的变化正好相反。一旦炭砖暴露在铁水之中，炭砖迅速被侵蚀。其后，加强了炉壳与炭砖之间的灌浆，填充填料层的疏松和产生的裂隙，加强导热，提高了冷却效果，凝结层重新凝结，重新维持新的平衡，直到再一次温度升高，凝结层脱落，炭砖又被侵蚀。

根据上述跟踪计算，以若干测温点的凝结层和炭砖厚度的分析计算为基础，可以建立二维有限元模型计算内衬侵蚀剖面。其计算流程见图 11-10。在计算过程中，不断将计算结果与实际测温数据进行校核，并修正侵蚀剖面形状和有限元网格，进行反复计算。

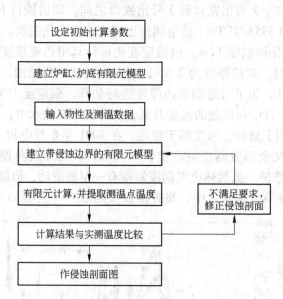

图 11-10 炉缸、炉底侵蚀剖面计算流程图

在输入的计算参数中，渣铁形成凝结层的温度假定为 1150℃，还需要准确的炉缸、炉底的冷却条件和耐火材料的导热系数，以及历史温度记录。由于长期的跟踪计算，随着炉底、炉缸温度的波动，就可以计算出炉底、炉缸凝结层的变化。在 2004 年采用有限元软件对宝钢 2 号高炉整个炉底、炉缸的温度计进行二维计算的结果，作出图 11-11。在图

11-11中，不但计算了剩余的砖厚，还计算出了凝结层的厚度。

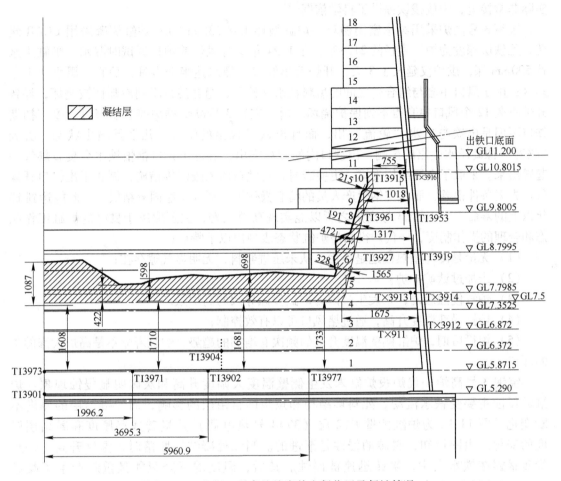

图 11-11　宝钢 2 号高炉炉底热电偶位置及侵蚀情况

　　宝钢采取不断在炉壳与炭砖之间的捣打填料层中压力灌浆，以增加炉壳外部对炭砖的冷却。每次灌浆对降低温度有良好效果。

　　研究表明，宝钢 2 号高炉炉底、炉缸向下的侵蚀较大，当在炉底中心温度出现峰值时，炉底被侵蚀，死铁层深度达到了 3.6m。而象脚侵蚀不太明显。一般高炉炉缸侧壁象脚侵蚀最严重的部位是在铁口下 1～2m 处，宝钢 2 号高炉这部分的炭砖残存厚度也还有 1m 左右。估计在 3.6m 的死铁层的情况下，当死料堆长大时，中心部分仍然坐落在炉底耐火材料上。但由于炉底向下侵蚀后，周围存在较大的铁水自由空间，铁水的环流速度比较低，所以侧壁能保持完好状态。但是在此情况下，由于死料堆的变化、透液性变差，坐落在炉底上的料柱变得密实，使炉底中心铁水的流动减弱，而产生凝结层，使炉底中心抬高了约 1.0m。由于炉底周围有较大的自由空间，炉缸中心的透液性变差，并没有影响炉缸侧壁。在炉缸侧壁上仍保存着比较稳定的凝结层。两者的温度峰值基本上是同步的，没有出现因炉缸中心透液性变差，导致侧壁侵蚀加剧。炉底和炉缸同时呈周期地出现温度峰值，周期的规律约 1 年出现一次。2002 年和 2003 年的峰值都出现在 1 月份，诱发温度升高的原因尚未弄清楚。

由于设计单位进行了深入研究，绘制的2号高炉炉底、炉缸侵蚀曲线（图11-11）与实际非常接近，为放残铁提供了科学依据[11]。

宝钢3号高炉采用纯水密闭循环，炉缸循环水量1380m³/h；炉缸侧壁采用UCAR炭砖，死铁层深度为炉缸直径的21.3%。在1994年9月烘炉前炉顶调试时漏水，炉缸进水达500mm深，烘炉仅延长了3天，开炉后出铁口冒黑水达半个多月，炉底冒黑水达1个多月；由于风口中套与组合砖之间的填料被水冲掉了，组合砖得不到冷却而被烧坏，导致开炉不久12个风口中套得不到保护烧坏。由于宝钢3号高炉烘炉前被水淹过，投产初期铁口不但是出铁与出水"轮流"出，而且出铁口冒出的煤气，几乎是喷出状态，听到"嗞嗞"像高压水喷出的声响。出铁口内的砖衬突出，靠近出铁口都怕铁水会裹着煤气一起冒出来。采取了金属结构支撑，更换砖衬，出铁口压入胶泥等措施，制止了出铁口冒煤气。先天条件很差，而在宝钢生产人员的精心操作下，形成了稳固凝结层，因此能达到18年以上的寿命[12]。宝钢3号高炉之所以能实现高效长寿，主要取决于良好的炉缸工作状态和合理的操作制度，一代炉役高炉炉缸状态表现出以下特点：

（1）无论是冷却壁热面还是冷面，从未压进浆料，无明显气隙存在；

（2）未加过钛矿护炉；

（3）炉缸侵蚀缓慢，未发生过因为炉缸侵蚀导致的高炉限产；

（4）炉缸局部温度升高，通过堵风口可以有效控制；

（5）炉役后期，炉缸侧壁温度升高的频次有增加的趋势，炉缸寿命不是高炉大修的限制环节。

宝钢3号高炉一代炉役炉缸未发生侧壁温度大幅度升高和炭砖明显侵蚀现象。炉缸的侵蚀主要受铁水流动、死料堆结构和焦炭的自由层的影响，而使凝结层的厚度不断变化。图11-12为炉缸侧壁C12层（3744号热电偶）处炭砖残存厚度和凝结层厚度的变化。由图可知，炭砖的侵蚀是渐进的。当该处凝结层脱落时，温度升高。一旦炭砖暴露在铁水之中，炭砖迅速被侵蚀。其后，温度的下降只能是重新产生了凝结层，维持了新的平衡，直到再一次凝结层脱落，温度升高，呈缓慢侵蚀趋势。

目前炉缸侧壁温度最高点在铁口下方，因为无双电偶准确计算炭砖残厚，根据单电偶

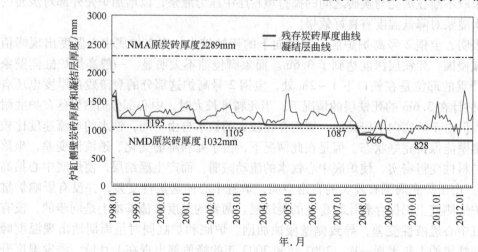

图11-12 宝钢3号高炉炉缸侧壁侵蚀趋势[12]

最高温度，估算目前炉役后期宝钢 3 号高炉炭砖最薄残存厚度有 500mm 左右，根据大型高炉炉缸残厚控制标准，尚属安全控制范围。良好炉缸状态依托于科学设计建造和合理操作维护。

宝钢十分重视根据炉缸侧壁温度推算炭砖侵蚀的进程和凝结层变化情况，用以指导高炉操作和维护。国外高炉也都非常重视，类似图表经常见诸报章杂志，如芬兰罗德罗基 1、2 号高炉等[3,13]。

高炉炉缸严重侵蚀、烧穿有一个长期的过程，烧穿与炉缸长期局部侵蚀有关，其特点是烧穿前的征兆不明显，往往没有抓住事故的前兆，而成为突发事故。因此应该在日常操作中严格坚持标准化作业，并密切关注、发现各种异常现象，如：水温差高、炭砖温度高、各出铁口的炉渣不均匀、出铁口深度等异常，及时发现，并迅速采取措施。进入 2010 年以来炉缸事故更为突出，各级高炉都有发生，特别是大中型高炉烧穿案例也不断增加，这可能与近年高炉座数增长较快，对大型高炉的生产技术准备不足，也可能与操作制度的改变有关。

决定高炉长寿有先天因素，如设计、结构、耐火材料、施工质量、配套等方面，也有生产操作、维护等方面存在缺陷的后天因素。本章主要研究生产操作等后天因素，从形成凝结层是延长高炉炉缸寿命的重要一环来看，寻找生产操作中的长寿因素，还要着重研究凝结层的形成与消亡的规律。

自从炉缸、炉底采用炭砖结构、炉底大多采用了水冷或风冷以后，炉缸、炉底寿命基本解决，采用不同品种的炭砖均有长寿的实绩。

此外，还有一些长寿高炉的先天条件也不好，如表 11-2 所列的鞍钢 10 号高炉[14]和昆钢 6 号高炉炉底采用了自焙炭砖，而且昆钢 6 号高炉的碱负荷和锌负荷都很高，炉缸侧壁采用槽板式冷却。正因为如此操作上兢兢业业，获得了长寿。长寿是设计、材料、施工、操作、维护共同的责任，只有先天和后天很好地配合，相互提携，才能达到。

关于炭砖热面形成凝结层的机理，以及保护炭砖的作用国外已经有许多研究。有一批研究是在炭砖耐火材料被铁水溶蚀特性的基础上，阐明了形成凝结层保护炭砖的机理[15~17]。

11.2.3 有害元素对炉体的损坏

分析高炉的损坏原因时，很难明确划分有害元素某个因素只在某个特定区域起破坏作用。

近年来，由于有害元素对高炉的危害，特别是在南方，较多地使用了含有色金属的铁矿石，其中含有 K、Na 等碱金属以及 Zn、Pb 等有害元素，已经发生了多起事故，引起了高炉工作者的重视。因此，应该严格控制入炉料的有害杂质的含量。《规范》明确规定各有害杂质入炉负荷量，本书第 4 章对有害元素的富集做了进一步的介绍。本章对其危害进行介绍。

11.2.3.1 K、Na 及 Zn 在高炉内的分布

有害元素包括 K、Na 等碱金属以及锌等。这些元素在炉内循环富集，其浓度较矿石高数十倍到数百倍。对高炉炉况和炉子寿命造成重大影响。

A 高炉炉体有害元素的分布

了解有害元素的富集和分布，有助于弄清其破坏机理和主要危害的部位。从炉体取样

（休风状态下）的情况看，锌在高度方向上基本处于一个稳定值。其浓度是入炉浓度的200~300倍左右；碱金属的浓度在高度方向上，有着温度越高其赋存的浓度也越大的明显趋势。最高处为入炉浓度的23倍（分别见图11-13及表11-5），这说明有害元素在高炉内的循环富集非常严重[18]。

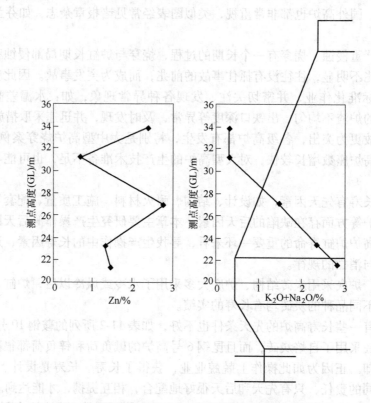

图 11-13 宝钢高炉 K、Na 和 Zn 沿高炉高度上的分布

表 11-5 宝钢高炉炉体取样调查结果

静压孔标高/m	Zn/%				静压孔标高/m	$K_2O + Na_2O$/%				$K_2O + Na_2O$	等于入炉浓度的倍数
	方向/(°)			平均		方向/(°)			平均		
	0	90	180			0	90	180			
33.873	2.4			2.4	33.873	0.24			0.24	0.29	2.3
31.206	0.7			0.7	31.206	0.24			0.24	0.29	2.3
27.014			2.8	2.8	27.014			1.2	1.20	1.48	11.8
23.270		1.3		1.3	23.270		1.9		1.90	2.33	18.6
21.398	1.2	1.7		1.45	21.398	1.10	3.5		2.30	2.82	22.6

B 炉缸、炉底有害元素的分布

武钢高炉的破损调查发现，由原燃料带入高炉的钾、钠、锌等，广泛分布于高炉炉身至炉底的炉衬与炉壁中，风口以上 $K_2O + Na_2O$ 的含量一般在 10% 以上，炉身中部和风口区域高达 15% ~20%。渣口以下明显减少，炭砖和高铝砖中都有一定的量。武钢 1 号高炉炉缸、炉底砖衬中碱金属、锌和铁沿高度方向的分布见图 11-14。

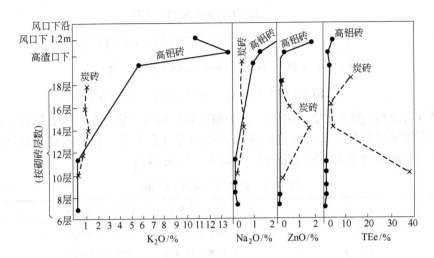

图 11-14 武钢 1 号高炉炉缸、炉底砖衬中碱金属、锌和铁沿高度方向的分布[19]

11.2.3.2 K、Na 等碱金属的危害

高炉原燃料中带入的钾、钠等碱金属是高炉冶炼的有害元素，给原料质量、高炉生产、高炉炉衬带来很大危害。

K、Na 等碱金属对高炉生产的危害，以及对原燃料入炉碱负荷的控制已在第 4 章中介绍。本节主要对高炉寿命的影响，以及碱金属在高炉炉内的循环做进一步阐述。

K、Na 等碱金属氧化物与砖中 Al_2O_3、SiO_2 生成硅酸盐低熔物，使砖损坏。炭质耐火砖的抗碱性大大优于非炭质材料。K、Na 蒸气与砖中 Al_2O_3、SiO_2 形成钾霞石 $3K_2O \cdot Al_2O_3 \cdot 2SiO_2$ 及白榴石 $3K_2O \cdot Al_2O_3 \cdot 4SiO_2$，前者体积膨胀 49% ~ 50%，后者为 30%，两者都使耐材发生异常膨胀，致使砖衬疏松、开裂、剥落，形成低熔体。碱金属在高炉下部高于 1000℃ 的区域，由于煤气中的 K、Na 的蒸气压高，对炉衬的侵蚀力也强，加剧了高炉下部内衬的损坏。

韶钢 6 号 750m³ 高炉于 2002 年 12 月 18 日投产，由于所用矿石的碱金属和锌的含量都比较高，从投产开始已经采取措施，将全部炉尘（包括除尘器灰和干式煤气除尘灰）全部外卖，作为有色金属冶炼厂的原料，切断了锌的循环链。但是，在 2004 年开始出现炉壳异常上涨和炉底板上翘，而且高速上涨的时期与碱金属的高峰期相吻合。虽然，碱金属和锌负荷一直维持在高位水平，但也没有采取排碱措施，可是 2004 年下半年炉壳上涨开始稳定。

K、Na 的沸点只有 799℃ 和 882℃。碱金属的氧化物在炉身中温区还原出碱蒸气，随煤气流上升，与炉料中的矿物结合生成碱的氰化物、碳酸盐和硅酸盐等。这些碱金属盐随炉料返回到高炉下部高温区，又被还原成碱金属蒸气上升。高炉下部、炉缸、炉腹区生成的碱金属氰化物在高炉上部低温区又被 CO_2 氧化为碳酸盐。以上过程是：

$$K_2O + CO = 2K(气) + CO_2 \tag{11-1}$$

$$2K(气) + 2CO_2 = K_2CO_3 + CO \tag{11-2}$$

$$2K_2SiO_3 + 6C = 4K(气) + 2Si + 6CO \tag{11-3}$$

$$K_2CO_3 \rightleftharpoons K_2O + CO_2 \qquad (11\text{-}4)$$

$$K_2O + C(CO) \rightleftharpoons 2K(气) + CO(CO_2) \qquad (11\text{-}5)$$

$$2K(气) + 2C + N_2(气) \rightleftharpoons 2KCN(气 / 液) \qquad (11\text{-}6)$$

$$2KCN(液) + 4CO_2 \rightleftharpoons K_2CO_3 + N_2 + 5CO \qquad (11\text{-}7)$$

在煤气与炉料逆流运动的条件下,入炉碱金属有相当一部分在炉内上部和下部之间循环转移,不能排出炉外,造成碱金属在高炉内的循环和富集。据日本高炉解体调查[20],在炉内参与循环的碱量为入炉碱量的 10 倍以上,见表 11-6。

表 11-6　高炉内碱金属的循环量

输　入	焦炭:0.51kg/t	矿石:1.78kg/t	
块状带	滞留:6.49kg/t	吸收:4.20kg/t	
软熔带	滞留:11.2kg/t	吸收:4.71kg/t	
滴下带	滞留:15.4kg/t	吸收:4.20kg/t	
下部和炉缸气化	13.11kg/t		
输　出	煤气:0.051kg/t	炉渣:2.21kg/t	其他:0.031kg/t

碱金属在高炉内循环富集,造成高炉料柱透气性变坏。碱蒸气对高炉下部和炉缸耐材的渗透,会加快耐材侵蚀,影响炉衬寿命。碱金属降低炉料熔点,生成低熔点化合物而易使炉墙周边炉料黏附于炉衬上,造成炉墙结瘤,影响高炉炉料下降和气流分布,严重时会破坏高炉顺行。黏结物脱落会破坏炉衬,并使炉墙热负荷急剧升高,脱落的黏结物进入炉缸,会引起炉凉,影响正常生产和铁水质量。

碱负荷高的高炉应经常进行入炉碱和排出碱的平衡监测。当炉内碱金属富集到一定程度时,应进行排碱的操作。一般定期采取由炉渣排碱的操作,以保持生铁含硫不出格为原则,适当降低炉渣碱度,增加出铁次数。高炉下部应采用碳质或 SiC 质耐火材料,尽量避免使用黏土砖和高铝砖砌筑。

11.2.3.3　Zn 的循环富集和对高炉内衬侵蚀破坏

近年来,随着锌在炉内富集带来的危害逐渐被人们重视,锌在高炉生产工艺乃至整个钢铁生产工艺中是循环富集的。国内有数座高炉出现炉况失常,如宝钢、鞍钢、杭钢、韶钢、昆钢等企业开始时高炉顺行不好,技术指标下滑,内衬损坏过快,一般还很难找出炉况失常的原因,经过长时间探索才弄清楚是锌的影响造成的。进入高炉内的锌对冷却壁冷却方式的高炉,使炉内黏结物频繁脱落,风口破损严重。对冷却板结构的高炉,使黏结物黏附牢固,频繁悬料。

A　锌的破坏作用

K、Na 和 Zn 往往共同存在,前面已经叙述 K、Na 对耐火材料中的 Al_2O_3、SiO_2 形成新的矿物而体积膨胀,Zn 是由于 ZnO 或金属锌的沉积胀坏内衬。由于非常致密的耐火材料都具有良好的透气性,气体很容易透过。当耐火材料两端的 K、Na 和 Zn 或者水蒸气的分压存在较高的压差,K、Na 和 Zn 或者水蒸气将透过耐火材料到达另一端。只要另一端的这些蒸气不断被消耗掉,例如 K、Na、Zn 和水蒸气不断与耐火材料发生反应,或者 Zn 和水蒸气不断冷凝。那么浓度高的一端就会向蒸气压低的一端不断供应,这个过程就会不断地进行。

杭钢 1250m³ 高炉 2012 年 5 月开炉生产了 4.5 年，因 Zn 害造成炉底板上翘，炉缸侧壁局部温度过高，被迫停炉大修。炉底最上层满砌两层陶瓷垫，其下一层微孔炭砖，再下面三层半石墨炭砖，最下层为石墨炭砖；每层砖均为 400mm。炉缸侧壁靠近冷却壁砌 340mm 小块炭砖，中间层为 80mm 炭捣料，炉缸内侧为 1060mm 环形微孔炭砖。

根据破损调查有以下结论[21,22]：

（1）高炉入炉 Zn 含量高出《规范》10 多倍。该厂分析不但有一部分锌是随炉尘带出炉外，或在炉内循环富积或上部区域结瘤，更换风口时流出大量 Zn 液。并且约有 50% Zn 进入了生铁和炉渣，见表 11-7。根据 Fe-Zn 相图在铁水温度 1350 ~ 1500℃时仍有大量锌溶解在铁水中。

表 11-7 杭钢 1 号高炉 Zn 平衡表

年份	排锌率 /%	锌负荷 /kg·t⁻¹	铁水 含锌/%	瓦斯灰量 /kg·t⁻¹	瓦斯灰 含锌/%	干法灰 含锌/%	炉渣 含锌/%	炉顶 温度/℃	利用系数 /t·(m·d)⁻¹	焦比 /kg·t⁻¹	煤比 /kg·t⁻¹	综合焦比 /kg·t⁻¹
2008	77	1.73		7.97	2.02	22.36		约 120	2.509	350	141	478
2009	88	1.93		11.29	2.33	23.00		约 100	2.562	357	138	486
2010	92	1.04	0.012	8.82	1.61	11.80	0.002	177	2.71	370	134	491
2011	105	0.76	0.015	9.32	1.08	7.73	0.002	166	2.733	359	158	494
2012 年 一季度	108	0.76	0.016	7.1	1.25	16.07	0.002	146	2.281	367	148	

（2）炉缸炉底从满铺炭砖最下第一层砖往上所有砖缝全有 Zn，并形成含 Zn 94% 以上的锌片。靠近冷却壁的小块炭砖、靠炉内的微孔炭砖和满铺半石墨砖中几乎全部渗有大量 Zn，含 Zn 量在 6.7% ~ 65.5% 之间，在国内是罕见的。大量的锌钻入砖衬造成炉底上抬，炉底板平均上抬 120mm 以上，见表 11-8。风口中套不断烧坏或上翘，4.5 年间更换了 52 个中套，是风口数的 2.5 倍以上。锌大量渗入炭砖加速炉缸内衬的破坏。

表 11-8 杭钢 1 号高炉炉底煤气封板上翘高度

对应风口号	16	14	13	11	8
炉基煤气封板上翘高度/mm	133	122	122	123	123

（3）生产中曾出现因 Zn 害造成炉况失常，2009 年一次年修时锌积存过多，造成风口及中套大量破损、上翘，炉况失常处理一个多月。

（4）高炉死铁层高度约为 2.5m（按《规范》规定计算），为炉缸直径的 29%，侵蚀最严重处不在炉底与炉缸环形炭砖交角处，而是在出铁口下方 1.2m，距陶瓷垫水平面往上 1.4m 处，高度 500 ~ 1000mm 范围的环带蘑菇状侵蚀，侵蚀最严重处小块炭砖只剩 280mm，即蘑菇状侵蚀上移了。从破损结果看，陶瓷垫（设计无陶瓷杯）只有中心直径 2000mm 范围内有 100mm 左右的侵蚀，其下陶瓷垫完好，且炉底有近 1000mm 厚的钒钛混合物的聚积层，陶瓷垫砖缝中并没有锌，而下面满铺炭砖都有 Zn，并没有起到加深死铁层的效果，见图 11-15。

对杭钢高炉炉缸残砖的样品进行了化学成分检验分析，见表 11-9。

a *b*

样 品	Fe/%	Pb/%	Zn/%
1	0.89	0.47	96.02
2	0.78	0.19	94.68
3	1.67	0.29	96.68
4	8.01	44.18	2.67

图 11-15　杭钢 1 号高炉炉缸调查剖面（*a*）和砖缝中金属片（*b*）及其成分

从上至下：a—钛化物凝结层；b—两层陶瓷垫；c——层满铺微孔炭砖；d—三层满铺半石墨砖；

上部两侧：e—微孔炭砖（内侧）；f—小块炭砖（外侧）

表 11-9　杭钢 1 号高炉炉缸破损炭砖分析　　　　　　　（%）

品　名	编号	灰分	K_2O	Na_2O	Zn	TFe	Pb	Ti	SiO_2
小块炭砖	2	56.45	0.056	0.036	23.3	5.09	0.36	0.11	—
小块炭砖	1	36.85	0.11	0.069	6.7	1.35	0.067	0.18	—
小块炭砖	3	46.39	0.096	0.056	15.9	3.12	0.24	0.12	15.66
微孔炭砖	4	20.97	0.20	0.10	1.62	0.55	<0.01	0.14	12.76
棕刚玉砖	5	92.92	0.23	0.12	34.5	0.50	0.033	0.61	15.58
微孔炭砖	6	17.90	0.12	0.060	0.29	0.63	<0.01	0.16	10.28
微孔炭砖	7	74.62	0.027	0.037	52.4	0.15	0.017	0.36	<0.01
微孔炭砖	8	17.80	0.090	0.055	0.37	0.58	0.035	0.090	8.44
棕刚玉砖	9	96.16	0.061	0.043	29.4	1.19	0.15	0.51	3.86
棕刚玉砖	10	97.52	0.058	0.094	11.2	0.71	0.14	0.69	7.78
炭捣料	11	50.18	<0.01	<0.01	34.4	0.18	0.064		
炭捣料	12	12.29	0.13	0.053	0.61	0.55	<0.01		
石墨砖	14	88.42	0.020	0.010	65.5	0.08	0.065		
半石墨炭砖	15	42.74	0.10	0.10	24.5	0.80	0.28	0.11	
半石墨炭砖	16	35.00	0.078	0.053	17.2	0.58	0.15	0.11	
半石墨炭砖	17	29.12	0.098	0.045	24.7	0.56	0.12	0.13	
金属片	15-1	—			96.0		1.90	<0.005	

检验结果表明，K、Na、Pb 的富积不明显，K、Na 含量极少。高炉原料中不可能没有

K、Na，这应当是 Zn 有先入为主的能力，砖衬中的孔隙被 Zn 首先占领，K、Na 都不能进入。残砖中 Zn 含量最高达 65.5%，4 号石墨砖实际为凝结物。很多残砖样品含 Zn 15.9% ~34.5%，如此多的 Zn 渗入炭砖炉衬中实为罕见。

各种炭砖中 Zn 侵入与炭砖所处位置的有关温度。侵蚀较严重的 7 号微孔炭砖，含 Zn 52.4%，仅剩少量无烟煤颗粒。几乎被 ZnO，金属 Zn，沉积 C 所代替。Zn 和 ZnO 都有黏结能力，而且强度较高，使砖的导热系数大大增高，最高达 21.90W/(m·K)。体积密度达到 3.41g/cm³，透气度为 0.0mDa，但铁水溶蚀和抗碱试验后均变成粉末。

15 号半石墨炭砖样品：体积密度 2.03g/cm³，显气孔率 8.31%，透气度 0.33mDa，平均孔径 0.4μm，<1μm 孔容积率 62.88%，导热系数达 23.80W/(m·K)等项性能都有提高。但是，氧化率、铁水溶蚀指数和抗碱性变得很差，并易粉碎。

棕刚玉砖，外表变形很严重，无规则形状，质量很大。显微镜观察，Zn 对刚玉砖的侵蚀十分严重。Zn 侵入砖缝空隙，也可以生成 ZnO，使砖凝结成整块，高温下变成松散状，11 号炭素捣打料，含 Zn 34.4%，已改变炭捣料的性质，导热系数高达 15.8%，已不能代表炭捣料的原始性能。炭捣料位于小炭砖内，金属 Zn 和 ZnO 和沉积炭共存表明该处的温度已很高，可能在 800℃以上，但低于 1030℃，因为高于 1030℃ZnO 被还原气化，Zn 可以生成 ZnO 才能生成沉积 C，其导热系数升高也可能与这些渗入物有关。

Zn 对炭砖的侵蚀机理为：Zn 还原后立即气化，Zn 蒸气渗入炭砖的裂纹中，孔隙遇到 CO、CO_2、水汽时，Zn 生成 ZnO 和沉积炭时产生体积膨胀，使炭砖碎裂；也有从陶瓷显微研究发现，在炭砖表面形成褐黄色熔瘤状 1~2mm 厚的 ZnO 黏附层，并渗入炭砖，使炭砖形成裂纹[23]。当温度升高，ZnO 还原形成 Zn 而气化，使炭砖 C 消失留下空洞，新生的 Zn 进入铁、渣。由于高炉内温度波动，这样的反应反复发生，使炭砖从内到外逐层破碎，无法形成稳定的凝结层。

宝钢 2 号、3 号分别为冷却板和冷却壁结构的高炉，投产后均出现上述情况，炉内的锌蒸气顺着冷却设备周围缝隙下到风口区，在强冷却区又冷凝成液体，大量进入到风口组合砖中，使风口组合砖体积膨胀或损坏，造成风口二套大量上翘。鞍钢 2 号高炉投产 4 年后，7 号高炉投产 2 年后风口损坏，30 个风口二套大部分上翘，被迫更换，在换风口或二套时，流出含锌量为 80% 左右的锌液。锌在炉内影响高炉顺行，沉积金属锌造成炉体砖衬脆裂、破损，并导致炉缸、炉底炭砖脆化，缩短高炉寿命。

含锌炉料进入高炉后，大部分随煤气排出，进入高炉尘泥。这些含锌尘泥又被再利用，加入烧结矿中，再次进入高炉，循环使用，循环富集。同时炼钢中的转炉尘、电炉尘含锌比例也高，如都在烧结中循环使用，就会造成入炉料中含锌超标。宝钢在锌富集时，检验高炉的锌负荷（见表 11-10 和表 11-11[18]）。

表 11-10　宝钢高炉锌富集时的负荷

品　种	含锌量/%	入炉锌量/kg·t⁻¹	占总锌量的比例/%	品　种	含锌量/%	入炉锌量/kg·t⁻¹	占总锌量的比例/%
焦、煤	0.004	0.020	3.7	块　矿	0.003	0.005	0.9
烧结矿	0.004	0.512	94.8	合　计		0.54	100
球　团	0.002	0.003	0.6				

表 11-11 宝钢含锌铁料富集与正常时的比较

含锌物料	正常（1998 年）时的含量/%	富集时的含量/%	含锌物料	正常（1998 年）时的含量/%	富集时的含量/%
转炉泥	0.3	1.0	二次灰	1.21	6.0~7.0
高炉灰	0.036~0.053	0.46~0.65	小 球	0.3~0.6	1.184~1.441
烧结矿	0.009	0.040			

铁矿石中的少量锌主要以铁酸盐（$ZnO \cdot Fe_2O_3$）、硅酸盐（$2ZnO \cdot SiO_2$）及硫化物（ZnS）的形式存在。其硫化物先转化为复杂的氧化物，然后再在大于 1000℃ 的高温区被 CO 还原为气态锌。$ZnO + CO = Zn(气) + CO_2 - 180.5kJ$，沸点为 907℃ 的锌蒸气，随煤气上升，到达温度较低的区域时冷凝而再氧化。再氧化形成的氧化锌细粒附着于上升煤气的粉尘时就被带出炉外，附着于下降的炉料时就再次进入高温区，周而复始，就形成了锌在高炉内的富集现象。在炉内循环的锌蒸气有条件渗入炉墙与砖衬结合，使砖体积膨胀而脆化。

锌对昆钢 6 号高炉（2000m³）危害的研究表明[24]，K、Na 打开侵蚀通道后，锌大量侵入，并很快"繁殖"造成棕刚玉砖的膨胀，甚至解体破坏。随着 Zn 的侵入富集后，使砖体组织结构由致密转为疏松，然后逐步形成斑状→条纹状→沟槽状→矿脉状→肿瘤状的侵蚀通道，直到砖体破裂。昆钢高炉在开炉后 2 年左右由于碱金属和锌的侵蚀，有 26 个风口上翘，上翘幅度为 2.4°~8.26°，平均为 5.79°。风口上翘必然对高炉送风和正常冶炼产生较大的影响。昆钢的生产统计还表明，锌入高炉后的排出量为 88% 左右，见表 11-12。

表 11-12 昆钢 6 号高炉 Zn 平衡表

年 份	收 入		支 出		滞留量/t	排除率/%
	kg/t	t	kg/t	t		
1999	0.831	1074.17	0.658	851.43	222.74	79.26
2000	0.748	1132.19	0.684	1033.84	98.34	91.31
2001	0.786	1170.48	0.642	953.47	217.01	81.46
2002	0.835	1286.28	0.706	1087.57	198.71	84.55
2003	0.885	1224.98	0.794	1099.02	125.96	89.72
2004	0.764	1055.57	0.801	1106.69	-51.12	104.84
平 均	0.808	1157.28	0.714	1022.00	135.27	88.52

新余钢铁公司 8 号高炉（炉容 1050m³）2003 年 5 月 2 日投产，生产一年多风口大套开裂，冷却设备损坏，其中的原因之一是碱金属负荷高，2003 年为 4.18kg/t，2004 年高达 7.89kg/t。

1998 年酒钢对 1 号高炉第三代炉体进行破损调查，发现有害元素金属锌、红锌矿、锌尖晶石，除了在沉积碳、耐火砖边缘及裂缝中富集外，几乎所有的裂隙中都有 ZnO 充填。

酒钢高炉中上部红锌矿富集的试样中 ZnO 高达 46.57% ~88.3% ，炉缸试样中 ZnO 含量达 42%。炉内有大量钾霞石形成，还有碳酸钾和硅酸钾存在，认为碱金属和锌都是炉衬破损的主要原因。因此提出要减少入炉碱金属负荷，提高炉渣排碱能力，减少原燃料碱金属含量，控制含锌炉料的使用。1999 年武钢 1 号高炉第二代炉龄中，入炉原料含碱金属及锌负荷较高，分别为 7kg/t 和 0.45kg/t，碱金属和锌的危害较突出，该高炉中修后只使用了不到 4 年。

2005 年攀钢 1 号、2 号高炉入炉锌负荷分别为 0.829kg/t 和 0.833kg/t，造成大钟内侧、煤气上升管内结锌瘤，在高炉耐火砖衬中也发现渗入锌，导致炉衬破坏。

B 锌的循环富集

尽管矿石中锌的含量是微量的，但由于其还原温度低、液态锌的沸点低（为 907℃），在炉内高温区会产生锌蒸气：

$$ZnO + CO \rule[0.5ex]{0.5em}{0.4pt}\rule[0.5ex]{0.5em}{0.4pt} Zn(气) + CO_2 - 180.5kJ$$

大量的锌蒸气，随煤气上升到温度较低的块状带区域时冷凝（580℃），然后再被 CO_2 氧化为 ZnO。这些 ZnO 仅少量随炉尘逸出炉外，大量积存在块状带，并在 900~1000℃ 区域达到最高。块状带的高锌炉料在下降过程中，部分 ZnO 被氧化还原，部分进入软熔带。软熔带内 ZnO 绝大部分气化随煤气上升，从而造成锌在 1200℃ 以下区域内的循环，几乎不被渣铁吸收。日本高炉解剖锌调查结果见表 11-13[20]。

表 11-13 高炉内锌的循环

输入/kg·t⁻¹	矿石：0.3		软熔带/kg·t⁻¹	滞留：1.45 气化：1.34	
块状带/kg·t⁻¹	滞留：3.77	气化：2.32	输出/kg·t⁻¹	炉尘中：0.19 炉渣：0.06 铁水：0.01	

炉内循环的锌蒸气沉积在高炉炉体砖衬缝隙中或炉墙面上，当其氧化后体积膨胀，会损坏砖衬；锌蒸气可与炉衬反应结合，形成低熔点化合物，使炉衬软化、熔融，导致炉衬的侵蚀速度加快。

锌元素进入高炉后，与炉料一起被加热。但它不能跟随炉料中的几大主要元素一起进入渣铁。锌蒸气随气流上行，由高炉的荒煤气排出炉外。富含锌元素的高炉煤气除尘灰一般都被用于烧结原料，而烧结过程不能去除锌，烧结矿带着锌作为高炉的主要原料重新回到高炉中来。这就是锌在烧结—高炉间的循环。锌在高炉过程的主要去向是二次除尘泥，即文丘里管湿法洗涤塔后除尘灰，以及干式煤气除尘灰。二次除尘泥成分见表 11-14。由表可知，二次除尘泥中的 Zn 含量高达 0.7%，有的布袋除尘灰中锌甚至高达 23%~30%，比重力除尘灰高得多，当将其返回用于烧结时，造成锌的循环。转炉炼钢的湿法除尘灰 OG 泥中的锌含量更高，但它的含量随着废钢比的增加、废钢中的镀锌板比例增加而有很大变化。OG 泥以泥浆方式送烧结，使烧结—高炉间的锌循环更为突出。2001 年 8 月对宝钢 1 号和 2 号高炉（对应 1 号和 2 号烧结机）的烧结—高炉锌循环进行调查，情况见图 11-16[18]。由图可见，配转炉 OG 泥小球烧结而带入的锌量几乎等于高炉二次除尘泥排出的锌量。宝钢三期烧结机没有 OG 系统，烧结也未设小球系统，其锌的负荷则明显减小。3 号高炉在二次除尘泥全部返回匀矿的情况下，高炉的锌平衡状况还要比 1 号和 2 号高炉好得多。

表11-14 高炉炉尘灰成分

成分/%	TFe	FeO	C	Zn	H₂O	Fe₂O₃	CaO	SiO₂
重力灰	47.87	5.10	23.66	0.072	4.60	42.38	1.78	3.20
二次除尘泥	32.46	4.63	40.92	0.711	23.7	40.45	1.67	3.90
成分/%	Al₂O₃	MgO	TiO₂	P₂O₅	S	MnO	Na₂O	K₂O
重力灰	0.68	0.40	0.170	0.029	0.014	0.07	0.056	0.28
二次除尘泥	1.34	0.47	0.170	0.005	0.210	0.040	0.14	0.47

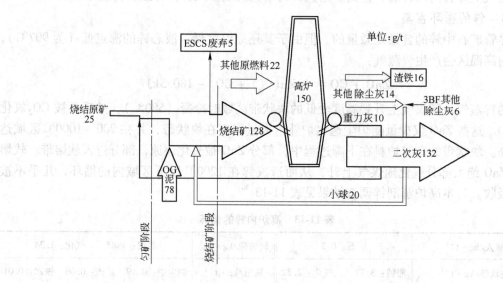

图 11-16　宝钢1号、2号烧结机与1号、2号高炉间的锌循环

由上可见，高炉入炉料中85%的锌来自于烧结矿带入，烧结过程中二次除尘泥和OG泥的使用，是造成烧结矿与高炉间锌的循环富集的主要根源。只要烧结比一定，控制烧结矿带入的锌就成为控制高炉锌负荷的关键。这要通过控制烧结混匀矿中二次除尘泥和OG泥的使用量来实现。原则上，高炉生产必须做到排放与输入的平衡。OG泥另外处理利用或脱锌后再回配烧结，废弃一定的高锌二次除尘泥或将其脱锌后配入烧结，是减少高炉入炉锌负荷及其危害的主要办法。但是，由于目前粉尘脱锌技术尚不成熟，没有应用，或只能去除部分锌，减少高锌二次除尘泥和OG泥的使用量还是必要的手段。

进入高炉的锌大部分排出，进入高炉尘泥中，循环使用尘泥后，锌又在尘泥中富集。炼钢过程副料废钢中含锌也进入转炉、电炉尘泥中。目前对富集后尘泥中锌尚无成功的提取技术，宝钢等企业是定期将锌富集了的尘泥停止使用一段时期，将富锌尘泥外卖或长期堆存，这样来控制入炉锌负荷，以保证高炉顺行。

宝钢严格控制了入炉的锌负荷。2003年2号、3号高炉入炉锌负荷分别控制为0.140kg/t和0.040kg/t。

使用含锌高的矿石冶炼的高炉，在高炉干式除尘灰中，平均含锌量达到了17%。此外，还含有铬、镉等有害元素。

锌的破坏作用主要是由锌的循环富集造成的。为了打破循环链，只有减少高锌二次除尘泥和 OG 泥的使用量，采取循环利用的措施，变害为益。最近有的企业已经开始重视锌的循环利用，准备将高炉二次灰全部用于提取有用金属的原料。

11.2.3.4 特殊矿中的元素对高炉的损害

对一些特殊矿冶炼，尤其要注意炉渣特性。如含氟高的炉渣，熔化温度比普通炉渣温度低 100~200℃，且为易熔易凝的"短渣"，高炉容易结瘤，处理结瘤就会给高炉寿命带来损害。含氟炉渣对硅铝质的耐火材料有强烈的侵蚀作用。

$$2CaF_2 + SiO_2 \longrightarrow 2CaO + SiF_4 \uparrow \tag{11-8}$$

$$3CaF_2 + Al_2O_3 \longrightarrow 3CaO + 2AlF_4 \uparrow \tag{11-9}$$

这种反应生成的 SiF_4、AlF_4 以气体挥发，砖被熔化侵蚀，渣中 CaF_2 越高，这种熔化侵蚀越严重。因此对于这种矿的冶炼特征，造渣制度的选择应有利于减轻对炉墙的侵蚀，风渣口大量破损，能保证生铁质量和强化冶炼。因此对含氟矿冶炼，其耐材选择从设计开始就应认真考虑。也应该严格限制采用萤石洗炉。此外还有一些如含钡炉渣，高钛炉渣，低钛炉渣要注意其特征，科学地加以利用。

11.3 合理的操作制度

一座设计优良、配套齐全、施工优质的现代化的高炉建成后，具备了长寿的基本条件。其后的开炉和 10~20 年的生产操作至关重要，防患于未然，做不好就达不到高效、低耗、长寿的目标。

由于高炉长寿与合理的操作制度、降低燃料比密切相关，第 5、6 章介绍的高炉合理强化和降低燃料比的措施也是延长高炉寿命的措施。

11.3.1 烘炉和开炉

高炉和热风炉为内砌大量耐火材料、承受着高温高压的压力容器，一般不按压力容器验收，但按压力容器设计、施工、操作和管理。在常温条件下，使用了含水泥浆砌筑的高炉和热风炉（一座 3200m³ 的高炉和热风炉耐火材料约 27000~30000t，其中含水有几十吨）。因此首先要做好的是烘炉工作，在开炉前必须烘干水分，并逐步达到生产条件给予充分的预热膨胀，耐火材料还要随温度升高进行晶相转变。如硅砖热风炉在升温 1200℃时有三次晶型转变，并伴随体积膨胀，因此烘炉不能过快过急，必须缓慢升温，过快的水分蒸发易使耐火材料开裂。鞍钢高炉烘炉从常温烘到 600℃一般需要 10 天以上，硅砖热风炉烘炉要严格控制烘炉曲线的行程，不能间断，至少需要 18 天，烘炉时还要做好膨胀的测量，波纹管受力调整，连接法兰等密封连接处加力等。

烘炉不好会造成耐材损坏，严重时，会导致开炉后风口、冷却器等的损坏，造成开炉后不能正常出第一次铁或炉缸冻结，有的第一次铁甚至用炸药来出铁，这样对炉缸的寿命影响是相当大的。因此开炉第一步要搞好烘炉，严格按烘炉曲线将炉烘好。

鞍钢 2003 年 4 月及 2005 年 12 月，分别投产了 3 座 3200m³ 高炉，高炉烘炉都用了 10 天，装完料点火前炉底第五层炭砖与陶瓷垫之间温度分别是 79℃、57℃、56℃，说明烘完炉炉缸也未达到烘干水分的目的，在开炉一周后该处的温度才达到 100℃以上，只有让炉衬及钢结构逐步升温，充分干燥，热膨胀均匀后再开始强化。

宝钢 1 号高炉第一代（炉壳外部洒水冷却）烘炉操作规程要求：在炉缸炉壳温度达到 65℃后才能开始炉缸表面洒水冷却。因此建议今后烘炉应停止循环水泵，采取系统自循环冷却，使冷却壁内水温达到 65~80℃，开炉初期水温也可控制在 60℃ 一段时间，特别是炉缸采用铜冷却壁更应注意。

开炉达产不宜过快，从点火开始不宜强化得太快，要逐步缓慢地达到正常生产，过去炼铁工作总结的开炉后炼一阶段铸造铁是有道理的。人们尚记得 1985 年宝钢 1 高炉开炉计划达产速度为半年，结果达产达标花了一年多，由于计划安排，高炉并没有达到不能继续生产的地步就进行了大修，还超过了 10 年的寿命。

一座高炉开炉投产类似一个婴儿出生，到培养成材，服务于社会，要有循序渐进的过程，高炉开炉达产不能太快、过急、过猛，应稳步达到正常生产。正如表 11-3 所示，开炉达产过猛、激烈的铁水冲刷，使处于炉缸初步侵蚀阶段尚未形成稳定、均衡的凝结层状态下的炭砖极易发生局部侵蚀。一般认为高炉刚投产状态良好，容易放松管理、失去监控，一旦出现局部侵蚀，就难以控制。所以，投产前就要建立完整的长寿综合管理、生产操作管理、维护保养制度等一系列的管理体制。投产后立即持之以恒地去做好每一天、每一个环节的工作，才能达到长寿、高效的目标。

11.3.2 高炉顺行与长寿

高炉长期稳定顺行、产量高，煤气流分布合理，边缘气流得到抑制，有利于高炉长寿。高炉的强化程度要根据自身条件量力而行。例如：在 21 世纪之前，梅山 1 号、2 号高炉原燃料条件在国内属中下水平，装备水平也一般，但由于操作得好，上一个炉役比国内同类型的高炉寿命长。而鞍钢在"六五"、"七五"期间条件较差，高炉操作也不好，结果高炉寿命就很短。在高炉操作方面有两点要特别注意：一是要全面贯彻"优质、低耗、高产、长寿"的方针，合理强化，控制炉腹煤气量。不能单纯依靠提高炉腹煤气量而过度中心气流或发展边缘气流，导致管道、崩料、悬料等失常炉况，而这些都不利于高炉长寿，尤其是目前产能无序扩张，大风机，高冶炼强度，高利用系数，片面追求产量，多数炼铁厂都有产量、质量、焦比、能耗考核指标，唯独高炉寿命没有考核指标，责任制更是不明确。这种状况下高炉很难长寿。二是要搞好高炉煤气流分布，疏通中心气流，适当抑制边缘气流，维持高炉长期稳定顺行。

宝钢 3 号高炉 1994 年投产初期，由于与之相配套的焦炉、烧结、炼钢等项目未投产，产能不平衡，高炉处于限产状态，高炉稳定性欠佳。到 1997 年宝钢三期配套设施全面投产，原燃料供应开始正常，同时，操作技术也取得突破性进展，高炉生产逐渐正常，之后，宝钢 3 号高炉长期保持稳定顺行，如图 11-17 所示，代表高炉稳定顺行两个主要指标高炉煤气利用率和崩料、滑料参数历年推移图，宝钢 3 号高炉煤气利用率一直保持 51.5%以上，说明高炉煤气流分布合理稳定；高炉运行过程中下料均匀稳定，很少发生崩滑料现象，崩滑料主要发生在高炉休风送风恢复期间；同时，宝钢 3 号高炉发生管道行程次数也非常少，管道行程主要发生在开炉初期，操作制度不稳定和高炉炉型转变期间。因此，宝钢 3 号高炉一代炉役期基本处于稳定顺行状态[12]。

从宝钢 3 号高炉一代炉役看，高炉稳定顺行不仅为高度强化冶炼创造了条件，而且为高炉长寿奠定了基础，高炉稳定顺行是高效、长寿的根本。

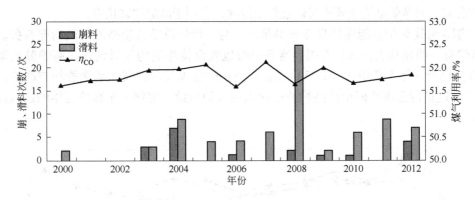

图 11-17 宝钢 3 号高炉稳定顺行指标推移图[12]

11.3.3 合理的操作制度

合理的操作制度是实现高炉长寿的关键技术之一。高炉应以精料为基础，以节能、降耗为指导，以允许的最大炉腹煤气量为界限，以稳定和顺行为手段来寻求高利用系数、低燃料比的途径。

11.3.3.1 原燃条件

原燃条件好，高炉容易稳定顺行，边缘气流可以得到抑制，使得炉壁热负荷适当而且稳定，高炉自然容易长寿。因此延长高炉寿命首先要改善原料、燃料条件，关于精料的作用已在第 4 章中介绍过，这里再次强调延长高炉长寿的主要因素：

（1）减少入炉粉末，过去高炉热矿入炉，烧结工序无整粒过筛，高炉槽下无过筛，入炉粉末多，但为保证顺行，保证边缘和中心两股较强的煤气流，边缘煤气过大，对炉身中下部的冲刷严重，所以边缘气流发展的高炉难以长寿。

（2）原燃料成分要稳定，尤其是品位、碱度要稳定，高温冶金性能要稳定。品位波动大，碱度波动大，铁矿石软熔开始温度低，软熔区间宽，结果造成高炉软熔带高，形不成倒 V 形软熔带，而常常是 V 形和 W 形软熔带。高炉边缘煤气波动，渣皮掉落，生长频繁，高炉炉身中、下部及炉腰热负荷波动频繁，造成热震损害，其结果该区域冷却设备提前损坏。

（3）焦炭的强度要高。随着喷煤量升高，焦炭负荷升高，高炉料柱透气透液性变差。焦炭在高炉内的骨架作用更为突出，因此提高入炉焦炭的冷热机械强度和系统冶金性能对保证高炉顺行十分重要。高炉采取中心加焦和提高热强度的措施可提高高炉下部焦炭料柱的透液性，以减少炉缸部位渣铁环流，有利于提高高炉炉缸寿命。

11.3.3.2 合理的送风制度

高炉下部送风制度是高炉整体运行的基础，用以确立合理炉腹煤气量、循环区长度、鼓风动能等关键参数，实现一次煤气流合理分布。从温度场分布角度，合理的炉腹煤气量，可以达到合理的热流比，保证炉料与煤气充分接触和还原，形成稳定的软熔带及其合理的位置、形状和高度；从煤气流分布角度，合适的鼓风动能在其中起关键性作用。合适的鼓风动能可以确保一定长度的循环区，高炉一次煤气流趋向中心，使径向分布趋于均匀，保证一定中心气流，使死料堆保持一定温度，维持一定透气性和透液性，确保炉缸活跃，同时，减小死料堆体积，有利于吹透炉缸，活跃炉缸中心，保证滴落进入炉缸的物料得到充分的还原和合适的分布，减缓炉缸渣铁环流对炉缸侧壁侵蚀，有利于高炉炉缸长寿。

宝钢 3 号高炉炉缸能保持良好长寿状态，与一代炉役维持较高的鼓风动能有关。宝钢 3 号高炉有一明显特点：即使在提高富氧率时也要保持相应的鼓风动能。高炉鼓风动能的计算方法已经在第 5 章中式（5-33）述及。高炉炉腹煤气量和鼓风动能能均与高炉风量相关[12,25]，这里的送风比即单位高炉炉缸面积的入炉风量。宝钢 4 座高炉历年的送风比见图 11-18。

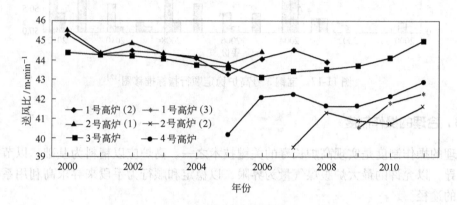

图 11-18 宝钢 4 座高炉送风比的比较

依据高炉鼓风动能与死料堆相互关系理论研究结果，以及宝钢 3 号高炉实践证明：当高炉鼓风动能达到 15500kg·m/s 以上，既可保证高炉稳定顺行，又有利于减缓渣铁环流对高炉炉缸侵蚀。3 号高炉一代炉役正是以控制鼓风动能 15500kg·m/s 以上为基本出发点，结合冶炼生产需求，确立基本操作制度，既达到了高炉高效目标，又实现了高炉炉缸长寿。因此，宝钢 3 号高炉实绩证明，确立合理操作制度可以有效改善高强度冶炼与长寿之间矛盾的关系。

此外，近年来我国高炉大型化的发展迅猛，许多高炉工作者对大型高炉的特点认识还不够，特别是高炉炉缸扩大以后死料堆的体积也呈三次方增大，死料堆对高炉操作和寿命的影响就突现出来了。例如前述杭钢 1250m³ 高炉对及时处理炉缸堆积的重要性认识不足；对含钛矿护炉死料堆的透气性、透液性的影响估计不足；对钛化合物的特性了解不够。从停炉后炉底形成很厚的钛化合物沉积来看，显然，生产时长期炉缸严重堆积，在死料堆内和炉底形成了严重的低透液区域；渣铁沿死料堆上表面流向风口循环区，致使强化了铁水的环流，参见第 5 章图 5-21，导致炉缸侧壁的象脚侵蚀。对大型高炉来说，采取活跃炉缸中心的操作就是最有效的护炉措施。

11.3.3.3 上部调剂

上部调剂制度与下部煤气流分布匹配，才能实现高炉稳定。布料制度是在一次煤气流合理分布基础上，达到二次煤气流稳定分布的关键。

大型高炉控制边缘气流是上部布料基本出发点，边缘适宜煤气流控制原则就是使高炉软熔带的分布合理，炉体渣皮稳定，以达到稳定炉墙热负荷，就可以减缓炉墙侵蚀，保持稳定的操作炉型。宝钢 3 号高炉针对高强度冶炼生产条件，通过热流比计算，确定不同冶炼条件下高炉边缘热负荷控制范围，结合下部送风制度，辅以上部布料制度合理调剂，使边缘煤气流均匀稳定，不仅保证高炉边缘一定煤气流，而且又使边缘气流得到有效控制，长期保持稳定高炉炉体热负荷，如图 11-19 所示，一代炉役期，在保持高强度冶炼的生产条件下，正常控制高炉炉体热负荷 80000～100000MJ/h 范围内，可以有效避免炉墙频繁黏结、脱落，以及局部气流剧烈冲刷等对炉墙的侵蚀[12,25]。

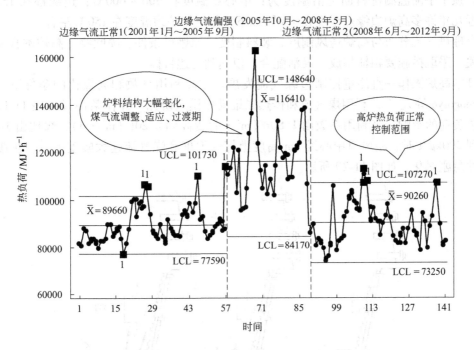

图 11-19　宝钢 3 号高炉热负荷控制范围[12]

另外，控制合理边缘气流和稳定的热负荷对炉缸长寿也有重要作用。在高炉实际生产过程中，伴随高炉边缘不稳定，或者炉墙频繁脱落，经常引起炉缸侧壁温度升高现象。炉缸侧壁温度升高的主要原因是因为高炉边缘不稳定，炉墙黏结物或者生料，含有较高 FeO，直接进入炉缸，产生类似脱硅或者脱锰剧烈反应；对炉缸侧壁凝结层产生冲击，导致凝结层剥落，侧壁温度升高，甚至导致炭砖侵蚀。因此，通过高炉上部调剂，形成稳定边缘气流以及稳定合理软熔带位置，避免炉墙黏结物或者生料直接进入炉缸，对高炉炉缸长寿起着重要作用。

高炉煤气流分布合理具有下列特征：

（1）保证炉况稳定和顺行，生产处于最佳水平；

（2）在保证顺行的条件下，可以长期获得在该冶炼条件下的最高的煤气利用率；

（3）防止边缘过分发展，延长一代高炉寿命。

高炉煤气流分布合理与否，可根据炉喉 CO_2 曲线和炉顶综合 CO_2 的百分含量、CO 综合利用率以及炉顶十字测温来判断。现代高炉炉顶压力提高后，炉喉径向 CO_2 分布曲线一般不再在线测量了，而由炉顶十字测温代替。

高炉煤气得到合理分布，炉顶综合煤气 CO_2 平均含量应在 20% 以上。η_{CO} 应当大于 50%，如宝钢高炉近几年来的煤气利用率都在 51% 以上[26]，见表 11-15。边缘气流发展型操作的高炉，其 η_{CO_2} 小于 45%。

表 11-15 宝钢 3 号高炉近几年的煤气利用率 η_{CO}

年　份	1996	1997	1998	1999	2000	2001	2002	2003	2004	2005
η_{CO}/%	47.9	49.9	51.5	51.49	51.58	51.76	51.76	51.84	52.84	52.05

炉顶十字测温测得料面上沿温度为：中心点温度在 500~600℃；边缘都在 150℃ 以下。近几年许多高炉边缘点温度在 100℃ 以下，年平均炉顶温度在 150℃ 左右。

合理煤气流分布与高炉送风制度、装料制度、原燃料条件、喷吹物、高炉本身冷却结构有关。采取措施要相辅相成，灵活配合，以达到上述目标。

日本高炉操作一直注重控制边缘气流发展。在高利用系数和高煤比的条件下，日本 S. Shimogoryo 等人[27]，利用煤气流和传热二维模拟模型研究了操作条件（见表 11-16）对炉腹热负荷的影响。当利用系数由 $1.80t/(m^3 \cdot d)$ 提高到 $2.20t/(m^3 \cdot d)$，煤比由 100kg/t 提高到 200kg/t 时，距风口中心线 1m 高度上煤气温度和煤气流速大幅度上升，炉腹的工作条件急剧恶化，如图 11-20 所示。

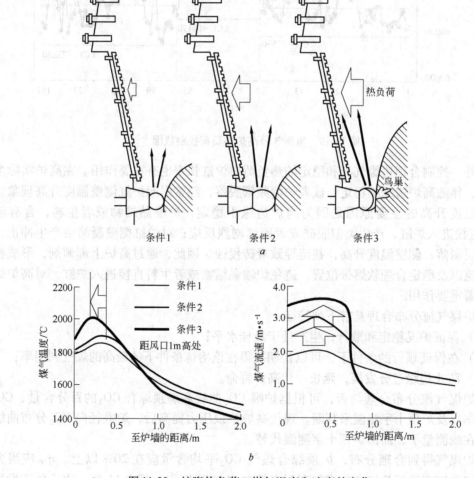

图 11-20 炉腹热负荷、煤气温度和速度的变化

a—炉内变化情况的示意图；b—距风口 1m 高处的计算结果

表 11-16 模拟研究的计算条件

项　目	条件1(基准)	条件2	条件3	项　目	条件1(基准)	条件2	条件3
利用系数/t·(m³·d)⁻¹	1.80	2.20	1.80	煤比/kg·t⁻¹	100	100	200
燃料比/kg·t⁻¹	500	550	500				

在高利用系数和高燃料比操作（条件2）时，由于炉腹煤气量增加，使炉墙边缘的煤气流发展。在高喷煤比操作（条件3）时，也使炉墙边缘煤气流增加，并使靠近炉墙边缘的煤气温度上升。在200kg/t煤比时，炉墙边缘煤气流的增加，则是由于风口循环区煤粉结壳和死料堆粉焦的阻碍作用，减少了朝向炉缸中心的煤气流动。图7-8a 为在这些条件下，炉内变化情况的示意图。

边缘煤气流的增加和温度的提高，促使软熔带的形状发生变化，有可能使软熔带改变成 W 形或 V 形更导致边缘煤气的发展，提高炉腹炉墙受渣铁冲刷的强度[18]。在这种情况下，保持倒 V 形软熔带的分布十分重要。最近国内有一些高炉强化之后，炉腹冷却壁烧坏，可能是没有及时调整炉内气流分布，使之与强化冶炼相适应有着一定的关系。

最近，炉腹冷却壁的提前损坏可能是由于高产、高燃料比或高煤比等操作引起强烈的边缘气流，使热负荷升高的缘故。因此，从稳定操作和延长高炉寿命的观点出发更需要开发长寿冷却壁[27]。

11.3.4 活跃炉缸中心减轻铁水环流

合理的造渣制度不但是冶炼合格生铁的需要，而且对延长高炉寿命有十分重要的作用。最佳的炉渣成分及碱度，还应当尽力减少对砖衬的侵蚀和形成稳定的渣皮，保护炉衬，减少炉身热负荷的波动。

近几年来高炉炉体采用铜冷却壁等薄炉衬结构，依靠在冷却壁热面上形成渣皮，来隔热和保护冷却壁。炉渣成分选择不合理，且经常波动，热制度不稳定，则生产中经常出现渣皮脱落，造成高炉中下部炉墙热负荷频繁波动，给炉衬带来强烈的热震损害，渣皮突然大面积脱落，还给炉缸带来热量透支，炉温急剧下降，不但生铁质量不合格，处理不及时还会造成炉子失常。

11.3.4.1 减轻炉缸环流

炉缸环流是影响高炉炉缸寿命的重要因素。前述千叶6号高炉、宝钢2号、3号高炉的长寿都是依靠控制炉缸环流，保护凝结层的稳定来达到长寿的。

宝钢2号高炉于1991年6月投产，生产一年多同一出铁场的两个出铁口之间的温度就超过了"注意"温度。对圆周方向温度分布进行的监测表明炉缸在圆周方向上温度只是局部升高。因此，在生产操作中关注了炉缸铁水流动与侧壁侵蚀的机理。估计铁水流动如图 11-21 所示，经过该点流向铁口，使两个铁口的中间部位温度上升，由此尽量避免同时使用同一个出铁场的两个出铁口，并严格控制出铁速度。这也支持了铁水流向铁口是侧壁侵蚀的原因。

由此推测，在炉缸侧壁铁水流与炭砖之间存在低流动性的黏滞层，含钛或高富集碳的凝

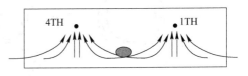

图 11-21　估计的两个出铁口的铁水流动模式

结层。因而，取决于填充结构变化，例如，由于在死料堆的角部形成焦炭自由空间会使高炉中心的透液性恶化，在侧壁形成强烈的铁水环流，并且在铁口下面削薄了黏滞层和凝结层。因此，多铁口的使用位置和频度也与炭砖的侵蚀有关。此外，在铁水流动中碳的饱和度也对高含碳的凝结层的裂解以及炭砖的侵蚀有很大的影响。可以断定，由于没有饱和的铁水滴落状况对炭砖的侵蚀肯定会发生影响。

11.3.4.2 死料堆的状态

炉缸内形成阻碍铁水流动的低透液区域将严重影响铁水的流动，加强炉缸侧壁的局部冲刷，导致凝结层局部脱落，致使炭砖直接接触铁水而迅速被侵蚀。如果低透液区偏在炉缸一侧，使铁水发生偏流，产生局部侵蚀的危害更大。生产必须密切关注死料堆的透液性及状态。

为了确定高炉死料堆和铁水的流动状态，法国、加拿大、日本等国高炉从风口喷入示踪物，测量铁水中示踪物浓度随时间的变化。日本千叶6号高炉发现铁口之间渣比发生偏差，以及渣比偏差的消解与铁口平面上侧壁温度的相关关系 CI，用下式表示[7]：

$$CI = \int_{t_1}^{t_2} \frac{\{T_i(t) - T_{iave}\}\{T_j(t) - T_{jave}\}}{(t_2 - t_1)\sigma_{T_i}\sigma_{T_j}} dt \qquad (11\text{-}10)$$

式中　$T(t)$——在 t 时刻的炉缸侧壁温度；

　　　T_{ave}——测定期间的平均侧壁温度；

　　　σ_T——炉缸侧壁温度的标准偏差；

　　　i, j——炉缸侧壁温度的测定点。

当炉缸侧壁温度相差指数 CI 接近 $+1$ 时，两点温度呈相同变化；接近 -1 时，一个温度计上升，另一个温度计显现出下降。此外，CI 接近 0 时，显示出两点的温度没有相关关系。应用高炉炉缸温度，当 CI 接近 $+1$ 时，两点之间受同一铁水流的影响；当接近 0 时，受到不同铁水流的影响，两点之间考虑存在妨碍铁水流动的区域。

在正常操作期间 A 显现出铁口之间渣比的偏差，而在高燃料比期间 B 铁口之间的偏差消失，出铁口平面的侧壁温度 CI 变化，如图 11-22 所示。温度计沿圆周方向设8点，热电偶之间的间距约6.5m。很明显，正常操作时期南-西与北-东北之间的温度的相关性低，在

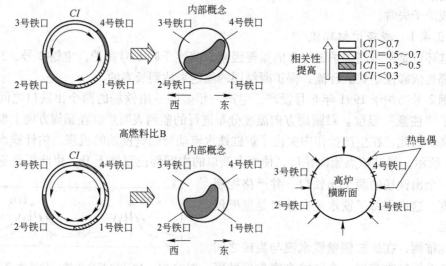

图 11-22　炉缸侧壁温度与相关系数的变化[9]

燃料比较高的时期相关性高。由此，在正常操作期间炉缸内存在妨碍铁水流动的区域，而在较高燃料比期间低透液区域得到消解[9]。

为了查明渣比的偏差的原因高炉还用示踪原子进行了测量以及在停炉后对高炉下部进行了解体调查，对炉底炭砖和残铁取样研究。

示踪原子测量结果表明：当低燃料比的正常操作时，死料堆透液性降低，部分铁水由侧壁绕道流向铁口的流动时间延长，说明环流加强。西侧的 1、4 号铁口比东侧的 2、3 号铁口渣比高，侧壁长期温度高。当高燃料比操作时，示踪物排出很集中，说明死料堆透液性好，铁水能透过死料堆，比较集中地流向铁口。西侧铁口的渣比增加，而东侧铁口的渣比减少，各铁口间渣比几乎没有偏差，侧壁温度下降和炉底温度上升。

解体调查的结果炉底残铁沿直径东西方向，在西面炉底侧壁附近区为生铁；从侧壁约 2~2.5m 往中心为焦炭填充区，见图 11-23。随着取样位置向东移动，焦炭的比例逐渐增加。此外，东边的炉底角部为焦炭与铁水呈混合状态的区域。在炉底与侧壁之间的角部主要为粒度 0.005m 以下的微粒焦炭与铁水的混合相；在焦炭填充区内为块状焦炭与铁水的混合相；炉底侧壁附近只有铁水，可是在铁水中存在层状焦炭。在残铁上部的焦炭层中焦炭的比例为 45% ~ 60%，下部为 0 ~ 40%。考虑由于受停炉时死料堆荷载减轻空隙率变大的影响。

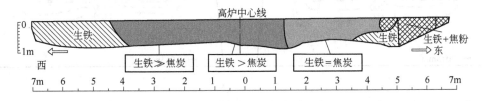

图 11-23 炉底残铁的解剖调查

此外，炉底角部附近混在微粒焦炭中的铁水 Ti 浓度有升高的趋势，有的地方接近 2%。达到 TiC 和 TiN 的完全固溶状态，用电子探针分析，残铁中的 Ti 几乎都是 TiN 的形态。随着 Ti 含量的增加铁水的黏度直线上升，含 Ti 0.8% 以上的铁水在 1773K 几乎不能流动。估计炉底角部焦炭微粒的混合区在生产时已经凝结形成保护层。

查明了仓敷 4 号高炉发生过炉缸侧壁局部侵蚀是由于炉缸内存在低透液的区域。示踪原子及解剖调查研究了低透液的区域对炉底温度与出铁、出渣的影响，并进行定量分析。弄清了低透液的区域形成的机理是：当炉底温度下降时，从铁水中析出的集结石墨、在炉缸中焦炭溶解时残余的灰分、粉化了的焦炭以及喷煤时未燃煤粉等把死料堆中的焦炭填充层的孔隙堵塞所形成[9]。

当炉缸底部全面形成低透液区域时，炉内滴落的铁水不能透过低透液区域进入炉缸下部，因此铁水流过低透液区域向炉底的量就少，炉底温度就低，有可能在炉底砖表面形成凝结层。如果全部或部分消除了低透液层，那么铁水直接流入炉底，炉底温度就会升高[9]。

各国都十分重视炉缸死料堆的状况曾经想用"炉缸状态指数"和"死料堆混合清洁指数"等来定量描述炉缸内死料堆的状态[28,29]，因此，高炉操作者应密切注意死料堆的状态。

11.3.4.3 对局部侵蚀的分析

用第9章9.3.3节介绍的炉缸侵蚀综合模型对不均匀出铁引起的炉缸局部侵蚀进行了研究。

模型的假定条件：高炉炉缸中心部位死料堆坐落在炉底上，而角部的死料堆漂浮在铁水中，并且死料堆的底部角度为20°。死料堆的径向空隙率 ε 均保持在42.5%的较高水平。在炉底与侧壁交界处铁水形成环流的情况下，由铁水流速和温度就能发现：由于在铁口正下方的侧壁以及铁口反方向的炉底角部铁水快速流动导致炭砖温度升高，见图11-24a。解释了高炉采取合理的对口出铁时，当更换出铁口出铁时出现铁口下部炭砖温度周期波动（90℃）的现象。

假设死料堆中心位置存在无因次半径 $r/R = 0.45$（R 为炉缸半径）的低透液区，中心空隙率 $\varepsilon = 20\%$ 较低的区域，其计算结果表示在图11-24b 中。由于空隙率低，环流加强，在铁口及铁口反方向的炉底角部及侧壁炭砖温度越发升高而产生局部侵蚀[30]。

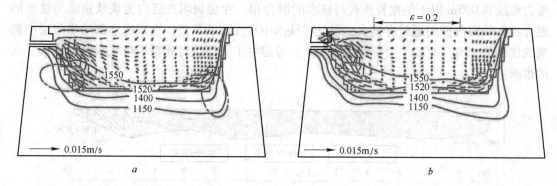

图11-24 正常出铁（a）时和死料堆中心存在低透液区域（b）时的铁水环流速度和温度

从计算结果可以说明，焦炭自由空间及死料堆的结构对炉缸铁水流动和传热有很大的影响。为了防止炉缸侧壁的侵蚀，应防止在炉缸角部形成焦炭自由空间，并力图提高死料堆的透液性非常重要。

由此可知，正确的出铁制度和使用出铁口的制度也是防止炉缸侧壁局部侵蚀的重要手段。

11.3.4.4 活跃炉缸

高炉活跃炉缸十分重要，也就是说，高炉中心死料堆的透气性和透液性对高炉炉缸侵蚀的发展至关重要。死料堆透气性和透液性差，铁水积聚在炉缸边缘，在出铁时容易形成环流，将导致出铁口下面约1m处，炉缸内衬局部呈象脚侵蚀。内衬的这种局部侵蚀往往引发炉缸局部过热、炉缸溃破等故障。严重影响高炉寿命。因此，在操作上要采取活跃炉缸死料堆的措施，避免炉底中心堆积、温度偏低，保持适当的炉底中心温度。

宝钢2号高炉2000～2002年间，每次炉缸侧壁温度上升都发生在炉底温度显著下降之时，而炉底温度较高的时候，侧壁温度较低且稳定。从图11-25可知两者之间存在相关关系[31]。两者的关系实质上说明炉缸铁水的流动状况。当铁水环流加强时，炉缸侧壁温度便上升；当铁水环流减弱、炉缸中心活跃时，炉底温度就上升。如前所述，千叶6号高炉也有同样的情况。

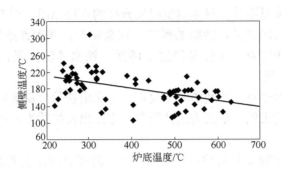

图 11-25　宝钢 2 号高炉侧壁温度与炉底温度的关系

11.3.5　合理的出铁制度及出铁口的维护

良好的出铁口区维护是高炉长寿的关键因素之一。出铁口的保护层主要是伸入炉缸内部由炮泥形成的蘑菇状出铁口泥包。因此,日常精心维护出铁口区,采用合理的出铁制度,使用具有抗冲刷能力的炮泥,精确控制炮泥用量,经常将出铁口的深度保持在上限是必要的。特别要重视在出铁口末端形成伸进炉内约 1m 长的蘑菇状出铁口泥包保护壳,使铁水始终从出铁口周围的炉缸壁回流到蘑菇状泥包保护壳末端,然后从出铁口流出,较深的铁口可排出炉缸中心的铁水,减轻铁水环流对蘑菇状泥包保护壳的冲刷。调查表明,炉缸周边的铁水环流强烈冲刷炉缸壁,特别是在出铁口处,造成"象脚形"侵蚀,克服炉缸中过强的周边流的主要方法是增加死铁层的深度。

11.3.5.1　合理的出铁放渣制度

A　不放上渣

由于精料水平的提高,综合入炉品位提高到 58% 以上(特殊矿冶炼除外),渣量大幅度降低。过去大多数企业的渣比在 500kg/t 以上,目前已降到 300kg/t 以下,炉容 1000m³ 以上的高炉都逐渐取消放上渣的作业。

(1)不放上渣可以提高生铁的质量,如鞍钢 1000m³ 级高炉平均一次铁的[S]在 0.03%;出铁时,下渣下来以前铁中含[S]量在 0.045% 的水平,下渣下来后生铁中含[S]量在 0.02% 以下。如不放上渣,渣铁同时从出铁口放出,增加了铁—渣在出铁口区和主铁沟中再次进行界面反应的机会,提高了脱硫的概率,生铁平均含[S]量降低 0.02%。这样既降低了铁水含[S]量,又提高了铁水质量的稳定性。

(2)不放上渣可以大幅度减少渣口烧坏的临时休风换渣口的次数。频繁地休风、减风,对高炉寿命带来较大的损害。因此,近年来大于 1000m³ 的高炉都采取不设渣口及不放上渣的制度。

(3)1000~2000m³ 的高炉一般设置两个出铁口,2000m³ 以上的大型高炉都设置 3 个及以上的出铁口,应采用对角布置的两个出铁口出铁,不允许同一个出铁场的两个出铁口长期同时出铁,其中 1 个出铁口检修备用的制度,可减少铁水环流,减弱环流对炉缸的机械侵蚀。

(4)出铁见渣时的铁量,以及每次铁渣铁比的均匀性能说明炉缸侵蚀状况和死料堆中低透液区域的状况,应加强分析管理。

B　出铁口作业与炉底温度

通常,把炉缸侧壁温度升高归咎于出铁、出渣和出铁口的维护方面出了问题。实际上，出铁口深度和打泥量不佳，只是侧壁温度升高的直接原因，即充分要素。其根本原因还在于炉缸铁水环流强弱和炉缸活跃的程度。在高炉产量和操作条件基本不变的条件下，炉前操作和出铁口维护困难，往往是炉缸不活跃、铁水环流加强，炉底温度下降，形成"象脚"侵蚀的直观表现。

对于大型高炉，希望每次出铁的时间要长，每次出铁的出铁量要大，这是炉缸是否活跃的关键。以高炉平均出铁量定义为出铁指数，亦即出铁指数为日产量除以出铁次数，再除以 1000。

2000~2002 年，宝钢 2 号高炉出铁次数与炉底温度之间存在密切关系，如图 11-26 所示[31]。当炉底温度下降时，出铁指数明显下降，即平均每次出铁量减少，日出铁次数增加。当炉底温度下降临近极限时，炉缸显著呆滞，打泥困难，打泥量明显减少，侧壁温度迅速上升。在 2000 年 4 月，由于炉底温度持续下降，高炉的炉前作业开始变差，出铁口变浅，出铁时间短，见渣晚，重叠开口增多，出铁次数由正常的 10 次增加到 12~14 次，打泥量少且不稳定，侧壁温度上升，见图 11-27[31]。这种状况一直延续到 10 月初，炉底温度显著回升后才转为正常。

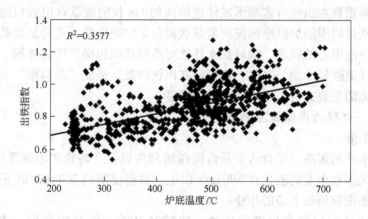

图 11-26 出铁指数与炉底温度的关系

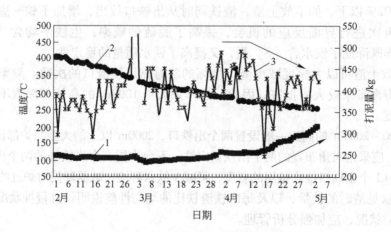

图 11-27 出铁口维护状况与炉底温度的关系
1—炉缸侧壁温度；2—炉底温度；3—打泥量

均衡轮换使用出铁口也十分重要。有的高炉长期不使用某个出铁口，反而会在此出铁口下方发生炉缸恶性事故。

随着炮泥质量的提高，出铁时间延长，一般一次出铁时间都在90min以上。采用鱼雷罐运输铁水的企业，一次出铁时间还在延长，有的达到120～240min。每天出铁次数在8～14次之间，有的高炉为7～10次。国外高炉十分重视提高炮泥质量，降低出铁速度，延长出铁时间，减轻铁水对出铁口的冲刷。减少出铁次数，有的高炉每天出铁5次。减少出铁次数能大幅度减少炉前耐火材料的消耗量。降低出铁速度，还能减少炉缸环流对炉缸的损害，因此应严格控制出铁速度。目前大型高炉做到了出铁时间大于日历时间；合理地控制铁流速度，对高炉强化冶炼和稳定炉况起到了积极作用。

有3～4个出铁口的高炉，在轮换使用出铁口时，应注意尽量避免同一个出铁场的出铁口同时出铁。否则会对两个出铁口之间的炉缸侧壁有严重的伤害。

C 出铁口状态与炉缸侵蚀

从目前高炉炉缸侵蚀调查结果看，绝大多数高炉炉缸侵蚀最严重区域基本上集中在铁口下方1.0～1.5m左右铁水环流发达的区域，说明铁口状态与炉缸侵蚀有密切关联。铁口区域是炉缸工况最恶劣区域，也是工作负荷最重的区域，同时，在铁口区域，从高压到常压，是压力梯度变化最大的区域，非常容易产生气隙，炉缸气隙是影响炉缸有效传热、导致铁口区域出现侵蚀的关键因素，因此，铁口维护是高炉炉缸长寿重要环节。宝钢通过模拟计算炉缸最大剪切应力也在铁口下方1.5m处[12]。

宝钢3号高炉自投产以来，铁口维护一直是高炉操作的重要组成部分。铁口维护主要分两个方面：

（1）定期维护。定期有计划地进行大套和中套灌浆，消除气隙，有效隔断向铁口区域窜气，并利用定修更换铁口保护砖和铁口压浆，消除铁口区域煤气泄漏，避免铁口区域气隙的扩大，提高了炉缸的有效传热。

（2）日常维护。跟踪炮泥质量，维护好铁口状况，保证打泥量，保证铁口深度，正常控制铁口深度3.7～3.8m，在确保出尽渣铁的同时，出铁时间控制在2h左右，日均出铁次数控制在12次左右，减缓环流对炉缸炭砖冲刷侵蚀。

铁口深度对炉缸长寿有重要意义，从宝钢3号高炉实绩看，铁口变浅，经常伴随炉缸侧壁温度升高，铁口深度与炉缸冲刷侵蚀有密切关联。图11-28为宝钢3号高炉4号出铁

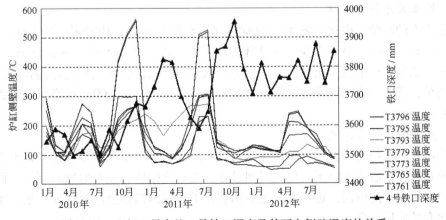

图11-28 宝钢3号高炉4号铁口深度及其下方侧壁温度的关系

口侧壁温度与出铁口深度的关系。宝钢 3 号高炉随着炉役年限的延长，铁口深度呈现下降的趋势，正常铁口深度由原来的 3.7~3.8m 降低至目前的 3.5~3.6m，说明铁口或炉缸区域有明显侵蚀现象，同时说明炉役后期炉缸侵蚀加剧，更需要加强铁口维护[25]。

出铁口深度变化的频度，以及突然变浅等都是炉缸异常的信号，应该进行严格检查炉缸状况，不要误认为炮泥质量问题。

11.3.5.2   出铁口的维护

高炉生产的出铁、出渣作业是整个生产工艺极为关键的一环，搞好高炉生产，首先应做好出铁口的维护工作。

A   炮泥质量

随着高炉大型化，高压力，高度强化，取消放上渣等，使得铁口区域所承受的负荷和各种侵蚀加重，因此对铁口的操作、维护、管理水平要进一步提高，铁口深度不断加深，表 11-17 列出 2012 年 1~6 月某些高炉出铁口深度和炮泥消耗量。当出铁口深度深，铁口不喷溅、炮泥消耗少，炉前劳动强度低，吨铁耗炮泥成本低。其中鞍钢 3200m³ 高炉铁口深度浅、炉前劳动强度大、炮泥消耗高、即使用价格低质差的炮泥，吨铁炮泥仍比其他企业高出 1 元。还容易造成重大事故，因此对炮泥质量尤其要引起高度重视。

表 11-17   2012 年 1~6 月部分铁厂铁口平均深度及炮泥消耗量

高 炉	本 钢	沙 钢	沙 钢	武 钢	兴 澄	鞍 钢	马 钢
炉容/m³	>4000	5800	2500	3200	3200	3200	4050
铁口深度/m	3.8~4.0	4.0~4.2	3.0~3.2	3.4~3.6	3.7~3.9	2.8~3.0	3.8
炮泥消耗量/kg·t⁻¹	0.6	0.4~0.5	0.6	0.4	0.29~0.31	>0.6	0.38

对于大型高炉在炮泥中应加配 SiC 刚玉等高级耐火材料，具有易于胶结、快速干燥，在干燥过程中微膨胀、高强度、高抗铁水和炉渣冲刷等特性。

炮泥质量差、质量不稳定往往增加出铁口深度变化的频度，以及发生突然变浅等情况。正如前节所述，这些现象是炉缸异常的信号，而很容易误认为是炮泥质量差造成的，放松了警惕。因此管理不到位，不重视炮泥质量，应该把炮泥质量问题放到滋生恶性事故的层面来认识。

B   足够的出铁口深度

正常生产的高炉，根据炉容大小应有不同的出铁口深度。1000m³ 的高炉正常出铁口深度应为 1.8~2.4m，小于 1.8m 的残出铁口易跑大流，且出不净渣铁，带来生产波动，甚至造成一系列安全事故。出铁口过深，则出铁时间过长，影响其他工序的作业。对单出铁口的高炉，还易造成炉况波动。根据高炉容积不同，1000~5000m³ 级高炉铁口深度应控制在 1.8~3.8m。

C   完好的出铁口泥套

出铁口泥套保持完好，堵炮时能压紧封口不向外冒泥。出铁口泥套应有足够强度，一旦损坏要及时重新制作并烘干。使用时间过长，泥套疏松后也应及时重新制作。同时还应注意使用专用泥套的炮泥。近年来，也有用快速干燥的高铝质浇注料做泥套的，主要是为了提高泥套的使用寿命。

综上所述，炉缸长寿是长期坚持正确的操作方针、具体作业才能获得。炉缸的异常侵蚀有一个过程，在炉缸异常侵蚀发展的过程中从出渣、出铁的作业中会暴露出异常的信号，捕获和重视获取的信息尤为重要，从中可以揭示炉缸的状态。

（1）严格按照标准作业，减少相邻出铁口同时出铁；每次铁的出铁量和渣比应保持稳定，如有异常应采集更多的信息，研究死料堆的状况和环流的变化，并制订校正的措施。

（2）出净渣铁后堵出铁口，不应当带渣铁流堵出铁口。及时出净渣铁，打泥量适中，形成稳定的泥包。出铁口深度能反映炉缸的状态，特别是由此可能获取出铁口附近侵蚀是否正常的信息。

（3）在保证炮泥质量、堵口作业正常，没有在出铁口通道内夹有焦炭块时堵出铁口的情况下，发生出铁口通道的折断，应提高警惕。

（4）适宜的出铁口直径，控制出铁速度是控制铁水环流速度的重要因素。

为此，国外某些高炉的泥炮和开口机还设置了对出铁口管理所必须的自动记录系统，如开口机的铁口深度、钻进力的自动记录；泥炮设置了打泥压力、打泥量等的自动记录。保证数据不受人为干扰，能够及时、准确地掌握出铁口状况，以保证分析的正确性。

11.3.5.3 防止出铁口喷溅

近年来，随着高炉的大型化和炉内压力的提高，高炉出铁时出现了出铁口喷溅。铁出来后在出铁口出口处出现煤气喘气，小型爆燃，渣铁水不成圆流，结果造成渣铁出不尽。喷溅到出铁口周围的渣铁凝结后扛住泥炮，堵不住出铁口或出铁口冒泥，影响到高炉的强化，加重了炉前工人的劳动强度，有的甚至威胁到安全生产。这一现象在国内外一些高炉上曾出现过，已成了一个难题。

A 出铁口喷溅形成原因的解析

出铁口喷溅形成的原因，迄今尚没有一个确切的结论。从出铁口结构上来说，不论是炉缸外部喷淋冷却形式还是光面铸铁冷却壁的结构，不论炉缸是大块炭砖砌筑还是小块炭砖砌筑，都出现过喷溅现象。

（1）出铁口炭砖放射线裂缝形成，从裂缝中窜出煤气，出铁时炉内煤气加速带出，在出铁口出口处遇空气产生爆燃而出现喷溅，这种现象如图11-29所示。

（2）炉壳与冷却壁之间窜煤气，从出铁口处排出。不出铁时，可以点燃出铁口泥套及泥芯窜出的煤气。出铁时，铁流使微细煤气通道形成负压，加大这种煤气的排出速度和流量。遇空气形成爆燃而产生喷溅。近年来，冷却壁与炉壳之间都用无水泥浆灌浆来封堵间隙，这种泥浆收缩率大，产生了缝隙。因此在出铁口区域，冷却壁与炉壳之间还采用了特殊的密封结构。

（3）炮泥在结焦固结时收缩，与出铁口通道之间产生缝隙或泥芯中产生缝隙，造成窜煤气。

B 防止出铁口喷溅的方法

出铁口喷溅更确切的原因有待今后进一步

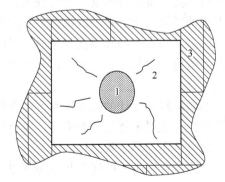

图11-29 出铁口炭砖开裂形成喷溅的示意图
1—出铁口通道的堵泥；2—出铁口整块炭砖；
3—出铁口周围的炭砖

探索和实践，目前的防止出铁口喷溅方法有：

（1）进一步改进出铁口区的结构设计，提高出铁口区炭砖的质量和砌筑质量。提高区域传热能力和改善抗热震侵蚀。

（2）炉壳与冷却壁之间除改进填缝料的致密性和干燥后收缩性外，对已生产的高炉要在出铁口周围区域反复开孔，多次灌浆封堵缝隙。主要采用分散性好、微膨胀的石墨质灌浆料。近年来许多企业已取得较好效果。

（3）改善炮泥质量，除满足出铁口长时间出铁、出铁量大、易于钻孔要求外，可在炮泥中添加一定量的微膨胀或透气性好的材料，如膨胀石墨等材料。

11.3.6　高炉热负荷与砖衬温度

热负荷大小能及时反映高炉内衬、冷却壁所承受的热流强度，高炉操作的行程，进而采用有效措施控制热流量，以保护冷却壁和炉壳。

《规范》要求，**高炉内衬、冷却设备和冷却系统，必须设置完善的监测和管理系统**。生产中高炉各部位的热流强度靠测定水温差和水流量后得出，进而判断炉衬厚度、渣皮脱落与否，损坏程度等情况，并采取相应措施。近年来，日本有的高炉在应急情况下，对炉缸热流温度高、水温差高的部位，改用冰水强制冷却，以提高高炉使用寿命。

11.3.6.1　测温装置

一般高炉各部位测温装置多于300点，大高炉有500多点。铜冷却壁使用后，炉腹以上采用薄壁炉衬或砖-壁合一炉衬，原则上上部炉衬测温点可改设到冷却壁体上，并在计算机上随时显示出来。这样能及时反映各部位内衬和冷却壁的温度演变趋势，推算内衬和渣皮的厚度。

炉缸、炉底炭砖安装大量测温热电偶，温度显示能直接反映炉缸、炉底状况，可以将不同深度的两支A、B热电偶合并成一支插入环形炭砖中的同一位置，利用不同深度热电偶A-B两点的温度差、炭砖导热系数推测残存炭砖厚度和凝结层厚度，建立炉缸、炉底侵蚀专家模型。

前述千叶6号高炉、仓敷4号高炉、宝钢2、3号高炉等长寿高炉都十分重视炉缸温度计[6~9,12,20,25,30]。本章前述各节已经充分展示了利用砖衬上的热电偶测量结果来推断残存炭砖厚度、凝结层厚度、炉缸铁水流动状况；并从中可以寻求铁水环流的变化规律，以及监视死料堆的状态对炉缸温度变化的规律，以资作为指导高炉操作、采取合理的操作制度的依据。当发现局部温度异常时，及时补充安装热电偶，借以提高判断侵蚀状况的精度和护炉措施的效果。炉缸温度计还可以设定热电偶代表的传热面积等来推算该部位的热流强度。

利用炉缸温度计的数学模型可以在线运行来显示炉缸的侵蚀状况，也是当前众多专家模型中最易在线闭环运行的模型。宝钢历来将各高炉炉底、炉缸侵蚀状况的推算结果列在每月的月报中，早已常态化。

推测残存炭砖的厚度对保证安全也十分有效。2012年有1250m³和1800m³两座高炉因环炭温度超过1000℃以上，采取紧急停炉大修，破损调查显示，温度高的部位炭砖剩余厚度分别为280mm和260mm。根据炉缸侧壁环形炭砖温度高低和热电偶插入深度判断炉墙厚度，避免了恶性事故，有效地指导了安全生产。

3200m³ 高炉 2009 年 9 月开炉，图 11-30 为 2012 年满铺炭砖上面 900mm 插入环形炭砖 310mm 处温度的推移图。满铺炭砖上表面上 900mm 的环形炭砖离冷面约 310mm 深处温度平均在 150℃ 左右，个别点和方向时有升高和波动。与之相对应时期的炉底陶瓷垫下满铺炭砖上面中心点温度在 400~600℃ 波动，次中心温度比中心点约低 120℃ 左右，并有同样幅度波动和下降趋势。说明该高炉炉缸工作状况，炉缸中心欠活跃或中心死料柱透液性变差中心点温度下降；入炉料中含钛升高、锌高使风口中套上翘造成炉底温度都下降。当焦炭质量提高时，炉缸中心活跃，炉底温度升高且稳定；环形炭砖温度有下行且稳定的趋势。这也反映了炉缸圆周工作均匀性提高。

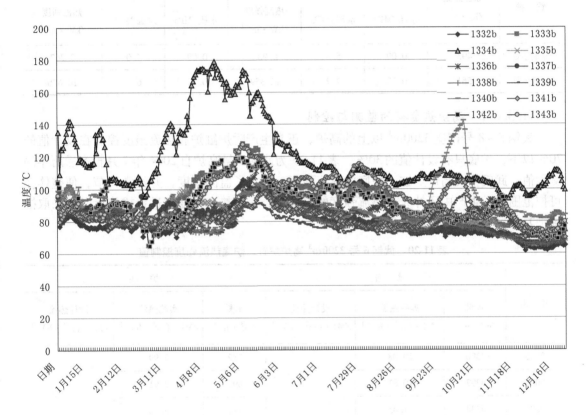

图 11-30　某 3200m³ 高炉环形炭砖温度推移图
（图例数字为热电偶编号）

图 11-30 与宝钢 2 号高炉炉缸侧壁热电偶温度变化的推移图 11-8 相同，可以随时监视炉缸侧壁的温度变化。国外和宝钢由温度变化通过炉缸侵蚀模型计算，可以监视炉缸侧壁凝结层的变化，见图 11-6、图 11-9、图 11-11 和图 11-12。有效掌握炉缸内死料堆的状态，为改善炉缸工作状况和减轻铁水环流创造条件。对于可能发生局部侵蚀或查找某个部位局部温度升高原因，可以根据需要临时安装热电偶监测，其代表性比监测热负荷更方便、准确。

武钢 2 号高炉（1536m³）炉身下部不同内衬情况时的热流强度实测值见表 11-18。渣皮脱落时的实测值与计算值是很接近的。

表 11-18 武钢 2 号高炉热流强度实测情况[32]

指　标	内衬完整时	内衬侵蚀后	渣皮脱落后	结瘤时
热流强度/kW·m⁻²	<11.63	23.26	58.15~81.41	3.57

梅山 2 号高炉冶炼不同铁种时，炉腹、炉腰热流强度见表 11-19[32]。

表 11-19 梅山 2 号高炉 1985 年 1~3 月冶炼不同铁种时的热流强度

铁　种	综合焦比 /kg·t⁻¹	炉　腹			炉　腰		
		水压/MPa	水温差/℃	热流强度 /kW·m⁻²	水压/MPa	水温差/℃	热流强度 /kW·m⁻²
炼钢生铁	493	0.09	5.5	8.988	0.09	5.0	8.267
铸造生铁	561	0.12	7.7	12.359	0.12	6.9	10.676

11.3.6.2 高炉热负荷的监测与控制

武钢 5~8 号四座 3200m³ 以上的高炉，正常生产时炉缸炉底热流强度控制在设计值的 70% 以下，炉底只有设计值的 30%，表 11-20 为武钢 6 号高炉自 2004 年 7 月投产后历年的测量值。武钢重视高炉炉缸、炉底的热流强度，建立了监测制度，并经常调节，使整体在可控范围内。生产中还补充了热流强度的报警值，一旦热流强度超过警戒值后必须采取措施把其降到安全范围以内，见表 11-21。

表 11-20 武钢 6 号 3200m³ 高炉炉缸、炉底热流强度控制值

年　份	炉　缸			炉　底		
	水量 /m³·h⁻¹	实测热流 /MJ·(m²·h)⁻¹	设计热流 /MJ·(m²·h)⁻¹	水量 /m³·h⁻¹	实测热流 /MJ·(m²·h)⁻¹	设计热流 /MJ·(m²·h)⁻¹
2005	4300	10.08		782	2.99	
2006	4297	10.81		699	2.91	
2007	4334	11.85		711	3.14	
2008	4219	13.01	16.74	739	3.70	12.56
2009	4219	11.52		739	4.01	
2010	4219	12.32		739	3.76	
2009	4391	12.69		902	3.77	
2010	4490	15.38		845	3.53	

表 11-21 武钢高炉热流强度管理规定

炉缸热流强度报警值	炉缸热流强度警戒值	炉缸热流强度事故状态
29.3MJ/(m²·h)	37.67MJ/(m²·h)	50.23MJ/(m²·h)

11.3.7 冷却水温、水量和水质调节及控制

通过冷却水的流量测量和水温度差的测量可以计算高炉炉墙的热流强度。若要用其控制炉体热流强度来调剂炉况，必须将水温差和水流量准确测量。

11.3.7.1 水温和水量控制

在冷却水管支管上安数量较多的流量计测量分段水温差，利用计算机采集计算处理，在线随时显示炉体各段水温差、热流强度，并做好历史记录。实时观察变化，以便调节控制。图 11-31 为鞍钢 7 号 2580m³ 高炉各部水温差和热流强度。

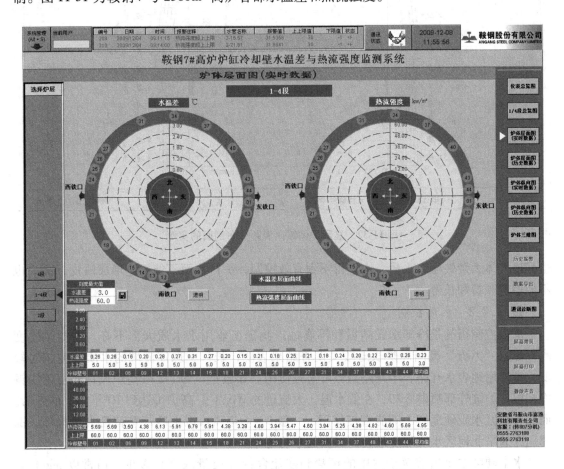

图 11-31　鞍钢 7 号高炉炉缸水温差及热流强度监测图

一般高炉各部位测温装置多于 300 点。铜冷却壁使用后，炉腹以上采用薄壁炉衬，原则上上部炉衬测温点可改设到冷却壁体上，并在计算机上随时显示出来。这样能及时反映各部位内衬和冷却壁的温度演变趋势，推算内衬和渣皮的厚度。

首秦 1750m³ 高炉炉体纵向温差分布的在线测量示例，见图 11-32。

高炉冷却水可起到最好的耐火材料的作用。炉体冷却器中循环水好比人体的循环系统的血液，也就是说，如高炉冷却系统的水量、水质、水温控制不好，达不到要求，也就实现不了高炉长寿的目标。水质控制不好，就像人得了血液病，冷却壁不能长寿，大量漏水

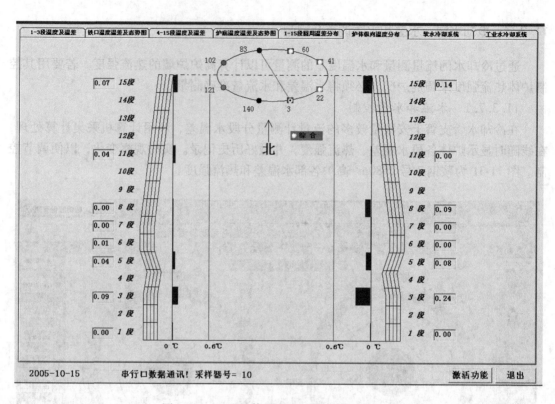

图 11-32   显示炉体纵向温差分布剖面的实例

也好比人体大量失血，水量、水温得不到有效控制，炉衬热面不能迅速形成渣皮，高炉也不能稳定顺行和长寿。

11.3.7.2   水质控制

水质控制指的是冷却水无结垢和不腐蚀。我国工业用水水质大都不好，主要是硬度高。国家"八五"期间高炉长寿攻关调查结果表明，长江、珠江流域的水质硬度相对较低，直接用地表水开路、半开路循环可勉强使用。如宝钢 1 号、2 号高炉风口以上使用铜冷却板，炉缸外部喷淋冷却，在低水温、大流量的情况下，高炉可达到 10 年以上的寿命。而北方地区水质硬度高，不能直接使用，一般 3～4 年风口以上冷却壁就已大量损坏。邯郸周围的华北地区水质硬度最高，其次是东北地区。

水中硬度主要指溶解于水中的钙盐和镁盐含量（质量浓度）多少，通常以 mg/L 表示。硬度又分暂时硬度（碳酸盐硬度）和永久硬度。暂时硬度取决于重碳酸盐的含量，随着水温升高或沸腾，重碳酸盐分解成不溶于水的碳酸盐 $Ca(HCO_3)_2 \rightarrow CaCO_3 + CO_2 + H_2O$，水即软化。鞍本地区重碳酸盐在 60℃ 开始分解，这些不溶于水的碳酸盐沉淀在水管内壁结垢，形成导热很差的热阻层，进而造成冷却壁温度升高，直至烧坏。鞍钢过去采用工业水开路循环冷却，即使每年夏季来临前，进行一次砂洗或酸洗也起不到多大作用。高炉投产 2～3 年后有的水管虽未烧坏，但也在水管内壁形成 10～15mm 的厚垢，造成水的滴流或断流。永久硬度是由硫酸盐、氯化物和其他盐类的含量决定的，水沸腾时它们仍保持于溶液中，对水管有腐蚀作用。

防止水结垢主要采取水的预处理，不预处理的水不能进入冷却器循环系统。其主要措施是采用以下水处理工艺：

（1）逐步采用或全面采用闭路循环冷却系统，这样既减少水耗量，又降低水预处理成本。

（2）工业水加药，复合处理药剂吸附水垢晶体的活性点，抵制晶体的正常生成，产生晶体结构畸变，使晶体数目减少。阻止水中沉淀物的生成，达到阻垢的目的。这种方式的不足是必须严格配制复合药剂和经常定期加药。

（3）使用软化水或除盐水（纯水）。这种工艺要做好防腐工作。

无论采用哪种水处理工艺，软水和除盐水闭路循环系统内的水质都应控制在参考值范围之内（表11-22）。

表 11-22　高炉闭路循环冷却系统水质控制参考值

指　标	总硬度 /mg·L^{-1}	pH 值	Cl$^-$ /mg·L^{-1}	全铁 /mg·L^{-1}	亚硝酸盐（以 NaNO$_3$ 计） /mg·L^{-1}	细菌总数 /个·mL^{-1}	腐蚀率/mm·a^{-1}		
							碳钢	铜	不锈钢
软　水	≤50	7.0±	≤50	≤1	<450	1.0×10^5	≤0.028	≤0.005	≤0.005
除盐水	≤20	7~8	≤10	≤1	400±20	1.0×10^5	≤0.01	≤0.005	≤0.005

防腐蚀是软水和除盐水使用后的一项非常重要的工作，要求切实做好：

（1）除盐水必须经过除氧器。

（2）开炉前水系统清洗预膜，预膜即水管内壁钝化处理，防止氧化。

（3）调整好水的 pH 值，保持 pH 值大于 7.0。

（4）科学地投入缓蚀剂、杀菌剂、阻垢剂，保持水系统水质合格，稳定运行。

11.3.7.3　水量控制

保持高炉冷却系统的水质合格，流量稳定，具有足够的冷却强度。鞍钢 2500~3200m^3 高炉各部位除盐水的水压和流速控制见表 11-23。流速控制较大，除保证足够冷却强度外，还应防止局部过热产生蒸汽泡；一旦产生蒸汽泡能迅速上升至脱气罐排出，从而消除汽阻，以保护冷却器。

表 11-23　鞍钢 2500~3200m^3 高炉各部位除盐水的水压和流速控制

部　位 参　数	各段冷却壁直段及蛇形管	凸　台	炉底水冷管	风口小套	风口中套
压力/MPa	≥1.0	≥1.0	≥0.5	≥1.6	≥0.7
流速/m·s^{-1}	≥1.8	≥2.0	≥2.0	≥15	≥5

节约用水是我国的基本国策。既能保证高炉的冷却强度，又能节约用水，其方法是提高进出水的温度差。提高循环水的排水温度，减少二次冷却水的使用量。近几年来，武钢采用联合循环冷却系统，冷却水管内速度控制较大，还可大幅度降低冷却水量和节省电耗。因武汉靠近长江地区，水源充足，可采用水—水换热的板式换热器，换热器的水温差可控制在 15℃ 以上；昆钢采用了水—空换热器；鞍钢采用了水—空喷淋蒸发式空冷器，都取得了较好的效益。

11.4 特殊护炉措施

前述合理操作制度是护炉的最有效措施。从日常生产、炉缸温度计、凝结层变化、出铁异常等信息发现炉缸侧壁存在异常侵蚀之后，应按第12章图12-9的炉缸侧壁温度异常升高原因的分析步骤研究采取措施，首先应该考虑前述正常操作措施。如果前述措施无效或出现炉缸局部侵蚀或炉役后期等特殊情况，再考虑采取非正常操作的特殊护炉措施。

11.4.1 生产操作的特殊护炉

当高炉炉役后期或者局部侵蚀，使炭砖砖衬厚度变得很薄，到达危险的状态，采取正常的生产操作维护不能有效控制侵蚀的发展时，必须及时采取特殊的护炉措施：

（1）降低产量。减少风量和氧气量，可是仍然要保持足够的鼓风动能，保证炉缸中心活跃。

（2）降低喷煤量，提高焦比。

（3）堵风口。堵局部侵蚀部位上部的风口。

（4）加强冷却。加强局部侵蚀部位的冷却。

（5）如果出铁口下部或周围局部侵蚀。应调整出铁制度，并增加打泥量。

（6）使用含钛矿护炉。

（7）炉缸或炉底压浆。

以上（1）~（3）项措施对防止炉缸进一步侵蚀较其他措施更有效。这时要量力而行，不能仍然坚持高产。

（6）、（7）项要在弄清必要性之后，谨慎采用。这些方法不应认为是万能的，是有严格条件限制的，必须判断自身条件，并采取相应措施配合实施。不能认为吃补药无害，要懂得"是药三分毒"的辩证关系。灌浆作业必须坚持多点、低压、少量的原则。关于坚持这个原则的理由将在第12章中介绍。

宝钢3号高炉采用热压小块炭砖，虽然炉缸进水，大量泥浆流出炉外，可是灌浆却灌不进去；因此从来没有灌过浆，从而没有破坏砌砖的完整性也可能是高炉能够长寿的原因之一。

11.4.2 炉缸侧壁或炉底压浆

大块炭砖结构的高炉炉缸侧壁的冷却壁与炭砖之间具有100mm左右的炭捣层，在烘炉以后炭捣料可能被压缩，冷却壁与炭砖之间出现缝隙。正常情况下，在开炉初期需要用灌浆或压浆来堵塞砖衬与炉壳或冷却器与炉壳之间的缝隙，防止窜气，以达到降低表面温度的作用。

在采取压浆前，一定要防止把凝结层的脱落、砖衬中产生气隙等因素误认为是炉壳与冷却壁、冷却壁与炭砖之间产生缝隙。如果发生误判后果相当严重，因此在实施之前必须慎重研究。

在采取压浆时，对压浆压力、一次的灌浆量和灌浆材质应严格掌控。掌握不当，往往诱发事故：

（1）必须弄清炭砖的状况方能实施。特别是小块炭砖，烘炉时靠近冷却壁的炭砖砖缝没有达到固结温度，过高的灌浆压力使泥浆穿透到炉内，诱发打通煤气和铁水外流的通道。已经有多座高炉出现险象：有的灌浆后，灌浆处温度上升；有的温度上升到无法控制的地步被迫停炉，甚至发生炉缸烧穿、炉内爆炸等事故。

（2）必须弄清炉缸炉底结构方能实施。曾经有大型高炉炉缸采用陶瓷杯，开炉不久进行了灌浆，而陶瓷杯耐火材料的膨胀尚未释放，成为导致炉壳开裂的原因之一。

（3）应严格控制灌浆材质。曾经有高炉将灌浆外包给耐火材料厂家，并以灌浆的吨位结算。灌浆料采用的是导热性能很差的黏土质材料，增加了热阻，破坏了传热途径，结果高炉炉缸局部侵蚀，被迫停炉。

从以上情况可知，炉底、炉缸灌浆事先要把握好高炉的状况；要有详细计划方能实施；实施时要严格监督、谨慎进行。

关于压浆和灌浆方法见第12章。

11.4.3 钛矿护炉

过去炉缸烧穿的事故比较多，主要采取降低冶炼强度和冶炼一段时间的铸造铁，在炉缸内形成石墨沉积，以达到护炉的目的。钛矿护炉也是一种特殊护炉措施。因为在高炉内加入含钛矿物对高炉炉况有一定影响。在烧结中加入含钛矿物，使烧结矿强度降低，粒度变小，影响高炉透气性。使用得当，能使侵蚀严重的炉缸、炉底转危为安。

11.4.3.1 含钛炉料护炉机理

生产实践表明，钒钛矿中的 TiO_2 在高炉内高温还原气氛条件下，生成 TiC、TiN 及其固溶体 Ti(CN)。它们的熔点都很高，纯的 TiC 为 3150℃，TiN 为 2950℃。这些高熔点钛的氮化物和碳化物在炉缸、炉底生成发育和集结，与铁水及铁水中析出的石墨等形成黏稠状物质，凝结在离冷却壁较近的被侵蚀严重的炉缸、炉底的砖缝和内衬表面，进而对炉缸、炉底内衬起到了保护作用。

含钛炉渣的黏度受气氛的影响很大。已经有许多文献记载：在氧化性气氛下，随着渣中 TiO_2 量的增加，炉渣黏度明显下降。而在还原性气氛下，随着 TiO_2 被还原成 Ti_2O_3、TiO，特别是形成 TiC、TiN 化合物及其固溶体 Ti(C,N)，使炉渣黏度提高。特别是在饱和碳的铁水与炉渣共存的情况下，在渣铁界面容易形成 Ti(C,N) 使炉渣变稠，甚至热结、渣铁不分。

Ti(C,N) 在铁水中的溶解度与铁水温度有关，随着铁水温度下降溶解度也下降。根据高炉条件铁水温度 1350℃时，Ti(C,N) 在铁水中的溶解度为 0.212%，为使 Ti(C,N) 从铁水中析出，必须使其生成量高于溶解度。因此，在使用含钛矿石护炉时应有合适的钛矿加入量。Ti(C,N) 的体积密度比铁水轻。

我们在评价炉缸内还原气氛、还原势时，往往使用生铁含硅量作为标准。这是总体的评估，可是高炉炉缸内各部分的还原势不同，含钛渣在炉缸内的行为也不同。使用钒钛矿冶炼时，往往会使高炉炉底中心隆起，这是由于炉缸中心部分还原势高；由于风口具有很强的氧化性气氛，铁水和炉渣通过风口带时铁水中的 C、Si、Mn 等元素被氧化，进入炉缸会阻止 Ti 的还原和形成 Ti(C,N) 化合物。因此攀钢冶炼钒钛矿，高炉炉渣含 24% TiO_2 也曾发生过炉缸侧壁烧穿的事故，这就说明在风口下方的炉缸中还原势就比较弱。用含钛矿石护炉时，也有相似的情况，保护炉底中心比较有效，而维护侧壁比较困难。

在前述杭钢 1 号高炉死铁层深度为炉缸直径的 29%，设计为创造如图 11-2D 锅底状侵蚀的条件以达到长寿的目标。可是操作者没有理解设计意图，在操作制度方面没有利用活跃炉缸的有利条件；在炉缸堆积的条件下炉缸中心形成了高还原势的区域，使用了大量含钛矿护炉，其结果是在炉底析出大量含钛化合物沉积到炉底形成了很厚的凝结层，致使炉底隆起，而需要保护的炉缸侧壁没有得到保护，反而形成了象脚状侵蚀。形成如图 11-2B 的形状后，将促使环流的发展，导致高炉长寿的终结。同时说明使用含钛矿护炉应该认为是特殊措施，必须有针对性；在采取含钛矿护炉时必须采取相应的措施。

在 1948 年美国高炉炉底最早发现了 Ti(C,N) 的凝结物[33]。日本吴厂 2 号高炉（1988 年 4 月停炉）解体调查也发现操作中凝结在炉底铁水的下层 200mm 的凝铁中富集钛化合物，并生成 Ti(C,N) 凝结层[7]。这一点已被宝钢高炉注意到，在加深死铁层的高炉上要尽量避免用含钛矿护炉。

正如前节所述，炉缸内死料堆中低透液区域形成的机理是炉缸死料堆中的焦粉、未燃煤粉、焦炭中碳素溶解以后残存的高熔点灰分，以及含钛矿石护炉时形成的高熔点 Ti(C,N) 化合物受冷却形成。因此，当用含钛矿护炉时一定要注意炉底温度的变化，如果炉底温度下降，有可能由于炉缸中心死料堆形成低透液区域，这反而会加剧侧壁的侵蚀。由于低透液区域的顽固性，因此，在用含钛矿护炉前，应研究送风制度和装料制度的合理性和死料堆的状态；用含钛矿护炉时，应提高生铁含硅量至 1.0% ~ 1.5%；最有效的办法是堵风口，局部减少含 FeO 的炉渣和不饱和碳的铁水进入炉缸；加强冷却，创造在需要护炉的部分达到 TiO_2 还原后 Ti(C,N) 超过铁水中的溶解度，并黏附到炉缸侧壁的条件。

11.4.3.2　含钛矿加入方法及其用量

（1）在烧结生产中配入一定比例的钛铁精矿，生产含钛烧结矿后进入高炉。在烧结配入钛铁精矿 3% 左右，高炉加入量一般每吨生铁 TiO_2 入炉量为 6 ~ 8kg/t，加入钛铁精矿护炉，生产时间较长。

（2）钒钛块矿直接入炉。这种方法是将钒钛块矿或钒钛渣块直接从炉顶装入，一般为每吨生铁 TiO_2 入炉量 5 ~ 7kg/t，可连续数批或连续一段时间。其中钒钛渣因含铁和钛都低，对高炉冶炼影响要大一些。一般在铁水中溶解达到 0.15% 的，可取得明显的效果。

直接入炉方法中，有些企业采用的另一种做法是使炉缸水温差急剧升高，又正值计划休风数小时，计算好冶炼周期，将钒钛矿（渣）连续集中几批料加入高炉，当钒钛矿批集中到达炉缸时，进行休风。使集中加入的 TiO_2 还原后，正好留在死铁层中。利用休风后炉缸温度有所降低，在炉底、炉缸形成保护层，达到护炉效果，其后维持一段时间的用量。

（3）从风口喷入钒钛精矿。这种方式适用于高炉局部区域出现水温差高等危险情况。与高炉喷吹煤粉一样，将钒钛铁精矿从高炉风口喷入。这种方法反应迅速，对高炉顺行不带来影响，但每个风口喷吹量应控制在 200 ~ 300kg。

（4）喂线方法。近年来，东北大学与鞍钢炼铁总厂共同开发，并在高炉风口用喂线的方法进行护炉，已在鞍钢 1 号高炉试验成功，取得很好效果，并在国内多座高炉应用。其方法与炼钢调质喂线的原理相同，将钛精粉用薄钢带加工成包芯线，即内部为钛精粉，卷成电缆线圈那样，包芯线直径 ϕ6 ~ 12mm 左右，并配制一台自动喂线机。自动喂线机将包芯线从高炉风口的喷煤管或窥视孔喂进高炉，在风口前包芯线熔化，TiO_2 跟随铁水下降，并局部形成保护层,降低喂线风口区域水温差,达到护炉的目的。这种方法比喷吹钛精粉方法经济和效率高,不影响整个高炉正常冶炼,对局部损坏可快速保护。喷吹用钒钛矿粉成分见表 11-24[34],鞍钢老 1 号高炉风口喂线护炉后实测水温差的变化及凝结物见图 11-33 和图 11-34。钒钛包芯线成分列于表 11-25。

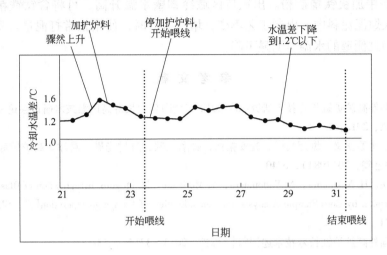

图 11-33　2005 年 1 月鞍钢 1 号高炉喂线护炉实测水温差变化

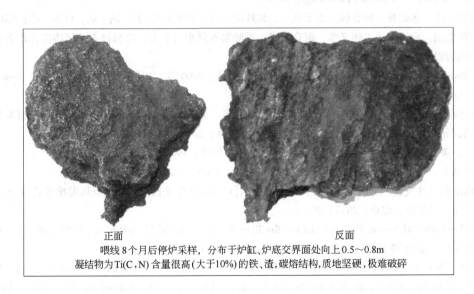

图 11-34　鞍钢 1 号高炉喂线护炉凝结物

表 11-24　喷吹用钒钛矿粉成分　　　　　　　　　　　　　　　　（%）

成　分	TFe	TiO$_2$	V$_2$O$_5$	SiO$_2$	Al$_2$O$_3$	MgO	CaO
钒钛精矿粉	59.17	10.05	0.46	7.99	13.86	5.44	2.02
钛精粉	31.03	47.51	0.13	2.68	1.23	7.32	0.62

表 11-25　含钛物料包芯线的质量　　　　　　　　　　　　（%）

成　分	TiO$_2$	S	P	SiO$_2$	成　分	TiO$_2$	S	P	SiO$_2$
质量标准	≥46	≤0.3	≤0.05	≤3.0	实物质量	48.09	0.11	0.02	2.58

（5）炮泥中加钒钛精矿粉。出铁口区域冷却壁水温升高，可将含钛铁精矿烘干，以10%配比加入炮泥泥料中，碾制工艺不变，堵出铁口时，使用正常打泥量。实践证明，出铁口的附近炉缸侧壁的水温差明显下降。

参 考 文 献

[1] 项钟庸. 国外高炉炉缸长寿技术研究[C]. 2012 年全国高炉长寿高风温技术研讨会论文集，中国金属学会，北京，2012：1.

[2] 池田顺一，水原正义，堀尾竹弘，光安拓治，野濑正照，野村光男. 君津 3 高炉炉底耐火物解体调查[J]. 鉄と鋼，70(1984)，S740.

[3] A. Shinotake, H. Nakamura, N. Yadoumaru, Y. Morizane, M. Meguro. Inveatigation of Blast-furnace Hearth Sidewall Erosion by Core Sample Analysis and Consideration of Campaign Operation[J]. ISIJ Inter., 2003, 43(3)：321.

[4] 项钟庸. 国外高炉炉缸长寿技术述评[J]. 炼铁，2013，32(5)：53.

[5] R. Laar, E. S. Callenfels, M. Geerdes. Blast furnace hearth management for safe and long campaigns[C]. ISSTech 2003 Conference Proceedings：1079.

[6] 神田良雄，水野豊，河合晟，山下良一. 和歌山制铁所炉底侵蚀[J]. 鉄と鋼，1976，62：S31.

[7] 渡壁史朗，武田幹治，泽义孝，河合隆成. 千叶第 6 高炉（1 次）における炉床溶铁流れと炉底保护机构の推定[C]. 鉄と鋼，2000，86(5)：17.

[8] T. Matsumoto. 千叶 6 号高炉长寿技术[J]. 世界钢铁，2000(3). (原载 1999 CSM Annual Meeting Proceeding. 75 ~ 82).

[9] 泽义孝，武田干治，田口整司，松本敏行，渡边洋一，野秀行. 高炉炉床における低通液性领域の炉底温度分布および出铁渣におよぼす影响[J]. 鉄と鋼，1992，78(7)：1171.

[10] 项钟庸，文学铭. 延长宝钢 1 号高炉的寿命[J]. 钢铁，1994，29(1)：1.

[11] 冯茂芬. 一座昂首挺立的丰碑 [N]. 宝钢日报，2006 年 12 月 21 日，1 ~ 2.

[12] 陈永明，林城成. 宝钢 3 号高炉高效长寿技术[C]. 2012 年全国高炉长寿高风温技术研讨会论文集，中国金属学会，北京，2012：39.

[13] J. Torrkulla, H. Saxen. Model of State of the Blast Furnace Hearth[J]. ISIJinter., 2000, 40(5)：438.

[14] 肖亦芹. 鞍钢 10 高炉改造性大修设计[J]. 炼铁，1996，15(5)：26.

[15] S. N. Silve, F. Vernilli, S. M. Justus, O. R. Marques, A. Mazine, J. B. Baldo, E. Longo, J. A. Varela. Wear Mechanism for Blast Furnace Hearth Refractory Lining[C]. Ironmaking and Steelmaking. 2005, 32 (6)：459.

[16] 篠竹昭彦，中村倫，大塚一，佐佐木望，栗田泰司. 高出铁比操业下での高炉长寿命化の考え方[J]. CAMP, 2001, 14(4)：750.

[17] A. Shinotake, H. Ootsuka, N. Sasaki, M. Ichida. Duree de Campagne et Productivite du Haut-fourneau [J]. La Revue de Metallurgie-CIT, 2004(3)：204.

[18] 李肇毅. 宝钢高炉的锌危害及其抑制[J]. 宝钢技术，2002(6)：18.

[19] 张寿荣，于仲洁等编著. 武钢高炉长寿技术[M]. 北京：冶金工业出版社，2009.

[20] 文学铭，糜克勤，沈震世等. 宝钢炼铁生产工艺[M]. 哈尔滨：黑龙江科学技术出版社，1994.

[21] 朱远星. 杭钢1高炉破损调查资料(内部资料). 2012.6.

[22] 宋木森等. 对杭钢1号高炉破损炭砖检验及分析(内部资料). 2012.6.

[23] 高振昕, 李红霞, 石干, 朱仁良, 姜华. 高炉衬蚀损显微剖析[M]. 北京: 冶金工业出版社, 2009.

[24] 杨雪峰, 张竹明, 沈峰满, 李明. 锌对昆钢2000m³高炉的危害[J]. 钢铁, 2006, 41(9): 9~12.

[25] 林城成, 项钟庸. 宝钢3号高炉长寿设计与操作技术[J]. 宝钢技术, 2012, (6): 1.

[26] 刘绍良, 张群. 宝钢炼铁节能与环保技术的成效与展望[J]. 炼铁, 2005, 24(增刊): 22~26.

[27] S. Shimogoryo, M. Gocho, K. Kimura, A. Sakai, M. Matsuura, M. Tsukamoto. Cast Copper Cooling Stave for Blast Furnace[C]. 2000 Ironmaking Conference Proceeding, 2000: 203.

[28] R. Lin, H. Killich. Investigation of influence of cokes with different quality on the balste furnace operation [C]. 4th European Coke and Ironmaking Congress Proceedings, Paris, 2000: 237.

[29] 宋阳升. 世界炼铁技术发展的回顾和展望[J]. 炼铁, 1998, 17(4): 1.

[30] 渡壁史朗, 武田幹治, 泽义孝, 板谷宏, 後藤滋明, 河合隆成. 低透液层による高炉炉床溶铁流の制御と炉底长寿化[J], CAMP-ISIJ, 1999, 12(4): 648.

[31] 徐万仁, 朱仁良, 张龙来, 张永忠. 宝钢2号高炉炉缸长寿生产实践[C]. 2005中国钢铁年会论文集. 北京: 2005. 376.

[32] 周传典主编. 高炉炼铁生产技术手册[M]. 北京: 冶金工业出版社, 2002.

[33] L. H. van Vlack. Chemical and Mineralogical Chages in Stack and Hearth Refractories of a Blast Furnace [J]. JACS, 1948, 31: 220.

[34] 李东生, 朱建伟, 王文忠, 赵庆杰, 余武明. 鞍钢1号高炉风口喂线定向修复炉缸衬砖[J]. 炼铁, 2006, 25(1): 48~49.

12 高炉、热风炉的维修

高炉的一代炉龄取决于许多因素，高炉内衬和冷却设备的维修十分重要，尤其是进入炉役的中、后期，炉体内衬和冷却设备将出现不同程度的损坏，由此引起炉壳红热、开裂等故障。因此，科学的炉体长寿维修技术是延长高炉寿命的主要措施之一。

随着高炉技术的发展，高炉和热风炉的结构出现多样化的趋势，内衬耐火材料也千变万化，各种维修技术也随之不断出现。在本章中，将以常用高炉、热风炉结构形式和内衬为对象，以其功能性恢复为目的，以状态检测和诊断分析为基础，介绍相关的维修技术和方法。

目前国内外对高炉内衬维修的内容不尽一致。按维修的具体技术和内容，大致可以分为三类：

（1）完全性维修。习惯上称为"大修"：高炉停炉后，放残铁，冷却，内衬耐火材料（包括部分冷却设备）更新。

（2）非完全性维修。习惯上称为"中修"：高炉休风后冷却，保留部分耐材。如保留炉底部分的炭砖或风口以下部分的耐火材料等，对需要维修部位进行人工修复，修复方式包括砌筑耐火砖或喷补等。如与国外接轨的话，应认为是大修，或者按前苏联的定义为二级大修。因此，《规范》规定高炉一代寿命期间不应有中修。

（3）热态维修。与上两类维修方式的最大差异就在于这种维修技术的特点是高炉在非停炉（热态）状态下，对其内衬进行的局部性维修。这类维修方法，包括热态喷补技术、压入造衬技术、灌浆堵漏技术等。

前两类维修方式与基本建设的工序相仿，基本上属于砌筑式的施工，也有的统称为砌砖法，不在本书讨论范围之内。第三类维修方式，由于维修环境的差异，决定了维修方式上的特殊性；同时由于这类技术的实施不需要高炉停炉，有利于提高高炉的产能，在提高经济效益和延长使用寿命方面效果显著。近年来，这类维修方式正逐步成为高炉延长使用寿命的主导性维修方式。

12.1 高炉和热风炉状态的检测

关于高炉内衬的维修，需要以高炉内衬的状态检测为基础。

高炉内衬状况的检测，包括对已有内衬损坏状况、内表面附着物情况以及内衬修复状况的检测技术等。

检测技术总体上可分为两类：

第一类，直接检测法。以直接测量的方法，取得内衬的状态。最传统、最有效的方法是，在需要检测的部位设计孔位，从炉壳外侧向炉内开孔，然后直接测量内衬的残余厚度；

第二类，间接检测法。利用测量获得的温度等信号数据，通过一定的数学模型计算，间接获得内衬的状态信息。

近年来，随着检测技术的发展，国内外相继研制开发了多种内衬无损、在线的检测方法，不仅使检测技术有了进一步发展，也使得检测范围不断扩大。主要的内衬无损、在线检测方法见表12-1。

表 12-1 高炉内衬损毁状态代表性检测方法

检测方法	适用部位			检测方法	适用部位			检测精度 /cm
	炉体	炉缸侧壁	炉底		炉体	炉缸侧壁	炉底	
同位素埋入法	√	√	√	电阻法	√	√	√	≤3
红外成像法	√	√		时域反射法	√	√	√	≤2
炉壳过热点法	√	√		电位脉冲法	√	√	√	≤2
热电偶法	√	√	√	超声波法	√	√	√	≤2
热流计法		√	√	FMT 法	√			≤3
冷却水热负荷法			√	电容法	√			≤2

注：炉体是指炉缸、炉底和风口带以外的炉腹、炉腰和炉身等部分。

此外，还有通过实时跟踪检测高炉炉壳的应力变化，间接推断内衬蚀损情况的技术。这里介绍几种常用的内衬检测方法。

12.1.1 热电偶法

在炉体的不同高度和同一高炉的不同位置，安放足够数量的测温元件，每个测温元件由进入内衬深度不等的一组热电偶组成，第一支热电偶伸到炉衬的前端，其基本原理见图12-1。在高炉生产过程中，某组前面的热电偶测量炉内的温度及其变化。通过测温元件各支热电偶的温度测量值（或热流强度），用传热模型在线辨识和修正导热系数。每个测温元件的前端热电偶损坏时，其埋入内衬的长度即为该处的残存厚度[1]。

基本原理见图12-1。

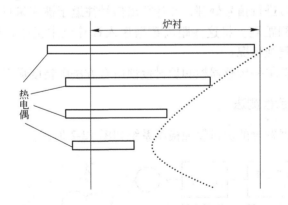

图 12-1 热电偶法测量炉衬厚度示意图

12.1.2 电阻测厚法

A 断路型电阻测厚元件

由保护层、连接线路、引线和若干个按照一定距离排列的并联电阻所组成，它适用于炉身部位厚度的测量，随着内衬不断被侵蚀，前端和电阻将断路损坏，而使元件的总电阻增大。根据电阻之间的距离，可以计算出电阻元件的长度和总电阻之间的关系。这样，测出总电阻值，就可以计算出炉衬的残存厚度。

B 短路型电阻测厚元件

它由若干个按照一定距离排列的电阻所组成，适用于炉缸部位厚度测量。随着内衬不断被侵蚀，元件前端将被铁水熔蚀掉，铁水将成为导电回路的一部分，元件的总电阻也随之减少。通过测量元件的总电阻，即可得知内衬的残存厚度。

C 复合型电阻测厚元件

它由上述两种元件组合而成，适用于炉腰和炉腹部位厚度的测量。沿高炉高度方向和圆周方向分别间隔一定距离埋设电阻元件，通过可以把电阻值转换成直流电信号的转换器，将检测信号送往计算机或仪表[2]。

12.1.3 电容法

将电容传感器的技术极板内表面紧贴炉衬外表面，极板的外表面喷镀一层绝热材料以确保绝热。内衬被侵蚀后，其相应区域的介电常数将发生变化，导致电容传感器阵列的输出值发生变化。对于由 N 个极板组成的电容传感器而言，有 $N(N-1)/2$ 对极板对，其中有 N 对极板对是相邻的。在这些极板对中，最能反映炉衬侵蚀情况的是相邻极板对，各相邻极板对的电容输出值与炉衬侵蚀的面积、深度和位置（即侵蚀状况）密切相关。该方法的特点在于，电容传感器的金属极板包围整个炉衬外表面，牢固可靠，使用寿命长，但是，检测点覆盖整个圆周，造成资源浪费[3]。

12.1.4 激光测距法

激光测距法是非接触式测量技术。它由频率调制器对激光器进行调制，使之发出频率一定的调制光波，调制光波射到炉衬内表面某点，经反射后被测量装置接收。系统中的处理单元对接收到的信号进行信号处理，并计算出信号往返于被测量点和测距仪中心之间所用时间，从而得出所测距离。将这些距离数据送入计算机主机中，与预先设定的距离对照，即可得出内衬的侵蚀情况。

激光测距法是目前单一传感器检测炉衬侵蚀所有方法中精度最高的一种[4]。

12.1.5 多传感器融合检测法

基于多传感器数据融合的炉衬侵蚀检测系统如图 12-2 所示。

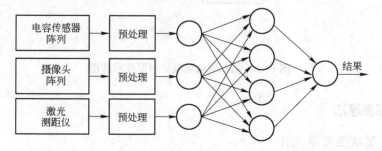

图 12-2 基于多传感器数据融合的炉衬侵蚀检测系统

该系统有电容传感器阵列、摄像头阵列以及激光测距仪，用3种不同的方法分别检测内衬的侵蚀状况，3种方法检测到的数据先分别做预处理，独立完成特征提取和判断，然后再送入由输入层、输出层和一个隐含层构成的3层BP神经网络，对这3种方法测得的结果进行数据关联和融合处理，以得到更精确的结果[5]。

12.1.6　红外成像技术

红外成像技术是设备诊断领域中的新技术，是基于被测目标发出的不可见热辐射产生温度场图像的技术，是一种非接触式的检测手段。国内红外技术的研究开发起始于20世纪50年代后期，现已在民用领域获得广泛应用。

作为一种重要的无损检测手段，红外热成像技术，具有直观、快速、全面、精度高、使用方便、可实现远程检测等优点。它可根据应用要求，直接判定高炉各个部位的温度分布情况，间接推断其内衬的实时状态。目前，已被成功应用于高炉、热风炉和热风管道的状态检测。尤其是在热风炉和热风管道方面，红外成像技术能够及时发现壳体表面的温度分布，协助分析判断内衬状态，为采取应对措施提供了依据，成为热风炉和热风管道在线诊断的主要手段。图12-3为热风炉炉体红外成像图。

图12-3　热风炉炉体红外成像照片

12.1.7　冷却壁状态检测

作为高炉内衬的组成部分，冷却壁的状态不仅关乎高炉炉体结构的状态，而且影响高炉的操作。通过检测流过冷却壁内部的水流量和温差的变化，通过中央数据库的数据处理和分析，间接判断高炉炉墙结厚、渣皮脱落以及冷却壁的自身状态。实践证明，该在线检测系统能及时发现冷却壁水管漏水、堵塞等故障，对准确判断、分析高炉炉况有直接意义[6]。冷却壁状态检测系统流程如图12-4所示。

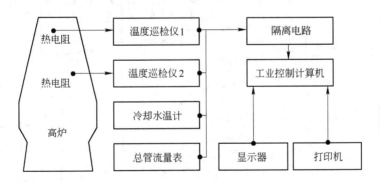

图12-4　冷却壁状态在线检测系统流程

12.2　高炉的状态诊断与分析

对于高炉、热风炉内衬状态的诊断与分析，通常需要是以检测结果为基础，结合原始设计和建设参数，汇集生产操作参数及其变化，最后根据知识和经验，借助现代化的计算分析工具，最终形成关于综合性的判断结果。随着计算机技术的发展，这种诊断在传统技术和经验的基础上，使一次原件检测结果与计算机分析过程实现良好对接，使专业人员能够在第一时间，直观感受到高炉内衬的状态及其变化。

但是，需要说明的是，无论计算机技术再发达，这种针对特定对象的状态分析，更多的还需要建立在专业人员专业知识和经验的基础上。过分重视计算机的作用，忽视专业人员的知识和经验，容易产生最终判断的失误，进而导致事故的发生。

这里介绍一些常用的高炉、热风炉内衬状态诊断分析技术。

12.2.1　计算机模拟状态分析

随着计算机技术的发展，以传统检测技术为基础的计算机模拟分析技术快速提高，如：高炉炉缸内衬侵蚀模型的建立和应用。这种建立在高炉炉缸内衬材质分析及其温度变化检测基础上的诊断模型，可以由炉缸内衬温度变化推断炉缸内衬残余厚度及凝固层厚度，已经在第11章介绍了多座高炉的实例，并对宝钢2号高炉推断炉缸内衬残余厚度及凝固层厚度和计算流程作了说明，计算结果见图11-9、图11-11和图11-12，在此不再赘述。

宝钢一直采用热电偶温度计使用数学模型判断炉缸侵蚀状况，对于掌握炉缸侧壁的状态特别有效。因为最危险的是炉缸侧壁的局部侵蚀，往往依靠热负荷不容易判断侵蚀最严重的热点。而热电偶可以根据需要及时有针对性地补加、增设。可以说，宝钢有针对性的补加热电偶也是一种维修技术。根据热电偶的侵蚀模型计算结果，我们可以直观判断炉缸内衬侵蚀的变化及其实时状态，判断炭砖残存厚度、凝结层的状态、铁水环流状况和炉缸、炉底侵蚀的特征，为日常操作，乃至维护、检修提供决策依据。

12.2.2　炉体内衬的倾向性管理

借助成熟和先进的检测技术，把有效的高炉状态检测结果进行汇集，以一定的数学工具加以分析，形成倾向性管理文件。

图12-5为宝钢2号高炉炉身砖衬残存厚度推移图[7]。该图以高炉的实际结构尺寸为

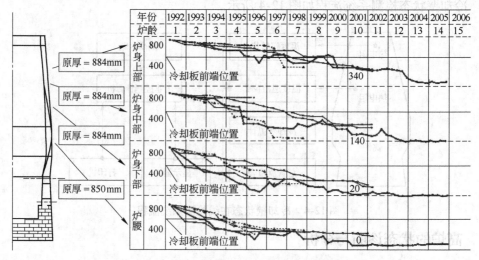

图12-5　宝钢2号高炉炉体砖衬残存厚度推移图[7]

基础，把比照对象的历史结果作为参考，根据周期性地对炉身内衬残存厚度的检测结果，绘制而成的高炉炉身内衬倾向性管理图。图 12-6 为宝钢 2 号高炉第一代炉体铁皮发红记录，截至 2003 年 3 月炉壳发红共计 68 次。

段/号	重复次
39-30	11
40-30	5
39-26	4
39-29	4
40-21	4
40-28	3
40-29	3
40-31	3
41-26	3

段/号	首次	末次
39-30	2001.03.31	2003.03.23
40-30	2001.03.31	2003.01.15
39-26	2002.04.24	2003.01.15

截至 2003 年 3 月共计：68 次发红

图 12-6　宝钢 2 号高炉第一代炉体铁皮发红跟踪记录

12.2.3　特殊情况下的内衬状态分析

除了上述常规的诊断与分析，在高炉炉体，还有一些特殊状态容易误导诊断分析结果，如最近开始有学者提出并关注炉缸内衬中的"气隙问题"[8]。

所谓气隙，即在炉缸砖衬的传热方向上出现的阻碍热流正常传导的气态间隙。正是由于这种气隙的存在，热流在内衬中的传导发生了变化。

这种气隙，通常是在高炉运行一段时间后出现的。关于出现这种气隙的原因，目前学术界有多种不同的观点。但是，这种气隙在高炉炉缸使用后的砖衬中确实存在。这种气隙的存在对高炉炉缸砖衬的状态检测、分析和维护是个难点。

用于高炉炉缸区域的砖衬，设计师通常设计为均质。在这种一定厚度的均质砖衬中，内外两侧存在温度的差异。由于各种原因，当砖衬中出现气隙后，砖衬的传热路径中出现热阻大的间隙，传热受阻，砖衬厚度方向上的均质现象被打乱，砖衬内的温度直线分布被打乱。砖衬内的温度呈折线分布，见图 12-7。如果还按照正常均质砖衬的观点来分析，将会导致结果的误判，甚至造成严重的后果。

从图 12-7 不难判断气隙的存在：当砖衬中出现气隙时，砖衬中的测温点温度上升，从 T_3 上升到 T_4；而冷却壁壁体的温度下降，

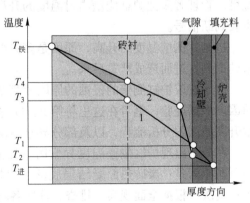

图 12-7　砖衬中温度分布示意图
1—无气隙均质砖衬中的温度分布；
2—砖衬中有气隙时的温度分布

从 T_1 下降到 T_2。这是因为气隙的出现，阻碍了砖衬中热流从砖衬传向冷却壁，在砖衬的冷面与冷却壁之间产生了温度差。在一定的冷却强度条件下，冷却壁壁体的温度下降，必将导致冷却壁内部的冷却水进出口温度差变小。

因此，在理想条件下，我们可以借助于常规的砖衬温度上升，而冷却壁进出口水温差下降，来判断砖衬中出现了气隙。

如果炉缸区域的砖衬测温电偶状态良好，而且热电偶是前后两根固定位置成对安装的话，则也可根据温度检测结果，回归分析产生气隙的部位及其程度，即所谓的气隙指数，见图 12-8。

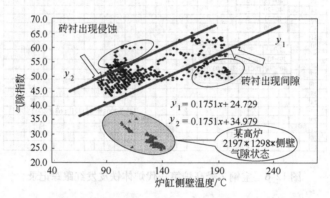

图 12-8　根据砖衬温度检测结果，回归分析砖衬中气隙程度

如前所述，正是由于这类非常态的现象在炉缸砖衬中的出现，如果我们在状态管理工作中还是按照常规方式，或是根据简单的计算机侵蚀模型，来计算分析判断内衬的受侵蚀状态，则必然导致结果的误判。近年来，国内外多次发生高炉炉缸严重损坏，甚至烧穿事故，似乎与此不无关系。

12.2.4 炉缸侧壁温度升高的原因分析

高炉炉缸的状态关乎高炉的安全和寿命。炉缸状态的关键特征之一，就是侧壁的内衬温度：管理者多把炉缸侧壁内衬温度的升高（或热负荷的上升）作为炉缸状态恶化的一个主要判断信号。

但是，侧壁温度的升高，原因是多方面的。单向的、片面的分析，往往容易造成对结果的误判，进而造成严重后果。

由于造成炉缸侧壁的侵蚀的原因很复杂，不能采取简单的方法轻率地归结于某个外来原因。根据经验，笔者在这里将第 9、11 章和本章所述，整理出一个关于炉缸侧壁温度异常升高原因的分析流程，以及部分异常情况的处置方式，见图 12-9。

在分析出现炉缸侧壁温度异常时，按照图 12-9 所示的流程，首先查找产生温度异常的可能原因是：炭砖热面凝结层脱落、出铁口煤气泄漏、耐火材料质量问题、产生气隙等；其次，根据全面观察，排查、证实各种原因，如铁水环流加强、铁水黏度下降、冷却强度不够、出铁口深度变浅、打泥不足等，弄清其中引起异常的主要原因；然后提出解决问题的方法，并用审慎的态度，排列出各种可能解决问题的措施，如提高原料质量、加强出铁制度的管理、改进炮泥等；判断和选定解决的措施和估计其结果，以及可能出现的问

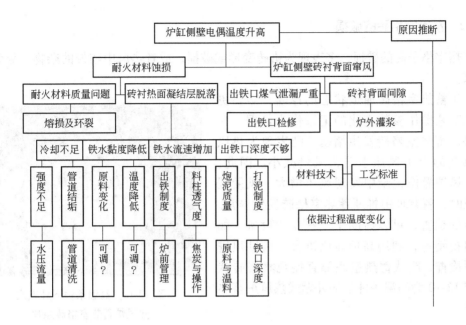

图 12-9 高炉炉缸侧壁温度异常升高原因分析流程图

题，及其处理的办法；最后还要查证采取的措施是否有效，特别是采取钛矿护炉，要落实是否使局部过热点的温度下降，不可盲目护炉使炉底温度下降、炉缸堆积。

12.3 热风炉内衬的状态诊断与分析

热风炉内衬受高温气流及其温度波动和夹杂物（如燃烧废气残留物等）的影响，应采用具有耐高温且体积稳定的耐火材料，能够保持长期稳定的性能而不被蚀损。

热风炉内衬结构体变形，及其由此产生的应力性破坏，构成了热风炉内衬破坏的主要损坏形态。出现破损的主要部位是炉体、燃烧器和热风管道。此外，作为热风炉热交换的主要构件蓄热室格砖，其通道状态，包括变形、破损等，对热风炉功能的影响极大。因此，对热风炉内衬状态的诊断内容主要集中在两个部分：内衬的结构性变形与破损和蓄热室格子砖通道状态。

12.3.1 内衬结构的变形和破损

热风炉内衬结构的变形和破损，最终的表现形式多以金属外壳出现局部发热、甚至发红。使用传统的红外成像仪就可以直观地发现。但是，分析和判断红热现象的原因，是属于砖衬破损，还是结构变形，这是诊断分析的核心。

根据经验和砖衬结构的特点、历史温度记录、区域性红外成像检测结果等进行综合分析。一般地讲，在砖衬破损情况下，高温区域的范围更广、温度更高、温度变化界面更清晰；而砖衬结构变形所导致的结果，则更多表现为结构体中间出现热气流的通道，温度检测结果则表现为局部性、流道型，且高温部位与砖衬结构的特殊部位（如膨胀缝）相对应。

12.3.2　蓄热室格砖的破损

蓄热室格子砖的破损，多表现为格砖变形或破损，或者热风中随带的杂物，导致通道的堵塞。

对于蓄热室格砖通道状态的诊断，需要更多地把工艺操作参数变化的记录作为依据。一般地讲，蓄热室格砖发生堵塞，则表现为热风炉蓄热室的上下风压上升，风量减小。因此，当在热风炉操作记录中发现风压增大、风量减小现象时，就有理由推断蓄热室格砖发生异常。进一步的检查，可以借助于一些专业设备，如高温窥视镜等，利用高炉休风机会，从拱顶进行直观检查，或从蓄热室底部直接观察格砖状态。图 12-10 为高温条件下的外燃式热风炉蓄热室格砖。

图 12-10　高温条件下外燃式
热风炉蓄热室格砖照片

12.3.3　燃烧室隔墙的破损

对于内燃式热风炉，还经常发生燃烧室与蓄热室之间隔墙的损坏。这种损坏，多表现为燃烧短路，燃烧烟气穿过隔墙，直接进入蓄热室的中下部，导致燃烧蓄热效率的下降，甚至导致隔墙变形、坍塌以及格砖的塌陷。在缺少直观检测手段的条件下，更多地需要根据经验进行分析判断。根据经验，可以通过风温和排烟温度的变化，来分析并做出判断：

（1）风温相对下降：在各种工艺和装备不变的情况下，风温下降；

（2）烟气温度上升：在各种工艺和装备不变的情况下，废气温度升高。

当运行过程中出现上述情况时，需要关注燃烧室的隔墙，利用高炉休风机会进行直观检查。为后续的维修提供依据。通过炉墙上留设的各类孔洞，采用高温窥视摄像，对炉内状态进行直接检查和拍摄热风炉隔墙破损情况，见图 12-11。

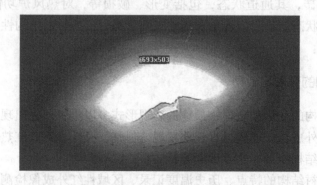

图 12-11　高温条件下拍摄内燃式热风炉燃烧室隔墙异常变形状态

12.3.4　热风管道砖衬的破损

由于所处工艺位置的特点，热风管道的破损，直接关系到高炉的稳定运行，尤其是热风总管和围管。近年来,热风管道因砖衬结构问题导致破损的案例很多。

热风管道的破损,多以砖衬结构性破坏为特征,可以检测的方法主要有两种:一是风口直吹管内发现有耐火砖堵塞;二是管道壳体表面温度异常升高。

需要注意的是,风口出现耐火砖堵塞,不一定需要维修。热风管道呈环形,砖衬也呈环形结构。在高温状态下,砖衬中的耐火砖受热膨胀而产生环向应变,相邻耐火砖之间产生环向应力,而且这种应力呈交变状变化,由此对耐火砖产生疲劳性损伤。在耐火砖砖体中不可避免地出现平行于工作面的裂纹,严重时成为贯通性裂缝。当环境温度下降过程中,由于相邻耐火砖的相互作用的持握力下降,位于顶部的耐火砖的热面部分将下坠,并随热风移到高炉风口端,如果耐火砖块的尺寸大于风口直径,就将被卡住而被操作人员发现。这种情况下,管道壳体表面一般不会发生明显的温度升高现象。

更多的情况是,专业检查人员发现管道壳体表面温度异常升高。对于这种情况,需要做专业的分析与判断。往往是由于砖衬与金属壳体之间出现了间隙,管道中的热气流通过砖衬中的缝隙穿入砖衬的背面,导致管壳温度升高。造成这种情况的原因很多,其中主要有三类:一是热风管道中的膨胀节及其内部对应区域的砖衬结构设计问题;二是砖衬中靠近管壳的保温砖材质选用问题,主要表现在忽视了保温砖的强度或抗热震性要求,在长期交变应力的作用下发生了碎裂;三是施工质量问题,包括在施工与烘烤过程中管道上的大小拉杆的调整工作没有做好等。

调查中还发现,过度维修导致热风管道砖衬破损的案例也不少。当发现管壳表面温度异常升高后,盲目进行压力灌浆,以期填充砖衬内部的间隙,而施工过程中往往出现过多地灌入了耐火材料,造成内部的砖衬变形、破损,甚至局部垮塌,见图12-12。

图 12-12 热风管道砖衬垮塌状态

12.4　高炉及出铁场的维修

由于高炉沿高度方向上物料呈不同的状态:上部为固态的炉料;中部为固态炉料与熔融液态的混合体;下部为液态。不同的物料形态,对高炉内衬的侵蚀形式不同,产生的破损结果也不相同。因此,对于高炉内衬不同部位的耐火材料,需要采用不同的维修措施。根据高炉不同的结构和工艺特点可以把高炉内衬分为四个区域:炉缸炉底部分、炉身部分内衬及冷却设备、煤气管道系统和出铁场系统的维修。现分述于后。

只有全面把握状态,采取有效措施,保全内衬耐火材料的功能,才能够实现高炉生产的安全、稳定和长寿。

12.4.1 高炉炉缸区域的维修

高炉炉缸区域，包括炉底、炉缸侧壁、出铁口及风口。在高炉长寿工作中，炉缸区域的维护至关重要。20世纪60年代以后，炉底采用高导热炭砖，全球很少再出现高炉炉底烧穿的事故。高炉寿命的主要矛盾转移到炉缸侧壁。近年来，国内外曾有多座大中型高炉发生了炉缸烧穿事故。分析这些事故案例发现，其结构形式、内衬耐火材料配置、容积大小、原燃料条件、操作管理模式、装备条件以及冷却条件等多有不同，很难简单归集为某种原因。

但是，从功能维护的角度，根据高炉炉缸的基本结构形式和使用环境，为了防止和减少这类事故的发生，我们还是可以研究寻找出一些共性的措施。由于系统的分析已经在第9章和第11章中述及在这里仅对涉及维修方面进行叙述。从炉缸的特点出发，内衬的主要维修（护）措施可以用三个字来概括："堵"、"导"、"冷"。

12.4.1.1 灌浆过程炉缸应力分析[9]

炉缸压浆、灌浆是目前普遍采用的一种护炉方法，可是也有因操作不当，成为炉缸烧穿事故的诱因。为了使灌浆操作在科学的指导下进行，建立了以有限元法为基础的炉缸灌浆的数学模型。用以分析研究利用休风机会对炉缸内存在气隙的部位进行压浆、灌浆的合理操作。模型没有考虑热应力，炉缸厚度最薄的部位取400mm；模型考虑了炉缸内壁承受铁水静压力；炉缸侧面灌浆位置承受灌浆压力以及炉缸耐火材料本身的重力。

模型计算了不同灌浆面积和灌浆压力的应力分布。当灌浆面积为20cm×20cm时，分析了灌浆压力为2MPa、3MPa和4MPa时，砖衬内应力的分布。得到的结果是沿灌浆中心线砖衬内最大应力位于砖衬内80cm处，砖衬内的最大应力分别为1.45MPa、2.13MPa和2.81MPa，见图12-13。当应力集中于砖缝部位时，由于砌筑用泥浆固结后的强度远小于砖衬本身，因此较大的灌浆压力将造成砖衬损坏，形成裂缝。随着灌浆压力增大，灌浆中心线上最大应力值增大。同时，在灌浆前应对残存砖衬的厚度进行估计，砖衬越薄灌浆压力应越低。宝钢1号高炉使用大块炭砖的灌浆压力控制在2MPa。此外，对于使用小块炭砖砌筑的炉缸，特别是采用铜冷却壁泥浆不容易固结，因此在灌浆时更应该注意控制好灌浆压力。

当灌浆压力为3MPa时，不同灌浆面积20cm×20cm、30cm×30cm和40cm×40cm对砖衬应力分布进行了研究。不同灌浆面积时，最大应力值始终位于灌浆区域的边缘，随着灌浆面积的加大，灌浆中心线上应力分布发生相应的变化，应力集中区域逐渐向热面移动，对砖衬热面应力的影响大于砖衬内部，传递到砖衬最终厚度处的压力也不断升高。灌浆面积为20cm×20cm和30cm×30cm时，砖衬内部的最高压力的位置分别为80mm和

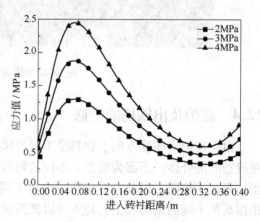

图12-13 不同灌浆压力时灌浆孔
中心线上砖衬内的应力分布

120mm。而在灌浆面积40cm×40cm时，残存砖热面（400mm）处的压力已经超过了砖衬内部的最高压力值约30%，也可以说已经穿透了整个砖衬，见图12-14。

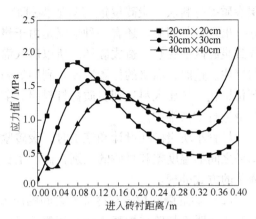

图12-14　不同灌浆面积时灌浆孔
中心线上砖衬内的应力分布

因为灌浆面积与灌浆量有关，随着灌浆量的增加，面积由小变大，最高应力由砖衬表面向热面传递；也是泥浆由表面穿入热面的过程。在这种情况下，泥浆将贯通整个砖缝，灌入炉内，甚至使砖衬松动、位移，破坏炭砖砖衬的完整性。过大的灌浆压力不但会造成冷却壁损坏、炉缸整体砌砖结构变形，形成铁水渗入通道，反而使炭砖遭受更严重的破坏。一旦泥浆与高炉炉缸内的渣铁相遇，最严重的后果是产生爆炸。

综合上述理论和实践结果，建议灌浆护炉时应注意如下几点：

（1）在灌浆前应充分了解高炉炉内状况，摸清热点位置、残存砖厚及其历史记录，切莫盲目施行。

（2）在灌浆机出口和灌入炉体的入口处均应安装压力表，压力不能超过2MPa，应严格掌握。

（3）泥浆质量要严格控制，采用无水、低挥发物、高导热性的材料。

（4）单孔灌浆量应限量，采用多孔压浆的操作方法。炉缸灌浆时，应对单孔灌浆量进行限制，采用少量、多孔的操作方针。

12.4.1.2　炉缸部位维修技术

炉缸部位的内衬在实际使用过程中出现的异常一般有两种：

（1）炉缸的侧壁温度异常升高。这种异常表现为非内衬侵蚀性的侧壁温度升高。通常是由于在内衬，包括内衬与炉壳或冷却设备之间产生了煤气通道，由于热煤气在贯通的通道内流动而使局部的温度升高。再就是液体产品穿透流入砖缝或砌砖的裂隙中，经冷却而凝固，由于凝固薄片的导热性较原有砖衬高，因而表现为局部侧壁温度异常升高。

（2）炉缸侧壁内衬严重侵蚀，有发生炉缸侧壁烧穿事故的危险性。

对于高炉炉缸侧壁出现高温情况，首先需要判断是内衬减薄原因还是发生砖衬背部窜入煤气。只有当确定属于背部窜入煤气时，才需要进行压入。压入的部位，一般需要通过检测各部位的温度变化来确定。

A　炉缸侧壁和炉底的压入

高炉炉缸侧壁出现高温，往往是在冷却设备与炭砖之间产生了缝隙，炭砖没有得到必要的冷却。对这种情况，需要通过炉缸侧壁压入料填补缝隙，改善炭砖的冷却，把热量传导到外部来解决。

一般压入的材料是与炉缸砖衬材质相近的炭质胶泥，或其他非水压入料。

对于炉缸侧壁的压入主要有两种形式：

（1）炉缸侧壁炭砖与炉壳或冷却壁之间压入。一般大块炭砖与炉壳或冷却壁之间有一层炭质捣打料层。炭砖侵蚀与炭质捣打料中出现间隙形成热阻，使炉缸热量不能顺利传导，出现局部高温。还有一种情况是由于炭质捣打料层内出现缝隙，使高温煤气穿过，更导致炭砖两面受热，造成破坏。所以压入灌浆的重点就是要把这些缝隙用压入料予以填实封堵住。这时，灌浆的位置应该是利用炉壳上的预留孔，或在炉壳和冷却壁上可以穿透的部位钻孔，把压入料送到炭质捣打料层。宝钢高炉从开炉第一次休风开始，就对炉缸侧壁终身进行重点维护。

尽管小块炭砖在设计和施工时，炭砖紧贴炉壳或冷却壁砌筑。但由于炭砖与炉壳或冷却壁之间的温度差和材质的区别，而产生膨胀差，因而难免存在间隙，对此也可采取上述灌浆的方式处理。

（2）炉缸侧壁炉壳与冷却壁之间的压入。当出现炉缸内衬与炉壳表面温度同步上升情况时，表明冷却壁与炉壳之间的间隙已经成为热煤气流通道了。这时，需要在对炉缸内衬灌浆的同时，对冷却壁与炉壳之间也进行灌浆。这种灌浆的关键是寻找煤气通道，以确定钻孔的部位，钻孔的深度必须保证穿透炉壳而不伤及冷却壁；必要时在冷却壁上开孔，必须不危及冷却壁水管。对于这种情况，压入的材料可以根据温度、历史记录等实际情况，选择炭胶或其他非水系的压入料。

一般情况下，出铁口区域和"象脚"侵蚀部位是管理重点，采用多点排布封堵方式灌浆。如图 12-15 所示。

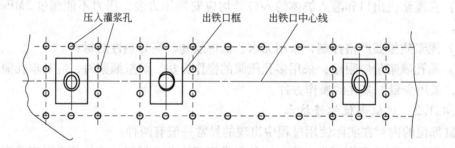

图 12-15　炉缸侧壁压入灌浆孔示意图

炉底压入，通常是在确认炉底砖衬出现缝隙后采用的一种处理方式。压入的材料主要是炭质胶料，方法与炉缸侧壁相同。

B　炉缸烧穿的紧急修补

国内外均有炉缸烧穿的事故发生，为了防止此类事故的发生，国内外都开展过大量研究，并能够成功地进行快速修补[10]。

鞍钢 5 号高炉第二代采用黏土砖炉缸、炉底结构，于 1958 年 5 月 27 日凌晨发生过炉缸侧壁第 3、4 段冷却壁接缝处烧坏，从冷却壁排水管中流出铁水的事故。高炉立即休风，避免了炉缸烧穿，在不放残铁的情况下进行了紧急抢修，用炮泥和砌砖封堵铁水的突出口，更换新的冷却壁，然后于同年 6 月 2 日复风生产，直到 1966 年高炉停炉大修。

德国蒂森钢铁公司施维尔根 1 号高炉（炉容 4173m³），炉缸结构为大块炭砖和陶瓷杯。该高炉曾发生过炉缸烧穿事故。在总结处理炉缸烧穿事故的基础上，开发了在休风状态下，在炉外将炉壳切割开进行砌砖，快速修补炉缸或炉底侧壁的技术，取得了经验[11]。蒂森已经成功地对 4 座高炉进行了炉缸的快速修补，见表 12-2。快速修补炉缸和炉底侧壁具有重要意义和经济价值。

表 12-2 高炉炉缸快速修补情况

高 炉	炉缸直径 /m	产量 /t·d^{-1}	修补占炉缸圆周 面积的比例/%	高 炉	炉缸直径 /m	产量 /t·d^{-1}	修补占炉缸圆周 面积的比例/%
鲁朋特 6 号高炉	10.8	5500	42	汉堡姆 8 号高炉	9.3	3000	55
汉堡姆 4 号高炉	10.2	5000	23	施维尔根 1 号高炉	13.6	9000	22

快速修补炉缸或炉底侧壁技术，一般包括以下步骤：

（1）由高炉操作人员报告炉缸部位的炉壳局部温度升高情况，并用红外照相仪记录，确定需要修补的部位，同时决定修复实施的时间；

（2）按计划高炉休风和放残铁，降低料线，在需要修复部位开孔放残铁，用可移动铁水沟将残铁引入鱼雷罐中；

（3）根据红外照相确定的部位，切割炉壳，清除炉壳与炭砖之间的捣打层，露出残砖，在进行隔热处理后拆除残砖。同时，沿整个炉缸圆周钻孔，精确测出残砖最小厚度的位置，同时进行处理；

（4）清除残砖后，将小块炭砖接触面预先磨平，然后砌砖，砖与炉内之间用特殊不定形耐火材料捣固，砖与炉壳之间用喷射机注入含有特殊黏结剂的高导热性耐火材料；

（5）修补工作完成后，在炉缸部位安装数个热电偶，用来监测修复后炉缸及炉底侧壁的温度变化情况[11]。

12.4.1.3 出铁口维修技术

出铁口部位的内衬与炉缸内衬炭砖同样是高炉的薄弱的环节，炉役中后期常伴随着煤气泄漏严重；在出铁操作时，泥炮及开口机对出铁口砖反复冲击下，当超过砖的强度时，砖就出现裂纹，甚至冲击成碎块，耐火材料结构向外突出。内表层（靠近工作层侧）碎裂的砖衬易被铁水渗透蚀损，如果铁水渗透至永久层，则易烧损冷却设备；外表层砖碎裂后，形成炉内煤气泄漏通道，则喷出流速急剧的煤气火焰。一般使用 3~4 个月就被迫维修更换，并使出铁口内衬砖不断地向外鼓凸。君津 3 号高炉第 1 代炉役后期，残存内衬耐火砖不断地被铁水、熔渣蚀损，出铁口冷却板被烧损，无法更换，只有用炮泥充填封闭。因砖失去冷却作用，出铁口砖蚀损速度加快。其砖衬残余厚度仅剩下 210~400mm，导致炉役后期限量出铁或关闭该出铁口，永久层砖破损和煤气泄漏严重，甚至影响到高炉寿命。

出铁口补修是国内外高压操作的大型高炉较难维修的工程项目之一。

A 出铁口组合砖砌筑

目前，开发了出铁口维修新技术，采用诸多手段以达到以下目标：迅速减少内衬砖外凸量；永久层砖维修周期大于 12 个月；显著地抑制煤气泄漏。

（1）应用金属结构支承件，对出铁口长寿的作用十分显著。它稳定了出铁口组合砖结构，缓解了应力的冲击，使内衬砖的寿命增加到 1~1.5 年。由于内衬结构的稳定，三年来内衬砖突出量稳定地控制在 2~5mm 之内。目前该技术已推广应用于宝钢 2 号、3 号高炉出铁口，取得了良好的技术效果。

（2）选用高强度磷酸盐结合的可塑料充填内衬孔隙，在新更换的砖与残存的旧砖之间粘结严密，气密性较佳，对抑止煤气泄漏起到了十分重要的作用。高强度可塑料主要技术性能见表12-3。

表12-3 特殊刚玉可塑料技术性能

耐火度/℃		>1790		110℃	-0.1
体积密度/g·cm⁻³		2.87	线变化率/%	1000℃	-0.2
显气孔率/%		18		1500℃	-0.8
抗折强度/MPa	110℃	13.2			
	1000℃	20.8	热膨胀率/K⁻¹	1000℃	12.9×10⁻⁶
	1500℃	20.3		1500℃	7.3×10⁻⁶
耐压强度/MPa	110℃	46.4			
	1000℃	57.1	荷重软化点/℃	$T_{0.6}$	1265
	1500℃	90.3		T_2	1565
热态抗折强度/MPa	1000℃	20			
	1400℃	4.1	Al₂O₃/%		90.1

（3）选用氮化硅结合的碳化硅砖作为出铁口第1~2层永久层砖。

采用新技术维修后，出铁口寿命大大延长，对高炉实现长寿和炉役后期的稳产、高产，创造了十分有利的条件。

B 出铁（渣）口灌浆

所谓出铁（渣）口灌浆，是指为了解决出铁（渣）口煤气泄漏严重问题而采用的一种方法。对这一区域，通常有三种压入方式：一种是围绕出铁口，在炉缸侧壁上钻孔灌浆；一种是在出铁（渣）口突出炉缸部分的侧壁上钻孔灌浆，这两种方式与炉缸侧壁压入方式基本相同；另一种方式是利用堵出铁口泥炮，加装特殊装置进行炭质胶泥压入的方法，见图12-16，其步骤如下：

（1）制作特殊的装置，安装在泥炮头部；

（2）用出铁口开孔机从出铁口钻进1500mm左右。钻孔角度及要领同正常出铁口开孔；

（3）把泥炮转到出铁口前，将炭胶灌浆用胶皮管接上泥炮头部的特殊装置；

（4）泥炮压住出铁口；

（5）按照正常碳胶灌浆顺序进行灌浆作业；

（6）泥炮的退出时间，必须在灌浆结束20min以后。

12.4.1.4 风口灌浆

风口灌浆包括风口大套灌浆和风口中套灌浆。由于考虑到炉衬的膨胀，在风口安装过程中，一般都设置有膨胀间隙，并充填缓冲填料。在高炉烘炉和投产后，如果这些预留的膨胀间隙没有充分吸收，则可能成为高温煤气的通道。

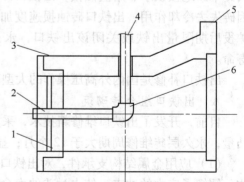

图12-16 出铁口泥炮压入示意图
1—密封垫；2—输出管；3—挡圈；4—炭质胶泥管接口；5—泥炮接口法兰；6—弯管

为了封堵这些通道，需要采用压入方式，把特定耐火材料压入风口大套或中套与砌体间的间隙内，达到封堵通道的目的。图12-17为高炉风口灌浆效果示意图。

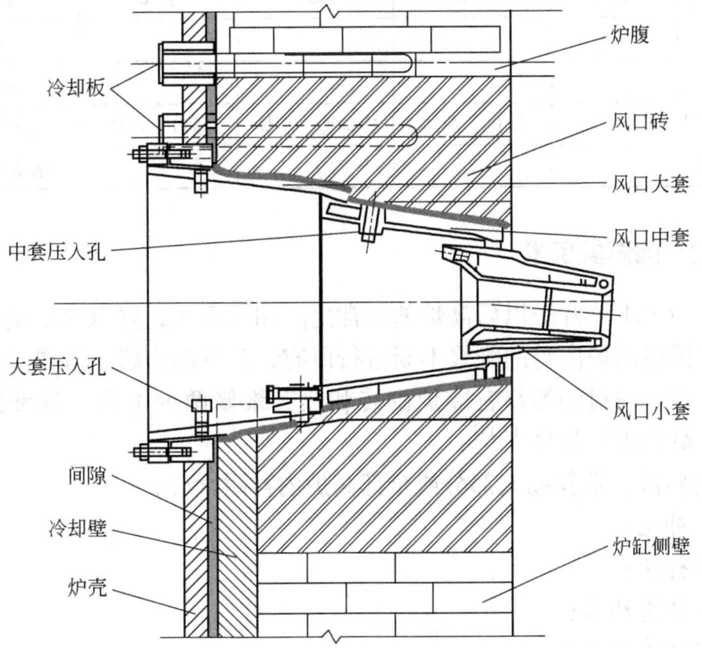

冷却板
炉腹
风口砖
风口大套
中套压入孔
风口中套
大套压入孔
风口小套
间隙
冷却壁
炉壳
炉缸侧壁

图12-17 高炉风口灌浆效果示意图

有代表性灌浆料的主要技术性能，见表12-4。

表12-4 灌浆料的主要技术性能表

项 目		水系灌浆料	非水系灌浆料	非水系灌浆料	硬质灌浆料	炭质胶泥
耐火度/℃		≥1730	≥1750	≥1790	≥1790	
显气孔率/%				≥23.0	≥20.0	
体积密度/g·cm^{-3}		≥1.5	≥2.0	≥2.7	≥1.7	
耐压强度/MPa			≥10.0	≥50.0	1000℃×3h 还原≥10.0	
抗折强度/MPa	干 后	≥6.0	≥4.0	≥10.0	≥17.0	
	烧 后	1200×3h ≥7.0		1500×3h ≥20.0	1000℃×3h 还原≥4.0	
线变化率/%		1200℃×3h 0～-0.5	1200℃×3h ±1.0	1400℃×3h 残余收缩±1.0		
热态抗折强度/MPa			1200℃×1h ≥0.5		1000℃×1h ≥2.0	
热态粘接强度/MPa					400℃ ≥0.5	200℃ ≥0.5

项 目		水系灌浆料	非水系灌浆料	非水系灌浆料	硬质灌浆料	炭质胶泥
化学成分/%	Al_2O_3	≥40	≥55	≥70	≥30	灰分≤6
	SiO_2				≤40	水分≤1
	F.C				≥26	≥54
使用部位		风口、炉体	冷却壁、炉体	风口、炉体	炉体	炉缸、铁口
备 注					配高压管道	加热后施工

12.4.2 炉体内衬的修复技术

长期以来，为了维持开炉以后高炉的正常生产和长寿命，降低高炉的运行成本，国内外的高炉工作者围绕高炉内衬的维修不断进行研究、开发和实践，取得了显著的成效。

如前所述，高炉内衬的维修有冷炉砌砖和热态维修两种类型，从维修技术和方式上看，主要可以归纳为以下几种[12,13]：

(1) 直接砌砖法：重新砌筑部分或全部高炉内衬耐火砖；

(2) 喷涂修补法；

(3) 灌浆修补法；

(4) 补充安装冷却器；

(5) 冷却壁整体更换等。

12.4.2.1 喷涂修补法

喷涂修补法简称喷补，是采用空气输送散状耐火材料，经喷枪喷射到被需要修复的部位，并附着在其表面达到一定的厚度（一般可以达到几百毫米），以此取代重新砌筑耐火砖衬，在残存砖衬或炉壳表面实现再造炉衬，恢复炉形。与其他维修方式相比，喷补的最大特点是修复的炉衬整体性好，可以再造炉形。

A 喷补方式

对于高炉内衬，目前国内外常用的喷补方法主要有普通喷补、长枪喷补和遥控喷补三种（见图12-18）。

(1) 普通喷补（conventional internal scaffold gunning technique）。在高炉完全冷却后，操作人员利用脚手架或吊篮进入炉内，对炉衬需要修复的部位进行修补，多用于2000m³以下的高炉。其作业特点是喷补设备简单，清除渣皮和松动的残存砖比较灵活和有效，对裸露的钢板、冷却器等金属件可以进行维修、更换或改造，喷补部位及厚度容易控制。缺点是对生产的影响大，工人的操作环境差等。

(2) 长枪喷补（lance-gunning technique）。与普通喷补方法基本相同，所不同的是操作人员操作时是站在炉外，采用足够长度的喷枪，对炉衬需要修补的部位进行喷补作业。其优点是改善了操作人员的作业环境，并且可以不受高炉炉膛温度的限制，节省停炉时间，有利于生产。缺点是修补的范围受到限制，而且需要在炉壳上开孔。

(3) 遥控喷补（remote gunning technique）。把机器人（喷枪组合设备）从人孔或专门开设的孔位放入炉内，通过桥架或导链做上下移动；而操作人员通过设置在炉外的电视屏幕观察和调节喷补作业。这种喷补方式的特点是不需要人员进入炉内，操作人员的作业条

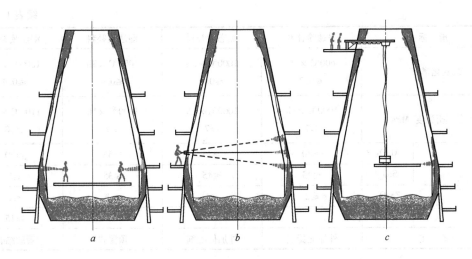

图 12-18 高炉喷补方法示意图

a—普通喷补；b—长枪喷补；c—遥控喷补

件较好。缺点是设备比较复杂，投资和维护费比较大。

20 世纪 70 年代以来，高炉喷补技术在欧美、日本等工业发达国家的高炉上得到广泛应用，如巴西图巴朗 CST 1 号高炉（炉容 4415m³），从 1983 年 11 月 30 日开炉至今，经常喷补，已经 28 年尚未大修，截至 2010 年底单位炉容产铁量已达到 2.04 万吨。日本的鹿岛、英国斯肯索普 Scunthorpe、德国蒂森 Thyssen、加拿大多法斯科 Dofasco 等钢铁厂都采用高炉喷补技术，并取得了良好的效果。

我国高炉喷补技术的研究和应用起步相对较晚。近 20 年来，我国在设备和耐火材料领域的研究取得长足进步，高炉喷补技术得以快速推广应用，已经从初期的半干法喷补发展到湿法喷补。根据喷补方式和喷补耐火材料质量和用量的不同，一次喷补后对高炉炉衬的维持效果，可以从 6 个月到一年以上。喷补对高炉维护的效果体现明显。

B 喷补用耐火材料

随着高炉喷补技术的发展，高炉喷补从简单的完全冷态的人工喷补发展到完全遥控的热态喷补；喷补用耐火材料从普通的水系喷补料发展到预混式湿法喷补料和凝胶结合喷补料；材质从普通的硅酸铝系列喷补料发展到高强、超高强的碳化硅质喷补料。表 12-5 列出几种代表性喷补料的技术性能，供参考。

表 12-5 代表性喷补料主要技术性能

指 标		普通喷补料	热态喷补料	湿法喷补料	湿法喷补料
耐火度/℃		≥1690	≥1790		
显气孔率/%		≤25	≤25	≤25	≤20
体积密度/g·cm⁻³		≥2.0	≥2.1	≥2.4	≥2.7
耐压强度/MPa	干 后	≥25	≥30	≥100	≥22
	烧 后	≥30	≥50	≥150	≥40
抗折强度/MPa	干 后	≥4	≥8	≥15	≥4
	烧 后	≥7	≥12	≥20	≥10

指　标		普通喷补料	热态喷补料	湿法喷补料	湿法喷补料
线变化率/%		600℃×3h ≤0.2	1000℃×3h ≤0.2	1000℃×3h ≤0.4	1000℃×3h ≤0.4
热态抗折强度/MPa		1000℃×1h ≥7	1000℃×1h ≥7	1000℃×1h ≥7	1100℃×1h ≥20
化学成分 w/%	Al_2O_3	≥40	≥45	≥55	≥70
	SiO_2	≤45	≤45	≤35	≤5
	Fe_2O_3	≤2	≤1	≤1	≤1
	SiC				≥15
备　注		外加促凝剂	外加促凝剂	预混式	凝胶结合

12.4.2.2　灌浆修补法

灌浆修补法，也称为压入修补法，是在炉体上钻出直通炉膛的孔洞，利用特殊灌浆设备，在一定的压力条件下，通过管道把特定的耐火材料从炉子外输送到指定的维修部位，达到充填间隙和修补炉衬等目的。这种维修方式的主要特点是，可以借助测温等辅助手段，确定炉衬的薄弱位置，实施有效的修补，对生产和炉体内部结构的影响小，对于炉体耐火材料内衬局部的维修效果好，可以在高炉不停炉的情况下实现维修的一种经济而又可靠的修补技术。但是，由于灌浆的位置是以点为基础的局部式维修，不可能进行大面积的修补，而且由于修补仅限于局部位置，如果操作不当，容易在炉内工作层表面形成一个个"鼓包"，不利于高炉操作过程中炉料下降和气流通畅。

从维修的目的看，灌浆维修主要分两类：

（1）充填式维修。灌浆设备把特定的耐火材料输送到指定的部位，包括耐火材料与耐火材料之间的间隙、耐火材料与冷却壁或金属件间隙等，达到充填修补间隙，阻、堵高温气体通过间隙流动的目的；

（2）造衬式维修。灌浆设备把特定的耐火材料从炉外，穿过残留的炉衬，送到炉内。利用炉内炉料对残留炉衬的挤压、并在一定压力作用下，使灌浆的耐火材料在残留炉衬与炉料之间形成修补层，从而达到修补炉衬的效果。灌浆压力不宜过高，应采取多点压力，压力量也应控制，以避免压力过大破坏原有内衬的完整性。表 12-6 列出高炉代表性灌浆点位。

表 12-6　高炉代表性灌浆点位

部　位		目　的	设　备	灌浆材料	备　注
炉　底		充　填	炭胶灌浆泵	炭质胶泥	
炉　缸		充　填	炭胶灌浆泵	炭质胶泥	
出铁口		充　填	炭胶灌浆泵	炭质胶泥	包括侧壁和泥套
风口	大　套	充　填	炭胶灌浆泵或灰浆灌浆泵	炭质胶泥或非水系灌浆料	
	中　套	充　填	灰浆灌浆泵	非水系灌浆料	

部 位		目 的	设 备	灌浆材料	备 注
冷却设备	冷却壁背部	充 填	灰浆灌浆泵	水系或非水系灌浆料	
	冷却板法兰部	造 衬	灰浆灌浆泵	水系或非水系灌浆料	
	微型冷却器	充填或造衬	灰浆灌浆泵	水系或非水系灌浆料	
炉 衬		造 衬	硬质灌浆设备	硬质灌浆料	
其他部位		充 填	灰浆灌浆泵	水系或非水系灌浆料	

A 冷却板法兰部位和微型冷却器的灌浆

这种方式仅适用于冷却板式炉身结构，以充填内衬中的间隙为主要目的。当冷却板发生背部漏风或更换后，冷却板周围存在间隙，这时需要灌浆把特定的耐火材料填入间隙，提高冷却板的冷却效果。

当高炉后期，在炉体上安装微型冷却器，以加强冷却。在安装微型冷却器时，在炉壳上钻孔，这时，可以利用安装微型冷却器在炉壳上所开的孔，灌入具有炉衬修补性能的灌浆料，以达到修补炉衬的目的。

B 冷却壁背面的灌浆

冷却壁安装后与炉壳之间存在的间隙，利用炉壳上的设计预留孔，压入灌浆料进行充填。如果高炉生产后这些间隙依然存在，将在冷却壁背面形成煤气通道，导致冷却壁两面受热和炉壳发红。这时，需要利用原预留孔或新钻孔，用灌入具有隔热作用的灌浆料充填冷却壁背部间隙，堵塞冷却壁的背部形成的煤气通道。

C 炉身侧壁灌浆

高炉长期使用后，受炉料的磨损、化学的侵蚀以及热应力的作用，高炉内衬不断减薄，严重时局部炉壳发红甚至直接暴露在炉料中。对于这种局部性的维修，灌浆维修是一种比较好的方式，即灌浆造衬。灌浆方式有普通灌浆和硬质灌浆。

需要注意的是，这种灌浆作业有一个前提条件：即灌浆部位有炉料存在，而且炉料尚未熔融。

以普通灌浆作业为例，冷却板式高炉炉身侧壁出现局部高温，判定耐火材料内衬局部蚀损严重，需要压入灌浆料造衬维修。

(1) 灌浆部位的确定。只要冷却板还存在，内衬的蚀损应该主要集中在四块冷却板的中间。所以灌浆孔的定位应该就在四块冷却板的中间。在确定开孔位置时，必须避开炉壳焊缝及其热影响区。

(2) 开孔及短管安装。在选定灌浆孔位后，一般在高炉休风时进行开孔作业。根据灌浆料的特性选取开孔直径，一般选 $\phi28mm$ 或 $\phi35mm$。开孔必须采用钻孔，杜绝烧孔，应先焊接灌浆孔短管，后钻孔。

由于高炉内衬还有残留耐火材料，用于钻炉壳与钻耐火材料的钻头材质不同，在钻孔过程中需要更换钻头。在更换钻头和钻杆时必须保证孔中心的一致。

(3) 灌浆设备及辅助设施。灰浆灌浆泵有电动泵和油压泵两种。辅助设备主要包括灰浆搅拌设备、软配管、硬配管、短管配管、球阀或截止阀。

(4) 灌浆操作。灌浆作业的控制有定量控制和压力控制两种方式：所谓定量控制，是指根据对高炉炉衬的状态调查结果，事先确定每个灌浆孔压入的材料量，由灌浆泵操作者确定达到压入量后，停止灌浆作业；所谓压力控制，是指根据经验、标准或设备状态等具体情况，事先确定泵侧的最高压力，当灌浆泵操作者发现泵侧压力达到设定压力时，即停止灌浆作业。

如果还需要继续压其他孔时，喷嘴操作人员需要同时关闭炉侧截止阀和喷嘴侧截止阀，需要特别强调的是必须待确定泵侧压力回零后才能卸下喷嘴。

12.4.3　冷却设备的修理

冷却设备的修理包括冷却壁的整体更换、冷却板的更换和插入微型冷却器等。过去认为冷却壁的最大缺点是损坏以后不能进行更换。最近国内外开发了冷却壁的更换技术，值得推广应用。

12.4.3.1　冷却壁整体更换

当高炉的冷却壁发生大面积破损、危及高炉正常生产时，国内的传统方法是采取高炉停炉中修，人员进入炉内的作业方式。《规范》要求，一代炉役无中修。因此，介绍国内外采用的比较有效的方法是整体更换冷却壁。整体更换冷却壁能够达到短期化方式的目标，整个更换冷却壁的施工期限是在高炉定修期间完成。考虑到高炉恢复生产的需要，不允许作业人员进入炉内作业[14,15]。

冷却壁整体更换的关键技术主要有四个方面：

（1）新换冷却壁的结构和尺寸。因为长期使用后，高炉炉膛的结构和尺寸不再是原设计时的数据了，对于更换上去的冷却壁结构和尺寸需要特别加以注意。

（2）更换作业施工技术。在不停炉的热状态下，完全通过炉外作业来完成炉内的安装，必须要有完备的技术方案和充分的施工准备。

旧冷却壁在拆除前，应先将水管、螺栓等拆除，然后在冷却壁水管上焊接吊耳，并将吊链与吊耳可靠地连接。在炉壳上设置两只千斤顶，顶冷却壁上、下水管，将冷却壁推向炉内。将电动葫芦的吊索与冷却壁上的吊链可靠连接，然后操作电动葫芦将旧冷却壁从作业孔或炉顶人孔取出，见图12-19。安装新冷却壁的方法基本上为逆过程。此外，拆除旧冷却壁和装入新冷却壁可以同时进行，这样可以缩短休风时间。

（3）冷却壁更换完成后，其表面和背面的处理技术。一般来说，背部的间隙通过灌浆进行充填，表面往往喷涂一层耐火材料。这里的关键是如何处理背部灌浆和表面喷涂的结合，做到既不相互影响，又防止出现间隙。

（4）生产操作。更换冷却壁工程往往是长时间的（一般在100h左右）。工程开始前，需要降低料线，降低炉膛温度，提高炉膛内部的可见度。工程结束后恢复生产，需要较强的处理生产异常情况的技术水平。

宝钢3号高炉（4350m³）利用高炉正常休风机会，设计采用了多点组合式吊装工艺和多功能冷却壁运输设备，结合3号高炉的结构特点，作业人员在炉外操作，用了不到100h，完成了S3段共56块冷却壁的更换作业。

12.4.3.2　安装微型冷却器

由于高炉热负荷的增大或原有冷却设备发生破损导致冷却强度下降后，内衬破损严重，甚至炉壳发红、开裂。对于这种情况，近年来，一种新型的维修方式得到成功应用，

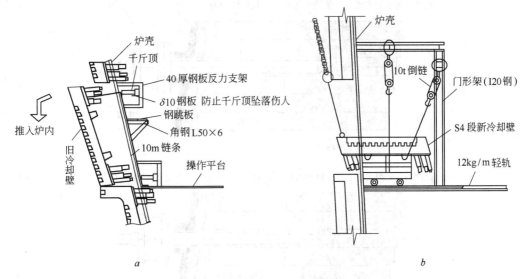

图 12-19　更换冷却壁示意图

a—拆除旧冷却壁；b—安装新冷却壁

即安装雪茄式微型冷却器。

在传统冷却器的基础上，综合冷却板结构的原理，设计出的雪茄式微型冷却器具有结构小、安装简单灵活、冷却效果明显和更换方便等优点。它可以安装在冷却板或冷却壁结构的高炉上，对于冷却壁结构的高炉可以在已经破损的冷却壁上钻孔安装，也可以选择在冷却壁的间隙安装。宝钢自从 1997 年研制并成功应用于高炉以来，已经在冷却板式和冷却壁式的不同高炉炉体上安装应用，结果显示：冷却效果明显增强，炉墙渣皮脱落明显减少，高炉的生产更加稳定。

结合雪茄式微型冷却器的安装，近年来一种新的维修方式研究开发成功：适当改造微型冷却器的结构，利用安装微型冷却器的位置，从炉外灌入特殊耐火材料，在高炉炉壳或内衬残留物表面实现造衬。

12.4.3.3　冷却板的更换

高炉在长期使用过程中，随着内衬耐火砖被侵蚀，冷却板不可避免地逐步暴露在炉料环境中，不断受到高炉炉料的磨蚀、高温气流的冲蚀以及各种化学介质的腐蚀，而使铜质冷却板的头部破损，进而出现漏水、漏煤气，甚至局部炉壳发红、开裂等现象，危及高炉的正常生产和寿命，见图 12-20。

冷却板更换的步骤如下：首先松开法兰上的紧固螺丝，接临时冷却水管，拆除短管密封套和波纹管；安装冷却板拆除专用工具，拆除旧冷却板；清孔并安装新冷却板和冷却板附件；压入耐火材料充填。

由于原有冷却板是在建设期安装在高炉砖衬结构中的，冷却板与周围耐火砖之间形成比较好的结合。所以，常用的方法是适当减小新冷却板的尺寸，包括长度、宽度和厚度。

当新冷却板安装就位后，在新冷却板与周围耐火砖之间必然形成一定的空间或间隙。为了消除这些间隙，可以在新安装上的短管法兰面上预留灌浆孔并加焊短管，待全部结构安装完毕、高炉点火开炉前，进行灌浆作业，把特殊耐火材料压入炉内，充填冷却板与周

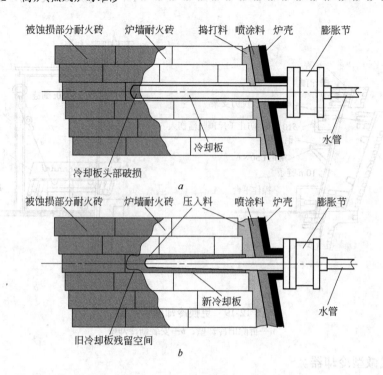

图 12-20 冷却板破损及更换

a—冷却板破损示意图；b—冷却板更换后压入充填材料示意图

围耐火砖之间的间隙，见图 12-20。

12.4.4 炉壳开裂的修补

炉壳开裂往往是在炉壳红热的状态下，打水急冷所致。关于打水急冷，在炉壳内部产生导致开裂的应力将在第 11 章中分析。

发生裂纹的部位大部分是在炉腹、炉腰、炉身下部三个部位的高热负荷区。近年来，由于采用了铜冷却壁，延长了冷却设备的寿命。只有保证炉壳免受高温的威胁，才能解决炉壳开裂的问题。

当炉壳产生裂纹时，推荐采用下列方法进行焊补，见图 12-21。对于平坦的部分，可

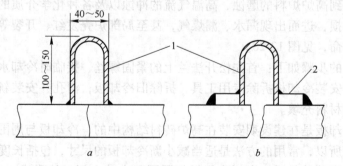

图 12-21 炉壳的修补

a—密封钢板焊在炉壳上；b—密封钢板与覆盖的钢板焊接

1—密封钢板；2—覆盖钢板

以先制作好槽的密封钢板跨在裂缝两边的炉壳上焊接，见图 12-21。当裂缝两边钢板的材料变质，焊接有困难时，可以用薄钢板覆盖在两边的钢板上，密封钢板再与覆盖钢板焊接，避免在变质的炉壳上焊接，见图 12-21。当使用密封钢板有困难时，可以在炉壳上刨槽后对焊。在裂缝密集或交叉的地方可以采用挖补的方法，新补的钢板最好比炉壳薄一些，避免裂纹的扩展。

对裂缝区域的整块钢板切割后，可对整块钢板焊接修补，焊接修补的新钢板较原有钢板薄，见图 12-22。例如原炉壳厚度为 50mm，可补焊 40mm 厚的新钢板。

需要特别强调的是，切割下的旧钢板必须包括全部有表面裂缝和内裂纹的炉壳。所以，确定切割范围前，需要对该区域进行全面探伤，以确定切割范围。

另一种方案是在上述方案的基础上，在补焊的钢板内侧（炉内侧），浇注耐火材料，见图 12-23。

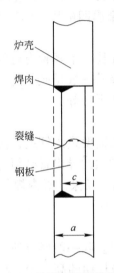

图 12-22　整块钢板焊接修补

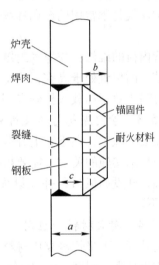

图 12-23　补焊钢板炉内侧浇注耐火材料

12.4.5　荒煤气管道系统的修理

荒煤气管道，包括从高炉炉顶的煤气封罩到重力除尘器之间的煤气流经的管道（俗称上升管和下降管）部分。

从高炉排出的荒煤气中含有大量的杂质，包括焦粉、矿粉等。荒煤气在高速流动过程中，对管道的内表面将产生严重磨蚀。因此，这部分荒煤气管道的内衬耐火材料，受磨损而需要进行定期维修。

12.4.5.1　上升管、下降管内衬耐火材料的状态检测

虽然上升管内衬的检查可以通过接触的方法进行，包括使用接触式温度计等。而下降管一般位于高空，长达 50~90m，采用一般的手段无法检测其内衬破损情况。随着远红外成像技术的发展，利用远红外热成像仪，对整个上升或下降管的外壳进行红外成像，再对红外照片进行比照分析内衬的温度情况，间接推定内衬的破损情况，从而为确定维修部位和方案提供依据。

在高炉中，上升管、下降管的耐火内衬有砖衬，也有喷涂料，因此，在对热成像照片

分析时要注意区别不同内衬结构的成像结果。

根据检测和检修的统计结果，一般下降管内衬的易损部位在下半环的三分之一范围内；上升管内衬的易损部位在转角处；煤气封罩的易损部位在导出口周围。

12.4.5.2　管道内衬的修复

上升管内衬的修复：由于上升管位于高炉上方，可以搭设平台到达需要修补的部位。维修时，一般采用在管体上开设检修人孔（或利用原有检修人孔），从管道外对内进行内衬的喷补修复的方式。为了提高喷补的效果，也可在管壳内表面安装金属锚固件。

煤气封罩内衬的修复：一般高炉炉顶煤气封罩耐火内衬与高炉一代炉龄无法同步，尤其是无料钟式高炉更需要进行中间维修。一般在高炉休风过程中进行修理。

通常，煤气封罩耐火内衬采用耐火喷涂料，维修也以耐火喷涂料喷补的方式进行。需要注意的是，如果耐火内衬中的金属锚固件也已经脱落，则必须首先焊补金属锚固件。

在高炉煤气封罩常用的金属锚固件有三种结构形式：金属网格片、单片"Y"形和龟甲板。

下降管内衬的维修：与煤气封罩、上升管内衬的维修相比，下降管内衬的维修难度更大。除了结构的位置处于高空，施工作业条件差，还有下降管一般是倾斜的，需要设计专用设备以提高工效，如载人检修专用小车、管道内活动施工平台等。

12.4.5.3　管内煤气封堵及排放技术

为确保安全施工，在维修上升管、下降管时，操作工人需要进入管道，排除管内的煤气成为该项技术实施的关键。需要根据管道的实际结构，炉顶的导出管必须封堵。在维修部位的两端，开设通风口，并架设强制风机进行强制排风，以保证管内煤气必须控制在0.005%以下。

12.4.5.4　耐火材料的应用

一般上升管、下降管修复用材料采用原设计用耐火材料。除一般要求外，修复用内衬耐火材料应为高强、耐磨、耐CO侵蚀和低含铁量，以承受长期的高含尘、高速的荒煤气的磨损和化学侵蚀。使用喷补料的技术性能见表12-5。

12.4.6　高炉出铁场

12.4.6.1　出铁场渣铁沟和沟盖的蚀损

主铁沟、铁水沟和渣沟，以及渣铁沟沟盖用耐火材料内衬蚀损的原因各不相同[16~24]。主铁沟内衬的蚀损原因主要有：渣铁在主沟和撇渣器内分离，在渣铁界面上容易受到熔渣的侵蚀及温度突变的影响；主沟前段3~5m受铁口喷出铁水的冲击，容易局部熔损形成小坑等。铁水沟底部主要受到铁水流动冲刷、侵蚀。渣沟容易在内衬上结壳，相对侵蚀较小。残铁沟通常只是检修时才用，蚀损量较小。在各沟头连接部位容易产生裂缝。

目前，在高炉铁水沟内衬使用的耐火材料主要有捣打料和浇注料两种。图12-24所示的是某高炉使用两种材料后实测的蚀损速率。

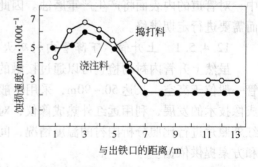

图12-24　捣打料与浇注料的蚀损速率比较

除了铁水沟内衬材料的技术性能，内衬的砌筑方式、铁水沟的结构形式、高炉的操作和维护水平等都对铁水沟的使用寿命产生影响。估计其影响比例如图 12-25 所示。

在使用过程中，沟盖耐火内衬除了受到铁水喷溅和冲刷作用、铁水和熔渣的蚀损外，环境温度的反复变化、主沟盖的结构形状与出铁口角度，以及出铁口状态（喷溅）等都对沟盖的使用寿命构成影响。

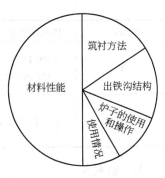

图 12-25　影响高炉铁水沟使用寿命的主要因素和权重

12.4.6.2　渣铁沟的维修

A　主沟

主沟内衬的固定层一般不修理，并用耐火砖砌筑，经常维修的是浇注层。随着不定形耐火材料技术的迅速发展，主沟浇注料不断更新换代，主沟的使用寿命也有了很大程度的提高。但是，由于使用环境的复杂性，主沟在使用过程中存在着熔损不均匀的现象。尤其在渣铁线交界处，因受到熔渣和铁水的交替冲蚀，熔蚀较其他部位严重得多，从而影响了整沟的使用寿命。由此产生了各种主沟局部修补方法。表 12-7 为一些高炉主沟内衬使用的浇注料和捣打料的性能。

表 12-7　几种主沟用浇注料和捣打料的性能

种　类	在 110℃ ×24h 下			在 1500℃ ×3h 下			高温抗折强度/MPa（1400℃ ×2h, 埋碳）
	体积密度 /g·cm^{-3}	显气孔率 /%	耐压强度 /MPa	体积密度 /g·cm^{-3}	显气孔率 /%	耐压强度 /MPa	
低水泥刚玉浇注料	2.89	11.43	82.50	2.81	22.60	43.70	1.50
溶胶结合快干浇注料	2.90	14.58	22.81	2.85	19.01	54.22	1.46
溶胶结合自流浇注料	2.88	13.52	20.51	2.84	18.53	43.75	4.5
免烘烤捣打料	2.90	14.58	22.81	2.85	19.01	54.22	
快速烘烤无公害捣打料	2.88	19.13	11.88	2.89	17.01	41.56	

维修手段除了传统的冷态浇注法，随着耐火材料和施工技术的进步，喷补维修技术在高炉主沟内衬的维修中得到越来越普遍的应用。喷补方式从冷态发展到热态，喷补材料从半干法发展到湿法材料。半干法喷补因具有可冷态、热态施工，适应快速烘烤，在两次出铁间隙中即可完成修补等优点，受到越来越广泛的重视。

常用的半干法喷补料，主要采用棕刚玉为骨料，外加一些刚玉、碳化硅细粉，也有使用特级铝矾土作为骨料的。结合剂主要有聚合磷酸盐、硅酸盐等，国外有些公司采用铝酸钙水泥为结合剂，CaO 质量分数可达到 3% ~6%。这些喷补料一般在 1450℃ 下与基体粘接良好，烧结致密，在实际生产中，具有良好的使用性能，一次喷补一般可以维持 2~3 万吨左右的通铁量。对于延长沟龄，降低成本起到了重要作用。表 12-8 为我国高炉主沟维修中使用的喷补料。

表 12-8　主沟喷补料的主要物理性能

喷补料	体积密度/g·cm⁻³	耐压强度/MPa	烧后线变化/%	抗渣性/mm·h
A	2.35(110℃,24h) 2.15(1500℃,24h)	22.4(110℃,24h) 24.1(1500℃,24h)	−0.1(1500℃,24h)	0.4(1450℃) 1.5(1550℃)
B	2.52(110℃,24h)	2.1(110℃,24h) 4.3(1500℃,24h)	+0.4(1500℃,24h)	

B　渣铁沟

渣铁沟的内衬结构，除了传统的捣打料结构和浇注料结构外，有越来越多的高炉使用预制件结构形式。这种结构不仅施工方便、提高了工效、减少了维修时间，而且实现了工厂化制造，提高了预制件的烘烤质量，从而在同等材质情况下提高了使用寿命。

C　沟盖

作为可更换的结构，对于沟盖的维修更多关注的是维修的成本和维修后的使用寿命。沟盖内衬多采用不定形耐火材料，如浇注料、喷涂料等。使用前按标准在普通工业炉中进行烘烤，对不定形耐火材料的使用寿命至关重要的。

12.5　热风炉及管道内衬耐火材料的维修

提高高炉鼓风温度和延长热风炉寿命将给高炉带来良好的经济效益。一般热风炉的基本建设投资较高炉本体还要高 3% ~ 4%。目前对新建高炉热风炉的指标是：平均风温 1250℃，寿命为 25 ~ 30 年。即两代高炉寿命中热风炉仅大修一次，如果高炉寿命提高到 20 年，则热风炉寿命应当向 40 年的目标迈进。

世界各国钢铁企业根据企业自身的特点，选择高炉热风炉形式，一般有内燃式、外燃式和顶燃式三种形式。这三种形式在一代炉役中都有高风温的实例。除顶燃式热风应用只有 20 余年历史外，内燃式和外燃式都有 25 ~ 30 年寿命的实例。宝钢 1 号、2 号高炉分别于 1985 年、1991 年投产，年平均风温都在 1230℃以上，经过 28 年和 22 年没有大修。在高炉大修时，进行了凉炉，并对燃烧器上部进行了更换，对拱顶、联络管掉砖进行了修补。宝钢 1 号高炉已经为高炉第三代服役，是我国长寿热风炉的典型。

12.5.1　热风炉的破损

热风炉的破损主要由于热风炉的砌体长期处于高温下工作，且温度呈周期性波动而产生热应力，导致砌体产生裂纹、剥落和松动；砌体长期在受压状态下产生蠕变变形；由于耐火材料与煤气中的灰尘进行化学反应加速了砌体的损坏。煤气中的灰尘含有一定的碱性氧化物。这些物质附着在砌体表面，并向内部渗透，逐渐与耐火材料发生化学反应，生成低熔物，从而导致砌体高温性能（如耐火度、热强度）降低，产生变形或相互熔结，形成渣化现象。近年来，由于煤气净化技术的改进，煤气含尘量减少，灰尘对砌体的破坏已大为降低。

蓄热式热风炉按燃烧室位置不同分为内燃式热风炉、外燃式热风炉和顶燃式热风炉，其破损情况有很大的差别。

12.5.1.1 内燃式热风炉

燃烧室部分破损的主要原因是由燃烧室火井隔墙破损造成的。大量的调查结果表明：火井烧穿，火井隔墙有多处裂纹，裂纹的宽度、形状及其长度大小不一；燃烧室顶部隔墙砖严重烧损，甚至破碎、粉化；火井隔墙向蓄热室突出，整个火井上部严重变形，由原来的圆形变为椭圆形，甚至倒塌。拱顶存在大量裂缝。陶瓷燃烧器的破坏主要是靠热面燃烧器出口端。此处工作温度波动大，送风时承受高温（高于1000℃）辐射，燃烧时低温（不高于150℃）气流通过，使得燃烧器承受较大的交变热应力；其次受煤气中碱性物质及水汽的影响，致使燃烧器产生剥落、松动；另外燃烧气体通道在此处收缩，气流速度加大，产生的机械振动也会导致燃烧器松动。

蓄热室部分，由于整个蓄热室格砖的砌筑都是采用由下到上一直砌到顶的独立格砖柱方式，长期使用后整个蓄热室的独立格砖柱普遍存在不同程度的"S"形变形，并向火井墙烧穿孔方向扭曲、突出。蓄热室大墙与格砖之间存在楔形孔洞，高度方向上贯通于整个热风炉。格砖和大墙砖存在碎裂和粉化现象。从国内大量的调查结果看，蓄热室格砖普遍存在渣化、裂纹和变形现象。由于渣化和裂纹，蓄热室格子砖的孔中、独立格子砖柱之间的裂隙中都发现已破碎粉化的格砖。大墙砖的问题集中在裂缝和表面粉化。有些耳墙支柱上的横梁发生变形，附近的支柱也有下沉现象。炉算子本身也存在变形、位移和弯曲问题。

鞍钢9号高炉的1号热风炉停炉后，进行的破损调查中发现[25]：

（1）燃烧室部分的破损重点在燃烧室火井，火井烧穿的位置在热风出口上沿大约1m处（热风出口中心线标高为46500mm），方位正西略偏北。孔洞形状为高1.9m、宽1.1m的不规则椭圆形（见图12-26）。在此处大约3.5m范围内，火井隔墙有多处"X"形裂纹。裂纹宽度、形状及其长度大小不一，并且该部位的火井隔墙向内突出，形成一个鼓肚，其顶点即为孔洞处。孔洞处的隔墙砖已严重烧损、破碎、粉化。此外，整个火井上部已由原来的圆形变为椭圆形。

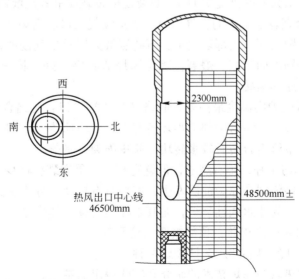

图 12-26 鞍钢 9 号高炉 1 号热风炉破损示意图

（2）在砌筑时，蓄热室整个格砖采用由下到上的独立格砖柱方式，但检查时发现整个蓄热室的独立格砖柱，都有不同程度的从上到下多层叠加的"S"形扭曲，并向火井墙烧穿孔洞方向扭曲、突出。

调查还发现，蓄热室大墙与格砖之间存在多处的楔形孔洞，其长度大约为 600 ~ 900mm、底宽约为 50 ~ 120mm，而高度上贯通于整个热风炉。

从取出的砖样和现场调查情况来看，蓄热室格砖普遍存在渣化、裂纹和变形现象。由于渣化和裂纹，蓄热室格砖孔内、独立格砖柱之间的裂隙中，都发现了已破碎粉化的格砖，格砖的裂纹大约为 1 ~ 3mm。此次检修只局部更换了格砖，下部大墙砖情况观察不到。从炉内上部露出的大墙砖来看，其表层亦存在不同程度的粉化，同时也存在大量的"X"形裂纹。

12.5.1.2　外燃式热风炉

我国使用外燃式热风炉的历史还不长。从宝钢建设开始，我国有更多的钢铁企业采用了外燃式热风炉。

从使用的结果看，外燃式热风炉由于结构上的特点，其破损的部位和特点有别于内燃式热风炉。燃烧室、蓄热室、拱顶、联络管、热风支管、热风总管、格砖和炉算子都有不同程度的损坏，与内燃式热风炉比较，经过 20 多年的使用，尚无导致热风炉大修的缺陷。破损主要集中于拱顶联络管和热风支管上。从破损的状态看，表现为燃烧器上表面工作层变质；大墙裂缝下沉和开裂；热风管道端部组合砖部位的砖体碎裂；热风支管、热风总管内衬断裂、脱落；格砖碎裂等。

宝钢在对 1 号高炉的热风炉停炉后进行的调查中发现[26]：

（1）燃烧室大墙和蓄热室的锥体部大墙整体性好，有部分砖拉开，少量砖块开裂产生裂缝，此裂缝为热风炉凉炉后出现的正常裂纹；通过测量迷宫部分的 8 个标高比原尺寸高出 3mm。砖体完好，没有出现空洞、坍塌、错位等现象。

（2）炉算子已顶入墙体达 30mm，炉壳局部变形。炉算子上格砖由于金属块体产生较大滑动而引起断裂，最大开裂处宽 70mm，断裂处格砖破损呈零乱堆积。

（3）燃烧室陶瓷燃烧器下部的空气入口、焦炉煤气入口、高炉煤气入口等组合砖均完好，下部过桥砖有个别损坏。上部表面堇青石砖层被火焰及烟气侵蚀，产生脆化层、呈碎渣状，局部断裂，个别表面膨胀、爆裂。陶瓷燃烧器底座完好。将陶瓷燃烧器 40 ~ 45 层堇青石砖全部更换成原样新砖。

（4）拱顶联络管是炉内温度最高处，联络管与两端口组合砖结合部均产生 20 ~ 50mm 的宽裂缝，且裂缝贯通。联络管中部上半环砖有部分砖块掉落（见图 12-27）。蓄热室侧组合砖基本完好，燃烧室侧组合砖有较多砖块已脱皮脆裂、剥落。

（5）拱顶部整体均完好，稍有裂缝，但缝宽较小，贯通裂缝极少。燃烧室大墙壁直筒部发生数条龟裂。这些龟裂在凉炉前已发生，凉炉时有扩展。分析认为此为热风炉凉炉过程中引起的正常裂缝，为非永久性裂缝，尤其是在硅砖砌体部位更为明显，见图 12-28。

（6）混风室上部采用高铝砖，顶部损坏比较严重。

裂缝可分为永久性裂缝和非永久性裂缝两种。

根据笔者长期对热风炉凉炉技术的研究和实践得出的结果，产生永久性裂缝的主要原因是由于热风炉砌体结构设计方面的不尽合理和内衬材料关键技术性能方面的缺陷造成的。

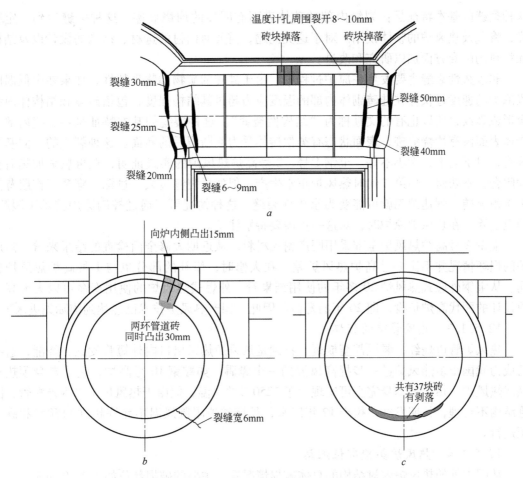

图 12-27 宝钢 1 号高炉热风炉拱顶联络管内衬破损示意图

a—拱顶联络管剖面；*b*—蓄热室侧；*c*—燃烧室侧

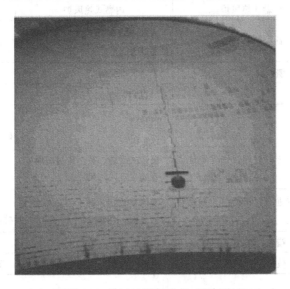

图 12-28 热风炉拱顶凉炉后的裂缝

这种裂缝的基本特征是：裂缝内部的砖体表面有明显的灼烧痕迹。这种裂缝达到一定程度，将危及热风炉的整体使用。对于这类问题，需要对内衬的选材、结构的设计以及结构和材料的配套方面加以研究和改进。

非永久性裂缝主要发生在凉炉过程中。由于硅砖的矿物和物理特性，如果在中低温阶段凉炉的速度过快，在硅砖砌体内部的温度应力超过其结构强度，包括砖体和结构体内都会形成裂纹，所以也有的文献称为"结构性裂缝"。这种裂缝的基本特征是：裂缝内部的砖体表面没有灼烧痕迹，表面状态有类似砖体受力而断裂后的断面。这种裂缝的方向基本垂直，自下而上，大小不等。宝钢1号、2号高炉热风炉的实践证明，在再烘炉加热后自动闭合，不妨碍高炉第二代时热风炉正常生产。但如果裂缝过大、过深，穿透工作层背部多层耐火砖，到达炉壳就可能变为永久性裂缝。这种情况可以通过控制凉炉技术来缓解，乃至消除。在热风炉凉炉时，对这一点需要特别注意。

宝钢2号高炉热风炉全部采用国产耐火材料。从近期大修全面检查的结果来看，热风炉的损坏情况并不比1号高炉热风炉差。在大修时，修补的部分也与1号高炉热风炉相同。从宝钢外燃式热风炉20多年的使用结果看，外燃式热风炉的使用寿命可以大大高于原设计的两代高炉炉役，即20年的寿命。因此，国产热风炉技术已经达到国际先进水平。

12.5.1.3 热风管道的损坏

热风炉管道烧红，漏风甚至崩裂，特别是热风炉热风出口内外短管发红、烧漏，这些已成为我国很多热风炉进一步提高风温的一个障碍。如鞍钢10号高炉，它是自身预热外燃式热风炉，热风炉本身完全可实现大于1250℃的风温，但由于热风炉出口内外短管、围管结构不合理，长期发红，投产12年以来，长期被迫限制风温不允许超过1150℃和高风压运行。

12.5.1.4 热风炉易损部位汇总

从国内外的热风炉内衬结构的总体破损情况看，主要的破损部位如表12-9所示。

表12-9 热风炉内衬结构主要的破损部位

部 位	顶燃式热风炉	内燃式热风炉	外燃式热风炉
燃烧室	烧嘴破损，球顶变形	火井隔墙破损，大墙倾斜；燃烧器破损	燃烧器上表面工作层变质
蓄热室	迷宫大墙裂缝	迷宫大墙裂缝	大墙裂缝
球 顶		下沉和裂缝	下沉和开裂
联络管			主要是在波纹管和管口组合砖部位的砖体碎裂
热风支管	裂缝，砖衬坍塌，管壳发红或漏风	贯通式裂缝，甚至砖衬坍塌；管壳发红或漏风	内衬断裂、脱落
热风总管	混风室进出口组合砖、波纹管内衬破损	混风室进出口组合砖、波纹管内衬破损	主要是在波纹管和管口组合砖部位的砖体碎裂
格子砖	碎裂，错位，堵孔	坍倒、碎裂、堵孔	格子砖碎裂
炉箅子	变形、位移	变形、位移、支柱弯曲	开裂、错位沉降

上述损坏情况，一般都是在凉炉后发现，或由于破损严重而被迫停炉后检查发现的。

所以，对于上述问题的维修主要采用局部挖修、更换衬砖的方法。

12.5.2　热风炉的常用热态维修技术

随着高炉炼铁技术的发展，高炉利用系数的提高，热风炉中、后期的安全生产问题日益突出。尤其是在热风炉炉役的中、后期，由于经过长期的高风温、高风压作用以及急冷急热的循环往复，热风炉的内衬损毁现象较为严重。事实上，热风炉在正常使用过程中，也常出现一些异常，主要表现为炉壳的局部高温，甚至发红现象。出现由上至下的贯通性裂缝，而与炉壳相邻的耐火保温层及填充料几乎被掏空，造成热风或煤气从大墙裂缝逸出，致使炉壳发红，甚至撕开，炽热炉衬材料飞出的事故，严重影响了高炉的正常运行和生产。

此外，由于热风炉的关键内衬耐火材料是硅砖，鉴于硅砖对温度波动敏感的特点，一般情况下并非对异常情况都需要冷却停炉后进行检修。如炉壳出现局部高温甚至红热，热风短管内衬耐火砖局部脱落等。

12.5.2.1　炉壳出现局部高温的处理

目前，对于炉壳局部高温问题，比较有效的解决方法是灌浆（见前）。需要指出的是：热风炉炉壳局部高温，往往是由于耐火砖背部窜风引起的。灌浆的目的是封堵窜风的通道。为此，在具体处理过程中，应重点注意以下几点：

（1）确认红热部位，查清窜风通道。这是采取灌浆措施成功与否的关键。

（2）确定灌浆孔的开设位置。一般情况下，对于一个红热点位需要开设上下两个孔，下面的孔为灌浆孔，上面的孔为冒浆观察孔。灌浆的要领是利用耐火浆料的自重，在自下而上的流动过程中充填缝隙。

（3）严格控制灌浆泵的压力。鉴于对炉壳局部红热是由于内衬耐火砖背部窜风的推断，在灌浆过程中只需把耐火浆料输送到缝隙中即可，而无需像普通灌浆维修时进行高压作业。如果压力过高，可能会导致内衬耐火砖发生松动，甚至位移、酿成事故。

12.5.2.2　热风短管内衬局部脱落的处理

热风炉混风室出口的热风短管内衬，由于长期处于温度波动的环境中，相比其他部位内衬砖更容易发生断裂和脱落，常见的现象是短管波纹管发红，甚至开裂而被迫停炉。

对于这种情况，常用的维修方法有以下两种。

A　操作人员进入维修

这种维修方式的关键是在热风炉保温状态下，如何对热风短管进行局部冷却，操作人员进入管道内，对损坏部位进行更换和维修，见图12-29。

（1）利用高炉休风时间，打开人孔，抽出热风阀，在热风阀的总管（图右）侧和热风短管的混风室侧分别进行封堵。

（2）作业人员从热风阀的位置进入，对热风短管的混风室侧进行二次封堵，以确保没有热风进入，热风阀的总管侧采用盲板进行二次封堵，以确保送风过程中，总管内的高压热风不会泄漏。

（3）热风炉的操作方式改为逆向抽风，以使混风室内形成负压。这里需要注意的是，在进行逆向抽风操作过程中，重点关注热风炉拱顶的关键部位的温度不得低于控制温度。不同的炉型结构和内衬材料控制温度也不同，一般控制在700～900℃。

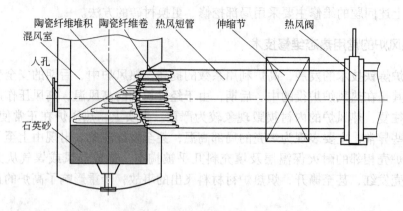

图 12-29 局部冷却封堵维修示意图

（4）等热风短管内部的温度下降到具备人工作业条件后，施工人员进入管内，开始进行内衬耐火砖的更换和维修。

（5）热风短管内衬修复结束后，需要等待另一次高炉休风机会，拆除各种封堵材料，安装热风阀，操作转为正常。

这种方法适用于热风炉热风能力有富余的情况。采用这种方法，可以基本不影响高炉的生产，而且在热风短管的修复过程中，可以做到安全有效，不受时间的限制。而对于热风能力不足，或紧急状态下，这种方法就不适用了，而需要采用紧急修补技术。

B　热风短管内衬局部脱落的处理

利用正常高炉休风机会，打开混风室人孔，安装特制的（一般需要带有水冷循环系统）长杆喷枪，由操作人员在混风室外操作，对热短管内衬需要修复的部位进行喷补修复，见图 12-30。

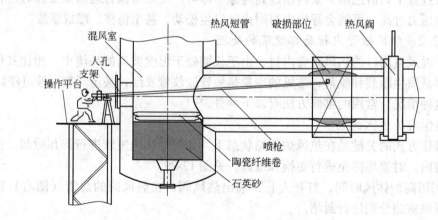

图 12-30 热态喷补维修示意图

这时，同样需要热风炉逆向抽风操作方式配合，以使混风室内形成负压，改善人孔外操作人员的作业环境。有时，还与灌浆作业配合进行，同样需要注意开孔位置和灌浆压力的控制。

热态喷补所使用的喷补料，通常是硅酸铝系列的高强度热态喷补料。

这种维修方法的最大优点是快速，可以在高炉正常休风时间内完成热风短管的修复工作，可以起到应急作用。

有时，这种修复方式还与灌浆作业配合进行。这时的灌浆作业尤其需要注意开孔位置和灌浆压力的控制。

12.5.2.3 热风管道膨胀节的处理

由于热风管道膨胀节结构的特殊性，在热风管道系统中，出现异常情况概率比较高。表现形式多为外壳出现红热现象。热风管道中使用的膨胀节结构如图12-31所示。

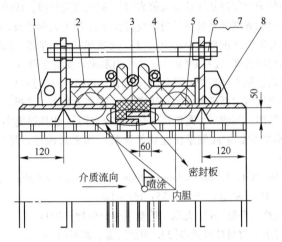

图12-31　膨胀节结构示意图

膨胀节波纹管置于外壳2之间，由调节螺杆和螺母6、7拉紧，膨胀节的密封板3焊接在内胆1、5上，两段水平密封板交叉成为迷宫式；上部水平密封板带有不锈钢丝的陶瓷纤维密封圈，具有一定的弹性；再上面在膨胀节内部充填陶瓷纤维隔热层4，8为固定热风管道喷涂层的金属件。

壳体发红一般有三种可能：一是密封板烧坏，破坏迷宫密封效果；二是内胆烧坏；三是外部的焊缝出现问题，出现了细小的泄漏点。如果密封板烧坏，必须更换密封板，否则即使更换了膨胀节，维持时间也不会长。

如果密封板是完好状态；应检查密封板内密封圈状态，如有烧损，请更换；以及更换密封板外部的陶瓷纤维：采用高等级纤维，填塞要紧。如果是内胆烧坏，可直接焊补。如果密封板已经损坏，需要修复。比较彻底的方法是与内胆一起整体更换。

更换内胆必然带出内衬黏附着的喷涂材料。处理方法：（1）用高等级的陶瓷纤维（1250℃以上）填实膨胀缝；（2）沿管道轴线方向，在砖衬与喷涂料或钢壳之间，用高等级陶瓷纤维蘸磷酸铝等高温结合剂，沿水平方向进行填塞；（3）如果有必要，更换对应内环耐火砖层膨胀缝位置的外层保温砖为黏土砖；（4）对应膨胀节部位的保温砖外面，包覆陶瓷纤维。

处理热风管道膨胀节时，焊接的质量至关重要。

12.5.2.4 局部特殊部位的处理

针对热风炉及管道内衬的一些特殊部位，有些是局部、少量的损坏现象，尽管损坏量不大，但由于部位特殊，关乎高炉、热风炉的生产。如：内燃式热风炉的燃烧室隔墙开裂、热风支管内衬剥落等。对这些问题，比较有效的方法是采用陶瓷焊补技术进行局部焊补处理。采用这类技术，可以利用正常高炉休风机会进行处理，获得处理时间短、结构整体性好、维持时间长的理想效果。

参 考 文 献

[1] 王新华. 冶金研究(2003年)[M]. 北京：冶金工业出版社，2003.
[2] 毕学工. 高炉过程数学模型及计算机控制[M]. 北京：冶金工业出版社，1996.
[3] 颜华. 电容法检测高炉炉衬侵蚀状况的仿真研究[J]. 钢铁研究学报，1999(4)：62.
[4] 刘泉等. 炼钢转炉炉衬激光测厚系统设计与研究[J]. 武汉理工大学学报，2001(12)：65.
[5] 刘泉. 数据融合技术在炉衬侵蚀检测中的应用[J]. 武汉理工大学学报，2003(3)：63.
[6] 高新运等. 高炉炉墙状况诊断及冷却壁状态在线检测系统开发与应用[J]. 山东冶金，2002(6)：89.
[7] 项钟庸，文学铭. 延长宝钢1号高炉的寿命[J]. 钢铁，1994，29(1)：1~7.
[8] 张西和等. 高炉冷却壁气隙判断标准的实验研究[J]. 安徽工业大学学报，2007(1)：5.
[9] 左海滨，张建良，王筱留，汤清华. 高炉长寿与事故处理[J]. 钢铁研究学报，2012，24(8)：21.
[10] 龙世刚，孟庆民. 高炉炉缸炉底侧壁快速修补及其冷却方式改进意见[J]. 包头钢铁学院学报，1999(9)：304~306.
[11] Kowalski W, Bachhofen H J, Ruther P. Intermediate hearth repair technique at Thyssenstahl A . G [J]. Ironmaking Conference Proceedings, 1996, 55：161~166.
[12] 王渝斌等. 高炉砌筑技术手册[M]. 北京：冶金工业出版社，2006.
[13] 姜华. 高炉本体内衬耐火材料技术进步[J]. 中国冶金，2007(8)：1.
[14] 王雄，朱宝良，彭根东. 宝钢三高炉冷却壁更换施工技术[J]. 宝钢技术，2005(2)：1~6.
[15] Furukawa Y. 水岛延长高炉寿命的措施. 高炉长寿技术文献与分析，宝钢研究院科技信息研究所，2000，1~5(内部资料).
[16] 王战民，李再耕. 高炉出铁沟用耐火材料的发展[J]. 耐火材料，1996，30(2)：109.
[17] 唐兴智，陈习文. 鞍钢新1号高炉出铁场设计与铁渣沟耐材应用[J]. 鞍钢技术，2007(4)：28.
[18] 徐国涛等. 大型高炉出铁沟用耐火材料的研究与应用[J]. 武钢技术，2004(5)：1.
[19] 徐国涛等. 高炉出铁沟快速干燥浇注料的研究与应用[J]. 陶瓷科学与艺术，2004(4)：4.
[20] 蒙世平. 高炉贮铁式铁沟应用实践[J]. 柳钢科技，2008(2)：22.
[21] 黄文胜等. 高通铁量免烘烤铁沟料的研制与应用[J]. 江苏冶金，2004(4)：18.
[22] 黄海波. 武钢5号高炉渣铁沟浇注料工艺设计与实践[J]. 武钢职工大学学报，2001(1)：40.
[23] 彭庆宏. 新型铁沟浇注预制件在鞍钢大型高炉上的应用[J]. 炼铁，1995(1)：6.
[24] 詹家林等. 自流浇注料的研究与开发[J]. 四川冶金，2007(5)：42.
[25] 刘德军. 鞍钢9号高炉1号热风炉破损调查[J]. 鞍钢技术，2003(2)：19~22.
[26] 文学铭，吴德谦. 宝钢1号高炉热风炉凉炉及破损调查[J]. 宝钢技术，1999(1)：5~10.

13 改善炉前劳动条件及高炉炉渣的综合利用

13.1 风口平台及出铁场与铁水运输

风口平台、出铁场、渣铁处理系统是高炉生产中的重要环节，完善的出铁场操作、及时合理处理熔渣和铁水，是保证高炉顺行，实现"高效、优质、低耗、长寿、环保"的重要手段。风口平台及出铁场的功能设计，应满足生产操作、耐火材料技术、自动化和保护环境等方面的要求。

为了便于风口前的操作，设置了风口平台。风口平台一般比风口中心线低 1.1 ~ 1.2m，风口平台表面应平坦，操作面积因高炉容积不同而异。操作人员可以在此平台上通过风口观察炉况，更换风口设备，检查高炉冷却设备，操作部分阀门及更换喷煤枪等。

沿高炉铁口前设置了出铁场平台，主要用于出铁操作。出铁场平台上布置有主沟、渣铁沟、炉前设备以及相关的液压站、操作室、配电室等辅助设施。出铁场厂房是与高炉紧密结合在一起的工业厂房，内部设有检修吊车，用于设备检修。出铁场平台下边是运输铁水及熔渣的铁路线。

13.1.1 风口平台及出铁场布置

风口平台及出铁场应与高炉车间布置和总图布置相协调。

出铁场是整个高炉操作中劳动密集度最高的地方，所以出铁场的设计必须综合考虑高炉的生铁产量、炉缸的安全容铁量，以及出铁的实际情况，从而达到最低的人力配备、最少的设备维修量和最小的耐火材料消耗量的要求，同时达到较高的环保要求，改善出铁场的工作环境。

（1）出铁场的设计和操作的首要任务，就是满足在高炉的生铁产量、炉缸的安全容铁量的条件下，保持炉缸内的铁水和熔渣及时出净的原则。依此设计出铁场和风口平台，以及相应的主沟、渣铁沟和出铁场设备，以满足高炉的正常出铁速度和出铁次数的要求。

（2）通过合理的风口平台及出铁场布置和出铁场除尘来改善出铁场的工作环境。在出铁场的设计中，必须设计完善的出铁场除尘系统，保护环境，减少出铁过程中散发出的烟尘和高温烟气。

（3）提高出铁场的机械化和自动化水平，可以显著地降低劳动强度和改善劳动条件。出铁场平坦化和完善出铁场的布置是实现出铁场机械化的前提。从而方便出铁场设备及渣铁沟的维护和检修。除了主沟的除尘罩高出出铁场平台工作面以外，出铁场应平坦化，要求渣沟、铁沟设在平台下，所有沟盖、沟罩全部与出铁场平台面平齐，包括铁水摆动流槽除尘罩也与平台面平齐。

（4）提高出铁场的自动化水平。出铁场的自动控制系统，实现出铁场设备的全自动操作和遥控操作。使操作人员有很强的灵活、机动性，并且能够方便、有效地监视各个设备和出铁过程。炉前自动化设计主要内容有：

1）主沟耐火材料内衬侵蚀监测；

2）主沟钢壳温度及冷却检测（针对风冷主沟）；

3）铁水罐车称重系统；

4）铁水罐车雷达液位检测装置；

5）铁水罐车车辆识别系统；

6）铁水及熔渣连续测温及取样系统；

7）炉前设备全自动及遥控操作系统；

8）铁口开口深度及打泥量预测系统。

除了上述内容以外，炉前自动化系统还与高炉生产、冲渣和除尘系统进行信息交换。

（5）出铁主沟、渣铁沟系统需要进行优化设计，从而缩短沟的长度，降低耐火材料的消耗量，提高沟的使用寿命，减少高炉的运行成本。

13.1.1.1 总图运输与风口平台及出铁场的布置

在整个炼铁厂的设计中，出铁场是最具特色的，在不同地区和不同时代，没有两个完全一样的出铁场。出铁场最终的布置一般要考虑地理、地形条件，总图的布置，铁水运输方式等要求，某些固定的设计参数，操作者的意见以及设计者推崇的技术等综合因素。

在这些影响因素中，总图运输对出铁场的布置影响较大，其主要要求如下：

（1）总图布置要求出铁场的占地尽可能少，以节约用地。

（2）总图布置要求通过出铁场的铁路尽可能少，所以中、小型高炉大多采用一列式布置，大型高炉需要多条铁路线时，才考虑采用半岛式或岛式等总图布置形式。

（3）对于新建的大型高炉，出铁场的布置还要考虑到满足高炉快速大修的要求。

（4）出铁场的布置要求在特定的条件下，能够满足巨大的总图运输量的要求，并且物流合理。

（5）熔融状态的铁水、熔渣采用铁路或道路运输。

13.1.1.2 风口平台及出铁场布置的形式及特点

除了总图布置对风口平台及出铁场布置有重大影响以外，高炉渣铁口数目、炉渣处理方式、铁口之间的夹角、铁水罐的容量等对出铁场的布置同样有重大影响。特别是铁口数目，它是决定出铁场的数目的首要因素。

风口平台及出铁场的设计原则，应适当延长主沟长度，改善渣铁分离，尽量缩短渣沟、支铁沟长度，减小劳动强度，减少沟料消耗，提高炉前机械化水平。因此，《规范》规定**主沟长度应符合渣铁分离的要求，并应采用摆动流槽缩短渣沟和支铁沟的长度**，同时**应选用大容量鱼雷罐车或铁水罐车**。减少铁罐配置数量。为了缩短支铁沟长度，选用鱼雷罐车和多铁罐的高炉宜采用摆动流槽。

高炉应减少渣口数目，渣量小于350kg/t时应取消渣口。出铁口和渣口数目应按高炉日产量计算，并符合表13-1的规定。

表 13-1　高炉的渣口和铁口数目

炉容级别/m³	1000	2000	3000	4000	5000
铁口数目/个	1~2	2~3	3~4	4	4~5
渣口数目/个	2~0	0	0	0	0

目前有许多高炉设置了渣口,而不放上渣,炉渣从铁口排出。设置渣口增加了炉缸的薄弱环节,偶尔使用容易发生事故,所以没有必要设置渣口。若采用复合矿冶炼时,可设渣口。

当出铁口的操作、维护良好时,一般每个出铁口的昼夜出铁量约 3500t/d。

新建 1000m³ 级高炉可以采用 2 个出铁口。出铁场数目是影响总图布置、占地面积和投资的重要因素,从控制投资、节约用地的角度出发,或受到场地的限制,1000m³ 高炉均有采用 1 个出铁场及采用 1 个出铁口的实例。

根据我国习惯,《规范》规定的出铁口数量选用范围较宽。我国高炉的出铁口数目偏多。由于炮泥、沟质量和修理方法的改进,炉前泥炮推力和开口机能加大,以及改善出铁口的维护,延长出铁时间和增大每次出铁量,国外高炉出铁口数目有减少的趋势。如君津 4 号高炉(第一代炉容 4930m³)采用 5 个出铁口,第二代炉容 5150m³ 高炉出铁口改为 4 个出铁口,第三代炉容 5555m³ 高炉仍为 4 个出铁口。福山 3 号高炉和君津 2 号高炉为 3200m³ 高炉,出铁口由 3 个改为 2 个。新建高炉出铁口数目与炉容和每个铁口所能承受的日出铁量相适应,尽量减少出铁口的数目。

我国高炉出铁时间短,铁流量大,加强了炉缸环流,对高炉长寿和出铁口维护都十分不利。由于出铁口数目多,维修工作量大,炉前耐材的消耗量也远比国外高。

由于过去 1 个出铁口的出铁场布置很多,3 个出铁口可以把 2 个出铁口的出铁场与 1 个出铁口的出铁场放在一起就可以了,所以不再列举。现以 2 个出铁口和 4 个出铁口的几种典型的出铁场及渣铁沟布置形式为例介绍如下。

A　1 个矩形出铁场,2 个出铁口的布置

2 个出铁口布置在 1 个矩形出铁场内,见图 13-1。

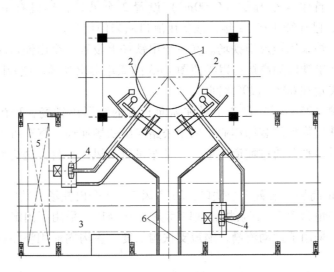

图 13-1　1 个矩形出铁场,2 个出铁口的布置

1—高炉;2—出铁口;3—出铁场;4—摆动流槽;5—炉前吊车;6—下渣沟

《规范》规定，**新建高炉的出铁场内设有 2 个出铁口时，2 个出铁口之间的夹角应等于或大于 60°。**

B 2 个出铁口，2 个矩形出铁场的布置

2 个矩形出铁场，每个出铁口设 1 个出铁场，见图 13-2。

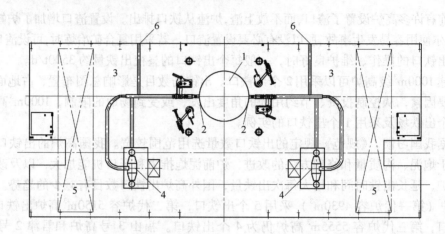

图 13-2 2 个矩形出铁场，2 个出铁口的布置
1—高炉；2—出铁口；3—出铁场；4—摆动流槽；5—炉前吊车；6—下渣沟

保留渣口时，适合采用图 13-2 形式的出铁场。在不设渣口时，可采用 1 个出铁场布置 2 个出铁口比较合适。

武钢 3 号高炉（1513m³），经大修后，设 2 个铁口，1 个渣口，1 个出铁场，2 个出铁口呈 40°角布置。由于入炉矿品位提高，渣量减少，一般堵铁口 50min 后才来上渣，且渣中带铁多，放渣速度慢，渣口很容易损坏，渣口损坏后，高炉必须低压甚至休风更换，严重影响强化冶炼。经过分析研究，决定加强铁口维护，不放上渣。封渣口后，渣口损坏数目大幅度减少。首钢 4 号高炉（2100m³）设置 2 个铁口，还设有 1 个备用渣口，自 1992 年投产以来，已连续生产 13 年，该备用渣口从未使用过。

我国大多数高炉采用矩形出铁场。在一个出铁场上设置 2 个出铁口时，可以采用矩形框架。有 2 个以上出铁口的高炉可以参照图 13-3 的双矩形出铁场，或者圆形出铁场，均可保证出铁口间的夹角在 60°~120°之间。

马钢 1 号高炉（2500m³）设 2 个对称纵向布置的矩形出铁场，3 个出铁口成 Y 形布置，为了便于出铁场物料的装卸作业，采用公路与出铁场连通，汽车可以直接驶入出铁场平台。出铁场与风口平台通过坡道连接，2t 叉车可以上风口平台，这给更换风口装置带来很大方便。

昆钢的 2000m³ 高炉，设置 3 个铁口，26 个风口，2 个出铁场。其中一个出铁场设有 2 个铁口，铁口间夹角为 78°，其余相邻铁口间夹角为 141°。采用了固定贮铁式主沟，有利于延长主沟寿命。采用了摆动流槽，缩短支铁沟长度。主沟内衬用浇注料现场制作，定期修补或解体更换。

C 2 个矩形出铁场，4 个出铁口的布置

4 个出铁口布置在 2 个矩形出铁场内，见图 13-3。

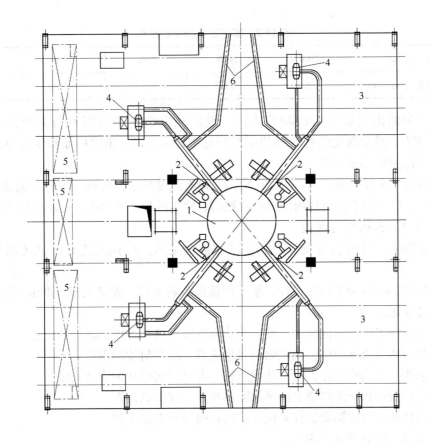

图 13-3 2 个矩形出铁场, 4 个出铁口的布置
1—高炉; 2—铁口; 3—出铁场; 4—摆动流槽; 5—炉前吊车; 6—下渣沟

宝钢 3 号、4 号高炉、鞍钢新 1、2 号高炉设计为双矩形平坦出铁场, 见图 13-3。汽车可直接上出铁场平台。鞍钢新 1、2 号高炉设置 4 个铁口, 32 个风口, 6 个摆动流槽, 2 个出铁场。其中一个出铁场的铁口间夹角为 76°, 其余相邻铁口间夹角为 104°。采用了固定贮铁式主沟和浇注料内衬, 正常工作制度为: 2 个铁口工作, 1 个备用, 1 个修理。

D 圆形出铁场, 4 个出铁口布置

圆形出铁场的优点是可以在任何方位布置出铁口; 采用环形吊车, 两台吊车可互为备用, 且作业面积大。其缺点是布置二次除尘有困难, 大量烟尘不易收集, 沿炉体扩散, 影响环境; 受环形吊车影响, 炉体平台较狭窄, 检修环境差, 风口平台及出铁场操作面积受限制, 空间的利用受限制; 出铁场结构制作复杂, 安装精度高; 难以实现快速大修和扩容。故新建大型高炉不推荐圆形出铁场。

13.1.2 风口平台及出铁场结构

大型高炉均采用架空式结构。出铁场为架空楼板结构, 下部空间除了铁路线运行以外, 还设有除尘管道、备品备件库、耐火材料仓库等设施。

出铁场平台和风口平台面积应满足炉前操作的要求, 出铁场平台面积宜符合表 13-2

的规定。

表 13-2　高炉出铁场平台面积

炉容级别/m³	1000	2000	3000	4000	5000
出铁场平台面积/m² · m⁻³	≤2.2	≤2.2	≤2.1	≤2.0	≤1.8

我国高炉的出铁场平台面积偏大，一般国外出铁场平台面积与高炉炉容之比在 1.4m²/m³ 左右。最近新建的鹿岛 5370m³ 高炉有 4 个出铁口，出铁场面积仅为 4000m²，面积与炉容之比为 0.75m²/m³。

出铁场是一个标准的工业厂房，厂房内部设有起重吊车，出铁场平台为钢筋混凝土平台或钢平台。出铁场平台结构内部设有渣铁沟、除尘风管、除尘罩、摆动流槽等设施。

13.1.2.1　出铁场的结构

针对炼铁生产对出铁场设计提出新的更高的要求，炼铁工艺对出铁场的结构要求如下：

（1）出铁场必须为平坦化设计，便于检修设备的运行。**新建大于 2000m³ 级高炉宜采用道路上出铁场。**

（2）工作面采用耐热混凝土，使工作表面连续平整又可抵抗渣铁的侵蚀。

（3）尽可能取消填沙层，减轻结构自重荷载，减少河沙的用量。

（4）采用钢结构梁和柱，缩短建设周期，并可以实现高炉快速大修。

（5）在渣铁沟和土建挡墙之间增加隔热材料，减少热损失。

（6）出铁场平台的钢梁及柱要做好防渣铁喷溅的喷涂保护。

13.1.2.2　风口平台结构

对风口平台结构的要求如下：

（1）风口平台要连成整体，便于操作和运输风口设备，以及机械化检修风口。

（2）风口平台设计应充分考虑出铁场设备的布置。**风口平台设计应满足通风除尘、炉前设备检修的要求，宜扩大风口平台的面积。**

（3）风口平台应采用大跨度钢梁结构。

13.1.3　铁水运输

高炉铁水运输和处理技术是高炉与转炉的界面技术，主体是炼铁与炼钢之间的衔接匹配、协调和缓冲的技术，不仅包括相应的工艺、装置，而且还包括时—空配置、数量（容量）匹配等一系列的技术。在我国 20 世纪 80 年代之前，由于铁水基本上不经过预处理就进入炼钢转炉，因此都使用铁水罐运输铁水。1985 年宝钢炼钢采用了铁水预处理技术，为了铁水脱硫，采用了鱼雷罐运输铁水，继而在鱼雷罐中进行脱硅。20 世纪末我国开始采用了"一罐到底"技术。由于铁水罐运输和鱼雷罐运输已经在很多书籍上有记载，在此不再重复，本书只介绍新近采用的"一罐到底"运输铁水。

13.1.3.1　"一罐到底"技术

鱼雷罐具有操作连贯、灵活、保温性能好、稳定性好等优点，而且还具有铁水预处理、调整铁水温度、成分、重量以及缓冲等功能，取消了混铁炉，因此受到了冶金界的青睐。尽管鱼雷罐运输方式有很多优点，但与现代冶金工艺所追求的高效益、低能耗目标比仍然存在差距。一方面，鱼雷罐车运输方式需建设倒灌坑，增加倒罐工序环节，工序环节多，投资大，生产效率低。再则是环境条件没有得到根本的改善，能耗仍然较高。

"一罐到底"是从铁水罐承接铁水开始到兑入转炉的整个过程中，采用铁水罐实现承接、运输、缓冲贮存、铁水预处理、转炉兑铁、铁水保温等功能，始终使用同一个铁水罐进行脱硫、脱硅（一般不采用脱硅）后直接兑入转炉的冶金工艺流程[1]。目前"一罐到底"有三种方式：铁水罐平板车方式；铁水罐汽车方式和铁水罐过跨车起重机方式。

13.1.3.2 "一罐到底"的设计特点

"一罐到底"技术的采用对炼铁设计来说主要是在铁水的承接容器发生较大变化。从总体布置、总图运输到承铁设备，就以容量260t以上铁水罐而言，其高度、宽度、长度等外形尺寸，以及运输车辆发生了较大变化。容量300t铁水罐外形见图13-4。在工程设计中在以下几个方面要重点考虑。

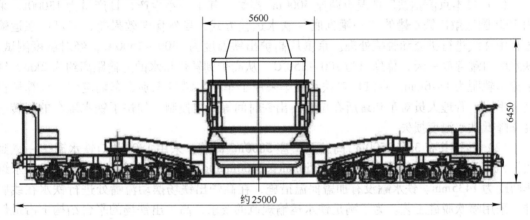

图 13-4　300t 铁水罐车外形图

（1）由于铁水罐高度较鱼雷罐高，因此必须提高铁口和出铁场的标高，特别是增设保温盖后，对于300t铁水罐，铁口需要提高800~1400mm。

（2）由于铁水罐宽度较宽，铁路限界需加宽，对于300t铁水罐相对加宽700~1200mm。由于300t铁水车超高、超宽（宽度6100mm），现行的铁路限界和规范标准均已不适用。因此，需重新确定限界和相关标准。

（3）铁水罐加高和加宽后对摆动流槽结构影响较大，考虑摆动流槽内铁水的运行轨迹与常规高炉摆动流槽内铁水的运行轨迹不同，由于铁水落差加大，铁水对摆动流槽和铁水罐的冲击也增加，影响设备的使用寿命。

（4）采用"一罐到底"工艺，保证铁水的计量精度达到炼钢的精准要求偏差±2t，对称量系统、摆动流槽摆角控制和出铁制度提出更高的要求。

（5）出铁除尘的控制需要调整，以保证除尘的效果，清洁生产，安全环保。

（6）对于300t铁水罐车为集中荷载，且严重超重，因此要求设计特殊轨道结构来适应这一要求，并对地基进行处理。

（7）为了协调平衡高炉和炼钢转炉、连铸生产节奏，加速机车车辆周转，必须根据高炉出铁和转炉冶炼规律进行科学的组织，应进一步优化运输组织。

（8）对于大型高炉"一罐到底"技术，特别是300t以上铁水罐，铁水罐和运输车，还需要积累经验，进一步优化。

（9）近年来，某些新建的钢铁公司利用"一罐到底"技术，将炼钢厂与炼铁厂紧凑布置，铁水运输采用炼钢的过跨车与铁水罐铸造吊车相结合的倒运方式，从而取消了铁路机车车辆运输，节省了大量占地和投资。这种布置形式适用于1~3座高炉对应一个炼钢车间的组合。这对生产操作及管理水平提出了更高的要求。

13.1.3.3 "一罐到底"的应用

近年来，由于日本对高级钢质量要求日益提高，采用双联法炼钢，即在一座转炉内进行深脱硅和深脱磷，在另一座转炉内调整钢的质量，因此"一罐到底"技术得到推广应用。如，日本京滨钢铁厂、福山钢铁厂。随着我国钢铁工业技术的发展，首钢京唐钢铁厂、重钢、新余、沙钢、兴澄特钢等厂均采用了"一罐到底"技术。

（1）日本京滨钢铁厂情况有两座5000m^{3}高炉，其中一座生产，日产量为13000t，采用300t圆底敞口铁水罐的"一罐到底"铁水运输方式，虽然保温效果差，但可以在运输过程中在线进行扒渣和脱硫处理。京滨厂高炉出铁温度为1400~1500℃，经对温度测试，铁水敞口罐存放一天，总降温为100~150℃。从高炉到转炉铁水的运输距离约为2km，铁水罐车轨距为1676mm。京滨厂对铁水罐车采用了车号、罐号识别、车辆定位、计算机控制等手段，管理人员对车和罐所在位置，出铁时间等精准控制，加快了铁水罐车的周转速度来降低铁水温度损失。

（2）沙钢共有3座2500m^{3}高炉及1座5800m^{3}高炉，采用180t敞口铁水罐"一罐到底"汽车运输方式，罐车尺寸为：6050mm×5600mm×16000mm（高×宽×长），铁水罐车轨距为1435mm。铁水罐没有加盖保温措施，在高炉出铁场摆动流嘴处进行铁水在线脱硅，采用喷吹脱硅工艺。为了满足铁水运输规范的要求，高炉出铁场的平台结构下沿最低标高设计为7m，比总图运输规范要求为5.5m，高出1.5m，铁路间距为7m，出铁场的跨度也相应增大[2]。

（3）重钢新区共有3座2500m^{3}高炉，4座210t转炉，其中第4座脱磷转炉尚未建设，采用装载210t敞口铁水罐，"一罐到底"为起重机和过跨车铁水运输方式。运输铁水罐的过跨车轨距采用4800mm，罐车尺寸为：6450mm×5600mm×11000mm（高×宽×长），为了满足铁水运输的规范要求，高炉出铁场的平台结构下沿最低标高设计为7.3m，过跨车轨道间距为7.8m，出铁场的总面积符合《规范》的要求（表13-2），为4500m^2，双出铁场起重机跨度分别为25.9m和23.2m。重钢对铁水罐车采用了车号、罐号识别、车辆定位，采用计算机全程跟踪，管理人员对车和罐所在位置，出铁时间等精准控制，提高了炼钢钢水质量[3]。

（4）首钢京唐共有2座5500m^{3}高炉，采用装载300t带保温盖铁水罐的"一罐到底"铁路运输方式，铁水运输车轨距为1435mm，罐车尺寸为：6450mm×6100mm×22900mm（高×宽×长），为了满足铁水运输的规范要求，高炉出铁场的平台结构下沿最低标高设计为7m，比总图运输规范高1.5m，铁路间距为7.1m，出铁场的跨度也相应增大[4]。

13.2 改善炉前劳动条件，提高劳动生产率

由于高炉大型化和产量的增加，出铁场每天要处理大量的高炉渣和铁，4000m^{3}级的高

炉日产铁量已经接近10000t,如此巨大的处理量,采用以前的人工操作已不能满足正常的生产要求,所以出铁场设计必须要实现炉前机械化操作,减轻操作工人的劳动强度,提高劳动生产率。

改善炉前劳动条件,除了改善出铁环境、治理出铁场烟尘及噪声以外,还要采用先进的技术和设备,减轻炉前的劳动强度。

目前,出铁场设计中减轻炉前劳动强度和改善炉前劳动条件的技术主要有以下几个方面:

(1)出铁场平坦化。

(2)出铁场的布置,在满足渣铁有效分离的前提下,尽量缩短渣铁沟的长度,以减轻炉前作业强度。

(3)采用贮铁式主沟,合适的渣铁沟坡度和结构。

(4)出铁场设备机械化、自动化。

(5)采用新的渣铁沟衬材料和维修工艺,大力提高渣铁沟的使用寿命,降低日常维护量和使用成本。

(6)渣铁沟修理实现机械化。

(7)完善出铁场除尘设施,加强对烟尘的捕集和治理。

13.2.1 渣铁沟的设计

13.2.1.1 出铁主沟

出铁主沟应有合理的长度、宽度和深度。主沟的长度是从铁口工作点到主沟撇渣器的距离。此距离对渣铁分离的效果影响很大,但是,这一距离受很多因素影响,例如铁沟和铁水运输线的布置,渣处理设施的位置等。

过去采用干式主沟,坡度一般为8%~12%。由于出铁后只在沙口内贮存少量铁水,主沟内衬大部分暴露在空气中,温度变化很大,因受急冷、急热和氧化的作用,主沟寿命很短。大型高炉均已淘汰这种主沟。

对于高压操作的高炉,由于出铁时铁水流速高,渣铁不易充分分离,因此,近来除加长主沟长度外,大型高炉多采用贮铁式主沟,主沟坡度约为3°~5°。主沟长度见表13-3。

表13-3 主沟长度的参考数据

高炉容积/m³	1000	1500	2500	3000	4000
主沟长度/m	12	12	14	16	19

合理的主沟尺寸和铁水流速,能有效地使渣铁分离,延长主沟寿命和降低耐材消耗。高压操作的高炉出铁时,铁水呈射流状从铁口射出,在距铁口1.0~3.0m处落入主沟。此区域渣铁流速最大,对沟底和沟侧的磨损也最明显,而后流速下降,渣铁逐渐分离。通常情况下,采用贮铁式主沟。主沟内贮存铁水,能减缓出铁时铁水呈射流状从出铁口喷出的冲击力,渣铁不直接冲击沟底内衬,减轻了主沟耐火材料受冲击和磨损的程度。在出铁后,主沟内贮存一定量的铁水,起着保护内衬的作用,见图13-5。此外,主沟内贮存的铁水减少了内衬急冷急热大幅度的温度波动,因而提高了主沟内衬的寿命。铁水在主沟中的流速直接影响渣铁分离。适当加大贮铁式主沟断面积,减缓铁水在主沟中的流动速度。主

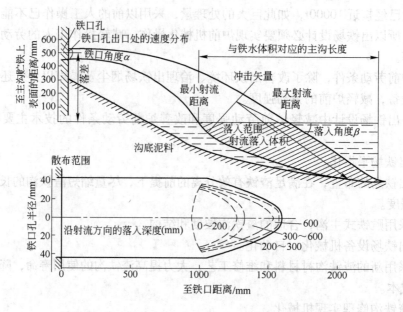

图 13-5 铁口处铁水射流及其落入贮铁式主沟的情况

沟浇注工作衬底部和侧面厚度不应小于 350mm，有利于延长主沟工作衬寿命。

实践证明，贮铁式主沟寿命较干式主沟长。

宝钢高炉主沟内铁水流速按下式确定：

$$Y = 0.1375v - 0.13375$$

式中 Y——渣中带铁量占出铁量的百分比，即渣中带铁率，%；

v——铁水在主沟中的流速，m/min。

要使渣中带铁率 Y 小于 0.1%，主沟中铁水流速应低于 1.7m/min。

主沟断面尺寸的确定可参考下式：

$$S = KP/T\gamma v$$

式中 S——主沟断面积，m^2；

K——1 次出铁量的不均匀系数，$K = 0.7 \sim 1.3$；

P——1 次平均出铁量，t/次；

T——一次出铁时间，min；

γ——铁水密度，7.0t/m^3；

v——铁水在主沟中的流速，m/min。

当出铁速度为 $6 \sim 8$t/min 时，主沟净断面积约 $0.7 \sim 0.9$m^2；大型高压高炉为使出铁时渣铁能充分分离，主沟内衬的宽度和深度分别增加到 $1300 \sim 1500$mm 和 $1000 \sim 1200$mm。

宝钢 1 号高炉采用了整体更换的风冷主沟，如图 13-6 所示。

由于修理主沟用耐火材料的改进，用浇注料代替捣打料，因此**渣铁沟宜采用耐火浇注料或预制块。主沟宜采用固定式。**

13.2.1.2 支沟

尽量缩短渣铁支沟的长度，可以减少耐火材料的直接消耗，减少维护费用，相对地缩短了沟的检修、维护时间。

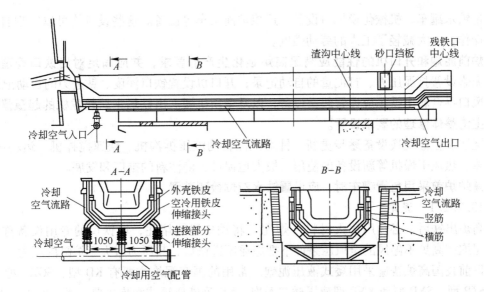

图 13-6 宝钢 1 号高炉整体式风冷主沟结构图

支沟是从撇渣器后至铁水摆动流槽或铁水流嘴的铁水沟。大型高炉支沟参考尺寸见图 13-7、图 13-8、表 13-4。

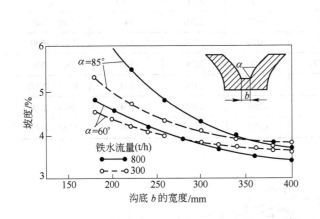

图 13-7 倒梯形断面支沟尺寸

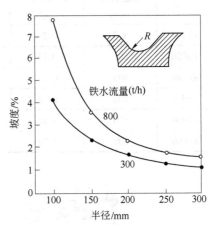

图 13-8 弧形断面支沟尺寸

表 13-4 大型高炉支沟与渣沟参考尺寸

高炉容积/m³	支沟尺寸/mm			渣沟尺寸/mm		
	a	b	c	a	b	c
2000~4000	600	300	350	600	300	350
>4000	800	450	550	800	450	550

注：a 为沟上口宽度；b 为沟下底宽度；c 为沟的深度。

13.2.2 炉前机械化

高炉炉前配备大吨位的全液压泥炮、多功能全液压开口机、液压移盖机、摆动流槽、大容量铁水罐车、机械化换风口设备、遥控炉前吊车等设备。这些设备均可以实现自动及遥控操作，大大减轻了工人的劳动强度。

炉前泥炮和开口机的性能应满足高炉强化生产的要求，并应满足对出铁口管理的要求。泥炮设置打泥压力、打泥量的自动记录；开口机设置铁口深度、钻进力的自动记录。

风口平台和出铁场应设置起重设备，以及专用机械。出铁场主跨起重机的起重量，不宜按主沟整体修理的要求设置。

浇注及检修更换设备逐步更新，针对浇注料的液压拆沟机、快速搅拌机、运料小车、振动棒、热风干燥机等新设备的使用，极大地促进了浇注料的推广和发展。

高炉炉前采用鱼雷罐车时，应设置铁水液位检测装置。

13.2.2.1　泥炮

高炉出铁后，必须用耐火材料（炮泥）将铁口迅速堵住，堵铁口的专用设备称为泥炮。泥炮在高炉不停风的全风压条件下把炮泥压进铁口，其压力应大于炉缸内压力。

目前我国高炉普遍采用矮式液压泥炮。常用的国产泥炮主要有 KD 型、SGXP 型、YP型、SZP 型、SYP 型和 YNP 型液压矮式泥炮。KD 型液压矮式泥炮主要技术性能见表 13-5。SGXP 型液压矮式泥炮结构见图 13-9，主要技术性能见表 13-6。

表 13-5　KD 型液压矮式泥炮主要技术性能参数

型　号	泥缸直径 /mm	泥缸容积 /m³	工作油压 /MPa	活塞推力 /kN	回转半径 /mm	悬臂转角 /(°)	适用炉容 /m³
KD160	500	0.23	21	1655	2270	145	380 ~ 750
KD200	500	0.23	21	2020	2270	145	750 ~ 1000
KD240	500	0.23	25/21	2400	2270	145	750 ~ 1500
KD300	580	0.28	25	3140	2400	161	1000 ~ 2000
KD400	570	0.27	25	3980	2400	161	1000 ~ 2500
KD700	600	0.30	35	6872	3510	155	3000 ~ 4000

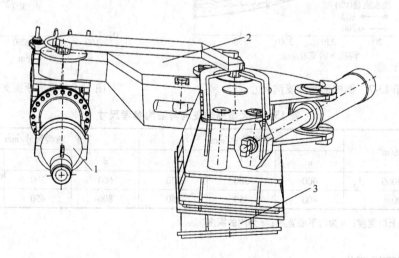

图 13-9　SGXP 型液压矮式泥炮

1—打泥机构；2—回转机构；3—斜底座

表 13-6　SGXP 型矮式液压泥炮的技术性能指标[5]

指 标	SGXP-240	SGXP-300	SGXP-400	指 标	SGXP-240	SGXP-300	SGXP-400
适应高炉容积/m³	1000～1400	1500～2000	2100～3200	打泥时间/s	57	57	57
打泥推力/kN	2400	3000	4000	回转时间/s	19	19	20
活塞泥压/MPa	13	16	16.9	压炮力/kN	220	280	360
泥缸有效容积/m³	0.23	0.25	0.26	液压工作压力/MPa	27	25	32

　　鞍钢 2580m³ 高炉使用的 DDSNH250/160H-Z 型泥炮、宝钢 5000m³ 高炉采用国产 YP6000E 型泥炮、京唐 5500m³ 高炉采用 TMT600 型泥炮,其主要技术性能指标见表 13-7。国产 YP6000E 型液压泥炮见图 13-10。

表 13-7　DDSNH250/160H-Z 型、YP6000E 型和 TMT600 型泥炮主要技术性能指标[6]

指 标	DDSNH250/160H-Z	YP6000E	TMT600
打泥机构			
泥缸有效容积/m³	0.21	0.31	0.36
泥缸直径/mm	500	600	600
油缸直径/mm	400	530	530
泥缸活塞压力/MPa	16	25	25
活塞行程/mm	1270	1300	1415
炮嘴位置调整/mm	400, 250		350, 200
(向上、向下、向左和向右)	200		200
转炮机构			
旋转角 (最大)/(°)	126±4	143	143±4
压紧力/kN	280	621	610
旋转半径/mm	3500	3600	3600

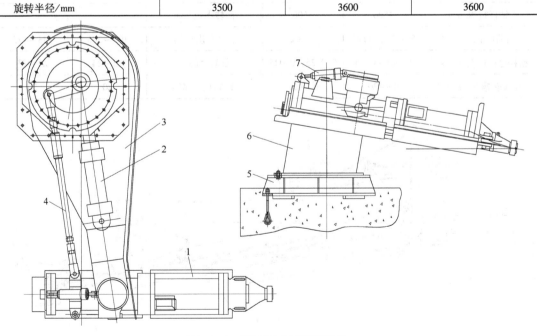

图 13-10　YP6000E 型液压泥炮

1—打泥机构；2—回转机构；3—回转旋臂装置；4—调整装置；5—立柱基础；
6—立柱、立柱及悬臂连接；7—炮体与臂架连接装置

13.2.2.2　开铁口机

开铁口机是高炉打开铁口的专用设备。铁口深度和铁口直径是选择开铁口机的重要依据。不同炉容铁口深度和直径见表13-8。

表 13-8　确定开铁口机主要参数的参考数据[6]

炉容/m³	620	1000～2500	3200	4000
铁口内衬厚度/mm	1150	1380	约1850	约1950
铁口深度/mm	1200～1800	1500～2200	2500～3000	3000～3500
铁口直径/mm	50～60	60～70	50～60	40～70

开口机主要型式有：悬挂式电动开口机、全气动开口机、气-液复合传动式开口机和全液压开口机，现已被气-液复合传动式开口机和全液压开口机所取代。

目前国内开发的液压开口机，形式多样，功能齐备，可以满足各种高炉炉容与泥炮在出铁场主沟双侧或同侧布置的要求。如：SGK 型、KJ 型、YZ 型、SZK 型和 SYK 型全液压开口机。KJ4500E 型和 YZG5050 型液压开口机主要技术性能指标见表13-9。YZG5050 型液压开口机结构见图13-11。

表 13-9　KJ4500E 型和 YZG5050 型液压开口机主要技术性能

项　目	KJ4500E	YZG5050	项　目	KJ4500E	YZG5050
钻头直径/mm	φ45～φ80	φ70～φ85	旋转扭矩/N·m	680	682
最大开铁口深度/mm	3500	4500	钻杆返退速度/m·s⁻¹	1.0	1.0
钻杆行程/mm	4500	5500	回转半径/mm		
钻孔角度/(°)	8～12（可调）	10±2	旋转角度/(°)	105～205	148～173
钻杆送进速度/m·s⁻¹	0.025～0.05	0.0125～0.025	旋转时间/s	12～24	20～23
钻头转速/r·min⁻¹	0～420	0～460	工作压力/MPa	20	20

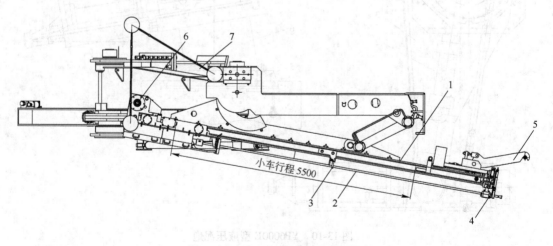

图 13-11　YZG5050 型液压开口机

1—导轨；2—钻杆；3—钻杆吊挂装置；4—对中装置；5—挂钩；6—送进机构；7—升降装置

SGK 型全液压开口机主要技术特性见表 13-10。

表 13-10 SGK 型全液压开口机主要规格及性能指标[5]

规 格	适用高炉容积/m³	性 能 指 标				
		冲击功率/J	旋转扭矩/kg·m	钻孔深度/mm	冲击油压/MPa	回转油压/MPa
SGK-Ⅰ	2000~3000	300	20	3800	16~19	16
SGK-Ⅱ	2000~3000	300	20	3000	16~19	16
SGK-Ⅲ	1000~2000	200	20	2800	14~16	16
SGK-Ⅳ	1000 以下	200	20	2500	14~16	16

13.2.2.3 摆动流槽

由于出铁量增加,铁水罐增多,单线铁路长度增加,使铁沟延长,因此采用铁水摆动流槽来缩短铁沟长度,减少出铁场面积,改善操作条件,减轻劳动强度。

摆动流槽有曲柄连杆驱动式和扇形齿轮驱动式,驱动可采用手动、电动、气动和液动。电动扇形齿轮传动铁水摆动流槽[5]性能见表 13-11。电动曲柄连杆传动铁水摆动流槽见图 13-12[7]。

表 13-11 电动扇形齿轮传动铁水摆动流槽工作性能指标[5]

规 格	长度 4600mm	每次过铁量	5万~6万吨	制动器	TJ2-220-TH
	宽度 1900mm			主令控制器	LK4-054(1∶1)
电动机	型 号	YZ160-6-TH		流槽摆角/(°)	±25
	功率/kW	11		流槽摆动速度/r·min⁻¹	0.3637
	转速/r·min⁻¹	953		流槽摆动周期/s	29.32
	负载持续率/%	40		减速机 ZD10-6-Ⅱ	速比 3.55
总速比	电动速比 2619.8	开式齿轮		速比 5.475	适用高炉容积/m³ 1000~4000
	手动速比 7178.4	差动联节		手动速比 10.714	总重/kg 19230
蜗轮减速	速比 435			电动速比 1.1029	

13.2.2.4 主沟揭盖机

为了改善炉前作业环境,容积 2500m³ 以上高炉,在出铁场主铁沟前端设有揭盖机,与泥炮和开铁口机配合使用,可以在炉前作业时,减少铁沟除尘罩烟尘外逸,以保护环境。

A 揭盖机的主要安装形式

(1)悬挂走行式主沟揭盖机安装在风口平台下沿,小车吊挂在轨道上沿轨道移动,采用液压驱动杠杆升降。

(2)落地横移式主沟揭盖机坐落在出铁场平台上,采用杠杆机构液压驱动,其主要动作为主臂伸缩及升降。

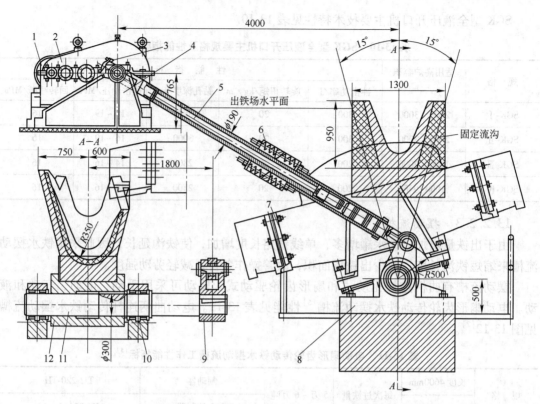

图 13-12 电动曲柄连杆传动铁水摆动流槽

1—电动机；2—减速机；3—曲轴；4—支架；5—连杆；6—弹簧缓冲器；

7—摆动铁沟沟体；8—底架；9—杠杆；10—轴承；11—轴；12—摇枕

B 揭盖机的主要技术性能参数

宝钢 3 号高炉首先在国内使用了全液压揭盖机。揭盖机主要技术性能参数见表 13-12。

表 13-12 全液压揭盖机主要技术性能参数

规 格	沟盖提升高度 /mm	小车行程 /mm	工作压力 /MPa	规 格	沟盖提升高度 /mm	小车行程 /mm	工作压力 /MPa
悬挂式揭盖机	450	4000	20	横移式揭盖机	245	3000	20
横移式揭盖机	245	2800	20	横移式揭盖机	245	4000	20

13.2.2.5 各种出铁场起重设备

出铁场起重机的吨位和跨距应以起重机的服务对象和范围来确定。矩形出铁场采用标准桥式起重机，圆形出铁场采用环形起重机。工作范围宜跨渣铁线。出铁场起重机的主要性能见表 13-13。

表 13-13 确定炉前起重机主要性能参考数据

炉容/m³	1000	1500	2000～2500	3000～3500	4000 以上
起重量/t	15/3	20/5	20/5～32/5	32/10	50/10
起重机跨距/m	22.5	25.5	25.5～28.5	28.5～31.5	34.5

出铁场起重设备还包括各种悬臂起重机、过跨起重机、拆沟机等。为减轻炉前工人劳动强度,提高机械化作业率,大型高炉一般配备拆沟机。

进口山猫拆沟机的性能参数见表13-14。国产利宇拆沟机的性能参数见表13-15。

表 13-14 山猫拆沟机的性能参数

参 数	数 值	参 数	数 值
拆沟机重量/kg	4872	辅助系统流量/L·min⁻¹	75.5
走行速度/km·h⁻¹		燃料油油箱容积/L	63
低 速	2.7	液压油油箱容积/L	22.7
高 速	4.7	标准型坦克履带	节距0.1524m(1/2英尺)的橡胶垫
液压泵/台	2		
型 号	齿轮泵,活塞泵	履带宽度/mm	400
总流量/L·min⁻¹	171.4	对地面压强/kg·cm⁻²	32

表 13-15 利宇 KB66 系列高炉拆沟机技术数据

参数 机型①	重量 /kg	发动机功率 /kW	尺寸(长×宽×高) /mm	作业半径 /mm	工作重量 /kg	冲击频率 /次·min⁻¹	凿杆直径 /mm
KB66S	4200	30	500×1400×2300	5000	390	1000~2080	64
KB66M	6280	43	6000×2000×2500	5500	600	1000~2000	70
KB66ML	13000	64	6170×2170×2600	6500	800	600~1800	84
KB66LS	16000	81	7700×2500×2800	8000	1000	500~1300	100

①KB66S 型高炉拆沟机适用于 1000~1500m³ 容积高炉;KB66M 型高炉拆沟机适用于 1500~2500m³ 容积高炉;KB66ML 型高炉拆沟机适用于 2500~3500m³ 容积高炉;KB66LS 型高炉拆沟机适用于 3500m³ 以上容积的特大型高炉。

13.2.3 炉前渣铁沟内衬材料及其修理的工艺和设备

渣铁沟是出渣出铁的通道。渣铁沟中的耐火内衬,受高温渣铁的化学、物理的侵蚀,极易损坏,需要不断地更换和维护。

目前,国内外用于高炉出铁沟的不定形耐火材料主要有 Al_2O_3-SiC-C 质、莫来石-碳化硅-碳质、氧化铝-碳质、镁铝尖晶石质等,所用结合剂也分为无机和有机多种类型。

(1)日本几乎所有高炉出铁沟都使用 Al_2O_3-SiC-C 质浇注料,因局部损坏而全面拆除不经济,故采用热态喷补修理。

(2)法国、美国高炉出铁沟一般也使用 Al_2O_3-SiC-C 质浇注料,后来在此基础上又研制出了一种自流浇注料,使主出铁沟工作衬寿命大幅度提高。主出铁沟在使用浇注料后,在不修补的情况下,通铁量达 15 万吨,若按计划修补,通铁量可达 40 万吨。

(3)德国大型高炉出铁沟,一般采用化学结合 Al_2O_3-SiC-C 质捣打料,有时掺加 Si_3N_4 以增强抗氧化性和耐侵蚀性。近年来,引进了出铁沟用 Al_2O_3-SiC-C 质浇注料和干式振动料。

（4）我国大型高炉则采用以电熔刚玉、碳化硅、少量金属硅和金属铝粉以及适量的促凝剂和解胶剂等高级原料配成的浇注料。宝钢高炉采用从国外引进的 Al_2O_3-SiC-C 质低气孔高密度浇注料，主要原料选用致密电熔刚玉、碳化硅，添加少量金属硅、金属铝粉和一定量的促凝剂、解胶剂等。我国某研究院研究了高炉出铁沟浇注料，以棕刚玉为主要材料，适当配入 SiC、碳质材料、黏土、高铝水泥、超微粉和外加剂制成出铁沟浇注料。该浇注料原料易得，成本低廉，施工方便，使用寿命长。

近年来，又研制出了自流浇注料，自流浇注料是一种无需振动，可自流成形、找平的新型耐火材料。适用于施工空间狭窄、形状复杂的部分，并能降低劳动强度，提高劳动生产率，改善工作环境，减少噪声和振动的危害。现在由于喷射料的一系列优异性能，国内有很多单位已经开始了高炉出铁沟用喷射料的研究。

13.2.3.1 浇注料及捣打料

A 出铁沟浇注料和定形耐火材料

在 20 世纪 80 年代前，国内均采用耐火砖及捣打料砌筑，铺沟料主要是炭素捣打料，一般是由黏土、焦粉、沥青组成。渣铁沟修补作业是采用人工捣打而成。修补时烟尘大，捣打密实度低，内衬更换和维护的劳动强度很大。后来改用了 Al_2O_3-SiC-C 质捣打料。

随着技术的进步，国内研制和生产的浇注料得到迅速推广和应用。浇注料具有含水量低、致密度高、耐高温、抗侵蚀等特点。此外，在浇注料中添加微量铝粉作为快干防爆裂剂，在快速干燥时不易发生爆裂。经过生产验证，具有使用寿命长、消耗低的优点。

我国某厂使用的出铁沟浇注料的理化性能指标见表 13-16，出铁沟使用的定形耐火材料的理化性能指标见表 13-17。

表 13-16 出铁沟用不定形耐火材料的理化指标

理 化 指 标		主沟浇注料 BG-ZGZX	主沟浇注料 BG-ZGTX	主沟接头料 BG-ZGD	铁沟浇注料 BG-TG	出铁沟盖浇注料 BG-17FLS2
w（化学成分）/%	Al_2O_3	≥50	≥68	≥62	≥50	≥65
	SiC	≥30	≥8	≥10	≥7	≥15
体积密度/g·cm^{-3}	110℃×24h	≥2.70	≥2.80	≥2.65	≥2.40	≥2.60
	1450℃×3h	≥2.60	≥2.70	≥2.60	≥2.30	
耐压强度/MPa	110℃×24h	≥15	≥20		≥15	≥40
	1450℃×3h	≥25	≥30		≥25	
线变化率/%	1450℃×3h	±0.5	±0.5	±0.5	±0.5	±0.5
抗折强度/MPa	干燥后（110℃×24h）	≥2.5	≥2.5	≥4.0	≥2.0	≥3.0
	热 态	≥3.5 （1400℃×3h）	≥3.5 （1450℃×3h）	≥3.5 （1450℃×3h）	≥3.5 （1450℃×3h）	≥3.0 （1400℃×3h）
	1400℃×3h					≥9.0
显气孔率/%	110℃×24h					≤20

表 13-17 出铁沟用定形耐火材料的理化指标

理 化 指 标	高铝质碳化硅砖	黏土砖	黏土隔热砖	硅藻土隔热砖
	BG-D5A	BG-N3	BG-IN0.9	BG-ID0.7
$w(Al_2O_3)$/%	≥60			
$w(SiO)$/%	≥13			
体积密度/g·cm^{-3}	≥2.7	≥1.9	≤0.9	≤0.7
显气孔率/%	≤20	≤25		
耐压强度/MPa	≥90	≥20	≥8	≥2.5
抗折强度/MPa	≥12			
耐火度/℃	≥1690			
荷重软化温度 T_2/℃	≥1350			
重烧线变化/%	±0.5(1350℃×3h)	≤2(1300℃×3h)	≤0.20(1000℃)	
热导率/W·(m·K)$^{-1}$			≤0.279(350℃±10℃)	0.209(300℃±10℃)
用 途	主铁沟、摆动流槽及铁口框下保护墙	主渣铁沟、摆动流槽及出铁场平台、风口平台	摆动流槽	主渣铁沟

B 渣沟用耐火材料

高炉渣沟不仅承受高炉炉渣的冲击和侵蚀,而且承受温度的急剧变化,这使得高炉渣沟也成为高炉消耗耐火材料的重要区域之一。因此,渣沟料应具有以下性能:

(1)有良好的抗渣侵蚀性能,能抵抗熔渣的侵蚀;

(2)有较高的强度,能够抵抗高温熔渣的剧烈冲刷;

(3)为避免或减少因高温作用使渣沟体积变化而产生裂纹,要求材料具有均匀、高致密的结构,耐热震性好,重烧体积变化小;

(4)良好的施工性能,且不粘渣,便于修理和拆除。

我国某厂渣沟使用的耐火材料理化性能指标见表 13-18。表中列出了某厂支铁沟和渣沟浇注料的试验性能。

表 13-18 渣沟料的理化指标

理 化 指 标		渣沟浇注料	渣沟捣打料	浇注料	浇注料
		BG-ZG	BG-ZRG	SMS1R	SMC3S
w(化学成分)/%	Al_2O_3	≥50	≥58	60~65	55~60
	SiC	≥12	≥12	8~10	10~12
体积密度/g·cm^{-3}	110℃×24h	≥2.40	≥2.30	2.4~2.5	2.4~2.5
	1450℃×3h	≥2.30		2.35~2.4*	2.35~2.4*
耐压强度/MPa	110℃×24h	≥15		10~15	15~20
	1450℃×3h	≥25		30~35*	30~35*
线变化率/%	1450℃×3h	±0.5	±0.5	+0.3~+0.4*	+0.5~+0.6*
抗折强度/MPa	干燥后110℃×24h	≥2.0	≥2.0	2.5~3.0	2.5~3.0
	热态1450℃×3h	≥3.0	≥3.0	4.5~5.0*	4.0~4.5*

注:1. SMS1R 和 SMC3S 为材料的试验数据,其中带 * 的指标是以 1450℃×2h 为试验条件;
2. 注意试验数据与材料的性能是有区别的。

浇注料与捣打料相比，具有以下优点：

（1）可以制成适合工艺要求的渣铁沟断面；

（2）便于机械化施工，时间缩短，效率提高；

（3）减少了沟体内衬砖缝，整体密封性能好。

浇注料与捣打料施工性能比较见表 13-19。

表 13-19　浇注料与捣打料施工性能比较

项　　目	浇注料	捣打料	项　　目	浇注料	捣打料
耐火材料利用情况	在95%以上	约80%	施工所需场地	可在原处修理	无法施工，只能进行修补
新沟施工50t料所需时间	4h	50h	耐用性	未熔损料可继续使用	只能进行 2~3 次修补
新沟施工50t料所需人员	7 人	13 人			
施工后耐火材料组织情况	均匀	不太均匀	施工情况	简　单	复　杂

13.2.3.2　渣铁沟修补工艺

A　主沟喷补工艺

马钢 1 号 2500m³ 高炉投产以来，通过对渣铁沟的技术改造，将贮铁式改为半贮铁式主沟，主沟坡度相应由 0.5° 增加到 3°14′09″；同时对渣铁沟进行改造，以适应浇注料的使用要求。经过数年的努力，使用整体浇注料后，主沟通铁量由原来使用捣打料时的 6 万吨，逐步提高到 9.6 万吨。吨铁耐材消耗由 1.17kg/t 降低到 0.93kg/t；生产安全性提高，同时减轻了炉前的劳动强度。

后来又在主沟上使用热喷补工艺，进一步减轻炉前的劳动强度，并提高通铁量。在主沟通铁量达到 6.5 万吨后，放完残铁对侵蚀严重的部位进行喷补。主沟喷补工艺的主要特点是沟壁仍处在红色约 800℃ 以上高温时，进行喷补且效果最佳。喷补完毕盖上沟盖，喷补料自行干燥烧结，经过约 1h 后即可出铁，无需人工专门烘烤，省工省时。但对喷补材料有如下要求：

（1）附着性能好，喷补施工反弹率低；

（2）材料烧结性能好，能在较短时间内通过烧结获得一定强度；

（3）抗渣铁侵蚀，耐冲刷性能良好；

（4）材料的体积稳定性好；

（5）喷补作业中没有有毒物质挥发[8]。

B　自流浇注料

自流浇注料是根据流变学原理开发而成的。它依靠本身的自重和位能差产生自流而达到脱气、摊平和密实的效果。除满足自流条件外，还应满足以下要求：

（1）高温强度高、耐冲刷、耐侵蚀、抗氧化；

（2）热振稳定性好；

（3）可快速烘烤，不炸裂；

（4）与残衬结合牢固，不粘渣铁。

国内开发的 Al_2O_3-SiC-C 质含水自流浇注料，在一些大型高炉的铁沟上使用取得了成功。主铁沟前端，由于铁水流速快并产生涡流冲刷，侵蚀严重，损坏较快。除采用局部喷补外,还可用自流浇注料进行修补。对于残余铁沟形状不规则、难以用模具进行振动施工的,采用流动性好的自流浇注料进行修补,可以达到快速、方便、安全、可靠的要求。铁沟自流浇注料的物理性能见表 13-20。

表 13-20 铁沟自流浇注料的物理性能指标[8]

理 化 指 标		数 值	理 化 指 标		数 值
化学成分 (质量分数)/%	Al_2O_3	≥70	抗折强度/MPa	110℃ ×24h	≥5
	SiC	≥15		1450℃ ×3h	≥8
体积密度/g·cm⁻³	110℃ ×24h	≥2.9	烧后线变化率/%		+ 0.3
	1450℃ ×3h	≥2.85			
抗压强度/MPa	110℃ ×24h	≥30	加水量/%		5.5
	1450℃ ×3h	≥50			

C 浇注料预制块

昆钢针对 5 号 620m³ 高炉主铁沟捣打料,维护工作量大,不能适应高炉强化冶炼的要求,而采用刚玉质 Al_2O_3-SiC-C 质浇注料预制块,取得满意的效果。浇注料预制块安装就位后,烘烤 10~20min 即可使用。每次更换可选在高炉计划检修时进行,不影响高炉的正常生产,解决了单铁口使用浇注料的困难。采用刚玉质 Al_2O_3-SiC-C 浇注料预制块后,一次通铁量达到 3 万吨,用专用修补料修补,通铁量可达 5 万吨,满足了高炉强化冶炼的要求,减轻了炉前工劳动强度,改善了工作环境,并且降低了材料吨铁成本。其理化指标见表 13-21。

表 13-21 刚玉质浇注料预制块理化指标[9]

理 化 指 标		数 值	理 化 指 标		数 值
化学成分 (质量分数)/%	Al_2O_3	≥55	抗折强度/MPa	110℃ ×24h	≥5.3
	SiC	≥18		1500℃ ×3h	≥7.3
体积密度/g·cm⁻³		≥2.7	烧后线变化率/%	1500℃ ×3h	+ 0.21
抗压强度/MPa	110℃ ×24h	≥13.6			
	1500℃ ×3h	≥29			

13.2.3.3 炉前渣铁沟浇注料施工用设备

炉前渣铁沟耐火浇注料施工用设备,主要有快速搅拌机和浇注料运送小车。这两种设备是高炉主铁沟、渣铁沟和摆动流槽耐火浇注料的搅拌、浇注的专用设备,是 20 世纪 80 年代开发出来的。它由两台可移动的单体设备(即 KJB-500 型快速搅拌机、YCL 浇注小车)组成,它们是互相搭配、交替使用的。

1990 年这两种设备在宝钢 2 号高炉上应用成功。目前已在宝钢、武钢、鞍钢等国内多座大型高炉上应用。

A 设备配置

由于耐火浇注料的工艺设备是可移动的,可根据工艺要求灵活地进行匹配,目前常用的浇注工艺主要有以下几种配置:

（1）搅拌机和浇注料小车不在一条中心线上，浇注料通过皮带运输机，由搅拌机处运至浇注料小车，然后由浇注料小车往复进行浇注，浇注后加盖，按设定的干燥升温曲线干燥。此工艺方法见图13-13。

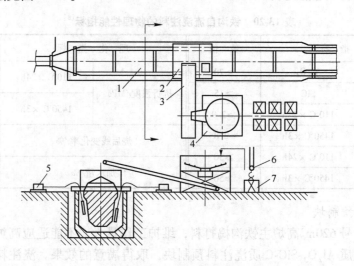

图 13-13　利用浇注设备和运输设备在线浇注主铁沟
1—主铁沟；2—浇注料小车；3—皮带机；4—搅拌机；
5—捣固器；6—吊车；7—浇注料

（2）利用搅拌机和料斗浇注。这种工艺方法施工简便，适用于浇注和维修铁沟、渣沟。浇注后加盖，按设定的干燥升温曲线干燥。

（3）摆动流槽离线在修理场大修，进行浇注料施工，施工后加盖，按设定的干燥升温曲线干燥。

B　KJB-500 快速搅拌机

KJB-500 快速搅拌机用于搅拌耐火浇注料，也可用于建筑行业搅拌混凝土或其他物料。

（1）设备的主要技术规格及性能，见表13-22。

表 13-22　KJB-500 快速搅拌机主要技术规格及性能指标

指　标	数　值	指　标	数　值
搅拌机壳体容量/m³	1.25	水罐容积/L	180
每次装料重量/kg	500	电源电压/V	380
耐火浇注料密度/t·m⁻³	2.6~2.8	冲洗水压力/MPa	0.4
搅拌体回转速度/r·min⁻¹	25.2	设备重量/kg	6996
快速搅拌装置回转速度/r·min⁻¹	86.3		

（2）设备结构。KJB-500 快速搅拌机设备是由快速搅拌机、上下台架、水罐、供排水系统、电控装置、冲洗用水泵、自动润滑系统和排料溜槽等部分组成，见图13-14。

C　YCL 浇注小车

YCL 浇注小车是大型高炉铁水主沟浇注料工艺配套用的设备之一，用于承接从搅拌机

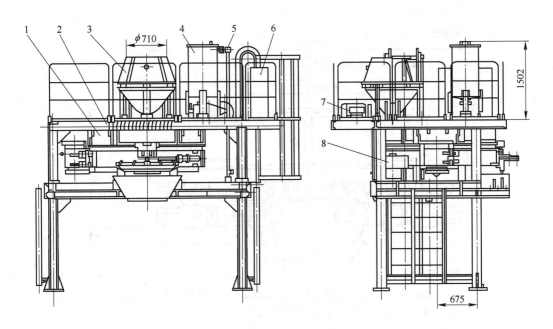

图 13-14 KJB-500 快速搅拌机设备

1—快速搅拌机；2—台架；3—受料漏斗及支座；4—水罐；5—供排水系统；
6—电控装置；7—冲洗用水泵；8—自动润滑系统

排出的浇注料，并将其运送、注入、捣实到主沟或渣铁沟等各个部分，可直接完成全部主沟和渣铁沟的浇注工作。

（1）设备的主要技术规格及性能指标，见表 13-23。

表 13-23　YCL 浇注小车主要技术规格及性能指标

指　　标	数　　值	指　　标	数　　值
载重量/kg	1000	电源电压/V	380
行走速度/m·min^{-1}	22.2	设备重量/kg	1918
行走方式（电缆滚筒）	往复行走		

（2）设备结构及工作原理。浇注小车由车体、储料槽、电控装置、左右闸门、电缆滚筒、振动电机、捣固器、小车驱动等部分组成，见图 13-15。

电动浇注小车安装在与主沟中心线相重合的临时铁轨面上。浇注小车可进入搅拌机下框架内，通过限位开关的控制将注料槽对准搅拌机的卸料闸门。浇注料从卸料闸门排出落入注料槽。电动注料小车沿轨面行至铺料面，打开左右闸门，浇注料卸入主沟内。启动振动电机，将粘在槽内的浇注料振落在沟内并捣实。一车料浇注完后，小车返回，重新周而复始至整个主沟浇注完毕为止。小车往复运动时，其电源线由搅拌机上引出，并通过车上电缆滚筒将电缆放开或卷取。

13.2.3.4　炉前渣铁沟烘烤设备

RGZ-36 热风干燥机是用以烘干浇注料的专用设备。它使用气体燃料和高速燃烧器，

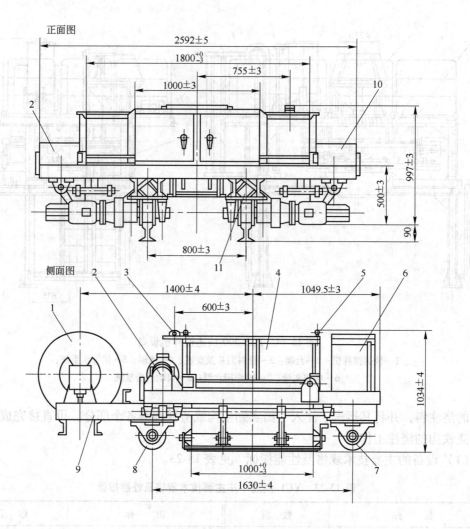

图 13-15 浇注小车

1—电缆卷筒；2—右闸门；3—撞铁；4—料车；5—辊轴；6—电控柜；7—小车驱动机构；
8—小车从动机构；9—车架；10—左闸门；11—振动电机

将燃烧器产生的热风，强制地通入高炉主沟或渣铁沟、摆动流槽进行浇注后干燥。该设备的干燥时间和温度采用程序自动控制。该设备也适于钢铁企业钢水包、铁水包、中间罐等烘烤之用。

热风干燥机由台架、风机、燃烧系统、调节系统、电控装置、仪控装置等组成。燃烧系统包括点火装置、高速燃烧器、V 形导火筒。高速燃烧器是双层套管式，内层是煤气，压力为 5 ~ 6kPa，外层是空气，压力为 7kPa。打开风机燃烧器内通入空气，煤气在空气压力作用下，在入口处产生负压被吸入混合器，点火后在燃烧筒内燃烧。燃烧产生的热风由 V 形导火筒导入主沟，从而达到除去浇注料内结晶水和干燥的目的[10]。

RGZ-36 热风干燥机主要技术规格及性能指标，见表 13-24。

表 13-24 RGZ-36 热风干燥机主要技术规格及性能指标

指　标	数　值	指　标	数　值
燃料	焦炉煤气	风机	
发热量/MJ·m⁻³	18.84		
压力/kPa	5~6	风量/m³·min⁻¹	36
流量/m³·h⁻¹	300		
燃烧器性能		静风压/kPa	7
最大燃烧能力/MJ·h⁻¹	5024.16	噪声/dB	低于 75（带隔声箱）
烘烤温度/℃	150~800		
常用温度/℃	500	设备重量/kg	2282

13.2.3.5 炉前事故用氧气设备

出铁场操作中,在处理渣、铁口事故,渣铁沟检修,以及清除渣铁沟内部的残渣和残铁时,需要使用氧气。

通常采用氧气管道和氧气瓶供应氧气。使用氧气时,经过减压阀减压至需用的压力,经过专用的氧气管至使用地点。

氧气主管经过专用的氧气阀箱分配后,可以同时供给 2~3 个使用点。氧气主管的压力一般为 1.5MPa。炉前为间断性使用。

随着高炉操作水平及炉前设备装备水平的提高,炉前出铁事故大大降低,炉前用氧气的消耗量很少。

13.2.4 炉前通风除尘设施

在高炉生产过程中,将产生大量的烟尘,因此改善高炉出铁场的劳动环境,防止烟尘对大气的污染,是高炉环境保护工程的重要课题之一。

13.2.4.1 炉前除尘设施的形式

A 出铁场烟尘的特点

高炉出铁场烟尘污染严重,每生产 1t 铁,约产生 2.5kg 烟尘,其中一次烟尘占烟尘总量的 86%,二次烟尘占烟尘总量的 14%。

a 烟尘排放的特点

烟尘排放的特点主要表现在以下四个方面:

(1) 污染源分布范围广。高炉出铁场烟尘主要是从出铁口、撇渣器、下渣沟、铁水沟及摆动流槽等部位产生。高炉出铁时,出铁场几乎有一半面积不同程度地散发出烟尘,产生辐射热。在出铁末期,出铁口还喷出含 CO 的烟气,不仅严重污染了周围的环境,而且直接影响了工人的操作和身体健康。

(2) 出铁时间长。大型高炉出铁口有 2~4 个,一般是连续性的出铁,出铁场散发的烟尘也是连续性的。

(3) 烟尘量大。高炉出铁场每产生 1t 铁水,平均散发 2.5kg 烟尘,大型高炉每天生产铁水在 1 万吨以上,产生的烟尘量达 25t 之多。

(4) 烟尘粒度细。高炉出铁场烟尘粒度较细,粉尘在大气中处于悬浮状态,停留时间长,扩散范围广,对人体健康极为有害。

b　粉尘的性质

粉尘的性质是指粉尘的成分、密度、粒径分布、比电阻、吸湿性、浸润性、水硬性、安息角、磨琢性等特性，粉尘的性质对除尘器的性能参数影响很大。高炉出铁场产生烟尘的粒度分布和化学成分的实例，见表 13-25 和表 13-26[11]。

表 13-25　高炉出铁场烟尘粒度分布

粒度/μm	0~3.4	3.4~10.2	10.2~20.3	20.3~28.0	28.0~40.0
组成/%	7.9	34.5	17.7	3.4	8.3
粒度/μm	40.0~50.0		50.0~63.0	63.0~71.0	>71.0
组成/%	18.4		3.0	3.0	3.8

表 13-26　高炉出铁场烟尘化学成分　　　　　　　　　　（%）

TFe	FeO	Fe_2O_3	P_2O_3	SiO_2	Al_2O_3	MgO	C	S
68.1	32.36	61.4	0.19	1.38	1.16	0.083	2.5	0.235

（1）烟尘密度：假密度为 $1.13~1.3g/cm^3$；真密度为 $4.733~5.04g/cm^3$。

（2）烟尘含湿量：平均 1.79g/kg，最大 2.7g/kg。

c　烟尘含尘浓度

对袋式除尘器，含尘浓度愈低，要求除尘器的性能愈好。在较高初始含尘浓度时，进行连续清灰，压力损失和排放浓度也能满足环保要求。对电除尘器一般要求初始含尘浓度在 $30g/m^3$ 以下。高炉出铁场烟尘浓度见表 13-27。

表 13-27　某些高炉出铁场烟尘浓度[12]　　　　　　　　　　$（g/m^3）$

宝钢 1 号炉	首钢 2 号炉	武钢 4 号炉	日本高炉	美国高炉
0.35~2.0	0.5~2.9	0.5~2.0	0.5~2.0	0.5~2.0

d　粉尘比电阻

电除尘器的粉尘比电阻应该在 $10^4~10^{11}\Omega\cdot cm$ 范围内。粉尘的比电阻因含尘气体的温度、湿度不同而有很大变化，对同种粉尘，100~200℃的比电阻值最大，如果含尘气体加硫调节，则比电阻降低。因此，在选择电除尘器时，需事先掌握粉尘的比电阻，充分考虑含尘气体的温度和含尘气体的性质。出铁场烟尘的比电阻，会随高炉冶炼情况和烟气温度的变化而发生变化，但变化的幅度不大，见表 13-28。

表 13-28　国内某高炉出铁场粉尘比电阻

温度/℃	湿度/%	比电阻/$\Omega\cdot cm$	温度/℃	湿度/%	比电阻/$\Omega\cdot cm$
12.5	38	1.5×10^{11}	150	38	2.6×10^{10}
20	38	7.0×10^{11}	175	38	1.8×10^9
50	38	1.4×10^{11}	200	38	2.0×10^8
75	38	6.2×10^{10}	225	38	6.5×10^7
100	38	1.4×10^{10}	250	38	7.2×10^7
125	38	1.2×10^{10}			

e　烟气温度

原则上干式除尘设备,必须在含尘烟气露点以上的温度条件下工作。同时需考虑袋式除尘器的滤料耐温必须高于含尘烟气的温度。玻璃滤布的使用温度一般在260℃以下。其他滤布则在80~200℃之间。电除尘器的使用温度可达400℃。烟气温度与各除尘捕集罩密封程度、除尘系统运行制度有关。出铁场含尘气体温度一般在40~80℃之间。

在选择除尘器时,要考虑烟气含尘量、排放要求、粉尘的比电阻和气体的温度。由于袋式除尘器能达到较高的要求,因此,一般使用布袋除尘器。

f　高炉区域的工艺布置

炉前除尘设施的布置形式与该区域的工艺布置密切相关,原则上炉前除尘设置尽可能靠近出铁场布置。除了高寒地区外,除尘风机宜露天布置。

B　常用出铁场烟尘治理技术

据不完全统计,全国高炉出铁场烟尘近80%未得到有效控制,污染严重;在运行中的除尘系统有70%~80%的效果不佳。

a　出铁场烟尘系统

目前国内外高炉炉前除尘多为干式除尘系统,根据不同的划分方式可划分为不同形式的除尘系统[11]。

根据处理烟气的不同可划分为"一次除尘系统"和"二次除尘系统"。

一次除尘系统处理的是一次烟尘,主要是指正常出铁时的出铁口、撇渣器、铁水沟、渣沟、摆动流槽(或铁水罐)等处产生的烟尘。

二次除尘系统处理的是二次烟尘,主要是指高炉开、堵铁口时瞬间喷出的烟气以及由出铁场一次系统未捕集到而外逸的烟尘。

出铁场散发的一次烟尘占总烟尘量的86%,所以搞好一次烟尘的控制是控制好整个出铁场烟尘的前提,净化设备采用电除尘器或袋式除尘器。

b　出铁场二次烟尘治理

出铁场二次烟尘约占总烟尘量的14%,而二次除尘的投资却占出铁场除尘总投资的一半以上[13]。二次烟尘的控制方法有:

(1)垂幕或活动烟罩全面控制法。它由出铁口罩、垂幕和垂幕罩所组成。出铁时使用出铁口罩排烟,开堵铁口时将垂幕降至距出铁场平台适当高度处。二次烟尘由出铁口罩和垂幕同时将烟尘抽出。垂幕式的二次除尘能较好地解决烟尘对环境的污染,但同时也存在垂幕易损坏等缺点,影响了捕集效果。

(2)屋顶排气全面控制法。将出铁场房顶封闭,利用机械抽风或烟气的热压进行排气,通过屋顶布袋除尘器或屋顶电除尘器净化后,排至大气。

(3)局部小房控制法。它由移盖机、出铁口盖,以及小房和小房门所组成。出铁时使用出铁口罩排烟,开堵铁口时关闭小房的房门,将烟尘封堵在小房内并抽出。但构建成密闭小房比较困难。

(4)顶吸罩控制法。它由移盖机、出铁口盖以及在出铁口顶部设置的吸烟罩所组成。开堵铁口时顶部吸烟罩将烟尘抽出。但受其他因素的影响较大。

目前,我国尚不能达到发达国家的环保水平,采用高投资和高能耗方式除尘。因此应开发适合我国国情和厂情的二次除尘系统。

主要难点在于二次烟尘控制。二次烟尘产生的时间较短，只在打开出铁口将主沟沟盖盖上，以及揭开主沟沟盖堵出铁口这两个短暂操作时间内，从出铁口喷出大量烟尘。

一、二次除尘系统可合并设置，也可分开设置。宝钢3号、4号高炉及首钢高炉大修改造设计时，高炉出铁场一、二次除尘就合为一个系统。

13.2.4.2　炉前通风除尘罩及其布置

A　除尘罩设计原则[14]

（1）改善烟尘排放条件和工作环境，尽量减少烟尘的危害。

（2）考虑飞散方向、速度和临界点，用除尘罩口对准粉尘的飞散方向。除尘罩尽量靠近污染源并围罩起来。

（3）在不影响操作的情况下，将四周围起来，尽量减少烟尘的扩散范围。

（4）炉前除尘罩应尽量满足出铁场平坦化的要求，并应根据渣铁沟的布置统筹考虑除尘罩的抽风口。

（5）紊流会使除尘罩丧失应有的作用。为防止除尘罩周围产生紊流，应选择适当的风速。

（6）为使有害物能从飞散界限的最远点流进除尘罩，需要合适的最小风速，此风速称为控制风速。

B　炉前除尘罩的形式及其布置

a　出铁口除尘罩

出铁口是出铁场内散发污染物的主要烟尘源，约占总污染物的30%。为提高出铁口抽风效果，在不影响开、堵铁口的操作和清理铁口的条件下，出铁口一次烟尘除风罩形式一般采用侧吸和移动主沟盖。

由于受炉前设备布置的影响，一次烟尘除风罩很难实现双侧吸，也可采用箱型梁的复合单侧吸，见图13-16。如果采用这种单侧吸，会使侧吸风量大大减少，这种情况下，需要加大出铁口顶吸罩的风量，以满足出铁口烟尘捕集要求。

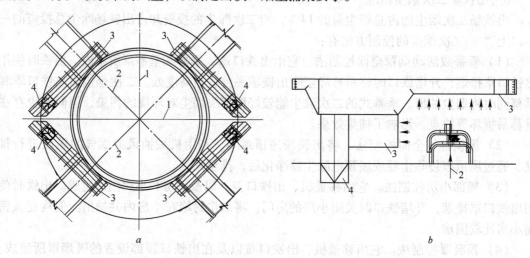

a　　　　　　　　　　　　　　　　　b

图13-16　出铁口复合单侧吸尘罩

a—平面布置；b—立面布置

1—高炉中心线；2—铁口中心线；3—箱型梁复合吸尘罩；4—除尘管

b 出铁口二次烟尘的捕集[15]

根据高炉的实际生产操作情况,为捕集开、堵铁口时突然从铁口冲出的大量烟尘,一般应该设置二次除尘。二次烟尘的捕集主要有垂幕式、厂房屋顶式和在靠近出铁口处设置局部顶吸罩等形式。这些形式各有其优缺点。目前,对出铁口二次烟尘的捕集,一般采用在出铁口上部设置顶吸罩方式,顶吸罩可根据具体情况设置成固定式或移动式,如图13-17所示。

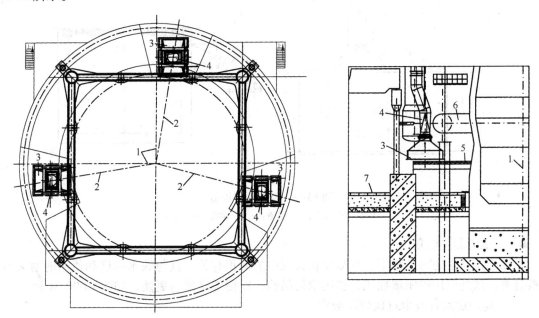

图 13-17 出铁口顶吸罩
1—高炉中心线;2—铁口中心线;3—顶吸罩;4—除尘管;
5—风口平台;6—热风围管;7—出铁场平台

c 摆动流槽除尘罩

大型高炉出铁时一般采用摆动流槽向铁水罐内流注铁水的方式。其除尘罩的形式有适应平坦化要求的平盖式和上吸式。适应平坦化出铁场要求的平盖摆动流嘴如图13-18所示。宝钢4号高炉还应用了龙卷风的原理,取得良好的吸尘效果。

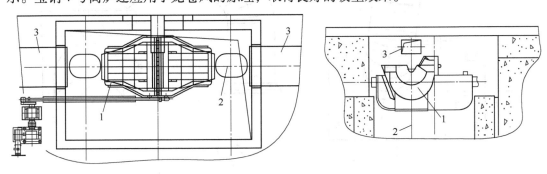

图 13-18 平坦化出铁场摆动流槽除尘罩
1—摆动流槽;2—摆动流槽中心线;3—除尘管

d 铁渣沟盖

铁渣沟产生的烟尘与沟槽暴露在大气中的面积和铁水温度有关。铁水冷却时，碳以呈片状的石墨从饱和的铁水中析出。为防止受敞露铁水液面的辐射热和烟尘的影响，以及提高铁水沟各抽风点的抽风效果，首先应对铁渣沟等部位进行加盖密闭。沟盖采用平盖或半圆形，适应平坦化的平沟盖见图13-19。

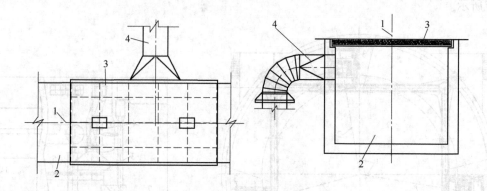

图 13-19 铁渣沟平沟盖

1—铁渣沟中心线；2—铁渣沟；3—沟盖；4—除尘管

e 撇渣器除尘罩

撇渣器产生的污染物不仅与敞露在大气中的面积有关，且与铁水温度和使用的耐火材料有关。该处应用密闭罩抽风，密闭罩设吊钩，以便于维修与更换，如图13-20所示。

f 高炉炉前各吸尘点风量参数[11]

高炉炉前各吸尘点风量与高炉容积、密闭罩的形式、渣铁沟断面大小及工艺设计条件和工艺布置等因素有关，要进行理论计算非常困难。一般可按表13-29中的参数范围取值，对

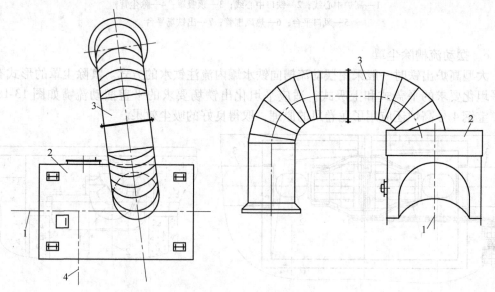

图 13-20 撇渣器除尘罩

1—铁沟中心线；2—吸尘罩；3—除尘管；4—渣沟中心线

高炉容积较小和设计条件较好的取低值，对高炉容积较大及设计条件较差的取高值。

表 13-29　高炉炉前各吸尘点设计参数

尘　源	抽风点数/个	总风量/m³·min⁻¹	温度/℃
出铁口侧吸	2	1330~3400	135~200
撇渣器	1	850~1140	100~180
渣　沟	1~2	每1m, 7	120~200
主铁沟	1	每1m, 80~120	135~200
铁　沟	1~2	每1m, 13	135~200
摆动流槽（平坦化）	2	侧吸2×(1600~2500)	70~100
铁水罐	1	18~10/t 铁水	80~100
出铁口顶吸	1	1400~4600	40~60

一次除尘的平均烟气温度为80~100℃，二次除尘的平均烟气温度为40~60℃。

C　炉前除尘罩区域流场的模拟计算

利用计算流体力学技术 CFD（Computational Fluid Dynamics）对高炉出铁场吸风罩周围区域的流场进行模拟计算，比较不同形式的烟尘捕集方式的流场分布特点，找到除尘效果好，经济可靠的最佳方案，提高了工作效率，为设计优化提供了科学的参考依据。以下展示一种铁口除尘系统（顶吸罩加双侧吸）通过计算机模拟而成的气流速度分布，图中箭头长度与气流速度成正比，如图 13-21 所示。

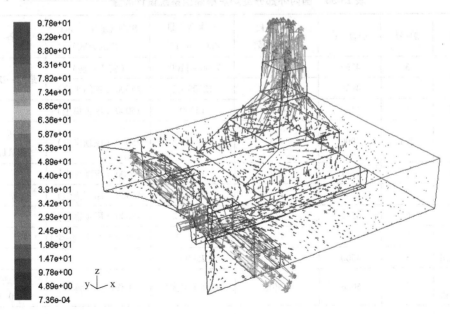

图 13-21　计算机模拟铁口除尘气流速度分布

13.2.4.3　高炉出铁场烟尘治理的实例

A　出铁场烟尘治理情况

首钢迁安 3 号 4000m³ 高炉采用矩形出铁场，出铁场设有 4 个铁口，4 个出铁口轮换出铁。高炉出铁场除尘设计3套除尘系统,除尘总风量为240万 m³/h。其中2套除尘系统(2个出铁口设一个除尘系统)采用2台低压脉冲布袋除尘器净化出铁口侧吸、撇渣器、铁沟、渣沟、摆动流槽等处产生的烟气粉尘,除尘风量为2×70万 m³/h,废气净化后分别经高50m,出口直径4.2m烟囱排放;另1套系统采用低压脉冲布袋除尘器净化4个出铁口开、堵铁口时产生的烟气粉尘,除尘风量为100万 m³/h,净化后废气经高50m,出口直径5.0m烟囱排放,烟粉尘排放浓度<30mg/Nm³,满足《工业炉窑大气污染物排放标准》(GB 9078)二级标准。

首钢京唐公司1号5500m³高炉出铁场设置了3套除尘系统,除尘总风量为240万 m³/h。其中2个除尘系统(2个出铁口设一个除尘系统),主要承担出铁口侧吸、撇渣器、铁沟、渣沟、摆动流槽等处的除尘,除尘风量为2×70万 m³/h,除尘设备采用低压脉冲布袋除尘器2台。过滤面积11760m²,设置2座烟囱,高35m、上口直径D4000mm,排外烟气中的粉尘浓度小于20mg/m³。另一个系统主要承担4个出铁口顶吸、炉顶上料等处的除尘,除尘风量为100万 m³/h。除尘设备采用低压脉冲布袋除尘器,过滤面积:16456m²,设置1座烟囱,高35m、上口直径D4800mm,排外烟气中的粉尘浓度小于20mg/m³,可满足国家排放标准要求。3套除尘器共用一套输灰系统,除尘灰经刮板机、斗提机进入储灰仓,采用吸引压缩罐车运走。

B 国内外部分大型高炉炉前除尘系统设计风量
国内外部分高炉炉前除尘系统设计风量见表13-30。

表13-30 国内外部分高炉炉前除尘系统设计风量[15,16]

厂　名	炉号	炉容/m³	出铁口数/出铁场数	一次烟气量/m³·min⁻¹	二次烟气量/m³·min⁻¹（排放方式）	备　注
君　津	3	4063	4/2	7000 + 11000	（密闭小房）	最后一次大修前
	4	4930	4/2	12500×2	25000（密闭小房）	
广　畑	1	4140	4/2	15000	15000（屋顶集尘）	
名古屋	新1	4000	4/3	11000×2	25000（屋顶集尘）	正压反吹风布袋除尘器
福　山	5	4617	3/2	15000	10000（屋顶集尘）	
扇　岛	1	4050	4/3	20000	10000（屋顶集尘）	
千　叶	6	4540	4/3	10000×2	17000（屋顶集尘）	
鹿　岛	3	5050	4/4	6600×2	15000×2（屋顶集尘）	
神户加古川	3	4500	4/2	25000		
前苏联克里沃罗格	9	5026	4/环形	7000（主沟）	（工作区空气淋浴）	自然通风换气70次/h
法国敦刻尔克	4	4526	4/2	3000（溜槽）	15000（垂幕）	
英国雷特卡	1	4573	4/2	6500×2	4800×2（垂幕）	
巴西图巴朗	1	4415	4/2	10000×2		
武　钢	5	3200	4/环形	10666×2		电除尘器

厂　名	炉　号	炉容/m³	出铁口数/出铁场数	一次烟气量/m³·min⁻¹	二次烟气量/m³·min⁻¹（排放方式）	备　注
宝　钢	1	4063	4/2	11400×2	11200（垂幕）	正压反吹风布袋除尘器
	2	4063	4/2	8650×2	10000（小幕帘）	
首　钢	1	2500	3/环形	9333		负压反吹风布袋除尘器
迁　钢	3	4000	4/2	11667×2	16667（出铁口顶吸）	低压脉冲布袋除尘器
首　秦	2	1780	2/2	9166	3300（出铁口顶吸）	低压脉冲布袋除尘器
京　唐	2	5500	4/2	11667×2	16667（出铁口顶吸）	负压反吹风布袋除尘器

13.3　高炉炉渣及其综合利用

高炉冶炼时，从炉顶加入铁矿石、燃料（焦炭）以及熔剂等熔化变成液相。浮在铁水上的熔渣，通过铁口经主铁沟撇渣器分离或渣口排出。

高温炉渣自然冷却后变成坚硬的干渣；用水淬将高温液态炉渣击碎后，变成松散的水渣；用蒸汽或压缩空气将高温液态炉渣击散后，变成颗粒状膨珠或蓬松的渣棉。干渣、水渣、膨珠和渣棉，都能得到合理利用，变废为宝。

高炉冲水渣方式可以分为两种：泡渣池水淬和炉前水冲渣。

高炉水渣的渣、水分离方式不同，可以分为两种：一是沉淀过滤法，有渣池式、水力输送沉淀池、底滤法、拉萨法等；二是机械过滤法，有转鼓过滤器法、轮法、搅笼法、圆盘法等。

（1）泡渣池水淬。从高炉流出的熔渣经渣沟流入渣罐，然后把盛满的渣罐拉到水池旁，经打渣壳机把渣罐上的渣壳砸碎，倾倒渣罐，熔渣经流槽流入水池内，熔渣遇水急剧冷却，淬成水渣，水池内水渣可用吊车抓出，放置于堆场，脱去部分水分，然后直接装入车皮外运。这种工艺在少数老厂仍有使用。该方法的优点是设备简单，水消耗小。其主要缺点是：

1）易产生大量渣棉和硫化氢气体污染环境。
2）经常占渣量的10%~20%的干渣量，需要用打渣机清理渣罐。
3）倒渣中有放炮现象，对人身及设备安全造成威胁。
4）渣罐受急冷急热的温度影响，易损坏，设备维护、管理费用高。

（2）炉前水冲渣。根据渣流量的大小不同，用一定压力和流量的水，通过喷头、专用喷嘴、冲制箱等设备，形成多股水流，将液态熔渣打散、击碎，使熔渣与水迅速混合、冷却，变成水渣。

炉前冲渣法的优点是不受渣罐限制，可以及时放渣，有利于高炉操作。其缺点是炉前占地面积大，布局拥挤；产生的蒸汽和有害气体对高炉操作环境有一定的影响。

在炉前冲制水渣时，应保证水渣的质量，并应满足节水的要求，冲渣水必须循环使用。

水渣设施的能力应满足全部炉渣冲制水渣，并应设置干渣处理设施或其他备用设施。干渣处理设施的能力，宜满足开炉初期和水渣设施检修时高炉的正常生产。

炉前冲渣点宜设置在出铁场外，并应设置必要的安全设施。

13.3.1 沉淀过滤法

13.3.1.1 沉淀池法

熔渣经渣沟流入冲渣槽，在冲渣槽中淬化后，渣水混合物经水渣沟流入一次沉淀池，大部分渣在此沉淀。少量细颗粒浮渣随冲渣水流入二次沉淀池进一步沉淀，并设置过滤网，将浮渣挡住，以防止水泵叶轮过快磨损。

沉淀后的水渣，用桥式或龙门抓斗吊车抓取堆放，堆渣脱水后，采用火车或汽车运送水渣。

为防止对江河污染，将冲渣水循环使用。经多次沉淀后的冲渣水流入吸水井，用水泵打至炉前淬化装置循环使用。这种方式，一般称为平流沉淀池法。为彻底解决浮渣对管道和水泵的磨损，后来又发展为在渣池底部过滤，并设有反冲洗装置。在渣和水经过水渣层、卵石层过滤后由出水口排出，水流入循环水泵房，循环使用。

13.3.1.2 底滤法

高炉熔渣进入冲渣沟后，由带有多孔喷嘴的粒化头出来的水喷射，渣水混合物沿冲渣沟经转换流槽进入两个过滤池中的任一个池子进行过滤脱水。

在热水泵的动力下，过滤池中的水经过滤层和带有多孔的支管汇到总管进入高架冷却塔，冷却后的水贮于下方的冲渣贮水池。由冲渣水泵将水从贮水池打至炉前冲渣。因此，一面冲渣，一面过滤，操作协调统一，闭路循环。基本上出一次渣倒换一个贮水池。

冲渣完毕后，冲渣管闸门关闭，停泵。此时，热水泵还未停止工作，当过滤池水位下降到等于或略低于池中工字钢网面时，水渣全部露出水面，关闸门。随后进行清渣，抓渣完毕后，启动冲渣泵，相应打开反冲水管的闸门，使水进到过滤池，作为下次冲渣的垫底水，借以保护过滤层的完整性。当池中的水到达工字钢网面以上 1m 时，停泵，关闸门，一次循环完毕，等着下一次的冲渣，重复以上程序进行工作。

以上的冲渣、过滤、反冲等动作转换，由水位计发出信号进行联动和人工启动。为了水位控制的可靠性，除设置水位计外，还设置水位压力计，同时进行声光报警。

由于采用反冲洗的介质不同，又分为两种：用过滤水反冲洗的，一般称为底滤法；用加压空气反冲洗的，一般称为 OCP 法，其工艺如图 13-22 所示。

13.3.1.3 拉萨法

高炉熔渣从渣槽流入冲制箱，经喷水制成水渣，进入粗粒分离槽，沉淀在底部的粗颗粒水渣，由渣浆泵送到脱水槽脱水。在分离槽上面的浮渣由溢流口流入中间槽。在中间槽下方，用渣浆泵将渣水混合物送到沉淀池。经沉淀后，用渣浆泵将渣水混合物送到脱水槽进行脱水。脱水槽下方设有闸门，控制水渣装卸，脱水后的水渣用汽车运走。

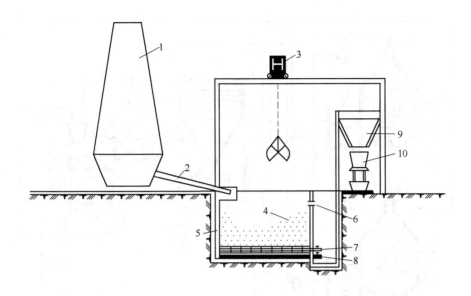

图 13-22　OCP 法水淬工艺示意图

1—高炉；2—熔渣沟和水冲渣槽；3—抓斗起重机；4—水渣堆；5—保护钢轨；6—溢流水口；
7—冲洗空气进口；8—排出水口；9—贮渣仓；10—运渣车

脱水槽过滤的水也流入沉淀池，并与中间槽由渣泵送往沉淀池的渣水混合物一起经沉淀后，水溢流入温水池。用上塔泵将热水打入冷却塔，经冷却后，进入供水池。用循环泵将水打入冲制箱供冲渣使用。在冲渣时，由于熔渣冷却而产生大量水蒸气和硫化氢气体，为防止污染操作环境，在粗粒分离槽上部设置了排气筒[6]。

拉萨法的优点是：

（1）使用闭路循环水，占地面积小，处理渣量大。

（2）水渣运出方便，水渣质量好，自动化程度高，管理方便等。

（3）污染公害较少。

其缺点是：

（1）系统复杂，管道长，设备重量大，投资和建设费用高。

（2）渣泵、输送渣浆管道磨损严重，设备维修及运行费用高。新建大型高炉已不再采用拉萨法水冲渣工艺。拉萨法的工艺流程见图 13-23。

13.3.2　机械过滤设施

13.3.2.1　转鼓过滤法

转鼓过滤 INBA 法，自 1981 年诞生以来，经过不断的改进和完善，其技术已日臻成熟，又因其水渣质量高和环境条件好等优点而受到国内外钢铁公司的欢迎。

目前，转鼓过滤法分为热转鼓法、冷转鼓法和环保转鼓法三种形式。

A　转鼓过滤法工艺

转鼓过滤法的水渣处理工艺是将渣水混合物经转鼓脱水后，由胶带机运出的方法。

高炉熔渣与铁水分离后，经渣沟进入粒化箱。粒化箱的渣沟下面设粒化头，粒化头喷

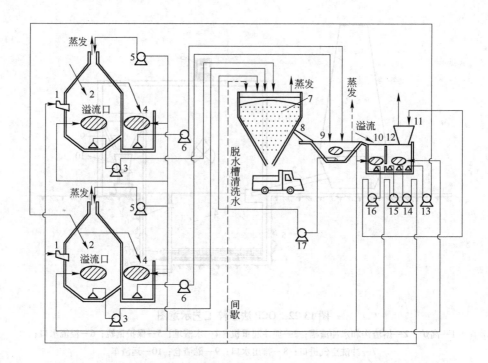

图 13-23 拉萨法水冲渣工艺流程图

1—冲制箱；2—粗粒分离槽；3—水渣泵；4—中间槽；5—蒸发放散筒淋洗泵；6—中间泵；
7—脱水槽；8—集水槽；9—沉淀池；10—温水池；11—冷却塔；12—供水池；
13—水位调整泵；14—供水泵；15—搅拌泵；16—冷却塔泵；17—排泥泵

出压力约 0.2MPa 的高速水流冲击，高温熔渣流被水淬粒化，并沉入粒化箱深水区冷却。粒化箱中的渣水混合物靠自重流入脱水转鼓内的渣水分配器。分配器将渣水混合物沿转鼓轴向均匀分配。分配器下面有缓冲箱，吸收下落的渣水混合物的势能，防止砸伤细目滤网。渣水混合物经缓冲箱落向细目滤网。在转鼓内部形成自然的水渣层。自然渣层滤去循环水体中的细渣，使循环水体更清洁。

脱水转鼓为一旋转滚筒，其周边配置金属滤网和金属支撑网，转鼓内还均匀分配着若干带滤网的轴向叶片。渣水混合物在脱水转鼓的下半周滤去部分水后，经转鼓内的托渣网将成品渣托起，并边旋转边自然脱水。当转至转鼓上半周处时，水渣即落到伸入转鼓内的水渣胶带机上。由水渣胶带机将成品渣运至成品仓贮存或渣场堆存，最后运出。

经脱水转鼓滤出的冲渣水全部进入下面容积约 160m³ 的热水池中，经粒化泵将热水再次抽送至粒化箱处的粒化头处冲制水渣，形成冲渣循环水路，水循环利用。

B 热转鼓过滤法

热转鼓过滤法是最简单的转鼓过滤法，不需要冷却塔，粒化水采用闭路循环方式，被加热到接近于沸点温度。红渣热量的散失主要通过水蒸气释放，补充冷水仅仅是为了补偿蒸汽的散失。回路中的平均水温约 90~95℃，在渣和水的碰撞点水温为 95℃ 或更高。

热转鼓过滤法的冲渣水贮存在粒化箱和热水池，另外还设有一个容积约 200m³ 的集水池。若粒化箱、热水池或脱水转鼓有水溢流出来，则全部溢流进入集水池。维修热水池和粒化箱时，水可以全部送到集水池，以节约用水。集水池中的水用于补充水，这样对补充水管线不会造成大流量的供水需求。

热过滤法系统，只有一路冲渣水，也即只有粒化泵，没有底流泵。

C 冷转鼓过滤法

冷水循环配备有冷却塔，以使粒化水温保持在较低的温度水平。红渣热量的散失主要是通过将热量传给粒化水，并部分通过水蒸气释放。通过水蒸气释放热量的多少，取决于粒化水温和瞬间渣流量。当渣流量较小时，红渣热量大部分通过粒化水来散失，但渣流量大时，会发生蒸汽散失。与热法相比，系统具有更强的热交换能力。

热过滤法增加一套冷却塔，使冲渣水温降低到约45℃，即成为冷转鼓过滤系统。脱水转鼓滤出的冲渣水全部进入下面的热水池，经冷却泵将热水抽送至冷却塔进行冷却。冲渣水冷却后，进入冷却塔下方的冷水池，再由粒化泵抽送至粒化箱的粒化头，冲制水渣。而沉积在热水池底部的细渣，则通过底流泵再打回脱水转鼓内进行分离。因此，冷过滤法不仅有粒化泵，而且增加了底流泵和冷却泵，但仍然只有一路冲渣水，只不过水温下降到约45℃，可以减少浮渣。

D 环保转鼓过滤法

高炉炉渣含硫量约为1%~2%。渣中主要的硫化物为CaS。当炉渣水淬时，红渣与水和氧气在1100℃以上发生反应，生成气态的 H_2S 和 SO_2 等硫化物，并排放到大气中。

旧环保过滤法是在冷转鼓过滤法的基础上，增加一路冷凝水，用来吸收粒化过程中产生的二氧化硫和硫化氢。在水淬过程中粒化箱产生的蒸汽进入冷凝塔内，在冷凝塔顶部安装的喷嘴产生细小的水颗粒，使绝大部分蒸汽冷凝下来。再将含 H_2S 和 SO_2 的冷凝水和冲渣水一起移送到冷却塔，而在冷凝水和冲渣水蒸发冷却过程中 H_2S 和 SO_2 依然挥发到大气中。旧环保转鼓法水渣处理工艺流程见图13-24。

这种工艺需要增加冷却塔和冷凝水系统，在付出投资和能耗为代价的同时，环保效果却不尽理想。

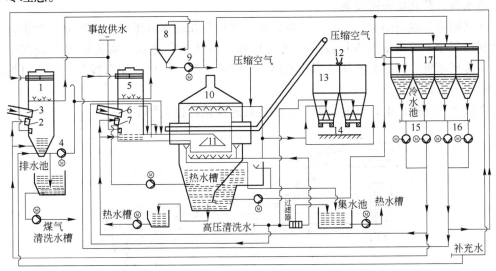

图13-24 旧环保过滤法的工艺流程图[17]

1—2号水渣槽；2—冲制箱；3—溶渣沟；4—渣浆泵；5—1号水渣槽；6—溶渣沟；7—冲制箱和粒化箱；8—缓冲槽；9—冷凝回收器；10—脱水转鼓；11—分配器；12—转换溜槽；13—成品槽；14—排料阀；15—粒化泵；16—冷凝泵；17—冷却塔

2005 年中冶赛迪首先在宝钢 2 号高炉大修中将冲渣蒸汽用管道引到炉顶的高空排放，依靠管路的自然冷凝，减轻了污染，减少了能耗和用水。

E　转鼓过滤法系统的特点

(1) 工艺日趋成熟，并得到广泛应用。

(2) 系统布置紧凑，占地面积小。

(3) 环境污染少，有害蒸气排放量少。

(4) 采用深水粒化工艺，可以接受渣中带铁。

(5) 过滤效率高，滤液含细渣很少，冲渣水质好。

(6) 自动化水平高，运行平稳、可靠，监控设施完善，操作方便。

(7) 对高炉熔渣的要求较高，应保持炉温稳定，严防泡沫渣产生，生铁含硅量最高不大于 0.8% 。冶炼铸造生铁，不得采用转鼓过滤法冲渣。

F　主要设备

转鼓过滤法水渣设备主要由冲制箱、粒化箱、挡渣内罩、蒸汽冷凝设施、渣水分配器、脱水转鼓、水渣胶带运输机组成。

此外，配套设施有热水池、冷却塔、冷水池、补充水系统、事故水系统、清扫水系统、清扫压缩空气系统、液压控制系统、计器检测与控制系统、自动控制系统、事故报警系统，以及粒化泵、底流泵、冷却泵、冷凝回水泵、冷凝泵、渣浆泵等。

a　冲制箱及水渣沟

水渣沟是红渣沟的延续，其前端安有冲制箱。冲制箱位于红渣沟头末端下方，完全嵌入到了水渣沟中，水渣沟的作用是将渣、水混合物导入渣水斗中。水渣沟中装有耐磨衬。水渣沟内巨大的热通量要求在水渣沟前端侧壁进行喷水。

冲制箱是对熔渣进行水淬、粒化的设备。粒化头安装在粒化槽入口处熔渣沟的下方，是熔渣水淬、粒化的关键设备。

冲制箱为普通钢结构件。它主要由箱体、喷嘴板和进水口组成。箱体分三个室，水渣在冲制过程中，可以根据渣量或水量的变化确定由几个室送水。陶瓷喷嘴镶嵌在喷嘴板上，呈梯形布置。高速水流从喷嘴板喷出，使熔渣水淬、粒化。喷嘴板开孔面积可根据水量、水压等参数确定。

在设置粒化槽以前，红渣与粒化水相接触的粒化过程见图 13-25[18]。

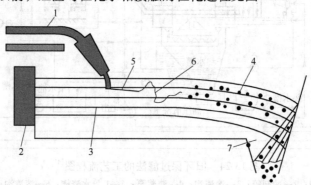

图 13-25　水渣粒化过程示意图

1—渣流；2—冲制箱；3—粒化水；4—渣粒；5—薄片；6—细丝；7—渣水斗

如前所述，渣流被打碎成薄片、细丝并最终在水渣沟成为渣粒，仅部分渣在水渣沟到渣水斗的过程中得到粒化，渣的粒化似乎是在撞击到渣水斗中的碰撞板后完成的。

由于冲制箱的宽度与水渣沟宽度相等，而渣流相对较窄，在水渣沟中，仅部分的粒化水被直接用于粒化过程。

b　粒化箱

为了充分利用粒化水设置了粒化箱。红渣从渣沟中跌落，与冲制箱喷水相遇，粒化水和红渣的碰撞点刚好在水渣槽液位处。粒化水将渣流打碎，并将渣推入粒化箱的水中，见图 13-26。此时，渣滴与水之间不仅仅是与冲制箱所喷出的水柱，也与粒化箱中的水进行热交换。冲制箱的水流对粒化箱内液面的冲击有助于产生紊流，并有助于加快渣滴固化，缩短固化时间。

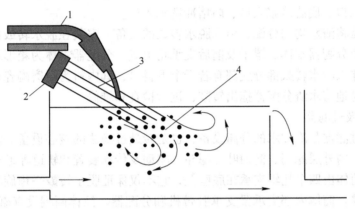

图 13-26　在粒化箱内水渣冲制过程示意图[18]
1—渣流；2—冲制箱；3—粒化水；4—渣滴和渣粒

粒化箱是对熔渣进行水淬、粒化，并输送水渣的设备。安装在粒化槽入口处熔渣沟和粒化头的下方，是熔渣水淬、粒化的关键设备。粒化箱为内衬耐磨衬板的普通钢结构件。

热转鼓过滤法、冷转鼓过滤法，以及带粒化箱的冷转鼓过滤法，三种不同方法的水渣粒度分布见图 13-27。

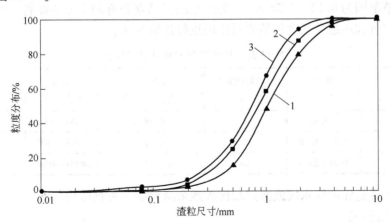

图 13-27　三种转鼓过滤法的水渣粒度分布[19]
1—热转鼓过滤法；2—冷转鼓过滤法；3—带粒化箱的冷转鼓过滤法

　　c　挡渣内罩

　　挡渣内罩是防止水淬粒化后，渣水四处飞溅的缓冲设备。安装在粒化槽入口处，为不锈钢结构件。它主要由筒体、喷嘴管、检修梯及人孔组成。

　　d　蒸汽冷凝设施

　　蒸汽冷凝设施主要由冷凝装置、冷凝水回收漏斗、压力释放阀等设备组成。冷凝装置内设28个喷嘴。冷凝水从喷嘴喷出，形成均匀水雾，冷凝蒸汽。回收漏斗主要收集冷凝回水。压力释放阀是用来预防冲制水渣时突然发生爆炸和蒸汽无法冷凝时对槽内设备的一种防护设备。

　　e　水渣分配器及连接管

　　分配器连接管是水渣进入分配器的过渡设施。管内镶有铸石衬板，管上设有水渣渣浆入口、溢流水入口、底滤渣浆入口、防堵冲洗水入口。

　　水渣分配器将渣水均匀分配、引入脱水转鼓的设备。安装在脱水转鼓内，为普通钢结构件。它主要由分配器本体、罩子及前后支承轮组成。分配器本体为箱形结构，呈变断面矩形。分配器伸入脱水转鼓部分底部有若干个下料口，其内衬为耐磨陶瓷砖。通过前后支承轮可以很容易地将水渣分配器拖出转鼓，进行检查和维修。

　　f　脱水转鼓过滤器

　　脱水转鼓过滤器是渣和水的分离设备，也是转鼓过滤法的核心设备。它主要由转鼓筒体、支承结构、内外层滤网、筒内叶片滤斗、驱动及传动装置和轨道等组成。

　　脱水转鼓筒体由四个托辊支承在底座上，它不仅保证脱水转鼓平稳旋转，还可以控制筒体的轴向位移。筒体内部支承梁支承胶带机和分配器。筒体两端设有事故溢流接水管。脱水转鼓筒体沿圆周方向设有两层金属网，材质为不锈钢。内层网丝较细起过滤作用；外层网丝较粗起支承作用。脱水转鼓内焊有若干块轴向金属滤网叶片。当脱水转鼓转至上部时，由叶片将过滤后的水渣排到伸入脱水转鼓内的胶带机上。脱水转鼓滤出的水落入下面的热水池。

　　脱水转鼓采用液压马达驱动，链轮链条传动。脱水转鼓尺寸及处理能力，见表13-31。为与渣流量相匹配，自动控制系统可根据液压压力和脱水转鼓内液位高低自动调节脱水转鼓转速。调节范围为0.12～1.2r/min。为防止滤网堵塞和有助于渣斗卸料，转鼓设有高压清洗水喷洗装置和压缩空气吹扫装置对滤网进行连续冲洗。

表 13-31　脱水转鼓尺寸及处理能力

转鼓尺寸 （直径×长）/m	水量 /m³·h⁻¹	转鼓处理能力 /t·min⁻¹	转鼓尺寸 （直径×长）/m	水量 /m³·h⁻¹	转鼓处理能力 /t·min⁻¹
3.6×2.0	<600	1	5.0×6.25	2400～2800	12
5.0×3.5	1400～1800	7	5.0×8.34	3000～3800	14
5.0×5.17	1800～2300	10	6.0×8.34	4000～4800	16

　　脱水转鼓罩是保护脱水转鼓滤网和排放残余蒸汽的一种钢结构装置。

　　g　胶带运输机

　　转鼓过滤器内的胶带运输机是水渣的运出设备，为尾部可移动式。胶带机宽度为1.2m，速度为1.6m/s。为了便于检查维护，在脱水转鼓内设有滑轮，胶带机配有电动卷扬机牵引装置，可将胶带机折叠拉出和拉进。

13.3.2.2 轮法

唐山嘉恒实业有限公司在消化俄罗斯的图拉法的基础上，结合生产操作，不断改进，开发研制成功了轮法。经过不断改进，根据粒化器与脱水器形成集中和分离布置两种形式。

A 轮法工艺

高炉熔渣经渣沟进入粒化轮，在熔渣下落过程中被高速旋转的粒化轮轮齿击碎，并沿切线方向抛射出去，同时粒化轮周边喷射出的冷却水将渣粒冷却。集中式轮法，急冷后的渣粒和水沿护罩流入脱水器中；分离式轮法的渣粒和水是通过水渣沟再流入脱水器。

粒化的水渣进入脱水器后经二次冷却水淬，脱水器旋转滤水，水渣被装有筛板的脱水器过滤并提升，转到最高处时落入漏斗，滑入胶带机上运走。脱水器斜上方还装有压缩空气吹扫管，用来吹落粘连在脱水器筛板上的细渣。脱水器内筛板的过滤网由不锈钢制成。

滤出的水在脱水器外壳下部，经溢流装置流入沉淀池中。脱水器内的水位控制由翻板阀来调节。冲渣水在沉淀池中沉淀后，底部的渣浆用渣浆泵或气力提升机输送回脱水器中循环脱水，上部的水由循环水泵抽至炉渣粒化装置内重新使用。补充的新水首先作为挡渣板冷却水，然后进入冲渣循环水系统。

在粒化和脱水过程中产生的高温蒸汽，通过脱水器外壳两侧的导管引入脱水转鼓上部的排气筒集中排放。

在生产过程中，可以随时调整粒化轮转速和脱水器转速及溢流装置翻板阀的工作角度来控制水位，最终控制成品水渣的质量。

集中式粒化轮法炉渣处理工艺流程见图13-28。

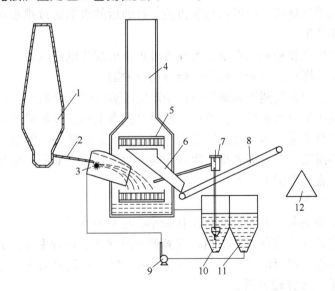

图 13-28 集中式粒化轮法处理工艺流程图

1—高炉；2—渣沟；3—粒化轮；4—烟囱；5—脱水器；6—受料斗；7—气力提升机；
8—胶带机；9—循环水泵；10—沉淀池；11—循环水池；12—渣堆

B 轮法的特点

分离式粒化轮法工艺较集中式工艺的优点如下：（1）在两个或两个以上出渣点各自设

置一套粒化器，而只设置一套脱水器；可减少脱水器数量，从而降低投资和占地面积。（2）粒化后的水渣在水渣沟内浸泡和冷却，不再有红渣进入脱水器。（3）可以用冲制箱代替粒化器，简化了工艺、减少设备、电耗及粒化器的消耗，降低了生产成本。（4）分别布置使得脱水器有了改造空间。例如：可取消脱水器内的导料槽，用一台带有脱水装置的螺旋输送机代替，可加长脱水器，增大过滤面积。经过二次脱水后，水渣的含水率会大大降低。由于螺旋输送机的强制排料，克服了泡沫渣堵塞转鼓的现象。

水渣在经过水渣沟输送的过程中需要一定的水位差和较大的水量，因此分离式的循环水量以及电耗量较集中式大。

13.3.2.3 螺旋法

北京明特新技术有限公司在日本搅笼机处理炉渣技术的基础上，进行了改进，开发研制出了螺旋机法炉渣处理系统工艺流程。

A 螺旋法工艺

螺旋法是通过螺旋机将渣、水进行分离。螺旋机呈 20°倾斜角安装在水渣槽内。螺旋机随着传动机构进行旋转，水渣则通过其螺旋叶片将其从槽底部捞起并输送到水渣运输皮带机上。水则靠重力向下回流到水渣槽内，从而达到渣水分离的目的。

熔渣经过渣沟进入冲制粒化箱。从冲制粒化箱喷出的高速水流，使熔渣水淬冷却，形成颗粒状水渣。渣水混合物经水渣沟输送到螺旋机池。渣水混合物在螺旋机池中经过螺旋机分离出水渣，水渣经过螺旋机的出料口和水渣溜槽落到水渣胶带机上，输送到堆渣场。

冲渣水经过水渣槽上部溢流口溢流后，通过引水渠进入滚筒过滤器将水中未被螺旋机带走的微小颗粒及少量细渣进行再过滤。吸附在滚筒过滤器滤网上的细渣，经水和压缩空气的反吹后，落入浮渣输送管内返回螺旋机池。过滤后的水则通过排水沟溢流到冲渣泵房的吸水井中，循环使用。

系统设有事故供水和补充水系统。当冲渣过程中出现停电事故时，由位于冷凝塔顶部的高位水箱供给事故用水，可短时间内对熔渣进行冲制。

冲渣过程中产生的大量蒸汽和螺旋机池中产生的蒸汽排入冷凝塔内，冷凝塔中设有喷淋装置；由外部高压工业水系统提供冷水，通过冷凝塔上部安装的喷嘴产生细小水颗粒喷到蒸汽上，可将蒸汽冷凝成水，经过冷凝塔冷却后返回集水槽循环使用。

在螺旋机池斜面墙、引水渠和排水沟内安装反吹水管，定期进行反吹，以防止水渣板结。螺旋法的工艺流程见图 13-29。

B 螺旋法的特点

（1）螺旋法设备的可靠性高，维护工作量小，维护成本低。

（2）螺旋法允许用户实际生产时可以任意调整渣水比，以确保水渣的品质，杜绝出现黑渣甚至红渣的现象。螺旋机转速为变频调速，可根据渣量随时调整螺旋机的转速。

（3）工艺简单，布置较灵活。

（4）脱水率高，水渣含水率不大于 15%。

（5）滚筒过滤器的过滤效果不好，循环水质较差，需要加以改进和提高。

C 主要设备

螺旋机法渣处理装置主要由冲渣粒化箱、螺旋机池、螺旋机池排汽罩、螺旋机、滚筒过滤器、冷凝塔、冷却塔、集水槽、润滑装置、运输胶带机等设备组成。

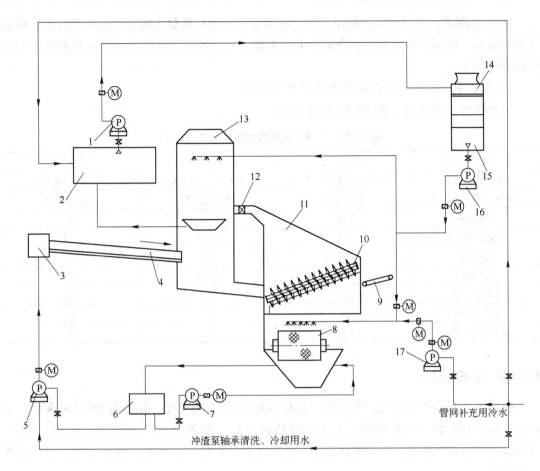

图 13-29 螺旋法炉渣处理系统工艺流程图

1—热水泵；2—热水槽；3—冲制粒化箱；4—水渣沟；5—冲渣泵；6—吸水井；7—斜面高压反冲泵；
8—过滤器；9—皮带机；10—螺旋机；11—蒸汽罩；12—蒸汽导流风机；13—冷凝塔；
14—冷却塔；15—温水槽；16—温水泵；17—加压水泵

螺旋法还设有补充水系统、清扫压缩空气系统、清扫水系统、自动控制系统，以及冲渣泵、热水泵、温水泵和冷水喷淋泵等。

（1）冲渣粒化箱：其结构由箱体、喷水板和进水口三部分组成。

（2）螺旋机池：是一个上大下小的斗式混凝土结构，用于收集渣水混合物。

（3）螺旋机池排汽罩：其安装在螺旋机池上方，将蒸汽排入冷凝塔内冷凝回收。

（4）螺旋机：是专门设计的螺旋输送机构，由螺旋机本体、上轴头、转轴、水渣漏斗、导轨、下轴头、升降机等组成。螺旋机呈一定倾角安装在螺旋机池内，使螺旋机的一头沉在螺旋机池底部。螺旋机叶片采用耐磨抗腐蚀材料制成。水下轴头采用特殊结构密封，利用升降机将螺旋机一头提起进行更换。

螺旋机由变频电机驱动，规格为 $\phi2540\text{mm} \times 12700\text{mm}$，能力为 $0 \sim 650\text{t/h}$。

（5）滚筒过滤器：由滚筒本体、过滤网、本体支承、铜瓦、滤渣漏斗等组成。滚筒过滤器规格为 $\phi3200\text{mm} \times 3000\text{mm}$，过滤网为 16 片复合式滤网，可更换，孔径为 0.5mm。滚筒过滤器实现无级调速，转速为 $0 \sim 25\text{r/min}$，使过滤能力保证在 $0 \sim 2500\text{m}^3/\text{h}$ 范围内。

（6）冷凝塔：使用耐硫钢制作，塔内布置有不锈钢材质制作的喷水管网和喷头、检修平台的设施，塔顶设有防爆阀。塔的中下部为集水斗，可以将蒸汽冷凝水和喷淋水集中直接输入冷却塔。

13.3.2.4 水渣主要机械过滤处理工艺比较

几种机械过滤处理工艺的比较见表 13-32。

表 13-32 水渣主要机械过滤处理工艺比较

水渣处理工艺	热转鼓法	轮法	螺旋法
粒化水量和压力	$2 \times 1200 m^3/h$，0.2MPa	$1800 m^3/h$，0.3MPa	$1800 m^3/h$，0.3MPa
循环水分级运行方式	可分级运行	无分级运行	无分级运行
设备电耗	低	中	高
水渣过滤效果	好	较好	一般
水渣质量	好	好	好
占地面积	最小	较小	较小
工艺总投资	低	低	高
生产作业率	高	高	高
对操作人员要求	较高	低	低

13.3.3 矿渣膨珠

膨珠工艺开始于 20 世纪 50 年代，在 60 ~ 80 年代得到发展，国外有 20 多座高炉，如法国敦刻尔克高炉（炉容 2700m³）采用过这种工艺。20 世纪 80 年代首钢、北台、承钢、鞍钢等采用过矿渣膨珠。生产实践证明，膨珠工艺是可行的。目前，国外这种工艺仍在进一步发展。

13.3.3.1 膨珠的原理及流程

"膨珠"即熔渣膨胀后生成的渣球。炉渣的膨胀和成珠，是该工艺的两个主要环节，其工艺流程比较简单，见图 13-30。

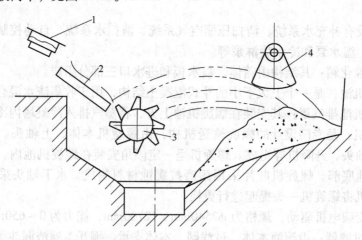

图 13-30 高炉渣炉前膨胀工艺流程图
1—流渣嘴；2—膨胀槽；3—滚筒；4—抓斗

高炉出渣温度一般在1450℃左右。熔渣经渣沟流至膨胀槽，与膨胀槽上的水进行激烈的热交换。熔渣将其热量传给水，水受热汽化，瞬间产生大量的蒸汽，使渣水之间形成具有一定压力的气相层。在气压的推动下，部分蒸汽克服表面张力和内部质点的阻碍进入熔渣，并以气泡的形态存在其中。与此同时，熔渣将其热量传给水后，其温度也迅速下降。

膨胀后的含气熔渣流向高速旋转的滚筒，在滚筒叶片的打击下，熔渣被分割、击碎、粒化，并做斜上抛运动。渣粒又在空中急冷，在飞溅过程中，由于表面张力的作用，渣粒形成渣珠，渣内气泡形成微孔。落地时，温度降至800~900℃，最后生成表面光洁质轻的膨珠。

13.3.3.2 主要工艺消耗指标及对环境的影响[20]

A 主要工艺消耗指标

膨珠生产工艺的消耗指标见表13-33。

表13-33 膨珠生产工艺的消耗指标

耗水/$m^3 \cdot t^{-1}$	循环水量/$m^3 \cdot t^{-1}$	耗电/$kW \cdot h \cdot t^{-1}$
0.1~0.15	0.6~1.0	0.3~0.4

B 膨珠生产过程对环境的影响和安全性

a 气相污染

膨珠工艺中熔渣与水接触时间约1~2s，水蒸气的发生量为水渣工艺的三分之一，同时由于接触时间短，抑制了H_2S和SO_2的产生。在马钢7号高炉生产膨珠和水渣时，气相中H_2S和SO_2实测结果见表13-34。

表13-34 马钢7号高炉生产膨珠和水渣时的气相分析

气 相 \ 工 艺	H_2S/mg·m^{-3}	SO_2/mg·m^{-3}
膨珠工艺	0.319	2.743
水渣工艺	19.229	4.300

膨珠工艺H_2S的排放量为水渣工艺的0.5%，SO_2排放量为水渣工艺的21%。

膨珠工艺中有渣棉生成，渣棉较一般粉尘重，不可能长时间悬浮在空气中。为防止渣棉的飞散，马钢炉前膨珠工艺以及国外膨珠工艺均在密闭厂房内进行，这不仅杜绝了渣棉的危害，而且控制了膨珠工艺所产生的噪声危害。

马钢炉前膨珠生产，在离滚筒5m、10m、15m、20m，以及膨珠房外各测点上的平均噪声分别为：87.2dB，82.2dB，79.8dB，79.2dB和61.4dB。

b 水污染

膨珠生产工艺，水为0.1~0.15m^3/t，其中约50%被蒸发，其余进入膨珠池内。由于废水量少，且膨珠滤水性强，容易实现工艺水的密闭循环。

设备冷却水不与熔渣接触，可循环使用。

c 安全方面

由于渣嘴和膨珠槽较宽，热熔渣形成较薄的熔渣层才与水接触，经滚筒叶片破碎之后又被分散为渣珠，整个生产过程中不能形成爆炸的条件。马钢炉前膨珠生产工艺，共生产

3 万多炉次，从未发生过类似水冲渣和泡渣工艺中的爆炸事故。

13.3.3.3　膨珠的基本性能

膨珠外观呈球形或椭圆形，颜色为灰白色，表面有一定的光泽。

A　膨珠的岩相与化学成分

从膨珠磨细成粉末进行的 X 射线分析和岩相分析中看出，玻璃体含量占 90% ~ 95%，表面光滑有较好的透明度，其余物相为钙铝黄长石，孔洞分布为 10 ~ 500μm。其化学成分为：SiO_2 36.30%，CaO 36.51%，Al_2O_3 15.0%，MgO 8.21%，FeO 1.09%，Fe_2O_3 0.02%，MnO 0.37%。

B　松散容重与颗粒级配

马钢膨珠自然级配下的容重为 940 ~ 1000kg/m³，自然级配的颗粒组成见表 13-35。

表 13-35　膨珠的粒度组成

筛余/%	粒径/mm								
	20	10	5	2.5	12	0.6	0.3	0.15	<0.15
分析筛余	0.05 ~ 2.76	1 ~ 8.02	23.1 ~ 45.99	29.9 ~ 45.99	9.3 ~ 18.6	2.05 ~ 4.68	2 ~ 6.45	0.26 ~ 1.6	0.95 ~ 1.42
平均分析筛余	1.52	5.05	30.77	39.14	14.15	3.68	3.87	0.79	1.04

C　膨珠的基本性能

膨珠的基本性能见表 13-36。

表 13-36　膨珠的基本性能

筒压强度/MPa	吸水率/%	颗粒容重/kg·cm⁻³	空隙率/%	导热系数/W·(m·K)⁻¹
6.0	2 ~ 4	1550	<50	0.14

13.3.4　干渣坑

13.3.4.1　干渣坑布置及处理能力

为确保高炉正常生产，每个出铁场宜布置一个干渣坑，以满足事故状态时处理干渣的要求。渣坑可按平均堆高 2m、充满系数 0.7、干渣密度 2t/m³ 计算。

13.3.4.2　干渣坑结构

干渣坑的三面设有钢筋混凝土挡墙，另一面为清理用挖掘机进出端。为防止干渣坑的水蒸气进入出铁场厂房内，干渣坑挡墙应有足够的高度。干渣坑底为 120mm 厚的钢筋混凝土板。混凝土板上铺填滤水鹅卵石层，厚 1200 ~ 1500mm。考虑到隔热要求，在干渣坑底板上砌有一层黏土砖。为收集和排放冷却水，干渣坑坑底纵向坡度为 1:50，横向坡度（由中间向两侧）为 1:30。鹅卵石层下设有排水沟和排水井，冷却水经排水沟和排水井流回循环水系统的回水池。在干渣坑底板下为素土夯实层，下铺设一层防水橡胶板，以防止冷却水渗入地下污染地下水。

13.3.4.3　干渣坑冷却及作业

由设在干渣坑两侧挡墙上的喷水头向干渣坑内喷水冷却。冷却水量设计为 3m³/t 渣，水压不小于 0.3MPa。喷水冷却后的干渣还需自然冷却一天。干渣冷却后即可进行清理，干渣清理和装运采用液压挖掘机，然后用载重汽车运往弃渣场。

13.3.5　冲渣水处理

尽管冲渣工艺在不断发展和改进，但其技术的核心还是对高炉熔渣进行喷水水淬、冷却、粒化成水渣；然后进行水渣分离；冲渣的水经过沉淀过滤后再循环使用。

冲渣水处理的主要措施就是根据不同冲渣设备及高炉的渣流量，提出对冲渣水的水压、水温、水质、水量、运行制度的要求，并安全、合理地选择冲渣水循环水泵及其处理设施。

冲渣水处理的主要措施：

（1）循环水泵应根据冲渣的供水量、压力、管路阻损、冲渣制度及频度进行选择。循环水泵以选择耐磨材质的渣浆泵或砂泵为宜。当工作泵台数不少于 2 台时，备用泵宜为 2 台。

供水管路的阀门宜选用耐磨的渣浆阀。阀门与止回阀之间留有一定距离的直线段或膨胀套管，以利于生产检修时更换阀门。

供水管道，特别是管道弯头处，宜采用耐磨衬里或喷刷耐磨涂料，并且尽可能设明管道。管道口径的选择要考虑管道结垢（包括管道衬里）对过流断面的影响。可适当增加管道壁厚，延长管道使用寿命。对未设冷却设施的明装管道，在人员可到处，需对管道外壁进行外包隔热防护处理，以避免不安全因素。

（2）泵站位置要尽可能地靠近高炉冲渣设施处，以减少管道敷设长度。泵站内的水泵机组和吸水井的布置，除应符合国家相关规程、规范的规定外，检修通道尺寸应适当放宽，以利于生产检修。吸水井容积应适当加大，以利于安全生产。

泵站内的检修起重设备宜采用电动方式。

泵站内的设备除设有就地机旁和值班室操作外，也可将值班室与冲渣工艺值班室合并，采用自动化控制。

（3）水泵的吸水井前必须设置沉淀池，用以拦截水渣，减少水渣进入循环水系统，造成堵塞现象。

对沉淀池的底流水渣可设渣浆泵或气力提升机，将渣水打入水渣过滤设备入口，进行再次过滤。

在沉淀池上清液的总出口处，设置细格网或挡板，阻拦浮渣进入吸水井。

（4）冲渣循环水的补水允许采用工业循环排污水作为补水水源。

（5）循环水冷却设施。对冲渣循环水设置冷却设施，选用冷却塔或冷却水池均可。冷却塔的选型要耐高温，填料表面光滑，不易挂渣，喷嘴不易堵塞。

选用转鼓过滤法时，应控制供水温度在 45℃ 左右。

13.3.6　高炉炉渣的综合利用

高炉炉渣是高炉炼铁的副产品之一。应充分回收利用。根据炉渣处理工艺的不同，又分为水渣和干渣等产品。大部分高炉炉渣冲制成水渣，干渣主要在高炉开炉初期或水渣设施检修时产生。

矿渣碎石生产工艺：矿渣碎石是高炉熔渣在炉前干渣坑喷水冷却形成易于运输的干渣后，再经过挖掘、破碎、磁选和筛分而得到的一种碎石材料。

13.3.6.1 水渣的用途

高炉水渣利用是综合利用的好方法,先进的高炉,水渣已经全部得到利用。目前,冲制水渣的工艺设备均能保证水渣的质量,玻璃化程度可以达到90%~95%、水渣平均粒度为0.2~3.0mm、水渣含水不大于15%的要求。

高炉水渣的主要用途如下:

(1)高炉水渣已经普遍用于制造水泥。掺入30%~50%的水渣,可以生产400~500号矿渣硅酸盐水泥。可替代水泥熟料,降低煤耗,降低生产成本,并可节省矿山及水泥厂的基建投资。

(2)用于制造渣砖、渣瓦等预制品构件。渣砖可以替代红砖,节约宝贵的土地资源。

(3)用于制作湿碾炉渣混凝土。湿碾炉渣混凝土可做大型设备基础、各种预制品构件。

(4)用于隔热填料。可代替硅藻土用于隔热填料,节约成本。

(5)生产矿渣微粉。高炉水渣经过超细磨,可作为生产矿渣微粉的主要原料。用于生产高性能的优质水泥,目前已颁布国家标准《水泥和混凝土中粒化高炉矿渣粉》GB/T 18046—2008,使矿渣微粉的应用更科学化和规范化[21]。

(6)目前,有的把高炉水渣细磨后作为处理SO_2烟气吸收剂。

13.3.6.2 高炉干渣的用途

高炉干渣的主要用途如下:

(1)高炉块状干渣可用做炉渣混凝土的粗细骨料。

(2)用做公路及铁路路基、基础垫层等。

13.3.6.3 其他用途

(1)矿渣膨珠。可以制作隔热材料、轻质砌块及轻质混凝土骨料等。轻骨料砌块可采用膨珠作为骨料,在建筑行业大量采用。

(2)制成矿渣棉的原料。直接利用高炉熔渣有重大经济和社会效益,日本直接用液态高炉渣经电熔,生产优质渣棉[22]。

(3)冶炼高磷矿的炉渣可制成磷钙肥料。用于酸性土壤,可达到改良土壤、提高农作物产量的目的。

(4)用于海洋环境修复。将一定厚度的高炉矿渣覆盖到被污染的海岸边,可以压制有机物质上浮,净化海水;同时为硅藻类植物繁殖提供硅酸盐营养物质,促进海洋生物生长,起到改善海洋水域环境的作用。

参 考 文 献

[1] 殷瑞钰著. 冶金流程工程学(第2版)[M]. 北京:冶金工业出版社,2013.

[2] 张灵,刘俭等. 沙钢650万t钢板工程"一罐到底"的设计及生产[J]. 中国冶金,2009(2):31.

[3] 叶薇,邹忠平,苏莉等. 重钢铁水运输"一罐制"工艺设计[J]. 炼铁,2011,31(2):21.

[4] 范明皓. 首钢国际工程公司创新研发"一罐到底"铁水运输新技术在首钢京唐钢铁厂实现铁水运输系统质的飞跃[N]. 世界金属导报,2009.11.17.

[5] 由文泉主编. 实用高炉炼铁技术[M]. 北京:冶金工业出版社,2002.

[6] 周传典主编. 高炉炼铁生产技术手册[M]. 北京:冶金工业出版社,2002.

[7] 严允进主编. 炼铁机械[M]. 北京：冶金工业出版社，1981.

[8] 伏明，李明. 马钢2500m³ 高炉炉前技术进步[J]. 炼铁，2003(增刊):10~13.

[9] 罗茂华. 昆钢高炉炉前耐火材料的开发应用[J]. 炼铁，2002(增刊):77~79.

[10] 中国冶金设备总公司. 现代大型高炉设备及制造技术[M]. 北京：冶金工业出版社，1996.

[11] 中国冶金建设协会编. 钢铁企业采暖通风设计手册[M]. 北京：冶金工业出版社，1996.

[12] 张殿印，张学义编著. 除尘技术手册[M]. 北京：冶金工业出版社，2001.

[13] 陈清华. 高炉出铁场烟尘治理技术综述[J]. 工业安全与防尘，1995(1):17.

[14] 张殿印，王纯主编. 除尘工程设计手册[M]. 北京：化学工业出版社，2003.

[15] 孙一坚主编. 简明通风设计手册[M]. 北京：中国建筑工业出版社，1997.

[16] 张士进等编译. 钢铁工业二次烟尘控制技术[J]. 冶金环保情报，1990(4):1~6，42~44.

[17] 杜社，伍积明，高智. 本钢5号高炉长寿与环保设计[J]. 炼铁，2002(1):6.

[18] Leyser P. Cortina C. INBA slag granulation system-environmental process control[J]. Iron and Steel technology，2005，2(4):139~146.

[19] 谈庆. 高炉出铁场烟气治理的发展与创新[J]. 科技纵横，2003(4):32.

[20] 周南夫. 高炉炉渣的综合利用及炉前膨珠和水渣工艺[C]. 炼铁系统先进实用技术经验交流会文集，2005，110~115.

[21] 西鹏，周守航. 浅谈高炉渣资源的合理利用. 金属学会炼铁论文集，2010（下册）：1106.

[22] 肖永力，李永谦，刘茵. 高炉渣矿棉技术的现状及发展[C]. 2010年第四届宝钢学术年会论文集，O-111 叶薇. 重钢铁水运输"一罐制"工艺设计，2010.

14 高炉炉顶装料和供料系统

现代大型高炉每昼夜连续需要原、燃料上万吨。原、燃料的供应由高炉炉顶装料和供料系统来保证。炉顶装料和供料系统包括装料设备和上料胶带运输机，以及槽下各种卸料、筛分、称量、运输设备所组成的系统。因此各设备之间相互紧密衔接、配合，协调地进行工作是考察炉顶装料和供料系统性能的重要指标，也是设计炉顶装料和供料系统的基本要求。

14.1 高炉炉顶装料和供料系统流程及参数

为了叙述方便将高炉炉顶装料、槽下运输和上料系统合并在一起讨论。将槽下运输和上料两个系统统称为供料系统。我国高炉装料系统均采用无料钟装料系统，因此本书不再讨论钟式装料系统，而高炉供料系统根据不同要求有各种形式。所以本节重点讨论供料系统的流程。

对于炉顶装料系统和供料系统来说，最重要的工艺要求就是满足高炉生产的需要。

14.1.1 供料系统流程的选择

供料系统的流程和组成主要取决于对供料系统的工艺要求。

14.1.1.1 供料系统的工艺要求

高炉炼铁对原燃料的要求已经在第 4 章叙述过了，可是供料系统是入炉的最后一道工序，为了贯彻精料对供料提出了一系列的要求。这里仅对供料系统流程产生影响的工艺进行简单介绍。

A 一般工艺要求

为了减少焦粉及矿粉入炉量，改善炉内透气性，**烧结矿、焦炭在入炉前必须在矿槽、焦槽下进行过筛**。在选择筛分设备时可适当增加设备的能力，保证有高的筛分效率。

高炉应充分发挥槽下焦炭筛和矿石筛的能力，尽量减少每台筛子的给料量，采用减薄筛面上的料层，精细筛除粉末。烧结矿经槽下筛分后，烧结矿中小于 3mm 的粉末量要求小于 2%。湘钢 3 号高炉在 2001 年底改造了烧结矿振动筛，使入炉烧结矿中小于 5mm 的粉末减少了 45.23%，5mm 的粉末量下降到 4.896%。改善了料柱透气性，利用系数由 2001 年的 2.207t/($m^3 \cdot$ d)提高到 2002 年的 2.320t/($m^3 \cdot$ d)，燃料比由 506.1kg/t 下降到 2002 年的 497.44kg/t。

马钢 2500m^3高炉加强了焦炭筛的筛网管理，2001 年以来入炉焦炭中小于 10mm 的焦粉含量小于 0.8%，对提高利用系数和降低燃料比起了很大的作用。

入炉原料、燃料均应设置称量误差补正和焦炭水分补正设施。这是稳定高炉操作的有效措施，这一技术目前已普遍采用。

槽下矿石称量漏斗容积，按 1 台烧结矿筛检修时，其余烧结矿筛应保证正常供料

设置。

高炉炼铁设计宜采用烧结矿分级入炉，宜回收利用小粒度烧结矿。应回收利用小块焦炭。小块焦炭宜加入矿石料批中混装入炉。

为了安全生产，重要的胶带运输机，包括**焦炭和矿石集中胶带运输机应设置金属检除装置**。

根据槽下设备的可靠性，在研究烧结矿筛由 1 台增加到 3～4 台时可靠性迅速提高，增加到 5～6 台时可靠性提高得较慢，7 台以上变化不大。因此槽下设烧结矿筛 5～6 台为宜。在满足构成一批料或一小批（batch）料烧结矿、小粒度烧结矿和焦炭重量的情况下，**每座高炉的烧结矿筛不得少于 4 台，小粒级烧结矿或焦炭筛不得少于 2 台。**

槽下振动给料机的可靠性很高，主要是振动槽的磨损，在给料量小时，只需 1 台给料机就可满足要求；给料量大时，选择 3 台即可。

料车高炉一般每座高炉采用两个焦槽；大型高炉也可采用多个焦槽。

筛子的能力不仅取决于产量，还要考虑筛后产物的含粉率。烧结矿的含粉率要求低于 2%；焦炭含粉率要求低于 4%。在很多情况下，筛子的铭牌能力并不是其实际出力。如何提高筛子的产量或筛分效率，必须通过实验来确定。

矿槽宽度根据槽上胶带运输机的条数、卸料方式和胶带宽度确定。

B　小块焦回收利用

为节约焦炭充分利用资源，目前大部分高炉已经采用小块焦的回收利用。

近年来，为了充分利用宝贵的焦炭，将原来不能入炉的碎焦中 5～25mm 的小块焦回收入炉。小块焦的回收方式有三种：（1）由焦化或原料场筛分出的小块焦送往高炉矿槽；（2）高炉焦槽下的碎焦中筛分出大于 5mm 的小块焦返回装入矿槽回收利用；（3）将焦化送高炉的焦炭在焦槽下重新筛分成两级，将小于 30mm 的碎焦筛除 6mm 以下的粉末后回收利用。后两者将设置专门的筛分系统。虽然有的高炉将小块焦独立成批装入高炉，可是根据小块焦在炉内的行为本书推荐采用将小块焦与烧结矿混装入炉，其理由、使用实绩和实验依据请见第 4 章。

C　烧结矿分级入炉

散状物料粒度大小和粒度组成对料层透气性有很大的影响，特别是大小粒级差异较大时，小粒级的物料充填进大颗粒物料的缝隙中，将显著减小料柱的透气性。因此将大小粒级的物料分别装入，减小物料粒级的相互充填，将有助于改善料柱透气性。分级入炉就是利用这一原理来改善高炉块状带的透气性的。

烧结矿分级入炉技术，改善了大粒度烧结矿层的透气性，有效控制了装料过程的粒度偏析；扩大了烧结矿的合格粒度范围，提高了熟料率，减小了返矿量，降低了能耗；同时利用小粒矿对煤气流阻力大的特点，控制高炉煤气流分布，将小粒矿布在边缘，抑制边缘煤气流，充分利用了煤气化学能，有利于节能降耗；又保护了炉衬及冷却设备，有利于高炉长寿。

烧结矿分级方式有：（1）烧结厂分级后分别送往高炉矿槽，如鞍钢新 1 号高炉、新 4 号高炉等；（2）在高炉槽前设置筛分站，将烧结矿筛分分成两级进入大小烧结矿槽，如名古屋 1 号高炉、武钢 6 号高炉、鞍钢 7 号高炉等；（3）在槽上供料胶带机头部设置挡板，将烧结矿分成两级进入各自矿槽，如名古屋 3 号高炉、水岛 3 号高炉、安钢新 3 号高炉等；（4）将槽下烧结矿筛网孔径加大，在槽下返矿胶带机头部设置筛分站，将槽下筛分出来的粉矿再次筛分，分级出小粒矿返回矿槽或直接入炉，如韩国光阳1号高炉和日本千叶6号高炉等。

武钢6号高炉采用槽前设置烧结矿筛分楼，大于14mm为大粒矿，5～14mm为小粒矿，并使返矿量降至16%以下。采用烧结矿分级入炉后，矿石的布料平台可以进一步拓宽，而且小粒矿在边缘又形成一个小的矿石平台，其宽度在80～100cm为佳，这样有利于提高煤气利用率和稳定炉体温度。

鞍钢7号高炉采用的烧结矿分级方式：烧结矿在进入矿槽前的转运站内进行一次筛分，分离出<12mm和≥12mm两种粒度的烧结矿，分别装入大粒烧结矿槽和小粒烧结矿槽。在槽下进行二次筛分，将<4mm的粉矿筛除，>4mm的烧结矿按高炉上料程序成批加入高炉。

鞍钢新1号高炉、新4号高炉等新建高炉，利用烧结机环冷工艺后的筛分分级，将留出烧结机铺底料后的小粒矿不再合并到大粒成品烧结矿中，而由烧结厂直接输出两种粒级的烧结矿上高炉的大小粒级烧结矿槽，实现烧结矿的分级入炉，简化了工艺，缩短了运输皮带。

光阳1号高炉的烧结矿分级采用槽下烧结矿筛将大于12mm烧结矿作为大粒级烧结矿；筛下小于12mm的烧结矿送到小块烧结矿仓，经筛除<5mm烧结矿粉作为小粒度烧结矿分别入炉。光阳1号高炉烧结矿分级入炉系统见图14-1。

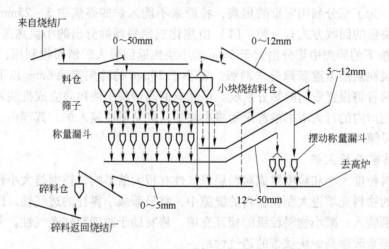

图14-1 光阳1号高炉槽下烧结矿分级系统

烧结矿分级入炉，使12～50mm的大粒矿布向炉子中心，而5～12mm小粒矿布向炉墙边缘。且使小烧结矿堆聚在大粒矿上形成宽1～2m的平台。这样，朝炉子中心形成一混合层，最终小粒矿布在炉墙环带处。

光阳1号高炉采用的典型布料矩阵为：$C_{22334}^{34567}O_{23212}^{678910}O_{S121}^{456}$。通过烧结矿分级入炉，光阳1号高炉获得了稳定的炉况和高产量、低燃料比的效果。

通过调整小粒矿的粒度和数量，增加了炉料分布控制的灵活性，炉墙和炉心气流能够分别控制；小粒矿布在炉墙处，有助于防止软熔带根部位置的大幅度降低，抑制边缘气流的过分发展，有利于保护炉墙。烧结矿分级入炉前后炉喉温度和煤气利用率的对比见图 14-2。

水岛 3 号高炉采用三罐无料钟装料设备，也采用了烧结矿分级入炉，并获得了良好的效果。

D　小粒度烧结矿回收利用

小粒矿回收是将烧结矿筛下 ≤5mm 的粉末中 ≥3mm 的部分进行回收利用。采用的主要回收方式：在槽下烧结矿粉矿仓上部设置筛分设备，将粉矿中 ≥3mm 的部分筛分出来，反送到小粒矿槽或直接送到小粒矿称量漏斗计量后入炉。

使用小粒矿对高炉冶炼的影响可以归纳为：扩大烧结矿可使用粒度的范围，提高熟料率，减少再次烧结时的耗能，降低生产成本；采用分装制度使小粒矿布在炉墙边缘，改善了煤气利用，抑制了边缘煤气流的发展，延长高炉寿命。

马钢 2500m³ 高炉将小粒度烧结矿单独集中入炉，布在炉喉中间的装入方式。

2001 年 2 月开始使用小粒矿，采用的装料制度为 $8C\downarrow O\downarrow +1C\downarrow O_L\downarrow O_S\downarrow$。到 2002 年 6 月实现了小粒矿回收利用量 74kg/t、综合焦比 479kg/t、煤气利用率 47.5%、高炉利用系数 2.544t/(m³·d)、高炉稳定顺行的良好效果。马钢 3 号高炉炉喉煤气温度分布曲线见图 14-3。

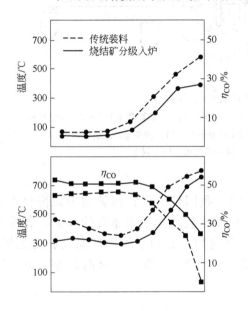

图 14-2　烧结矿分级入炉前后，炉喉温度及煤气利用分布情况对比

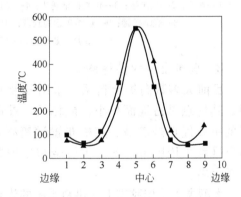

图 14-3　马钢 3 号高炉炉顶十字测温曲线

昆钢 2000m³ 高炉、韶钢 750m³ 高炉、济钢等厂都采用了小粒度烧结矿回收利用。

14.1.1.2　供料系统的工艺流程

A　料车上料的供料系统

上料形式应结合地形、总图运输、炉容大小和出铁场布置综合考虑。高炉的上料形式宜符合表 14-1 的规定。

表 14-1　高炉的上料形式

炉容级别/m³	<2000	≥2000
上料形式	斜桥料车上料或胶带机上料	胶带机上料

我国料车高炉槽下采用胶带运输方式是 1970 年在攀钢 1 号高炉首先使用的，其后在梅山高炉上进行了烧结矿过筛，并得到了推广应用。

料车上料的供料系统有多种形式。设计的主要原则是：大宗原料或难运输的物料，尽量设置在料车坑的上方，减少倒运，直接装入料车中。一般在料车坑上方设焦槽，焦炭筛分后直接进入焦炭称量漏斗，装入料车。此外，有在料车坑上方设大烧结矿槽，将烧结矿经矿石集中称量漏斗直接装入料车的形式，多用于热烧结矿的高炉；也有在料车坑上方设杂矿槽的形式；还有设块矿或球团矿的形式。现以料车坑上方设杂矿槽的梅山高炉供料系统为例。

梅山高炉供料系统示意图见图 14-4。

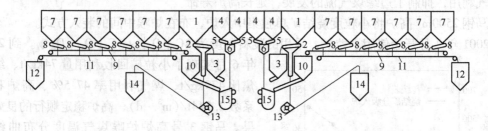

图 14-4　梅山高炉供料系统示意图

1—焦槽；2—焦炭筛；3—焦炭称量漏斗；4—杂矿槽；5—杂矿给料机；6—杂矿称量漏斗；7—烧结矿槽；
8—烧结矿筛；9—烧结矿运输胶带；10—矿石集中称量漏斗；11—粉烧结矿运输胶带；
12—粉烧结矿槽；13—碎焦料车；14—碎焦槽；15—料车

B　胶带上料的供料系统

目前大多数高炉上料系统采用胶带上料方式。我国传统设计高炉均为斜桥料车上料，其优点是占地面积小，能耗低，投资少，比较适宜单出铁场布置的高炉。胶带上料的主要优点是矿槽、焦槽布置远离高炉，炉前宽阔，有利于除尘环保设施的设置。所以推荐采用胶带上料。但资金和用地紧张的小于或等于 2000m³ 级高炉也可以采用料车上料。

大型高炉采用胶带上料供料系统的优点是：

（1）高炉与矿槽、焦槽之间的距离远，平面布置比较自由，可以根据地形、地貌以及场地的情况来布置高炉及其附属设施；

（2）高炉及其附属设施可以布置得比较松散，以避免高炉构筑物过于密集，相互干扰，使高炉周围比较开阔；

（3）为大型高炉设置多个出铁口和布置多面出铁场提供了条件；

（4）胶带上料能力大，设备简单，能够满足大型高炉的要求；

（5）简化了炉顶布置，改善炉料在装料设备中的分布。

例如，攀钢 4 号高炉、重钢 5 号高炉，虽然炉容为 1000m³ 级，但由于地形限制，为减少土方工程量采用了胶带上料；又如，本钢 5 号高炉大修，为利用原有矿槽，采用上料主胶带中间转运的办法；再如，宝钢 4 号高炉，高炉布置在护厂河以北，矿槽、焦槽布置在护厂河以南。这些都是灵活运用胶带上料方式的范例。

胶带上料的供料系统也有多种形式。主要按是否设矿石集中漏斗和焦炭集中称量漏斗分为两种形式：一是设矿石集中漏斗和焦炭集中称量漏斗；二是不设矿石集中漏斗和焦炭集中称量漏斗。

宝钢高炉设矿石集中漏斗和焦炭集中称量漏斗。图 14-5 为宝钢 1 号、2 号高炉供料系统示意图。

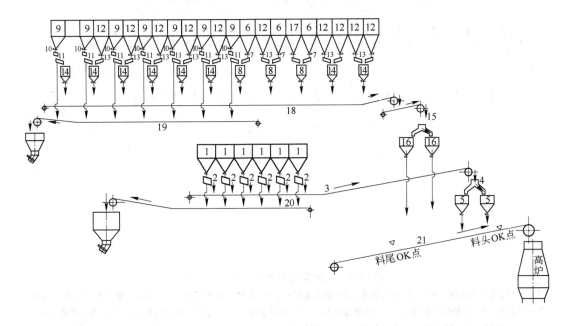

图 14-5　宝钢 1 号、2 号高炉供料系统示意图

1—焦槽；2—焦炭筛；3—焦炭集中运输胶带；4—焦炭转换溜槽；5—焦炭集中称量漏斗；6—杂矿槽；
7—杂矿给料机；8—杂矿称量漏斗；9—烧结矿槽；10—烧结矿给料机；11—烧结矿筛；
12—球团矿和精块矿槽；13—球团矿和精块矿给料机；14—矿石漏斗；15—矿石
转换溜槽；16—矿石集中漏斗；17—小块焦槽；18—矿石胶带机；
19—粉矿胶带机；20—碎焦胶带机；21—上料胶带机

不设矿石集中漏斗和焦炭集中称量漏斗的高炉供料系统如图 14-6 所示。

两者的主要区别在于：

前者各矿石称量漏斗将矿石称量后分别卸到矿石集中胶带机上，由胶带机运送到矿石集中漏斗中，等待装矿指令，由矿石集中漏斗卸到装料主胶带机上运送到高炉炉顶；焦炭槽下不设称量漏斗，由焦炭筛直接供给焦炭集中胶带机上，焦炭集中胶带机上经常装有焦炭，当焦炭集中称量漏斗发出"空"信号后，焦炭集中胶带机就向焦炭集中称量漏斗供料，等待炉顶装焦指令，由焦炭集中称量漏斗将焦炭卸到上料主胶带机上运送到高炉炉顶。

不设矿石集中漏斗和焦炭集中称量漏斗的供料系统中，槽下各矿石称量后等待装矿指令，分别将矿石卸到焦炭、矿石集中胶带机上，由焦炭、矿石集中漏斗卸到装料主胶带机上运送到高炉炉顶；焦炭槽下设置称量漏斗，焦炭筛按规定重量将焦炭装入各焦炭称量漏斗，等待炉顶装焦指令，各焦炭称量漏斗直接供给焦炭、矿石集中胶带机上，然后经上料主胶带机送到高炉炉顶。

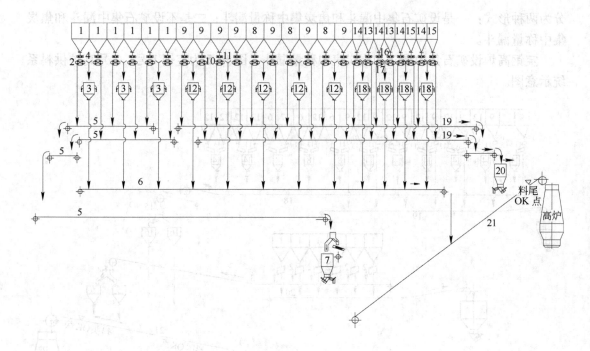

图 14-6 安钢 3 号高炉供料系统示意图

1—焦槽；2—焦炭筛；3—焦炭称量漏斗；4—焦炭给料机；5—碎焦运输皮带机；6—焦炭、矿石槽下集中胶带机；
7—碎焦仓；8—小块烧结矿槽；9—大块烧结矿槽；10—烧结筛；11—烧结矿电动给料机；12—烧结矿称量漏斗；
13—块矿槽；14—球团矿槽；15—杂矿槽；16—球团矿和精块矿及杂矿给料机；17—球团矿和块矿及杂矿矿筛；
18—球团矿和块矿及杂矿称量漏斗；19—返矿胶带机；20—粉矿仓；21—上料主胶带机

14.1.2 料批重量

过去，首先确定焦炭批重，然后根据焦比来决定矿石批重。由于风口大量喷吹燃料，焦比大幅度下降，用原来的公式确定焦炭批重，再确定矿石批重，将导致矿石批重非常大。由于炉喉矿石的分布对炉内煤气流的分布起着主要的控制作用，应改为先确定矿石批重。

在高炉生产操作中，焦炭层厚度与软熔带焦炭窗密切相关。因此在操作中调整装料制度时，应以焦炭批重为基准，调整矿石批重。而在设计中，决定高炉装料设备容积和槽下称量漏斗容积时，应按料批中最大的容积决定。过去全焦操作或喷吹燃料量不大时，焦炭容积决定料斗容积；而大量喷吹煤粉后，料批中容积较大的物料已转变为矿石，所以在确定设计装料和供料系统的漏斗时，应采用矿石容积为基准。

14.1.2.1 矿石批重的确定

按照过去的经验，焦炭批重 W_c 与炉喉直径有密切关系。焦炭批重与炉喉直径 d 的三次方成正比。

$$W_c = k_1 d_1^3$$

式中 k_1——确定焦批重量的系数，日本大型高炉焦炭批重的经验系数 k_1 为 0.03 ~ 0.04；

正常焦炭批重时，k_1 取 0.035；

d_1——炉喉直径，m。

矿石批重 W_o、炉喉直径与料批重量可用下式表示:

$$W_o = k d_1^3 \tag{14-1}$$

当焦比为 430kg/t，矿比为 1613kg/t 时，日本大型高炉矿石批重的经验公式为:

$$W_o = (0.11 \sim 0.15) d_1^3 \tag{14-2}$$

正常矿石料批重量时，式中的系数取 0.131；最大料批为 0.15。

按照同样的折算方法，则日本的另一个计算正常焦炭批重的经验公式 $W_c = 0.9 d_1^2 - 7.4 d_1 + 18.7$ 可换算成下式:

$$W_o = 3.38 d_1^2 - 27.8 d_1 + 70.1 \tag{14-3}$$

日本的经验，矿石批重与炉喉直径之间成 3 次方的关系，也就是高炉炉喉矿石料层厚度随炉喉直径成正比增加。

我国高炉的实践表明，虽然料层厚度随炉喉直径增加，可是这种趋势比较弱，炉喉料层的厚度不是随炉喉直径成正比增加，因此高炉矿石料批容积是 2~3 次方之间的值。统计现有高炉炉喉与炉顶装料设备料斗容积之间的关系如图 14-7 所示。

在高喷煤量的条件下，随着喷煤量的提高，矿焦比大幅度上升，高炉焦炭料批的重量迅速下降，焦炭料批容积不再是决定高炉装料设备料斗容积的因素，而是受矿石批重和高炉透气性的限制。推荐用矿石批重来决定装料设备的容积。表 14-2 列出了某些高炉矿石批重的统计资料。

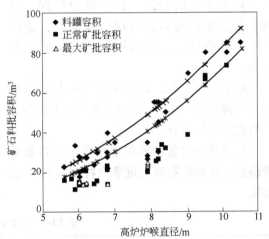

图 14-7 高炉炉喉直径与装料设备料罐容积和矿石料批容积的关系

表 14-2 高炉矿石料批重量的统计资料

厂名及炉号	炉容 /m³	矿批重量 /t	炉喉矿石层厚 /m	平均风量 /m³·min⁻¹	批重与风量之比 /%	料速 /m·h⁻¹	批数 /h
宝钢 3	4350	132	0.915	6750	1.96	5.15	5.63
宝钢 2	4063	119	0.933	6230	1.91	4.76	5.10
宝钢 1	4063	123	0.964	6220	1.98	4.90	5.08
武钢 5	3200	70	0.670	6000	1.17	4.80	7.15
本钢 5	2600	48	0.505	5271	0.91		
鞍钢 11	2580	58	0.606	5600	1.04	4.10	6.75
首钢 1	2536	55	0.631	4933	1.11	4.64	7.36
马钢 1	2500	61	0.626	4132	1.48	4.43	7.08
包钢 4	2200	40	0.495	3900	1.03	3.30	6.66
酒钢 1	1800	39	0.614	3740	1.04	4.30	6.98
宣钢 8	1260	25.5	0.481	2400	1.06	3.60	7.40
邯钢 5	1260	24	0.451	2300	1.04	3.30	7.28

厂名及炉号	炉容 /m³	矿批重量 /t	炉喉矿石层厚 /m	平均风量 /m³·min⁻¹	批重与风量之比 /%	料速 /m·h⁻¹	批数 /h
梅山 3	1250	25	0.519	2407	1.04	4.00	7.77
水钢 2	1200	24	0.515	2390	1.00	3.30	6.40
酒钢 2	1000	30	0.634	2380	1.26	3.60	5.74

批重与炉腹煤气量也有相关关系。当炉腹煤气量 V_{BG} 增加时，料批重量随之加大，图 14-8 为宝钢 1 号高炉炉腹煤气量与矿石料批重量的关系。在炉龄中后期，维持中等强化程度时炉腹煤气量减少，选用较小的矿石批重，以求得稳定充足的中心气流。

根据生产实际，高炉炉喉直径与正常矿石料批容积回归统计，为 2.20~2.45 次方之间的数值比较适宜。

高炉装料设备的容积应根据矿石料批重量确定。高炉矿石料批重量宜符合表 14-3 的规定。

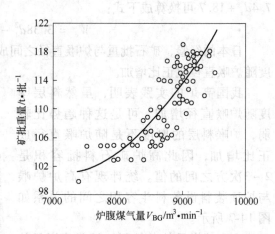

图 14-8 高炉炉腹煤气量 V_{BG} 与矿批重量的关系

表 14-3 高炉矿石料批重量

炉容级别/m³	1000	2000	3000	4000	5000
正常矿石批重/t	30~60	50~95	80~125	115~140	135~170
最大矿石批重/t	35~70	60~100	90~140	126~160	150~190

根据表 14-3 得到的高炉容积 V_u 与炉喉矿石料层厚度 $B(m)$ 的关系式如下：

$$B = 0.0001V_u + 0.4796 \tag{14-4}$$

将高炉炉喉直径与装料设备的料罐容积和矿石料批容积作成图 11-2。

图中的曲线所推荐的装料设备料罐容积和建议设计的正常矿石料批容积 V_o，与炉喉直径 d_1 的关系可按下式计算：

$$V_{onor} = 0.270d_1^{2.4187} \tag{14-5}$$

$$V_{omax} = 0.472d_1^{2.2266} \tag{14-6}$$

由上式计算的料层厚度与表 14-2 所列高炉炉喉的料层厚度随炉喉直径的扩大逐渐加厚的规律是一致的。

以不同容积高炉为例，实际使用料罐容积，并参照式（14-5）和式（14-6）计算，推荐的料罐容积和矿石批重见表 14-4。

表 14-4 推荐的料罐容积和矿石批重

高炉容积/m³	1350	2500	3200	4063①	4350	4747
炉喉直径/m	6.4	8.2	9.0	9.5	10.1	10.5
正常矿批容积/m³	21.9	42.6	54.6	66.1	72.5	77.6
最大矿批容积/m³	26.5	48.9	60.4	73.6	80.5	85.1
料斗容积/m³	28	50	65	80	80	85
最小矿批重量/t	30	65	85	102	118	125
正常矿批重量/t	38	74	95	115	126	135
最大矿批重量/t	46	85	105	128	140	148

① 宝钢 1 号、2 号高炉的设计数据，在以后章节中要使用这些数据。

由于宝钢 2 号高炉大修受到炉顶框架高度限制，装料设备的料斗容积无法按正常要求的容积配置。

14.1.2.2 焦炭批重的确定

用矿石批重计算焦炭批重 W_c：

$$W_c = W_o \times C_R / O_R \tag{14-7}$$

式中　C_R——焦比，t/t；

　　　O_R——铁矿石消耗量，t/t。

过去高炉采用全焦冶炼或风口少量喷吹燃料操作，焦比比较高，而现在大量喷吹煤粉，使焦比大幅度下降。

按《规范》规定的各级高炉的利用系数的平均值和最高焦比，见第 1 章表 1-3，并使用表 14-3 和表 14-4 中的矿批重量计算推荐的焦炭批重，其结果见表 14-5。

表 14-5 推荐的焦炭批重

高炉容积/m³	1350	2500	3200	4063	4350	4747
最小焦炭批重/t	6.2	12.8	16.5	18.6	22.1	23.5
正常焦炭批重/t	7.4	14.6	18.4	21.0	23.7	25.4
最大焦炭批重/t	9.1	16.8	20.4	23.3	26.3	27.8

由于各高炉的矿槽、焦槽和供料系统的工艺流程及生产条件不同，矿焦比相差很大。现以宝钢为例：单位生铁的矿石消耗量为 1.62 时，不同焦比时的焦炭批重见表 14-6。

表 14-6 宝钢 1 号、2 号高炉的焦炭批重

矿石批重/t	焦炭批重/t			
	焦比 280kg/t	焦比 300kg/t	焦比 400kg/t	焦比 480kg/t
最小矿批 102	20.7	21.6	25.2	30.2
正常矿批 115	19.9	21.3	28.4	34.1
最大矿批 128	22.1	23.7	31.6	37.9

14.2 高炉矿槽和焦槽系统

矿槽、焦槽及供料系统的设计应根据原、燃料的品种、需要量和贮存量、槽上和槽下运输方式，以及高炉上料方式确定。

14.2.1 矿槽、焦槽及槽上运输

高炉采用胶带运输机上料后，矿槽和焦槽的布置可根据具体情况（包括地形和场地条件）灵活布置。

14.2.1.1 槽上运输

高炉所需烧结矿、焦炭分别由烧结厂、焦化厂供应。球团矿、块矿、锰矿、石灰石、硅石、萤石等原料和辅助原料由原料场供应。

由于已经普遍采用冷烧结矿、淘汰热烧结矿，因此，**矿槽、焦槽的上下部均应采用胶带机运输设施，并应减少转运、跌落次数和落差**。以减少运输过程中烧结矿和焦炭的破碎。

槽上胶带运输机的条数应根据运输量等因素与总图、储运专业共同确定。

高炉使用胶带运输机时，要求烧结矿和球团矿的温度不高于80℃，胶带的倾角分别不大于16°和13°，胶带速度一般不大于2m/s。

各种散状物料的特性及胶带运输机允许最大倾角见表14-7。

表 14-7   各种散状物料的特性及胶带运输机允许最大倾角

物　料	堆密度 /t·m⁻³	胶带最大倾角 /(°)	堆角/(°) 运　动	堆角/(°) 静　止	安息角/(°)
筛分后的焦炭	0.45～0.50	15	35	50	
碎焦(25～0mm)	0.50	15			
球团矿	2.2～2.4	13			37
矿石(120～0mm)	2.2～2.5	15	30～35	40～45	
精块矿(30～5mm)	2.2～2.6	18	30～35	40～45	
粉矿(10～0mm)	2.0～2.5	20			
烧结矿	1.8～2.0	15		45～50	36
烧结矿粉(5～0mm)	1.6～1.8	20	30		37
粉煤和灰	0.8～1.0	18		37～45	37
原　煤		18			
石灰石(10～0mm)	1.5～1.6	20	30～35	40～45	37
石灰石(50～0mm)	1.5～1.6	18	30～35	40～45	36
白云石(50～0mm)	1.5～1.8	18	35	45	36
锰　矿	1.7～2.4	18		35～45	36
硅　石	1.5～1.6	18		38～50	36
水　渣	1.3	17			35

注：物料的堆密度、安息角随物料的水分、粒度、带速等变化，应以实测为准。

运输机允许输送的物料块度取决于带宽、带速、槽角和倾角，也取决于大块物料出现的频率。各种带宽有适用的最大块度。由于高炉的原、燃料均进行过整粒，其块度均在运

输机允许输送的物料块度的规定范围以内。

14.2.1.2 矿槽和焦槽的工艺参数

矿槽、焦槽容积的大小对高炉基建投资有一定影响。矿槽、焦槽容积取决于原料品种的多少和管理水平，以及维修水平。

焦槽、矿槽主要的作用是满足高炉生产、配料和调节的要求。为了解决烧结设备检修时能向高炉正常供料，一般应考虑原、燃料的落地贮存设施。矿槽、焦槽容积的贮存时间主要是考虑供料系统胶带检修及高炉生产波动时能确保高炉正常生产。矿槽的数目要满足矿种及矿槽倒换和检修的要求。由于供矿系统的胶带比运焦胶带容易损坏，焦炉的生产也比较稳定。因此，贮矿槽的贮存时间多于焦槽的贮存时间。

在编制《规范》时，总结了《炼铁设计参考资料》推荐的高炉烧结矿槽和焦槽的贮存时间，并根据目前高炉普遍采用喷吹煤粉，焦比降低，焦槽贮存时间已经延长的实践，故将焦炭贮存时间做了适当的延长。

《炼铁设计参考资料》推荐的烧结矿槽和焦槽贮存时间见表14-8。

表 14-8　矿槽和焦槽的贮存时间

高炉容积/m³	烧结矿贮存时间/h	焦槽贮存时间/h	高炉容积/m³	烧结矿贮存时间/h	焦槽贮存时间/h
2500	9~14	6~8	1500	10~16	6~8
2000	9~14	6~8	1000	14~22	6~8

《规范》减少了1000m³级高炉的烧结矿贮存时间，其理由是在编写《炼铁设计参考资料》时，国内大部分1000m³级高炉使用热烧结矿，并采用铁路运输，矿槽损坏严重，经常修理，烧结矿不能落地贮存，所以矿槽的容积要求大。

《规范》规定，**矿槽、焦槽数目应根据原料品种、贮存时间及清槽、检修等综合因素确定，并应符合容积大、数量少的要求。焦槽的贮存时间应为 8~10h。高炉烧结矿槽贮存时间宜为 10~14h。烧结矿分级入炉时，可采用上限值。其他原料的贮存时间应大于 12h。**

宝钢1号、2号高炉第一代矿槽、焦槽的设计容积及贮存时间见表14-9。

表 14-9　宝钢 1 号、2 号高炉矿槽、焦槽容积及贮存时间

原　料	料槽数目/个	每个料槽容积和容量		料槽总容积和容量		堆密度/t·m⁻³	贮存时间/h
		m³	t	m³	t		
焦　炭	6	450	203	1700	1215	0.45	6.0
烧结矿	6	566	1019	3396	6113	1.8	10.0
块　矿	3	140	280	420	840	2.0	13.4
球团矿	3	140	308	420	924	2.2	12.2
石灰石	1	170	255	170	255	1.5	12.2
锰　矿	1	170	306	170	306	1.8	36.4
硅　石	1	60	90	60	90	1.5	21.8
白云石	1	60	84	60	84	1.4	20.0

由于宝钢高炉喷吹煤粉，焦比大幅度下降，1号、2号高炉的焦槽实际贮存时间延长至10h以上，能够满足高炉生产的要求。而矿槽略显不足。

从宝钢高炉的矿槽、焦槽贮存时间来看，对容积大于和等于3000m³的高炉也是合适的。

宝钢高炉能够采用较小的烧结矿槽容积，是由于成功地使用了落地烧结矿，而得到了缓冲，并且加强了槽存量的管理。近年来，梅山高炉也成功地使用了落地烧结矿。在使用落地烧结矿时，应保持高槽位；加强槽下筛分，调整高炉操作。

包钢 3 号高炉矿槽和焦槽偏小，其贮存时间见表 14-10。

表 14-10　包钢 3 号高炉矿槽、焦槽容积及贮存时间

炉容 /m³	焦槽总容积 /m³	焦槽数目 /个	焦炭贮存时间 /h	矿槽总容积 /m³	矿槽数目 /个	烧结矿槽容积 /m³	烧结矿贮存时间/h
2200	920	2	3.8	2800	24	1440	7.45

实际使用时焦槽的容量小，以及受装满系数的影响，显得紧张。

近年新建高炉的槽存时间见表 14-11。

表 14-11　新建高炉的槽存时间

厂名及炉号	炉容/m³	焦炭贮存时间/h	烧结矿贮存时间/h	厂名及炉号	炉容/m³	焦炭贮存时间/h	烧结矿贮存时间/h
宝钢 1	4996	8.0	11.0	八一钢厂 A、B	2500	10.1	15.6
宝钢 4	4747	11.2	16.2	安阳 9	2800	8.9	14.0
曹妃甸 1	5500	10.8	14.0	梅山 4	3200	9.1	13.4
沙　钢	5800	9.3	10.0	重钢 1	2500	8.6	12.2

现在由于许多钢铁厂的烧结、炼焦与高炉均合并到炼铁厂统一管理和组织生产，增进了烧结、炼焦与高炉生产、检修、中间贮存各个环节的协调性，减少了高炉矿、焦槽的贮存时间，减少投资和运营成本，从而将焦炭的贮存时间控制在 8~10h，烧结矿贮存时间控制在 10~14h，并满足高炉长期稳定生产的要求。

矿槽和焦槽应进行炉料的在库量管理。在库量的管理能保证原、燃料的贮存量，从而减少矿槽和焦槽的贮存时间，发挥计算机的管理功能和效益。

当原料品种单一时，在满足矿石贮存时间和槽下设备的可靠的情况下，可尽量扩大单个矿槽容积，相应减少矿槽数目。矿槽、焦槽的高度可适当加高，但不宜太高，应避免焦炭、烧结矿的破碎。**烧结矿槽的最大跌落高度不宜大于 14m**。

14.2.2　矿槽、焦槽及料斗的设计

矿槽、焦槽是贮存矿石及焦炭的容器；料斗是定量供给或按时序供料的容器。通常，矿槽、焦槽和料斗是连成一体的，有时料斗也附属于给料机。物料从料斗卸出的主要问题是如何控制其输出量，并将物料送至某特定场所。因此，矿槽、焦槽和料斗的设计与给料机的选择存在相应的关系。

14.2.2.1　物料从矿槽、焦槽中卸出的流动模式

物料从矿槽、焦槽和料斗中卸出的流动模式分为三类，一般称为"中心流动"、"整体流动"和"扩展流动"，如图 14-9 所示。

A　中心流动，又称柱塞流动或漏斗形流动

实际上，物料的流动是不规则的，物料落入矿槽、焦槽中形成的漏斗通道垂直落下

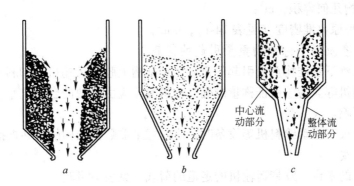

图 14-9　料斗卸出物料的流动模式

a—中心流动；*b*—整体流动；*c*—扩展流动

（见图 14-9*a*）。适合于矿槽、焦槽的净空高度受到限制，以及对炉料的偏析要求不高的场合使用。

B　整体流动

这是理想的流动模式。当排料口打开时，矿槽、焦槽内全部物料都在移动，且物料不产生偏析。这种类型的矿槽、焦槽的槽壁角度较陡，断面无突然变化，并且有较大的排料口。保证整体流动的矿槽、焦槽的高度较高。适用于对物料的偏析要求高，并必须全部卸空的称量漏斗，以及使用黏性的物料的场合（见图 14-9*b*）。

C　扩展流动

这是把整体流动的优点与中心流动的经济性相结合。扩展流动也称复合流动或混合流动（见图 14-9*c*）。

D　对称流动和非对称流动

图 14-9 所示的流动模式相对于槽壁来说是对称流动，排料口设在矿槽、焦槽的中心线上。对结构设计来说，对称流动有许多优点。

由于布置上的限制和费用方面的原因，建造了许多非对称流的矿槽、焦槽及料斗，或者对称矿槽、焦槽而带有偏离中心的排料口。

由于这种非对称的矿槽、焦槽及料斗的布置，多个排料口或侧向开口的偏心排料，以及偏心的装料，会出现贮料槽的流动模式方面的问题。

当给料机的设计或选择不当，或切断闸门只部分关闭时，在对称流动的料斗中也会出现偏心排料的流动模式。由给料机或闸门引起的偏离中心的垂直流动模式，矿槽、焦槽就将产生与非对称流矿槽、焦槽一样的影响。

在矿槽、焦槽设计前需要了解固体物料的流动性质，高炉炉料的性质可以按经验估计，而新的炉料就需要测定或试验。

大型高炉应充分考虑炉料在矿槽、料斗和装料设备中产生的偏析。

14.2.2.2　贮槽的荷载

A　贮槽内容物的荷载

矿石超装时的荷载按下式计算：

$$G = \gamma V$$

式中 V——矿槽几何容积，m^3；

　　　γ——各种原料堆密度（见表14-1），t/m^3。

　　B 槽上设备及槽下悬挂物重量引起的荷载

　　槽上设备及槽下悬挂物重量引起的荷载，包括槽上胶带运输机、卸料车、吊挂在矿槽上的闸门、给料机等。为了保证称量准确，称量漏斗应由单独的台架支承，避免其他机械振动对称量的影响。

　　当贮槽下部设有振动给料机等设备时，应注意采取贮槽结构的防共振措施。

　　C 附加荷载

　　槽上、槽下的平台、胶带运输机的走道的荷载，见表14-12。

表 14-12 平台、走道的荷载

部 位	荷载/N·m^{-2}	部 位	荷载/N·m^{-2}
连续走台	2000	胶带运输机头部	5000
胶带运输机走道	2000	卸料装置附近平台	5000
给料机周围平台	5000	倾斜胶带运输机尾部平台	5000
筛子周围平台	5000		

14.3 供料系统的作业时间顺序

14.3.1 高炉昼夜装料批数及一批料的时间

　　上料系统的设计能力应满足不同料批装料制度和最高日产量时赶料的要求。新建高炉按年平均利用系数和正常料批计算的上料设备的作业率宜采用 65%～70%。高炉炉顶装料系统的设计能力必须与高炉上料设备的能力相匹配，并应满足不同料批装料制度和最高日产量时赶料的要求。

　　上料设备富余能力的确定与高炉生产指标、焦炭批重和赶料要求等因素有关。设备富余能力主要是满足高炉最高日产铁量时能及时上料和当发生设备事故而产生低料线时能满足赶料的要求，富余能力过大，将使设备效率不能发挥；富余能力过小，将不能满足高炉高产和赶料的需要。赶料要求一般可按料线低于正常料线 0.8m 的情况下，以 1h 内恢复料线为原则。宝钢1号高炉设计作业率为 66%，考虑低料线 1.5m 时，20min 内恢复料线；作业率为 75%，低于正常料线 0.8m 时，在 1h 内恢复料线。宝钢2号、3号高炉按 70% 考虑。如事故在 1h 内还不能正常恢复时，则应采取减风操作。

　　我国传统设计作业率，按高炉设计年平均利用系数计算时，不超过 75%。《规范》按年平均指标计算确定为 65%～70%，留有提高利用系数的较大可能性。对旧的改造高炉可根据实际条件，作业率可提高至 75%～80% 之间。

　　每批料（charge）的下料时间 t 由下式计算：

$$t = 60 \times h \times A/N \tag{14-8}$$

$$N = u \times A \tag{14-9}$$

式中 N——炉料的体积速度，m^3/h；

　　　u——正常料线实际下料速度，m/h；

h———一批料在炉喉的高度，m；

A———炉喉截面积，m^2。

14.3.2 确定供料系统能力的原理

在确定高炉装料设备和上料胶带运输机，以及槽下设备的能力时，要从全局出发，应该从完整装料和供料系统出发，综合地进行研究，确定整个系统的能力、整个系统的作业率或富余能力。因而，应研究表征整个装料系统和供料系统，包括槽下输送设备、上料胶带运输机、炉顶均排压系统，以及炉顶装料设备能力的方法。

本节力图应用现代数学的方法来研究装料和供料系统的能力。在现代数学方法中，有多种适用于表征复杂系统的数学方法。我们认为运用网络计划技术和可靠性分析是确定装料和供料系统能力的有效方法。

在运用网络计划技术方面，我们已有很好的基础。过去编制的高炉装料和供料作业时间顺序图表就类似于编制网络计划技术的分析条线图法（analysis bar charting）。它将装料和供料系统的各种动作、相互关系及其持续时间都用时间条线图来表示。

绘制时间顺序图表是行之有效的、先进的、科学的网络计划技术应用于高炉装料和供料系统，以确定装料进程的安排及其中各个环节之间的相互关系，在此基础上进行网络分析、可靠性分析，计算时间参数，用关键路线分析（critical path analysis）来发现问题，以及进一步改进系统，使之更有效地利用时间，提高装料和供料系统的能力。

在运用可靠性分析研究供料系统时，我们曾做了一些工作。但是，没有对宝钢2号高炉做详细的数理统计工作。因此运用可靠性分析还存在困难。

在整个供料系统中，应从槽下给料设备开始，直到炉顶布料为止统一考虑。在系统中，每一个漏斗起着缓冲的作用，使得漏斗前后的设备能够协调一致。两个漏斗之间的设备能力可以单独进行计算。

如前所述，供料系统由槽下运输系统和上料系统组成。在确定供料系统能力时，各设备应相互配合，互相衔接，并以装料系统作业顺序图表为基础。

在确定供料系统设备能力时，与装料系统一样，应运用网络计划的原理，采用绘制供料系统作业时间顺序图表的方法来确定其中的关键线路和关键作业，以及各设备的能力。

宝钢高炉采用主要原料与辅助原料按比例装料的方法。国内过去习惯将辅助原料不按比例装入，将一种或几种原料集中在一起周期性地装料的方式。从高炉生产的角度来看，以按比例装料为好。由于高炉装料系统自动化水平的提高，已经能够精确控制。

槽下运输系统中各矿石称量漏斗的排料顺序可以分为三种形式。各称量漏斗的不同排料顺序对供料时间是有影响的，可以将三种排料形式绘成纵轴为运输距离，横轴为时间的示意图。

（1）近方排料，由靠近高炉的称量漏斗开始排料，依次到远端的称量漏斗排料，排料的时间较长，各种原料在胶带上都不重叠。宝钢高炉采用的是近方排料方式，见图14-10a；

（2）一齐排料，各称量漏斗同时排料，用于不设矿石集中漏斗或焦炭集中漏斗的情况，原料在胶带上重叠，排料时间最短，要求集中运输机的能力较大，能与上料胶带运输机的能力相匹配，见图14-10b；

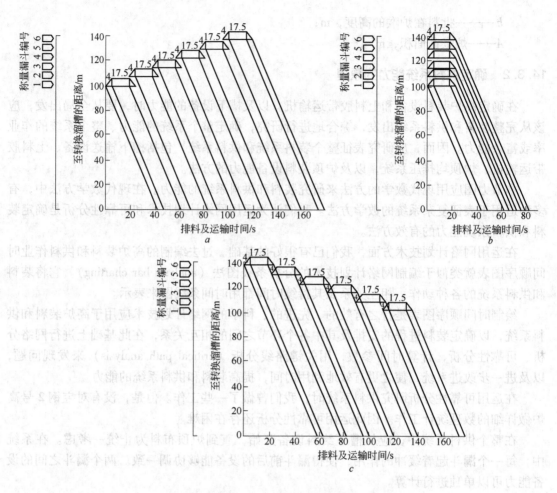

图 14-10 矿石称量漏斗卸料方式
a—近方排料；b——齐排料；c—远方排料

（3）远方排料，从远处的称量漏斗开始，依次到靠近高炉的称量漏斗排料，排料的时间较长，各种原料在胶带上都不重叠，见图 14-10c。

以宝钢 1 号高炉图 14-5 的供料系统为例对供料系统能力的计算过程加以说明。

宝钢 1 号高炉炉容为 4063m³，日产生铁 9100t，焦比 0.48t/t 铁。每昼夜的装料批数及每批料的装料时间列于表 14-13。

表 14-13 每昼夜的装料批数及每批料的装料时间

项　　目	最大批重	正常批重	最小批重
焦炭批重/t	35	30	26
矿石批重/t	144	124	107
每昼夜正常装料批数/批·d⁻¹	125	145	168
设备能力/批·d⁻¹	188	205	252
每批料的装料时间间隔/s	460	420	343

14.3.3 设有矿石集中漏斗和焦炭集中称量漏斗的供料系统设备作业时间顺序

编制槽下供料设备作业时间顺序是一项重要的工作。它是确定槽下各设备自动化工作顺序和设备能力的依据。

设有矿石集中漏斗和焦炭集中称量漏斗供料系统的作业顺序一般原则如下：

（1）上料胶带运输机的原料通过一次排料检测点后，相应的矿石集中漏斗或焦炭称量漏斗方可继续排出下次炉料。

（2）必须经常保持矿石集中漏斗和焦炭称量漏斗，以及矿石称量漏斗满量状态，准备得到排料指令后，立即排料。

（3）矿石集中漏斗或焦炭称量漏斗排空后，漏斗闸门关闭，转换溜槽对准空的漏斗，并立即向相应的漏斗供料。

（4）矿石集中漏斗的矿石分别由各槽下矿石称量漏斗供料。当矿石集中漏斗排空时，按照规定的排料顺序使槽下矿石称量漏斗依次排料。由长期运转的矿石集中胶带运输机向矿石集中漏斗供料。

（5）焦炭称量漏斗排空时，启动焦炭集中胶带运输机，再启动焦炭筛。

（6）当槽下矿石称量漏斗排空时，应立即启动烧结矿振动筛和烧结矿振动给料机进行A称量。根据取料顺序的安排，槽下矿石称量漏斗还应相应地称量块矿或球团矿，即进行B称量。

（7）为了提高称量的精确性，达到称量值的95%时，矿石、烧结矿及辅助原料给料机自动减速运行，到达称量值（100%）时，停止给料；焦炭集中胶带运输机到达称量值的95%时，也会自动减速运行。

（8）矿石称量漏斗的排料顺序应考虑炉料装入高炉后能够控制某种原料在料层中的位置，并且不允许原料在矿石集中胶带运输机上发生重叠现象。

以宝钢1号高炉为例，其矿槽、焦槽及上料胶带运输机的布置见图14-11。辅助原料安排在最靠近矿石集中漏斗的1号和2号矿石称量漏斗中，为了使辅助原料装入炉内后控制在料层的不同位置上，宝钢高炉的矿石称量漏斗的排料顺序有A、B、C三种方式。A方式的排料顺序为按漏斗编号1、2、3、4、5、6、7、8的顺序排料；B方式的排料顺序按漏斗编号3、4、5、6、7、8、1、2的顺序排料；C方式的排料顺序为1、2漏斗可以插入3、4、5、6、7、8漏斗中任意位置。

根据表14-13对槽下供料系统的能力要求，编制的宝钢1号高炉槽下供料系统作业时间顺序图，见图14-12。

14.3.4 不设矿石集中漏斗和焦炭集中称量漏斗的供料系统设备作业时间顺序

不设矿石集中漏斗和焦炭集中称量漏斗供料系统作业顺序的一般原则如下：

（1）上料主胶带机和槽下焦炭、矿石集中胶带运输机均为长期运转的工作制度，根据炉顶装料设备的装料要求，可以随时供料。

（2）上料胶带运输机的原料通过一次排料检测点后，发出"排焦"或"排矿"指令，对相应的各焦炭称量漏斗或各矿石称量漏斗方可向槽下焦炭、矿石集中胶带机排出相应的下次炉料。

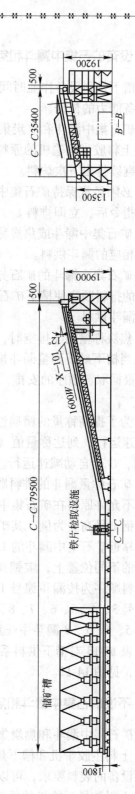

图 14-11　宝钢 1 号高炉矿槽、焦槽及上料胶带运输机布置

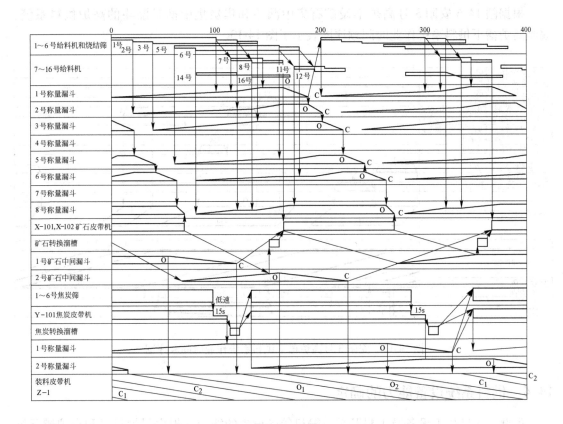

图 14-12 宝钢 1 号高炉槽下供料系统作业时间顺序图

（焦炭批重为 30t，矿石批重为 120t，一批料的时间为 420s）

（3）焦炭称量漏斗得到"排焦"指令后，向槽下矿石、焦炭集中胶带机按照顺序排出焦炭。

（4）矿石称量漏斗得到"排矿"指令后，向槽下矿石、焦炭集中胶带机按照顺序排出矿石。

（5）焦炭称量漏斗排空后，漏斗闸门关闭，并且焦炭筛按规定立即向相应的各焦炭称量漏斗供料。保持各焦炭称量漏斗经常处于满量状态，准备得到排料指令后，能立即排料。

（6）矿石称量漏斗排空后，漏斗闸门关闭，并且按取料顺序的安排，立即启动相应的烧结矿振动筛和烧结矿振动给料机进行 A 称量。槽下矿石称量漏斗还应相应地称量块矿或球团矿，即进行 B 称量。保持各矿石称量漏斗经常处于满量状态，准备得到排料指令后，能立即排料。

（7）为了提高称量的精确性，达到称量值的 95% 时，矿石、烧结矿和辅助原料给料机以及焦炭筛自动减速运行，到达称量值（100%）时，停止给料。

（8）矿石称量漏斗的排料顺序的特点是，自靠近矿石集中漏斗开始逐个向远方顺次排料，并且不允许原料在矿石集中胶带运输机上发生重叠现象。为了使辅助原料装入炉内后控制在料层的不同位置上，也可按宝钢高炉的矿石称量漏斗的排料顺序分为多种方式。

根据图 14-6 安阳 3 号高炉不设矿石集中漏斗和焦炭集中衡量漏斗的高炉供料系统，编制高炉槽下供料系统作业时间顺序图表示于图 14-13。

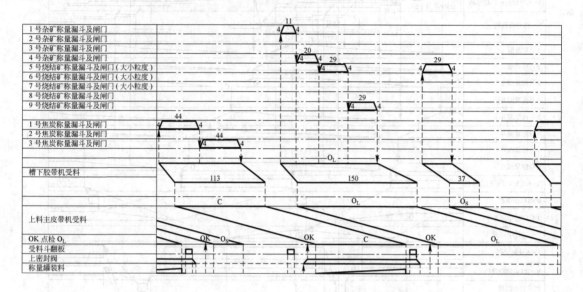

图 14-13　安阳 3 号高炉槽下供料系统作业时间顺序图

14.4　供料系统设备能力的确定

焦槽、矿槽槽下设备及上料胶带运输机等各设备的能力，根据料批重量和高炉槽下供料设备的作业时间确定。下面按照宝钢 1 号高炉槽下供料系统为例，说明按作业时间顺序图表，确定槽下各设备能力的方法。

14.4.1　焦槽槽下设备及能力的确定

焦槽槽下设备包括焦炭称量漏斗、焦炭胶带运输机、焦炭筛及碎焦胶带运输机等。这些设备为通用设备，对设备本身可以查阅有关样本和书籍，其工艺要求和能力的确定是根据焦炭批重和高炉槽下供料设备的作业时间图表确定。现根据图 14-12 的高炉槽下供料设备作业顺序图表加以说明。

14.4.1.1　焦炭称量漏斗

原燃料的称量装置有焦炭称量漏斗、矿石称量漏斗和矿石集中漏斗，以及辅助原料称量漏斗。称量装置包括：贮存物料的漏斗、卸出物料的闸门及称量设备。

称量漏斗的工艺技术条件包括：贮存物料的种类、堆密度及静安息角；工作环境温度；排料能力；工作状况，以及秤的形式。

要求原料的称量装置具有高的精度，并且能根据高炉的装料制度自动称量和远距离控制；要求设备故障少，容易校秤，并长期稳定工作；称量装置的控制系统能与计算机交换信息。

焦炭称量漏斗一般为具有锰钢板内衬的钢板焊接结构。钢板外壳厚度一般采用 6 ~ 15mm；锰钢板内衬厚度为 20 ~ 25mm。

对焦炭称量漏斗的工艺要求：

（1）焦炭称量漏斗的有效容积应等于焦批或焦炭小批的容积。

（2）为了保证焦炭能顺利的全部卸空，防止在漏斗中产生积料，漏斗及溜槽的底板与侧板的交线应与水平面的夹角（真实角度）不小于45°；

（3）漏斗的排料口及溜槽应与料车口大小或胶带运输机的宽度相适应，以保证焦炭全部漏入料车内或胶带运输机上而不致溅到外面；

（4）称量漏斗的排料设备能力应与焦炭胶带运输机的能力相一致，并可进行调节；

（5）支承称量漏斗的台架应单独设置。以防其他设备的运动部件的振动影响称量精度。

（6）称量漏斗的上口宽度应与焦炭筛的宽度相适应。在考虑漏斗的外形尺寸时，应充分利用漏斗的容积，但必须注意防止由于漏斗过高而加深料坑的深度，或者使焦炭称量漏斗的台架过高。

宝钢1号高炉按两个焦炭称量漏斗能容纳一批焦炭考虑，最大焦批重量 $W_{c.max}$ 为35t时，则：

$$V_c = W_{c.max}/2\gamma_c = 35/(2 \times 0.45) \approx 40m^3 \qquad (14\text{-}10)$$

式中 V_c——焦炭称量漏斗容积，m^3；

$W_{c.max}$——最大焦炭批重，t/批；

γ_c——焦炭堆密度，t/m^3。

选用两个有效容积40m^3、最大称重量20t的焦炭称量漏斗。

14.4.1.2 焦炭振动筛

焦炭振动筛是将焦槽排出的焦炭进行筛分的设备，按图14-12槽下供料系统作业时间顺序图表，当焦炭批重为30t时，一批料的作业时间为420s，绘制焦炭振动筛的作业图表，如图14-14所示。

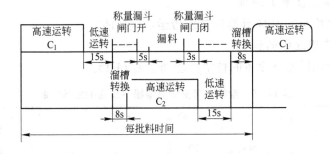

图14-14 焦炭振动筛的作业时间图表

C_1—第一小批焦炭筛工作；C_2—第二小批焦炭筛工作

焦炭筛的能力按3台同时工作满足高炉生产考虑，不考虑低速运转的产量，并考虑富余率为20%，每台焦炭振动筛的生产能力为：

$$Q_{s,c} = 3600W_{c,max} \times \zeta/(n \times t_{s,c}) \qquad (14\text{-}11)$$

$$t_{s,c} = T - (t_{c1} + t_{c2})$$

式中 $t_{s,c}$——焦炭筛的工作时间，s；

T——装每批料的时间，s；

t_{c1}——焦炭筛低速运转时间，s；

t_{c2}——溜槽转换时间，s；

ζ——胶带运输机的富余率，可取 1.2；

n——同时工作的焦炭筛数目。

14.4.1.3 焦炭胶带运输机

焦炭胶带运输机的能力 $Q_{c,c}$ 按下式计算：

$$Q_{c,c} = Q_{s,c} \times 4 = 130 \times 4 = 520\text{t/h} \tag{14-12}$$

碎焦胶带运输机的能力按同时输送 4 台焦炭振动筛的合格焦炭量计算。

宝钢 1 号高炉槽下胶带运输机的能力见表 14-14。

表 14-14 宝钢 1 号高炉槽下胶带运输机的能力计算表

项 目		胶带运输机编号				
		X101	X102	X103	Y101	Y102
已知计算条件	胶带宽度 B/mm	1600	1600	800	1400	800
	胶带输送量 Q/t·h^{-1}	2800	2800	300	520	70
	带速 v/m·min^{-1}	120	120	70	120/60	70
	物料堆积密度 γ/t·m^{-3}	1.86	1.86	1.86	0.45	0.45
	槽角 λ/(°)	30	30	30	30	30
	堆角 θ/(°)	15	15	15	15	15
	胶带堆料面积 S/m^2	0.2653	0.2653	0.0612	0.2008	0.0612
	胶带倾角系数 k	0.93	0.93	0.91	0.93	0.91
	料流不连续系数 C	0.85	0.85	0.85	0.85	0.85
	计算输送量 Q/t·h^{-1}	2868.9	2929.4	369.8	525.35/262.7	93.4

14.4.1.4 碎焦胶带运输机

按碎焦占合格焦炭的 10% 计算碎焦胶带运输机的能力。

14.4.1.5 焦槽设备的性能

宝钢 1 号高炉焦槽槽下设备的技术性能列于表 14-15。

表 14-15 宝钢 1 号高炉焦槽槽下设备的技术性能

设 备 名 称	数量/台	项 目	规 格	设 备 名 称	数量/台	项 目	规 格
焦炭称量漏斗	2	装料量 有效容积	20t 40m^3	Y-101 焦炭胶带运输机	1	输送能力 胶带宽度 胶带速度	520t/h 1400mm 120m/min
焦炭振动筛	6	能力	130t/h	Y-102 碎焦胶带运输机	1	输送能力 胶带宽度 胶带速度	70t/h 800mm 70m/min

14.4.2 矿槽槽下设备及能力的确定

矿槽槽下设备包括矿石集中漏斗、矿石称量漏斗、辅助原料称量漏斗、烧结矿振动筛、矿石电动给料器、辅助原料电动给料器、矿石集中胶带运输机及烧结矿粉胶带运输机等。这些设备的能力是根据矿批重量和高炉原料输送系统的作业时间顺序表中设定的作业时间确定的。现根据宝钢 1 号高炉槽下供料设备作业时间顺序图表进行计算，见图 14-12。

14.4.2.1 矿石集中漏斗、矿石称量漏斗和辅助原料称量漏斗

当槽下采用胶带运输机时，矿石集中漏斗、矿石称量漏斗和辅助原料称量漏斗的结构形式和要求与焦炭称量漏斗相似。采用料车上料时，往往用多个给料设备向矿石集中称量漏斗给料，矿石集中称量漏斗应能满足所有给料设备的要求，而物料不至溅到外面。

A 漏斗容积的计算

矿石集中称量漏斗的有效容积应等于矿批或矿石小批的容积。矿石集中漏斗容积 V_o 可参照焦炭称量漏斗容积计算。

烧结矿槽、块矿或球团矿槽槽下设有称量漏斗，按照各矿种使用的配料比例进行称量，考虑设置的称量漏斗中，有一个称量漏斗停止工作，而其他称量漏斗同时工作来选择各称量漏斗的容积。

B 称量装置

（1）对每个漏斗均需安装一套称量装置。

（2）称量物料的名称及主要物理性质。

（3）最大及最小称量范围。

（4）计量的精确度，允许误差一般要求小于 1/1000。

称量装置必须满足以下要求：

（1）称量装置应有手动设定和自动设定。手动设定由操作人员输入设定值，自动设定由计算机向称量装置输入设定值信号。

（2）称量装置应能发出四种信号，即料空、提前量、设定值及超载信号。提前量信号用于使给料设备减速运行，设定值信号用于使给料设备停止工作。

（3）工艺上需要时，称量装置应能在同一称量漏斗内称量两种或两种以上的原料。

（4）从工艺角度应采取减少称量误差的措施，如，尽量减小称量的量程；选用适宜的测力传感器量程等。

（5）称量装置的系统误差应小于 1/1000。

（6）称量装置应能显示称量值。

（7）称量装置设有打印装置，自动记录称量值。

（8）称量装置允许超载 25%。

（9）校秤方便。

选用电子秤的测力传感器时应注意下列事项：

（1）每个称量漏斗一般要设置 3~4 个测力传感器。

（2）考虑到物料的冲击和受力不均匀，留有足够的富余能力。应分别计算每个传感器的受力，按其中最大受力者来确定传感器的能力。一般当每个漏斗采用 4 个传感器时，可按允许荷载的 50% 考虑，用 3 个传感器时，可按 70% 考虑。

（3）传感器的安装位置应尽量设在漏斗的重心（带物料的）以上部位，并应受力均匀。

（4）当称量物料温度较高时，传感器应考虑隔热。

（5）计量的精确度：传感器的允许误差要求小于 1/1000，称量装置的系统误差应小

于 1/300。在每个矿槽均设有矿石称量漏斗对物料计量的情况下，矿石集中漏斗的称量装置，其计量精度可以降低。

传感器的主要技术特性：

（1）非线性，滞后误差，重复性小于 0.5%；

（2）使用温度：-20～+60℃；

（3）过载能力为额定载荷的 120%。

检查前必须充分暖机。检查时的温度变化要在 ±5℃ 以内。

称量漏斗的作业按作业顺序进行。在称量前，控制器发出"零规整启动"信号，使称量设备中的零规整装置工作，将测力传感器放大器的输出调整为零，称量准备工作完毕。

启动原料的给料器，开始称量，在达到设定值约 90% 时，称量装置向电气设备发出"定量"前信号，使给料器减速给料，便于使称量值准确。

当达到设定值时，向电气设备发出"定量"信号，停止给料。给料器停止，并延时 T_1 时间（约 5s），待称量值稳定后，保持该数据，称量设备向计算机发出"读入"指令。

14.4.2.2 矿石集中胶带运输机

矿石集中胶带运输机是从矿石称量漏斗和辅助原料称量漏斗到矿石集中漏斗之间的运输机械。

矿石胶带运输机的作业时间可根据图 14-12 的槽下设备作业时间顺序表确定，绘制矿石胶带运输机的作业时间图表，见图 14-15a。

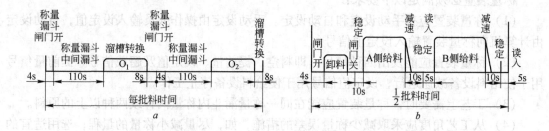

图 14-15 矿石胶带运输机及矿石给料机和振动筛的作业时间

a—矿石胶带运输机的作业时间；b—矿石给料机和振动筛的作业时间

O_1—第 1 小批矿石；O_2—第 2 小批矿石

每批料的装料时间 T 为 420s，矿批重量 W_o 为 120t，富余率 ζ_2 为 10%，则矿石胶带运输机的能力 $Q_{c,o}$ 按下式计算。

$$Q_{c,o} = W_o \cdot \zeta_2 / T_o$$

$$T_o = T - (t_{o1} + t_{o2}) \times 2 \tag{14-13}$$

式中 T_o——矿石胶带运输机向矿石集中漏斗给料的时间，s；

ζ_2——胶带运输机的富余率，可取 1.1；

t_{o1}——矿石胶带运输机将矿石从矿石称量漏斗输送到矿石集中漏斗的时间，s；

t_{o2}——溜槽转换及闸门开启时间，s。

选择胶带集中运输机的胶带宽度为 1600mm，胶带速度为 120m/min。

14.4.2.3 矿石给料机和烧结矿振动筛

矿石给料机是把烧结矿、球团矿、矿石及辅助原料从矿槽中取出，供给烧结矿振动筛或矿石称量漏斗。烧结矿振动筛将烧结矿筛分后，把合格烧结矿供给矿石称量漏斗，筛下的烧结矿粉末经 X-103 烧结矿粉胶带运输机运往烧结矿粉仓，然后运往烧结车间。

A 给料机的能力

各给料机的能力可按作业顺序图表的作业时间计算，见图 14-15b。

B 筛子的筛分效率

在焦炭、烧结矿等物料筛分时，给料中小于筛孔尺寸的细粒级应该通过筛孔自筛下排出（筛下产品），但由于一系列原因，只有一部分细粒级通过筛孔排出，另一部分夹杂于粗粒级中随筛上产品排出。筛上产品中夹杂的细粒越少，筛分效果越好，筛分效率越高。

筛分效率 η 为筛下产品重量与给料中细粒级重量之比值

$$\eta = 100Q_3/(Q_1\beta_1) \times 100\%$$

式中 Q_1——给料量，t/h；

Q_3——筛下产品产量，t/h；

β_1——给料中细粒级含量，%。

C 影响筛分效率的因素

a 给料的粒度组成

如果颗粒的粒度比筛孔尺寸小得多，则细粒级通过的概率高，通过较容易；如果颗粒的粒度虽较筛孔尺寸小，但两者差不多，细粒级通过的概率低，较难通过。颗粒的粒度与筛孔尺寸两者越接近，细粒级通过的概率也越低，称为"难筛粒级"。给料中"难筛粒级"含量越高，筛分越困难，筛分效率越低。

越接近筛孔的粒级越难筛分。有人把粒度稍小于筛孔的粒级、筛孔 0.7 ~ 1.1 倍的粒级作为"难筛粒级"。粒度稍大于筛孔，筛孔 1 ~ 1.1 倍的粒级，往往卡在筛孔中，影响小颗粒通过筛孔，因而也列入"难筛粒级"之中。

b 给料中的水分含量

颗粒之间的表面水分对筛分效率影响很大。高炉炉料中在筛分块矿时应注意其黏结性。

c 筛孔形状

筛孔形状对筛分效率有一定的影响。筛孔尺寸应比要求的筛分粒度大一些，方形筛孔约大 10%；圆形筛孔约大 12.5%。胶筛面的筛孔尺寸比相应筛孔或筛网的筛孔尺寸应增加 10% ~ 20%。

d 筛面和筛子的参数

筛面的长和宽，对筛分效率影响很大。如在产量和物料沿筛面的运动速度恒定时，筛面越宽，料层厚度越薄，筛分效率越高；筛面越长，经过筛面的时间越长，筛分效率越高。一般筛面的长：宽 = 2.5 ~ 3.0。

筛子的倾斜角要选择合适；倾角过大，物料落到筛面上的角度变小，物料颗粒从筛面上滑过，而难以通过筛面；因此在采用较大倾角时，筛面应做成梯级的，使筛孔能正对颗粒落下的角度；此外，物料沿筛面运动的速度过快，导致筛分效率下降。倾角过小，筛子的产量降低。

为了使物料中的小颗粒能够筛分干净，必须使物料从筛面抛起，松散开来，让小颗粒与大块物料分离。振动筛必须具有合适的频率和振幅，使筛面产生足够的加速度。筛面的加速度用物料的抛料系数 K_v 来衡量。过高的抛料系数使物料破碎，过低筛分不干净，因此要选择合适的抛料系数 K_v。

抛料系数 $K_v < 1.5$ 物料不能起抛，筛分效率低

抛料系数 $K_v = 1.5 \sim 2.0$ 用于易碎的物料

抛料系数 $K_v = 2.0 \sim 2.5$ 稍有破碎，但仍希望减少破碎的物料

抛料系数 $K_v = 2.5 \sim 3.5$ 用于难筛物料，物料有些破碎

抛料系数 $K_v > 4.0$ 一般不采用

振动筛应设防尘罩，以免粉尘飞扬污染环境。为了确保称量精度，电动机应考虑反接制动。

D 筛子的生产能力

振动筛的生产能力按以下经验公式计算：

$$Q = fFq\gamma(K_1 K_2 K_3 K_4 K_5 K_6 K_7 K_8) \tag{14-14}$$

式中 Q——生产能力，t/h；

f——振动筛的有效筛分面积系数：单层筛或多层筛的上层筛面 $f = 0.9 \sim 0.8$；双层筛作为单层使用时，下层向筛面 $f = 0.7 \sim 0.6$，作为双层使用时，下层筛面 $f = 0.7 \sim 0.65$；三层筛的第三层筛面 $f = 0.6 \sim 0.5$；

F——振动筛筛网名义面积，$F = 0.9BL$，根据筛面的实际宽度 B 和长度 L 计算，m^2；

q——筛子单位面积生产能力，筛孔尺寸 $5 \sim 10mm$ 时，一般为 $11.0 \sim 18.2 \ m^3/(m^2 \cdot h)$；

γ——物料堆密度；

K_1——给矿中小于筛孔尺寸之半的细粒影响因数，当细粒小于 $10\% \sim 20\%$ 时，取 $0.2 \sim 0.6$；

K_2——给矿中大于筛孔尺寸的粗粒影响因数，当粗粒大于 $50\% \sim 90\%$ 时，取 $1.18 \sim 3.36$；

K_3——筛分效率系数，筛分效率为 $92\% \sim 96\%$ 时，取 $1.00 \sim 0.50$；

K_4——物料种类和颗粒形状系数，破碎后的矿石取 1.0，煤取 1.5；

K_5——物料湿度影响系数，干矿石取 1.0；

K_6——筛分方法影响系数，干筛取 1.0；

K_7——筛子运动参数系数，取 $0.65 \sim 1.0$；

K_8——筛面种类和筛孔形状系数，方形和长方形编织筛网分别取 1.0 和 0.85；方形和圆形冲孔筛板分别取 0.85 和 0.7。

矿石给料机和烧结矿振动筛的作业时间如图 14-15b 所示。

按照每批料的装料时间 T 为 $420s$，半批料为 $210s$。称量漏斗闸门卸料时间选择为 $22s$，则矿石给料机烧结矿振动筛给料时间之和（不包括减速给料时间）为 $140s$。

矿石批重为120t，半批料为60t，均分给5个称量漏斗，则每个称量漏斗称量12t矿石。当富余率 ζ_3 为130%时，矿石给料机和烧结矿振动筛能力 $Q_{f,o}$ 如下：

$$Q_{f,o} = 3600W_o\zeta_3/(2 \times 5 \times 140) \approx 400t/h$$

矿石胶带运输机能力为2800t/h，由于顺序给料，图14-15中所示的矿石称量漏斗闸门的卸料时间 $t_{g,o}$ 为22s，闸门能力富余率 ζ_4 为130%时，矿石称量漏斗闸门能力 $Q_{g,o}$ 选择为：

$$Q_{g,o} = 3600W_o\zeta_4/10t_{g,o} \approx 2550t/h$$

则胶带运输机的富余率为110%。

14.4.2.4 烧结矿粉胶带运输机

烧结矿振动筛能力为400t/h，假定6台烧结矿振动筛同时工作，烧结矿粉末量为10%，则：

$$400 \times 6 \times 10\% = 240t/h$$

根据所算得的烧结矿粉末量，选用烧结矿粉胶带运输机列入表14-16。

14.4.2.5 矿槽设备性能

宝钢1号高炉矿槽槽下设备的技术性能列于表14-16。

表14-16 宝钢1号高炉矿槽槽下设备的技术性能

设 备 名 称	数量/台	项 目	规 格	设 备 名 称	数量/台	项 目	规 格
矿石集中漏斗	2	装料量	80t	辅助原料电动给料机	4	能 力	200t/h
		有效容积	45m³	矿石胶带运输机		输送能力	2800t/h
矿石称量漏斗	6	最大称重量	20t	X-101		胶带宽度	1600mm
		有效容积	12m³	X-102		胶带速度	120m/min
辅助原料称量漏斗	2	最大称重量	10t	烧结矿粉胶带运输机	1	输送能力	300t/h
		有效容积	4m³			胶带宽度	800mm
烧结矿振动筛	6	能 力	400t/h	X-103		胶带速度	70m/min
矿石电动给料机	12	能 力	400t/h				

14.4.3 废铁清除装置

在焦炭胶带运输机和矿石胶带运输机上均设有防止胶带被废铁划坏的废铁清除装置。

焦炭胶带运输机上的废铁清除装置比较简单，它是一台与胶带运输机呈十字交叉布置的带电磁铁的胶带运输机，由电磁铁将铁片吸起，并运到胶带运输机旁的废铁漏斗内收集。

在电磁分离器和铁片检测装置处的胶带运输机托辊应采用防磁不锈钢材料制作。

矿石胶带运输机设有电磁分离器和铁片检测装置。当铁片通过检测装置时，检测装置发出信号、在铁片到达电磁分离器时，电磁分离器励磁，将铁片及含铁烧结矿等一起吸在电磁铁上，并由起重机吊到胶带运输机旁的中间受料台上空，反向励磁将原料全部卸下，再将铁片吸在电磁铁上，而使烧结矿等含铁矿石留在受料台上。起重机再将电磁铁吊到铁片收集漏斗上部，这时电磁铁去磁使铁片落入铁片收集漏斗内。然后，起重机回行至中间受料台上方，将烧结矿吸起送回至矿石胶带运输机，装入高炉。

通常矿石除铁装置分为四种结构形式：单盘式、带式和盘式、双磁盘、平行布置的带式除铁装置。

单盘式结构的除铁装置由于对料层下的铁件捡除效果不好目前已很少使用。带式和盘式电磁除铁装置，为了捡除料层下的铁件增设了一台带式电磁除铁器；为了交替除铁，双磁盘结构除铁装置增设了一台盘式电磁除铁器。目前使用较多，但存在单次除铁时间长、不能连续除铁、占地面积大，且除铁效果不好。

与胶带机平行布置的带式除铁装置还在宝钢、天铁、水钢、唐钢、武钢等厂应用。能够实现连续除铁、除铁效果较好、漏铁率较低，流程图见图14-16。平行布置的带式除铁装置可分为两种结构：电磁和电磁、电磁和永磁结构。除铁装置均由金属探测仪、带式除铁器、自动电控整流柜、分料溜槽、弃铁小车等设备组成。

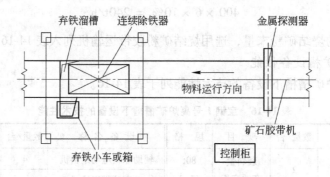

图 14-16 平行布置的带式除铁装置流程图

连续带式除铁装置是针对可能会造成输送堵塞、输送大块或较长铁板、铁条损伤胶带，摒弃了以往用调节磁场强弱实现铁件的分离，而采用梯度分布的磁场来实现铁和矿石的分离。带式除铁器的核心是由超强磁场的主磁极和磁场强度梯度分布的副磁极组成。主磁极用于吸起铁件及磁性矿石，副磁极用于分离铁件和磁性矿石。除铁效果与除铁器主磁极的励磁强度、除铁器皮带的带速、副磁极磁场强度的梯度分布等因素有关。两种结构形式的主要区别在于副磁极的结构形式。

（1）当金属探测仪探到来铁信号时，适时启动带式除铁器胶带并启动励磁。当铁件到达主磁极下时以瞬时极强励磁将表面或深层的铁件和一些磁性物料同时吸起。

（2）铁件吸起后转到保持励磁状态，不再继续吸起物料，以使吸起的物料最少，减少带出矿石的量。吸起的铁件连同磁性矿通过除铁器皮带向后运动，进行首次磁力分离，将大块的磁性矿将重新落回输送皮带上。继续随胶带运行到达磁场梯度排布的磁力分选区域，再次分选，使大部分磁性物料又掉落回输送胶带上。剩下的少量物料和铁件被带到无磁分料平台上进行再次分离。

（3）除铁器主机的励磁完全停止，除铁器皮带适时停止等待下次来铁信号。最终铁件被带到分离区，矿石将重新回到输送皮带上。

平行布置的带式除铁装置可实现连续除铁，除铁效果好且矿石带出量小，漏铁率低，且可实时监控；结构较简单；占地面积小，投资较低。

14.4.4 取样装置

宝钢高炉在 Y-101 焦炭胶带运输机和 X-101 矿石胶带运输机头部设置有取样器，这种取样器在原料系统广泛使用。

取样胶带运输机与 X-101 胶带运输机成直角配置，在取样胶带运输机上方设有取样漏斗及其移动小车。取样漏斗倾角为 37°。取样时，取样漏斗进入 X-101 胶带运输机的料流中，取出的矿石样装到取样胶带运输机上。取样漏斗由移动小车上的走行电动机驱动。取样漏斗支承臂是由 X-101 胶带运输机的头部防尘罩上部的小门伸入到 X-101 胶带运输机的头部。小门靠传动缸打开，下部的防尘门也靠传动缸打开。

取出的样品由取样胶带运输机运至取样箱中，由电葫芦放到地面，由卡车运往分析中心。电葫芦的起重量为 0.5t，扬程为 24m。

14.4.5 上料胶带运输机

上料胶带运输机的能力由高炉槽下供料系统作业时间顺序图表和高炉装料系统作业时间顺序图表确定。

宝钢 1 号高炉的装料制度规定一个料批由两个焦炭小批和两个矿石小批组成。上料胶带运输机的作业顺序图，见图 14-17。

当装一批料的时间 T 为 420s 时，装一小批料的时间 t 为 105s，若考虑 4s 富余，

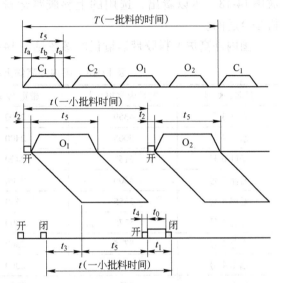

图 14-17 上料胶带运输机的作业顺序图
T—装一批料的时间；t—装一小批料的时间；t_1—炉顶受料斗卸料时间；t_2—中间漏斗闸门开启时间；t_3—炉顶装料设备动作富余时间；t_4—炉顶设备动作的提前时间；t_5—上料胶带运输机运输炉料的时间；t_a—焦炭称量漏斗和中间矿石漏斗卸料开始或终了时间；t_b—焦炭称量漏斗和中间矿石漏斗卸料时间；O—矿批；C—焦批

则为 101s，根据矿石料批重量计算上料胶带运输机的赶料能力，见表 14-17。

表 14-17 矿石料批重量与赶料能力

矿石批重/t	t_1/s	t_5/s	$t = t_1 + t_5 + 10$/s	T/s	赶料能力/%
110	21	64	95	380	152
120	22	69	101	404	156
130	23	74	107	428	159
140	25	79	114	456	161

根据表 14-17 要求的上料胶带运输机的赶料能力，选用胶带宽度 1.8m，带速 2.0m/s，运输矿石的能力为 3500t/h，运输焦炭的能力为 880t/h 的胶带运输机。

用下式计算上料胶带运输机的运料时间：

矿石：$t_5 = 3600 \times W_o/(2 \times 3500) + 7$

焦炭：$t_5 = 3600 \times W_c/(2 \times 880) + 4$

根据上述计算，将矿石运输时间的结果作成图 14-18。可以看出，选用的上料胶带运输机是合适的。

国内外高炉上料胶带运输机的参数见表 14-18。

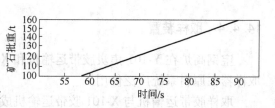

图 14-18　上料胶带运输机的运矿时间

表 14-18　国内外高炉上料胶带运输机的参数

厂名，炉号	高炉内容积/m³	带宽 B/mm	带速 v/m·min⁻¹	装料设备形式
水岛 3 号	4359	2200	135	三罐无料钟
水岛 4 号	5005	2400	120	三罐无料钟
千叶 6 号	5153	2400	120	三罐无料钟
君津 3 号	4800	2000	120	串罐无料钟
君津 4 号	5555	2200	120	串罐无料钟
大分 1 号	5775	2000	120	双钟双阀
大分 2 号	5775	2300	120	双钟双阀
福山 4 号	5000	2000	130	四　钟
福山 5 号	5500	2200	130	四　钟
鹿岛 2 号	4800	2200	110	并罐无料钟
施维尔根 1 号	4337	2000	126	并罐无料钟
雷德卡 1 号	4573	2000	120	并罐无料钟
宝钢 1 号（第 1 代）	4063	1800	120	双钟四阀
宝钢 3 号	4350	2200	120	串罐无料钟
宝钢 1 号（第 3 代）	4996	2200	120	并罐无料钟
鞍钢新 1 号、2 号、3 号	3200	1800	120	串罐无料钟
梅钢 4 号	3200	1800	120	串罐无料钟
韶钢 8 号	3200	1800	120	串罐无料钟
阿斯米纳斯 1 号	3052	1600	120	并罐无料钟
本钢 6 号、7 号	2600	1600	120	串罐无料钟
南钢 1 号	2000	1400	120	串罐无料钟
重钢新 1 号、2 号、3 号	2500	1800	108	串罐无料钟

在上料料车或主胶带机下部设置车辆及人行通道时，必须设置防止物料高空坠落的防护设施。

为了保证生产安全和人身安全，必须采取安全措施。鉴于马钢和宝钢生产初期发生过铁件划伤主胶带的事故，因此规定了应设置检铁装置。

设计对矿槽、焦槽、槽下和上料设备的各卸料点产生的粉尘都必须采取除尘措施，并应考虑除尘灰的回收利用。采用料车上料的高炉料坑也应采取除尘措施。

14.5 炉顶装料系统

炉顶装料设备应满足布料均匀、调剂灵活、密封性能好、能承受较高的炉顶压力；运行平稳、安全可靠；结构简单、便于维修、使用寿命长、投资省等的要求。

随着高炉炼铁技术的发展，高炉容积的大型化、高压化，传统的马基式双钟炉顶装料设备已满足不了密封和布料要求。煤气利用差，大小钟及钟杆磨损严重，影响炉顶压力的提高，降低了作业率，不能适应现代化高炉冶炼的要求。同时，随着高炉大型化，大钟及大钟斗直径增大，重量增加，给加工制造、运输、安装及维修带来很大的困难，因此，为了解决设备制造，以及解决设备密封与布料两种功能的矛盾，将两种功能分开，相继出现三钟、钟阀等结构。随着炉容增大，炉喉断面增大，炉料在炉喉断面上的分布不均匀性也扩大了，加剧了高炉煤气分布的不均匀，使煤气利用变差；为了解决布料问题，出现了可调炉喉。但是，仍不能满足高炉进一步强化冶炼的要求，所以没有得到广泛应用。

20 世纪 70 年代卢森堡保尔·沃特（Paul Wurth，PW）公司推出 PW 型无料钟炉顶装料设备，解决了密封和布料功能完全分开的问题，利用上下密封阀密封，密封面小，密封易于实现。无料钟炉顶布料的特点是以旋转溜槽代替料钟进行布料，溜槽的特点是既可以围绕高炉中心旋转及上下摆动，又可以旋转和摆动同时进行，所以布料灵活，手段多，效果好。利用控制布料溜槽的旋转角度 α 与倾动角度 β 进行布料，更好地满足了高炉冶炼对布料的要求，因此被广泛采用。

无料钟炉顶装料设备自问世以来，之所以发展迅速，是因为它不仅布料手段多，布料灵活，为高炉上部调剂增加了手段，同时也为高炉炉顶实现高压操作、提高高压作业率提供了保证。由于布料灵活和炉顶压力的提高，有效地控制炉内煤气流分布，为高炉顺行创造了条件，提高了炉身工作效率，使高炉煤气热能、化学能得到充分利用，使 CO 利用率 $\eta_{CO} = CO_2 / (CO_2 + CO)$ 达到了 50% 以上的水平。

无料钟炉顶较钟阀式炉顶在高度上有所降低，并且减轻了设备重量。

为了改善布料，我国绝大部分新建 $1000m^3$ 级以上高炉采用了无料钟炉顶装料设备。因此，《规范》建议 **$1000m^3$ 级以上高炉宜采用无料钟炉顶**。

14.5.1 无料钟炉顶装料设备形式及其选择

无料钟炉顶装料系统按其料罐的布置形式，可分为串罐无料钟和并罐无料钟。特大型高炉出现了三罐并列式布置，如日本水岛 3 号高炉（$4359m^3$）、千叶 6 号高炉（$5153m^3$）等。三种形式的无料钟各有其特点，都能满足高炉正常生产要求。

14.5.1.1 串罐式无料钟炉顶

串罐式无料钟炉顶装料设备采用上、下两个料罐串联的方式，实现分批向炉内装料和布料的功能。

串罐无料钟炉顶装料的基本顺序是：在上部受料罐受料的同时，下部称量料罐向炉内排料，排料结束后，再将上部受料罐中的炉料装入称量料罐，然后再进入下一个循环。

串罐无料钟炉顶由炉顶上部受料罐及排料闸阀、上密封阀、称量料罐、料流调节阀、下密封阀、中心喉管、布料器、旋转溜槽、布料器润滑、冷却系统、炉顶钢圈及无料钟支承结构等组成，见图 14-19。

14.5.1.2 并罐式无料钟炉顶

并罐式无料钟炉顶装料设备采用并列的料罐，交替地向炉内装料和布料。

并罐无料钟炉顶装料的基本顺序是：当需要向某个料罐装料时，先将移动受料斗移动到该料罐上部，或者将固定受料斗的翻板装置转到相对于该料罐的位置；打开排压阀，再打开上密封阀，将炉料通过受料斗直接装入料罐。然后关闭上密封阀，对料罐进行均压，等待向炉内装料。另一个料罐的装料过程与之相同。当得到装料指令时，启动布料器使溜槽旋转，在均压正常的情况下，打开下密封阀，然后打开料流调节阀向炉内布料。

双罐并列无料钟炉顶由炉顶受料斗及排料闸阀、上密封阀、并列料罐、料流调节阀（节流阀）、下密封阀、中心喉管、布料器、旋转溜槽、布料器润滑和冷却系统、炉顶钢圈及无料钟支承结构等组成，见图 14-20。

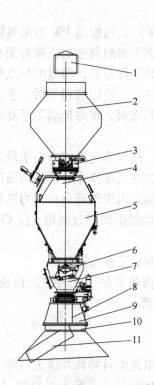

图 14-19 串罐无料钟炉顶设备

1—胶带机；2—受料罐；3—排料闸阀；4—上密封阀；
5—称量罐；6—料流调节阀；7—下密封阀；
8—中心喉管；9—布料器；10—钢圈；
11—旋转溜槽

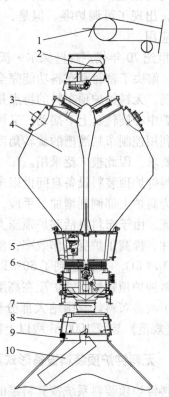

图 14-20 并罐无料钟炉顶设备

1—胶带机；2—受料漏斗；3—上密封阀；4—料罐；
5—料流调节阀；6—下密封阀；7—波纹管；
8—布料器；9—炉顶钢圈；10—旋转溜槽

近年来，出现了一种新型双罐并列式无料钟炉顶，其特点是通过改变料罐形状，使料流中心尽量靠近高炉中心线，将下阀箱解体分成三部分，使下料闸、下密封阀均可分别解体拆装，弥补了并罐无料钟的一些固有缺陷，使并罐无料钟具有了更大的活力，见图 14-20。

三罐并列式无料钟炉顶由炉顶上料闸及旋转翻板、上密封阀、并列布置的 3 个料罐、料流调节阀、下密封阀、中心喉管、布料器、旋转溜槽、布料器润滑、冷却、均排压系统、炉顶钢圈及无料钟支承结构等组成，见图14-21。

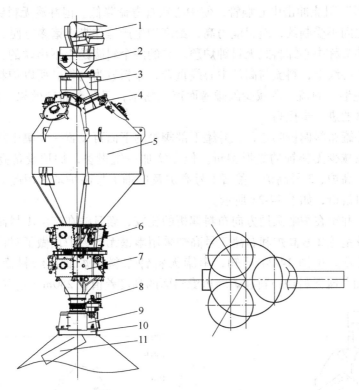

图14-21 三罐无料钟炉顶设备

1—胶带机；2—受料漏斗；3—上料闸；4—上密封阀；5—料罐；6—料流调节阀；
7—下密封阀；8—波纹管；9—布料器；10—炉顶钢圈；11—旋转溜槽

三罐并列式无料钟炉顶装料的基本顺序与并罐无料钟类似，其上料能力更强，炉喉布料偏析较小。三罐无料钟最早是从川崎水岛厂发展起来的，其主要目的是为了适应烧结矿和焦炭都分级入炉，每个料批分为四个小批的要求，从而增加炉顶的装料能力，减小炉喉布料的偏析，以及利用料罐中物料的粒度偏析来控制炉喉的气流分布，达到有效实施高炉的上部调剂的目的。

14.5.1.3 无料钟炉顶装料设备形式的选择

由于并罐无料钟的两个料罐偏离高炉中心线，料罐下料口是倾斜布置于高炉中心线两侧，所以从料罐流出的炉料沿对侧导料管壁下降，料流落点在溜槽上形成椭圆轨迹[2]，炉料偏心，从而导致炉料在炉喉截面圆周上布料不均匀，见图14-22。

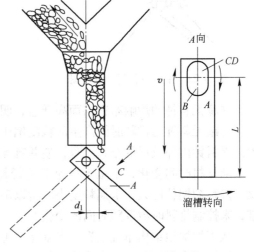

图14-22 溜槽上的料流落点轨迹

当溜槽倾斜方向与料流一致时，原有的动能使炉料抛得较远，而垂直时则较近，因此，在炉喉截面上实际得到的布料形状不是圆形而是近似于椭圆形，故影响到煤气的利用率。同时"蛇形"料流冲击中心喉管，使中心喉管寿命降低。但并罐无料钟的两个罐是交替工作，相互之间不受制约，装料能力高，给高炉生产操作带来诸多方便。

串罐无料钟又称中心卸料式无料钟炉顶。它的两个料罐是上下串联的，两个料罐的下料口均在高炉中心线上，料流与高炉中心线重合，布料较为均匀。所以炉料在下料的过程中不会产生"蛇形"料流，既减少因碰撞而产生粉末，又改善布料效果。但赶料能力低，将限制高炉产量的进一步提高。

为了解决并罐布料偏析问题，在并罐下部阀箱的下面再设置一个集中料斗，设置一个中心下料阀，以减少无料钟的蛇形偏析。但需增加一组设备，炉顶设备高度又进一步增加。名古屋1号高炉、3号高炉，釜石1号高炉及广畑1号高炉均采用此方式来抑制并罐在圆周上的布料偏析，如图14-23所示。

关于串罐、并罐在炉喉圆周方向布料偏析的比较，新日铁在室兰1号高炉采用并罐无料钟炉顶，以及室兰2号高炉和君津3号高炉采用串罐无料钟炉顶做了对比实验，实验结果如图14-24所示。由图14-24可知，串罐无料钟布料在炉墙边缘料面的高度差值在100mm左右，而并罐无料钟布料在炉墙边缘料面的高度差值在250mm左右。

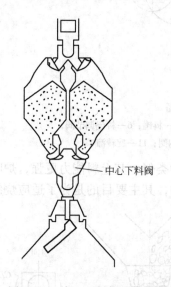

图14-23　中心下料阀的设置图

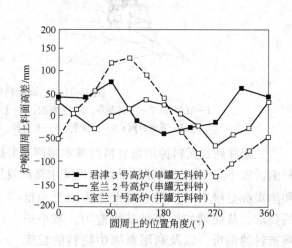

图14-24　炉喉布料偏析比较

并罐无料钟的炉喉布料料面高低差，明显高于串罐无料钟。

并罐无料钟随排料时间产生的粒度偏析特征是：下料初期平均粒度小，末期平均粒度大。无料钟由外及里的布料过程，使并罐无料钟的粒度偏析有助于控制边缘气流。

随排料时间变化，串罐无料钟不进行粒度控制时，粒度变化的特征与并罐无料钟相反：排料初期粒度大，末期粒度小。所以串罐无料钟的上料罐和下料罐内，均设置了导料锥，来控制排料时粒度随时间的变化[5]。

从高炉炉顶结构布置上看，串罐无料钟炉顶显得宽敞，给设备维护检修带来方便，但炉顶结构略有增高。由于串罐形式的上、下罐位于高炉中心线上，设计时可以通过适当加大料罐直径来降低设备高度，因此串罐炉顶装料设备总高度基本上与并罐炉顶相同。并且减少一套上下密封阀、一套均排压系统，节省投资。并罐和三罐无料钟炉顶结构高度虽然低些，但整个炉顶略显得拥挤，同时，增加一套或二套料罐的上、下密封阀及均排压系统，投资略高。

影响无料钟布料的因素较多。炉料分布与溜槽长度、溜槽角度、溜槽旋转速度、料批大小、料线高低、炉料种类和粒度等诸多因素有关。就采用串罐或是并罐而言，取决于装料制度及大型高炉的赶料能力。当 $4500m^3$ 以上高炉采用了烧结矿和焦炭分级入炉时，串罐无料钟炉顶的赶料能力将降低，则以选择并罐或三罐无料钟为宜。如果在 $4500m^3$ 及其以下的高炉上，不考虑分级入炉，且只需考虑在最大产量时具备适当的赶料能力，从基建成本和设备维护考虑，串罐无料钟不失为较好的选择。

14.5.2 炉顶装料系统能力的确定

14.5.2.1 无料钟炉顶装料系统能力的确定

无论是串罐无料钟还是并罐无料钟，**高炉炉顶装料系统的设计能力必须与高炉上料设备的能力相匹配，并应满足不同料批装料制度和最高日产量时赶料的要求。**

在确定装料系统能力时，各设备应相互配合，互相衔接，并以装料设备的作业顺序为基础。

在确定装料系统设备能力时，与供料系统一样应运用网络计划的原理，采用绘制装料系统作业时间顺序图表的方法来确定其中的关键线路和关键作业，以及各设备的能力。

14.5.2.2 供料能力、装料批数及一批料的装料时间

以宝钢 2 号高炉（炉容 $4063m^3$）为实例，验算宝钢 2 号高炉的实际装料系统的能力。由于操作的改善，利用系数提高到 $2.41t/(m^3 \cdot d)$，日产量 P_{100} 为 $9790t/d$。

A 原燃料消耗量

高炉操作条件为：

焦比/kg·t^{-1}	315
其中小块焦/kg·t^{-1}	30
煤比/kg·t^{-1}	200
铁矿比/kg·t^{-1}	1620
锰矿/kg·t^{-1}	10
石灰石/kg·t^{-1}	5
硅石/kg·t^{-1}	5
矿比/kg·t^{-1}	1640

B 高产后装料系统作业的特点

（1）由于提高风量，矿石批重量随之加大，料批重量见表 14-19；

（2）高喷煤，使焦批缩小；

（3）产量提高，装料量增加。

焦炭批重 26.3t，焦炭料批的容积为 $58.5m^3$；矿石批重 135t，矿石的容积为 $75.0m^3$，小块焦炭与矿石料批装入高炉，小块焦炭的容积为 $5.5m^3$，矿石料批的容积为 $80.5m^3$。

表 14-19　高炉高产后的料批重量及装料周期

料　批	焦批重量/t	矿批重量/t	昼夜上料批数	装料间隔/s	设备装料周期 (40% 的赶料能力)/s
最小料批	22.4	115	137.9	626.5	447
正常料批	24.3	125	126.9	680.9	486
最大料批	26.3	135	117.5	735.3	525

14.5.2.3　装料设备作业时序图

20 世纪 80 年代在设计时，也曾对宝钢 2 号高炉采用并罐无料钟炉顶装料设备进行了研究。在采用并罐无料钟炉顶时，由于并列的两个罐交替工作，上料胶带运输机只需等待均压放散阀 RV 打开、摆动溜槽移位和受料罐的上密封阀打开即可装料，限制供料系统作业率和富余率的环节是上料胶带运输机。因而仍然沿用计算上料胶带运输机的作业率和富余率就可确定供料系统的能力。

宝钢 2 号高炉串罐无料钟炉顶原设计的喷煤量较低，装入高炉的焦炭容积与矿石容积相当，每个焦批的容积与矿批的容积相差不大。正常焦批为 30t，容积为 66.7m³，上料胶带机输送时间为 141s；正常矿批为 120t，容积为 62.2m³，上料胶带机输送时间为 139s。运焦和运矿时间相当，只相差 2s。供料系统的上料胶带运输机上矿时间较紧，与串罐无料钟炉顶供料系统的作业率和富余率相当。

A　并罐无料钟装料系统设备能力

这里先假定宝钢 2 号高炉槽下配料不变，炉顶采用并罐无料钟炉顶设备来研究并罐无料钟炉顶和上料胶带运输机的作业顺序。

由于炉顶设备的逻辑顺序所占篇幅很大，故不再赘述。

现按正常料批绘制作业顺序图表（见图 14-25）。各设备的作业时间均按现有设备的动作时间和能力确定。首先计算上料胶带运输机的生产所需时间如下：

上料胶带运输机的宽度为 1800mm，带速为 2m/s。上料胶带运输机的能力：运焦时为 880t/h，运矿时为 3500t/h。由于宝钢 2 号高炉焦炭称量漏斗和矿石中间漏斗都比较小，一个焦批或一个矿批都必须分为两个小批料。上料胶带运输机运送每个小批料的时间包括运料时间和漏斗秤的回零和发信时间。则运送每个小批的时间为：

$$t_1 = t_0 + 3600B/2Q \tag{14-15}$$

式中　B——料批重量，t；

　　　Q——上料胶带运输机的运输能力，t/h；

　　　t_0——漏斗秤的回零和发信时间，s，焦炭为 4s，矿石为 7s。

把上列正常批重数据代入公式，则运送每个小批焦炭的时间为 57s，运送一小批矿石的时间为 77s。而小块焦炭是混在后一个小批矿石中加入炉内的，因此后一个小批矿石还需增加中间漏斗排放小块焦的时间 11s，则为 88s。

一个料批的运输时间还应包括称量漏斗或中间漏斗闸门的启闭时间，以及两个称量漏斗或中间漏斗之间应有间隔时间，以免两个漏斗之间的料相互重叠而溢出胶带。漏斗闸门的开启时间或关闭时间 t_2 均为 4s。两个焦炭称量漏斗之间的间隔时间为 10s，矿石中间漏

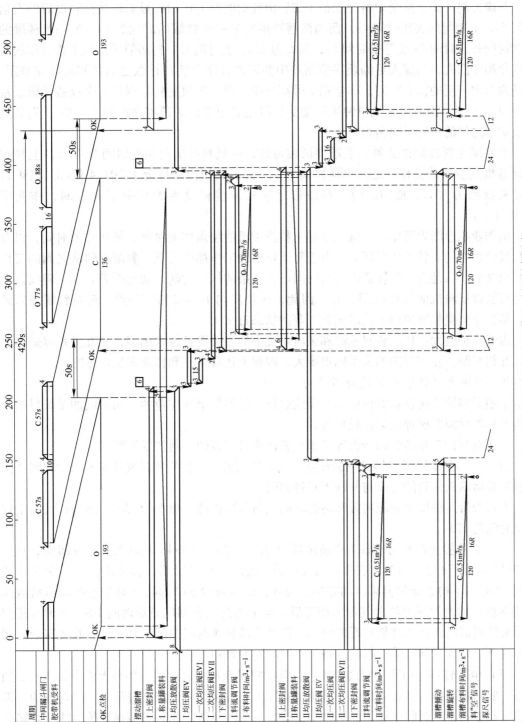

图 14-25 并罐无料钟和上料的作业时间顺序图表

斗为16s。当第一个小批闸门的开启时间不包括在内时，则运送一批焦炭的上料胶带运输机的工作周期时间为136s，运送矿批的工作周期时间为193s。

并罐无料钟炉顶接受炉料的准备工作所消耗的时间 t_k 包括称量料罐装完料以后的发信时间5s，上密封阀关闭时间4s，摆动溜槽转换向另一个料罐的时间为6s，另一个料罐的上密封阀开启时间4s及等待时间6s，则 t_k 为25s，就可向另一料罐装料。但工艺所作的时间作业顺序图表，与编入可编顺序控制器中的装料程序及装料计数器的时间尚存在差距，还必须考虑一定的富余时间。如宝钢1号高炉设计时，炉顶受料斗闸门一个设备就留了富余时间 $t_3 = 18s$。因此并罐无料钟炉顶接受炉料还必须考虑炉顶富余时间 $t_3 = 25s$，则从焦批至矿批之间的空转时间为50s。

由并罐无料钟炉顶装料作业顺序图表可知，一批料的装料周期时间为429s，上料胶带运输机及装料设备相互之间也能协调工作。其装料能力每昼夜为201.4批/d。高炉日需装料批数为131.2批/d，则上料胶带运输机及装料设备的富余率为1.54，作业率为65.1%。

由作业顺序图表可知，关键工序是上料胶带机的装焦作业时间、装矿作业时间，以及炉顶接受炉料的准备工作时间 t_k。由于每个料罐的工作都很均衡，料罐与料罐之间的工作都是独立的。只是由于旋转溜槽布料时间还有富余的机动时间，或称时差。而关键线路上的上料胶带运输机的运矿时间较长。因此，在焦炭向炉内布料完毕后，矿石料罐尚未装好，第二个焦炭料罐的均压放散阀处于等待状态近90s。

由于高炉的大型化，装料系统和供料系统中的相关设备越来越多，相互关系越来越复杂，互相牵制、互相衔接的关系网更庞大，因此上述富余率和作业率是合适的。

B 串罐无料钟装料系统设备能力

串罐无料钟装料设备的作业与钟阀式炉顶一样都是串列作业的，而不同的是炉料装入炉内的布料时间要比钟式炉顶长得多。

下面对宝钢2号高炉初步设计炉顶装料作业时序表的编制加以说明。

(1) 在编制串罐无料钟炉顶的作业时间顺序图表时，焦炭称量漏斗和矿石中间漏斗向上料胶带运输机供料的时间与并罐无料钟相同。

上料胶带运输机向旋转料罐卸料的时间也与并罐相同，焦批为136s，运送矿批的工作周期时间为193s。

(2) 炉顶接受炉料的准备工作所消耗的时间 t_k 包括旋转料罐旋转的启动时间5s，从上料胶带 OK 点至卸料为10s。胶带卸料完毕后，旋转料罐延时5s，停止旋转5s。为了压缩时间，OK 点不检查旋转料罐启动完毕的信号，就可减少5s时间。t_k 还应包括均压放散阀已使称量料罐内的压力与大气压力相等后，至上密封阀和闸门开启时间10s。同时 t_k 还应包括旋转料罐的料卸入称量料罐的时间，以及旋转料罐闸门关闭的时间4s。在无富余时间的情况下，共计炉顶接受炉料的准备工作时间 t_k 为89s。

(3) 由旋转料罐向称量料罐排料时，其排料时间按上料罐闸门的最大能力 $2.0 m^3/s$ 的计算。旋转料罐排空没有直接的信号源，实际上是按照时间设定来进行下一个动作的，即在焦炭和矿石排料时间计算值的基础上，设定一个时间值，此时间值保证炉料能从旋转料罐中排空，当然此值大于计算值。最大矿批为150t，则炉料容积为 $83.3 m^3$，旋转料罐闸门卸料时间为 $83.3/2 \approx 41.7s$。与矿批一起加入的小块焦重量为 $10800 \times 0.03/118.1 =$

2.75t。小块焦的容积为 6.1m³，卸装料时间为 6.1/0.45≈13.6s。则旋转料罐闸门的卸料时间为 45s，至少再增加富余时间 5s，故上罐料闸门的排料时间取 50s。

（4）炉料由旋转料罐卸到称量料罐以后，炉料准备由称量料罐装入炉内，均压阀开、一次均压、二次均压阀开需时 21s。

下面按照并罐无料钟炉顶的相同装料条件绘制串罐无料钟炉顶的作业时间顺序图表，见图 14-26。

（5）由布料溜槽向炉内布料圈数的选择，见表 14-20。表中列出了不同料批重量、不同布料圈数时，要求的料流调节阀排料速度。

表 14-20 料流调节阀排料速度

矿批重量/t	小块焦重量/t	矿批总容积/m³	排料速度/m³·s⁻¹		
			14 圈 105s	15 圈 112.5s	16 圈 120s
120	2.20	71.6	0.682	0.636	0.600
125	2.29	74.6	0.710	0.663	0.622
130	2.38	77.6	0.739	0.690	0.647
135	2.45	80.5	0.767	0.716	0.671

料流调节阀的最大排料速度为 $0.725m^3/s$，调节料流必须留有一定的调节量。由于矿批容积大于焦批，表中只列出了矿批总容积，要求料流调节阀维持必要的排矿速度。由于布料溜槽的圈数不是任意变动的，当布料圈数改变时，要重新摸索高炉的布料规律。由于料流调节阀设备能力的限制，以及布料圈数的选定要满足高炉最大料批布料的要求，在高炉高产时，正常批重也要选用布料溜槽为 16 圈。

分析高产后装料作业时间顺序图表，找出的关键线路和关键作业有：

（1）上料胶带机的运矿作业；

（2）旋转料罐向称量料罐的卸料作业；

（3）料流调节阀和布料溜槽向炉内的装矿作业。

在宝钢 2 号高炉高喷煤以后，焦批容积大幅度缩小时，就会出现其他因素限制装料能力。

正如作业时间顺序图表所示，炉顶装料时间不但受到炉顶接受炉料准备工作时间 t_k 的影响，而且还受到称量料罐向炉内布料时间 t_d 的影响。在上料胶带运输机的宽度为 1800mm、带速为 2m/s 时，当上料胶带向旋转料罐装完焦批以后，布料溜槽尚未完成布料，称量料罐还不能进行接受矿批的准备工作，其间上料胶带机运焦与运矿之间的空转时间不得不由 89s 延长到 130s，延长了 41s。这是由于称量料罐准备装料和布料的总时间是从上料胶带机的料头 OK 点开始至均压放散阀打开后 8s 放散完毕止，再减去料头 OK 点至料头装入旋转料罐之间的 10s，总计称量料罐的工作时间为 157s。该时间不受焦批或矿批大小的影响，当焦批进一步缩小时，装焦时间仍需 246s。

矿石料批的体积较大，旋转料罐受矿的时间长于称量料罐向炉内装焦的时间，因此，矿石批重的大小将影响矿石料批的装入时间。

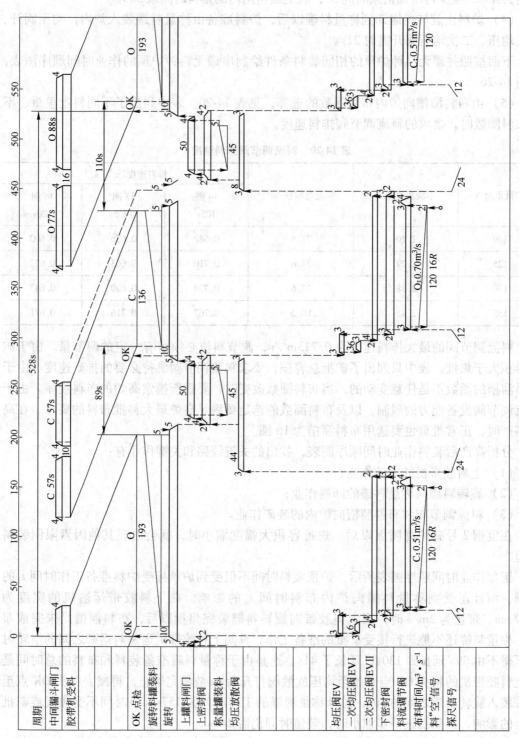

图14-26 串罐无料钟和上料的作业时间顺序图表

上述图表已按照最紧张的条件安排，未考虑任何富余时间，即 $t_3 = 0$，在正常料批时，系统的作业率达到 80.2%，富余率只有 1.25。对于炉况稳定的高炉来说，仍能满足高产的要求。

根据作业图表可以分析系统的关键线路仍然是由称量料罐向炉内装焦以及上料胶带机和旋转料罐向称量料罐装矿组成的关键工序所限制。因此缩短上料胶带机的装矿时间和旋转料罐的卸料时间都能缩短上料周期时间。

串罐无料钟与并罐无料钟炉顶，从装料能力的角度来看，串罐无料钟较并罐无料钟炉顶低一些。

14.5.3 炉顶装料设备

14.5.3.1 国外无料钟炉顶装料设备

1972 年，卢森堡 PW 公司开发了无料钟装置，即 PW 型无料钟炉顶。1972 年第一套设备在德国汉博恩 4 号高炉上使用，很快遍及全世界。除了 PW 型无料钟炉顶以外，国外还有西门子-奥钢联开发了基于 Gimbal 布料器的炉顶装料系统，以及俄罗斯 TOTEM 与达涅利康力斯公司共同推出的无料钟回转装料装置等等。由于篇幅有限，本书只介绍 PW 型无料钟炉顶装料设备，并重点介绍无料钟的核心行星差动齿轮箱。

A PW 型无料钟炉顶结构特点

（1）上料闸是由两个同心的球形闸板组成，中心卸料式料流调节阀的阀板由两个半球形闸板构成，球形闸板其排料口为方形。排料口的中心始终与高炉中心线相吻合，料流总是对准高炉中心。

（2）α 角和 β 角的传动分别由电机驱动，可实现环形、定点、扇形和螺旋布料，但结构复杂，加工精度要求高，检修维护方便。

（3）溜槽采用鹅头双销连接，倾动耳轴设有水冷设施，工作可靠，容易更换。

（4）齿轮箱采用闭路循环水冷却系统，动力消耗小，冷却效果好，并使通入齿轮箱的氮气量减少。

（5）在料罐内设置锥形导料器和分料圆盘，使得料罐在排料时形成质量料流（非漏斗料流），改善了料罐排料时的料流偏析现象。

（6）料罐以下的全部设备呈抽屉式布置，易于安装、检修、维护。

（7）密封阀阀座采用蒸汽加热技术，延长了密封圈的使用寿命。

B PW 型齿轮箱的结构

PW 型布料溜槽及传动装置采用行星差动齿轮传动的方式，分别实现溜槽的旋转与倾动。行星差动齿轮箱体设置于溜槽传动齿轮箱上部，其第一级传动为平面二次包络蜗轮副，较原有的普通蜗轮副的承载能力大。下部的传动齿轮箱中设有溜槽倾动齿轮箱，并将扇形齿轮由原来的外齿啮合改为了内齿啮合，增大了传动扭矩，同时减小了倾动齿轮箱所占有的空间。传动齿轮箱传动原理如图 14-27 所示[4]。

水冷传动齿轮箱各个齿轮的参数见表 14-21。

传动齿轮箱采用水冷气封形式，将箱内温度控制在 50℃左右。尤其设置了对溜槽传动耳轴的冷却，将耳轴的温度控制在 50℃左右，避免了耳轴因受热而产生变形，提高了耳轴的可靠性。布料溜槽悬挂在传动齿轮箱的耳轴上，拆卸方便。这种溜槽传动方式虽然结构

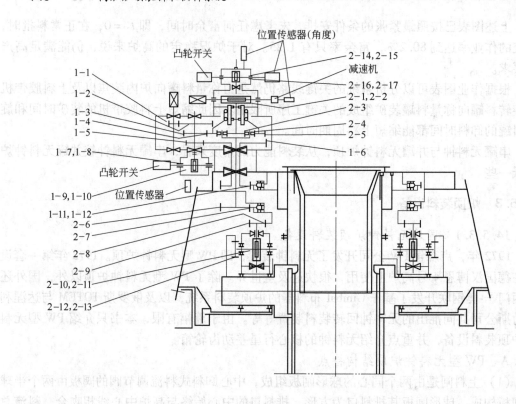

图 14-27 水冷传动齿轮箱传动示意图

表 14-21 齿轮参数表

齿轮序号	1-1	1-2	1-3	1-4	1-5	1-6	1-7	1-8	1-9	1-10	1-11	1-12
齿 数	29	130	34	170	24	180	2	84	80	16	25	140
模数 $\frac{m_t}{m_n}$	3.065 $m_n=3$	3.05 $m_n=3$	4.05882 $m_n=4$	4.05882 $m_n=4$	4.05882 $m_n=4$	4.05882 $m_n=4$	2	2	2	2	14	14
螺旋角	11°50′	11°50′	9°46′	9°46′	9°46′	9°46′						
变位系数												
齿 形	斜圆	斜圆	斜圆	斜圆	斜圆	斜圆	平面二包	平面二包	直伞	直伞	直圆	直圆

齿轮序号	2-1	2-2	2-3	2-4	2-5	2-6	2-7	2-8	2-9	2-10	2-11	2-12	2-13	2-14	2-15	2-16	2-17
齿 数	3	41	36	18	72	25	140	132	19	2	58	13	83	1	114	128	16
模数 $\frac{m_t}{m_n}$	8	8	6	6	6	14	14	12	12	6.81	6.81	14	14	1.5	1.5	1.25	1.25
螺旋角																	
变位系数																	
齿 形			直圆	直圆	直圆	直圆	直圆	直圆	直圆	平面二包	平面二包	直圆	直圆			直伞	直伞

较复杂, 但其传动可靠, 使用寿命长。

PW 型齿轮箱的技术特性见表 14-22。

表14-22 PW齿轮箱的技术特性

高炉级别 /m³	喉管直径 /mm	炉顶钢圈 直径/mm	溜槽长度 /mm	溜槽转速 /r·min⁻¹	倾动范围 /(°)	α角倾动 速度 /(°)·s⁻¹	水耗(闭路) /t·h⁻¹	正常氮耗 /m³·h⁻¹	设备重量/t (类型)
<3000	750	3100	2500~3800	8	2~53	0~1.6	20	500	34（普通型）
>3000	750	3100	3800~5000	8	2~53	0~1.6	25	500	36（加强型）

C PW型无料钟炉顶其他主要设备

a 料流分配器

目前使用的料流分配器的结构为一个受料口，四个出料口，这种结构可将来料沿四个相互垂直的方向落入固定料罐中，可改善料罐内的布料状况。其结构来源于中冶赛迪工程技术股份有限公司为鞍钢新1号高炉做的设计。当时鉴于国内某些高炉旋转料罐的可靠性差，设备故障多，维护困难，故提出将料罐固定、在上部设置多管溜槽，以解决布料偏析问题。经过多次谈判和交流，PW接受了该设计思想，并在鞍钢新1号高炉上成功应用，现已得到广泛推广。

b 带上料闸的固定料罐

以前采用旋转料罐，现在大多改为固定料罐的形式，使整个炉顶结构更为简单。下部设置的上料闸是由两个同心的球形闸板组成的联动闸门，闸门的开闭由原来的两个液压缸改为了一个液压缸驱动，通过连杆机构控制闸门的开闭，油缸设置在除尘罩外，改善了油缸的工作环境，同时易于检修和更换。

c 称量料罐

在称量料罐内设置了导料锥和分配圆盘，可改善排料的料流状况。为使称量准确，在料罐外设置了防位移和扭转装置，以减少外力的作用。

d 上下密封阀

密封阀的开闭是由两个液压缸来完成的，其功能是使阀板在开和闭的轨迹，近似直线运动，垂直接触阀座，避免阀板的密封圈与阀座摩擦，以延长密封圈及阀座的使用寿命。密封采用了软（阀板上装硅橡胶）硬（阀座上堆焊耐磨合金）相结合的密封形式，使密封更为可靠。密封阀阀座采用蒸汽加热，避免阀座积灰，从而延长了密封圈的使用寿命。

e 料流调节阀

中心卸料式料流调节阀是由一个油缸通过连杆机构来驱动两个阀板开闭，阀板由两个半球形闸板构成。球形闸板其排料口为方形，方形漏斗口沿轴线方向在任意开度时均呈正方形，使得料流沿轴线方向呈柱状排料，无论闸门开度大小，料流总是对准高炉中心的。最大开启速度为15°/s，开口精度为±0.1°。

无论采用手动还是自动操作模式，每次排料完毕后，料流调节阀都必须全开，然后再关闭，以免炉料没有完全排空就关闭料流调节阀，发生卡料，而损坏料流调节阀，同时避免料罐中有残余的炉料。

14.5.3.2 国产无料钟炉顶装料设备

经过几十年来投入了大量的人力和物力，开发了国产无料钟装料设备。近年来，国产无料钟炉顶设备已在我国中小高炉上全面取代了PW型无料钟炉顶设备，形成了具有核心竞争能力的国产装备，至今已在国内外600余座高炉上应用，取得了与PW型无料钟同等的效果。目前国内 1000m³ 级以下高炉已经取代了进口产品，占有 75% 的市场份额；1000 ~ 2500m³ 高炉占有 29% 的市场份额。宝钢 1 号第 3 代 4966m³ 高炉首次实现了国内自主集成；京唐 5500m³ 高炉也实现了无料钟炉顶的国产化。

A 托圈式布料器

国产托圈式布料器的结构，如图 14-28 所示。布料器的主要特点是，布料器内部设有上下移动的托圈，使溜槽倾动。

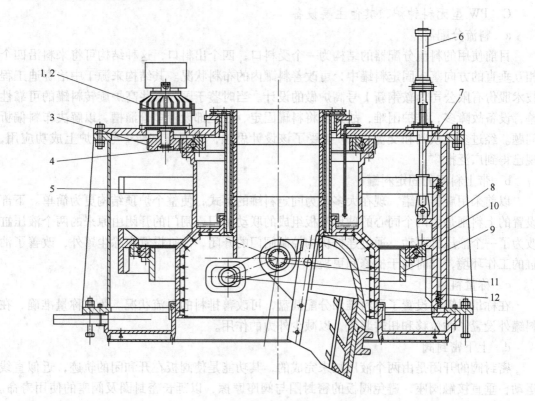

图 14-28 某国产托圈式布料器

1—β 角传动电机；2—蜗轮减速机；3—小齿轮；4—回转支承齿圈；5—转套；6—液压缸；
7—连杆；8—托圈；9—臂架；10—下回转支承；11—花键轴；12—辊轮

布料器的整个传动机构分为两部分：一部分为溜槽的倾动，即 α 角传动；另一部分为溜槽的转动，即 β 角传动。

溜槽的 β 角传动是由电机 1 通过蜗轮减速机 2，以及小齿轮 3 带动装在回转支承齿圈 4 的转套 5 旋转，从而使挂在转套上的溜槽旋转。电机为冶金起重型变频电机，电机功率为 $N = 7.5 ~ 18.5\text{kW}$，一般采用 6 级电机。而溜槽的实际转速为：中小高炉为 3 ~ 12r/min；大型高炉为 2 ~ 8r/min。采用可变速的电机可以更好地满足工艺布料及开炉前的调试要求。

溜槽的 α 角传动是通过三个由比例阀控制的液压缸来实现的。

液压缸 6 通过连杆 7 与托圈 8 相连，托圈同臂架 9 与下回转支承 10 连接，并与转套连接的花键轴 11 一端装有辊轮 12，在臂架的滑槽内滚动。液压缸的上下动作就可实现花键轴的转动，从而实现托架摆动，进而使溜槽往复倾动，实现工艺要求的环形布料。

如果α角不动就可实现单环布料；α角的步进就可实现多环布料；α角和β角同时动作就可实现螺旋布料；在特殊情况下还可实现扇形布料。

布料器采用水冷氮封，由于结构合理，水耗、氮耗都很少（见表14-23），且冷却水使用厂区工业净环水即可，无须软水及专用的冷却装置。

表14-23 托圈式布料器的技术特性

高炉级别/m³	喉管直径/mm	炉顶钢圈直径/mm	溜槽长度/mm	溜槽转速/r·min⁻¹	β角传动电机功率/kW	α角倾动速度/(°)·s⁻¹	α角倾动油缸工作压力/MPa	水耗（开路）/t·h⁻¹	氮耗/m³·h⁻¹	设备重量（含溜槽）/t
1000	600	2800	2800~3000	3~12	11	1.5~3	11~4	4	200	25
2000	750	3100	3600~3800	2~8	15	1.2~2	15~18	10	300	38
3000	800	3300	4200~4500	2~8	18.5	1.2~2	15~18	12	300	45

B 差位式布料器

近年来国内开发了一种新型差位式布料器，见图14-29。该布料器的旋转机构由电动机经其传动系统以及差位机构的水平框架端梁、水平拉杆和支托轴承一起旋转；倾动机构由另一电动机经差位机构的偏心滚环使水平框架做水平移动，借助水平拉杆上的齿条或拨

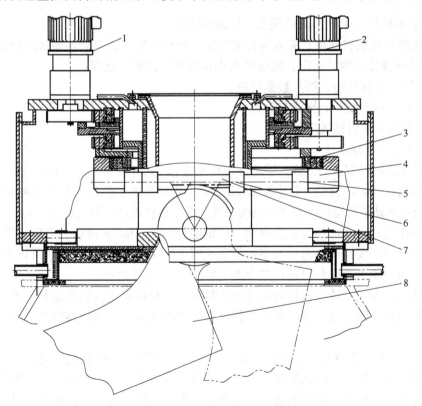

图14-29 差位式布料器

1—旋转电机；2—倾动电机；3—偏心滚环；4—水平框架端梁；
5—水平拉杆；6—支托轴承；7—齿条；8—布料溜槽

轮带动溜槽上端的扇形齿或叉头使溜槽摆动形成不同倾角。此旋转、倾动差位机构的动作组合，得以实现溜槽单独旋转、单独倾动和既旋转又倾动的功能，满足环形、螺旋形、扇形和定点布料的操作要求。该布料器溜槽的旋转与倾动采取独特的差位式运动机构，构件少，机构简单、可靠，调控灵活，传动高效平稳，方便维护和溜槽更换。差位式布料器适用于各级高炉。

14.5.4　无料钟装料设备的三电控制

14.5.4.1　主要控制功能

炉顶系统设备的主要控制功能如下：

（1）炉顶系统设备的运转控制包括无料钟炉顶装料设备、均排压设备、探尺、炉顶液压站、集中润滑站及齿轮箱冷却系统设备等；

（2）装料系统设备的时序控制；

（3）炉顶布料模式 Pattern 控制，包括布料模式设定、排料控制方式等；

（4）料流调节阀的自学习；

（5）炉顶料罐的均排压、称量及压力补偿控制；

（6）炉顶料罐压力、装料设备温度、齿轮箱冷却系统温度、流量、水位的监测及控制；

（7）炉顶探尺对炉喉料面的跟踪、记录与监视；

（8）装料系统装料制度、装入等待的设定、料线设定、装料循环周期的处理；

（9）装料操作参数的设定，实际装入操作的数据收集、处理；

（10）装入计算处理，探尺数据处理；

（11）装入系统设备的操作与监视；

（12）装料系统设备故障处理。

14.5.4.2　运转方法

炉顶系统运转设有自动方式、手动方式和现场运转几种主要方式。自动方式中设有全自动方式、每批料 Charge 自动、每小批 Batch 自动。手动方式中设有正常手动和非常手动。正常手动通过控制站进行操作，非常手动通过紧急操作台或通过控制站进行解锁操作。

装入主干运转方式选择为：全自动→1Charge 自动→1Batch 自动→手动→停止→现场。

装入系统的主要操作均通过控制站的监视器 HMI 画面来进行，一般只设紧急操作台，不设置模拟盘。紧急操作台只进行监视器 HMI 来不及进行的操作。

全自动运转方式：计算机将设定好的装料制度及布料模式代码传输给控制站，由控制站按炉顶装料时序图和连锁表的要求控制上料和炉顶设备，自动地将物料一批一批地装入高炉内。

1Charge 自动：按预先设定的装料制度和布料模式代码，由控制站按照炉顶装料时序图和连锁表的要求控制上料和炉顶系统设备，自动地把 1Charge 炉料装入高炉内。

1Batch 自动：按预先设定的装料制度和布料模式代码，由控制站按照炉顶时序图和连锁表的要求，控制上料、炉顶系统设备，自动地将 1Batch 炉料装入高炉内。

手动运转方式：手动选择装料制度，按预先设定的布料模式代码，手动操作装料系统各设备，将炉料装入炉内。手动操作各设备时也应遵循必要的连锁条件。这里的手动操作是指在中控室的 HMI 上进行操作。在非正常情况下，当通过人机对话接口（HMI）来不及进行操作时，则通过中控室设置的紧急操作台上的紧急操作开关来进行操作。

停止：这指的是装料系统或装料设备处于停止运转的状态。

现场运转方式：这指的是机旁运转方式，当系统运转选择开关选择现场运转方式时，只有机旁的运转操作开关才能动作装料系统的各个设备，适用于调试和检修时的运转操作。

一般设置紧急操作的内容如下：

（1）主干在线 on-line，自动运转；

（2）电源开关；

（3）停电记忆恢复；

（4）可编程序控制器 PLC 开关；

（5）炉顶系统非常停止；

（6）探尺提升、均压阀关、均压放散阀开、炉顶放散阀开；

（7）装入等待、装入继续；

（8）HMI/现场选择。

14.5.4.3 布料模式 Pattern 的设定和修改

布料溜槽设有 11 个倾角位置，每开一次料流调节阀为装一次料，即一个 Dump，布料溜槽只能单向从外侧向内侧倾动。

当采用 C↓O↓装料制度时，每 1Dump 溜槽的布料圈数设定为 14 圈（可调整），分为内侧 7 圈和外侧 7 圈。而当采用 C↓O$_L$↓O$_S$↓装料制度时，每 1Dump 焦炭和大粒度矿溜槽的布料圈数设定为 12 圈，分为内侧 6 圈和外侧 6 圈，小粒度矿溜槽的布料圈数设定为 4 圈。在计算机和控制站中，应存储一组各种代码的溜槽倾角组合，组成一组代码表，操作中只预约表中的代码。计算机将该代码下的布料溜槽倾角组合传送给控制站。由控制站实现其布料操作，并可通过操作站的监视器 HMI 对该代码表进行修改。

高炉操作可设定三个料线，分别应设置布料模式 Pattern 表，而以一个为主要操作料线，并作为主要的操作模式 Pattern 表。装入设定预约在计算机 HMI 上进行，循环周期设定为小于或等于 14Charge。根据 Pattern 表约定周期内每 Charge 的布料模式代码，并传输到控制站执行。预约的布料模式代码也可通过控制站的监视器 HMI 进行修改。预约操作以计算机为主，也可切换到控制站进行预约。

14.5.4.4 无料钟装料制度设置及控制

装料程序是根据装料设备形式及装料制度制定的，并与槽下供料及胶带机或料车上料系统紧密衔接。

在装料指令下达后，按程序要求自动打开均压放散阀对料罐进行卸压，随之开启上密封阀、受料斗闸阀，将上料罐中的炉料装入下料罐。装料完毕，关闭上料罐闸阀、上密封阀和均压放散阀并向料罐充压，直到等于或略大于下部压力。在探尺降至规定料线深度并提升到位后，启动布料溜槽，随之打开下密封阀、料流调节阀，用料流调节阀开度大小来控制料流速度，也可用料罐装有的称量装置控制调节阀开度，炉料由布料溜槽布入炉内。

布料溜槽每布一批料，其起始角均较前一批料的起始角步进 60°，整个过程的循环即完成高炉装、布料程序。

布料溜槽的启动条件：探尺全部提升到位，溜槽倾动并到达开始布料倾角位置，无溜槽更换选择。多环与单环布料以高速方式旋转，扇形和点布料时以低速方式旋转。旋转设有 6 个起始位置，间隔 60°。

溜槽倾动上升应在无负荷状态下进行，即上倾的条件为料流调节阀关闭。下倾动作应根据布料模式的设定进行控制，倾动速度应根据与目标角度的距离来进行调节。

上述装料过程应按制定的装料程序表进行，表中各设备的动作时间和漏料时间由设备设计和工艺设计时给定值，其中影响最大的是中心喉管。为防止卡料和保持布料均匀，中心喉管直径一般取大于焦炭最大粒度的 5 ~ 6 倍。喉管直径和漏料时间以 2200m³ 高炉为例计算，见表 14-24。

表 14-24　中心喉管计算式和计算结果

D /mm	$L = \pi d$ /m	$F = \dfrac{\pi D^2}{4}$ /m²	$R_d = \dfrac{2F}{L}$ /m	$v = \lambda \sqrt{3.2gR_d}$ /m·s⁻¹	$Q = VF$ /m³·s⁻¹	V /m³	$t = \dfrac{V}{Q}$ /s
750	2.36	0.442	0.375	焦炭 0.970	0.429	42	98
				烧结矿 1.334	0.368	42	71.3

注：D—中心喉管直径，mm；L—中心喉管直径周边长；F—中心喉管截面积，m²；R_d—水力半径，m；v—原料通过中心喉管的速度，m/s；λ—原料流动系数，焦炭 0.4 ~ 0.5，烧结矿 0.5 ~ 0.6；Q—原料通过中心喉管的流量，m³/s；V—料罐有效容积，m³；t——次布料时间，s；π—圆周率，3.1416；g—自由落体加速度，$g = 9.80665 \text{m/s}^2$。

14.5.4.5　无料钟布料方式及控制

布料器布料方式有多环布料（螺旋布料）、单环布料、定点布料和扇形布料四种。自动工作时选用多环布料和单环布料；手动工作时选用定点布料和扇形布料。在操作台或操作站上设有布料选择开关。

以自动操作的多环布料为基本布料方式。

布料控制方式有两种：一种为时间控制方式，即以控制布料溜槽在每一环上的停留时间来控制每一环上的布料量。一种为重量控制方式，即根据每一环上的实际布料重量来控制布料溜槽的倾动。

由于布料时料罐的称量不够准确，故重量控制方式一般不单独使用，与时间控制方式结合起来使用。

装料制度规定了炉料装入高炉内的方式。通过变更装料制度调节高炉上部煤气流分布，即包括调整装料顺序、装入方法、布料溜槽速度及倾角、批重大小及料线高低等手段，调整炉料在炉喉的分布状态，从而使气流分布更合理，达到高炉稳定顺行的目的。

判断煤气流分布方式有多种，通常是通过煤气取样器定期从炉喉料面下取样，测定径向煤气中 CO_2 值，作"煤气分布曲线"图，通过该图可反映炉内煤气流分布状况。CO_2 值低，温度高，煤气利用差；CO_2 值高，温度低，煤气利用好。近年大中型高炉也有采用安装在炉头上的热图像仪，直接观测炉喉料面上煤气分布情况，根据探测结果调整装料制度。

焦炭和矿石入炉的先后次序称为装料顺序。先矿后焦的装入顺序为正装，先焦后矿的装入顺序为倒装。正装边缘矿石多，可加重边缘；倒装边缘焦炭多，起疏松边缘作用。

由于无料钟炉顶布料灵活，一般采用 C↓O↓ 的装入方式作为主要的装料制度。为了使布料均匀，每小批料维持一定的布料圈数。在装料制度为 C↓O↓ 时，一批料由两个小批料组成，在正常批重下，大型高炉一般选择焦炭布 8 ~ 16 圈、矿石布 8 ~ 16 圈的布料制度。

14.6 炉顶均排压系统及料面探测设备

14.6.1 无料钟炉顶均排压系统

无料钟炉顶设备为高压操作系统，为了使上、下密封阀、料流调节阀等阀门按程序顺利打开，保证炉料顺利装入料罐或从料罐中排出，且保证炉顶压力不波动，在料罐上设置了均排压系统。该系统包括均排压管路、均排压阀、紧急排压阀及氮气罐。不同炉容的高炉采用不同直径的均压阀和均压放散阀。

不同炉容的高炉均压阀和均压放散阀配置，见表 14-25。

表 14-25 均压阀和均压放散阀配置

高炉有效容积/m³	1000 ~ 2000	≥2000
均压阀直径 ND/mm	300 ~ 400	500 ~ 600
排压阀直径 DN/mm	300 ~ 400	500 ~ 600

为提高均压的可靠性，大型高炉无料钟炉顶系统一般采用两次均压，一次均压介质采用半净煤气，二次均压介质为氮气。为了减少放散煤气对管道和消声器的磨损，1994 年首先在宝钢 3 号高炉的炉顶均排压系统中设置旋风除尘器。料罐放散时，煤气经旋风除尘器后再放散；均压时，均压煤气经旋风除尘器后再进入料罐，将放散时沉积灰强制吹回料罐中。在正常情况下，煤气经旋风除尘器，然后经消声器放散；当消声器堵塞不能正常工作时，手动切换从旁路进行放散。

均压放散阀采用油缸驱动，该阀是由钢板焊接的阀箱壳体、带硅橡胶密封的球面阀板和结合面含有堆焊硬质合金阀座组成。均压阀和放散阀结构形式一样，其安装时的阀板打开方向与进气方向相反。

为使供给二次均压和布料溜槽传动齿轮箱的气源稳定，通常在炉顶设置 25 ~ 50m³ 的氮气罐。

当高炉容积较小时，也可只设半净煤气一次均压，而不设二次均压，这时的密封阀设计要考虑阀开启的压差，以保证密封阀的正常开启。

当向称量料罐装料时，称量料罐先要进行排压检测，确认排压结束后才能控制上密封阀开启，然后打开上料闸向料罐装料；当称量料罐向炉内布料时，需要对称量料罐进行均压操作，以保证料罐和炉内压力的均衡，待确认均压结束后才能控制下密封阀的开启和打开料流调节阀向炉喉布料。

14.6.2 炉顶均压煤气回收系统

高炉炉顶应设置均压煤气排压消声器，防止噪声污染。有条件的高炉可设置炉顶排压煤气除尘或回收装置，防止排压煤气对环境的污染。

在现代大型高压高炉上，回收炉顶均压煤气是减轻炉顶消声器负荷、改善炉顶设备维护条件、回收能源和改善环境的行之有效的措施。

高炉炉顶必须设置均压煤气排压消声器。高炉必须设置炉顶排压煤气除尘,宜设置炉顶排压煤气回收装置。

14.6.2.1 湿式回收系统

均压煤气湿式回收系统(图14-30)的组成为:在炉顶设置旋风除尘器7及回收阀10,回收煤气经旋风除尘器除尘后引入降压塔16上部的文氏管,在文氏管内喷入清洗水洗涤回收的煤气,并起到抽引煤气的作用。为避免回收煤气对煤气管网18的冲击还设置了回收调节阀13。旋风除尘器里收集的灰尘,在均压时由均压煤气返吹回装料设备中。1989年此系统在重钢5号高炉上安装。

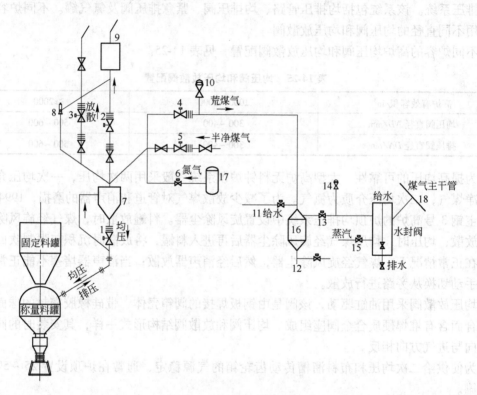

图14-30 湿式回收系统流程图

1—均压阀;2—排压阀;3—放压阀;4—回收阀;5——次均压阀;6—二次均压阀;7—旋风除尘器;
8—安全阀;9—消声器;10—回收煤气放散阀;11—清洗水阀;12—清洗排水阀;13—回收调节阀;
14—吹扫放散阀;15—吹扫氮气蒸汽阀;16—降压塔;17—氮气罐;18—净煤气主干管

无料钟炉顶称量罐一次均压介质为煤气预清洗后的半净煤气,在均压管设置了旋风除尘器及消声器9,称量料罐放散时,煤气经旋风除尘器及消声器后再放散。均压煤气经旋风除尘器后进入料罐。另外还增加了消声器余压放散系统,以保证消声器元件堵塞后放散系统仍然能正常工作。

14.6.2.2 自然回收方式

自然回收的工艺流程图见图14-31。自然回收方式的流程为:料罐均压放散的高压荒煤气,经料罐排放煤气管路,进入煤气降压除尘装置9,实现压力的瞬间释放,除尘的净煤气进入煤气管网,达到自然泄压回收的效果。例如可以采取布袋除尘作为降压

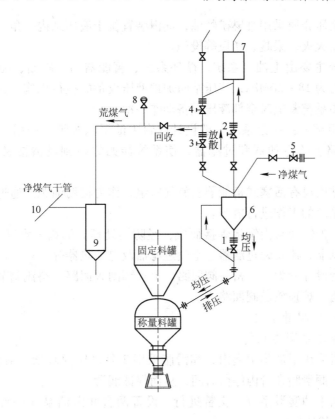

图 14-31   自然回收流程图

1—均压阀；2—排压阀；3—放压阀；4—回收切换阀；5——次均压阀；6—旋风除尘器；

7—消声器；8—回收煤气放散阀；9—降压除尘装置；10—净煤气主干管

除尘装置，料罐排放煤气经过布袋除尘器进行压力释放及精除尘后进入净煤气管网，而由布袋除尘器捕集下来的灰尘经卸灰口输送到粉尘回收系统再利用。该工艺设备简单，运行可靠，现场实施方便，料罐放散煤气回收率高。可有效的降低高炉炉顶区域脏煤气、煤气灰的排放，减少环境污染，回收的煤气被再次利用，可增加煤气总回收量，节约成本。

对高炉料罐放散煤气进行回收时，回收速度快，时间短，对高炉作业率影响极小，而且可以提高布袋除尘器寿命和除尘效率，自动化控制简单，安全、可靠。同时当回收系统出现故障时，可切换到原有的均排压煤气排放系统通过消声器进行排放，保障了高炉的正常生产要求。根据计算，投资回收期在半年至一年之间，具有良好的经济效益和社会效益。

14.6.3   无料钟炉顶液压系统及润滑站

14.6.3.1   炉顶液压系统

由于液压系统具有系统平稳、冲击力小、设备体积小、重量轻、电耗少、电控设备简单、调节范围大等优点，所以炉顶设备采用液压传动。但是，液压元件加工要求高，系统易漏油，要精心维护各液压元件，以保证液压设备的正常运转。为了确保炉顶液压站的正常工作和安全，液压介质采用难燃矿物油，润滑装置位于液压站内一角，液压站内设有火灾自动报警、自动灭火、采暖、通风等设施。

炉顶液压系统主要由主油泵系统、循环系统、蓄能器站、阀站、油箱及附件部分组成。系统工作压力为 18~20MPa，液压站向炉顶液压设备的执行机构供给动力油，站内的蓄能器可保证炉顶系统断电时全部液压设备动作一次。

主油泵电机组部分：主泵系统一般设计两台主油泵电机组，一用一备。循环泵采用螺杆泵，通过回路上的冷却器和过滤器，使系统能始终得到既清洁又温度适中的液压介质。

蓄能器站：站内设有活塞式蓄能器及氮气瓶组，作为辅助油源。通过活塞式蓄能器和设置压力开关对系统的工作进行监控。

油箱及附件：油箱通常由钢板焊接而成，经防锈处理。油箱上设有双筒回油过滤器、温度计、液位控制器、棒式磁过滤器、空气过滤器及电加热器等。

阀台：该阀台设计分为上下密封阀回路、上料罐闸阀回路、料流调节阀回路、均压阀及均压放散阀回路、炉顶放散阀回路等。

14.6.3.2 炉顶润滑系统

A 干油双线集中润滑系统

炉顶设备润滑采用干油集中润滑，润滑脂采用 2 号极压锂基脂。系统采用高压润滑，以减小管径、减少润滑脂在管内停留时间，从而保证润滑。

设计采用两路干油润滑系统，交替进行。设置两台润滑油泵（一台工作，另一台备用），油泵压力为 40MPa。

炉顶集中润滑站自成系统，设有两种供油工作制度，即 45min 和 8h 供油回路，其给油由系统自动进行，系统的启动和停止设中控室和现场手动两种方式。

B 干油智能集中润滑系统

干油智能集中润滑系统是将信息技术、自动化技术和润滑技术优化集成的技术产品。它克服了传统的单线、双线、油气润滑方式运行不可靠、计量不准确、不能调整、故障率高、不易检修等缺点。可根据设备工作状况，环境温度等以及润滑部位的不同要求，准确、定量、可靠地满足各种润滑要求。系统具有以下特点：

（1）采用点对点的模式给油，对每个润滑点进行监控，油量和周期可调，适应多种润滑要求。

（2）系统软件实时处理反馈信息，及时发现故障点，方便维修。

（3）节省油脂，保护环境。

14.6.4 料面探测设备

14.6.4.1 机械探料尺装置

高炉在生产过程中，料面是随着时间推移而下降的。为了探测料面形状、下降速度及发出启动装料程序的指令，而设置探料尺装置。一般大、中高炉均设有 2~3 台紧凑式探尺。探测范围一般为 0~6m，可分为 0~2m，2~4m，4~6m 三个区域，其中 0~2m 为常用区，连续探测制度。一台探尺可在低料线时进行点探测至 20~24m。正常情况下几台探尺同时工作，特殊情况下，可任意停止 1 台或 2 台探尺工作。当探尺均到达料线时，检查料罐中的 Batch 号是否与设定相符，然后解除装入等待，发出中间矿槽闸门可开启的指令，全部提升探尺，启动溜槽准备布料。一般探尺下降速度为 0.30m/s，提升速度为 0.60m/s。探尺提升应快速，下降则应慢速。布料完毕后，探尺即可下降到料面。

所谓紧凑式探尺是探尺卷筒和驱动装置在一起形成一个很紧凑的整体，卷筒用密封箱密封在中央以防煤气外逸。齿轮箱的另一侧固定着电器驱动装置（包括带制动盘的电机，电器控制齿轮箱，连接有主令控制器、编码器）。

这种探尺只能点探测，不能全面反映整个炉喉料面的下料情况。同时，由于探尺端部与炉料直接接触，故容易滑尺和陷尺而产生误差。

14.6.4.2　放射性同位素探测料线

采用放射性同位素 Co^{60} 测量料面形状和炉喉直径上各点下料速度。放射性同位素的射线能穿透炉喉而被炉料吸收，使到达接收器的射线强度减弱，从而指示出该点是否有炉料存在。射线源固定在炉喉不同高度水平面上，当料位下降到某一层接收器以下时，该层接收到的射线突然增加，控制台上就收到相应信号。由于射线污染的问题，限制了该装置的广泛应用。

14.6.4.3　高炉雷达探尺

采用雷达测距原理、非接触式测距方式的料面探测装置。它的雷达探头集发射器和接收器于一体，探头天线以波束的形式发射 24GHz 的连续调频雷达波信号，被测介质反射回来的回波又被天线接收。电子部件通过分析计算雷达脉冲信号，从发射到接收间隔时间，算出探头到介质表面的距离，并输出相应的信号。

TKFL-45 系列雷达探尺装置能适应高炉炉顶工作恶劣环境，克服机械探尺的缺点，满足高炉需要。目前已有较多的高炉相继安装了雷达探尺，其应用正得到逐步推广。

14.6.4.4　十字测温装置

在高炉炉喉处装设热电偶，成十字形布置，中心一点，其他方向均匀分布，测温点数通常有 13 点、17 点、21 点等，热电偶采用铠装型，十字梁用水冷却。十字测温可直接测量炉喉处煤气的温度，根据温度判断煤气流的分布状况，了解炉内透气性状况，对指导高炉布料和炉体热负荷的影响参见第 5 章。

宝钢成功地利用十字测温计反映煤气成分[3]，并以此为依据调剂装料制度，取得明显效果，参见图 5-41。

14.6.4.5　高炉料面红外线摄像仪

高炉料面温度监测系统由现场控制箱、信号采集、数据处理控制柜、计算机和操作显示器组成。窗口包括蓝宝石光学窗口、气动紧急安全密封阀和可开关的挡尘板。吹扫用氮气，光学窗口可用水清洗，本体采用不锈钢结构，耐压可达 0.5MPa。现场控制箱可对窗口进行手动操作，并对水和氮气温度、压力、流量进行监视。数据处理和操作显示采用工控机，可以显示温度标尺、温度分布曲线、最高温度及其位置、摄像头和窗口运行状态。摄像头安装在高炉的炉喉外封罩上，通过监控系统，高炉操作者可以在高炉控制中心监视器的屏幕上显示出煤气分布、布料位置、布矿、布焦时对煤气流的影响以及布料溜槽的磨损情况。从 HMI 上可以看到整个料面的温度分布图形以外，而且点击任何一点可以显示该点的温度值，通过比色卡可标定不同颜色区的温度值，所以被广泛采用。

参 考 文 献

[1] 周传典主编. 高炉炼铁生产技术手册[M]. 北京: 冶金工业出版社, 2005.

[2] 刘云彩. 高炉布料规律(第3版)[M]. 北京: 冶金工业出版社, 2005.

[3] 李维国. 宝钢1号高炉的操作实践[J]. 钢铁, 1989(9): 4~13.

[4] 徐永洲, 章天华主编. 现代大型高炉设备及制造技术[M]. 北京: 冶金工业出版社, 1996.

[5] 项钟庸. 串罐中心卸料式无料钟炉顶对炉料偏析的控制[J]. 炼铁, 1988(4): 42.

[6] 松崎真六等. 高炉還元材低減のためのシャフト効率向上技術[J]. CAMP-ISIJ, 2004, 17(1): 10~13.

15 高炉喷吹煤粉及其他燃料

在 20 世纪 50 年代后期，世界上出现了高炉喷吹煤粉的技术。1964 年，我国首钢、鞍钢高炉率先采用煤粉喷吹技术，揭开了中国炼铁史上新的一页。开始时由于缺乏喷煤经验，受安全因素的限制，高炉长期喷吹无烟煤。在国外，1966 年美国阿姆科（Armco）公司阿什兰厂（Ashland）的贝尔方特（Bellefonte）号高炉开始喷煤，1973 年又在该厂的阿曼达（Amanda）号高炉上开始喷煤。然而由于当时国际上油价便宜，喷油设施投资低，因而喷煤技术没有得到广泛推广。

直到 1973 年发生第一次石油危机，一年之内国际原油价格从每桶 2 美元暴涨到每桶 10 美元。从此以后国外高炉纷纷停止喷油，被迫改成全焦操作，铁水成本增加，产量受到限制。这时，已经喷了 10 年煤粉的首钢 1 号高炉早就创造出了月平均吨铁喷煤量 200kg 以上的世界纪录，于是中国喷煤创举在世界上名噪一时。德国、英国、日本、卢森堡等国钢铁公司都派人来我国考察，想从中国引进高炉喷煤技术。无奈当时中国喷煤技术还存在着两大缺点：一是没有完善的安全措施，只能喷吹无烟煤；二是控制水平低，满足不了喷吹烟煤和自动化水平的要求。除了少量技术交换之类，并没有发生实质性的技术转让。1979 年又爆发第二次石油危机，1980 年国际原油价格再次猛涨到每桶 30 美元。此时，日本开始在大分厂等少数几座高炉建设喷吹烟煤设施，也可以说，从 1979 年开始，世界各国高炉进入了一个喷吹煤粉的时代。国外高炉喷煤起步较晚，但发展比较快，到 20 世纪 90 年代初期，德国、英国、荷兰等一批高炉的月平均吨铁喷煤量已经达到或超过了 200kg，随后日本高炉也进入了高喷煤量的行列。进入 21 世纪国际原油价格暴涨至每桶 100 美元，高炉喷吹煤粉仍然占主导地位。但国外仍有高炉喷吹重油和天然气等燃料，因此本章也作一简要介绍。

15.1 高炉喷吹煤粉

我国高炉喷煤经历了三个发展阶段：

（1）第一阶段（1964~1989 年）。中国高炉喷煤起步虽早，但发展较慢。这一阶段的特点是喷吹无烟煤，而且大部分都喷山西阳泉无烟煤。由于供不应求，都喷吹未洗原煤，有的煤灰分高达 20% 以上，置换比很低。加之风温水平也低，全国重点企业年平均吨铁喷煤量在 60kg 以下，徘徊了十几年。企业都以产量为中心，喷煤的积极性不高。

（2）第二阶段（1990~1999 年）。1990 年，鞍钢高炉喷吹烟煤试验成功，宝钢 2 号高炉引进了喷吹烟煤安全技术，以后一些企业开始喷吹烟煤或混合煤。在此期间重点企业年平均风温从 970℃提高到了 1075℃，矿石进口量从每年 1400 万吨增加到 5500 万吨。高炉原、燃料条件逐步改善，1999 年重点企业年平均吨铁喷煤量达到 114kg，首次超过 100kg。然而这一时期国内焦炭价格尚未与国际接轨，煤的价格与价值很不匹配。例如，1971 年（第一次石油危机以前，煤炭还没有跟着石油涨价），日本某钢铁厂自产入炉焦炭成本为

13183 日元/t，铁水成本为 14422 日元/t，以全焦 497kg/t 铁计算，入炉焦炭成本占铁水成本的 45.4%。1999 年，首钢自产入炉焦炭成本为 480 元/t，铁水成本为 1003 元/t，以全焦 515kg/t 铁计算，入炉焦炭成本占铁水成本的 24.6%。我国焦炭成本在铁水成本中所占的比例大大低于国外，廉价焦炭，导致高炉喷煤的经济效益无法提高。

（3）第三阶段（2000 年以后）。加入世界贸易组织是我国高炉喷煤经济效益从低到高的转折点。在加入世界贸易组织前后，国内焦炭价格出现了短时间内翻番猛涨的现象。随着世界石油价格保持在高位振荡，世界范围内能源供求矛盾突出，以及我国节能政策的逐步落实，可以预计，我国廉价焦炭的时期已经过去。煤焦价格逐渐与国际接轨，喷煤经济效益的大幅度提高，使我国高炉喷煤进入了一个新的发展阶段。2002 年全国 58 家大型及地方骨干钢铁企业年平均吨铁喷煤量 125kg，其中，宝钢 1 号高炉年平均吨铁喷煤量达到了 233kg。该高炉 1999 年 9 月的月平均吨铁喷煤量为 260.6kg，喷煤率（喷煤比/燃料比）为 51%，在高炉喷煤技术方面已经超越了曾经被好几个国家炼铁专业人员视为极限喷煤率的 50% 之值。

15.1.1 喷煤的效益和最佳喷煤量

高炉喷煤具有良好的经济效益和社会效益，因此《规范》要求，**新建或改造的高炉必须设置喷煤设施**。

高炉喷煤是改变高炉用能结构的关键技术，是一项有效的节能措施。高炉以煤代焦，可以缓解焦煤的资源短缺，降低生铁成本。

15.1.1.1 喷煤的效益

A 喷煤的经济效益

喷煤的经济效益来自以下几个方面：

（1）每炼 1t 焦炭要耗用 1.4t 左右的洗精煤（干）。焦炭成本中，除了原料以外，还有燃料、动力、折旧、修理、人工等其他成本。炼焦工艺是一个高温化学干馏过程，能源消耗多，环保要求严，基建投资高。而喷煤车间只是物理加工和输送过程，能源消耗少，单位基建投资只有焦化厂的 15% ~25%，折旧修理费用低。因此，炼焦工序成本比磨煤输煤高得多。

（2）喷吹煤可以使用非炼焦煤，在相同质量（灰分、硫分等）条件下，价格比炼焦煤便宜。

（3）喷吹煤与炼焦煤相比，产地分布广，要求品种单一，便于就近用煤，节省运费。

（4）冶金焦加入高炉之前要筛除 5% ~10% 碎焦，不能入炉的碎焦降价回收作为他用，提高了入炉焦炭的成本，而煤粉几乎没有损失。

（5）如果钢铁厂使用外购焦炭，还要加上供焦企业的利润和运输过程中的破碎及其他损耗。

（6）对于不用焦炭和少量用焦的熔融还原炼铁工艺系统，由于对加入熔融炉内的煤块的粒度有一定要求，要筛除大量碎煤，将这些碎煤磨成煤粉喷入熔融还原炉中代替块煤。熔融还原炼铁工艺已经仿效高炉喷煤工艺，同样也有经济效益。

高炉喷煤的经济效益来自焦、煤的差价，所以无论煤价是涨是跌，焦与煤之间总有差价，喷煤总有经济效益。煤价上涨，喷煤经济效益更为明显。

B 高炉喷煤经济效益的计算

外购焦炭时，按下式计算：

$$P_{t \cdot pc} = \frac{\left(\dfrac{P_{coke} - P_{de}}{1 + R_{t \cdot coke}} + \dfrac{P_{de}}{1 + R_{t \cdot de}} - C_{s \cdot coal} \times R_{s \cdot c} \right) R_c}{(1 - R_{s,c})(1 - R_{w \cdot coke})} - \frac{\dfrac{P_{coal} - P_{de}}{1 + R_{t \cdot coal}} + \dfrac{P_{de}}{1 + R_{t \cdot de}}}{1 - (R_{w \cdot coal} - R_{w \cdot pc})} - C_{m \cdot pc}$$

$$(15-1)$$

式中　$P_{t \cdot pc}$——喷吹 1t 煤粉的经济效益，元/t；

P_{coke}——外购 1t 焦炭的到厂含税价，元/t；

P_{coal}——外购 1t 喷吹煤的到厂含税价，元/t；

P_{de}——1t 焦炭或喷吹煤的含税运费，元/t；

$R_{t \cdot coke}$——焦炭税率，%；

$R_{t \cdot coal}$——喷吹煤税率，%；

$R_{t \cdot de}$——运费税率，%；

$R_{s \cdot c}$——入炉前过筛中的碎焦率，%；

R_c——焦煤置换比，%；

$R_{w \cdot coke}$——购入焦炭的计价含水率，%；

$R_{w \cdot coal}$——购入喷吹煤的计价含水率，%；

$R_{w \cdot pc}$——煤粉含水率，%；

$C_{s \cdot coal}$——碎焦的内部折算成本，元/t；

$C_{m \cdot pc}$——1t 煤粉的加工和输送成本，元/t。

C 喷煤的社会效益

喷吹煤粉的社会效益有以下几个方面：

（1）节约炼焦煤资源。我国炼焦煤只占煤炭资源的 27% 左右，其中强黏性焦煤又只占炼焦煤资源的 20% 左右。高炉喷吹非炼焦煤可以缓解炼焦煤的过量消耗。

（2）减少焦化厂的污染物排放量。焦化厂是钢铁企业及其周围环境的最大污染源。不用焦炭或少用焦煤的熔融还原炼铁工艺固然可以较好地解决焦化厂的污染问题，但因其规模、投资、成本等原因，要在我国占有炼铁工艺的主导地位尚需时日。高炉大量喷吹煤粉，尽可能减少焦化厂的污染是当前最为有效的办法。

（3）减少能源消耗和降低二氧化碳排放量。炼焦工序平均能耗（标准煤）约 140kg/t焦，而煤粉制备工序平均能耗（标准煤）只有 30kg/t 煤。工序能耗的大量降低相应降低了二氧化碳排放量。

15.1.1.2 最佳喷煤量的设定

一般情况下，设计单位都是按照工厂提出的铁水产量和要求的最大吨铁喷煤量来确定喷煤车间的能力。作为设计单位也有责任协助工厂对最佳吨铁喷煤量的设定值进行推敲。

规范规定**喷煤设施的喷煤量应按照最佳节能效果和经济效果来确定**。每座高炉都有一个与本身冶炼条件有关的最佳喷煤量。最佳喷煤量是指具有最佳综合经济效益时的最大喷煤量。高炉生产条件改善了，最大喷煤量也随之提高，对一些确实要改变条件，如增加富氧率的高炉来说，设计喷煤设施时要留有适当的余地。

高炉喷吹煤粉量应根据原料、燃料、风温、富氧、鼓风含湿和炉顶压力等条件，以及煤粉的置换比确定。

A　最佳喷煤量必须具备的条件

要实现最佳喷煤量，高炉必须具备优良的原燃料条件，适当富氧控制理论燃烧温度，并限制从炉顶和炉渣带出的煤粉。

a　高炉采用最低理论燃烧温度进行操作

挖掘理论燃烧温度的潜力可以多喷煤粉。高炉容积大、耗风量低，理论燃烧温度相对要求高一些。国内外一般认为，最低理论燃烧温度在 2050℃ 左右，高炉容积小、耗风量高，理论燃烧温度相对可以稍低一点。采用最低理论燃烧温度进行操作，必须要求原、燃料性能稳定，操作热制度稳定，以及采用相应的高炉操作技术。

理论燃烧温度的计算十分重要。应根据各厂自身的条件建立理论燃烧温度计算公式。宝钢的经验公式见式（15-1）。

式中，常数项、热风温度、富氧量、鼓风含湿量的系数，各个高炉之间虽有不同，但相差不大。随着喷吹煤种挥发分的高低变化，喷煤降温系数会有较大的差别。宝钢的喷煤降温系数取 3.15。在工厂没有确定喷煤降温系数时，可参考经验公式（15-2）进行估算。

喷煤降温系数：

$$C_R = 1.5 + 0.06V_{daf} \tag{15-2}$$

式中　C_R——喷煤降温系数；

　　　V_{daf}——煤的除水除灰基挥发分，%。

降温系数 C_R 公式中的前一项常数 1.5 与煤的挥发分无关。它包括了以下几项有关的降温因素：

（1）焦炭达到回旋区时已经带有 1550℃ 以上的物理热，而煤粉只带有 50℃ 以下的常温，冷煤粉降低了理论燃烧温度。

（2）煤粉中带有 1% ~2% 附着水，在风口前分解吸热，降低了理论燃烧温度。

（3）用常温气体（氮气或压缩空气）输送煤粉，降低了热风温度，也就降低了理论燃烧温度。

降温系数公式中的后一项与煤的挥发分有关。它包括了以下几项有关的降温因素：

（1）挥发分中甲烷及其他碳氢化合物，在风口前燃烧反应放热量比碳少，降低了理论燃烧温度。

（2）挥发分中的内在水分在风口前分解吸热，降低了理论燃烧温度。

b　应有优质的原、燃料条件

特别是对于焦炭质量，要有足够的冷强度 M_{40}、M_{10} 以及反应后强度 CSR 和反应性指数 CRI，应选用性价比好的喷吹煤种，特别是选用灰分低、硫分低、可磨性较高的煤种。

c　要限制从炉顶逸出和炉渣带出的煤粉量

煤粉利用率应超过 97%，实际置换比高。过量喷煤逸出煤粉量增加，超量部分的置换比大幅度降低，导致喷煤量增加，经济效益降低。过量喷煤还会给操作带来困难甚至影响正常生产。实际置换比应采用全焦基准期和喷煤期的实际焦比进行比较，或者用较低喷煤量和较高喷煤量期间的实际焦比和煤比进行比较。如果两个时期的其他条件，如风温等有所变化，应分别计算这些变化因素对经济效益的影响，"校正焦比"、"校正置换比"无法用于计算经济效益。

高炉喷煤技术是一项综合性的技术。提高喷煤量，必须提高原、燃料的质量、热风温度、富氧率、炉顶压力以及相应降低鼓风湿度。

一般来说，无烟煤固定碳高，喷煤后置换比高；烟煤挥发分高，燃烧性能好；喷吹混合煤既可提高置换比，又能提高煤粉的燃烧性能。

宝钢采用了脱湿鼓风，脱湿鼓风对提高喷煤的效果是显著的。

B 燃烧能力和消化能力要匹配

燃烧能力与消化能力应该匹配。

最大喷煤量 PC_{max} 可以分为两部分，即风口前燃烧的煤粉量和进入炉内的未燃煤粉量。

$$PC_{max} = PC_f + PC_{fno} \tag{15-3}$$

式中 PC_f——风口前燃烧的煤粉量；

  PC_{fno}——进入炉内的未燃煤粉量。

如果风口前燃烧的煤粉能力与炉内消化的未燃煤粉的能力两者不匹配，则其中一种能力必然限制了喷煤量，而另一种能力则被浪费。喷吹无烟煤，挥发分低，所需理论燃烧温度补偿量少，进入炉内的未燃煤粉量较多。喷吹高挥发分烟煤，挥发分高，所需理论燃烧温度补偿量多，进入炉内的未燃煤粉量少。喷吹混合煤，调整挥发分的高低，是促使两种能力互相匹配的有效办法。

a 提高燃烧能力

也就是提高理论燃烧温度至冶炼需要的风口前温度，使之能够满足喷吹更多煤粉的要求，风口前理论燃烧温度的补偿手段有：

（1）提高热风温度。不仅可以补偿理论燃烧温度，多喷煤粉，还可以增加热量，降低燃料比，具有双重经济效益。

根据 2000～2004 年的统计，我国高炉的平均热风温度、富氧率和喷煤量的关系见图 15-1。显然，喷煤量高低与富氧率和热风温度有密切的关系。

（2）提高富氧率。富氧可以减少炉腹煤气量，提高理论燃烧温度。

高炉喷煤量应根据原、燃料和富氧等条件来确定。喷煤设施能力应根据高炉的喷煤量合理确定。

宝钢 2000～2006 年实际生产中，在富氧率 2%～3% 时，每吨生铁的平均喷煤量达到 200～260kg，而以 200～220kg 为宜。宝钢 2 号高炉受喷煤设备能力的限制，喷煤量较低，平均富氧率接近 2%，平均喷煤量在 170kg/t 左右。

《规范》规定**高炉喷煤量宜符合表**

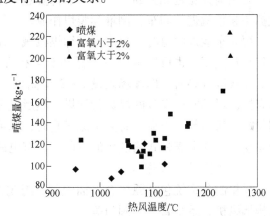

图 15-1 喷煤量与热风温度和富氧率关系的统计数据
（2000～2004 年平均）

15-1 的规定。

表 15-1 高炉喷煤量

富氧率/%	0 ~ 1.0	1.0 ~ 2.0	2.0 ~ 3.0	≥3.0
吨铁喷煤量/kg	100 ~ 130	130 ~ 170	170 ~ 200	≥200

注：当采用自然湿度或加湿鼓风，风温为 1050 ~ 1100℃时，可采用表中的下限值；当焦炭强度高、渣量低，并采
用脱湿鼓风，风温为 1200 ~ 1250℃，炉顶压力超过 0.2MPa 时，可采用上限值。

（3）脱湿鼓风。可以减少炉缸热量支出，提高理论燃烧温度，同时可以稳定高炉热制度。

b 提高炉内消化未燃煤粉能力

（1）提高原、燃料的质量。特别是提高焦炭的冷强度 M_{40}、M_{10} 和反应后强度 CSR。

（2）提高富氧率，不仅能提高理论燃烧温度，而且由于氮气的减少，改善了高炉的透气性，但是富氧量不能过高，要考虑制氧设备的投资和氧气成本。另外，富氧以后，会减少热风的供热量，是否引起燃料比的升高，也应加以研究。

高炉宜采用富氧鼓风，富氧率应经过技术经济比较确定。

（3）提高鼓风压力，与富氧一样，能够改善高炉的透气性，提高炉内消化未燃煤粉的能力，还具有炉顶余压能够回收发电的优点。

（4）采取与高喷煤量相适应的高炉操作技术。

15.1.2 喷煤工艺流程

15.1.2.1 喷煤工艺设施

高炉喷煤工艺设施，主要包括原煤储运系统、煤粉制备系统、干燥惰化系统、喷吹系统、空压站以及辅助设施等。直接喷煤工艺流程见图 15-2。

A 原煤储运系统

原煤储运系统包括防雨原煤场、卸车、倒堆、装煤、输送等配套设备。

无论南方还是北方的工厂，一般都要建一个防雨的储煤场。大型喷煤车间大都采用桥式抓斗起重机进行卸车、倒堆和装煤作业。

用火车运入原煤时，也可再设卸煤机械。用汽车进入原煤时，一些小型喷煤车间为了节省基建投资，也可以不设桥式抓斗起重机和栈桥，采用轮式装载机进行倒堆和装煤作业。喷吹混合煤时，储煤场内设 2 ~ 3 个储煤斗，下设敞开式带式称重给煤机或可调圆盘给煤机，对不同挥发分的煤进行配煤，然后经带式运输机或大倾角带式运输机将原煤送到制粉跨厂房顶部。当设计有多个原煤仓时，用可逆带式运输机、卸料器等将原煤装入各个原煤仓中。在上煤带式输送机的平段上设有电磁除铁装置。

B 煤粉制备系统

煤粉制备系统包括原煤仓、插辊阀、封闭式自动称重给煤机、磨煤机、布袋收粉器、主排烟风机、系统管道、阀门等。

该系统采取负压操作（带有煤粉的烟气均处在负压状态下工作），除布袋收粉器外，一般都不再设有其他收粉装置。布袋收粉器落粉管上装有锁气器和煤粉筛。

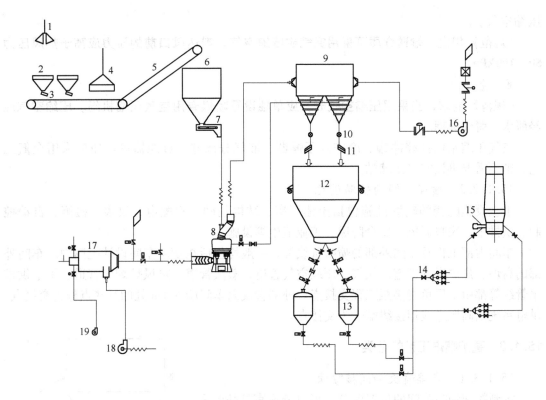

图 15-2　喷煤工艺流程示意图

1—抓斗起重机；2—配煤斗；3—给煤机；4—除铁器；5—大倾角胶带机；6—原煤仓；
7—封闭式自动称重给煤机；8—磨煤机；9—布袋收粉器；10—锁气器；11—煤粉筛；
12—煤粉仓；13—喷吹罐；14—煤粉分配器；15—煤粉喷枪；16—主排烟风机；
17—烟气升温炉；18—热风炉烟气引风机；19—助燃风机

C　干燥惰化系统

干燥惰化系统包括接入喷煤车间的高炉热风炉烟气管道、烟气引风机、烟气升温炉及相应设施。

烟气升温炉有卧式和立式两种。升温炉燃烧器上除有高炉煤气和助燃空气入口外，还有焦炉煤气（天然气）入口，用以点火和保火。在升温炉烟气出口处，设有升温炉烟气和热风炉烟气的混合室，以及升温炉烟气放散阀。

磨煤机烟气入口管道上设切断阀和旁通冷空气入口阀。当利用热风炉烟气遇到困难时或没有热风炉烟气（熔融还原炼铁厂的喷煤车间）时，可以考虑采用磨煤机烟气自循环工艺（见15.1.8节），用自循环烟气代替热风炉烟气。

D　喷吹系统

喷吹系统包括煤粉仓、仓下分配煤粉装置、喷吹罐、储气罐、蒸汽加热器、分气包、喷吹管线、阀门、补气器、煤粉分配器、缩径喷嘴、测堵装置、煤粉喷枪等。

煤粉仓底部设有氮气流化和惰化装置，煤粉仓和喷吹罐之间设煤粉分配装置和下煤阀门。与喷吹罐配套的阀门有充压、排压、补压、流化、出口（调节），二次补气等阀门。喷吹系统中设氮气储气罐，压缩空气储气罐和蒸汽加热器（用于加热氮气和压缩空气）。

《规范》规定，**输送介质可采用氮气或压缩空气，到达风口前的压力应高于热风压力50~100kPa。**

E 空压站

《规范》要求，**当采用压缩空气时，应单独设置喷煤专用空气压缩机组。压缩空气应经脱水、脱油处理。**

空气压缩站包括缓冲罐、冷冻式干燥器、液气分离器、过滤器等。如果采用全氮工艺，则不需要再设空气压缩站。

15.1.2.2 喷煤车间的辅助设施

工艺设施配套的辅助设施包括土建厂房、结构基础、输配电、仪表、检测、自动控制、供排水、采暖通风、安全防爆、工业卫生等设施。

车间内部工程及车间外部的喷吹管线等，一般均包括在喷煤车间设计范围内。车间外部的高炉、焦炉煤气管道，氮气、压缩空气管道，蒸汽管道、热风炉烟气管道、供电供排水管线等都由工厂负责接至工程交接点。外部管线以车间墙外1m处的某些点作为交接点，供电系统以高压进线柜接线端子为交接点。

15.1.3 高炉喷煤工艺的分类

15.1.3.1 直接喷吹和间接喷吹

按制粉间和喷吹间的位置区分，可以分成直接喷吹和间接喷吹两种工艺。

制粉间和喷吹间合在一个厂房内通过喷吹管道一次向高炉喷吹煤粉，称为直接喷吹。制粉间与喷吹间分置两处，制粉间远离高炉，喷吹间（站）靠近高炉，制粉间制成的煤粉通过罐车或管道输送到喷吹间（站）的煤粉仓内，再由喷吹间（站）向高炉喷吹煤粉，称为间接喷吹。

制粉、喷吹合并的直接喷吹系统，不仅节省基建投资，节约能耗，也可简化操作和维修。目前国内外很多企业采用这种流程，因此，《规范》规定制粉间布置尽量靠近高炉，**高炉喷煤宜采用直接喷吹方式，喷吹站宜靠近高炉。**

15.1.3.2 串罐与并罐

按喷吹罐的排列方式划分，可以分为串罐和并罐两种形式。

A 串罐形式

这是将两个罐上下串联连接，下罐始终处在有压状态向高炉连续喷吹煤粉。在常压状态下，上罐接受来自煤粉仓的煤粉；上罐充压，即与下罐均压后，将煤粉加到下罐中。上罐的工作程序分成卸煤、排压、受煤、充压、待卸等几个子程序。串罐喷吹方式的示意图见图15-3。

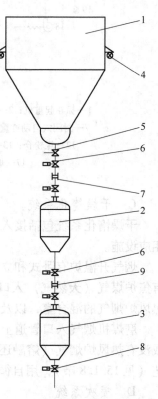

图 15-3 串罐喷吹方式的示意图
1—称量罐；2—中间罐；3—喷吹罐；
4—称重元件；5—手动球阀；
6—气动球阀；7—软连接；
8—控制阀；9—压力自平衡
金属波纹补偿器

B 并罐形式

这是将喷吹罐并列设置，一般设两个喷吹罐，其中一个罐处在装煤程序，另一个罐处在喷吹程序，向高炉喷吹煤粉。并罐与串罐相比，具有降低厂房高度和称量准确等优点，是国内外高炉喷煤设施中的主要形式。德国库特纳（Kuttner）公司和卢森堡 PW 公司从 1980 ~ 1999 年的 20 年间，一共设计了 51 座高炉喷煤设施；1980 ~ 1987 年的 8 年间，设计了 15 座高炉喷煤设施，其中串罐 12 座、并罐 3 座。1988 ~ 1999 年以后的 12 年间，设计了 36 座高炉喷煤设施，其中串罐 6 座、并罐 30 座。从中可以看出，国外高炉喷煤设施，由串罐转向并罐的过程。国内也一样，目前大多数喷煤设施采用并罐。并罐喷吹方式的示意图见图 15-4。

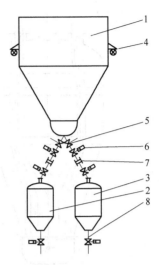

图 15-4 并罐喷吹方式的示意图
（编号的图注说明与图 15-3 相同）

15.1.3.3 多支管和总管加分配器

按管路配置划分，有多支管和总管加分配器两种。

喷吹罐出口接有很多根管子，一根管子直接连接一根喷枪，称为多支管方式。喷吹罐出口先接总管，通过分配器分成若干根支管，每根支管接一根喷枪，称为总管加分配器方式。

总管加分配器又有多种形式。例如，一根总管，一个分配器，分成的支管数目与全部风口数目相等，使用这种形式的有武钢 4 号、5 号高炉；又如，一根总管进入分配器前分成两根分总管，各自再接一个分配器，其中一个分配器分出的支管连接奇数风口的喷枪，另一个分配器分出的支管连接偶数风口的喷枪，使用这种形式的有宝钢 1 号、4 号高炉；还有从喷吹罐中引出两根总管连两个分配器，其中一个分配器连接奇数风口，另一个分配器连接偶数风口，使用这种形式的有上钢一厂 2500m³ 高炉。多支管方式有其局限性：一是阻损大，一般只能用于喷吹距离小于 200m；二是只能与串罐形式配合使用。多支管喷吹方式的示意图见图 15-5。总管加分配器喷吹方式的示意图见图 15-6。

15.1.3.4 上出料和下出料

上出料方式是把流化板放在喷吹罐底部，流化后的煤粉被罐内压力向上送进带有喇叭口的喷吹管内，上行一小段距离后从侧面出罐，上出料喷吹方式（1）见图 15-7a。另一种上出料方式是喷吹罐底部接一个圆形直筒，流化板设在筒的底部，同样将煤粉送进带有喇叭口的喷吹管内，喷吹管从筒的侧面引出，上出料喷吹方式（2）见图 15-7b。与前一种上出料比较，具有检修、更换比较方便的优点；其缺点是要增加一点高度。

下出料方式是把流化套（器）放在喷吹罐锥体的出口段，流化后的煤粉被罐内压力向下压送进入喷吹管，然后喷吹管再转向上行，下出料喷吹方式（1）见图 15-8a。另一种下出料方式，与上出料基本相似，煤粉在底部流化板上面流化，喷吹管从下部穿过流化板接引被流化的煤粉，下出料喷吹方式（2）见图 15-8b。

上出料和下出料两种出料方式没有什么本质上的差别，都是靠罐压压出煤粉，只是煤粉进入喷吹管的位置和方向不同，先上行和后上行的不同，罐内上行和罐外上行的不同。大型高炉大都采用下出料方式。

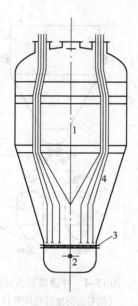

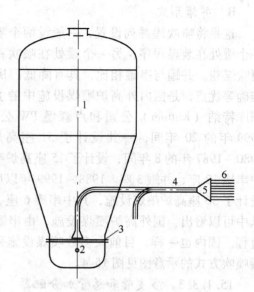

图 15-5　多支管喷吹方式的示意图
1—喷吹罐；2—流化室；
3—流化板；4—喷吹支管

图 15-6　总管加分配器喷吹方式的示意图
1—喷吹罐；2—流化室；3—流化板；4—喷吹总管；
5—煤粉分配器；6—喷吹支管

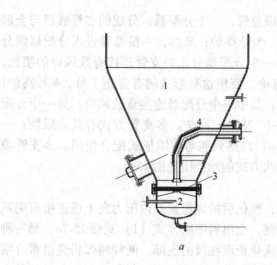

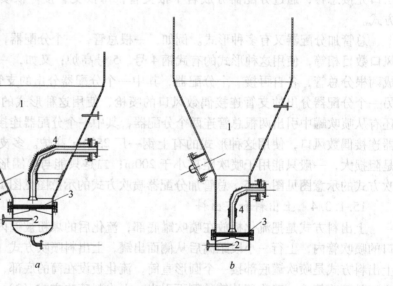

图 15-7　上出料喷吹方式的示意图
a—上出料喷吹方式（1）；b—上出料喷吹方式（2）
1—喷吹罐；2—流化室；3—流化板；4—喷吹管出口段

15.1.3.5　并联喷吹罐的配置

高炉采用并罐方式时，喷吹罐的数量和配置形式有多种。

A　一座高炉配置四个喷吹罐

每两个喷吹罐连接一根总管。四个喷吹罐共有两根总管、两个分配器，一个分配器接奇数风口喷枪，另一个分配器接偶数风口喷枪。这种配置属豪华型，即使用在特大型高炉

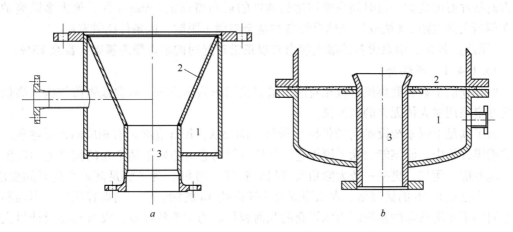

图 15-8 下出料喷吹方式的示意图

a—下出料喷吹方式（1）；*b*—下出料喷吹方式（2）

1—流化室；2—流化板；3—喷吹管出口段

上，在国内外都是少见的。

B 一座高炉配置三个喷吹罐

三罐配置又可分为两种：一种是一个罐喷吹，一个罐备煤，一个罐待喷或备用。这种配置的备用能力大，可靠性强，但投资要高一些，美国 Armco 流程采用这种配置。设计这种配置时，最好将喷吹罐的排压气作为备煤罐的预充压用，这样可以节省 2/5 充压用气。另一种是两个罐喷吹，一个罐备煤，这种配置可以减小喷吹罐容积。

C 一座高炉配置两个喷吹罐

这是国内外最常见的配置方式。与高炉休风配合更换阀门，不设备用罐，两个罐同样可以配成双总管双分配器。

D 两座高炉合用三个喷吹罐

为了节省投资，小高炉可以采用两座高炉合用三个喷吹罐，或者用于新增一座高炉时，原有喷吹罐不够用又无法增加的情况。使用条件是备煤周期时间等于 1/2 喷煤周期时间，按照喷煤量较大那座高炉所需的倒罐周期时间来定时自动倒罐。使用这种配置的有南京钢铁厂等。

E 两座高炉合用两个喷吹罐

这种配置可以作为中小高炉的一种过渡配置方式。例如现在正在生产的两座较小高炉以后要改成一座较大高炉，喷煤设施按一座较大高炉设计，两个喷吹罐暂时用于现有两座较小的高炉喷煤。当然这种配置也能用于两座小高炉的正常喷煤。采用这种配置时要设煤粉流量计，测得两座高炉喷煤的相对流量，用分别调节二次补气量的手段来满足两座高炉不同喷煤量的要求。两座高炉的喷煤总量仍由喷吹罐的电子秤加以控制，分配比例则由流量计测定，分别确定二次补气量的大小。

15.1.4 喷煤车间主要设备的选择及其能力的确定

由于增加吨铁喷煤量是一项系统工程，而增加喷煤设备的能力比较容易，实际上除了各方面条件好的高炉一段时间内能够达到吨铁的最高喷煤量 250kg/t 外，绝大多数高炉还存在相当大的差距，《规范》虽然对设备的富余率做了限制，但条件比较宽松。

《规范》规定，**喷煤设备的最大能力应以正常产量时的喷煤量为基础，富余 15%。**

15.1.4.1 原煤仓

原煤仓的个数和磨煤机台数相对应，最好采用圆筒形直段、双曲线锥段结构。高低料位的测定采用对人体无害的料位仪。

为了满足上煤系统设备（胶带机）检修时间要求，原煤仓必须有相应的存煤容积。在高炉喷煤设施中，储煤能力除了原煤仓以外还有煤粉仓，原则上两个仓的储煤能力应该加在一起考虑。例如，更换一条大倾角胶带机的胶带需用 8h，为了满足高炉变料时间要求，煤粉仓内已经有 5h 的储煤量，那么原煤仓内还需要 3h 的储煤量，储煤容积加上用煤和加煤之间的不平衡所需的容积即为原煤仓的几何容积。为了节约投资，没有必要设计过大的原煤仓容积。但是，在采用磨煤机系统烟气自循环工艺时，为了降低磨煤机的漏风率，应该适当加大原煤仓的容积（特别是高度），仓内料面保持足够的高度可以减少从原煤仓漏入磨煤机的冷风量，降低磨煤机系统的含氧率。设计原煤仓容积时应该区别对待采用两种不同工艺的情况。

原煤仓下应设有手动插辊阀，在检修下面称重给煤机时使用。

15.1.4.2 给煤机

封闭式自动称重给煤机可以按设定值均匀给煤，图 15-9 为封闭式自动称重给煤机。它可以制止漏风，这对采用自循环工艺特别重要。

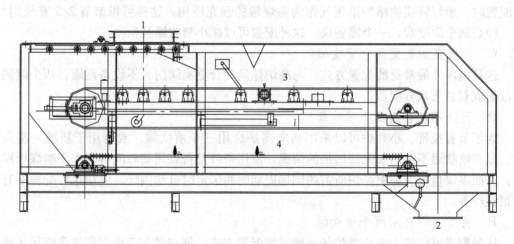

图 15-9 封闭式自动称重给煤机
1—装料口；2—卸料口；3—称重胶带机；4—清扫胶带机

15.1.4.3 磨煤机

高炉喷吹煤粉的粒度有两类：粒煤的粒度较粗，粒度小于 2mm 的在 95% 以上；细磨煤粉的粒度应达到一定的粒度。

过去都按照发电厂对煤粉粒度的要求，确定高炉喷煤的粒度要求。发电厂要求粒度小于 200 网目（0.074mm）的应大于 80%。欧洲一些国家以 0.09mm 代替 200 网目，要求粒度大于 0.09mm（R_{90}）的应小于 20%。根据梅山、宝钢等厂的实际生产情况，《规范》对煤粉粒度做了调整，要求小于 **200 网目**的煤粉粒度应大于 **60%**，含水量应小于 **1.5%**。梅山、宝钢等厂的煤粉粒度见表 15-2。

表 15-2 梅山、宝钢的煤粉粒度

梅 山						
网目	<40	40~60	60~120	120~140	140~180	180~200	>200
组成/%	0.04	0.57	1.36	5.84	9.54	22.15	61.00

宝 钢				
网目	<50	50~100	100~200	200~325	>325
组成/%	1.3	16.9	63.1	16.2	2.4

国外和国内新建的喷煤设施几乎都采用立式中速磨。国内产品中有北京电力设备总厂的 ZGM 型磨煤机、沈阳重型机器厂的 MPS 型磨煤机、上海重型机器厂的 HP 型磨煤机、合肥水泥研究设计院设计生产的 HRM 型磨煤机以及中国冶金设备南京公司的 EM 型磨煤机等可供选用。典型的磨煤机见图 15-10。

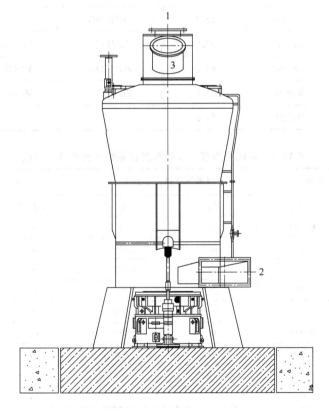

图 15-10 典型磨煤机

1—加煤口；2—烟气入口；3—煤粉出口

影响磨煤机出力的有三个参数：原煤的可磨性系数、煤粉细度和原煤水分，其中影响最大的是原煤的可磨性系数。ZGM、MPS 磨煤机的实际出力计算见式（15-4）。

$$Q = Q_a \times f_G \times f_F \times f_W \tag{15-4}$$

式中　Q——磨煤机的实际出力，当磨煤机在碾磨件磨损后期运行时，磨煤机的出力 Q 下降 5%；

　　　Q_a——磨煤机的标准出力；

　　　f_G——哈氏可磨度修正系数；

　　　f_F——煤粉细度修正系数；

　　　f_W——原煤水分修正系数。

标准煤的 $HGI = 80\%$，$R_{90} = 16\%$，原煤水分 $W = 4\%$，ZGM、MPS 磨煤机的标准出力 Q_a 见表 15-3。

煤的哈氏可磨度和煤粉细度修正系数，以及原煤水分修正系数见表 15-4。

表 15-3　ZGM、MPS 磨煤机的标准出力 Q_a

ZGM	MPS	$Q_a/t \cdot h^{-1}$	ZGM	MPS	$Q_a/t \cdot h^{-1}$
ZGM80K	MPS140	24.0	ZGM113K	MPS212	67.7
	MPS150	28.5	ZGM113N	MPS225	78.6
ZGM80N	MPS160	33.5	ZGM113G		87.7
ZGM80G	MPS170	39.0	ZGM123N	MPS245	99.3
ZGM95K	MPS180	45.0	ZGM123G	MPS255	107.3
ZGM95N	MPS190	52.6	ZGM133N	MPS265	118.3
ZGM95G	MPS200	58.5			

表 15-4　哈氏可磨度、煤粉细度和原煤水分的修正系数

哈氏可磨度修正系数 f_G		煤粉细度修正系数 f_F		原煤水分修正系数 f_W	
HGI	f_G	R_{90}	f_F	水分/%	f_W
50	0.640	15	0.982	4	1.000
55	0.709	16	1.000	5	0.995
60	0.770	20	1.070	6	0.985
65	0.833	25	1.141	8	0.972
70	0.890	30	1.205	10	0.945
75	0.945	35	1.260	12	0.920
80	1.000	40	1.310	14	0.885
85	1.047			16	0.840
90	1.090			18	0.800

ZGM、MPS 磨煤机直径与出力的关系见式（15-5）：

$$Q \propto D^{2.5} \tag{15-5}$$

式中　Q——磨煤机的实际出力，t/h；

　　　D——磨盘中径，m。

15.1.4.4 布袋收粉器

《规范》规定，**粉煤收集应采用一级负压布袋收集系统。各卸粉点应设置捕集罩，并应经净化处理后，再经风机、消声器、烟囱向大气排放。排放气体含尘浓度应小于 50mg/m³。**

布袋收粉器的反吹清粉方式有低压脉冲和风机反吹两种方式。前者使用低压氮气，后者使用磨煤机排放烟气。清粉程序分为离线和在线两种，根据布袋内外压差值或定时触发反吹清粉。要求布袋选用防静电材质。布袋的寿命除了与材质、质量有关外，还与通过布袋的烟气流速直接相关，建议取 0.7 ~ 1.0m/min。

布袋面积的计算公式见式（15-6）：

$$A_{b} = \frac{(V_{mfo} + V_{bl}) \times \dfrac{273 + t_{bfi}}{273} \times \dfrac{101325}{101325 - |P_{bfi}|}}{60 v_{bf}}$$ (15-6)

式中 A_b——布袋总面积，m²；

  V_{mfo}——磨煤机出口烟气量（标态），m³/h；

  V_{bl}——漏入布袋气体量（标态），m³/h；

  t_{bfi}——布袋入口烟气温度，℃；

  $|P_{bfi}|$——布袋入口烟气负压绝对值，Pa；

  v_{bf}——通过布袋烟气实际流速，m/min。

15.1.4.5 煤粉仓

煤粉仓主要是在制粉设备出现故障时起缓冲作用。在制粉设备出现故障时，煤粉仓能满足高炉变料周期的需要。**煤粉仓的容积应与贮煤仓的容积统一考虑，煤粉仓的总容积应满足制粉系统发生故障时高炉变料的要求。**

喷煤设施中的煤粉仓个数应该是越少越好，两台磨煤机应该合用一个煤粉仓，几座高炉共用一套喷煤设施时也可以合用一个煤粉仓，尤其是中、小型高炉，例如，河北省德龙钢铁厂4座小高炉喷煤共用一个圆形煤粉仓，仓下放了8个喷吹罐。煤粉仓多了会给布袋与煤粉仓之间分配煤粉带来麻烦，采用螺旋给料机或埋刮板机分配煤粉会增加设备和检修工作量，甚至还会泄漏煤粉，采用大倾角下煤管和阀门进行分配会增加厂房高度和投资，用喷吹罐倒送煤粉会干扰喷吹罐正常工作或者增加喷吹罐个数。

计算煤粉仓的几何容积 V_{cds} 时可参考公式（15-7）：

$$V_{cds} = \frac{\Sigma(Q_i \times \tau)}{(0.75 ~ 0.8)\gamma_{cd}}$$ (15-7)

式中 Q_i——每一个使用该煤粉仓高炉的最大喷煤量，t/h；

  τ——每一个使用该煤粉仓高炉的冶炼周期，h；

  γ_{cd}——煤粉堆密度，t/m³。

煤粉仓几何容积的 75% ~ 80% 为煤粉仓的最少储煤容积，经常储有煤粉，当磨煤机系统发生突然事故时，用以满足高炉变料时间（冶炼周期）的用煤要求。几何容积的 20% ~ 25% 用以调节缓冲磨煤量和喷吹量之间的不平衡及给煤粉仓留有一定的空间。

当一套喷煤设施中有两台相同型号磨煤机时，最少储煤量只考虑满足变料时间的一半。在采用多个煤粉仓，用喷吹罐进行倒送煤粉方案时，要根据不同的情况，进行煤粉仓几何容积的计算。

煤粉仓一般采用电子秤称重，可以比较准确地控制给煤机的实时给煤量。煤粉仓的出口处应设计有良好功能的流化装置，促使下煤通畅，缩短下煤时间。

冶炼周期可应用下式[1]计算：

$$\tau = \frac{24}{\xi\left(\dfrac{1}{\gamma_c} + \dfrac{1}{\gamma_o} \times \dfrac{O}{C}\right) i_w (1 - n)} \tag{15-8}$$

式中　τ——高炉冶炼周期，h；

ξ——炉料压缩系数，无实际测试数据时，取 0.9；

γ_c——焦炭堆密度，t/m^3；

γ_o——矿石堆密度，t/m^3；

$\dfrac{O}{C}$——喷煤后高炉的矿焦比，t/t；

i_w——以高炉工作容积计算的冶炼强度，$t/(m^3 \cdot d)$；

n——喷煤率（煤比/燃料比），%。

15.1.4.6　主排烟风机

选用主排烟风机时，要确定三个参数，即流量、全压和功率。

A　实际流量计算

主排烟风机入口烟气实际流量可按下式计算：

$$V'_{mffi} = V_{mffi} \times \frac{273 + t_{mffi}}{273} \times \frac{101325}{101325 - |P_{mffi}|} \tag{15-9}$$

式中　V'_{mffi}——主排烟风机入口烟气实际流量，m^3/h；

V_{mffi}——主排烟风机入口烟气标准状态流量，m^3/h；

t_{mffi}——主排烟风机入口烟气温度，℃；

$|P_{mffi}|$——主排烟风机入口烟气压力绝对值，Pa。

B　全压计算

主排烟风机的全压值 P_{mffw} 等于入口负压和出口正压绝对值之和，可按下式计算：

$$P_{mffw} = |P_{mffi}| + |P_{mffo}| \tag{15-10}$$

$$|P_{mffi}| = |P_{mi}| + \Delta P_m + \Delta P_{mot} + \Delta P_b + \Delta P_{fqo} + \Delta P_{mfit} \tag{15-11}$$

式中　P_{mffw}——主排烟风机全压，Pa；

$|P_{mffi}|$——主排烟风机入口烟气负压绝对值，Pa；

$|P_{mffo}|$——主排烟风机出口烟气正压绝对值，Pa；

$|P_{mi}|$——磨煤机入口烟气负压绝对值，Pa；

ΔP_m——磨煤机阻损，Pa；

ΔP_{mot}——磨煤机出口烟气管道阻损，Pa；

ΔP_b——布袋收粉器阻损，Pa；

ΔP_{fqo}——机后流量计阻损，Pa；

ΔP_{mfit}——主排烟风机入口烟气管道阻损，Pa。

主排烟风机出口烟气正压绝对值为：

$$| P_{mffo} | = \Delta P_s + \Delta P_{mfot} \tag{15-12}$$

式中 ΔP_s——消声器阻损，Pa；

ΔP_{mfot}——主排烟风机出口烟气管道阻损，Pa。

C 主排烟风机电机功率的修正系数

主排烟风机所配电机功率要根据风机入口烟气的工况计算后确定，不能照套风机样本上所配的电机功率。

若主排烟风机样本上标明的试验工况为：

（1）气体种类：在标准状态下，空气密度为 1.29kg/m³；

（2）风机入口空气温度：20℃；

（3）风机入口空气压力：标准大气压为 101325Pa。

试验工况条件下，气体的密度为 1.20kg/m³。

若主排烟风机入口烟气的实际工况为：

（1）气体种类：在标准状态下，烟气密度为 1.36kg/m³；

（2）风机入口烟气温度：75℃；

（3）风机入口烟气压力：-9800Pa。

实际工况条件下，烟气的密度为 0.9637kg/m³。

风机的功率与气体的密度成正比。在计算的主排烟风机轴功率的基础上，乘以小于 1.0 的功率修正系数，得到所配电机功率。

热风炉烟气引风机一般选用锅炉烟气引风机，试验工况中的风机入口烟气温度为 200℃，如磨煤机利用的是经过余热利用后的热风炉烟气，风机入口烟气温度低于 200℃，加上负压因素，配用电机功率应在风机样本所配电机功率的基础上乘以大于 1.0 的功率修正系数，得到所配电机功率。

15.1.4.7 煤粉仓下部流化装置、加煤分料管和阀门组

A 煤粉仓下部流化装置

煤粉仓下部流化装置是促使加煤顺畅和加快下煤速度的有效部件。煤粉仓下部流化装置一般采用三种方式：外圈流化方式、内圈流化方式和底部流化方式。

图 15-11a 为外圈流化方式。当煤粉仓下装有 4 个喷吹罐向两座高炉喷煤时，一共装有 8 圈流化管，每 4 圈为半边两个罐的下煤流化，每圈流化管接至若干个点式流化器，本半边密一些，对面半边稀一些，每次流化时自下而上逐圈依次流化。

图 15-11b 为内圈流化方式。煤粉仓下装有 8 个喷吹罐，向 4 座高炉喷煤，一共装 4 圈流化管，每圈流化管接至若干个间距相等的点式流化器。

底部流化方式见图 15-8。在煤粉仓底部放一块圆环形流化板，流化气自下而上通过流化板对出口部位煤粉进行流化，流化后的煤粉从中心总管内下落，经树枝状分叉管接至 3 ~ 6 个喷吹罐。

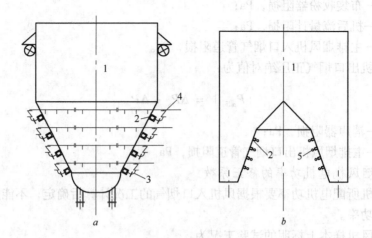

图 15-11 煤粉仓流化方式

a—外圈流化；b—内圈流化

1—煤粉仓；2—点式流化器；3—金属软管；4—逆止阀；5—流化器分配环管

B 加煤分料管

加煤分料管有两种形式：单管连接和树枝状分叉连接。

单管连接，当仓下有 4 个喷吹罐时，在煤粉仓锥段底部开有 4 个出口，每个出口和每个喷吹罐之间连接一根加煤管。

树枝状分叉连接管，从煤粉仓锥段底部引出一根总管分成 3 ~ 6 根支管，每根支管和一个喷吹罐连接，采用树枝状分叉管时支管与水平面的夹角不宜小于 60°。

每根加煤管上设三个阀门，最上面为手动阀门。当检修中、下阀时，切断煤粉仓下煤通道，平时处在常开状态。中阀为气动阀门，在加煤作业完成时切断煤流，不要求它起密封罐压作用。下阀也是气动阀门，其功能是当喷吹罐充压，待喷或喷吹作业时起密封作用，一般都选用密封性能良好的偏心钟阀或偏心球阀。阀门直径不宜过大，很多喷煤设施都已采用 DN250 阀门，即使用在特大型高炉，阀门直径也不宜超过 DN300。采用过大直径的阀门不但增加设备投资，增高厂房高度，还不利于检修更换。

15.1.4.8 喷吹罐

以常用的总管加分配器并罐工艺为例，每个喷吹罐的控制用阀门有加煤阀、充压阀、排压阀、补压阀、流化阀、出口阀、二次补气阀等。喷吹罐的控制阀门示意图见图 15-12。

其中，加煤阀、充压阀、排压阀选用气动开闭阀。补压阀、流化阀、二次补气阀选用具有自动调节功能的开闭阀，或者选用一个调节阀加一个开闭阀。出口阀选配煤粉流量调节阀或气动开闭阀。二次补气阀通常随二

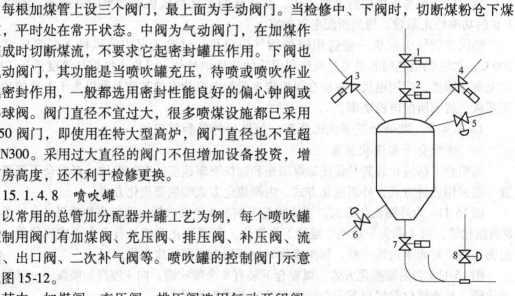

图 15-12 喷吹罐的控制阀门示意图

1—上加煤阀；2—下加煤阀；3—充压阀；

4—排压阀；5—补压阀；6—流化阀；

7—出口阀；8—二次补气阀

次补气装置安装在总管起始端，有的安装在喷吹罐出口管道上。

A 喷吹罐的有效容积

喷吹罐为高压容器。在满足倒换罐的条件下，其容量应尽量小一些。目前已经提高了喷煤系统的自动化水平，煤粉在喷吹罐内的流化状态改善，当两个煤粉罐时，喷吹一罐煤粉的时间可按 20～25min 设计。宝钢 1 号高炉设有 3 个喷吹罐，每个喷吹罐的容量只满足喷吹 17.3min 的要求。因此，3 个喷吹罐时可按 15～18min 设计。

喷吹罐的最小有效容积取决于备煤作业的最短周期能否满足倒罐时间的要求，备煤作业周期时间包括：

（1）喷吹罐排压时间；

（2）喷吹罐加煤时间；

（3）喷吹罐充压时间；

（4）阀门动作时间。

喷吹罐的几何容积等于喷吹罐的有效容积加上倒罐开始时的剩煤容积和留给充压，排压用的空间。

B 喷吹罐的排压

当采用间接喷煤工艺时，喷吹罐的排压气排至煤粉仓上的仓顶布袋。当采用直接喷吹工艺时，因为已经有了大布袋，一般都将排压气排至布袋收粉器入口或煤粉仓。当磨煤机系统暂停工作，喷吹系统照常工作时，排压气中带有的煤尘容易堵在布袋入口处或堵塞排压或吸潮管道。为了彻底解决这个问题，津西钢铁厂喷煤设施的设计中，采用了喷吹罐内置排压过滤装置，取得了良好效果，排压气经过过滤后可以直接排入大气。过滤装置用充压气进行反冲洗能维持长期正常工作。喷吹罐内置排压过滤装置见图 15-13。至今已在国内外几十个喷煤车间内推广应用。

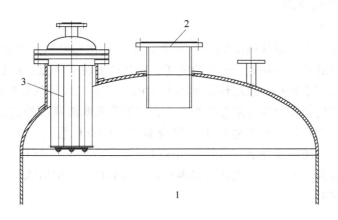

图 15-13 喷吹罐内置排压过滤装置
1—喷吹罐；2—煤粉入口；3—内置排压过滤器

C 喷吹罐煤粉称重校正

《规范》规定，**喷吹煤粉应计量准确，分配均匀。**

高炉喷煤量采用累计喷吹罐的喷煤次数和每一罐煤粉的称重值进行计算。每罐煤粉称重值等于装煤完了以后的满罐称重值减去倒罐前的剩煤称重值，但是在称取煤粉重量时包括了罐内的气体重量，因此造成一定的误差，罐压越高，误差值越大。准确的计量应该使用煤粉称重校正值 W_c。

$$W_c = \frac{W_w - V_{ih} \times P_w \times \dfrac{273}{273 + t_g} \times \gamma_g}{1 - \dfrac{P_w \times \dfrac{273}{273 + t_g} \times \gamma_g}{\gamma_{cds}}} \qquad (15\text{-}13)$$

式中　　W_c——校正后的喷吹罐煤粉称重值，kg；

　　　　W_w——未经校正的喷吹罐煤粉称重值，kg；

　　　　V_{ih}——喷吹罐的几何容积，m^3；

　　　　P_w——喷吹罐的工作压力（表压），$bar(1bar = 10^5 Pa)$；

　　　　t_g——喷吹罐内气体温度，℃；

　　　　γ_g——喷吹罐内气体在标准状态下的重度，kg/m^3；

　　　　γ_{cds}——煤粉颗粒真密度，kg/m^3。

现举例说明：喷吹烟煤，喷吹罐几何容积 $60m^3$，煤粉堆密度 $0.5t/m^3$，煤粉颗粒真密度 $1.3t/m^3$，氮气充压，罐压 1.2MPa（12bar，表压），罐内气体温度 50℃，满罐称重值 25000kg，剩煤称重值 3000kg。

算得的满罐校正后的煤粉称重值为 24478kg，误差为 2.13%。

算得的剩煤校正后的煤粉称重值为 2261kg，误差为 32.68%。

满罐减剩煤的计量值为 22000kg；经校正计算后，满罐减剩煤的计量值为 22217kg，误差为 0.97%。

每罐实际喷煤量比未经校正的计量值多 217kg 煤粉。

15.1.4.9　喷吹管路

A　二次补气器

二次补气器是装在喷煤管路中的一个部件，用于补加喷吹气。二次补气器的形式很多，有引射式、环缝式、旋切式、流化管式等。选用时要注意两点：一是气体和煤粉的混合应均匀平稳，以利于煤粉的稳定输送和浓相喷吹；二是二次补气器的阻损要求尽量小。二次补气器的阻损包括在喷煤管路总阻损之内，影响着喷吹罐罐压的高低和喷煤能力，因此阻损越小越好。武钢 3 号和 4 号高炉喷煤设施使用的流化管式二次补气器阻损接近于零，较好地满足了上述两点要求。另外，二次补气器的功能只是补气，补气量的自动调节要靠补气流量调节阀，不需要二次补气器本身带有调节功能。引射式、流化管式二次补气器的结构见图 15-14。

B　煤粉筛

煤粉筛是用以筛除夹杂在煤粉中的木屑和织物纤维等杂物的设备。国内一般都安装在煤粉仓上面的布袋落粉管末端。在使用中存在的问题是布袋落粉管锁气不严，布袋产生的抽力使煤粉不能顺畅地通过筛面，煤粉和杂物一起糊住筛面，甚至造成煤粉向外泄漏。有些工厂已经把装好的煤粉筛拆掉，有些设计干脆不装煤粉筛，只靠装在总管上的两个筛网来过滤杂物，用人工清除。一般套用通用振动筛，不能满足煤粉筛的功能要求。一般振动筛的筛上物料多，功率和振动比较大，而煤粉筛只筛除少数纤维杂物，要求筛面角度大。

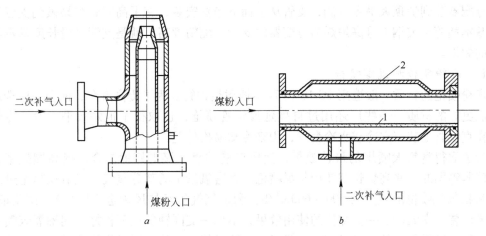

图 15-14　二次补气器的结构
a—引射式；b—流化管式
1—流化管；2—外套管

目前有的工厂，如德龙钢铁厂自己设计制造了专用的煤粉筛，也可选用火力发电厂使用的新型旋转式木屑分离器。

C　煤粉分配器

煤粉分配器是将一根总管分成若干根支管的一个喷煤部件，见图 15-15。国内已经使用分配器的支管数最多的是武钢 5 号高炉的煤粉分配器，1 根总管分成 32 根支管。宝钢高炉喷煤，每座高炉都用两个分配器，一个分配器的支管接奇数风口，另一个接偶数风口配置。

对煤粉分配器的要求，除了阻力损失低、耐磨性好、本身结构和加工简单以外，还要求具有良好的分配均匀性。然而，风口之间喷煤的均匀性并不是只由分配器决定。更主要的是由分配器后面的支管阻损均匀性决定的。获得最佳均匀性的三种方法有：

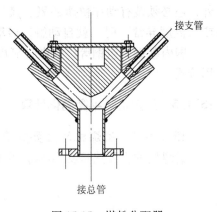

接支管

接总管

图 15-15　煤粉分配器

（1）在每根支管上安装一个煤粉流量计（德国高炉使用 EH 公司生产的双速流量计，一个测煤粉速度，一个测煤粉浓度）和一个补气器。各根支管都有相同的喷煤量设定值，各自根据测得的煤粉实时流量自动调节补气量（减小补气量，就增加喷煤量，增加补气量就减少喷煤量）。采用这种方法可以控制在 1% 的精度，但投资太高。

（2）在每根支管上装一个缩径喷嘴（称为声速喷嘴、亚声速喷嘴），喷嘴孔径越小，精度越高。带来的问题是增加了管路阻损，罐压要提高 0.1 ~ 0.3MPa（1 ~ 3bar）。煤粉中带有杂物时，还会引起支管的堵塞。武钢用过孔径较大的喷嘴（φ9mm），但因经常堵塞而拆除。

（3）比较简易的提高分配精度方法是在安装支管时，调整支管的长度，使它们的当量长度相等。不过，将分配器安装在高炉下部一侧时，很难做到支管当量长度基本相等。如果将分配器装到炉顶大平台一侧,支管从上而下布置安装,有了高度就容易做到支管当量长度基本相等。宝钢1号高炉煤粉分配器的支管分配精度高,就是支管当量长度基本相等带来的效果。

D　煤粉喷枪和氧煤喷枪

煤粉喷枪的材质一般选用1Cr18Ni9Ti不锈耐热钢管。为了提高寿命,前面一段选用耐热性能更好的材质。一些厂还用过自蔓延渗铝管喷枪,也取得了很好效果。为了冷却喷枪,在直吹管上装有空冷或水冷套管,用来冷却喷枪外壁。

为了取得富氧大喷煤的最佳效果,使风口前的氧、煤更好地混合,提高燃烧率,德国、瑞典等国的一些高炉长期使用氧煤喷枪。将富氧量中的部分氧气,经氧煤喷枪进入风口(每根氧煤喷枪的氧量约 $300 \sim 600 m^3/h$,剩余氧气仍经热风炉进入风口)。试验证明,一个风口装一支氧枪、一支煤枪的使用效果,不如一支同轴氧煤喷枪好。同轴氧煤喷枪分为:内管通过煤粉、外管通过氧气,或者内管通过氧气、外管通过煤粉两种形式。外管通过氧气的优点是可以用冷氧气冷却煤管外壁,使其温度不高于900℃,内管通过氧气的优点是可以缩短煤粉点火时间提高燃烧效率。德国施维尔根(Schwelgern)厂试验结果:内管通过煤,煤粉距喷枪出口端300mm处开始燃烧;内管通过氧气,煤粉距喷枪出口端50mm处开始燃烧。

国外使用氧煤喷枪时,有严格的保证安全措施,除了氧枪入口处装有粉末冶金阻燃件外,还必须装有动作快捷的氧、氮气转换装置(每根支管一组),遇到发生"流量异常"或"温度异常"时,就自动触发启动转换装置,由送氧转为充氮。

国内鞍钢、包钢等厂曾做过氧煤喷的工业性试验,由于各种原因至今尚未进入推广应用阶段。

15.1.5　磨煤机热平衡简化计算

15.1.5.1　磨煤机的主要热量支出

磨煤机的主要热量支出项 q_{mo} 可以用下式表示:

$$q_{mo} = q_{wv} + q_{mfo} + q_{cd} \tag{15-14}$$

$$q_{wv} = 595 W_v$$

$$q_{mfo} = V_{mfo} \cdot c \cdot t_{mfo}$$

$$V_{mfo} = W_{mfi} + W'_v + V_{ml} + V_{ms}$$

式中　q_{mo}——磨煤机的主要热量支出,kJ/h;

q_{wv}——原煤水分蒸发汽化热,kJ/h;

q_{mfo}——磨煤机出口烟气带出的热量,kJ/h;

q_{cd}——煤粉带出的热量,kJ/h;

W_v——被汽化的水分重量,kg/h;

V_{mfo}——磨煤机出口烟气量,m^3/h;

c——磨煤机出口烟气比热容,$kJ/(m^3 \cdot ℃)$;

t_{mfo}——磨煤机出口烟气温度,℃;

W_{mfi}——磨煤机入口烟气量，m^3/h；

W'_v——水蒸气生成量，m^3/h；

V_{ml}——漏入磨煤机的冷空气量，m^3/h；

V_{ms}——进入磨煤机内的密封气量，m^3/h。

其中，磨煤机入口烟气量 W_{mfi} 是根据所选磨煤机所要求的一次风流量确定的（在一次风流量的90% ~110%范围内选择）。

$$q_{cd} = Q_{cd} \cdot c_{cd} \cdot t_{cd} \tag{15-15}$$

式中　q_{cd}——煤粉带出的热量，kJ/h；

Q_{cd}——煤粉产量，t/h；

c_{cd}——煤粉颗粒质量热容，$kJ/(kg \cdot ℃)$；

t_{cd}——煤粉颗粒温度，$℃$。

15.1.5.2　磨煤机的主要热量收入

磨煤机的主要热量收入项 q_{mi} 可以用下式表示：

$$q_{mi} = q_{mfi} \tag{15-16}$$

$$q_{mfi} = V_{mfi} \cdot c_{mfi} \cdot t_{mfi}$$

式中　q_{mfi}——磨煤机入口烟气带入的热量，kJ/h；

V_{mfi}——磨煤机入口烟气量，m^3/h；

c_{mfi}——磨煤机入口烟气比热容，$kJ/(m^3 \cdot ℃)$；

t_{mfi}——磨煤机入口烟气温度，$℃$。

说明：磨煤机热量支出中略去了磨煤机的散热损失，磨煤机热量收入中略去了磨煤机碾磨部件运转时产生的热量、漏入磨煤机的冷空气的物理热和进入磨煤机内密封气的物理热。略去的收入热量大于略去的支出热量。

15.1.5.3　热平衡计算的步骤

磨煤机的热平衡计算的步骤如下：

（1）先算出磨煤机热量支出值。

（2）使磨煤机的热量收入值等于磨煤机的热量支出值。

（3）根据所选磨煤机所要求的一次风量，选用磨煤机入口烟气量（在磨煤机要求的一次风流量的90% ~110%范围内选择）。

（4）验算磨煤机入口烟气温度。当磨煤量取设计最大值、原煤水分设定值在12%、煤粉水分设定值1% ~1.5%的条件下，算得的磨煤机入口烟气温度在250~300℃的范围内比较合适。也可以根据设定的磨煤机入口烟气温度，对磨煤机入口烟气量进行适当调整。当所取磨煤机入口烟气量超出一次风量90% ~110%范围时，最好要与磨煤机制造厂讨论后决定。

（5）计算升温炉出口烟气温度和确定兑入的热风炉烟气温度，计算升温炉烟气量和热风炉烟气量。

（6）计算煤气量和助燃空气量。

15.1.6 喷煤管路的设计与计算

15.1.6.1 喷煤量与罐压

在煤粉输送过程中，喷吹罐的罐压是气体和煤粉两相流克服管路阻损，满足喷煤量要求的原动力。不管喷煤量要求有多高，喷吹距离有多远，只要气源压力足够，都可以实现输送煤粉的作业。喷吹用气量的多少只是为了满足载送气体流速的要求。

提高输送煤粉量要靠压力差，而不是气体流量。

当进行喷煤作业时，喷吹罐的压力随着喷煤量的增加而增加，当罐压已经接近上限值时，还要提高喷煤量，就不能靠增加输送煤粉气体量的办法来解决问题。增加气体流量造成的阻力，反而阻碍了煤粉的喷吹。在上述情况下，首先应该计算一下气体流速的高低，当流速高于容许值时，应该减少气体流量，提高浓度，才能达到在相同罐压条件下增加喷煤量的目的。对待是否要增加气量的问题有不同看法，例如，某厂两座 $1000m^3$ 级高炉喷煤选用了三台 $20m^3/min$、$0.8MPa$ 空压机，两用一备，早期设计，喷吹无烟煤，最高喷煤量 $120kg/t$。投产不久，当喷煤量达到 $60kg/t$ 时，提出要求将空压机换成 $40m^3/min$，理由是现在喷煤量 $60kg/t$，差不多就使用了两台空压机的流量，认为要喷 $120kg/t$，空压机必须改大。其实，吨煤用气量不是吨铁耗风量的概念，而是可多可少，可浓可稀。在管路已经投入使用的情况下，少喷煤多喷气，照样可以把气量用尽，把罐压用完。降低流速，提高浓度，喷煤量就能提高，$20m^3/min$ 空压机非但不要换，而且气量还有富余。

15.1.6.2 关于浓相输送

浓相输送具有节省气量、减少高炉热风温降以及减少管路系统磨损等优点。因此，国内外大多数喷煤设计和使用单位都主张采用浓相输送。

$1kg$ 气体究竟喷吹多少千克煤粉才算是浓相？作者认为不可能有个固定的界限，浓相和稀相只能是相对而言，严格地讲，现有的喷煤浓度都算不上浓相输送。如同高炉容积利用系数不能在不同容积高炉之间进行对比一样，喷煤浓度也一样，不能在不同工作条件下进行对比。更不能将不同工作条件之下的喷煤浓度作为技术指标来比较高低。小高炉热风压力低，喷煤浓度相对高；大高炉热风压力高，喷煤浓度相对较低。喷吹距离近的浓度应该高，喷吹距离远的理应低。喷吹管路已经设计好了，实际喷煤量高的浓度可以高，喷煤量低的浓度高不了。当罐压为 $0.5MPa$ 时，喷煤浓度可能达到 $60kg/kg$；而罐压为 $1.1MPa$ 的喷煤浓度只能达到 $30kg/kg$。

在不同条件下，都要尽可能提高喷煤浓度。实现高浓度喷吹的关键有两条：一是流速低，二是流化好。为了尽可能提高浓度，设计管路时要取最低实际流速。在水平管道中，最低流速应大于沉降速度，在垂直管道中最低流速应大于噎塞速度。在没有实际试验数据时，考虑到煤粉细度和颗粒密度的差别，建议最低实际流速取 $4\sim5m/s$。操作时还可以根据本厂经验降低最低流速，提高浓度。所谓流化好是指喷吹罐出口处采用良好的流化装置和使用适量稳定的流化气，二次补气装置也应满足气体和煤粉混合均匀和气量稳定的要求，两相流的均匀稳定输送也是提高浓度的关键措施。

15.1.6.3 喷吹罐的工作压力

如果采用全氮工艺喷吹烟煤，当有条件提供较高的氮气压力时，应适当提高喷吹罐的工作压力，因为工厂提供的氮气压力已经付出了增压的能耗，较多地降压使用会造成能源的浪费。采用较高的罐压可以相应减小管径，提高浓度。

如果采用氮气和压缩空气工艺，喷吹罐的工作压力比供氮气的最低压力低 0.2MPa，并结合所选空压机的性能、价格确定喷吹罐的工作压力。

15.1.6.4 "以流量换压力"的条件

在喷煤管路设计时，遇到下列情况可以采用"以流量换压力"的方法：

（1）设计远距离喷吹管路系统时，受到工厂已有供气压力的限制。

（2）选择空压机的压力时，应考虑经济上的合理性。

（3）几座高炉共用一个喷煤车间，喷吹距离有远有近，其中一座高炉又大又远，如果按照这座高炉的需要选用空压机的压力，对其他高炉来说富余太多，此时可以采取"流量换压力"的方法，降低空压机的压力。

（4）当没有设计超远距离喷吹系统的把握时，可以考虑"以流量换压力"的办法，保证顺利投产。

"以流量换压力"就是选择喷吹管路时，管径、用气量适当留有富余，适当降低罐压和喷煤浓度。

15.1.6.5 喷吹用气量及其计算

在喷吹系统中，喷吹用气主要有四种：充压用气、补压用气、流化用气和二次补气。

A 充压用气

喷吹罐在常压状态下加煤，然后用充压气将喷吹罐从常压状态充压到工作压力后停止。

喷吹罐充压用气量按下式计算：

$$V_{fg} = \left[V_{cdh} \times V_g + (V_{ih} - V_{cdh}) \right] P_w \times \frac{60}{T_c} \qquad (15\text{-}17)$$

$$V_g = 100 - V_s \cong 1 - \frac{\gamma_{cd}}{\gamma_{cr}}$$

式中　V_{fg}——喷吹罐充压用气量，m^3/h；

　　V_{cdh}——罐内煤粉在高料位的体积，m^3；

　　V_g——煤粉中气体体积所占的百分比，%；

　　V_{ih}——喷吹罐几何容积，m^3；

　　P_w——喷吹罐工作压力（表压），$bar(1bar = 10^5 Pa)$；

　　T_c——倒罐周期时间，min；

　　V_s——煤粉中颗粒体积所占的百分比，%；

　　γ_{cd}——煤粉堆密度，t/m^3；

　　γ_{cr}——煤粉颗粒真密度，t/m^3。

B 补压用气

在喷吹罐进入喷吹状态后，有压气体连续不断地带着煤粉颗粒从喷吹罐中排出，同时不断需要补气用来填补留下的空间，并随时保持所要求的罐压。补压气分成两部分，一部分补压气量用以置换煤粉颗粒的补压气①：在喷吹过程中，这部分补压气逐渐积累留在罐内，当喷吹罐转到装煤程序时随着充压气一起排出罐外。另一部分补压气②：用来填补随着煤粉颗粒一起进入喷吹管道的有压气体留下的空间。

置换煤粉颗粒的补压气量①按下式计算：

$$V_{rg}^{①} = \frac{Q_i \times V_s \times (P_w + 1)}{\gamma_{cd}} \tag{15-18}$$

式中　$V_{rg}^{①}$——用以置换煤粉颗粒的补压气量，m^3/h；

　　　　Q_i——喷煤量，t/h。

进入喷吹管道中的补压气量②按下式计算：

$$V_{rg}^{②} = \frac{Q_i \times V_g \times (P_w + 1)}{\gamma_{cd}} \tag{15-19}$$

式中　$V_{rg}^{②}$——进入喷吹管道中的补压气量，m^3/h；

　　　　Q_i——喷煤量，t/h。

C　流化用气

为了使煤粉均匀稳定地流出罐外，在喷吹罐底部或喷吹罐锥段下部通过流化板充入一定量的流化气，使煤粉颗粒流态化后进入喷吹管道，流化气通过流化板的流速有一定的范围，速度太低流化不起来，速度太高，流化层被击穿。

流化用气量按下式计算：

$$V_{fl} = 60 \times A_{fl} \times (P_w + 1) \times v_{fl} \tag{15-20}$$

式中　V_{fl}——流化气量，m^3/h；

　　　　A_{fl}——流化板总面积，m^2；

　　　　v_{fl}——流化气通过流化板的实际流速，m/min。

D　二次补气

二次补气的补压气量③由喷煤量的大小决定。喷煤量少时补压气少；流化气量受到击穿速度的限制。两种从罐内输出的气体总量达不到喷吹气最低流速的要求时，必须在总管起始端（或喷吹罐出口）加入二次补气来满足喷吹气量的要求。

二次补气量按下式计算：

$$V_{rg}^{③} = V_{ig} - V_{rg}^{②} - V_{fi} \tag{15-21}$$

式中　$V_{rg}^{③}$——二次补气量，m^3/h；

　　　　V_{ig}——喷吹气量，m^3/h；

　　　　$V_{rg}^{②}$——进入喷吹管道中的补压气量，m^3/h；

　　　　V_{fi}——流化气量，m^3/h。

15.1.6.6　气、煤两相流总阻损的确定

A　在喷煤管路系统中，气、煤两相流各部分的阻损

a　计算喷煤管路系统中气、煤两相流的总阻损

这是确定喷吹罐工作压力的依据。管路系统总阻损中，除了管道阻损以外，还包括了管路系统中各个部件的阻损。两相流总阻损包括了喷吹罐出口煤流调节阀、二次补气器、

喷煤总管、分总管、煤粉分配器、喷煤支管、缩径喷嘴、喷煤枪等的阻损。其中管道的阻损可以应用气力输送的常规公式或经验公式进行计算，而各种部件一般都选用标准产品或专有技术产品，它们的阻损都应由供货方根据自己产品的结构形式在出厂前，对不同流速、浓度和气体、煤粉特性等条件下，所得到的试验数据提供给用户，然而目前绝大部分产品供货方都没有做到这一点，只能由设计人员根据自己的经验来设定。

　　b　喷煤管路系统中各种部件两相流阻损值范围

　　在一般情况下，因为部件结构形式各异，喷煤设计人员无法做出准确的设定，最多只能根据同类型部件在使用中的实际数据进行估计。表 15-5 为各种部件的阻损值的范围的参考值。该表只是喷煤管路系统中各种部件阻损值的大致范围。

表 15-5　各种部件两相流的阻损值的范围

部 件 名 称	阻损值范围/MPa	部 件 名 称	阻损值范围/MPa
煤粉流量调节阀	0 ~ 0.20	缩径喷嘴	0.10 ~ 0.30
二次补气器	0 ~ 0.05	喷煤枪	0.05 ~ 0.10
煤粉分配器	0.05 ~ 0.10		

　　B　喷煤管道两相流阻损计算

　　在喷煤管道内，既有垂直管道又有水平管道。在垂直管道中，两相流阻损包括以下四项：

　　(1) 气体与管壁的摩擦阻损；

　　(2) 煤粉颗粒与管壁碰撞，以及颗粒之间互相碰撞所消耗的能量；

　　(3) 煤粉颗粒加速消耗的动能；

　　(4) 在垂直管道内，煤粉颗粒因重力产生的位势。煤粉颗粒上行时，静压力为正值；下降时静压为负值。

　　在水平管道中两相流的阻损只包括前三项，第四项静压为零。气体也产生加速动能和静压的变化，然而相对数值极小，计算时忽略不计。

　　在喷煤管道内，两相流总阻损计算公式[2]见式 (15-22)。

$$\Delta P_{g+s} = \Delta P_f + \Delta P_{gv} + \Delta P_d \tag{15-22}$$

$$\Delta P_f = \Delta P_g(1 + km)$$

式中　ΔP_{g+s}——两相流阻损，bar(1bar = 10^5Pa)；

　　　ΔP_f——两相流摩擦阻损，bar；

　　　ΔP_{gv}——煤粉颗粒重力压损，bar；

　　　ΔP_d——煤粉颗粒加速动力压损，bar；

　　　ΔP_g——气体摩擦阻损，bar；

　　　k——两相流系数；

　　　m——固气比（浓度），kg/kg。

　　在没有实际试验数据时，k 值在 0.5 ~ 1.0 范围内选取。管径小、流速高时取低值；反之，取高值。

气体摩擦阻损用式（15-23）计算。

$$\Delta P_g = 1.045 \times \frac{\gamma_{ga}^{0.75} \times v_{ga}^{1.75}}{D^{1.25}} \times L \times 10^{-7} \tag{15-23}$$

式中　ΔP_g——气体摩擦阻损，bar；

　　　γ_{ga}——管段内气体实际平均密度，kg/m³；

　　　v_{ga}——管段内气体实际平均速度，m/s；

　　　D——管段的内径，m；

　　　L——管段的当量长度，m。

煤粉颗粒重力压损用下式计算：

$$\Delta P_{gu} = \frac{Q_i \times H}{1.02 \times v_{ga} \times A_p} \times 10^{-4} \tag{15-24}$$

式中　Q_i——喷煤量，kg/s；

　　　H——垂直管段高度，m；

　　　v_{ga}——垂直管段内气体实际平均速度，m/s；

　　　A_p——管段内面积，m²。

煤粉颗粒加速动力压损用下式计算：

$$\Delta P_d = \frac{Q_i(v_e - v_b)}{1.02 \times g \times A_p} \times 10^{-4} \tag{15-25}$$

式中　v_e——管段内气体实际末速度，m/s；

　　　v_b——管段内气体实际初速度，m/s；

　　　g——重力加速度，m/s²；

　　　A_p——管段内面积，m²。

15.1.7　喷吹烟煤设计中的安全措施

15.1.7.1　引起煤粉爆炸的条件

引起粉尘爆炸必须同时具备五个条件，缺一不可。这五个条件是：

（1）煤粉呈粉尘云状态，而不是粉尘层状态。例如，在煤粉仓料面上方的空间内，有可能出现粉尘云；料面以下堆积的煤粉呈粉尘层状态。

（2）煤粉浓度处在爆炸界限范围之内。

（3）具有足够的氧浓度。

（4）具有足够的点火能量。

（5）处在相对密闭的空间内，例如磨煤机、布袋、煤粉仓、磨煤系统管道、喷吹罐、封闭式厂房等。

在高炉喷煤设施的生产操作中，以上五个条件中的第（1）、（2）、（5）三个条件是无法防止的。以磨煤机为例，磨煤搅拌、煤粉颗粒上升回落，以及烟气带走煤粉，完全处在粉尘云状态。浓度通常为 $600 \sim 800 \text{g/m}^3$，正好处在爆炸条件最强的区域，又是一个相对密闭的容器，同时具备了上述三个条件。因此，在设计中采用的防爆措施重点应放在第

（3）、（4）两项条件上面。采取控制氧浓度的措施和消解点火的能量。

15.1.7.2 防爆措施

在设计喷吹烟煤或混合煤的设施中，主要的防爆措施有：

（1）控制磨煤机系统烟气的含氧率不超过12%。

（2）从煤粉仓底部不间断地充入适量氮气，防止煤粉仓内煤粉自燃。

（3）磨煤机、布袋收粉器、煤粉仓等处设氧含量和一氧化碳浓度在线监测装置，达到上限值时自动报警，达到上上限值时紧急充氮并停机。

（4）喷吹罐的充压、补压、流化必须使用高纯度的氮气（或其他惰性气体）。

（5）在喷吹管末端或在所有支管上设自动切换阀，当阀前压力降到等于热风压力加上偏差值时，自动切断喷煤通路（包括喷吹罐出口阀）打开气体通路，阻止炉内高温气体倒流进入喷吹总管甚至进入喷吹罐内。

（6）在喷吹系统中每个阀门都有一个安全位置，如果采用单控电磁阀控制，断电时各种阀门都应处在安全位置。如果采用双控电磁阀控制，遇到事故断电或紧急事故时，应设一个安全开关和手动按钮，可以自动或手动将所有阀门一起转到安全位置上。

以上仅仅是列出了一些主要的防爆安全措施。《规范》强调，**当喷吹烟煤或混合煤时，煤粉制备、喷吹系统的设计应符合现行国家标准《高炉喷吹烟煤系统防爆安全规程》GB 16543的有关规定，并应设置安全设施**。近年来，由于对喷煤车间安全的重视，没有发生安全事故，但是过去对安全认识不足，也曾发生过爆炸事故。对待安全问题不能存有任何侥幸心理，必须慎之又慎。

15.1.8 磨煤机烟气自循环工艺

15.1.8.1 烟气自循环工艺简介

国内高炉喷煤车间磨煤机烟气自循环工艺是近几年才开始应用的一项技术。过去我国高炉喷煤车间磨制无烟煤时，入磨干燥烟气由升温炉烟气加冷空气组成。20世纪90年代开始，多数高炉陆续改喷混合煤或烟煤。为了保证安全生产，控制磨煤机系统含氧率在12%以下，入磨干燥烟气改为由升温炉烟气与热风炉烟气组成，见图15-16。这两种方式只是进入磨煤机的烟气组合不同，都是通过主排风机把入磨烟气及其他进入磨煤机系统的气体全部排放，称为直排式工艺。

如果把主排风机出口的烟气分成两路，一部分烟气（约占25%~40%）仍然通过烟囱排放；剩下大部分烟气（约占60%~75%），通过一条自循环烟气管道返回到升温炉出口，与升温炉烟气混合后进入磨煤机。自循环烟气连续不断循环使用，这就是烟气自循环工艺（图15-17）。

需要说明的是：上述的自循环工艺是指完全自循环工艺。也就是说从主排风机出口只排放掉必须排放的那部分烟气，其余的烟气全部返回磨煤机。在磨煤机入口烟气中，除了自循环烟气和升温炉烟气以外，不再有别的气体。在以前的高炉喷煤车间，有些磨煤机也用一部分自循环烟气，但在磨煤机入口烟气中除了升温炉烟气以外，还加入了大量热风炉烟气或冷空气。这部分烟气自循环工艺，不在以下说明的自循环工艺范围之内。

15.1.8.2 烟气自循环工艺的形式

自循环工艺有两种形式：带脱水装置的和不带脱水的自循环工艺。

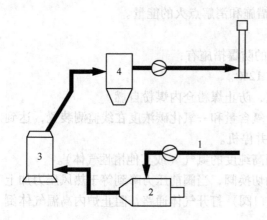 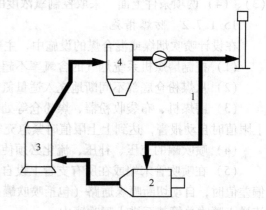

图 15-16   烟气直排式工艺   图 15-17   烟气自循环工艺
1—热风炉烟气；2—升温炉；3—磨煤机；4—收粉器   1—自循环烟气；2—升温炉；3—磨煤机；4—收粉器

在带脱水装置的工艺中，自循环烟气要经过脱水后再返回磨煤机。据 PW 公司介绍，法国索拉克（Sollac）钢铁公司敦刻尔克（Dunkerque）厂1983 年、1986 年投产的 2 号、4 号高炉喷煤车间；索拉克公司福斯（Fos）厂 1989 年投产的 1 号、2 号高炉喷煤车间；巴西盖尔道（Gerdau）钢铁公司巴朗（Barao）厂 1993 年投产的 2 号高炉喷煤车间，以及由北京 CARI 公司参与设计的韩国浦项（POSCO）公司 2007 年 5 月投产的年产 150 万吨 FINEX 熔融还原厂喷煤车间的设计中都采用了带脱水装置的自循环工艺。

另一种是不带脱水的自循环工艺。我国 2003 年投产的河北德龙钢铁厂和河南济源钢铁厂喷煤车间，以及 2006 年投产的南京钢铁厂喷煤车间采用的都是不带脱水装置的自循环工艺。

采用带脱水装置的自循环工艺需要增加一套庞大的换热器和循环水冷却装置，需要交换的总热量不仅是将每小时数万立方米的 90～95℃ 的烟气，冷却到 40～50℃ 的降温热量，更主要的是要换走水蒸气所含的汽化热量。自循环烟气经过脱水以后，还会使系统含氧率增高。作者主张优先采用不脱水自循环工艺的观点是：未经脱水的自循环烟气含湿量，虽然比脱水后的自循环烟气含湿量要高，但是，仍然有办法将磨煤机系统内各处的烟气含湿量控制在饱和含湿量以下。只要将磨煤机出口烟气温度提高 5～10℃，就可以省去一套庞大的脱水装置。实践已经证明，自循环工艺需要重点解决的技术是系统含氧率的达标问题，而不是烟气含湿量的增加。增加一套脱水装置，反而增加了系统含氧率。除了经济上的考虑以外，采用带脱水装置的自循环工艺，在技术上也是一种无利有弊的设计。在一般情况下，都应该选择不带脱水的自循环工艺。

15.1.8.3   适用烟气自循环工艺的场合

适用磨煤机烟气自循环工艺的场合有：

（1）喷烟煤采用间接喷吹工艺，喷吹设施与制粉设施分在两处，先输煤后喷煤。制粉设施远离高炉，不可能使用热风炉烟气。

（2）喷烟煤采用直接喷吹工艺，制粉与喷吹合在一个车间内，但是距离高炉较远，或者是高炉与喷煤车间之间隔有建筑物、公路、铁路、连接热风炉烟气管道，设立支架十分困难，投资过高等。如南京钢铁厂的情况。

（3）熔融还原工艺的喷煤车间，无热风炉烟气可供使用，如韩国浦项的 FINEX 炉。

（4）热风炉烟气经过余热利用及管道热损失后，烟气温度低，再利用的价值已经不高。采用自循环工艺可以省去建热风炉烟气管道的投资，并且入磨烟气的温度，一氧化碳含量、氧含量都比使用热风炉烟气稳定得多。在磨煤机操作过程中排除了外来因素的干扰，经过综合比较后也可考虑采用自循环工艺。

（5）磨制无烟煤的喷煤车间以自循环烟气代替冷空气，可以节省 15% ~25% 的煤气。

15.1.8.4 烟气自循环工艺的理论依据

磨制烟煤的系统采用自循环工艺，有可能令人担心的三个问题是：

（1）大部分含湿量较高的烟气不排放，返回到磨煤机系统中去重复使用。原煤中的水分又不断蒸发出来，系统中烟气含湿量会不会越来越高，如何计算烟气含湿量，并且确定不会结露、不会堵塞布袋或管路。

（2）用自循环烟气代替含氧量很低的热风炉烟气，系统含氧率能否达到 12% 以下，每小时数万立方米烟气都要降到 12% 以下不是一个小数目。磨煤机采用负压操作肯定会不断吸入冷空气，与含湿量一样，大部分烟气不排放循环使用，同时又不断吸入空气，烟气中的含氧量会不会越来越多，如何计算系统含氧率。

（3）与直排式工艺相比，自循环烟气中含湿量大大增加，还能否在不影响煤粉产量的条件下，把煤粉干燥到含水 1.5% 以下。

A 利用烟气饱和含湿量的自然变化规律

在直排式工艺中，主排风机出口的含湿烟气被全部排放，在自循环工艺中排放烟气量只占主排风机出口烟气量的 25% ~40%，其余 60% ~75% 作为自循环烟气返回进入磨煤机。按照进出烟气含湿量平衡的道理，进入磨煤机系统多少水分必然要从磨煤机系统排走多少水分。无论在直排式工艺还是自循环工艺中排放烟气中的水分总量是不变的，但是排放烟气量的多少直接影响到排放烟气的单位含湿量。自循环工艺排放烟气量是直排式排放烟气量的 25% ~40%，自循环工艺排放烟气单位含湿量就应该是直排式排放烟气单位含湿量的 2.5 ~4.0 倍。自循环烟气成分与排放烟气完全相同，高湿量烟气进入磨煤机重复使用，必然提高了磨煤机系统各处的含湿量。但是烟气含湿量再高，只要不达到露点温度，水蒸气就不会结露而影响磨煤机的正常工作。布袋是最怕水蒸气结露的地方，而布袋出口处又是整个系统中烟气温度的最低点。从理论上判断，磨煤机系统是否能够正常工作只要计算布袋出口处烟气实际单位含湿量，以及其和烟气饱和含湿量之间的相对关系，就可得出答案。

B 从磨煤机系统的收支平衡，剖析自循环工艺

a 热量的平衡

磨煤机的热量必须平衡，即磨煤机的热量收入等于磨煤机的热量支出。

热量平衡计算是进行其他平衡计算的前提。磨煤机系统的热量收入和支出项目如下：

收入项	支出项
（1）入磨烟气带入的热量	（1）出磨烟气带出的热量
（2）原煤带入的物理热	（2）原煤水分蒸发吸收的汽化热
（3）漏入磨煤机冷空气带入的物理热	（3）煤粉带出的物理热
（4）鼓入磨煤机密封气带入的物理热	（4）磨煤机的散热损失
（5）磨煤机碾磨部件产生的热量	

它与直排式工艺没有什么两样。

b **气体量的平衡**

磨煤机系统的气体量平衡，见图15-18。

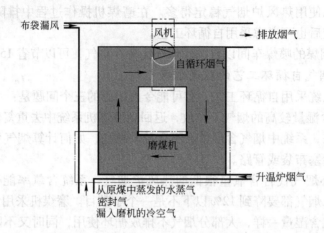

图 15-18 自循环工艺气体量平衡示意图

从磨煤机系统中排出的气体量 V_{ex}，可由气体量的平衡求得，即进入磨煤机系统的气体量等于从磨煤机系统中排出的气体量。

进入气体项

(1) 升温炉烟气
(2) 从原煤中蒸发的水蒸气
(3) 鼓入磨煤机的密封气
(4) 漏入磨煤机的冷空气
(5) 漏入布袋的冷空气

排出气体项

(1) 从烟囱排放的烟气

c **氧气量的平衡**

从磨煤机系统中排出的氧气量 O_{ex}，可由氧气量的平衡求得，即进入磨煤机系统的氧气量等于从磨煤机中排出氧气量：

即
$$O_a + O_b + O_c + O_d = O_{ex} \qquad (15-26)$$

式中　　O_a——升温炉烟气中的剩余氧量，m^3/h；

O_b——鼓入磨煤机密封气中的氧量，m^3/h；

O_c——漏入磨煤机冷空气中的氧量，m^3/h；

O_d——漏入布袋冷空气中氧量，m^3/h；

O_{ex}——排放烟气中的氧量，m^3/h。

排放烟气的含氧率 $O_2\%$ 为：

$$O_2\% = \frac{O_{ex}}{V_{ex}} \times 100\% \qquad (15-27)$$

式中　　V_{ex}——排放烟气量，m^3/h。

磨煤机入口、磨煤机出口、布袋出口、主排风机出口各个点的烟气中含氧率都不相同。在一般情况下，排放烟气中的含氧率最高，把这一点的含氧率称为系统含氧率。根据国家《高炉喷吹烟煤系统防爆安全规程》规定，磨煤机负压系统末端的设计氧含量应不大于12%。

d 含湿量的平衡

从磨煤机系统中排出的水分 W_{ex}，可由含湿量的平衡求得，即进入磨煤机系统的水分等于从磨煤机系统排出的水分：

$$W_a + W_b + W_c + W_d + W_e + W_f + W_g = W_{ex} \tag{15-28}$$

式中 W_a——从原煤中蒸发的水蒸气量，m^3/h；

W_b——过剩助燃空气中的水分，m^3/h；

W_c——煤气中的水分，m^3/h；

W_d——燃烧反应生成的水蒸气量，m^3/h；

W_e——鼓入磨煤机密封气中的水分，m^3/h；

W_f——漏入磨煤机冷空气中的水分，m^3/h；

W_g——漏入布袋冷空气中的水分，m^3/h；

W_{ex}——排放烟气中的水分，m^3/h。

排放干烟气单位容积含湿量 d'：

$$d' = \frac{803.6 W_{ex}}{V_{ex} - W_{ex}} \tag{15-29}$$

式中 d'——排放干烟气单位容积含湿量，g/m^3；

V_{ex}——排放烟气量，m^3/h；

W_{ex}——排放烟气中的水分，m^3/h。

排放干烟气单位重量含湿量 d：

$$d = \frac{d'}{\gamma} \tag{15-30}$$

式中 d——排放干烟气单位重量含湿量，g/kg；

d'——排放干烟气单位容积含湿量，g/m^3；

γ——排放干烟气的密度，kg/m^3。

计算自循环工艺系统各点烟气含湿量和含氧率时，使用的参数如下：大气温度、大气相对湿度、磨煤机产量、原煤水分、煤粉水分、升温炉用煤气成分、升温炉助燃空气过剩系数、入磨烟气量、进入磨煤机内的密封气量、密封气种类、漏入磨煤机的冷空气量及漏入布袋的冷空气量等。

例如，采用不脱水自循环工艺，磨煤机产量等于额定产量，原煤水分12%，要求煤粉水分1%。在上述条件下，计算求得布袋出口烟气单位含湿量为267g/kg 干烟气，露点温度70℃，见图15-19。当磨煤机出口烟气温度取80℃时，布袋出口烟气温度约75℃，烟气饱和含湿量为370g/kg 干烟气。当磨煤机出口烟气温度取85℃时，布袋出口烟气温度约80℃，烟气饱和含湿量为529g/kg 干烟气。

结果比较：　　　　370g/kg 干烟气 ＞ 267g/kg 干烟气

529g/kg 干烟气 ≫ 267g/kg 干烟气

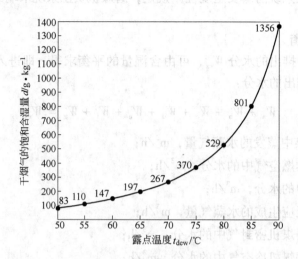

图 15-19　露点温度 t_{dew} 与干烟气的饱和含湿量 d 的关系

（烟气密度：1.35kg/m³）

只要保证烟气温度比烟气中实际水蒸气露点温度高 5～10℃，就足以保证布袋内的烟气不会结露。当遇到原煤水分更高，入磨烟气量减少、磨煤机产量很低的情况，烟气单位含湿量更高时，同样可以用再提高一点磨煤机出口烟气温度的方法加以解决。

由图 15-19 中可以看出，在 75～90℃区间，随着烟气温度的提高，饱和含湿量加速急剧增加。这一自然规律为不脱水磨煤机烟气自循环工艺的应用提供了一个宽松而又可靠的条件。采用不脱水烟气自循环工艺时，不应过分限制磨煤机出口烟气温度，上限可以设定为 90～95℃。意大利塔兰托（Tarnto）厂，磨煤机能力 80t/h，实际操作中的磨煤机出口烟气温度为 95℃。同样为德国 BMH 公司设计的瑞典萨勃（SSAB）公司律勒欧（Lulea）厂采用热风炉烟气常规工艺，磨煤机出口设计烟气温度 103℃。国内有些喷煤车间磨煤机出口烟气温度也取约 95℃。磨煤机出口烟气温度的取值，要根据原煤水分、入磨温度等条件确定。当然，离开布袋容许使用温度 120℃要有一定的安全范围。在通常条件下，使用不脱水自循环工艺时，磨煤机出口烟气温度的上限不会超过 95℃。

煤粉的干燥速度与烟气的相对湿度密切相关，在正常原煤水分 10%～12% 的条件下，采用常规直排式工艺时，磨煤机出口烟气温度取 80℃，就足以将煤粉水分干燥到 1.5% 以下。采用自循环工艺时，烟气含湿量提高，相应提高一点磨煤机出口烟气温度，也就达到了直排式工艺所要求的相对湿度。德龙钢铁厂四年多的生产实践证明，在原煤水分高达 15% 的条件下，使用不脱水自循环工艺，磨煤机出口烟气温度不高于 90℃，煤粉含水仍能达到 1.5% 以下。

15.1.8.5　控制系统含氧率的措施

为了控制系统含氧率在 12% 以下，在设计方面采取限制空气进入系统的措施：

（1）选用密闭型给煤机和插棒阀。

（2）适当增高原煤仓用于存煤的高度。

（3）为了降低系统含氧率，当选用带有密封气的磨煤机时，入磨的密封气最好改用氮气。在不允许使用氮气时，可改用自循环烟气，相当于没有密封气效果。在没有条件改变气源时，优先选用不带密封气的磨煤机机型（如 EM 型磨煤机）。

（4）对布袋收粉器的箱体和其他金属构件，提出密封性能要求。

（5）在布袋收粉器的下煤管道上，设置密封性能良好的锁气装置。

（6）为降低磨煤机入口负压创造条件：

1）适当加大烟气自循环管直径和缩短长度，适当减小烟气排放管直径，排放管上装设手动调压阀门。

2）主排风机设在地面，不要放在厂房顶层。

3）尽量减少自循环烟气和升温炉烟气混合处的阻损。

4）在磨煤机入口管段上，不设置烟气流量计。如果一定要将流量计设在磨煤机入口，就要选用阻损最小的流量计。

（7）选用密封性能好的升温炉出口放散阀。在放散烟气时，兑入冷空气保护阀门的密封性，可以考虑不设磨煤机入口冷空气阀，或者选用密封性能好的磨煤机入口冷空气阀。

在操作方面采取限制空气进入系统的措施：

（1）保持原煤仓内有足够的堆煤高度。

（2）控制升温炉助燃空气过剩系数不超过 1.1。

（3）维持磨煤机入口在 $-0.5 \sim -1.0 \text{kPa}$ 范围内的低负压操作。

（4）当磨煤机停磨，而不能做到清空磨内所有煤粉时，在磨煤机启动和停止过程中，要向系统内充入适量氮气，使磨煤机系统在启动和停止过程中的系统含氧率也能达到约 12%。

（5）经常检查处理所有可能向系统内漏入冷空气的地方。

15.1.8.6 抑制高湿量烟气危害的措施

在不脱水自循环工艺中，单位烟气含湿量要比直排式高几倍，这是无法改变的事实。含湿量不能降低，但是可以限制它潜在的危害性。抑制高湿度危害性的方法如下：

（1）将磨煤机出口烟气温度适当提高，但仍保持在 85 ~ 95℃ 范围之内。使系统中布袋收粉器出口处，即烟气最低温度段的烟气饱和含湿量较大程度地大于烟气实际含湿量。

（2）加强布袋收粉器和煤粉仓的保温措施，保持箱体和仓壁有足够的温度，减少热量损失。

（3）从煤粉仓底部连续充入经蒸汽加热器加热到 70 ~ 75℃ 的氮气（约 $100 \text{m}^3/\text{h}$）。充入加热氮气不仅是防止煤粉自燃的安全措施，还可以用氮气来置换随煤粉进入煤粉仓内的高湿量烟气。

15.1.8.7 不脱水自循环工艺中主要参数的设定

（1）排放烟气量是进入负压磨煤机系统各种气体的总和。在一定工况条件下，自然达到预计的排放烟气量，不需要也不可能为了某种目的对排放烟气量进行调节。即使在排放烟气管上设置一个手动调节阀，其目的也只是为了增加排放管道阻损，降低磨煤机入口负压，而不是为了调节流量。

（2）自循环烟气量等于磨煤机入口烟气量减去升温炉烟气量。自循环烟气量可以增加或减少，它的调节是为了满足磨煤机入口烟气量的需要，由主排风机进行调节。

（3）自循环率 R_{sc}

$$R_{sc} = \frac{V_{sc}}{V_{sc} + V_{ex}} \tag{15-31}$$

式中　V_{sc}——自循环烟气量，m^3/h；

　　　V_{ex}——排放烟气量，m^3/h。

自循环率通常在 60% ~ 75% 的范围内，同样是不能人为选择的，也是在一定工况条件下自然形成的。磨煤机系统漏风量少，排放烟气量少，自循环率高；入磨烟气温度高，入磨烟气量少，自循环烟气量少，自循环率低。自循环率只是判断工况的一个参数。

（4）同一系统中的烟气含氧率和含湿量是相互矛盾的，含湿量高、含氧率低；含湿量低、含氧率高。选择带脱水装置自循环工艺可以降低烟气含湿量，但是由于减少了排放烟气中的水蒸气量（一部分水蒸气从脱水装置排出），因此提高了系统含氧率。

（5）磨煤机出口烟气温度的控制，在自循环工艺中比直排式更重要。

（6）自循环工艺与直排式相比，不需要增加特殊的自动调节控制项目。

（7）自循环工艺与引用热风炉烟气作为干燥和惰化介质相比，避免了热风炉烟气对入磨烟气温度、一氧化碳、氧气含量等周期性或突发性变化的干扰，使磨煤机系统操作运行更加稳定。

15.2　高炉喷吹其他燃料

15.2.1　喷吹重油

随着石油危机的出现，喷吹重油逐步被喷吹煤粉等其他燃料所替代。现在国内基本没有采用喷吹重油的钢铁厂，可是 20 世纪我国一些钢铁厂采用了喷吹重油，国外仍有一些高炉使用喷吹重油的工艺。本节简要介绍宝钢 1 号高炉第一代喷吹重油的工艺及设备。

宝钢 1 号高炉日产生铁 10000t，喷油设施的最大能力为每吨生铁喷吹 100kg 重油。其重油的主要理化性能指标详见表 15-6。

表 15-6　喷吹重油的理化性能

名　称	密度 /$g \cdot cm^{-3}$	黏度 /$Pa \cdot s$	凝固点 /℃	闪点 /℃	灰分 /%	发热值 /$kJ \cdot kg^{-1}$	分解热 /$kJ \cdot kg^{-1}$	水分 /%	化学成分/%		
									C	H	S
大庆重油	0.927	80℃时 4.29	32	189	—	—	—	—	—	—	—
富顺重油		100℃时 15.09	36	319	0.013	44320	—	—	—	—	0.17
米纳斯重油 （日本喷吹用）	0.88	50℃时 2.0	45	—	—	42700	2090	—	86	13	0.2
宝钢用重油	0.92 ~ 0.96 （4 ~ 5℃）	100℃时 ≤2	≤36	—	—	—	—	<2.0	—	—	<1.5

15.2.1.1 喷吹重油的工艺流程

喷吹重油主要由重油系统、加热保温用蒸汽系统和压缩空气系统组成。重油系统主要由重油罐、板式换热器、重油泵、炉前重油加热器、喷吹重油喷嘴、控制用阀及其他附属设备组成，蒸汽系统由配管及保温设备组成；压缩空气系统由净化设备及雾化设备组成。重油喷吹工艺流程图见图15-20。

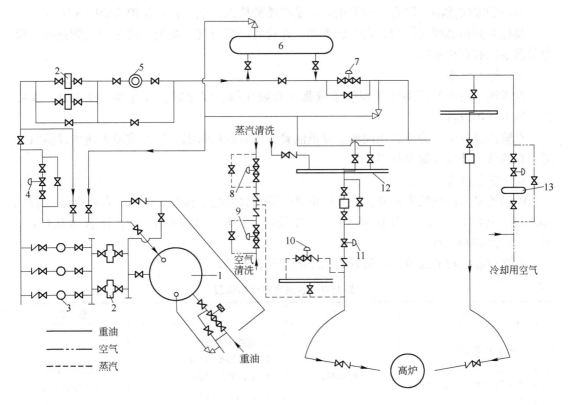

图 15-20 喷吹重油工艺流程图

1—重油罐；2—过滤器；3—油泵；4—重油主管压力调节阀；5—重油流量计；6—炉前加热器；
7—重油主管流量调节阀兼紧急切断阀；8—清洗用蒸汽主管切断阀；9—清洗用空气主管切断阀；
10—清洗用支管切断阀；11—重油支管流量调节阀兼切断阀；12—重油集管；13—湿气分离器

重油罐1的重油经过滤器2和重油泵3加压后，使用压力调节阀4和炉前加热器6分别把油压、油温调节到规定值后，送到重油集管12；再经重油支管流量计及支管流量调节阀11调节到规定流量后送到各个风口喷入高炉。

15.2.1.2 喷吹重油设备

A 主要设备

重油罐1的表面包有玻璃纤维并覆盖镀锌钢板，罐的底部设有蒸汽加热装置。还附设有排气喷嘴、回油喷嘴、热交换器和油面检测仪等装置。重油罐的有效容积为225m³，全容积为300m³。重油罐内的加热器为多管式热交换器。圆筒内设有蒸汽管道，蒸汽从管道内流过，管道外通过重油进行热交换。使重油的温度上升10℃（由60℃提高到70℃），提高了重油的流动性。

重油输送泵 3 将重油罐内的重油输送到高炉风口，油泵的选择根据输送油量和扬程确定。在喷油系统中常用的油泵有两种，即蒸汽往复式油泵和齿轮油泵。宝钢采用三台齿轮泵（两用一备），每台油泵的排油量为 25kL/h，排油压力为 1.5MPa。

炉前重油加热器 6 是以蒸汽为热源的热交换器，该加热器再将 70℃ 的重油加热升温至 110℃。

向高炉喷吹重油一般有两种方法：一是把喷枪插入直吹管；一是把喷枪插入风口。

喷枪为同轴套筒式结构，内管通重油，外管通压缩空气，喷枪后端采用软管连接，喷枪的前端设有雾化喷嘴。

B 附属设备

在重油、蒸汽和压缩空气配管系统都配有减压阀、安全阀、过滤器、排气阀、温度计、压力计等设备。

在输送过程中，为了防止油温下降重油管道设有蒸汽保温，即沿重油管侧伴设蒸汽管道，在两管道外包扎保温材料。

C 安全措施

喷油的安全措施极为重要，故专门设置一套消火系统。该系统包括一台消火罐（容积 400L）；一台消火泵，出力为 30 马力（约 22kW），转速为 4500r/min，流量为 0.67m³/min，压力为 8kg/cm²。

喷吹过程出现的故障以及采取的紧急措施见表 15-7。

表 15-7 故障及安全措施表

故 障	措 施	故 障	措 施
1. 送风压力降低； 2. 重油总管压力降低； 3. 操作用压缩空气压力降低； 4. 停电	紧急切断	1. 重油压力降低； 2. 重油温度降低； 3. 重油温度过高； 4. 送风压力降低； 5. 每个风口流量低	发出报警及其他标志信号

15.2.2 高炉喷吹天然气

高炉喷吹天然气适合于天然气资源丰富的国家，其中最具有代表性的是俄罗斯，喷吹年代久、范围广、经验多。20 世纪 60 年代我国高炉虽试用过天然气，但没有长期喷吹天然气的经验可供总结运用，暂且参照俄罗斯高炉喷吹天然气的经验[3]，对高炉喷吹天然气的特点做一些说明，供涉外设计时参考。

15.2.2.1 喷吹天然气的置换比

尽管天然气的热值很高，但是不能指望高炉喷吹天然气具有较高的置换比。

喷吹天然气置换焦炭的有利因素有：

（1）喷吹天然气有较多的 H_2 加入高炉，促进了铁的间接还原反应，降低了铁的直接还原度 r_d。根据俄罗斯高炉的生产数据，每吨铁喷吹天然气 100~130m³/t 时，r_d 可以降低到 28%~23%，从而减少了焦炭的消耗量。

（2）天然气不带灰分，减少了熔渣热量的消耗。

喷吹天然气置换焦炭的不利因素有：

（1）碳素在风口前不完全燃烧的发热值是 95750kJ/kg，天然气在风口前不完全燃烧的发热值不到 2500kJ/kg，比焦炭低得多。

（2）天然气中的 H_2 参加间接还原反应为吸热反应。

（3）焦炭到达风口前已经带有 1500℃ 以上的物理热，天然气带入高炉的物理热很少。

综合上述有利和不利因素，可以得出喷吹天然气的置换比不如洗精煤高的结论。根据俄罗斯高炉的实际生产数据也是如此，置换比在 $0.7 \sim 0.8 kg/m^3$ 之间，见表 15-8。

表 15-8 俄罗斯一些钢铁厂高炉喷吹天然气的置换比

名 称	焦比/kg·t^{-1}			天然气/m^3·t^{-1}			置换比/kg·m^{-3}		
	2006 年	2007 年	2008 年	2006 年	2007 年	2008 年	2006 年	2007 年	2008 年
马格尼托哥尔斯克	449	449	464	96	99.1	94.6	0.74	0.75	0.75
契列波维茨	421	417	421	110	123.2	123.3	0.70	0.70	0.70
新利别茨克	423	422	421	99.9	96.1	98.7	0.73	0.75	0.75
西西伯利亚	438	442	453	92.5	83.5	77.4	0.76	0.71	0.78
下塔吉尔	438	428	455	114	108.8	89.4	0.75	0.71	0.77
图 拉	487	473	477	44.0	52.3	56.3	0.80	0.80	0.80

俄罗斯新利别茨克钢铁厂全厂及 6 号有效容积 $3200m^3$ 高炉喷吹天然气的操作数据，见表 15-9。

表 15-9 俄罗斯新利别茨克钢铁厂高炉喷吹天然气的操作数据

项 目	数 值		项 目	数 值	
	6 号高炉（1985 年 4 月）	全厂（2008 年）		6 号高炉（1985 年 4 月）	全厂（2008 年）
利用系数	2.44t/(m^3·d)	59.8t/(m^2·d)	风 温	1225℃	1155℃
焦 比	416kg/t	421kg/t	铁水含硅	0.7%	0.67%
天然气	126m^3/t	98.7m^3/t	渣 量	356kg/t	304kg/t
富氧量	138m^3/t		焦炭灰分		12.3%
富氧率		6%			

15.2.2.2 天然气的降温系数高

（1）天然气在风口前燃烧的发热值比碳素低得多，燃烧生成的炉腹煤气量 V_{BG} 又比碳素多。

（2）天然气带入的物理热也很少。

（3）喷吹天然气与喷吹煤粉不同，不但在风口前燃烧生成烟气的理论燃烧温度 T_F（不富氧时燃烧热焦炭的理论燃烧温度 T_F，即风口前理论燃烧温度式（5-39）中的 k_c 常数项的值较大）比全焦操作的理论燃烧温度 T_F 更低，燃烧生成的炉腹煤气量比喷吹煤粉多。而且，热风温度和富氧的升温系数也将随着理论燃烧温度 T_F 的降低和炉腹煤气量的增加而降低。根据估算，当不富氧时在吨铁鼓风 $1000m^3/t$ 中，喷吹 $1m^3$ 天然气时，理论燃烧温度 T_F 降低 $5 \sim 6℃$。

由于喷吹天然气的降温系数比较高，一般都要采用富氧手段来弥补理论燃烧温度 T_F

的不足。

15.2.2.3 有效热量低

喷吹天然气,炉内不完全燃烧发热值低,炉顶煤气中 CO 和 H_2 的成分增加,再加上高富氧,炉顶煤气热值大幅度提高。喷吹天然气 $100 \sim 140 m^3/t$ 时,炉顶煤气热值可以达到 $3800 \sim 4600 kJ/m^3$。

15.2.2.4 对高炉喷吹天然气的评估

(1) 喷吹天然气的降温系数很高,要用高富氧来弥补理论燃烧温度 T_F 的降低,对此要求做经济比较,避免过分用氧。根据俄罗斯高炉的生产数据,设计最高吨铁喷吹天然气量不宜超过 $150 m^3/t$。

(2) 天然气在风口前的燃烧热值不到 $2500 kJ/kg$,剩余 90% 以上热值都留在了高炉低热值煤气里。当冶金工厂有剩余高炉煤气时,只能用于工厂内部的小规模电厂发电。因此,高炉喷吹天然气在能源利用上有它不合理的一面。

(3) 中国是天然气资源缺乏的国家,目前一半以上的用量要靠进口,天然气用量仅占全部一次能源的 5%,远远不能满足国民经济的需要,因此在很长一段时间内,中国高炉不可能喷吹天然气。高炉喷吹煤粉仍然是符合我国国情的技术路线。

参 考 文 献

[1] 刘云彩. 高炉高喷煤率的实践[J]. 钢铁, 1981(6):7~11.

[2] 北京石油学院化工过程及设备教研室. 石油化工过程及设备(第四分册). 北京石油学院, 1964. 38~50(内部资料).

[3] Kurunov I. The modern state of the blast furnace production in Russia [C]. The 5th International Congress on the Science and Technology of Ironmaking (ICSTI'09), 2009, 34.

16 高炉煤气净化及炉顶煤气余压发电

一般来说，钢铁企业的能源来源由两部分组成：一部分是外购煤、电等；另一部分是由炼焦或冶炼过程产生的可燃气体。前者约占钢铁企业总能源的60%；后者约占35%，数量很大，高炉煤气占相当大的比重。回收高炉煤气的能量占炼铁工序能耗的40% ~ 45%。能否科学合理地加以利用，对钢铁企业的能源平衡和能源设施的配置影响很大。

随着高炉的大型化和炉顶压力的提高，高炉煤气净化方法由湿式向干式发展，并回收炉顶煤气的物理能，设置高炉炉顶煤气余压发电装置。

高炉炉顶煤气都夹带着许多细粒度的炉料，这就是高炉煤气中的炉尘。由于各钢铁企业炉料的来源不同，筛分情况不同，鼓风量及鼓风压力的差异等，导致高炉煤气粉尘的数量、成分、粒度分布等都有所不同。高炉炉顶煤气一般含尘量为 $20 \sim 40 g/m^3$，经粗除尘器除去粗颗粒后，含尘量降至 $6 \sim 12 g/m^3$。这些粉尘如不经净化处理直接送至用户使用，会造成管道、燃烧器堵塞及管道和设备的磨损，加快耐火材料的熔蚀，从而缩短耐火材料的使用寿命，降低蓄热器的效率，因此必须对高炉煤气进行净化处理，以保证高炉煤气含尘量满足用户的使用要求。一般用户要求净煤气含尘量小于 $10 mg/m^3$，特殊用户如燃气轮机的要求就更高。

近年来，随着对大气污染治理的加强，人们对固体颗粒、粉尘和烟雾的物理和化学特性的认识比以前有了更深入的了解。在空气污染治理、化工、冶金、机械行业的除尘器已涌现出了许多新的技术。但总体来讲，气体除尘技术与其他工程学科相比，基础比较薄弱，往往还不能预测所选用的除尘装置的最终性能。主要是，由于很难掌握粉尘粒子的物理性质，以及它们在湍流气流中的基本行为。对粉尘粒子与除尘装置性能之间的关系，更多地还要依赖经验判断。

目前国内外大型高炉煤气精除尘分为干式和湿式两大类。除尘常用的干式除尘器有重力除尘器、旋风除尘器、布袋和静电除尘器；湿式除尘器均属于文丘里型洗涤器，其中有：R 形文丘里管洗涤器 （R-type Venturi Scrubber），以及环缝洗涤器 （Annular Gap Scrubbe） 两种。

为满足用户对煤气质量的要求，高炉煤气除尘分两级完成，粗除尘采用的是惯性除尘器 （重力除尘器、旋风除尘器或两者同时采用）；精除尘有采用布袋、静电类的干式除尘器，也有采用双文或环缝洗涤器的湿式除尘器。由于干式煤气除尘具有多回收炉顶煤气的能量等优势，因此《规范》推荐采用干式除尘。

高炉炉顶煤气余压回收透平发电装置 （top gas pressure recovery turbine，TRT） 是利用高炉炉顶煤气压力能和气体显热，把煤气导入膨胀透平做功，通过透平机将高炉煤气压力能和部分热能转换为机械能，驱动发电机发电的能量回收装置。该部分能量约为高炉鼓风机能耗的30% ~ 40%，因此回收这部分能量具有明显的经济效益。同时还可提高煤气质量，减少噪声对环境的污染，是一项环保型的高效节能装置。因此，规范要求高炉必须设置高炉煤气余压发电装置。

净煤气含尘量不应大于 5mg/m³。净煤气机械水含量不应大于 7g/m³。

《规范》要求，**高炉煤气发生量应根据高炉物料平衡计算确定，并应精确计算高炉的自耗用量。**详见本书第 7 章高炉炼铁计算。

准确计算高炉煤气的参数十分重要，如煤气发生量、温度、压力、成分、含水量等。今后应优化整个企业的能源设施配置和高炉余压发电装置 TRT 能力。

16.1　粗煤气除尘系统

《规范》要求，**炉顶煤气正常温度应小于 250℃，炉顶应设置打水措施，最高温度不宜超过 300℃。粗煤气除尘器的出口煤气含尘量应小于 10g/m³**（标态）。

粗煤气除尘系统主要由导出管、上升管、下降管、除尘器、炉顶放散阀及排灰设施等组成。目前国内有三种粗除尘方式：一是传统的重力除尘器，二是重力除尘器加切向旋风除尘器组合的形式，三是轴向旋流除尘器。传统的重力除尘器是利用煤气灰自身的重力作用，灰尘沉降而达到除尘的目的。重力除尘器结构简单，除尘效率较低。尤其在喷煤量加大的情况下，如宝钢 3 号高炉，经过重力除尘器的粗煤气含尘量甚至超过 12g/m³。旋流除尘器使气流改变方向，产生离心力，将煤气灰甩向除尘器壁后沉降，从而达到除尘的目的，其结构复杂，除尘效率较高。粗煤气除尘的组成和除尘方式，除了与除尘后煤气的含尘量有关，还与粉尘中有价物质的回收利用有关。

荒煤气经除尘器粗除尘后，由除尘器出口粗煤气管进入精除尘设施。粗除尘的除尘效率高低，直接影响到精除尘系统中湿式除尘的耗水量和污水处理量；粗除尘效率高，也可减轻干式精除尘的除尘负担，提高其使用寿命。

16.1.1　粗煤气管道

高炉煤气粗除尘管道由导出管、上升管、下降管、除尘器出口粗煤气管道等组成。煤气上升管及下降管用于把粗煤气从炉顶外封罩引出，并送至除尘器的煤气输送管道。

16.1.1.1　炉顶煤气管道

过去国内高炉粗除尘管道一般采用"裤裆管"或"三叉管"连接形式。一般中小高炉的上升管、下降管构造并不复杂，制造也比较简单。但大型高炉的炉顶压力高，煤气发生量大，因此上升管、下降管的连接处，俗称"三叉管"外形复杂，制造难度大，单件重量大，外形尺寸大。"三叉管"的制造难点在于两个支管不与主管直接连接，通过一个经过加固的 H 形截面的过渡带连接起来。过渡连接带是一个截面为 H 形在空间呈扭曲状的环形带。由此可见，制作"三叉管"的关键就在于解决 H 形扭曲环形带的准确展开、下料、成形和焊接。以宝钢 2 号高炉为例，其"三叉管"净重为 57.65t，外形尺寸为 4870mm×8177mm×10500mm。"三叉管"的主管接下降管，内径为 4000mm，两个支管接上升管，内径为 3000mm，壁厚为 32mm。主管在空间的倾角为 44°16′29″，两个支管的交角为 90°，并与主管偏心斜交。

"三叉管"的结构如图 16-1 所示[1]。

1997 年上钢一厂的 2500m³高炉采用了"球形节点"的连接方式，取得了很好的效果。球形节点的连接方式在国外欧洲大型高炉采用较多，如卢森堡阿尔贝德公司埃斯·贝

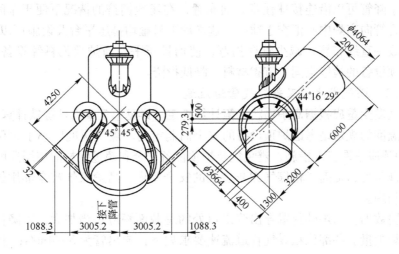

图 16-1 "三叉管"的结构图

尔瓦尔厂 A、B、C 三座高炉全部采用球形节点连接。其中 C 高炉经过 15 年多的生产，管道及球节点仍然完好，后在 1998 年昆钢 6 号高炉引进二手设备中采用。国内上钢一厂 2500m³ 高炉上经过模型实验后采用，效果良好。接着在新建的宝钢、太钢、本钢、鞍钢、南钢等大型高炉上相继采用。

"球形节点"的连接方式如图 16-2 所示。

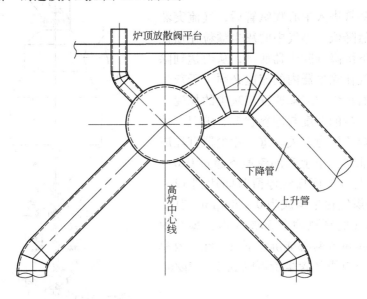

图 16-2 "球形节点"的连接方式

上升管顶部采用"球形节点"的连接方式，高炉煤气经四根煤气上升管以轴线为 45° 方向倾斜向上汇交于球心。下降管以 30° 方向从球顶导出，下降至除尘器。放散管以 45° 方向从球顶导出。炉顶放散阀平台支承在球节点上。该连接方式连接紧凑，且气流通畅。该方式与现有的"三叉管"连接形式比较，减少一次管道汇合，使炉顶总高度降低。采用球形连接后下降管可以沿连接球任意方向布置，在场地拥挤的情况下便于车间总图布置。同时由于上升管向高炉中心汇交于球心，这样炉顶料罐均排压平台及设施可以在上升管支承的平台上成一直线布置，减少管道拐弯，使均排压平台与炉顶无料钟设备平台分开布置，增加炉顶设备的检修空间，节省材料，降低投资。

16.1.1.2 煤气发生量及粗煤气管道流速

高炉煤气发生量应根据高炉物料平衡计算确定，详见第 7 章高炉炼铁计算。

对炉顶温度的规定是考虑炉顶设备的安全而制定的。煤气温度应小于 250℃，若超过 300℃时，炉顶应采取打水措施，避免危及炉顶设备安全和超过钢材的使用温度。

提高炉顶压力，提高了粗煤气卸灰装置的安全要求。高炉煤气灰全部用做烧结原料，应得到充分利用。

根据经验数据，高炉外封罩导出管出口处的总截面积应适当加大，以降低煤气流速，减少带出的炉尘量。各部位粗煤气管道流速要求如下：导出管为 3 ~ 4m/s；上升管为 5 ~ 7m/s；下降管为 7 ~ 11m/s。

16.1.2 重力除尘器

世界上大部分高炉煤气粗除尘都是选用重力除尘器。重力除尘器是一种造价低、维护管理方便、工艺简单但除尘效率不高的干式初级除尘器。

煤气经下降管进入中心喇叭管后，气流突然转向，流速突然降低，煤气中的灰尘颗粒在惯性力和重力作用下沉降到除尘器底部，从而达到除尘的目的。煤气在除尘器内的流速必须小于灰尘的沉降速度，而灰尘的沉降速度与灰尘的粒度有关。荒煤气中灰尘的粒度与原料状况、炉况、炉内气流分布及炉顶压力有关。重力除尘器直径应保证煤气在标准状态下上升的流速不超过 0.6 ~ 1.0m/s，高度上应保证煤气停留时间达到 12 ~ 15s。通常高炉煤气粉尘构成为 0 ~ 500μm，其中粒度大于 150μm 的颗粒约占 50% 左右，煤气中粒度大于 150μm 的颗粒都能沉积下来，除尘效率可达到 50%，出口煤气含尘量可降到 6 ~ 12g/m³ 范围内。

高炉重力除尘器结构如图 16-3 所示。

粗煤气除尘器必须设置防止炉尘溢出和煤气泄漏的卸灰装置。

考虑到煤气灰堵塞及排灰系统的磨损，除尘器下部设置三个排灰管道系统，每个系统设有切断煤气灰的 V 形旋塞阀和切断煤气的两个球阀

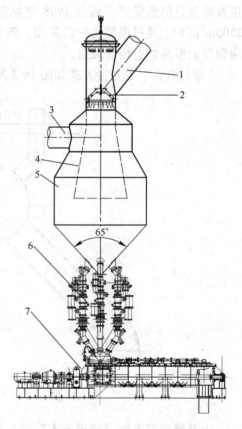

图 16-3 高炉重力除尘器结构
1—下降管；2—钟式遮断阀；3—荒煤气出口；
4—中心喇叭管；5—除尘器筒体；
6—排灰装置；7—清灰搅拌机

（阀门通径均为 150mm），阀门为汽缸驱动。为了吸收管道的热膨胀还设有波纹管。一般情况下，依次使用三个系统进行排灰。排灰时阀门开启顺序为：下部球阀→上部球阀→V形旋塞阀；排灰终止后阀门关闭顺序为：V形旋塞阀→上部球阀→下部球阀。

在排灰管道下部还设有清灰搅拌机，用以向煤气灰中打水、搅拌，避免扬尘。

16.1.3 旋风除尘器

近年来，国内部分钢铁企业采用了旋风除尘器，如鞍钢、凌钢、天铁、唐钢、武钢及本钢等钢铁企业。其工艺比较复杂，但除尘效率较高。

目前国内采用的旋风除尘器有三种，分别为国产轴向旋风除尘器、国外轴向旋风除尘器和切向旋风除尘器。

16.1.3.1 国产轴向旋风除尘器

国产轴向旋风除尘器结构如图 16-4 所示。炉顶荒煤气经下降管从入口 1 进入旋风除尘器，经过导流锥体 3 将煤气引导呈圆周分布，较均匀地进入旋流通道，在旋流板 5 的作用下，使其螺旋向下运动，提升粉尘颗粒的离心力，高速煤气流进入粉尘分离室 6，在惯性和碰撞作用下，粉尘沿内壁向下滑落，最终落入集尘室 8。而经粉尘分离的煤气流，一部分直接进入煤气出口管道 4，一部分则经底部导流锥 7 反射螺旋上升进入煤气出口管道 4。在集尘室 8 中设有热电偶，用于探测其中的灰面高度，当灰面高度达到预定值时（集尘室灰满），位于积灰室下部的密封球阀 9 和卸灰球阀 10 按预定程序进行开关卸灰。煤气灰进入下部的煤气搅拌机 11 加湿排出。当需要对除尘器进行检修时，通过设置顶部的放散管 2 先对其内部煤气进行放散，并通过设置的蒸汽吹扫系统对其内部进行吹扫，待其内部煤气完全清除，方可进入检修。

由于除尘器内部需经受高速煤气流的冲刷，须对壳体进行耐磨喷涂保护。由于旋流板 5 为直接焊接在壳体上，更换时施工量较大，所以旋流板 5 的喷涂保护尤为重要。国产轴流旋风除尘器旋流板角度不可调，暂无法根据实际运行效果调整煤气流角度，对除尘器起初设计要求较高。

16.1.3.2 国外轴向旋风除尘器

国外轴向旋风除尘器的原理与国产轴向旋风除尘器相似。来自下降管的高炉煤气通过 Y 形接头进入轴向旋风除尘器，在轴向旋风除尘器的分离室内通过旋流板产生涡流，产生的离心力将含尘颗粒甩向除尘器壳体，颗粒沿壳体壁滑落进入集尘室。气流由分离室底部的锥形部位分流向上，通过分离室上部的内部管道离开轴向旋风除尘器。在旋流板处的高流速煤气不仅对旋流板有强烈的磨损，而且对除尘器壁体也有强烈的磨损。因此在磨损强烈的部位必须衬以高耐磨性能的衬板。

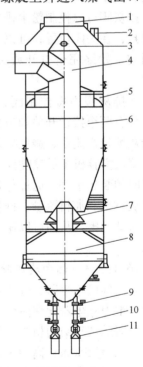

图 16-4 国产轴流旋风除尘器
1—煤气入口；2—除尘器放散管；
3—导流锥体；4—煤气出口管道；
5—旋流板；6—粉尘分离室；
7—导流锥；8—集尘室；
9—密封球阀；10—卸灰球阀；
11—煤气灰搅拌机

轴向旋风除尘器结构如图 16-5 所示。

轴向旋风除尘器可通过改变叶片角度来调节旋风除尘器的分离效率。通过更换不同形状的叶片，可确定旋风除尘器的分离效率和尘粒分布。在调节分离效率时，可从壳体外部方便地更换叶片。

在除尘器集尘室下部设有两个排灰斗，当排灰斗用氮气均压到与炉顶压力相当时，打开上排灰阀，积聚在集尘室内的煤气灰经排灰阀进入排灰斗。然后关闭上排灰阀，打开放散系统，对排灰斗进行卸压，再由排灰斗经下排灰阀、螺旋搅拌机卸入运灰车外运。集尘室必须每天排空一次。

排尘系统主要由两个中间储灰斗组成，带有上下排灰阀和一个清灰搅拌机。在排灰期间，中间储灰斗交替储灰填充和排灰，从而可以连续排灰。每个储灰斗装有一套称量系统，用于控制和监视粉尘高度和流量。

排灰阀可以控制粉尘排放流量。排灰阀装有膨胀密封，在关闭位置，可以完全密封。上排灰阀用做闸阀，始终完全打开或关闭，由接近开关控制位置。

下排灰阀用做控制阀，可以控制粉尘排放流量。装有两个接近开关和位置变送器进行反馈。控制清灰搅拌机流量，避免排灰过多出现堵塞。

清灰搅拌机中的喷嘴向煤气灰中加水，以改善排料时的装运条件。通过称量系统计算和测量料仓煤气灰重量和加料流量。排灰阀位置设定值可以手动或自动调整，从而可以避免清灰搅拌机过负荷和堵塞。

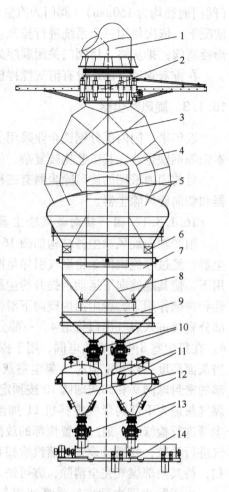

图 16-5　轴向旋风除尘器

1—下降管；2—眼镜阀；3—Y 形接头；
4—粗煤气出口；5—煤气入口；6—旋流板；
7—粉尘分离室；8—导流锥；9—集尘室；
10—上排灰阀；11—称量压头；12—中间
储灰斗；13—下排灰阀；14—清灰搅拌机

16.1.3.3　切向旋风除尘器

切向旋风除尘器又有两种结构：单入口结构和双入口结构。单入口结构切向旋风除尘器常与重力除尘器配套使用，有些小高炉采用单入口切向旋风除尘器。由于单、双入口结构除尘器原理和结构相似，单入口结构旋风除尘器除尘效率相对较低，在此不多介绍。曹妃甸 1、2 号 5500m³ 高炉采用了双入口切向旋风除尘器。

双入口切向旋风除尘器结构如图 16-6 所示。荒煤气经下降管通过除尘器入口 1 进入两根相向布置的切线手臂 2，形成自然切向旋流，煤气流进入粉尘分离室 4，在惯性和离心力的作用下，粉尘与筒壁发生碰撞，沿筒壁滑落，落入集尘室 7，集尘室中的煤气灰定期排入中间卸灰罐 8，通过开关下部设置的卸灰阀 9 控制煤气灰的排出。经粉尘分离的煤气流一部分通过煤气出口管道 11 直接流出，一部分则通过底部的导流锥 5 反射螺旋上升进入煤气出口 11 流出。当需要对除尘器进行检修时，可以通过打开除尘器筒体放散管 3

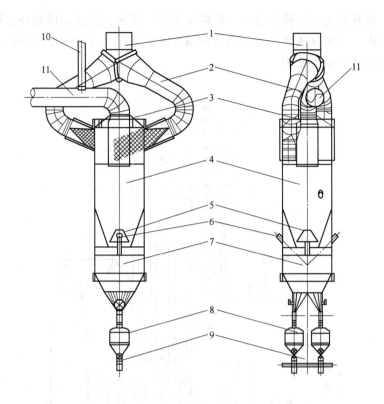

图 16-6 双入口切向旋风除尘器

1—煤气入口；2—切线手臂；3—除尘器筒体放散；4—粉尘分离室；5—导流锥；6—灰面感应器；
7—集尘室；8—中间卸灰罐；9—卸灰阀；10—放散管；11—煤气出口管道

和管道放散管 10，排净内部煤气后，再经蒸汽吹扫，彻底清除残留煤气，以便检修施工。除尘器还设置一对灰面感应器 6，当灰面达到一定的高度时，发出指令开始通过中间卸灰罐排灰。

该旋风除尘器内部无复杂的入口拱顶和可更换的导向叶片。因此，建设和维护成本较低。由于切向旋风除尘为国外专利技术，最终费用较高。

16.2 湿式除尘

湿式除尘是利用雾化后的液滴捕集气体中尘粒的方法。为克服液体的表面张力，雾化是消耗能量的过程，这是获得洁净气体所必须付出的代价。压力雾化和气流雾化是常用的两种雾化方法。对高炉煤气除尘来讲，在通常压力的雾化时，喷嘴与气体的压差要在 0.2MPa 以上，气流雾化要求气体速度在 100m/s 以上才能保证良好的除尘效果。从实际运行数据看，只要保持适当的压差，净煤气含尘量均能保证在 $10mg/m^3$ 以下。

湿式煤气清洗装置的净煤气温度，在并入全厂管网前不宜超过 40℃。

16.2.1 环缝洗涤系统

16.2.1.1 工艺流程

环缝洗涤系统典型的工艺流程见图 16-7。环缝洗涤系统包括：一个环缝洗涤塔和一个旋流脱水器，以及相关的给排水设施。粗煤气净化分两级：预洗涤段和环缝段。两级都布置在同一个塔内。给水分两路供给环缝段和预洗涤段下部，通过再循环全部由预洗涤段排入沉淀池，经处理后循环使用。

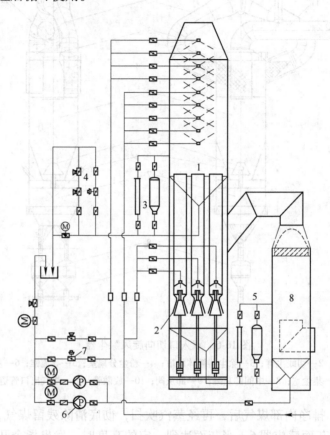

图 16-7　环缝洗涤系统工艺流程图

1—环缝洗涤塔；2—环缝洗涤器；3—预洗涤段水位检测；4—预洗涤段水位控制阀；

5—环缝段水位检测；6—再循环水泵；7—环缝段水位控制阀；8—旋流脱水器

　　在预洗涤段，布置在中心的多层单向或双向喷嘴将水雾化后喷入，该喷嘴具有很大的开孔，不堵塞。雾化后的水滴与煤气充分混合，煤气被加湿到饱和并得到初步净化。煤气中较大直径的尘粒被水滴捕集，依靠重力作用从煤气中分离出来，沿洗涤塔内壁流入集水槽中，通过一套水位控制装置排至高架水槽自流到沉淀池，在水处理厂处理后循环使用。

　　在环缝段，预洗涤后的半净煤气通过导流管进入环缝洗涤器。在环缝洗涤器上方设有喷嘴，半净煤气在此被进一步冷却、除尘和减压。

　　精除尘后的水分两级进行分离处理，即大直径水滴形成的膜状、连续水流通过重力和逆流作用从煤气中分离出来。收集在洗涤器下部的锥形积水槽中。

　　在此分离阶段后，仅小水滴继续留在煤气中。这些小水滴将通过外部旋流脱水器去除。旋流脱水器入口处相互重叠的螺旋形布置的叶片使煤气产生旋流运动。水滴向塔体做离心运动，与壁面碰撞后沿内壁流下到旋流脱水器底部的集水槽中。环缝段和旋流脱水器的排水管合并在一起，通过一套共用的水位控制装置排出。这部分排水只含有少量尘粒，用泵送至预洗涤段上部再循环使用。

预洗涤段和环缝段排水的水位控制系统，设有 2 个装有液位变送器的水位测量罐，1 个液动水位调节阀、1 个液动紧急切断阀、1 个液动紧急排水阀，环缝段还设有 2 台再循环水泵，构成一个水位调节回路和一个连锁控制回路。

在正常条件下，水位调节回路起作用，由水位调节阀连续控制水位。与水位调节阀串联的紧急切断阀开启，与水位调节阀并联的紧急排水阀关闭。

对预洗涤段，设在排水管路上的调节阀的执行机构从 2 个水位罐上的液位传感器接受信号，根据水位高度变化调节排水阀的开度，以保持预洗涤段水位的恒定。

如果水位上升至高水位时，紧急排水阀将自动开启。当水位降至正常水位时，则自动关闭。如果水位下降至低水位，紧急切断阀自动关闭。当水位恢复到正常水位时，紧急切断阀自动开启。

对环缝段，在正常条件下水位调节回路起作用，由水位调节阀通过调节再循环水泵的流量连续控制水位。再循环水泵开启，与水位调节阀并联的紧急排水阀关闭。

如果水位上升至高水位时，至高架水槽的紧急排水阀自动开启；当水位下降至正常水位时，该阀门自动关闭。如果水位下降至低水位时，再循环水泵将自动停止。当水位恢复到正常水位时，再循环水泵自动开启。

环缝洗涤器对炉顶压力的控制，由函数发生器（带伺服放大器）、环缝洗涤器的位置控制器、液压装置、液压缸和内锥体来完成。

内锥体由液压缸通过位置控制器进行移动，内锥体的位置直接反馈给位置控制器，并按压力控制器发出的指令移动到规定的位置。内锥体的位置由内置于液压缸内的变送器进行测量，并转换成 4~20mA 的信号，在控制室内显示，并作为反馈信号切换到位置控制器。

在余压回收透平操作期间，环缝洗涤器以恒差压控制方式工作。

环缝洗涤器为在文丘里管内部嵌入可以活动的内锥体，内锥体的驱动机构由驱动杆、带位置变送器的液压缸组成。文丘里管的外壳固定不动，通过内锥体的轴向运动改变它们之间形成的环缝宽度。

环缝元件作为煤气精除尘元件的同时，也作为高炉炉顶压力控制元件，将出口压力减至净煤气管网的水平。环缝元件的节流效应可保证在远低于声速的煤气速度下出现压力降，所以噪声较低。通常并联 3 个环缝洗涤器，每个可以单独锁定，能充分适应高炉工况的变化。

环缝元件的主要部分，如锥形外壳和凸出式锥形体，采用高度耐磨和耐腐蚀的材料制作，以保证长的使用寿命，通常寿命可达一代炉龄。

16.2.1.2　主要工艺参数和技术指标

通过环缝洗涤塔内的煤气冷却和净化过程的热平衡计算得出在不同状态下的主要工艺参数。

A　净煤气出口温度和压力

根据炉顶煤气余压发电 TRT 的工作状况分为：

当 TRT 不工作时，通常出口温度低于 40℃。

当 TRT 工作时，通常在 55℃ 左右。

B 耗水量和排水温度

上述流程的特点是：串联分级给水，环缝段排水通过再循环水泵供预洗涤段再使用，有效地提高了排水温度，是最省水的流程。当污水处理系统设有冷却塔时，耗水量为 $1.8 \sim 2.2 \mathrm{L/m^3}$，排水温度约 55℃。

C 净煤气含尘量

环缝洗涤器差压不小于 25kPa 时，含尘量小于 $5 \mathrm{mg/m^3}$。

D 净煤气机械水含量

对于安装立式旋流脱水器的情况，机械水含量小于 $10 \mathrm{g/m^3}$。

16.2.2 双文丘里洗涤系统

16.2.2.1 工艺流程

典型的串联给水工艺流程见图 16-8。系统由一级文丘里管、重力脱水器、二级文丘里管、填料脱水器组成。粗煤气净化通过一文和二文两次完成。二级文丘里管的排水直接供一级文丘里管使用，一级文丘里管的排水进入污水处理厂，经沉淀池、冷却等处理后循环使用。

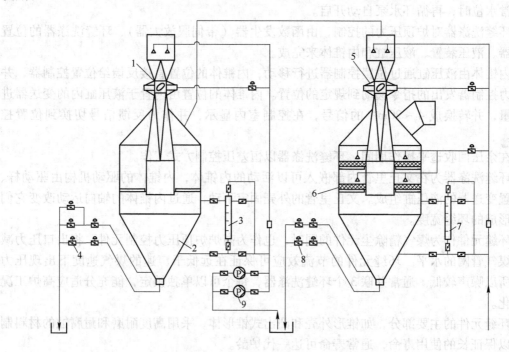

图 16-8 双文洗涤系统工艺流程图

1—第一级文丘里管；2—重力脱水器；3—水位测量装置；4——文排水阀；5—第二级文丘里管；6—填料脱水器；7—水位测量装置；8—二文排水阀；9——文给水泵

重力脱水器和填料脱水器的水位均通过一组水位控制阀来进行控制。正常生产时，紧急切断阀开启，紧急排水阀关闭，通过 1 个流量调节阀来控制水位。

如果水位异常高，紧急排水阀将自动开启。当水位降至正常水位时，则自动关闭。如果水位异常低，紧急切断阀自动关闭。当水位恢复到正常水位时，紧急切断阀自动开启。

在文丘里管喉口内设有米粒形调节板。它由不锈钢板焊接而成，外表面进行耐磨处理。洗涤水由喉口两侧的小孔喷入。喉口在调节板轴穿过的两侧镶衬有碳化硅砖以防磨损。

在高喷煤比的条件下，宝钢高炉一文水槽中的悬浮物主要是炭黑，约占总量的95%以上。它是由烟煤的挥发分析出后，在高温、缺氧的环境下，进一步裂解的产物。由于它的反应活性小，故随气流到达炉顶时，仍存留相当的数量。又因其粒径仅为 $10 \sim 300\mu m$，并容易形成积聚体，以悬浮状态浮在水面上。

16.2.2.2 主要工艺参数和技术指标

通过一文和二文的联合热平衡计算，得出在不同状态下的主要工艺参数。

（1）净煤气出口温度 50~60℃ 左右。

（2）耗水量和排水温度。上述流程的特点是串联供水，当污水处理系统设有冷却塔时，耗水量在 $2.8 \sim 3.2 L/m^3$ 之间，排水温度在 50~60℃ 左右。

（3）净煤气含尘量。含尘量小于 $10mg/m^3$。

（4）净煤气机械水含量小于 $7g/m^3$。

16.2.3 环缝和文丘里洗涤系统的比较

16.2.3.1 除尘效率

两种除尘器都具有非常高的除尘效率，含尘量均能保证在 $10mg/m^3$ 以下。

16.2.3.2 耗水量

给水有串联、并联两种方式。串联供水能提高排水温度，水量较小。表 16-1 给出了几种流程在不同的炉顶煤气温度下的总供水量。

表 16-1 总供水量

温度/℃	200	210	220	230	240	250
双文串联给水/L·m^{-3}	2.70	2.88	3.06	3.24	3.41	3.58
双文并联给水/L·m^{-3}	2.99	3.22	3.44	3.65	3.87	4.08
环缝串联给水/L·m^{-3}	2.52	2.65	2.78	2.91	3.04	3.17

从表中可以看出，双文并联流程的水量最大，双文串联流程次之，环缝串联给的水量最小。通常捕集尘粒所要求的给水量与煤气量之比在 $0.5 \sim 1.0 L/m^3$ 范围内就能满足要求。给水量的确定必须同时兼顾煤气除尘和冷却的要求。

16.2.3.3 耐磨性和寿命

双文洗涤系统所采用米粒形洗涤器，在生产中暴露出抗冲蚀磨损性能差、寿命短的问题。环缝洗涤器的寿命通常在一代炉龄以上。

16.3 干式除尘

高炉煤气净化设计应采用高炉煤气干式除尘装置，并应保证可靠运行。煤气干式除尘系统的作业率应与高炉一致。

高炉煤气干法除尘能使炉顶余压发电装置多回收 35%~45% 左右的能量，因此《规范》希望能积极采用。但是由于过去干式煤气除尘技术不够成熟，所以要用湿式除尘备用，因此没有得到广泛推广。从 1974 年至今，我国高炉煤气干法滤袋除尘工艺的技术发展迅速，技术日臻完善。因此，《规范》条文说明规定了积极采用高炉煤气干式煤气除尘装置的具体要求：

（1）1000m³ 级高炉必须采用全干式煤气除尘和干式 TRT 发电，不得备用湿式除尘；

（2）2000m³ 级高炉应采用全干式煤气除尘和干式 TRT 发电，不宜备用湿式除尘；

（3）3000m³ 级和大于 3000m³ 级的高炉研究开发采用全干式煤气除尘和干式 TRT 发电，为稳妥起见，可备用临时湿式除尘，并采用干湿两用 TRT 发电装置。

国内首钢、莱钢、韶钢等企业的高炉干式除尘试验效果良好，向全干式除尘方面的努力已经有了一些成功经验。开发了高炉煤气干法滤袋除尘的关键技术，即高炉煤气快速升温、降温的技术，部分解决了由于煤气温度突然升高而烧毁滤袋的问题。目前国内、外投产的高炉都能达到投产后 2 ~ 4h 即引入煤气清洗系统，而此时高炉煤气温度要在近 10h 以后才能达到 80℃ 以上，期间有大量煤气放散，应予解决。如果高炉煤气的放散率能够控制在湿式除尘的水平，能够经过较长时间的考验，确实能够满足环保要求、安全、可靠，高炉煤气全干式除尘将能迅速推广。

为保证这一新技术的正常发展，充分利用能源，根据国内外的运行经验，制定切实可行的安全规定是必要的，也是可行的，但已有规定还有待于根据今后的生产实际来完善和提高。

16.3.1　干式布袋除尘

布袋除尘[2]是利用各种高孔隙率的织布或滤毡，捕集含尘气体中的尘粒的高效率除尘器。一般直径大于布袋孔径 1/10 的尘粒均能被布袋捕集。由于布袋材料和织造结构的多样性，其实用性能的计算仍是经验性的。在理论上比较公认的捕集机理有：尘粒在布袋表面的惯性沉积、布袋对大颗粒（直径大于 1μm）的拦截、细小颗粒（直径大于 1μm）的扩散、静电吸引和重力沉降 5 种。

布袋除尘器对高炉煤气的除尘效率在 99% 以上，阻力损失小于 1000 ~ 3000Pa，净煤气含尘量可达到 5mg/m³ 以下。布袋除尘系统工艺流程图及布袋除尘器设备简图分别见图 16-9 和图 16-10。

16.3.1.1　布袋除尘的发展历程

国外 20 世纪初就应用了布袋除尘净化高炉煤气。1912 年德国丁格勒厂已经开始用织物除尘。20 世纪 40 ~ 50 年代欧洲国家已经颇多应用，但由于过滤材料为棉毛织物，耐温只有 100℃，故只限于小高炉使用。20 世纪 50 年代美国采用石棉和玻璃纤维制成滤布过滤，耐温达 350℃，应用到 1100m³ 的高炉上。

1980 年日本住友小仓钢铁厂 2 号高炉（1800m³）建造了两个筒体的试验装置，成功后于 1982 年又建了 3 个，由 5 个筒体组成的布袋除尘装置，煤气处理能力约 240000m³/h，净煤气含尘量在 3mg/m³ 以下。从 1982 年 3 月投产以来运行正常。开发干式布袋除尘的主要目的是充分利用煤气显热提高余压发电量，而且第一次在高炉上采用了耐高温合成纤维滤布。由诺梅克斯针刺毡（芳香族聚酰胺聚合而成）制成的耐高温合成纤维滤布，连续使用的温度为 200℃，随后又在鹿岛、川崎千叶、神户古川等钢铁厂采用。

国内 1973 年在小高炉上进行了高炉煤气的布袋除尘试验。1974 年 11 月 18 日，我国

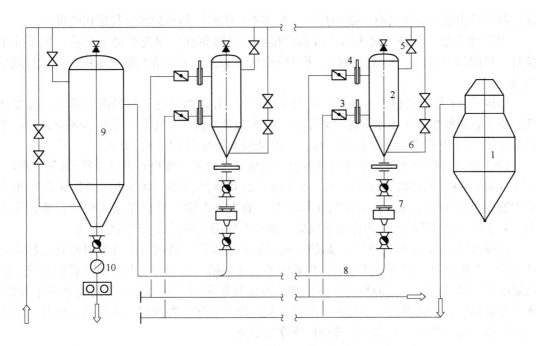

图 16-9　布袋除尘工艺流程图

1—重力除尘器；2—布袋除尘器；3—煤气进口阀；4—煤气出口阀；5—脉冲氮气；

6—流化氮气；7—卸灰阀组；8—输灰管；9—贮灰仓；10—卸灰阀组

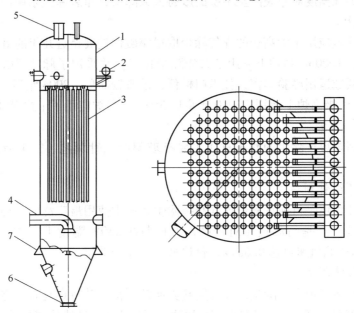

图 16-10　布袋除尘器图

1—布袋除尘器壳体；2—氮气脉冲喷吹装置；3—滤袋及框架；

4—煤气入口管；5—煤气出口管；6—排灰管；7—支座

第一套高炉煤气布袋除尘装置在河北省涉县铁厂（炉容 13m³）投产。系统成功运行后，布袋除尘迅速应用于 100m³ 以下的高炉。1975～1976 年，陕西、山西、河北、湖北、湖南、四川及内蒙古等地又有一批小高炉（炉容 6~55m³）的布袋除尘装置相继投产。

1984 年布袋除尘开始向 300m³ 级高炉推广。涟源钢铁厂率先获得了成功。据不完全统计，目前国内 300m³ 级以下高炉，煤气除尘 90% 以上是采用布袋除尘系统，且运行效果较好。

1984 年 11 月，太钢 3 号高炉（炉容 1200m³）由日本引进了布袋除尘系统。投产初期，由于重力除尘器内喷水雾化效果不好、喷水阀容易损坏、排灰不顺畅、灰位计检测不准等原因，至 1997 年还不能稳定运行，一直采用备用湿式系统运行方式。

1985 年 3 月首钢 2 号高炉也由日本引进布袋除尘技术。随后首钢在 3 号 2500m³ 高炉、4 号 2100m³ 高炉也采用了布袋除尘。由于除灰设备故障较多，煤气温度控制采取在重力除尘器内喷水降温方式，水的雾化效果较差，造成重力除尘器内瓦斯灰板结、硬化等原因，3 套布袋除尘系统改造前作业率很低，基本上使用备用湿式煤气清洗系统。

1998 年 2 月攀钢 4 号 1350m³ 高炉干式布袋除尘投产。该项目由日本川崎制铁株式会社供货，范围含高炉煤气干式布袋除尘系统外，还包括一套 TRT 主机、仪表控制系统、液压系统及大型阀门系统。2000 年 4 月，煤气温度控制采用在重力除尘器内喷水降温方式。当喷雾量小时，水的雾化效果较差，最终多次造成重力除尘器内煤气灰板结、硬化，影响高炉操作，在该期间布袋除尘系统的作业率也很低。

1997 年和 1999 年太钢和攀钢先后对布袋除尘系统进行改造。改造的对象主要是降温系统，即在布袋除尘系统前增设管式换热器。根据炉顶煤气温度的高低，可采用空气或喷水降温，使得煤气温度对布袋除尘系统的威胁大大降低，布袋除尘系统的作业率大幅度提高，达 95% 以上。

干式布袋除尘应用于大高炉的煤气除尘取得突破性进展是近几年的事。2000 年后，莱钢、韶钢先后在 1000m³ 高炉上采用了布袋除尘技术，并采用了脉冲反吹除尘工艺，该工艺在环境除尘领域运用经验丰富，技术门槛低，设备较简单。2004 年后，莱钢、韶钢、包钢先后在 2000m³ 级高炉上运用；2010 年京唐 5500m³ 高炉应用了干式煤气除尘系统。

16.3.1.2 布袋

目前用于高炉煤气除尘的滤布材质主要有玻璃纤维针刺毡、氟美斯针刺毡、尼龙布袋等。

A 玻璃纤维针刺毡

玻璃纤维针刺毡是目前在高炉煤气布袋除尘系统中使用最广泛的一种，尤其是在中小高炉上应用。其特点是耐温性相对较高，可长期在 280℃ 温度下工作，短期可达 350℃（30min），最高过滤风速可达 0.6m/s，价格低，寿命约 1 年。

B 氟美斯针刺毡

近几年开始在高炉煤气除尘系统使用氟美斯针刺毡。其特点是有一定的耐温性，可长期在 220~250℃ 温度下工作，短期可达 280℃（30min），过滤风速可达 0.8m/s，价格比玻璃纤维针刺毡高，寿命 1~1.5 年。

C 尼龙布袋

尼龙布袋主要用于大高炉布袋除尘系统，其特点是耐温性较差，一般在约 180℃ 温度下工作，短期可达 220℃（30min），过滤风速 1.0~1.2m/s，价格较高，为玻璃纤维针刺毡的 6 倍，寿命 1.5~2 年。

D 薄膜复合 NOMEX 机织布滤袋

薄膜复合 NOMEX 机织布滤袋采用进口原材料。主要用于大高炉布袋除尘系统，其特点是耐温性较差，一般在约 200℃ 温度下工作，短期可达 250℃，过滤风速 1.0 ~ 1.2m/s，价格昂贵，寿命大约 2 年。

E 金属纤维滤料

金属纤维主要是不锈钢纤维，耐温性可达 500 ~ 600℃ 以上，同时有良好的抗化学侵蚀性。该纤维织成的滤布的柔软性能与尼龙相仿，耐高温达 500℃，过滤风速为 1.0m/min，除尘效率达 99.99%。也可以用金属纤维与其他纤维混合做成耐温滤料。采用金属纤维可达到与通常织物滤料相同的过滤性能，阻力小，清灰较容易。此外金属纤维滤料还具有防静电、抗放射辐射性能，寿命较一般纤维布袋长等特点。但金属纤维滤布的造价非常高，只能用于特殊场所。由于价格的原因，目前尚没有在高炉煤气除尘系统运用的实绩。

F 玻璃纤维与 P84 纤维复合针刺毡

玻璃纤维与 P84 纤维复合针刺毡是一种性能优良的新型高温过滤材料。它以 5.5μm 的玻璃纤维为主体，配以一定比例的 P84 纤维组成。

玻璃纤维针刺毡以 100% 的玻璃纤维为原料，梳理针刺成毡，具有三维孔结构，空隙率高，空隙直径小，分布均匀，有着较好的透气性和较高的过滤效率，特别对细微粉尘有较高的除尘效率，可达 99.9% 以上。它耐酸碱、耐腐蚀、化学稳定性好；安装方便，除尘设备简单，投资少，操作方便，维修工序少，便于管理。

P84 纤维有较高的使用温度，达 260℃，与玻璃纤维使用温度相匹配，不会影响玻璃纤维耐高温的优点；P84 纤维横截面呈不规则的叶片状，它比一般的圆形截面纤维增加了 80% 的表面积，因而具有较强的阻尘与捕尘能力，大幅度提高了过滤效率；P84 纤维因其不规则纤维导致内应力大小不同，分布不均匀，而使纤维自然卷曲，因而具有较强的抱合缠结力，而圆形截面的纤维（如玻璃纤维）不能自然弯曲，呈棒状，纤维间的抱合力与缠结力极小（几乎为零）。纯 P84 纤维具有耐高温、过滤风速大、使用寿命长、除尘效率高、耐酸碱、耐腐蚀、化学稳定性好的优点，但价格极高，国内目前尚无企业生产。

玻璃纤维与 P84 纤维复合针刺毡是在玻璃纤维针刺毡中加入了部分 P84 纤维，而大幅度提高了毡层及基布间的结合强度，它综合了上述两种纤维的优点，是目前市场上耐温最高、使用性能最好而价格较便宜的高温过滤材料。玻璃纤维与 P84 纤维复合针刺毡性能参数见表 16-2。

表 16-2 玻璃纤维与 P84 纤维复合针刺毡性能参数

型 号		ESNf1050-P	备注	型 号		ESNf1050-P	备注
纤维	短切纱	玻璃纤维与 P84 纤维		抗拉强度/N	纬向	>1400	试样 25mm
	基布	玻璃纤维		透气率/cm³·cm⁻²		15 ~ 40	
质量/g·m⁻²		1050		使用温度/℃		260	
破裂强度/MPa		>4		使用寿命/a		2	
抗拉强度/N	经向	>1400	试样 25mm	过滤风速/m·min⁻¹		1 ~ 1.4	

对滤布的选择应根据灰尘的性质来确定，即需注意灰尘的形状、粒径大小、分布率、温度、酸碱性、过滤速度和煤气量大小等。高炉煤气干式布袋除尘对滤布的要求主要有耐

久性、耐热性、除尘效率高、压损小、清灰容易及不易变形等。在我国，在中、小型高炉均未采用温控装置的情况下，由于玻璃纤维针刺毡的使用温度较高，其价格也相对较低，所以中、小型高炉大都采用玻璃纤维针刺毡作为布袋材质。在大型高炉均设有温控装置的情况下，由于耐热尼龙的使用寿命较长，且过滤负荷比玻璃纤维针刺毡高一倍以上，也就是说处理同样数量的煤气，其所需要的过滤面积要小得多，所以大型高炉上采用的布袋的材质也可选用耐热尼龙。目前，国内在 2000~3200m³ 高炉煤气除尘滤袋的选择上主要还是氟美斯针刺毡、玻璃纤维 + P84 纤维复合针刺毡，也有少数选用薄膜复合 NOMEX 机织布滤袋的。国外高炉煤气除尘布袋的材质大都采用耐热尼龙滤袋。

16.3.1.3 布袋过滤风速

过滤风速是确定布袋除尘器过滤面积的一个很重要的指标，一般以单位过滤面积在单位时间内过滤的煤气量来表示。

$$I = V/F \tag{16-1}$$

式中　I——过滤风速，m/s；

　　　V——设计状态下的煤气量，m³/h；

　　　F——过滤面积，m²。

从高炉煤气除尘系统的使用情况来看，玻璃纤维与 P84 纤维复合针刺毡的过滤风速宜小于 0.5m/s，其他滤料也不宜超过 1.0m/s，应根据滤袋生产商的说明进行选值。

16.3.1.4 反吹

在布袋过滤过程中，随着通过煤气量的增加，黏附在布袋上的灰尘越来越多，阻损也随之增加，此时需要对布袋进行反吹，将黏附在布袋上的灰尘抖落下来，便于布袋继续工作。通常玻璃纤维针刺毡阻损达到 3~5kPa 时，应进行反吹操作，一般 2~3h 反吹一次。常用的反吹方式有放散反吹、调压反吹、加压反吹、脉冲反吹等。

A 放散反吹

由于通过放散煤气来对布袋进行反吹操作，会浪费一部分煤气，且会造成二次污染，因此该反吹方式已很少采用，目前仅一些小钢铁厂还在采用。

B 调压反吹

调压反吹由于易引起炉顶压力波动，且压力控制不太稳定，往往造成反吹效果不佳，已很少采用。

C 加压反吹

一般大型高炉布袋除尘系统采用加压反吹。加压反吹需增加加压机等设施，投资较高，且由于加压机处于高压、高温工况，启动频繁，因此该加压机故障较多，目前该加压机一般考虑引进。大布袋一般采用加压反吹。

D 脉冲反吹

脉冲反吹具有反吹效果好、系统简单、投资省、既节能又环保等优点，但需要 0.4~0.6MPa 动力气源，气源一般采用氮气。由于反吹气体进入煤气中，对煤气热值有影响，但影响非常小，按经验计算热值的降低量小于 0.01%。小布袋一般采用氮气脉冲反吹。脉冲反吹系统示意图、脉冲波形图、阻力曲线图分别见图 16-11、图 16-12 和图 16-13。

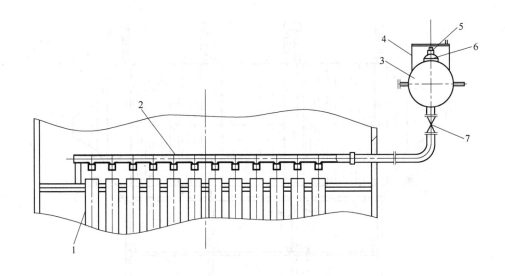

图 16-11 脉冲反吹系统示意图

1—滤袋；2—喷吹管；3—氮气包；4—氮气包保护罩；5—电磁阀；6—脉冲阀；7—球阀

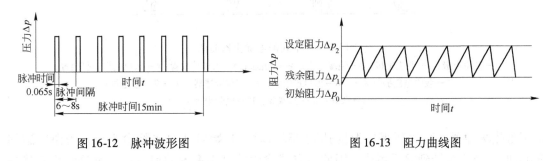

图 16-12 脉冲波形图

图 16-13 阻力曲线图

16.3.2 干式静电除尘

静电除尘器的基本结构是由产生电晕电流的放电极和收集带电尘料的集电极组成。当含尘气流在两个电极之间通过时，在强电场的作用下气体被电离。被电离的气体离子，一方面与尘粒发生碰撞并使它们荷电，同时在不规则的热运动作用下，扩散到固体表面而黏附下来。通常直径大于 $0.5\mu m$ 的尘粒扩散现象不是很明显，可以只考虑碰撞机理；直径小于 $0.5\mu m$ 的尘粒必须同时考虑碰撞和扩散两种机理，带负电荷的细颗粒在库仑力的作用下被驱赶到集电极表面。尘粒向集电极行进的速度与电场强度、尘粒直径成正比，与气体黏度成反比。静电除尘器的除尘效率可达 99% 以上，压力损失小于 500Pa。

由于分子热运动造成的扩散作用的影响，静电除尘器对温度同样敏感，煤气入口温度以不超过 250℃ 为宜，否则除尘效率会大幅度下降。静电除尘器简图见图 16-14。

迄今为止，国内高炉煤气应用干式静电除尘器的仅有两套，且都为引进设备，并都备用了一套湿式除尘系统。武钢 5 号高炉（炉容 3200m³）采用的是从日本钢管公司引进的干式静电除尘器，同时备用了国内设计制造的湿式单级 R 形可调文丘里洗涤器。另一套为邯钢 1260m³ 高炉采用的。由于静电除尘器只能在 250℃ 以下运行，为此在静电除尘器前设

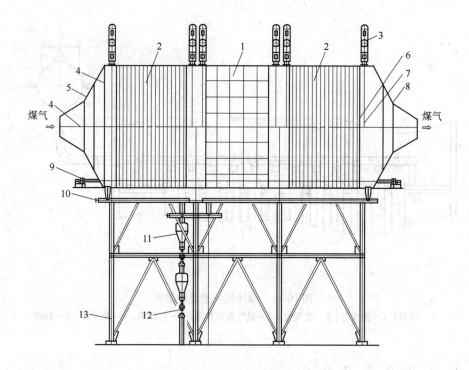

图 16-14 干式静电除尘器简图

1—放电电极；2—收尘电极；3—绝缘子室；4—多孔板；5—入口扩散管；6—放电电极振打装置；
7—收尘电极振打装置；8—出口扩散管；9—螺旋减速器；10—螺旋输送机；
11—灰仓；12—排灰阀；13—电除尘台架

置了蓄热缓冲器。当炉顶煤气温度达到 250℃ 时，开始启动湿式除尘系统，当温度达到 300℃ 时，就完全转到湿式系统，因此对湿式除尘的供水系统的启动、流量控制均有严格的要求。

该系统建成以来，静电除尘器及附属设施一直未能正常工作，虽经多次改造，但系统仍不能正常连续运行，静电除尘器的作业率非常低，基本上依靠湿式系统在维持生产。而当初作为备用系统的湿式除尘器，是按净煤气含尘量小于 $30mg/m^3$ 进行设计的，净煤气质量不可避免地要受到影响。

由于高炉煤气电除尘器需引进，投资较高，设备维护工作量大，且国内仅有的两套装置也故障多，其运行情况不理想，还需进一步研究和开发。

16.3.3 干式除尘器的特点及比较

布袋除尘器是利用布袋本身的织孔对含尘煤气进行过滤而达到净化煤气的目的。干电除尘器的工作原理：当含尘气流在两个电极之间通过时，在强电场的作用下气体被电离，被电离的气体离子一方面与尘粒发生碰撞并使它们荷电，带负电荷的细颗粒在库仑力的作用下被驱赶到集电极表面。

布袋除尘系统、干式电除尘系统具有以下特点：

(1) 干式除尘不需用水来清洗冷却，因此没有污水循环处理系统，从根本上解决了污水、污泥排放对环境造成污染的问题，特别适合于缺水的地区。

（2）干式除尘器的阻力小，除尘效率高，约99.8%，除尘后净煤气的含尘量一般均在5mg/m³以下。

（3）干式除尘器对介质适应性强，适用范围广。无论高炉压力高低、炉容大小，均可采用布袋来净化高炉煤气。

（4）干式除尘系统的净煤气温度较高，煤气中的含湿量低，且不含机械水，这样就提高了煤气的发热值和理论燃烧温度，从而降低了用户的燃料消耗。

（5）对于高压高炉，若采用干式除尘配干式余压发电装置，由于进入余压发电装置的煤气具有较高的温度（一般为100~200℃）和较高的压力（一般比湿法高20~30kPa），因而可增加发电量35%~45%。以某厂1350m³高炉为例，其节能效果见表16-3。

表16-3 干、湿节能效果的比较

项 目	湿式	干式	项 目	湿式	干式
煤气流量/m³·h⁻¹	240000	240000	透平入口煤气温度/℃	50	160
炉顶煤气压力/MPa	0.15	0.15	透平出口煤气压力/kPa	12	12
炉顶煤气温度/℃	170	170	透平出口煤气温度/℃	30	90
透平入口煤气压力/MPa	0.12	0.14	透平实际发电量/kW·h·h⁻¹	4210	6100

（6）干式除尘系统的占地面积小，运行费用低。

（7）干式布袋除尘与湿式除尘比较。干式布袋除尘与湿式除尘比较见表16-4。

（8）干式布袋除尘与干式电除尘比较。干式布袋除尘与干式电除尘比较见表16-5。

表16-4 干式布袋除尘与湿式除尘的比较

项 目	常压小高炉 （顶压20~30kPa）		高压大高炉 （顶压100~300kPa）	
	氟美斯	塔-文	氟美斯	双文或比肖夫
系统阻力/kPa	5~7	15~25	1.5~5.0	20~30
入口含尘量/g·m⁻³	5~12	5~12	5~12	5~12
出口含尘量/mg·m⁻³	3~5	10~30	3~5	5~10
除尘效率/%	高 99.90~99.91	偏 低 99.75~99.8	高 99.92~99.93	较 高 99.88~99.90
能力系数	大（999~1199）	小（399~499）	大（1199~1332）	中（599~799）
备 注	除尘效率 = $\dfrac{\text{入口含尘量} - \text{出口含尘量}}{\text{入口含尘量}} \times 100\%$		能力系数 = $\dfrac{\text{入口含尘量} - \text{出口含尘量}}{\text{出口含尘量}} \times 100\%$	

表16-5 干式布袋除尘与干式电除尘的比较

项 目	干式布袋除尘	干式电除尘
系统阻力/kPa	1.5~5.0	0.5~1.5
出口含尘量/mg·m⁻³	3~5	5~10
耐热性/℃	<250	<400

项　目	干式布袋除尘	干式电除尘
设备维护	容　易	困　难
设备投资	低	高
存在的主要问题	由于布袋的耐温限制，因此必须严格控制进入布袋的煤气温度	煤气温度及压力对除尘效率影响较大，应严格控制煤气温度，但其温度控制范围较布袋系统宽；并严格控制进入电除尘器煤气中的含氧量

16.3.4 干式除尘存在的问题及对策

目前国内高炉使用较多的布袋主要有两种：

（1）尼龙布袋。薄膜复合 NOMEX 机织布滤袋，长期连续使用温度在 200℃ 以下；

（2）玻纤布袋。玻璃纤维针刺毡、氟美斯针刺毡、玻璃纤维与 P84 纤维复合针刺毡，长期连续使用温度在 280℃ 以下。

但炉顶煤气温度往往在 150 ~ 300℃ 之间，在高炉故障时，煤气温度甚至高达 400 ~ 600℃，远远超出了布袋所能承受的温度。同时，炉顶煤气温度也有低于 80℃ 的时候，接近煤气的露点温度，造成布袋黏结。因此，需采取相应的措施，以保证布袋系统的正常工作。目前普遍采用的降温方式是在重力除尘器内喷水降温或增设换热器，喷水降温方式直接，降温快，但很难准确控制喷水量及保证水的雾化效果。喷雾量过多时，会使重力除尘器内积灰变湿、黏结致使其输灰不畅通，重力除尘器的除尘效果降低，甚至无法排灰而导致停产检修。目前采取的主要对策有以下几种：

（1）设置降温换热器，采用喷水降温的间接冷却方式。这种方式适用于炉顶温度长期比较高的高炉，如冶炼钒钛磁铁矿的高炉。

（2）设置升降温换热器，温度高时，通过鼓空气冷却；温度低时，利用热风炉的烟气（或蒸汽）作为热媒，加热煤气。

（3）设置燃烧放散塔，当炉顶煤气温度高于 280℃ 或低于 80℃ 时，打开放散阀，燃烧放散。因污染环境和浪费能源，不宜使用。

（4）在高炉内喷水降温，该方式需严格控制水量，并保证水的雾化效果。近年来在一些高炉上推广使用。

以上是目前干式布袋除尘控制炉顶煤气温度的主要措施，有的只采取其中一种措施，有的同时采取两种措施。

煤气温度异常低对布袋除尘系统的影响更为普遍，它会造成灰尘板结，堵塞滤袋、卸灰和输灰设备。

从目前使用情况来看，加强卸灰和输灰系统的伴热保温，对采用气力输送系统是能够克服煤气温度低带来的问题的。

16.3.5 干式除尘的社会效益和经济效益

高炉煤气干式除尘具有除尘效率高、无污水排放、煤气显热高、系统阻损低、对配备炉顶余压发电装置（TRT）可增加发电量 35% ~ 45% 等优点，是无可争议的节能环保项目。

16.3.5.1 干式除尘的经济效益

以某厂2000m³级高炉为例，进行经济效益分析。

A 节能效果

干法除尘煤气温度约150℃，比湿法除尘的煤气温度（约50℃）平均高出约100℃，水分少，而且无机械水。具有较高的显热，用于烧热风炉，可以提高风温40℃左右。

如果按提高100℃风温，可以降低15kg焦比计算，2000m³高炉年产量为168万吨（利用系数按2.4t/(m³·d)，年生产时间按8400h）。提高风温40℃，则年节约焦炭10080t，价值1000万元（焦炭按1000元/t）以上。

干法比湿法除尘动力消耗低，干法除尘设备耗电功率约60kW，而湿法除尘设备（含给排水、水处理等）功率消耗约为860kW，与湿法相比，干法可节电800kW·h/h，因此年节电672万kW·h，价值336万元（按年运行8400h，电按0.50元/kW·h）。以上两项比较，干法每年节约电费1400万元，可见节能效果显著。

采用布袋除尘配干式余压发电装置，由于进入余压发电装置的煤气具有较高的温度（一般为100~200℃）和较高的压力（一般比湿法高20~25kPa），因而可增加发电量。据估算，每年可增加TRT发电量1550万kW·h，价值775万元。

B 节水

2000m³高炉正常煤气量为340000m³/h，小时需水量为1020t，则年耗循环水量为857万吨。如果水的循环率按92%计算，则年需新水量82.6万吨，价值82.6万元（水价按公司内部价1.0元/t，按年运行8400h）。

C 投资

干式布袋除尘系统投资4500万元，湿式煤气清洗系统（按环缝系统）投资4000万元，干式投资比湿式投资高约500万元。干法、湿法除尘投资对比见表16-6。

表16-6 干法、湿法除尘投资对比

湿法除尘	投资/万元	干法除尘	投资/万元
环缝洗涤塔	2700	布袋除尘器	3500
给排水、水处理系统	1300	温度控制系统	800
总　计	4000	总　计	4500

D 运行费用比较

湿式清洗系统水处理药剂、设备维护费等费用约450万元/吨（不含水电消耗费用，该费用前面已计算）；干式布袋损坏、设备维护费等费用约200万元/吨（同样不含水电消耗费用）；这样，干式布袋除尘就比湿式清洗节约运行费250万元/吨。

干法除尘年经济效益为2500万元/吨以上（节焦、TRT多发电与节约运行费用之和）。

16.3.5.2 社会效益

全干式布袋除尘，既是一个节能项目，更是一个环保项目。湿法除尘中，洗涤水含有大量的灰尘和有毒物质，尽管经过处理，但排放出的水仍含有氰、硫、酚等有害物质，污水排放造成土壤、水源和大气污染，甚至形成长期毒害作用。而采用全干法布袋除尘，不但节约了洗涤水，而且消除了洗涤水污染，省去了污水处理等大量的工作。全干法除尘的高炉煤气，含尘量低，以高炉煤气为燃料的加热设备，如热风炉、加热炉等，因煤气含尘量低而减少堵塞和粉尘的排放，提高了加热设备的热效率和使用寿命。

16.4 炉顶煤气余压发电

《钢铁工业产业政策》规定新建高炉必须同步配套高炉余压发电装置 TRT。高炉炉顶压力提高后，煤气余压能源应予回收。

16.4.1 概述

高炉炉顶煤气余压发电装置（top gas pressure recovery turbine, TRT）的原理是利用高炉炉顶煤气压力能和气体显热，把煤气导入膨胀透平机对外做功，通过透平机将高炉煤气压力能和部分热能转换为机械能，驱动发电机发电的能量回收装置。该部分能量约为高炉鼓风机能耗的 30%~40%，因此回收这部分能量具有明显的经济效益。同时还可提高煤气质量，减少噪声对环境的污染，稳定炉顶煤气压力，是国家政策要求进行推广的环保型高效节能装置，具有良好的经济效益与社会效益[1]。

高炉必须设置炉顶煤气余压发电装置，并应与高炉同步投产。

高炉煤气净化系统及炉顶煤气余压发电系统应有效控制炉顶压力，并应保证高炉安全正常运行。

国内外炉顶煤气余压发电装置 TRT 首先由苏联于 1956 年开始研发，第一套半干式轴流冲击式 TRT 于 1962 年投入运行。1969 年法国索夫莱尔公司研制了湿式径流反动式 TRT 投入运行。1974 年日本研制的二级向心式 TRT 投入运行。1976 年日本研制的湿式轴流反动式 TRT 投入运行，首钢、宝钢 1982 年引进。1982 年日本研制的干湿式两用 TRT 在日本投入运行，武钢 1991 年引进。1984 年 12 月国产第一套湿式 TRT 在梅山钢铁公司 2 号高炉投入运行。1987 年，国产湿式一级静叶可调 TRT 在酒钢投入运行。国产湿式两级静叶可调（一、二级均可调）TRT，1998 年在包钢、昆钢投入运行。2002 年国产干湿两用 TRT 在首钢投入运行，第一套干式 TRT 在杭钢 420m³ 高炉投入运行。2008 年，国产最大的湿式 TRT 出口韩国浦项钢厂 5500m³ 高炉。

据有关资料统计，国内 1000m³ 以上的高炉的 TRT 使用率约为 80%。其中引进日本川崎、三井的设备共有 11 套，详见表 16-7。国产 TRT 已经用于马钢 4060m³ 高炉。国产 TRT 的使用情况见表 16-7。炉容为 300~1000m³ 的高炉 TRT 的使用率约为 60%。

表 16-7 我国引进 TRT 的情况

序号	用户及炉号	高炉容积/m³	型号	煤气量/m³·h⁻¹	入口/出口压力/MPa	转速/r·min⁻¹	发电机轴输出功率/kW	交货时间	厂家	备注
1	宝钢1	4063	MAT180W	670000	0.223/0.016	3000	17440	1986	三井	湿式
2	宝钢2	4350	KSA140H	670000	0.22/0.013	3000	18260	1990	川崎	湿式
3	宝钢3	4350	KDA200H	670000	0.24/0.013	3000	27500	1994	川崎	干式
4	宝钢4	4350	KSA140H	670000	0.25/0.013	3000	20440	2004	川崎	湿式
5	攀钢4	1350	KDA80H	240000	0.137/0.012	3000	6100	1996	川崎	干式
6	武钢5	3200	MAT180D	590000	0.252/0.013	3000	25000	1990	三井	干式

续表16-7

序号	用户及炉号	高炉容积/m³	型 号	煤气量/m³·h⁻¹	入口/出口压力/MPa	转速/r·min⁻¹	发电机轴输出功率/kW	交货时间	厂家	备注
7	武钢6	3200	MAT160W	750000	0.218/0.016	3000	20000	2003	三井	湿式
8	武钢7	3200	MAT160W	750000	0.218/0.016	3000	20000	2005	三井	湿式
9	太钢3	4350	KDA200H	625000	0.22/0.013	3000	27500	2006	川崎	干式
10	本钢1	4747	KDA200H	625000	0.22/0.013	3000	22340	2008	川崎	湿式
11	曹妃甸	5500	MAT380W	760000	0.28/0.013	3000	36500	2009	三井	干式

16.4.2 煤气余压回收装置的工艺流程及特点

16.4.2.1 工艺流程

TRT工艺流程见图16-15。

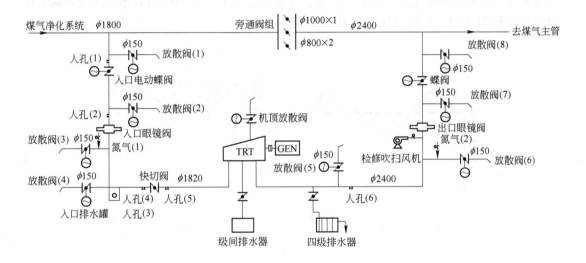

图16-15 炉顶煤气余压发电装置TRT工艺流程图

16.4.2.2 主要特点

炉顶煤气余压发电装置TRT的主要特点：

（1）TRT装置自动化控制水平高，可靠性强，安全性高，操作简单，检修维护的工作量小，投资回收年限短（一般为2~4年）。

（2）TRT装置利用高炉煤气的余压来发电，其自身消耗的能源较少，电耗约30~60 kW·h，湿式水耗约10~20m³/h，氮气约60~100m³/h。

（3）TRT装置运行时，不仅能确保高炉生产的高效性，还能大幅度降低并入全厂净煤气管网的煤气温度，有利于管网及煤气柜的安全。湿式TRT还具有除尘功效，能进一步降低煤气中的含尘量。

（4）当TRT装置发出的电能需并入电网时，电网容量需大于TRT发电量的20倍以上。

16.4.3 炉顶煤气余压透平能力的确定

TRT 的能力应与高炉发生的煤气量和炉顶压力相匹配。而高炉煤气发生量与高炉鼓风机能力相匹配。目前发现一部分高炉 TRT 的能力不能发挥的原因是，炉顶压力达不到设计压力，煤气量达不到设计流量。这个问题又回到了鼓风机能力选择的合理性上面来了。正如第 5 章和第 8 章所述，由于过分倚重冶炼强度来选择高炉设备，产生一系列的问题。第 8 章已经列举了用炉腹煤气量或炉腹煤气量指数选择高炉鼓风机的方法，在选择炉顶煤气余压发电装置时，也可采用相同的方法进行。

16.4.3.1 炉顶煤气余压透平的性能曲线

从 TRT 对炉顶压力的控制方面考虑，对 TRT 装置的能力要求有所不同。控制炉顶压力的方式有两种：

（1）平均回收方式。该方式是使通过 TRT 的最大设计煤气量为高炉产生的煤气量波动幅度的平均值。炉顶压力靠减压阀组和透平静叶角度来控制。当高炉煤气量小于 TRT 设计流量时，由透平静叶角度控制炉顶压力；当高炉煤气量大于 TRT 设计最大煤气量时，由减压阀组和 TRT 静叶共同控制，见图 16-16a。

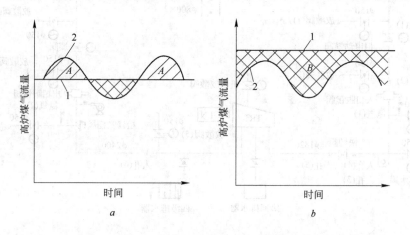

图 16-16　炉顶煤气余压回收方式

a—平均回收方式；b—全部回收方式

1—透平最大设计流量曲线；2—高炉生产的煤气量；

A—由减压阀组控制的流量；B—由自动调节透平静叶（调速阀）控制的流量

（2）全部回收方式。该方式是使通过 TRT 的最大设计煤气量比高炉产生的煤气量大。炉顶压力由透平静叶自动控制，见图 16-16b。由于 TRT 静叶可调技术的进步，现已采用第二种方式。对于第二种方式而言，更需要准确的高炉煤气通过量的数值，因为这种方法更容易出现 TRT 能力偏大的现象。

为了提高回收电能，宜采用煤气全量通过 TRT 的全部回收方式。

TRT 产品的特性因设备厂商的不同而异，同一厂家的不同产品也有一定的差异，故每台产品均应该由厂商向业主提供该产品的特性曲线图。图 16-17 为某国产 TRT 设备的设计特性曲线图。

由该 TRT 设备的特性曲线可知，TRT 的有效运行范围是在静叶角度 δ 在 $+10°\sim-5°$ 之间的范围。图中左上部的斜线为 $\delta=-5°$，图中右下角的直线为 $\delta=+10°$。透平机的工作范围就在两条直线之间的区域。设计的工况点为：入口煤气流量 $45.7\times10^4\,\text{m}^3/\text{h}$，入口压力 220kPa，入口温度 60℃；出口压力 11kPa。在图 16-17 中，设计点为 $\delta=0°$ 时的黑点。其所在位置正是效率最高的区域内，$\eta=85\%$。

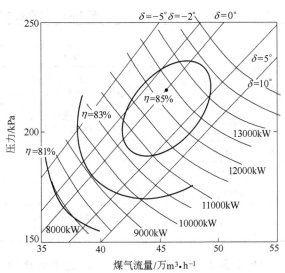

图 16-17　国产 TRT 设备的特性曲线图

透平机的效率因供货厂家不同而异，一般为 82%~86%，并且允许有 ±2% 的误差，透平机运行时，在设计点处的效率最高，在最高点与最低点处的效率都会略有下降。发电机的效率为 0.95~0.97。

透平机的设计寿命为：

（1）透平主机寿命不低于 10 万小时；

（2）叶片寿命不低于 4 万小时；

（3）保证透平机连续不开盖的运行时间不低于 1.5 年。

16.4.3.2　炉顶煤气余压透平机的工作区域

在选择 TRT 时，应将高炉操作的典型工况点落实到炉顶煤气余压透平机的性能曲线上。

A　工况点的确定

透平机的出力能力，根据工况点的参数及透平机的效率而定。设计点在实际工程中一般是指生产中出现频率最高的工况点。

正常煤气入口压力应为高炉出现的频率最高的炉顶压力，减去煤气净化系统的阻损。正常炉顶压力与炉况的稳定、顺行有关，一般正常高炉炉顶压力应比最高炉顶压力低 30~40kPa，见表 8-8。正常煤气流量应按正常炉腹煤气量或正常炉腹煤气量指数折算的炉顶煤气发生量计算。此点应为设计 TRT 的最佳工况点。

在高炉燃料比较高的时候，出现最高煤气量。它与最大炉腹煤气量或最大炉腹煤气量指数相对应。这时的煤气压力取正常煤气入口压力值。

最高煤气压力工况，在高炉操作顺行时出现。较设计最高的炉顶压力降低 10~20kPa 后，再减去煤气净化系统的阻损，作为最高煤气压力值。

TRT 设备的最高煤气压力应按高炉最高的炉顶压力减去煤气净化系统的阻损确定。此压力作为 TRT 设备的最高压力线。同时，按上节所述的 TRT 静叶角度变化范围确定 TRT 的有效运行范围。

B　工况点主要性能参数

煤气入口温度由干式或湿式净化装置确定。各运行点对应的具体性能参数详见表 16-8。

表 16-8 工况点主要性能参数

序号	项目内容	运 行 工 况		
		设计点	最高压力点	最高流量点
1	入口煤气压力/kPa	设计高炉炉顶压力-煤气净化系统阻力 −30～40kPa	高炉炉顶压力-煤气净化系统阻力 −10～20kPa	设计高炉炉顶压力-煤气净化系统阻力 −30～40kPa
2	煤气流量/万 m³·h⁻¹	由正常炉腹煤气量确定相应的炉顶煤气量	由正常炉腹煤气量确定相应的炉顶煤气量	由最大炉腹煤气量确定相应的炉顶煤气量
3	煤气出口压力/kPa	12	15	10
4	煤气含尘量/mg·m⁻³	≤10	5～15	5～15
5	煤气机械水含量/g·m⁻³	≤7	5～30	5～30
6	煤气相对湿度	100%（湿式），不饱和（干式）	100%（湿式），不饱和（干式）	100%（湿式），不饱和（干式）

16.4.3.3 宝钢炉顶煤气余压透平的选择[3]

由于宝钢 1 号高炉煤气余压发电装置引进的时间早，透平发电回收方式是按平均回收方式设计的，即透平与减压阀组共同控制炉顶压力。2 号、3 号、4 号高炉按全部回收方式设计。1 号高炉余压透平机的规格如下：

设备型号	70-3-3000 湿式轴流反动式
透平机级数	3 级
透平机转速	3000r/min
最大操作点的透平功率	18020kW
机组额定发电能力	17440kW

煤气透平机的性能曲线如图 16-18 所示。

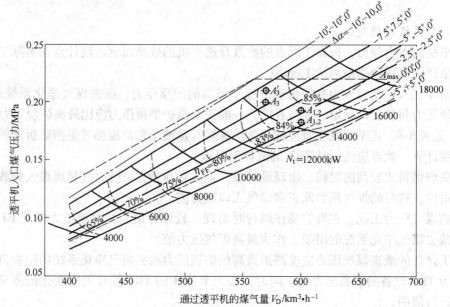

图 16-18 宝钢 1 号高炉 TRT 预想性能曲线

$\Delta\alpha$—叶片安装角，(°)；η_{FF}—透平机效率，%；N_t—透平机轴端输出功率，kW

（1）图 16-18 中，透平机 A_1、A_2、A_3、A_3'的工况点，与第 8 章图 8-23 宝钢高炉鼓风机典型性能曲线中的工况点 A_1、A_2、A_3 相互对应。亦即与高炉操作点相对应。

（2）宝钢高炉的工作最高炉顶压力为 245kPa，减去煤气净化系统的阻损以后，最高压力不超过 220kPa，即用上部水平的虚实线表示。

（3）A_3、A_3'点为正常炉腹煤气量相对应的点，也是 TRT 的长期运行点，应尽量置于透平机的最高效率区域内。A_3'点的炉顶压力较高，正是宝钢高炉长期运行位置。

（4）A_1、A_2 点为高炉运行初期阶段，风量较高、风压较低的工况点。

16.4.4 设备组成及结构

16.4.4.1 设备组成

TRT 装置的标准配置由 8 个系统组成：

（1）透平主机系统；

（2）润滑油系统；

（3）动力油系统；

（4）给排水系统；

（5）氮气密封系统；

（6）大型阀门系统；

（7）无刷励磁发电机及高、低压配电系统；

（8）自动控制系统。

16.4.4.2 炉顶煤气余压透平机的结构

设备的外形因生产厂商不同而异。传统国内的产品为下进气与下出气形式的铸造机壳。目前主流产品为径向水平进气，轴向水平出气的型式，采用焊接机壳。图 16-19 为目前主流 TRT 的基本结构。径向水平进轴向水平出气采用刚性轴，启动时不经过临界转速，启动方便快捷、安全顺畅、无震动；气流顺畅，阻力小，可增加发电量约 1%；安装难度小，维护、检修方便，有利于安全生产。

目前透平机结构的主流形式通常有两种：一是湿式轴流反动式，约占 40%；二是干式或干湿两用轴流反动式，约占 60%。

A　静叶可调机构

静叶调节机构包括作动器、导向圈、曲柄、滑块等部件。目前绝大多数的产品为两级叶片，有两级静叶全部可调（陕鼓、成飞及三井），也有一级可调，二级固定（川崎）；两者均采用单伺服阀驱动伺服油缸同步调节机构，以改善传动机构受力状况。其传动灵活平稳，变工况范围内运行稳定，并可有效延长零部件使用寿命。第一级静叶可实现全关闭，且具有足够强度，能在最大差压下打开。

B　转子及叶片

转子通常由动叶、隔叶块、主轴、危急保安器、主油泵、盘车齿轮等组成。在透平的转子上，国内配有危急保安器，也有配轴头泵的。而日本三井及川崎均不配有危急保安器和轴头泵。主轴材质均为高合金钢，整锻转子，对积灰后不平衡响应迟缓。

转子动力学计算程序包括轴承动静性能计算、转子临界转速和不平衡响应计算、扭曲临界转速计算，确保透平高效运行。透平转子动平衡精度为 G1 级，并在出厂前做高速动平衡试验。

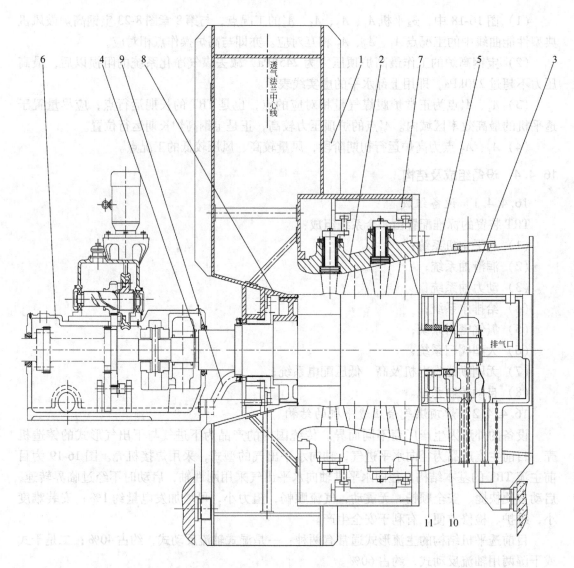

图 16-19　主流煤气余压发电透平机的结构

1—机壳；2—叶片承缸；3—转子；4—径向轴承；5—排气室及后部轴承箱；6—前部轴承箱；
7—静叶调节机构；8—前部轴密封；9—平衡管道；10—盘车装置；11—铂热电阻丝

叶片：分为动叶片（固定转子上）与静叶片（固定在静叶承缸上）。采用 TRT 专用高效叶型，流动效率高，不易积灰、堵塞及磨损。材质为高强不锈钢，其表面应进行防腐及耐磨处理。处理方法通常有化学镀 Ni-P 合金、离子渗氮、火焰超音速喷涂工艺等。采用干式或湿式 TRT 叶片的耐磨或防腐有所侧重，针对干式 TRT 通常以防止磨损为主，对湿式 TRT 以防止腐蚀为主。

C　盘车装置

对于干式 TRT 应配有盘车装置。而对湿式 TRT，有些厂家配有盘车装置（陕鼓、成飞及三井），有些厂家可不配盘车装置（川崎）。盘车装置按驱动方式分为电动与液动两种，目前一般采用电动盘车装置。它由防爆电机、齿轮和机械式超越离合装置组成，当主轴转速超过盘车转速（如 6r/min）时，自动脱开。

D 轴端密封装置

透平轴端通常采用充氮气拉别令（Labyrinth）加碳环（德国博克曼公司）组合密封，可有效防止煤气外泄，泄漏量浓度不高于 $30mg/m^3$，并尽可能减少氮气的消耗量，氮气消耗量不大于 $60\sim100m^3/h$。碳环密封寿命不低于 4 万小时。

E 轴系选择

根据透平供货厂家的制造情况，分为柔性轴系或者刚性轴系。陕鼓、三井一般采用柔性轴系（临界转速低于额定转速），成飞、川崎通常采用刚性轴系（临界转速高于额定转速）。为便于操作，目前主流机型均采用刚性轴系。

F 危急保安器

国产设备主机主轴上带有机械式危急保安器，针对额定转速 3000r/min 的机组，在超速状态下（一般 3250r/min）飞锤跳出（转速波动值 ±50r/min），快速打开危急保安器的油门开关，导致快切阀迅速关闭，并且发出故障信号。以确保透平主机系统的安全。为防止动力油流向润滑油系统需对启跳后的危急保安器进行复位。

G 隔声罩

TRT 装置可在室内布置也可在室外布置，对于室内布置的 TRT，通常不设隔声罩，对于室外布置的 TRT，考虑设备的保护及对环境噪声的影响，需设置隔声罩。其结构为多扇全封闭式玻璃纤维充填板组装而成。安装拆卸方便，防雨、防晒、防冻、隔声效果好，罩外 1m 处噪声不高于 85dB。罩内配有照明、通风换气扇，一氧化碳检测仪等设施。

TRT 装置的噪声源由两部分组成，一是透平机产生的噪声，二是发电机产生的噪声，其中发电机产生的噪声占主导地位。目前的 TRT 产品中，发电机产生的噪声，通常为 $80\sim100dB$。机组越大，噪声值越大。对布置在室内的 TRT 机组，其 TRT 主厂房作为生产工作间。设备运行时，只有巡视人员，短时间的停留检查，按目前国家现行环保规范，通常可不设隔声罩，但尽量采用低噪声型发电机。

16.4.4.3 润滑系统

TRT 装置通常配有一个独立的润滑系统，该系统由润滑站、高位油箱及配管等组成。其中润滑油站为整体撬装形式，包括油泵、油冷却器、电加热器、油过滤器、阀门及站内配管。国内产品一般不带循环泵。国外产品则通常带有循环泵以保证油的洁净度。此外国内产品中有主、辅油泵与电动油泵两种配置方式。对主、辅油泵配置方式，主油泵（即轴头泵）与透平主机相连，布置在透平机轴端。其优点是节能，缺点是故障率高、检修维护量大，对贮油箱的吸程高度有一定的限制。而国外产品一般采用电动油泵的配置方式。

现以 15000kW 机组润滑系统的主要技术参数为例加以说明。

（1）供油泵及电机。结构形式为电动三螺杆泵或齿轮泵两台，一用一备，可实现自动切换；供油压力为 0.5MPa；供油量为 $45m^3/h$；380V 供电。

（2）主油箱容积。约 $6.5m^3$。

（3）油冷却器。结构形式有管式和板式，管式占地较大，换热效率较低，宜尽量采用板式，冷却介质采用净环水。

（4）高位油箱。容积约 $2m^3$；其功能为当停电或润滑油站出现故障，TRT 机组需紧急停车时，维持机组惰走所需润滑油的供给。通常保证安全供油时间不少于 12min。油箱安装高度为底面距机组中心线所在水平面约 5m。

（5）油过滤器。采用可更换滤芯式，滤芯规格 20μm，保证油的洁净度 NAS1638-11 级的标准。

（6）润滑油油品。建议最好与液压油站的油品一致，以防止两种油品互不兼容而起乳化反应。国内常用的牌号有 32 号汽轮机油。

（7）润滑油站。配套带有必要的检测仪表，对油压、油温、液位等参数进行测量，该仪表除能满足现场运行状况监测外，同时还提供信号进入计算机系统，以满足集中监控的要求。

16.4.4.4　液压系统

TRT 装置通常配有一个独立的液压油系统，该系统由液压油站、液压阀台及配管等组成。其中液压油站为整体撬装形式，包括油泵、油冷却器、电加热器、油过滤器、伺服油缸、蓄能器、阀门及站内配管。国内产品一般带有循环泵，以保证油的洁净度。国外产品可选择带或不带循环泵。

15000kW 机组液压系统的主要技术参数如下：

（1）供油泵及电机。结构形式为恒压变量泵，两台，一用一备，可实现自动切换；供油压力 12.5MPa；供油量为 2m³/h；380V 供电。

（2）主油箱容积。约 0.5m³。

（3）油冷却器。结构形式有管式和板式，管式占地较大，换热效率较低，宜尽量采用板式，冷却介质采用净环水。

（4）油过滤器。采用可更换滤芯式，滤芯规格 5μm，保证油的洁净度 NAS1638 - 6 级的标准。

（5）液压油油品。建议最好与润滑油站的油品一致，以防止两种油品互不兼容而起乳化反应。国内常用的牌号有 32 号汽轮机油。

（6）液压油站。配套带有必要的检测仪表，对油压、油温、液位等参数进行测量，该仪表除能满足现场运行状况监测外，同时还提供信号进入计算机系统，以满足集中监控的要求。

（7）伺服油缸。TRT 静叶控制油缸，布置于透平机两侧，通过联杆机构带动 TRT 静叶角度的变化来调节煤气的流通截面，以达到控制高炉炉顶压力的目的。它由 TRT 厂商配套提供。

（8）蓄能器。在泵组出现故障时可提供伺服油缸两个行程的用油量，以保证机组安全停机；通常油站内配有两个 50L、15MPa 的氮气瓶。

（9）液压阀台。共计两个：

1）静叶控制液压阀台，通常由 TRT 厂商成套提供，一般布置在透平机旁，也可布置在液压油站内。它由伺服阀、溢流阀等组成。

2）快切阀液压阀台，通常由快切阀厂商成套提供，一般布置在快切阀附近或与快切阀集成在一起。它由电磁阀、回流阀、高压软管等组成。

按照《钢铁冶金企业设计防火规范》GB 50414 的规定液压站和润滑站均可不设火灾自动报警系统。

16.4.4.5 给排水系统和干式 TRT 加药除垢装置

当采用干式透平机组时，机组设有冷却水。当采用湿式透平机组时，除了机组设有冷却水以外，还设有冲洗水设施。

A 供水

a 冲洗水

为了防止透平叶片和流道，以及快切阀阀板积灰、堵塞，影响机组效率、叶片寿命和动平衡，应设有冲洗水设施。喷嘴材料为不锈钢，喷水点通常在快切阀前和透平一级静叶前。根据透平入口煤气含尘量的高低及透平积灰情况，可选择连续喷水或间断喷水。水量也可根据阀门开度来调节。供水水质采用工业新水或净环水；压力为 0.4MPa。供水量视机组规模而定。对于快切阀前喷水，应根据快切阀的自身情况和煤气中含尘量的高低而定，目前有的快切阀防积灰能力强，且净煤气中的含尘量较低（$10mg/m^3$），故不需要喷水。

b 机组冷却水

机组冷却水主要供给发电机冷却器、润滑油冷动器、动力油冷动器。供水要求：水质采用净环水；压力为 0.4MPa；水温为 33℃。供水量视机组规模而定。机组冷却水为间接冷却，水质不会污染，属密闭循环水系统。回水温度为 38℃。可与高炉冷却水的净环水系统共用，也可单独自成净环水系统。

B 排水

为了将透平主机前管道及主机内的机械水、冷凝水安全排放，通常设有两个排水密封罐（入口侧一个，级间一个）和两套带调节装置的排水罐。根据罐内水位高低，通过流量调节阀自动控制冷凝水的外排量，当水位过低时，发出声光报警并通过紧急切断阀快速关闭排水，防止煤气外漏，确保人身安全。排水密封罐底部还设有定期冲洗的排污口。

排水罐配有现场玻璃管液位计，水位调节阀为自动跟踪、连续调节。可采用电动或气动调节阀。

出口侧的煤气管道内冷凝水，可通过一个水封式排水器进行安全、连续排放。

C 干式 TRT 加药除垢装置

虽然高炉煤气经过干式布袋除尘，但还含有少量粉尘、油雾和饱和水蒸气，它归属于气—汽—固多相流多组分气体。当煤气通过透平机膨胀做功后，温度大幅下降，一般降低 30~60℃，当低于露点时就会有凝结水析出，煤气中的一些复杂成分如：NH_4^+、Cl^- 等相互发生反应，形成各种化合物如：氯化铵（NH_4Cl），当透平排气温度低于 90℃ 时，会以固体形态结晶出来，并附着在透平的动静叶片上和机壳排气端内侧，形成坚固的垢层，使流道堵塞，打破透平的动平衡出现振动，并被迫停机。

国内有些厂商已研发了具有良好特性的干式 TRT 专用阻垢剂，来延缓或防止氯化铵结垢的形成。

a TRT 加药除垢装置

目前少数干式 TRT 配置了在线加药处理装置。加药装置由加药罐、加药泵、压力表、液位计、阀门及附件部分组成。加药罐材质为不锈钢，带有液位显示计，药泵采用计量泵，共两台，一台运行，一台备用。

　　b　TRT 专用阻垢剂

把常温下呈液态的阻垢剂，通过计量泵投入到 TRT 透平进气管道中，利用进口煤气的温度（100 ~ 250℃），实现药剂的瞬时汽化，同时药剂中的特殊组分与煤气中引起透平结垢的各组分发生化学反应。气态的反应生成物随煤气一起从透平机出口排至管网。TRT 专用阻垢剂属化学药剂，在阻垢的同时，不会因腐蚀叶片对机组产生安全隐患，反而由于阻垢剂的活性作用，在 TRT 阻垢剂通过的流道，尤其是在 TRT 叶片上，都会形成薄薄的隔离保护层，可减少煤气对叶片的腐蚀。

　　c　停机水冲洗

因垢层中的氯化铵易溶于水，在透平停机后，关闭进出口的煤气阀门，将 TRT 进入盘车状态，利用透平机壳上设置的人孔，用水喷头，对准流道及叶片，用水直接冲洗，通常约 20 分钟就可以冲去结垢。冲洗水从透平出口管道上的水封式排水器排出。停机水冲洗属于一种被动但较为直接的除垢办法。

16.4.4.6　氮气密封系统

因透平运行介质为高炉煤气，属于易燃、易爆、有毒的危险气体，故不能让其外泄。透平轴端采用氮气密封。采用差压调节系统，保证调节阀出口压力即密封处的氮气压力始终高于被密封的煤气压力 0.02 ~ 0.03MPa，确保煤气不外泄。

室内布置的 TRT 机组，需进行 CO 及 O_2 浓度检测。检测探头（共 4 个）通常设在 TRT 机组旁，上下各两个点，报警器设在控制室，或者进入计算机软件系统进行声光报警。CO 浓度报警值不低于 $30mg/m^3$，O_2 浓度报警值为 $\leqslant 19.5\%$。室外布置的 TRT 机组，当通风良好时，通常只进行 CO 浓度检测。

16.4.4.7　大型阀门系统

大型阀门系统包括快速切断阀、进出口切断阀及旁通阀组。快速切断阀在 TRT 发生故障时，紧急切断透平与煤气系统间的联系，以满足停机的安全要求。同时紧急打开旁通阀组中的快开阀，以保证高炉生产稳定的需要。透平静叶调节装置能够保证 TRT 自动启动、自动升速、自动升功率、自动并网、自动调节炉顶压力的要求。而在 TRT 检修或 TRT 长时间（一般不少于 2h）停止运行时，需关闭 TRT 进、出口切断阀。在高炉短时间休风（一般少于 2h）处理故障时，TRT 可电动运行，不需关闭 TRT 进、出口切断阀。各种阀门具体参数如下：

（1）入口电动蝶阀。公称直径视机组情况而定。

（2）入口电动插板阀。公称直径视机组情况而定。

（3）快切阀。公称直径视机组情况而定。一般由动力油站提供快切阀油源，压力为 12MPa，清洁度要求 ANS1638-6 级。由阀门厂家负责配有液压控制阀台减压至 5MPa，对于国产设备的 TRT 机组，还需提供一路 5MPa 的油源给危急保安装置。

（4）旁通阀组。通常由两台或三台液动快开调节阀组成。阀组公称直径视机组情况而定。液动旁通阀的动力油箱液位和温度信号、油泵出口油压信号，均送往 TRT 控制室。油压为 12MPa，清洁度要求 ANS1638-6 级，由阀门厂家负责配有油泵、油箱，蓄能器及液压控制阀台等。

（5）出口电动插板阀。公称直径视机组情况而定。

（6）出口电动蝶阀。公称直径视机组情况而定。

上述阀门通常配有现场操作箱,能进行现场操作,并能接收自动化系统的操作指令信号,同时能将阀门全开、全关信号等信号反馈至自动化控制系统。

16.4.4.8 发电机及高、低压配电系统

A 发电机

采用同轴永磁式副励磁机及交流主励磁机的无刷励磁同步发电机。由于 TRT 装置发电机运行工况的变化,其励磁调节装置能对发电机实现手动、自动的强励磁及快速灭磁要求,同时具备以下几种功能:并网前按恒电压自动调节;并网后按恒无功或恒功率因数自动调节;励磁调节装置应具备自身故障、报警等功能。

B 余压发电特点

高炉煤气余压透平发电设备具有以下特点:

(1)电网容量与发电容量相差很大,通常不小于 20 倍。所以发电机输出的有功、无功功率的变化对电网频率和电压水平的影响非常小。

(2)发电机的出力不能根据电网的负荷需要进行调节,而只能根据高炉的工况变化进行调节,在保证高炉炉顶压力稳定的前提下尽可能多发电。

(3)为避免发电机频繁停车解列和复风后的启动并网,在高炉短期休风时发电机转入电动运行。

鉴于以上特点,此发电机不能单独给某一用电负荷供电,必须与电力系统并网运行,且发电机在发电和电动运行时都可充分发挥作用。

C 技术方案

(1)高压系统配置多台高压柜,通常为中置柜,其中有发电机出线 PT 柜、发电机并网柜、母线 PT 进线柜。

(2)准同期并网有手动和自动两种方式,发电机操作分为自动和手动两种方式。

1)自动控制。当发电机的转速升至 2950r/min 时,自动投入励磁调节装置(按电压自动调节),发电机升压,当发电机电压升至额定电压的 95% 时,自动投入自动准同期装置,当发电机与电网的频率、电压相位一致时,自动准同期装置发出合闸并网信号,断路器自动合闸并网。

2)手动控制。手动操作励磁调节装置调压及调节发电机转速,当发电机与电网的电压、频率、相位一致时(通过观察同期指示表),手动操作合闸开关,实现发电机与电网并列运行。

(3)发电机设置差动、速断、过流、低电压、低周期、逆功率、失磁及转子励磁回路接地等保护。

(4)低压供电系统采用两路供电,两路进线并带母联,两路电源实现自动切换,提高供电系统的可靠性。

(5)低压辅机系统的电气逻辑连锁控制及正常操作由自动化系统完成,操作选择开关设在现场操作箱上。

(6)低压柜采用固定分隔式柜。

(7)TRT 所有低压电气操作均能在控制室自动化系统上进行。

(8)TRT 系统向高炉中控室传送 10kV 并网开关的"开"、"闭"接点信号和有功功率、无功功率、电流、电压输出等检测信号。

（9）配置高压操作屏一面用于并网操作，微机保护屏一面用于发电机保护，其余自动操作均在计算机上完成。

D 系统功能

a 高压发配电系统

（1）发电机控制系统；

（2）发电机保护系统；

（3）发电机出线电压互感器系统；

（4）母线电压互感器系统；

（5）手动准同期系统；

（6）自动准同期系统；

（7）信号报警系统；

（8）励磁调节系统。

b 低压辅机系统

（1）双电源切换系统；

（2）动力油站控制；

（3）润滑油站控制；

（4）盘车电机控制；

（5）大型阀门等控制系统（根据供方要求配置）；

（6）行车、工厂照明电源（需方在审查会上提供回路数量和容量）。

16.4.4.9 自动控制系统

系统设计原则是在确保高炉炉顶压力稳定、高炉正常生产的前提下，最大限度地回收高炉煤气压力潜在的能量（压力能与热能）。无论在任何情况下，都应保证 TRT 机组的安全，转速不超过允许范围。系统自动化程度高，能实现全自动方式开机，即自动升速、自动并网、自动升功率、自动调节炉顶压力，也能实现全自动方式停机；并在 TRT 机组启动、升速、升功率、正常停机、紧急停机过程中，保证高炉炉顶压力的波动在一定的范围之内。

A 主要控制功能

控制系统除完成 TRT 系统运行中所有检测、过程控制、顺序控制及逻辑连锁之外，还应具有全自动、半自动两种开、停机方式，且在 TRT 甩负荷（脱离电网）时，机组不停机，转速维持在 2800～3100r/min，以便故障排除后，使机组再次并网发电运行。

B 主要控制内容

主要控制内容包括过程控制、顺序逻辑控制和过程监视。

a 过程控制

（1）转速调节系统；

（2）功率调节系统；

（3）高炉顶压复合调节系统；

（4）超驰控制系统；

（5）静叶位置电液伺服控制系统；

（6）氮封差压调节系统；

（7）入口煤气管道排水密封罐水位调节系统；

（8）透平级间排水密封罐水位调节系统。

b 顺序逻辑控制

（1）机组启动连锁控制系统；

（2）大型阀门开关指令控制系统；

（3）低压电气连锁控制系统；

（4）重故障紧急停机连锁控制系统。

c 过程监视

自动控制系统，对机组运行所需监视的全部参数进行数据采集，并通过各种显示画面进行直观的显示、操作。主要画面有流程图、控制分组、历史趋势画面（主要参数历史趋势图）、综合报警、发配电系统一次方案图等。通过打印机可完成信息打印、画面拷贝和报表打印。

C 技术方案

计算机控制系统选型可采用 SIEMENS 公司 S7-400 系统。该系统的电源、CPU、通讯均为冗余配置，CPU 选用 417H，I/O 模块选用 ET200，控制系统监控软件选用西门子 S7-400 系统，是当时最先进的软件，I/O 点数预留 10% 的余量。操作站共两台（其中一台操作站作为工程师站），打印机一台。操作系统采用中文 Win XT 系统。操作站选用 DELL 公司产品，CPU 为 PIV2G，内存 512M，硬盘 80G，21in 彩显。控制站提供工业通用以太网接口，能实现与上位服务器进行通讯。另将电气系统和仪控系统的 I/O 模件分开，以便界面划分清晰。静叶除计算机操作外，还在仪表盘面上设置后备手操器。

D 信号联系

TRT 操作室和高炉中控室之间应具有必要的参数、信号及连锁关系，发出侧采取隔离措施，点对点联络，且需留有一定的 I/O 点余量。

a 高炉侧送往 TRT 侧

（1）顶压设定值；

（2）高炉状态信号；

（3）顶压测量值；

（4）旁通阀组开度信号；

（5）允许 TRT 启动。

b TRT 侧送往高炉侧

（1）TRT 申请启动、投运；

（2）静叶开度；

（3）紧急切断阀状态；

（4）进入 TRT 煤气流量；

（5）旁通阀组启动（快开阀）；

（6）电气信号：TRT 并网高压开关的"开"、"闭"接点信号、有功功率、无功功率、电流、电压输出等检测信号；

（7）TRT 重故障。

16.4.5　节能及效益

TRT 装置是钢铁企业采取的一项重要的节能措施。2000 年以前，主要应用在 1000m³ 以上的大型高炉，并以湿式为主。回收能量约占高炉鼓风机耗电量的 30%。而目前 TRT 装置已经大量配套应用在 1000m³ 以下的中、小型高炉，并以干式为主。回收能量约占高炉鼓风机耗电量的 40%。此外由于 TRT 设备技术本身的不断完善与进步，加之用户操作、维护的日趋成熟，其作业率也大幅提高，年运行时间可达到 330 天。目前新建高炉同步配套 TRT 装置，现有老高炉补充完善 TRT 装置，在业界已形成共识，并且在国家产业政策方面可获得有力扶持。

2004 年部分高炉炉顶余压发电装置的情况见表 16-9。

表 16-9　高炉炉顶余压发电装置 TRT 回收的电量

厂名，炉号	炉顶压力 /kPa	TRT 形式	型　号	发电机容量 /kW(MV·A)	回收电量 /kW·h·a⁻¹(kW·h)	占工序能耗 /%	备注
宝钢 1	226.8	湿	MES70-3-3000	17440	109821350	2.76	
宝钢 2	230.8	湿	KSA-140HA	18000	124070620	2.81	
宝钢 3	238.9	干湿	KDA-200HA	18000/25200	132365888	2.88	
宝钢 4		湿	KSA-140	24400			
武钢 1	230	湿	TP2657/2.87-1.319	(12.50)	(4591.0)		
武钢 2	169	湿	TP1778/2.585-1.136	(7.50)	(647.9)		
武钢 3	136	湿	TP1920/2.03-1.15	4500	(1157.16)		
武钢 4	191	湿	TP2781/2.717-1.166	(12.50)	(5063.6)		
武钢 5	206	干湿		(25.00)	(4851.0)		
鞍钢新 1	215.75	湿	TP4050/2.773-1.161	15000	54049090	1.90	
鞍钢 7	147	湿	TP3470/2.204-1.191	10000		0.07	大修
包钢	148	湿	TP33801	10000	39420000	1.53	
攀钢 4	118	干/湿	KDY-80H	7520	46000000		
梅山 1	137	湿	QFR-6-2-6.3	6000	588480	0.05	大修
梅山 2	139	湿	QFR-6-2-6.3	6000	9403340	0.78	大修
梅山 3	138	湿	QF-3-2	3000	10564760	0.98	

注：括号内的数据对应于括号的单位。

2004 年宝钢三座高炉 TRT 每年共发电约 3.6 亿 kW·h，高炉每吨生铁的耗电量为 54.53kW·h，每吨生铁通过 TRT 回收的电量为 35.2kW·h。回收的电能占消耗电能的 64.55%。宝钢 1 号高炉 TRT 装置从 1986 年 3 月投产到 1990 年 2 月累计发电 4.1 亿 kW·h。取得了巨大的经济效益。

2000～2006 年宝钢高炉 TRT 年平均回收的电量见表 16-10。

表 16-10　2000~2006 年宝钢高炉 TRT 年平均回收的电量　　　（kW·h/t）

年　份	2000	2001	2002	2003	2004	2005	2006
1 号高炉	32.42			32.27	33.02	33.67	33.52
2 号高炉	35.81	39.80	39.20	36.84	37.06	36.27	36.07
3 号高炉	35.30	37.48	36.61	36.39	34.31	33.04	36.30

近年来，武钢也由少数高炉配置 TRT 普及到每座高炉都配置了 TRT，发电量上升到 1.35 亿 kW·h，提高了炼铁工序整体能源回收水平。

鞍钢新 1 号高炉 2003 年 4 月投产，在 2004 年 TRT 回收电量 20.29kW·h/t。

湿式 TRT 定期清洗叶片，一般每年一次。宝钢 1998 年 9 月 2 日对 1 号高炉 TRT 静叶片黏附物进行了分析，分析结果见表 16-11。

表 16-11　宝钢 1 号高炉 TRT 静叶片黏附物分析结果

工业分析	M_{ad}		A_d		V_d		F_{Cd}	
成分/%	7.28		80.2		10.44		8.68	
化学分析	C	TFe	CaO	SiO_2	Al_2O_3	MgO	MnO	Zn
成分/%	5.5	1.5	0.5	5.4	2.8	<0.05	<0.05	41

在国内 TRT 装置生产厂家有西安陕鼓动力股份有限公司、成都发动机（集团）有限公司。据统计，国产的 TRT 装置总数约 600 台。其中目前对干式 TRT 配套容积最小的高炉为昆钢 380m³，配套容积最大的高炉为宝钢 5000m³。对湿式 TRT 配套容积最小的高炉为邯钢 900m³，配套容积最大的高炉为韩国浦项 5250m³。目前国内 TRT 市场以干式为主，国外 TRT 市场以湿式为主。此外，针对中、小型高炉，国内 TRT 生产厂家还开发了与高炉鼓风机同轴的机型，目前已有 110 多台投运，容积最大的高炉为 1750m³。两座高炉共用一套 TRT 装置及二进一出等产品，也已有 40 多台投运，容积最大的高炉为 1000m³。

16.4.6　高炉煤气管道腐蚀及防治措施

高炉煤气采用干法除尘后，煤气中的酸性气体（如 SO_2、SO_3、H_2S、HCl 等）含量较湿式除尘高，使管道的酸性腐蚀问题日益凸显，对后续的煤气管道及设备造成腐蚀，影响到了煤气管网的安全。因此，应采取适当措施有效地防止和控制高炉煤气的酸性腐蚀。

16.4.6.1　高炉煤气管道腐蚀

随着高炉煤气温度的降低，煤气中的冷凝水不断析出，形成腐蚀性的酸性溶液。

A　高炉煤气管道金属腐蚀

输送煤气钢管金属腐蚀主要为化学腐蚀、电化学腐蚀、缝隙腐蚀、应力腐蚀。

煤气中的硫化氢、二氧化碳、氧、硫化物、氯化物或其他腐蚀性化合物直接和金属起作用，引起化学腐蚀；水在管道内壁生成一层亲水膜，形成了原电池腐蚀的条件，产生电化学腐蚀。在管道连接处、衬板、垫片、管道焊缝（尤其是单面焊缝）处、设备污泥沉积处、腐蚀产物附着处、金属涂层破损处等均易产生缝隙腐蚀。

B　高炉煤气管道附属设备损坏严重

煤气温度、压力降低，酸性腐蚀性气体随着煤气中部分凝结水的析出而溶入其中，形成酸性液体或盐类溶液，对煤气管道、波纹补偿器、泄爆膜造成腐蚀。

在煤气进入干法除尘器前，煤气温度高、含尘量大，酸性腐蚀介质以气态形式存在，煤气管网及附件（如各类补偿器）损坏形式以磨损为主，酸性腐蚀为辅。

干法除尘筒体进出口的不锈钢波纹补偿器大面积出现点状腐蚀，并伴有黄色析出物凝结，严重的甚至出现线状裂口，并在正常运行中爆裂；干法除尘筒体进出口的全封闭眼镜阀内置补偿器损坏率较高，表现为内漏煤气；煤气主管道不锈钢波纹补偿器同样出现点状腐蚀，影响到煤气管道的正常运行。

正常情况下，干法除尘筒体顶部泄爆膜寿命在 3 ~ 4 年（正常爆裂除外），而由于高炉煤气的酸性腐蚀作用，使不锈钢防爆膜出现点状腐蚀，导致防爆膜提前或在未达到泄爆压力时爆裂，最短的仅 2 周就发生异常爆裂。

尤其是排水器区域，由于煤气冷凝水 pH 值较低（4 ~ 5），导致钢制煤气排水器钢板严重锈蚀、漏水，严重威胁着排水器和煤气管道的正常运行。

16.4.6.2　高炉煤气管道防腐措施

在煤气管网中，容易发生腐蚀的部位有煤气管道上的补偿器、TRT 叶片、焊接连接法兰、阀门、排污管、排水器、排水管等。针对高炉煤气酸性腐蚀的特点，对于不同的设备及生产工序，应该采取不同的应对措施，从防护、控制、延长寿命等对管道及设备进行保护。

A　采用防腐涂料或内衬

针对钢管金属的化学腐蚀、电化学腐蚀，防腐主要采用耐腐蚀涂料层保护。将有机涂料涂覆于管道内表面形成连续的薄膜，干燥后成为坚实的油漆涂层，起到屏蔽、缓蚀、电化学保护作用。

防腐涂料的选择应根据煤气介质的特点、管道材质、周围大气环境等情况决定油漆的种类、涂刷道数和干膜厚度，采用经济合理，具备施工条件的防腐涂料。对于腐蚀情况严重的煤气管道内壁涂特殊防腐涂料如玻璃鳞片等。

B　波纹管材质

高炉煤气中的氯化物、溶液中的氯离子、碱液、硫化物（多硫酸、亚硫酸、硫化氢等）是不锈钢产生应力腐蚀的重要原因，并随着温度的升高而加剧腐蚀速度。

针对干式除尘的高炉煤气管网如氯离子浓度含量超过 25mg/L，补偿器应采取耐腐蚀措施，补偿器中弹性元件，靠煤气侧的材质不能采用 300 系列不锈钢（如 304、316、316L），而应选用 254SMo 不锈钢或 Inconer600 系列或内衬氟橡胶或聚四氟乙烯等非金属材料。

从各钢厂高炉煤气管网运行维护经验看，采用 254SMo 制造的不锈钢波纹补偿器替代普通不锈钢波纹补偿器，可以延长波纹补偿器的使用寿命，使用寿命由原来的不到一年延长到 4 ~ 5 年，取得了良好的效果。另外，用 Incoloy800、825 镍基奥氏体不锈钢材质波纹补偿器或高分子复合耐腐蚀波纹补偿器替代普通不锈钢波纹补偿器，也取得了良好的效果，但因价格较高，目前采用得不多。

C 管道及附属设备保温

对管道及附属设备进行保温，以防止煤气中酸性气体与冷凝水接触形成酸性溶液对管道和设备的腐蚀。

D 喷雾喷碱装置

高炉煤气冷凝水的 pH 值一般为 3～5，有些甚至高达 1～2，冷凝水中 Cl^-、SO_4^{2-} 等强酸根离子含量较高，呈强酸性。而采用干法除尘的高炉煤气通常需在管道中喷射水雾降温，此工艺方法是在喷雾设备中设置加碱装置：将原来的中性水雾变为碱性水雾，同煤气中的酸性气体发生中和反应，减弱管道中冷凝水的酸度，以缓解煤气管道的腐蚀现象。

喷雾装置的基本功能是根据煤气温度的变化自动调节喷枪的喷水量，将煤气温度降到 50℃ 左右。工作时，水经水泵站的过滤器过滤后按一定流量，经出口管路送到喷枪，再用氮气雾化，产生细小的雾化颗粒，水雾在煤气中迅速蒸发，使煤气温度降低。当出口测温元件检测到煤气温度超过温度设定值范围时，在控制器的控制下，增大供水压力和流量，使喷水量增大，从而使煤气温度降低到设定范围内，见图 16-20。

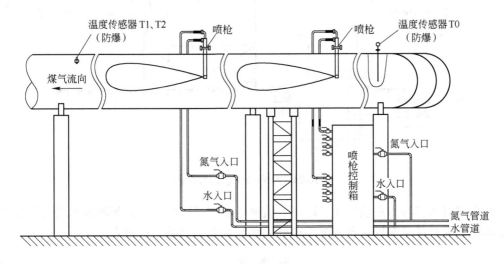

图 16-20 喷雾降温喷碱系统

在喷雾设备中设置碱液喷雾装置：将原来的中性水雾变为碱性水雾，与煤气中的酸性气体发生中和反应，减弱管道中冷凝水的酸度，以缓解煤气管道的腐蚀现象。

碱液采用氢氧化钠（NaOH）溶液碱性强，吸收 SO_2、HCl 等酸性气体速率高。

E 喷淋塔

图 16-21 为喷淋塔工艺流程图。煤气从下方的入口管进入喷淋塔内，由入口管向塔体流动过程中，因流通截面积突然扩大，流速减缓。循环冷却水由供水泵从塔上部雾化喷淋装置进入，喷淋而下；煤气由下向上运动，在喷淋洗涤段与水雾进行充分接触，完成煤气降温与洗涤。喷水不仅能够降温，而且可捕捉裹携在煤气流中的微小冷凝液滴，使之快速沉降。煤气继续上行进入二层填料段，填料脱除煤气中的机械水后从上方出口管进入煤气管网。煤气中的酸性物质被吸收到循环冷却水中，形成了酸性冷凝液流入在塔底集结、排

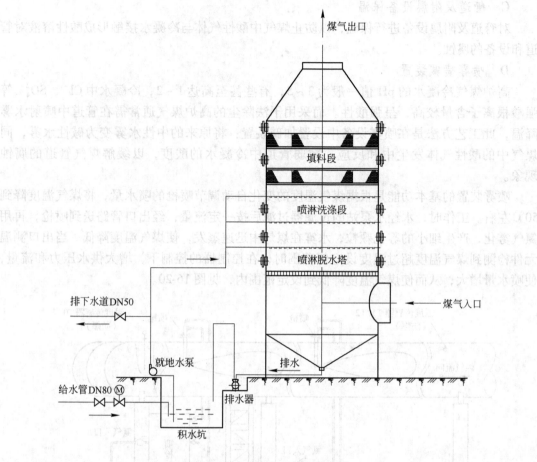

煤气出口

填料段

喷淋洗涤段

喷淋脱水塔

煤气入口

排下水道DN50

就地水泵

排水

给水管DN80 Ⓜ

排水器

积水坑

图16-21　喷淋塔工艺流程简图

出，经出口进入循环水系统沉淀、冷却。喷淋塔采用循环冷却水，喷淋脱水塔的排水先流
入积水坑，通过就地泵抽送至喷淋塔循环供水，补充水由给水管进入。

参 考 文 献

[1] 刘扬程主编. 冶金企业煤气的生产与利用[M]. 北京：冶金工业出版社，1987.
[2] 李庭寿，苏笑鹏，兰德年. 高炉煤气全干法净化回收工艺及高炉煤气的利用[C]. 中国钢铁工业协
　　会科技环保部. 中国钢铁工业节能、环保工作调研报告. 中国钢铁工业协会科技环保部，2005.
　　1~17.
[3] 章天华，鲁世英主编. 现代钢铁工业技术[M]. 北京：冶金工业出版社，1986.

17 高炉检测和自动化

近年来，高炉生产的高效、优质、低耗、长寿、环保的方针，以及节能减排、降低成本，已经日益成为用户追求的目标。此外，随着高炉大型化，高炉生产的稳定、顺行、长寿至关重要。因此，**设计应根据生产工艺要求、工厂技术及管理水平与资金等条件，采用经济实用、互相协调的电气、仪表及计算机系统。**

高炉应配置电气、仪表及计算机一体化的自动化系统，以及测量仪表和特殊仪表，并应采用计算机进行集中监视、操作、显示及故障报警。根据需要可设置必要的紧急操作台。

17.1 高炉主要检测仪表

为了实现高炉生产的自动化，需要配置合理的过程检测项目，并选择正确的测量方法。

现代钢铁企业生产市场化的要求，促使企业将降低产品生产成本、提高产品质量作为提高竞争力的重要手段。高炉作为冶金工厂的重要耗能单元，采用节能降耗的新技术，进行管控一体化的生产操作和管理已刻不容缓。近年来，随着高炉喷煤、TRT、煤气环缝洗涤等新技术、新工艺的飞速发展，高炉仪表检测水平也在不断地提高和完善。**高炉应配置较为齐全的测量仪表。**

为了高炉长寿、节约能源，特别是智能专家系统的逐步应用，高炉检测仪表配置的数量和种类也在日益增加。

高炉用检测仪表主要分为温度类仪表、压力类仪表、流量类仪表、物位类仪表和特殊仪表等几种类型。

17.1.1 温度类仪表

温度仪表的选择原则：

（1）在满足测量范围、工作压力、精度的要求下，优先选用双金属温度计。

（2）由于热电偶测量在低温段线性度不好，热电阻又比热电偶价格高，在工作温度低于100℃时选用热电阻，高于100℃时选用热电偶。

（3）根据环境条件选用温度计接线盒，高炉炉底及炉缸部位热电偶数量较多，环境易漏水，宜采用插接式的补偿导线连接方式，铠装电偶长度应足够避开漏水范围。

（4）热风炉炉壳及换热器工质温度的测量采用表面安装型热电偶。

（5）为保证炉底砖衬热电偶的寿命，应考虑防腐。

（6）在通常情况下，温度计插入至管道中心；在大管径情况下，可为管径的1/3，但考虑到温度计的机械强度，最大插入深度宜小于300mm；对于热风炉内及干燥炉内的温度计，端头露出壁面80mm即可。

（7）利用被测物的红外线辐射进行温度测量的测试仪器，按照德国工业标准DIN16160 被称为辐射温度计。辐射温度计通常分为辐射高温计（辐射式）、红外高温计（光学式）和比色高温计。它们的测量理论基础不一，成本也有差别。黑体辐射高温计是以绝对黑体的辐射能为基准对仪器进行分度的，所测出的温度更接近于对象的热力学温度。在瞄准装置、安全保护设备同等配置情况下，其使用效果能满足工艺要求。根据高炉冶炼的要求，常用的温度仪表类型见表 17-1。

表 17-1 高炉常用的温度仪表类型

序号	名称	通用技术规格	精度	备注
1	双金属温度计	表壳直径 φ150mm；测温范围：-80~600℃	1.5 级	
2	热电阻	分度号：Pt100测温范围：-200~500℃	A 级允差：（-200~+650℃）±0.15+0.2%t（铠装型）	
3	热电偶	K 分度：测温范围：-200~1200℃S 分度：测温范围：0~1600℃B 分度：测温范围：0~1700℃	K 分度：允差：I级，1.5℃或0.4%tS 分度：允差：Ⅲ级，4℃或0.5%tB 分度：允差：Ⅲ级，4℃或0.5%t	S 分度用于铁水测温B 分度用于热风炉内及热风温度
4	辐射高温计	量程：600~1600℃输出：4~20mA组成部件：辐射温度计辐射温度计保护装置（可选）现场操作盘（可选）变换器（盘装）	1000℃以下 ±5℃以下1000℃以上 ±0.5% 以下	用于热风炉拱顶测温，如有要求也可用于铁水及热风测温

17.1.2 压力类仪表

压力仪表的选择原则：

（1）量程选择。在测量稳定压力时，一般压力表最大量程应为正常压力测量值的1.5倍；在测量波动压力时，一般压力表最大量程应为正常压力测量值的2倍；在测量机泵出口压力时，一般压力表最大量程应为机泵出口最大压力。

在使用压力变送器时，为提高仪表测量精度，常将仪表进行零点迁移和量程压缩。

对于使用节流件及阿纽巴的差压变送器，可按咨询书要求的参考差压上限，选取变送器类别，在得到厂家计算书后进行量程调整。

如果非标准节流件的厂家计算结果、正常值及最小值在微差压变送器检测范围内，而最大值超过了微差压变送器检测范围，推荐按正常及最大值来进行变送器的量程选择，以保证工艺对流通量的要求。

（2）型式选择。测压大于0.06MPa，可选弹簧压力表；测压小于0.06MPa，可选膜盒压力表或玻璃管压力表。

测量浊水、荒煤气、喷煤粉压力等应采用膜片压力表,使用压力变送器时应采用隔膜密封式;氧气压力测量采用氧气压力表,乙炔压力测量采用乙炔压力表。

对于有防爆要求的场所,通常选用隔爆型,如有需要也可采用本安型防爆。

对于高炉炉身静压测量、转鼓液位测量,应采用吹气法测量背压;对于高炉炉顶及炉身压力测量不采用隔膜密封式压力变送器,因为高炉生产时工况超出了变送器接液部最高温度315℃的要求。

高炉常用的压力仪表类型见表17-2。

表 17-2 高炉主要采用的压力仪表类型

序 号	名 称	通用技术规格	精 度	用 途
1	弹簧压力表	表壳直径 ϕ150mm;测量范围:0~60MPa	1.5 级	
2	压力变送器(3051S 为例)	量程:3.45KPa~13.8MPa,FF/HART 协议,输出 4~20mA	精度:< ±0.025%	
3	差压变送器(3051S 为例)	量程:750Pa~13.8MPa,FF/HART 协议,输出 4~20mA	精度:< ±0.025%	
4	微差压变送器(3051S 为例)	量程:25~750Pa,FF/HART 协议,输出 4~20mA	精度:< ±0.025%	用于干燥炉膛压力测量

17.1.3 流量类仪表

流量仪表的选择:

(1)在满足测量量程比、阻损等要求下,采用节流件应优先选用孔板。

(2)高炉水系统中要求流量计阻损小、使用方便。在管径小于 DN400 以下,采用电磁流量计。风口检漏电磁流量计最好采用陶瓷测量管。管径大于 DN400 时,可按用户要求采用插入式电磁流量计、超声流量计(浊水)或阿纽巴流量计(清水)。

(3)水渣系统冲渣水流量检测使用电磁流量计。

(4)放风阀后的鼓风流量、净煤气总管流量测量采用阿纽巴流量计。

(5)热风炉燃烧用空气、煤气支管,在直管段能保证的情况下,可采用平孔板和文丘里管/喷嘴;在不能保证直管段长度的情况下采用双文丘里或锥型流量计。

(6)对于流量计主要用作现场指示用的场合,可采用金属转子流量计。

(7)目前我国执行的流量装置标准基本等同于 ISO 标准。使用中其基本含义是,按照标准制造的流量装置的使用是得到制造和使用许可的,不需要附加的使用检定。但近年来行业大量采用的双文丘里或锥型流量计,均属于非标准流量计,其使用场所往往是管径较大、直管段长度不够的场所,其基本特点是重复性好、流量参数稳定、价格较低,但用户对其精度质疑的情况较多。特别是在国外项目上使用应更为谨慎,应以得到用户的许可为佳。高炉常用的流量仪表类型见表17-3。

表 17-3 高炉常用的流量仪表类型

序号	名 称	通用技术规格	精 度	用 途
1	孔板	标准节流件，不锈钢	基本误差：±0.5% 不确定度：0.6%	可用于热风炉空气支管，管径大于 DN300 采用取压环
2	文丘里管	标准节流件，铸钢	基本误差：±0.75% 不确定度：0.7%	可用于热风炉燃烧用空气、煤气支管及空煤气总管流量检测
3	文丘里喷嘴	标准节流件，铸钢	基本误差：±(1.2+1.5β^4)% 不确定度：0.8%	可用于热风炉燃烧用空气、煤气支管及空煤气总管流量检测
4	内藏式双文丘里	非标节流件，厂家标准	0.5 级	用于热风炉燃烧用空气、煤气支管及空煤气总管流量检测
5	电磁流量计	测量介质：液体，电导率大于 5μS/cm	±0.2%	管径大于 DN400 应选用插入式
6	金属转子流量	测量介质：液体	精度：±1.5% ~ ±4%FS	用于热风阀冷却水流量检测，管径小于 DN250
7	涡街流量计	测量介质：气体	精度：±1%	用于加湿蒸汽流量检测，管径小于 DN300
8	热式流量计	测量介质：气体，插入式	精度：±1% ±0.5%FS	用于干燥气及烟气流量检测
9	阿纽巴流量计	测量介质：气体、液体，插入式	精度：±1%	用于大管径干净气体
10	超声流量计	测量介质：液体，夹持式	精度：±1% ~3%	管径大于 DN400
11	煤粉流量计	测量介质：固体	精度：±1%	DN10 ~ 125

17.1.4 物位类仪表

物位仪表的选择：

（1）超声波物位计不宜用于环境振动的检测场合，对于有扬尘的环境，需带有补偿功能。

（2）料仓上使用的雷达料位计宜采用 FMCW 原理的，通常采用喇叭口天线；导波杆式雷达可用于液位测量。

（3）采用差压式液位计检测，液体较脏时应采用毛细管密封法兰式。

（4）使用环境高温、腐蚀情况下可考虑采用吹气式，用压力变送器检测。

（5）料槽上使用的重锤式料位计安装于卸矿车上，进行定时或循环检测。

高炉常用的物位仪表类型见表 17-4。

表 17-4 高炉常用的物位仪表类型

序号	名 称	通用技术规格	精 度	用 途
1	差压式液位计	模拟输出：4~20mA	±0.025%	水位
2	超声波物位计	一体型、分体型模拟输出：4~20mA	±0.2%	料仓
3	雷达料位计	FM-CW 雷达 频段：X 频段 （8.5~9.9GHz） 模拟输出：4~20mA	±1mm	料仓
4	雷达液位计	时域反射式 导波杆 模拟输出：4~20mA	±5mm	水池
5	射频导纳式料位计	电容补偿 接点输出		料仓
6	阻旋式料位计	接点输出		料仓
7	重锤式料位计	模拟输出：4~20mA 接点输出 自动/手动测定	±0.1m	料仓
8	铁水液面计	FM-CW 雷达（FFT 系统） 量程：4~15m 测量角：±20 模拟输出：4~20mA 最大负载：300Ω×2 微波规格： 频段：X 频段（8.2~12.4GHz） 输出：14dBm（30mW） 调频宽度：9~11GHz	最大 ±50mm	鱼雷罐车铁水液面
9	雷达探尺	FN-CW 雷达 测量范围：2.5~40m 测量角：±60 模拟输出：4~20mA 最大负载：400Ω 微波规格： 频段：10GHz 输出：10mW 调频宽度：9.5~10.5GHz	±0.2% FS	炉顶料线检测
10	γ 射线检测料位计	由探源、探源检测器、连接电缆、检测仪表组成 模拟输出：4~20mA 最大负载：500Ω	±1.5%	炉顶料空检测

17.1.5 主要特殊仪表

高炉特殊仪表种类较多，大体上分为：

（1）煤气成分分析仪表：红外分析仪、气相色谱仪、质谱仪、氢分析仪等；

（2）氧分析仪；

（3）称重仪表；

（4）其他特殊检测仪表：微波轮廓仪、热质仪、含尘量仪。

特殊仪表按其不同的工作原理，测量范围、精度等级、响应时间、价格均不相同；即使测量范围基本相同，也会因环境情况的不同而不能直接采用。例如，采用热导式氢分析仪测量氢气浓度，由于背景气导热系数的不同，在高炉的炉身和炉顶应选用不同的分析仪表。

17.1.5.1 焦炭水分仪

焦炭含水率 R 通常以下式表示：

$$R = W/(W + G) \tag{17-1}$$

式中　W——焦炭中水分的重量，g；

G——焦炭中干焦的重量，g；

R——含水率，%。

目前高炉在线连续检测焦炭含水率的仪表主要有两种：一种是中子水分仪，主要用在集中焦炭称量漏斗上；另一种是近红外光二次波水分仪，主要用于测量胶带机上的焦炭水分。中子水分仪安装方便，使用可靠，精度高，但对环境保护和人身安全有特殊的要求；而近红外光二次波水分仪安装要求高，精度低，易受环境因素的影响，但使用方便。在没有特别要求的情况下，大多采用中子水分仪。近红外光二次波水分仪在马钢有良好的应用业绩。焦炭水分仪工艺参数见表17-5。

表17-5　焦炭水分仪工艺参数

1	测量介质	焦　炭	5	环境温度	常　温
2	检测点位置	焦炭中间斗	6	密度补偿	有
3	含水率	0～10%	7	测水分探头	2
4	密　度	0.45t/m³（堆密度）	8	料仓结构	钢结构

A　中子水分仪

当中子源位于待测物料堆中时，中子源不断地发射的快中子与物料中的各种成分的原子核发生碰撞而被减速，即中子慢化。每碰撞一次就要减速一次，很快慢化成为热中子，于是物料堆内中子源附近空间就形成了一个热中子云。

在快中子减速慢化过程中，中子与氢同它与其他元素的原子核之间的慢化作用有着明显的不同，中子测水法正是基于被测物料（如焦炭）和水对快中子慢化能力差异的原理，如果物料中的含水量有变化，会直接使产生的热中子数目发生变化，通过测量热中子数目，可以实时得到物料中水分的含量，见图17-1。

放射源的种类通常由仪表生产厂确定，例如德国伯托（Berthold）生产的中子水分仪目前

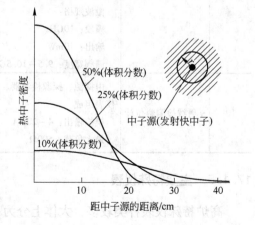

图17-1　距中心源的距离与热中子密度的关系

采用镅铍 241 中子源。射源强度根据安装情况确定，如采用外装式，用于焦炭粒度为 25 ~ 75mm，堆密度为 $0.3 ~ 0.6t/m^3$，射源强度为 11100MBq（300mci），半衰期为 10a。

B 近红外光二次波水分仪

近红外光二次波水分仪是通过光学系统测量物料中的水分（非接触式）。近红外光谱照射物料后，水分子吸收波长在 1940 ~ 1400nm 间的近红外光，一定波长的光能被吸收的数量决定于近红外光碰到的水分子的数量和在一定波长范围内的吸收能力，被光线碰到的水分子的数量和被分析的物质中的水的密度成正比。

美国湿度计公司生产的 475 型近红外光水分仪采用 4 光束系统，即：

$$D = \frac{R \cdot MP}{M \cdot RP} \tag{17-2}$$

式中　D——水密度；

　　　R——产品参考光；

　　RP——原始参考光；

　　M——产品测量光；

　　MP——原始测量光。

利用上式可对光源电压波动、环境灰尘对光道与镜片的影响进行补偿。

17.1.5.2 煤气成分分析仪

高炉煤气分析一般要求分析煤气中的 CO_2、CO 和 H_2 含量，以了解炉内反应的情况。如 H_2 含量过高，可能表明风口或冷却系统漏水，因此炉顶煤气 H_2 含量对高炉操作是个很重要的指标。随着高炉专家系统的推广，其基础的数据计算和数学模型都需要高炉煤气成分数据。例如，H_2 利用率、CO 利用率的计算，炉热数学模型及热风炉流量设定模型的在线运行等。

高炉煤气成分仪通常设置在三个不同的部位，即高炉炉顶的煤气成分分析、高炉炉身的煤气成分分析和热风炉入口的混合煤气成分分析。

各个不同部位的煤气成分及工艺条件不同，其工艺参数见表 17-6。

表 17-6 各部位煤气成分分析工艺参数

1	测量介质		炉顶煤气	炉身煤气	混合煤气
2	检测点位置		环缝入口	炉身探针	混合煤气总管
3	测量成分 /%	H_2	0 ~ 12	0 ~ 5	0 ~ 12%
		N_2	0 ~ 60	45 ~ 60	0 ~ 60%
		CO	0 ~ 30	20 ~ 30	0 ~ 30%
		CO_2	0 ~ 30	15 ~ 25	0 ~ 30%
4	测量介质压力	最小	0.03MPa	0.15MPa	8kPa
		常用	0.28MPa	0.3MPa	12kPa
		最大	0.3MPa	0.35MPa	30kPa
5	测量介质温度	最小	100℃	300℃	23℃
		常用	250℃	300 ~ 600℃	35℃
		最高	400℃	800℃	55℃

续表17-6

6	腐蚀性	轻微		
7	含尘量	约6g/m³	0~15g/m³	<10mg/m³
8	稳定度			
9	含水率	40~60g/m³	约50g/m³	7~10g/m³
10	介质组分	CO，CO_2，H_2，N_2，CH_4，O_2		
11	配管距离	约100m	约50m	约50m
12	检测仪表型式	气相色谱仪或质谱仪	红外分析仪(CO,CO_2)、热导式氢分析仪或质谱仪	气相色谱仪或质谱仪

　　高炉煤气成分分析通常采用气相色谱仪、质谱仪或红外线分析仪与热导式氢分析仪的组合仪测量。

　　A　气相色谱仪

　　由于各种物质的蒸汽压、分子直径和化学结构不同，以及它们在色谱柱上的吸附能、溶解度的不同，使各种物质在色谱柱上的分配系数不同。当混合气体连续通过色谱柱时，各种物质与色谱柱进行多次吸附、脱吸、溶解、解析。混合气体中的各种组分被分离开，按分离顺序从色谱柱末端流出，进入检测器。检测器把分离后的各组分的浓度转换成电信号，再用电子仪表或数据处理器就能测量出混合物的组成和浓度。检测器一般有热导检测器（TCD）和氢火焰检测器（FID）两类，TCD类检测器的灵敏度较低。

　　气相色谱仪精度高于0.05%，可分析1~5个流路，1~39个组分，但分析周期较长（约2~5分钟），投资也较高。气相色谱仪适于高炉炉顶煤气分析，可用作高炉数学模型计算，或用于炉身及混合煤气分析。高炉炉顶煤气分析系统配置见图17-2。

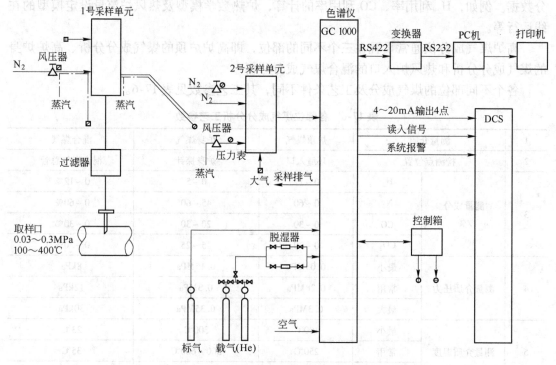

图17-2　高炉炉顶煤气分析系统配置图

B 红外分析仪与热导式氢分析仪的组合

a 红外分析仪

由于各种分子具有不同的能量，除了对称结构的无极性双原子分子如 O_2、H_2、N_2 和单原子惰性气体 Ar、Ne、He 以外，有机或无机多原子物质在红外线区都具有特定放射波长和对应的吸收波长。

红外线分析仪的工作原理是，红外线（一般用在 $2 \sim 12\mu m$ 光谱范围内）通过装在一定容器内的被测气体，测定通过气体的红外辐射强度 I，利用朗伯-比尔吸收定律：

$$I = I_0 \mathrm{e}^{-Kcl} \tag{17-3}$$

式中 I_0——射入被测组分的光强度；

   I——经过被测组分后剩余强度；

   K——被测组分吸收系数；

   c——被测组分的摩尔百分浓度；

   l——光线通过被测组分的长度。

采用检测器确定红外线经过被测样品前后产生的能量差，可确定待测气体的浓度。检测器采用热膨胀式薄膜电容器（又称微音器）或者半导体。

b 热导式氢分析仪

不同气体的分子内部结构不同，其导热系数也不同。混合气体的导热系数近似等于各组分气体导热系数的算术平均值，故在一定的条件下，混合气体的导热系数的变化反映其组分的变化。热导式分析仪是通过热导池（内装热敏元件），将导热系数的变化转换为热敏元件的温度变化，温度变化后电阻随之变化，便可利用惠斯登电桥进行测量。电桥由参比热导池、测量热导池及固定电阻组成。参比热导池是密封的，根据不同的分析对象充入不同的参比气体。当测量热导池中通过的被测气体组分与参比气体组分相同时，由于导热系数相同，两个热导池的温度相等，阻值也相等，电桥平衡，无信号输出；当通过的测量热导池的气体组分改变时，由于导热系数的改变，测量臂温度也随之变化，电阻变化，电桥失去平衡而输出电压信号，其大小与待测组分的含量成比例。

红外分析仪测量范围较宽，精度可达到 1% FS（可测范围），响应快，可达 10s，投资也较低。

热导式氢分析仪精度为 2.5~5 级，响应时间为 20~50s，价格便宜。

当热导式氢分析仪用作高炉煤气成分分析时，除了 H_2 以外，其余组分导热系数虽不同，但其组分的比例固定，以便将背景气看作一种气体，如组分变化大，需对干扰组分进行补偿运算才可使用。因此，将红外分析仪与热导式氢分析仪组合，较适用于炉身煤气成分分析，氮气经计算确定。这两种仪表组合价格较低，适用于煤气 H_2 含量测量要求不高或含量相对稳定的情况。高炉炉身煤气分析系统配置见图 17-3。

C 质谱仪

质谱仪有多种，但在工程上使用的多是四极质谱仪。四极质谱仪原理见图 17-4。

四极质谱仪的电场是动态变化的。如图所示，在 4 根平行放置的双曲面杆之间加上高频和直流电压，其瞬间电压 ϕ 为：

$$\phi = V\cos\omega t + U \tag{17-4}$$

式中，V 为高频电压幅值；U 为直流电压；ω 为高频电压角频率。

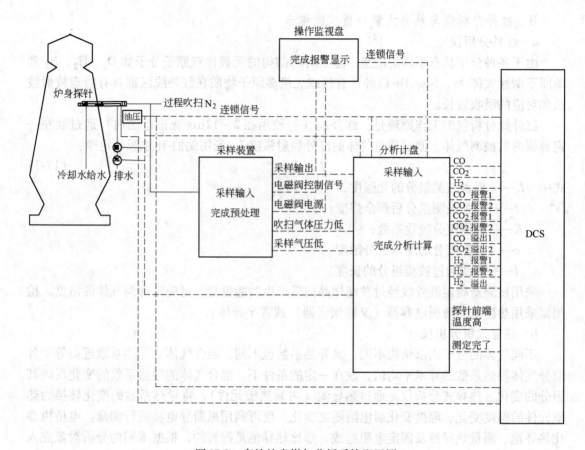

图 17-3 高炉炉身煤气分析系统配置图

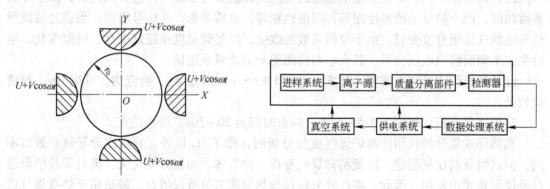

图 17-4 四极质谱仪原理图

杆间形成双曲面场，场中各点电位的分布 $\phi(x、y、z)$ 为：

$$\phi(x、y、z) = (X^2 - Y^2)(U - V\cos\omega t)/r_0^2 \tag{17-5}$$

式中，r_0 为电场半径。

质量 m、电荷量 e 的离子沿 Z 轴（垂直于 X、Y 平面）射入场中，它以马赫方程式运动，在场半径 r_0 限定的空间内振动，只有电荷比 m/e 符合一定值的离子能通过 4 极场到达检测器，其余离子因振幅不断增大，分别撞击 X、Y 电极而被"过滤"掉，利用电压或频率扫描，可以快速检测不同质量的离子。

质谱仪分析速度快，可达 3s；测量精度高 0.3‰~1‰、灵敏度高 10~0.1pg，可分析多达十几种组分。但其投资较高，重复性不理想。

在煤气分析中，质谱仪较适用于多流路的煤气成分分析，即将炉顶煤气、混合煤气集中在一起进行分析。炉身煤气分析因与炉身探测器有较多的连锁关系，需要单独设置。

D 激光气体分析仪

半导体激光吸收光谱技术（Diode Laser Absorption Spectroscopy，DLAS）最初在 20 世纪 70 年代推出时使用中远红外波长的铅盐半导体激光器，而这类激光器以及相应的中远红外光电传感器在当时只能工作于非常低的液氮甚至液氦温度，从而限制了 DLAS 技术在工业过程气体分析领域的应用。80 年代 DLAS 技术开始被推广应用于大气研究、环境监测、工业过程分析、医疗诊断和航空航天等领域。现已逐渐发展成为一种非常重要的在线气体分析技术，并受到了越来越广泛的重视。

DLAS 技术是一种高分辨率吸收光谱技术，通过分析激光被气体的选择吸收来获得气体浓度、温度和压力等参数。半导体激光穿过被测气体后的光强衰减满足 Beer-Lambert关系：

$$I(\nu) = I_0(\nu)\exp(-S(T)\Phi(\nu-\nu_0)PXL) \tag{17-6}$$

式中，$I_0(\nu)$ 和 $I(\nu)$ 分别表示频率为 ν 的单色激光入射时和经过光程 L、压力为 P、温度为 T、浓度为 X 的被测气体后的光强；$S(T)$ 表示气体吸收谱线的强度，是气体温度的函数；线形函数 $\Phi(\nu-\nu_0)$ 表征该吸收谱线的形状，它与气体温度、压力有关；线强 $S(T)$ 和线形函数 $\Phi(\nu-\nu_0)$ 的乘积就是吸收谱线的吸收截面。激光强度的衰减与被测气体含量成定量的关系，因此，通过测量激光强度衰减信息就可分析获得被测气体的浓度。

DLAS 技术除了可在高温、高流速以及多相流等复杂、恶劣条件下分析测量气体的浓度之外，还可利用气体吸收谱线强度与气体温度的相关机制，实现对气体温度的检测。在某些应用工况下，DLAS 技术能够在进行气体浓度检测的同时，测量出气体温度并对浓度测量温度影响量进行修正，实现高精度、恶劣环境适应性强的检测。

调制吸收光谱技术是一种可以获得较好检测灵敏度的被最广泛应用的 DLAS 技术。它通过快速调制激光频率使其扫过被测气体吸收谱线的一定频率范围，然后采用相敏检测技术测量被气体吸收谱线吸收后的透射激光光强中的谐波分量来分析气体的吸收。它可分为外调制和内调制两类，其中外调制方案通过在半导体激光器外使用电光调制器等来实现激光频率的调制；内调制方案则通过直接改变半导体激光器的注入工作电流来实现激光频率的调制。由于使用方便，内调制方案获得了更广泛的应用，下面介绍其测量原理。

在把激光频率 ν 扫描过气体吸收谱线的同时，以一较高频率正弦调制激光工作电流来调制激光频率，瞬时激光频率 $\nu(t)$ 可表示为：

$$\nu(t) = \nu(t) + a\cos(\omega t) \tag{17-7}$$

式中，$\nu(t)$ 表示激光频率的低频扫描；a 是正弦调制产生的频率变化幅度；ω 为正弦调制频率。经推导得出 n 阶 Fourier 谐波分量 $Hn(\nu)$。此谐波分量可使用相敏探测器（PSD）

来检测。调制吸收光谱技术通过高频调制来显著降低激光器噪声（$1/f$ 噪声）对测量的影响，同时可通过给 PSD 设置较大的时间常数来获得很窄带宽的带通滤波器，从而有效压缩噪声带宽。因此，调制光谱技术可以获得较好的检测灵敏度。由于谐波信号幅度随着谐波次数的增加而减少，一般使用一次或二次谐波信号来测量气体的透过率。另外，由于二次谐波上的直流偏置比一次谐波小很多，且二次谐波信号的峰值与吸收谱线中心重合，调制吸收光谱技术普遍通过测量二次谐波信号来检测气体浓度或温度。

DLAS 技术具有不受背景气体交叉干扰、不受视窗污染影响、能自动修正气体压力和温度对测量的影响三大技术特点，可实现现场原位测量，避免了复杂且需要大量维护的采样预处理系统，且结构简单、无运动部件，维护标定方便、可靠性高，响应速度快而准确。

但是，激光气体分析仪用于高炉工艺过程有其局限性。这是因为，在高炉煤气分析中除了测定操作人员关心的还原反应的 CO 及 CO_2 比率外，还要分析含水比率及热值等参数。通常分析的组分有 H_2、N_2、CO、CO_2 及 CH_4 等，并要求分析具体时刻的各组分的具体含量。

由于检测原理的局限，激光气体分析仪不能用于双原子气体含量测定，如 H_2、N_2。由于其含量变化不大，可由计算获得。在高炉工艺需求下，需要采用热导式 H_2 分析仪测定煤气 H_2 含量。而激光气体分析仪的直接检测速度快，与热导式 H_2 分析仪的处理分析的较慢速度很难匹配。这会造成难于获得同一时刻的相关组分分布，对后续的计算处理造成影响。所以，激光气体分析仪更广泛用于废气、炉窑尾气及工艺要求不复杂的高炉煤气分析应用。

17.1.5.3　氧分析仪

A　氧化锆氧分析仪

氧化锆氧分析仪是一种电化学分析仪。它利用氧化锆管在高温下因管内外氧分压的不同而产生氧离子的迁移，根据离子迁移产生的浓度电势进行测定。在稳定的氧化锆（ZrO_2）的结晶里，由于 +4 价的锆原子被 +2 价或 +3 价的钙所置换，形成氧离子空穴，在 600℃ 以上的高温下，成为良好的氧离子导体。

在氧化锆管的内外侧绕上铂电阻，在一定温度下，当管内外的气体含氧量不同时，就构成浓差电池。氧离子从浓度高的一侧迁移到另一侧，在两电极间产生电势，其大小与氧化锆管两侧的氧分压和工作温度按能斯特（Nernst）公式呈函数关系：

$$E = \frac{RT}{nF}\ln\frac{p_1}{p_2} \tag{17-8}$$

式中　E——氧浓度电势，mV；

$\quad\quad R$——理想气体常数，8.314J/（K·mol）；

$\quad\quad T$——绝对温度，K；

$\quad\quad n$——原子价（4 价）；

$\quad\quad F$——法拉第常数，96500C/mol；

$\quad\quad p_1$——参比气体（一般用空气）的氧分压；

$\quad\quad p_2$——被测气体的氧分压。

当氧化锆管的温度一定,参比气体的氧分压为已知,即可得出被测气体的氧分压。

氧化锆氧分析仪分为插入式和抽气式两种,对于含尘量大的气样采用抽气式。氧化锆在高温下工作,能点燃可燃性气体,应用在无 CO、H_2、CH_4 等可燃或还原性气体的场所。抽气式氧化锆氧分析仪配置见图17-5。

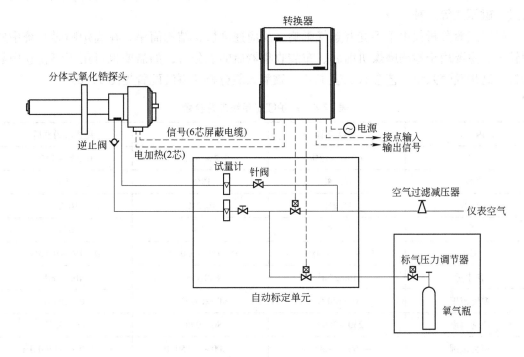

图 17-5　抽气式氧化锆氧分析仪配置图

氧化锆氧分析仪结构简单,响应速度快,所以在高炉工艺中多用于测量热风炉废气的含氧量,用于热风炉流量设定模型空燃比的校正。高炉热风炉废气含氧量分析工艺参数见表 17-7。

表 17-7　高炉热风炉废气含氧量分析工艺参数

1	测量介质	热风炉废气	
2	检测点位置	烟道支管	
3	含氧量	0 ~ 25%	
4	测量介质压力	0.002kPa	
5	测量介质温度	最小	180℃
		常用	300℃
		最高	400℃
6	腐蚀性	无	
7	含尘量	少许	
8	数量	4	

B　磁导式氧分析仪

氧气在磁场中具有很高的顺磁性,如果以氧的相对磁化率为100%,常见气体中磁化率较高的 CO 的相对磁化率只有 36.2%，而氢气、氩气、甲烷等都是负值。磁压式的工作原理是，利用氧的顺磁性，使它的浓度升高，压力增大，使电容薄膜移动，而电容变化与氧气含量成正比。测量电容量来测出气样中的氧含量。

利用这一原理制造出了磁导式氧气分析仪。磁导式氧分析仪主要分为热磁式、磁力机械式、磁压式等三种。

磁压式氧分析仪由于不受背景气影响，反应速度快，结构简单，在高炉喷煤系统中应用较多。主要用于检测磨煤机前后、布袋收集器后的氧分析，如需要也可用于煤粉仓内氧分析。高炉喷煤系统工艺参数见表 17-8。磁氧式氧分析仪系统配置见图 17-6。

表 17-8 高炉喷煤系统工艺参数

内 容	磨煤机前	磨煤机后	袋式收粉器后
O_2	0.2% ~ 12%	0.2% ~ 12%	0.2% ~ 12%
CO_2	18.2%	18%	18%
H_2O	11.2%	16.2%	16.2%
N_2	70.3%	68%	68%
CO	0.04% ~ 0.05%	0.04% ~ 0.05%	0.04% ~ 0.05%
含尘量	$10mg/m^3$	$650g/m^3$	$40mg/m^3$
温度范围	0 ~ 320℃	0 ~ 100℃	0 ~ 100℃
通常温度	230 ~ 260℃	80 ~ 90℃	80 ~ 90℃
压力范围	-300 ~ -600Pa	-4500 ~ -5500Pa	-120 ~ -13000Pa
取样点至仪表盘距离	8m	8m	8m

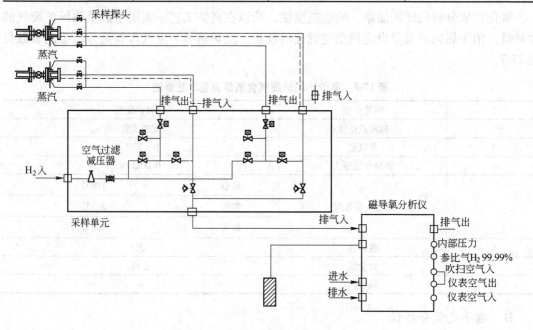

图 17-6 磁氧式氧分析仪系统配置图

17.1.5.4 鼓风湿度计

湿气体是干气体和水蒸气的混合物，常用相对湿度和绝对湿度以及含湿量来描述水蒸气的含量。绝对湿度是指 $1m^3$ 的湿空气中所含的水蒸气的质量，在数值上等于在湿气体的温度和水蒸气的分压力 p_s 下水蒸气的密度 ρ_s（单位为 kg/m^3）。ρ_s 值可由水蒸气表或由下式计算：

$$\rho_s = m_s/V = \frac{p_s}{R_s T} \tag{17-9}$$

式中　　m_s——水蒸气的质量，kg；

V——湿气体的体积，m^3；

p_s——水蒸气的分压力，Pa；

T——湿气体的绝对温度，K；

R_s——水蒸气的气体常数，$R_s = 461.9J/(kg \cdot K)$；

ρ_s——湿气体的绝对湿度，kg/m^3。

目前高炉湿度计主要用在高炉冷风主管和鼓风机脱湿装置的空气入口测量冷风的绝对湿度，其量程为 $5 \sim 40g/m^3$。冷风湿度计的工艺参数见表17-9。

表17-9　高炉冷风湿度计工艺参数

1	测量介质	冷风（空气）	
2	检测点位置	冷风管	
3	湿度（绝对）	$9 \sim 20g/m^3$	
4	测量介质压力	最小	0.2MPa
		常用	0.51MPa
		最大	0.54MPa
5	测量介质温度	最小	100℃
		常用	190℃
		最高	230℃
6	腐蚀性	无	
7	含尘量	无	
8	数　量	1	
9	配管距离		

高炉鼓风湿度计包括取样探头（氯化锂等）及恒温箱、气样处理装置及绝对湿度变换器等。变换器的输入为探头的电阻值变化。

17.1.5.5 热值仪

在高炉生产中，热值仪主要用于混合煤气的热值控制。此热值可用于热风炉的流量设定模型，对燃烧时的空燃比进行校正。

热值仪按检测原理主要分为燃烧式热值仪和分析类热值仪。采用分析类热值仪因受被测介质组分影响，多采用气相色谱仪或质谱仪。气相色谱仪的缺点是分析周期长，不能作为在线模型使用；而质谱仪则投资较大。目前，在条件允许情况下多采用燃烧式热值仪。

热值仪的工艺参数见表17-10。

表17-10 高炉热值仪工艺参数

1	测量介质	混合煤气			5	测量介质温度	最小	23℃
2	检测点位置	混合煤气总管					常用	35℃
3	测量成分	H_2	0~12%				最高	55℃
		N_2	0~60%		6	腐蚀性	轻 微	
		CO	0~30%		7	含尘量	<10mg/m^3	
		CO_2	0~30%		8	稳定度(聚合,分散)		
4	测量介质压力	最小	8kPa		9	含水率	7~10g/m^3	
		常用	12kPa		10	介质组分	CO,CO_2,H_2,N_2,CH_4,O_2	
		最大	30kPa		11	配管距离	50	
					12	检测仪表型式	热值仪	

　　燃烧式热值仪用来测量和控制煤气的热值和热值指数。在热值仪中,定量的样气与空气在燃烧室中燃烧,利用热电偶检测充分燃烧后的气体与燃烧前的气体温度的差值换算成热值。

　　热值仪利用孔板检测样气和空气的流速,把孔板测出的差压转化为电信号,并通过数字计算来补偿流速的变化,这样就可以实现热值的高精确度测量。热值仪系统配置见图17-7。

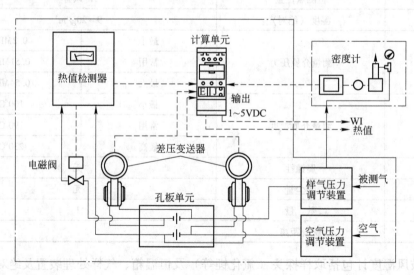

图17-7 热值仪系统配置图

17.1.5.6 粉尘浓度仪

　　在高炉炼铁工艺中,粉尘浓度仪主要用于干式除尘的布袋器检漏、环保测量以及除尘系统、热风炉烟道中粉尘浓度的测量。

　　粉尘浓度仪基本有三种:激光法、β射线法、电荷法。

　　激光法:粉尘浓度测量的光学方法均根据朗伯-比尔定律,即光通过烟尘后强度衰减,由检测器测得透光度信号，转换成浊度信号。通过现场实验，取得浊度与烟尘浓度的相关信息，输入到仪器中，或输入经验参数值，仪器便可测量出粉尘浓度。

β射线法：这种方法是将颗粒物抽滤到烟道外仪器内部的滤带上，积聚的颗粒物对射线有衰减作用，尘的质量浓度与盖格计数值（β射线穿透滤带的粒子数）有对应关系，从而得到粉尘浓度值。

电荷法：可分为摩擦电法和非接触电荷感应法。

摩擦电法通过颗粒和探头的碰撞接触，将颗粒电荷"传导"到探头中进行测量。因此，探头必须裸露，这带来探头磨损、腐蚀，而且它也不能测湿气体中粉尘的浓度。

非接触电荷感应法采用非接触感应方式，将颗粒电荷感应（而不是"传导"）到探头中。故探头不必裸露而加有耐磨损腐蚀保护层，还可测量湿气体甚至液雾中粉尘的浓度。

高炉炼铁工艺采用电荷法、非接触电荷感应法和摩擦电法粉尘浓度仪，在国内外已大量成功应用，其精度可达5%。

17.2 高炉关键检测仪表的配置

上面按照所测物理量的分类介绍了高炉的主要检测仪表。为了适应大型高炉自动化控制的需要，必须重视关键性的高炉仪表配置。对于2000m³以上的大型高炉，关键性的高炉仪表应满足以下要求：

（1）为高炉安全生产和长寿提供可靠信息；

（2）为高炉操作人员判断炉况提供准确、可靠的信息；

（3）为高炉技术经济指标计算提供可靠信息；

（4）为实现自动控制，开发高炉数学模型或专家系统提供信息支持。

根据以上要求，高炉关键检测仪表大体包括：

（1）原燃料重量：矿石（烧结矿、球团矿、块矿）、焦炭（小块焦）、煤粉等；

（2）鼓风参数：冷风流量、冷风压力、热风压力、热风温度、鼓风湿度、氧气流量、调湿用蒸汽流量、蒸汽压力等；

（3）高炉煤气参数：炉顶煤气成分全分析、炉顶压力、炉喉温度（十字测温）、炉身静压力、炉顶上升管温度、煤气封罩温度等；

（4）铁水参数：铁水温度（连续测量）、铁水重量、铁水液面高度；

（5）炉体冷却参数：炉体各段冷却器的水量、水压、水温（水温差）、热负荷；炉衬耐火材料中热电偶温度、炉基温度、冷却壁中热电偶温度等；

（6）炉顶料位、料面参数：机械料尺、雷达探尺、炉顶红外摄像仪等；

（7）喷煤制粉系统：温度、O_2含量、CO含量、粉尘浓度等；

（8）热风炉参数：拱顶温度、废气温度、废气含氧量、烧炉煤气（高炉煤气、转炉煤气）流量、压力、煤气热值仪等；

（9）关键特殊仪表：焦炭水分仪、风口红外摄像仪等。

在高炉监测系统中，必须加强对能源介质的计量和管理，应设置炼铁厂级，以及单个高炉的各种能源介质的计量。

17.2.1 矿焦槽系统主要检测项目

矿焦槽系统主要检测项目见表17-11。

表17-11 矿焦槽系统主要检测项目

| 序号 | 工 艺 要 求 | | | | | | 检测仪表配置 | | |
| | 检测项目 | 检测目的 | 容许误差 | 重要度 | | | 检测仪表名称 | 功能 | 备注 |
				关键	重要	一般			
1	槽下焦炭汇总斗重量	工艺配料	±1.0%	○			1. 电子秤；2 机械电子秤	WIC	
2	槽下矿石中间斗重量	工艺配料	±1.0%	○			1. 电子秤；2 机械电子秤	WIC	
3	槽下烧结矿称量斗重量	工艺配料	±1.0%	○			1. 电子秤；2 机械电子秤	WIC	
4	槽下球团矿称量斗重量	工艺配料	±1.0%	○			1. 电子秤；2 机械电子秤	WIC	
5	槽下块矿称量斗重量	工艺配料	±1.0%	○			1. 电子秤；2 机械电子秤	WIC	
6	槽下杂矿称量斗重量	工艺配料	±1.0%	○			1. 电子秤；2 机械电子秤	WIC	
7	槽下小块焦称量斗重量	工艺配料	±1.0%	○			1. 电子秤；2 机械电子秤	WIC	
8	槽下焦炭汇总斗水分	焦炭水粉补正	±2.5%		○		1. 中子水分仪； 2. 近红外二次波水分仪	XIC	中型不测

17.2.2 无料钟炉顶系统主要检测项目

无料钟炉顶系统主要检测项目见表17-12。

表17-12 无料钟炉顶系统主要检测项目

| 序号 | 工 艺 要 求 | | | | | | 检测仪表配置 | | |
| | 检测项目 | 检测目的 | 容许误差 | 重要度 | | | 检测仪表名称 | 功能 | 备注 |
				关键	重要	一般			
1	下阀箱压力	称重补偿	±2.0%	○			压力变送器	PI	
2	料罐压力	保证均排压	±2.0%	○			压力变送器	PIA	
3	料罐差压	保证均排压	±2.0%	○			差压变送器	PdIA	
4	炉顶探尺料位	料线检测	±2.5%	○			1. 机械探尺 （角度变换器、编码器）； 2. 雷达探尺	LI	
5	炉顶料面	监视料面	±3%			○	1. 红外摄像仪； 2. 轮廓仪；热图像仪		中型参考
6	称量料罐重量	重量布料，料空连锁	±1.0%	○			电子秤	WIC	
7	齿轮箱冷却水流量	水泵连锁	±2.0%	○			电磁流量计	FIA	

17.2.3 风口平台及出铁场主要检测项目

风口平台及出铁场系统主要检测项目见表17-13。

表 17-13 风口平台及出铁场系统主要检测项目

序号	工艺要求						检测仪表配置		
	检测项目	检测目的	容许误差	重要度			检测仪表名称	功能	备注
				关键	重要	一般			
1	铁水温度	出铁操作	±2.0%		○		1. 消耗式热电偶; 2. 辐射温度计	TI	
2	铁水重量	出铁操作, 铁水量 管理	±0.5%		○		1. 无机坑式; 2. 有机坑式; 3. 特殊枕木式	WIQ	中型参考
3	铁水液面	出铁操作	±3.0%		○		微波液面计	LIA	中型参考

17.2.4 高炉本体系统主要检测项目

高炉本体系统主要检测项目(包括高炉冷却系统)见表 17-14。

表 17-14 高炉本体系统主要检测项目

序号	工艺要求						检测仪表配置		
	检测项目	检测目的	容许误差	重要度			检测仪表名称	功能	备注
				关键	重要	一般			
1	高压水供水总管流量	监视	±2.0%	○			1. 电磁流量计; 2. 差压式流量计	FIQ	
2	软水Ⅰ供水总管流量	监视	±2.0%	○			1. 电磁流量计; 2. 差压式流量计	FIQ	
3	软水Ⅰ供水总管温度	监视 热负荷	±2.0%	○			热电阻	TIA	
4	风口冷却板及炉缸冷却壁排水支管流量	检漏,热负荷计算	±2.0%	○			1. 电磁流量计; 2. 涡街流量计	FIA	中型不测
5	风口冷却板及炉缸冷却壁排水支管温度	热负荷计算	±2.0%	○			热电阻	TIA	中型不测
6	风口中套排水支管流量	检漏,热负荷计算	±2.0%	○			1. 电磁流量计; 2. 涡街流量计	FIA	中型不测
7	风口中套排水支管温度	热负荷计算	±2.0%	○			热电阻	TIA	中型不测
8	软水Ⅱ供水总管流量	监视	±2.0%	○			1. 电磁流量计; 2. 差压式流量计	FIQ	
9	软水Ⅱ供水总管温度	监视 热负荷	±2.0%	○			热电阻	TIA	
10	冷却壁排水支管流量	检漏,热负荷计算	±2.0%	○			1. 电磁流量计; 2. 涡街流量计	FIA	中型不测
11	冷却壁排水支管温度	热负荷计算	±2.0%	○			热电阻	TIA	中型不测
12	炉身冷却壁排水支管流量	检漏,热负荷计算	±2.0%	○			1. 电磁流量计; 2. 涡街流量计	FIA	中型不测

序号	工艺要求						检测仪表配置		
	检测项目	检测目的	容许误差	重要度			检测仪表名称	功能	备注
				关键	重要	一般			
13	炉身冷却壁排水支管温度	热负荷计算	±2.0%	○			热电阻	TIA	中型不测
14	炉底炉缸内衬温度	监视侵蚀程度	±2.0%	○			热电偶	TIA	
15	十字测温	监视气流分布	±2.0%	○			热电偶	TIA	
16	煤气封罩温度	炉顶洒水	±2.0%	○			热电偶	TI	中型参考
17	炉身静压	透气性,软熔带推断	±2.0%	○			热电偶	PI	中型参考

17.2.5　粗煤气除尘系统主要检测项目

粗煤气除尘系统主要检测项目(以重力除尘为例)见表 17-15。

表 17-15　粗煤气除尘系统主要检测项目

序号	工艺要求						检测仪表配置		
	检测项目	检测目的	容许误差	重要度			检测仪表名称	功能	备注
				关键	重要	一般			
1	炉顶压力	炉顶压力控制	±2.0%	○			压力变送器	PIR	
2	炉顶上升管温度	监视炉况,炉顶洒水	±2.0%	○			热电偶	TIR	

17.2.6　热风炉系统主要检测项目

热风炉系统主要检测项目见表 17-16。

表 17-16　热风炉系统主要检测项目

序号	工艺要求						检测仪表配置		
	检测项目	检测目的	容许误差	重要度			检测仪表名称	功能	备注
				关键	重要	一般			
1	热风压力	监视,透气性指数计算	±2.0%	○			压力变送器	PIR	
2	热风温度	送风温度控制	±2.0%	○			热电偶	TIC	
3	鼓风湿度	加湿控制	±3.0%	○			湿度计	MIC	
4	调湿蒸汽流量	加湿控制	±3.0%	○			1. 差压式流量计; 2. 涡街流量计	FIC	

序号	工 艺 要 求						检测仪表配置		
	检测项目	检测目的	容许误差	重要度			检测仪表名称	功能	备注
				关键	重要	一般			
5	调湿蒸汽压力	监视	±2.0%		○		压力变送器	PI	
6	富氧流量	富氧率控制，工艺计量	±3.0%		○		差压式流量计	FIC	
7	冷风流量	放风控制	±2.0%		○		差压式流量计	FIC	
8	冷风压力	监视	±2.0%		○		压力变送器	PIC	
9	混合高炉煤气热值	热值控制	±2.0%		○		1. 热值仪；2. 质谱仪	AIC	
10	高热值煤气流量	流量控制	±3.0%		○		差压式流量计	FIC	
11	高热值煤气压力	流量补正	±2.0%		○		压力变送器	PI	
12	拱顶联络管温度	拱顶温度控制	±2.0%	○			热电偶	TIC	
13	拱顶温度	拱顶温度控制	±2.0%	○			辐射温度计	TIC	
14	废气温度	废气温度控制	±2.0%	○			热电偶	TIC	
15	混合高炉煤气支管流量	燃烧控制	±3.0%		○		差压式流量计	FIC	
16	空气支管流量	燃烧控制	±3.0%		○		差压式流量计	FIC	
17	废气含氧量	流量控制，工艺监视	±2.5%		○		氧化锆	AI	大型参考
18	CO分析	工艺监视	±2.5%		○		红外分析仪	AI	大型参考

由于热风炉的型式多种多样，配置的检测仪表项目大同小异，因此不一一列举。顶燃式热风炉，还需要增加火焰报警仪等。

17.2.7 喷煤系统主要检测项目

喷煤系统主要检测项目见表17-17。

表17-17 喷煤系统主要检测项目

序号	工 艺 要 求						检测仪表配置		
	检测项目	检测目的	容许误差	重要度			检测仪表名称	功能	备注
				关键	重要	一般			
1	高炉煤气总管压力	安全连锁	±2.0%	○			压力变送器	PIA	
2	转炉煤气总管压力	安全连锁	±2.0%	○			压力变送器	PIA	
3	原煤仓温度	安全监视	±2.0%	○			热电阻	TIA	
4	磨煤机前干燥气温度	安全监视	±2.0%	○			热电阻	TIA	
5	磨煤机后风粉混合物温度	安全监视；燃烧连锁	±2.0%	○			热电阻	TIA	
6	磨煤机出口含氧量	安全监视	±2.0%	○			磁氧分析仪	AIA	
7	煤粉收集器前风粉混合物温度	安全监视	±2.0%	○			热电阻	TIA	

| 序号 | 工 艺 要 求 | | | | | | 检测仪表配置 | | |
| | 检测项目 | 检测目的 | 容许误差 | 重要度 | | | 检测仪表名称 | 功能 | 备注 |
				关键	重要	一般			
8	煤粉收集器出口含氧量	安全监视	±2.0%	○			磁氧分析仪	AIA	
9	煤粉仓 O_2、CO 浓度	安全监视连锁	±2.0%	○			1. 磁氧式氧分析仪; 2. 红外分析仪	AIA	
10	煤粉仓煤粉温度	安全监视连锁	±2.0%	○			热电阻	TIA	
11	喷吹罐压力	喷吹控制	±2.0%	○			压力变送器	PIA	
12	输送用压缩空气流量	喷吹控制	±3.0%	○			1. 差压式流量计; 2. 涡街流量计	FIC	
13	热风围管压力	安全连锁	±2.0%		○		压力变送器	PIA	
14	风口压力	安全连锁	±2.0%		○		压力变送器	PIA	

此外，高炉数学模型和专家系统开发还需要原燃料、冶炼产品和副产品（铁水、炉渣、炉尘、煤气）的化学分析数据。在高炉建设项目中，对于化检验方面的配置要求也不能忽略或留下缺口。这些要求将在专家系统有关章节进一步阐述。

17.3　高炉自动化控制

近年来，随着我国钢铁生产规模的快速增长和企业间竞争的加剧，生铁产品生产的高质量、高效率、低消耗日益成为钢铁企业追求的目标。另外，随着高炉的大型化，高炉生产的稳定、顺行的重要性更加突出。为了实现高炉生产稳定、顺行，仅靠人工做出判断并进行操作是远远不够的。高炉生产必须采用自动控制技术，由计算机系统根据仪表检测信息准确判断炉况，自动完成原燃料的配料、上料、按顺序和时序布料，并调节炉内炉料分布和控制炉料均匀下降，上述目标才有可能顺利实现。

高炉自动化控制技术的发展是与工艺技术和自动化设备技术的发展同步的。在传统高炉炼铁工艺中，工长通过众多模拟仪表监控高炉生产过程。为了实现高炉生产过程的自动化控制目标，人们不断地推进计算机在高炉生产工艺中的应用。进入 20 世纪 90 年代，随着计算机技术和网络通信技术的进一步发展，高炉控制技术也从基础层面的控制和操作向智能化控制以及信息化管理方向发展。这些发展以各类数学模型和专家系统的开发应用，以及建立生产信息化管理系统为主要标志。

自动化系统是计算机控制设备、网络通讯设备，以及人机界面的集合，但基于应用场合的不同着重点也不同。通常意义上讲，PLC 是基于控制器的系统，DCS 是基于数据库及网络的系统，FCS 是基于现场总线 FF Fieldbus 的系统，SCADA 是基于人机界面的数据采集系统。它们都在高炉自动化控制的各个不同方面得到应用。

国际标准化组织 ISO 于 1981 年正式推荐了一个网络系统结构有 7 层参考模型（图 17-8），即开放系统互连模型（Open System Interconnection，OSI）-ISO/IEC 7498，又称为 X. 200 建议。

由于这个标准模型的建立，使得各种计算机网络向它靠拢，大大推动了网络通信的发

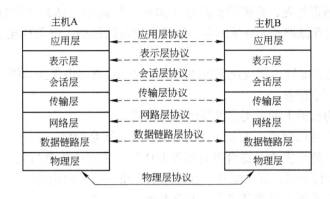

图 17-8 开放系统互连模型

展。可以这样说,所有的计算机网络均是基于 OSI 模型的基础,只是所涉及的层面各有不同。

以太网、现场总线、物联网等都是建立在 ISO/OSI 模型之上,具有多个层次的集合应用。例如,云计算就是以互联网为基础,分布式、资源共享的应用。

传统意义上的局域网遵循 IEEE 802 规范。

IEEE 802 规范定义了网卡如何访问传输介质(如光缆、双绞线、无线等),以及如何在传输介质上传输数据的方法,还定义了传输信息的网络设备之间连接建立、维护和拆除的途径。如以太网、令牌总线、令牌环、无线通讯等。遵循 IEEE 802 标准的产品包括网卡、桥接器、路由器以及其他一些用来建立局域网络的组件。

鉴于以太网在保护客户投资、逐步升级上的优势,目前已经逐步成为局域网的主流。并结合了工控领域的需求,产生了以太网现场总线(如 FF HSE、Pofinet、Modbus/TCP),推动了工业以太网、无线以太网技术的应用。

17.3.1 高炉自动化控制系统基本构成

高炉应设置基础自动化和过程控制自动化两级控制系统,进行高炉的操作、管理和控制。高炉自动化控制系统在系统功能上由两级构成:

第一级为基础自动化级(简称 L1),主要完成生产过程的数据采集和初步处理,数据显示和记录,数据设定和生产操作,执行对生产过程的连续调节控制和逻辑顺序控制。

第二级为过程控制级(简称 L2),主要完成生产过程的操作指导、作业管理、数学模型和专家系统、数据处理及存储、报表、与其他生产管理计算机系统的通讯等。

控制系统的设计应考虑系统结构的标准化及人机接口的统一化。设备选型时,应充分考虑设备的先进性、实用性、可靠性、开放性。

17.3.2 基础自动化级 L1 的基本组成

基础自动化级 L1 主要由控制站、操作员站、工程师站、历史站、实时数据通信网络、打印机等设备组成。

17.3.2.1 控制站

用于生产过程的数据采集和设备控制。控制站的硬件组成一般包括以下内容:

（1）机柜，钢板外壳，柜体活动部分（如柜门与机柜主体）之间保证良好的电气连接。随机柜一般配有保护开关或熔断器、接线端子及配线槽、电源插座、照明灯、散热风扇等附件。

（2）CPU，冗余配置，能快速无扰动切换。内存具有停电保持功能。

（3）电源，冗余配置。

（4）机架，为机架上的各类模件提供背板总线。

（5）本地 I/O 通讯模件：为 I/O 提供本地扩展，冗余配置。

（6）远程 I/O 通讯模件（适合带有远程 I/O 接口装置的控制站）：为 I/O 提供远程扩展，能支持多个远程节点，冗余配置，远程通讯介质一般采用光缆。

（7）远程 I/O 光缆中继器及光缆：冗余配置。

（8）数据通讯模件：为控制站与系统内部其他站点之间提供通讯通道，冗余配置。

（9）模拟信号输入模件：高炉上应用的主要信号规格有 4~20mA，热电偶 T/C，热电阻 RTD，用来采集和处理各种连续物理量（如温度、压力、压差、应力、位移、速度、加速度以及电压、电流等）和化学量（如 pH 值、浓度等）。热电偶 T/C 和热电阻 RTD 可以直接接到模拟信号输入模件进行处理，也可以通过温度变送器将信号转换成 4~20mA 标准信号后再接到模拟信号输入模件进行处理。

（10）模拟信号输出模件：信号规格一般是 4~20mA，用来控制各种直行程或角行程电动执行机构的行程，或通过调速装置（如各种交流变频器）控制各种电机的转速，也可通过电-气转换器或电-液转换器来控制各种气动或液动执行机构，例如控制液动阀的开度等。

（11）数字信号输入模件：信号回路一般采用交流 220V 或直流 110V、直流 48V、直流 24V 等。用来输入各种限位开关、操作开关、继电器连动触点的状态信号。

（12）数字信号输出模件：信号回路一般采用交流 220V 或直流 110V、直流 24V 等。用来控制继电器、电磁阀、指示灯、声光报警装置等只具有开、关两种状态的设备。

（13）I/O 电源：即为数字式 I/O 信号回路和模拟量输出回路提供所需的直流 24V 电源，冗余配置。

控制站的系统支持软件组成一般包括以下内容：

（1）数据采集与输出功能；

（2）逻辑顺序控制功能及过程调节功能；

（3）运算功能；

（4）通讯功能。

17.3.2.2　操作员站

操作员站为用户提供友好的人机界面，可以进行包括总貌显示、分组显示、操作显示、调整显示、趋势显示、报警显示等多种方式显示和记录，并通过键盘和鼠标进行生产操作，对报警信息进行实时打印。操作员站采用工业 PC 或工作站作为硬件平台，硬件组成一般包括以下内容：（1）CPU；（2）RAM；（3）硬盘；（4）光盘驱动器：DVD/CD-ROM；（5）USB 接口；（6）标准键盘；（7）光电鼠标；（8）数据通讯模件：为操作员站与系统内部其他站点之间提供通讯通道，冗余配置；（9）显示器：TFT，1280×1024，可按需要配置成双显示器；（10）打印机接口；（11）电源、风扇。

操作员站的系统支持软件组成一般包括以下内容：

（1）Windows 或 Unix 操作系统；

（2）HMI 监控软件：为用户提供操作和显示功能，报警和打印功能，以及通讯功能等。

17.3.2.3 工程师站

工程师站用于组态、编程以及系统维护。工程师站采用工业 PCC 或工作站作为硬件平台，硬件组成一般包括以下内容：（1）CPU；（2）RAM；（3）硬盘；（4）光盘驱动器：DVD/CD-R/W；（5）USB 接口；（6）标准键盘；（7）光电鼠标；（8）数据通讯模件：为工程师站与系统内部其他站点之间提供通讯通道，冗余配置；（9）显示器：TFT，1280 × 1024；（10）打印机接口；（11）电源、风扇。

工程师站的系统支持软件组成一般包括以下内容：

（1）Windows 或 Unix 操作系统。

（2）工程师组态工具软件以及高级编程语言：为用户提供控制站和操作员站应用软件的开发工具。组态工具软件中一般也包括了操作员站监控软件所具有的功能。

（3）模拟仿真软件：为应用软件的开发提供测试平台，也为操作和维护提供培训。

17.3.2.4 历史站

历史站用于过程历史数据的存储和查询，一般采用高性能服务器作为硬件平台，硬件组成一般包括以下内容：（1）双 CPU；（2）高速缓存；（3）RAM；（4）硬盘：镜像磁盘（Raid 1）；（5）光盘驱动器：DVD-ROM；（6）磁介质备份设备；（7）磁盘阵列设备：Raid 5；（8）数据通信模件：为历史站与系统内部其他站点之间提供通信通道，冗余配置；（9）标准键盘；（10）光电鼠标；（11）显示器：TFT，1280 × 1024；（12）冗余电源、风扇；（13）机柜。

历史站的系统支持软件组成一般包括以下内容：

（1）Windows 操作系统；

（2）实时数据库软件；

（3）历史数据管理软件。

17.3.2.5 实时数据通讯网络

为各个站点之间提供信息交换通道，冗余配置。一般采用 100/1000M 以太网，其中包括网络介质（铜缆或光纤）和附件，以及交换机设备。

17.3.2.6 打印机

打印机用于故障信息和操作信息的打印。

17.3.3 基础自动化级 L1 的构成类型

目前应用在高炉 L1 上的自动化控制系统大致分为以下五种类型：

（1）全 DCS 型。全 DCS 型是指电气逻辑顺序控制与仪表连续调节控制都由同一类型 DCS 控制站完成的分布式计算机控制系统。DCS 控制系统是结合传统仪表控制系统和计算机控制系统而发展起来的，最初侧重回路连续调节控制，顺序逻辑控制功能相对较弱。随着近年在顺序逻辑控制功能方面的技术进展，DCS 控制系统在保持已有强大的回路连续调节控制功能的同时，已能胜任较为复杂和实时性要求较高的顺序逻辑控制功能。运用在高炉工程上比较有代表性的 DCS 控制系统有美国 Emerson 公司的 WDPF 和 OVATION 控制系统，Honeywell 公司的 PKS 控制系统等。例如：OVATION 控制系统在南钢 2000m³ 和 2500m³ 高炉、本钢 6 号和 7 号高炉（2600m³）、马钢 4350m³ 高炉；PKS 控制系统在鞍钢新 2 号、新 3 号高炉（3200m³）等大型高炉上都有良好的应用业绩。

（2）全 PLC 型。全 PLC 型是指电气逻辑顺序控制与仪表连续调节控制都由同一类型 PLC 控制站完成的计算机控制系统。最初的 PLC 用来执行诸如逻辑、顺序、计时、计数与演算功能，回路连续调节控制功能较弱。随着近年在回路连续调节控制功能方面的技术进展，PLC 控制系统在保持顺序逻辑控制功能的同时，还能进行过程连续调节控制。运用在高炉工程上比较有代表性的 PLC 控制系统有美国 Rockwell 公司的 Controllogix 控制系统，Siemens 公司的 PCS7 控制系统等。例如：Controllogix 控制系统在水钢 4 号高炉；PCS7 控制系统在韶钢 8 号高炉上均有良好的应用业绩。

（3）DCS 和 PLC 组合型。DCS + PLC 组合型是指电气逻辑顺序控制与仪表连续调节控制分别由不同类型的控制站完成的计算机控制系统。电气逻辑顺序控制由 PLC 控制站完成，仪表连续调节控制由 DCS 控制站完成。运用在高炉工程上最有代表性的 DCS + PLC 组合型控制系统是由日本安川公司的 PLC（CP-317）与日本横河公司的 DCS（Centum CS3000）组成的控制系统。该控制系统在宝钢和太钢 4350m³ 高炉上均有良好的应用业绩。

（4）SCADA 型。SCADA（Supervisory Control And Data Acquisition）即数据采集与监视控制系统。SCADA 型是指由带 I/O 的工控机进行电气逻辑顺序控制或仪表连续调节控制的系统。该控制系统由于成本低，仅在小型高炉上有一些应用业绩。

（5）以太网现场总线型。随着网络技术及计算机技术的发展和分布式的控制要求，现场总线设备逐步推出并在国内外某些行业中得到了应用。1999 年通过的 IEC61158 现场总线国际标准实际上是一个妥协的结果，形成了 8 个现场总线标准，主要有 ControlNet、Profibus、FF 等。各种标准设备间基本难以互联，这主要是设备供货商基于市场的考虑，使其应用受到限制。

近年来发展、形成统一的现场总线标准已成为可能。如西门子和罗斯蒙特已于 2007 年宣布 Profibus 与 FF 进行互联，西门子推出的 PCS7 V7.0 已能提供 FF 现场总线接口。新的趋势促使形成统一的现场总线标准成为可能。采用以太网现场总线构建的高炉控制系统将成为下一代高炉控制系统技术的主流。以太网现场总线控制系统将以智能 MCC 及智能化仪表为基础，以以太网实现互联，以高炉专家系统进行生产优化，进行分布式的控制，实现资源共享。

从高炉安全考虑，网络化的高炉自动化系统需要采用高炉安全仪表系统（SIS）进行安全控制。安全仪表系统（SIS）通过融合客户化程序和控制逻辑来维持安全；通过独立的系统结构来运行安全逻辑；同时软件工具和操作界面与常规控制集成。通过预先制定的有关生产安全、人身安全、环境安全预案，设置必要的安全检测仪表、高炉安全仪表系统，实施过程的安全监控，可以保证和提高高炉的安全水平。

上述五种类型的控制系统各有特点，在高炉控制的实际应用上各有侧重。至于采用何种结构型式还要结合高炉炉容、工艺技术要求、用户对控制系统的熟悉情况、备件供应情况、系统维护，以及投资费用情况等因素综合考虑。从近年的实际运用看，一般容积为 2000m³ 以上的高炉采用全 DCS 或 DCS 和 PLC 组合型控制系统的比较多；采用全 PLC 控制系统更多的是在 2000m³ 以下的高炉。这样的选型趋向主要是因为大型高炉检测点多，控制站点多，对过程调节控制和网络通讯的要求较高，用户更信任 DCS 在这些方面的传统能力。由于 DCS 和 PLC 组合型的控制系统存在电控和仪控设备不统一，从而导致控制设备一体化程度差、网络结构复杂、用户备件多且维护工作量大、投资费用较高等缺点，近年国内高炉采用的已不多见。全 DCS 控制系统和全 PLC 控制系统由于在上述方面具有的优势，越来越受到用户青睐。我们统计了 2000～2010 年投产的 73 座 2000～5800m³ 高炉中控制系统配置情况，见表 17-18。

表 17-18　高炉控制系统配置情况

基础自动化 L1 型式				过程自动化 L2	数学模型及过程优化系统	
全 PLC 型	全 DCS 型	PLC + DCS 型	集成自动化型		数学模型	过程优化系统
38	17	11	5	50	5	17

17.3.4　过程控制级 L2 的基本组成

过程控制级主要由服务器、操作员站、数据通信网络、打印机等设备组成。

17.3.4.1　服务器

服务器主要用于生产过程的操作指导、作业管理、数学模型和专家系统、数据处理及存储、报表、与其他生产管理计算机系统的通讯等。通常根据不同的应用以及对系统安全性的不同要求，配置不同档次的服务器及其外部设备。大型高炉管理和计算功能多且复杂，数据处理量巨大，对计算机系统的安全性要求高，一般应考虑配置高性能热备服务器、镜像磁盘（Raid1）、磁盘阵列（Raid5），以及数据备份设备（光盘刻录机或磁带机）等。

17.3.4.2　操作员站

操作员站用于数据的设定、操作和显示。操作员站宜采用工业 PC 作为硬件平台。

17.3.4.3　数据通讯网络

数据通讯网络为与 L1 之间，以及与其他生产管理计算机系统的通讯提供信息交换的通道，一般采用 100/1000M 以太网。其中包括，网络介质（铜缆或光纤）和附件、交换机设备（与外部计算机系统通讯应采用带路由功能的交换机通过划分 VLAN 的方式）等。与 L1 之间的通讯一般采用 OPC 方式；与其他生产管理计算机系统一般采用 TCP/IP 通讯协议，通讯方式可采用 Sockets 或 SQL ∗ Net 等。

17.3.4.4　打印机

打印机用于报表打印。

17.3.4.5　系统软件

L2 的系统软件一般包括 Windows 或 Unix 操作系统、数据库软件、应用开发工具软件、防病毒软件、通信软件、热备切换软件（双机热备系统）、系统和数据备份软件等。

17.3.5　过程控制级 L2 的构成类型

目前高炉 L2 的构成大致分为以下三种类型：

（1）单机型。单机型是指采用一台过程计算机承担过程控制级全部应用功能的构成型式。单机型在稍早期（主要在 20 世纪 80 年代）的高炉上应用较多，因为当时的计算机设备价格高，硬件和系统软件的支持能力有限；另外高炉控制主要是对工艺过程的实时监控，即完成 L1 的控制功能，L2 的管理和计算功能较少；L2 的数学模型大都是指导性的，采用一台过程计算机已能满足高炉的基本需求。例如：宝钢 1 号高炉第一代、2 号高炉第一代，攀钢 4 号高炉第一代等都采用这种简单型式。单机型虽然结构简单，但可靠性差的缺点也是明显的，一旦计算机出现故障，系统将陷于瘫痪。随着用户对 L2 应用功能的更多需求以及对 L2 的可靠性要求的不断提高，单机型结构已不再是应用的主流。尤其在大型高炉上，今后不会再应用单机型结构，但在一些小型高炉上可能还会应用。

（2）多机型。多机型是指采用多台过程计算机分别承担过程控制级中的一部分应用功能的构成型式。多机型的好处在于每一台过程计算机都独立工作，相互关联较少，即使一台计算机出现故障，也不会造成系统整体瘫痪。例如：上海一钢 2500m³ 高炉的 L2 就是由 4 台 SUN 计算机工作站组成，4 台工作站分别承担矿焦槽数据管理功能、高炉本体数据管理功能、热风炉数据管理功能，以及铁渣数据管理功能，每一台工作站都进行类似的程序运行处理工作。多机型虽然分担了一台计算机出现故障后导致系统整体瘫痪的风险，但并没有解决出现故障后的局部瘫痪问题。

（3）双机热备型。双机热备型是指采用两台过程计算机服务器及共享磁盘构成的双机系统。双机热备有两种方式：一种是主从方式，即一台服务器为工作机，另一台服务器为备用机。在系统正常情况下，工作机为应用系统提供服务，备份机监视工作机的运行情况（工作机同时也在检测备份机是否正常），当工作机出现异常，不能支持应用系统运行时，备份机主动接管工作机的工作，保证系统不间断的运行。另一种是集群（Cluster）方式，即两台服务器组成一个集群（Cluster），根据应用的实际情况，灵活地在两台服务器上进行应用部署，同时可以灵活地设置两台服务器之间的接管策略，比如，可以由一台服务器作为另一台服务器的备机，也可以设置多重的接管关系。集群方式可以理解为主从方式在技术上的进一步提升。双机热备型一般应用在对过程控制功能多且复杂、对系统可靠性要求高的大型高炉上。例如：宝钢 4 号高炉的 L2 就是由两台双重化配置（多 CPU 及镜像磁盘）的 HP-DL580 服务器组成集群系统。服务器的系统程序保存在各自的镜像磁盘里，数据保存在磁盘阵列中，极大地提高了系统的可靠性和数据的安全性。高炉的所有过程控制功能以及高炉数学模型，都在这两台服务器上实施完成。

17.3.6 自动化控制系统的控制和管理范围

为了方便操作和管理，应尽可能地把高炉主工艺和辅助设施的控制纳入到同一个控制系统中。高炉控制系统的控制和管理范围一般包括：（1）矿焦槽系统；（2）上料及炉顶系统；（3）高炉炉体系统；（4）出铁场系统；（5）热风炉系统；（6）煤气清洗系统；（7）炉渣处理系统；（8）喷煤系统；（9）水处理系统；（10）除尘系统。

高炉鼓风机和炉顶煤气余压回收透平发电装置（TRT）的控制装置一般由鼓风机和 TRT 供应商配套提供，因而高炉控制系统往往不包括这两部分的控制，仅设置与这些成套控制系统的通讯接口。

应根据控制点数和操作维护需求确定控制系统 L1 控制站和操作员站的数量。2000m³

以上的高炉 L1 的一般配置是：矿焦槽及矿焦槽除尘系统配置一台控制站，一台操作员站；
上料及炉顶系统配置一台控制站，一台操作员站；高炉炉体及煤气清洗系统配置一台或两
台控制站，两台操作员站；出铁场和炉渣处理系统配置两台控制站，两台操作员站；热风
炉及出铁场除尘系统配置一台控制站，一台操作员站；喷煤系统配置两台控制站，两台操
作员站；水处理系统配置一台或两台控制站，两台操作员站。参见控制系统配置参考图
17-9。

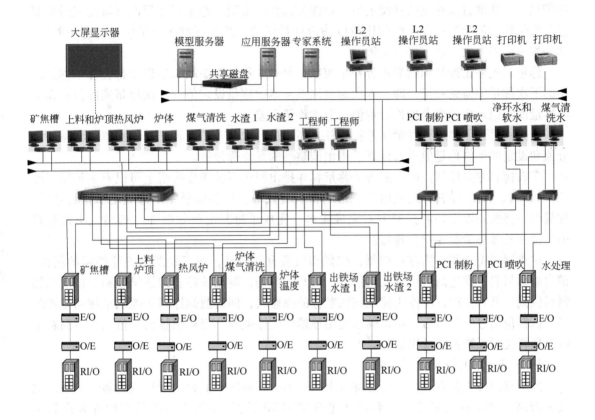

图 17-9　控制系统配置参考图

17.3.7　基础自动化 L1 主要控制功能

17.3.7.1　矿焦槽系统

配料程序控制：根据高炉的装料制度和原燃料料批重量进行矿焦槽的配料程序控制。
矿焦槽配料设备包括选定工作槽的给料机、振动筛及称量料斗。装料制度和原燃料料批重
量一般由 L2 进行配料计算设定后下发给 L1 执行，L1 也可以结合操作经验对 L2 下发的原
燃料料批重量设定值进行修正。不同的高炉装料制度有多种型式，如 C↓O↓，C↓O_L↓
O_S↓ 等。一旦设定和修改完成，L1 控制站将按照重量设定值和既定连锁条件自动完成配
料过程。

矿石称量控制：矿石称量有三种称量方式，即 A、B 及 A + B。一般 A 指烧结矿，B
指块矿、球团矿及杂矿。在操作员站画面上进行称量方式选择，在不同的称量方式下，控

制不同的槽下给料设备运转。当矿石称量达到设定值的95%时，应通过停止两台给料机中的一台或降低给料机给料速度直到称量达到设定值，以保证称量的准确。称量料斗每次称量完成后都要进行实际称量值和称量设定值的比较以确定称量误差，并在下批次同一品种的矿石称量中进行称量补正。如果称量误差太大，系统将会报警。

焦炭称量控制：与矿石在矿槽下进行分散称量不同，焦炭称量往往是在称量料斗处进行集中称量。当焦炭称量达到设定值的95%时，应通过停止焦炭给料机以及降低焦炭输送皮带机运行速度直到称量达到设定值，以保证称量的准确。称量料斗每次称量完成后都要进行实际称量值和称量设定值的比较以确定称量误差，并在下批次称量中进行称量补正。如果称量误差太大，系统将会报警。

称量误差补正控制和焦炭水分补正控制：每一个称量料斗的称量误差都会在本称量料斗的下次称量中得到补正，即：本次称量误差 = 本次称量设定值 − 本次称量实际值；而下次称量设定值 = 生产要求理论设定值 + 上次称量误差。

焦炭称量除需要进行称量误差补正外，还要进行水分补正。补正是根据本次测得的水分值和设定的干焦称量值进行计算后得出调整后的湿焦称量值。

矿石排料方式控制：矿石从各个称量料斗排出到矿石输送皮带机上可以有多种排料顺序，如由远到近的排料方式或由近到远的排料方式等。只要称量完毕且满足了排料条件，称量料斗将按照设定好的排料方式完成排料。完成了排料的称量料斗立即转入下次称量中，即使其他称量料斗仍在排料。

矿焦槽料位检测与槽存量控制：矿焦槽设置有料位计，用于检测槽内原燃料的料位。槽内原燃料料位到达高料位时发出信号，通知原料场控制系统停止向该槽装料；槽内原燃料料位到达低料位时，应停止使用该槽贮存的原燃料，同时通知原料场控制系统向该槽装料。低料位信号解除以后，可以继续使用该槽内的原燃料。当矿焦槽的料位到达高高料位或低低料位时系统都应发出报警。

17.3.7.2　上料及炉顶系统

高炉有两种上料方式，一种是皮带上料，另一种是料车上料。近年国内新建的现代化大中型高炉都采用皮带上料，新建小型高炉和20世纪80年代以前的高炉都采用料车上料。

高炉炉顶也有两种型式，一种是无料钟炉顶，另一种是料钟炉顶（串罐或并罐）。近年国内新建的高炉都采用无料钟炉顶。

这里仅介绍皮带上料系统和无料钟炉顶的控制。

中间料斗控制（适合有中间料斗的高炉）：中间料斗由两个矿石中间料斗和两个焦炭称量料斗组成，是矿焦槽系统和上料系统的分界面。每两个中间料斗之间采用Ⅰ、Ⅱ交替工作制，但当一个中间料斗故障时允许短期使用一个料斗工作。中间料斗随时应装满原燃料处于排料待机状态，排料指令由炉顶根据排料情况发出。一旦炉顶发出排料指令，控制系统将按照既定的装料制度（如 $C\downarrow O\downarrow$，$C\downarrow O_L\downarrow O_S\downarrow$ 等）依次打开焦炭称量料斗闸门和矿石中间料斗闸门进行排料。焦炭称量漏斗和矿石中间漏斗的闸门从开始排料至排料结束，时间不能超过100s，否则应当作故障处理。

上料皮带机控制：上料皮带机一般由3台或4台电机驱动，正常运转时所有电机驱动皮带机运转，当其中一台电机故障停止工作时，其余电机可以继续驱动皮带机运转。每台电机相隔 3 秒依次起动，全部电机起动完毕，上料皮带机即达到正常运行速度。

上料皮带机为长期工作制设备，只有当上料皮带机故障或原燃料到达炉顶"准备"点，而炉顶设备还未准备好受料的情况下才停止运转。

上料皮带机料流模拟跟踪控制：根据上料皮带机的运行速度，通过软件模拟及皮带机上固定的料流位置检测，对原燃料在皮带上的运行位置进行跟踪监视。跟踪从排料的中间料斗闸门离开闭限位时开始，直至原燃料完全进入炉顶料罐为止。

上料数据跟踪控制：上料数据跟踪是把中间料斗排出的原燃料的各种信息，随这批原燃料一起传送至炉顶，使炉顶控制回路采用与之相对应的布料参数，将原燃料布入炉内。

炉顶设备时序控制：按工艺设备运转时序和设备运转相互连锁关系，控制炉顶设备在规定的时间范围内完成受料和往高炉内的装料。受料设备包括受料罐上料闸和上密封阀、均排压阀；装料设备包括称量罐下密封阀和料流调节阀、布料溜槽、探尺。当受料罐"空"且上料闸和上密封阀均已关闭，即可进行从上料皮带机到受料罐的装料。当称量罐"空"且下密封阀和料流调节阀均已关闭，即可进行从受料罐到称量罐的装料。高炉探尺随炉内原料下降到预定料线后自动提起，在已进行了称量罐的均压后，控制系统即打开下密封阀和料流调节阀，并控制布料溜槽按设定的布料方式向高炉内的指定位置布料。布料完毕，关闭下密封阀和料流调节阀，经过放散和均压，接受下一批炉料。

装入方式控制：按照正常装料制度 $C\downarrow O\downarrow$，$C\downarrow O_L\downarrow O_S\downarrow$ 方式，空焦方式（预定空焦和紧急空焦），紧急 DUMP 方式分别进行装料控制。不同的装料方式，各自有不同的布料参数表（Pattern 表），布料参数表包括溜槽倾动设定位置和料流调节阀设定开度。布料参数表一般由 L2 经过计算设定后下发给 L1 执行，L1 也可以结合操作经验对 L2 下发的布料参数设定值进行修正。

布料方式控制：布料方式有四种：多环布料，单环布料，扇形布料和定点布料。布料方式在操作员站画面上进行选择。其中多环布料为正常布料方式，扇形布料和定点布料仅在手动操作时使用。通过布料溜槽改变倾动位置（Notch）可实现多环布料。

布料控制方式又分时间控制方式和重量控制方式。时间控制方式是通过控制布料溜槽在布料环上的停留时间来控制溜槽倾动，进而控制每一个布料环上的布料量。重量控制方式是根控制布料溜槽在布料环上的实际布料量来控制溜槽倾动。布料控制方式可在操作员站画面上进行选择。

布料溜槽调速控制：布料溜槽的运转分为向下倾动进行布料和向上倾动回待机位置两个动作。向下倾动布料位置有 11 个，在 L2 下发的布料参数表中选定其中采用的布料位置。为保证向下倾动定位的准确性，控制系统根据溜槽距离目标位置距离的远近，向 VVVF 分别发出"高速"和"低速"指令，控制溜槽准确倾动至目标位置。布料结束后，溜槽以固定速度向上倾动回待机位。

料流调节阀控制：控制系统根据料流调节阀排料特性曲线（开度 X 和排料速度 v 之间的函数关系 $v = a(X+b)^2 + c$）、料批重量以及布料时间等对料流调节阀的开度进行控制。如果在规定的布料时间里出现布料提前或延后结束，则控制系统通过对系数 a、b、c 的回归和自学习，对下一批布料时的料流调节阀开度进行修正，以消除布料误差。矿石和焦炭各自有不同的料流调节阀排料特性曲线。

均排压控制：原燃料从炉顶受料罐进入称量罐之前，控制系统打开排压阀对称量罐进行排压，使罐内压力为大气压力；而原燃料从称量罐布入炉内之前，控制系统先后打开一次和二次均压阀，对称量罐进行充压，使罐内压力略高于炉内压力。

炉顶放散控制：作为安全措施，在炉顶设有放散阀。当炉顶压力超过安全设定值时，控制系统根据不同的差压相继打开各个放散阀泄压并报警。

炉顶洒水控制：炉顶一般设有多个洒水阀，当炉顶上升管或煤气封罩内的温度高于设定值时，控制系统打开洒水阀洒水降低炉顶温度。当温度回到正常值范围时，关闭洒水阀。

炉顶煤气成分分析：炉顶煤气成分分析是在粗煤气除尘器和煤气清洗装置之间处对高炉煤气进行采样，用煤气分析仪进行成分分析，检测出高炉煤气中 CO、CO_2、H_2 及 N_2 的含量，为操作人员判断炉内状况提供依据。整个分析装置由煤气分析仪及其采样装置组成，分析结果送往控制系统。控制系统对每种成分的数据偏差进行检验，若超过一定限度，发生偏差报警。

17.3.7.3　高炉本体系统

炉体温度监视：高炉一般在炉喉、炉身、炉缸、炉底、耐火材料和冷却系统设置较多温度检测点，通过这些温度检测点，控制系统对高炉本体各部分的温度进行监视。

风口破损监视：控制系统对风口冷却水给水流量和排水流量进行流量差计算，并对流量差进行监视。当给水和排水流量差超过一定范围时，控制系统发出风口破损报警。

炉身静压监视：控制系统对高炉炉体多点检测的压力进行监视，从而间接了解炉内的气流压力分布，为高炉操作提供依据。控制系统除对炉身煤气静压力进行监视外，还对取压孔的吹扫以及测定压力的补正进行控制。

高炉炉体冷却系统监视和控制：高炉炉体冷却系统按冷却部位的不同分为工业水冷却系统和纯水密闭循环系统。控制系统对水冷却系统的温度、压力、流量、液位等进行监视，并接收检测仪表送来的单元冷却水的温度、流量信号，计算出各单元的实际热负荷，并将此热负荷值与设定值比较。当超出管理界限时，人工调节冷却水的流量，以此来控制冷却单元的热负荷。

17.3.7.4　热风炉系统

高炉一般配置有 3~4 座热风炉，热风炉主要有三种工作状态：燃烧状态、送风状态和换炉过程。

热风炉处于燃烧状态时，向热风炉送入煤气（高炉煤气和焦炉煤气或转炉煤气）和助燃空气，煤气燃烧产生热量使热风炉蓄热；热风炉处于送风状态时，向燃烧结束的热风炉送入冷风，经热风炉加热后送入高炉。上述两种状态间的转换定义为换炉过程。

燃烧控制：热风炉燃烧分为三个阶段：燃烧初期、拱顶温度管理期和废气温度管理期。由热风炉燃烧控制数学模型确定燃烧初期燃烧用煤气流量、空燃比、助燃空气流量、拱顶管理温度等，当拱顶温度达到管理温度时，转入拱顶温度管理期。在拱顶温度管理期以拱顶温度为目标值调节焦炉煤气流量（保持高炉煤气流量不变），燃烧过程中以废气残氧修正助燃空气流量。废气温度管理期以废气温度为目标值调节高炉煤气流量，并在设定的燃烧期内不超过上限温度。

送风温度控制：热风炉送风制度分为单炉送风和交错并联送风。

单炉送风时仅有一座热风炉处于送风状态，风温由混风调节阀控制。控制系统通过比较热风目标温度与检测温度，自动调节混风调节阀的开度，即调节掺入的混风室的冷风量，以达到风温控制的目的。控制回路如图 17-10 所示。

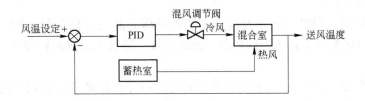

图 17-10　送风温度控制系统

交错并联送风适合配备 4 座热风炉的场合，必须有两座热风炉向高炉送风（投入送风的时间错半个周期）。

在一个送风周期内，先投入送风的热风炉称为"先行炉"，后投入送风的热风炉称为"后行炉"。两座热风炉送出不同温度的热风，在热风主管内混合后进入高炉。

控制系统向先行炉冷风阀发出开启指令后，开启该炉的混风调节阀，比较热风目标温度和热风检测温度，自动调节混风调节阀的开度。当后行炉投入送风后，先行炉的混风调节阀关闭，风温控制交由后行炉的混风调节阀完成。控制回路如图 17-11 所示。

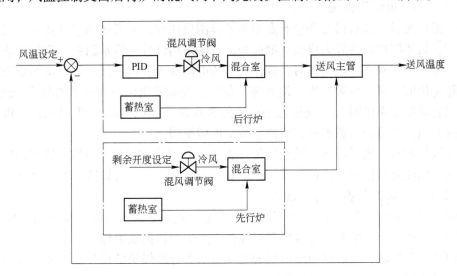

图 17-11　交错并联送风控制系统

换炉控制：热风炉换炉制度分为自动换炉和单炉自动换炉。

自动换炉是由控制系统以设定的送风时间或送风温度作为换炉指令。换炉指令发出时，参与换炉的热风炉设备按送风方式和连锁条件自动完成换炉操作，此为正常换炉操作方式。

半自动换炉是由操作员对一座热风炉发出换炉指令，参与换炉的热风炉设备按送风方式和连锁条件自动完成换炉操作。

17.3.7.5　煤气清洗系统

炉顶压力控制：炉顶压力由环缝洗涤器、旁通阀组和炉顶余压回收透平（TRT）静叶协调控制。

当 TRT 不运转时，主、副旁通阀全开，炉顶压力调节器的输出信号控制比肖夫煤气清洗系统环缝调节装置。

当 TRT 运转时，TRT 控制系统接受高炉炉顶压力的设定值信号和测量值，通过 TRT 装置和旁通阀共同实现炉顶压力的控制。此时，煤气清洗系统仅进行环缝差压控制以保证煤气清洗效果。

当 TRT 故障紧急停车时，由 TRT 设置的超前跟踪控制紧急开放副旁通阀以吸收通过 TRT 的煤气量，并由主旁通阀控制炉顶压力。为了实现煤气清洗系统到 TRT 或 TRT 到煤气清洗系统的过渡转换控制，设置必需的逻辑连锁控制，以实现在过渡过程中或 TRT 故障时炉顶压力的稳定。

在控制系统中，由炉顶压力调节器与煤气清洗装置环缝位置调节器组成串级控制回路。由于煤气清洗装置环缝特性为非线性，炉顶压力调节器的输出信号需进行非线性运算处理。位置调节器的输出控制环缝液压装置的液压伺服阀，从而实现炉顶压力控制。

洗涤段排水控制：控制系统通过水位调节阀对洗涤器上部和下部水位进行连续调节控制。当水位异常时（HH、H、L、LL），通过管道上设置的切断阀进行控制，使水位保持在正常范围内。

17.3.7.6 出铁场系统

铁水温度测量：铁水温度测量有点测和连续测量两种。前者多用于装备水平较低的中小型高炉，近年国内新建和大修改造的高炉已普遍采用红外式铁水温度连续监测系统。

铁水测温采用浸入式热电偶时，操作员将热电偶插入主沟一段时间，待测定温度上升至某一稳定值时，测温装置发出"测量完"信号，控制系统记录和显示测温值。铁水测温采用连续自动测量系统时，出铁过程中连续的铁水温度曲线可由 CRT 显示，供操作人员参考，这些数据还可输入数据库，供建立数学模型使用。

铁水液位测量：通过雷达式铁水液位计和（或）铁水称量系统对铁水罐车的铁水液位进行检测。检测重量信号送入控制系统记录和显示，并供建立高炉数学模型使用。

17.3.7.7 煤粉制备和喷吹系统

干燥炉出口温度控制：干燥炉燃烧高炉煤气，使助燃空气与高炉煤气成一定燃烧比例，控制系统控制干燥炉燃烧的煤气量，以使干燥炉出口温度恒定。

磨煤机负荷控制：通过调节给煤机的给煤量来进行磨煤机负荷控制。而给煤机的给煤量以煤粉仓重量和喷吹量作为设定依据。

煤粉仓监视：由于煤粉温度、CO 和 O_2 的浓度是引起火灾和爆炸的因素，故控制系统必须对煤粉仓的料位、CO 浓度以及温度进行监视。

煤粉喷吹量控制：通过喷吹重量和喷吹时间进行的微分运算（dw/dt）得出实际的瞬时喷吹量值，与喷吹量设定值进行比较后控制喷吹罐的罐压，从而控制喷吹量。

在喷吹罐加压、等待喷吹阶段，为保证喷吹系统的安全，喷吹罐罐压与高炉送风压力需有一定的正压差，当送风压力变高时，喷吹罐罐压也随之升高。考虑到高炉送风压力急剧升高时，由于喷吹罐压力调节阀调节滞后，喷吹罐压力不能及时跟踪，因而在调节阀管路上并联一个快速切断阀，当高炉送风压力急剧升高时立即打开此切断阀快速补充喷吹罐的罐压，使喷吹系统得以安全工作。同理，当热风压力下降时，罐压将呈现出过压，此时打开罐排压阀。

每个喷吹罐的重量、喷吹速率在控制系统 HMI 画面上均有指示和记录。

煤粉喷吹检堵控制：一般在每一根喷吹支管上设置防堵塞检测器，其中一个支管发生堵塞时，控制系统迅速地将该喷吹管路切断，同时自动将吹扫阀打开，用压缩空气对喷吹管线及煤枪进行吹扫冷却。待故障排除后，由在控制系统 HMI 画面上重新启动风口喷吹。支管堵塞时，HMI 流程图画面上有闪烁报警指示。

煤粉喷吹安全连锁控制：由于煤粉是易燃易爆物质，因而煤粉制备和喷吹的安全连锁控制十分重要。对于电源故障、气源故障、控制系统本身的故障以及温度、氧含量、CO 含量等会引起煤粉自燃和爆炸的因素，都要设置连锁控制回路，并严格控制在一定范围之内。一旦出现相应故障，必须发出报警并自动采取安全连锁措施。

17.3.7.8 炉渣处理系统

炉渣处理有多种方法，如 INBA 法、图拉法、渣池法等。这里仅介绍 INBA 法的控制功能。

转鼓过滤器调速控制：对于电动转鼓过滤器，一般采用 VVVF 进行转鼓调速控制。控制系统根据渣流速度（t/min）给出不同的转鼓旋转速度设定值，以控制转鼓过滤器的转动速度。

渣流速的检测与计算：通过设在转鼓排出皮带机上的电子秤的实际称量值与时间的积算来计算冲渣速度及每次出铁的冲渣量。水渣含水率由操作人员设定。

17.3.8 HMI 画面

操作员主要通过以下几种类型的画面：（1）菜单画面；（2）系统总体监视画面（见图 17-12）；（3）系统选择画面；（4）设定画面；（5）控制回路显示画面；（6）报警画面，对生产过程进行操作和监视。

17.3.9 过程自动化 L2 的主要功能

原料试验分析数据收集处理：根据全厂分析中心分析数据计算机传送到高炉的矿石、焦炭化学成分以及物理性状数据进行分类存储，并进行画面显示。

槽存量数据处理：根据原料场计算机送来的入槽作业结束时矿焦槽的库存信息，了解矿焦槽的库存量，并进行画面显示。

装料数据处理：对高炉装料实时数据进行收集分析，为装料设定值的调整提供依据。

炉顶煤气成分数据处理：收集炉顶煤气成分数据，计算炉顶煤气利用率。

实时数据处理和监视：收集温度、压力、冷却水流量等各类数据，并进行显示和报表处理。

渣铁数据处理：接受渣铁数据（例如从分析计算机和原料计算机送来的渣铁成分，实测的铁水温度及铁水重量等）进行分析处理，计算出平均出铁速度、炉内渣铁存量和液位，并进行显示和打印。

炉内数据处理：对诸如炉热指数、透气性阻力系数、炉腹煤气量、煤气利用率、风口火焰温度、风速、煤粉喷吹浓度、生铁量等复合参数进行处理。

技术计算：对炉内数据、喷煤参数、鼓风参数等按一定计算式进行计算，然后按不同

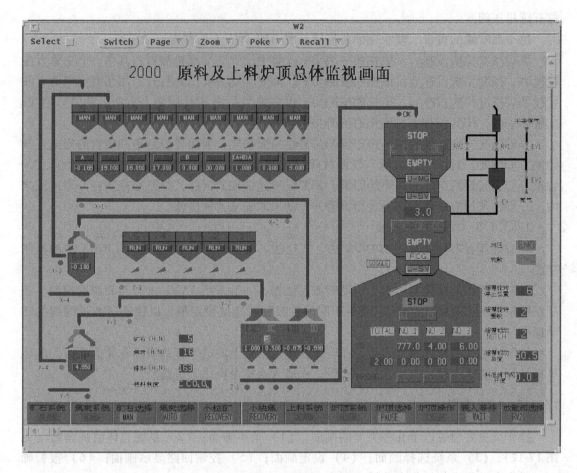

图 17-12　系统总体监视画面

时间段整理成数据表格文件或曲线进行显示和打印。

　　数学模型：高炉常用数学模型包括：配料计算模型、布料模型、炉况判断模型、软熔带推断模型、炉缸侵蚀推断模型、热风炉燃烧模型以及质量和能量平衡模型等。

17.3.10　自动化控制系统电源

　　自动化控制系统一般采用 UPS 提供电源。

17.4　高炉数学模型及专家系统

17.4.1　高炉数学模型及专家系统的发展

　　高炉数学模型是针对高炉操作的关键因素（如炉温控制、布料控制、操作内型和软熔带管理、炉衬侵蚀状态预测等），将冶金学原理和数学工具相结合开发出来的一种软件技术。众所周知，高炉冶炼是在所谓"黑匣子"状态下进行的复杂的冶金物理化学过程，传统的高炉操作主要依赖操作人员的经验。合适的高炉数学模型能帮助操作人员更好地理解和掌握炉内的冶炼现象，更准确地判断炉况特征，决定操作对策，达到改善高炉技术经济指标的目的。

高炉数学模型的发展是与检测技术、计算机技术发展的水平相适应的。为了提高高炉冶炼过程的自动控制水平，提高生产效率，早在 20 世纪 50～60 年代，一些发达国家就对高炉数学模型开展了研究。当时的数学模型多为静态模型，主要用于离线分析高炉中长期的操作。70 年代中期，高炉数学模型开发取得很大进展，开发动态模型进行在线控制逐渐成为主流。此后，以日本为代表，采用人工智能技术开发的一些高炉专家系统开始出现。90 年代以来，高炉过程的控制已经进入专家系统和人工智能控制的新阶段。从高炉数学模型的研究，到高炉专家系统的开发应用，大体经历了两个阶段。

17.4.1.1 数学模型阶段

20 世纪 50～60 年代，是研究高炉数学模型的初期阶段。这一时期的数学模型，多是将高炉视为稳定热态，不考虑炉内的化学反应速度，仅从热化学角度建立的高炉物料平衡和热平衡模型。Rist 操作线模型可作为物料平衡和热平衡模型的典型代表。这类静态模型主要用于分析高炉某一时期的平均状态，例如指出中长期内高炉降低焦比的潜力和方向等。

这一时期，高炉某些检测仪表的精度和可靠性还不高，用于过程控制的计算机配置和功能也很低，对高炉过程控制的研究主要是预报和控制铁水含硅量，所以炉温预报控制模型居多。在众多炉温预报控制模型中，主要是基于高温区域热平衡理论的炉热指数模型，如 W_u 指数、E_c 指数、T_s 指数等模型[8]。这类模型大多建立在静态计算的基础上，难于适应高炉内的瞬时变化，定量地预报炉温变化，逐渐被此后发展的高炉专家系统所代替。尽管如此，炉热指数模型在定性地预报炉温变化趋势方面有其使用价值，在某些高炉专家系统中仍然保留。

A W_u 指数模型

W_u 指数模型是由法国钢铁研究院（IRSID）提出的。W_u 指数根据生产高炉的鼓风参数、炉顶煤气成分、碳的溶解损失等数据计算，未考虑 FeO 直接还原消耗的热量和高炉炉墙热损失。对热损失校正后，W_u 指数表示 1000℃ 以上高温区内由煤气传给炉料的热量。20 世纪 60 年代中期，W_u 指数模型曾在法国生产高炉上应用。根据生产数据的统计，法国某高炉 88 炉铁的 W_u 指数变化趋势和铁水含硅量的变化趋势一致的占 90%。这表明，W_u 指数可用于对高炉炉热水平发展趋势进行分析。

炉顶煤气成分的准确性对 W_u 指数影响很大，W_u 指数仅适合定性预测炉温走势，这限制了它的应用。

B E_c 指数模型

E_c 指数模型是由比利时冶金研究中心 CRM 提出的。E_c 指数模型的基本原理是将高炉分为 1000℃ 以下和以上两个区域，计算高炉下部 1000℃ 以上高温区的热平衡。E_c 指数由 [Si] 还原和渣铁过热两项组成，它表示 1000℃ 以上高温区内还原硅后的剩余热量，E_c 指数与 [Si] 有很好的正相关关系。比利时 TTM 公司 4 号 1767m³ 高炉 1968～1969 年期间的操作表明，E_c 指数的变化趋势与 [Si] 变化趋势相同，而且提前一段时间。根据生产数据统计，人工操作时铁水含硅量的方差 σ_{Si} 为 0.15%，采用 E_c 指数控制期间铁水 σ_{Si} 降低到 0.10%，采用 E_c 指数模型对稳定炉温起了积极的作用。

C T_S 指数模型

T_S 指数模型是 20 世纪 80 年代末日本住友公司开发的一维动态热平衡模型,用于预报铁水温度。T_S 指数是指风口水平面处的炉料温度,是用高炉一维动态模型计算的。在此模型中,根据还原过程的特征,将高炉工作空间自上而下分为 5 个区域。考虑各个区域的化学反应速度,以及煤气和炉料间的传热,建立物质平衡和热平衡的一维联立微分方程。求解联立微分方程,得到各区域的炉料温度 T_S 和气体温度 T_G。在鹿岛 1 号高炉进行的研究表明,用此模型计算的第 5 区(风口区)炉料温度 T_{SS} 和测量的铁水温度,二者有 90% 的变化趋势一致。因此,可根据 T_{SS} 指数预测每次出铁时的铁水温度。

T_S 指数与 W_u 指数、E_e 指数的不同之处,一是 T_S 指数不是用于预报铁水含硅量而是预报铁水温度,二是该模型不依赖炉顶煤气分析数据。

D 其他炉温控制模型

预报铁水含硅量的时间系列模型也是广泛采用的一种炉温控制模型,特别是其中的自回归平均移动模型 ARMAX[9]。该模型的基本原理是,将高炉过程看作一个多输入、单输出系统。主要输入变量包括:风温、风压、燃料喷吹量、鼓风富氧量、焦炭负荷、下料速度、煤气利用率、炉顶煤气温度、炉墙各部位温度等,输出变量为铁水含硅量 [Si]。对各输入变量与 [Si] 的关系用多元相关分析得到相关系数,确定影响 [Si] 的主要因素,根据给定时刻的 [Si] 以及时间序列的响应系数等参数,就可推算下一时刻的 [Si]。在炉况较平稳的情况下,此模型预报 [Si] 的命中率可达 80% 左右。

除炉温控制模型外,炉顶布料模型、炉底侵蚀模型、软熔带模型等也是研究、应用较多的高炉数学模型。

17.4.1.2 从数学模型到专家系统阶段

A 高炉专家系统的出现

专家系统 Expert System 是人工智能 Artificial Intelligence 技术的一个重要分支。高炉专家系统是对高炉数学模型的重要补充和发展,它是在高炉冶炼过程主要参数曲线或数学模型的基础上,将高炉操作专家的经验编写成规则,运用逻辑推理判断高炉冶炼进程,并提出相应的操作建议。高炉专家系统可以帮助工长提高判断炉况的准确性,避免操作失误,统一高炉各班的操作,提高高炉的生产效率。

从世界范围看,20 世纪 70 年代中期到 90 年代初期是发达国家高炉专家系统快速发展的时期。从数学模型在高炉上应用到高炉专家系统的出现,并没有明显的分期,这是一个渐进的演变过程。在高炉专家系统的研究开发方面,日本领先于欧美一些发达国家。大体上说,日本各钢铁公司在 80 年代中后期就先后开发和应用了高炉专家系统,而欧洲发达国家的钢铁公司多是在 90 年代初期才开发出专家系统,到 90 年代中期专家系统才普遍采用。

B 日本的高炉专家系统

众所周知,20 世纪 70 年代是日本高炉大型化的快速发展期,随着高炉装备和自动化控制水平的提高,高炉过程计算机控制技术有很大的发展。在此期间,随着人们对炉温控制模型研究的深入,意识到高炉炉温控制不能单纯依赖反馈控制。80 年代中期,日本各钢铁公司以炼铁专家知识为基础,将逻辑判断与数值计算相结合,相继开发出各自的高炉专家系统。其中应用较好的高炉专家系统有:川崎水岛厂 4 号高炉的 AGS 专家系统、新日铁君津厂 3 号高炉和 4 号高炉的 ALIS 专家系统、新日铁大分厂 2 号高炉的 SAFAIA 专家系统、住友鹿岛厂 1 号高炉的 HYBRID 高炉专家系统、日本钢管福山厂 5 号高炉的 BAISYS 专家系统等[8]。下面以川崎公司的 AGS 系统和新日铁的 ALIS 系统为例,扼要介绍日本高炉专家系统的特点。

a AGS 系统（Advanced Go-Stop System）

早在 1975 年,川崎公司开发的 Go-Stop 系统就在千叶 5 号 2584m³ 高炉投入了运行。Go-Stop 系统已具有高炉专家系统的雏形,它对高炉专家系统的发展起了示范和推动作用。Go-Stop 系统是一种基于高炉运行参数,结合操作者的经验,由计算机对炉况进行判断,并提供操作指导的模型。Go-Stop 系统的特点是以炉料下降作为判断炉况的主要因素,选择总压降、炉身内压降、炉料下降、煤气利用率、炉顶煤气温度、炉身处炉衬温度、炉内热状态和炉缸聚集的渣量 8 个参数进行统计运算。将 8 个参数的运算结果与确定的标准值比较,提出前进、停止或后退 3 种状态的操作建议。纠正炉况的操作分为改善下料、防止炉缸热量明显下降、强化出铁等作业。对应上述目的采取的对策有减风、减轻负荷和下次提前出铁等。根据千叶 5 号高炉对 620 次炉况状态判断的统计,Go-Stop 系统判断结果与操作人员一致的有 582 次,达到 93.9%。Go-Stop 系统的应用是比较成功的。

1987 年,Go-Stop 系统发展成为 AGS 专家系统。该系统不仅在日本钢厂应用,还输出到日本以外的国家,例如中国的宝钢、芬兰的罗德洛基、德国蒂森公司等。

b ALIS 系统（Artificial Logical Intelligence System）

新日铁君津厂 3 号高炉和 4 号高炉的 ALIS 专家系统 1988 年投入运行。ALIS 专家系统是高炉操作的人工和逻辑智能系统,与一般的高炉专家系统相比有以下特点:

（1）其功能有所扩大,不仅有常规操作控制,还有非稳定态的操作控制,例如高炉休风、送风、悬料处理等异常操作。

（2）该专家系统充分利用所有操作数据,设计了在线引擎和离线引擎。离线引擎可利用实时数据推断炉况,并与在线操作分开。该系统还有论证功能解释推理结果,而且所有可视化演示和图表都采用日语,以方便工长操作。

（3）该系统特别重视知识库的维护、扩充和更新。现场工人和系统工作人员每天评估专家系统知识库的应用效果,并对控制参数的目标值和限制值做出是否调整的决定。规则的更新则在每月的工作会上讨论决定,知识库的维护和技术文件整理均由操作人员完成。

ALIS 系统运行中可根据透气阻力系数 K 的变化提出操作指令,采用该系统后高炉炉况更为稳定,铁水含硅量和铁水温度的方差明显减小。

C 欧洲和其他发达国家的高炉专家系统

20 世纪 80～90 年代,世界主要发达国家如英国、奥地利、芬兰、德国、瑞典、澳大利亚、法国、韩国等都先后开发了高炉专家系统。其中,芬兰罗德洛基公司的高炉专家系统和奥钢联的 VAiron 专家系统对外输出较多,我国有不少钢铁公司引进了这两个专家系统,对其基本情况简介如下。

a 芬兰罗德洛基高炉专家系统

罗德洛基高炉专家系统是在引进日本川崎 AGS 系统的基础上,在 1991～1992 年期间开发的,用于拉赫厂的两座 1033m³ 高炉。开发初期,罗德洛基高炉专家系统有 600 条左右生产规则,1996 年前后生产规则增加到 1000 条左右。

在拉赫厂，高炉专家系统用于数据处理、过程分析和优化，以曲线显示和报告功能等方式提供给高炉操作者。专家系统的数据库存储数千个数据点，数据点包括检测数据和计算值。每种数据点有多级历史数据，有分钟、小时、天、周、月、年等级别，也可设置其他时间级别。该专家系统有两种基本模型：动态模型和静态模型。动态模型有技术计算模型、炉缸平衡模型（即渣铁实时生成量模型）、[Si] 预报模型、软熔带模型、Go-Stop 系统等；静态模型有配料计算模型、质量和能量平衡模型、碳-直接还原度模型、热风炉模拟模型、成本优化模型等。

该厂经验表明，高炉采用计算机控制比人工控制降低燃料比 10kg/t，而采用专家系统后则在此基础上燃料比又降低 4kg/t。1992 年拉赫厂 1 号高炉燃料比 438kg/t、利用系数 $3.0t/(m^3 \cdot d)$，为当时世界领先水平。究其原因，一是高炉精料水平高、入炉铁分 60% 以上、渣量 258kg/t；二是生产过程实现了计算机管理，高炉专家系统发挥了很好的作用。

b　奥钢联 VAiron 专家系统

20 世纪 90 年代，奥钢联开发的 VAiron 专家系统在奥地利林茨厂的几座高炉上先后投入运行。该厂 A 高炉第 3 代炉缸直径 10.5m、容积 $2459m^3$，另外 3 座高炉炉缸直径 8m、容积 $1260m^3$。初期的 VAiron 专家系统是咨询模式，1992 年投入运行；后来发展到咨询模式与闭环模式共存，被称为 VAiron 专家系统第 3 代，1997 年投入运行。

VAiron 专家系统基于过程信息系统和若干数学模型。主要数学模型包括：（1）配料优化模型，根据原料分析、目标产品和燃料消耗数据，计算确定含铁原料、焦炭、熔剂和附加料等批重，达到目标碱度、最低成本、最低碱金属含量和最低渣量；（2）布料模型，满足 PW 公司无钟炉顶控制炉顶布料的要求；（3）平衡近似检验模型，通过较长时间的物料平衡和热平衡，检验称重和煤气分析的精度；（4）高炉监控模型，计算得到一些不能直接测量的高炉参数，例如间接还原度、风口前理论燃烧温度和风口循环区深度等；（5）基于物料平衡和热量平衡的铁水含硅量预报模型；（6）炉缸侵蚀计算模型，基于炉缸电偶测量数据和冷却热损失数据计算炉底内衬的侵蚀；（7）热风炉控制模型，保证烧炉能耗最低和达到最佳的热风炉工作条件；（8）热力学过程仿真模型，利用了一部分实验室数据进行计算得到，用于计算生铁和炉渣化学成分、软熔带位置和形状等。

VAiron 专家系统第 3 代综合了统计模型、物理模型、人工智能和以操作规则为基础的知识库，具有咨询和闭环两种操作模式。在使用闭环模式以前，高炉操作人员首先应进行咨询模式的测试，验证专家系统提出的操作建议是否可取。在咨询模式阶段，是否执行专家系统提供的操作建议，还是由操作者做出决策。在咨询模式测试之后，专家系统可以转入闭环模式。1997 年 7 月起，在奥钢联林茨厂的 A 高炉上实现了 VAiron 专家系统的闭环模式运行，燃料消耗、原料碱度、喷油量、喷蒸汽量甚至炉顶布料均可实现操作人员不加干预。

VAiron 专家系统在南非伊斯科公司高炉和奥地利林茨厂高炉应用，取得了产量增加、燃料比降低、铁水含硅量标准偏差减小等效果。

17.4.2　高炉数学模型及专家系统的组成

17.4.2.1　管理专家系统和操作专家系统

高炉过程是一种时间常数大的非线性系统，高炉过程的控制分为长期、中期和短期三种。一般而言，满足长期控制的数学模型和专家系统属于管理专家系统的范畴，而用于中期控制和短期控制的数学模型和专家系统属于操作专家系统范畴。

A 管理专家系统

高炉过程的长期控制主要是指生产方针或生产计划的制定。长期控制是管理人员在原燃料供应或市场需求变化时，或者生产工序出现薄弱环节（如上料和装料系统设备故障、热风炉损坏等）时，从产量、质量、消耗、成本等方面进行分析和评估，必要时对高炉操作制度做出重大的调整。例如，罗德洛基专家系统有一个成本优化模型，帮助管理人员进行长期计划和决策，该模型的目标是使高炉原料成本、能源成本最低。利用这一模型，可以评估不同变量对铁水成分、产量和价格的影响。近年，我国很多企业开发了各自的烧结优化配矿模型或炼焦优化配煤模型，用于优化资源利用和降低成本，也属于长期控制的范畴。

对我国钢铁企业而言，成本的竞争将是一个必须长期面对的问题。不论烧结配矿模型，还是炼焦配煤模型，都应以保证关键质量指标达到要求为前提。例如，对烧结矿，至少应满足铁分、碱度、转鼓强度及主要冶金性能等指标的要求；对焦炭，至少应满足 M_{40}、M_{10}、CSR 等指标的要求。值得提出的是，在成本压力下，近年有的企业对高炉精料方针有所忽视，片面地追求降低原燃料成本，采用一些低价的杂矿生产烧结矿，或者采用低价、质量差的煤炼焦，带来了严重的后果。焦炭质量变差，影响高炉料柱的透气性，引起高炉较长时间的波动乃至失常，恢复正常炉况需要很长的时间；入炉铁分降低，或炉渣 Al_2O_3 含量过高（大于 $16\% \sim 17\%$），引起炉况波动，燃料比升高。降低矿石成本的收益远低于燃料比升高的损失，不但未达到降低成本的初衷，反而导致炉况不顺。这些教训每个企业都应引以为戒。

B 操作专家系统

稳定顺行是高炉操作追求的目标，也是短期和中期控制的数学模型和专家系统的开发目标。短期控制是根据高炉炉况的动态变化，随时调剂，消除各种因素对炉况的扰动，保证高炉生产过程稳定顺行和产品质量合格。短期控制是高炉工长当班操作的内容，如炉温、鼓风参数（风量、风温、富氧）、喷煤量、炉顶压力、布料等控制。高炉数学模型和专家系统应以满足短期操作为根本，如果高炉专家系统的可靠性不能受到操作人员的认可，就不可能实现真正意义上的操作控制自动化，更谈不上高炉操作的闭环控制。

中期控制大体包括操作内型管理、炉缸炉底侵蚀、高炉崩料、悬料、管道等异常炉况状态下的调整等。此外，还可根据高炉作业条件对高炉操作参数和技术经济指标进行优化，使高炉处于最佳状态运行。短期和中期是相对的概念，中期控制是建立在短期控制基础上的。在强调短期控制重要性的同时，也不能忽视高炉过程的中期控制。例如，高炉炉墙是否结厚，渣皮是否反复脱落，操作内型是否正常；高炉煤气利用率与原燃料水平是否适应，装料制度是否合适；料柱透气性与送风制度是否适应，风口面积和布局是否需要调整；炉缸、炉底是否处于安全范围，冷却制度是否合适；高炉进一步降低燃料比还有哪些潜力等。如果中期控制不好，高炉的损失更大，恢复正常的周期更长。

17.4.2.2 在线模型和离线模型

根据模型运行的方式可分为在线模型和离线模型。在线模型也称作动态模型，一般利用高炉检测仪表数据和其他实时数据开发，用于对炉况进行分析判断，或向操作者提出具体的操作建议。例如高炉专家系统中的炉缸渣铁实时生成量平衡模型、[Si] 预报模型、软熔带模型、Go-Stop 系统等，均属于在线模型。

离线模型也称作静态模型，主要供管理人员使用，例如定期地或根据需要对高炉的中长期控制目标进行分析，找出改进的方向。例如高炉专家系统中的配料计算模型、质量和能量平衡模型、碳-直接还原度模型、热风炉模拟模型、成本优化模型等。另外，炉缸、炉底侵蚀状态的判断模型也属于离线模型。

任何高炉专家系统，都离不开若干在线模型和离线模型的支撑。一个完备、有效的高炉专家系统应包括若干在线模型、离线模型和千百条专家经验规则。相对于高炉专家系统整体而言，每个数学模型是其中的某一功能模块，有的模型是独立的，有的模型则与其他模型有一定关联。因此，日本住友公司将其专家系统称为混合型高炉专家系统。

17.4.2.3　高炉专家系统的结构[10~12]

高炉专家系统由若干个具有特殊功能的程序模块组成，其基本结构如图 17-13 所示。

（1）综合数据库：用于存放系统运行过程中所需要的和生成的相关信息，包括原始数据、中间结果和运算过程的记录等。

（2）知识库：用于存取和管理所获取的高炉知识和高炉操作经验，供推理机使用。

（3）推理机：用于对知识库内的知识进行搜索推理，求出问题的答案。

（4）知识获取子系统：起着对知识库进行编辑、修改、更新等作用，在用户界面上完成。

（5）解释子系统：对用户提出的咨询作出回答，对推理路径加以说明，并对推理结果作出解释。这些内容均在用户界面显示。

（6）用户界面：这是操作人员与专家系统交流的平台。用户界面负责将用户所输入的信息转

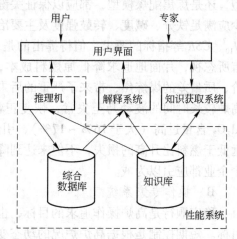

图 17-13　高炉专家系统的基本结构

换成系统内部的表达形式，同时将系统内部信息转换成操作人员易于理解的外部输出形式。

种种高炉专家系统的结构都各不相同，尽管它们存在差别，但基本结构还是相近的，因此不一一列出。

17.4.3　高炉数学模型及专家系统在高炉生产中的作用

17.4.3.1　国内发展和应用概况

前面介绍了国外高炉数学模型和专家系统的发展和现状，本节简介国内这一领域的发展和应用概况。

高炉数学模型和专家系统在我国高炉的应用始于 20 世纪 80 年代。1985 年建成投产的宝钢 1 号高炉在国内首次引进了新日铁的数学模型，1991 年投产的 2 号高炉引进了川崎的 AGS 专家系统。20 世纪 90 年代，在冶金部的组织领导下，以消化、吸收、创新、提高为目标，首钢、鞍钢等企业和国内大学合作，开展高炉数学模型和专家系统的研究开发，投

运了各自的高炉专家系统。1996 年，武钢首次引进了芬兰罗德洛基高炉专家系统。2001年，攀钢首次引进了奥钢联 VAiron 专家系统。进入新世纪以来，我国高炉引进的和自主开发的数学模型和专家系统有了很大的发展。

（1）早在 20 世纪 70 年代，首钢就和中国科学院、钢铁研究总院合作，研究开发数学模型[11~13]。1986~1987 年，首钢开发了［Si］预报模型并投入在线运行。1989 年首钢与北京科技大学合作，在 2 号 1726m³ 高炉上开发人工智能高炉专家系统，1991 年 9 月投入正常运行。该专家系统包括炉热判断（［Si］预报）子系统、炉况顺行判断（悬料、崩料、滑料）子系统和炉体状态判断（炉墙结瘤、冷却壁烧穿和漏水）子系统，达到了当时的国内领先水平。此后由于专家系统维护工作存在不足，未能随着计算机技术的进步继续深入开发和完善。该高炉的专家系统被 2002 年引进的芬兰罗德洛基高炉专家系统取代。但是，罗德洛基高炉专家系统在首钢的应用效果并不理想，重要原因是当时原燃料化学分析数据和基本仪表数据精度等达不到该专家系统的要求。

2005 年起，首钢自动化信息技术公司和首钢炼铁厂合作，总结了现有高炉信息系统和引进的罗德洛基专家系统的经验，开发了更实用的一套新高炉专家系统。首钢新高炉专家系统的功能包括：1）实时数据处理和数据真实性检验；2）过程参数的趋势信息；3）配料模型、炉缸平衡模型、物料平衡和热平衡模型、炉料分布模型、预测铁水温度趋势模型等数学模型；4）涵盖正常炉况和异常炉况的十几个专家规则库等。新专家系统的知识库包括了高炉操作的理论知识、首钢 2 号高炉 2002~2007 年期间高炉冶炼数据与炉况表现的对应关系，以及首钢炼铁专家判断和处理炉况的经验。与罗德洛基专家系统相比，首钢 2 号高炉新专家系统充分考虑了首钢炼铁专家的经验和操作习惯，对炉缸堆积、悬料、管道等异常炉况的预报精度明显提高。2008 年初，新专家系统首先在首钢 2 号高炉应用，2009 年推广到京唐 1 号 5500m³ 高炉和迁钢 3 号 4000m³ 高炉。

（2）1986 年鞍钢与清华大学合作，开发了［Si］预报专家系统，在 9 号 983m³ 高炉运行[14~16]。该系统将专家系统与自适应技术结合起来，在炉况顺行时自适应预报的效果较好，炉况出现异常则启用专家系统，［Si］预报的命中率达到 82.3%。1993 年，4 号 1000m³ 高炉专家系统投入运行。该系统以专家知识为基础判断高炉热状态及变化趋势，并将自适应模型、非线性模型和神经元网络模型结合起来，对热状态变化趋势及铁水含硅量进行预报和推断。该系统对高炉向凉、向热预报的命中率超过 90%，［Si］预报的命中率达到 84.7%（±0.1%），并初步具备了预报崩料、管道、难行和悬料的功能。2003 年 6月，11 号 2580m³ 高炉的高炉专家系统投入运行。该系统包括 5 个子系统，即：建立在正常生产条件下的炉况评价系统、创建新炉况的诊断系统、高炉热状态预报系统、高炉布料及煤气流分布人工智能系统和高炉生产管理系统。该系统运行表明，它对可能出现的异常炉况能提前做出预报，对［Si］进行多步预报，并实现布料操作指导和煤气流分布的在线识别。该系统判断炉况的命中率在 92% 以上，［Si］预报的命中率达到 88.28%。

（3）1985 年宝钢 1 号高炉和 2 号高炉建设时，分别从日本新日铁和川崎公司引进了热风炉燃烧控制模型、Go-Stop 炉况判断模型、炉内数据处理模型、无料钟布料指导模型、炉缸炉底侵蚀模型、软熔带推定模型等 8 个数学模型[17]。通过消化、吸收、改造，3 号高炉和 1 号高炉第 2 代建设时移植了这些模型。2000~2005 年，宝钢大力推进高炉生产过程数学模型的改进、提升、开发和应用，对大部分模型进行了改进完善，并融入人工智能技术开发应用了炉温和［Si］预报模型。这些模型为宝钢大型高炉大量喷煤操作、炉况稳定顺行和高炉精细化调剂、高炉长寿发挥了重要作用。2006~2008 年，宝钢组织高炉工艺、设备和软件等方面的技术人员，从炉况智能化控制和生产操作定制化管理的角度出发，将数学模型与专家经验相结合，自主研发了高炉智能控制专家系统。该系统包括热风炉控制模块、炉温调整模块、煤气流控制模块、造渣调整模块、出铁渣操作模块、特殊炉况处理模块、炉体炉缸长寿模块等 7 大功能模块，其中每一模块都是一个子专家系统。原有的 10 项应用功能和 8 个数学模型单独或共同归并到各功能模块下，为功能模块提供服务，例如 Go-Stop 炉况判断模型可同时用于炉温调整模块和特殊炉况判断模块。该专家系统实现了高炉专家经验的信息化和数字化，使专家经验固化、传承到高炉操作中，消除了由于每个操作者的经验和能力差异引起的人与人、班与班之间的操作差异，从而保证了高炉炉况更加稳定顺行。该专家系统于 2008 年开始在宝钢 1 号高炉（第 3 代）调试和试运行取得成功，其中自动配料造渣模块和炉温控制模块实现了闭环操作，布料和煤气流控制模块实现了半闭环控制，炉况预报和操作建议准确率达到 95% 以上。高炉工艺计算、出渣铁监视、炉缸侵蚀监视和炉体状态监视等模型，使用效果也很好。专家系统提供的庞大数据库、知识库和数据处理功能，使高炉技术管理和技术分析工作效率大大提高。

宝钢在引进技术的基础上，改进了一些数学模型应用效果较好：

1）改进的 T_c 指数模型。原来从新日铁引进的 T_c 指数模型精度较高，但只能预报当前或半小时后的炉温趋势，无法预测 2~3 小时后的炉温趋势，因而无法对操作者提供指导。近年宝钢以 T_c 指数模型为基础，采用神经网络与时差方法相结合的技术，开发出了铁水温度和［Si］含量预报模型，可对下次出铁的铁水温度和［Si］含量做出预报。根据 660 炉出铁数据的测试统计，该模型定性预报炉温变化趋势的正确率达到 98%~100%，［Si］含量误差 ±0.05% 的命中率为 82.6%，铁水温度 ±10℃ 的命中率为 83.6%。

2）改进的软熔带模型。2000 年，宝钢针对大量喷煤的操作工况，改进了原来从川崎引进的软熔带模型。该模型以炉顶十字测温数据和炉身探测器径向煤气成分为基础数据，通过高炉径向 7 个圆筒区域内的物料平衡和热平衡计算，求出最佳料速，再计算出各个分区内的生铁生成量、焦炭消耗量、煤气流速和溶损碳量等参数，然后求出 700~1400℃ 各等温线沿高炉高度的分布。将固体炉料 1200℃ 与 1400℃ 等温线区间推定为高炉软熔带。软熔带根部的位置移动，与炉喉钢砖温度、边缘气流强弱、煤气利用率、炉墙热负荷等重要参数密切相关，对判断炉况起着很重要的作用。该模型在宝钢 2 号高炉应用取得了显著的效果。

（4）1996 年武钢利用 4 号高炉第 3 代大修机会引进了芬兰罗德洛基高炉专家系统，1999 年 4 月起投入运行。当时受高炉仪表水平、原燃料化验数据可靠性和资金所限，只引进了专家系统最基本的功能，即炉温控制、操作内型管理、顺行控制和渣铁管理。该专家系统运行后，炉况比人工操作时期有较大改善，铁水含硅量方差从 0.069% 降至 0.029%，校正焦比降低了 18.6kg/t。2002~2005 年，武钢和北京科技大学等单位合作，开发了武钢 1 号 2200m³ 高炉操作平台型高炉专家系统，2005 年 6 月投运。2009 年，武钢又进一步改进、完善，开发了武钢 5 号 3200m³ 高炉高炉专家系统[18~20]。

与引进的芬兰罗德洛基高炉专家系统相比，武钢等单位开发的高炉专家系统的特点是：以工长值班操作最关注的原料和布料控制、炉温控制、顺行控制、出渣出铁管理、操作内型管理为中心，建立 5 个子专家系统。每个子专家系统包含相关的工艺参数趋势曲线、模型和专家规则库，力求将高炉专家系统做成工长操作的平台。除了 5 个子专家系统，还有炉底侵蚀、理论焦比等模型。数学模型与专家系统的关系是，数学模型作为操作控制的基础和依据，根据模型建立若干推理规则，依靠这些规则形成专家系统的判断和操作建议。下面扼要介绍有一定特色的布料模型、铁水温度预报模型和操作内型管理模型：

1）布料模型。布料模型开发是利用高炉点火送风前炉内实测的布料数据，采用离散计算方法建模。该布料模型可对炉内料流运动轨迹和料面形状进行模拟计算，对高炉沿半径方向的矿焦层厚度比 O/C 进行模拟计算，并可模拟单环、多环、定点、扇形、上布料、下布料等多种布料模式的布料状况，见图 17-14。

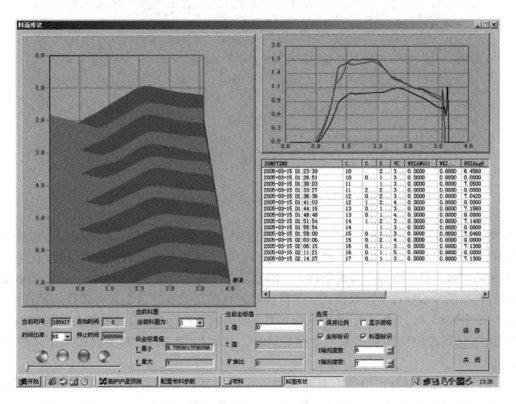

图 17-14　武钢 1 号高炉布料模型实例

2）炉温预报模型。铁水温度预报模型的开发采用了模糊推理专家系统。以在线测量的铁水温度数据作为模拟样本，根据武钢高炉操作经验选取与铁水温度关联度高的多个操作参数（铁水温度、炉热指数变化率、CO_2 变化率、熔损反应碳变化率、下料速度变化率、渣皮脱落指数等）确定其模糊隶属函数，建立了 203 条预测铁水温度变化率的规则。通过去模糊计算预报出铁时的铁水温度值，并与实际的铁水温度测量值进行对照。对该模型的考核表明（图 17-15），铁水温度预报值与实测值误差 $\leq \pm 8℃$ 的命中率达到 94.3%。

3）操作炉型管理模型。操作内型管理模型开发是利用炉腹到炉身上部 9 层冷却壁的几百个温度检测数据，用自组织特征映射方法 SOFM 编程，对冷却壁温度分布特征自动进

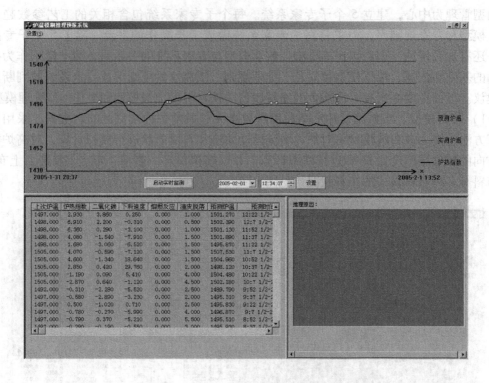

图 17-15　武钢 1 号高炉炉温预报模型实例

行分类，并以 25 组图像显示。操作人员根据这 25 组图像并与在线运行的高炉冷却壁热负荷变化趋势相对照，就可综合判断操作内型的特征（结厚、渣皮脱落或者正常）。将一段时期的高炉技术经济指标与该时期内的冷却壁温度分布曲线模式对照分析，还可总结出获得较好指标的冷却壁温度图像模式，维持或贴近这种模式操作就能获得较好的操作指标。图 17-16 为 2003 年 11 月 3 日至 2004 年 4 月 1 日时间段的冷却壁温度曲线分类图实例。根据对这一时间段焦比和利用系数数据的统计，认定按 05 类和 10 类模式操作高炉指标较好。

（5）攀钢高炉钒钛矿冶炼有其特殊性，一般的高炉专家系统不能适应其操作要求。2001 年攀钢利用 1 号 1280m³ 高炉大修机会，引进奥钢联的 VAiron 专家系统，并纳入攀钢高炉冶炼钒钛矿的经验，开发了攀钢的高炉专家系统[21]。该专家系统具有咨询开环控制和自动闭环控制两种功能，由 20 个冶金模型、10 个冶金规则、7 个冶金诊断和 27 个用户接口组成。VAiron 专家系统追求的最终目标是采用全自动控制模式，尽量减少操作者个人因素的影响，达到高炉工艺全过程的优化。实际上，由于高炉操作因素的多变性和复杂性，迄今世界上还没有一座高炉能实现真正意义上的闭环控制。该专家系统开环操作模式是：通过计算向操作者提供操作参数的设定值，在一定时间段（如 10min）内供操作者对此建议进行评估，也可进行修改或拒绝采纳建议。如果操作者拒绝了系统的建议，必须给出解释，系统将据此对专家系统进行精调。如果操作者没有立即作出解释，系统将简化相应的操作。该专家系统操作命中率达到 91% 以上。根据 2006 年 5 月为期 15 天的运行统计，专家系统共提出有关喷煤、碱度、配料等建议 438 条；其中正确的有 380 条，占

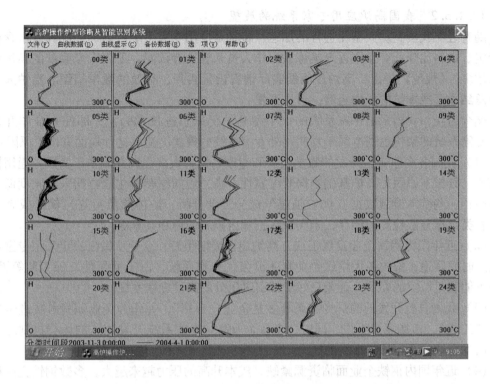

图 17-16 武钢 1 号高炉操作炉型管理模型分类实例

86.8%；实际采纳率为 74.2%。对配料、改变布料、碱度的建议，正确率基本达到 100%。攀钢 1 号高炉专家系统的应用，使高炉操作逐渐由定性转向定量，操作更加稳定，技术经济指标不断优化。与此同时，攀钢高炉专家系统的研究和应用，使钒钛矿高炉冶炼技术得到系统的归纳和整理，进一步完善了钒钛磁铁矿高炉冶炼理论。

（6）济钢 350m³ 高炉作为小高炉采用专家系统的先驱，率先采用浙江大学开发的炼铁优化专家系统，于 1998 年投入运行[22]。该系统的开发吸收了国内炼铁专家的操作经验，并借鉴了国外专家系统的开发经验，考虑了国内中小高炉装备条件与原燃料稳定性较差的实际，立足于基础性的监控仪表和过程参数，采用较多的统计模型和模糊控制模型，比较适合我国中小高炉管理、控制一体化的要求。该系统的功能包括生产过程监控、炉温预报与控制、参数优化及生产统计、管理与决策等。济钢采用炼铁优化专家系统后，取得了产量提高、焦比降低、铁水含硅量方差减小、风口破损减少等效果。该系统被列为 1999 年国家科技部重点科技推广项目，相继在新临钢 6 号 380m³ 高炉、莱钢 1 号 750m³ 高炉应用。近年浙江大学的炼铁优化专家系统又有新的改进和提高，并逐步推广到大中型高炉，如 2006 年 4 月投入运行的邯钢 7 号 2000m³ 高炉的数学模型专家系统。

进入 21 世纪以来，我国新建和扩容改造了很多大型高炉，这些高炉的装备水平有很大提高，高炉专家系统得到一定程度的推广。本钢、昆钢、唐钢、沙钢、南钢、邯钢等企业的部分高炉，有的引进了国外的专家系统，有的采用了浙江大学等单位开发的炼铁优化专家系统。

17.4.3.2　我国高炉应用专家系统的展望

随着近年我国高炉大型化进程的加速，特别是应用专家系统后高炉炉况和铁水含硅量更稳定、燃料比降低等作用逐渐被炼铁操作人员和管理者认同，采用专家系统的高炉将会越来越多。《规范》提出，**高炉应根据实际情况设置实用、有效的数学模型。高炉人工智能应总结本厂或本炉的操作经验，自主开发。**

迄今为止，我国采用专家系统的大中型高炉仍以引进技术为主，即使是合作开发项目，专家系统的架构也基本属于复制国外专家系统的模式。造成这种局面有以下原因：

（1）我国各企业自主开发的数学模型和专家系统，大多强调立足本厂实际，通用性相对较差。其根本原因是高炉基础数据的可靠性不高，例如原燃料化验数据采集频度低、精度不高；一些基本检测数据（如炉顶煤气成分自动分析、炉体热负荷等）缺乏或者不准确；各类数据分散检测和储存，未实现数据库内顺利调用和共享等。

（2）近年国内钢铁企业发展很快，高炉建设周期很短，企业从做出决定采用专家系统到投产时间紧迫。国内各大钢铁企业自主开发的专家系统，由于通用性、保工期等因素，往往不能满足厂家的要求，企业只好继续引进国外的高炉专家系统。

（3）我国自行开发的高炉专家系统多是企业"自用"，并作为企业获得科技进步奖的一个"工具"，市场意识不强。同时，多数企业高炉专家系统开发团队的运行机制还不具备走出本企业、开拓外部市场的能力。

（4）近年国内钢铁企业面临资源紧缺、成本升高的压力越来越大，多数钢铁企业把高炉炼铁工作的重心转向获取资源和成本控制，有的企业对发展高炉专家系统的必要性和作用还有不同的认识。

最近十几年是我国高炉大型化发展迅速的时期，也是高炉数学模型和专家系统的应用和发展较快的时期。尽管不同企业对高炉专家系统的必要性和作用的认识还有一些差异，但总的趋势必将是逐步扩大应用。要开发国产的、通用性强的数学模型和高炉专家系统，需要从技术和管理两方面加以改进。技术方面，首先应保证高炉基础数据的可靠，并实现系统的数据共享；很好地总结炼铁专家的经验，纳入系统的知识库；在专家系统开发中，更多地采用人工智能技术、数字化技术和可视化技术，增强自学习功能，逐渐向实现闭环控制努力。管理方面，开发队伍应由企业、大学、研究院所人员组成，发挥各自的优势；开发人员的专业领域应包括炼铁工艺、仪表、计算机软件等；开发团队的运营体制和机制也要改革创新，以适应市场化的要求。只要上述问题得以解决，完全可以开发出国产的、通用性强的数学模型和高炉专家系统，提高我国高炉的自动控制水平，进一步改善高炉炼铁的技术经济指标。

17.4.4　热风炉操作控制数学模型

目前世界上存在的热风炉操作控制数学模型成功应用于生产实践的有几种。主要有日本钢铁公司开发的"热风炉燃烧气体流量设定模型"；日本住友金属工业公司开发的"热风炉优化数学模型"；德国西门子公司开发的"热风炉优化数学模型"；荷兰霍戈文钢铁厂的热风炉优化模型，以及国内公司开发的自动燃烧控制模型。各大公司的实现手段、核心算法有所不同，但是基本思路是一致的。所有热风炉燃烧模型都是根据热风炉热量平衡原理，通过精确计算热风炉输入及输出的能量平衡来控制燃烧进程、蓄热过程及送风过程，从而达到经济燃烧和保护设备及耐材的目的。

17.4.4.1　模型控制过程

众所周知热风炉核心工艺过程就是燃烧和送风的控制。在规定的燃烧时间内，保持最佳燃烧状态烧炉，在保证热风炉贮存送风所需热量的同时，尽量提高热效率并保护热风炉设备。热风炉控制模型的任务目标在于如何控制热风炉的经济的自动燃烧及蓄能过程。

热风炉燃烧分三个阶段：燃烧初期、拱顶温度管理期和废气温度管理期。由热风炉燃烧控制数学模型确定燃烧用流量，在拱顶温度管理期以拱顶温度为目标值调节各种煤气的配比和煤气流量，废气温度管理期以废气温度为目标值调节高炉煤气流量，并在设定的燃烧期内不超过上限温度。

A　燃烧初期的控制

不同燃料结构决定了不同的控制方案。高炉煤气、转炉煤气或焦炉煤气的热值是不同的，焦炉煤气热值最高，对燃烧初期快速提升温度的贡献最大。焦炉煤气、转炉煤气能够应用的量每个厂的实际情况也不一样。因此在燃烧初期的控制，模型主要任务就是计算不同燃料配比下的燃烧热值，控制的目标是混合气体的流量和不同燃料配比。模型控制的过程根据混合煤气计算出的燃烧热值从而达到在燃烧初期以最快的速度提升燃烧温度和拱顶温度的目的。只有高炉煤气燃烧的热风炉模型控制的目标就只有煤气的流量值，由于要求缩短燃烧初期的时间，因此要求煤气流量达到最大值，该值也可由基础自动化作为固定设定值。

B　拱顶温度管理的控制

当燃烧初期，拱顶温度接近目标值，温度上升的速度会变慢，从而进入热风炉燃烧控制的第二个阶段：拱顶温度管理期。

此时模型计算的重点就是根据时间和拱顶温度的要求，计算出最经济的煤气流量和混合煤气的配比。比如：在混合煤气的情况下，保持高炉煤气流量不变，设定焦炉煤气与高炉煤气比值的下降率以减少焦炉煤气流量；燃烧模型计算相应的焦炉煤气流量和助燃空气流量。燃烧过程中以废气残氧修正助燃空气流量。当热风炉拱顶温度达到目标温度时，转入废气温度管理期。

拱顶温度的控制与煤气流量控制组成串级回路，主要是以拱顶温度为目标，保持高炉煤气流量不变，设定焦炉煤气与高炉煤气比值的下降率以减少焦炉煤气流量，达到热风炉燃烧中煤气量的控制，构成热风炉的燃烧控制项目之一。燃烧过程中以废气残氧修正助燃空气流量。由拱顶温度选择系统选出的某一点温度作为拱顶温度的目标值，而模型给出设定值按拱顶温度补正原则确定。

C　废气温度管理的控制

当拱顶温度达到目标值后，就进入以废气温度控制燃烧过程。废气温度的控制与煤气流量控制组成串级回路，主要是以废气温度为目标，调节煤气流量，达到热风炉燃烧中煤气量的控制，构成热风炉的燃烧控制项目之一。废气温度控制目标值来自废气温度检测热电偶，而控制值由模型计算给出，也可以是恒定值。为控制废气温度的目标温度，而其偏差值作为煤气流量调节器的设定值偏置，煤气流量调节器的设定值由模型计算给出。最终的控制与拱顶温度控制相似，是由温度和流量控制组成的串级控制。当废气温度或炉箅子温度达到管理温度后，减少高炉煤气支管流量继续燃烧，按设定的燃烧时间控制废气温度上升到目标值，燃烧过程结束。

17.4.4.2　模型控制原理

A　新日铁热风炉燃烧气体设定模型

从模型结构上来说，整个模型分为三个子模型：拱顶温度控制模型、废气温度控制模型和气体流量控制计算模型。拱顶温度控制模型和废气温度控制模型就是在上述三个燃烧时期中，进行燃烧过程的气体流量控制和配比控制。

模型核心算法是气体流量计算模型，按其功能划分，分为如下三个子模型：

蓄热量计算：根据蓄热室平均温度的回归式，求从燃烧开始到现在为止的蓄热量。蓄热室的蓄热量与蓄热室平均温度之间有较强的相关性，故利用测量蓄热室各部温度及燃烧过程中的各种参数计算出蓄热室的蓄热量，从而建立蓄热量-蓄热室平均温度的回归模型，用此模型定期计算蓄热室的蓄热量。

由于蓄热室的特性随时间变化，为了提高蓄热量-蓄热室平均温度回归模型的精度，必须在线实时修改回归模型的系数。本模型中采用的方法是根据本次燃烧周期的数据求得的模型系数，用于下一燃烧周期的回归模型，即所谓按燃烧周期逐次修正的方法。

煤气支管流量计算：通过计算在剩余的燃烧期间应该贮存的热量，来计算高炉煤气支管流量。

助燃空气支管流量计算：根据计算的高炉煤气支管流量和空气比，代入（空气支管流量＝空燃比×煤气支管流量），从而求得空气支管流量。

B　德国西门子公司的热风炉优化数学模型

从本质上讲这个模型属于"热流计算模型"，其原理是在保证高炉操作的所需风温和风量的条件下，在保证安全的基础之上，通过控制燃烧和送风从而获取最经济指标的模型。它和日本模型最大不同是送风控制也由模型来完成，通过计算最佳换炉时间以获取最高热效率，考虑了全部热风炉的操作及能量损失情况。

模型首先把热风炉的全部热收入及损失计算出来。包括炉内格子砖和炉箅子及所有砖的蓄热总量，燃烧所产生的能量总和，废气带走的热量总和，换炉带来的热量损失等。根据热风炉工作周期，计算出每个周期的热效率，然后通过最佳热效率求出对应的最佳煤气量。

C　其他热风炉数学模型

霍戈文钢铁厂的热风炉模型，其模型的计算原理和西门子的热风炉模型差不多，主要区别在于按照热平衡原理，燃烧期产生的热量等于下次送风所需的热量相对平衡来计算。

日本住友金属公司应用的数学模型就是利用现代控制理论，利用数学方法把热风炉动态特性格式化，用积分式最佳调节器多变量控制法来构成无论是热并联送风或低温送风都适合的投入能量的控制系统。

参 考 文 献

[1] 中国冶金建设协会编. 钢铁企业过程检测和控制自动化设计手册[M]. 北京：冶金工业出版社，2000.

[2] 张先檀主编. 现代钢铁工业技术仪表控制[M]. 北京：冶金工业出版社，1990.

[3] 马竹梧编. 炼铁生产自动化技术[M]. 北京：冶金工业出版社，2005.

［4］ 冶金工业部编．高炉计量器具配备规范［M］．北京：冶金工业部，1993．

［5］ 陆德民主编．石油化工自动控制设计手册(第三版)［M］．北京：化学工业出版社，2000．

［6］ 《热工自动化设计手册》编写组编．热工自动化设计手册［M］．北京：水利电力出版社，1986．

［7］ 王健，陈人，顾海涛等．在线半导体激光光谱分析技术［J］．世界仪表与自动化，2008(5)．

［8］ 毕学工著．高炉过程数学模型及计算机控制［M］．北京：冶金工业出版社，1996．

［9］ 周传典主编．高炉炼铁生产技术手册［M］．北京：冶金工业出版社，2002：163．

［10］ 杨天钧，徐金梧著．高炉冶炼过程控制模型［M］．北京：科学出版社，1995．

［11］ 刘云彩．首钢2号高炉冶炼专家系统的开发与应用［J］．炼铁，1995，(6)：31．

［12］ 张贺顺，马洪斌．高炉专家系统在首钢2号高炉的应用［C］．2010年全国炼铁生产技术会议暨炼铁学术年会文集（下），2010：906．

［13］ Ma Futao et al. Innonation and Development of Shougang Blast Furnace Expert System［C］. The 5th International Congress on the Science and Technology of Ironmaking, Oct. 20-22, Shanghai, China, 923.

［14］ 戴嘉惠．鞍钢高炉异常炉况专家系统及应用［J］．炼铁，1994(1)：25．

［15］ 刘万山，车玉满等．鞍钢11号高炉人工智能系统的研制与开发［J］．鞍钢技术，2002(4)．

［16］ 安云沛，车玉满等．鞍钢4号高炉热状态专家系统的开发与应用［J］．鞍钢技术，1997(8)：6．

［17］ 徐万仁．数学模型在宝钢高炉操作中的应用［J］．炼铁，1995(增刊)：80．

［18］ 陈令坤，傅连春，于仲洁．武钢4号高炉专家系统的应用［J］．炼铁，2001(S2)：71．

［19］ 于仲洁，陈令坤等，武钢1号高炉冶炼专家系统开发的新进展［C］．2006年全国炼铁生产技术会议暨炼铁学术年会文集，2006：488．

［20］ 陈令坤，汪卫．武钢5号高炉操作平台型专家系统开发［C］．2010年全国炼铁生产技术会议暨炼铁学术年会文集（下），2010：899．

［21］ 谢俊勇，刁日升，唐炜．攀钢1号高炉专家系统的建立与运行［J］．炼铁，2007(3)：1．

［22］ 刘祥官，刘芳．高炉炼铁优化与智能控制系统［M］．北京：冶金工业出版社，2005．

18 高炉大修

判断高炉一代炉龄的终结，主要从能否安全、经济地继续生产为原则。由于热风炉本体大修可以在高炉生产中进行，热风管道修理或更换可以控制在 10 天以内，因此除高炉本体外，其他系统出现的问题均不会长时间制约高炉生产。为此，高炉大修的核心在高炉本体设备和材料的更换及相关配套设施的修复。

18.1 高炉大修总体策划

18.1.1 大修目标的制定

由于高炉大型化，大修费用高昂；高炉座数减少，高炉大修停炉对整个钢铁厂的经营带来重大影响。因此，高炉大修往往由高炉的破损情况确定大修的必要性，大修时间点往往根据公司生产计划的安排确定。确定进行高炉大修的时机有三个方面：

（1）生产安全受到威胁，如炉体冷却壁及炉壳严重破损，或者生产操作无法通过维护以维持生产，或者炉缸有烧穿、漏铁的危险等；

目前高炉炉缸事故较多，高炉大修往往以炉缸状态作为判断依据，以炉缸寿命的终结作为高炉大修的指令。

（2）生产指标严重恶化，继续生产不能满足企业生产平衡的要求；

（3）为保持全企业铁水平衡，高炉有计划地轮流大修。

规定大修的目标主要根据公司的经营目标、长远发展规划及高炉技术发展趋势等确定。大修时间要求应根据当前市场状况、公司经营状况等因素确定。

根据不同的大修目标，可以将大修性质分为恢复性大修、改造性大修和扩容大修。根据不同的大修时间要求，可以将大修分为常规大修和快速大修。

18.1.2 高炉大修的定义

高炉辅助设施的破损不是大修的主要原因，即使辅助设施不能维持正常生产也可以在高炉生产中进行修理。高炉大修主要是高炉本体不能维持正常生产，因此大修设计的重点也需要围绕高炉本体进行。

判断高炉一代炉龄的终结，高炉是否需要大修，主要依据是高炉本体能否维持生产。我们将高炉已经不能继续生产，而恢复生产时更换了炉缸炭砖，判定为高炉大修。更具体地说，放残铁并整体更换一层炉底炭砖就认定为大修。

18.1.3 确定大修范围的基本原则

大修范围的确定对实现大修确定的目标，快速、高效地完成大修，以及大修后确保下一代炉役中各项指标达到先进水平都非常重要。本节将介绍确定大修范围的基本原则。

由于世界经济疲软，国内外高炉炼铁技术停滞；目前钢铁工业盈利能力较低、资金拮据，高炉炼铁能力饱满，采用恢复性大修可以缩短大修时间、节约大修资金。

A 大修规模的确定

如果进行扩容大修，则新的一代高炉炉容策划应与公司的总体规划、铁钢平衡等相适应。如前所述，我国高炉辅助设备的能力普遍有较大的富余，如高炉鼓风机、送风系统、煤气净化系统，出铁系统等。为了利用过剩的能力，利用存量资产；为了转变高炉炼铁的理念，以达到降低燃料比为中心的低碳炼铁，应提倡乘大修的机会进行扩容，并进行必要的改造。

大修分为恢复性大修、改造性大修和扩容大修，由于大修主要是针对高炉本体的修理，而我国高炉本体均已采用比较先进的技术，由于时代的进步，对原有的工艺设计和装备作重大变更，而进行改造性大修的机会不多。然而乘高炉恢复性大修的机会对辅助设施进行改造又很普遍。因此，恢复性大修和改造性大修往往难以区分，可以把恢复性大修和改造性大修合并处理。可以认为，凡是不扩容的大修均归纳为修复性大修。修复性大修的特征是保持原有的高炉容积。

恢复性大修可以保持公司原有的总体规划和铁钢平衡；最大程度地利用高炉的原有设备和结构，使得大修工程量最少，施工周期最短，对公司经营的影响最小；花费的大修资金最少。采用恢复性大修时，应该对原有设备和结构进行详细的鉴定和评估。

扩容大修应着重研究高炉扩容的限制性环节和效益的最大化，因此必须遵循以下原则：

（1）扩容的可行性研究。包括与公司上下流程间的关系，对公司公用系统的影响，对炼铁系统的影响，以及对扩容后的经济效益进行评估；

（2）高炉各个系统能力的匹配；

（3）原有积压能力发挥的程度，而且对存量资产的富裕程度进行评估等等。

B 扩容大修应重点研究的问题

（1）送风系统：高炉扩容的目的是为了降低高炉强化程度来降低燃料比；或者新的一代高炉的产量需要增加。产量与入炉风量有直接的关系。因此，扩容大修是利用原有高炉鼓风机，充分利用鼓风机和热风炉的富裕能力。鼓风机能力的富裕是指高炉上一代炉龄设计中鼓风机的能力没有充分发挥，同时在原燃料质量下降的情况下，鼓风机的能力有更大的富裕。另外，随着一代炉龄的终结，高炉操作水平也在不断提高，单位吨铁的耗风量降低。加之现代高炉操作加大富氧量等措施，高炉大修后的扩容增产，往往可以通过扩大炉容来充分利用原有的鼓风机能力和热风炉能力。

（2）煤气系统：现今高炉煤气在钢铁企业中用途广泛，用户贯穿整个钢铁流程，尤其以高炉热风炉、轧钢加热炉等为主要用户，在部分企业无焦化设施的情况下，高炉煤气显得尤为珍贵。为此就出现部分企业为弥补煤气供应不足而进行扩容大修，将高炉作为巨大的煤气发生炉，以满足各工序的煤气需求。此外，由于原有鼓风机的能力存在富裕，与之配套的原有煤气净化系统也会有富裕，可以利用煤气存量资产来达到扩容的目的。

（3）铁前原料供应：在目前矿石原料市场化的局势下，各大钢铁企业原料供应渠道呈现多样化，包括自产矿、国产矿及进口矿等，通常企业都会建立多条原料供应链，建造大型的原料场和烧结、球团、焦化等原燃料生产加工工艺，以确保原料的稳定供应。通常需基于现有原料供应能力和未来扩建的困难度，选择恢复性修复或扩容大修。

C 大修方式的确定及其关键技术

根据高炉大修期间对公司的总体生产、销售计划的影响确定大修工期，采用常规大修或快速大修。

通常，大型高炉大修施工工期超过 100 天为常规大修，100 天内完成的称为快速大修。但随着施工水平及工程管理水平的提高和市场经济的压力逐步增大，常规大修的施工工期正在逐步压缩，严格地以时间作为常规大修与快速大修的界定标准将不严谨。对常规大修和快速大修的界定标准，可以按照大修施工工艺特点进行重新定义。快速大修工艺需要采用离线组装，整体或者分段拆除旧高炉和组装新高炉的技术。而常规大修则分为扩容大修和原样修复，通常需要采取就地破坏性拆除或划分为很多小模块进行拆装，并对相应的设备、耐火材料及其他辅助设施进行就地安装布置。常规大修由于不存在离线组装，必须严格遵守先拆除、后组装的施工工艺，故通常施工工期相对较长。

18.1.4 高炉大修的前期准备

高炉大修前必须进行充分的准备。首先应当对高炉各个系统、结构和设备进行全面的诊断和评估，包括提出系统改造或升级的要求，结构更新或修复的部位，设备更新或修复的计划等。在诊断和评估的基础上，进行大修可行性研究，提出大修工程量、资金和大修时间计划。

A 各系统的全面诊断及设备评估

系统诊断主要应从系统的功能上进行判断，提出一些系统判断的原则及方法。例如：大修扩容后某些系统能否满足要求；扩容大修后各系统间的能力匹配等；恢复性大修时，某系统老化程度的评估，以及能否与下一代高炉寿命相匹配等。这些都要制订相应的判断和评估的原则和诊断方法。

应制订设备评估的原则，选定评估的规范及判断基准，确定评估范围等。例如：判断装料设备的布料器是否整体更换，或者其中某个齿轮需要更换等。

B 高炉大修可行性研究和大修方案

提出满足系统改造或升级要求的方法；提出结构更新或修复的具体方案及措施，制订设备更新或修复实施计划，提出改造、增添设备结构的计划等。

提出大修工程量、资金、人力和大修时间计划。

18.2 高炉大修准备

18.2.1 高炉停炉

高炉大修停炉方法可分为填充法停炉和降料线法停炉两种。

填充法停炉是在高炉停炉时停止装矿石，当料线下降时，用其他物质充填所空出的料线（空间）。用于填充的物质有碎焦、石灰石或砾石等，也有采用高炉炉渣充填的。这种方法优点是停炉过程比较安全，炉墙不易塌落，缺点是停炉后炉内清除工作繁重，浪费大量人力、物力和时间，很不经济。

降料线法停炉是在停炉过程中，料线逐渐降低，而空料线后，用炉顶打水来控制炉顶温度的升高。当料线降到风口水平面或风口以上 1m 左右出完残铁时，停止送风，继续打水冷却，当炉内焦炭全熄灭后，开始拆除工作。

近年来，由于停炉操作技术水平的不断提高，降料线法停炉的安全问题已基本解决。因此，填充法停炉已被降料线法停炉所取代。

停炉工作主要由停炉前的准备和停炉过程中的控制两部分组成。停炉前的准备主要是为实现停炉过程的安全、快速和尽量放净炉缸残铁所需做的工作，其中包括残铁口位置的确定、快速移除凝铁层等内容。对于停炉过程的控制主要是指对空料线过程的操作、放残铁操作和经济快速凉炉等内容。

18.2.1.1 停炉前的准备

停炉前的准备是对降料线过程所涉及的设备、构件、检测设备的检查和完善，以及为了放净残铁所必须的洗炉工作。

A 设备、构件、检测设备的检查和完善

a 设施的检查

设施的检查主要包括：

（1）高炉煤气的温度、压力、流量、分析等仪表。

（2）高炉鼓风的流量、压力、湿度等仪表。

（3）炉顶、炉体洒水的压力和流量等仪表。

（4）风口、冷却壁、冷却板等冷却设施的破损泄漏检测等仪表。

通过这些检测和分析仪表的检查和校正，对相关的设施，如冷却设施进行最终检查和完善。

b 设备的完善

设备的完善主要指冷却设备、炉壳的破损防护，检测设备的完善主要指量程的调整及检测精度的校核，如安装长探尺等。

B 洗炉

a 快速熔减炉缸凝铁层

在日常生产过程中，保持有效的冷却体系使高炉炉缸耐火材料热面形成一定厚度的渣铁凝固层是维持高炉炉缸长寿的有效措施。但是在高炉停炉过程中，炉缸中的渣铁凝固层以及炉底堆积物不仅会增加高炉大修前的清理工作，更为严重的是阻碍残铁顺畅放出炉内，最终影响高炉大修工程的进程。熔减炉缸渣铁凝固层的目的是通过采用多种有效的措施实现炉缸温度达到甚至超过历史最高记录，将炉缸 1150℃ 的凝铁线移动到炉缸耐火材料的热面端甚至以外的水平。熔减炉缸渣铁凝固层技术主要采用了多种方法的综合调节的措施。主要的方法是在炉内加入锰矿、萤石以增加渣铁流动性并逐步降低炉缸炉底冷却强度。

降低炉缸炉底冷却强度，使得渣铁凝固层熔解，有一定的风险。建议首先确立历史最高温度作为目标计划，通过以调节冷却水量为主要措施的综合应用和过程动态的监控，最终成功实现目标要求。

b 清除炉墙和炉缸内的黏结物

根据高炉炉况，可适当发展边沿煤气流来清洗炉墙，适当减轻负荷；适当降低炉渣碱度，添加适当的均热炉渣或萤石等洗炉剂来改善炉渣的流动性，洗净炉墙或炉缸黏结物。

C 放残铁设施准备

a 组装残铁口工作平台

残铁口工作平台为钢结构平台，承载能力应满足工作要求，两侧设置安全通道，走梯坡度小于45°，周围设置防护栏杆。

b 安装残铁沟

残铁沟由钢板焊接而成，坡度大于5%，内砌一层耐火砖，表面捣打铁沟料。

c 工具、材料准备及动力管线铺设

一切工具、材料及压缩空气、氧气、焦炉煤气管线引至残铁口工作平台。

d 残铁运输准备

准备出残铁用的铁水罐及铁水运输通道。

D 计算炉顶打水量并敷设炉顶打水和供水管道

炉顶打水量 Q_w 按以下公式计算：

$$Q_\mathrm{w} = \frac{60(i_\mathrm{g}^\mathrm{B} - i_\mathrm{g}^\mathrm{T})V_\mathrm{g}}{\left[0.004(100 - t_\mathrm{w}) + q_\mathrm{vap} + \dfrac{22.4}{18}(i_\mathrm{vap}^\mathrm{T} - i_\mathrm{vap}^{100})\right] \times 1000} \tag{18-1}$$

设定：煤气成分为 CO = 35.1%；H_2 = 1.4%；N_2 = 63.5%；V_g = 1.24V_b，即产生的煤气量 V_g 为风量 V_b 的 1.24 倍。

炉缸上沿和炉腹上沿的煤气温度分别为1450℃和1300℃时，打水降温要求炉顶煤气温度为400℃，煤气放出的热量完全被水吸收，并变成蒸汽。于是用水量（t/h）为：

$$Q_\mathrm{w} = \frac{60(i_\mathrm{g}^\mathrm{B} - i_\mathrm{g}^{400})1.24V_\mathrm{b}}{3197} \tag{18-2}$$

式中 V_g——煤气量，$\mathrm{m}^3/\mathrm{min}$；

$\quad\quad V_\mathrm{b}$——风量，$\mathrm{m}^3/\mathrm{min}$；

$\quad\quad t_\mathrm{g}$——煤气温度，℃；

$\quad\quad i_\mathrm{g}^\mathrm{B}$——炉缸上沿或炉腹上沿煤气的热焓，$\mathrm{MJ}/\mathrm{m}^3$，当煤气温度1450℃时，$i_\mathrm{g}^\mathrm{B}$ = 2.120MJ/m^3，当1300℃时，i_g^B = 1.882MJ/m^3；

$\quad\quad i_\mathrm{g}^\mathrm{T}$——炉顶煤气的热焓，$\mathrm{MJ}/\mathrm{m}^3$，当煤气温度400℃时，$i_\mathrm{g}^\mathrm{T}$ = 0.533MJ/m^3；

$\quad\quad q_\mathrm{vap}$——水的汽化热，2.253$\mathrm{MJ}/\mathrm{kg}$；

$\quad\quad t_\mathrm{w}$——入炉水温，取25℃；

$\quad\quad i_\mathrm{vap}^\mathrm{T}$——当煤气温度为400℃时水蒸气的热焓，0.626MJ/m^3；

$\quad\quad i_\mathrm{vap}^{100}$——当煤气温度为100℃时水蒸气的热焓，0.108MJ/m^3；

$\quad\quad$0.004——换算成 MJ 的系数。

E 预休风工作

（1）安装炉顶打水管；

（2）调整炉顶放散阀配重，减轻至设计炉顶压力的50%，使之起安全阀的作用。

18.2.1.2 降料线操作

降料线是整个停炉过程的关键。必须确保顺行，尽量减少大崩料、悬料、风口破损及炉顶煤气爆炸等故障。在安全的基础上加快空料线的速度。

控制高炉合理的料线下降速度，确保整个降料线过程的安全，是高炉停炉过程中的首要环节，也是最关键的技术控制过程。控制高炉降料线速度应该做到：合理的高炉送风比，适当的炉顶压力操作，炉顶打水流量与料线相匹配。其基本要素为：炉顶温度、煤气中的 H_2 和 O_2 含量、炉内打水量、高炉鼓风量。在各参数之间平衡的基础上还需要向炉内输送保安用的氮气和蒸汽。

A 炉顶温度

推荐控制炉顶温度为 500℃。停炉过程不要受无料钟炉顶正常生产使用温度的约束。当高炉采用干法除尘时，承受温度为 300℃，如需要回收煤气应该采取相应措施。炉顶温度在料线的下降过程中逐步升高，料线到达风口后炉顶温度可能会超过 500℃。不宜突破 550℃，同时要对于煤气中 H_2 和 O_2 含量数值，按规定一并控制。

B 煤气中 H_2 和 O_2 含量值

随着料线的下降，炉顶温度升高，向炉内的打水量增大，H_2 的含量也将增加，但最终上限值不能超过 15%。同时，防止 O_2 浓度达到爆炸的含量，随着炉顶温度上升 O_2 含量减少至 0.8%。宝钢 2 号高炉停炉的料线深度控制 H_2 含量见表 18-1。温度与爆炸 O_2 含量下限值，见表 18-2。

表 18-1 宝钢 2 号高炉停炉的料线深度控制 H_2 含量

料线深度/m	6	11	16	20	25
H_2 含量目标值/%	2	5	8	10	12
H_2 含量上限值/%	3	6	10	13	15
H_2 含量实绩/%	3	3.6	5.5	9	12
对应的炉顶温度/℃	<300	<400	<450	<500	480~600

表 18-2 温度与爆炸 O_2 含量下限值

温度/℃	150	200	300	600	目标管理：<0.8%
爆炸下限/%	5.4	2.4	1.8	0.8	

C 炉内打水量

炉内打水可利用生产中的炉顶雾化洒水装置，为了更有效地降温，很多企业停炉时将炉顶十字测温装置改装成炉顶洒水测温装置。炉内打水目的是为了降低炉顶温度，喷入炉内的量和炉顶温度和煤气成分相关。

D 料线下降速度（高炉鼓风量）

降料线速度和风量有关。合理的高炉送风比，适当的炉顶压力（即所谓的带风空料线），可以缩短停炉的时间。由于降料线过程中需要向炉内注入大量的氮气和蒸汽，缩短停炉过程也是节能的措施。

宝钢 2 号高炉空料线高度 27.5m 仅使用了 18 小时左右。较 1 号高炉同等条件下的作用时间缩短了 15%。

E 停炉各操作参数的控制

炉顶温度、煤气中的 H_2 和 O_2 含量、炉内打水量、高炉鼓风量等参数之间的平衡控制见逻辑图 18-1。

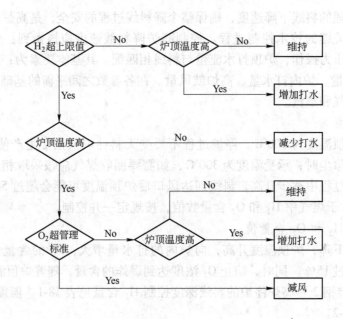

图 18-1　各参数之间的平衡控制逻辑图

F　料面判断

掌握煤气 CO_2 变化规律。根据这个规律预示料面相对位置。料线降至炉腰附近，CO_2 降至最低水平，一般为 3%~5%。随后又逐渐升高，料线降至风口附近，CO_2 升高至最大值，一般为 15%~18%，风口暗红和挂渣。此时要防止个别风口吹空，以免氧气进入炉内，出现这种迹象时，应及时出最后一次铁，出铁后立即休风，以保证停炉安全。

18.2.2　放残铁作业

高炉停炉时，残存于出铁口以下部分的铁水不能从出铁口中放出。这部分残存铁水可以采用放残铁或不放残铁两种方式清除。

采用放残铁方式时，残存的铁水在炉底必须开残铁口，将铁水以流态排出炉外。采用不放残铁时，残存的铁水将凝结在炉底，只有用爆破和切割成小块后，才能移出炉外。我国高炉习惯采用放残铁的方法清除残铁。在放残铁时要尽量将残铁排除干净，如果剩余的残铁量过多，仍然要采用爆破和切割的方法清除。因此，开残铁口的位置选择是关键。

18.2.2.1　残铁口位置选择原则

残铁口的选择原则：既能保证残铁尽量出净，又能保证出残铁工作方便、安全；一般设一个残铁口，估计残铁多时，可设两个残铁口。

残铁口方位的选择原则：应选择在炉缸水温差和炉底温度较高的方向，同时又要考虑出残铁时铁水运输方便。

18.2.2.2　残铁口位置的确定方法

当残铁口方位确定以后，残铁口标高位置一般通过推算炉缸炉底侵蚀线确定。

国内外推算炉缸、炉底侵蚀线的方法主要是传热角度出发，只是处理手法、考虑的因素等有区别，方法很多，在此不详细介绍。这些方法基本上可以分为三种：

（1）两点法。将炉底、炉缸的传热简化为一维稳定态传热，用傅里叶公式推导炉缸、炉底的温度分布及砖衬侵蚀厚度。在炉底区域，认为通过炉底各层材料的热流强度相等；高炉炉缸角部区域认为是多层筒壁的稳定态导热过程，即通过炉缸各层的热量相等，但热流强度不等。通过热流路径上两只热电偶的读数计算出相应位置的热流强度或热通量，然后推算出炉缸炉底的残砖厚度[1]。这种方法比较简单，对炉缸侧壁上部和炉底中心的计算应该是比较可靠的，但对炉缸角部由于其热流路径既不平行也不垂直于高炉中心线，所以用这种推导方法计算出的残余厚度误差较大。

（2）边界元素法。在边界元素法中不同的研究者采用了各自的方法确定侵蚀线，现举其中三种方法：

1）边界元法和正交实验法确定炉缸炉底侵蚀线（取侵蚀线温度为1350℃）；

2）以1150℃等温线作为侵蚀终止判定线[2]；

3）边界元法和试验回归分析相结合求炉缸、炉底的侵蚀界面[3]。

（3）有限元素法 DEM。采用有限元法解析炉底、炉缸侵蚀状况的研究文献也比较多，现介绍下面三种确定侵蚀线的方法：

1）以1150℃等温线作为侵蚀终止判定线[4]。

2）逐渐逼近侵蚀线法，先按炉缸、炉底当前状况以及上次计算的结果（参照高炉其他模型运行结果），用有限元法计算温度场，将修正点计算值 T_x 与计算的节点温度 T_j 相比较，如果 $|T_x - T_j| < \varepsilon$（$\varepsilon$ 为计算要求的绝对精确值，其值由所用测温热电偶的测量精度来确定），则可认为假定的侵蚀线与实际侵蚀状况一致，计算出的温度场分布也就是此时的实际温度场，计算完成。否则，修改单元图（即重新假设侵蚀线），重新计算，直到满足要求的精度，完成计算后画出温度场分布及侵蚀图[5]。从理论上讲，这种模拟方法能够适时地、比较准确地跟踪炉缸侵蚀状况，但在程序执行过程中，若计算温度与测量温度相差较大时，如何改变侵蚀形状是这个程序的难点。

3）通过单元变形逼近侵蚀边界法。计算侵蚀线的主要特点是侵蚀边界的逼近时，其采用的是保持模型有限元网格单元数及结点数不变，通过移动侵蚀边界点的坐标及某些相关结点的坐标，由单元变形来逼近侵蚀边界[6]。

本书第11章介绍的千叶6号高炉、宝钢2号、3号高炉就是采用有限元素法模型，其计算流程见图11-10。宝钢2号高炉推算的侵蚀轮见图11-11。

现代高炉多采用综合炉底、炉缸，加上风冷或水冷，计算起来比较复杂。因此，计算数据必须同实测数据结合分析，这样确定的残铁口标高才较准确。

18.2.2.3 残铁量的计算

残铁量的计算是确定残铁运输铁水罐数的重要依据。可利用原冶金部炉底炉缸调查组推荐的公式计算。

$$W = \frac{\pi}{4}kd^2h\gamma \tag{18-3}$$

式中　W——残铁量，t；

　　　k——容铁系数，一般取 0.55 ~ 0.6；

d——炉缸直径，m；

h——残铁部分高度，即侵蚀深度加死铁层厚度减铁口角度对应深度，m；

γ——铁水密度，取 $7.0t/m^3$。

18.2.2.4 放残铁操作程序

（1）割残铁口处炉壳。

（2）烧残铁口处冷却壁，事前将冷却壁内积水吹净。

（3）做残铁口泥套。首先将残铁口周围的残渣铁抠净，深度大于300mm，然后用硬泥捣固，并用煤气火烤干。

（4）烧残铁口出铁。深度一般为 1.5~2m，残铁口孔径不宜过大，以防铁水溢出残铁沟外。

（5）监视铁水罐或混铁车状态，及时进行倒罐作业，严防铁水流到地面，出完残铁后用少量炮泥堵上。

18.2.3 凉炉操作

（1）打水前，一切工作人员离开风口、渣口和铁口区域，防止打水后喷出焦炭伤人。

（2）残铁口下备用一个铁水罐或混铁车，防止喷吹渣铁流到地面。

（3）上述准备工作后，开始打水凉炉。打水速度不宜过快，可间断进行。大修停炉打水到铁口流水为止，中修停炉打到风口流水为止。如红焦未熄灭，再适当打水。但不许因打水过多流到炉外。

18.2.4 停炉的安全工作

安全工作极为重要，一切都要服从于安全。严格控制降料线速度、炉顶温度、煤气中的 H_2 和 O_2 含量、炉内打水量、高炉鼓风量等参数。

（1）凡参加停炉的人员，要认真学习停炉规程和停炉安全规程。自降料线开始到打水结束，谢绝一切参观、访问，非工作人员一律撤离现场。停炉工作人员要坚守岗位，一切行动听指挥。

（2）采用不回收煤气停炉时，必须切断高炉与煤气系统的联系，在切断阀和回压管道上堵盲板。

（3）高炉炉壳损坏，要事先进行补焊加固，否则不允许采用降料线法停炉。

（4）在停炉过程中，炉顶温度必须控制在规定范围内，打水要均匀，要及时调整水量，禁止水流到料面上。

（5）停炉期间严防休风，若特殊情况非休风不可时，应先停止打水，进行炉顶点火再休风。

（6）在降料线期间必须保证煤气安全。非经特殊允许，任何人不准到炉体和炉顶工作。在降料线期间，应防止崩料，打水过多。防止打水过多或炉墙脱落造成煤气爆炸。

（7）当料线降至炉腰以下，如煤气 H_2 含量大于12%，煤气压力频繁出现高尖峰，应停止回收煤气，打开炉顶放散阀，关煤气切断阀。

（8）料线降至风口以上 0.5m 左右，部分风口暗红和挂渣，煤气中还没有 O_2 出现，应及时出最后一次铁，铁后休风停炉。防止料线过低，出现 O_2，形成爆炸性气体。

（9）出残铁前，炉基平台应清扫干净，并保持干燥，不允许积水。

18.3 高炉大修的组织和实施

18.3.1 大修的组织体制

高炉大修的特点是工程量大、作业空间狭小、运输的物资多、工期时间短，因此建立高效的大修组织体制是大修能否成功的关键。特别是快速大修组织体制的建设十分重要。因此，在此重点介绍快速大修的组织体制。

高炉大修可分为前期准备和大修实施两个阶段：大修准备阶段指挥体系（项目立项至高炉停炉前 2 个月）一般可采用平衡矩阵式管理架构；大修实施阶段指挥体系（高炉停炉前 2 个月至高炉点火投产）采用一体化强矩阵式管理架构。

A　大修准备阶段指挥体系

主要成立高炉大修项目组，并以项目组为核心，组成由高炉大修项目组、公司各职能部门、设计、施工、监理、设备、材料等部门相关人员共同参与的一个虚拟的指挥体系。高炉大修项目组负责大修准备阶段的整个工程协调，负责组织、协调解决大修准备阶段出现的设计、设备、施工问题。

B　大修实施阶段指挥体系

设置总指挥部，负责高炉大修工程总体协调和指挥。根据工程项目的实际情况，纵向设置若干分区指挥部，横向设置专业支撑组。

总指挥部主要由高炉大修项目组正副经理、公司相关生产厂和部主管领导、公司各职能部门主管领导、施工单位主管领导、设计部门主管领导组成。总指挥部负责对系统性重大问题进行决策和处置；负责对大修工程安全、质量、进度、投资和技术等重大事项进行指挥和决策；负责对安全体系、质量体系、后勤保障及人力资源运转情况进行检查，对整个大系统进行协调和控制。

分区指挥部根据大修工程项目管理需要可按作业区域划分，主要由施工单位及项目单位相关人员组成。在大修总指挥部的指挥下全权指挥本区域大修工程的实施；按大修工程总进度计划要求检查、跟踪和调整本区域大修综合进度计划；负责对本区域大修过程中出现的设计、设备、施工技术问题进行分析、协调处理，对工程实施过程中出现影响大修工程系统的安全、质量、进度的重大事项及时上报大修总指挥部，并按指挥部的决策意见组织处理。

总指挥部下根据专业功能需求可设置若干专业支撑组。通常可设置技术专家组、安全管理组、工程调度及计划管理组、技术质量管理组、设计及设备材料管理组、耐火材料管理组、消防保卫组、综合后勤保障组。专业支撑组主要在大修总指挥部指挥下、对大修过程进行专业支撑。

C　会议制度

为保证大修实施过程中信息快速正确沟通、指挥决策顺畅，必须设置合理的会议制度。

会议制度可根据大修指挥体系、施工作业倒班制度、专业管理需求而确定，一般可设置总指挥部例会、安全例会、设计和设备材料例会及其他一些临时专题会议。

D 决策流程

停炉大修期间决策流程一般分为三个层面，公司级、指挥部级、分区指挥部级，对于停炉大修总工期的调整由总指挥部报公司决策，对于不影响总工期的局部综合进度调整由分区指挥部报总指挥部决策，对于不影响总工期的各作业区实施进度的调整由分区指挥部决策。

18.3.2 停炉前的施工准备

18.3.2.1 大修工程进度计划的编制

根据大修工程管理特点、大修实施阶段、各指挥层面不同的掌控需求编制各种大修工程进度计划，通过对计划的跟踪、协调、调整以实现大修工期目标。合理的大修工程计划将对大修快速、高效实施起到很好的主导作用。

大修计划主要包括总进度计划、综合网络进度计划、专业计划，大修不同阶段编制不同的进度计划。

A 大修工程立项审批阶段

根据公司总体经营目标要求、大修工程特点确定大修工程总进度计划，该计划包括从立项、大修准备至停炉大修各个阶段的进度节点和目标。

大修工程总进度计划重点确定一些里程碑节点，如初步设计、长周期设备材料采购、停炉重要施工项目等完成节点及停炉和开炉节点，这些节点时间的确定必须考虑设计周期、设备制造周期、市场资源情况、公司对大修的总体目标要求。

B 高炉大修工程准备阶段

在高炉大修前应编制精确的、严密的综合网络进度计划和专业计划。

高炉大修项目组根据公司下达的总进度目标要求编制停炉前综合网络进度计划，由施工、设计、设备供应部门根据综合网络进度计划要求编制相应的专业计划。专业计划主要包括三级工程项目施工网络进度计划、施工图发图计划、设备采购计划。

停炉前综合网进度计划由高炉大修项目组负责编制，编制时重点考虑设备采购进度、资料返回时间、设计周期、施工准备、项目实施时间、项目实施与正常生产的干扰、项目现场作业条件，同时考虑施工人力资源总体平衡、大型施工机械的合理配置和利用，该计划确定了大修准备阶段重要节点目标、设计图纸、设备材料供应、停炉前施工项目实施之间的相互关系。

三级工程项目施工专业计划由施工单位负责编制，该计划编制时重点考虑三级工程项目内各专业工序之间的相互衔接、专业施工力量的平衡、三级项目之间工序接口衔接、施工图到图节点、设备到货节点、材料供货周期等，一般以天为单位进行计划的编制。

施工图发图计划由设计单位负责编制，该计划编制时重点考虑三级工程项目施工进度对各专业施工图纸的需求、施工图设计周期、设备制造厂设计周期及资料返回节点。

设备采购计划由设备采购部门负责编制，该计划编制时重点考虑现三级工程项目施工进度对设备的需求、施工图设计对设备设计资料返回要求、设备招投标时间、设备制造周期、设备主要外购件采购周期、设备运输时间等。

C　高炉大修工程停炉阶段

停炉前必须编制高炉停炉大修综合网络进度计划、区域施工实施计划、重点项目实施计划。

高炉停炉大修综合网络进度计划由大修工程指挥部组织编制，在对大修总体施工技术路线分析研究的基础上在停炉前编制完成。该计划编制时通常以高炉本体施工、出铁场及风口平台施工作为主要作业线路，关键工序以小时为单位安排作业时间，其他区域进度安排都应服从于主作业线路时间要求。编制时重点考虑关键工序的作业时间、关键工序之间的衔接、物流运输的匹配、大型工器具的使用、人力资源的配置。宝钢2号高炉快速大修本体工程综合进度计划简图，见图18-2。

区域施工实施计划由分区指挥部组织编制，各分区指挥部根据综合网络进度计划编制详细的作业区域进度计划，关键工序以小时为单位安排作业时间。编制时重点考虑本区域关键工序的作业时间、主要工序之间的衔接、与其他区域相关的上下工序衔接、与其他区域物流运输的干扰、共用大型工器具的使用、人力资源的配置。

重点项目实施计划由承担重点项目的施工单位编制，时间以小时为单位，可借助先进的工程施工管理软件编制。在编制时，重点突出施工工序之间的逻辑关系，并配置好各工序的专业工种，确保有足够的人力和物力。

18.3.2.2　施工平面布置

A　施工平面布置的指导思想

（1）要求施工平面井然有序、规范整齐，施工平面规划合理、现场组织有序。

（2）保证停炉前生产运输、保证大修中施工安全、保证大修中物流畅通、保证现场作业次序及财产安全。

B　施工平面布置的原则和指导思想

（1）根据设备先大后小、施工先主后次的原则，在统筹考虑大型设备运输、大型吊具站位、现场施工临时设施占位后确定。

（2）充分考虑停炉前生产运输的需求。

（3）优先考虑施工安全，在规划中设置消防通道，指定人员紧急退避路线，设置消防车接应点、救护车接应点。

（4）为保证现场作业次序及财产安全，规划中考虑现场封闭，但同时必须考虑保证物流畅通。

根据高炉大修平面布置的指导思想和原则，结合大修工程的一般规律，大修平面的一般布置程序如下：

（1）确定新炉体的组装及运输通道，确定旧炉体运输通道及临时堆放和解体场地。

（2）确定炉顶设备组装场地及运输通道。

（3）大型运输车装场地。

（4）大型吊车组装、站位及移动路线。

（5）耐火材料堆放及运输路线。

（6）其他大型构件组装场地及运输通道，旧大型构件运输通道及拆解场地。

（7）施工临时设施占位。

（8）消防通道、人员紧急退避路线、消防车接应点、救护车接应点。

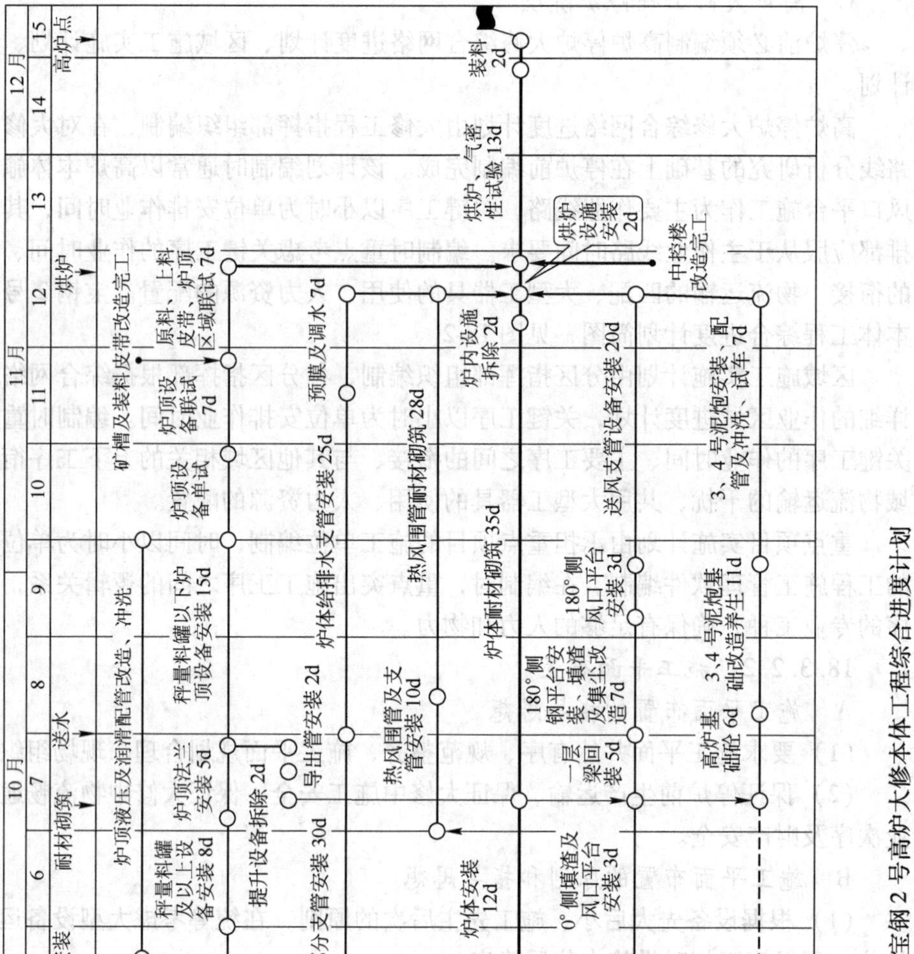

图 18-2 宝钢 2 号高炉大修本体工程综合进度计划

（9）施工人员临时休息场所。

（10）现场封闭点。

宝钢2号高炉高炉大修施工平面示意图，见图18-3。

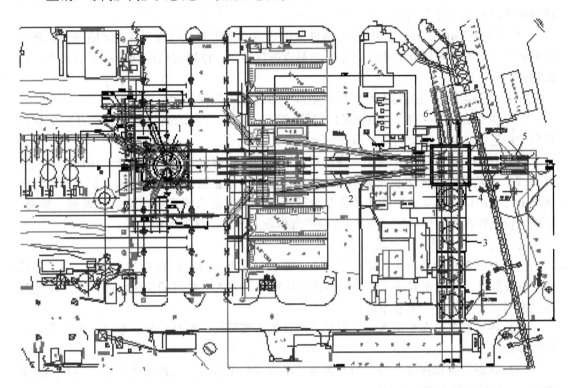

图18-3 宝钢2号高炉大修施工平面组织
1—2号高炉；2—炉体分段整块搬运通道；3—炉壳组装场地；
4—转动台架；5—炉壳解体场地；6—运载车辆退避位置

18.3.2.3 施工物流平衡

A 施工物流平衡的作用

高炉大修期间，有大量的设备和物资进出。对4000m³大型高炉而言，一般在停炉后的15天内有超过6万吨的废旧设备、物资、工业垃圾、废渣及建筑垃圾等需要运出，在60天内有超过5万吨的新设备、物资需要运入和安装。因此，事先规划好运输通道、组织调度好运输车辆，对整个大修能否按预定计划完成至关重要。

B 施工物流平衡的方法

（1）按天编制停炉中设备材料拆除安装运输计划，该计划根据大修施工工序、详细施工进度、设备或构件的尺寸和重量确定需要运输的车辆规格、数量，同时根据制定的物流运输计划及现场施工平面情况，制定合理的设备材料运输路线图及运输车辆到达的位置和时间。

（2）对设备材料拆除后的堆放及解体场地进行事先策划，一般应规划一次解体场地和二次解体场地。一次解体场地一般靠近高炉附近，特大型设备与构件组件通过特殊的运输方法（如大型模块车运输、滑移等）运至一次解体场地。在一次解体场将特大型设备与构件组件解体成150t左右后用大型平板车运至二次解体场，二次解体场地一般远离高炉作业区域，废旧设备、构件及材料在二次解体场解体到位并作为废钢利用，对于可利用的设备送仓库临时堆放以外卖利用。

（3）物流通道主要分为新旧设备构件运输通道、消防安全通道、清渣运输通道、耐火材料运输通道等。对所有的物流通道事先都应进行勘测，以确定所能通行的车辆大小，运输物件的尺寸。

（4）清渣运输通道通常在南北出铁场两个方向设置以保证运渣的能力。

（5）为保证高炉本体及炉顶的耐火材料施工，在0°方向的高炉电梯旁设置两个耐火材料专用运输井架，负责向高炉运送耐火材料。

（6）在停炉大修中，加强了现场的调度工作，由指挥部计划调度组统一协调。

（7）为及时快速将作业人员及工机具运送到炉顶作业点，应增设两部人货电梯，将出铁场平台、风口平台及炉顶的作业人员分开运输，以保证人流运输通道有序管理、畅通。新增人货电梯将专门用作炉顶及3～7层平台作业人员及机具的运输工具。

18.3.2.4　大型施工机具准备

（1）施工单位根据施工图纸编制施工方案，根据审查批准的施工方案确定大型工器具的规格及数量，同时根据施工综合网络进度计划确定大型工器具的使用时间区段，在此基础上编制出大型工器具使用计划。

（2）各施工单位在根据大型工器具使用计划落实资源，并按计划要求完成租赁合同及协议签订。

（3）高炉大修指挥部在停炉前对各施工单位大型工器具资源落实情况进行检查，落实的标志是租赁合同及协议签订。

（4）各施工单位在按计划签订全部大型工器具租赁合同及协议后，应向高炉大修指挥部提交大型工器具资源落实报告及相关附件材料。

18.3.2.5　施工技术方案准备

施工技术方案是高炉大修施工准备的关键环节，施工技术方案准备的好坏直接关系到高炉大修的成败。施工方案由施工单位编制、高炉大修项目组组织审核，特大施工方案由高炉大修指挥部组织审核。高炉大修施工技术方案准备不同于其他工程的施工准备，通常在大修主要施工工艺技术路线研究确定时施工单位就已经全面介入、共同参与。施工技术方案准备一般分为编制前期准备、方案编制、方案审核三个阶段。

A　编制前期准备

（1）施工单位应与业主方充分结合交流，了解高炉大修工程的目标、内容。

（2）施工单位应根据确定的高炉大修目标、工程内容，并结合所进行大修高炉的特点找出该大修高炉工程难点，在指挥部的统一指挥和协调下，共同研究确定大修主工艺技术路线，对主工艺技术路线中难点进行技术攻关研究。

（3）施工单位应进行广泛的市场调研，了解大型工器具、特殊工器具资源情况，有无适合本工程的或可以借鉴的先进施工技术。

（4）施工单位应全面参与可研、初步设计、施工图方案的审查，与业主方、设计单位紧密结合，将一些特殊的施工要求与施工图方案有机结合。

（5）在施工图完成设计后，业主方应组织施工图交底，使施工单位充分了解设计意图。

（6）业主方组织施工单位对现场情况进行详细交底，使施工方了解现场实际工作场所的工况条件。

B　方案编制

（1）施工单位在前期调研及与业主、设计结合的基础上，编制高炉大修工程施工技术方案清单，落实编制人员、编制要求、时间节点，通常要求在停炉前 2 个月全部编制完成并审核批准。

（2）施工技术方案应包括：

1）工程概况，包括工程说明、编制依据、工程范围、实物量等。

2）施工工艺，包括施工工艺流程、各施工工序详细说明、施工技术要求、特殊施工措施、相关施工工序图例等。

3）施工进度，包括总进度、各专业详细进度。

4）施工组织管理，包括施工组织管理体系、劳动力安排等。

5）资源配置，包括大型吊车、特殊工器具、主要施工器具及材料等配置。

6）质量保证措施，包括质量管理组织体制、质量管理标准、质量管理措施等。

7）安全保证措施，包括安全管理组织体制、安全管理一般制度、针对高炉大修的特殊安全管理措施等。

C　方案审核

（1）施工单位编制完成的施工技术方案经过内审后交项目单位（业主）组织审查。

（2）项目单位对一般性的施工技术方案将根据方案的专业性质组织项目单位的设备及操作人员、设计单位设计人员、监理单位相关监理、施工单位施工技术人员共同进行进行审查，在审查通过后即可由项目单位批准实施。

（3）对于一些重大、特殊的施工技术方案，项目单位除组织常规审查外，还应由指挥部组织国内专家进行审查，审查通过后由指挥部批准实施。

18.3.2.6　设备、材料准备

高炉大修设备及材料供应具有在短时间内供应量大、运输非常集中的特点，因此在高炉停炉之前必须进行充分策划，在设备订货、制造、运输、仓储等各个阶段都必须根据高炉大修的特点做好相关的准备工作，尤其是设备、材料供应的质量和进度。

A　工程设备、材料供应质量保证措施

a　设计环节质量控制

（1）根据高炉大修工艺设计方案的总体要求及设备的使用要求，对选用的设备功能要求、性能指标进行一个合理的定位，设计中充分考虑设备的可靠性、实用性、安全性、经济性。

（2）对同类型高炉的设备使用情况进行充分的调研，尽可能地收集以往出现的问题及改进的方法和措施，将一些好的设备改进方案用于设计中，以避免出现类似的问题。

（3）定期进行设备设计人员与现场设备使用人员之间的交流，使设计人员了解设备的使用环境、现场对设备使用功能的实际需求，了解设备在使用过程中出现的问题及处理的方案。同时也使现场人员了解一些设备设计的基本规律以能提出一些合理的需求。

（4）从严进行设计审查。在初步设计审查时，要做好设备的选型、设备功能定位的审查。对非标设备要做好非标设计任务书的审查，审查时重点进行设备功能、性能要求、主要配套件、设计界面等方面的审查。对非标设备还必须进行初步设计方案和详细设计图纸的审查，尽量避免设计过程出现的错误，提高设备设计的质量。对通用设备要对设备清单进行审查，确认提出的规格性能是否满足现场需求。

（5）对主要材料的设计配置可采用设备质量控制的类似措施，应重点对耐火材料设计质量进行全方位控制。

b 制造环节质量控制

（1）选择合格的设备供应商是保证设备质量的关键，要选择有业绩、有信誉的设备供应商，对重要设备的供应商在确定前一定要做好实地考察工作。

（2）根据设备规格书、设备订货图、现场对设备的使用要求，与设备供应商签订好订货技术协议，技术协议应明确设备的制造要求、检验标准、主要材料的性能指标要求、配套件要求等。在设备合同中对设备供应商应有明确的质量约束条款。

（3）对设备制造质量应进行全过程跟踪，重要设备业主必须派人或委托监理公司派人进行驻厂监造，对制造厂采购的主要材料实行第三方复检，对外购的配套件进行全面检查。设定设备制造重要工序的检查点，当每一道重要工序完成时，即组织联合检查。

（4）全力做好设备的出厂检验工作。首先应根据设计图纸、设备订货技术协议编制出厂检验大纲，并组织设计单位、设备供应商、设备使用单位共同讨论确认。出厂检验大纲应明确检验的项目、检验的内容、检验的方法、应用的标准和要求。设备检验时应严格按照检验大纲的要求对设备进行检查，对检查发现的问题要进行整改直至满足检验大纲的要求方能出厂。

（5）为保证出厂检验的质量，对可以在工厂进行预组装的设备一定要工厂进行预组装，预组装可以直观地检验和确认接口的尺寸。

（6）对未进行出厂联合检查的设备，在设备到库后组织全面的开箱检查，复核全部连接尺寸。

B 工程设备、材料供应进度保证措施

（1）建立高炉大修设备供应体制，制定与高炉快速大修相适应的设备供应协调机制。

（2）制定合理的大修设备供应计划，根据停炉前高炉大修工程综合网络进度计划表确定的节点要求、设备设计周期、设备制造周期、设备配套件供应周期等综合平衡后编制确定。

（3）在大修准备阶段定期召开设备及材料供应例会，协调解决设备设计、设备供应与现场施工准备之间的问题。

（4）所有设备在停炉前应全部交付，对有条件入库的设备全部入库。所有入库设备在停炉前完成开箱检查，按现场施工作业区域进行划块存放和挂明显的标牌。直接进入现场的设备应按作业工序顺序摆放。

（5）在设备停炉大修期间，建立了以设备供应部门为主、设备供应商参与的设备保驾体制，全天候24小时紧急响应。

此外，人力准备和人员培训也十分重要，但由于篇幅所限就不作介绍了。

18.3.3 质量控制及管理

18.3.3.1 质量控制及管理原则

以进度控制为主线，以质量控制为关键，以安全管理为重点的工程质量控制方针。

质量控制管理原则：

（1）工程施工质量监理委托专业的监理公司承担，其中设备安装监理可由经过监理培训的业主方设备人员承担。

（2）由监理公司控制技术质量体系的建立、健全和有效运转，监督各级项目部技术质量管理人员的工作质量。

（3）对分包单位必须进行资质审查，控制进场人员的素质，强调人员教育和培训，控制特殊工种的专业人员资格及岗位作业。

（4）强化程序管理，突出过程控制，控制关键部位（主要是炉体、炉顶拆除、安装，炉壳焊接，高炉耐火材料砌筑等）和特殊环节（如探伤、试压、接地、大型构件滑移、吊装等）；控制重点专业工序的交接和隐蔽工程验收。

（5）实体质量严格把关，把质量缺陷消灭在施工前和施工的过程中；提高分项工程一次验收合格率。

18.3.3.2 质量监控的流程及方法

A 质量监控流程

（1）停炉前大修施工项目质量监控按常规的质量监控流程。

（2）停炉中大修施工项目采取特殊的质量监控流程，强调质量管理人员对过程质量的实时动态控制，避免因事后质量检查而影响整个工程的进度。

质量监控流程如下：停炉前由监理编制《质量监控表》→按《质量监控表》要求施工单位进行自检→按《质量监控表》要求监理进行巡视、旁站或验收→按《质量监控表》要求监理及业主对重要监控点共同进行旁站或验收。

B 质量监控的方法

（1）根据大修工程项目的性质进行质量监控的责任区分。大修改造项目委托监理公司负责总体质量监控，其中设备安装、耐火材料砌筑质量分别由业主单位设备专业人员和生产操作人员负责旁站。恢复性修复项目由业主单位设备专业人员负责质量监控。

（2）根据大修工程进度计划表编制质量监控计划表，在实施中根据工程进度的实际情况进行动态调整。

（3）施工单位根据《质量监控表》进行质量自检，专业监理、业主单位质量旁站根据质量监控计划表及《质量监控表》主动对工程质量进行巡视、旁站及验收。

（4）停炉中大修用主材和设备的进场检验、报验前移，在制造厂或存储时进行，监理见证。一般提前报验项目主要是钢材、电缆、预组装的设备、构件、耐火材料。材料、构件、设备的复验只要监理见证过（有监理签字），就不再重复做。

（5）对隐蔽工程的验收，监理人员按质量动态监控计划进行实时验收，施工单位未经监理人员验收或验收不合格的工序严禁进行下一道工序交接的施工。

（6）专业监理管理要求。要求按专业监理的区域、范围、内容、主要实物量及专业监理能够承担的工作量对其分部、分项工程划分台账。按单位工程，分专业、分时段编制检查项目计划、检查内容、检查标准、检查工具、检查方法、检查数据、使用表格等。建立单位工程的开工报告、工程报验台账；建立分包单位名称、分包合同、施工部位、分包负责人、专职质量员、安全员、施工人数、施工起止时间。

（7）建立快速沟通、高效运转机制。在快速大修期间，监理对质量管理应掌握原则，控制过程，注重结果。对不能按规范标准检验验收的问题，以专家组的决策、决定为依据。

监理按分区系统管理、专业负责的原则，由区域监理负责人负责收集区域信息，由专业监理工程师负责处理本专业的监理工作。

18.3.3.3 质量管理组织体制

大修质量管理体制由几个层面组成：指挥部层面质量管理总体体制、施工层面的施工单位质量管理体制及区域质量管理体制。

（1）大修质量管理总体体制：大修工程指挥部下设置技术管理组（详见大修指挥部体制），负责指导和监督大修整个质量监控体系的运转。

大修质量管理总体体制建立主要以监理公司、公司工程质量安全监督站、技改管理部门、业主机电仪和耐材旁站为核心。

（2）各施工单位质量管理体制：各施工单位的质量管理体制建立主要以施工单位各专业公司专职质量管理员和施工班组质检员为核心，主要负责所承担项目的自检、报检及配合完成由监理组织的联合验收工作。

（3）区域质量管理组织体制：根据大修工程区域划分建立区域质量管理体制，各区域质量管理体制建立以监理公司监理、业主机电仪和耐材旁站、施工单位质检员为核心，主要负责本区域质量巡视、旁站或验收。

18.3.3.4 质量监控表的制定

（1）质量监控表编制依据：大修工程详细进度计划、施工方案、设计图纸、设备安装说明书及其他有关技术文件等。

（2）质量监控表主要内容：质量监控表主要由检查时间、检验项目、允许偏差、检验方法、检验标准及依据、监理方式、检验人等内容组成。

18.3.3.5 施工设计管理和质量管理

A 施工设计管理目标

大修施工图与常规设计的区别在于设计必须摸清大修目标、大修内容和现场实际情况；并且应将施工设计与现场实际情况进行详细核实，并进行修正、升版与实际相符。因此，施工设计管理的目标：

（1）进度目标：停炉前半年实现 A 版施工图设计基本关门。停炉前 3 个月完成全部升版图设计。

（2）控制目标：设计范围、内容和技术装备水平严格按初步设计批复意见和审定的大修项目清单进行。精心设计，工程量严格按费用控制部下达各分项工程量限量设计。

（3）质量目标：订货资料准确无误，施工图应 100% 满足生产和大修施工要求。

施工图设计步骤也与常规设计不同，必须加强对设计过程的管理。初版施工图完成后，必须进行施工图复查，施工图设计交底，反复复核；然后对 A 版施工图进行升版图设计。

B 施工图设计过程管理

a 初版施工图

初版施工图设计根据初步设计文件及批复、设备恢复性修复和更新改造清单、国内外设备资料以及业主方对施工图设计总体进度的要求，完成初步的施工图。

初版施工图的设计管理，由项目组根据施工图设计质量管理程序，做到三级审核、专业之间的会签，提出意见以保证下阶段施工图设计的正确性。

业主和施工单位根据施工图是否完全满足生产要求、是否最优化、是否满足快速大修施工要求等提出了修改意见。为了将项目组提出的设计优化、生产部门提出的合理的功能补充、外商和国内制造厂设备资料的变更、施工单位提出的合理化建议等全部纳入设计，公司组织各专业设计人对图纸进行了全面地复查和修改，质检部门抽查重要施工图。

b 施工图设计复查

初版施工图完成后，业主方组织各专业进行蓝图复查。目的是补充设计漏项、确认专业接口和系统接口、修正图面错误。对于主线重要的施工图，业主方的质检部门进行蓝图抽查，修正和完善施工图。经过充分结合、反复修改，尽可能地保证施工图的正确性和合理性。对施工单位编制施工方案和停炉前实施的项目，高炉大修项目组就初步施工图组织生产部门和其他有关部门审查，以检查施工图是否完全满足生产功能和施工要求。

为了保证设备订货准确无误，大修项目组应组织设计人员逐一核对业主完成采购订货的清单，同时在订货清单中标注设备所在的施工图，按区域核对施工图上的设备和订货清单，以保证设备订货无遗漏。

c 施工图设计交底

为配合施工单位编制施工方案，并使得施工图满足快速施工的要求，设计单位需由项目总设计师带队，组织各专业主要设计人员，按项目组划分的作业区域分别向施工单位和业主进行施工图设计交底。工程设计交底要使施工单位和业主完全了解设计意图，同时还要使设计人员充分了解施工单位和业主的想法，了解大修施工将要采取的措施，并根据需要完善和修改施工图。

d 升版施工图

升版施工图是在初版施工图完成后，主要根据项目组、生产厂和施工单位对图纸提出的审核意见和依据作业区域设计交底提出的意见，对初版施工图进行设计升版。

初版施工图升版主要原因有以下几个方面：(1)项目单位、生产厂和施工单位提出的设计错误、漏项；(2)项目组或施工单位提出的设计优化意见；(3)生产部门提出的合理的功能补充；(4)国外供货商资料的变更；(5)国内制造厂设备资料变更；(6)施工单位在编制施工方案中，提出的合理化建议；(7)设计单位设计复查、优化和抽查中发现的设计错误。

当大修升版施工图基本完成时，根据大修工程的安排，施工图全部交施工单位编制施工方案，同时提交大修指挥部审查。

e 施工图的确认

快速大修，要求施工图100%地满足生产和施工要求。施工图审核和升版完成后，通过设计管理部将施工图总目录发给各个生产厂和各个施工单位，根据施工图总目录，首先确认收到的图纸是否齐全，并对收到的每套施工图在功能上是否满足生产要求进行确认签字；施工单位对收到的每套施工图是否全部满足施工要求进行确认签字。通过签字加强各个环节对图纸的审核，提高停炉大修用施工图的质量，减少大修期间的设计错误和漏项。

18.4　常规大修实例

一般在工期允许的条件下，尽量采用常规大修。现举昆钢 6 号 2000m³ 高炉为例进行说明。该炉于 1998 年 12 月 26 日投产，2011 年 4 月 8 日进行常规大修。高炉寿命 12 年 4 个月，并于 2011 年 7 月 10 日交付烘炉，大修历时 92 天。

18.4.1　大修范围

昆钢 6 号高炉为恢复性大修，未对高炉进行扩容，保留全部框架平台、大部分炉壳、水管、炉顶煤气管道及除尘设备等。大修的主要范围如下：

（1）高炉本体耐热基墩基础以上，高炉本体校正复位（该高炉开炉至今累计不均匀上涨 300 ~ 400mm），相应恢复上升管、下降管至原设计标高；

（2）更换炉底水冷管，炉底铺设梁，炉底封板；

（3）更换炉缸炉壳（风口带及以下炉壳），铁口冷却壁、铁口框、炉缸冷却槽板；

（4）更换部分铜冷却板及全部铸铁水箱；

（5）拆除及重新砌筑高炉本体炉内耐火材料，增加和更换热电偶；

（6）炉内喷涂及上升管、下降管喷涂；

（7）更换炉喉钢砖和炉顶钢圈；

（8）恢复比肖夫调压系统，更换重力与旋风除尘器连接管；

（9）更新和改造相关的电气、仪表及液压系统等。

在常规大修时，与新建高炉不同。对于昆钢 6 号高炉必须重点抓住：扶正炉体；拆除炉内耐火材料；拆除炉体冷却设备；更换上料主皮带；清洗水系统等关键工程。

18.4.2　大修施工路线

此次大修工程施工路线见图 18-4。施工可分为四个阶段：第一阶段：拆除风口带以上耐火材料；第二阶段：拆除风口以下耐火材料及扶正炉体；安装调试阶段：安装风口带以下炉壳及炉内冷却设备；砌筑烘炉阶段：砌筑炉内耐火材料并烘炉。

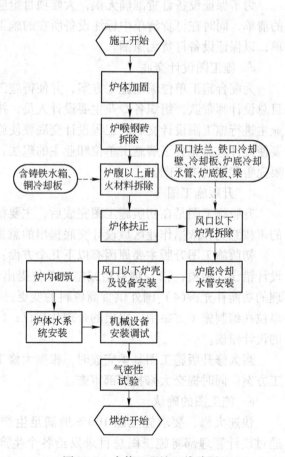

图 18-4　大修工程施工线路图

18.4.3　大修主要施工内容

A　高炉炉体复位

（1）在更换炉壳前，以热风围管、炉顶法兰测量出高炉本体的上涨、倾斜量，重新对高炉中心、标高定位。

（2）在炉身框架处，采用 4 台电控同步液压千斤顶预升高炉炉体上涨高度（预估 350～400mm），千斤顶上部与炉体采用球面接头相连接。

（3）拆除炉顶设备及上升管波纹补偿器。

（4）在风口带上方增加 8 组沉降限位及 6 组水平限位措施（正反），水平限位措施采用 50mm 钢板焊在风口带上。

（5）拆除炉内耐火材料、冷却设备、炉喉钢砖、炉外联络水管，检查并断开框架与炉体连接的一切设备、管道及平台。

（6）炉体水平位移的校正：根据计算炉体总重约为 700～1100t，用 4 台 600t 液压顶同时进行调整，估计在均匀受力的情况下每台液压千斤顶承受 300t 左右的力。在风口带上方的炉壳上切割出一条环缝，按炉体倾斜方向抽出一条中间宽，两边各窄的缝隙（最大处 20mm）；然后切除风口带下方的炉壳；用液压千斤顶逐渐将炉体水平位移并校正。

（7）炉体上涨的校正：同样用 4 台 600t 液压千斤顶同时调整炉壳上涨量，并按风口带沉降限位，采取抽取垫板的方式使高炉炉壳下降至正常位置。

（8）为防止炉体复位后千斤顶的滑移，在炉身框架上增加 4 个支撑，用工字钢与炉体相连。

B　更换高炉冷却设备

高炉停炉后检查炉体铜冷却板、炉缸冷却槽板，确定需要更换的设备并做好标记。同时拆除冷却设备、外部的联络水管与炉内耐火材料。

（1）拆除炉喉钢砖的安全措施：封闭上升管及炉顶法兰，见图 18-5。

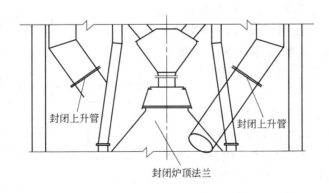

图 18-5　炉顶安全措施示意图

（2）在拆除炉喉钢砖时，需制作临时吊盘。

C　拆除和更换炉壳

按高炉炉体炉壳复位后对炉体上部炉壳进行加固，然后采用卷扬机对高炉风口带及风口带以下炉壳、炉底梁、板等进行拆除和更换。

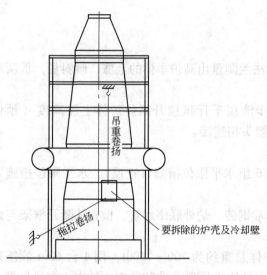

图 18-6　炉壳拆除及运输方案图
（拖拉卷扬应选好最佳受力角度）

对恢复性大修的高炉，其高炉框架平台、热风围管等结构不拆除，在直接使用吊车运输拆除的冷却设备和炉壳有困难。为此需采用卷扬机进行拆除工作。使用一台 5t 卷扬机（后面称作吊重卷扬）做吊重物使用，配合一台 5t 卷扬机（后面称作拖拉卷扬）做向外拖拉、运走切除的炉壳。炉壳按从上至下顺序拆除，拆除时连同水冷壁或冷却槽板同时拆除，见图 18-6。

高炉炉壳在制作厂内进行预拼装，经检查合格后，分带、分片、编号进行加固出厂。风口法兰的制作安装，应在制造厂内完成，安装无误差后在制造厂内焊接成型，包装后送至现场安装。

炉壳安装前必须再次用测量仪器，以热风围管为基准重新定位高炉中心、标高，以防止炉基处理时造成高炉中心、标高的偏差。采用与拆除方法相反，用卷扬机将炉壳按方位吊装就位，将水平度、垂直度、椭圆度、错口及间隙调整到允许公差范围内，然后焊接。

D　炉顶系统设备拆装

炉顶设备主要由移动小车、料罐、上气密箱、漏斗、膨胀节中间喉管、眼镜阀、下气密箱以及炉顶钢圈等构成。

所有炉顶设备均采用炉顶起重机进行拆除，拆除时的顺序应为从上到下进行。拆除至炉顶钢圈后，将修复的炉顶设备重新进行安装。

安装时则与拆除顺序相反，自下而上，依次安装，即安装从炉顶钢圈（即炉顶法兰）、下气密箱、眼镜阀、膨胀节中间喉管、漏斗、上气密箱、料罐、移动小车的顺序进行，见图18-7。

E　上料主皮带机拆除与安装

上料主皮带机的拆装是高炉大修期间的重要环节，通常上料主皮带机按一代炉龄设计，大修期间需要将 700m 长、重达 25t 的皮带卸下，再安装并胶结新的皮带，工作量较大。

F　高炉耐火材料的拆除和砌筑

昆钢 6 号高炉大修筑炉工程施工内容主要包括：拆除高炉耐火材料（含残铁渣）、重新砌筑高炉内衬；拆除、重新喷涂炉身及上升管、下降管喷涂料。其中，拆除耐火材料约

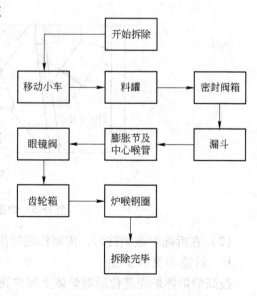

图 18-7　炉顶设备拆除路线图

3065t，拆除死铁层的残铁渣约1497t，砌筑耐火材料约3327t和喷涂耐火材料约389t。

  a 耐火材料的拆除

耐火材料拆除主要施工流程如下。

主要拆除工序施工方法：

（1）当拆除炉腹以上耐火材料时，应在炉顶大方孔下部设置防止炉顶上部坠物的保护棚，以及安装拆除耐火材料的吊盘。在拆除冷却板时，利用可收缩吊盘同步从上往下拆除炉腹以上耐火材料。拆除的耐火材料从风口运出并及时运出场外。

（2）当拆除炉缸、炉底耐火材料时，先拆除松动的残铁渣或残料，并清理和拆除作为运出口的出铁口部位的耐火材料和该出铁口附近的炉壳、包括冷却设备直至风口的炉壳，以及相应的出铁沟，甚至出铁场平台等有碍废弃物运出的一切障碍物。采用凿岩机及风镐拆除耐火材料及残铁，用反铲挖掘机配合出渣，大块拆除物可利用拖拉卷扬。若有凿岩机无法拆除的残铁，则采用爆破的方式拆除。

（3）炉底封板、水冷管、耐热基墩及工字钢拆除。炉底封板采用破坏性的切割方式拆除，利用拖拉卷扬运出炉外。水冷管及工字钢之间填充的耐火材料先用风镐及凿岩机拆除。再将水冷管及工字钢采用破坏性的切割方式拆除，利用拖拉卷扬运出炉外。

（4）炉缸、炉底耐火材料拆除及外运。根据现场施工及运输条件，出渣口设置应考虑场地、出渣及运渣的便利性，在出渣口位置可用型钢及钢板搭设出料溜槽。装载机装料、自卸汽车运出场外。高炉两侧铁道上铺垫石夹砂垫层或拆除铁道并上铺钢板，达到反铲挖掘机、装载机进场扒料、装料及汽车外运条件。

  b 耐火材料砌筑

炉体喷涂完毕炉喉钢砖安装后，在炉腰上部处设置保护棚。将炉体分隔为上下两段同时砌筑施工。炉身上部钢砖托板为高炉本体上段砌筑起点，与炉底同时开始砌筑。

耐火材料砌筑主要施工流程如图18-8所示。

18.5 快速大修实例

大型高炉实施快速大修，通常需要采用离线组装，整体或者分段拆旧高炉和装新高炉的技术。我们将这种模块式的拆、装工艺称为快速大修技术。

高炉快速大修的核心施工工艺技术是"系统功能模块组合法"。通过分析研究大修工程项目内容，找出影响大修工期的关键项目及关键工序，并根据国内外现有的大型工器具资源，对拆装的设备、结构等进行合理的模块设计。在停炉前进行模块施工，停炉后应用模块运输、滑移、提升等技术将组合模块拆装。下面以宝钢2号和1号高炉大修为例说明大型高炉的快速大修的技术。

18.5.1 宝钢2号高炉快速大修

宝钢2号高炉于2006年9月1日停炉大修，炉容由4063m³扩容至4706m³。高炉实施

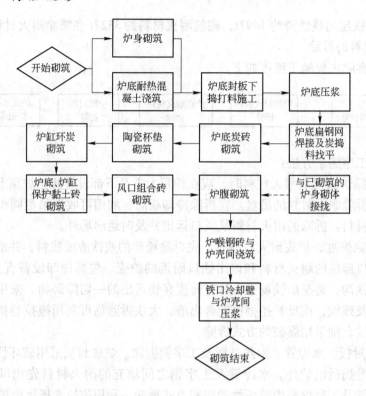

图 18-8 耐火材料砌筑工艺流程图

快速大修，大修期为 98 天，采用世界上最新的大型高炉大修技术。快速大修的关键技术，包括高炉基础停炉前在线整体切割、高炉本体离线组装、炉底耐火材料离线砌筑、采用气垫悬浮炉壳方式推移、放残铁方案等。值得注意的是，宝钢在高炉大修已经实现了用空气气膜悬浮移送的方法。旧炉体分为上、中、下三大模块，模块包括旧炉壳、冷却设备、冷却配管、残渣、耐火材料等，平稳地移送了下段模块最大重量约 4000t。新炉体分为上、中、下三大模块，模块包括炉壳、冷却设备、冷却配管、部分耐火材料等，重量最大的中段模块约 1900t。宝钢在采用这些大修专有技术都进行了 1∶1 的模拟试验。

18.5.1.1 拆卸旧炉体

高炉旧炉体分为 3 段拆除，新炉体离线分 3 整块进行组装后整体安装。为了炉体的整块拆装，在 2005 年就开始进行炉体框架的加固工程。于 2006 年 5 月开始，在高炉炉体基础上钻孔、切割。在停炉前就开始将钢筋混凝土炉底基墩锯开，停炉时按预先计算好的炉底侵蚀线钻孔放残铁。待停炉冷却后将部分炉料及耐火材料清除，将风口带以上的炉壳、冷却设备和部分耐火材料固定、吊住，然后在风口带下面将炉壳割开，将风口带以上的整块吊起，并用千斤顶将下段顶起。把下段炉壳及部分耐火材料和残铁、渣，按计划将整块搬移出原来的高炉位置。

A 高炉停炉前切割基础

宝钢高炉大修采用了炉缸炉底整体移出技术，移动吨位超过 4000t。在高炉仍在生产的时候将高炉基础切割断开（保留很少部分基础面的连接），这是实施快速大修必不可少的技术。这项技术包括在基础的切割线上钻贯穿的孔、钢丝锯切割、切割缝的充填。图

18-9 为大修前高炉基础钻空、切割和充填。切割线高度上的位置由大修扩容、调整死铁层深度、调整炉底耐火材料厚度等因素决定。

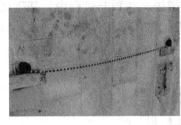

图 18-9　高炉大修前基础钻空、切割和充填

基础钻孔切割充填关键在于钻孔机的能力、钻孔的直线度控制、切割后的基础沉降控制，充填方法和充填料的压缩量参数等，而且在停炉前施工时和施工后直至高炉停炉前保证不能危及高炉正常生产。为了满足旧炉体拆除、滑靴安装及新炉体气垫运输工艺要求，对基础切割后的平整度要求很严，每组平整度误差应该控制在 30mm 以内，整个切割面平整度在 50mm 以内。

B　炉缸炉底整体移出技术

宝钢 2 号高炉旧炉壳拆除分为 3 段，从炉底原基础面以下 600mm 的混凝土至风口下部为第一段，重量约 3200t；第二段从风口至炉身下部；第三段从炉身中部至炉顶法兰，高度约为 18.5m。

图 18-10 为高炉炉壳推移策划总示意图。由滑靴（固定式滑靴或顶升式滑靴）、滑槽、钢架、推移油缸、液压控制装置、计算机同步控制系统（或手动控制系统）等组成的大吨位

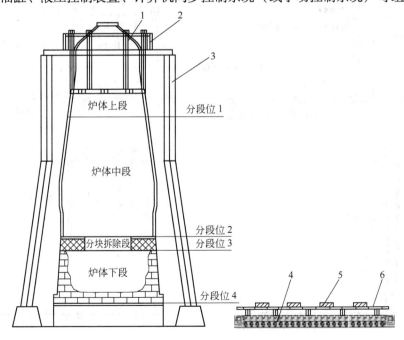

图 18-10　高炉炉壳推移策划总图

1—液压提升装置；2—炉顶提升环梁；3—炉体大框架；4—模块车；5—滑靴；6—运输托架

滑移系统对大型物体实施滑移。滑靴型式、控制方式根据具体项目的作业需求研究确定。

旧炉缸炉底移出前，采用基础加固、顶升到一定的高度，放入滑槽和滑靴。基础加固很重要，这是防止被顶基础在顶升过程中发生变形和开裂的措施。在顶升过程中，基础底部会发生下沉变形，如何控制变形和防变形措施将是炉底炉缸整体移出的难点。图18-11为分段拆除炉壳的过程的示意图。

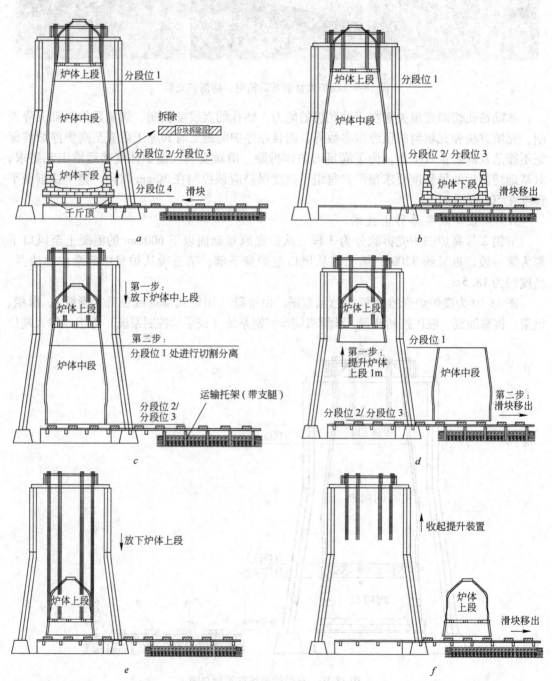

图 18-11 分段拆除炉壳的图组

拆除炉体的过程如下：

（1）首先在高炉生产中加固高炉炉体大框架3（见图18-10）；

（2）在停炉前安装炉顶提升环梁2和液压提升装置1（见图18-10）；

（3）停炉后将炉壳固定在炉顶提升环梁2上的液压提升装置1上（见图18-10）；

（4）从风口带切开炉壳，并提升中、上两段炉壳，然后用液压千斤顶顶起下段炉壳（见图18-11a）；

（5）用滑槽滑靴移出下段炉壳，将下段炉壳移至模块车和运输托架上（见图18-11b），将下段炉壳运出至炉壳放置场地；

（6）模块车返回起始位置，准备运送中段炉壳（见图18-11c）；

（7）放下中、上段炉壳，再从分段位1处切开炉壳，并提升上段炉壳；

（8）按照移出下段炉壳的方法，移出中段炉壳（见图18-11d）；

（9）放下上段炉壳（见图18-11e），并移出上段炉壳（见图18-11f）。

由于拆除的炉壳重达4000t，普通的运输工具无法运输炉壳，因此使用了模块车。图18-12为炉缸整体推移设备。

图18-12 炉缸整体推移设备图

固定式滑靴在作业过程中其高度尺寸是不变化的；顶升式滑靴安装有顶升油缸、在作业过程中通过油缸升降来调节作业高度，再配合计算机顶升同步控制来实现平移物体的自动调平。

18.5.1.2 安装新炉体

图18-13表示了分段安装新炉壳过程的图组。安装炉壳的过程如下：

（1）滑槽滑靴移进上段炉壳（见图18-13a）；

（2）环梁上的液压提升装置，提升上段炉壳（见图18-13b）；

（3）滑槽滑靴移进中段炉壳（见图18-13c）；

（4）放下上段炉壳和中段炉壳对接后焊接（见图18-13d）；

（5）提升上、中段炉体（见图18-13e）；

（6）采用气垫移进下段炉壳、校准中心；然后放下上、中段炉体，对接后焊接（见图18-13f），完成高炉本体的分段组装。

在组装场地上组装好的炉壳中段见图18-14。图18-15为新炉壳运入高炉大框架时的情景。与运输旧炉体相同，采用模块车运输新炉体。除了新炉体的下段，所有新旧炉体的分段移进移出都是采用滑道上的滑靴移动。

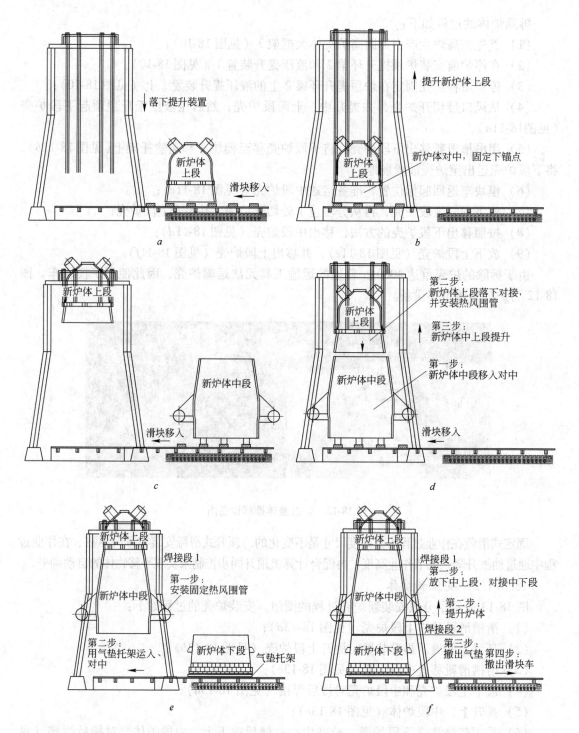

图 18-13　分段安装新炉壳过程的图组

18.5.2　宝钢 1 号高炉快速大修

宝钢 1 号高炉第二代于 2008 年 9 月 1 日停炉大修，11 月 18 日大修完成交付生产，大

图 18-14 中段炉壳整块组装

图 18-15 炉体吊装照片

修工期 78 天。

18.5.2.1 大修内容

宝钢 1 号高炉采用了快速大修方式。与前述 2 号高炉快速大修相比，大修工期由 98 天降为 78 天，炉容由 4063m³ 扩大到 5046m³，除了高炉炉体拆卸、安装以外，1 号高炉大修内容还增加了以下内容：

（1）更换原钟阀式改为并罐式无料钟炉顶系统；

（2）更换原拉萨法水渣系统改为转鼓法水渣系统；

（3）更换原炉体工业水开路循环系统改为纯水密闭循环系统；

（4）更换原双文氏塔洗涤改为布袋干式除尘煤气净化系统。

宝钢 1 号高炉大修大小模块 27 个，其中拆除模块 11 个、安装模块 16 个。1 号高炉大修核心的拆、装模块主要是高炉新旧炉体模块以及新旧炉顶模块。

宝钢 1 号高炉是我国第一座扩容大修到 5000m³ 以上的高炉。工期为 78 天，全面完成更新改造工程，标志着宝钢高炉大修技术已经达到世界一流水平。

18.5.2.2 炉顶系统的拆除和安装

由于炉体的快速拆除和安装与宝钢 2 号高炉基本相同，现重点介绍 1 号高炉大修有特点的炉顶系统拆除和安装过程。在大修时，需在 50m 以上高空拆除炉顶框架和设备重量达 2400t、高度 60m，需安装的新炉顶系统高度达 54m。以滑移、升降方式整体拆除和安装炉顶系统属世界高炉大修史上的首创。较之常规的施工方案（大型吊机机械拆装），整体拆装工艺在工期、质量和安全等方面体现了巨大的优势。图 18-16 为炉顶整体拆卸和安装模型的照片。

在大修前进行了各种模型试验，其中包括新旧炉顶系统的风洞试验。旧模型风洞试验是将整个新旧的出铁场、炉顶结构以及拆

图 18-16 旧炉顶系统置于风洞试验室内的图片

装施工结构的缩小模型置于风洞中，模拟在拆卸过程中遇到强风对炉顶稳定性进行试验，模型见图18-16。除了考虑实施时的气象条件以外，新、旧炉顶模块更换需要在超过45m的高空平移，也是风洞试验必须研究的一个重要环节。

旧模块主要包括旧七层平台（标高+49.700m）及以上结构和设备（包括炉顶框架、煤气上升管、附属平台、炉顶法兰以上的炉顶设备等），整体模块重量约为2620t，长22m×宽22m×高约63m。

炉顶系统新模块，主要包括新炉顶框架、煤气上升管及球节点、料罐以上的炉顶设备、电气仪表、炉顶小配管、液压配管等，整个模块重量约为2300t。图18-17为炉顶系统整体拆装过程的实景。

图 18-17 炉顶系统整体拆装过程

参 考 文 献

[1] 周传典主编. 高炉炼铁生产技术手册[M]. 北京：冶金工业出版社，2002.

[2] 傅燕乐主编. 高炉操作[M]. 北京：冶金工业出版社，2006.

[3] 成兰伯主编. 高炉炼铁工艺及计算[M]. 北京：冶金工业出版社，1991.

[4] 任贵义主编. 炼铁学[M]. 北京：冶金工业出版社，1996.

[5] 朱仁良，李军. 大型高炉快速安全停炉技术[C]. 2007年中国钢铁年会，成都，2007.11.

[6] 关友德. 武钢2号高炉第三代大修停炉操作实践[J]. 武钢技术，1998(1).